환경부 우수환경도서

Environmental Science A Study of Interrelationships

Eldon D. Enger & Bradley F. Smith

10판

지구환경과학

대표역자 김기은

McGraw Hill

북스힐

A Division of The McGraw-Hill Companies

Environmental Science : A Study of Interrelationships, 10/e

1 2 3 4 5 6 7 8 9 10 BH 20 09 08 07 06

Original : Environmental Science : A Study of Interrelationships, 10/e
By Eldon Enger, Bradley Smith.
ISBN 0-07-252829-X

This book is exclusively distributed in Book' s Hill Publishing. Co

When ordering this title, please use ISBN 89-5526-290-6

Printed in Korea

역자 머리말

오늘날 '환경'이라는 화두는 일상생활에서부터 정치·경제·사회·문화 등에 이르는 모든 영역에 걸쳐 연계되어 사회 네트워크의 중심에 서 있다. 일반적으로 이렇게 여러 분야가 서로 연결된 학문 분야를 학제간 분야라 하여 연구·지원하고 있는데, 환경 분야는 학제간 분야 중에서도 연계된 분야 및 학문의 범위가 가장 광범위하다고 할 수 있다.

경제 부분에서 환경은 산업 발전과 함께 국가 간 수출과 수출의 제재 수단이 되기도 하고, 환경 영향 평가가 도로와 건물의 건설을 좌우하는가 하면, 핵 폐기장 건설 여부는 투표에 의해 결정되기도 한다. 또한 도시화 과정과 함께 피할 수 없는 대기오염 문제, 쓰레기 처리 문제, 소각장 건설 유지에 대한 환경 영향 평가와 함께 환경과 사회 정의의 개념이 연계되어, 환경 정책이란 결국 환경 정의의 구현으로 받아들여지게 되었다. 산업체에서는 자원 절약, 에너지 절약 등, 환경 폐해를 우려해 자원을 되도록 덜 소모하는 경영이 이미 정착되었으며, 이에 대한 노력은 기업체 환경 평가의 기준이 되기도 한다. 앞으로도 소득수준의 향상과 함께 환경은 중요하게 대두되고, 국가 경쟁력에도 많은 영향을 줄 것이다. 교육 분야에서도 다른 분야만큼 환경 관련 조기 교육의 필요성을 진지하고 중요하게 받아들여 실행해야 할 것이다.

세계적으로 환경에 관한 도서가 테마별로 수없이 출판되고 읽혀지고 있지만, 그들 중 대다수는 논의 대상이 한정적이거나, 다양하게 다룰 경우 내용이 추상적인 것들이 많다. 이 책은 환경 철학, 환경 윤리, 환경 정책, 환경 관련 국제 규약에서부터 환경 화학, 조경, 생태학, 폐기물 처리 등 인문·사회·법 분야는 물론, 자연과학, 환경 상태를 유지하고 보존하는 공학 분야의 환경에 이르기까지, 환경에 필요한 모든 분야를 구체적인 예를 통해 다루고 있다. 또 전판의 경우, 주로 북아메리카의 예를 들어서 문제점들을 설명하여 한국의 산업 개발 여건, 도시 조건, 생태 환경, 인구 상태와는 거리가 있었으나, 현재 10판에서는 이러한 부분이 많이 보충되고 적용되었다. 아시아, 남아메리카, 유럽에서 중요한 환경적 이슈를 다루고 최근에 발표된 통계를 제시하여 설명하고 있으므로, 독자들은 이 책을 통해 지구촌 구석 구석에 산재되어 있는 환경문제와 부딪치고 환경과학의 중요성을 발견하게 될 것이다.

끝으로, 이 책을 번역 출판하기까지 많은 도움과 배려를 지원해준 (주)도서출판 북스힐 직원들의 노력에 진심으로 감사드린다.

원저자 머리말

Eldon D. Enger

Bradley F. Smith

환경과학은 간학문적인(interdisciplinary) 학문이다. 환경의 불협화음은 인간과 자연세계의 상호작용의 결과이기 때문에 환경문제에 대한 해결은 이 두 요소를 모두 고려해야 한다. 역사적인 관점, 현실 정치와 경제적 현실성, 사회적 경험과 윤리적 배경의 다양성 이해, 실제 자연 세계의 과학적 재인식, 나아가 인간이 미칠 수 있는 영향력에 대한 깊은 이해가 요구된다.

상호관련성을 중시하는 환경과학은 위와 같은 모든 정보의 통합 아래에서 환경문제를 이해하고자 한다. 따라서 환경과학을 공부하고자 하는 이들은 편향된 철학이나 개인적 편견을 피하고 균형잡힌 시각을 유지하도록 노력해야 한다.

이 책은 다양한 전공의 학생들이 환경과학에 입문하고자 할 때, 도입과정의 교재로 활용될 수 있을 것이다. 학생들은 다양한 주제에서 재미있고 유용한 정보들을 얻을 수 있을 것이다. 이 과정의 핵심에 상호관련성에 대한 깨달음이 놓여있어야 할 것이다. 이 책은 다양한 주제를 심도 있게 다루고 있지는 않지만, 주요 쟁점이 되고 있는 환경문제 이면의 복합적 상호작용을 보여주는 많은 사례들을 접할 수 있을 것이다. 또한 이 책은 환경문제를 이해하기 쉽도록 많은 그림과 도표 및 관련 통계 자료를 활용하고 있다.

책의 구성과 내용

이 책은 5부 20장으로 구성되어 있다. 각 장은 각종 개념의 논리적 전개와 오늘날 주요하게 떠오르는 환경문제에 대한 상세한 설명을 담고 있다.

1부 1장은 본서의 개관으로 북아메리카를 자연 조건에 따라 구분하고 각 지역이 겪고 있는 환경문제를 살펴보고 있다. 지역별 환경문제들은 과학적 · 사회적 · 정치적 · 경제적 측면에서 다양하게 고려되어야 함을 보여주는 사례들이다. 2장은 사람들이 환경문제에 접근하는 방식을 살펴본다. 다양한 윤리적 · 도덕적 기준의 논의를 통해 환경문제를 분석하고 해결하기 위한 철학적 기초를 닦을 수 있을 것이다.

2부는 생태계 내의 물질 및 에너지의 흐름과 생물 간 상호작용의 원리인 생태 법칙을 설명한다. 먹이사슬의 특징과 그것이 어떻게 물질 및 에너지의 흐름에 영향을 미치는지 논의할 것이다. 또 다른 주제는 생물 간 상호작용의 복잡성과 생태계의 연계를 형성한 자연선택의 창조적 역할에 관한 것이다. 7장의 인구문제에 관한 주제는 2부의 생태법칙을 인간에 적용시킨 특별한 사례이다.

3부는 에너지에 초점을 맞추고 있다. 전 세계적으로 문명의 발달과 근대화의 성공은 재생 불가능한 에너지원인 화석연료의 사용 덕분이었다. 재생 가능한 에너지 자원에 대해서도 일부 다루고 있기는 하지만 세계의 에너지 정세에서 이것이 차지하는 비율은 크지 않다. 청정 에너지 자원으로 개발된 원자력 발전은 핵무기 개발과 방사선 노출의 위험을 항시적으로 지니고 있다. 이 문제도 3부에서 다루고 있다.

4부는 자연 세계의 법칙과 인간활동의 충돌 지점을 다루고 있다. 증가된 인구와 기술 진보의 결과는 인간활동이 자연 세계에서 차지하는 중요성을 더욱 명확하게 하고 있다. 인간의 욕구는 자연 세계를 끊임없이 바꾸고 있다. 농업과 관련된 논의들도 이 부분에서 다루고 있다.

5부는 오염을 주로 다룬다. 오염은 인간과 다른 생물의 건강에 영향을 미친다. 대기오염, 수질오염, 고형폐기물 문제, 유해 폐기물 등이 여기에서 논의될 것이다. 오염비용은 경제적인 면에서 항상 고려되는 것은 아니지만, 이는 인간의 정신적 · 육체적 건강에 그대로 반영될 것이다. 정부는 위험 평가와 위험 분석을 통해 오염 등 각종 환경문제에 대처하는 정책을 수립하고 있다. 16장과 20장에서 정부가 위험을 평가하고 환경에 관한 정책을 입안하는 과정을 살펴볼 수 있을 것이다.

이 책의 장점

1. 이 책의 각 부는 도입 부분에서 앞서 논의된 내용들을 재확인하고 다음 장에 대한 개략적인 설명을 하고 있다. 이를 통해 독자들은 문맥상 다음 장의 의의를 미리 짐작할 수 있다. 각 장의 서두에 지도를 포함시켜 그 장에서 다루는 환경문제의 공간적 함의를 이해하는 데 도움이 될 수 있을 것이다.
2. 각 장은 일련의 '학습목표'와 '세부목차' 그리고 '과거, 현재 그리고 미래'로 시작된다. 이를 통해 독자들은 자료가 내포하는 상호관련성을 중심으로 학습할 수 있을 것이다.
3. 각 장은 '이슈와 분석', '요약', '주요 용어', '복습문제', '비판적 사고력 문제'로 말미를 구성하고 있다. '이슈와 분석'이 소개하는 사례들은 독자들이 그 장의 개념을 실제적인 상황에 적응해 보도록 특별히 선별되었다. '복습문제'를 통해 학습목표에서 제시한 기초적 개념과 원리의 이해를 재강화할 수 있을 것이다.
4. 자료를 각색하고 명료화하기 위해 각 장에는 많은 표와 차트, 그래프와 지도, 그림, 사진들을 컬러로 제시하고 있다. 각각의 삽화는 독자들이 각 장의 자료를 이해하도록 세세한 정보를 보여주기 위해 특별히 선별되었다.
5. 각 장은 '환경 돋보기'와 '지구촌 전망대'를 포함하고 있다. 이는 내용과 그 장에서 논의된 문제들의 광범위한 세계적 전망에 관한 깊은 도움을 줄 것이다.
6. 본문 뒤에는 주제들을 다루는 데 도움이 되도록 각종 척도와 원소 주기율표 등의 부록을 실어두었다.

목 차

5부 오염과 정책

인간과 자연을 생각하는
"지구환경과학"

PART I

사회 상황과 환경과학

체서피크 만에서 한 어부가 게 통발을 자신의 배로 끌어올리고 있다.

어부와 블루크랩들이 공존할 수 있는 방법이 있을까?

제니퍼 M. 로드
조지아 칼리지 & 주립대학

체서피크 만(Chesapeake Bay)은 미국 동부 해안의 중부 대서양 지역에 있으며, 메릴랜드 주와 버지니아 주 사이에 위치해 있다. 이곳에서 어부들은 2001년에 2억 7천만 톤의 해산물을 얻었는데, 이 중 10%가 게 종류였다. 좋은 시절에 어부들은 블루크랩(blue crab)으로 연간 1억 5천만 달러의 수입을 올릴 수 있었다. 그러나 1990년 중반 이후부터는 잡히는 게의 양이 급격하게 지속적으로 감소하고 있다.

포획되는 게의 양이 급격히 줄어드는 것에 대해, 메릴랜드와 버지니아의 과학자, 회사경영자로 구성된 주 정부 산하 '두 주(州)의 블루크랩 자문위원회(Bi-State Blue Crab Advisory Committee)'에서는, 2001년과 2003년 사이에 게 수확량을 15% 감소시킬 것을 제안하였다. 그러나 제안대로 실시되지 않았고, 게만큼 어부들의 미래도 어둡기만 하다. 어획량 증가가 준 압력은 결국 게의 수를 급격히 감소시키는 원인이 되었다. 체서피크 만의 굴은 그 수가 너무 적어서 채취하는 것이 경제적으로 별 이익이 없을 정도이다. 따라서 전통적으로 굴과 게를 채취하여 생계를 유지하던 이곳의 어부들은 이제는 게에만 관심을 집중시키고 있다. 어업기술의 발달은 게의 포획량을 높이는 데 일조하였고, 따라서 체서피크의 게가 사라질지도 모른다는 우려를 하기에 이르렀다.

게를 사라지게 하는 다른 원인들도 있다. 첫째, 포식동물들이 급격히 증가하였다. 메릴랜드와 버지니아에서는 1980년과 1989년 사이에 배스(bass, 농어의 일종) 낚시를 금지하였고, 그 결과 물고기 수가 급격히 증가하였다. 배스의 먹이 중 50%를 게가 차지하는데, 배스의 수가 증가하면서 게의 수는 감소할 수밖에 없었다. 둘째, 게는 포식동물에 더 공격당하기 쉽게 되었다. 어린 게들은 포식으로부터 스스로를 보호하기 위해 물풀들 사이에 숨어서 지냈지만, 1960~1970년대에는 체서피크 만에 유기물 농도가 높아지면서 물이 오염되어 물풀들이 사라지게 되었다. 그럼에도 불구하고 물풀들은 조금씩 회복하여 만 바닥의 약 3% 정도를 뒤덮게 되었다. 마지막으로, 영양오염이 원인이 되어 산소농도가 급격히 떨어져 게의 숨을 막고 있다. 통계에 따르면 그나마 어린 게들의 수가 조금씩 증가하고 있는 것으로 나타났다.

게의 수가 급격히 감소한 원인에는 물론 게의 산란율이 점점 더 낮아지고 있다는 점도 들 수 있다. 연구에 의하면, 대단히 적은 수의 암컷들이 태어나고, 암컷당 만들어지는 알의 수도 줄고 있다고 한다. 수컷의 정자 수도 줄어들고 있다. 이러한 여러 가지 원인들이 총체적으로 영향을 주어, 결국 해마다 게의 수가 급격히 감소하고 있다. 이렇게 게의 수가 급격히 감소하는 데에는 이런 여러 가지 원인이 총체적으로 작용하고 있는데, 과연 누가 이 문제에 대하여 책임을 질 것이고, 어느 부분부터 개선할 수 있을 것인가? 물론 여러 가지 의견과 논의들이 지속되고 있다.

체서피크 만에 접하고 있는 주(州) 정부는 게 문제에 대한 책임을 서로 남의 탓으로 미루고 있다. 메릴랜드 주는 버지니아 주가 성숙한 알을 가지고 있는 암컷 게와 작은 게에 대한 채취를 일 년 내내 허가하는 데에 원인이 있다고 주장한다. 버지니아 주 측에서는 반대로, 자신들은 산란 구역(spawning sanctuaries, 2000년에 시작)을 건설하였고, 메릴랜드 주에서 훨씬 더 많은 수를 채취하였다고 주장하고 있다.

2002년에 있었던 혹독한 겨울과 2003년의 허리케인 이사벨로 인해 블루크랩의 수가 급격히 감소하였다고 어부들은 주장하고 있다. 또한 블루크랩의 채취량을 제한하거나, 대량 양식을 하게 되면, 몇백 년 동안이나 유지되었던 생활방식 등 오랜 전통을 잃어버릴 것이라고 경고하고 있다. 어부들은 취미 삼아 잡히는 게의 수가 너무 많고, 정부 정책으로 인해 줄무늬농어(striped bass) 수가 증가한 것도 게의 수를 급격히 감소시키는 원인이라고 정책을 비판하고 있다.

취미로 게를 잡는 사람들은, 이미 자신들이 게 낚시권을 구입하였고 일정량의 게 채취량과 엄격한 규제 등을 준수하고 있으므로 물에 대한 사용 권리도 있다고 주장하고 있다. 또한 어부들의 의견에 대해 통계자료를 통하여 반론을 제시하고 있는데, 예를 들면 취미로 잡아들이는 게의 양은 2001~2002년 기간 동안 게잡이 어부들이 채취하는 양의 13% 미만이라는 것이다.

게의 수가 주기적으로 감소한다는 어부들의 주장에 동의하는 일부 전문가들도 있지만, 이러한 게의 개체 수가 오랜 기간 동안 지속적으로 감소하고 있는 상황이므로, 이는 부자연스러운 현상이라는 의견이 지배적이다. 또한 여러 가지 연구 결과에 의하면, 과거에는 줄무늬농어와 블루크랩의 수가 많았다고 한다. 따라서 이러한 물고기의 존재가 자동적으로 게의 수를 감소시키는 원인이 되는 것은 아니다. 과학자들은 이에 대한 대책으로 게 보호구역과 서식 통로를 만들어주고, 게들이 서식할 수 있고 포획의 위협으로부터 벗어나 증식할 수 있는 공간을 마련해주어야 한다고 믿고 있다. 일부 환경학자들은 더 나아가, 천연자원에 대한 이용을 전면 중단해야 하며 이것은 양식으로 대체해야 한다고 말한다.

1 환경의 상호 관련

이 장의 학습목표

- ⊙ 환경문제가 복잡하고 상호 관련되어 있음을 이해할 수 있다.
- ⊙ 환경문제가 단순히 과학의 문제를 넘어서 사회, 정치, 경제적 문제를 포함하고 있음을 이해할 수 있다.
- ⊙ 환경문제를 수용 가능한 해결책이 쉽게 도출될 수 없음을 이해할 수 있다.
- ⊙ 모든 생명체는 그들의 환경에 영향을 미친다는 것을 알 수 있다.
- ⊙ 환경문제를 해결하기 위한 생태계 접근의 의의를 이해할 수 있다.
- ⊙ 상이한 지역에서 상이한 환경문제가 발생하지만 문제의 해결을 위해서는 동시적이고 합의에 도달하는 과정이 요구됨을 이해할 수 있다.

이 장의 세부목차

과거 현재 그리고 미래

1983 5% 정도의 미국 대학에 환경과학 교과 개설

1983 450대의 컴퓨터가 인터넷에 연결

2003 62%의 미국 대학에 환경 관련 전공 분야 개설

2003 162,344,723대의 컴퓨터가 인터넷에 연결

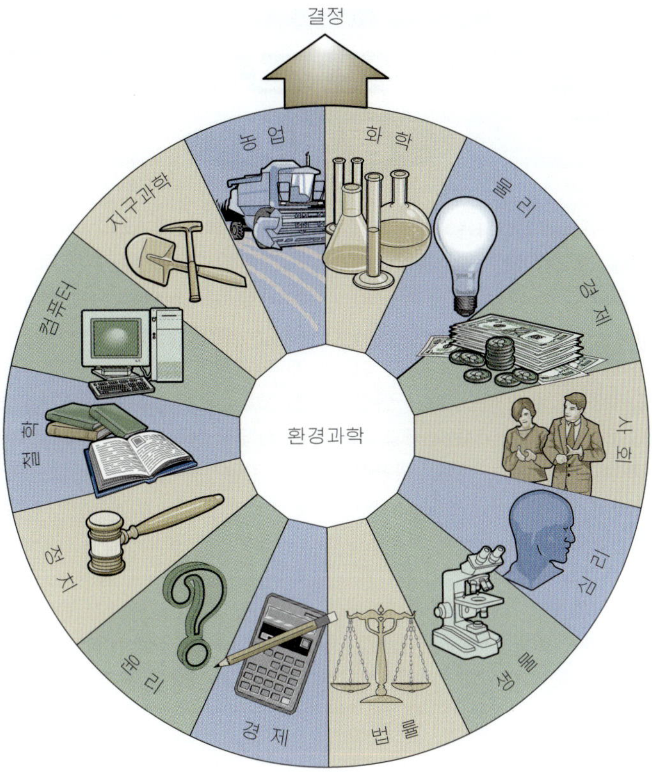

그림 1.1 환경과학 환경과학의 영역은 과학적 원리의 이해, 경제적 영향, 정치적 행동을 포함한다. 환경에 대한 의사결정은 합의의 과정을 거친다. 과학 및 경제적 관점에서 도출된 결정은 정치적 관점과는 상충될 수도 있다. 환경과 관련된 정치적 결정은 경제 분석만으로 이루어지지는 않는다.

환경과학의 영역

환경과학(enviromental science)은 세계에 영향을 미치는 인간을 응용과학과 순수과학의 양 측면에서 연구하는 간학문적인 연구 영역을 갖는다. 인간은 사회조직을 구성하여 활동하기 때문에 환경과학은 정치, 사회 조직, 경제, 윤리, 철학과 연관지어 다루어야만 한다. 그러므로 환경과학은 전통적인 과학, 사회적 가치, 정치적 의식의 혼합물이라고 볼 수 있다(그림 1.1).

환경과학은 하나의 연구 분야로 발전되어 가고 있지만, 그 뿌리는 초기 문명의 역사에서 찾을 수 있다. 많은 고대 문명들은 인간에게 식량과 물과 교통수단을 제공하는 동식물 및 지형 조건에 경외심을 표현해 왔다. 이는 현대인의 감성에서도 여전히 이어지고 있다. 소로(Henry David Thoreau; 1817~1862) 역시 한 세기 전의 인물이지만 그의 글은 최근의 환경철학과도 일맥상통하는 단면을 보여준다.

> 나는 자연에 관해서 한마디 하고 싶다. 그 절대적인 자유와 야성에 비하자면 인간의 자유와 문화는 얼마나 단순한지… 인간은 사회의 구성원이라기보다 한 종의 동물이거나 자연의 일부분일 뿐이다.

환경에 관한 오늘날의 이해는 소로와 같은 철학자들로부터 시작되었고 1970년에 4월 22일을 지구의 날(Earth Day)로 지정하면서 더 많은 관심을 모으기 시작했다. 지구의 날과 같은 기념일마다 선언들이 반복된다. 그 결과 세계적으로 계속적인 관심을 불러일으켰고, 환경과학은 이제 많은 대학에서 교양과목으로 선택되었으며 또한 많은 고등학교에서도 이수가 가능하게 되었다. 환경과학에서 다루는

환경 돋보기

과학 대 정책

과학 지식과 정부 정책은 항상 일치하는 것은 아니다. 과학자 집단은 정부에 충고할 수 있었지만 어떤 정책들을 채택하라고 주장할 수는 없었다. 정부는 자금조달 원천을 통제하거나 계속적인 연구가 어렵게 된 것을 규제해야 될지도 모르기 때문에 어떤 과학적 연구를 중지시켜야 할지도 모른다. 예를 들면, 많은 연방자금은 카터 대통령 시기 동안 대체에너지 연구에 쓰여졌지만, 많은 프로젝트들이 레이건과 부시 대통령 시기 동안 각광을 얻지 못해서 자금조달은 감소되었고, 대체연료에 대한 많은 연구는 중지되었다. 반대로, 부시 대통령 시기 동안 통과된 공기청정법(1990)은 대체연료사용 자동차를 심각한 공기오염 문제가 있는 몇 도시들에서 사용할 것을 지시했다.

정부 정책은 경제나 정치적 문제를 위한 우세한 과학적 의견에 반할 수도 있다. 레이건 시기 동안, 오랜 시간에 걸쳐 미국과 캐나다의 대부분 과학자들은 고농도의 황을 포함한 석탄을 태우는 것은 산성비를 초래하였고, 이로 인해 캐나다 일부 지역과 미국의 북동부 지역에 있는 호수의 죽음을 일으켰다고 밝혔다. 레이건 정부는 그 정보는 결정적인 것이 아니고 그 문제는 더 상세히 연구되어야 한다는 주장을 계속하였다.

클린턴 정부는 지구온난화에 대한 논쟁과 관련도 딜레마에 직면하였다. 과학자 집단은 지구온난화가 사실이었고 인간이 원인이 되어 지구온난화의 대부분이 초래된다는 입장을 강력히 주장하였지만, 이 사실이 너무 급속도로 전해져서 클린턴은 미국의 온실가스 배출량을 줄이는 데 신중하고자 했다. 과학 지식, 정부정책 그리고 경제 정책을 분리하는 것은 어렵다.

개념들은 이미 생태학, 보존학 그리고 지리학에서 다루어진 것들이다. 환경과학은 경제학, 사회학, 정치학과 같은 사회과학에서 다루어진 과학적 측면을 통합하여 새로운 간학문적인 영역을 창조해가고 있다.

환경과학의 본질

환경과학은 본질적으로 간학문적인 영역을 갖는다. **환경**(enviroment)이라는 단어는 대체로 인간과 여타의 생명체에 영향을 미치는 주변 상황을 의미하는 것으로 이해된다. 더 큰 의미에서 환경은 하나의 생명체의 일생에 영향을 미치는 모든 것이다. 인간의 관점에서, 환경문제는 과학, 자연, 건강, 실업, 이윤, 정치, 윤리, 경제의 관심사들을 포함한다.

대부분의 사회 · 정치적 결정들이 정치적 판단을 고려하여 이루어지지만, 환경문제는 굳이 이런 인위적이고 정치적인 구분이 필요없다. 예를 들어, 대기오염은 몇 개의 지역이나 주 정부 관할, 더 나아가서는 다른 나라까지 연관되어 있을 수도 있다. 1998년에 멕시코에서 일어난 산불의 경우 텍사스 주의 대기에까지 영향을 미쳤다. 좀더 지역적 수준에서 멕시코 후아레스의 대기오염 문제는 텍사스의 엘패소에도 문제를 야기한다. 그러나 중요한 쟁점은 공기의 질이나 건강 이상의 것이다. 멕시코의 낮은 임금과 느슨한 환경법은 경제적인 측면에서 공장들을 멕시코로 끌어들이고 있다. 멕시코 등의 개발도상국들은 자국의 환경 개선과 외자 유치로 파생되는 경제 부흥의 이점 사이에서 고민하고 있다.

미국과 캐나다 국경에 걸쳐 있는 주요 산업 지역에서는 산성비가 호수와 숲에 심각한 피해를 주고 있다. 양국에서 이 문제에 대한 논쟁이 끊이지 않고 있는데 캐나다는 미국이 산성비를 야기하는 배출물을 줄이는 데 더 많은 노력을 해야 한다고 요구하고 있고, 미국은 그들이 할 수 있는 한 최선을 다하고 있다고 주장한다. 또 다른 예로 콜로라도 강의 물을 사용하는 농부 때문에 멕시코로 유입되는 강물의 양과 질이 감소했다는 사례도 있었는데 이는 미국과 멕시코 간의 정치적 마찰을 불러 일으켰다.

미국과 캐나다의 북서부 태평양 연안에서 연어 수

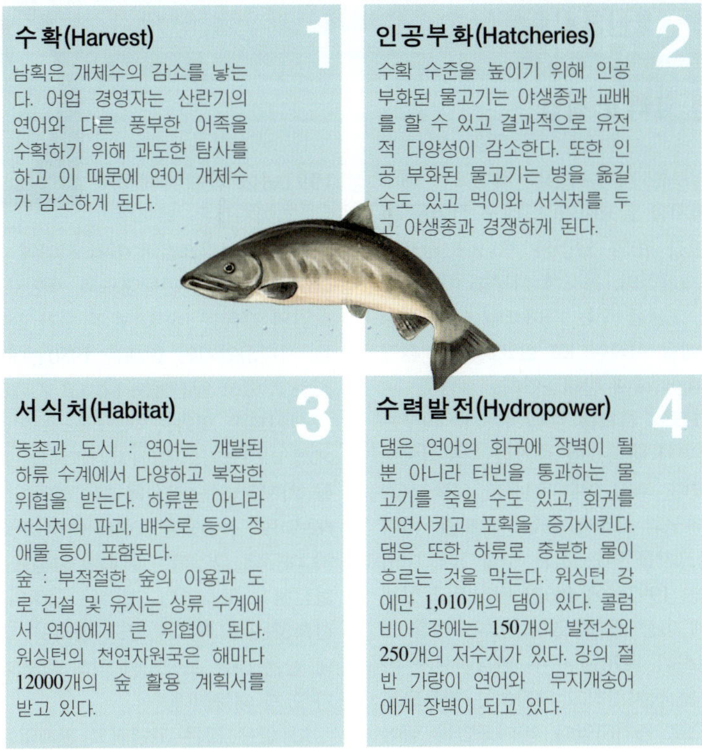

그림 1.2 연어의 생존에 영향을 미치는 인간 행동 남획은 개체수의 감소를 낳는다. 어업 경영자는 산란기의 연어와 다른 풍부한 어족을 수확하기 위해 과도한 탐사를 하고 이 때문에 연어 개체수가 감소하게 된다.

량의 감소에 관한 갈등 또한 자연 자원으로부터 야기되는 정치적 이슈이다. 미국 측 입장에서만 5개의 연방위원회와 2개의 연방 정부기관들, 5개의 연방 법원이 관여하고 있으며 수많은 협약, 위원회, 법원의 결정을 기다리는 중이다. 이것 말고도 많은 주 단위의 기관들과 위원회들 및 판정위원단들이 관여하고 있다. 이 모든 것으로도 충분치 않다고 생각될 때는 유엔이나 국제 협약에 의한 국제기구들이 연어의 운명에 영향을 미칠 수 있다. 이 모든 상황을 미루어 볼 때, 연어의 상태가 위험한 수준에 있다는 것은 그다지 놀랄 만한 일은 아니다(그림 1.2).

이 모든 정치적, 경제적, 윤리적 과학적인 연관들 때문에 환경문제의 해결은 매우 복잡하다. 문제가 쉬운 해결방안을 가지고 있기란 아주 드물다. 그러나 국제공동위원회(International Joint Commission) 같은 국제기구는 광범위한 지역의 환경 질에 대한 태도를 명확히 하고 있다.

국제공동위원회는 1909년 미국과 캐나다 사이 경계수역조약(Boundary Waters Treaty)이 체결될 당시 출범되었다. 이 조약은 "국경선 근처의 경계 수역은 어떤 쪽에서건 상대편의 건강에 해를 끼치는 오염 행위가 있어서는 안 된다."는 내용을 명시하고 있었다. 위원회는 오대호와 여타 경계 수역의 수질에 영향을 미치는 오염 배출원의 정화가 요구되는 지역을 선정하고 감독하였다. 두 정부는 위원회의 충고를 받아들여 정화작업을 실시하였다.

1992년 리우데자네이루에서 열린 환경과 개발을 위한 국제회의인 최초의 지구정상회담에서 환경에 대한 우려가 제기되었다. 대부분의 나라가 지속 가능한 발전과 생물종 다양성 조약에 서명하였다. 1997년에는 125개국의 대표들이 일본 교토에 모여 세 번째 기후변화협약을 가졌다(그림 1.3). 이 회담

지구촌 전망대

물고기, 바다표범 그리고 직업

1995년 캐나다 정부는 캐나다 동부 해변에서 대구 어획에 대한 일시 정지를 발표하였다. 대구 산업은 특히 뉴펀들랜드에 연간 70억 달러와 캐나다 경제에 31,000개의 직업을 제공한다. 동시에 정부는 바다표범 상품 시장의 발전에 도움을 주는 바다표범 어획을 장려하기 위한 프로그램을 시작한다고 발표하였다. 환경단체는 바다표범 어획에 대해 반대하였다.

정부는 어떻게 그들의 계획을 수립하는가? 정부는 북대서양 대구의 일부가 바다표범 증가를 부분적으로 초래한다고 생각하였다. 과잉 어획, 거대한 그물 그리고 다른 요인들도 대구의 감소에 공헌하였지만, 바다표범이 잡아놓은 물고기를 먹는 것은 사실이다. 대서양 바다표범의 증가는 1997년에 480만 마리였고 현재는 1970년보다 두 배 이상 증가하였다. 바다표범을 어획하는 방법이 잔인하여 1970년 이후 환경단체가 바다표범을 죽이는 것을 중지하라고 주장하는 활동으로 바다표범은 부분적으로 증가하였다. 바다표범을 죽이는 전통적 방법은 어린 바다표범을 곤봉으로 때려서 죽이는 것이다. 1996년 캐나다 정부는 바다표범 사냥 할당량을 18만 6천에서 28만 7천으로 증가시켰다. 1997년에 7개국에서 온 과학자들은 북서대서양에서 바다표범과 어업 사이에 대한 상호작용을 고려하기 위해 뉴펀들랜드의 세인트존에서 만났다. 이 모임의 결론은 바다표범의 수가 증가한다는 초기 발견을 지지하였지만 현재는 1980년대보다 더 느리게 성장하고 있고 임신율도 낮다고 지적하였다.

세인트존 회의는 래브라도 뉴펀들랜드 사주의 해안에서 바다표범의 일상적인 먹이는 북극 대구가 대부분을 차지한다는 사실을 확인하였다. 그러나 이 모임은 래브라도 뉴펀들랜드 사주에서 바다표범이 특히 대서양 대구의 상업적인 어획에 영향을 주었는지 아닌지를 결정하지 못하였다. 이것은 근해의 어린 대구의 양을 산출하는 것과 그린란드 핼리벗, 고래 그리고 바다새와 같은 다른 포식자에 의해 대구의 양을 추산할 필요가 있기 때문이다.

이 글은 많은 고립되고 관계없는 요인들이 실제적으로 전체 지역의 경제에 영향을 미치는 것과 상호 관련되는 것처럼 무엇이 우선적으로 제시되어야 하는지를 보여준다.

그림 1.3 기후변화협약의 교토의정서 역사상 처음으로 주요 온실가스에 대한 구속력 있는 감축 결의를 담았다. 의정서는 기후 변화의 위협에 대응하는 국제적 노력에 있어 의미 있는 진전을 이루었다.

환경 돋보기

옐로스톤의 생태계

1987년 미국 정부에서는 옐로스톤 국립공원을 세계 최초의 국립공원으로 지정하였다. 간헐천, 온천, 강, 호수와 산들과 같이 광대한 지역이 보호되었다. 또한 회색곰, 고라니, 말코바다사슴, 들소와 같은 다양한 종류의 야생생물을 보호하고, 공원으로 지정된 시기에 관광자원으로 적절한 지역과 야생생물을 보호하였다. 그때부터, 공원을 둘러싼 지역은 가축 방목지, 목재 생산, 사냥과 채국 지역을 포함하여 다양하게 이용되었다.

다행히도 옐로스톤 국립공원을 둘러싼 지역과 그랜드티턴 공원은 정부의 국유림, 국립야생생물보호지구와 기타 주, 정부 또는 연방에서 관리하고 있다. 몇몇 야생생물, 회색곰, 들소는 종종 공원 경계선을 넘어 다닌다. 회색곰과 같은 종들이 살아가기 위해서는 특히 넓은 야생 지역이 필요하다. 많은 사람들이 광대한 옐로스톤 생태계 관리 계획이 약 730만 ha를 둘러싸야 한다고 주장한다. 이 계획은 1872년 최초 경계선 설치 때보다 자연적인 경계들에 기본을 두고 있다. 이 계획은 옐로스톤 주변의 땅의 다양한 용도에 변화를 요구하였다. 벌목, 채굴, 사냥과 방목은 멈추었거나 상당히 감소되었다. 이 결과 이러한 산업의 일자리가 감소되었고, 관광안내와 서비스 산업과 관련된 직업들이 만들어졌다.

은 교토 기후변화협약이라 불리는데 참가국들은 지구 온난화와 관련된 6개의 온실가스의 총 배출량을 2008년~2012년 사이에 최소한 1990년도 대비 5% 아래로 내리기로 합의를 했다. 이 교토협약의 합의는 환경 보호와 국제 외교에 있어서 매우 중요한 진전으로 비춰진다. 모든 나라들이 자기들의 환경을 보존하는 데 더 적극적인 협약을 체결하기까지는 수년이 걸릴지 모르지만 그들이 그렇게 하려는 의향을 보였다는 것 자체가 일단은 성공인 것이다.

국제연합은 유네스코와 국제연합환경계획(UNEP)을 통해서 많은 환경 프로그램을 지원해 왔다. 최근에 수행된 것은 국제환경교육프로그램(IEEP)인데 이것은 이전의 학교 환경 교육과 미디어와 관련 시민단체의 비공식 환경 교육 양자의 요구를 수렴한 것이다. 환경 교육에 관한 회의는 1970년대에 이래로 지금껏 지속되고 있다.

생태계적 접근

자연은 상호 관련된 단위인 생태계로 구성되어 있다. **생태계**(ecosystem)란 생명체와 이를 둘러싼 물리적인 환경들로 이루어진다. 기후는 식물에 영향을 미치고, 식물은 토양의 무기질을 이용하여 동물에 영양을 공급하고, 동물은 식물의 씨앗을 퍼뜨리고 다시 식물은 토양에 안착하고, 식물은 수분을 증발시키고 이것은 기후에 영향을 미친다.

생태계는 종종 분명한 경계를 갖는데, 호수나 섬 등이 그러한 경우이다. 그러나 초원과 사막의 경계는 아주 모호하다. 강우 현상의 변화에 의해 초원이 서서히 사막으로 변하기도 한다.

생태계 접근은 세계가 구조화된 방식을 보는 것이다. 강은 어디로 흘러가는가? 탁월풍(卓越風)의 양상은 어떠한가? 일정 지역에서 우점종은 어떤 것인가? 인간의 활동은 어떻게 자연에 영향을 미치는가? 환경과학자의 과제는 자연에서 발생하는 상호작용을 인지하고 이해하여, 이를 자연을 구성하는 인간활동과 통합하는 것이다.

환경문제의 상호 관련된 본질을 이해하기 위해서 이제부터 북아메리카의 지역별 주요 특성과 쟁점을 살펴보게 될 것이다.

지역별 환경문제

환경에 대한 우려로부터 자유로운 지역은 없다. 대부분 지역은 자신에게 직접 적용되는 특수하고 지역적인 환경문제에 관심을 갖는다. 멸종 위기종의 보

환경 돋보기

생태계의 규모

다양한 조류가 현저하게 감소하고 있다는 사실 때문에 조류에 대한 관심이 높아지고 있다. 특이한 종들은 북아메리카와 남아메리카로부터 이주하고, 파괴되지 않은 숲의 넓은 지역을 필요로 한다. 많은 새들은 인간의 활동에 의해 숲의 커다란 가지들이 줄어들면서 영향을 받는다. 이러한 영향은 주민들이 경제림을 조성하거나 벌채를 하면서 더욱 심화될 것이다. 새들은 차단된 숲과 열린 장소가 혼합된 변두리와 교란되지 않은 숲의 큰 가지들을 서식처로 이용한다. 야생 독수리들의 이동 조사에서 최근 몇 년간 급격히 개체수 감소가 드러났다. 이것은 야생 독수리가 작은 새들을 1차 식량원으로 이용하는데, 이동하는 새들이 줄어들면서 직접적으로 그들의 수도 감소한 것이다.

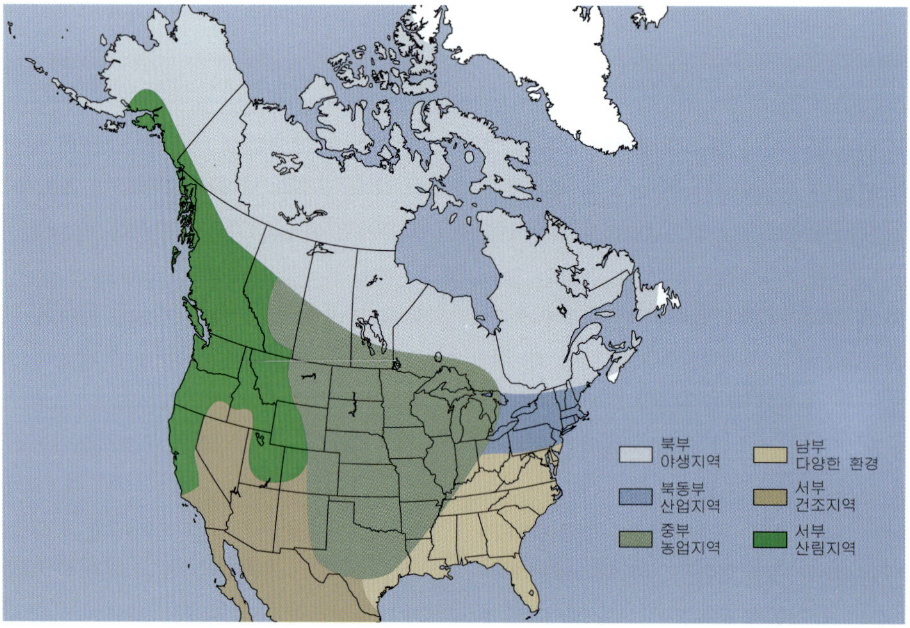

그림 1.4 북아메리카의 지역 구분 토지의 자연적 특성과 토지 사용의 차이는 북아메리카의 다양한 지역에서 서로 다른 종류의 환경문제를 만들어 내고 있다.

호는 세계의 여러 지역에서 주요 관심사로 떠오르고 있다. 태평양 연안의 북서부 지역에서는 멸종 위기종인 북부점박이올빼미에 특별한 관심을 갖는데, 북부점박이올빼미의 포획이 금지되었고 생존을 위한 숲을 보존하고 있다. 대도시 지역에서는 도시의 건설 시 기존의 생태계를 파괴하였기 때문에, 멸종 위기종에 관한 문제는 다분히 이론적일 뿐이다. 여기서 제시되는 지역 모습은 환경문제의 복잡성과 상호관련성을 충분히 보여주고 있다(그림 1.4).

북부 야생지역

알래스카와 캐나다 북부의 대부분은 **야생지역**(wildness) – 인간의 영향이 최소인 지역 – 으로 표시된다. 이 지역의 대부분은 정부가 소유하고 있다. 따라서 이 지역은 정부 정책의 영향을 많이 받는다

해마 사냥

완전 벌채된 숲

연어를 먹고 있는 회색곰

그림 1.5 북부의 야생지역 이 지역의 주요 쟁점은 야생지역의 보호이다. 지역 갈등에는 토지 관리에 있어 정부의 역할, 원주민의 권리와 의지의 보호, 광물 탐사의 요구 등이 포함된다.

(그림 1.5). 이 지역은 산림, 동물, 경관, 그리고 여타의 자연자원에 의한 경제적 가치를 지니고 있다. 지역의 자연자원에 대한 개발은 수출과 관련이 있다. 통상 자연계의 일부 지역은 영구적으로 변화되었으나 그 규모가 미미하기 때문에 많은 이들에게 그다지 중요하게 고려되지는 않는다. 고약한 기후 조건 때문에 북부의 야생지역은 개발에 매우 민감하며 무분별한 개발로 인한 자연 훼손은 긴 시간이 지나야 회복될 수 있다. 광물 채굴, 석유 시추, 수력발전 프로젝트의 연구, 목재 생산은 도로 등 인공구조물과 새로운 기술의 도입을 포함하게 되며, 경제적 부가가치를 창출하기도 한다.

예전에는 많은 단기적인 정치 · 경제적 결정들이 장기적인 환경 변화의 함의를 살피는 데 실패하였다. 그러나 오늘날에는 사람들이 이러한 야생지역에 대해서도 관심을 갖는다. 정치인들은 개발을 통한 경제적 가치 못지 않게 야생지역이 갖는 과학적 가치와 휴양의 가치를 높이 평가한다.

이 지역을 자신들의 영토라고 생각하는 원주민들은 주 정부나 연방 정부와의 협상에서 조약문서상에 자신들의 권리를 보호하는 면에서 보다 조심스러워하고 있다. 그들은 전통적인 생활방식을 변화시키는 토지 이용과 정부정책의 변화에 대해서 매우 민감하다.

원주민, 의식 있는 시민, 이해관계가 있는 기업, 환경운동가들이 정부의 정책 수립에 점점 복잡하게 관여하고 있다. 정책 결정 과정이 순탄하지만은 않고 늘 현명한 결정으로 귀결되는 것도 아니지만, 정부는 이제 시민들의 우려에 귀를 기울여야만 하고, 경제적 가치와 사회 문화적 가치의 균형을 맞추기 위해 노력하고 있다.

중부 농업지역

북아메리카의 중부에서는 집약적인 농업이 이루어지고 있다. 이는 본래의 자연 생태계가 기업적인 농업 경영체제로 돌아섰다는 것을 의미한다. 이 지역이 한때는 야생지역이었다는 사실에 주목할 필요가 있다. 오늘날 아이오와, 미주리, 남부 매니토바에서 야생지역을 찾기란 힘들어졌다. 소수의 특별한 지역이 본래의 동식물 군집의 일부를 보존하고 있으나, 토지의 대부분이 농지로 개조되었다.

이 비옥한 토지에서 파생되는 경제적 가치는 어마어마하다. 이 지역 토지의 대부분이 개인 소유이다. 정부는 개인 소유의 토지에서 일어나는 일에 대해 쉽게 간섭을 할 수 없다. 하지만 정부는 간접적으로 농무부를 통해 일정 행동을 장려하고 농부들에게 특별한 수익을 보장해 준다. 그러나 농사에 따르는 경제적 위험 부담이 크기 때문에 농부들의 숫자는 점점 감소하고 있다. 농업 실패의 주요 원인은 가뭄과 병충해와 시장의 부족에 있다.

농업은 또한 주요한 비점원 오염원(nonpoint pollution source ; 오염의 발원이 쉽게 규명되지 않는 형태의 오염)이다. 먼지 등의 대기오염은 토지 경작의 결과물이다. 토양이 바람과 흐르는 물에 오래 노출되면 토양 침식이 일어나고 이는 강과 저수지와 호수의 부유물을 증가시킨다. 비료 등의 농약이 물과 바람에 의해서 씻겨나가는 수도 있다. 양분이 강이나 호수로 흘러들면 조류(algae)의 생성을

관리가 잘되는 농장

농약 사용

곡물을 선적하는 배

그림 1.6 중부 농업지역 이 지역의 비옥한 토양이 농업 경영 활동에 의해 변화되고 있다. 농약 및 비료의 사용과 침식으로 노출된 토지는 표면뿐 아니라 지하수 오염의 원인이 되기도 한다. 대부분의 농부들이 현대적 농업 경영에 필수적인 이러한 습관을 여전히 유지하고 있다.

급증시켜 수질을 떨어뜨리게 된다. 농약은 인간과 야생동물에게 노출될 우려가 있으며, 농산물에 축적되기도 한다.

이 지역의 많은 주민들이 지하수로 생존하는데, 농약과 비료를 과다하게 사용하면, 지하수로 흘러들 가능성이 있다. 게다가 많은 농부들이 관개를 통해 지하수를 끌어 쓰고, 이 때문에 지하수가 부족하게 된다.

사업의 발전과 개선된 생활방식을 위해서 농부들은 현대적인 기술을 활용해야 한다. 도구를 바르게 사용해야만 그리 좋지 않은 영향을 줄일 수 있으며, 무책임한 사용은 토양 침식, 수질오염, 인간에 대한 위험을 증가시킨다(그림 1.6).

서부 건조지역

농사를 짓기에는 부족한 강수량을 보이는 지역에서는 대신에 방목 등의 가축 사육이 가능하다. 이는 북아메리카 서부의 건조지역에서 확인할 수 있다. 토지의 대부분이 경제적 가치가 낮기 때문에, 여전히 정부 소유로 남아 있다. 정부는 최소한의 비용으로 가축 사육과 관개농업을 위한 물 공급을 통해 낮은 비용으로 방목권을 제공하고 광산 채굴 등의 개발을 독려하기도 한다.

많은 이들이 이 지역에 대한 정부 기관의 관리를 비판한다. 그들은 정부가 특별한 이해관계를 가진 그룹과 방목업자들의 지지를 받는 정치인들에 의해 조종되고 있다고 주장한다. 정부는 방목권에 대해 거의 세금을 부과하지 않는 방식으로 방목업자들을 보조하여 경제적 이익만을 추구하는 과도한 방목이 이 지역을 파괴하고 있다고 주장한다. 이에 비해 방목업자들은 방목 비용이 날로 증가하고 있기 때문에 자신들은 정부 소유의 토지로 접근할 수밖에 없으며 정부 정책의 변화는 지역 경제에서 중요한 생활방식을 파괴하게 될 것이라고 주장한다.

물은 이 지역에서 매우 가치 있는 자원으로, 지방 도시의 생활용수와 농업용수로 사용되기도 한다. 계곡 주변에는 집약농업이 가능할 정도의 비옥한 토지가 있다. 관개로 물에 대한 접근성이 높아지면 면화, 과일, 채소와 같은 환금작물의 재배가 가능할 것이다. 물의 증발량이 높기 때문에 장기간 관개된 토지는 종종 암염 결정체를 남기기도 하는데, 이는 토지 비옥도를 떨어뜨린다. 농토를 통과한 물은 농약으로 오염되어 식수로 부적합하게 되기도 한다. 이 지역에서도 도시가 성장함에 따라 생활용수를 사용하려는 도시 거주자와 방목과 농업을 위한 방목업자나 농부와의 갈등이 증가하고 있다. 증가하는 물 수요는 물 부족을 낳을 것이며, 결국 누가 물을 얻을 것인가에 대해 결정을 내려야만 할 것이다. 도시 거주자가 물을 얻게 되면 방목업자나 농부는 그들의 사업을 접어야만 한다. 농부가 물을 얻게 되면 도시의 성장과 발전은 제한될 것이며 돈을 들여 상수도 시설을 개조해야만 할 것이다.

아직까지 인구밀도가 낮기 때문에 토지의 대부분은 야생의 특성을 지니고 있다. 방목 등을 통한 토지의 경제적 관리와 야생지역을 보존하려는 움직임 간의 갈등도 증가하고 있다. 야생지역으로 보존한다는 것은 일정 목적에 대한 더 이상의 인가를 금하는 것이다. 이것은 전통적으로 토지를 방목, 사냥 등의 목적으로 사용했던 사람들의 반발을 사고 있다. 오랜 시간 과도한 방목과 목초지로 개조하는 과정은 이 지역을 심하게 변화시켜서 야생지역이라는 말이 무색하게 되었다. 그러나 낮은 인구밀도는 산촌(散村)을 형성시켜 야생의 특성이 많은 지역에서 보존되고 있다(그림 1.7).

과도한 방목

글렌 캐니언 댐에서 제공되는 관개용수

브라이스 캐니언

야생지역

그림 1.7 서부 건조지역 물은 이 지역의 주요 관심사이다. 도시 거주자와 농촌의 방목업자 및 농부들 모두 물을 필요로 하고 모두를 충족시키기에 물이 부족할 때 갈등이 일어난다. 이 지역의 대부분이 정부 소유의 토지이다. 정부의 토지 관리 방식과 지역 주민에게 영향을 미치는 정부 정책에 대한 우려가 일고 있다.

서부 산림지역

미국과 캐나다 서부의 해안지역과 산지지역은 강수량이 풍부한 침엽수림이다. 이 지역은 농지로는 적합하지 않기 때문에 좀더 개방된 숲에서 약간의 방목 활동을 제외하고는 삼림을 그대로 유지해왔다. 정부와 대규모 목재회사가 이 지역의 많은 땅을 소유하고 있다. 정부의 숲 관리관들은 목재 벌채권을 손해를 보면서 팔아왔는데, 다른 유형의 가치들에 비해 산림 생산물이 더욱 이익이 되는 것으로 생각되었다. 1993년, 미 산림청은 저가의 목재 판매를 금지하였다.

이러한 정책 변화는 사업 목적으로 국유림에 접근해왔던 목재상들이 활동하는 태평양 연안의 북서부 지역의 오래된 숲에서 주요한 논쟁거리였다. 환경주의자들은 북아메리카의 침엽수림에서 대규모의 벌채를 진행하면서 중부 아메리카의 열대우림의 파괴에 대해 걱정하는 것은 있을 수 없는 일이라고 지적하였다.

오래된 숲 생태계를 보존하는 무형의 가치는 목재와 일자리를 통한 경제적 가치만큼 중요한가? 환경주의자들은 숲에 속한 생명체들이 성숙한 숲을 필요로 하기 때문에 지속적인 벌목에 대해 우려한다. 알래스카와 브리티시 컬럼비아에 서식하는 회색곰은 벌목 때문에 큰 위험에 처해 있다. 북부점박이올빼미는 오리건과 워싱턴에서 벌목과 보존에 대한 갈등의 상징이 되었다. 해안의 아메리카 침엽수림 지역의 보존은 북부 캘리포니아에서 쟁점으로 떠오르고 있다(그림 1.8).

벌채된 목재의 운송

토착 엘크 사슴

미국의 국유림 안내판

그림 1.8 서부 산림지역 목재 생산을 위해 벌채는 기존의 생태계를 파괴한다. 나무는 직업과 건축자재를 제공하는 가치 있는 자원이다. 숲 생태계는 보존되어야 할 천연자원이기도 하다. 대부분이 정부 소유이기 때문에 이 지역의 활용방안에 대한 정치적 논쟁이 일어나고 있다.

오대호와 북동부 산업지역

북아메리카의 서부와 중부지역이 낮은 인구밀도와 작은 도시들로 대표된다면, 오대호의 주요 지역과 북아메카의 북동부 지역은 충족되기 어려울 정도의 사회적 요구와 자원 소비를 원하는 복잡한 거대 도시들로 형성되어 있다. 낙후된 산업 중심지 주변에 형성된 오래된 도시들의 대부분에서 사람들은 가난을 뒤로한 채 떠나갔고, 버려진 산업지역에서는 환경문제가 발생하고 있다. 고형 폐기물의 처리와 대기 질 악화 등에서 어려움이 드러나고 있다. 거대 도시 주변 사이사이에는 작은 마을과 농지와 숲이 펼쳐져 있다.

이 지역의 주요한 자원 중 하나는 수상 운송과의 접근성이다. 세인트 로렌스의 해안선과 오대호의 수문과 운하를 통해 수상 운송이 가능해진 이래로 오대호와 동부 해안의 상업적 중요성이 더욱 확대되었다. 수상 운송의 중요성 때문에 항구가 건설되었고, 물길도 준설을 통해 더욱 깊어졌다. 운하는 상당한 정부 자금으로 유지되고 있다.

오대호와 동부 해안에 걸쳐 있는 산업 단지에서 발생하는 환경문제는 유해물질에 의한 수질오염이다. 반윤리적인 사람들이 유해물질을 직접 유출하는 경우도 있었고, 사고로 인한 유출과 누수가 오랫동안 지속되면서 항구에 침전물이 쌓이면서 오염되었다.

이러한 오염의 가장 큰 문제는 유해물질이 먹이사슬을 따라 축적된다는 것이다. 호수의 물고기를 잡아 먹는 새 등의 상위 포식자의 지방 조직 내에 화학물질이 농축되는데, 이 화학물질은 물속에 농축된 것의 100만 배인 경우도 있다. 이 때문에 정부기관은 오염된 지역의 어패류 소비에 대한 자문위원회를 구성하였다. 물고기들은 비교적 먼 거리를 이동하기 때문에 이 위원회는 오염 지역뿐 아니라 주변 지역에서 포획된 고기에 대해서도 경고해왔다. 가까이에 있는 체서피크 만은 수년 간의 무분별한 오염으로 훼손되었다. 결과적으로 어패류의 개체수도 줄었고, 위원회는 이 지역에서 포획된 모든 어패류의 소비를 반대하고 있다.

호수나 강은 상당한 휴양 가치를 창출해낸다. 이는 호수나 강을 산업 및 운송의 목적으로 사용하기를 바라는 집단과 휴양을 위해 사용하기를 원하는 집단 간의 갈등을 야기시킨다. 북아메리카 인구의 대부분이 이 지역에 집중되어 있기 때문에 휴양의

지구촌 전망대

메콩 델타 유역

메콩 강은 동남아시아에서 가장 자원이 풍부하면서도 가장 가난한 4개국을 관통하여 흐른다. 1995년 캄보디아, 라오스, 태국, 베트남, 중국, 미얀마는 메콩 강의 지속 가능한 발전에 대한 협약(Agreement on Cooperation for the Sustainable Development of the Mekong River Basin)을 맺었다. 지역의 이익을 목적으로 이루어지는 이러한 협약은 전기 공급과 경제적 성장을 이룰 수 있는 첫 단계가 될 수 있으며, 공동의 노력으로 환경 보존도 공동으로 하고자 한다.

강이 있는 곳에는 산업과 농업 부분에서 물에 대한 수요가 있고, 낚시와 수산물 채취, 물을 통한 교통수단 등을 통해 물을 생태학적, 환경적 측면에서 균형을 잃지 않게 하려면 많은 노력이 필요하다.

전기를 공급하고 경제적인 이익을 이루려면 이런 모든 환경문제들에 대한 원만한 해결방법이 필요하다. 경제적인 발전(예를 들면, 수력발전소 건설)과 특히 강 주변에 사는 6천만 사람들의 생활권, 그리고 생태계의 조화를 어떻게 유지하느냐가 중요하다. 강 주변에 사는 사람들의 30% 정도는 극빈층 또는 빈곤층에 속하며, 낚시에 의존하여 살고 있다. 마찬가지로 베트남과 캄보디아에서는 강물이 집중적으로 농업에 사용되고 있다.

공동 협약은 관계 국가들이 메콩 강 물의 사용 권리도 물 사용에 대한 거부 권리도 가지지 않음을 명기하며, 앞으로의 정책에 대한 합의가 필수적임을 내포하고 있다. 메콩 강에 대한 해법은 현명한데, 예를 들면 환경에 치명적인 영향을 줄 수 있는 댐은 금지시키고, 친환경적인 댐은 건설하자는 것이다. 그러나 몇몇 나라들의 경우, 이에 대해 경제적·정치적으로 협조하기 어려운 실정에 있기도 하다.

메콩 강

길이	4,200 km(2,610 mi)
주변 국가	중국, 미얀마, 태국, 라오스, 캄보디아, 베트남
하천유역인구	6천만 명
주변 국가 총인구	2억 4천 2백만 명
국가별 GDP	태국 2,565달러(미화)에서 캄보디아 265달러(미화)까지 다양.
하천의 용도	관개농업, 수산업, 수력발전, 교통, 운송 등
국가 간 협약	메콩 강의 지속 가능한 발전을 위한 협약. 태국, 라오스, 캄보디아, 베트남 참여(1995년 4월 5일 태국, 치앙라이).
협약체	메콩강위원회(Mekong River Commission; 태국, 라오스, 캄보디아, 베트남)

출처 : International Union for the Conservation of Nature (IUCN). Gland, Switzerland.

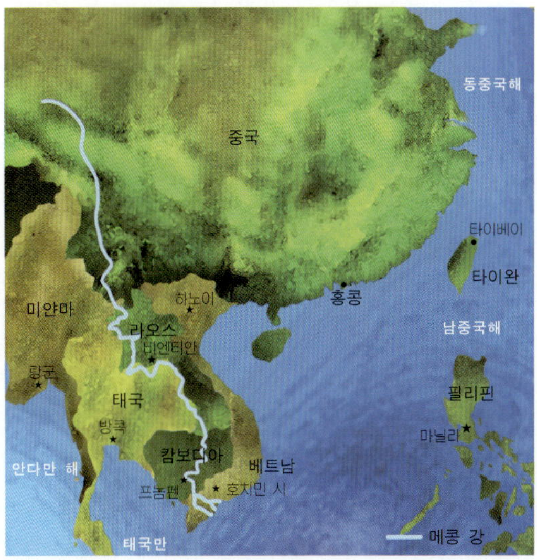

경제적 가치가 급상하고 있다. 오염지역을 정화하라는 압력이 높아지고 있고 새로운 오염이 방지되고 있다. 오염된 지역에는 휴양지도 발전할 수 없다.

이 지역의 낙후되고 거대한 도시들은 더 이상의 성장 계획도 없다. 사람들에게 개방된 공간은 한정되어 있고 도시 거주자들은 자연과 상호작용할 기회를 거의 갖지 못한다. 심지어 이 지역의 아이들은 우유가 소에서 나온다는 것도 알지 못한다. 아이들은

시카고의 낙후된 도심

미네소타 주 덜루스의 항구

뉴욕의 센트럴 파크

그림 1.9 오대호와 북동부 산업지역 산업과 수로와 인구 집중이 이 지역을 규정하는 요인들이다. 역사적으로 수상교통의 편리함으로 인해 오대호와 북동부 해안지역은 산업지역으로 과도하게 활용되었는데, 결과적으로 많은 낙후된 도시를 낳았다. 도심 재개발, 도시 거주자를 위한 여가 기회의 제공, 이전의 오염된 환경의 복원이 중요한 쟁점이다. 이 지역의 수자원은 교통, 휴양, 산업 기회를 제공하고 있다.

소를 본 적도, 냄새를 맡은 적도, 만져본 적도 없다. 결과적으로 도시 사람들은 농촌 사람들이 땅에 대해 갖는 감정을 이해할 수가 없다. 도시 거주자들은 야생지역을 경험할 기회를 결코 갖지 못할 수도 있다. 그들에게 주요한 환경적 과제는 오염지역을 정화하는 것, 보다 많은 공원과 휴양시설을 갖추는 것, 대기 및 수질 오염을 줄이는 것, 운송수단을 발달시키는 것 등이다(그림 1.9).

남부의 다양한 환경

여러 방면에서, 남부지역은 앞서 논의된 모든 지역의 축소판이다. 텍사스와 루이지애나의 경제는 석유화학산업으로 대표되고, 그 외의 지역에는 산림과 농업이 주요한 경제요인으로 자리잡고 있다. 대표적인 거대 도시지역이 번성하고 있고 그 지역의 대부분이 미시시피 강과 그 지류에 의해, 혹은 해안과 맞닿아 연결되어 있다. 남부지역이 직면한 환경 문제는 북아메리카의 다른 지역 전체만큼이나 다양하다.

남부의 일부 지역–특히 플로리다에서 에너지는 급속도로 증가하는 인구 성장을 보이고 있는데, 이는 지하수 문제, 교통문제와 더불어 성장률을 조절할 수 없다는 우려를 낳고 있다. 성장은 개발자와 투자자들에게는 돈을 의미하지만, 이는 지방 자치단체의 공공사업에 대한 부가된 책임을 요구한다. 너무 많은 사람과 개발은 남아 있는 자연 생태계를 위협한다.

가난은 남부의 많은 지역에서 문제가 되어 왔다. 이 때문에 주나 지방 정부는 다른 용도의 비용으로 산업 개발을 수용하는 풍토를 낳고 있다. 때때로 직업의 환경적 결과보다 직업 자체가 중요하기도 하다. 낮은 임금의 직업이라도 실업보다 낫다.

해안가의 이용이 남부지역의 주요 관심사가 되고 있다. 해안은 매력적인 거주지이기 때문에 섬들에 대한 무분별한 개발이 진행되고 있으며 날씨가 나빠지면 범람하기도 한다. 또한 해안선을 따라 진행되는 산업 활동은 이 지역의 습지를 훼손하고 있다(그림 1.10).

마이애미 메트로폴리탄 지역

에버글레이즈

미시시피 하류의 화학공단

그림 1.10 남부의 다양한 환경 이 지역에서 가난은 역사적으로 중요한 문제였다. 일자리 창출은 종종 환경적 결과에 비해 중요하게 고려된다. 미시시피 강의 수송과 산업 목적의 과도한 활용은 오염 문제를 발생시켰다. 남부의 온화한 기후는 이주를 집중시킨다. 해안지역의 무분별한 택지 개발은 태풍으로 인한 건물 파손의 결과를 낳기도 했다.

요약

국가 간 경계선은 환경문제를 야기시키는 원인이 되고 있는데, 그것은 대부분 환경 단위 또는 에코시스템들이 정치적인 국경과는 맞지 않기 때문이다. 그러므로 환경문제를 해결하려면, 자연적인 지리환경과 결합하는 것이 이상적이다. 지구상에 존재하는 각 지역들의 환경은 대부분 인구, 자원, 문화적인 문제들과 혼합되어 있다.

환경적 문제들은 의견이 취합되지 않을 때 문제가 되기 시작한다. 환경문제에 대한 다른 견해들로 인해 갈등이 야기되고, 문제가 된다. 많은 사회적·경제적·윤리적·과학적 이슈들은 사람들에게 각자의 의견을 가지게 하고, 환경 정책은 일반적인 내용들을 취합하여 결정된다. 사람이 환경문제 발생의 주된 원인이 되고 있는데, 그것은 자연자원의 사용자가 사람이고, 일부 사람들이 자연자원의 사용권을 남용하여 다른 사람에게도 공통적으로 주어진 사용권을 축소시키기 때문이다. 환경문제들은 문제를 문제로 인정할 수 있는 사람들에 의해서만 쟁점화될 수 있으므로, 이 부분에서 인정하지 않는 사람들과의 의견 차이가 갈등의 원인이 되고 있다. 환경에 대한 결정은 결국 경제적인 결과를 수반한다. 어떤 사람들은 자연자원의 사용으로 가치를 얻게 되고 어떤 사람들은 사용권 박탈로 경제적 손실을 입게 되기 때문이다.

- 일부에서는 환경에 대한 테마에서 경제가 논란의 대상이 될 수 없다고 하는 반면, 다른 편에서는 그렇지 않다고 주장한다.
- 일부에서는 자연자원 사용에 대한 제제가 필요하다고 하지만, 다른 편에서는 이러한 제제가 경제 발전에 저해가 된다고 한다.
- 일부에서는 사람 외의 생물도 생태계에서 사람만큼 중요하다고 주장하지만, 다른 편에서는 사람에게 우선적으로 권리가 있다고 한다.
- 일부에서는 환경 변화에 반대하지만, 다른 편에서는 결과가 부정적이지 않다면 변화를 주어도 된다고 주장한다.
- 일부에서는 환경에 대한 책임이 집이나 직장, 사회공동체의 각각의 선택이라고 주장하는데, 이에 대한 당신의 생각은 어떠한가?

정부의 역할이란 토론과 여론조사를 통해 여러 가지 다양한 의견을 취합하여 갈등을 최소화하는 것이다. 여기에서 환경에 대한 영향평가가 중요하고, 환경가치에 대한 인식 등은 특히 필수적이다.

주요 용어

생태계 (ecosystem)
야생지역 (wildness)
환경 (environment)
환경과학 (environmental science)

복습 문제

1. 환경 문제의 해결책을 찾는 것이 왜 어려운가?
2. 환경 문제를 해결하기 위한 생태계 접근에 대해 설명해 보자. 이는 올바른 접근법인가?
3. 다음 지역의 주요한 환경문제를 두 개씩 기술하라. 또한 그 문제들은 어떻게 변화하고 있는가? 북부의 야생지역, 중부의 농업지역, 서부의 삼림지역, 서부의 건조지역, 오대호와 북동부 산업지역, 남부지역.
4. 환경과 생태계를 정의하고 자신의 지역에서 이 용어의 사례를 찾아보자.
5. 환경 갈등의 해결방법을 설명해보자.
6. 지역의 환경문제를 선택하고 위의 모든 질문을 대입한 짧은 글을 써보자. 해결책은 있는가?

비판적 사고력 문제

1. 당신은 직업과 환경 쟁점 중 어디에 더 비중을 두는가? 경제 성장에는 어떠한 한계가 있을 것이며, 환경보호에는 어떠한 한계가 있겠는가?
2. 당신은 도시에 거주하지만 북부와 서부의 야생지역은 보호되어야 한다고 생각하고 있다. 그 지역의 거주자와 당신의 의견에 차이는 없는가? 그들의 거주지인 야생지역이 보호되어야 하는 당신의 주장은 어떻게 정당화될 수 있는가?
3. 당신은 옐로스톤 국립공원의 감독관이고, 생태계 접근에 의해 공원을 관리하기를 원한다. 생태계 접근은 현재의 공원을 어떻게 변화시킬 수 있을까? 또한 주변의 토지 소유자들에게 당신의 생각을 어떻게 설명할 수 있을까?
4. 지구 온난화 문제를 간학문적 관점에서 바라보자. 각 분야에서 지구 온난화를 이해하는 데 기여하는 의문들은 무엇인가?

환경윤리

이 장의 학습목표

- ⊙ 윤리와 도덕의 차이를 알 수 있다.
- ⊙ 개인의 윤리를 정의할 수 있다.
- ⊙ 물질적 부와 자원 탐사와의 관계에 대해 설명할 수 있다.
- ⊙ 상품 생산을 위한 산업의 자원 탐사와 에너지 소비 양상을 알 수 있다.
- ⊙ 기업의 영향력을 설명할 수 있다.
- ⊙ 기업이 환경 기준을 준수하도록 하는 정부의 통제가 필요한 이유를 설명할 수 있다.
- ⊙ 환경 정의의 요인을 설명할 수 있다.
- ⊙ 환경에 대한 사회의 일반적 태도를 설명할 수 있다.
- ⊙ 경제 성장과 환경 악화의 상관관계를 설명할 수 있다.
- ⊙ 상충되는 세 가지 자연관에 대하여 설명할 수 있다.

이 장의 세부목차

과거 현재 그리고 미래

1975	세계 인구 40억 명
1975	개발도상국에서 연평균 일인당 24파운드의 육류 섭취
1980	전 세계 어린이의 47%가 영양실조
1990	기름유출방지법(Oil Pollution Act) 통과. 이때까지 미국에서만 매년 7만 배럴 유출
1994	빌 클린턴 미 대통령, 환경정의법에 서명
2004	세계 인구 60억 명
1995	선진국에서는 연평균 일인당 51파운드의 육류 섭취
2000	전 세계 어린이의 33%가 영양실조
2004	기름 유출 94% 감소, 연평균 4,000배럴

자연관

내가 지금까지 사진으로 본 가장 아름다운 것은 달에서 본 마치 살아있는 것 같은 우주 공간 속의 지구였다. 지구를 슬쩍 보면 무수히 많은 생명체로 이루어진 것 같지만 자세히 보면 그 다양한 생명체들은 각각의 역할을 수행하면서 다른 생명체와 서로 연계되어 있다. 이것이 우리가 알고 있는 바로 그 생태계이다.

– 루이스 토마스(Lewis Thomas)

최근의 과학 기술로 인한 놀라운 일 중의 하나는 태양계에서도 아주 독특한 우주 공간상의 푸른 지구의 모습을 볼 수 있다는 것이다(그림 2.1). 우주에서 우리의 모습을 볼 때면 하버드 대학의 생태학자 클라크(William Clark)의 말을 이해할 수 있을 것이다. 지구상의 우점종인 인간은 "지식을 교환하고, 행동을 서로 조절하고, 지구가 제공하는 것을 공유하면서 지속 가능한 발전을 향한 지구적 변형을 관리할 어떠한 방안을 가지고 있어야 한다."

많은 사람들은 개발되지 않은 채 남아 있는 자연에 대해서 전혀 가치를 두고 있지 않으며 자연 상태로 흘러가는 강을 그대로 두고 보지 못한다. 세계의 많은 강들이 전력 공급, 관개, 수로교통 등을 위해 개발되었다. 많은 이들이 자연을 자원으로 활용하지 않는 것을 낭비라고 생각한다.

북아메리카의 태평양 북서부의 오래된 숲에 대한 가치논쟁이 한창이다. 경제적 이익을 추구하는 집단들은 숲을 목재로 활용하기를 원하며 그렇지 않으면 지역의 경제적 어려움이 계속될 것이라 생각한다. 또한 수령이 오래된 나무는 결국 죽을 것이기 때문에 그 지역의 발전을 위해서는 개발되는 것이 옳다고 주장한다. 그러나 일부에서는 숲을 이루는 생명체들이 우리가 아직 인지하지 못하는 가치를 가지고 있다고 생각한다. 숲을 없애는 것은 수백 년이 걸려도 결코 되찾을 수 없는 것들을 파괴하는 것이다.

인간과 환경의 상호작용은 인간의 문명만큼 오래되었다. 그러나 이전과는 비교할 수 없는 비율과 규모와 복잡성의 증가로 현재의 상호작용은 변화하고 있다. 한때 오염은 지역적이고 일시적인 문제로 치부되었다. 그러나 오늘날 환경오염은 여러 나라에 걸쳐 있으며 세대를 넘어 영향을 미친다. 화학 폐기물과 방사성 폐기물의 처리에 관한 논란의 증가는 국제성을 띤 환경오염의 좋은 사례이다. 서유럽의 선진국들은 방사성 및 유해 폐기물의 국경 통과에 큰 관심을 보이고 있다. 생태 보전과 경제 성장 간의 직설적인 논쟁은 현재 옳고 그름의 판단을 흐리게 하는 복잡한 문제로 바뀌고 있다. 예를 들어, 온실효과는 에너지 과소비, 농사관행, 기후 변화의 복합적 결과물이다.

그림 2.1 우주에서 본 지구 인간 사이의 정치적, 지리적, 국가별 차이는 그리 중요한 것이 아닐 수도 있다. 실제 우리는 한 집에서 살고 있다.

많은 이들이 개발과 환경의 상호의존에 대한 전지구적인 변화의 시기에 접어들었다고 생각한다. 21세기에 진입함에 있어 우리가 직면한 가장 주요한 도전 중의 하나가 지구를 자의식을 가지고 지적으로 관리하는 것이다. 이러한 도전을 위해서는 새로운 환경윤리가 반드시 필요하다.

환경윤리

환경과 관련된 윤리적 문제는 다른 윤리적 문제들과는 다르다. 개인의 관점에서 환경윤리는 다양한 기준과 믿음에 근거한다.

환경윤리는 환경 책임성(environmental responsibility)의 도덕적 기초를 탐구하는 응용윤리학의 한 분야이다. 환경에 관심이 많은 요즘과 같은 시기

환경 돋보기

윤리란 무엇인가?

윤리(ethics)란 철학의 한 분야이다. 윤리는 문화적 차이에 상관없이 근본적으로 무엇이 옳고 무엇이 틀린지를 규명하는 것이다. 대부분의 문화는 생명에 대한 경외심을 가지고 있으며, 모든 개체는 생존의 권리를 가지고 있다고 밝히고 있다. 따라서 개체의 생명을 빼앗는 것은 비윤리적이다.

도덕(morals)은 윤리 문제에 관한 일정 문화의 지배적인 감정을 반영하기 때문에 윤리와 다르다. 예를 들어 모든 문화에서 사람을 죽인다는 것은 두말할 것 없이 비윤리적이다. 그러나 국가 간 전쟁 시 적을 죽이는 것은 아주 당연하게 받아들인다. 따라서 윤리적으로 볼 때 사람을 죽이는 행위가 틀린 것이라고 해도 이 경우에 사람을 죽이는 것은 도덕적인 행위가 되는 것이다. 전쟁을 치른 모든 국가는 그들이 행한 전쟁은 도덕적으로 문제가 없다고 한다.

환경 문제에는 윤리적·도덕적 고려가 필요하다. 예를 들어, 현재 세계에는 모든 사람들을 부양할 충분한 식량이 있기 때문에, 일부에게는 먹을 것이 넘치면서 일부가 굶어죽게 내버려두는 것은 비윤리적인 것이다. 그렇지만 후진국에서의 이러한 현상은 무관심의 전형적인 예로 드러난다. 그들은 도덕적으로 자신이 가진 것을 다른 사람들과 나누어야 할 필요성을 느끼지 못하고 있다. 실제로 이러한 무관심은 사람들을 굶어 죽게 내버려둔다. 이와 같이 도덕적 기준과 윤리적 기준이 늘 일치하는 것은 아니다.

앞서 보았듯이, 도덕과 윤리가 늘 일치하지는 않는다. 따라서 때로 무엇이 옳고 그른지를 말하기가 곤란하다. 일부는 지구의 에너지 상태가 매우 심각하기 때문에 에너지 소비를 줄여야 한다고 보고 있다. 그러나 일부는 에너지 상태에는 문제가 없고 따라서 행동을 바꿀 필요도 느끼지 않는다. 현재 지구의 위기에 대해서 전혀 개의치 않는 사람들도 있다. 그들은 에너지가 존재하는 한 계속 사용할 것이다.

또 다른 문제로 인구와 오염이 있다. 과잉인구의 위기에 처해 있는 오늘날, 두 자녀 이상을 갖는 것은 과연 윤리적인가? 지구를 살리자는 좋은 의도임에도 불구하고 회사의 이익이 줄어든다고 기업이 대중을 선동하여 특정 법안에 반대하도록 해야만 하는가? 이러한 문제들에 대하여 우리가 선택하는 기준은 처해 있는 현실에 달려 있다. 기업의 간부들은 환경운동단체처럼 공해를 부정적으로 보지는 않을 것이다. 사실 기업체의 간부들은 환경보전주의자들의 행동을 성장을 억제하고 실업을 증가시킨다는 이유로 비도덕적이라고 생각한다.

모든 윤리적 질문은 복잡하다. 환경윤리 문제도 다르지 않다. 일정 기준을 정하기 전에 다양한 관점에서 환경문제를 본다는 것은 매우 중요하다. 또한 일정 행동의 단기적 결과와 장기적 결과의 차이를 고려하는 것도 중요하다. 우리가 일정 윤리적 입장을 취할 때, 다른 입장의 사람들에게 공격받을 수도 있다. 종종 사람들은 스스로 정의라 여기는 행동을 추구하는 과정에서 악당으로 취급당할 수도 있다.

에 모두가 환경에 대한 책임의식을 가져야 한다는 주장에는 대부분이 동의한다. 독성 폐기물은 지하수를 오염시키고, 기름 유출은 해양을 오염시키며, 화석연료의 사용은 이산화탄소 배출을 늘려 온실효과를 심화시킨다는 것은 모두가 알고 있는 사실이다. 환경윤리의 목표는 '환경에 관심을 가져야 한다'고 우리를 납득시키는 것이 아니다. 대신 환경책임성의 도덕적 기반에 초점을 맞추고, 어떻게 하면 그 책임성을 확대할 것인가에 관심을 가져야 하는 것이다. 환경책임성에 관한 세 가지 기본적 이론이 있다. 각각의 이론이 모두 환경책임성을 강조하고 있으나 접근방법은 각기 다르다.

첫 번째 이론은 **인간중심적**(anthropocentric)이다. 인간중심주의에서 환경책임성은 오직 인간의 이해관계에 기인한다. 이는 인간만이 유일하게 도덕적으로 의미 있는 존재이며 도덕적 입장을 취한다고 가정한다. 환경은 인간의 안녕과 생존에 필수적이기 때문에 인간은 이해관계에 기인한 의무, 즉 환경에 대한 간접적인 의무를 지닌다. 여기에는 지구가 인간의 삶을 지탱하도록 환경적으로 안전할 것과 지구 위의 인간의 삶이 지속적으로 윤택하기 위해서 그 아름다움과 자원을 보존할 의무가 포함된다. 어떤 이들은 이러한 간접적인 의무는 우리가 환경으로부터 받는 직접적인 혜택과 미래 세대의 혜택을 중재하는 것이라 주장한다. 이에 비해 미래 세대는 현존하는 것이 아니므로 이미 죽은 사람들의 권리만큼도 미래 세대는 환경에 대한 권리를 가질 수 없다는 비판도 있다. 그럼에도 이 두 집단은, 환경에 대한 관심은 오직 인간의 이해에서 기인한다고 믿고 있다.

두 번째 이론은 **생물중심적**(biocentric)이다. 생명중심 이론에 의하면 모든 유형의 생명체는 본연적인 존재의 권리를 지닌다. 일부의 생물중심주의자들은 종별로 가치의 위계를 정하기도 한다. 어떤 이들은 식물보다는 동물을 더 보호해야 한다고 생각한다. 또 어떤 이들은 인간에게 해를 끼치는지 여부에 따라 보호할 가치를 정하기도 한다. 쥐나 모기와 같은 해충을 죽이는 데는 전혀 거리낌을 느끼지 않는 것이다. 더 나아가 종이 아닌 모든 유기체가 기본적인 생존권을 가진다고 생각하는 이들도 있다. 동물권리 운동을 하는 사람은 식물보다 동물에게 더 많은 가치를 부여하고 있다. 인간 행동의 결과로 멸종과 죽음의 위기에 있는 개체들 중 어떠한 종과 개체를 보호할지를 결정하는 것은 윤리적 딜레마를 초래하기도 한다. 이에 대해 윤리적으로 일관된 방침을 이끌어내는 것은 어려운 일이다.

세 번째 이론은 **생태중심주의**(ecocentrism)라 불리며, 인간의 이해와 관계없이 환경을 직접적인 도덕적 고려 대상으로 삼는다. 생태중심주의의 관점에서 환경은 자체로 도덕적 특질이라 볼 수 있는 직접적 권리를 가지며, 직접적 의무로 보존되어야 하고 본연의 가치를 지닌다. 환경은 그 자체로 인간과 도덕적으로 동등하게 고려될 수 있다.

생태중심주의는 《모래 군의 열두 달 *A Sand County Almanac*》(1949)의 저자인 알도 레오폴드(Aldo Leopold)에 의해 주창되었다.

> "지금까지의 모든 윤리는 인간은 상호의존하는 공동체의 일원이라는 단순한 전제를 바탕으로 한다. 그러나 토지윤리(the land ethic)는 공동체의 경계를 흙, 물, 동식물에까지 확장시킨다. 토지윤리는 호모 사피엔스의 역할을 토지의 정복자에서 토지의 일원으로 변화시킨다. 이는 인간이 공동체의 일원으로서 다른 구성원과 전체 공동체를 존중해야 한다는 것을 의미한다."

레오폴드의 토지윤리는 인간이 환경을 어떻게 보아야 하는지에 대한 급진적인 의견으로 받아들여졌다. 또한 그의 글은 다음과 같이 적고 있다. "생태계의 완결성, 아름다움, 안정성을 보존하려고 할 때 모든 활동은 옳다. 그 반대는 옳지 않다. 우리는 토지를 우리에게 속한 부속물로 여기기 때문에 토지를 남용해왔다. 우리가 토지를 우리가 속한 공동체로서 바라볼 때, 우리는 사랑과 존경으로 토지를 활용하게 될 것이다."

전통적인 정치적 국가적 장벽이 사라지고 지구적 차원으로 이동해감에 따라, 다양한 환경관과 윤리들이 발전하고 있다. 새로운 환경관은 인간이 자연의 일부이며 자연은 상호의존적인 전체로 인식되어진다. 생태계 내에서 인간의 안녕과 다른 종의 안녕은 전체의 안녕으로 연결되어 있다. 현재 세계는 국가와 개인을 떠나 생명부양계(life-support systems)와 생물종 다양성과 자체의 아름다움을 보호하기 위해 자연과 지구를 존중하고, 다른 나라와 미래 세대의 요구를 수용하기 위해 근본적인 윤리적 책임성을 가져야 한다는 인식이 날로 증가하고 있다.

환경윤리학자들은 지구의 "권리"인 환경 보호를 인권 개념의 자연스런 확장이라 주장하고 있다. 또한 환경윤리는 환경에 대한 인간행동을 자기 이해에 관한 문제라기보다 옳고 그름의 문제로 고려되어야 한다고 주장한다.

환경에 대한 태도

환경에 대한 태도는 다양하지만 다음과 같은 세 가지로 나눌 수 있다(그림 2.2).

보전

개발

위락

그림 **2.2** 자연관의 종류 개개인의 관점에 따라 같은 자원을 다르게 사용한다.

개발윤리(development ethic)는 개인주의에 기초한다. 개발윤리는 인간은 자연의 지배자이며 자연자원은 인간의 이익과 즐거움을 위해 존재한다고 가정한다. 이러한 관점은 노동윤리에 의하여 강화된다. 인간은 지속적인 변화를 창조하면서 "진보"로 표현되는 더 크고, 더 좋고, 더 빠른 물건들을 생산해낸다. 진보는 곧 "선"이다. 이 철학은 "만약 할 수 있다면 해야 한다" 혹은 "창조적인 작업에 있어 우리의 행동과 에너지를 최고 수준으로 해야 한다"는 사고로 무장되었다.

개발윤리의 사례는 풍부하다. 큰 것이 좋다는 개념은 더 이상 우리에게 새로운 것이 아니다. 위로 향하려는 움직임의 꿈은 개발윤리 안에서 실현되고 있다. 어떤 집단에서는 성장에 대해 의문을 제기하는 것을 반애국적이라고 생각한다. 개발윤리에서 자연은 단지 도구적인 가치를 지닌다. 환경은 인간에게 경제적으로 유용할 때만 가치가 있는 것이다. 산업 부산물과 쓰레기가 개발과 관련이 있다는 인식은 채 50~100년에 지나지 않는다.

보전윤리(preservation ethic)는 자연 그 자체를 특별하게 여긴다. 자연은 인간의 전유와는 별개로 그 자체가 독특하면서도 고유한 가치를 가지고 있다. 보전주의자들은 자연을 보전해야 하는 다양한 이유를 제시한다. 그들은 생명에 대한 경외감을 가지며 사회적 경제적 가치와 상관없이 모든 창조물의 생존의 권리를 존중한다. 또 다른 보전주의자들은 자연의 심미적 그리고 위락 가치에 관심을 기울인다. 그들은 자연은 아름답고 기분을 새롭게 하기 때문에 소풍, 하이킹, 캠핑, 낚시 혹은 평화와 묵상에 유용하다고 믿는다.

종교적이거나 위락적인 보존주의자들에 더하여 매우 과학적인 논리를 가진 보전주의자들도 있다. 그들에 따르면 인간은 자연에 종속적이며 자연에서 많은 것을 배워야 한다. 그들은 귀하거나 멸종 위기 종뿐만 아니라 일반적인 종들도 이미 밝혀지거나 혹은 앞으로 밝혀질 실질적인 유용성 때문에 반드시 보전되어야 한다고 주장한다. 이러한 주장은 자연의 다양성, 복잡성, 원시성이 인위적인 통일성, 단순성, 길들여짐보다 우위에 있다는 생각이다. 과학적 보전주의자들은 모든 토지 이용의 규제가 아니라 미래세대를 고려할 필요가 있음을 주장한다.

세 번째 환경윤리는 **보존윤리**(conservation ethic)이다. 과학적 보전주의자들의 견해와 관련이 있으나 이들은 모든 시대 전체 지구에 대한 이성적 고려에까지 확장되어 있다. 보존윤리는 일정한 생활수준의 필요성을 인식하고 있으나, 이는 자원 활용과 이용 가능성 간의 균형을 추구한다. 보존윤리는 전체적인 개발과 절대적인 보전의 균형을 주장한다. 또한 보존윤리는 통제되지 않는 인구 및 경제 성장이 결국 우리 모두를 파멸로 이끌 것이라 주장한다. 보존윤리의 목표는 명확하지는 않지만 하나의 세상에서 모든 사람이 다같이 살아가는 것이다.

사회 환경윤리

사회는 다양한 관점을 지닌 다양한 사람들로 구

환경 돋보기

자연주의 철학자들

환경운동의 배경이 되는 철학은 19세기에 뿌리를 두고 있다. 많은 보수주의 철학자 중에서 랠프 월도 에머슨(Ralph Waldo Emerson), 헨리 데이비드 소로(Henry David Thoreau), 존 뮤어(John Muir), 알도 레오폴드(Aldo Leopold), 그리고 레이첼 카슨(Rachel Carson) 등이 유명하다.

에머슨은 1836년 발간된 그의 첫 수필집 《네이처 *Nature*》에서 "자연보다 우선하여 정신이 존재한다 *behind nature, throughout nature, spirit is present*"라고 주장하였다. 에머슨은 이미 경제의 지나친 성장을 우려하였다. 1840년에 출간된 《저널 *Journal*》에서는 중요한 상업화의 위험성에 대하여 고민해야 한다고 주장하였다. 돈, 빚, 증기, 기차 등으로 자연을 침해하는 것은 결국 사람과 자연의 균형을 저해한다고 역설하였다.

헨리 데이비드 소로는 에머슨과 같은 생각을 가졌던 자연주의자였다. 소로의 경향은 에머슨의 도시 문화의 상위에 존재하는 자연의 진실과 자연스러움이었다. 매사추세츠, 콩코드의 시골 풍경은 도시의 우울함과 상업주의에서 받았던 스트레스를 없애주고, 완전히 그를 매료시켰다. 콩코드 근처에서 그의 고전 《월든 *Walden*》을 완성하였는데, 그곳에서 경험한 자연과의 교감을 "인생에서 경험했던 가장 중요한 부분 *essentials facts of life*"이라고 묘사하였다. 그 이후 그는 작품을 통해 자연을 향한 자신의 마음을 예언적인 방법으로 표현하였다.

> 대부분의 사람들은 자연을 염려하지도 않고, 많은 경우 한 잔의 럼주를 얻을 수 있는 만큼의 기쁨을 얻을 수 있다면, 사람으로서 느낄 수 있는 자연의 아름다움을 쉽게 포기한다. 사람이 아직 하늘을 날 수 없는 것과 지구만큼 하늘을 사용할 수 없는 것에 대해 신께 감사하라. 이렇게 해서 우리는 현재 안전하게 존재할 수 있다. 이런 이유에서 자연에 대해 횡포를 일삼고, 전혀 자연에 대해 우려하지 않는 일부 사람들로부터 자연을 보호해야 할 이유가 충분히 있다.(1861)

존 뮤어는 철학자들에게 좀더 강력하게, 현실적으로 리더의 역할을 요구하였다. 자연스러움은 곧 성스러움이며, 인간성을 풍부하게 하고, 정신에 활력을 준다고 뮤어는 믿었다. 또한 그는 사람들에게 도시를 떠나 시골에서 한동안 시간을 보내는 것이 중요하다고 강조하면서, 자연이 파괴될 것을 걱정하였다. 1876년 <새크라멘토 레코드 유니온 *Sacramento Record Union*>에 기고한 글 "신의 최초의 전당: 숲을 우리는 어떻게 보존할 것인가? *God's first temples: How can we preserve our forest?*"에서, 오직 정부의 규제만이 캘리포니아의 아름다운 세쿼이아 숲을 '바보들의 횡포'로부터 구할 수 있다고 주장하였다. 1890년 초 뮤어는 시에라클럽(Sierra Club)을 조직하여 태평양 연안 근처의 산을 가까이 하여 즐기라고 하였고, 이 지역의 리스트를 만들어 정부에 보전

랠프 월도 에머슨

헨리 데이비드 소로

존 뮤어

알도 레오폴드

레이첼 카슨

할 것을 제안하였다. 서부에서는 그의 이러한 활동으로 요세미티 계곡에 대한 개발을 제한하여 지금까지 그 아름다움을 보존할 수 있었다.

알도 레오폴드는 초기 보존 영역에서 행동가이면서 사상가였는데, 《모래 군의 열두 달 *A Sand County Almanac*》에서 자신의 생각을 요약하였다.

> 인간의 망치질을 통해 파괴된 자연을 문명이라고 한다. 인간은 살아서 꽃들과 한없이 높게 자란 풀들로 뒤덮인 들판을 다시는 볼 수 없을 것이다.

레오폴드는 들에서 게임의 법칙을 발견하였다. 1920년 숲을 위해 일하면서, 자연주의 정책과 기본적으로 들에서 일어나는 게임의 규칙을 최초로 발견하였다. 미국게임협회(American Game Association) 연보에 기고한 글에서, 자연에 존재하는 낙엽 타입과 공간의 양에 따라 그곳에 살아남을 수 있는 동물의 수가 결정된다고 하였다. 또한 정기적인 사냥으로 자연의 균형을 유지할 수 있다는 것을 발견하였다.

대부분의 사람들이 무엇이 어떻게 잘못되었다고 떠드는 동안 극소수의 몇 사람은 발전하면서 조금씩 상황을 변화시킨다. 레이첼 카슨은 그 극소수 중의 한 사람으로 평가받는다. 괄목할 만한 자연주의자이자 자연주의 베스트셀러 작가로, 카슨은 1960년 <뉴요커 *New Yorker*>에 농약에 대한 토론을 야기시키는 논문을 연속적으로 연재하였다. 1962년 책으로 발간된 《침묵의 봄 *Silent Spring*》은 농약의 일부가 식품과 자연, 사람에게까지 전달될 수 있다는 위험성을 경고하였고, 미국에서 농약 사용에 변화를 주게 되었다.

비록 나중에 이 책에 몇 가지 실수가 있음이 밝혀지기도 했지만, 농약이 자연을 오염시키고 생태계에 큰 손상을 줄 수 있다는 사실은 인정되었다. 불행하게도 그녀는 자신의 책이 20세기 환경사에서 가장 중요한 사건 중의 하나로 인정받는 것을 보지 못하고 암으로 세상을 일찍 떠났다.

성된다. 이러한 다양성은 사회의 지배적인 태도를 반영한 개념체계로 정제될 수 있다. 집합적 태도는 윤리적 관점에서 분석될 수 있다. 서구의 선진국들은 오랫동안 지구가 마치 무한한 자원을 보유하고 있고, 끝없이 쓰레기를 처리할 수 있으며, 억제할 수 없는 성장을 잘 조정할 수 있는 무한대의 능력을 가지고 있는 것처럼 행동해왔다.

선진국의 경제 방향과 논리는 지속적인 성장에 있다. 불행히도 이러한 성장은 신중하게 계획된 것도 기존에 바라던 그대로도 아니었다. "성장집착(growthmania)"은 안락한 가정생활, 시설 좋은 병원, 편리한 교통, 비디오 재생기, 컴퓨터, 전자 장난감 등을 위해 재생 불가능한 자원을 활용해온 결과이다. 경제 통계에서 그러한 '성장'은 '생산성'으로 측정되었고, 인생은 온통 장미빛이었다. 하지만 "얼마만큼이면 충분한 것인가?" 라는 의문이 들 수 있다. 많은 후진국들은 가진 것이 너무 없으며, 선진국들은 절대로 "이제 그만, 우리는 이제 충분하다."라고 말하지도 않는다. 인도의 철학자이자 정치가인 마하트마 간디는 "지구는 모든 사람의 필요를 충족시키기에는 충분하지만 모든 사람의 탐욕을 충족시키지는 못한다."고 말하였다.

성장, 팽창, 우월은 선진국 대부분의 중요한 사회적 목표이다. **경제 성장**(economic growth)과 **자원 개발**(resource exploitation)은 개발도상국도 공통으로 가지는 태도이다. 우리는, 공급에는 절대로 끝이 없을 것처럼 자연자원을 지속적으로 소비하고 있다. 이 모두는 환경과의 점점 불안정해지는 관계에 반영되는데, 이것은 미래를 고려하지 않고 '공동의 선(commom good)' 을 추구하려는 경향에서 비롯된다.

이러한 태도는 사회구조 안에서 깊게 고착화되어 있다. 북아메리카의 최초 이주자 이래로 자연은 적으로 간주되었다. 식민지 지배자들은 자신들과 야생지역과의 관계를 종종 군사용어로 표현하였다. 그들은 자연을 개척자 "군인"들에 의해 "정복되고" "진압되고" "격파되어야" 할 적으로 간주하였다. 야생지역을 정복하고 개발했던 개척자들은 종교적 신념에 의해 정당화되었다. 자연에 대한 이러한 태도는 오늘날에도 여전하다. 대부분이 야생지역을 아직 개발되지 않은 땅으로 간주하고 농지로, 건축부지로

환경 돋보기

당신이 살고 있는 곳 근처에는 무엇이 있나요?

대부분의 사람들은 본인이 오염되지 않은 곳에서 살거나, 그렇게 되기를 원한다. 이것을 NIMBY(not in my backyard)라고 한다. 이것은 오랫동안 사람이 사는 곳 가까이 해로운 폐기물, 매립지, 핵폐기물, 쓰레기처리시설물 등이 설치되는 것이 반대되면서 만들어진 용어이다. 많은 사람들이 자신들 근처에 오염의 원인물이 있다는 것을 모르고 있다. 환경보고서에 의하면, 미국인의 23%만이 정원과 길, 농장에서 흘러나온 물이 대부분 일반적인 수질오염의 원인임을 알고 있다고 한다. 반면, 공기 중 일산화탄소 오염의 주된 원인은 자동차라는 것을 69%가 알고 있었다.

당신의 생각은 어떠한가? 내가 살고 있는 집 근처의 오염 정도를 알고 있는가? 만약 안다면, 어떻게 하겠는가? 원자력발전소나 쓰레기처리시설, 매립지는 얼마나 떨어져 있는가? 당신이 사는 곳의 오염도를 조사해보라.

혹은 다른 방식으로 개발될 때에만 가치가 있다고 생각한다. 야생지역이 보전되어야 한다는 생각은 일부에게는 전혀 이해할 수 없는 논리이다. 고의적으로 자원을 개발하지 않는 것은 대부분에게 죄악으로 여겨진다.

기업 환경윤리

원료 획득, 제조, 시장화, 폐기물 처리에 이르는 대부분의 산업활동이 오염에 상당 부분 책임이 있다. 이는 일정 산업이나 회사가 공모를 해서 공해를 유발하기 때문이 아니다. 산업은 본질적으로 에너지와 자원을 소비하기 때문에 오염을 발생시킨다. 원료가 가공되는 과정에서 일정한 폐기물은 불가피하다. 또한 생산공정에서 생기는 모든 부산물을 완벽하게 통제하는 것도 보통 불가능한 것이다. 일부 폐기물은 그야말로 아무 쓸모가 없다.

예를 들어, 식품 서비스업은 음식을 만들면서 에너지를 이용하는데, 에너지의 대부분은 폐열로 손실된다. 조리 중의 연기와 음식냄새는 대기 중으로 흩어지고, 남은 뼈와 지방, 변질된 음식은 버려진다.

폐기물 관리비용은 회사의 이익 범위를 결정하는데 매우 중요하다. **기업**(corporation)은 이윤 추구를 목적으로 하는 법인체이므로, 수익 자체가 나쁜 것은 아니다. 기업 자체는 윤리가 없고, 다만 기업의 구성원이 윤리적 결정에 직면하게 된다. 윤리는 기업이 수익을 최대화하기 위해 생산품의 질이나 폐기물 처리의 예산을 삭감할 때 적용된다. 제품의 생산비용이 낮을수록, 이윤은 늘어난다. 폐수 처리를 위한 시설을 갖추는 것보다 폐기물을 강에 투기하는 것이, 그리고 여과장치를 설치하는 것보다 대기로 오염된 공기를 방출하는 것이 더 싸게 든다. 많은 이들이 이러한 행동을 반윤리적이라 여기지만 기업은 이를 **이윤율**(profitability)을 결정하는 요소 중 하나로 여길 뿐이다(그림 2.3). 주주들은 투자에 대해 바로 이익을 얻기를 바라기 때문에 기업은 종종 사회의 장기적 이해보다 단기적 이윤율에 기초하여 결정을 내리게 된다.

기업 이윤율은 회사의 확장 정도를 결정한다. 사업을 확장하기 위해서, 기업은 광고를 통해 상품 수요를 늘린다. 기업이 확장될수록 보다 큰 영향력을 획득한다. 기업의 힘이 커질수록 확장 계획에 우호적인 조건을 창출하도록 정책입안자들에게 미치는 영향도 늘어간다. 이러한 과정은 아마 끝없이 지속될 것이다.

기업의 환경에 대한 무책임성의 문제에 대해 세계

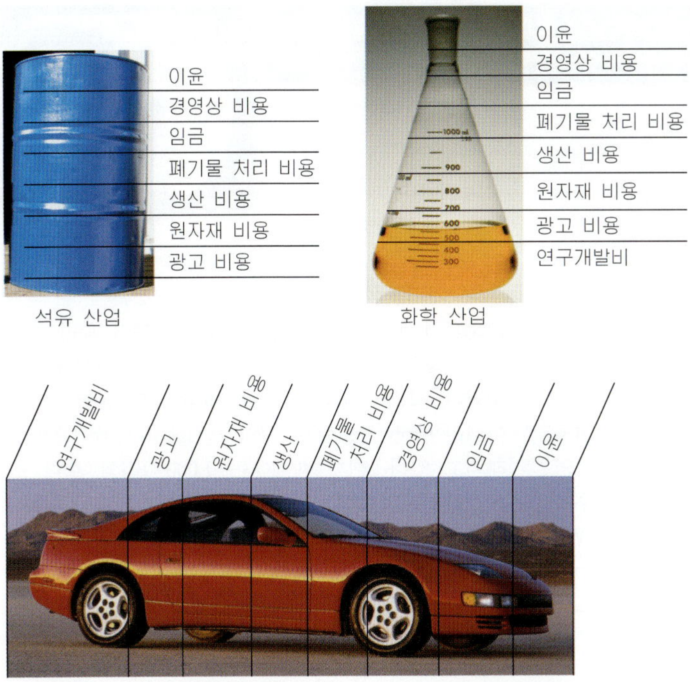

그림 2.3 기업의 의사 결정 기업은 이윤을 창출해야 한다. 기업은 오염 관리를 다른 비용들처럼 본다. 비용의 절감은 이윤을 증대시킨다.

그림 2.4 세레스 원칙 1989년 알래스카의 기름 유출 사건은 세레스 원칙 제정을 이끌었다. (a) 기름 유출의 피해자인 물새 (b) 엑손 발데즈 호

의 공동 대응이 필요하다. 사업상 기업(주식회사)은 개인이나 합명회사를 훨씬 능가하는 부와 권력의 조직과 집중이 가능하다. 환경에 영향을 미치는 대부분의 중요한 결정은 정부나 대중이 아니라 막강한 기업 장악력을 갖춘 대주주에 의해 이루어진다. 대주주들은 종종 이윤의 극대화를 위해 노력하는 과정에서 공적 이익을 위해서는 미미한 양보를 할 뿐이다.

사업상의 결정과 기술의 발전은 자원 남용을 증가시켰다. 더불어, 많은 정치적 법적 기관들은 일반적으로 사기업의 개발을 지지해왔다. 그들은 또한 사회 및 환경적 고려보다 개인의 재산권을 방어하고 향상시켜왔다. 사업가는 보통 사회적 혹은 환경 규제를 따르는 것을 지연시키기 위해 법률상의 허점, 정치적 외압, 법적 행동의 본질인 시간 끌기를 구사해왔다.

산업이 좀더 환경친화적으로 될 수 있는가? 기업들은 지난 수년간에 걸쳐 전 세계적인 환경 사고들에 관하여 예전에 비해 많은 관심을 보여왔다. 이러한 관심은 단순한 미사여구나 사회적 마케팅 전략인가 혹은 새로운 기업 윤리의 출발점인가? 기업체나 대중들이 기업의 환경 책임성을 평가할 수 있는 '발데즈 원칙(Valdez principle)'이 1989년 알래스카의 기름 유출 사건 이후 만들어졌다(그림 2.4).

1990년 '기름유출방지법(Oil Protection Act)'이 엑손 발데즈 기름 유출 사건 이후 통과되었는데, 이 법은 대형 유조선을 통제하여 기름 유출을 줄이기 위해 제정되었다. 그러나 법의 테두리 안에서 되도록 많은 석유를 운반하기 위해 예인선에 의한 화물선을 이용해서 기름을 운송하였다. 기름 유출을 줄이기 위한 노력이 있었지만 1996년 1월 로드 아일랜드의 문스톤 만 사고와 1997년 3월 텍사스의 갤버스턴 만 사건과 같은 몇몇 화물선의 기름 유출 사

지구촌 전망대

멸종 위기종의 국제적 거래

멸종 위기에 처한 야생 동식물의 국제 거래에 관한 협약(CITES)에 의해 중국과 타이완이 의약품으로 코뿔소와 호랑이 무역을 중단하지 않으면 무역제재를 받게 될 것에 대한 논란이 일고 있다. 커져가는 국제 시장을 겨냥한 상품용으로 동물들이 죽어가고 있다. 코뿔소와 호랑이는 여전히 중국의 전통 약시장에서 기호품이나 주요 약재로 쓰이고 특히 연골과 뼈는 류머티스와 관절염에 효과가 있다고 믿어진다. 최근의 조사에 의하면 타이완의 약국과 중국의 국영기업에서 코뿔소 뿔이 판매되고 있으며, 이는 수익성 좋은 수출품목이다. 1998년 세계야생기금(WWF)의 조사에 따르면 중국인이 운영하는 미국의 7개 도시의 110개 상점에서 호랑이, 코뿔소, 표범이 포함된 약품이 하나 이상 팔리고 있었다.

한 가지를 제외하면, 미국에서 발견된 약은 중국본토에서 조제되었다. 중국은 1993년부터 호랑이, 표범, 코뿔소가 함유된 의약품의 조제 및 거래를 금지하였다. 그러나 금지의 결과 이러한 의약품은 중국뿐 아니라 미국, 뉴질랜드, 유럽 등지에서 음성적으로 거래되고 있다. 현재 세계에는 7,000마리의 호랑이와 10,000마리의 코뿔소가 남아있다. 불행하게도 무역제재나 법률제정은 전통적인 관습과 신념을 바꾸는 것에 비해 쉽게 받아들여지고 있다.

건이 있었다.

1992년 발데즈 원칙이 제안되었고 세레스(CERES, Coalition for Environmentally Responsible Economics)라는 기구에 의해 채택되었다. 이 기구는 환경주의자와 사회 사업가들로 구성된 비영리 단체이다. 발데즈 원칙은 세레스 원칙으로 개명되었다.

세레스 원칙은 기업이 자발적으로 행하는 행동원칙을 채택하고 있다. 이 행동원칙은 평가되고 비교대상이 될 모든 기업들에 대하여 환경기준을 제공하고 있다. 10항의 행동원칙은 아주 폭넓은 목표－환경오염물질의 최소화, 재활용 자원의 지속 가능한 이용, 공동체와 노동자를 위한 건강과 위험 감소대책, 이사회 내에 환경 관련 위원회 설치 등－를 포함하고 있다. 세레스 원칙은 기업들의 환경행동 원칙과 같다. 일부에서는 사업의 전제조건으로 세레스 원칙을 반드시 수용하도록 만들어야 한다고 주장하기도 한다.

환경윤리의 실천이 반드시 기업과 다른 사회적 책임감이나 의무와 충돌할 필요는 없다. 환경윤리의 실천은 포괄적인 신념 체계 안에서 통합되고 경제체계와도 통합되어야 한다. 환경옹호자들은 다른 이들의 목표도 고려해야 하며, 이는 그들이 의사 결정에 있어 환경적 결과를 고려하도록 다른 이들에게 요구하는 것과 같다.

일정한 환경 목표가 국가의 경제 붕괴를 가져오는 환경 보전을 요구하는 것이라면 문제가 있는 것이다. 또한 숨쉴 수 있는 공기, 마실 수 있는 물, 야생생물, 공원, 야생지역을 희생시키며 산업생산성을 유지하는 것도 있어서는 안 된다. 그러나 순이익과 영향력, 자유를 누리기 위해서 기업은 반드시 현재와 미래 세대에게 미칠 영향에 대해 민감해야 한다. 기업이 생산하는 물건의 가격이나 질의 관점뿐 아니라 기업이 가지는 사회적 정치적 영향력의 대중적 승인의 관점에서도 그러하다. 1997년에 있었던 해리스 여론조사에 따르면 70%의 미국인이 더 많은 세금이 부과되더라도 연방 및 지방 정부가 환경문제에 더욱 관심을 보일 것을 원하였다. 다른 여론 조사에서는 미국인 10명 중 8명이 가격이 비싸더라도 재생용기를 사겠다고 응답하였다.

1990년 중반 **산업생태학**(industrial ecology)이라는 새로운 개념이 부각되었는데, 이는 경제와 생태를 연결하는 것이다. 이 개념은 건전한 생태가 곧 건전한 경제이며, 환경을 파괴하지 않고 재화와 서비스를 제공하기 위한 공동 노력에 대안이 존재한다는 것이다.

산업생태학의 가장 중요한 요소는 생태계에서처럼 폐기물을 중요시하는 것이다. 폐기물은 쓸모없는 혹은 가치 없는 것으로 정의된다. 그러나 자연의 입장에서 버릴 것은 하나도 없으며 다양한 방법으로 모든 물질은 재활용된다. 산업 세계에서 많은 비용을 투자하여 지구에서 획득한 물질을 버리는 것은 현명하지 못하다. 아마도 버려진 자원이나 생산품은 폐기물(waste) 보다는 잔여물(residues) 로 불려야 할 것이다. 폐기물은 아직 우리 사회가 유용성을 배우지 못한 잔여물이다. 다시 말해 오염물질을 자리를 찾지 못한 자원으로 보자는 것이며, 이러한 이야기들은 오염이나 폐기물을 새로운 눈으로 보게 만든다.

환경 정의

환경 정의(environmental justice)의 핵심은 공평함에 있다. 이는 인류의 건강과 경제 행위를 포함한 인간의 모든 행동이 의존하고 있는 생태계의 생산성을 지키기 위한 법 적용의 공평함을 의미한다. 현재 북아메리카의 일부 지역과 인접국의 국민들이 오염으로 인해 불공평하게 고통받고 있음이 여러 연구를 통해 밝혀져 쟁점화되고 있다.

미국 정부는 주택, 교육, 고용 등에서 차별을 해소하기 위해 수많은 법률과 명령과 조례를 만들지만 환경 차별 해소를 위해서는 별로 노력한 흔적이 보이지 않는다. 미국의 경우 유색인종들은 매립지, 쓰레기 소각로, 유해 폐기물 처리장 및 저장고, 오물 처리시설 등과 같은 곳에서 태어날 때부터 불공평한 삶을 시작한다.

유해 폐기물 처리장이나 소각장이 아무 곳에서 설치되는 것은 아니다. 쓰레기의 생산은 일인당 소득과 직접적인 관계가 있기 때문에 도시 외곽에서는 쓰레기장을 찾기가 힘들다. 쓰레기 처리 시설은 저소득층, 노인, 유아, 소수민족의 비율이 높은 곳에 설치된다. 이곳의 사람들이 이에 대해 항의할 수 있는 길이 별로 없기 때문이다.

환경 정의에 관한 의문은 유해 폐기물 처리장의 입지를 뛰어넘는 위험한 것에 있다. 유해한 살충제나 다른 유독성 농약들에 대한 노출은 농장 일꾼의 건강에 치명적인데, 대부분의 일꾼이 유색인종이다. 또 다른 인디언 공동체는 일반인들에 비해 오대호와 같은 특정 지역의 물고기를 많이 잡아먹는데, 이들의 주된 식량이 유독성 화학물질에 노출되고 있다.

역사적으로 환경운동은 중류층 백인들의 주된 관심사였으나 이제는 유색인종들의 움직임도 늘어나고 있다. 지금까지 무시되었던 문제들에 대해 소수민족들의 관심과 참여가 확대되고 있다. 이러한 관심은 인종, 계층, 차별, 형평성과 같은 주제에 대해 논의할 것을 요구하고 있다. 소수민족들은 그들 공동체의 비참한 상태를 전면으로 부각시켰다. 그들은 환경운동의 새로운 모색을 시도하였으며 이러한 시도는 미래 환경의제의 한 부분이 될 것이다.

환경 정의 사건사

〈1979년〉 휴스턴 지역의 매립지 고발

휴스턴의 흑인 집단은 법정에서 결국 패배했지만, 이는 도시에서 건설되는 대부분의 소각로와 매립지가 흑인 거주지에 있음을 보여주어 환경 정의에 대한 첫 번째 연구를 낳았다.

〈1982년〉 500번 이상 쓰레기 반입 저지 투쟁

노스캐롤라이나 워렌 카운티의 대부분의 흑인 사회에서 워싱턴 등지의 수백만의 PCB로 오염된 쓰레기를 매립하려는 것 때문에 분쟁이 일어났다. 결국 상원에 대표를 파견하였다.

〈1983년〉 유해 폐기물 처리 편향에 관한 정부 보고서

정부기관의 분석에서 남동부의 3~4개의 유해 폐기물 처리장이 흑인 거주지에 입지하고 있음을 밝혔다.

〈1987년〉 기독교계에서 환경 인종주의가 국가적 문제임을 지적

미국기독교연합은 유해 폐기물 시설이 입지한 지

지구촌 전망대

치코 멘데스와 부분 보존 개념

프란시스코 "치코" 알브스 멘데스 피뉴(Francisco Chico Alves Mendes Filho)는 1944년 브라질 서부 아마존에서 태어났다. 2대째 고무수액을 채취하며 살았던 치코는 협동조합에서 15년 이상, 채취한 고무로부터 라텍스를 생산하여 생계를 이어나갔다. 고무수액과 함께 브라질너트, 열대 과일들과 천연 의약품 원료들이 주요 자원이었다. 멘데스는 그들에게 삶을 주는 브라질 열대우림의 일부를 보존하는 것에 관심을 가지기 시작했고, 부분 보존(extractive reserves)의 개념을 지지하였다.

부분 보존이란, 고무수액을 채취하는 사람들이 그들의 전통적인 삶의 양식을 보존하기 위하여 열대우림의 일부를 자연 상태 그대로 보존하고자 하는 것이다. 멘데스는 이 제안으로 열대우림을 개간하여 축산을 하고자 하는 사람들과 충돌하였다. 축산업을 하게 되면 단기간에 더 많은 이익을 얻을 수는 있으나, 장기적으로는 땅의 생산성이 낮아지므로 그 이익은 감소하게 된다.

1987년 멘데스는 그의 부분 보존의 노력에 대한 공로로 세계 환경상을 두 개나 받았는데, 하나는 유엔환경계획(UNEP)의 '글로벌 500'이었고, 다른 하나는 테드터너의 '더좋은 세계 사회 환경상(Better World Society Environment Award)'이었다.

1988년 치코는 자푸리 지역노동자협회가, 고무수액 채취자들이 부분 보존지로 만들기를 원하는 지역에 대해 목장주 달리 알브스 다 실바가 벌채하려는 것을 막도록 이끌었다. 그해 12월 22일 집으로 돌아오는 길에 치코 멘데스는 지역 목장주들을 지지하는 자경단원들에 의해 살해되었다. 1990년 달리 알브스 다 실바와 그의 아들은 살인죄 판결을 받았다. 알브스 다 실바는 징역 19년형을 선고받았으나 1993년 탈옥하였고, 정부에서는 몇 가지 의문점이 여전히 남아있어 살해범 조사를 재개하였다.

멘데스는 죽기 전까지 '나는 아마존을 보호하기 위해 살아있다'라고 하였다. 그의 삶과 죽음은 브라질 열대우림의 사용 방식에 있어 차이를 만들어낸 것으로 보인다. 1990년 치코 멘데스가 부분 보존을 주장하고 실행할 때에는 서북부 브라질의 6%가 보존될 수 있었다.

최근에는 75%의 사람들이 '숲을 파괴하지 않는 발전'을 원하는데, 이것은 1970년대 도로와 축산을 더 중요하게 여기던 것과는 차이가 있다.

오늘날 치코 멘데스를 따르는 사람들이 정부에도 있으며, 그들은 숲의 보존을 염두에 둔 환경정책을 지지하고 입안하고 있다. 그들은 높은 실업률, 세계 시장에서 낮은 고무가격, 불법 벌목과 농업에 대한 지지가 증가하는 현실과 싸워나가야 한다. 치코 멘데스는 환경운동의 영웅으로, 그와 같은 사람들을 명예롭게 하기 위해 치코 멘데스 상이 만들어졌다.

역에 소수민족 비율이 훨씬 높음을 보여주는 보고서를 출간하였다.

〈1989년〉 환경보호국 환경 정의 관련 부서 구성

부시 행정부의 환경보호국장 윌리엄 레일리는 관련 문제를 책임지는 최초의 기관으로 환경 형평성 연구단을 설립하였다.

〈1993년〉 환경보호국이 최초의 시민권 고발을 수용함

루이지애나 사건이 투레인 대학의 환경법연구소에 의해 제기되었다. 법률단은 이후에 루이지애나 근교의 PVC 공장이 있는 신테크 주식회사에 대한 또 다른 사건을 제기했는데, 이는 국가적으로 중요한 분쟁으로 비화되었다. 동시에 환경보호국은 환경운동가, 지방 공무원, 산업 기술자를 고문으로 갖춘 국가 환경국 자문위원회를 구성하였다.

〈1994년〉 클린턴 대통령이 환경 정의 시행령에 서명

시행령은 모든 연방기관이 이 문제를 고려할 것을 요구하고 있다.

〈1998년〉 환경보호국의 환경 정의 지침 발표

시나 주 정부와 산업체의 의견 조율 없이 만들어진 새로운 규제안이 혼란을 일으키고 있다(〈디트로이트 뉴스〉 지 1998. 6. 28).

개인 환경윤리

환경운동은 여론 형성에 효과적으로 영향을 주었고 기업이 환경윤리를 수용하는 데 공헌하였다. 기업의 환경에 대한 책임과 관련해 변화하는 시각은 21세기 기업의 의사 결정을 더욱 복잡하게 만들 것이다. 향후 10년간은 복잡해진 대중의 요구와 기업의 범위를 확대하는 것이 공동의 주요 의제가 될 것이다. 우리는 인구 증가와 경제 성장이 지속되면서 인간의 삶과 생태계의 생산성뿐 아니라 지구의 존폐를 위협하는 환경문제에 직면하고 있다.

이러한 문제에 성공적으로 대응하려면 환경윤리 자체를 좀더 넓고 근본적인 방법으로 표현해야 한다. 개개인 모두가 자신이 살아가는 환경의 질에 책임이 있다는 것과 개인의 행위가 좋고 나쁨을 떠나 환경의 질에 영향을 미친다는 것을 인식해야 한다. 따라서 개인의 책임은 개인의 행동으로 바로 연결되어야 한다. 다시 말해, 우리의 환경윤리는 국가의 법률 제정 등으로 표현될 수도 있지만 실질적으로는 우리의 생활방식 자체를 근본적으로 바꾸어야 한다는 것이다. 1997년 로퍼 사가 실시한 여론조사에 따르면 미국인들은 환경문제가 급속한 기술 발전에 기인한다고 생각하였다. 로퍼 여론조사 기구는 "운전자가 이 나라 자동차가 공해를 유발하기 때문에 자동차 회사가 환경친화적인 자동차를 개발해야 한다. 전기 소비자가 아닌 석탄 시설이 오염원이므로 환경적으로 덜 위험한 발전방법이 발견되어야 한다."고 전했다. 많은 이들이 환경 정화를 원하지만 그들은 대부분의 생활양식을 바꾸기를 원하지는 않는다.

개인의 의사 결정과 행동이 모든 이의 삶의 질과 희망을 결정하는 윤리적 선택에 직면해 있다. 생태학적 지식과 인식이 좋은 의도로 자리잡기 시작한다면 모든 면에서 사람들에게 환경윤리적 삶이 필요하게 될 것이다.

지구적 환경윤리

1990년 북아메리카의 유엔환경계획(UNEP) 의장인 노엘 브라운이 다음과 같이 말하였다.

> "갑자기, 아니 특이하게도 세계가 동일한 사안에 대해 이야기하고 있다. 우리는 내가 역사적 합의의 순간이라 명명한 시기에 접근하고 있는데 세계 모든 지역의 모든 사람들이 환경은 이제 우리 모두에게 우선 사항이며 행동의 문제임에 동의하고 있다."

환경에 대한 새롭고 긴박한 요구와 공동의 주장은 어떤 지역에서도 전례가 없던 일이다. 정치적 견해차에도 불구하고 아랍과 이스라엘, 러시아와 미국의 환경전문가들이 수년간 함께 일하고 있다. 모든 나라에서 환경의 악화는 결국 다른 사람의 삶의 질에 영향을 미친다. 수년간 산성비는 미국과 캐나다의 주요 분쟁거리였다. 아프리카의 가뭄과 아이티의 벌채는 수많은 난민을 양산했다. 나일강 유역에서 리우그란데에 이르기까지 물 분쟁으로 소란스럽다. 제3세계의 도시문제는 사회적 불안감을 조성하는 시한폭탄과도 같다.

현재 진행 중인 환경 위기는 선진국과 후진국의 빈부 차에 기인하며 그 차가 커짐에 따라 감정적인 분노도 깊어간다. 세계 인구의 20%인 선진국이 전세계 부의 80%를 소유하며, 환경오염의 대부분은 그들의 소행이다. 개발도상국들은 과밀인구, 영양실조, 질병 등으로 고통받고 있다. 이들은 선진국을 따라잡기 위해 그리고 국민의 삶의 질 향상을 위해 분투하고 있으나, 그 반대급부로 고통받고 있다. 급격한 도시화로 도시는 병들어가고 있고, 농업 생산성 증대를 위한 노력은 종종 삼림 파괴, 토양 고갈에 따른 절대빈곤으로 이어진다(그림 2.5).

미래를 향한 가장 중요한 질문으로 "세계의 모든 국가들이 정치적 견해차를 무릅쓰고 환경문제를 위해 공동 행동을 할 수 있는가?"가 제기될 수 있다. 1972년 스웨덴의 스톡홀름에서 열린 유엔인간환경회의는 올바른 방향을 향한 한 걸음을 내딛었다. 이 회의를 통해 유엔환경계획(UNEP)이 설립되었고, 이 기구에서 세계의 주요 환경문제가 논의되어왔다. 두 번째 세계환경회의는 브라질의 리우에서 개

그림 2.5 생활양식과 환경에 미치는 영향 선진국과 후진국은 다른 삶의 양식으로 환경에 미치는 영향도 서로 다르다. 중국이나 인도 혹은 다른 3세계 국가가 미국의 생활수준으로 살아간다면 지구에 어떤 일이 일어날까? 우리는 감히 그들의 기회를 막을 수 있을까?

최되었다. 이는 스톡홀름 회의 20주년을 기념하기 위한 회담으로 그 정신을 잇기 위해 새로운 국제적 문제를 다루었다. 1997년 일본의 교토에서는 기후변화협약이 개최되었다. 이러한 기구와 회의를 통해 우리 공동의 환경문제를 해결하기 위해 노력하고 있다.

개인적 수준에서 사람들은 지구 환경의 변화에 대해 자신의 가치관, 신념, 행동의 변화를 통해 차츰 관심을 가지기 시작하고 있다. 개개인의 행동 변화는 필요하지만 그로 충분하지는 않다. 지구에 살고 있는 하나의 종(種)으로서 우리는 지구를 변화시키고 있다. 부족한 우리의 지식을 채우고, 우리의 행동을 통합하고, 지구가 우리에게 제공하는 것을 나누면서 우리는 지구적인 환경윤리를 획득할 수 있을 것이다.

지구촌 전망대

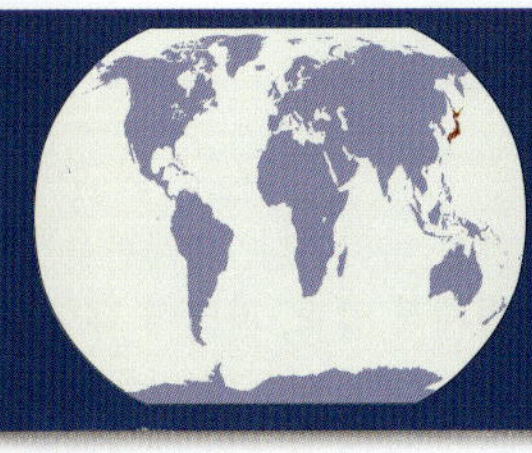

교토의정서

1997년 12월 10일 일본 교토에서 160여 국가가 모여 이산화탄소 및 기타 온실가스의 배출 제한을 위한 협약을 체결하였다. 교토협약이라 불리는 이 회의에서 지구 온난화 문제가 각국 대표들의 주요 관심이 되었다. 교토의정서의 채택으로 미국을 제외한 선진국들(아넥스 1 국가들)은 이산화탄소 배출을 2008년부터 2012년에 걸쳐 1990년대 대비 평균 5% 이하로 감축할 것을 결의하였다. 미국은 유럽연합보다 약간 적고 일본보다 약간 많은 7% 감축을 결의하였다. 개발도상국의 경우 일정 기준을 정하지는 않았지만, 에너지 효율 향상 등을 상세히 예시하였다.

교토의정서는 이산화탄소, 메탄, 산화질소의 3종의 온실가스를 다루기로 했으나, 후에 HFC, PFC, SF6의 3종이 추가되었다. 의정서는 또한 온실가스 배출권의 국제거래 프로그램도 포함하고 있다. 이는 선진국과 개발도상국의 공동 이행으로 얻어진 온실가스 배출 감축분을 자국의 감축실적에 반영하면서 동시에 부담금을 납부하도록 하여, 개발도상국의 기후 변화에 대한 적응비용 및 청정기술 개발비를 충당하도록 하였다.

많은 의의를 남긴 교토의정서이지만 아직 남아있는 과제가 있다.

1. 선진 유럽국가들(아넥스 1)에서 온실가스 배출권의 국제거래를 관리할 규약과 기구가 먼저 설립되어야 한다.
2. 규약의 이행을 심판하는 기준과 불이행 시 제재에 관한 상세한 규정이 있어야 한다.
3. 장기간의 목표 달성을 위한 신뢰 구축을 위해 아넥스 1 국가들은 특정 기간 목표를 세워야 한다.

한 가지 분명한 사실은 만약 2008년까지 선진국이 의정서에 예시된 목표를 달성하려면 에너지 정책에 대한 특별한 관심이 필요하며 이는 모두에게 영향을 미치게 될 것이다.

지구 온난화 약사

1898 – 스웨덴 과학자 스반테 아흐레니우스가 산업혁명의 주원료인 석탄과 석유에서 발생하는 이산화탄소가 대기에 축적되어 지구 온난화를 초래할 것이라 경고함.

1961 – 하와이의 마우나 로아 화산 정상의 기상대에서 대기 중 이산화탄소의 증가가 관측됨.

1980 – 컴퓨터 모델을 통해 기후 온난화 확인.

1988 – 세계기상기구(WMO)와 유엔환경계획(UNEP)이 공동 주관하는 기후 변화에 관한 정부 간 기구(IPCC) 출범.

1990 – IPCC가 "온실효과"와 지구 온난화의 예측을 과학적으로 증명.

1992 – 기후변화협약 체결. 선진국은 2000년까지 1990년 수준으로 온실가스 배출을 감축할 것에 합의. 약 170개국이 인준.

1997. 10 – 교토회담을 위한 의무배출감소 목표 등이 포함된 2년간의 예비회담 마감.

요약

다른 문화권의 사람들은 다른 관점으로 세계를 바라본다. 세계관을 형성하는 것에는 종교적 이해, 경제적 압력, 자연에 대한 기본적 지식 등이 있다. 배경의 다양성 때문에 다른 문화는 자연 세계와 그것을 구성하는 개별 생명체에 서로 다른 가치를 부여한다.

자연관은 인간의 목적을 위해 활용될 수 있는 자연을 전제한 개발윤리, 그 자체의 가치가 있고 교란되어서는 안 된다는 보전윤리, 자연을 활용하되 지속 가능한 방법으로 활용해야 한다는 보존윤리로 대별된다.

윤리적 쟁점은 다양한 수준에서 점검될 수 있다. 성장과 개발은 현 세대 우리 사회에서 우세한 영역을 차지한다. 그러나 사회 안의 모든 사람이 동일한 주장을 한다는 것은 아니며, 일반적으로 보전보다 개발이 우세한 것이다. 대부분의 환경적 결정은 실제로 경제적 결정이며, 자원이 활용될 가치를 지니면 활용하는 것이 이성적으로 받아들여진다.

기업윤리는 경제에 의해 매우 강하게 영향받는다. 기업은 이윤을 위해 존재한다. 불행하게도, 오염과 희귀자원의 개발은 기업에게 이윤이 되는 반면, 개인과 사회에는 손실이 된다. 기업은 엄청난 경제적 힘을 지니고 있고 공공의 의견과 정치적 의지를 움직일 수도 있다. 그러나 많은 기업들이 공개적으로 그들의 책임감에 대해 인식하기 시작했고 자연에 미칠 영향에 대해 신중하게 검토하고 있다.

사회와 기업은 개인으로 구성된다. 개별 시민의 환경 감수성의 증진은 사회와 기업의 정치적 · 경제적 조류를 바꿀 수 있다. 그러나 사람들은 종종 무엇을 해야 하고 자신의 고정된 신념을 바꾸면서 행동하기에는 명확한 이해에 이르지 못하고 있다.

지구적인 환경에 대한 고려는 점점 중요해지고 있다. 세계는 점점 작아지고 있고 보다 밀접해지고 있다. 해마다 세계 인구가 늘어감에 따라 살아가는 데 필요한 자원에 대한 경쟁도 치열해진다. 환경 재난은 더 이상 국지적 문제가 아니며 지구적으로 영향을 미친다. 후진국은 선진국이 당연하게 누리는 것을 열망하기 때문에, 국가 간의 커져가는 경제 격차는 지구 환경에 영향을 미친다. 모든 사람, 모든 국가는 환경문제를 해결하기 위해 공동행동을 해야 한다.

주요 용어

개발윤리 (development ethic)
경제 성장 (economic growth)
기업 (corporation)
도덕 (morals)
보전윤리 (preservation ethic)
보존윤리 (conservation ethic)
산업생태학 (industrial ecology)
생물중심적(biocentric)
생태중심주의 (ecocentrism)
윤리(ethics)
이윤율 (profitability)
인간중심적(anthropocentric)
자원 개발 (resource exploitation)
환경 정의 (environmental justice)

복습 문제

1. 윤리와 개인적 부는 어떻게 연계되는가? 개인적 사례를 제시해보자.
2. 산업은 왜 오염을 유발하는가?
3. 일반적인 경제적 영향은 왜 오염 통제와 반대되는가?
4. 전체적으로 오염 없는 환경을 기대하는 것은 가능한가? 그렇게 생각하는 근거는 무엇인가?
5. 자원 활용에 대한 우세한 사회적 태도는 무엇인가?
6. 개발윤리, 보전윤리, 보존윤리의 차이를 기술하라.
7. 기업 운영의 주요한 동기는 무엇인가?

비판적 사고력 문제

1. 이 책에 정의된 도덕과 윤리적 판단을 기초로 지구 온난화에 대한 본인의 윤리적 도덕적 태도에 대해 이야기해보라. 그러한 판단의 근본이 되는 가치관, 신념, 관점은 무엇인가?

2. 환경과 관련하여 미래 세대에 대한 우리의 책임과 의무는 무엇이라 생각하는가? 당신이 그러한 판단을 내리는 근거는 무엇인가?

3. 이 책에 언급된 세 가지의 환경윤리 중 당신은 어떠한 관점에 가까운가? 그 이유는 무엇인가? 또한 당신의 윤리적 관점은 당신의 행동에 어떻게 영향을 주는지 혹은 줄 수 있는지 설명해보라.

4. 최근까지 세계의 거의 모든 사람들은 급속한 발전을 최선으로 믿어왔다. 그러나 현재는 이러한 믿음에 대한 의문이 일고 있다. 어떤 가치관과 신념에서 의문이 제기되고 있는가? 만약 후진국에서 이러한 비판을 받았다면 어떤 반응을 보일지 서술하고 그 이유도 설명해보라.

5. 당신은 친환경적인 경영을 추구하는 기업의 대표이다. 그러나 이러한 경영방식이 생산비용의 상승을 낳는다면 다음 주주총회에서는 어떤 일들이 일어날 수 있겠는가? 당신은 주주총회에 참석한 임원과 주주들을 어떻게 설득할 것인가?

PART II

생태적 원리와 적용

중부 플로리다의 토호페칼리가 호수(Tohopekaliga Lake)를 뒤덮은 검은말

생태적 원리와 적용 : 플로리다의 경우

브래이즈 마피아, 리사 갠서
마이애미 대학

중부 플로리다의 호수와 강들은 늘 사람의 삶과 변화를 같이해왔다. 도시화되기 전 저수지, 운하, 호수들은 동식물에게 건강한 조건을 제공하였다. 습한 시기에는 먹(muck, 일반적으로 유기물의 분해물을 뜻함)과 침전물들이 호수 바닥, 강둑, 습지 등에 쌓였고, 건기에는 태양빛과 대기에 노출되어 산화되고 분해되었다. 물이 많아지면, 분해된 유기물들은 물의 흐름에 따라 여러 곳으로 운반되었다.

자연적으로 발생하는 물의 양은 인위적으로 조절할 수 있는데, 플로리다 주의 올랜도 남부에 있는 토호페칼리가 호수(토호 호수라고 함)가 그것의 좋은 예이다.

플로리다에서 가장 큰 호수 중의 하나인 토호 호수는, 플로리다 중부를 연결하는 50마일 길이의 키시미 호의 갈래로서, 8,000ha(20,000acre) 정도 넓이에 길이는 53 km이다. 토호 호수에는 150종이 넘는 동식물이 살고 있으며, 이 중 30여 종은 이미 멸종 위기에 처해 있다. 호수 면적의 40%가 1.5 m 이하로 얕아서 플로리다에서 최고의 배스(bass, 농어의 일종) 서식지로 알려져 있다.

토호 호수는 물이 맑고 바닥이 딱딱한 모래로 되어 있어 키시미 풀, 가래, 거머리말, 큰고랭이속 같은 수생식물의 좋은 서식지였다. 그러나 댐과 수문이 건설되면서 원래 강에 있던 물보다 더 많은 양이 넘쳐흐르게 되었고, 질소, 인 같은 물질들이 많아지면서 서양톱풀들이 자라, 원래 자생하던 식물들과 경쟁하게 되었다.

원래 토호 호수의 건강한 모습을 되찾고 유지하기 위하여 플로리다 어류 및 야생보존위원회(Florida Fish and Wildlife Conservation Commission)에서는 수문을 통해 물을 흘려보냄으로써 정기적으로 물의 높이를 낮출 것을 제안하였다. 이 과정은 해로운 식물종과 유기물을 흘려보내는 것을 돕는다. 수위가 낮아지면 5백만 입방미터의 뻘과 바닥이 드러나게 된다. 중장비를 동원하여 바닥에서 긁어낸 먹(muck)은 모래흙에 첨가하면 영양분이 풍부해져 비료의 역할도 기대할 수 있을 것이다. 그러나 식물 생장을 조절하기 위해 제초제의 사용은 불가피할 것이다.

약 6백만 달러가 소요될 이 작업으로 토호 호수는 건강한 환경을 되찾고 보존될 수 있으므로, 남 플로리다 물 관리부(SFWM, South Florida Water Management)에서는 대략 8년마다 비의 양과 식물 생장 정도, 경제 사정에 따라 이 작업을 실행할 계획이다.

이러한 작업의 주된 목적 중의 하나는 어류의 양을 유지하는 것인데, 그 목적은 성공적으로 달성된 듯하다. 토호 호수에서는 연간 33,000마리의 배스가 잡히고 있다.

그러나 이것은 수생식물과 야생동물에는 좋지 않은 영향을 미칠 수 있으며, 특히 토호 호수에서 나간 물이 키시미 호에 연결된 다른 호수로 흘러들어 물의 양과 유기물의 양을 높일 수 있다.

토호 호수 프로젝트가 실시되지 않는다면 어류의 양이 줄게 되어 수산업과 관광업에 영향을 미쳐 지방 경제에 타격을 줄 것이다. 그렇다면 이러한 토호 호수 프로젝트는 자연 환경을 유지하기 위한 것인가, 아니면 결국 사람을 위한 것인가?

3 상호 관련된 과학 원리

: 물질, 에너지, 환경

이 장의 학습목표

- 과학이 정확하다는 의미를 이해한다.
- 환경과학은 전통적인 응용과학 및 순수과학과 사회, 경제, 정치적 측면을 결합한 새로운 학문임을 이해한다.
- 원자를 이해할 수 있다.
- 원소와 동위원소를 구분할 수 있다.
- 분자를 이해할 수 있다.
- 화학반응과 반응 시 에너지 변화를 이해할 수 있다.
- 에너지 법칙을 설명할 수 있다.
- 에너지 효율의 차이를 이해할 수 있다.

이 장의 세부목차

과거 현재 그리고 미래

1982 세계 최초의 유전자 변형 식물 개발
1990 인간유전자프로젝트(HGP)를 통해 30,000에서 35,000개의 인간 유전자 분석 시작
1983 3천2백만 개의 형광램프 판매
2003 육대주 22개국 6천만 ha 면적에서 유전자 변형 농작물 재배(미국, 아르헨티나, 캐나다가 선두 국가)
2003 인간 염색체 14개 프로젝트는 1월에, HGP는 4월에 완료
2003 46개국에서 에너지 효율화 프로그램 적용
2003 전 세계적으로 약 7억1천만 개의 형광램프 판매

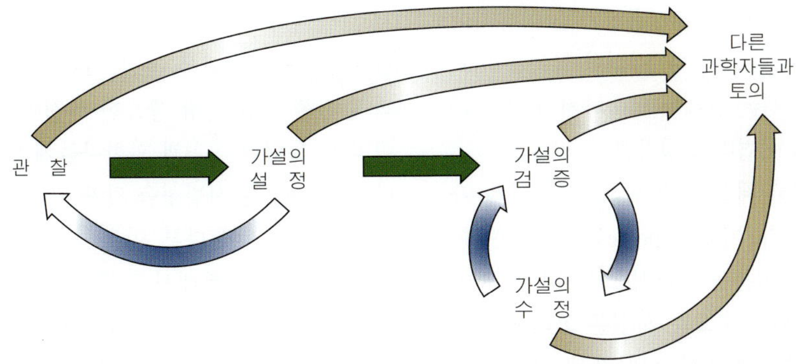

그림 3.1 과학적 방법 과학적 방법은 몇 가지 활동으로 이루어진다. 자연의 현상을 관찰하는 것이 첫 번째 단계이다. 다음 단계에서 왜 그런 현상이 일어나는지 설명할 수 있는 가설을 설정한다. 그후 가설을 검증하는데, 흔히 실험을 실시한다. 가설이 지지를 받지 못하면 수정하여 새로운 가설을 다시 시험한다. 이때 중요한 점은 특이사항, 가능한 설명, 가설의 실험 결과, 관찰한 사항을 논문으로 발표하여 다른 그룹의 과학자들이 알 수 있도록 해야 하는 것이다.

과학적 사고

환경과학을 위해서는 분석자료가 필수적이므로 과학자들이 정보를 수집하고 평가하는 방법을 이해할 필요가 있다. 또한 환경 문제를 평가하는 데 필요한 기초 지식으로서 물리 및 화학 원리를 이해하는 것도 필요하다. 또한 과학적 원리는 다음 장에서 설명하는 생태학적 개념들을 이해하는 데도 도움이 된다.

과학이란 단어는 여러 가지 이미지를 떠오르게 한다. 어떤 사람들은 이 용어를 대단한 것으로 느끼기도 하고, 이 단어에 위축되기도 한다. 일부 사람들은 과학적인 주제에 대해서는 미리 포기하기도 하고, 매우 명석한 사람들만이 과학적인 문제를 해결할 수 있다고 믿기도 한다. 예를 들면, 과학자들이 가까운 장래에 대체 에너지원을 찾을 것이기 때문에 화석연료를 보존할 필요가 없다고 믿는 사람도 있다. 이와 마찬가지로, 정부가 정말 의지가 있다면 에이즈를 치유할 방법을 찾기 위해서 과학자들에게 충분한 자금을 지원할 수 있다고 믿는 사람들도 많다. 이러한 단순한 생각들은 실제로 과학이 무엇인지를 제대로 파악하지 못하고 있는 것이다. **과학**(science)이란 자료를 수집하여 편견 없이 가설을 검증하고 평가하며, 다른 사람에 의해서도 평가될 필요가 있는 지식의 집합이다. 과학이 자료의 수집에 기초한다는 것을 잊지 말아야 한다. 자료를 수집하는 **과학적 방법**(scientific method)은 일반적으로 관찰, 가설의 설정, 가설의 검증, 결과의 평가, 그리고 새로운 발견의 보고에 의해 이루어진다(그림 3.1). 이러한 과정을 수행하기 위해서는 정확성이 요구되며, 편견에서 탈피하도록 끊임없이 노력하여야 한다.

관찰(observation)이란 단순히 무엇인가를 알아차리는 것이다. 관찰은 다른 보조 기구를 사용하지 않고 단순히 대상을 바라보거나, 느끼거나, 냄새를 맡음으로써 이루어진다. 경우에 따라서는 관찰 능력을 확대하기 위해서 현미경, 화학 분석기기, 방사능 탐지기 등을 이용하기도 한다. 이러한 기기들이 복잡하기 때문에 과학도 매우 복잡하다고 느낄 수 있지만 실제로 이 기기들은 생각보다 간단하다.

현미경은 몇 개의 돌릴 수 있는 둥근 손잡이와 특별히 고안된 렌즈로 구성되어 있다. 현미경을 제대로 사용하기 위해서는 상당한 기술이 필요하지만, 조그만 물체를 보다 뚜렷하게 볼 수 있는 비싼 확대경에 지나지 않는다. 과학자들은 '호수의 물에는 어떤 생물체가 있는가? 생물체는 어떤 물질이 모여서 이루어졌는가?' 등의 비교적 단순한 의문들을 현미경을 이용하여 해결할 수 있었다. 이와 마찬가지로 자를 이용하여 거리를 측정하고, pH 측정기를 이용하여 용액의 화학적 특성을 측정한다. 이러한 활동은 비교적 단순하지만, 측정하는 단위에 익숙하지 못하면 과정 자체가 이해하기 어렵다고 생각될 수 있다.

과학적인 조사에서 제일 먼저 할 일은 하나의 가설을 설정하는 것이다. **가설**(hypothesis)은 어떤 현상에 대한 설명이나 의문을 논리적으로 풀어쓴 것이다. 좋은 가설이란 알려진 모든 사실은 고려해야 하지만 가능한 한 단순해야 한다. 나아가서, 가설은 검증될 수 있어야 한다. 즉, 가설이 정확하다고 증명될 수 있어야 한다. 가설을 설정하고 검증하는 것은 과학적 방법에서 가장 어렵고 창조적인 단계이다. 가설을 검증하기 위해서는 흔히 인위적인 조작이 수행되는데, 이것을 **실험**(experiment)이라 한다. 일종의 표준적인 실험을 **제어실험**(controlled experiment)이라 한다. 두 그룹을 실험하는데, 한 가지 변수를 제외한 나머지 조건들이 동일한 실험을 설정한다. 통제집단(controlled group)은 일반적 조건 외에 다른 추가적인 변화를 주지 않으며, 실험집단(experimental group)은 하나의 변수에 변화를 준다. 실험집단이 통제집단과 다른 결과를 나타내면, 변형된 하나의 변수 때문에 발생한 것이다.

잘 짜여진 실험 결과로부터 하나의 가설을 증명하거나 부정할 수 있어야 하지만, 항상 그렇지는 않다. 가끔은 실험 결과가 불확실한 경우도 있는데, 이 경우에는 새로운 실험을 수행해야 하거나 더 많은 자료를 수집해야 한다. 가설의 타당성에 관한 결론을 내리기 위해서 수많은 자료가 필요한 경우도 있다. 왜 여러 상황의 실험이 필요한지 그리고 왜 실험을 반복해서 수행하는지 일반인들이 이해하기 어려운 경우가 흔하다.

반복성(repeatability)이란 개념은 실험을 수행하는 데 매우 중요하다. 과학자들이 무의식적으로 편견을 가질 수 있기 때문에 다른 과학자들이 같은 결과를 얻을 수 있는지 확인하기 위해 반복실험을 반드시 실시해야 한다. 이를 위하여 과학자들은 실험과 관련된 사항들을 완벽하고 정확하게 기록하여 문서로 남겨야 한다. 다른 과학자들이 검토하고 비판할 수 있도록 결과를 논문으로 발표하는 것이 과학적 발견을 위한 가장 중요한 과정이다. 하나의 가설이 다른 독립된 실험과 과학자들에 의하여 뒷받침된다면 그 가설은 신빙성을 갖게 된다.

하나의 가설이 다른 많은 과학자들에 의하여 오랜 기간 동안 반복해서 검증되고 과학의 한 분야에서 중요한 역할을 하는 경우에 이 가설은 **법칙**(law)이 된다. 법칙은 명확히 공식화되어야 한다. 예를 들면, **생물 기원설**(biogenetic law)은, 모든 생물은 기존의 생물로부터 기원한다고 명시하고 있다. 이 법칙은 수백 년 동안 반복해서 검증되었고 이를 벗어나는 예외는 없었다. 광범위한 과학 분야에 적용되는 포괄적인 진술은 종종 **이론**(theory)이라 불린다.

이론은 심도 있게 고려되었으며 이를 뒷받침하는 많은 증거들이 있다. 예를 들면, **진화론**(theory of evolution)은 동식물의 특성과 종류는 오랜 시간이 경과하면서 변한다는 것이다. 이론은 일반적으로 사실로 받아들여지고 있지만, 모든 경우를 실험할 수는 없으므로 모든 경우에서 사실로 증명될 필요는 없다. 이론이란 용어가 정확하게 정의되지 않은 상태에서도 사용될 수 있음을 알아야 한다. 가끔은 이 용어가 뚜렷하지 않은 아이디어나 예감을 표현하는 데도 사용되는데, 과학적인 의미에서 이것은 이론이라 볼 수 없다. 그러므로 이론이라는 용어를 보거나 접할 때에는 말하는 사람이나 저자가 과학적인 의미에서 이론이란 용어를 언급하였는지를 살펴볼 필요가 있다.

이제 과학이 어떠한 방법으로 이루어지는지 하나의 예를 들어보자. 산업지역을 흐르는 하천의 물고기는 피부나 간에 종양이 있는 것을 볼 수 있다(관찰). 이러한 관찰은 그 종양의 원인이 무엇인지 의문을 가지게 한다. 많은 사람들은 산업체 공장에서 방류된 유해 화학물질에 의하여 그 종양이 발생하였을 것이라고 생각한다(가설). 그러면 이 가설을 검증하기 위하여 어떠한 실험을 실시하여야 할 것인가? 만약에 공장이 종양을 유발시키는 유해 화학물질을 방류한다고 의심되면 폐수 하수관 근방의 물고기를 상류와 하류에서 각각 채집한다. 하수관의 상류에서 채집한 물고기는 통제집단이 되고 하류에서 채집한 물고기는 실험집단이 되는데, 많은 개체를 채집하여 실험하여야 한다. 만약에 하류에 서식하는 물고기에서, 상류에서 채집된 물고기보다 훨씬 많은 종양이 관찰된다면 그 물고기들이 서식하는 위치에 의하여 영향을 받았을 것이며, 공장으로부터 방류된 유해 화학물질이 그 원인일 수 있다. 자료를 평가한 후 실험 결과를 발표하여야 한다. 공장주는 당연히 그 자료를 보려 할 것이며, 그들도 같은 결과를 얻게 되는지 실험을 반복할 것이다.

과학의 한계

과학은 자연의 세계를 이해하고 발전시키는 강력한 도구이지만, 국제적 정책을 분석하거나 가족계획이 시행되어야 할 것인지 결정하거나, 아름다운 자연경관을 평가하는 데는 사용될 수 없다. 이러한 일들은 과학적인 연구 범위 밖에 있는 것이다. 그렇다고 과학자가 이러한 문제에 대해 언급할 수 없다는 것이 아니다. 다만 과학자라는 이유로 그들이 이러한 문제에 관하여 보다 잘 알고 있다고 생각해서는 안 될 것이다. 과학자들은 문제의 과학적인 측면에 관해서는 잘 알 수 있을지 모르지만, 사람들이 직면하는 도덕이나 윤리적인 문제에 관해서는 고심할 뿐이며 문제에 관하여 내리는 판단은 다른 사람들과 마찬가지로 잘못될 수도 있다.

수집된 자료와 자료의 의미에 대한 과학자의 의견은 구분되어야 한다. 과학자라도 언제나 사실에 의거한 의견을 발표하는 것은 아니다. 동시대의 유명한 과학자가 서로 배치되는 의견을 발표하기도 한다. 이러한 사실은 특히 미래에 대해 예측을 하기가 어렵거나 한정된 자료에 의지할 수밖에 없는 환경과학 분야에서 현저하다. 지구 온난화에 관한 문제가 예가 될 수 있다.

일정 지식이 과학적인 면뿐 아니라 비과학적인 측면에서도 사용될 수 있다는 점을 명심해야 한다. 예를 들면, 현재 농업에 사용되는 다수의 농약이 인간이나 동물들에게 유해하다는 점은 사실이다. 그러나 농약을 이용하여 재배한 곡식이 영양분이 적고 유기농법에 의해 재배된 곡식은 농약을 사용하지 않고 재배되었기 때문에 보다 영양분이 많다는 것을 의미하는 것은 아니다. 인위적인 것이 항상 나쁘고 자연적인 것이 항상 좋다는 것도 사실이 아니다. 담배, 옻나무, 선인장 등은 자연적으로 자라지만, 세계에서 소비되는 대부분의 곡식은 화학비료를 사용하여 생산된다. 흔히 우리는 너무 쉽게 결론을 내리거나 가설과 사실을 혼돈하게 되는데, 특히 일반화하는 과정에서 문제가 발생한다.

물질의 구조

과학적인 방법에 대하여 이해하게 되었으므로, 이제 여러 종류 물질의 구조와 성질에 관한 기본적인 지식과 이론에 관하여 살펴보자. **물질**(matter)은 부피와 질량을 가지는 것을 의미하며, 물질의 예를 들면 공기, 물, 나무, 시멘트, 금 등이 있다. 물질의 구조와 운동에 관한 가장 중요한 이론은 **분자운동론**(kinetic molecular theory)이다. 이 이론에 의하면 모든 물질은 끊임없이 운동하는 아주 미세한 입자들로 이루어져 있다. 물질의 종류에 따라 다른 특징이 있지만, 물질은 하나의 기본적인 공통점이 있다. 물질은 원자라고 불리는 한 가지 이상의 아주 작은 단위들로 구성되어 있다.

원자의 구조

원자(atom)란 물질을 구성하는 기본적인 단위이다. 원자는 양성자, 중성자 및 전자로 이루어져 있다. 자연에서 92종의 원자가 발견되었고, 이들은 각각 **원소**(element)라 불리는 고유한 물질을 구성한다. 원소의 예로는 금(Au), 산소(O), 수은(Hg) 등이 있다. 모든 원자들의 중심부는 **핵**(nucleus)이 차지하고 있는데, 핵은 비교적 무거운 두 종류의 입자로 이루어져 있다. 양(+)의 전하를 띠는 입자를 **양성자**(proton)라 하며 전하가 없는 입자를 **중성자**

환경 돋보기

생활 화학제품

현대 사회에는 여러 종류의 화학물질이 사용되는데, 일상적으로 사용되는 가정용품들에는 다음과 같은 것이 있다.

일반적인 명칭	화학물 명칭	용도
소금	염화나트륨, $NaCl$	맛 첨가제
초석	질산칼륨, KNO_3	방부제
베이킹파우더	중탄산나트륨, $NaHCO_3$	발효제
암모니아	암모니아, NH_3	소독제
표백제	염소산염나트륨, $NaHClO$	표백
양잿물	수산화나트륨, $NaOH$	세척제

다른 가정용품들에도 무기화학물들이 섞여 있다. 제초제를 예로 들 수 있는데, 여기에는 질산화암모늄(NH_4NO_3), 인산염화합물(PO_4^{3+}) 및 산화칼륨(K_2O)과 같은 물질이 함유되어 있다.

또한, 우리들은 매우 광범위한 종류의 유기화학물들을 사용하는데, 여기에는 주류의 에틸알코올, 식초의 초산, 연료로 이용되는 메틸 알코올, 맛을 내기 위한 주석(tartar, 포도주 제조용 통에 침전하는 물질) 등이 있다. 또한, 조미료, 살충제 및 세척제로 여러 가지 유기화합물의 혼합물들을 사용하고 있다.

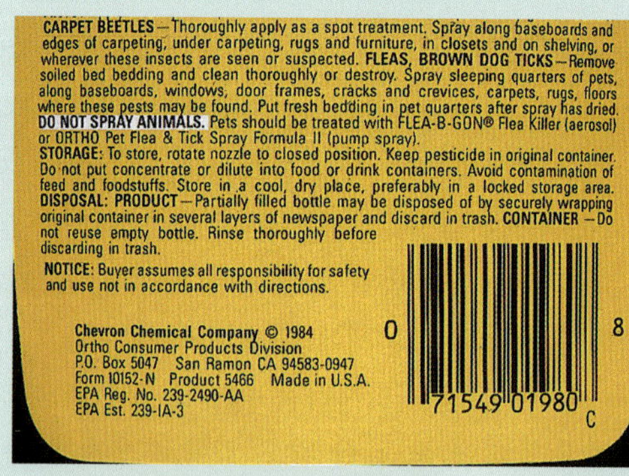

많은 사람들이 일상적으로 사용하는 물질들의 특성에 관하여 충분히 알지 못하고 있다. 많은 물질들은 우리가 제대로 사용하지 못하면 유해할 수 있다. 제초제는 독성이 있으며, 가성 소다는 화상을 일으킬 수 있고, 높은 농도의 표백제나 암모니아는 피부를 상하게 할 우려가 있다. 쓰고 남은 생활 화학제품을 처리하는 것도 문제다. 이러한 물질들을 하수구에 함부로 버려서는 안 되며, 무해한 물질로 반응시키거나 안전한 장소에 보관해야 한다. 그렇지만 대부분 사람들은 필요없는 화학제품을 처리하는 방법을 잘 모른다. 따라서, 유해 가능성이 있는 물질을 생산하는 제조업체들은 남은 물질들을 처리하는 방법에 관한 설명을 용기의 포장에 기록하고 있다. 또한, 많은 단체에서 가정용 유해물질을 처리하려는 노력을 하고 있는데, 이때 이러한 물질에 관한 지식이 있는 자원봉사자들이 유해물질들을 적절하게 처리하도록 도움을 주고 있다.

(neutron)라 한다. 핵은 비교적 가볍고 빠르게 움직이며 음(−)의 전하를 가지는 입자인 **전자**(electron) 구름에 둘러싸여 있다. 앞에 언급된 바와 같이 각각의 원소들은 다른 원자로 이루어진다. 각 원소들은 그 원자를 구성하는 양성자, 중성자, 전자의 수가 각기 다르다. 예를 들면, 일반적인 수은 원자는 80개의 양성자와 80개의 전자로 구성되어 있으며, 금은 79개, 산소는 단지 8개로 이루어져 있다(그림 3.2). 하나의 원소를 이루는 원자들은 항상 같은 수의 양성자와 전자들로 구성되어 있지만, 중성자의 수는 원자에 따라 다를 수 있다. 같은 원소이지만 중성자의 수가 다른 원자들을 **동위원소**(isotope)라 부른다.

분자와 혼합물

원자들은 서로 결합하여 **분자**(molecule)를 이룬다. 두 종류 이상 원자들이 결합하여 이루는 안정된 물질을 **화합물**(compound)이라 한다. 단지 92종의 원자들이 발견되었지만 이들 원자들이 결합하여 화합물을 이루는 방법은 수없이 많다. 화합물의 예를 들면, 물(H_2O), 설탕($C_6H_{12}O_6$), 소금(NaCl), 메탄가스(CH_4) 등이 있다.

우리가 일상적으로 접하는 많은 종류의 물질은

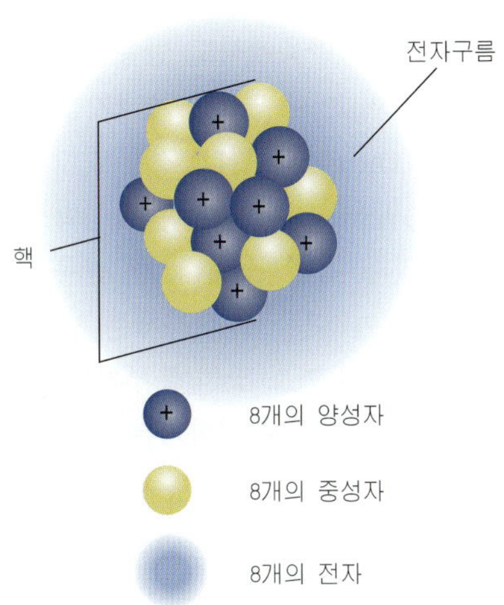

그림 3.2 산소 원자의 모형 대부분 산소 원자들은 양의 전하를 띠는 8개의 양성자와 전하가 없는 8개의 중성자로 구성된 핵으로 이루어져 있다. 음의 전하를 띠는 8개의 전자가 핵의 주위 궤도를 돈다.

여러 종류의 분자나 화합물이 다양하게 섞여서 이루어진 **혼합물**(mixture)이다. 꿀은 설탕 성분과 물의 혼합물이며, 콘크리트는 시멘트, 모래, 자갈 및 철근의 혼합물이며, 공기는 질소와 산소를 포함한 몇 가지 기체의 혼합물이다.

산, 염기, pH

산과 염기는 매우 흥미로운 화합물이다. 이들의 특징은 화학적 결합에 의하여 결정된다. 산이 물에 용해되면 수소 이온(H^+)은 자유로운 상태가 된다. **이온**(ion)이란 하나 또는 그 이상의 전자를 얻거나 잃은 원자 또는 분자를 가리키는데, 따라서 양 또는 음의 전하를 띤다. 수소 이온은 전자 하나를 잃어버려 양성자 하나만을 가지므로 양의 전하를 띤다. **산**(acid)은 용액 상태에서 수소 이온을 방출하는 이온 화합물이다. 즉, 산은 용액 상태에서 양성자를 방출할 수 있는 물질을 말하는데, 이는 산을 정의하는 일부에 지나지 않는다. 수소 이온처럼 작용하는 화합물도 산으로 간주할 수 있는데, 이들은 음의 전하를 띠는 입자들을 끌어당긴다. 예로서는 자동차 배터리에 들어있는 황산(H_2SO_4)을 들 수 있다.

염기(base)는 산과 반대로 **수산 이온**(hydroxyl ion) 또는 OH^-를 방출하는 이온 화합물이다. OH^-는 산소와 수소 이온이 결합한 상태이지만 전자가 하나 추가되어 있으며, 음의 전하를 띠고 있다. 수산 이온은 용액에 전자를 방출할 수 있으므로 염기에 해당하며, 염기는 양의 전하를 띠는 입자를 끌어당기는 물질이라 생각할 수 있다. 오븐 세척제로 사용되는 물질인 NaOH(수산화나트륨)은 매우 강한 염기의 일종이다.

산이나 염의 세기는 용액 내의 수소 이온 농도를 나타내는 **pH** 값으로 표시한다. pH 값이 7이면 용액은 중성이라는 뜻이며 같은 수의 H^+와 OH^-가 균형을 이루고 있다. 용액 내 수소 이온의 수가 증가하면 pH 값은 감소한다. pH 값이 7보다 높으면 용액 내에 OH^-가 H^+보다 많다는 뜻이다. 수산 이온의 수가 증가하면 pH 값도 높아진다. pH 값이 높을수록 강한 염기에 해당한다.

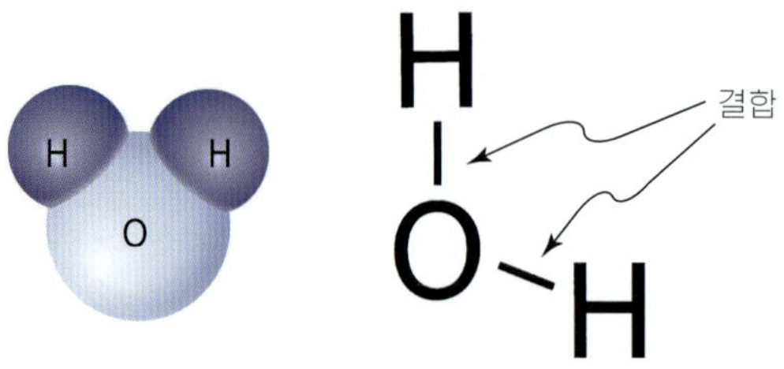

그림 3.3 물 분자 물 분자는 두 개의 수소 원자가 산소 원자와 결합하여 이루어지는데, 수소 원자들은 각각 산소 원자의 반대편에 위치해 있다.

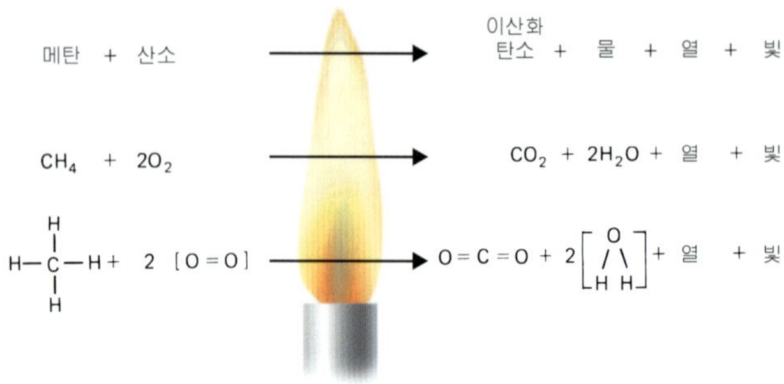

그림 3.4 화학반응의 예 메탄을 연소하면 결합 상태가 변하여 잉여 에너지는 빛과 열로 발산된다. 연소 후에도 같은 원자들이 남아있지만 다른 형태로 결합되어 다른 종류의 분자들을 생성하게 된다.

무기물과 유기물

유기물은 사슬 또는 환형(ring)을 이루면서 결합되어 있는 탄소 원자를 함유하는 분자로 구성되어 있다. 따라서 유기물 분자는 매우 크기 마련이며, 다양한 종류로 존재하고 있다. 무기물 분자는 일반적으로 크기가 작고 그 종류가 비교적 적다. 모든 생물들은 유기물 분자를 포함하고 있다. 생물들은 무기물 분자로부터 유기물 분자를 생산하거나 섭취한 유기물을 유기물 분자로 변환시킬 수 있다. 유기물 분자가 무기물 분자로 파괴될 때 많은 양의 화학적 에너지를 방출할 수 있다. 소금, 물, 산소 등은 무기물의 일종이며, 설탕, 단백질 천연가스, 휘발유, 석탄 등은 유기물의 일종이다.

화학반응

분자 내의 원자들은 화학적 결합에 의하여 서로 떨어지지 않고 있다(그림 3.3). **화학결합**(chemical bond)이란 원자들의 전자들 간 작용에 의한 물리적 인력을 말한다. 화학결합이 파괴되거나 형성될 때 화학반응이 일어난다. 이때 화학결합의 에너지는 변하게 되며, 이 에너지의 일부가 열이나 빛으로 방출된다. 천연가스의 주된 성분은 메탄이다. 메탄과 산소(반응물)가 혼합되어 소량의 에너지에 의해 반응이 시작되면 메탄과 산소의 화학결합이 변하게 되어 새로운 화합물인 이산화탄소와 물(생성물)이 생성된다. 이러한 반응에서 일부 화학결합 에너지가 방출되어 빛이나 열로 나타나게 된다(그림 3.4).

모든 반응에서 반응물과 생성물의 에너지를 비교할 때 그 차가 에너지의 방출이나 흡수에 해당한다. 에너지를 방출하는 반응에서도 반응을 유발시키는 에너지가 필요하며, 이때 필요한 에너지를 **활성화 에너지**(activation energy)라 한다. 경우에 따라서는 촉매를 사용하여 반응을 유발시키는 활성화 에너지의 양을 줄일 수 있다. **촉매**(catalyst)는 반응의 속도를 변화시키는 물질이지만, 촉매 자체는 변하지 않는다. 촉매는 자동차의 연소 장치에 부착된 촉매 전환기에 사용되고 있다. 촉매 전환기는 연료의 연소율을 높이기 위하여 사용되므로 공기의 오염을 줄일 수 있다. 엔진에 의하여 불완전 연소된 대부분의 물질을 재연소시키기 위해 보다 높은 온도가 필요한데, 이때 촉매를 사용하면 연소가 보다 낮은 온도에서도 일어날 수 있다.

그림 3.5 광합성 이 그림은 낮은 에너지의 분자들(CO_2와 H_2O)을 결합하여 보다 높은 화학 결합 에너지를 갖는 포도당을 생성하기 위해서는 에너지(태양열)가 필요하다는 예를 보여준다. 이때 산소도 생성된다.

생물체의 화학반응

생물체는 단백질로 구성된 **효소**(enzyme)라 부르는 촉매를 가지고 있다. 생물체에서 일어나는 대부분의 화학반응은 효소에 의하여 촉진되는데, 효소는 반응의 활성화 에너지를 낮게 하는 역할을 한다. 효소가 없이 높은 온도에서 반응이 일어날 경우 생물체가 파손되므로 효소의 역할은 매우 중요하다. 많은 효소들은 광합성과 호흡작용과 같은 일련의 작용을 효과적으로 제어하도록 배열되어 있다.

광합성(photosynthesis)은 식물이 빛 에너지를 이용하여 무기물을 유기물로 변환하는 작용이다. 빛 에너지는 물과 이산화탄소와 같은 작은 무기물 분자를 유기물인 포도당 분자로 변환시키는 역할을 하는데, 이 과정에서 산소가 방출된다. 광합성 작용은 잎과 같은 식물의 녹색 부분에서 일어난다(그림 3.5). 광합성에 의하여 생성된 유기물 분자들은 식물이나 식물을 섭취하는 생물체의 에너지원이 된다.

호흡작용(respiration)은 산소를 이용하여 포도당, 지방 및 단백질과 같은 커다란 크기의 유기물 분자들을 이산화탄소나 물과 같은 보다 작은 무기물 분자로 전환하는 작용인데, 이 작용에 의하여 생물체에 필요한 에너지가 생성된다. 모든 생물체는 생명을 유지하기 위하여 에너지가 필요하므로 어떤 형태로든지 호흡작용을 지속하여야 한다.

에너지 법칙

앞부분에서는 물질에 관하여 설명하였는데, 화학 결합, 화학반응 및 원자와 분자의 이동에 관하여 설명하기 위하여 에너지라는 개념을 사용하였다. 에너지와 물질은 밀접하게 서로 관련이 있으며 이들을 따로 분리하여 설명할 수는 없다. **에너지**(energy)는 물질을 한 장소에서 다른 장소로 움직일 수 있는 일의 능력을 말하는데, 분자 수준에서도 관찰된다.

물질의 상태

존재하는 에너지의 양에 따라 물질은 세 종류의 상태로 존재할 수 있다. 물질의 물리적 특징은 이를 구성하는 분자들이 가지는 운동 에너지가 변함에 따라 달라지게 되지만, 물질의 화학적 특성은 그대로 있게 된다. 예를 들면, 수증기, 물, 얼음은 동일한 화학적 성분을 가지지만 원자의 배열 상태와 이들 분자들의 활동 상태는 다르다. 분자들이 가지는 운동 에너지의 양에 따라 이들이 어떻게 변할 것인지 결정된다(그림 3.6). 고체에서는 분자들이 낮은 에너지를 갖게 되며 분자들이 서로 가까운 거리에서 진동하고 있다. 액체에서는 더욱 높은 에너지를 갖는 분자들이 비교적 떨어진 거리에서 운동하며 흐를 수 있다. 기체를 구성하는 분자들은 매우 빠르게 움직이며 서로 멀리 떨어져 있다. 물질의 물리적 성질을 바꾸기 위해서는 에너지가 필요하며, 열 에너지가 추가되거나 방출되어야 한다

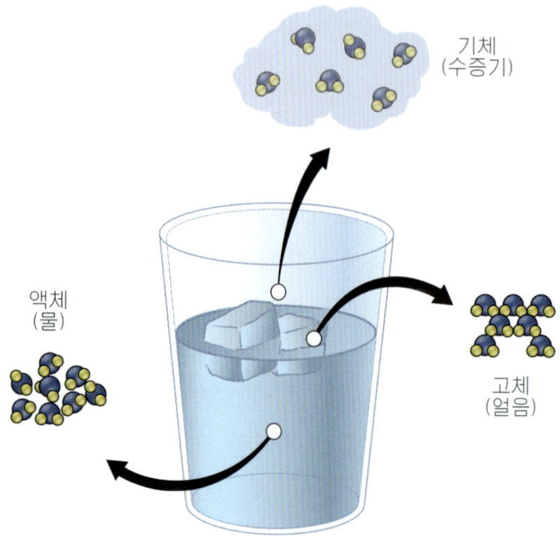

그림 3.6 물질의 상태 물질은 분자들이 갖는 운동 에너지의 양에 따라 세 가지 상태로 존재한다. 에너지의 양이 많을수록 분자들 간의 거리는 멀어지며 운동의 자유도가 증가한다.

에너지의 종류

여러 종류의 에너지가 있는데, 열, 빛, 전기, 화학 에너지가 대표적이다. 움직이는 물체가 가지는 에너지를 **운동 에너지**(kinetic energy)라 한다. 하천을 흐르는 물이나 움직이는 동물처럼 공기 내의 이동하는 분자들도 운동 에너지를 가지고 있다. 보다 특이한 에너지 종류에 **위치 에너지**(potential energy)가 있는데, 물질이 놓여 있는 위치 때문에 존재하는 에너지이다. 댐에 저장된 물은 높은 위치에 있으므로 위치에너지를 가지고 있다. 핵으로부터 떨어져 있는 전자는 이들 사이의 거리에 의해서 위치 에너지를 가지게 된다.

열역학 제1법칙과 제2법칙

에너지는 다양한 형태로 존재할 수 있으며, 다른 종류의 에너지로 변환될 수 있다. 그러나 에너지의 전체 양은 항상 일정하다. **열역학 제1법칙**에 의하면 에너지는 생성될 수도 소멸될 수도 없으며, 단지 종류가 서로 변할 뿐이다. 인간의 관점에서 보면 어떤 에너지가 다른 에너지보다 더욱 유용할 수 있다. 인간은 여러 목적으로 전기를 광범위하게 사용하는 편이지만 전기 에너지는 자연에 매우 적게 존재하기 때문에 다른 종류의 에너지를 전기 에너지로 변환시킨다. 우리가 한 종류의 에너지를 다른 종류의 에너지로 변환시킬 때 일부 에너지가 손실되는데, 이것이 **열역학 제2법칙**이다. 에너지 전체의 양은 변함없지만 유용한 에너지의 일부를 잃게 된다. 예를 들면, 전기를 얻기 위하여 발전을 할 때 석탄을 연소시키면, 이때 쓸 수 없는 많은 양의 열 에너지가 발생한다. 따라서 필요한 전기 에너지는 본래 석탄에 있던 화학 에너지의 양에 비하여 훨씬 적어진다.

에너지는 끊임없이 다른 형태로 변하고 있다. 별들

은 핵 에너지를 열과 빛으로 변환시키고 있고, 동물은 음식의 화학 에너지를 운동 에너지로 변환시키고 있으며, 식물은 태양 에너지를 포도당 분자를 구성하는 화학 에너지로 변환시키고 있다. 이러한 각각의 경우에도 사용될 수 없는 열 에너지가 생성되고 있다.

에너지 흐름의 환경학적 함의

에너지 변환이 일어나면서 발생되는 열은 공간으로 방출된다. 이러한 현상은 주변에서 흔히 볼 수 있다. 실제로 집도 폐허가 되고, 차도 녹슬게 되며, 기계도 마모된다. 이러한 현상 모두가 열을 방출하는 과정이다. 정원에서 식물 잔해를 분해하는 미생물도 열을 방출한다. 녹이 스는 화학반응도 열을 방출한다. 기계가 서로 접촉되어 마찰이 일어나면 열이 발생하고 부품들이 마모된다.

의복, 자동차, 생물체를 포함한 물질들은 질서 있는 상태에 있지만, 궁극적으로는 무질서의 상태로 향하려는 경향이 있다. 결국, 무생물들은 마모되고 생물체는 죽어서 부패한다. 무질서 상태로 되려는 경향은 열을 낮추는 방향으로 에너지가 끊임없이 이동하는 현상과 일치한다. 이때 방출되는 열은 인간에게는 별로 가치가 없다.

여러 형태의 에너지는 각각 그 가치가 다르다. 전기 에너지처럼 가치가 높은 에너지는 다양한 목적을 위해서 쉽게 사용될 수 있다. 바닷물이 지닌 열 에너지는 가치가 높지 않다. 바닷물의 열 에너지 전체는 세계의 전기 에너지의 합보다 많지만, 바닷물의 열 에너지를 활용할 수 있는 방법은 많지 않다. 따라서 이러한 에너지는 우리가 이용할 수 있는 다른 종류의 에너지에 비해서 가치가 매우 낮다.

바닷물의 열 에너지가 가치가 없는 이유는 지역에 따라서 온도의 차이가 크지 않기 때문이다. 두 물질의 온도 차이가 크면 따뜻한 물체에서 차가운 물체로 열이 이동한다. 예를 들면, 화학연료를 사용하는 발전소에서는 연료를 연소하여 물을 가열하고 증기로 바꾼다. 이때 차가운 물을 흘려보내면 급격한 온도차가 발생하여 증기의 열 에너지는 물로 전이되고 이러한 현상에 의해 터빈이 돌게 되고 전기가 생산된다. 바닷물의 평균 온도는 별로 높지 않고 또한 바닷물보다 낮은 온도의 물질을 발견하기 어렵기 때문에 바닷물의 열량은 엄청나지만 우리가 이를 활용하기는 어렵다.

에너지의 양적인 면과 질적인 측면을, 계곡을 흐르는 하천에서 살펴볼 수 있다. 경사가 급할수록 거리당 소비되는 에너지의 양은 크다. 하천의 한 지점이 경사가 그리 크지 않다면 저급의 에너지로 볼 수 있는데, 이는 에너지가 하천이 흐르는 전체 거리에 분산되기 때문이다. 이를 고급 에너지원으로 만들기 위해서는 댐을 만들어 어느 한 지점에서 물이 낙차가 크게 떨어지도록 해야 한다. 이렇게 하면 에너지가 매우 짧은 지점에 집중된다. 전체 에너지의 양은 변하지 않지만 댐은 에너지 질을 변화시킨다.

열역학 제2법칙에 의해서 인간을 포함한 모든 생물체들은 고급 에너지를 저급 에너지로 변환하는 과정에 있다. 움직이고, 성장하고 또한 반응하기 위하여 음식의 화학 에너지를 필요한 에너지로 변환할 때 불필요한 열 에너지가 발생한다. 생물체가 음식의 화학 에너지를 변환하는 과정을 세포호흡이라고 하는데, 이는 에너지 관점에서 볼 때 열, 빛 또는 다른 종류의 유용한 에너지를 얻기 위하여 연료를 태우는 **연소**(combustion) 작용과 유사하다. 세포호흡의 효율은 비교적 높다. 음식이 갖는 에너지의 약 40%정도가 유용한 형태의 에너지로 변한다. 나머지는 저급의 열로 발산된다. 표 3.1에는 다양한 에너지 변환 체계의 효율성이 표시되어 있다.

표 3.1 다양한 에너지 변환 체계의 효율

에너지 변환 체계	효율(%)
전기 모터	95
수력발전	85
가정용 석유 난로	65
디젤 엔진	45
형광등	40
자동차 엔진	25
백열등	10

에너지 변환 과정에서 공해는 피할 수 없는 문제이다. 에너지 변환 시 손실되는 열은 오염물질이 된다. 차를 정지시키는 브레이크의 작동은 마찰로 인한 오염물질을 발생시킨다. 발전소에서 발생하는 물질도 오염을 유발한다. 이러한 모든 예는 열역학 제2법칙에 의한 것이다. 지구상의 개인 각자가 에너지 소비를 줄이면 에너지 변환 과정에서 방출되는 열이 감소하고 오염물질도 줄어들게 된다. 우주에 존재하는 에너지는 제한되어 있다. 이 중 오직 일부만이 유용한 에너지이다. 고급 에너지를 사용함에 따라 유용한 에너지가 줄어들게 되고 저급 에너지로 변환된다. 모든 생명체의 활동은 열역학 제1법칙과 제2법칙으로 알려진 중요한 물리적 법칙을 따르고 있는 것이다.

요약

과학은 정보를 수집하고 체계적으로 정리하는 방법이다. 여기에는 관찰, 가설 설정, 가설 검증, 다른 이의 평가를 위한 결과의 출판이 포함된다. 가설은 검증 가능한 모든 정보를 고려해야 하는 '왜 그러한가?'에 관한 논리적 예측이다. 과학적 과정은 자료의 수집과 평가에 있어 신중하고, 편견 없고, 신뢰할 수 있는 방법을 거쳐야 한다. 가설의 타당성을 검증하기 위해 실험을 수행하기도 한다. 가설이 새로운 정보들에 의해 계속해서 지지되면 법칙이 된다. 이론은 광범위한 과학 분야에 일반적으로 적용되는 포괄적인 진술이다.

물질의 기본 단위는 원자인데, 원자는 양성자와 중성자가 있는 핵과 그 주위를 돌고 있는 전자로 구성된다. 한 종류 원자의 중성자 수는 일정하지만 같은 유형의 서로 다른 원자의 중성자 수는 변할 수 있다. 양성자는 양의 전하, 전자는 음의 전하를 가지며 중성자는 전하를 띠지 않는다.

두 개 이상의 원자가 결합하면 분자라는 보다 안정된 단위가 된다. 화학결합은 원자 간의 전자의 상호작용에 의한 물리적 인력이다. 화학결합이 깨지거나 형성될 때, 화학반응이 발생하고 화학결합 내의 에너지 양이 변화한다. 화학반응은 방응을 시작하기 위해 활성화 에너지를 필요로 한다.

한 가지 종류의 원자로 구성된 물질은 원소라고 한다. 특정 비율로 결합된 원자를 포함한 분자로 구성된 물질은 혼합물이라 한다. 원자나 분자가 전자를 잃거나 얻어서 전하를 띠면 이온이 된다.

물질은 고체, 액체, 기체 세 가지 상태로 존재한다. 상태는 분자 간의 거리와 분자의 에너지 양에 따라 다르다. 운동 에너지는 움직이는 물체가 지닌 에너지이다. 위치 에너지는 높이 때문에 물체가 지닌 에너지이다.

열역학 제1법칙은 우주의 총 에너지의 양은 일정하고 에너지는 생성되지도 소멸하지도 않는다는 것이다. 열역학 제2법칙은 에너지가 변환될 때, 일부의 사용 가능한 에너지가 소실된다는 것이다. 일부 형태의 에너지는 다른 것에 비해 유용하다. 에너지의 질은 얼마나 유용한 일을 수행할 수 있느지에 따라 결정된다. 저온의 열원은 유용한 일을 할 수 없기 때문에 질이 낮게 평가된다.

이슈와 분석 바이오에너지 기술

루돌프 디젤(Rudolf Diesel)이 그의 원천 디젤 모터를 디자인한 것은 거의 한 세기 전의 일로, 그는 당시 땅콩기름을 에너지로 사용하였다. 디젤 엔진은 당시 여러 가지 식물성 기름을 동력원으로 사용하는 것을 생각하였다. 그러나 값도 싸고, 열효율도 높고, 쉽게 다량 생산할 수 있는, 원유로 만든 디젤 연료가 시장을 빠르게 장악하였다.

오늘날 미국 연료 시장의 다양화로 지구의 기후 변화가 우려되면서 석유 디젤을 대체할 수 있는 바이오에너지 개발에 대한 목소리가 커졌다. 바이오에너지는 대기에서 이산화탄소를 소모하는 농작물로부터 생산되므로, 바이오에너지의 소비는 지구 온난화를 야기하는 대기에 이산화탄소 농도를 높이는 원인이 되지 않는다.

1908년 헨리 포드(Henry Ford)가 '모델 T'를 처음 디자인했을 때에는 재생 에너지인 알코올을 주요 에너지원으로 예측하였다. 1920년에서 1924년 사이, 스탠더드 오일 사(Standard Oil Company)는 미국 볼티모어 지역에서 가솔린에 25%의 알코올을 섞어서 팔았는데, 당시 옥수수 값의 상승과 저장, 운반의 어려움으로 이 프로젝트는 중단되었다. 1930년대 미국 중서부에는 2,000개 이상의 주유소에서 옥수수로 만든 알코올과 가솔린의 혼합물인 가스홀(gashol)을 판매하였으나, 1940년대에는 석유 가격이 훨씬 낮았으므로 가스홀의 생산은 중단되었다.

1979년 중동에서 원유 공급이 중단되었을 때, 에너지 문제는 미국의 국가적 이슈가 되었고, 사람들은 석유를 사기 위해 줄을 서서 기다려야 했다. 이때 알코올-가솔린 혼합물이 미국 시장에 다시 등장하게 되었다. 아메리칸 오일 사(American Oil Company)와 다른 석유회사들은 알코올을 가솔린 희석제와 옥탄 강화제로 팔기 시작했다.

미국에서는 1990년 농촌지역에서 팔리는 산화된 에너지가 몸에 해로운 일산화탄소를 공기 중에 배출시키는 원인이라는 주장이 나왔다. 그 이후 알코올이 가솔린 희석제로 더 선호되었고, E10(알코올 10% 함유 표시)이 가장 일반적으로 사용되었다. E85와 E95는 북아메리카에서 공공 기관차와 버스의 에너지원으로 사용되었다.

알코올에 대한 수요가 증가하면서, 농산물과 임산 폐기물, 도시 고형 폐기물, 산업 폐기물 등 여러 가지 바이오에너지 자원에 대한 수요도 증가하였고, 전적으로 알코올 생산을 목적으로 농산물이 생산되었다. 지난 20년간 농산물을 알코올로 전환하는 기술이 지속적으로 개발되었는데, 전환 과정은 다음과 같다.

1. 바이오매스(Bio-mass)의 생산은 대기 중 이산화탄소를 유기탄소로 전환한다.
2. 바이오매스를 사용 가능한 발효 원료(주로 당분)로 전환하려면 다양한 프로세스 기술이 필요하다.
3. 효모의 발효 과정을 거쳐 생산되는 낮은 농도의 알코올은 인류 역사상 가장 오래된 생물공학기술이다.
4. 희석된 혼합물을 가공하여 알코올 농도를 조절하고 부산물을 만드는 기술은 다른 종류의 에너지, 화학물질, 열과 전지를 소모하는 공정을 동반한다.

- 과연 바이오에너지를 생산하는 기술이 정말로 인류에게 많은 이익을 줄 수 있는가?
- 석유 에너지를 대체하는 바이오에너지가 과연 충분히 현실적인가?
- 바이오에너지의 문제는 무엇인가?

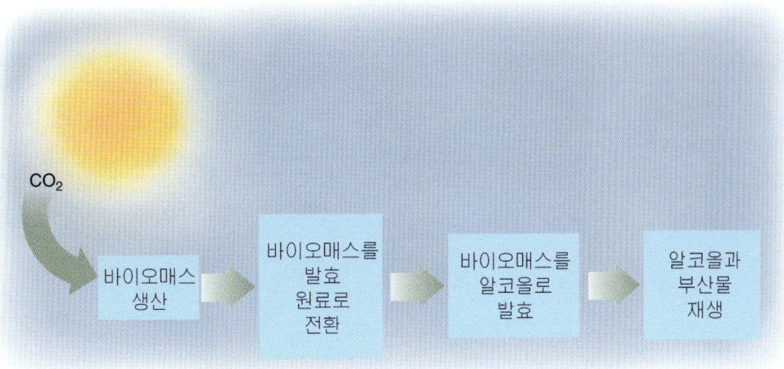

주요 용어

가설(hypothesis)
과학(science)
과학적 방법(scientific method)
관찰(observation)
광합성(photosynthesis)
동위원소(isotope)
물질(matter)
반복성(repeatability)
법칙(law)
분자(molecule)
분자운동론(kinetic molecular theory)
산(acid)
생물 기원설(biogenetic law)
수산 이온(hydroxyl ion)
실험(experiment)
양성자(proton)
에너지(energy)
연소(combustion)
열역학 제1법칙(first law of thermodynamics)
열역학 제2법칙(second law of thermodynamics)
염기(base)
운동 에너지(kinetic energy)
원소(element)
원자(atom)
위치 에너지(potential energy)
이론(theory)
이온(ion)
전자(electron)
제어실험(controlled experiment)
중성자(neutron)
진화론(theory of evolution)
촉매(catalyst)
핵(nucleus)
호흡작용(respiration)
혼합물(mixture)
화학결합(chemical bond)
화합물(compound)
활성화 에너지(activation energy)
효소(enzyme)
pH

복습 문제

1. 과학적 원리와 비과학적 원리는 어떻게 다른가?
2. 가설은 무엇인가? 왜 과학적 사고 과정에서 중요하게 여겨지는가?
3. 과학적 방법이란 무엇이며, 어떠한 과정들을 거치는가?
4. 열역학 제2법칙과 오염은 어떤 관계를 갖는가?
5. 산소 원자의 모형을 그리고 각 부분의 명칭을 적어보자.
6. 화학반응에서 원자에는 어떠한 변화가 생기는가?
7. 열역학 제1법칙을 기술하라.
8. 고체, 액체, 기체는 분자 수준에서 어떻게 다른가?
9. 에너지의 다섯 가지 종류를 나열하라.

비판적 사고력 문제

1. 당신은 지역에 있는 작은 연못에서 환경오염에 민감하다고 알려진 두꺼비의 많은 개체가 생식에 문제가 있음을 관찰하게 되었다. 농약을 유출시킨 범인이 있을 것이라는 가정하에 자신의 언어로 가설을 설정해보자. 그리고 가설을 검증할 실험을 고안해보자.
2. 기후 변화와 같은 환경문제가 지구적 관심의 전면에 부상하고 있다. 공적인 의사결정에 있어 과학은 어떠한 역할을 해야 하는가? 기후 변화에 대한 상반된 과학적 설명 앞에서 우리는 어떻게 결정을 내릴 수 있는가? “좋은 과학”과 “나쁜 과학”을 구분짓는 판단 근거는 있을 수 있는가?
3. 열역학 법칙은 환경문제를 설명하는 데 어떠한 중요성을 갖는가? 이 개념을 이용하여 특정한 환경문제를 설명해 보자.
4. 생명체가 열역학 제1법칙으로 열역학 제2법칙에 지속적으로 대항한다는 주장이 있다. 이것은 무엇을 의미하는가? 생명체에게 이 논의가 갖는 의미는 무엇인가?

4

상호작용

: 환경과 생물

이 장의 학습목표

- 생태계 내의 생물적 요인과 비생물적 요인을 구분할 수 있다.
- 적소를 설명할 수 있다.
- 생물, 서식지, 적소를 조절하는 자연선택 과정을 설명할 수 있다.
- 포식과 피식, 기생과 숙주, 경쟁, 상리공생, 편리공생을 설명할 수 있다.
- 군집과 생태계를 구분할 수 있다.
- 생태계 구성요소를 기술할 수 있다.
- 생산자, 초식동물, 육식동물, 잡식동물, 부식생물, 기생생물, 분해자의 기능을 설명할 수 있다.
- 생태계 내의 에너지 흐름을 설명할 수 있다.
- 영양단계에서의 먹이사슬과 먹이그물 개념을 적용할 수 있다.
- 생태계 내에서 탄소, 질소, 인과 같은 영양물질의 순환을 설명할 수 있다.

이 장의 세부목차

과거 현재 그리고 미래

1983 AIDS 바이러스 발견. 원숭이 바이러스로부터 변형된 것임이 밝혀짐

1986 영국에서 처음으로 광우병 확인. 동물 사료의 사용이 원인으로 알려짐

1988 유엔환경계획과 세계기상기구가 IPCC (Intergovernmental Panel on Climate Change) 조직

2003 독감과 비슷한 새로운 질병 SARS 바이러스 확인. 중국에서 사용된 사육되지 않은 동물성 식품 원료에서 발견

2003 미국에서도 광우병 발견

2001 IPCC가, 산업화가 이산화탄소 농도를 증가시킨다고 보고

생태학의 개념

생태학(ecology)은 생물이 다른 생물이나 환경과 상호작용하는 방법을 연구하는 과학이다. 따라서 생태학은 생물이 환경에 어떻게 적응하고 환경을 어떻게 이용하며 생물의 존재와 활동이 환경을 어떻게 변화시키는가를 연구한다. 이와 같은 상호작용에는 에너지와 물질이 관여하는데, 생물은 끊임없는 에너지의 유입을 필요로 하며 생명을 유지할 물질을 요구한다. 만약 에너지와 물질의 흐름이 중지되면 생물은 죽게 된다.

모든 생물은 어떤 형태로든지 다른 생물에 대한 의존성을 가진다. 한 생물이 다른 생물을 취하여 에너지원이나 물질원으로 이용하기도 하고, 어떤 생물은 다른 생물에게 해를 주지 않고 일정 기간 동안 이용하기도 한다. 동물이 식물의 종자를 전파시키거나 박테리아가 유기물을 분해하여 다른 생물이 이용하게 하는 것처럼 어떤 생물은 다른 생물에게 봉사하기도 한다. 생태학은 다양한 구성적 단위를 가지므로 다양한 수준에서 고찰되어야한다(그림 4.1). 생태학을 깊이 있게 다루기 전에 먼저 용어들에 대한 이해를 해 둘 필요가 있다.

환경

한 생물체의 일생 동안에 영향을 미치는 모든 것들을 그 생물의 **환경**(environment)이라 한다. 환경은 매우 넓은 의미의 개념이다. 예를 들면 미국너구리는 일생 동안 수백만의 다른 생물들(박테리아, 먹이생물, 기생생물, 배우자, 포식자)과 상호 관련을 가지고, 엄청난 물을 마시고, 막대한 공기를 숨쉬며, 매일매일의 온도와 습도 변화에 반응한다. 그러나 이것은 미국너구리의 환경 중 극히 일부분일 뿐이다. 이처럼 복잡한 환경은 생물적 요인과 비생물적 요인으로 구분하여 설명하는 것이 편리하다.

비생물적 요인(abiotic factors)은 생물을 유지하는데 필요한 에너지 흐름, 여기에 영향을 미치는 물리적 요인들, 그리고 생명 현상을 수행하는 데 요구되는 분자들의 공급을 포함한다. 대부분 생물의 에너지

그림 **4.1** 생태학 생태학은 원자 수준에서부터 분자, 개체, 집단, 생태계까지의 다양한 수준에서 연구가 이루어지는 학문이다.

근원은 태양이다. 식물은 태양으로부터 직접 에너지를 공급받고, 동물은 이들 식물이나 식물을 먹는 다른 동물의 섭취를 통해 에너지를 얻는다. 따라서 한 공간에서의 생물량은 그 지역의 식물과 그들이 고정할 수 있는 에너지의 양에 의해 결정된다고 할 수 있다.

기후(연간 패턴), 온도(연 평균 기온과 일변화), 강우(강우량, 강우의 형태, 계절적 분포), 토양(모래, 진흙, 건습, 비옥도 등) 그리고 생물이 서식하는 지역의 지형도 비생물적 요인이 된다.

모든 생물체는 신체 구성과 유지를 위한 탄소, 질소, 인, 물 분자 등을 필요로 한다. 생물들은 이들 물질을 주위 환경으로부터 섭식이나 광합성을 통해 얻는다. 원자들은 생물체의 구성성분으로 이용되었다가 호흡, 배설, 죽음, 부패 등을 통해 환경으로 돌아간다.

생물적 요인(biotic factors)은 그 생물의 일생 동안에 관계하는 모든 생물을 말한다. 즉, 광합성을 하는 식물, 다른 생물을 먹는 동물, 부패와 분해작용을 하는 미생물 등이 모두 생물적 요인이 되는 것이다.

그림 **4.2** 제한요인 수중 생태계에서 용존 산소량은 많은 어류에게 제한요인이 된다. 차갑고 산소가 많이 용존되어 있는 유속이 빠른 상류의 수계에서는 송어가 살지만 따뜻하고 산소량이 적은 수계에서는 송어가 살기 힘들다. 배스, 메기, 잉어와 같이 낮은 용존 산소에 내성이 있는 어류는 물이 따뜻하고 산소량이 적은 강 하류에 서식한다.

제한요인

생물들은 주위의 환경과 다양한 형태의 상호작용을 하지만 특정 요인이 그 생물의 생존에 중요한 요인이 되는 경우가 있다. 만약 그 요인이 결핍되거나 부족하게 되면 그 종은 생존에 저해를 받게 되는데, 이때 그 요인을 **제한요인**(limiting factor)이라 한다. 제한요인은 생물적 요인이 될 때도 있고 비생물적 요인이 될 때도 있으며, 종에 따라 매우 다르다. 많은 식물은 토양 내의 물 부족에 제한을 받고, 동물들은 기후와 먹이에 제한을 받는다. 예를 들면 뱀과 도마뱀은 온난한 지역에 한정되어 있고 군주나비 애벌레는 성장하기 위해서 박주가리가 필요하다.

대부분 어류는 수중의 용존 산소에 제한을 받는데, 유속이 빠른 산간의 계곡에는 산소가 풍부해 송어의 좋은 환경이 된다(그림 4.2). 하천이 하류로 내려오면 하상의 경사가 완만해지면서 유속이 느려지고, 강 주변의 나무가 듬성해지면서 햇빛의 투과가 증가하여 하천수가 따뜻해진다. 물이 따뜻해지면 산소 용해도가 감소하므로 이 지역의 물에는 블랙배스나 월아이와 같은 저산소 적응력이 있는 어류가 살아간다. 이처럼 어류들은 각 종 특유의 산소와 수온에 대한 **내성의 범위**(range of tolerance)를 갖는다. 여기서 낮은 용존 산소량과 높은 수온은 송어의 제한요인이 됨을 알 수 있다.

초식동물에게는 먹이로 이용하는 풀의 양이 제한요인이 되고, 바다동물에게는 염분 농도가 제한요인이 되어 담수지역으로의 이동을 저해하며, 많은 식물군에는 빛이 제한요인이 된다.

서식지와 적소

생물은 환경과 분리하여 생각할 수 없다. 환경은 생물에 영향을 주고 생물은 환경에 영향을 미친다. 이 관계에 대한 해석을 위해 생태학자들은 서식지와 적소라는 개념을 생각해냈다.

서식지(habitat)란 생물이 서식하는 공간을 말하

그림 4.3 이끼의 서식지 이끼는 햇빛에 노출되면 건조되어 죽기 때문에 서식지가 서늘하고 그늘져야 한다.

는 것으로 그 생물의 주소라고 할 수 있다. 한 생물의 서식지는 토양형, 물 이용도, 기후 조건과 같은 물리적 특성이나 그 지역에 우점하는 식물로 구분한다. 예를 들면 이끼는 햇빛, 바람, 건조에 노출되면 죽는다. 따라서 이끼의 서식지는 서늘하고 습하며 그늘진 곳이 된다(그림 4.3). 마찬가지로 유속이 빠르고 차갑고 용존 산소량이 많으며 바닥에 곤충이 많이 서식하는 하천은 송어의 좋은 서식지가 되고, 많은 풀이 자라는 초원은 곤충, 물소, 매 등이 선호하는 서식지가 된다. 느릅나무좀은 느릅나무가 자라는 지역에서만 서식한다.

적소(ecological niche)란, 한 생물이 주위 환경에 대해 행하는 기능적 역할이다. 간단히 말해 적소는 그 종의 삶의 방식이다. 따라서 한 생물의 적소에는 그 생물에 영향을 주는 모든 것들과 그 생물이 일생 동안 영향을 미치는 모든 것을 포함한다. 예를 들면 비버는 댐을 만들어 주변을 범람시킨다(그림 4.4). 물이 범람하면 비버는 자신이 보호받을 수 있는 생활공간이 넓어지고, 오리나 어류와 같은 다른 생물들에게도 좋은 서식공간을 제공하나, 강 주변의 토양을 침수시켜 나무의 성장은 저해된다. 비버는 댐으로 모여든 생물을 포식하다가 먹이가 고갈되면 다시 새 댐을 만들기 위해 강을 따라 이동한다.

비버의 생활 습성에서 우리는 많은 사실을 이해할 수 있다. 비버는 물리적 환경을 변경시켜 다른

그림 4.4 적소 한 생물의 적소는 일생 동안 그 생물에 영향을 미치는 요인과 그 생물에 의한 영향 모두를 포함한다. 비버의 적소에는 미류나무가 있는 강, 댐 쌓기, 숲의 범람, 나무 자르기, 다른 동물을 위한 호수 조성과 기타 여러 영향들이 포함된다.

그림 4.5 민들레의 적소 민들레는 채광이 좋은 지역에 서 잘 자라는 식물이다. 민들레가 번성하는 이유는 쉽게 산포되는 많은 씨를 갖기 때문이다. 잔디를 깎는 것은 민들레의 채광을 향상시켜 더 잘 자라게 한다.

동물들의 서식환경을 만들어 그 동물들을 포식한다. 이것은 비버가 환경에 미치는 많은 작용들의 극히

환경 돋보기

서식지 보존 계획: 수단인가 명분인가?

멸종위기종보호법(Endangered Species Act)은 멸종위기종의 보호를 위해 이들 종의 서식지 파괴행위를 엄격하게 규제한다. 멸종 위기종은 매우 한정된 특별한 서식지를 갖기 때문에 서식지의 변화는 그들의 생존에 치명적이다. 멸종 위기종은 이들이 분포하는 지역의 지주들에게 토지 이용을 제한하는 존재로 여겨진다. 많은 지주들은 자신의 토지에 멸종 위기종이 서식해서 토지 이용을 제한당했으므로 정부가 이에 합당한 보상을 해야 한다고 주장한다. 이 경우 정부가 보상해야 하는 금액은 어마어마하다. 그러나 멸종위기종보호법은 멸종 위기종의 보호만 보장된다면 토지 소유주가 어느 정도까지 토지를 이용할 수 있게 허용하고 있다.

서식지 보존 계획은 다양한 이해관계자들의 협상의 산물이기 때문에 보호론자들의 입장에서는 매우 미흡하게 여겨진다. 그들은 종 보호라는 개념이 제대로 이해되지 않고 계획되었기 때문에 서식지의 보호가 기대되기 힘들다고 주장한다. 실제로 보호에 미흡한 허점들이 밝혀져서 지주들에게 규정은 따르지만 서식지를 파괴하는 개발을 가능하게 하고 있다. 지주들은 보존 계획이 예측하지 못했던 결과에 대한 책임으로부터 벗어날 수 있는 현재의 상황을 이용하고 있다. 서식지 보존 계획에 대한 비판론자들은 대부분 계획이 정치적 타협에 의해 결정되었기 때문에 멸종 위기종을 보호할 수 없으며 멸종 위기종의 복원에 대한 어떠한 대책도 되지 못한다고 생각한다. 결국 서식지는 인간의 간섭을 받게 되고 보존 계획이 보호하고자 했던 대부분의 종들은 끝내 멸종하고 말 것이다.

일부이다. 비버의 적소를 모두 기록한다면 한 권의 책이 될 것이다.

또 다른 예는 민들레에서 볼 수 있다(그림 4.5). 민들레는 햇빛이 잘 드는 버려진 공간에 쉽게 침입하여 수일 내에 많은 종자를 만들어 먼 곳까지 전파시킨다. 심지어 이들은 일 년에 몇 번씩 종자를 만들고, 종자의 수가 많아 햇빛만 드는 곳이면 어디에나 분포한다. 그러나 민들레는 성장에 많은 빛이 필요하므로 그늘진 곳에서는 자라지 않는다. 따라서 민들레는 잘 깎여진 잔디밭에서 잘 자랄 수 있는 것이다. 사람을 비롯한 많은 동물은 민들레를 먹는다. 어린잎은 샐러드로, 꽃봉오리는 민들레와인을 만드는 데 이용하며, 꿀벌은 민들레에서 꿀을 얻는다.

자연선택의 기능과 진화

지금까지 살펴본 대로 각 생물은 특정의 서식지에 잘 적응하여 서식지 내에서 독특한 기능(적소)을 수행한다. 그렇다면 어떻게 이들 생물들이 그들의 환경에 정확하게 적응하였을까? 이에 대한 해석으로 자연선택이 있다. **자연선택**(natural selection)이란 더 적합한 개체가 덜 적합한 개체보다 잘 살아남고 더 많은 후손을 가진다는 것이다. 더 성공적으로 후손을 생산하는 데 기여한 형질은 후손에게 전달되고, 따라서 동일한 환경조건에 노출된다면 그 형질을 갖는 유리한 종으로 계속 선택이 된다는 것이다.

종의 개념

자연선택은 동일 종 집단 내에서 일어난다. 여기서 동일 종이란 상호교배가 가능하고 생식능력이 있는 자손을 생산할 수 있는 개체군을 말한다. **종**(species)에 대한 위의 개념은 두 가지의 설명이 필요하다. 첫째는, 생산을 않거나 서로 교배하지 않는 개체가 있더라도 상호교배가 가능하면 동일 종으로 간주한다는 것이고, 둘째는 상호교배로 후손을 생산하더라도 그 후손이 생식능력을 갖지 못하면 서로 다른 종으로 간주한다는 것이다(말과 당나귀가 노새를 낳으나 노새는 생식능력을 갖지 못하므로 말과 당나귀는 다른 종으로 취급함).

어떤 종은 쉽게 구별된다. 우리는 사람을 쉽게 구별해내고 민들레를 다른 노란색 꽃을 가지는 식물과 혼돈하지 않는다. 그러나 어떤 종은 쉽게 구별되지 않는다. 대부분 사람들은 모기 종류를 구별하지 못하고 사초과 식물들의 구별에 어려움을 느낀다. 그래서 우리는 굳이 이들을 다른 종으로 구별하지 않고 한 무리로 모기류나 사초로 통칭한다. 그렇지만 모기류의 각 종들도 뚜렷한 차이가 있어 어떤 종은 뇌염을, 어떤 종은 말라리아를 옮긴다. 또 각 종의 활동시간이 다르고 생식을 위한 요구 조건도 다르다.

자연선택의 메커니즘

1859년 영국의 박물학자 다윈(Charles Darwin)은 그의 저서 "종의 기원(원제는 '자연선택 또는 생존경쟁에 유리한 종의 보전에 의한 종의 기원'이다.)"에서 자연선택설을 제시했다. 다윈은 박물학자로서 영국의 탐험선을 타고 세계를 일주하는 기회를 가졌다. 탐험 기간 동안 각 지역의 환경에 잘 적응된 동물과 식물을 보고 이들 적응을 유도한 자연선택 메커니즘을 생각하게 되었고, 그것은 몇몇 요인의 작용에 의한 것이란 결론에 이르렀다. 즉,

1. 동일 종 내의 각 개체 사이에는 변이가 존재하며 어떤 변이는 유익하고 어떤 변이는 그렇지 않다. 예를 들면 같은 종의 동물 중에서 적에게 쉽게 발견되는 색을 가지는 것과 그렇지 않은 경우가 있다.
2. 생물들은 수용 가능한 수보다 훨씬 많은 개체를 생산한다. 이것은 자손이 모두 살 수 있는 충분한 서식지가 없다는 것을 의미한다. 한 그루의 사과나무에서 수백 개의 사과가 달리고 한 사과에 여러 개의 씨가 있다든지 한 쌍의 토끼가 매 여름에 3~4배의 새끼를 낳으며 한 번에 여러 마리씩 낳는다.
3. 과잉의 개체들은 생존을 위한 경쟁을 하게 된다. 즉, 동일 개체군 집단 내의 종들은 먹이, 장소, 배우자, 그리고 부족한 요구조건을 확보하기 위한 경쟁을 하게 된다. 만약 100그루의 콩을 한 화분에 심게 되면 처음엔 같이 성장하지만 곧 우세하게 성장하는 개체가 생기고 이것이 다른 개체의 빛 이용을 저해하게 될 것이다. 한 번에 두 마리의 새끼를 낳는 수리부엉이는 먹이가 부족하면 새끼 중 몸집이 큰 개체에게 집중적으로 먹이를 준다.
4. 개체들 사이에는 변이에 의해 어떤 개체가 다른 개체보다 생존과 생식에 더 유리할 수 있다. 먹이에 대한 경쟁은 불리한 개체의 죽음으로 이어져 생식의 기회를 갖지 못한다. 이들은 비록 죽지는 않을지라도 성숙이 지연되어 유리한 개체들보다 생식의 기회가 줄어들게 된다.
5. 시간이 흐르면서 각 세대는 동일한 과정을 반복하게 되고 결국 유리한 종은 더욱더 환경에 잘 적응하게 된다.

많은 사람들이 자연선택을 검증해왔고 아직도 진행 중이다. 케틀웰(H.B.D. Kettlewell)은 영국의 후추나방이 공업화로 인해 수피가 검게 착색된 지방에서는 어두운 체색을 띠고, 오염이 없어 수피가 밝은 지역에서는 밝은 체색을 띠는 것을 보고, 이것은 새의 포식으로부터 보호받기 위해 환경에 적응된 자연선택이라 결론지었다(그림 4.6). 실제로 그가 공업

그림 4.6 후추나방에서의 자연선택 대기오염이 심한 영국의 공장지대 숲에서 자라는 나무의 수피가 검게 되자, 검은 체색의 후추나방이 포식자로부터 보호되어 밝은 색의 후추나방보다 생존에 유리하게 되었다. 결국 검은 체색의 후추나방의 수가 증가하게 되었고 밝은 체색의 후추나방은 후손에 유전자를 물려주는 데 방해를 받았다.

지역의 숲에서 두 가지형의 나방에 표시를 하고 놓아 준 뒤 다시 잡아 보았더니 어두운 체색의 나방이 두 배나 더 많이 잡혔다.

다윈 이후 자연선택의 과정을 설명하는 많은 발견이 이루어졌다. 형질을 결정하는 정보가 DNA에 있고 이것이 유전자를 만들며 유전자의 발현이 생물의 구조, 행동, 기관과 각 부분의 기능에 관여하는 것이 알려졌다. 또 생물들의 경쟁이나 행동이 성공적인 생식에 영향을 미친다는 것이 알려졌다. 우리는 지구가 수백만 년 동안 어떻게 변화되어왔는지를 안다. 최근의 화석과 지질학적 발견에서 수천년 전에는 유럽과 북아메리카 대륙의 북부지역이 거대한 빙하로 덮여 있었으며 맘모스, 검송곳니호랑이, 큰동굴곰 등이 살고 있었다고 한다. 그런데 지구가 온화해지면서 빙하가 후퇴하고 새로운 압력이 생물들에게 영향을 미치기 시작했다. 맘모스, 검송곳니호랑이, 큰동굴곰 등은 이 변화에 대한 적응에 실패해 멸종했다. 사람, 말, 대부분의 식물은 새 조건에 잘 적응하여 오늘날까지 살아 남았다. 자연선택은 지속적으로 작용하여 생물들을 환경의 변화에 적응시킨다.

과학자들은 생물의 구조, 기능, 행동 면의 발달의 대부분이 자연선택으로 설명할 수 있음을 보여주었다. 이것은 종이 환경에 적응하는 것을 설명하는 중요한 이론이다. 우리가 환경문제를 검토할 때 이 사실을 이해하면 매우 유익하다. 즉, 자연적으로 또는 인위적으로 환경이 변하면 어떤 종은 살아남겠지만 어떤 종은 새 환경에 적응하지 못하고 사라질 것이다.

자연선택이 긴 시간(수천 내지 수백만 년) 동안 일어나면 종의 형태에는 상당한 변이가 축적된다. 이와 같은 변화를 **진화**(evolution)라고 한다. 자연선택을 통한 진화의 과정 동안 새로운 종이 만들어질 수도 있다. 이미 존재하는 종에서 새로운 종이 만들어지는 것을 **종분화**(speciation)라 하는데 종분화는 한 종이 서로 격리된 두 아집단으로 나누어지면서 이루어진다. 만약 이런 격리가 일어나고 두 아집단이 서로 다른 환경에 적응하면 형태적 차이를 발생시키게 된다. 결국 이 차이는 서로 교배할 수 없는 단계까지 이르게 되는데 이 단계에서 이 둘은 서로 다른 종이 되는 것이다.

그림 4.7 포식-피식 관계 사자는 얼룩말의 포식자이다. 더 빠른 사자는 포식에 유리하고, 느리고 약한 얼룩말은 쉽게 포식된다.

자연선택이 일어나 환경에 적응을 하지 못하는 경우도 있다. 이렇게 되면 그 종은 멸종되고 만다. **멸종**(extinction)이란 한 종 전체가 소실되는 것으로 진화의 과정에서 흔한 일이다. 실제로 예전에 존재했던 대부분의 생물종들이 멸종했다. 그 중 많은 종의 멸종에는 인간이 큰 영향을 미쳤다. 사람들이 그들의 필요에 의해 환경을 변화시킨 곳마다 생물종들이 사라져갔다. 만약 오늘날보다 더 넓은 지역이 변화되었다면 모든 종이 사라졌을 것이다. 우리가 기억해야 할 것은 궁극적으로 사람도 진화의 대상이므로 멸종될 수 있다는 것이다.

생물의 상호작용

생태학은 생물이 다른 생물을 포함한 주위 환경에 어떻게 작용하는가를 연구한다. 여기서는 생물들이 그들의 생존을 위해 수행하는 독특한 기능(적소)을 설명하고자 한다.

포식

생물 간 가장 보편적인 상호작용은 **포식자**(predator)에 의한 **피식자**(prey)의 **포식**(predation)이다(그림 4.7). 포식-피식 관계는 일방통행적인 것처럼 보인다. 즉, 포식자가 모든 이익을 갖는 것처럼 보인다. 그러나 이 관계에서 피식자도 얻는 것이 있

그림 **4.8 경쟁** 자원이 부족하면 생물들은 자원을 차지하기 위해 경쟁한다. 같은 종끼리의 경쟁을 종내경쟁이라 하고 다른 종 사이의 경쟁을 종간경쟁이라 한다.

다. 피식자는 포식자에 비해 출산율이 높다. 예를 들면 들쥐는 연간 10~20마리의 새끼를 낳는 데 비해 개는 2~3마리의 새끼를 낳는다. 이처럼 출산율이 높기 때문에 피식자는 높은 사망률을 이겨낼 수 있다. 물론 죽거나 포식되는 것이 이익은 아니지만 죽거나 포식되는 개체는 대개 늙고 느리고 병들고 집단 내에서 적응력이 떨어지는 것들일 가능성이 높고, 더 건강하고 빠르고 적응력이 높은 개체는 살아 남을 가능성이 높기 때문에, 만약 이들 생존자들에 의한 번식이 이루어지게 되면 그들의 자손들은 생존에 유리한 특성들을 가질 가능성이 높고 따라서 환경에 대한 적응력도 높아질 것이다. 포식자 집단에서도 비슷한 과정이 일어난다. 즉, 적응이 덜된 개체는 먹이 획득에 열세하여 생존이나 번식에 불리할 것이다. 따라서 포식자와 피식자는 서로가 자연선택의 요인이 된다.

경쟁

생물 간의 상호작용의 또 다른 형태는 제한된 자원을 차지하기 위한 생물 간의 **경쟁**(competition)이다. 경쟁은 경쟁 관계에 있는 생물 서로에게 해가 된다(그림 4.8). 그러나 경쟁에 승자가 없다는 의미는 아니다. 만약 닭 두 마리가 같은 벌레를 차지하기 위해 경쟁을 하면 두 마리 모두 에너지를 소모하지만 그 중 한 마리는 벌레를 차지하게 된다. 동일 종 사이의 경쟁을 **종내경쟁**(intraspecific competition)이라 한다. 종내경쟁의 예로는 물과 양분을 서로 차지하기 위한 옥수수끼리의 경쟁, 배우자를 차지하기 위한 물개 수컷 사이의 경쟁 등이 있다.

동일 종간의 경쟁이 부정적인 면만 갖는 것은 아니다. 포식의 경우에서처럼 경쟁도 종 전체의 입장에서 보면 장점도 있다. 자원이 부족할 때 덜 적응된 개체는 죽거나 짝짓기에서 실패할 가능성이 높으므로 다음 세대가 특정 환경에 생존하는 데 더 유리한 유전적 특성을 갖게 될 것이다. 동일 종들은 요구조건이 비슷하기 때문에 종내경쟁은 매우 치열하며 작은 이점에 의해서도 생존이나 사망에 차이를 나타내게 된다.

경쟁은 이종간에도 일어난다. 이종간의 경쟁을 **종간경쟁**(interspecific competition)이라 한다. 숲에서는 빛에 대한 종간경쟁에 의해 대부분 나무들이 높게 자라게 되고 높이 자랄 수 없는 초본류는 살 수 없게 된다. 두 종의 요구조건이 유사할수록 종간의 경쟁도 치열해진다. 만약 경쟁하는 한 종이 주위 환경에 더 유리한 적응을 하게 되면 경쟁종은 적소를 변경시키거나 다른 곳으로 이주해야 하며 그렇지 못하면 멸종된다.

공생관계

공생(symbiosis)은 서로 다른 종이 밀접한 관련을 유지하면서 같이 살아가는 것을 말한다. 공생관계에 있는 종들은 상호접촉을 통해 적어도 한쪽은 어떤 형태의 이익을 갖는다. 공생관계에는 기생, 편리공생, 상리공생의 세 가지 타입이 있다.

기생

기생(parasitism)은 **기생생물**(parasite)이라 불리는 생물이 **숙주**(host)라 불리는 생물의 체내나 체외에서 양분을 얻는 관계를 말한다. 대개 기생생물은 숙주보다 훨씬 작다. 기생생물은 숙주에게 해를 입히지만 죽이는 경우는 거의 없다. 기생관계는 오랫동안 유지된 상호관계이기 때문에 두 종은 서로에게 허용되는 정도로 진화가 일어난다. 숙주를 죽이는 것은 기생생물에게 이익이 되지 않는다. 만약 숙주가 죽게 되면 기생생물은 다른 숙주를 찾아야 한다. 숙주는 기생생물로부터 보호받는 방향으로, 또는 피해를 줄이는 방향으로 진화한다.

숙주의 표면에 붙어사는 기생생물을 **외부기생생물**(ectoparasite)이라 하는데 벼룩, 이, 흰곰팡이 등이 그 예이다(그림 4.9). 촌충이나 말라리아 기생충, 많은 박테리아, 일부 균류 등은 숙주의 체내에서 사는 **내부기생생물**(endoparasite)이다. 촌충은 숙주의 장내에 기생하면서 양분을 얻는데 숙주의 장내에 한두 마리의 촌충이 있을 때는 숙주가 불편함을 느끼지 못하지만 촌충의 수가 많아지면 숙주는 죽게 된다. 식물도 기생생물이 될 수 있다. 겨우살이는 다른 식물의 가지에 기생하여 양분을 섭취한다.

기생은 아주 흔한 공생의 형태이다. 지구상의 모든 생물들을 상호관계에 따라 구분하면 기생생물의 수가 비기생생물의 수보다 많다는 것을 알게 될 것이다. 인간도 또한 다양한 숙주에 기생하고 있다.

편리공생

공생의 한 예로 **편리공생**(commensalism)이라는 것이 있다. 이것은 공생하는 두 생물 중 한쪽은 공생을 통해 이익을 얻지만 다른 쪽은 이해가 없는 관계이다. 편리공생은 기생관계가 진화하여 이루어진 형태라 여겨진다. 즉, 기생식물은 숙주에게 피해를 최소화하는 방향으로 진화하고 숙주도 기생생물로부터 방어하기 위한 쪽으로 진화하여 결국 전혀 해가 없는 단계에 이르렀다는 것이다. 편리공생의 예도 많이 있다. 많은 난초들은 나무에 단지 부착하여 생육한다. 이 경우 나무는 이익도 손해도 없지만 난초는 높은 곳에 부착하여 빛과 수분을 확보할 수 있는 이익을 누린다. 이끼나 양치류, 덩굴식물들도 다른 식물에 부착하여 생육하는 편리공생을 한다.

상어의 곁에는 '레모라'라는 작은 물고기들이 붙어 다닌다. 레모라는 머리 꼭대기에 빨판(sucker)을 갖고 있어 상어에 부착할 수 있다. 이들은 상어가 먹이를 포식할 때 떨어져 나오는 부스러기를 먹고산다. 이때 상어는 레모라로부터 아무런 이익이나 해를 받지 않는다(그림 4.10).

그림 **4.9** 기생 벼룩은 작은 곤충으로 조류나 포유류의 몸에 붙어 피를 빨아먹는다. 벼룩처럼 숙주의 체표에 붙어 기생하는 생물을 외부기생생물이라 한다. 반면에 촌충은 숙주의 장내에 기생하여 양분을 섭취하는데 이와 같은 기생생물을 내부기생생물이라 한다.

상리공생

두 생물 모두에게 이익이 되는 공생관계를 **상리공생**(mutualism)이라 한다. 많은 경우의 상리공생은 절대적이어서 상대생물이 없이는 결코 생존할 수 없다. 유카는 유카나방에 의해서만 수분이 되는데 그

그림 4.10 편리공생 상어의 몸에 붙어 다니는 레모라는 상어가 남기는 부스러기를 먹고산다. 이 관계에서 레모라는 이익이 있지만 상어는 아무런 이해가 없다.

과정은 다음과 같다. 유카나방이 유카의 꽃에 알을 낳으면 애벌레가 나와 발생 과정의 씨를 먹으며 살아간다. 유카는 유카나방에 의해 수분되고 유카나방은 애벌레 시기에 유카의 씨를 먹이로 이용한다. 두 쪽 모두는 서로에게 필수적이다. 유카나방이 낳는 알의 수는 유카의 씨가 성숙할 때까지 모두 먹히지 않는 정도이며 성숙한 씨는 다음 세대의 유카로 성장한다. 이 외에도 많은 식물들이 수분매개 곤충과 상리공생을 한다.

식물의 영양물질 중에서 토양 속에 잘 결핍되는 것이 질소 성분이다. 그런데 콩이나 토끼풀을 비롯한 일부 식물은 뿌리에 박테리아에 감염된 혹을 가지며 이 혹 속의 박테리아가 공기 중의 질소를 고정하여 식물체에 공급하므로 척박한 토양에서도 잘 성장한다. 이 경우 질소고정 박테리아는 식물로부터 서식공간과 양분을 공급받고 식물은 질소화합물을 얻는 상리공생관계가 된다(그림 4.11).

군집과 생태계의 상호작용

지금까지 생물들이 다른 생물이나 주위의 무기환경과 관련하며 살아간다는 것을 살펴보았다. 이처럼 서로 관련을 가지는 생물들의 무리를 **군집**(community)이라 한다. 군집 내의 생물들은 각기 고유의 적소를 가져 나름의 기능을 수행하는데, 이들 모두는

그림 4.11 상리공생 콩과식물의 뿌리에 공생하는 박테리아는 질소를 고정하여 식물에 공급하므로 식물에게 이익이 되고 박테리아는 식물로부터 양분을 공급받아 이익이 되는 상호이익이 있는 관계이다.

군집의 부분들이다.

군집의 조성에는 물리적 환경도 중요하게 작용하여 군집 내에 어떤 동물과 식물이 살 수 있는가를 결정한다. 극지방에는 바나나가 자라지 않고 강에는 고래가 살지 않는다. 즉, 바나나는 온난하고 습한 열대에 적응한 식물이고 고래는 바다에 산다. 주기적인 화재가 산지의 초원지대와 숲의 유지에 중요한 경우가 있다. 토양의 종류와 습도가 생물의 분포에 영향을 주기도 한다.

생물도 주변 환경에 영향을 미친다. 나무가 바람을 막고, 초식동물이 풀밭에 길을 내며 지렁이가 땅에 구멍을 만든다. 이와 같은 생물과 비생물 환경과의 상호작용계를 **생태계**(ecosystem)라 한다. 군집과 생태계의 개념은 밀접하게 관련이 있지만 생태계는 생물 요인뿐만 아니라 물리적 요인까지 포함하므로 군집보다 더 광의의 개념이라 할 수 있다.

모든 시스템은 특별한 방법에 의한 부분들의 연

표 4.1 생태계 구성집단의 기능

구 분	주요 기능	대표 생물
생산자	무기 분자를 광합성을 통해 유기 분자로 전환.	식물
소비자	유기물을 먹이원으로 이용.	동물, 균류, 박테리아
초식동물	식물을 먹는다.	메뚜기, 사슴, 채식주의자
육식동물	동물을 먹는다.	늑대, 강꽁치고기, 잠자리
잡식동물	식물과 동물을 먹는다.	쥐, 대부분의 사람, 너구리
부식생물	죽은 동물을 먹는다.	코요테, 독수리
기생생물	다른 생물의 내외에 붙어 양분을 빨아먹고 산다.	촌충, 박테리아, 벼룩
분해자	유기물을 무기물로 전환; 원자의 순환을 완성.	균류, 박테리아

관이 있어야 작동한다. 자전거는 바퀴, 몸체, 핸들, 브레이크, 페달, 안장 등의 부분이 있는데 이들이 제대로 조립되어야 자전거로서의 기능을 수행할 수 있다. 마찬가지로 생태계도 구성 부분들이 제대로 정돈되어야 작동하는 것이다. 생태계에 대한 내용을 더 깊이 고찰하기 위하여 1) 생물의 주요 기능, 2) 생태계에서의 에너지 이용, 3) 생물을 통한 원자의 순환의 내용에 대해 살펴보기로 한다.

생물의 주요 기능

생태계에는 몇 개의 생물집단이 있다. **생산자**(producer)라 불리는 생물집단은 태양 에너지를 이용하여 무기물을 유기물로 바꾸는 광합성을 하며 이것이 생태계 내의 모든 생물의 에너지원이 된다. 생산자나 다른 생물을 에너지원으로 이용하는 생물은 **소비자**(consumer)라 한다. **1차 소비자**는 생산자를 먹는 동물로 **초식동물**(herbivore)이라 하고, **2차 소비자** 또는 **육식동물**(carnivore)은 다른 동물을 먹는다. 식물과 동물을 모두 먹이로 이용하는 동물은 **잡식동물**(omnivore)이라 한다.

또 하나의 생물 집단으로 **분해자**(decomposer)가 있다. 분해자는 유기물을 에너지원으로 이용하는 생물집단으로, 작은 동물, 균류, 박테리아 등이 여기에 속한다(표 4.1).

생태계를 통한 에너지 흐름

생태계는 자율적으로 조절되는 안정한 단위이다. 그러나 이를 유지하기 위해서는 지속적인 에너지 유입이 있어야 한다. 유입되는 에너지의 가장 중요한 것은 태양 에너지이다. 생산자는 태양 에너지를 이용하여 무기물을 유기화합물인 탄수화물로 전환하는 광합성을 한다. 식물에 의해 합성된 유기물은 먹이사슬을 통해 다른 생물에게 전해진다. 생태계를 통한 에너지 흐름의 각 단계를 **영양단계**(trophic level)라 하는데, 생산자는 1차 영양단계가 되고, 초식동물은 2차 영양단계가 된다. 초식동물을 먹는 육식동물은 3차 영양단계, 다른 육식동물을 먹는 육식동물은 4차 영양단계가 된다. 잡식동물, 기생생물, **부식생물**(scavengers, 腐食生物) 등은 무엇을 먹느냐에 따라 영양단계가 달라진다. 우리가 스테이크를 먹는다면 우리는 3차 영양단계에 속하게 되고 셀러리를 먹는다면 2차 영양단계에 속한다(그림 4.12).

에너지가 한 영양단계에서 다음 영양단계로 전해질 때 일부는 열역학 제2법칙에 의해 소실된다. 대부분의 소실되는 에너지는 이용되지 못하고 환경으로 방출되어 공기나 물, 토양 속으로 사라진다. 이와 같은 열 손실 외에 생물의 생명 유지를 위한 에너지 소비가 있다. 즉, 음식물을 씹거나 둥지를 만들거나 새끼를 기르는 행동 등에는 많은 에너지가 소비된다. 따라서 고차 영양단계에 있는 생물이 갖는 에너지의 양은 저차 영양단계의 생물이 갖는 에너지보다 훨씬 적다. 일반적으로 약 90%의 유용한 에너지가 다음 영양단계에 이르는 동안 소실된다. 그래서 생태계 내

환경 돋보기

인간의 적소

인간은 매우 복잡하게 다른 생물들과 상호작용하는 적소를 가진다. 생물의 상호작용을 인간에 적용하면 인간이 얼마나 다양한 지위를 가지는가를 알 수 있다.

- 포식자 – 인간은 동물을 포식한다. 직접 잡아먹기도 하고 도축장에서 잡은 것을 먹기도 한다.
- 초식동물 – 인간은 다양한 식물을 먹는다. 채소뿐만 아니라 과일, 종자도 먹는다.
- 부식생물 – 수렵, 채취 시대에 인간은 부식생물이었다.
- 편리공생 – 인간의 노폐물이나 쓰레기 등은 많은 동물이 이용한다. 또 인간도 나무 그늘에 쉬는 것을 통해 이익을 얻는다.
- 기생동물 – 인간은 많은 생물의 기생생물이 된다. 꿀벌의 꿀을 취하거나 식물의 특정 부분을 이용하는 것은 기생의 예가 된다.
- 상리공생 – 인간은 동식물과 상호이익이 되는 관계를 갖는다. 화초나 애완동물은 인간과 상리공생을 한다.
- 경쟁 – 인간은 많은 생물들과 경쟁을 한다. 우리가 취하는 많은 것들이 다른 생물들도 요구하는 자원이다. 그런데 인간은 거의 모든 경쟁에서 승리자가 된다.

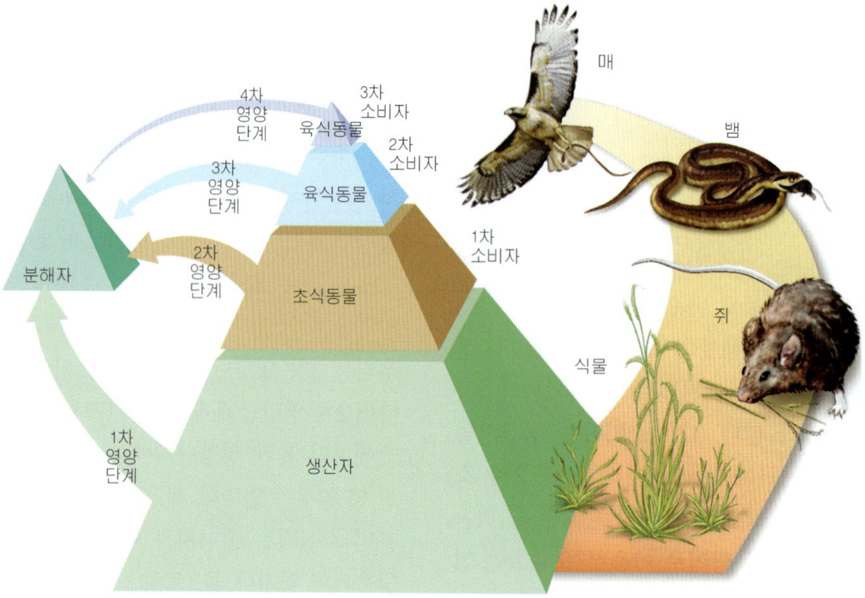

그림 **4.12** 생태계를 통한 에너지 흐름 생태계를 통한 에너지의 흐름은 여러 영양단계를 거치게 된다. 이때 각 단계로 이동하면서 약 90%의 에너지가 소실된다. 따라서 높은 영양단계에는 적은 에너지와 소수의 생물이 있게 된다.

의 초식동물 영양단계가 갖는 에너지의 양은 생산자 영양단계가 갖는 에너지의 약 10%에 불과하며, 3차 영양단계에서는 1차 영양단계의 약 1%에 불과하다.

각 영양단계가 함유하는 에너지 양을 정확하게 측정하기가 쉽지 않기 때문에 생태학자들은 다른 척도를 각 영양단계에서의 에너지 양으로 추정하여 이용한다. 그 중에 널리 사용되는 것이 **생물량**(biomass)의 개념으로 이것은 각 영양단계의 생물이 갖는 생체량의 무게를 이용한다. 간단한 생태계에서는 생산자, 초식동물, 육식동물을 모두 채집하여 무게를 측정하여 각 영양단계의 에너지 양을 비교할 수 있는데, 이 무게의 비교에서도 각 영양단계로 넘어갈 때 약 90%의 에너지 소실이 있는 것으로 나타난다.

먹이사슬과 먹이그물

한 영양단계에서 다음 영양단계로 포식에 의해 에너지가 이동되는 것을 **먹이사슬**(food chain)이라 한다. 예를 들면 연못가에 서식하는 버드나무는 무성한 잎으로 광합성을 하여 이산화탄소를 당이나 다른 유기물로 전환시킨다. 버드나무의 잎은 곤충에 의해 먹히고, 곤충은 거미에 의해 포식되며, 연못에 빠진 거미는 개구리에게 먹힌다. 연못의 개구리는 배스(bass)에게 먹히고, 사람은 개구리 모양의 미끼를 이용하여 배스를 잡는다. 사람들은 낚시로 잡은 배스를 먹게 되는데 이것이 버드나무 잎에서 시작되는 먹이사슬의 마지막 단계이다(그림 4.13). 이 먹이사슬은 5단계로 이루어져 있는데 각 단계의 생물은 고유의 적소를 가지며 그 지위에 적응하여 살아갈 수 있는 능력을 갖고 있다.

식물이나 동물이 죽게 되면 체내에 함유되어 있는 화학 에너지는 분해자에 의해 물과 이산화탄소로 분해되면서 열로 빠져나간다. 박테리아, 균류, 곤충이나 지렁이류 같은 작은 생물로 이루어진 분해자들은 유기물을 분해하여 원자를 순환시키는 중요한 기능을 한다. 분해자는 생물체의 파편인 **잔사**(detritus; 殘渣)를 분해하여 에너지 흐름에 연결시키는 **잔사먹이사슬**(detritus food chain)에도 관여한다. 잔사먹이사슬은 다양한 곳에서 발견된다. 호수의 바닥이나 심해는 광합성을 하기에는 너무 어두워 그곳에 사는 동물과 분해자는 상부의 광합성 층에서 떨어지는 유기물 입자에 의존하여 살아간다.

대부분의 하천에서도 주변에서 유입되는 잎이나 다른 유기물 부스러기가 주된 유기물과 에너지원이다. 잔사먹이사슬에서 곤충, 갑각류, 지렁이류, 박테리아, 균류 등은 협동으로 유기물을 분해하고, 서로를 포식하기도 한다. 낙엽이 숲의 바닥에 떨어지면 먼저 박테리아와 균류가 분해를 시작한다. 땅속의 벌레들은 낙엽 부스러기와 균류를 먹는다. 이들 땅속의 벌레들이 새에게 먹히면 잔사먹이사슬이 광합성 기원의 먹이사슬과 연결되어 복잡한 먹이사슬을 이룬다. 이와 같이 여러 개의 먹이사슬이 중첩되고 서로 연관된 것을 **먹이그물**(food web)이라 한다(그림 4.14).

그림 **4.13** 먹이사슬 한 생물이 다른 생물을 먹게 되면 에너지가 다음 단계로 흐르게 되는데, 이것을 먹이사슬이라 한다.

그림 4.14에 나타낸 것처럼 매는 여러 종류의 생물을 포식한다. 즉, 이들은 여러 먹이사슬에 연결되어 있다. 따라서 한 먹이 공급이 고갈되더라도 큰 어려움 없이 다른 먹이로 교체할 수 있다. 이들처럼 복잡한 먹이그물을 갖는 생물은 단순한 먹이사슬을 갖는 종보다 훨씬 안정적으로 생존한다.

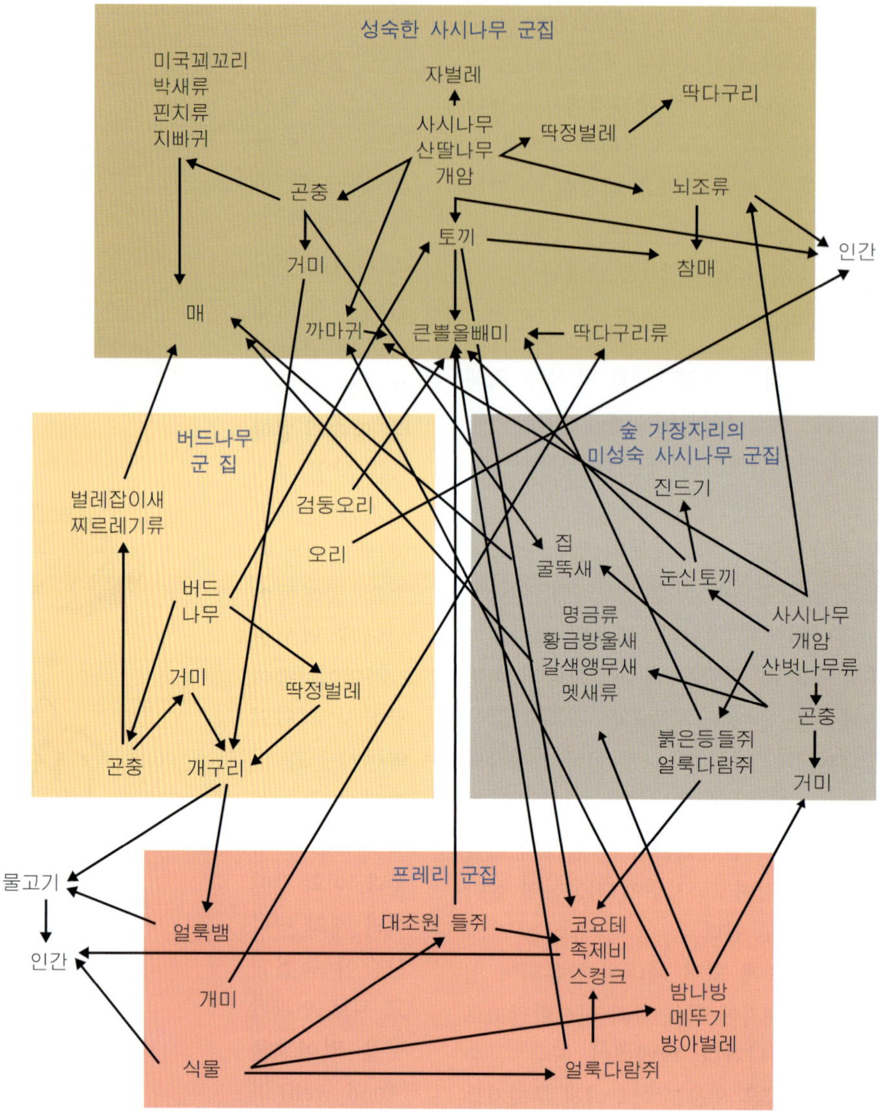

그림 **4.14** 먹이그물 생태계 내에서 생물들 사이의 복잡한 상호관계는 먹이그물을 이룬다. 이 관계에서 핵심적인 한 종의 개체수가 감소하면 여러 생물들이 영향을 받게 된다. 위의 그림에서 토끼는 다양한 동물의 먹이가 됨을 볼 수 있다.

생태계에서의 영양물질 순환

생물체는 원자와 분자로 이루어져 있다. 어떤 원자는 생물체에 많이 존재하는데, 특히 단백질, DNA, 탄수화물, 지방의 구성 성분이 되는 탄소, 질소, 산소, 수소 및 인의 비중이 높다. 이들 원자는 먹이사슬을 통해 한 생물로부터 다른 생물에게 전해지고 생물들이 죽으면 다시 순환한다.

탄소 순환

모든 생물은 탄소를 함유한 유기 분자로 이루어져 있다. 탄소가 유기분자로 전환되고 이용되다가 다시 생물에서 환경으로 돌아오는 것을 **탄소 순환**(carbon cycle)이라 한다(그림 4.15). 탄소는 산소와 결합하여 이산화탄소(CO_2)가 되는데 이 기체는 공기 중과 수중에 낮은 농도로 존재한다. 광합성에

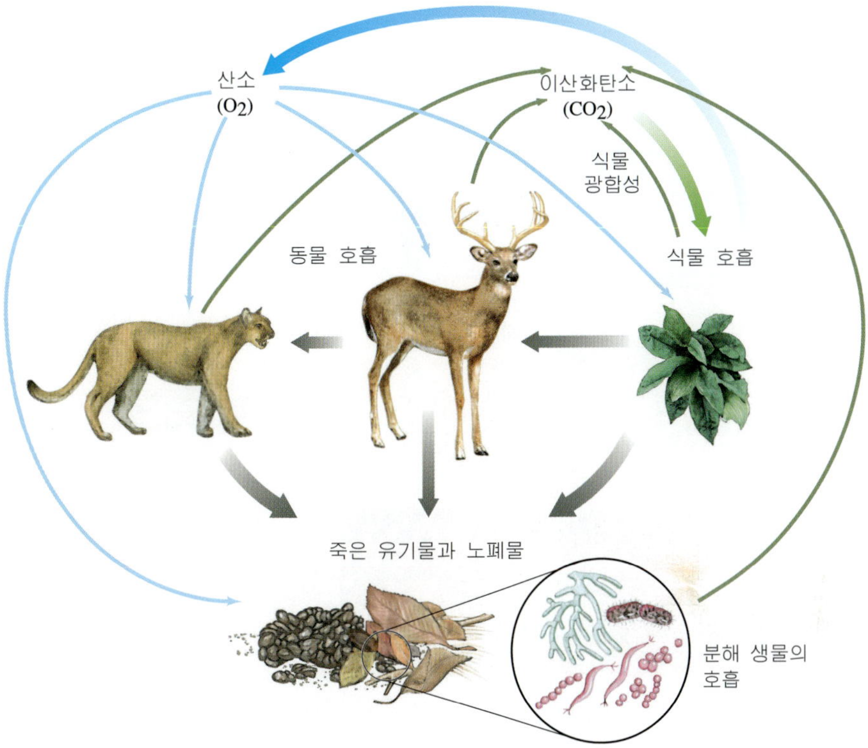

그림 4.15 탄소 순환 탄소 원자는 생태계 내를 순환한다. 식물은 광합성을 통해 이산화탄소에 들어 있는 탄소 원자를 유기 분자로 고정한다. 식물이 고정한 탄소는 먹이사슬을 통해 동물에게 전해진다. 생물의 사체나 노폐물은 분해자에 의해 분해되어 이산화탄소로 전환되어 방출된다. 또 생산자, 소비자, 분해자가 호흡을 할 때 탄소 원자는 이산화탄소로 대기 중에 방출된다. 따라서 산소 원자도 탄소 원자의 순환과정에 같이 순환한다고 할 수 있다.

서 공기 중의 이산화탄소는 식물의 잎으로 들어가 수소와 결합하여 탄수화물과 같은 복잡한 유기 분자가 된다. 광합성은 빛 에너지가 당과 같은 유기물의 화학 에너지로 전환되는 과정이다. 식물은 성장과 에너지 소모과정에 당을 이용한다. 수중 생태계에서 수생식물, 조류, 식물플랑크톤은 물속의 이산화탄소를 흡수하고 산소를 수중에 방출한다.

초식동물은 식물의 광합성 산물을 먹이로 섭취한다. 초식동물이 식물이나 조류를 먹게 되면 식물의 복잡한 유기 분자는 간단한 유기 분자로 분해되어 흡수된다. 결국 생산자의 체구성 분자였던 유기물이 초식동물의 일부로 전환된 것이다. 모든 생물은 호흡을 하는데 이 과정에서 유기물이 분해되어 이산화탄소와 물이 된다. 호흡의 과정에 방출되는 에너지는 운동이나 성장을 위한 에너지로 이용되고 열로도 소실된다.

초식동물이 육식동물에게 포식되면 초식동물이 함유하고 있던 유기물이 육식동물에게 전해진다. 육식동물도 호흡을 통해 유기물을 분해하여 에너지를 얻고 이산화탄소와 물을 배출한다.

생물들의 부산물이나 노폐물, 사체 등은 분해자에 의해 분해되어서 에너지를 발생하고 최종적으로 이산화탄소로 방출된다. 탄소 원자는 대기 중의 이산화탄소에서 출발하여 유기 분자가 되어 생물들 사이를 이동하다가 호흡을 통해 다시 대기 중으로 방출된다.

질소 순환

생태계 내의 **질소 순환**(nitrogen cycle)도 중요하다. 질소(N_2)는 공기 성분의 78%를 차지하지만 대부분의 생물이 바로 이용할 수 없는 상태이다. 식물

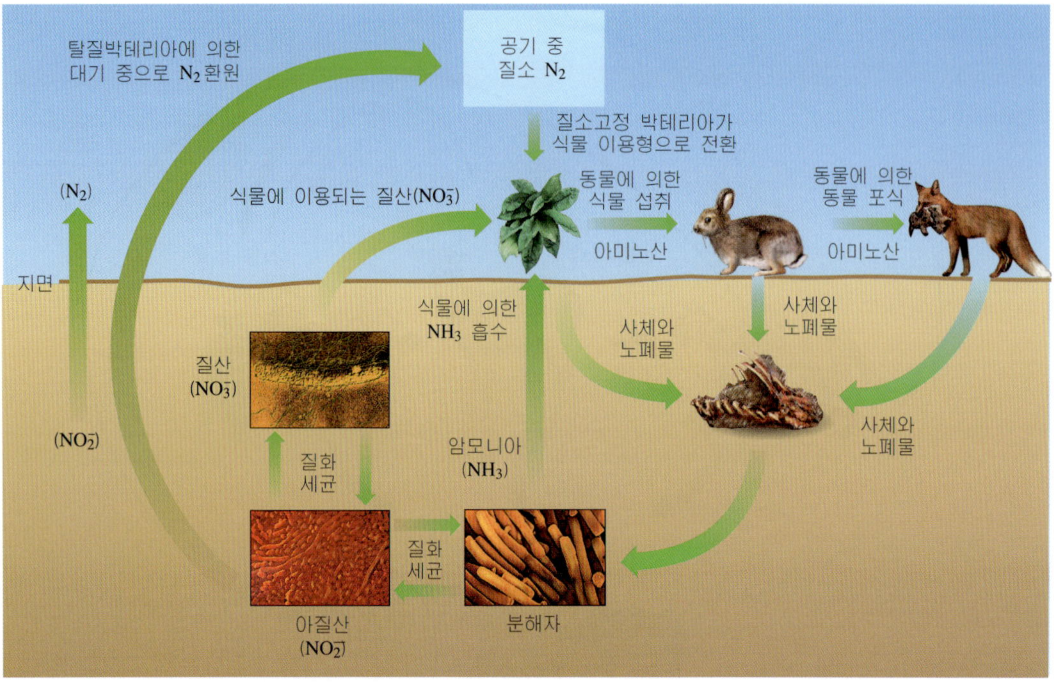

그림 4.16 질소 순환 질소 원자의 생태계 내 순환은 공중질소의 고정에서 시작된다. 공중질소는 질소고정 박테리아에 의해 식물체로 흡수되어 단백질과 다른 화합물의 합성에 이용된다. 단백질은 먹이사슬을 통해 다른 생물에 전해진다. 생물의 사체나 노폐물에 함유된 질소화합물은 분해자에 의해 암모니아로 전환되어 식물이 재이용하거나 다른 박테리아에 의해 아질산이 되었다가 탈질박테리아에 의해 공중질소로 전환된다.

은 모든 먹이사슬의 시작이므로 단백질과 DNA 같은 질소화합물은 식물에 의해 합성되어야 한다. 식물은 공기 중의 질소(N_2) 상태로 이용할 수 없고 질산(NO_3^-)이나 암모니아(NH_3) 상태로 이용한다. 식물의 질소 이용 능력은 식물 성장 능력을 결정하며 종종 질소는 성장 제한요인이 된다. 식물에 의한 질소화합물 획득의 주된 방법은 박테리아의 도움에 의한다.

일부 박테리아는 대기 중의 질소기체(N_2)를 식물이 이용할 수 있는 상태로 전환시킬 수 있다. 이들 박테리아를 **질소고정 박테리아**(nitrogen-fixing bacteria)라 한다. 토양 중에서 질소를 고정하는 박테리아를 **유리 질소고정 박테리아**(free-living nitrogen-fixing bacteria)라 하고 콩과식물의 뿌리혹에 살고 있는 질소고정 박테리아를 **공생 질소고정 박테리아**(symbiotic nitrogen-fixing bacteria)라 한다. 일부 식물에서는 균류와의 공생에 의한 질소고정도 나타난다.

식물에 의한 질소 이용을 도와주는 또 다른 형태의 박테리아가 있다. 많은 토양 박테리아는 죽은 생물이 함유하고 있는 질소화합물을 분해하여 식물이 이용할 수 있는 암모니아형 질소로 방출하고 일부는 질산으로 전환시켜 방출한다. **탈질박테리아**(denitrifying bacteria)라 알려진 세균은 아질산(nitrite)을 질소기체로 전환시킨다. 질소기체는 다시 질소고정 박테리아에 의해 질소 순환의 과정을 시작한다(그림 4.16).

대부분의 토양에서 질소는 식물 성장의 제한요인이므로 수확량을 높이기 위해 농부들은 질산과 암모니아가 함유된 비료를 토양에 뿌린다. 그러나 생산에 많은 에너지가 소모되는 질소비료는 가격이 비싸 농부들이 쉽게 이용하기 힘들다. 질소비료에 대한 대안으로 공생질소고정 박테리아를 가진 콩과식물을 다른 식물과 윤작하면 토양에 충분한 질소 성분을 유지할 수 있어 경제적이다. 또 다른 방법으로

지구촌 전망대

영양물질의 순환과 인간

탄소, 질소, 인과 같은 영양물질의 순환은 생태계의 기능에 중요한 부분이다. 그런데 인간은 이들의 순환을 다양한 방법으로 크게 변경시켰다. 탄소의 순환에는 주로 두 가지 방법으로 영향을 미쳤다. 먼저 인간의 이용 범위를 벗어나야 할 저장탄소인 화석연료(석탄, 석유, 천연가스)를 연소시켜 다량의 이산화탄소를 대기 중에 방출했다. 또 탄소를 장시간 저장하는 숲과 탄소를 일시적으로 저장하는 농업 생태계를 조성하여 탄소의 자연적 순환을 교란시켰다. 인과 질소비료의 사용도 영양물질의 순환을 변화시켰다. 농업에 질소와 인을 광범위하게 사용하면서 가장 큰 영향 받은 곳은 수중 생태계이다. 일반적으로 수중 생태계는 이들 영양물질이 결핍된 상태인데, 비료의 사용으로 이들 영양물질이 수중 생태계에 과다하게 공급되면서 박테리아, 조류 및 수생식물의 대 번성을 유발하여 수중 생태계에 복잡한 효과를 나타내고 있다. 조류의 대 번성은 유독한 경우가 많아 어류를 치사시키고 사람들에게 중독 증상을 나타내기도 한다. 수중의 조류와 식물의 번성은 이들이 일시에 죽어 분해될 때 수중의 산소를 고갈시킨다. 실제로 매년 여름 미시시피 강 하류의 멕시코 만에는 죽음의 대(dead zone; 18,000 km^2) 가 형성된다. 이 죽음의 대에는 생물이 거의 없는데 이는 미국 중부지역의 농장지대에 뿌려진 비료가 미시시피로 유입되어 조류와 식물을 번성시키고 이것이 멕시코 만에 유입되면서 분해되어 산소를 결핍시켰기 때문이다.

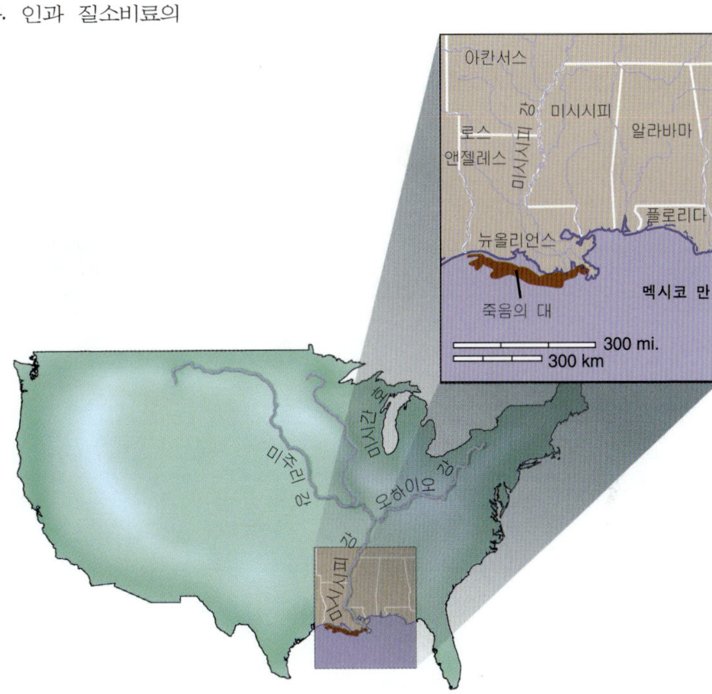

질소고정 식물이 자랐을 때 갈아엎어 이들이 분해될 때 질소 성분이 유출되게 하여 토양을 비옥하게 할 수도 있다. 그밖에 거름을 토양에 뿌려 토양박테리아가 분해하게 하여 질소 성분을 토양에 방출시키는 방법도 널리 이용된다.

인 순환

인 (phosphorus) 도 생물체를 구성하는 흔한 원자이다. 인은 DNA와 같은 생체 분자와 세포막의 성분으로 존재하며 동물의 뼈와 이빨에도 많이 함유되어 있다. 인은 인광석이 침식되면서 용출되는데 식물은 용해된 인을 흡수하여 체구성 물질로 이용한다. 동물들은 식물이나 다른 동물로부터 인을 공급받는다. 생물이 죽거나 노폐물을 배출하면 분해자가 인화합물을 분해하여 자연으로 돌려보낸다 (그림 4.17). 대부분 토양에서는 인이 부족하기 때문에 농작물의 증산을 위해서는 인을 공급해주어야 한다.

환경 돋보기

콜로라도 강의 복원

원래 콜로라도 강은 따뜻한 물로서 수량의 변동이 많아 강 유역에 많은 퇴적물들을 운반하였다. 그런데 댐이 건설되면서 강의 성격이 많이 바뀌었다. 퇴적물은 댐의 위쪽에 쌓였고 심층부의 물이 하류로 방류되면서 하류의 물이 차가워졌다. 또 댐에 저장된 물이 인근 도시의 생활용수와 농업용수로 공급되면서 강으로 흐르는 수량도 감소되었다. 결국 미국 내무부는 그랜드 캐니언으로 흐르는 강을 복원하기 위해 1996년 그랜드 캐니언 상부의 글렌 캐니언 댐에서 다량의 물을 방류하였다. 그 결과 콜로라도 강의 그랜드 캐니언 유역의 생태계가 놀랄 만큼 회복되었다. 이번 방류 실험에서 얻어진 정보들은 콜로라도 강의 생태계 관리에 매우 유용하게 이용될 것이며 댐에 의해 변화된 환경을 가진 강들에 응용될 수 있을 것이다.

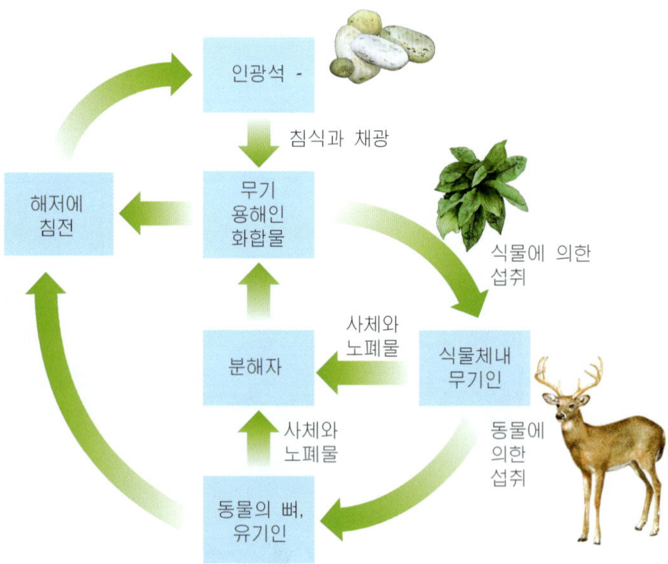

그림 4.17 인 순환 인은 암석에서 용출되어 식물과 동물이 이용하는 인산이 된다.

수중 생태계에서도 인은 부족한 성분이다.

비료에는 대개 질소, 인, 칼륨화합물이 들어 있다. 비료 포장지에 적힌 숫자는 이들의 비율을 표시한다. 예를 들어 6-24-24로 표기된 비료는 6%의 질소, 24%의 인, 그리고 24%의 칼륨을 함유하고 있음을 나타낸다. 탄소, 질소, 인 외에 칼륨을 비롯한 다른 원소들도 생태계 내에서 순환한다. 농업 생태계에서는 이들 성분이 추수 때 농작물과 함께 토양으로부터 제거되기 때문에 농부들은 이들 성분을 비료로 계속 보충해야 한다. 수산 양식에서도 수중의 조류(algae) 생산성을 높이기 위한 비료의 투입이 필요하다.

요약

생물체의 일생 동안 영향을 미치는 모든 것을 통칭하여 환경이라 한다. 생물체의 환경은 통상 생물적 요인과 비생물적 요인으로 구분된다.

생물체가 점유하는 공간은 서식지라 하고 환경 내에서 그들이 수행하는 역할을 적소라 한다. 한 생물체의 적소는 특정한 환경 조건에 대한 생물체의 적응을 나타내는 자연선택의 결과이다.

한 생물체는 다른 생물체와 다양한 방법으로 상호작용한다. 포식자는 피식자를 죽여서 영양분을 섭취한다. 동일한 요구조건을 가진 생물체는 경쟁하면서 서로에게 해를 입히는데, 해를 덜 입히고 서로 생존하는 경우도 있다. 공생관계는 생물체가 다른 종과 물리적 접촉하에서 살아가는 것이다. 기생생물은 다른 생물체의 안팎에 서식하면서 양분을 빼앗는데, 이 과정에서 숙주에게 해를 끼친다. 편리공생은 한 생물체가 다른 생물체의 양분을 빼앗지만 숙주에 해를 끼치지 않는 관계이고, 상리공생은 서로가 이익을 얻는 관계이다.

군집은 상호작용하는 생물의 무리를 칭한다. 또한 생물체와 그를 둘러싼 무생물적 환경은 생태계를 구성한다. 생태계에서는 다양한 영양단계를 거쳐 생산자에서 소비자로 에너지가 흐르게 된다. 약 90%의 에너지가 상위 영양단계로 이동하는 과정에서 손실된다. 이는 최종 영양단계의 총 생물량이 낮은 수준의 영양단계보다 훨씬 적다는 것을 의미한다. 에너지가 이동하는 연속된 생물체의 관계를 먹이사슬이라 한다. 다수의 상호연관된 먹이사슬은 먹이그물을 형성한다.

생태계에서의 물질의 이동은 군집 내 모든 생물체에서 일어난다. 탄소, 질소 및 인의 순환은 생태계 내에서의 물질순환 과정을 보여준다.

이슈와 분석 옐로스톤에 재도입된 늑대

예전에는 늑대, 사자, 회색곰과 같은 대형 포식동물들이 옐로스톤 국립공원 지역의 생물 균형에 중요한 부분을 차지하였다. 그런데 이 지역의 목장주들이 가축을 보호하기 위해 수 세대에 걸쳐 대형 포식동물을 사냥하였다. 1900년대 초부터 늑대들은 록키 산맥에서 사라졌고, 1967년에는 멸종 위기 동물이 되었다. 포식동물이 사라지자 공원에는 대형 초식동물(사슴, 들소)들의 수가 기하급수적으로 증가하였다. 1900년대 초, 미국의 어업 및 야생동물국(U.S. Fish and Wildlife Service)에서는 급격히 증가하는 초식동물의 수를 조절하고 자연적인 종 조성을 유도하기 위해 이 지역에 늑대를 다시 풀어 넣었다. 늑대들은 성공적으로 사슴의 수를 감소시켰고, 코요테의 수도 줄었다.

그러나 이 지역의 목장주들은 즐겁지 않았다. 늑대의 수가 늘어나면 공원 구역을 벗어나는 늑대가 생겨 가축을 잡아먹을 것이기 때문이었다. 이미 몇몇 지역에서 우려했던 상황이 발생하였다. 늑대에 의한 가축의 손실을 예상해 보상을 위한 기금이 조성되었지만 목장주들은 이 방안에 만족하지 못하고, 공원에서 늑대들을 없애기 위한 소송을 제기하였다. 소송은 멸종위기종보호법의 전문적 내용이 갖는 맹점에 기초하여 제기되었다. 즉 이곳은 캐나다의 늑대들이 스스로 들어올 수 있는 지역이므로 늑대 공수 프로그램에 의한 도입은 위기종의 보호가 아니라 단순히 유입을 가속화한다는 것이다. 따라서 인위적으로 도입된 늑대가 가축을 공격하면 늑대를 사냥하는 것이 합법적이라는 것이었고 이것은 허용되었다. 물론 자연적으로 캐나다에서 온 늑대들에 대한 사냥은 법적으로 금지되었다. 1997년 12월 미국 지방법원은 옐로스톤의 늑대들의 제거를 명령하였으며, 그 조치는 항소되었다.

- 생물을 이전의 서식 지역으로 재도입하는 것은 중요한가?
- 자연 생태계의 한 예로 국립공원의 관리에 생물학적인 이익보다 목장주들의 경제적 이익이 우선해야 하는가?
- 일반적으로 시행되고 있는 정책의 전문적 내용의 맹점을 이용한 특수한 이익의 추구는 용납될 수 있는가?

주요 용어

경쟁 (competition)
공생 (symbiosis)
공생 질소고정 박테리아 (symbiotic nitrogen-fixing bacteria)
군집 (community)
기생 (parasitism)
기생생물 (parasite)
내부기생생물 (endoparasite)
내성의 범위 (range of tolerance)
먹이그물 (food web)
먹이사슬 (food chain)
멸종 (extinction)
부식생물 (scavengers)
분해자 (decomposer)
비생물적 요인 (abiotic factors)
상리공생 (mutualism)
생물량 (biomass)
생물적 요인 (biotic factors)
생산자 (producer)
생태계 (ecosystem)
생태학 (ecology)
서식지 (habitat)
소비자 (consumer)
숙주 (host)
영양단계 (trophic level)
외부기생생물 (ectoparasite)
유리 질소고정 박테리아 (free-living nitrogen-fixing bacteria)
육식동물 (carnivore)
자연선택 (natural selection)
잔사 (detritus)
잔사먹이사슬 (detritus food chain)
잡식동물 (omnivore)
적소 (ecological niche)
제한요인 (limiting factor)
종 (species)
종간경쟁 (interspecific competition)
종내경쟁 (intraspecific competition)
종분화 (speciation)
진화 (evolution)
질소 순환(nitrogen cycle)
질소고정 박테리아 (nitrogen-fixing bacteria)
초식동물 (herbivore)
탄소 순환 (carbon cycle)
탈질박테리아 (denitrifying bacteria)
편리공생 (commensalism)
포식 (predation)
포식자 (predator)
피식자 (prey)
환경 (environment)
1차 소비자 (primary consumer)
2차 소비자 (secondary consumer)

복습문제

1. 환경을 정의해보자.
2. 인간의 적소를 자세하게 기술해보자.
3. 자연선택과 적소 개념은 어떻게 연관되는가?
4. 생태계와 군집은 어떻게 다른가?
5. 탄소, 질소, 인의 순환과정을 설명해보자.

비판적 사고력 문제

1. 생태학자와 정치가의 서식지 파괴에 대한 관점은 다르다. 서식지 보호 계획을 정치, 경제, 과학적인 관점에서 생각해보라. 서식지 파괴를 줄일 방안이 있는가? 보존계획의 수립에 대해 어떻게 생각하는가? 서식지 보존은 왜 필요한가?
2. 사람이 출현하기 전에도 이미 수많은 동식물들이 멸종되고 생겨났다. 이처럼 생물 종들은 원래 스스로 생겨나고 죽어 가는 것인데 우리가 멸종 위기종에 대해 배려를 해야 할 필요가 있는가?
3. 인간은 생태계에 가장 큰 영향을 미치는 존재이다. 인간이 그들이 파괴한 환경을 복원하기 위해 옐로스톤에 늑대를 재도입하는 것과 같은 대책을 세우는 것은 타당한가? 농장주와 보호론자들이 추구하는 서로 다른 가치와 신념에 대해 생각해보라. 어느 것이 더 설득력이 있으며 왜 그런가?
4. 어떤 동물이나 식물은 재도입되어야 한다는 법칙을 설정해보라. 어떻게 법칙을 설정하겠는가?
5. 어류 중에는 화학물질의 축적 농도가 높아 섭취할 수 있는 마리 수를 제한해야 할 정도인 것도 있다. 과학자들은 안전한 섭취 마리 수의 결정을 어떻게 하는가? 또 '안전농도'는 존재하는가?

6. 인간은 활동범위가 매우 넓으며 의식적이건 아니건 생물들을 새로운 서식처로 이동시키기도 한다. 새로운 생태계로의 이동이 어떤 영향을 미칠 것으로 예상되는가?
7. 농경지에 살충제를 살포하면 그 해엔 해충의 수가 줄어드는 것을 볼 수 있다. 그러나 그 다음해에 해충들이 다시 출현하게 되고 또 살충제를 뿌려야 한다. 그러나 그 효과는 첫해보다 못하고 계속해서 셋째 해에는 더욱 효과가 떨어진다. 이런 일이 생기는 이유에 대한 가설을 설정해보고 그 가설을 입증할 실험을 계획해보라.

5 생태계와 군집의 종류

이 장의 학습목표

- 일차천이와 이차천이를 구별할 수 있다.
- 육상과 수중에서 선구군락에서 극상군락까지의 천이 과정을 설명할 수 있다.
- 다양한 육상 생물군계의 주요 동식물을 나열할 수 있다.
- 극상군락의 종류를 결정하는 물리적 환경 요소를 설명할 수 있다.
- 기온과 강우에 기초한 산림생물군계를 구별할 수 있다.
- 다양한 수중 생태계와 그 특성에 영향을 미치는 요소를 설명할 수 있다.

이 장의 세부목차

과거 현재 그리고 미래

1970 해양업자 10%가 허용량 최대한도 또는 그 이상 과다 남획

1988 유럽과 북아메리카의 59개 지역이 보호구역으로 설정

1992 생물다양성조약 통과

2003 해양업자 70%가 허용량 최대한도 또는 그 이상 과다 남획

2003 아프리카 36개 지역, 아시아 30개 지역을 포함하여 전 세계 159개 지역이 보호구역으로 설정

2003 180개국 이상이 생물다양성조약에 조인

천이

생태계는 역동적으로 변화하는 단위이다. 매일 식물은 자라고 죽으며, 동물은 식물 및 다른 동물을 먹는다. 그리고 분해자는 생태계 내의 생명체를 구성하는 화학적 요소를 재순환시킨다. 모든 생물체는 군락 내에서 서로 상호관계를 맺고 있기 때문에 어떤 변화도 군락 내의 많은 생물체에게 영향을 준다. 군락 내의 일정 조건은 상호 관련된 생물체의 종류를 결정하는 열쇠가 된다. 메뚜기는 먹이로서 풀이 필요하고, 울새는 둥지를 짓기 위해 나무가 필요하다. 왜가리의 먹이는 얕은 물에 서식한다. 각각의 생물체는 군락 내에서 특이한 요구사항을 충족시켜야 한다. 그렇지 않으면 살아남을 수 없다.

오랜 시간이 경과하면, 군집 구조의 변화 경향을 볼 수 있다. 시간에 따른 군집 구조의 예측 가능한 일정한 변화를 **천이**(succession)라고 한다. 천이는 기존 생명체가 살아가기에는 부적합하지만 다른 종류의 생물체들이 살아가기에는 좀더 적합하도록 주위의 환경 변화를 야기할 때 발생한다. 생물체의 한 군집은 약간 변화된 군집에 의해 대체되고, 그 자체가 생물체의 연속적인 조합에 의해 대체된다. 생태학자들은 천이를 두 가지로 나누고 있다. 일차천이는 물이나 노출된 광물에서 시작되고, 이차천이는 기존 생태계의 파괴나 교란에서 시작된다.

일차천이

일차천이(primary succession)는 노출된 바위 표면, 순수한 모래 또는 정체되어 있는 물에서 시작된다. 바위와 모래에서 발생하는 천이는 물에서 일어나는 것과는 다소 다르기 때문에 우리는 그것을 분리해서 다루기로 한다. 우선 육상천이를 살펴보자.

육상일차천이(Terrestrial Primary Succession)

암석은 생물체들이 살기에는 매우 황폐한 곳이다. 온도가 급격히 변화하고 습기가 거의 없으며 생물체는 바람에 노출되어 있다. 영양분도 거의 없고, 생물체가 부착하거나 숨을 공간이 거의 없다. 일차적으로 토양이 부족하지만, 몇 종류의 생물체는 이러한 황폐한 환경에서도 살 수 있다. 이 생물체의 집단은 암석을 처음으로 서식처로 삼기 때문에 **선구군락**(pioneer community)으로 알려져 있다(그림 5.1).

그림 5.1 선구생물 바위의 이끼들은 파편 조각들을 축적하고, 광합성을 하며 바위를 부수기도 한다. 이러한 활동이 토양층을 형성하는 데 기여한다.

초기 군락의 지배적인 생물은 이끼류(lichen)이다. 이끼는 실질적으로 두 가지 생물체의 공생 관계이다. 조류(algae)는 녹색이고 광합성을 수행하는 반면에, 균류(fungi)는 수분을 유지하면서 바위 표면에 부착한다. 이끼의 성장과 발달은 매우 느리다. 접시만큼 성장하려면 백 년은 걸릴 것이다. 이끼는 간단한 생태계에서 생산자 역할을 한다. 많은 미생물들이 이끼와 관련을 짓고 있다. 이끼를 먹기도 하고 피난처로 이용하기도 하는데, 미생물에게는 이슬도 심한 강우와 같다. 이끼는 암석에 견고하게 붙어 있기 때문에, 공기 중의 부유물질을 축적시키고 약간의 수분을 저장하여 암석 표면에서 쓸려가거나 날아가 버리지 않는다. 이끼로부터 생기는 산(acid)은 암석을 작은 입자들로 분쇄시킨다. 이끼나 다른 생물체들이 죽어서 생성되는 유기물질의 영향과 물리화학적 풍화작용에 의한 암석의 분쇄는 궁극적으로 얇은 토양층을 축적하게 한다.

그림 **5.2** 지상에서의 일차천이 토양의 형성은 일차천이의 주요 단계이다.

이 얇은 토양층은 천이과정에서 다음 단계로 가는 열쇠가 된다. 그 층은 일부 균류와 작은 벌레, 해충과 박테리아, 원생동물과 약간의 작은 일년생 풀을 유지시켜준다. 그러한 생물체들이 자라서, 재생산하고 죽어감에 따라 토양 생성 과정에 추가적인 유기물질이 제공된다. 이 단계에서 이끼 군락은 제거되고, 작은 다년생 초본의 군락에 의해서 대체된다. 다년생 초본은 다시 관목에 의해서 대체되고 그것은 햇빛을 많이 필요로 하는 나무로 대체되며, 나아가 음지에서도 버틸 수 있는 나무에 의해 대체된다. 마침내 상대적으로 안정하고 오래 존속되며 좀 더 복잡한 식물, 동물, 균류, 박테리아의 상관 군락인 **극상군락**(climax community)이 생성된다. 이 과정에서의 각 단계를 **천이단계**(succession stage; sepal stage)라고 한다. 그리고 단계의 전체 과정, 선구군락에서 극상군락까지를 천이라고 한다(그림 5.2). 극상군락의 종류는 기후나 토양 등에 의존한다. 그러나 종류에 관계없이 전형적인 극상군락의 특징이 있다.

1. 극상군락은 혼합된 종을 유지할 수 있다.
2. 천이군락이 종의 변화를 보여주고 많은 양의 새로운 물질을 축적(에너지 획득)하는 것에 반하여, 극상군락은 에너지 균형을 이루고 있다.
3. 극상군락은 천이군락보다 더 많은 종류의 생물을 가지고 있으며, 생물 간의 다양한 상호 관계를 맺고 있다.

극상군락의 일반적인 경향은 에너지 효율과 복잡성이 증가하는 쪽으로 변화한다.

수계일차천이(Aquatic Primary Succession)

육상천이의 주요 개념을 수중 생태계에 적용할 수 있다. 바다를 제외하고 대부분의 수중 생태계는 일시적이다. 일부는 수천 년 동안 지속될 수도 있지만, 결국 그들은 사라질 것이고 정상적인 천이 과정의 결과를 거쳐 육상 생태계로 대체될 것이다. 모든 수중 생태계는 주변 대지로부터 토양 입자와 유기물질을 계속 유입해 연못이나 호수 같은 얕은 수체(水體)를 메워간다.

호수나 연못의 깊은 부분에는 부유식물이나 조류만이 존재할 수 있지만 퇴적물의 양에 따라 얕은 수체의 바닥에 수생 식물의 서식이 가능하게 된다. 그

그림 **5.3** 연못으로부터 습초지로의 천이 낮은 연못이 유기물질로 서서히 채워지고, 연못 위로 부유식물들이 생성되면서 초지가 자리를 잡는다.

들은 광합성을 하고 하천이나 강으로부터 흘러 들어오는 퇴적물에 부착되었던 유기물질을 축적시킨다. 궁극적으로 물은 얕아지고, 추수식물(抽水植物, emergent plants)이 등장하게 된다. 그들은 표면에 떠서 이동하거나 물 밖으로 뻗어난다. 물 표면 아래의 뿌리나 줄기의 그물 구조는 더 많은 물질을 축적하고, 물은 퇴적물이 바닥에 쌓임에 따라 더 얕아진다. 이러한 과정이 계속되면 젖은 토양은 드러나고 마르기 시작한다. 동시에 잔디와 젖은 토양에서 살 수 있는 다른 식물들이 등장하게 된다. 이것은 습초지라 불린다. 일단 이런 변화가 일어나면 그 단계는 전형적인 육지 천이 변화를 연속적으로 시작하고 마침내 극상군락으로 발전한다(그림 5.3).

대부분의 연못과 호수의 얕은 부분은 해안에 있기 때문에 종종 해안에서의 수상천이가 다양함을 볼 수 있다. 호수의 깊은 중앙 부분에는 단지 부유식물과 조류만이 있다. 해안 쪽으로 가면서, 우리는 첫 번째로 엘로디어(elodea)와 조류와 같은 수중식물을 발견할 수 있고, 다시 물백합 같은 추수식물을 볼 수 있고, 젖은 토양에서 잘 자라는 풀과 사초들(sedges)이 보이며, 해안에 도달하면 극상군락으로 발전될 전형적인 육상의 천이가 시작됨을 볼 수 있다.

그림 **5.4** 부유 소택지

북부의 많은 연못과 호수에서는 물이끼가 두껍게 형성되어 융단 형태로 부유한다. 이러한 융단은 습한 토양 조건에서 잘 자라는 식물의 토대가 된다. 식물의 뿌리가 이끼 융단을 같이 묶어주면 작은 현화식물뿐만 아니라 관목을 포함한 떠있는 습지 형태를 이룬다(그림 5.4). 그곳에 뛰어내려 나무들이 요동할 때에나 융단의 약한 부분을 걷다가 물속으로 빠지게 될 때야 비로소 전체 조직이 부유하고 있음을 알게 될 것이다. 마침내 그러한 습지는 점차 말라가고 그 지역에 적합한 극상 식생이 점점 소택지(bog)단계로 천이해 갈 것이다.

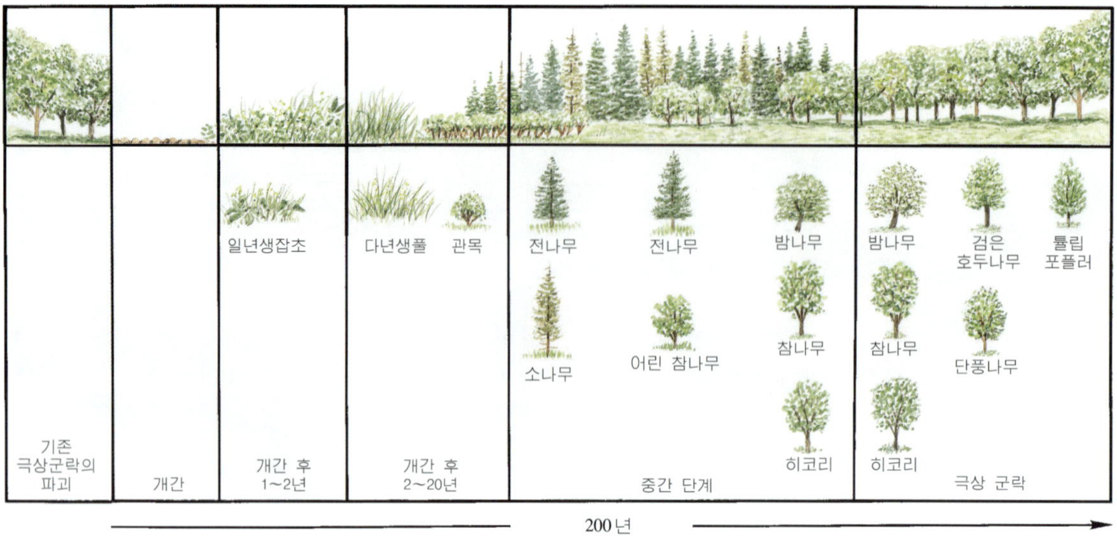

그림 **5.5** 육상에서의 이차천이

그림 **5.6** 비버에 의한 수계 이차천이

이차천이

일차천이를 유도했던 동일한 과정과 활동의 결과로 이차천이가 일어난다. 주요한 차이점은 이차천이는 기존 군락이 어떤 이유에서건 파괴될 때 일어난다는 점이다. 산불, 홍수 또는 농업용 개간이 그 이유일 것이다. 일반적으로 파괴된 생태계는 완전한 암석 상태로 돌아가지는 않는다. 토양의 대부분이 남아있고 식물 성장에 필요한 많은 영양분이 기존 생태계의 복원을 위해 사용될 수 있다. 결론적으로 이차천이는 일차천이보다 좀더 급격히 이루어지는 경향이 있다. 그림 5.5는 미국의 남동부의 버려진 농장에서 발견된 전형적인 이차천이를 보여주고 있다.

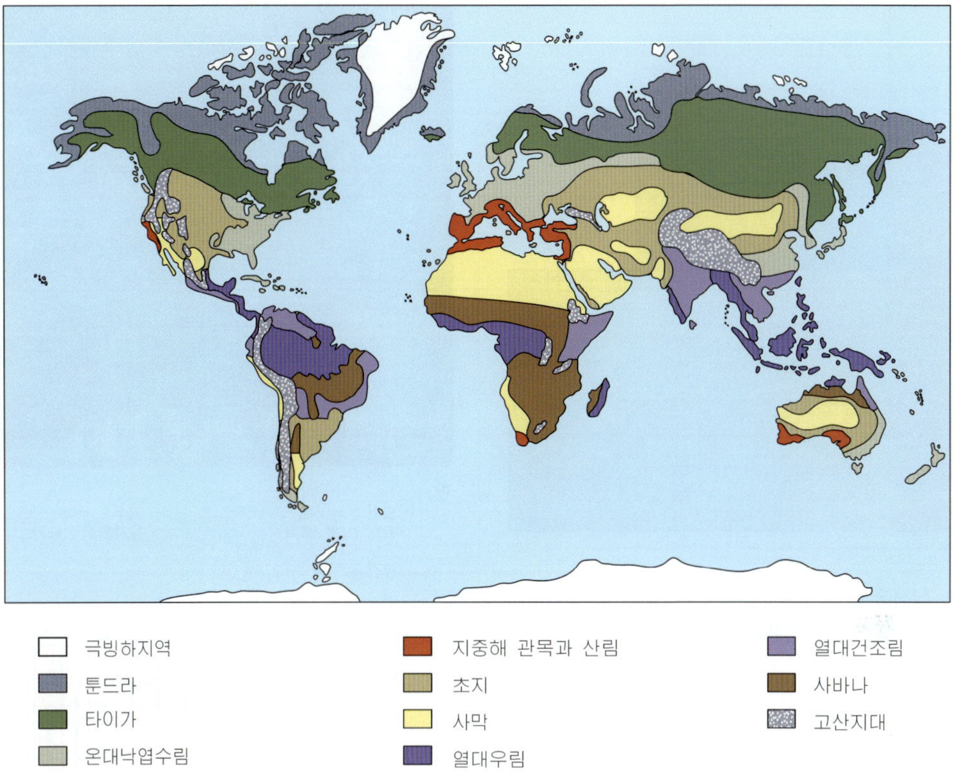

그림 5.7 세계의 생물군계 대부분의 생물군계가 식물의 이름을 따랐지만, 각각은 그 기후 조건에 적합한 동물군도 포함하고 있다.

유사한 예로 비버 개체 수가 한 지역에서 급증할 때, 기존에 있던 나무들이 죽고 새로운 수중 생태계가 조성되었다. 퇴적물과 유기물로 댐의 상부 지역이 메워짐에 따라, 마침내 전형적인 극상군락으로 되돌아가는 일련의 단계를 거치게 된다(그림 5.6).

극상군락의 주요 유형 : 생물군계

생물군계(biomes)는 넓은 지리적 분포를 보이는 육상 극상군락이다(그림 5.7). 생물군계에 포함된 종들은 지구상의 모든 부분에서 동일한 것은 아니다. 그러나 생태계의 일반적인 구조와 적소(適所)는 넓은 의미에서 유사하다. 두 가지 중요한 비생물적 요소가 극상군락이 발전하는 데 영향을 미친다. 강우(precipitation)에는 몇 가지 양상이 있다. 연간 총 강수량에는 비, 눈, 진눈깨비가 모두 포함되며, 강우의 계절적 분포도 중요하다. 연중 고르게 내릴 수도 있고, 건기와 우기가 구별될 수도 있다.

기온(temperature)의 변화는 더욱 다양하다. 열대지방의 더운 날씨는 상대적으로 변화가 거의 없다. 극지방은 혹독하게 추운 겨울과, 비교적 짧은 선선한 여름이 있다. 다른 지역은 연중 춥고 따뜻한 시기가 고루 구분된다. 강우량과 기온 두 가지 변수 사이의 상호작용이 극상군락에서 발견되는 차이점을 설명해준다(그림 5.8).

기온과 강우 이외에도 몇 가지 다른 중요한 요소가 극상군락에 영향을 미칠 수 있다. 일부 극상군락은 특정 수목 종의 대규모 집약을 방지하기 위해 주기적인 화재에 의존한다. 비슷한 예로, 심한 바람은 수목의 성장을 저해하고, 토양을 급격하게 건조시킨다. 모래질 토양은 빨리 마르는 경향이 있어 나무처럼 수

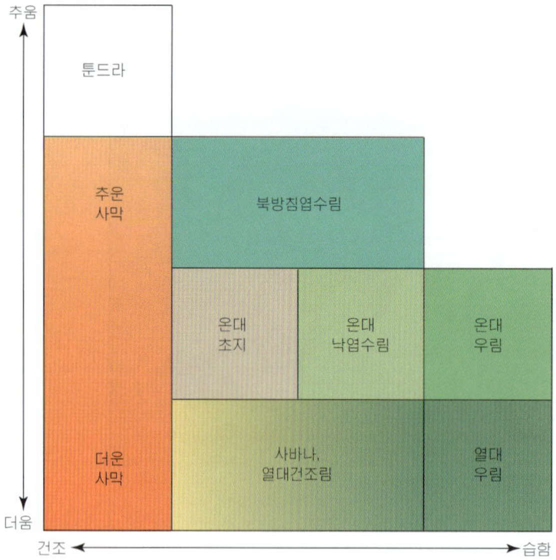

그림 **5.8** 식생에 있어서의 기온과 강수량의 영향 기온과 강수량은 그 지역의 식생에 영향을 주는 가장 중요한 요소이다.

분 요구량이 높은 종의 성장을 막는 반면, 습윤한 토양은 나무와 같은 종들이 성장하기에 좋은 조건이 된다. 현 시점에 그 지역에서 서식하고 있는 생물종은 매우 중요하다. 왜냐하면 그들이 새로운 지역에 번식하려는 것들이기 때문이다. 주요한 생물군계와 그 특성을 형성하게 하는 요인들을 살펴보자.

사막

사막(desert)은 연강수량이 25 cm 이하인 지역이다. 물 부족은 사막을 결정짓는 기본적인 요소이다(그림 5.9). 비는 매우 드물고 불규칙적으로 번개를 동반한 소나기 형태로 온다. 대부분의 물이 우곡(gully)으로 흘러들어가고, 증발률이 크기 때문에 비는 급속한 식물 성장을 위한 아주 짧은 기간을 제공한다. 사막은 바람도 강하게 분다. 우리는 종종 사막을 뜨겁고 생명이 결여된 건조한 버려진 땅으로 생각한다. 그러나 많은 사막도 일정 기간은 몹시 춥다. 확실히 사하라 사막과 미국과 멕시코의 남서쪽 사막은 연중 대부분 기간 동안 매우 덥지만, 미국의 북서쪽 사막지역과 중앙아시아의 고비사막은 겨울 동안 매우 춥고 상대적으로 여름은 시원하다. 게다

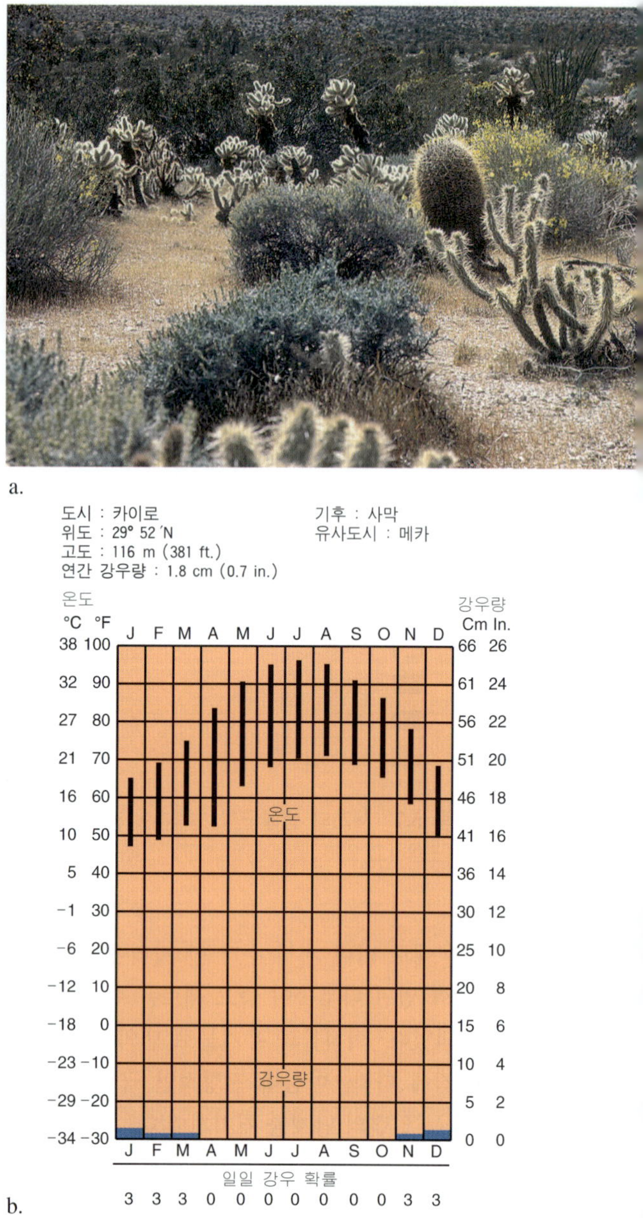

그림 **5.9** 사막 (a) 이집트의 카이로. (b) 카이로의 기후 그래프.

가 온도는 하루 동안에도 변화가 크다. 사막은 비가 거의 오지 않기 때문에 구름도 별로 없다. 구름이 태양을 가리지 않기 때문에, 낮 동안 토양 표면과 공기는 급속히 가열된다. 해가 진 후에도 구름이 거의 없기 때문에 지표에서 열 에너지가 방출되면서 급속히 냉각된다. 겨울 동안에는 더운 사막에서도

환경 돋보기

변화하는 극상 개념

유럽 탐험가들이 처음 북아메리카 대륙을 탐험했을 때, 동종의 생물체들이 그 땅에 광대하게 펼쳐져 있음을 보았다. 동부의 낙엽수림, 북부의 침엽수림, 중부의 초원지대 그리고 남서부의 사막. 이런 집합들은 이 지역이 일정한 상태 또는 정상적인 상황하에 놓여 있었을 것으로 간주되었다. 생태학자들이 생태계가 오랫동안 발전되었던 지역을 탐험하기 시작했을 때, 그들은 이 지역의 생태계를 토양 형성과 다양한 종의 식물과 생물체들에 의한 지배로 시작된 긴 여정의 최종점 혹은 절정으로 생각하였다.

이주자들이 원시림이나 초원을 제거하고 농지를 개간할 때 초기의 극상군락이 파괴되었다. 결과적으로 불충분한 농업활동으로 토양이 황폐화되고, 농사가 포기되면서, 버려진 땅은 원래의 숲이나 초원의 상태로 되돌아가게 되었다. 이러한 이차천이는 종종 파괴되었던 숲과 비슷한 양상을 보이게 된다. 그러나 이차천이에 의해 조성된 숲의 대부분은 기존보다 적은 종을 포함하고 있고, 일부 경우에는 기존의 종과는 전혀 다른 종의 군락들이 나타난다. 이렇게 새로이 안정화된 군락들 또한 극상군락이라고 부르지만, 원래의 군락과는 다르다.

생태학자들은 세상에는 고정되거나 미리 결정된 군락이 없다는 것을 깨닫기 시작하였고, 극상군락을 바라보는 시각을 수정하기 시작하였다. 오늘날 그 개념은 더욱 유동적이다. 변화기 이후의 안정된 단계에 대하여 여전히 극상군락이라 말하곤 하지만, 생태학자들은 더 이상 천이 중인 땅이 결코 이전의 극상 조건으로 돌아가지는 않을 것이라고 생각한다. 또한 최근에 그들은 극상군락이 단순히 기후에 의해서 변화된다기보다 다른 많은 요소들에 의해 진화된다는 사실을 알게 되었다. 이런 요소들 중 하나가 새로운 지역에서 군락을 이룰 수 있는 씨앗의 적응력이다. 기후와 토질이 매우 비슷한 두 지역일지라도 농업이 포기되어 천이가 진행될 때, 적응하는 씨앗으로 인해 다른 종이 자랄 수 있다. 게다가 우리는 천이군락과 극상군락의 유일한 차이가 변화가 일어나는 시간의 규모라는 것을 인식할 필요가 있다. "극상"군락은 천이군락만큼 빠르게 변화하지 않는다. 그러나 빙하기 이전의 유럽, 북아메리카의 숲과 미국 북동부 지역의 침엽수림이 오늘날 석탄을 생산하는 늪이었던 것처럼, 모든 군락은 반드시 교체된다.

이러한 개념을 가지고 우리는 무엇을 해야 하는가? 비록 극상 개념이 천이에는 특별한 종점이 있다는 그릇된 개념으로 혼동을 주었을지라도, 천이 동안 예측 가능한 유형이 있다는 것과 천이의 나중 단계는 초기의 단계에 비해 더 오래 지속되고 안정하다는 사실을 인식하는 것은 중요하다. 그러므로 극상군락이라고 부르는 것 자체는 중요한 것이 아니다.

추운 밤이 전형적으로 나타난다.

사막에 대한 또 다른 잘못된 개념은 종 다양성이 제한되었으리라는 생각이다. 많은 생물이 사막에서 살아간다. 그들은 건조하고 뜨거운 환경에서 살아남을 수 있게 특별히 적응되어 있다. 예를 들어 잎의 표면에서 물이 증발되는 것을 최소화하기 위하여 많은 식물들의 잎이 작다. 어떤 식물은 연중 가장 건조한 기간 동안 잎을 완전히 떨어뜨린다. 많은 사막 식물들은 가시를 가지고 있다. 선인장 같은 종류는 건기 동안에 사용할 물을 스펀지 같은 몸체에 저장한다. 어떤 식물들은 비가 올 때까지 씨나 일부 기관이 수면에 들기도 한다. 비가 내리면 이들은 급속히 생장하고, 재생산하거나 죽기도 하고, 다음 비가 내릴 때까지 또다시 수면상태에 들어간다. 다년생 식물들은 가끔 내리는 비에 의존한다. 이러한 시기 동안 식물은 대부분 꽃을 피우거나 재생산한다.

사막에는 낮의 더운 시간에는 움직이지 않거나 매우 작기 때문에 눈에 띄지 않고 간과되는 많은 종류의 동물들이 있다. 그들은 크게 눈에 띄지는 않지만, 현저한 그룹이다. 많은 도마뱀, 뱀, 작은 포유동물, 초식포유류, 육식동물과 새를 사막지역에서 볼 수 있다. 사막에 사는 많은 동물은 최소량의 물로 살아 남을 수 있다. 일부는 그들이 먹는 음식으로부터만 필요한 수분의 대부분을 얻기도 한다. 그들은 일반적으로 방수 가죽이나 표피를 가지고 있기 때문에, 증발에 의한 수분 손실이 거의 없다. 그들은 하루 중 시원할 때(저녁)만 제한적으로 활동하고, 낮 동안은 주로 땅속 굴에서 대부분의 시간을 보낸다. 이를 통해 그들은 극심한 온도 변화를 피하고 수분을 보존한다.

초지

프레리(prairies) 또는 스텝(steppes)으로 알려진 **초지**(grassland)는 전 세계에 걸쳐 광범위하게 분포되어 있다. 사막과 같이 초지의 형성에 영향을 주는 주요 요인은 이용할 수 있는 수분의 양이다. 일반적으로 초지의 연강수량은 25~75cm이다. 이 지역은 바람이 많은 여름에서 추운 겨울로 이어진다. 불은 이 생태계에서 중요한 영향을 미친다. 일반적으로 많은 양의 수분을 필요로 하는 나무는 수로를 따라 있는 것을 제외하면 이 지역에서는 드물다(그림 5.10). 초본류가 식생의 60~90%를 차지한다. 다양한 종의 개화 식물들이 초지에 산재해 있다.

이 지역의 특성 때문에 들소, 영양, 야생마 그리고 다양한 종의 양, 소, 염소와 같이 대규모의 이동성 초식동물이 있다. 지구상의 대부분의 초지는 토양이 비옥하고 깊기 때문에 옥수수, 밀과 같은 농작물을 재배하기 위해 수세기 동안의 개간 결과 농토로 전환되어 왔다. 더 건조한 초지는 소, 양, 말과 같은 가축을 방목하는 곳으로 개조되고 있다.

초식동물 이외에 메뚜기와 풍뎅이류(초식 동물의 배설물을 먹고사는 곤충), 파리(큰 동물을 무는 곤충) 같은 곤충을 흔히 볼 수 있다. 쥐, 다람쥐와 같은 작은 초식동물 또한 흔하다. 조류(鳥類)는 초식동물과 밀접한 관계를 맺고 있다. 그들은 포유류에 의해 이동하거나 동물을 물어뜯는 곤충들을 잡아먹는다. 그 외의 조류는 씨앗이나 식물의 다른 부분들을 먹고산다. 파충류(뱀, 도마뱀)는 작은 포유류와 곤충을 먹고 산다.

a.

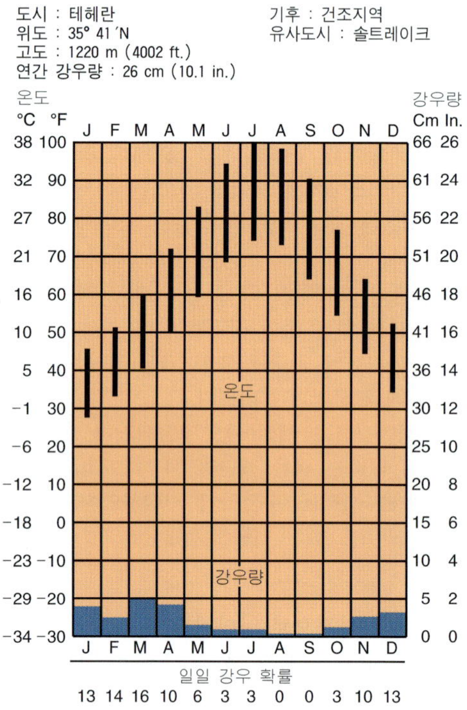

b.

그림 **5.10** 초지 (a) 이란의 테헤란. (b) 테헤란의 기후 그래프.

사바나

아프리카, 남아메리카, 오스트레일리아의 여러 지역들은 아주 드물게 나무가 점재하는 초지를 가지고 있다(그림 5.11). 이런 종류의 생물군계를 **사바나**(savanna)라 부른다. 세계의 이런 지역들은 일반적

환경 돋보기

초지 천이

초지의 종류가 다양하기 때문에, 천이가 지역에서 어떻게 일어나는가를 일반화하기는 어렵다. 북아메리카에 있는 대부분의 초지는 농업과 가축동물 방목의 영향을 많이 받는다. 이 지역에서 다시 조성된 초지는 원래의 생태계와 다소 다를 것이다. 그러나 초지 천이와 관련된 전형적인 몇 단계를 볼 수 있다.

경작이 포기된 지역은 일년생 잡초가 번성하기까지 짧은 기간(아마도 1~3년)이 필요하다. 이 점에서 초지 천이는 낙엽수림 천이와 같다. 다음 단계는 기간(10년 또는 그 이상)이 다양하고 일년생 풀이 가장 번성한다. 일반적으로 이 초기 단계에서 토양은 유기물질과 영양물질이 결핍되어 열악한 상태이다. 몇 년 후, 토양의 비옥도는 유기물질이 일년생 풀이 고사하고 부패하면서 축적되어 증가한다. 이후 다년생 풀이 번성하는 다음 단계로 이어진다. 결국, 완전히 성장한 초지에는 대평원 꽃들이 널리 퍼져 성장하고, 풀이 점재(點在)하게 된다. 일반적으로, 이 과정을 거치면서 토양은 더 비옥해진다.

매우 많은 야생의 북아메리카 초지가 농경지로 경작되어 왔기 때문에, 그 지역이 대평원으로 되돌아갈 때, 그 지역 토종 원시 식물의 종자는 존재하지 않을 것이다. 그러므로 이차천이로부터 생긴 초지는 원래의 초지와 반드시 같지는 않다. 어떤 종들은 사라져 버리게 될 것이다. 결과적으로, 대평원의 회복면에 있어서, 이 지역의 토양에서 더 이상 이용할 수 없는 종자는 다른 지역으로 전해진다. 초지에서 전형적인 낮은 강수량과 화재는 이 시점에서 멈추어진 천이 과정을 낳는다. 그러나 만약 수분이 충분하고 화재가 예방된다면, 나무들이 습윤한 장소로 천이해 갈 것이다.

활발하게 경작됨

최근에 버려짐

몇 년간의 천이

으로 연간 강우량이 50~150 cm인 열대성 기후이다. 그러나 강우가 1년 내내 고르게 분포하지 않는다. 일반적으로 긴 가뭄 후에 폭우가 오곤 한다.

이곳은 동식물 계절적 특성이 강한 생태계를 형성한다. 동식물의 재생산 활동은 제한요인들(limiting factors)이 최소로 나타나는 우기에 주로 일어난다. 주요 식물은 풀이지만, 가뭄에 저항력이 있고 나무꼭대기가 평평하고 가시가 있는 나무들도 흔히 볼 수 있다. 이 나무들은 또한 화재에 대한 저항성이 크다. 이러한 나무들 가운데 많은 종류가 질소고정과 관련이 있기 때문에 특히 중요하다. 또한 이들은 그늘과 동물의 둥지를 제공한다.

초지에 있어서의 주요 포유류는 초식동물이다. 호주의 캥거루, 아프리카의 다양한 종의 영양, 남아메리카의 라마가 그 예이다. 많은 종의 설치류, 조류, 곤충류, 파충류가 이 생물군계에 관련되어 있다. 곤충류 중에는 흙무더기를 쌓는 흰개미가 특히 흔하다.

a.

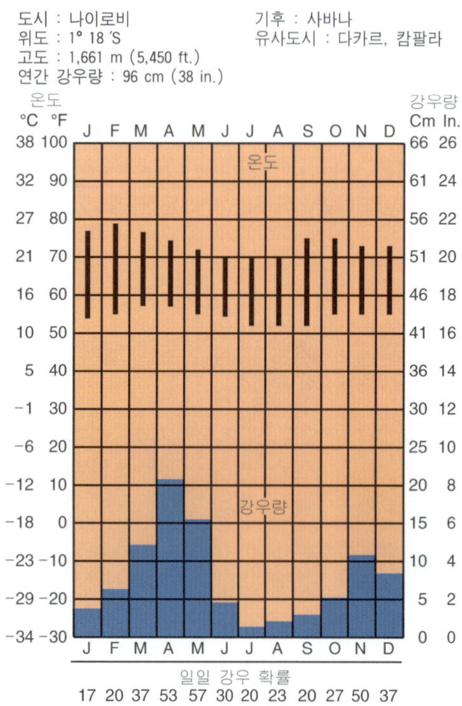

b.

그림 **5.11** 사바나 (a) 케냐의 나이로비. (b) 나이로비의 기후 그래프.

a.

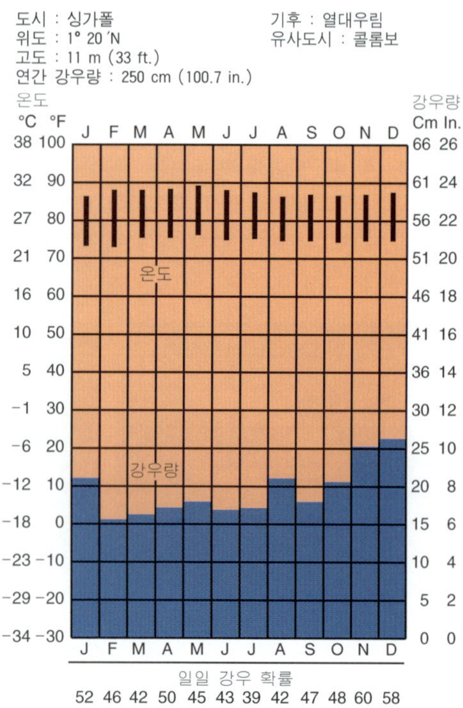

b.

그림 **5.12** 열대우림 (a) 싱가폴. (b) 싱가폴의 기후 그래프.

열대우림

열대우림(tropical rainforest)은 중앙아메리카, 남아메리카, 아프리카, 아시아의 남동부와 카리브 해와 태평양 연안의 일부 섬들의 적도 부근에 위치하고 있다(그림 5.12). 기온은 일반적으로 따뜻하고 비교적 일정하다. 서리는 없고, 거의 매일 비가 내린다. 대부분의 지역들이 연간 강우량 200cm를 초과한다. 어떤 지역들은 500cm 이상이다. 따뜻한 기온과 많은 강우량 때문에, 대부분의 식물들은 매우 빨리 자란다. 그렇지만 토양 내 영양물질이 식물에 바로 흡수되지 못하고 물에 의해 모두 씻겨 내려가는 경우가 많기 때문에 토양은 매우 척박하다.

지구촌 전망대

열대우림의 산물

우리의 일상생활에서 열대우림이 별로 중요하지 않다고 생각할지도 모른다. 그러나 우리가 먹는 음식과 우리가 사용하는 물질들 중 많은 수가 열대우림으로부터 생산된다. 매일 커피를 마시고 초콜릿, 바나나, 나무열매를 먹으며 고무를 사용하는 것 등은 열대우림으로부터 온 생산물들을 즐기고 있는 것이다. 많은 열대우림 식물들은 씨앗 또는 식물 벌채로 채집되고 다시 경작된다. 때때로 이 경작된 품종들은 새로운 질병과 수확물의 감소와 식물들의 죽음으로 피해를 받고 있다. 자연적 또는 야생의 품종은 질병을 이길 수 있는 새로운 식물들을 생산하기 위해 교배가 필요하다.

다음은 열대우림에서 나오는 몇 가지 산물들과 그에 대한 이용 목록이다.

- 과일 : 파인애플, 바나나, 오렌지, 레몬, 라임, 포도, 탕헤르 오렌지
- 야채 : 토마토, 아보카도, 여러 형태의 콩류
- 견과 : 브라질너트, 캐슈너트, 땅콩, 참깨, 코코넛
- 향신료 : 칠리, 후추, 정향, 육두구, 바닐라, 계피, 심황
- 음료 : 차, 커피, 코코아, 초콜릿, 코카콜라에 사용되는 콜라너트 추출물
- 껌과 수지 : 가정용과 공업 제품용의 고무, 페인트와 도료용의 코팔, 껌에 이용되는 치클 고무, 골프공에 이용되는 발라타 고무

우림의 가장 큰 장점은 약리학 분야에 있다. 식물들은 열대우림의 독특한 환경에서 살아남을 수 있게 하는 식물 화학 약품으로 알려진 많은 물질을 함유하고 있다. 처방을 위해 약국에 들어갔을 때 우리가 열대우림의 산물로 조제된 약을 받을 가능성이 1/4은 된다. 암을 치료하는 데 가치가 있는 것으로 알려진 식물이 2,000종 이상이지만, 그것들은 확인되고 연구되는 것보다 더 빨리 사라지고 있다. 항암성이 있다고 확인된 식물의 70%가 열대우림에서 온 것이다. 사실 우리 약제의 50%가 식물로부터 제조되지만, 아직 열대림 종의 1% 이하 정도만이 의약적으로 가치가 있다고 조사되었을 뿐이다.

많은 나무들은 영양물질이 씻겨 내려가기 전에 부패된 식물로부터 영양물질을 얻기 위해 토양의 표면 가까이의 사균류와 밀접하게 관련하기도 하며, 넓은 뿌리 조직을 가진다. 열대우림의 대부분의 영양물질은 토양이 아니라 생물량과 밀접한 관계를 맺고 있다. 그러므로 이 지역의 대부분은 농경지로 적합하지 않다.

열대우림은 매우 많은 수의 종을 포함하고 있다. 몇 km^2의 작은 면적에도 수백 종의 나무가 존재할 것이다. 발사, 티크나무와 그 외 많은 관상 나무들이 열대우림에 있다. 이 산림은 이웃한 산림보다 키가 약간 더 큰 2~3개의 층을 이루고 있다. 대부분의 태양광선이 나무에 의해 가려지기 때문에, 많은 음지식물들은 그 나무의 수관(canopy) 밑에 서식한다. 고사리, 이끼, 난초, 덩굴식물이 나무의 표면에서 성장한다. 이러한 식물들의 다양성은 동물에 있어서의 다양성과 연결된다. 개미, 흰개미, 나방, 나비, 딱정벌레와 같은 곤충들이 특히 많다. 또한 조류는 기어다니는 많은 포유동물과 도마뱀, 청개구리가 있기 때문에 대단히 널리 퍼져 있다. 꽃과 열매가 1년 내내 풍성하기 때문에, 즙과 열매를 먹이로 하는 조류와 포유류가 매우 다양하게 존재한다. 빛의 양이 적기 때문에 많은 동물들은 소리로써 의사소통을 한다.

열대우림의 종들은 지상의 기타 지역의 모든 종들을 합한 것보다 더 많다. 최근에, 생물학자들은 이 산림의 수관에 사는 새로운 생물군을 발견하였다. 밀집된 식물은 숲 하부로 빛이 도달되는 양을 줄인다. 식물과 동물의 혼란스러운 배열이 이런 종류의 생태계 연구를 어렵게 한다.

지구촌 전망대

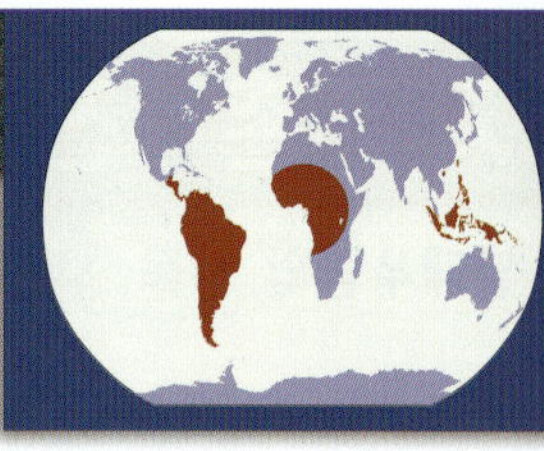

열대우림의 파괴

2백년 전 열대우림은 유럽 면적 크기인 약 15억 ha에 이르렀지만, 오늘날 9억 ha만 남아 있다. 현대 기술은 1ha를 제거하는 데 1시간도 걸리지 않는다. 정확히 얼마나 많은 열대우림이 사라졌는지 알려져 있지는 않지만, 2천만 ha 이상이 해마다 파괴되는 것 같다. 이 비율이라면 40년 내에 열대우림은 더 이상 남아 있지 않게 될 것이다.

목 축

열대우림의 땅은 가장 좋지 않은 용도임에도 불구하고, 거대 면적이 불태워져 농장으로 변화되었다. 중앙아메리카는 이미 소 방목용으로 우림의 2/3를 잃게 되었다. 농장 설치와 소 방목을 위해 제거된 열대우림의 고기 생산량은 북아메리카 농장이 600kg meat/ha/yr 이상을 생산하는 것에 반하여, 거의 50kg meat/ha/yr밖에 되지 않는다. 토양은 빠르게 영양물질을 잃어 쓸모없게 된다. 이렇게 되면 이 땅은 버려지게 되고 열대우림은 점점 더 사라지게 된다. 열대우림의 면적을 가장 빠르게 사라지게 하는 것은 비행기로 소이탄을 떨어뜨려 화재를 일으키는 것이다.

벌 목

열대우림은 접근하기 어렵고, 목재용으로는 상대적으로 가치가 낮고 제한된 세계적 수요 때문에 예전에는 개발과는 거리가 멀었다. 최근에 이런 상황은 바뀌어, 예전에 쓸모없다고 여겼던 많은 종의 나무들이 현재 펄프나 플라스틱 생산을 위한 셀룰로오스에 이용되고 있다. 새로운 기계와 더 나아진 수송으로 예전의 멀리 떨어진 지역으로부터 나무를 없애기가 쉽게 되었다. 벌목 회사는 티크나무나 마호가니 나무와 같이 하나 또는 두 종의 경재(硬材)에만 관심을 가질지 모른다. 단단한 나무는 여전히 가구로 이용되지만, 베니어판이라 불리는 경재의 얇은 판이 더 싼 재료로 이용되고 있다. 1ha 내에 이용하기 적합한 나무가 단지 3그루 정도이기에, 그 나무들을 제거하는 것은 그다지 위협이 되지 않을 것이다. 그러나 길을 내는 데 중기계가 필요하고, 나무가 숲에서 베어 넘어지고 끌어내어졌을 때, 다른 나무에 대한 피해 정도는 막대할 수 있다. 우림의 높은 임산물 수요량에 직면해, 우림을 가진 대부분의 나라들은 국가적인 수입 증가를 위해 벌목 권리를 외국 회사에 양도하는 것을 주저하지 않으며, 또한 바라고 있다. 불행하게도, 대부분의 이러한 목재 계약은 보전에 관해서는 거의 포함하지 않았거나 그 대책이 전혀 없다.

농 업

초기 개척자들은 예전의 먼 지역까지 접근하기 위해 벌목 회사와 채광 회사가 낸 길을 이용하였다. 정부의 방침은 벌목 지역에 정착하도록 사람들에게 권장했지만 그곳은 농작물을 재배하기에는 알맞지 않았다. 정착자들은 이곳으로 이주하여 윤작이나 화전을 하거나 나무와 그 외 필요 없는 식물들을 베었다. 그들은 몇 년 동안 나무를 없애고 식물을 재배한 후 그곳을 버리고 이주한다. 둘 또는 세 개의 곡식이 작은 땅에 저장된 영양물질을 흡수하여 바닥나게 하고 농작물 수확량은 매우 낮다. 나무 그늘이 제거되어 극심한 태양열이 토양을 건조시키고 단단하게 만들며 폭우는 토양을 침식시킨다.

채 광

많은 열대우림은 석유가 풍부하고 보크사이트, 석탄, 구리, 다이아몬드, 금, 철광, 니켈, 주석, 우라늄 같은 광물을 저장하고 있다. 채광은 삼림벌채의 부차적인 요소이지만, 토양이 통행로를 위해 제거되고, 광산은 특정한 식물과 동물종만이 서식하는 지역 내에 종종 있을 수 있다. 삼림벌채의 적은 양은 피해의 불균등을 야기할 수 있고, 채광은 종종 강으로 중독성의 폐기물을 방출해 동식물을 파괴시킨다.

환경 돋보기

숲의 수관(樹冠) 연구

지난 몇 년 동안, 생태학 연구의 새로운 개척이 전개되었다. 과학자들은 전통적으로 숲 생태계를 기준으로 바라보았다. 나무들의 종·속 등을 결정했고, 아래층의 종을 분류했으며 숲 평탄부 가까이나 그곳에 사는 동식물들을 연구했다. 점차 과학자들은 나무들의 맨 위 부분의 수관부터 바닥 부분까지 쭉 내려가며 숲 생태계의 중요한 부분인 많은 종의 동식물을 확실히 이해하기 시작했다. 그들은 숲의 위 부분에 서식하는 생물을 연구하기 위한 방법을 궁리하기 시작했다. 처음에 그들은 등산가들의 기술에 의존했지만, 이러한 방법은 힘들고 위험했다. 최근에 생태학자들은 큰 크레인을 숲 곳곳에 세웠다. 이 크레인들은 조사자가 화학, 기후, 수관에서 발견된 생물을 연구할 수 있게 해줬다.

새로운 종류의 곤충을 포함해 몇 가지 놀라운 발견이 있었다. 브리티시 콜럼비아의 벤쿠버 섬에서 오래된 온대우림의 수관 연구로부터 새로운 곤충 60종 이상을 발견했다. 조사자들은 새로운 수백 종이 확인될 수 있으리라 추정했다. 열대우림에서의 유사한 연구에서도 새로운 곤충 수백 종 이상을 확인하였다. 파나마에서의 연구로부터 덩굴식물이 숲 수관의 70%를 구성하고 있다는 것과 이 덩굴 식물들이 태양광선을 받기 위해 그들을 지탱하는 나무와 경쟁하고 있음을 알게 되었다.

동물이 수관을 이용하는 방법은 또 다른 흥미로운 연구 분야이다. 새, 박쥐, 원숭이, 다람쥐, 곤충은 먹이, 둥지, 이동 노선을 위해 숲 수관의 특정한 부분을 이용한다. 조사자들은 숲의 수관에서 동물들과 함께 시간을 보냄으로써 많은 것을 배우고 있다.

온대낙엽수림

겨울-여름의 계절 변화를 가지는 온대지방의 산림은 일반적으로 겨울 동안 잎을 잃고 다음 해 봄에 잎이 다시 자라는 나무들로 구성된다. 이런 종류의 산림을 **온대낙엽수림**(temperate deciduous forest)이라 일컬으며, 미국의 동부 절반과 캐나다의 중남부와 남동부의 일부, 유럽과 아시아의 많은 지역들에서 전형적으로 나타난다.

이 지역들은 일반적으로 연간 강우량이 100 cm 또는 그 이상이고 비교적 고르게 분포되어 있다. 세계의 각 지역들은 생물군의 주요 생산자인 나무에 있어서 일정한 수종(樹種)을 가진다. 각각의 수종이 산림 전체에 분포되어 있는 열대우림과는 대조적으로, 온대낙엽수림은 일반적으로 훨씬 더 적은 종으로 이루어져 있으며, 많은 산림들이 2~3개 정도의 우점 수종(樹種)으로 구성되어 있다. 북아메리카와 유럽의 낙엽수림의 일반적인 수종은 단풍나무, 아스펜, 자작나무, 너도밤나무, 참나무, 히코리이다. 이 키 큰 나무들은 봄에 많은 키 작은 현화식물이 꽃피는 숲의 평탄부를 그늘지게 한다. 이러한 봄 야생화들은 지하 구조 내에 양분을 저장한다. 봄에, 잎들이 나무에서 나오기 전, 야생 꽃들은 태양광선을 흡수하여 그늘이 드리워지기 전에 증식한다. 또한 더 키 작은 관목들도 이 수림에서 발견되고 있다(그림 5.13).

이 수림은 나무의 잎과 목질부를 먹이로 하는 수

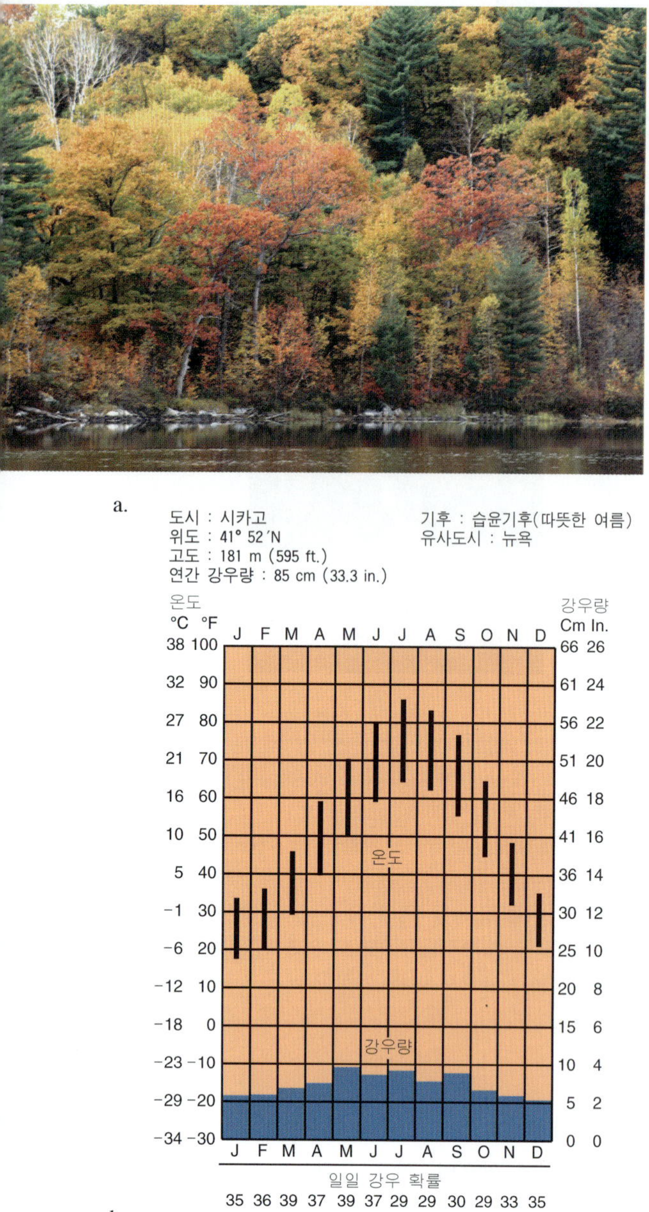

그림 **5.13** 온대낙엽수림 (a) 일리노이 주의 시카고. (b) 시카고의 기후 그래프.

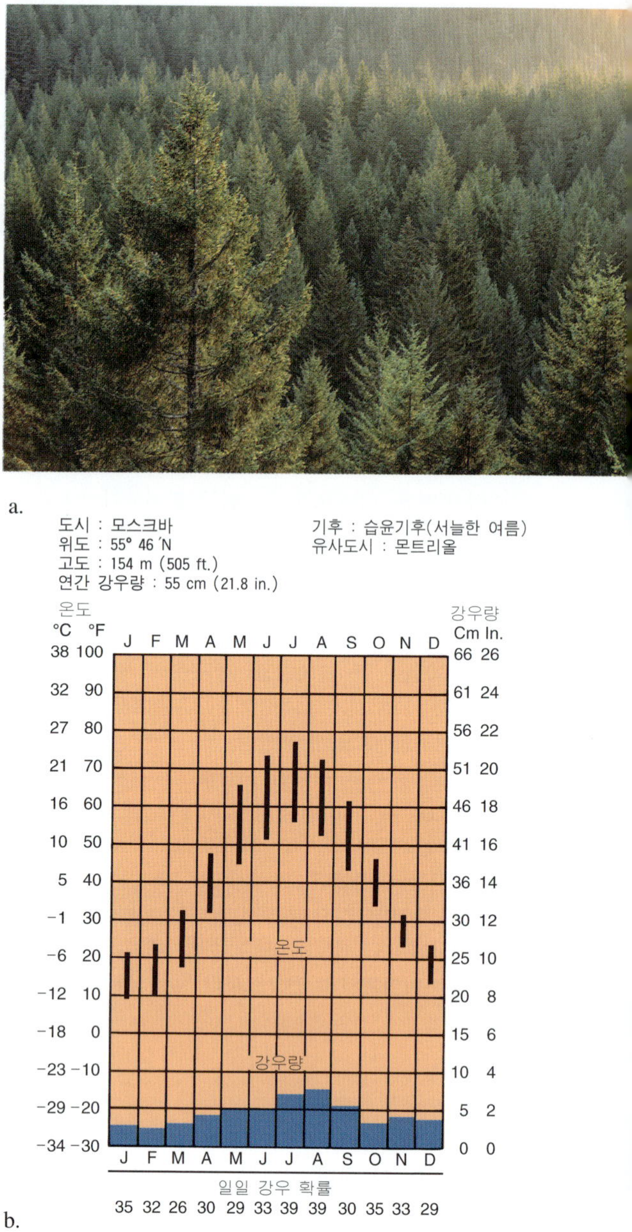

그림 **5.14** 타이가, 북부 침엽수림 또는 아한대림 (a) 러시아의 모스크바. (b) 모스크바의 기후 그래프.

많은 곤충군의 서식지이다. 딱정벌레, 나방, 유충, 말벌, 개미가 그 예이다. 이 산림 안에 사는 조류는 원래 연중 봄에 도착하여 여름과 잎이 떨어지는 동안 그들의 어린 새끼들을 기르는 철새이다. 이러한 많은 조류들은 그들의 먹잇감으로 여름의 많은 곤충을 이용한다. 딱따구리, 뇌조(들꿩), 칠면조, 몇몇의 되새류(콩새멋쟁이새 등)를 포함하여 몇 종의 조류들은 텃새이다. 크고 작은 몇몇의 포유동물도 이 지역에 서식한다. 쥐, 다람쥐, 사슴, 사마귀, 토끼들이 일반적인 예이다. 주요 포식자는 여우, 오소리, 족제비, 코요테, 맹금류 등이다.

타이가, 북부침엽수림 또는 아한대림

캐나다 남부의 절반, 북유럽의 일부, 러시아의 많은 지역에 두루 걸쳐 **타이가**(taiga), **북부침엽수림**

(northern coniferous forest) 또는 **아한대림**(boreal forest)으로 알려져 있는 침엽수림이 있다. 가문비나무, 전나무, 낙엽송들이 이 지역에서 가장 잘 알려진 나무들이다(그림 5.14). 기후는 짧고 서늘한 여름과 눈이 많이 내리는 긴 겨울을 나타내고 있다. 겨울은 아주 혹독하게 춥고 6개월 정도 지속된다. 일반적으로, 토양은 겨울 동안 얼어 있는 상태이다. 강우량은 연간 25~100cm 범위에 있지만, 기후는 일반적으로 1년 내내 낮은 온도가 수분 증발을 줄이기 때문에 습한 편이다. 자연 경관은 일반적으로 호수, 연못, 늪으로 이루어져 있다.

나무는 특히 겨울 상태에 잘 적응되어 있다. 수분이 눈으로 내려 봄에 녹을 때까지 토양 위에 머무르기 때문에 나무들에게 있어 겨울은 상대적으로 건조한 상태이다. 바늘 모양의 잎들은 수분 손실을 막기 위해 적응되어 있고, 낙엽송은 가을에 잎이 진다. 이 나무들의 가지는 유연하여, 눈이 나무에 큰 손상을 입히지 않은 채, 미끄러질 수 있도록 피라미드 형태를 취하고 있다. 온대낙엽수림과 마찬가지로, 이 생물계의 많은 서식생물들은 여름 동안 일시적으로 활동한다. 대부분의 조류들은 철새이고 길고도 추운 겨울 동안 활동하지 않는 많은 곤충들을 주로 먹고산다. 소수의 딱따구리, 올빼미, 뇌조는 텃새에 속한다. 사슴, 순록(카리부), 무스, 늑대, 족제비, 쥐, 다람쥐 등이 전형적인 이 지역의 포유류이다. 추운 날씨 때문에 파충류와 양서류는 이 생물계에서 거의 살 수 없다.

툰드라

타이가의 북부는 나무가 거의 없는 생물계로서 영구히 동결된 토양층 또는 **영구동토층**(permafrost)으로 구성되어 있다. 이곳은 **툰드라**(tundra)로 잘 알려져 있다(그림 5.15). 또한 널리 산재된 툰드라 형태의 지역들은 세계 전역의 산꼭대기에서 발견되고 있다. 이것은 **고산 툰드라**(alpine tundra)로 잘 알려져 있다.

영구 동결된 토양과 극도로 춥고 바람이 부는 기후 때문에, 이 지역에서는 나무가 살 수 없다. 짧은

a.

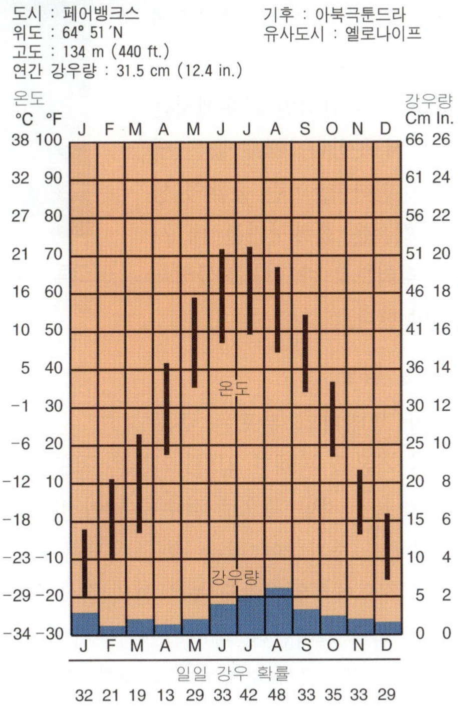

b.

그림 5.15 **툰드라** (a) 알래스카의 페어뱅크스. (b) 페어뱅크스의 기후 그래프.

여름 동안만, 토양의 표층이 녹을 때 많은 식물과 지의류가 자란다. 이 식물들의 키는 보통 20cm 이하이다. 사향소, 카리부 또는 순록, 북극 토끼, 레밍 같은 몇몇의 내한성 포유동물들은 짧고 서늘한 여름 동안 자라는 풀과 그 밖의 식물들을 먹고살아감으로써 살아남을 수 있다. 비록 강우량이 사막(연간 25cm)과 비슷할지라도, 겨울 동안 내렸던 눈이 녹

기 때문에 짧은 여름은 일반적으로 습하다. 게다가 영구동토층은 토양 속으로 물을 통과시키지 않고 물에 젖은 토양과 얕은 연못과 물웅덩이를 형성한다. 따라서 오리와 거위 같은 많은 물새들은 짝짓기와 새끼들을 기르기 위해 툰드라로 이주한다. 곤충은 여름 동안에 흔히 볼 수 있으며 철새들의 먹이가 된다. 텃새로는 뇌조와 설백올빼미가 있다. 파충류 또는 양서류는 이러한 극한적인 기후에서는 살아남지 못한다. 매우 짧은 생장기로 인하여, 이런 종류의 생태계 훼손은 회복시키는 데 시간이 걸리므로 반드시 조심해서 다뤄야 한다.

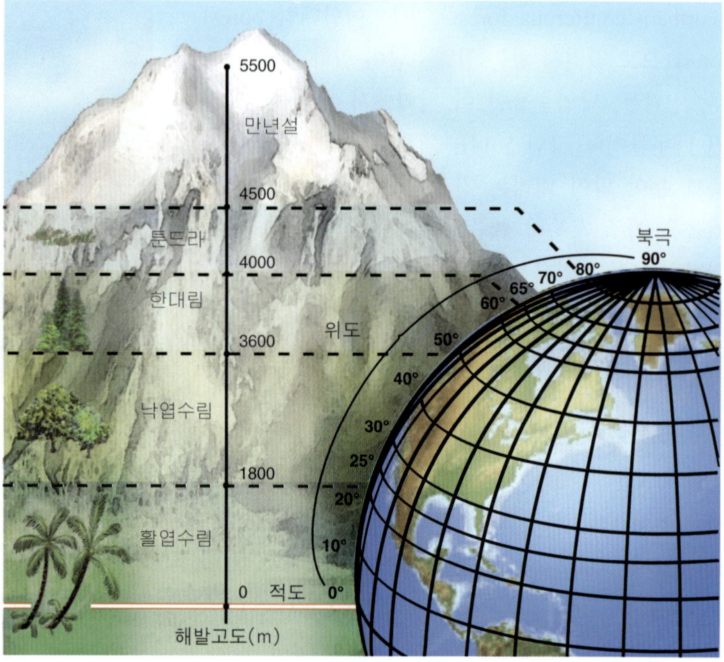

그림 **5.16** **고도, 위도와 식물과의 관계** 고도가 올라갈수록 기후는 변한다. 높이가 더 높아질수록, 기후는 더 추워진다. 평온한 열대지방의 높은 산맥 산꼭대기에서 눈이 내릴 수 있다. 또한 적도에서 북극까지 여행할 때에도 산을 등반할 때와 같은 식물의 변화를 체험할 수 있다.

고도와 위도

육상 생태계의 분포는 주로 강우와 기온과 관계가 깊다. 기온은 적도 부근에서 가장 높고 극지방 쪽으로 갈수록 낮아진다. 유사하게, 고도가 증가함에 따라 평균 온도는 감소한다. 이것은 적도에서일지라도 높은 산의 정상은 매우 추울 수 있음을 의미한다. 해수면에서부터 산꼭대기로 오르면서, 적도에서 북극까지 여행할 때 우연히 만날 수 있는 것과 유사한 일련의 생태계를 지날 수 있다(그림 5.16).

주요 수중 생태계

육상 생태계는 강우량과 기온에 의해 결정된다. 또한 토양의 유형과 바람과 같은 다른 요인들도 영향을 미친다. 수중 생태계 역시 주요한 결정요인에 의해 형성된다. 주요한 네 가지 요인으로는 물에 침투할 수 있는 태양광선의 투과력, 기층(bottom substrate)의 특성, 수온, 용존물질의 양이 있다.

해양 생태계

수중 생태계에 대한 주요 결정요소는 수중에 용존되어 있는 염(salt)의 양이다. 용존된 염이 적은 경우를 **담수 생태계**(freshwater ecosystem)라 부르고, 높은 양의 염을 가진 것을 **해양 생태계**(marine ecosystem)라 부른다.

원양 생태계

공해(open ocean)에서, 많은 종류의 갑각류, 물고기, 고래가 먹이를 쫓아 활발하게 유영한다. 이런 종류의 동물을 **원양동물**(pelagic)이라고 일컬으며, 그들이 사는 생태계를 **원양 생태계**(pelagic ecosystem)라 한다. 모든 생태계를 통틀어 에너지 피라미드의 맨 아랫부분인 생물은 광합성을 한다. 해양에서, 이 생물들의 대부분은 작고 미세하며, 물 위에 떠있는 **식물성 플랑크톤**(phytoplankton)이라 부르는 조류(algae)이다. 태양광선은 물속의 아주 깊은 곳까지

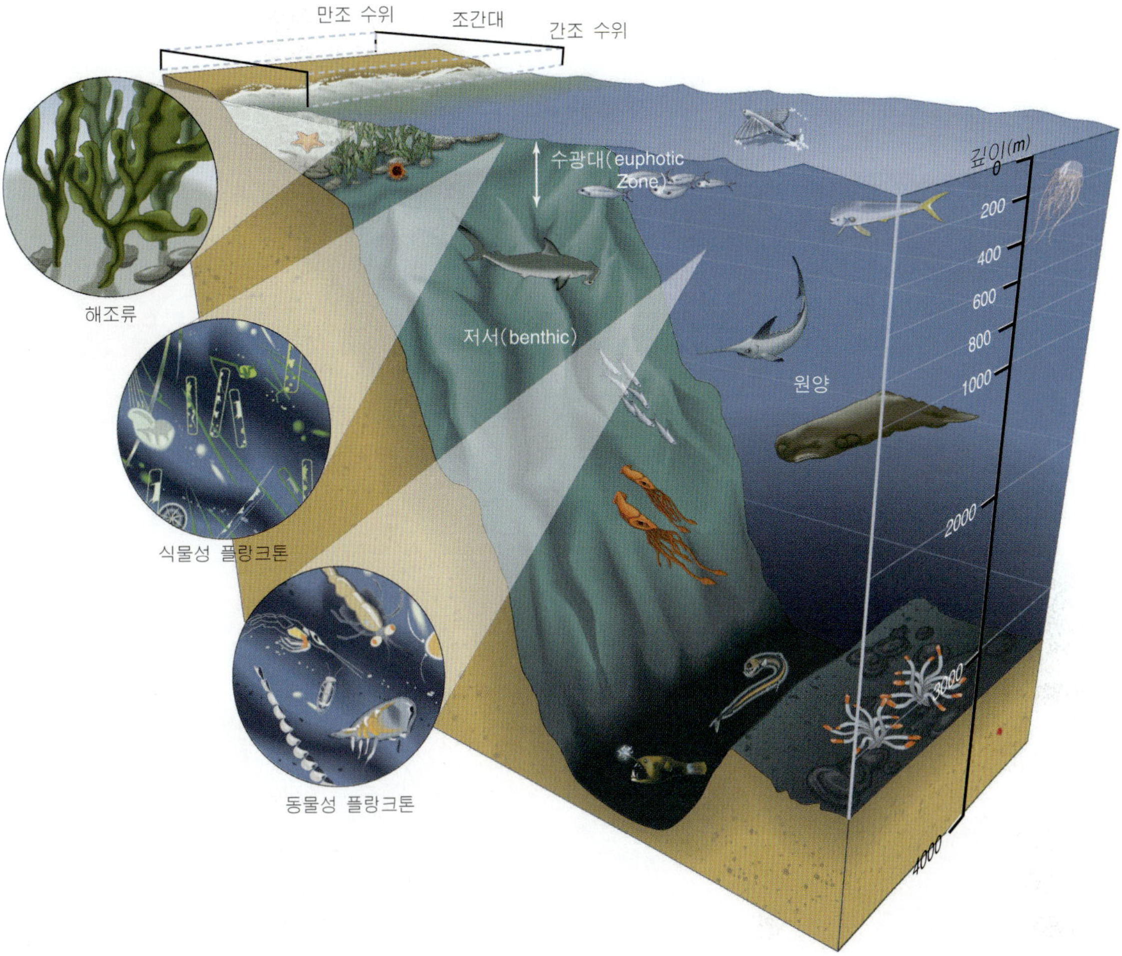

그림 5.17 해양 생태계 해양 광합성은 얕은 물에서 주로 일어난다.

침투할 수 없기 때문에, 이 식물성 플랑크톤은 상부층에 존재한다. 태양광선이 침투할 수 있는 이러한 층을 **수광대**(euphotic zone)라 한다. 작고 힘없이 헤엄치는 많은 종류의 동물들은 **동물성 플랑크톤**(zooplankton)으로 잘 알려져 있고, 식물성 플랑크톤을 먹고산다. 동물성 플랑크톤은 종종 식물성 플랑크톤보다 훨씬 더 깊은 곳에 살기도 하지만 밤에 위로 올라와 많은 수의 식물성 플랑크톤을 잡아먹는다. 동물성 플랑크톤은 자신들보다 더 큰 새우와 물고기 같은 동물에게 잡아먹히고, 이들은 다시 연어, 참치, 상어, 고등어와 같은 더 큰 물고기에게 차례로 잡아먹힌다(그림 5.17).

해양 생태계의 특성에 영향을 미치는 주요 인자는 수중 용존 물질의 종류와 양이다. 그리고 더 중요한 인자는 아마도 생물체가 광합성을 위해 이용할 수 있는 영양물질의 양일 것이다. 인, 질소, 탄소는 새로운 생물을 구성하는 데 모두 필요하다. 수중에서, 이것들은 종종 불충분하게 공급된다. 그러므로 가장 생산적인 수중 생태계는 필수적 영양물질들이 가장 많이 퍼져있는 곳이다. 이 수중 생태계는 대양에서 해류가 해저에 침전하는 영양물질을 증가시키는 곳과 강에서 부유 물질과 용존 물질을 침전시키는 곳을 포함한다.

그림 5.18 해안의 구성 기층의 종류는 해안 근처에 살 수 있는 생물의 종을 결정짓는다. 암석은 생물들의 부착 장소를 제공한다. 모래는 항상 움직이기 때문에 그러하지 못하다. 진흙은 보통 산소를 거의 포함하고 있지 않다. 그러므로 그곳에 사는 생물들은 이런 종류의 상태에 적응되어졌음에 틀림없다.

저서 해양 생태계

바다의 바닥 부분에서 사는 생물을 **저서 생물**(benthic organism)이라 부르며, 이 생물들로 이루어진 생태계를 **저서 생태계**(benthic ecosystem)라 부른다. 몇몇의 물고기와 조개류, 굴, 그리고 다양한 갑각류, 해면동물, 말미잘과 그 외 많은 다른 종류의 생물체들이 해저에 산다. 얕은 물인 경우, 태양광선은 바다 밑바닥까지 침투할 수 있고, 켈프(김 종류) 같은 부착성의 광합성 생물체들이 흔히 있다. 이것들은 어딘가에 부착되어 매우 큰 크기로 자라기 때문에, 많은 다른 해저 생물들이 이 생물체와 관련되어 있다.

기층은 번성하는 저서 생물의 종류를 결정하는 데 있어 매우 중요하다. 비록 몇몇의 조개류, 혈거성(穴居性) 충류, 작은 갑각류가 적합한 서식장소가 되는 모래에서 발견될지라도, 모래는 움직이기 쉽기 때문에 큰 식물이나 조류가 자라기에는 곤란하다. 조개류는 플랑크톤을 먹으며 물을 여과하고 모래 속에 구멍을 파고 들어가 여러 서식동물을 먹고산다. 진흙은 일부 뿌리 식물에게 적합한 서식 장소가 된다. 진흙은 일반적으로 산소를 거의 포함하고 있지 않지만, 진흙 위의 물을 여과하여 먹거나 진흙 내의 여러 동물들을 먹고사는 다양한 혈거성(穴居性) 생물들이 여전히 서식할 수 있다. 바다의 암석 표면은 많은 종의 큰 조류에게 아주 좋은 토대를 제공한다. 조류의 풍부한 성장은 동물의 다양성에 영향을 미친다(그림 5.18).

해양의 아주 깊은 층은 수광대에서 내려오는 지속적인 유기물질 제공에 의존하는 생태계이다. 이 층은 심해층(abyssal area)으로 알려져 있고, 이 생태계를 **심해 생태계**(abyssal ecosystem)라 한다. 본질적으로, 이 환경의 모든 생물체들은 그들이 다니는 길에 떠내려가는 무엇이든 먹고사는 청소 생물(scavenger)이다.

수온은 저서 생태계의 종을 구성하는 데 영향을 미친다. 산호초 또는 망그로브 소택지와 같은 군집은 물이 따뜻한 지역에서만 발견된다. **산호초 생태계**(coral reef ecosystem)는 그들 둘레에 컵 모양의 외부 골격을 만드는 많은 수의 작은 동물들에 의한 것이다. 그들은 그들의 골격에서부터 먹이를 잡기 위해 튀어나올 수 있고 태양에 노출되어 있다. 이것은 산호가 그들의 체내에 단일 세포로 된 조류를 포함하고 있기 때문에 중요하다. 이 조류들은 광합성을 하고 성장에 필요한 영양물질을 자신과 산호 모두에게 제공한다. 따뜻한 물을 필요로 하기 때문에, 산호 생태계는 적도 부근에서만 발견되고 있다. 또한 산호 생태계는 조류가 광합성을 하기 위해 충분한 태양광선이 있어야 하기 때문에 반드시 깨끗하고 얕은 곳이 필요하다. 조류와 산호 사이의 상호 공생관계는 생물들의 매우 생산적인 생태계를 위한 토대이다. 산호의 골격은 위에 많은 다른 종의 동물이 살 수 있는 표면을 제공한다. 어떤 동물들은 직접 산호를 먹고사는 반면에 또 어떤 동물들은 작은 플랑크톤과 산호 생물들 사이에서 서식하는 조류를 먹고산다. 많은 종의 어류, 갑각류, 해면 동물, 조개류와 고둥이 산호초 생태계의 일부분이다. 산호초는 지구에서 가장 생산성이 높은 생태계 중 하나로 여겨진다(그림 5.19).

그림 **5.19** **산호초** 산호는 외부 골격을 만드는 작은 바다 동물이다. 산호는 일정한 조류와 상리공생관계를 형성해 상대 생물과 더불어 잘 생활해 나간다. 골격은 다양한 생물들이 살아가는 데 필요한 기층 역할을 한다.

망그로브 늪 생태계(mangrove swamp ecosystem)는 해안가의 지역에 형성된다. 주요 생물은 높은 염을 함유한 해수를 견딜 수 있는 특수한 성질의 수목이다. 물이 얕고 파도 활동이 매우 약한 이 지역에서, 나무들이 뿌리를 내린다. 나무는 물 위에 떠다니는 기다란 씨앗을 갖는다. 씨앗이 진흙 속에 묻혔을 때 뿌리를 내리게 된다. 나무는 잎으로부터 염을 분비할 수 있다. 식물들은 수면 위까지 뿌리를 뻗치고 산소를 얻고 스스로를 지지한다. 나무는 퇴적물을 걸러 갑각류, 강장 동물, 해면 동물, 어류의 거주 장소를 제공한다. 얕은 지역 망그로브의 퇴적물 거름 현상과 계속적인 운동은 일단 얕은 바다였던 곳을 육상 생태계로 변천시킨다. 망그로브는 조건이 적합한 남부 플로리다와 카리브 해, 남동부 아시아, 아프리카 등의 세계 여러 곳에서 발견되고 있다(그림 5.20).

하구

해양 생태계의 특수한 부분인 **하구**(estuary)는 얕고, 담수가 바다로 들어가 부분적으로 닫혀진 지역으로 되어 있다. 하구 내의 물의 염도는 조수와 강으로부터 흘러나오는 물에 따라 변한다. 이곳에 사는 생물은 물리적인 상태에 특별히 잘 적응되어 있고, 종의 수는 바다나 담수보다는 훨씬 적다. 하구는 많은 양의 영양물질이 강으로부터 이러한 만으로 유입되기 때문에 특히 생산성이 높은 생태계이다. 이러한 만의 얕은 물은 빛이 고루 침투할 수 있어 더욱 높은 생산성을 보여준다. 식물성 플랑크톤과 부착 조류, 식물들은 태양광선과 영양물질을 이용하여 급속히 성장할 수 있다. 이 광합성 활동은 하구 내의 많은 종의 생물들을 존속시켜준다. 하구는 가자미와 작은 새우 같은 어류와 갑각류를 위한 보육 장소로서 특히 중요하다. 성숙한 생물들은 이 생산적이고 안전한 장소로 들어와 번식을 하고, 바다로 되돌아간다. 어린 새끼들은 하구에서 치어기를 보내고 바다에서 살아남을 수 있을 즈음해서 결국 바다로 떠난다. 하구 역시 퇴적물을 거르는 작용을 한다. 이런 활동이 많은 종류의 오염물질이 바다로 유입되는 것을 방지할 수 있고, 또한 하구가 점진적으로 채워짐에 따라 언젠가는 염습지가 될 것이고 그런 다음 육상 생태계의 한 부분이 될 것이다.

그림 5.20 망그로브 늪 망그로브는 해안을 따라 발견된 매우 습하고 염도가 높은 진흙에서 살 수 있는 열대성 나무이다. 나무는 퇴적물을 포착할 수 있어서 증식하기 위해 바다쪽으로 더 멀리 퍼지려 한다.

담수 생태계

담수 생태계는 몇 가지 면에서 해양 생태계와는 차이점을 보이고 있다. 염의 존재량이 훨씬 적고, 수온의 변화가 크고, 물이 낮은 방향으로 흐르고, 산소의 공급이 종종 부족하고, 담수계에 서식하는 생물체가 매우 다양하다.

담수 생태계는 두 가지 부분으로 나누어 볼 수 있다. 호수, 연못, 저수지와 같이 물이 상대적으로 고여 있는 부분과 하천, 강과 같이 물이 아래 방향으

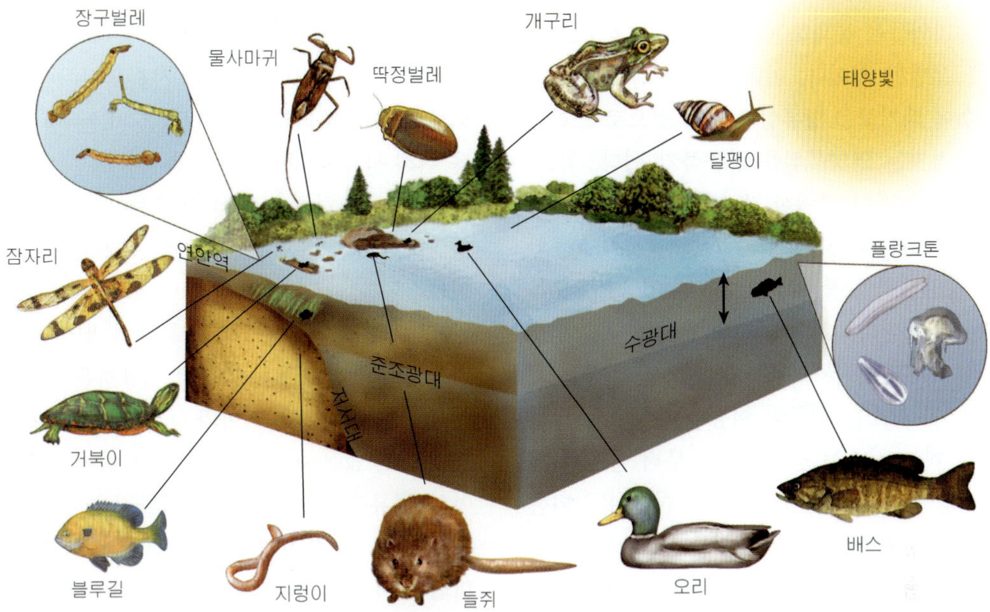

그림 5.21 호수 생태계 대부분의 해양 생물이 담수에서 살 수 없기 때문에, 호수가 해양의 생물종과 다른 것을 빼고는 해양 구조와 비슷하다. 많은 종의 물고기, 동물 플랑크톤, 식물성 플랑크톤이 있기 때문에 곤충은 담수호에서 흔한 생물이다.

로 흐르는 부분이다.

호수와 연못

넓은 호수는 해양과 매우 유사한 특징을 지니고 있다. 깊은 호수라면, 맨 위층에 많은 종의 식물성 플랑크톤과 식물성 플랑크톤을 먹고사는 동물성 플랑크톤이 서식하는 수광대가 있다. 작은 물고기는 동물성 플랑크톤을 먹고살며 차례로 더 큰 물고기에 의해 잡아먹힌다. 담수호에서 발견된 생물 종은 해양에서 발견된 것과 다르지만, 그 역할은 비슷해서 같은 용어를 사용한다.

호수의 얕은 해안을 따라 수광대에는 많은 종의 현화식물이 있다. 이것들은 호수 바닥에 뿌리를 내리고 있고, 일부는 수표면 위에 떠 있거나 물 위로 솟아나온 잎이 있다. 이것들을 **추수식물**(emergent plant)이라 부른다. 부들, 갈대, 쇠귀나물, 수련이 그 예이다. 수표면 아래에 잠긴 뿌리 식물을 **수중식물**(submerged plant)이라 부른다. 엘로디아(Elodea)와 차라(Chara)가 그 예이다.

또한 많은 종류의 담수 조류는 바닥에 매트처럼 깔려 있거나 물속의 식물과 또 다른 물체에 붙어서 얕은 물에서 자란다. 식물과 조류는 많은 동물의 종과 관련이 있다. 어류, 가재류, 조개류 그리고 많은 종의 수중 곤충들은 식물과 조류가 혼합된 곳에 서식하는 것이 일반적이다. 뿌리 식물이 있는 이 지역을 **연안역**(littoral zone)이라 하고, 뿌리 식물이 없는 호수 부분을 **준조광대**(limnetic zone)라 일컫는다(그림 5.21).

호수의 생산성은 몇 가지 요인에 의해 결정된다. 차가운 수온이 광합성의 양을 줄이려는 경향이 있기 때문에, 수온은 중요하다. 얕은 호수는 대부분의 물이 태양광선을 흡수하여 광합성이 호수의 바닥까지 일어날 수 있기 때문에 생산성이 더욱 높다. 얕은 호수는 또한 태양광선에 의해 더 따뜻하기 쉽다. 호수의 생산성에 영향을 미치는 세 번째 요인은 영양물질의 존재량이다. 이것은 원래 호수로 영양물질을 운반하는 하천에 의해 결정된다. 많은 영양물질을 제공하는 지역들을 통과하는 하천 체계는 호수로 영양물질을 운반할 것이다. 여러 가지 인간활동이 하천과 호수에 폐기물을 방류함에 따라 겉으로 드러난 토양과 농경지는 영양물질을 방출하기 쉽다. 깊고, 차갑고, 영양물질이 부족한 호수는 생산성이 낮으며, **빈영양호**(oligotrophic lake)라 불린다. 얕고, 따뜻하고, 영양물질이 풍부한 호수는 **부영양호**(eutrophic lake)라 불린다.

비록 물(H_2O)이 분자 구조상 산소를 가지고 있을지라도, 이 산소는 생물이 이용할 수 없다. 그들이 필요로 하는 산소는 공기 중으로부터 물에 유입되거나 수생 식물의 광합성의 결과로 물에 유입되는 산소(O_2) 분자이다. 바람이 수면을 가로질러 불어 생기는 파동은 공기와 물을 혼합시키고, 물속에 더 많은 산소를 용존시킨다.

수중에 함유된 용존 산소는 그 양이 호수에 서식하는 생물의 종을 결정하기 때문에 중요하다. 호수 내 유기물질은 호수 안이나 주변에 사는 생물의 신진대사 배설물과 죽은 식물과 동물, 나무에서 떨어져 물에 빠진 유기물의 일부분으로부터 생긴다. 박테리아와 균류에 의한 유기물질의 분해는 수중의 산소를 사용한다. 이것을 **생화학적 산소 요구량**(biochemical oxygen demand) 또는 **BOD**라고 부른다. 유기물질의 양과 종류는 부분적으로 얼마나 많은 산소가 어류, 갑각류, 고둥과 같은 생물체에 의해 이용되는가에 의해 결정된다. 많은 호수들은 산소가 낮아져 물고기와 다른 생물체의 죽음을 초래하는 시기를 겪을 것이다. 이 주제는 15장에서 더 깊게 언급할 예정이다.

하천과 강

하천과 강은 담수 생태계의 두 번째 부류에 속한다. 물이 흐르기 때문에 플랑크톤은 부착생물보다 훨씬 덜 중요하다. 대부분의 조류는 바위나 하천 바닥의 다른 물체에 부착하여 자란다. 조류, 동물, 균류 이 모두를 **부착생물**(periphyton)이라고 부른다. 물이 얕기 때문에, 빛은 더 쉽게 바닥까지 침투할 수 있다(큰 강이나 극도로 진흙투성이인 강은 제외). 그렇다 하더라도, 광합성을 하는 생물이 성장을 위해 필요한 영양물질을 축적하기는 어렵고 대부분의 투명한 하천은 매우 생산적이지 못하다. 사실 영양소의 주요 유입은 육상에서 하천으로 떨어진 유기물질이다. 이것은 본래 살아 있거나 죽은 곤충뿐만 아니라 나무와 그 외 식물에서 떨어진 잎이다. 하천에는 특히 잔해를 먹이로 이용하는 것에 적응한 생물군이 있다. 박테리아와 균류가 유기물질을 우선 차지하고, 많은 종의 곤충들이 그 위에 사는 박테리아와 균류를 먹음으로써 유기물질을 잘게 찢는다. 먹는 과정 중 생성되는 배설물(장 배설물)과 조그마한 입자는 그들의 길에 떠다니는 작은 조각의 유기물질을 얻기 위해 망상 조직을 만드는 곤충들의 먹이가 된다. 이 곤충들은 다시 육식성의 곤충과 물고기에게 차례로 잡아먹힌다.

태양광선이 덜 침투되는 좀더 큰 강과 진흙이 많은 하천에 사는 생물들은 많은 하천에서 떠다니는 먹이의 축적에 의존한다. 이렇게 더 큰 강은 더 따뜻한 편이고, 천천히 흐른다. 그러므로 산소의 양은 일반적으로 적고, 동식물의 종은 변한다. 강에 유기물질이 늘어나면 BOD가 높아지고, 이에 따라 물속의 산소를 감소시킨다. 식물은 강가를 따라 자라게 되고, 광합성을 함으로써 생태계에 영향을 주고, 동물에게 은신처를 제공한다.

하구가 담수와 해양 생태계 사이의 다리 역할을 하듯이, 늪과 습지는 수중 생태계에서 육상 생태계로 변하는 장소이다. **늪**(swamp)에는 비 때문에 계속 범람하는 곳에서든 연중에 부분적으로 범람하는 곳에서든 살 수 있는 나무가 자란다. **습지**(marshes)는 주로 풀과 갈대로 이루어져 있다. 많은 늪과 습지는 결국 모두 육상 생태계가 되는 천이 단계이다.

요약

생물체의 한 종이 다른 종으로 바뀌는 생태계 변화를 천이라고 한다. 결국 상대적으로 안정된 단계에 도달되고 이를 극상군락이라 부른다. 천이는 일차천이라 불리는 경우에 맨 암석이나 물로 시작될 것이고 이차천이라 불리는 경우 원시 생태계가 파괴되어졌을 때 일어날 것이다. 극상에 도달하는 단계를 천이 단계라 일컫는다.

주요 지역적 육상 극상군락을 생물군계라 부른다. 성장하는 생물군계 종의 주요 결정자는 강우의 양과 연간 분포, 연간 기온 순환이다. 주요 생물군계로는 사막, 초지, 사바나, 열대우림, 온대낙엽수림, 타이가, 툰드라가 있다. 각각의 영역에는 그 지역의 기후 상태에 적응된 생물이 서식하고 있다. 어떤 산을 오를 때 우리는 적도에서 북극까지 이동할 때에 일어나는 생태계의 변화와 같은 변화를 볼 수 있다.

수중 생태계는 해양(염수) 생태계와 담수 생태계로 나눌 수 있다. 해양에서 공해에 사는 생물체는 원양생물이라 부른다. 태양광선은 단지 물의 상층의 수 m까지만 침투한다. 그러므로 이 층을 수광대라 부른다. 수표면 가까이에 떠있는 아주 작은 광합성 생물체를 식물성 플랑크톤이라 부른다. 이들은 동물성 플랑크톤으로 잘 알려져 있는 작은 동물에게 잡아먹히고, 동물 플랑크톤은 다시 물고기나 다른 더 큰 생물에게 잡아먹힌다.

해안을 이루는 물질의 종류는 거기에 사는 생물들의 군집을 결정한다. 암석이 많은 해안은 생물이 부착할 수 있는 표면을 제공한다. 반면에 모래 해안은 그렇지 않다. 진흙 해안은 종종 산소가 부족하지만, 습지와 늪이 이 지역에서 형성된다. 산호는 산호 동물이 많은 열대성 해양 생태계이다. 망그로브 늪은 나무가 많은 열대성 해양 생태계이다. 하구는 담수 하천이 바다로 유입되는 곳에서 생긴다. 이것들은 보통 얕고, 매우 생산성이 높은 지역이다. 많은 해양 생물은 재생산을 위해 하구를 이용한다.

곤충은 담수에서 많이 볼 수 있는 반면, 해양계에서는 희박하다. 호수는 바다와 비슷한 구조를 보이지만, 종은 다르다. 깊고, 빈약한 생산성을 가진 차가운 물의 호수는 빈영양호라 불리는 반면에, 얕고, 따뜻하고 높은 생산성을 가진 호수는 부영양호라 불린다. 하천은 주변 육지로부터 많은 양의 유기물이 흘러들어 온다는 점에서 호수와는 다르다. 그러므로 하천 내 생물은 하천 가까이에 있는 땅에 매우 민감하다.

이슈와 분석 복원되는 생태계

인간이 생태계에 영향을 끼치는 곳마다 자연은 크게 변화한다. 대부분의 세계에서, 농업으로 이용될 수 있는 모든 땅들은 이미 그런 목적을 위해 개조되어왔다. 이 과정에서 모든 생태계는 파괴되었고, 생물체들은 단순화되었으며, 농업 생태계로 관리되고 있을 뿐이다. 북아메리카의 많은 원시 온대 낙엽수림은 농경지를 얻기 위해 제거되었다. 유사하게, 대부분의 초원지대 생태계는 옥수수, 밀, 그 외의 다른 곡식들을 생산하기 위해 쟁기로 갈렸다. 다른 경우를 보면, 인간의 활동이 뜻하지 않게 생태계를 변화시킨다. 예를 들면, 강은 홍수 방지나 하천 항해를 편하게 하기 위해 댐으로 막히나 조절되었다.

오늘날 이렇게 변화되어 버린 생태계의 복원에 관심이 생기기 시작했다. 이것은 말하는 만큼 쉽지는 않다. 예를 들면, 에버글레이즈(미국 플로리다 주의 대교모 늪 지역)를 복원하기 위해서는 도시용수와 농업용수를 위해 바꿨던 물줄기를 에버글레이즈로 되돌아가도록 할 필요가 있다. 어떤 초원지대를 회복하는 데 있어서도 농부가 잡초인 토종 초원 식물을 제거함으로써 종자를 없앴기 때문에 종종 토종 식물의 종자를 심어야하는 일이 발생한다. 이 종자들은 초원지대에서 자랄 수 있는 토양으로 반드시 되돌려져야 할 것이다. 더 나아가, 많은 초원지대의 종들이 주기적인 화재에 적응되어졌기 때문에, 일반적인 관리 실행에 있어서도 초원지대를 태우는 것이 필요할 것이다. 화재의 결여는 화재에 적응한 식물을 그 생태계 밖으로 밀어내기 때문이다.

이 모든 복원은 원시 생태계의 어떤 작은 부분을 보호하기 위해 시간과 돈의 투자가 필요하다.

- 특수 생태계를 보호하는 것은 어떤 가치가 있는가?
- 사회는 경작을 위한 땅의 제거에 드는 비용과 초원 지대나 온대림에 다시 심는 비용을 감당할 수 있는가?
- 만약 물이 에버글레이즈로 되돌아 흐르게 한다면 누가 불편을 겪게 되나?

주요 용어

고산 툰드라(alpine tundra)
극상군락(climax community)
늪(swamp)
담수 생태계(freshwater ecosystem)
동물성 플랑크톤(zooplankton)
망그로브 늪 생태계(mangrove swamp ecosystem)
부영양호(eutrophic lake)
부착생물(periphyton)
북부침엽수림(northern coniferous forest)
빈영양호(oligotrophic lake)
사막(desert)
사바나(savanna)
산호초 생태계(coral reef ecosystem)
생물군계(biome)
생화학적 산소요구량(BOD)
선구군락(pioneer community)
수광대(euphotic zone)
수중식물(submerged plant)
습지(marsh)
식물성 플랑크톤(phytoplankton)
심해 생태계(abyssal ecosystem)
아한대림(boreal forest)
연안역(littoral zone)
열대우림(tropical rainforest)
영구동토층(permafrost)
온대낙엽수림(temperate deciduous forest)
원양동물(pelagic)
원양 생태계(pelagic ecosystem)
이차천이(secondary succession)
일차천이(primary succession)
저서생물(benthic organism)
저서 생태계(benthic ecosystem)
준조광대(limnetic zone)
천이(succession)
천이단계(seral stage; successional stage)
초지(grassland)
추수식물(emergent plants)
타이가(taiga)
툰드라(tundra)
하구(estuary)
해양 생태계(marine ecosystem)

복습 문제

1. 천이의 과정을 설명하라. 일차천이와 이차천이는 어떻게 다른가?
2. 극상군락은 천이 생태계와 어떻게 다른가?
3. 다음 각각의 생태계의 일반적인 특성 세 가지를 나열하라. 열대우림, 사막, 툰드라, 타이가, 사바나, 초지, 온대낙엽수림.
4. 육상 생태계의 종을 결정하는 주요 두 가지 요소는 무엇인가?
5. 고도는 생물 종에 어떠한 영향을 미치는가?
6. 가장 생산력이 높은 해양 지역은 어디인가?
7. 기층의 특성은 해안의 생물종에 어떻게 영향을 미치는가?
8. 해양 생태계에서 다음 생물의 각각의 역할은 무엇인가? 식물성 플랑크톤, 동물성 플랑크톤, 조류, 산호, 물고기.
9. 담수와 해양 생태계 사이의 세 가지 차이점을 나열하라.
10. 하구는 무엇인가?

비판적 사고력 문제

1. '극상군락'이라는 개념을 이해할 수 있는가?
2. 인간활동에 의해 훼손되고 있는 생태계 보호에 대하여 어떻게 생각하고 있는가?
3. 환경 변화에 따라 생태계가 변하고 있는 바, 생태계의 어떤 상태를 되돌려야 할 예로 들 수 있는가?
4. 우리 인간은 "자연 세계"에서의 우리의 위치를 종종 부인하고 있는 듯하다. 당신은 자연 세계에서 인간이 변화시킨 부분을 볼 수 있는가? 인간이 일으킨 변화와 자연적인 변화를 어떻게 구분할 수 있는가?
5. 우리가 살고 있는 생물군을 정의해보라. 이 생물군을 구성하는 환경적 요소는 무엇인가?
6. 지금 우리의 생물군을 이전의 상태로 되돌리기 위한 방법은 무엇일까?
7. 여러분이 열대우림에서의 개발에 따른 환경적 결과를 예상해달라는 주민들의 요구를 받는 생물학자라고 가정해보자. 여러분은 어떻게 말해줄 것인가?
8. 미국에 있은 오래된 숲의 상당 부분이 벌채되고 있고, 경제적 효과 또한 인정받고 있으며 이차적인 숲의 조성이 이루어지고 있다. 그러나 열대우림 지역에서는 경고의 소리가 계속됨에도 불구하고, 복원이 이루어지고 있지 않다. 선진개발국가들이 개발도상국가들에게 해주어야 할 것들이 무엇인지 말해보자.

개체군법칙

이 장의 학습목표

- 출생률과 사망률이 개체군의 성장률을 결정한다는 것을 이해할 수 있다.
- 다음의 개체군 특성을 정의할 수 있다: 출생률, 사망률, 성비, 연령분포, 생식 능력, 공간 분포
- 대부분의 개체군이 필요 이상의 생식 능력을 갖는 이유를 설명할 수 있다.
- 성장하는 개체군이 정체, 지수적인 성장, 안정된 평형 단계를 거치게 되는 과정을 기술할 수 있다.
- 지역의 개체군에 대한 수용력이 환경저항에 의해 결정되는 방식을 설명할 수 있다.
- 제한 요인을 네 가지의 범주로 나열할 수 있다.
- 일정 개체군들이 안정적인 평형 단계 이후에 쇠퇴 단계로 들어가는 과정을 기술할 수 있다.
- 인간이 다른 생물들과 마찬가지로 환경저항에 종속되는 이유를 설명할 수 있다.
- 과잉생식의 의미를 이해할 수 있다.
- 인구 성장이 사회적, 종교적, 철학적, 정치적인 사고에 의해 어떻게 영향을 받는지를 설명할 수 있다.

이 장의 세부목차

과거 현재 그리고 미래

1995~1996 옐로스톤 국립공원에 늑대 31마리 방사

1985 미시간, 디트로이트 근처 세인트클레어 호수에 얼룩홍합 방사

1983 세계 인구 47억 명

1983 북아메리카에 미국흰두루미 75마리 생존

2004 옐로스톤 국립공원에 약 170마리의 늑대 생존

2004 캐나다 2개주와 미국 동부 20개주의 강과 호수에서 얼룩조개 발견

2004 세계 인구 64억 명

2003 북아메리카에 미국흰두루미 189마리 생존

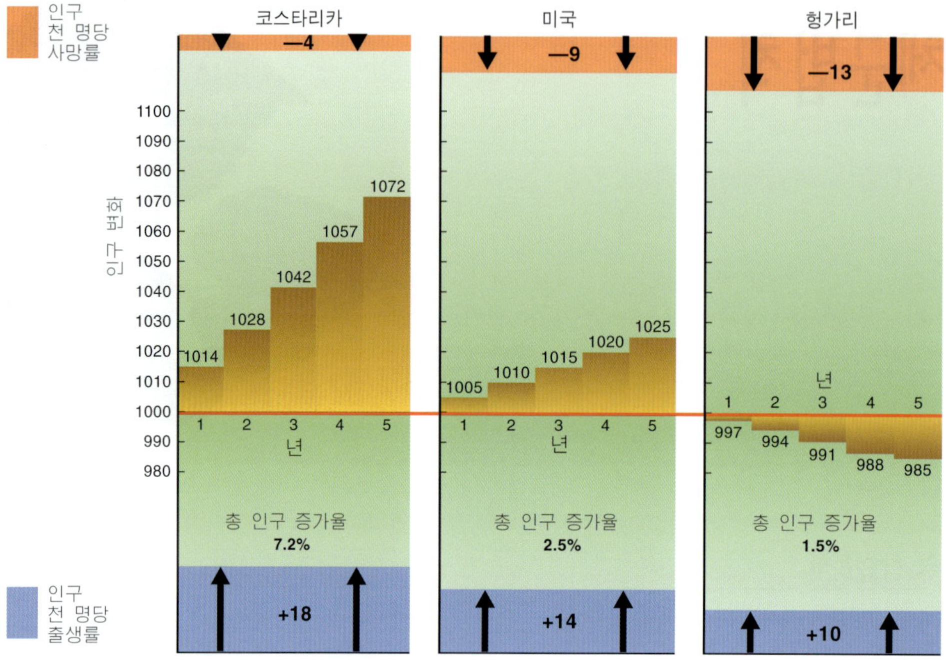

그림 6.1 출산율과 사망률이 인구 성장에 미치는 영향 인구가 증가하려면 일정 기간 동안 출산율이 사망률보다 높아야 한다. 그래프는, 코스타리카, 미국, 헝가리 3개국에서 사망률과 출생률이 5년 정도 유지될 경우 나타나는 인구변화도를 보여주고 있다.

출처 : Data from World Population Data sheet 2003, Population Reference Bureau, Inc., Washington, D.C.

개체군 특성

개체군(population)은 한 지역에 서식하는 동일 종의 개체들의 집단으로 정의할 수 있다. 개체군 내의 개체들을 구별해낼 수 있는 것처럼, 개체군도 다른 개체군들과는 구별되는 고유한 특성을 가지고 있다. 이러한 특성들에는 출생률, 사망률, 성비, 연령 분포, 성장률, 밀도, 공간 분포 등이 있다.

출생률과 사망률

출생률(natality)은 생식을 통해 개체군에 새로이 추가되는 개체의 수와 관련된 것이다. 박테리아와 같은 작은 생물들은 모체와 동일한 새로운 개체들을 만들기 위해 분열하기도 한다. 식물 개체군들에 있어 생식은 결국 수많은 씨앗들의 생산이다. 그러나 씨앗은 하나의 식물로 성장하기 위해 적절한 토양 환경에 도착하여 발아해야 한다. 동물들은 일반적으로 암수 개체 사이의 생식을 통해 많은 수의 새끼를 낳는다. 인구의 경우, 출생률은 보통 '**태어난 비율**(birthrate), 1년 동안 인구 1,000명당 태어난 사람의 수'를 나타낸다. 예를 들어 2,000명의 인구가 1년 동안 20명의 아이를 출산하였다면 출생률은 연 10‰이다. 대부분의 생물종의 출생률은 대체로 매우 높은 편이다. 대개의 동물들은 부모의 자리를 대체하기 위해 필요한 것보다 더 많은 후손을 낳는다.

개체군의 성장이 단지 출생률에 의해서만 결정되는 것은 아니며, **사망률**(mortality) 또한 중요한 영향을 끼친다. 대다수 생물의 사망률은 매우 높다. 식물이 생산하는 전체 씨앗 중 극히 일부만이 자손을 생산할 수 있는 식물로 성장한다. 많은 씨앗은 동물의 먹이가 되거나, 적절한 토양 환경을 찾지 못하거나, 발아하게 되더라도 양분과 햇빛을 위해 다른 생물들과 치열하게 경쟁해야 한다. 동물의 경우, 대부분이 생식할 기회를 가지기도 전에 죽는다. 인구에 대한 연구에서, 사망률은 대개 '**사망비율**(death rate), 1년 동안 1,000명당 사망한 사람의 수'로 표현된다. 대부분 생물종의 경우 새끼들의 사망률이 매우 높다는 사실에 비하면, 인간과 같이 수명이 긴 동물의 유아 사망률은 비교적 낮은 편이다. 개체군의 규모가 성장하기 위해서는, 번식에 의해 더해지는 개체의 수가 사망으로 인해 사라지는 개체수보다 더 많아야 한다(그림 6.1).

성비와 연령분포

생식에 의한 개체군의 성장 가능성은 개체군의 성비와 연령분포에 달려 있다. **성비**(sex ratio)는 암컷과 수컷의 수적 비율을 의미한다(지렁이와 대부분의 식물들과 같은 많은 종류의 생물은 한 몸에 암수 모두의 생식 기관을 가지고 있다. 이러한 생물종에게 있어 성비는 무의미한 것이다). 많은 생물종들은 암컷과 수컷이 거의 같은 수로 이루어져 있다. 그러나 모든 생물종에 있어서 새끼의 수는 수컷의 수보다는 암컷의 수와 더욱 밀접하게 관련되어 있기 때문에 성비의 미세한 차이도 중요할 수 있다. 만약 한 개체군의 수컷들이 사냥감이 되어 죽임을 당하고 암컷만 살아 남게 되었다면, 이 개체군은 암컷이 수컷보다 수적으로 우세한 불균형적인 성비를 이룰 것이다. 사회성을 가진 곤충(벌, 개미, 말벌) 개체군의 경우, 생식 능력이 없긴 하지만 암컷의 수는 항상 수컷의 수를 크게 초과한다. 인간의 경우에는 여자 100명당 약 106명의 남자가 태어난다. 그러나 미국의 경우, 20대 중반 정도가 되면 남성의 사망률이 더 높기 때문에 성비가 균형을 이루게 된다. 남성의 사망률은 계속 높게 지속되어 결국에는 여성이 남성보다 많아지게 된다.

각 연령에 속하는 개체의 수를 나타내는 **연령분포**(age distribution) 또한 각 개체군마다 상이한 모습을 보인다. 개체군은 생식기 이전의 유체, 생식기의 성체, 생식기 이후의 노년기 성체로 구분된다. 많은 종류의 생물들, 특히 수명이 짧은 것들은 1년 동안에도 연령분포에 있어 상당한 변화를 보인다.

한 개체군의 대다수가 생식기의 성체로 구성되어 있다면, 아마도 생식기 이전의 유체의 수가 빠르게

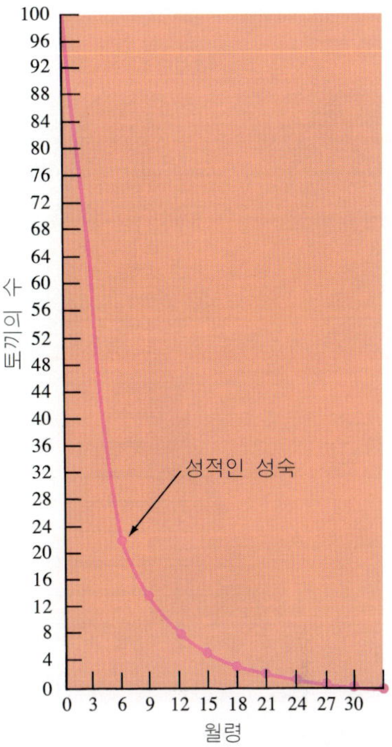

그림 6.2 솜꼬리 토끼의 생존 대부분의 자연적인 개체군의 경우, 높은 사망률로 인해 극소수의 개체들만이 성적인 성숙기에 도달하며, 그보다 적은 몇몇만이 노년의 시기까지 살아남는다.

증가할 것이다. 대부분의 생물종들은 대체로 1년 중 특정한 시기에(봄, 비온 뒤, 혹은 식량이 풍부할 때) 많은 수의 새끼를 낳지만 유체의 사망률은 매우 높다. 따라서 유체들이 성장하여 번식할 가능성은 시간이 지나감에 따라 급격히 감소하게 된다. 솜꼬리 토끼는 이러한 유형의 좋은 예이다. 봄에는 많은 유체들이 태어나지만, 대부분은 죽고, 단지 소수만이 성숙기에 이르며 그 중 아주 적은 수만이 늙을 때까지 살게 된다(그림 6.2).

수명이 긴 안정적인 개체군의 경우에는 이러한 세 가지 범주에 속한 개체수가 비교적 일정하게 유지되는 균형적인 연령분포를 가지는 특징이 있다. 이것은 생식기 이전의 개체수가 번식기의 개체수보다 많으며, 생식기의 개체수가 생식기 이후의 개체수보다 많다는 것을 의미한다. 대다수의 개체들이 생식기 이후의 단계에 속한다면, 개체군의 규모는 작아지게 된다. 이러한 연령 구조는 곤충 개체군의

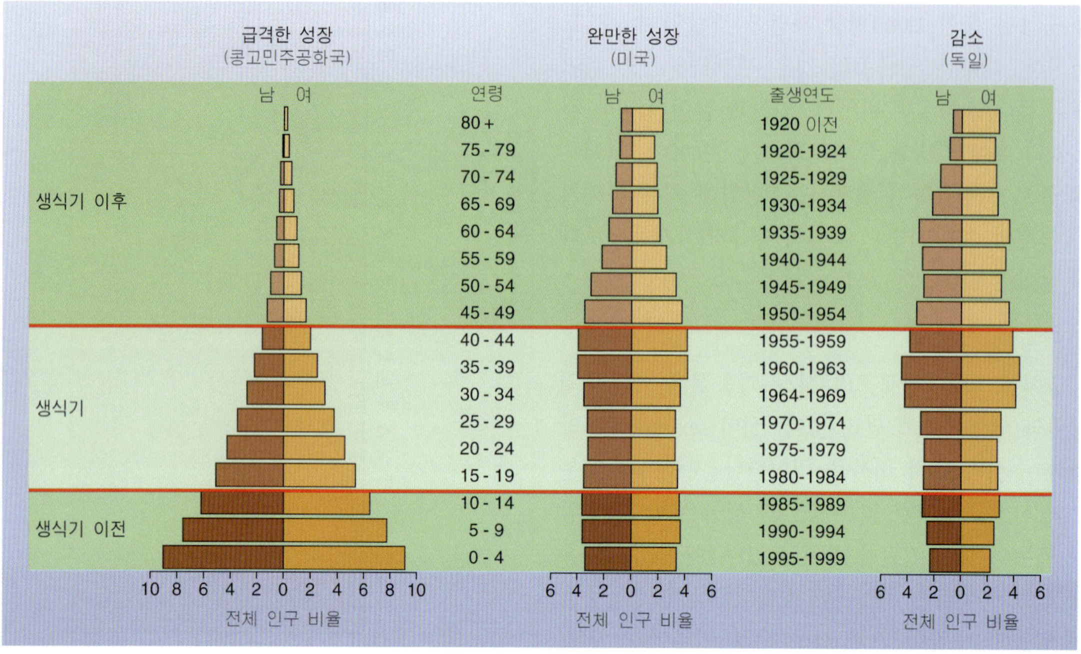

그림 6.3 총인구에서 연령분포도 생식기 이전, 생식기, 생식기 이후로 분류하여 파악된 수는 미래의 인구수를 예측할 수 있게 해준다. 콩고민주공화국에서 나이 어린 인구는 미래에 생식기의 성인이 될 것이므로, 인구수는 빠르게 증가한다. 미국에서는 생식기의 인구와 생식기 이전의 인구가 약간 증가하므로 인구수도 느리게 증가한다. 독일의 경우, 생식기의 인구가 감소하고 생식기 이전의 인구가 매우 조금·증가하므로 인구수는 감소한다.

출처 : Data from Population Reference Bureau.

경우, 알을 낳은 후인 가을에 나타난다.

인구의 변화는 여러 가지 형태를 보여준다(그림 6.3). 콩고민주공화국에서는 생식기 이전의 인구와 생식기의 인구수가 많으므로 인구수는 계속 증가할 것이다. 미국에서는 생식기의 인구와 생식기 이전의 인구가 약간 증가하므로 인구수도 느리게 증가한다. 독일의 경우 생식기의 인구가 감소하고 생식기 이전의 인구가 매우 조금 증가하므로 인구수는 감소한다.

개체군 밀도와 공간적 분포

토양 유형, 서식지의 질, 물의 가용성과 같은 요인들로 인해, 생물들은 일반적으로 균등하게 분포한다. 어떤 개체군은 좁은 공간에 밀집되어 분포하는 반면 다른 종의 개체군은 넓게 퍼져 분포한다. **개체군 밀도**(population density)는 단위 면적당 분포하는 개체의 수이다. 예를 들면, 과일파리 개체군은 다른 장소에서는 거의 나타나지 않는 반면, 썩은 과일 주변에는 매우 밀집하여 분포해 있다. 유사하게, 인간은 도시 지역에 밀집해 있으며, 촌락 지역에서는 낮은 밀도로 분포한다. 개체군 밀도가 지나치게 클 때, 모든 생물은 필요한 자원을 얻기 위해 서로 격렬하게 경쟁하게 된다. 식물은 물, 토양 양분, 혹은 햇빛 등을 얻기 위해 경쟁한다.

동물의 경우에, 과밀(over crowding)은 새로운 지역으로의 탐험과 이주를 유발시키곤 한다. 이러한 생물의 **분산**(dispersal)은 출생 지역의 과밀한 상황들을 경감시키며, 동시에 새로운 개체군이 형성될 수 있게 한다. 가끔씩은 생식기 이전의 유체를 방출하여 과밀을 해소하기도 한다. **전출**(emigration)의 압력은 개체군 규모를 급속하게 증가시키는 계절적인 번식의 결과이거나, 혹은 같은 생물종의 구성원들 간의 경쟁이 격렬해지는 환경 변화의 결과로 인해 나타나기도 한다. 예를 들면, 사막 지역에서는 샘이 마르면

사과

오리

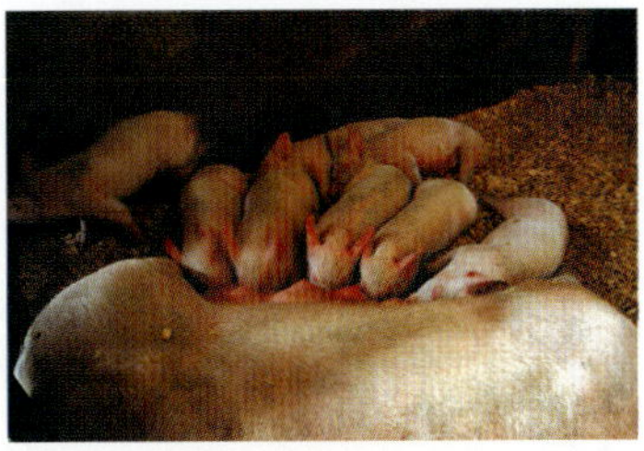

돼지

그림 **6.4** 생식 능력 한 개체군의 번식 능력은 죽은 개체들을 대체하기 위해 필요한 숫자보다 훨씬 크다.

물에 대한 경쟁이 증가하고, 개체들은 물을 이용할 수 있는 곳으로 이동한다.

한 개체군을 떠난 생물은 다른 개체군의 구성원이 되기도 한다. 이러한 **전입**(immigration)은 원래 그 개체군 내에 있지 않았던 특성을 도입할 수도 있다. 유럽인들이 북아메리카 지역으로 이주하였을 때, 그들은 기존의 미국 원주민 집단에게 유전적 · 문화적 충격을 주었다. 특히 유럽인들은 미국 원주민들에게는 낯선 질병을 가져 왔는데, 이로 인해 원주민들의 사망률이 증가하고 출생률은 저하되었다.

가뭄, 전쟁, 정치적 박해는 사람들을 다른 나라로 이주하게 하는 요인이 된다. 1997년, UN의 망명자를 위한 고등판무관은 전 세계적으로 약 1,800만 명의 망명자들이 있다고 발표하였다. 종종, 미국의 망명자 접수국에는 감당하지 못할 정도로 많은 이주민이 밀려 들어오곤 한다.

개체군 성장률에 영향을 주는 요인들

원래 개체군은 규모가 증가하는 경향을 보인다. 그러나 우리가 앞서 살펴보았듯이, 많은 요인들이 한 개체군이 성장할 수 있는 속도에 영향을 미친다. 가장 단순한 수준에서 증가율은 개체군으로 들어오는 숫자에서 개체군을 떠나가는 개체의 숫자만큼을 뺀 것이다. 개체는 죽거나 전출함으로써 개체군을 떠난다. 그들은 출생하거나 전입함으로써 개체군에 들어온다. 출생률과 사망률은 개체군에서의 암컷의 숫자와 그들의 연령을 포함한 다양한 요인에 의해 영향을 받는다. 또한 개체군의 밀도는 개체들로 하여금 제한된 자원의 공급에 대한 극심한 경쟁을 불러일으켜 개체군을 떠나게 할 수도 있다.

개체군 성장 곡선

성비와 연령분포는 직접적으로 한 개체군의 번식에 영향을 미친다. 생물종들은 후손을 생산하는 능력인 번식 능력, 혹은 **생식 능력**(biotic potential)을 타고난다. 일반적으로 이 생식 능력은 부모들이 죽은 자리를 대체하기 위해 필요한 후손의 수보다 몇 배나 더 많다(그림 6.4). 결과적으로, 유체의 대부분은 죽고 단지 일부만이 생식기의 성체가 될 때까지 살아남는다.

이러한 높은 생식 능력은 개체군이 증가하는 자연적인 경향을 낳는다. 예를 들어, 2마리의 쥐는 4마리의 새끼를 낳고, 만약 그것들이 계속 살아 있다면, 그 새끼들은 자신들의 부모가 낳았던 것만큼 새끼를 낳을 것이다. 따라서 개체군은 지수함수적(2, 4, 8, 16, 32, …)으로 성장할 것이다.

개체군 성장은 특정한 패턴, 즉 정체 단계, 지수적인 성장 단계, 안정적인 평형 단계에 따라 성장하는 경향이 있다. 그림 6.5는 전형적인 개체군 성장 곡선을 보여준다. **정체 단계**(lag phase)인 성장 곡선의 첫 번째 단계에서 개체군은 생식 과정과 후손의 성장에 시간이 소요되기 때문에 매우 느리게 성장한다. 생물은 성체로 성장해야만 생식할 수 있는 능력을 갖게 된다. 이 기간이 지나면 생물들은 교미하고, 유체들을 독립적인 생물로 양육하는 기간이 나타난다. 유체의 첫 번째 무리가 성숙하면 부모는 두 번째 무리의 후손들을 낳을 것이다.

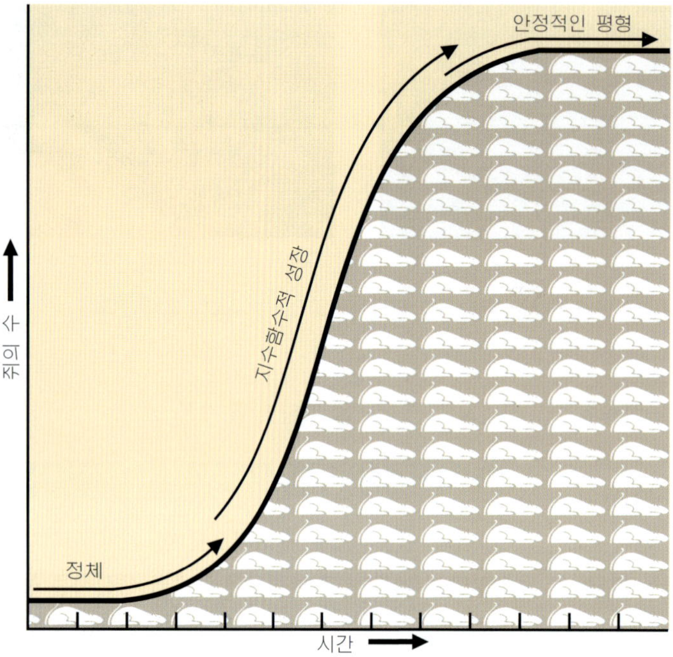

그림 **6.5** 전형적인 개체군 성장 곡선(쥐의 개체수 변화) 정체 단계 동안에는 작은 규모의 성장이 나타난다. 지수함수적인 성장 단계에서, 개체군은 후손들이 번식기에 도달하기 때문에 빠르게 증가한다. 결국에는 개체군은 안정적인 평형 단계에 도달하며, 이 시기에는 출생률과 사망률이 같아진다.

이때에는 더 많은 생물이 동시에 번식하기 때문에, 개체군은 지수함수적인 비율로 증가하기 시작한다. 이 단계를 **지수적인 성장 단계**(exponential growth phase)라 한다. 이러한 성장은 출생률이 사망률을 초과하는 한 계속될 것이다. 그러나 결국은 사망률과 출생률은 서로 같아지게 될 것이며, 개체군은 성장을 멈추고 비교적 안정적인 개체군 규모에 다다른다. 이 단계를 **안정적인 평형 단계**(stable equilibrium phase)라 한다.

개체군의 규모가 변화하고 있지 않다 할지라도, 개체는 변화하고 있다는 것을 인식하는 것이 중요하다. 새로운 개체가 출생과 전입에 의해 개체군으로 들어올 때, 다른 개체는 사망과 전입에 의해 개체군을 떠난다는 것이다. 대부분의 생물들의 경우에 있어, 개체군이 안정적인 평형국면으로 진입하고 있다는 첫 번째 지표는 사망률의 증가이다. 일반적으로 사망률 증가 현상 이후에 나타나는 출생률의 감소 또한 개체군 규모의 안정화에 기여한다. 왜 개체군이 지속적으로 성장할 수 없는지를 이해하기 위해서는, 수용력의 개념을 논의하는 것이 필요하다.

수용력

한 지역의 **수용력**(carrying capacity)은 그 지역에서 생존할 수 있는 한 생물종의 개체수이다. 대부분의 개체군에 있어, 다음의 네 가지 요인들이 상호작용하면서 수용력을 조절한다. (1) 사용 가능한 천연자원, (2) 사용 가능한 에너지의 양, (3) 폐기물의 축적과 처리의 방법, (4) 생물 간의 상호작용. 개체군 규모를 제한하는 이러한 힘들을 **환경 저항**(environmental resistance)이라고 부른다.

제한 요인(limiting factor)들은 주로 개체군의 규모를 제한하는 역할을 한다. 어떤 경우에는 이러한 제한 요인들은 구별해내기 쉽지 않은데, 예를 들면 식량 부족, 산소 부족, 다른 종들과의 경쟁 혹은 질병이 그러한 요인에 속한다. 그러나 어떤 경우에는 제한 요인이 명확하지 않다(그림 6.6). 예를 들면, 초본 식물에서 토양 내의 질소와 마그네슘은 엽록소를 만들어내기 위해 필요한 원료이다. 이러한 무기물질이 충분하지 않다면, 초본류의 개체군은 증가할 수 없다. 무기물질을 함유하고 있는 비료를 공급하면 제한 요인은 제거되며, 초본 식물 개체는 성장하고 번식하여 더 큰 개체군을 형성하게 될 것이다. 요컨대 제한 요인이 제거되었기 때문에 수용력이 증대되는 것이다. 그러나 이제는 다른 제한 요인이 더 강한 영향을 미칠 것이므로, 수용력이라는 개념이 없어지는 것은 아니다. 아마도 물의 양, 풀을 먹는 곤충의 수 혹은 햇빛에 대한 경쟁이 새로운 제한 요인이 될 것이다. 식물은 광합성을 위해 빛 에너지를 필요로 하기 때문에 빛의 양은 많은 식물에게 제한 요인이 될 수 있다. 작은 식물이 큰 나무의 그늘 아래에 있게 되면 작은 식물은 성장에 방해를 받아 개체군 규모가 작아질 것이다.

식물은 폐기물을 거의 생산하지 않기 때문에 폐기물의 축적은 보통 식물에게는 제한 요인이 되지 않지만, 다른 종류의 생물에게는 제한 요인이 될 수 있다. 웅덩이, 연못 혹은 수족관과 같은 작은 생태계에 살고 있는 박테리아, 미생물과 수중 생물의 개체군들은 폐기물 요인에 의해 제한될 수 있다. 적은 수의 박테리아 종이 영양 우뭇가사리(음식 물질을 구성하는 젤리와 같은 물질)로 이루어진 배양접시에 있을 때, 개체군 성장은 그림 6.7과 같은 곡선을 따른다. 박테리아 개체군은 정체 단계에서 시작하여 지수적인 성장 단계를 거치며, 결국에는 안정적인 평형 단계로 안정 상태가 된다. 그러나 이 작고 폐쇄된 공간에서는 축적되는 독성 폐기물을 제거할 방법이 없기 때문에, 결국 박테리아가 죽게 된다. 이러한 개체군 규모의 감소를 **쇠퇴 단계**(death phase)라고 한다. 개체군이 빠르게 감소하면 붕괴하기도 한다.

생물들 간의 상호작용도 개체군의 규모를 조절하는 데에 중요한 요인이다. 많은 새들이 풀씨에 먹이를 의존해 있기 때

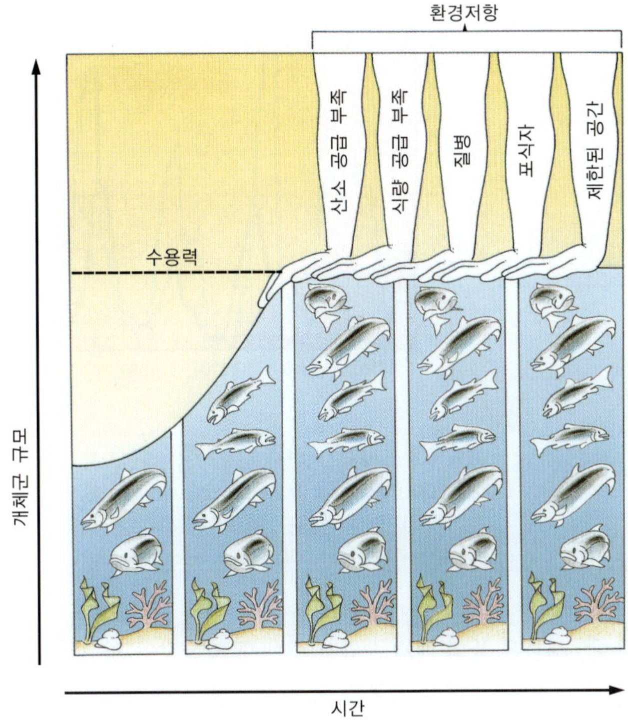

그림 6.6 수용력 식량, 산소 공급, 질병, 포식자, 공간 등과 같은 환경 요인들은 한 지역에서 생존할 수 있는 생물체의 수, 즉 수용력을 결정한다. 개체군을 제한하는 환경적인 요인들을 통칭하여 환경저항이라고 한다.

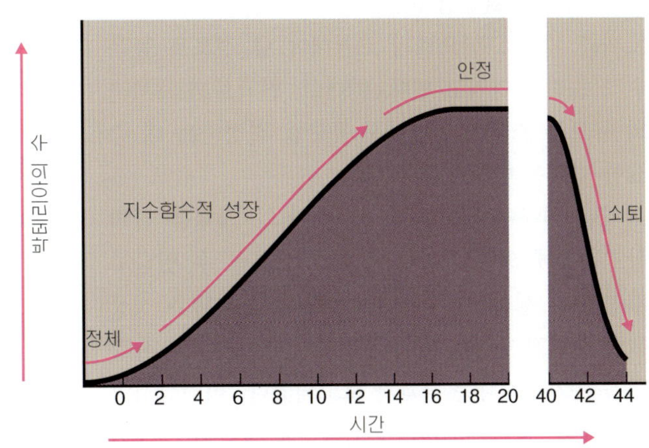

그림 6.7 박테리아의 성장 곡선 박테리아 개체군 규모의 변화는 폐기물이 치명적인 수준으로 축적될 때까지는 전형적인 개체군 성장 곡선을 따른다. 폐기물의 축적은 수용력을 낮추며, 결국 쇠퇴 단계에까지 다다른다.

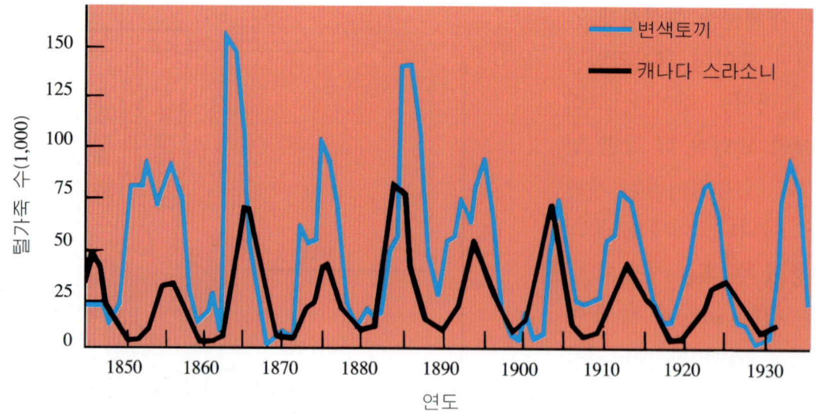

그림 6.8 포식자-피식자 상호작용 포식자종과 피식자종 간의 상호작용은 복잡하고 가끔은 해석하기 어렵다. 이 자료는 허드슨 만 회사에 의해 얻어진 털가죽 수에 대한 기록에서 수집한 것이다. 위의 자료는 스라소니 개체군의 변화가 변색토끼 개체군에서의 변화에 종속되어 나타나면서 두 개체군이 변동한다는 것을 보여준다.

문에, 새들은 풀의 개체군 규모에 대해 제한적인 영향을 끼친다. 분해자 생물은 독성 폐기물의 축적을 막기 때문에 다른 개체군을 증가하게 할 수 있다. 기생생물과 포식자는 숙주생물과 피식자 개체들이 성숙하기 전에 죽일 수 있기 때문에 상대 개체군의 규모를 제한하는 요인이 된다. 캐나다 스라소니와 변색토끼 간의 관계는 포식자-피식자 상호작용의 좋은 사례이다(그림 6.8). 변색토끼는 스라소니가 토끼를 먹이로 함으로써 조절해야 할 정도로 높은 번식 능력을 가지고 있다. 반대로, 변색토끼 개체군의 규모는 스라소니 개체군 규모를 결정하는 데 중요한 영향을 미친다.

어떤 연구에서는 개체군 내에서의 개체들 간의 상호작용에 의해 개체군 규모가 조절될 수 있다고 주장한다. 실험실 쥐에 대한 연구에서 과밀은 정상적인 사회적 행동을 파괴하여 출생률을 낮추고 사망률을 증가시킨다는 결과가 보고되었다. 비정상적인 교미행동, 줄어든 새끼 크기, 한 해 출산되는 새끼 수의 감소, 모성 보호 행동의 감소, 공격성의 증가 혹은 다른 쥐들로부터의 소외현상 등이 관찰되었다. 이렇게 제한 요인은 사망률을 증가시킬 뿐만 아니라 출생률을 감소시킬 수도 있다.

생식 전략과 개체군 변동

지금까지 우리는 개체군 성장에 대해 마치 모든 생물들이 수용력에 도달할 때 안정적인 개체군에 도달하는 것처럼 이야기하였다. 그것은 개체군 변화에 대한 이해의 초기에는 적절하지만, 실제 세계는 훨씬 더 복잡하다. 종들은 그들의 번식 전략에 따라 두 가지의 커다란 범주로 구분될 수 있다. **K-전략종**(K-strategists)은 대개 비교적 긴 수명을 가지고 있고, 적은 수의 후손을 생산하며, 후손을 잘 보살피는 몸집이 큰 생물이다. K-전략종 개체군은 대체로 수용력의 수준에서 안정된다. 그들의 번식 전략은 생식 기회를 가질 수 있는 후손을 적은 수로 낳아 에너지를 집중 투자하는 것이다. 사슴, 사자, 그리고 백조는 이러한 종류의 생물들이다. 인간은 일반적으로 자식을 한 명씩 낳으며 아무리 높은 유아사망률을 보이는 나라에서도 어린아이의 80%가 생존한다. 일반적으로 K-전략종의 개체군은 밀도 의존적인 제한 요인들에 의해 제한된다. **밀도-의존적인 제한 요인**(density-dependent limiting factor)들은 개체군 규모가 증가함에 따라 경쟁이 더욱 격심해지는 것들이다. 예를 들면, 매의 개체군이 증가함에 따라, 매들은 쥐, 뱀, 작은 새들과 같은 먹이를 놓고

지구촌 전망대

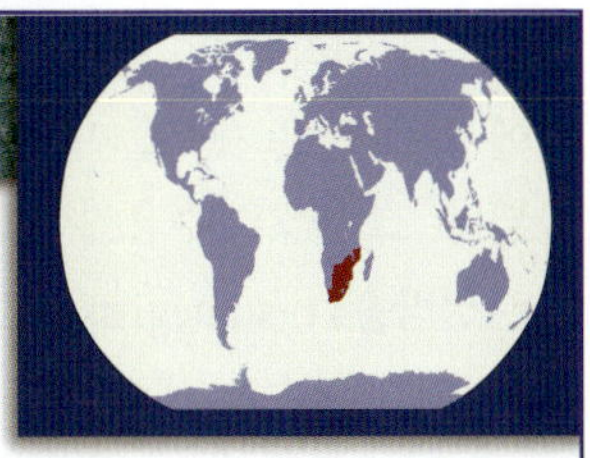

코끼리 개체군 관리
- 죽일 것인가? 출산을 통제할 것인가?

1980년대 상아와 식량을 얻기 위한 코끼리 사냥이 아프리카 코끼리(*Loxodonta africana*) 개체군을 130만 마리에서 65만 마리로 감소시켰다. 많은 보호 단체들은 코끼리 수의 급속한 감소에 경악하였고 상아 수출 금지 정책을 제안하였다. 1989년 '멸종 위기에 처한 야생 동식물의 국제 거래에 관한 협약(CITES, Convention on International Trade in Endangered Species of Wild Fauna and Flora)'은 코끼리 상품에 대한 모든 국제 무역을 금지하였고, 금지령은 시행되었다. 상아 가격은 폭락하였고 밀렵은 더 이상 수지가 맞는 사업이 아니었다. 그 이후로, 일부 남부 아프리카의 국가들은 코끼리가 이용할 수 있는 제한된 서식지를 파괴하며, 이로 인해 농부들과 코끼리 간의 갈등을 유발시키는 코끼리 개체군의 폭발적 증가를 겪게 되었다.

아프리카 코끼리는 커다란 몸집을 유지하기 위해 막대한 양의 식량(150~250kg/하루)을 필요로 한다. 코끼리는 나무껍질을 벗겨내고, 나무를 뿌리째 뽑아 먹으며, 막대한 양의 풀을 먹어 댄다. 인간과 코끼리가 같은 서식지를 공유하는 곳에서는, 코끼리가 작물에 커다란 손해를 입힐 수 있다. 코끼리는 국립공원과 자연금렵(禁獵) 지구 내에 가두어졌기 때문에 개체군 압박을 해소하기 위한 두 가지의 자연 선택(이주할 것인가, 굶어 죽을 것인가)을 할 수가 없었다. 공원을 떠나는 것은 농업 피해를 증가시켜 농부들에게 손해를 줄 수 있는 위험을 가져오며, 개체군 증가는 현재 소유하고 있는 보호된 서식지에 돌이킬 수 없는 손상을 가져올 수 있다. 만약 코기리들이 굶어 죽도록 내버려둔다면 야생동물 보호 단체들로부터 강력한 압력이 있을 것이며, 공원 관리자는 비판을 받게 될 것이다. 코끼리 개체군이 건강하게 유지되어야 한다면, 코끼리 서식처를 파괴하지 않아야 한다면, 농업 공동체를 침해하지 않아야 한다면, 개체군의 규모가 통제되어야 한다. 사망률을 증가시키거나(인공도태 ; culling) 혹은 출생률을 감소시키는 방법 (단종(불임)수술 ; sterilization), 단 두 가지 방법밖에 없다.

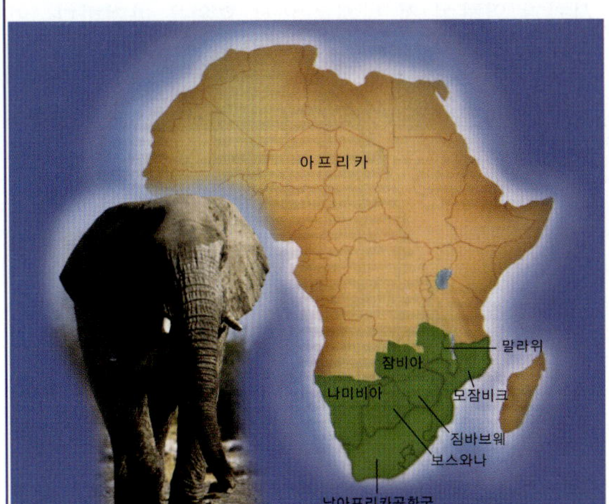

일부 남부 아프리카 국가들은 다른 사냥감 동물(사슴, 고라니, 순록)이 관리되는 것과 같은 방법으로 자연자원으로서 코끼리 개체군을 관리하도록 허용해야 한다고 주장해왔다. 남아도는 코끼리의 지속 가능한 포획은 이 지역의 단백질원으로 필요한 것일 뿐 아니라, 지역 주민들에게 수입을 제공해줄 수 있는 자연자원에 대한 현명한 사용이 될 것이다. 게다가 코끼리 포획으로부터 얻는 수입은 공원관리를 위한 부가적인 기금을 제공하도록 사용될 수 있다.

미국의 '휴먼 소사이어티'라는 단체는 출생률을 감소시키는 출산 통제를 통해 코끼리 개체군의 문제를 해결하는 방법을 옹호하였다. 여러 가지의 방법이 실험되고 이용되었다. 그러나 이러한 접근방법에 대해 비판적인 사람들은 장기간 동안 임신하지 못하도록 처치된 암컷 코끼리는 무리의 정상적인 사회 구조를 붕괴시킬 것이라고 주장하였다. 대부분의 환경에서, 임신한 암컷 코끼리는 2년 동안은 발정기를 거치지 않는다. 만일 암컷들이 임신하지 않는다면 그들은 대략 15주마다 발정기를 맞게 되며, 1년 동안에 정상보다 더 많은 암컷들이 발정기에 있게 된다. 코끼리의 교미행동은 일상적인 행동 패턴을 파괴하기 때문에, 동물 무리의 정상적인 사회 구조가 파괴될 것이라는 점이 염려되고 있다. 더 나아가 하나의 동물 무리는 보통 다양한 연령대의 미성숙한 개체를 포함하고 있다. 어린 개체들은 나이가 더 많은 형제자매 혹은 사촌들로부터 가르침을 받는다. 출산 통제 방법은 임신의 특유한 간격을 파괴하고 어린 코끼리를 "교육하는" 정상적인 과정을 방해한다. 해결하기 간단해 보이는 문제라도 두 가지의 정반대의 대립된 의견을 가진다. 포획함으로써 사망을 증가시키는 것을 옹호하는 입장과 번식을 조작함으로써 번식을 감소시키는 것을 옹호하는 입장. 어떤 것도 "자연적"이지는 않다. 그러나 어떤 것이든지 행해져야만 한다. 그렇지 않으면 코끼리의 생존은 또다시 문제가 될 수 있을 것이다.

경쟁하기 시작한다. 먹이 공급이 부족할 때에는 둥지에 있는 많은 새끼들이 죽고, 개체군의 성장은 둔화된다. 그것들은 수용력에 도달한 것이다.

r-전략종(r-strategists)은 대체로 수명이 짧으며, 많은 수의 자손을 생산하고, 수용력에 도달하지 않는 작은 생물들이다. 메뚜기, 집시나방, 그리고 일부 쥐들이 그 예이다. r-전략종들의 번식 전략은 많은 후손을 생산하는 데 에너지를 소비하지만, 제한된 수준의 보호만을 제공하는(가끔은 아예 돌보지 않는) 것이다. 따라서 유체들의 사망률은 매우 높다. 예를 들면, 암컷 굴 한 마리는 백만 개의 알을 낳지만 그것들 중 단지 소수만이 자기 자신을 정착시키고 성장할 수 있는 적절한 장소를 찾을 수 있다. 대체로 이러한 개체군은 개체군의 규모와는 아무런 관련성이 없는 **밀도-독립적인 제한 요인**(density-independent limiting factor)에 의해 그 규모가 제한된다. 대표적인 밀도-독립적 제한 요인은 많은 수의 생물에게 치명적인 기후 환경의 변화, 연못의 고갈, 혹은 식량원의 파괴 등이다. r-전략종의 개체군 규모는 급격하게 변동하는 경향이 있다. r-전략종은 빠르게 번식하고, 어떤 요인이 개체군을 붕괴시킬 때까지 계속 증가하며, 급격하게 쇠퇴하고, 다시 이러한 과정을 반복한다.

인간은 K-전략종이므로 r-전략이 진화론적인 관점에서 지속 가능할 수 있다는 것을 인식하는 것이 어려울 수 있다. 자원에 대한 수용력은 존재하지 않는다. 만약 한 종의 많은 개체들이 자원을 독점하고 다른 종들이 자원에 접근하는 것을 막는다면, 단기간 동안 출현하는 자원은 가장 효과적으로 남용될 수 있을 뿐이다. 어떤 한 종의 빠른 번식은 그만큼 빠르게 그 숫자를 늘릴 수 없는 다른 종의 자리를 대체할 수 있다. 그러나 몇몇의 후손을 남겨두거나 자원을 이용할 수 있는 가능성이 있는 한 그 개체군은 완전히 소멸하지는 않는다.

K-전략종들도 다양한 이유로 인해 개체군 변동을 겪는다. 그 중 한 가지 이유는 환경이 해마다 일정하지 않다는 것이다. 홍수, 가뭄, 화재, 극심한 추위와 유사한 사건들은 한 지역의 수용력에 영향을 주어, 개체군 규모의 변동을 일으킨다. 전염병 혹은 포식의 증가 또한 개체군 규모를 변화시킨다. 그림 6.8은 스라소니와 변색토끼의 개체군의 중요한 변화를 보여준다.

스라소니 개체군의 크기는 변색토끼 개체군의 크기와 관련되어 있는 것처럼 보이는데, 이것은 스라소니가 토끼를 먹이로 살고 있기 때문이라고 생각된다. 그러나 변색토끼 개체군의 변동요인은 불명확하다. 한 가지 가능성은 주기적인 전염병이 토끼와 같은 밀집된 개체군을 붕괴시키며, 그들의 포식자 개체군의 붕괴를 야기시킨다는 것이다.

인구는 지역적으로는 종종 변동을 보이지만, 전세계적인 수준에서 인구는 지난 수백 년 동안 지속적으로 증가해왔다. 인간은 경쟁자들을 제거하고, 식량 생산을 증가시키고, 질병을 제어함으로써 환경저항을 감소시킬 수 있었기 때문이다.

인구성장

인구성장 곡선은 오랜 정체 단계 이후, 빠른 속도로 증가하는 지수적인 성장 단계를 거치고 있다(그림 6.9). 인구성장의 주된 요인은 인간이 사망률을 감소시켜왔다는 것이다. 많은 국가들은 식량 생산량을 늘리거나 질병을 제어함으로써 환경저항을 감소시켜왔으며, 전 세계적으로 이러한 기술을 공유하고 있다. 선진국들은 후진국 사람들의 삶의 질을 향상시키기 위하여 전 세계로 의료 요원을 파견한다. 의사들은 영양 관리에 대해 조언하며, 기술자들은 오염수를 처리한다. 예를 들면, 인도와 인도네시아의 위생 시설 개선은 콜레라로 의한 사망률을 감소시켰다. 이러한 진보는 의학적 · 기술적 사망률을 저하시키며, 출생률을 높게 유지해주기 때문에 직접적으로 인간의 수를 증가시키는 경향이 있다.

다른 관점에서 이러한 상황을 검토해보자. 세계 인구는 현재 매년 1.4%의 비율로 증가하고 있다. 그것은 많은 것처럼 보이지 않을 수도 있으나 1.4%라는 수치에서도 인구는 빠르게 성장하고 있는 것이다. 연간 1~2% 증가의 영향을 이해하는 것이 어려

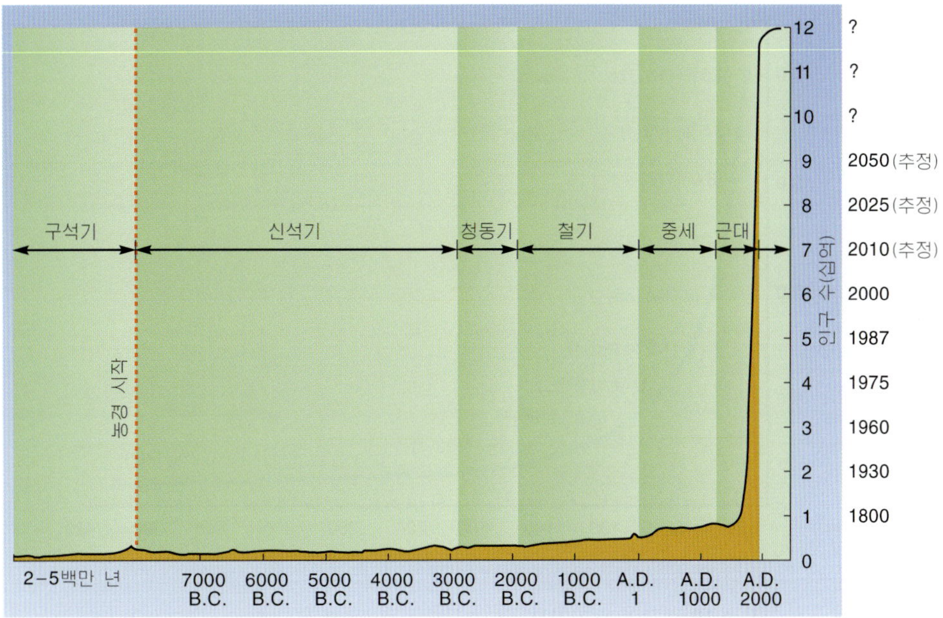

그림 6.9 인구 곡선 1800년부터 1930년까지의 기간 동안 인구는 두 배가 되었으며(10억에서 20억으로) 그리고 다시 1975년에 두 배가 되었고(40억) 2020년에는 또다시 두 배가 될 것이다(80억). 이러한 패턴은 지구의 궁극적인 수용력에 도달하기 전까지 얼마나 지속될 수 있을 것인가?

출처 : Data from Jean Van Det Tak, et al., "Our Population Predicament: A New Look," *Population Bulletin*, vol. 34, no. 5(December 1979), Population Reference Bureau, Washington, D.C.; and more recent data from the Population Reference Bureau.

울 수 있다. 한 인구집단의 성장률은 새로이 추가된 개인이 생식하고 따라서 더 많은 개인을 추가하는 것이기 때문에, 그것 자체로 복합적이라는 것을 기억해야 한다. 이러한 성장을 바라보는 방법으로 인구가 두 배로 증가하는 데 소요되는 기간을 측정해 보는 방법이 있다. 이 방법은 우리가 살고 있는 지역의 인구가 두 배로 증가한다면, 그것이 우리가 살아있는 동안에 일어나는 일이라면 삶의 양상이 어떻게 변화될 것인지를 상상해볼 수 있기 때문에 매우 유용한 방법이다.

그림 6.10은 인구의 연간 증가율과 그 증가율이 지속된다면 인구가 두 배로 증가하는 데 걸리는 기간 간의 관계를 보여준다. 연간 1% 증가할 때, 인구는 대략 70년 만에 2배로 증가할 것이다. 연간 2%의 증가율이라면, 인구는 약 35년 만에 배가될 것이다. 약 1.4%의 현재의 전 세계적인 연간 인구증가율은 세계 인구를 약 49년 만에 두 배로 만들 것이다.

이러한 급격한 성장률은 인간에게 무엇을 의미하는가? 하나의 생물종으로서, 인간은 모든 다른 종들과 같이 동일한 제한 요인에 의해 영향을 받는다.

우리는 천연자원과 에너지를 획득하고 안전하게 폐기물을 처리하는 능력 이상으로 증가할 수 없다. 또한 다른 종들과 그리고 다른 인간들과의 상호작용이 우리의 수용력을 결정하는 데 영향을 미친다.

이러한 네 가지 요인을 더욱 자세하게 살펴보자. 대부분의 사람들은 천연자원을 단순히 인구 부양에 필요한 식량의 양으로 생각한다. 그러나 우리는 점점 더 기술에 의존하고 있으므로, 우리의 생활양식은 직접적으로는 관개수, 유전학 연구와 항생물질(antibiotics)과 같은 종류의 자원의 사용에 달려 있다. 식량 생산은 세계 인구의 일부에 대해 제한 요인으로 작용하고 있다. 식량을 충분히 이용할 수 없

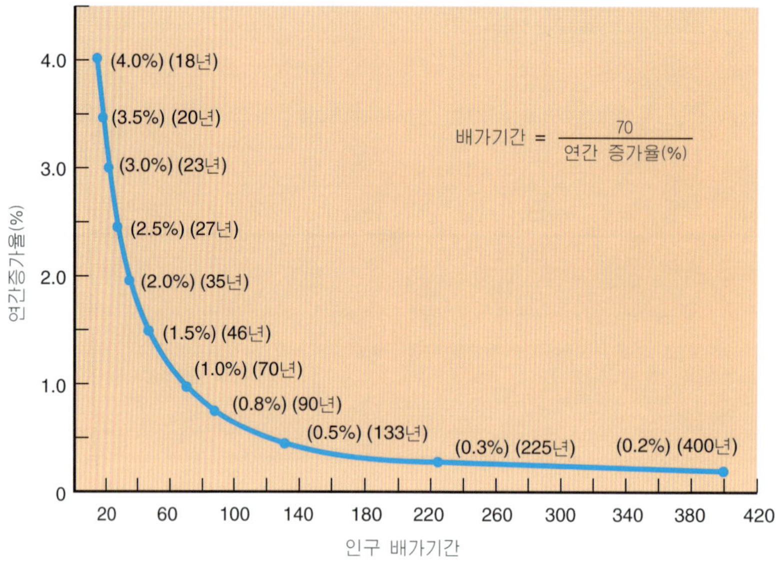

그림 6.10 인구의 배가기간 이 그래프는 백분율로 나타낸 연간 증가율과 배가기간 간의 관계를 보여준다. 연간 1%의 인구 성장률은 약 70년 만에 인구를 두 배로 증가시킨다. 3%의 인구증가율은 약 23년 만에 인구를 두 배로 증가시킨다.

기 때문에 나타나는 영양실조는 세계의 많은 지역에서 심각한 문제가 되고 있다. 7장에서는 식량 생산과 분배 그리고 인구 성장과의 관계의 문제를 다루게 될 것이다.

두 번째 요인인 사용 가능한 에너지는 천연자원과 유사한 문제들을 수반한다. 본질적으로 모든 지구상의 생물종들은 궁극적으로는 에너지를 태양광선에 의존하고 있다. 증가하는 인구를 부양하기 위해 이러한 에너지를 동력화하는 새로운 방법이 개발되어야 한다. 현재 세계 인구는 식량을 생산하고, 환경을 개발하고, 장소 이동에 필요한 에너지를 화석연료에 의존해 있다. 에너지 가격이 상승하게 되면, 세계 인구의 많은 부분은 식량과 필수품 비용의 추가분을 지불할 만큼 수입이 풍족하지 않기 때문에 위기에 처하게 될 것이다.

폐기물 처리는 인간에 대한 수용력을 결정하는 세 번째 요인이다. 사실 대부분의 오염은 인간활동의 폐기물이다. 혹자는 우리가 환경의 질을 고려하지 않는 것이 주요한 제한 요인이 될 것이라고 확신하고 있다. 어떤 경우에도, 오염을 통제하고 환경을 정화하기 위해 노력하는 것은 매우 중요한 일이다.

한 종의 수용력을 결정하는 네 번째 요인은 다른 생물들과의 상호작용이다. 우리는 인간만이 중요한 단 하나의 종이 아니라는 것을 인식해야 할 필요가 있다. 우리가 우리만의 필요를 충족시키기 위해 토지를 변화시킬 때, 다른 종들은 그들의 서식지에서 쫓겨난다는 것은 알아야 한다. 이렇게 쫓겨난 생물들의 많은 수가 우리와 경쟁할 수 없으며 따라서 다른 지역으로 이주해야 하거나 혹은 멸종하게 된다. 불행하게도, 인간이 자신의 영역을 확장할수록 이렇게 쫓겨난 생물들에게 이용 가능한 영역은 점점 더 희박해진다.

공원과 야생지역들은 과거에 영유하였던 동식물들에게 있어 작은 은신처가 될 수 있다. 이러한 은신처가 개발자들의 불도저에 밀려 없어지거나 농지로 개간된다면 많은 생물들은 멸종될 것이다. 오늘날 중요하지 않은 것처럼 보이는 생물들, 우리가 그것 없이도 지낼 수 있을 것 같은 생물들은 언젠가 바로 우리의 생존과 중대한 연관고리를 가진 것으로 나타날 수도 있다.

귀화종 개체군의 성장

새로운 종이 생존에 적절한 지역에 도입될 때, 그 종에게 천적이 존재하지 않기 때문에 개체군 규모가 증가하는 경향이 나타난다. 또한 귀화종(invading species)은 자원에 대한 경쟁에서 유리하여 토종 개체군을 감소시킬 수 있다. 전형적인 개체군 성장곡선은 도입된 몇 개의 개체들에서부터 시작한다. 일단 자리를 잡으면, 개체군은 그 수를 증가시키고 그것의 범위를 확장시킨다. 예를 들면, 얼룩홍합은 1985년경에 오대호에 들어온 것으로 보여진다. 현재, 얼룩홍합은 오대호의 모든 지역에서 발견되며, 뉴올리언스와 같이 먼 남부 지역까지 퍼져 있는 미시시피 강과 지류들로까지 도입되고 있다. 비슷하게 집시나방은 본래 분포지역으로부터 중서부의 삼림지역에까지 확산되어 왔으며, 여전히 그 범위를 확장시키고 있다. 또 다른 귀화종인 카드주 덩굴은 미국 남부의 많은 지역에서 골칫거리가 되고 있다.

결국, 귀화종은 자신에게 적절한 모든 서식지를 차지하고 그 개체군을 안정화시킨다. 민들레와 찌르레기는 그들의 범위를 더 이상 확장시키지 않는 도입종(introduced species)이다. 그것들은 북미 생태계의 정상적인 일부분이 되고 있다.

민들레

얼룩홍합

찌르레기

카드주 덩굴

집시나방

인간은 사회적 동물이다

인간의 생존은 다른 인간들과의 상호작용과 협동에 의해 좌우된다. 현재의 기술과 의학적 지식은 인구집단의 성장을 통제하고 세계 인구의 건강을 향상시킬 수 있다. 그렇다면 인구는 왜 계속적으로 증가하는가, 그리고 왜 빈곤은 매년 더욱 악화되는가? 인간은 선택의 자유를 가지고 있는 사회적인 동물이며, 종종 생물학적인 관점에서 "최선"으로 여겨지는 방식으로 행동하지 않는다. 사람은 역사적·사회적 상황, 윤리적 그리고 종교적인 이유들과 개인적인 욕망에 따라 의사결정을 한다. 인구 규모를 조절하는 데 가장 큰 장애물이 되는 것은 생물학적인 것이 아니라, 철학적 · 종교적 · 정치적 · 사회적인 문제들이다. 사람들이 인구문제에 성공적으로 대처하고자 한다면, 이러한 모든 분야에서 인구문제의 원인을 이해할 필요가 있다.

궁극적인 규모 한계

결론부터 말하자면 인구집단은 무제한적으로 증가할 수는 없다. 분명히 인구는 궁극적으로 수용력에 도달할 것이며 오랫동안 안정화될 것이다. 많은 사람들이 인구 성장의 한계에 대해 추측하곤 한다. UN은 세계가 2050년까지 100억 명의 인구를 수용할 것이며 계속적으로 성장할 것이라고 추정한다. 그러나 인구가 성장함에 따라, 제한 요인의 영향은 더욱더 강력해질 것이다. 혹자는 식량 부족, 물 부족 혹은 폐기물 증가가 궁극적으로 인구 규모를 통제할 것이라고 말한다.

다른 사람들은 미래 사회의 통제가 인구 성장을 제한할 것이라고 말한다. 세계 인구의 연령 구조를 고려하는 것 또한 중요하다. 세계 대부분의 지역에서 생식기 사람들과 생식기 이전의 사람들이 인구의 대다수를 차지한다. 대부분의 개인들은 현재 생식하고 있거나 가까운 미래에 생식할 것이기 때문에, 우리가 우리의 번식률을 줄인다 할지라도, 앞으로 몇 년 동안 세계의 인구수는 가파르게 증가할 것이다.

또 다른 사람들은 정치적인 인간성 파괴가 나타날 것이라는 것에 주목하고 있다. 궁극적인 인구의 규모가 어떠할지 혹은 가장 유력한 제한 요인이 무엇일지를 아는 사람은 아무도 없다. 그러나 대부분의 사람들은 우리가 지속 가능한 인구의 최대치에 접근해가고 있다는 것에 동의한다. 인구가 계속해서 성장한다면 결국에는 농지는 식량 수요를 충족시키기에 충분하지 않게 될 것이다.

요약

개체군은 한 지역에 서식하는 동일 종의 생물집단이다. 출생률은 특정 기간 동안 재생산을 통해 개체군에 편입되는 개체수이다. 사망률은 반대로 특정 기간 동안 개체군 내에서 사망하는 개체수이다. 개채군 성장은 출생률과 사망률의 결합에 의해 결정된다.

개체군의 성비는 수컷과 암컷의 상대적 숫자를 의미한다. 연령분포와 성비는 개체군 성장에 주요한 영향을 미친다. 대다수 생물은 죽어가는 부모세대를 대체하는 것 이상의 생식 능력을 갖는다. 경쟁, 포식, 피식과 같은 개체군 내 생물 간의 상호작용 또한 개체군 규모를 결정하는 데 기여한다. 생물은 경쟁 압력에 따라 전출하기도, 전입하기도 한다.

전형적인 인구성장 곡선은 정체 단계, 지수적 성장 단계, 안정된 평형 단계를 거친다. 제한 요인에 의해 결정되는 수용력은 환경저항으로 알려져 있다. 환경저항은 사용 가능한 천연 자원, 사용 가능한 에너지, 폐기물의 처리, 생물 간의 상호작용으로 구분된다. 어떤 개체군은 안정된 평형 단계 다음에 쇠퇴단계를 겪기도 한다.

K-전략종은 일반적으로 크고, 수명이 긴 생물로 안정된 수용력에 도달한다. 그들의 개체군 규모는 보통 밀도 의존적인 제한 요인에 의해 통제된다. r-전략종은 일반적으로 작고, 수명이 짧은 생물로 재생산이 매우 빠르다. 그들의 개체군은 수용력에 도달하지는 못하지만 밀도 독립적인 제한 요인에 의해 붕괴되기도 한다.

인구는 빠른 속도로 증가하고 있다. 인간에 대한 지구의 궁극적인 수용력은 예측하기 어렵다. 인구 성장의 원인은 단순히 생물학적이기보다는 사회적 · 정치적 · 철학적 · 종교적이기도 하다.

이슈와 분석　로열 섬의 늑대와 사슴

슈피리어 호의 로열 섬은 오랜 기간 동안 사슴과 늑대 개체군 간의 관계에 대한 연구가 진행되어온 곳이다. 늑대(아마도 늑대 한 쌍)가 1947~1948년 겨울경에 캐나다에서 얼음을 건너서 로열 섬에 들어왔고 생태학자들이 늑대와 사슴과의 관계 그리고 그 섬의 다른 생물에 대한 장기간의 연구를 시작한 1958년까지 약 20마리의 개체군으로 성장하였다. 40년에 걸쳐, 그들은 늑대의 먹이 습성, 무리 행태, 다양한 늑대 무리들 간의 관계, 포식자(늑대)와 피식자(사슴) 개체군과의 관계에 대해 많은 것을 알아냈다. 늑대와 사슴의 개체군 크기에 영향을 주는 다양한 요인이 있지만, 사슴과 늑대 개체군의 변동에 대한 연구는 그 요인들이 서로 영향을 주고받고 있다는 것을 보여주었다. 늑대 개체군이 감소할 때 사슴 개체군은 증가하였으며, 늑대 개체군이 증가할 때 사슴 개체군은 감소하였다. 1980년 이후에 나타난 늑대와 사슴 개체군에서의 주요한 변화는 한 개체군의 감소가 상대 개체군에게 연속적인 영향을 가져다 주는 방아쇠 효과(triggering event)를 보여준다는 것이다. 예를 들면, 1980년대 초반에 늑대의 수가 50마리에서 13마리로 줄어든 주요한 감소는 아마도 개의 바이러스성 질병(파보바이러스)의 도입에 의해 시작된 것으로 보인다. 늑대 수의 감소는 어린 사슴의 수를 증가시켜 사슴 개체군을 빠르게 증가시켰다.

1990년대 중반의 사슴 개체군의 급속한 감소는 요인들 간의 결합에 의해 시작된 것이다. 1995년 이전의 기간 동안 사슴 개체군의 급속한 성장은 이용 가능한 식량을 감소시켰고 영양실조, 성장지체와 빈약한 번식을 가져왔다. 게다가 매우 극심한 겨울과 진드기의 창궐은 생물종의 자연적 격감에 공헌한 것 같다. 1995~1996년의 겨울 동안, 사슴 개체군은 약 1,200마리까지 줄어들어, 50%의 감소를 보였다. 이러한 감소는 계속되어 1997년에는 약 500마리로 줄어들어, 최대치의 80%가 감소하였다. 그러나 1998년에는 약 700개체로 다시 증가하였다. 체력이 약한 사슴은 늑대의 먹이가 되었기 때문에, 사슴에게 있어 나쁜 시기는 늑대에게는 좋은 시기가 되었고, 늑대 개체군은 1980년대 초반 이후 최대 개체군인 24개체로 증가하였다. 그러나 이러한 충분한 먹이 공급은 일시적인 것이었고, 남은 사슴들은 사냥하기에 어려운 젊고, 건강한 개체들이었다. 1998년에 늑대 개체군은 14마리로 줄어들어 개체군이 스스로 지속 가능할 수 없을 것이라는 염려를 불러일으켰다. 긍정적인 측면은, 적은 수의 늑대개체군은 먹이에 대한 경쟁을 감소시킨다. 게다가, 남아 있는 늑대의 대부분은 젊고 다음의 몇 년에 걸쳐 더 많은 새끼들을 낳을 수 있는 능력을 가지고 있다. 부정적인 측면은, 새끼의 최근 생존율이 낮아진다는 것이다. 이것은 여러 가지 요인들 때문일 수 있다. 전체 개체군이 한 쌍의 늑대가 낳은 후손들로 추정되기 때문에, 유전적인 다양성의 부족 또한 낮은 생존율에 기여할 수 있다. 이후 몇 년간의 관찰은 늑대 개체군의 감소 이유를 밝혀낼 수 있을 것이다. 예를 들면, 포획된 늑대로부터 얻는 혈액 표본은 파보바이러스의 출현에 대한 의문점과 유전적 다양성에 대한 염려를 명료하게 해줄 수 있을 것이다. 또한 이 두 개체군들에서 관찰된 변동이 고립된 섬 지역에 서식하는 피식자와 포식자 개체군이 서로에 대해 의미 있는 영향을 주는 개체군들에게는 정상적인 것인지에 대해 알아내는 것도 가능한 것이다.

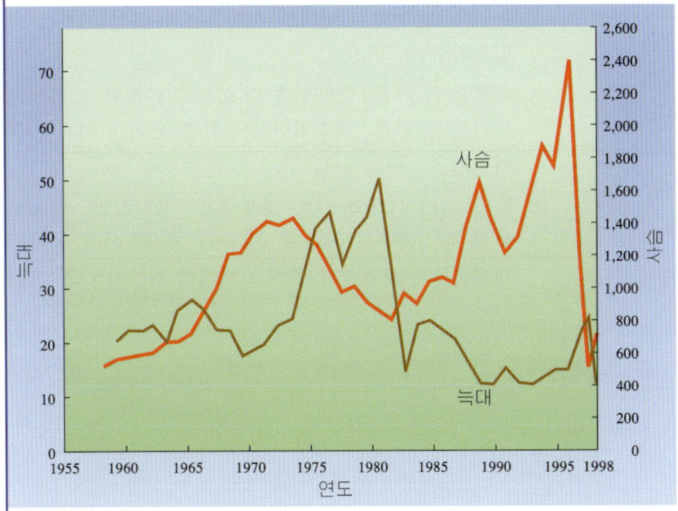

⊙ 동물 개체군이 위험에 처하게 될 때, 종종 그들을 보호하기 위한 노력들이 기울여진다. 이러한 늑대 개체군을 보호하기 위한 특별한 노력들이 제공되어야 하는가?

⊙ 유전적 다양성의 부족이 늑대 개체군의 감소에 기여하는 요인으로 보여진다면, 유전적 다양성을 도입하기 위한 도움이 제공되어야 하는가?

주요 용어

개체군 밀도(population density)
밀도-독립적인 제한 요인
(density-independent limiting factor)
밀도-의존적인 제한 요인
(densitydependent limiting factor)
분산(dispersal)
생식 능력(biotic potential)
사망률(mortality)
사망비율(death rate)
성비(sex ratio)
쇠퇴 단계(death phase)
수용력(carrying capacity)
안정정인 평형 단계(stable equilibrium phase)
연령분포(age distribution)
전입(immigration)
전출(emigration)
정체 단계(lag phase)
제한 요인(limiting factor)
지수적인 성장 단계(exponential growth phase)
출생률(natality)
태어난 비율(birthrate)
환경 저항(environmental resistance)
K-전략종(K-strategist)
r-전략종(r-strategist)

복습 문제

1. 생식 능력과 연령분포는 어떻게 상호관련되는가?
2. 개체군 특성 세 가지를 열거하라.
3. 어떤 요인이 성장률을 결정하는 데 영향을 주는가?
4. 쇠퇴 단계가 나타날 수 있는 조건은 무엇인가?
5. 동물종의 수용력을 결정할 수 있는 네 가지 요인을 나열하라.
6. 출생률과 개체군 성장의 개념은 어떻게 다른지 설명하라.
7. 인구성장 곡선을 배양 접시의 박테리아의 성장곡선과 비교해 보라.
8. r-전략종과 K-전략종의 차이를 설명하라.
9. 인구가 계속적으로 증가함에 따라, 다른 종들에게 어떠한 영향을 미치는가?
10. 모든 경쟁에서 이긴 생물들은 과잉 출산을 한다. 이것은 그 종을 위해 어떤 이점을 제공하는가? 반면 어떤 단점이 나타나겠는가?

비판적 사고력 문제

1. 당신은 왜 어떤 생물들은 높은 출생률을 보이며, 다른 생물은 낮은 출생률을 보인다고 생각하는가? 예를 들면, 왜 솜꼬리토끼는 높은 출생률을 보이고 늑대는 비교적 낮은 출생률을 보이는가? 왜 모든 생물체들이 높은 출생률을 보이지 않는가?
2. 아프리카 코끼리는 미국에서 사슴이 관리되는 것처럼 남부 아프리카 국가들에 의해 관리되어야 한다고 생각하는가? 어떠한 가치관과 신념, 그리고 관점들이 당신으로 하여금 그러한 결론을 도출하도록 하였는가?
3. 코끼리에 대한 출산 통제 혹은 인공도태에 대한 이슈에 대해 당신의 입장은 무엇인가? 왜 그러한 입장을 선택하였는가? 미국의 '휴먼 소사이어티' 입장은 무엇인가? 왜 그들이 그러한 입장을 취하였다고 생각하는가? 미국의 보존주의자들이 아프리카에서 코끼리들에 대해 행해지는 것에 대해 발언을 해야 한다고 생각하는가? 아프리카인들이 미국에서 행해지는 것에 대해 발언을 해야 하는가? 왜 그러한가?
4. r-전략종과 K-전략종들 간의 차이점을 생각해보라. 각각의 전략을 채택함으로써 어떠한 비용을 부담해야 하는가? 각 전략은 어떠한 진화론적인 이점을 가질 수 있는가?
5. 새로운 환경에서 살아남을 수 있는 귀화종이 그 환경에 도입된 얼마 후, 지수적인 성장률을 보이는 이유는 무엇인가?
6. 로열 섬의 늑대와 같은 개체군이 "자연적인" 이유로 인해 감소한다고 본다면, 인간이 끼어들어서 이러한 개체군들을 보호하기 위해 노력해야 하는가? 왜 그러한가?

인구문제

이 장의 학습목표

- 인구와 관련해서 6장에서 논의한 원칙들을 적용할 수 있다.
- 출생률과 인구 증가를 구분할 수 있다.
- 인구 폭등에 영향을 미치는 연령분포와 여성의 역할을 설명할 수 있다.
- 세계적으로 빠른 인구 증가가 진행되고 있음을 이해할 수 있다.
- 인구 변천을 설명할 수 있다.
- 세계 인구의 증가가 생태계를 어떻게 변화시킬지 이해할 수 있다.
- 많은 나라가 인구를 부양할 식량을 생산하지 못하는 사실의 결과를 설명할 수 있다.
- 저개발 국가의 높은 출생률과 낮은 생활수준의 원인을 설명할 수 있다.
- 선진국이 부를 분배하자는 높은 압력 아래에 있음을 인식할 수 있다.

이 장의 세부목차

과거 현재 그리고 미래

1983 세계 인구 47억 명
1983 인도 인구 7억 3천 명
1983 전 세계 자연 증가율 매년 1.8% 증가
1983 세계 여성 한 명당 3.9명 출산

2004 세계 인구 64억 명(37% 증가)
2004 인도 인구 10억 명(49% 증가)
2004 자연 증가율 매년 1.3% 증가(28% 감소)
2004 세계 여성 한 명당 2.8명 출산(28% 감소)

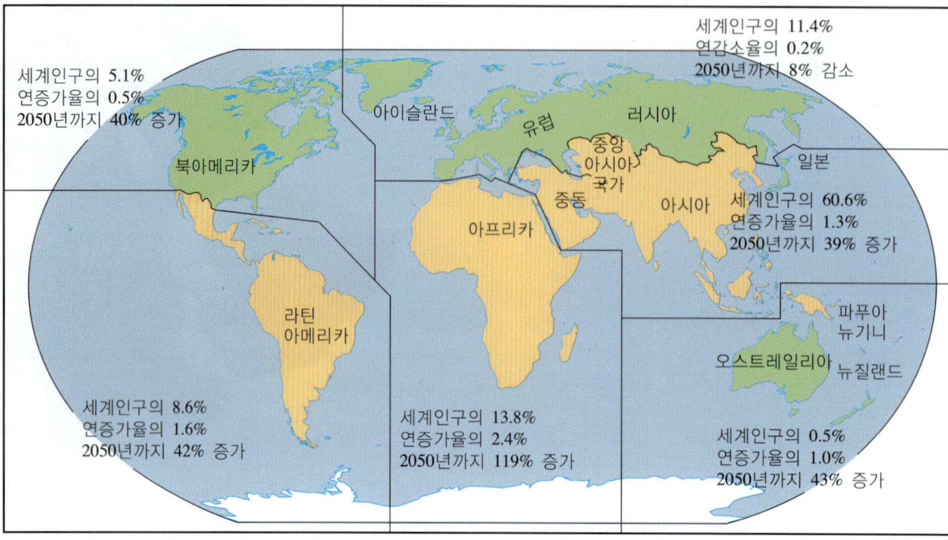

그림 7.1 인구 성장과 경제 발전(2004) 전 세계의 인구 분포는 경제 발전 상황에 따라 차이가 많다. 개발국은 녹색으로, 저개발국은 황색으로 표시되어 있는데, 세계 인구의 81%가 라틴아메리카, 아프리카, 아시아 등에 분포되어 있고, 인구증가율도 가장 높다. 이들 국가에서는 출산율도 높으므로 2050년까지 이 지역의 인구가 세계 인구의 86% 정도를 차지할 것으로 전망하고 있다.

세계 인구의 특징과 예측

세계 인구 문제는 매우 복잡한데, 이는 현재 인구수의 동향과 인구수가 정치 · 사회 · 경제적으로 어떤 관계에 있는지 분석되고 있기 때문이다.

세계는 경제수준에 따라서 개발국과 저개발국으로 분류된다. **개발국**(more-developed country)이란 개인소득이 1만 달러 이상인 나라들로, 대부분의 유럽 국가, 캐나다, 미국, 호주, 뉴질랜드, 일본 등이 이에 속하며, 인구는 12억 정도 된다. **저개발국**(less-developed country)으로 분류되는 나라들은 개인소득이 5천만 달러 이하인 나라들로, 인구는 약 52억 정도이며, 이 중 30억 명 정도가 하루에 2달러 이하의 소득으로 살아간다. 이러한 통계와 분류는 과도하게 단순화되었고, 예외적인 상황이 많다. 근본적으로 아시아, 아프리카, 라틴아메리카의 많은 나라들이 경제적으로 다른 곳에 위치한 나라들보다 가난하게 살고 있다. 개발국은 인구수도 안정되어 있어서 2050년까지 약 4%의 인구성장률이 예상된다. 그러나 저개발국들은 인구수가 급격하게 지속적으로 증가하여 2050년까지 55%의 성장률을 보일 것으로 예상된다(그림 7.1). 이러한 경향이 지속된다면 아프리카, 아시아, 라틴아메리카는 2050년까지 80억으로 증가할 것이며, 이는 세계 인구의 86%를 차지하는 수이다.

세계 인구 성장은 경제 성장과 밀접하게 연계되어 있으며, 이는 모든 환경문제의 원인이 된다. 현재 식량 생산이 인구 증가에 맞추지 못하고 있어서 기근현상을 초래하고, 정치적인 불안정 상태와 함께 여러 가지 생존에 필요한 조건들(직업, 생필품, 식량)이 부족하고, 농업 기술의 부족으로 환경문제(사막화 현상, 토양 유실)를 야기시킨다. 또한 사람과 산업폐기물로 물이 오염되고, 많은 양의 에너지 소모로 대기오염이 심화되며, 자연 생태 환경이 농업 생태 환경으로, 그리고 자연자원의 개발과 함께 그로 인해 주변 환경도 오염되어가고 있다(광산, 기름 유출, 광산 유출수 등).

인구수가 증가하는 것을 막을 수는 없으나, 이와 동반되는 환경오염을 억제하는 일은 점점 더 어려워

지구촌 전망대

맬서스와 인구론

1798년 영국인 토마스 맬서스는 《인구론》을 출판했다. 그의 기본 가정은 인구는 기하급수적(2, 4, 8, 16, 32, 64 등)으로 증가하는 데 반해 식량 생산은 산술 급수적(1, 2, 3, 4, 5, 6, 등)으로 증대된다는 것이다. 이러한 다른 비율의 궁극적인 결과는 인구가 농업 생산량을 초과하게 된다는 것이다. 그는 전쟁, 기아, 역병 그리고 자연재해 등이 인구 규모를 조절하는 도구가 될 것이라 결론지었다. 그의 예견은 당대 지식인 사이에서 뜨거운 논쟁거리였다. 그의 가정과 결론은 모순덩어리로 공격받았고 사회의 이익과도 배치되었다. 그가 책을 저술했을 때, 일반적인 의견은 인간의 지식과 '도덕적 속박'이 모든 인간의 필요를 충족시키는 세계를 창조할 수 있다는 것이었다. 당시의 다른 철학자들은 출산을 피하는 성행위 양식을 받아들여서 인구가 조절될 것이라 믿었던 반면, 맬서스의 기본 가정은 성적 교섭 양식은 변하지 않는다는 것이었다. 지난 50년 동안 실제로 효과적인 임신 조절 기술이 널리 수용되고 활용되었지만 그것들은 단지 선진국에서만 활용되었다.

맬서스는 피임의 활용, 농업 생산 기술의 주요 변화 혹은 아메리카와 오스트레일리아로의 과잉 인구 수출 등을 예견하지는 못했다. 이러한 요인들은 그가 예언한 것이 사실로 드러나 사망률을 높이는 것과 같은 처참한 황폐화를 방지했다. 그러나 오늘날 세계의 여러 지역에서 사람들은 맬서스가 예견한 인구조절 양식을 경험하고 있다. 많은 이들은 그의 근본적 예언이 이성적(단지 그의 시대와 규모에서 옳지 않았을 뿐)이었다고 생각하며 오늘날 그의 예견이 사실로 드러나고 있음을 보고 있다.

질 것이다. 대부분 저개발국에서 인구수가 증가하고, 이런 나라들에서 환경오염을 예방하고 건강 프로그램, 농업 기술 개선 등을 지원하는 데에는 경제적인 한계가 있다.

이러한 나라들이 가지고 있는 자원을 사회 발전에 활용하려면 몇 가지 조건이 필요하다. 여기에는 우선 사용 가능한 자연자원, 인구 규모, 사람들이 살고 있는 지역의 크기와 현재 기술 수준 등이 포함된다. 인구수가 증가하면, 자연자원에 대한 수요도 증가한다. 좋은 농지, 에너지원, 광물자원과 같은 풍부한 자연자원을 소유한 나라가 있는가 하면, 그렇지 못한 나라들도 있다. 따라서 많은 인구를 먹여 살릴 수 있는 나라가 있는가 하면, 불가능한 곳도 많다. 일정 면적당 인구수, 즉 **인구밀도**(population density)는 사용 가능한 자연자원에 대한 인구수와 밀접한 관계가 있다. 백만의 인구가 아마존 지역에 퍼져서 사는 경우와 섬에 살고 있는 경우, 같은 인구수라도 자연과 환경에 미치는 영향에는 큰 차이가 있다. 풍부한 자연자원을 가지고 있는 나라들은 그렇지 않은 나라들보다 높은 인구밀도를 더 잘 유지할 수 있다.

산업 기술과 경제 수준도 중요하다. 일반적으로 선진국에서는 인구수도 비교적 안정되어 있고, 지역의 환경 조건도 양호하므로, 이들이 환경에 나쁜 영향은 주지 않는 것같이 보인다. 그러나 고도로 발전된 국가에서는 많은 양의 자연자원이 소모되고 있다. 이러한 국가들의 국민들은 좋은 음식을 먹고, 특히 식물성 식단보다 훨씬 농업적으로 에너지가 많이 들어가는 동물성 단백질의 소모도가 높다. 이들은 더 많은 양의 물질을 소유하고, 에너지를 소비한다. 선진국에서 소모되고 소유되는 대부분의 물질들은 개발되지 않은 곳으로부터 공급된다. 따라서 북아메리카, 일본, 오스트레일리아, 뉴질랜드와 유럽에서는 오히려 환경에 적게 영향을 주면서 생존할 수 있게 된다.

세계 인구를 조절한다고 해서 모든 환경문제가 해결되는 것은 아니지만, 적어도 환경이 소모되어가는 속도를 늦출 수는 있다. 일반적으로 인구수를 조절하면(느리게 증가하도록) 삶의 질을 개선시킬 수 있을 것이라고 믿는데, 그 이유는 무엇인가?

표 7.1　2004년 현재, 20개국의 인구와 관련된 내용들

국가	인구수 (백만)	천 명당 출생수	천 명당 사망수	영유아 사망률 (출생아 천 명당 사망수)	총 출산율 (일생 동안 한 여성이 출산하는 자녀수)	기혼 여성의 피임률 (%)	자연 증가율 (매년 %)	예상 인구 변화도 (2004~2050)
세계	6396	21	9	56	2.8	59	1.3	45
러시아	144.1	10	17	13	1.4	67	(−0.6)	(−17)
독일	82.6	9	10	4.1	1.3	75	(−0.2)	(−9)
일본	127.6	9	8	3	1.3	56	0.1	(−21)
프랑스	60.0	13	9	4.1	1.9	75	0.4	7
중국	1300.1	12	6	32	1.7	83	0.6	11
미국	293.6	14	8	6.7	2.0	76	0.6	43
태국	63.8	14	7	20	1.7	72	0.8	15
이란	67.4	18	6	32	2.5	74	1.2	43
베트남	81.5	18	6	21	2.1	75	1.2	41
브라질	179.1	20	7	33	2.2	76	1.3	24
터키	71.3	21	7	39	2.5	64	1.4	37
인도네시아	218.7	22	6	46	2.6	60	1.6	41
인도	1086.6	25	8	64	3.1	48	1.7	50
이집트	73.4	26	6	38	3.2	60	2.0	74
필리핀	83.7	26	6	29	3.5	49	2.0	76
방글라데시	141.3	30	9	66	3.3	54	2.1	98
멕시코	106.2	25	5	25	2.8	68	2.1	41
에티오피아	72.4	41	18	105	5.9	8	2.4	139
파키스탄	159.2	34	10	85	4.8	28	2.4	85
나이지리아	137.3	42	13	100	5.7	12	2.9	124

출처 : Population Reference Bureau, 2004 Population Data Sheet.

인구수 증가에 미치는 영향 인자들

6장에서는 인구수를 생물학적인 관점에서 보았다. 인구의 특징, 증가의 원인과 안정의 원인, 그리고 그 이유를 공부하였다. 이러한 생물학적 인자들은 인구 외에 생태계에 존재하는 다른 생물체에게도 적용된다. 인구수를 조절하는 데에는 한계가 있는데, 결국 한계 조건이란 인구수를 안정시키는 정도까지 적용될 수 있다. 다른 생물과 달리 사람은 정치 · 사회적, 경제적, 윤리적 인자들에 의해 영향을 받는다. 미래를 예측할 수 있는 기술과 지식도 축척되었으므로, 방법의 순서도 결정할 수 있다. 인구수가 계속 증가하면서 사망률과 출생률은 비슷해질 것인데, 이것은 출생률을 일정하게 하면 사망률을 높일 수 있으므로 가능하다. 인구수를 조절하는 것은 간단해 보인다. 즉, 사망률을 높이기보다는 출산율을 낮추는 것이 인간적이므로, 출산율을 낮추어 인구수를 조절하는 것이 훨씬 단순해 보이나, 실제로는 그렇지 않다.

생물학적 인자들

인구와 인구의 특징에 대한 과학적 접근, 즉 인구 증가의 원인과 인구 증가로 인한 영향들에 관한 연구를 **인구통계학**(demography)이라 한다. 인구통계학에서는 여러 가지 생물학적 요인들을 관찰하여 인구 증가를 예측한다. 전 세계적으로 사망률보다 출생률이 높으므로, 인구수는 증가하게 된다(표 7.1). 높은 출생률과 높은 사망률을 보이는 나라와 사망률을 훨씬 능가하는 출생률을 보이는 나라들에서 인구는 급격하게 증가할 것이다(나이지리아, 이집트). 이러한 나라들에서는 저영양과 병으로 영아 사망률이 특히 높은데, 사망률보다 출생률이 매우 높으므로 결국 인구는 증가하게 된다.

출생률이 높고, 사망률이 낮은 나라들은 인구가 빠르게 증가한다(멕시코, 인도네시아). 이들 나라에서는 영아 사망률이 그다지 높지 않다. 출생률과 사망률이 낮은 곳에서는 인구 증가도 느리다(일본, 프랑스). 이 나라들과 선진국에서는 영아 사망률도 매우 낮다. 구소련과 동독 지역은 사망률과 출생률이 비슷하거나 사망률이 더 높아 인구가 감소하였다. 이들 나라와 다른 유럽 국가들도 출생률이 낮으므로, 유럽 인구는 약간 감소하는 추세이다.

인구수를 증가시키는 결정적인 요인 중의 하나는 인구 중 얼마나 많은 여성이 아이를 갖고 있으며 각 여성이 앞으로 얼마나 많은 아이를 낳느냐와 연결되어 있다. 인구의 **총 출산율**(total fertility rate)은 여성 한 명이 평생 동안 낳는 자녀수를 의미한다. 일반적으로 2.1의 총 출산율은 **대체 출산율**(replacement fertility)로서 부모 두 사람이 죽으면 두 자녀가 대체할 수 있다는 것으로 볼 수 있다.

결국 출산율이 2.1로 유지되면 인구 증가는 안정된다. 2.0보다는 2.1이 사용되는 이유는 아이들이 출생 후 사망하는 경우가 있기 때문이다. 인구수가 증가하지 않는다는 것은 결국 출생수와 사망수가 같다는 것이며, 이것을 **제로인구증가**(zero population growth)라고 한다.

그러나 총 출산율 2.1은 여러 가지 이유로 제로인구성장률을 의미하지는 않는다. 그 이유는 우선 생활 여건이 좋아지면 사람들의 수명이 연장되어 사망률이 낮아지고, 사망률이 출생률보다 더 빠르게 낮아지면, 결국 인구는 증가하기 때문이다.

나이 분포(age distribution)란, 인구 중 각 나이에 속하는 사람들의 수를 의미한다. 인구 중 젊은 사람의 분포도가 높으면, 각 가정당 2명만 낳는다고 해도 인구수는 증가하게 될 것이다.

사회적 인자들

경제적으로 앞선 나라들에서는 출산율이 낮고, 그렇지 못한 나라에서는 출산율이 훨씬 높게 나타난다. 또한 개인의 이익이나 의도에 따라 출산율이 감소되기도 하지만, 모든 사람들이 그렇게 느끼는 것은 아니다. 부부들이 아이를 낳지 않으려는 데에는 종교적, 전통적, 사회적, 그리고 경제적 이유들이 있다.

가족의 크기가 결정되는 주요 사회적 인자로는 문화적인 측면에서 여자의 역할과 여성의 사회적 위치를 들 수 있다. 남성 위주인 문화에서는 여성의 전통적인 역할이, 결혼하여 아이를 양육하는 것으로 한정되어 있고, 이것은 종교적 신념과 연결되어 있는 경우가 종종 있다. 이러한 곳에서는 여성에게 교육의 기회가 부여되지 않고, 결혼도 이르다. 이러한 문화 속에서 여성들은 일생 동안 남편과 자식에게 의존하게 된다. 여성이 결혼을 일찍 하게 되면 임신의 가능성도 높아지고 교육의 기회가 없어지므로, 사회에서 여성의 역할도 제한된다.

이 사회의 여성들은 혼인과 출산에 대한 선택권이 없다. 이와는 반대로 경제적으로 발전된 사회에서는 여성들도 교육을 받고, 결혼 연령도 늦어지고, 출산의 횟수도 적다. 즉, 세계 인구 증가율을 낮출 수 있는 가장 중요한 일은 여성에게 교육의 기회를 부여하고, 교육수준을 높이는 것이다. 여성의 교육수준이 높아지면 출산율은 낮아진다. 그림 7.2에서는 20개국의 총 출산율과 여성의 교육수준을 비교하였다. 여기에서 여성의 교육수준이 총 출산율과 경제수준과 밀접한 관계가 있는 것을 볼 수 있다.

아프리카에서는 전체 여성의 17%가 15~19세 때 출산을 한다. 남아메리카에서는 16%, 아시아에서는 9%가 이 연령대에 출산을 한다. 이 지역들의 총 출산율을 살펴보면, 한 여성이 일생 동안 각각 5.6, 2.6, 2.6명의 아이를 출산한다. 발전된 국가에서 여성들의 결혼 연령은 훨씬 높아서 25~27세 정도이며, 어려서 결혼하는 경우는 극히 드물어 단지 3%만이 15~19세 사이에 결혼하고, 총 출산율은 평균 1.6명 정도이다.

20개국의 전체 임신율, 여성 비문맹률과 경제수준

국가	총 출산율 (2004)	여성 비문맹률 (2002)	GNI PPP/1인당 US달러(2002)
독일	1.3	99	$26,980
일본	1.3	99	$27,380
러시아	1.4	99	$8,080
태국	1.7	90.5	$6,890
중국	1.7	86.5	$4,520
프랑스	1.9	99	$27,040
미국	2.0	99	$36,110
베트남	2.1	86.9	$2,300
브라질	2.2	86.5	$7,450
터키	2.5	78.5	$6,300
이란	2.5	70.4	$6,690
인도네시아	2.6	83.4	$3,070
멕시코	2.8	88.7	$8,800
인도	3.1	46.4	$2,650
이집트	3.2	43.6	$3,810
방글라데시	3.3	31.4	$1,770
필리핀	3.5	92.7	$4,450
파키스탄	4.8	28.5	$1,960
나이지리아	5.7	59.4	$800
에티오피아	5.9	33.8	$780

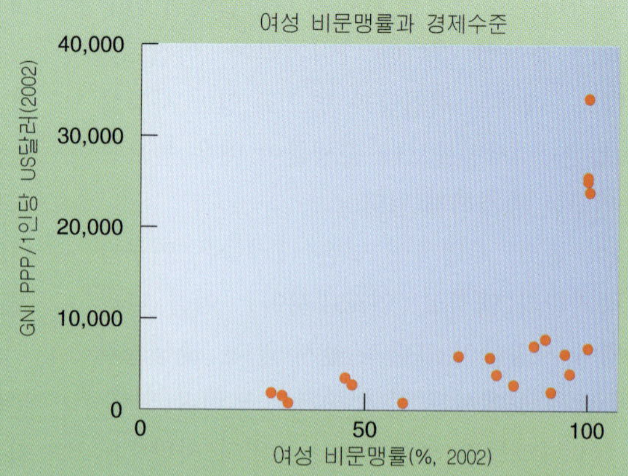

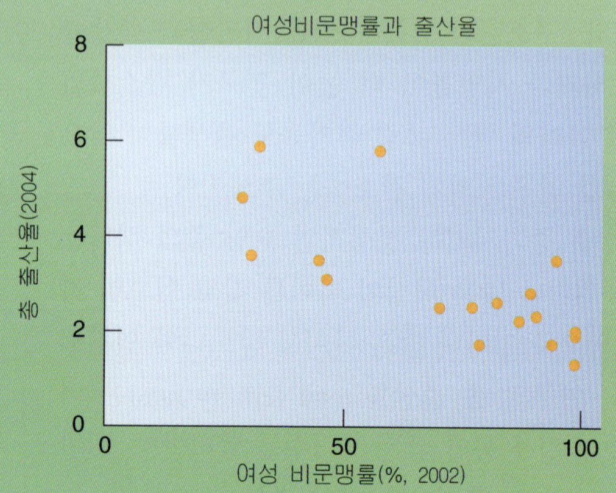

그림 **7.2** 비문맹률, 임신율과 경제수준의 관계 여성의 비문맹률은 임신율 및 경제수준과 매우 밀접하게 관련되어 있다.

출처 : Data from Population Reference Bureau 2004 Data Sheet, and *Human Development Report 2004*, United Nations Development Program.

자식의 양육 방법도 인구 증가에 영향을 미친다. 모유 수유에는 장점이 많다. 모유는 유아에게 가장 질 좋은 영양분을 공급하고, 여러 가지 병에 대항할 수 있는 항체를 공급한다. 또 모유 수유를 멈출 때까지 여성의 임신 가능성이 낮아지므로, 다시 임산부가 될 확률도 낮아진다. 많은 지역에서 1~2년 정도 수유하는 것이 일반적인데, 이는 출산 간 시간 간격을 넓히며, 따라서 유아 사망율도 낮아진다.

여성들의 교육수준이 높아지면 소득수준도 높아져 재정적 자립이 가능하고, 이에 따라 결혼연령도 늦어지고 출산율도 낮아진다. 교육수준에 따라 피임도 일반화된다. 경제적으로 진보된 국가에서는 여성들이 피임약을 복용하여 출산율을 조절하지만, 그렇지 못한 나라에서는 피임약 복용률이 낮다. 아프리카는 28%, 남아메리카는 70%, 아시아는 62%(중국을 제외하면 51%)로 나타난다.

출산제한정책이 인구문제를 전적으로 해결할 수는 없으며, 여성들로 하여금 가족의 크기를 제한하고자 하는 생각을 가지게 하는 것이 중요하다. 선진국에서는 종교나 전통과 관계없이 출산제한정책이 출산율을 결정하는 데 매우 중요하다. 이탈리아, 스페인은 전통적인 가톨릭 국가이며, 총 출산율은 1.3으로 낮다(선진국의 평균 수치는 1.6). 이들 국가에서는 여성들이 피임을 통해 가족 수를 조절한다. 반대로 멕시코도 전통적인 가톨릭 국가이나 총 출산율은 2.8이다. 종교와 관계없이 저개발국에서는 총 출

환경 돋보기

산아제한

질병과 고통을 조절하는 기술의 활용은 사망률을 크게 줄여왔다. 기술적 진보는 이제 출생률도 조절할 수 있다. 다양한 피임법이 산아제한에 활용되고 있다. 보다 효과적이고, 보다 수용 가능하고 가격을 낮추면서 임신을 조절하는 연구가 계속되고 있다. 그러나 문화적·종교적 차이는 일정 피임 양식에 대한 국가별 선호도를 결정하기도 한다.

가장 일반적인 피임법은 경구용 피임약의 복용, 페서리와 살정젤리, 자궁 내 장치, 콘돔, 정관수술, 난관수술 등이다. 옆의 표에서 볼 수 있는 이 방법들의 효과 정도는 개인의 출산 능력 차이와 피임법 활용에 있어 쏟는 주의 정도의 결과이다.

다양한 산아제한 방법 중 낙태는 임신 초기에 원하지 않는 임신을 종결지을 수는 있다. 출산율이 낮은 미국, 일본 그리고 대부분의 유럽에서 낙태는 허용되고 있다.

다양한 피임법의 효과

활용한 지 1년 안에 원치 않은 임신을 경험한 경우(%)

방 법		전형적 활용	완벽한 활용	방 법	전형적 활용	완벽한 활용
피임 안함		85	85	주기 계산(자연 가족계획)		
살정제		26	6	달력 활용법		9
자궁경부 캡	자녀 유	40	26	배란주기 활용법		3
	자녀 무	20	9	체온 활용법		2
스포지	자녀 유	40	20	배란 후 활용법		1
	자녀 무	20	9	자궁 내 장치(IUD)	2	1.5
여성용 콘돔		21	5	난관수술	0.5	0.5
체외 사정		19	4	피임약 복용		0.5
남성용 콘돔		14	3	피임주사	0.3	0.3
				정관수술	0.15	0.10

출처 : J. Trussel, "Contraceptive Efficacy" in R. A. Hatcher, et al., Contraceptive Technology, 17th Revised Edition, 1998, Irvington Publishers.

산율이 이렇게 높은 수치를 보인다.

저개발국의 여성들은 많은 아이를 낳는 것이 이상적이라고 생각하며, 총 출산율은 2.1 정도이다. 이들에게, 출산 조절과 함께 낳고자 하는 자녀수를 제한하고, 자녀 간 차이를 좀더 여유 있게 조절하게 하여도 2.1명보다 많은 수의 아이를 원한다. 이들은 왜 대가족을 원할까? 여기에는 몇 가지 이유가 있다. 우선 영아 사망률이 높아서 성장하면서 많이 죽기 때문이다. 사회보장제도가 없는 저개발국에서는, 부모의 연령이 높아지면 자녀들의 수가 많을수록 일하지 않아도 삶이 보장된다는 믿음이 있다.

저개발국에서는 아이들을 통해 얻는 경제적인 이익이 중요한데, 어린아이들까지도 일을 하여 집안의 경제를 돕는다. 아이들이 가축을 보호하고, 나무를 하고, 요리를 하고 물을 긷는다. 선진국에서 어린 세대는 경제적인 투자와 소비의 대상이 되는데, 아

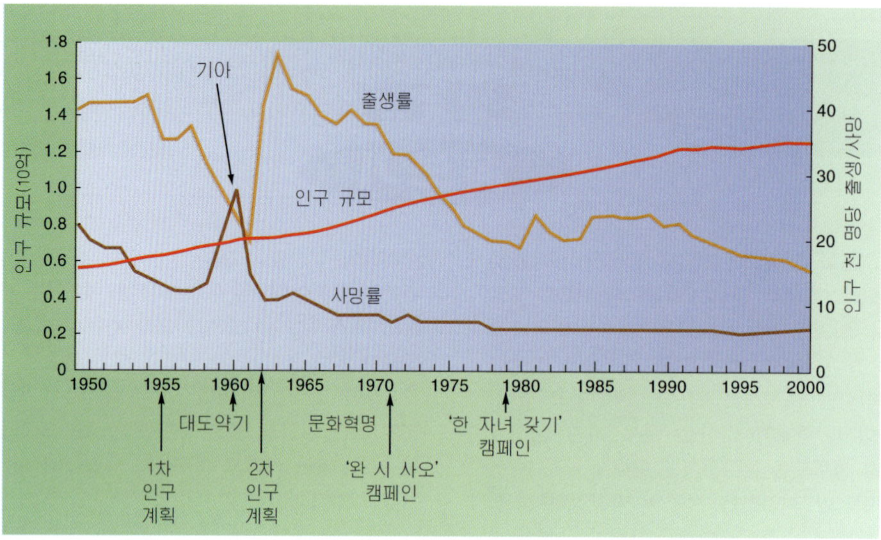

그림 7.3 중국의 인구변화도 중국에서는 국가적으로 오랫동안 인구조절정책을 실시하였다. 이 그래프는 정책에 의한 출산율, 사망률, 인구의 변화도를 보여준다.

출처 : Data from H. Yuan Tien, "China's Demographic Dilemmas," *Population Bulletin, 1992*, Population Reference Bureau, Inc., Washington, D.C., and National Family Planning Commission of China; and more recent data from the Population Reference Bureau.

이들을 일하지 못하도록 법으로 보호하고, 많은 비용을 들여 학교에 보내고, 가정 소득의 많은 부분을 자녀를 위해 투자한다. 선진국의 대부분의 부모에게 있어 자녀를 낳는 일은 자동차나 집을 살 때 하는 고민과 같은 과정 속에서 이루어진다.

정치적 인자들

인구 증가에 영향을 주는 두 가지 인자는 정부 정책과 이민이다. 대부분의 유럽 국가에서는 인구증가율이 매우 낮다. 이들 국가는 고령 인구의 증가와 낮은 출산율로, 미래에 일할 세대의 부족이 예상되므로, 사람들에게 아이를 낳도록 장려하는 정책을 취하고 있다. 헝가리, 스웨덴과 다른 유럽 국가들은 임산부와 산모에게 경제적인 지원을 하고, 직장을 보장한다. 많은 국가에서 부모가 아이를 낳고도 일할 수 있도록 여러 가지를 배려하고 정책적으로 뒷받침하고 있다. 출산율을 낮추는 원인에는 경제적인 문제가 작용하는데, 많은 나라에서는 아이를 낳으면 세금 혜택을 주고 있다.

반대로 대부분의 개발도상국에서는 인구증가율이 너무 높으므로 낮출 목적으로 출산 조절에 대한 여러 가지 정보를 제공하고 있다. 피임약을 무료로 나누어주거나 낮은 가격으로 제공하기도 한다.

중국과 인도는 세계에서 가장 인구가 많은 나라로, 각각 인구가 10억이 넘는다. 중국에서는 이미 인구조절정책을 시작하여 여성 한 명당 출산율이 3.1명에서 1.7명으로 줄었다. 이 나라들은 지난 50년간 서로 다른 정책을 펼쳐서 그 결과도 달라졌다. 중국 인구정책의 역사는, 국가 정책이 국민들의 출산 활동에 얼마나 영향을 주는가에 대한 흥미로운 연구이다. 1949년 중화인민공화국이 설립될 당시, 중국 정부는 공식적으로 출산을 장려하였다. 중국 사람들이 많을수록 더 많은 생산이 가능하고, 결국 이것이 경제적 성장을 불러올 수 있다고 믿었기 때문이다. 하지만 인구는 1949년과 1955년 사이 5억 4천에서 6억1천 4백만으로 증가하였으나, 경제는 어려워졌다. 결과적으로 정부는 정책을 바꾸고 인구억제정책을 시작하였다.

1955년 처음으로 가족계획정책이 임산부와 태아의 건강을 증진시킬 목적으로 시작되었고, 출산율은 떨어졌다. 다른 사회적인 변화와 함께 1950년대 말부터 1960년대 초까지 사망률이 높아지고 출산율은 떨어지게 되었다(그림 7.3).

1971년 시작된 가족계획정책은 완 시 사오(wan xi shao)라 하는데, 번역하면 '결혼은 늦게', '출산 간격은 길게', '자녀는 적게'라는 의미이다. 이 프로그램을 통해 공식적인 결혼연령은, 지방의 여성과 남성은 23세와 25세, 도시의 여성과 남성은 25세와 28세로 각각 높아졌다. 이러한 정책으로 1970년부터 1979년 사이 출생률은 50%로 낮아졌다.

한 자녀 갖기 운동은 1978~1979년에 시작되었고, 한 자녀 가족에게 많은 혜택을 주었다. 이 계획에 동참하는 부부들은 무료 의료혜택을 받고, 직장, 집, 연금 등에 대해서도 더 많은 혜택을 얻었다. 1980년대 중반까지 20% 미만의 부부들이 이 프로그램에 등록하여 동참하였다. 농촌 지역의 부부들은 한 명 이상의 자녀를 갖길 원했다. 사실 중국 인구의 70%가 농촌에 거주하였고 농촌 지역에서 총 출산율은 여성 한 명당 2.5명이었다. 1988년, 지방 거주 부부들에게는 첫째가 딸인 경우 둘째가 허용되었다.

최근 여성 한 명당 출산율은 1.7명이고, 80% 이상이 피임약을 복용한다. 가장 많이 사용되는 피임법은 남녀 모두 수술을 통한 피임이다. 낙태도 이 정책에 중요한 측면을 이룬다. 1,000명 출생당 600명 이상의 비율을 보인다.

반대로 인도는 중국과 같은 50년간의 인구조절정책에 실패하였다. 2000년 새로운 가족계획을 시작하였는데, 2010년까지 총 출산율을 3.1명에서 2명으로 낮추는 것이었다. 과거에는 정부계획에서 불임수술과 피임을 권하였으나, 성공적이지 못했다. 오늘날 48% 이상의 부부가 피임약을 사용하고 있다. 이 새로운 계획에서는 삶의 질 개선이 강조되고 있다. 주요 목표는 영유아 사망률을 낮추고, 예방주사 및 예방약을 공급하고, 여학생들을 학교에 보내는 것이다. 오늘날 인도에서는 50% 미만의 여성이 읽고 쓸 수 있다. 여성의 교육수준을 높이는 것은 다른 개발도상국에서의 경험을 바탕으로 강조되었다. 다른 많은 나라에서 여성의 교육수준 향상이 직접적으로 출산율 저하와 연결되어 있음이 나타났다.

이민정책은 인구를 증가시키는 한 방법으로 사용된다. 출산율이 낮은 유럽 국가, 일본, 중국 등의 나라에서는 곧 일할 수 있는 세대가 줄어들 것이고, 이러한 문제를 해결할 수 있는 한 가지 방법은 지구촌의 다른 곳에서 이민을 받아들이는 것이다.

선진국들은 이민을 받아들이는 데 여러 가지 사회적 압력을 받고 있다. 이러한 곳의 생활수준은 난민 및 자기가 살고 있는 곳보다 더 나은 곳을 찾아 이동하려는 사람에게 매우 중요한 요소이다. 미국의 경우, 매년 인구 증가의 1/3이 이민을 통한 것이다. 캐나다는 매년 30만 명의 이민을 받아들이고 있으며, 이는 현재 인구의 1% 정도를 차지하고 있다.

인구 증가와 생활수준

한 국가에서 인구 증가와 생활수준은 매우 밀접한 관계가 있다. **생활수준**(standard of living)이란 사람들의 삶의 질을 양적으로 표현한 것이다. 원하는 것에 대한 다양한 느낌과 경험을 양적으로 표현하는 것은 어려운 일이나, 여러 가지 방법으로 생활수준을 추정할 수 있다. 예를 들면, 경제 수준, 건강 유지 조건과 사회에서 지위를 바꿀 수 있는 가능성(신분 상승) 등을 들 수 있다. 그림 7.4는 생활수준을 결정하는 중요한 여러 요소와 생활수준이 매우 다른 대비되는 세 국가(미국, 아르헨티나, 케냐)를 보여준다. 경제적인 생활수준을 나타내는 중요한 지표 중의 하나는 구매력이고, 이것은 **국민총생산**(GNI, gross national income)으로 표시할 수 있다. GNI란 한 국가의 국민이 국가 내에서 생산하는 상품과 서비스와 타국에서 벌어들이는 소득까지 총체적으로 취합하여 나타내는 지표이다. 상품과 서비스의 가격수준은 나라에 따라 차이가 있으므로, 구매력을 비교하려면 일정한 기준이 필요하다. 따라서 국가 간 경제력을 비교할 때 사용하는 기준을 GNI PPP(gross national income purchasing power parity)라 한다. GNI PPP는 국민총생산을 인구수로 나누면 인구당 GNI PPP가 된다. 그림 7.4는 경제 선진국과 저개발국 간의 경제적 차이를 보여준다. 아직도 저개발국가는 선진국에서 누리고 있는 생활수준을 열

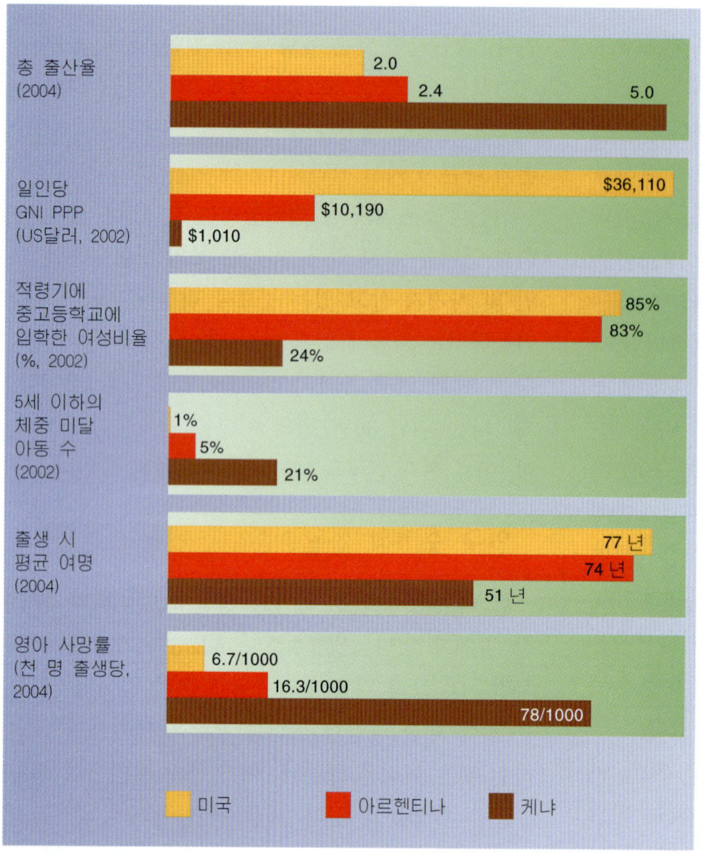

그림 7.4 대표적인 3개국의 생활수준과 인구성장률 생활수준이란, 한 개인이 얼마나 잘 살 수 있는가를 보여주는 지표이다. 정확히 정의하기는 어려우나, 미국, 아르헨티나와 케냐를 비교하면, 이들 3개국 간에 현격한 차이가 있는 것을 볼 수 있다. 케냐에는 인구증가율이 높고, 평균 수명이 짧으며, 영아 사망률도 높고, 식량도 부족하다. 평균 수입과 교육 정도도 낮다. 반면 미국에서는 인구증가율이 낮고, 평균 수명은 길며, 영아 사망률도 낮다. 또한 식량도 충분하며, 교육률과 소득도 높다. 아르헨티나는 이들 2개국의 중간 수준을 유지하고 있다.

출처 : Data from The Population Reference Bureau, 2004 Population Data Sheet; and UNICEF online statistics; and UNESCO institute of statistics online statistics.

망하고 있다.

생활수준은 건강에도 많은 영향을 주고, 보건의료, 안전한 식수와 충분한 영양은 평균 여명 및 영아 사망률, 아이들의 성장 정도와 밀접하게 관계가 있다. 미국과 아르헨티나는 평균 여명(70년 이상)과 영양 정도가 비슷하다. 케냐에서 평균 여명은 낮고(51년), 어린이들의 21%는 저체중 상태에 있으며, 영아 사망률은 1,000명당 78명이다. 미국의 경우 영아 사망률은 더 낮고(1,000명당 6.7명), 아르헨티나에서는 1,000명당 16.3명이다.

교육 정도는 직업의 선택 가능성에 영향을 미치고, 신분 상승을 가능하게 한다. 일반적으로 남성에게 여성보다 더 많은 교육의 기회가 주어지고, 여성의 교육 정도는 출산율과 한 가정의 경제수준에도 영향을 주게 된다. 아르헨티나와 미국에서는 여자 청소년의 80% 이상이, 케냐에서는 단 24%만이 고등학교에 입학한다. 이들 3개국 간에는 분명히 생활수준의 차이가 존재한다. 미국 사람이 느끼는 가난이 케냐 사람에게는 풍요로움이 될 수 있다.

인구변천 개념

평균 생활수준과 인구성장률 사이의 관계는 최상의 생활수준의 국가들이 가장 낮은 인구성장률을 보이고 최하의 생활수준 국가들이 가장 높은 인구성장률을 보이고 있다. 이러한 경향은, 국가는 근본적으로 **인구변천**(demographic transition)이라 불리는 일련의 단계로 진행될 것이라는 논의를 이끌어낸다. 이 모델은 유럽과 북아메리카의 역사적, 사회적, 경제적 발전에 기초를 두고 있다. 인구변천에는 다음의 네 단계가 있다(그림 7.5).

1. 초기에 국가는 다산다사의 안정된 인구를 갖추고 있다. 사망률은 거의가 기아와 전염병에 기인한다.

2. 향상된 경제 및 사회 조건(질병의 조절과 증대된 식량 자급력)은 사망률 감소에 의한 급격한 인구 성장을 경험케 한다. 출산율은 여전히 높다.
3. 국가가 산업화됨에 따라 보다 작은 규모의 가족을 원하고 피임의 활용 때문에 출산율은 떨어지게 된다.
4. 마지막으로 소산소사의 상태에서 출산율과 사망률이 균형을 맞추게 된다.

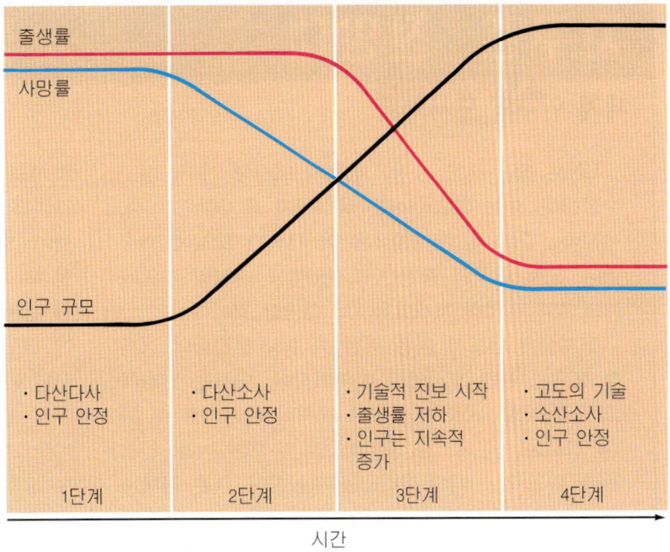

그림 7.5 인구변천 인구변천 모델은, 발전할수록 출생률은 자동적으로 낮아진다는 선진국의 경험을 보여준다. 선진국은 현재 세계 인구의 20%를 차지한다. 그러나 저개발국가가 선진국이 경험한 기술적 진보를 달성할 수 있을지는 의문으로 남는다.

이는 국가가 산업화되고 이후에 사회적 · 정치적 · 경제적 진보가 본질적으로 자체의 인구를 안정시킬 것이라는 가정을 안고 있는 매우 안정된 모델이다.

그러나 모델은 심각한 문제로 이어진다. 과연 유럽과 북아메리카에 의해 제시되었던 이 패턴이 오늘날의 저개발국가들에서도 재현될 것인가? 일본과 호주는 세계 인구가 아직 많지 않고 에너지와 천연자원이 여전히 풍부했던 시기에 이 변천 과정을 거쳤다. 이에 대한 수요가 저개발국으로 분류된 현재의 대부분의 국가들의 산업화를 허용할 정도로 풍족한지에 대해서는 의심할 여지가 있다.

두 번째 관심은 시간 요소이다. 세계 인구가 지금과 같은 속도로 빠르게 증가한다면 산업화는 아마 인구 성장에 영향을 미칠 만큼 충분한 속도를 갖지 못할 수도 있다. 저개발국의 사람들이 더 오래 가난할수록 보다 많은 아이를 낳으려는 강력한 동인이 있다. 아이들은 그들의 늙어가는 부모들을 부양하는 사회안전망의 한 형태이다. 오직 선진국에서만 노년을 위해서 저축을 할 수 있고 양육을 위해서 자녀를 선택할 수도 있다.

유럽과 북아메리카가 인구변천을 통과할 때, 그들은 자국 영토 내와 식민지의 미개척지로 팽창할 수 있었다. 이는 변천의 초기 단계에서 팽창하는 인구를 위한 안전을 제공했다. 이 안전이 없었다면, 경제적 발전을 독려해내던 증가된 인구를 부양하는 것은 불가능했을 것이다. 오늘날 저개발국가들은 경제적 발전을 위해 필요한 자본을 축적하는 것이 불가능할지도 모른다. 증가하는 인구가 심각한 경제적 배출원이 될 것이기 때문이다.

기아, 식량 생산 그리고 환경 악화

인구가 증가하면 식량 수요도 증가한다. 사람은 직접 식량을 재배하거나 그것을 사야만 한다. 선진국의 대부분의 사람들은 그들이 원하는 것을 구입하며 때때로 필요 이상의 식량을 소유하고자 한다. 저개발국의 대부분은 그들 스스로 식량을 재배해야 하며 추가되는 식량은 꽤 많은 돈을 들여 구입해야 한다. 전형적으로 이러한 농부는 거의 잉여를 남기지 못한다. 인구가 가장 많은 나라(중국과 인도)에서는 대다수의 사람들이 농사를 지으며 살아간다.

인구 증가는 필연적으로 다른 동식물 개체수를 감소시킨다. 각각의 생태계는 그 안에서 생존이 가능하도록 최적의 생물량(biomass)을 가지고 있다. 생태계 내에서 한 종의 개체수를 증가시킬 수 있는 변화는 있을 수 있지만, 이는 언제나 특정한 다른 종에 부적(負的, minus) 영향을 미친다. 그들은 동일한 기초 자원을 두고 경쟁하고 있기 때문이다.

지구촌 전망대

세계 인구의 도시화

UN은 최근 세계 인구의 48%가 도시에 거주한다고 추정한다. 이는 2025년에는 60%까지 증가할 것이다. 선진국은 76%가, 저개발국은 약 41%가 도시에 거주한다. 도시 인구의 증가는 도시문제에 대처할 자원을 거의 갖추지 못한 저개발국에서 발생할 것이다.

도시화가 반드시 나쁜 것은 아니다. 선진국의 경제적 행위는 본래 도시에서 이루어진다. 도시는 건강하고 즐겁게 살 수 있는 곳으로 계획되고 관리될 수 있다. 도시는 농촌에서는 상시적으로 부족한 직업, 건강관리, 학교 및 기타의 서비스를 제공한다. 농촌 경제는 지위가 낮다고 생각되어 젊은이들은 높은 지위의 직업과 문화적 만족감을 충족시키기 위해 도시로 이동하기를 원한다.

밀집된 인구는 지역 자원에 집중된 영향을 미친다. 종종 물을 원거리에서 공수해와야 하고 쓰레기는 처리가 쉽지 않고, 지역 환경에 부담을 주는 부가된 사람들로 인해 공기의 질도 저하된다. 불행하게도 저개발국에서는 식수, 하수처리, 교통, 늘어나는 인구만큼의 주택 제공과 같은 기초적 자원의 성장과 제공을 계획하는 것이 불가능하다. 새로운 도시 이주자는 높은 임금의 직업을 갖기에는 교육과 훈련이 부족하고 식량을 재배할 기회도 잃었기 때문에 자신의 가족을 부양하기도 어렵게 된다. 결과적으로 가난한 이들이 도시로 이주해왔을 때, 그들은 종종 도시 외곽의 판자촌에서 살게 되거나 달동네에 무허가 주거지나 기타 사용되지 않는 곳에 거주하게 된다. 빈곤의 중심부에서 그들은 종종 도시의 관료 구조에서도 소외되기 때문에 기초 서비스를 받지 못하기도 한다. 도시의 부유한 사람들은 가난한 이들로부터 멀지 않게 거주하고 있고 그들은 상대적으로 고립되어 있는 듯하지만 부정적인 환경 영향은 도시 지역 전역의 거주자에게 미치게 된다(대기 및 수질 오염, 교통문제 등). 심지어 장기간에 걸쳐 건설된 선진 세계의 도시 중심부에서 주요한 문제는 있다. 많은 이들이 사회불안과 범죄로 이어지는 빈곤의 주머니를 품고 있다.

인간이 식량을 원할 때, 그들은 자연 생태계를 인공적이고 수용 가능한 농업 생태계로 개조한다. 동식물의 자연적 조화는 파괴되고 인간에게 유용한 종으로 대체된다. 만일 이러한 농업 생태계가 잘못 관리되면 그 지역의 전체 생산력은 원래 생태계의 그것보다도 떨어지게 된다. 북아메리카의 더스트 보울, 아프리카의 사막화, 열대우림의 파괴는 모두가 잘 알려진 예들이다. 늘어나는 인구에 미치지 못하는 식량 수급을 갖는 나라에서 남아있는 자연 생태계를 농지로 개간하는 압력은 더욱 가중될 수밖에 없다. 전형적으로 이러한 지역은 농사가 바람직하지 않은 지역이기에 생산력도 낮다. 결국 굶주리는 사람들을 위한 단기적인 수고가 모두 문제가 되어버린다. 장기적인 환경의 건강함만이 인구가 요구하는 필요를 만족시킬 수 있다.

저개발국 사람들이 일반적으로 섭취하는 식량의 기초 필요량은 개발국보다 훨씬 낮다(그림 7.6). 식물성 탄수화물을 영양 면에서 보다 가치 있는 동물성 단백질이나 지방으로 바꾸는 것은 값비싼 과정이다. 가축에게 곡물을 먹이거나 육류 생산품을 만들어내는 동안 초기 투입된 곡물 에너지의 약 90%가 소실된다. 게다가 경제학과 에너지 측면에서 저개발국은 가축을 먹이기보다는 그들 자신이 곡물을 소비해야 하고 잉여가 생겨야만 가축을 먹일 수 있다. 이런 경우에 가축이 곡물을 먹어야 한다면 많은 사람들은 기아에 허덕일 것이다. 반면 곡물로만 구성된 식단은 단백질 부족으로 인한 영양 결핍을 낳는다. 저개발국 사람들의 대부분은 단백질 부족으로 인해 고통받고 있으며 이는 육체적 · 정신적 발육 저하로 이어진다.

반대로 대부분 선진국의 식단은 육류와 기타 동물성 단백질 식품으로 이루어진다. 오히려 많은 사람들이 과잉영양 때문에 고통받는다. 그들 역시 다른 의미에서 영양 부족이다. 육식을 하는 것이 미치는 생태적 영향은 채식의 10배에 이른다. 만일 선진국 사람들이 동물단백질의 섭취를 줄인다면 세계 자원에 대한 수요도 눈에 띄게 줄 것이다. 미국에서 재배되는 옥수수와 콩은 거의 가축사료로 사용된다. 만일 이 같은 곡물이 가축이 아닌 사람을 위해 재배된다면 더 적은 곡물을 재배해도 되고 농업 부담도 줄어들 것이다.

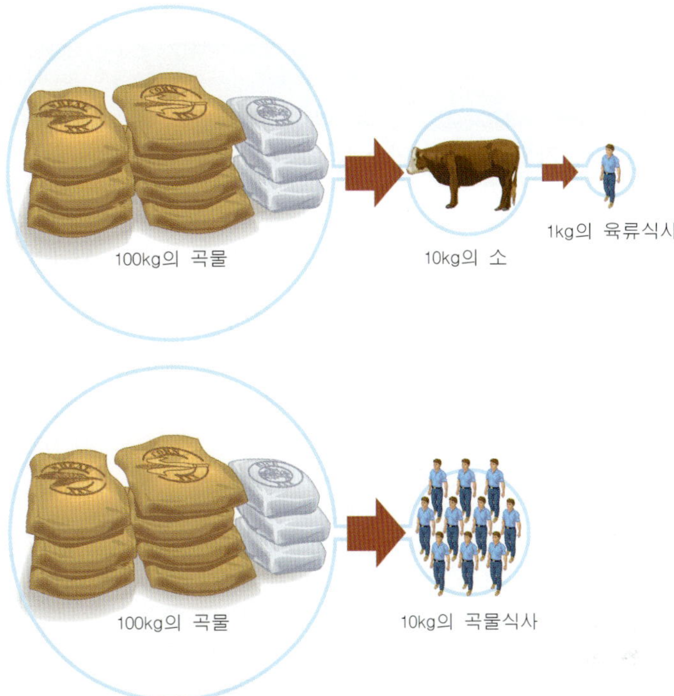

그림 **7.6** 인구와 영양 단계 매시간 한 생물체는 다른 생물체를 포식하며, 이 과정에서 약 **90%**의 에너지가 손실된다. 따라서 인구가 많은 경우에는 초식 영양 단계가 적당한데, 이는 작물을 가축사료로 이용하면 **90%**의 에너지가 손실되기 때문이다. 곡물의 양이 동일할 때 초식 영양 단계는 육식 영양 단계에 비해 10배의 사람들을 먹여살릴 수 있다.

식량이 적게 공급되는 나라에서 농지는 거의 한계치까지 개발되었지만 여전히 더 많은 식량 생산이 요구되고 있다. 이것이 미국, 캐나다, 오스트레일리아, 아르헨티나, 뉴질랜드 그리고 유럽연합을 순수한 식량 수출자로 만든다. 인도와 중국 같은 많은 나라들은 자국의 인구를 부양할 만큼의 식량 생산은 가능하지만 수출을 위해 여분을 남길 정도는 아니다. 구소련 연방의 많은 나라들이 포함된 그룹은 자국의 수요에 미치는 충분한 식량을 산출하지 못하기 때문에 식량을 수입해야만 한다.

순 식량 수입국이 반드시 빈곤한 것은 아니다. 일본과 유럽의 일부 국가는 순 식량 수입국이지만 이들 국가는 필요한 것을 구입할 수 있는 충분한 경제적 자산을 갖추고 있다. 기아는 국가가 자국민을 부양할 만큼 충분한 식량을 생산하지 못하면서 구매를 통해 식량을 획득할 수 없거나 인도주의적 원조를 받을 수 없을 때 발생한다.

세계 식량 생산과 기아와 관련된 현재적 상황은 매우 복잡하다. 이것에는 경지, 노동, 기계 이외에도 적절한 작물 선택과 경제적 유인책과 같은 식량 생산에 필요한 자원들이 관계된다. 또한 국가 간에 식량의 불균등 분포도 문제가 되고 있다. 이것은 때때로 경제적 문제로 확대되는데, 부유한 사람들이 식량과 여타 자원을 과다하게 보유하는 반면 그 나라에서 가장 가난한 사람들은 생활의 기초 생필품을 찾는 데도 어려움을 갖게 된다. 정치적 행위들이 식량 수급을 결정하는 경우도 있다. 전쟁, 외채상환, 부실 관리는 기아와 영양 부족을 부채질한다.

증대된 곡물 다품종화, 관개, 향상된 농업 기술이 일부 지역에서 식량 생산 증대에 기여하고 있기도 하다. 최근에 인도, 중국 그리고 남부 아시아 지역은 식량 수입국에서 자급자족 국가로, 어떤 경우에는 식량 수출국으로 변모하고 있다.

가장 많은 노력을 들여야하는 곳이 사하라 사막 이남의 아프리카 지역이다. 아프리카는 최근 수십 년간 단위 면적당 식량 생산율이 줄고 있는 유일하고 거대한 지역이다. 이 지역의 사람들은 숲, 잡목

지구촌 전망대

인구 증가와 빈곤의 악순환

인구가 급속도로 증가하고 있는 지역은 세계적으로 생활수준이 낮은 곳들이다. 유럽과 북아메리카의 선진국은 풍부한 부와 상대적으로 느린 인구 성장을 보이고 있다. 남반구 국가들은 일반적으로 가난하고 높은 인구성장률을 보이고 있다. 어떤 힘이 연루되어 있는가? 모든 경우가 같지는 않겠지만 아래의 요인들이 상호연관되어 있는 듯하다.

1. 가난한 사람들은 산아 제한 혜택을 받을 수 없다. 그들은 교육수준이 낮기 때문에 다양한 산아 제한의 활용법을 읽을 수 없을 것이다. 그래서 자신들이 원하는 수 이상의 자녀를 낳게 된다.
2. 가난한 이들은 여러 방면의 수입을 원한다. 종종 아이들을 학교 밖으로 끌어내서 농장이나 기타 가족을 위해 돈을 벌어오는 일을 하도록 강요한다. 교육수준이 낮은 이들은 고임금의 직업을 가질 수 없고 그들은 계속해서 가난하게 남는다.
3. 가난한 나라의 여성은 일반적으로 교육수준이 낮고 임의로 쓸 수 있는 수입을 갖고 있지 못하다. 따라서 남편이나 가족들에게 생계를 의존할 수밖에 없고, 독립적인 수입이 없는 여성은 산아 제한의 혜택을 받을 수 없기 때문에 원하지 않는 자녀를 더 많이 갖게 된다.

인구와 개발에 관한 유엔 국제회의가 1994년 9월 이집트의 카이로에서 개최되었을 때, 몇 가지 주요 관심 사안이 제안되었다.

1. 여성의 교육수준이 향상되었다. 이는 여성을 위한 향상된 재정 자립으로 이어졌고, 그들이 더 적은 자녀를 갖게 했다.
2. 산아 제한에 대한 접근이 목적으로서 제안되었다. 그러나 이슬람과 가톨릭 근본주의자들의 공격을 받았다. 최종 문서는 두 그룹의 승인을 받았다.
3. 경제적 복지가 인구문제 해결과 관련이 있다는 인식이 있었다. 그러나 가난한 나라의 거대하고 급속하게 증가하는 인구는 부유한 나라에서처럼 소비하기를 원하지 않는다. 게다가 부유한 나라는 그들의 소비율을 줄일 필요가 있다.

	인구성장률이 낮은 국가	인구성장률이 높은 국가
부	부유	빈곤
교육수준	교육받음	대부분 문맹
여성의 지위	경제적 독립	남편이나 가족에게 경제적 의존
아동의 지위	노동에서 보호받음	대부분 노동을 요구받음

지, 초지까지와 같은 한계지(marginal land)까지 농지로 개간하여 식량 생산에 활용하고자 한다. 때때로 이 땅은 농업 생산물을 지속적으로 생산할 수가 없다. 이것은 침식과 사막화로 이어진다.

국가가 자국민에게 충분한 식량을 재배할 수 없고 식량을 살 수도 없다면 어떤 일이 일어날까? 이것은 쉬운 문제는 아니다. 단순한 인도주의적 문제 해결은 선진국이 식량을 제공하는 것이다. 많은 종교 및 인도주의 조직이 식량이 필요한 곳에 식량을 제공하는 훌륭한 서비스를 이미 하고 있고, 그것으로 많은 생명을 구할 수 있었다. 그러나 원조는 언제나 일시적인 도움만을 제공할 뿐이기에 그 나라 사람들은 스스로의 문제를 해결하기 위한 메커니즘을 만들어내야만 한다. 종종 긴급 식량 프로그램은 수많은 사람을 그들의 고향(농촌)에서 스스로 삶을 지탱할 수 없는 도시로 이주케 하는 결과를 낳기도 한다. 그들은 식량 원조에 의존적이 되어서 스스로 식량을 재배하는 것을 멈추게 된다. 이는 그들이 일하기를 원하지 않기 때문이 아니라 자신의 영역을 떠나 식량 배급소가 있는 곳으로 이동했기 때문이다. 많은 인도주의적 기구들은 현재 선진 세계의 선물이 이들에게 식량을 제공하는 것이 무익함을 깨달아가고 있다. 강조되어야 하는 것은 자급자족이다.

지속적 인구성장과 예상되는 변화

세계 인구가 지속적으로 증대됨에 따라 생필품에 대한 압력도 커질 것이다. 개발국과 저개발국의 생활수준의 차이는 인구 증가가 거의 저개발국에서 일어나기 때문에 더욱 심화될 것이다. 연료 및 자원의 공급은 점차 감소하고 있다. 자원에 대한 압력은 개발국이 현 생활수준을 유지하려 할수록 더욱 강해질 것이다. 저개발국은 경지당 식량 생산을 높일 수 없다면 스스로를 부양하기 위해 보다 많은 경작지를 확보하려 할 것이다. 이들 대부분이 열대지방에 거주하기 때문에 경지 확보를 위한 우림 벌채가 계속되고 있다. 그 결과 침식과 토양유실로 더 이상 숲도 경지도 지속 가능할 수 없게 된다. 자연 생태계의 농업 생태계로의 전환은 지구 생태계에 유언장과 같은 변화를 낳고 있다.

선진국은 두 가지 가운데 하나를 선택해야만 할 것이다. 저개발국을 도우면서 국가 간 우정을 유지하는 것 아니면 저개발국의 문제를 회피하는 것. 이런 정책으로는 인구 증가로 인한 삶의 양식의 변화를 예방할 수는 없다. 세계의 자원은 유한하다. 만일 선진국들이 편재된 세계의 자원을 소비해간다면 개인당 유용 가능한 자원은 인구가 증가함에 따라 줄어들 수밖에 없다. 세계 인구가 늘어가면 저개발국의 낮은 생활수준은 지속될 것이다. 그들의 생활수준이 얼마나 더 낮아질지 예측하기는 어렵지만, 그들은 이미 기아로 죽어가고 있다. 선진국의 생활양식은 그다지 변하지 않을 수도 있지만 아마도 곧 덜 소비지향적으로 변해야 할 것이다. 요즘 사람들이 필수적이라 여기는 것은(음식점에서 식사하고, 원거리 휴가를 즐기고 가족당 차가 2대인 생활) 곧 매우 사치스런 일이 될 것이다. 자동차와 관련해서 기동성의 자유를 즐기는 사람들도 공공 교통수단이 사적 교통수단으로 대체됨에 따라 곧 이동의 한계에 부딪힐 것이다. 비싸고 에너지 의존적인 여가활동(모터보트, 모터사이클, 전기 장난감)은 지양되고, 대신 하이킹이나 독서가 다시 강조될 수도 있다. 격변적인 정치적 혹은 경제적 압력이 주요한 세계적 조절을 일으키지 않는다면 이러한 변화는 그처럼 급격하게 오지는 않을 것이다. 대부분이 그러하듯 변화는 가정생활에 영향을 미치는 경제적 압력이 있을 때에야 일어날 것이다. 많은 경제학자들과 정치 전략가들은 세계 경제는 보다 긴밀해져가고 직업 이동이 국가 간에도 보다 자유로워지며 부는 앞선 부유한 국가에서 경제적으로 성장하고 있는 개발도상국으로 재편될 것이라고 전망하고 있다. 그러한 재편의 가능성은 많은 선진국들에서 이미 주요한 정치적 이슈가 되고 있다.

지구촌 전망대

AIDS가 인구에 미치는 영향

AIDS(acquired immunodeficiency syndrome)의 원인이 되는 HIV(human immunodeficiency virus)는 전 세계 모든 국가로 퍼져나가고 있다. 이 전염병은 사람과 사람 사이에 바이러스를 함유하고 있는 체액을 통해 혈액으로 옮겨진다. 예를 들면, 마약중독자들 간의 주사바늘 공유나 성적 접촉을 통해 전염되는 것이다. 미국에서는 동성애자와 마약중독자들의 경우에만 위험성을 평가하였으나, 이 바이러스는 이성 간에 전달되고, 감염된 모체에게서 태아에게로 전염되고 있다.

세계보건기구(WHO)에서는 2003년까지 3천4백만에서 4천6백만 명의 AIDS환자가 있는 것으로 평가하였고, 2003년에는 3백만 명이 AIDS로 죽고, 전 세계적으로 퍼지기 시작한 이후로는 3천만 명이 죽은 것으로 집계하였다. 이 바이러스의 분포는 선진국에서는 낮게, 개발도상국에서는 높게 나타난다. 그림에서는 2003년도 AIDS 바이러스 보유자를 표시하고 있다. 대부분의 저개발국에서는 AIDS 검사도 하지 못하고 감염 여부를 모르고 있으므로, 전염률이 높다.

아프리카 사하라 이남 지역이 특히 심각한 것으로 알려져 있다. 아프리카에서 AIDS는 이성 간 성적 접촉을 통해 확산되었다. 많은 사람들이 중부아프리카 지역에서는 사회적으로 용인된 성행위들과 매춘을 통해 질병이 급속도로 퍼지고 있다고 생각한다. WHO에서는 HIV 감염자의 70%(2천5백만~2천8백만)가 이 지역이 있는 것으로 평가하고 있다. 이는 이 지역 인구의 3.5%이다. 이 지역 어떤 도시의 병원에서는 입원환자의 50%가 AIDS 환자이고, AIDS가 죽음의 원인이 되고 있다고 한다. 사하라 이남 지역에는 2003년 말까지 약 1천1백만의 AIDS 고아가 있고, 젊은 성인층이 죽어 마을에는 본질적으로 노인층과 아이들만 남아있다.

경제적 부담도 심각하다. AIDS 환자들은 일을 할 수 없고, 치료를 받아야 하나 가난으로 이도 불가능하다. 따라서 수백만의 고아들은 친척들에게 경제적인 부담을 주게 된다.

선진국에서는 약물과 치료로 수명을 연장할 수 있고, 감염된 모태와 태아 간 전염도 막을 수 있다. 그러나 치료비와 약물의 가격이 높으므로 누구에게나 가능성이 열려있지는 못하다. 2001년 몇몇 제약회사들은 일부 약을 낮은 가격으로 가난한 사람들에게 판매하는데 동의하였으나(연간 일인당 700달러), 이 가격은 평균소득이 2,000달러 미만인 사람들에게는 여전히 비싸기만 하다.

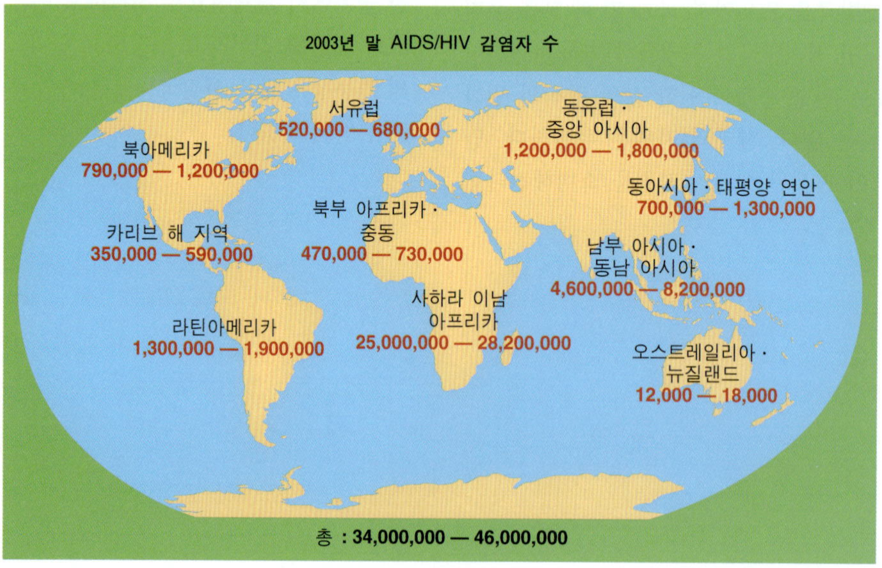

출처 : Data from World Health Organization of the United Nations.

요약

세계의 많은 문제들이 점증하는 인구에서 기인하고, 더욱 나빠지고 있다. 최근에 세계 인구는 더욱 빠르게 증가하고 있다. 인구 성장의 대부분은 저개발국(아프리카, 아시아, 라틴아메리카)에서 나타나는데 이곳 사람들의 생활수준은 매우 낮다. 높은 생활수준을 영위하는 선진국은 상대적으로 느린 인구 성장을 보이며 어떠한 경우에는 인구 감소를 보이기도 한다.

인구학은 인구 및 그에 영향을 미치는 제반 요인들을 연구대상으로 삼는다. 인구학자는 미래의 인구 성장을 예측하기 위해 성비, 연령분포 등을 살펴야 한다. 인구성장률은 출생률과 같은 생물학적 요인에 의해 결정되는데, 출생률은 다시 인구 내에서의 여성 비율이나 여성의 연령, 사망률 등에 의해 결정된다. 사회적 · 경제적 요인도 중요한데 이는 여성이 원하는 자녀수에 영향을 미쳐 인구성장률 조절을 돕기 때문이다. 선진국의 여성은 언제든지 직업을 가질 수 있다. 결혼이 늦추어질 수도 있고, 양육에 필요한 비용을 기초로 해서 그들이 나을 자녀의 수를 결정할 수 있다. 저개발국에서 여성은 조혼을 하고, 아이들은 부가된 노동력으로서의 경제적 가치를 지니고 미래에는 부모를 부양해야 하며 부모의 신분을 물려받는다.

최근의 미국 인구는 지속적으로 증가하고 있다. 평균 연령도 증가하고 있고 인구 내의 인종구성도 눈에 띄게 변화하고 있다.

인구변천 모델은 국가가 산업화가 되면 인구는 안정될 것이라 제시하고 있지만 공업화된 국가의 양식만으로는 지구는 전 세계를 지탱할 희망이 거의 보이지 않는다. 제개발 국가를 발전시킬 충분한 에너지와 여타 천연자원이 있는지 혹은 인구 성장의 경향을 바꾸어낼 시간이 있는지 모두 의심스럽다. 고도로 발전된 국가는 이미 증대될 압력을 예견하고 있으며 미래에 그들의 부를 저개발 국가들과 나누어야 함을 알아야 한다.

이슈와 분석 멕시코의 인구 성장

멕시코는 최근 연간 2.2%의 인구 성장을 보이고 있고 32년 안에 현재 인구의 2배가 될 전망이다. 이는 인구가 3.2%의 비율로 증가하던 1970년대 이상의 증가이다. 멕시코 정부의 목표는 인구성장률을 1%로 낮추는 것이다. 계획에는 가족 계획, 성교육, 여성의 지위 향상, 교육 개혁 등이 포함된다.

멕시코의 인구는 매우 젊다. 36%가 15세 이하이다. 이 아이들이 성인이 되면 자녀와 직업이 필요하게 될 것이다. 현재도 실업률이 높기 때문에 둘러봐도 일자리를 구하는 것은 쉽지 않다. 정부는 이 늘어나는 노동력을 흡수하기 위해 노동집약적 산업을 찾고 있다.

미국은 멕시코인들이 북부 국경에서 일자리를 찾는 것을 더욱 어렵게 만들고 있다. 미국 정부는 불법 이민 노동력을 활용하는 사업주를 처벌하고 미국 내에서 적법하게 일할 수 있는 등록된 멕시코인의 수도 줄이려고 하고 있다. 이것은 멕시코 경제에 주요한 영향을 미치고 있는데, 21%의 멕시코인이 미국으로부터의 수입에 의존하고 있기 때문이다.

미국과 유럽의 많은 사업체는 풍부하고 값싼 노동력을 활용하기 위해 멕시코에 조립공장을 건설하고 있다. 북미자유무역협정(NAFTA)은 미국, 캐나다, 멕시코 간의 보다 유동적인 상품 및 서비스의 이동을 허용한다. 자유무역의 최후의 결과물이 어떠할지는 불투명하지만 캐나다와 미국의 노동 지도자들은 저임금에의 접근의 효과가 그들의 관계에 미칠 영향에 대해 매우 우려하고 있다.

- 미국 정부는 멕시코 인구정책 수립과 관련이 있는가?
- 왜 멕시코 인구는 유럽이나 북아메리카처럼 쉽게 제한되어질 수 없는가?
- 미국은 멕시코 인구 문제를 더욱 나쁘게 만드는 정책을 수립할 수 있는가?

주요 용어

개발국(more-developed country)
국민총생산(GNI)
나이분포(age distribution)
대체출산율(replacement fertility)
생활수준(standard of living)
인구밀도(population density)
인구변천(demographic transition)
인구통계학(demography)
저개발국(lee-developed country)
제로인구증가(zero population growth)
총 출산율(total fertility rate)

복습 문제

1. 인구통계학이란 무엇인가?
2. 인구변천은 무엇이고, 무엇에 기초하고 있는가?
3. 연령분포는 무엇을 의미하는가?
4. 인구가 많은 국가에서 사는 사람들은 왜 그들의 주요 식량원을 곡물에서 찾아야 하는가?
5. 인구가 50년 후에 다시 두 배가 된다면 일어날 수 있는 변화를 다섯 가지 적어라.
6. 세계에서 가장 높은 인구 성장을 보이는 세 지역은 어디인가? 세계에서 가장 낮은 생활수준을 보이고 있는 세 지역은 어디인가?
7. 인구성장률을 결정하는 데에 여성의 지위는 어떠한 역할을 하는가?
8. 저개발국의 여성이 왜 2명 이상의 자녀를 원하는지 세 가지 이상의 이유를 기술하라.

비판적 사고력 문제

1. 당신은 선진국이, 저개발국이 자국의 인구 성장을 제한하도록 설득하는 것이 적절하다고 생각하는가? 당신의 윤리에 따라 적절한 간섭과 또 적절하지 않은 간섭은 무엇인가? 다시 당신이 저개발국의 국민이라고 생각해보자. 그 상황에서 선진국의 사람에게 대답해보자. 왜 그러한 대답을 하는가?
2. 중국 정부는 중국의 인구 성장을 조절하는 데 많은 노력을 보이고 있다. 인구문제에 대한 중국 정부의 이러한 간섭에 대해 어떻게 생각하는가? 당신이 그렇게 생각하는 데는 어떠한 가치, 신념, 관점이 작용했는가?
3. 인구 성장은 많은 환경 문제를 야기한다. 몇 가지 문제를 제시해보라. 이러한 문제를 해결하는 데 기술은 어떠한 역할을 할 수 있는가? 당신은 기술이 문제를 해결한다는 것에 대해 낙관적인가 비관적인가? 왜 그러한가?
4. 인구변천은 세계의 발전에 다양한 가능성을 갖고 있는가? 당신의 결론을 이끌어내는 근거는 무엇인가? 선진국은 현재의 개발도상국의 인구변천에서 어떠한 역할을 할 수 있는가? 왜 그러한가?
5. 2050년까지 미국의 인구성은 이민이 미국의 인구성장의 50%에 이르게 할 계획을 가지고 있다. 어떤 가치와 관점이 미국의 이민정책을 이끌고 있는가? 왜 그러한가?
6. 미국인과 수단인이 인구와 자원 부족에 대해서 상호 간 부채가 있다고 생각해보자. 당신은 미국인이 어떤 관점에서 빚을 초래했다고 보는가? 수단인은? 그들의 공통지반은 무엇이고 무엇이 또 다른가?
7. 개발도상국의 많은 이들이 그들의 생활수준을 선진국 수준으로 높이기를 원한다. 개발도상국의 이러한 압력이 환경에 미치는 영향은 무엇인가? 개발도상국과 앞선 선진국과의 정치적 관계는 어떠한가? 당신은 이 변화하는 관계에 대해 어떠한 윤리적 관점으로 접근하는가?
8. 멕시코의 인구학적 변화는 미국에 영향을 미친다. 멕시코는 이와 관련해서 어떠한 문제에 직면하고 있는가? 미국은 멕시코 인구정책과 어떤 관련을 가져야 하는가?

PART III

에너지

엑셀 사(Xcel Corporation)는 미네소타 주 의회의 지시를 따라, 이들 풍력 터빈으로 얻는 전력을 구입하였다.

변화의 바람

존 크론
세인트 클라우드 주립대학

미네소타에서는 현대 에너지원인 원자력 에너지와 함께, 인류가 가장 오랫동안 사용했던 에너지원 중의 하나인 바람 에너지를 같이 사용하고 있다.

두 에너지의 상호관계는, 1973년경 레드윙 근처 프레리 아일랜드 므데와칸턴 다코타(Mdewakanton Dakota) 부족 공동체에 귀속되어 있던 특별보호구역이 노던스테이츠전력회사(Northern States Power Company)의 원자력발전소 부지가 되면서 시작되었다. 미시시피 강 둔덕에 위치해 있던 공장 부지는 발전소 운용에 사용될 물을 쉽게 공급할 수 있는 장소였다. 이 계획으로 들어온 세수원은 보존을 위한 정책에 자극이 되었다.(1960년대 후반부터 1970년대까지는 원자력발전 분야가 가장 빠르게 발전한 시기였다. 현재 미국에서 운용되고 있는 100곳 이상의 원자력발전소는 거의 이 시기에 건설되었다.)

그러나 마침내, 원자력발전소에서 배출된 에너지 봉들이 프레리 아일랜드 원자력발전소의 저장조에 쌓이게 되었다. 이는 주 정부가 핵폐기물 저장장소를 약속하였으나 이를 제공하지 못하였기 때문에 발생한 것이었다. 따라서 전력회사(이후 '엑셀 에너지Xcel Energy'가 됨)는 사용한 연료봉을 프레리 아일랜드 발전소의 지상 건식 캐스크에 넣어 보관하는 것에 대한 허가를 요청하였다.

1994년 부족과 주 의회와의 협상 끝에, 엑셀 에너지는 프레리 아일랜드의 지상에 연료봉을 보관하는 대신, 2002년 말까지 풍력 에너지 425MW를 매입할 것을 합의하였고, 회사는 약속한 양보다 더 많은 480MW를 구매하였다. 게다가 1998년 미네소타 공공위원회는 엑셀에너지 사에 1994년 주 의회 협상 조건하에서 요청될 수 있는 풍력에너지 400MW의 추가 매입을 요구하였다.

이러한 협상이 구체화될 때, 이미 미네소타 남서부 버팔로 릿지(지형에 따라 ridge라 함)라는 곳에서는 풍력 에너지의 생산하였다. 이 봉우리는 주변보다 지대가 높아 바람의 세기가 강한 상태로 일정하게 유지되었고, 따라서 풍력 터빈을 적당한 위치에 설치하여 에너지를 생산하면 들판에서 소를 키우는 것보다 경제성을 훨씬 높일 수 있었다.

풍력 터빈은 다른 종류의 에너지원보다 가격 경쟁력이 높으나 여러 가지 취약점이 있다. 우선 바람의 세기가 충분하지 않으면 에너지 생산이 중단될 수 있으므로, 이런 경우를 위해서 대체 수단이 필요하다.

환경과 관련하여서는, 미네소타의 경우 수백 개의 풍력 터빈이 세워져 있으므로 경관을 해치고, 터빈 회전속도와 관계없이 새들이 자주 날개에 부딪혀서 죽게 된다.

비록 엑셀에너지 사가 풍력발전에 대한 의존도를 높이고 있어도, 회사는 소비자에게 전력을 공급하기 위하여 원자력발전소와 화력발전소를 여전히 운용하고 있다. 미네소타에는 2001년 현재, 세 개의 핵반응기로 주(州) 전체 전기 소모량의 14%를 공급하고 있다. 2003년에는 연료봉에 대한 수요가 늘어났으므로, 더 많은 폐기물이 발생하고, 저장을 위해 더 많은 면적이 필요하게 되었다. 그리고 2013년이나 2014년 즈음에는 두 개의 프레리 아일랜드 유닛이 허가될 예정이다.

그러나 시대는 변하고 있다. 이제 사람들은 핵발전소 부근과 폐기물 등이 사람의 건강과 생태계에 미치는 영향에 대해 걱정하게 되었고, 특히 2001년 9 · 11 테러 이후 핵폐기물과 방사능, 이들이 생태계이 미칠 수 있는 영향, 테러리스트들에 의해 남용될 수 있는 가능성에 대해 생각하게 되었다.

미네소타 주에서는 26쪽 분량에 이르는 여러 가지 규정들을 만들어서 엑셀 사에 지킬 것을 요구하였고, 엑셀 사는 폐기물 저장기간을 연장하려면 재허가를 받아야 한다. 하지만 만약 폐기물저장소를 찾을 수 없다면, 발전소를 폐쇄시켜야 할 것이다. 그러나 원자력발전소에서는 에너지를 매우 낮은 가격으로 생산할 수 있으므로, 엑셀 사에게는 가능한 오랫동안 폐기물저장소를 사용하는 것이 이익일 것이다.

에너지와 문명

: 소비의 형태

이 장의 학습목표

- ◉ 생태계 내의 생물적 요인과 비생물적 요인을 구분할 수 있다.
- ◉ 모든 생명체가 일정 에너지를 필요로 하는 이유를 알 수 있다.
- ◉ 사냥과 채취에서 원시농경으로, 더 나아가 문명이 발전함에 따라 일인당 에너지 소비가 어떻게 증가하였는지 설명할 수 있다.
- ◉ 새로운 연료로 기계를 작동시킴에 따라, 진보된 근대 문명이 어떻게 발전하였는지를 설명할 수 있다.
- ◉ 석탄이 편재되어 매장되었음을 알 수 있다.
- ◉ 산업혁명 시기의 사회 경제적 변화를 설명할 수 있다.
- ◉ 기름과 천연가스의 저가 공급이 소비일변도 사회를 어떻게 유도하였는가를 설명할 수 있다.
- ◉ 자동차가 인간 생활 방식을 어떻게 변화시켰는가를 설명할 수 있다.
- ◉ 1970년대와 1980년대에 미국의 에너지 사용량이 감소한 이유를 설명할 수 있다.

이 장의 세부목차

과거 현재 그리고 미래

1983 미국의 원유 보유량 351억 배럴
1983 전 세계 원유 보유량 6,770억 배럴
1983 배럴당 약 50달러(2002년 US달러 기준)
1983 전 세계 에너지 소비량 67억 ton 원유
2003 미국의 원유 보유량 300억 배럴(약 15% 감소)
2003 전 세계 원유 보유량 1조 배럴(약 55% 증가)
2003 배럴당 약 26달러(2002년 US달러 기준, 50% 감소)
2003 전 세계 에너지 소비량 95억 석유환산톤(41% 증가)

에너지 소비의 역사

모든 생명체와 사회는 일정한 에너지를 필요로 한다. 생명체와 사회로 유입되는 에너지의 흐름이 멈추게 되면 그들은 기능을 멈추고 붕괴하기 시작할 것이다. 특정 생명체와 사회는 다른 것에 비해 높은 에너지 효율을 보인다. 역사적으로 복잡한 산업사회가 가장 많은 에너지를 사용하고 있다. 사회가 지속적으로 유지되려면 에너지 소비는 계속되어야 한다. 그러나 복잡한 산업사회는 전통적인 자원이 한정되어 있기 때문에 에너지 소비형태를 변화시켜야 한다.

생물 에너지원

에너지는 생명을 유지하는 데 필수적이다. 모든 생태계에서 태양이 그러한 에너지를 공급한다(4장 참조). 광합성 과정, 즉 식물이 양분을 생산하면서 빛 에너지를 화학적 에너지로 변환시킬 때에 첫 번째 에너지 전환이 일어난다. 초식 동물은 식물의 식량 에너지를 이용한다. 다음으로 초식 동물은 육식 동물의 에너지원이 된다. 대부분의 에너지를 식량으로 공급받는 원시인들은 생태계에 있어서 다른 동물들과 다르지 않았다. 그러한 사냥·채취형 생활에서는 인간이 필요로 하는 거의 모든 에너지는 동식물을 이용해서 충족되었다(그림 8.1).

인류 역사의 초기에 인간은 더 편리한 생활을 위해 추가적 에너지원을 활용하기 시작하였다. 그들은 더 많은 식량을 공급하기 위해 동식물을 키우기 시작하였다. 따라서 생존을 위해 더 이상 야생의 동식물에만 의존할 필요가 없게 되었다. 가축은 수송, 경작 및 그 외 용도에서 에너지원을 제공하였다(그림 8.2). 나무는 난방과 취사용 연료원이 되었다. 이러한 생물에너지는 도구를 만들거나 금속을 추출하는 단순한 기술에도 사용되었다.

나무 사용의 증대

아즈텍, 그리스, 로마 그리고 중국과 같은 초기 문명은 농경에 있어 진일보하였으나, 그들 사회는 에너지원으로 인력, 축력(畜力) 그리고 불을 이용하였다. 배나 카누 등에서 풍력이나 수력의 제한된 사용을 제외하고, 조절 가능한 불의 사용은 식량과는 다른 형태의 에너지였으며, 나무가 주 연료였다(또한 건축자재나 다른 경작 도구로 사용되었다). 나무에 의해 제공된 에너지는 취사나 주거용 열원으로 사용되었고 또한 야금(冶金)의 원시적 형태를 발전시켰다. 그러한 진보는 인간을 다른 동물들로부터 분리시켰다. 밀집된 인구가 연료와 금속 생산을 위해 과도하게 나무를 벌채함에 따라, 접근이 쉬운 숲의 재목을 다 써버리게 되었고 나무를 수입하거나 대체 연료를 찾게 되었다.

오랜 역사에 걸친 높은 인구밀도 때문에, 인도와 같은 지역은 유럽과 북아메리카가 경험하기 이전에 나무 부족 현상을 겪었다. 이러한 지역들에서는 동

그림 8.1 사냥-채취 사회 이러한 사회의 사람들은 동물의 사냥과 야생 식물의 수집으로부터 에너지의 모두를 얻는다. 이러한 사회는 화석연료에 대한 수요가 높지 않다.

그림 8.2 축력의 활용 인간 문명의 발전에 있어서 중요한 성취를 묘사하고 있는 이집트 무덤에서 발굴된 부조패널. 가축의 활용으로 인간은 자신들의 육체 이외에 다른 동력원을 가지게 되었다.

물의 배설물을 연료원으로 대신 사용하기도 하였다. 이것은 오늘날에도 몇몇 지역에서 여전히 사용되고 있다.

서유럽과 북아메리카는 더 오랜 기간 동안 나무를 연료로 사용하였다. 유럽의 숲들은 13세기까지 연료를 제공하기에 충분했다. 북아메리카에서는 방대한 처녀림이 19세기 초까지 적절한 연료를 공급하였다. 다행히도 유럽과 북아메리카에서 나무의 공급이 감소되었을 때 화석식물 잔재에서 생성된 석탄이 대체 에너지원으로 활용되기 시작했다. 1880년까지 석탄은 주 에너지원으로서 나무를 대체해왔다.

그림 **8.3** 석탄기(紀) 약 3억 년 전 이러한 종류의 생태계가 세계에 보편적이었다. 늪에 축적된 식물 물질은 궁극적으로 석탄으로 전환되었다.

화석연료와 산업혁명

화석연료(fossil fuels)는 수백만 년 전의 동식물과 미생물의 잔해이다. 숲의 생명들이 저장된 태양광(光)인 것처럼 이러한 연료 내에 있는 에너지는 저장된 태양광이다. 석탄기(紀) 동안(3억 5천만 년~2억 7천 5백만 년 전)의 환경 조건은 화석연료가 엄청나게 축적되는 데에 도움이 되었다(그림 8.3). 기계가 인력을 대체한 이래 세계의 주 에너지원은 먼 과거가 남겨 놓은 화석연료였다. 역사적으로 널리 사용된 첫 번째 화석연료는 석탄이다. 18세기 초에 접근이 쉬운 석탄 매장 지역에서부터 이러한 새로운 연료로 전환할 수 있었고 **산업혁명**(Industrial Revolution)이라는 문화사적 변화에 참여하였다. 영국에서 시작된 산업혁명은 유럽과 북아메리카 지역으로 퍼지게 되었다. 이때 상품을 제조하고 운송하는 데에 인력과 축력을 대신할 수 있는 기계의 발명이 나타났다. 이러한 변화의 핵심은 열 에너지를 운동 에너지로 전환시키는 증기기관의 발명이었다. 증기기관의 에너원은 나무와 석탄이었다. 나무는 대부분의 경우에서 석탄으로 빠르게 대체되었다. 석탄을 보유하고 있지 않은 국가나 석탄을 쉽게 채굴할 수 없었던 나라들은 산업혁명에 동참하지 못했다.

산업혁명 이전의 유럽과 북아메리카는 대부분 농촌 지역이었다. 재화는 가정에서 소규모로 만들어졌다. 기계와 석탄을 점차적으로 사용하게 됨에 따라 상품을 제조하는 공장 체계가 소규모의 가내 수공업을 대체하였다. 공장이 늘어감에 따라 지속적인 노동력 공급이 필요하였고 사람들은 농촌을 떠나서 공장 주변으로 모이게 되었다. 마을은 작은 도시가 되고 이 작은 도시는 더 큰 도시로 변화하였다. 도시에서 널리 사용된 석탄은 대기오염을 증가시켰다. 이러한 변화에도 불구하고 산업혁명은 진보로 여겨졌다. 에너지 소비는 증가하고, 경제는 성장하고, 사람들은 부를 누리게 되었다. 200년도 채 안 되어 산업국의 일인당 에너지 소비량은 8배나 증가하였다. 이러한 에너지는 석탄에 의해 대부분 제공되었으나, 곧 새로운 에너지원이 발견되었다. 그것은 석유였다.

중국은 기원전 1000년경에 이미 가스와 석유를 사용하였으나, 이러한 자원은 최근까지도 개발되지 않은 채로 있었다. 초기 석유 시추자인 드레이크가

1859년 펜실베이니아에서 시공한 유정은 세계의 첫 유정은 아니었지만, 이것은 근대 석유 시대의 효시가 되었다. 1870년 미국의 석유생산량은 연간 4백만 배럴을 넘어섰고, 이것은 국가 에너지 수요량의 1%를 차지했다. 1970년에는 전체 수요량의 50%로 성장하였고 최근에는 40%를 조금 웃돌고 있다(그림 8.4).

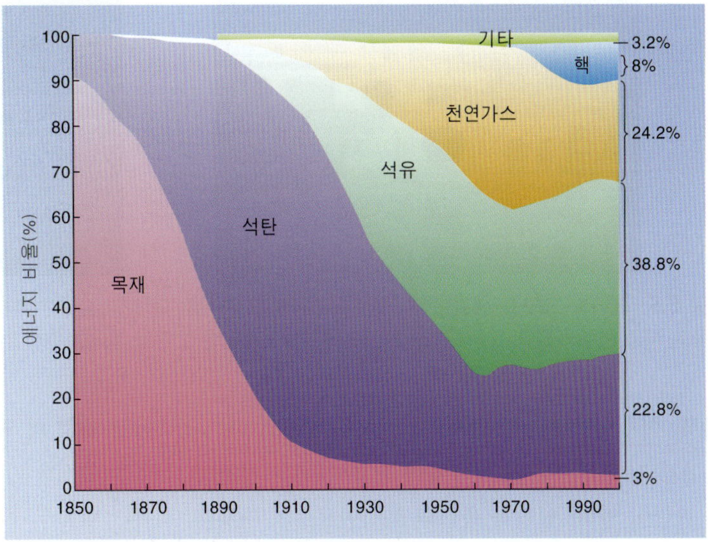

그림 8.4 **석유의 석탄 대체** 목재가 석탄에 의해 대체된 것처럼 석탄은 석유에 의해 대체되었다. 이 그래프는 미국의 다양한 자원에 의한 에너지 생산을 나타낸다. 석유는 과거 40년 동안 주요 에너지원으로 사용되었고 석탄은 약간 감소를 보이고 천연가스는 증가하였다. 그리고 원자력, 수력, 풍력, 태양력과 같은 다른 자원들도 증가하였다.

출처 : Data from *Annual Energy Review*, 2002, Energy Information Administration.

초기 60년간 석유의 주된 용도는 램프 연료인 등유를 제조하는 것이었다. 이 당시 생산된 휘발유는 폐기물로 버려졌다. 이 기간 동안 석유의 공급은 수요를 초과하였다. 그러나 자동차는 극적으로 수요량을 증가시켰다. 1900년에 미국은 8,000대의 자동차를 보유하였다. 1920년에 자동차 보유대수는 800만대로 증가하였고, 1998년에는 1억 6천만 대에 이르렀다. 더 많은 석유가 자동차와 윤활유를 제조하기 위해 필요하였다.

천연가스의 사용은 석유의 사용만큼 급속하게 증가하지는 않았다. 그것은 주로 가정용 난방에 사용되었다. 1900년대 초에 천연가스의 90%는 유정에서 폐기물로 태워졌다. 미국 정부가 연루된 일련의 사건들과 더 많은 석유의 수요는 궁극적으로 미국 내 천연가스의 사용을 증가시켰다. 2차 세계대전은 제조와 수송에 있어 에너지 수요를 증대시켰다. 1943년 미국 내에서는 석유를 수송하기 위해(연방 재정으로) 수송관을 건설하였다. 2,000km의 수송관은 텍사스와 루이지애나, 오클라호마의 유전으로부터 동부 지역에 있는 정유 공장과 제조업 공장으로 석유를 더 효율적으로 운반하였다. 1944년에는 더 긴(2,400km) 수송관이 연방 재정으로 건설되었고, 이것은 미국 내 동부와 중서부 지역으로의 석유 수송을 증가시켰다. 전쟁 이후, 연방 정부는 이 수송관을 사기업에 매각하였다. 사기업들은 이것을 천연가스 수송관으로 전환하였다. 이로써 남서부에 위치한 천연가스 유전과 중서부와 동부에 있는 시장 사이에 직통 수송관이 만들어졌다. 1971년까지 미국 내에는 98만 6천 km의 분배용 관과 40만 km가량의 장거리 수송용 관, 그리고 대략 161만 3천 km에 달하는 천연가스 분배용 관이 설치되었다. 천연가스는 가정난방과 공업적 용도로 세계의 많은 영역에서 쓰이고 있다.

에너지와 경제

대부분의 산업사회는 값싼 에너지의 지속적 공급을 원한다. 에너지 가격이 상승하면 상품과 서비스 가격도 상승한다. 대부분의 나라에서는 비용을 저렴하게 유지하도록 에너지 산업에 보조금을 지급하여 에너지 가격을 저가로 유지하였다. 화석연료의 국제거래는 세계 경제와 정치에 큰 영향을 미친다. 연료의 저가 정책은 높은 소비율을 조장해왔다.

그림 **8.5** 에너지 요구형 생활방식 직장과 쇼핑몰의 위치로부터 조금 떨어진 개별 주택단지의 건설은 수송수단으로서 자동차 이용과 직접 관련이 있다. 밀폐된 쇼핑몰에서의 난방과 냉방은 운전에 필요한 휘발유와 함께 에너지 수요를 증가시켰다.

경제 성장과 에너지 소비

경제 성장과 저가의 에너지의 활용 간에는 직접적인 관련이 있다. 인력과 축력의 화석연료로의 대체는 산업혁명과 함께 시작되었고, 값싸고 손쉽게 다룰 수 있는 고효율 연료의 공급에 의해 대체가 가속되었다. 값싼 화석연료의 사용은 더 많은 상품과 서비스를 생산하도록 생산성을 증대시켰다. 그 결과 유럽과 북아메리카와 같은 산업국들은 전대미문의 경제 성장을 이루었다. 북아메리카에서 2차 세계대전은 1930년대의 경기 침체를 마감하는 데 있어 주요 동력이었다. 군대의 활동이 수백만의 방위산업 일자리를 창출하였다. 대부분이 고용되었으며 반면 소비재 상품의 부족 사태가 일어났다. 2차 세계대전 이후에는 전쟁 시기에 사용할 수 없었던 소비재 상품의 수요가 대단히 컸다. 군수산업 기업들이 소비재 생산으로 전환되었다. 높은 고용률, 급속히 팽창하는 인구, 값싼 에너지의 공급은 급속한 경제 성장의 시대를 조장하였다.

유럽과 일본에서는 산업 기반의 대부분이 전쟁으로 파괴되었고, 회복은 느렸다. 그러나 외국 원조와 국민들의 강한 재건 노력이 이러한 국가들의 산업부흥을 만들어냈다. 그들은 새로운 설비를 만들어야 했기에 기술 면에서 전쟁의 영향이 적었던 북아메리카의 일부 공장을 추월할 수 있었다.

자동차의 역할

산업계에 연료를 공급하는 값싸고 풍부한 에너지는 소비재의 양과 종류를 꾸준히 증가시켰다. 그 중 하나가 자동차이다. 미국을 선두로 다른 산업국가들에서 자동차 산업의 성장은 도로 건설을 증대시켰고 이로 인해 더 많은 에너지가 필요하게 되었다. 차 한 대를 유지하는 데 드는 에너지 비용이 여행 시 소비되는 연료보다 더 많이 들었다. 도로가 발달함에 따라, 고속 주행이 가능해졌다. 사람들은 더 빠른 자동차를 요구하게 되었고, 자동차 회사는 그러한 차를 만드는 데 재빨리 대응하였다. 더 크고 더 빠른 차의 등장으로 더 많은 연료와 더 좋은 도로가 필요하게 되었다. 도로가 지속적으로 개선되었고, 더 좋은 차들이 생산되었다.

쫓고 또 쫓는 추격의 순환이 시작되었던 것이다. 북아메리카와 유럽의 많은 나라에서 자동차의 편리함은 한 가정에 두 대의 차를 소유하게 만들어, 더 많은 에너지 수요를 창출하였다.

채굴, 채굴된 금속의 가공, 금속으로 자동차 부품의 제조, 사람과 상품의 수송에 이르기까지 모든 부분에 있어 에너지가 필요하다. 경제가 성장하면 에너지 수요도 증가한다. 더 많은 차의 생산은 자동차 산업, 철강산업, 유리산업, 그리고 수백 가지의 다른 산업에서의 더 많은 일자리 창출을 의미한다. 수천 km의 도로 건설은 부가적인 일자리를 탄생시켰다. 램프 기름 공급자로 출발한 석유회사들은 세계에서 가장 큰 회사들로 성장하였다. 그러므로 자동차 산업은 산업국의 경제 발전에 주된 역할을 하였다. 이러한 모든 부는 사람들이 차와 여타의 생필품에 더 많은 돈을 사용하게 만들었다. 처음에 사치품이었던 차는 지금은 필수품이 되었다.

자동차는 새로운 직업을 창출했을 뿐 아니라 사람들의 생활양식 또한 바꾸어 놓았다. 휴가객들은 더

표 8.1 2002년 에너지 소비

지 역	석유 등가물(ton)	지 역	석유 등가물(ton)
방글라데시	0.11	독일	3.99
인도	0.31	일본	4.00
이집트	0.71	프랑스	4.33
중국	0.78	호주	5.73
브라질	1.02	미국	7.98
멕시코	1.31	캐나다	9.22

출처 : Data from *BP Statistical of World Energy*, June 2003, and Population Reference Bureau, 2002 Population Data Sheet.

먼 거리를 여행할 수 있게 되었다. 새로운 리조트와 숙박업, 식당 그리고 다른 사업들도 자동차 이용객들을 위해 발달하면서 수천 가지의 새로운 직업이 생겨났다. 사람들은 직장으로부터 멀리 떨어져 살 수 있으므로, 교외로 이동하기 시작하였다(그림 8.5). 교외 지역에 있는 큰 쇼핑몰은 중심 상업 지역의 쇠퇴를 재촉하였다. 오늘날 북아메리카에서는 소비재 판매의 50% 미만이 중심 상업 지역에서 이루어지고 있다. 이는 이들 지역의 일자리 감소에 기인하고 있다. 필라델피아에서는 1930년에 모든 소매상의 79%가 도시에 위치하였으나 1970년에는 43%로 감소하였다.

사람들이 교외로 이동함에 따라 사람들의 상품구매 습관 또한 바뀌었다. 노동 절약의 에너지 의존형 도구가 집안의 필수품이 되었다. 진공청소기, 식기세척기, 쓰레기 처리기, 차고 자동문은 전력이 인력을 대신하는 것들이다. 북아메리카에서 전기 에너지의 11%는 가정용품을 작동하는 데 사용되고 있다. 생활양식의 다양한 면에서 높은 에너지 의존도를 보여준다. 과거 소규모의 축력에 의지했던 농장은 오늘날 대규모의 디젤 동력을 갖추고 있다. 우리가 살고 있는 장소와 무관하게 우리는 중부아메리카의 바나나나 플로리다의 오렌지, 캘리포니아의 상추, 텍사스의 쇠고기, 하와이의 파인애플, 온타리오의 과일 그리고 노바스코샤의 바다가재를 연중 쉽게 접할 수 있다. 우리가 자주 놓치는 것이 이러한 물건의 운반, 냉동, 가공에 필요한 에너지 양이다. 자동차, 현대식 가정, 농장, 식료품 가게의 선반에 놓이는 다양한 물품들은 값싸고 풍부한 에너지에 기초한 생활양식을 보여주는 몇 가지 예들에 불과하다.

에너지는 어떻게 사용되는가?

세계 각국에서 소비되는 에너지 양은 폭넓게 변화한다(표 8.1). 선진국은 세계의 에너지 대부분을 사용한다. 저개발국가는 훨씬 적게 사용한다. 발전 수준이 같은 나라 사이에서도 각각의 에너지 사용 방식이 다를 뿐만 아니라 에너지 사용량도 다르다. 자신들의 생활양식을 유지하기 위해, 캐나다와 미국의 국민 개개인은 아프리카 국민의 약 25배, 일본이나 프랑스 국민의 두 배가량의 에너지를 사용하고 있다.

국가들은 또한 다른 다양한 방식으로 에너지를 사용한다. 선진국은 세 가지 목적으로 거의 동등하게 에너지를 사용한다. 1) 주거용 및 상업용 2) 산업용 3) 수송용이 그것이다. 산업용이 거의 없는 저개발국가는 주거용으로 에너지의 대부분을 사용한다(요리 및 난방). 반면에 개발도상국가들은 산업 기반을 발전시키기 위해서 대부분의 에너지를 사용한다.

주거용 및 상업용 에너지

주거용 및 상업용으로 요구되는 에너지 사용량은 전 세계적으로 매우 다양하다. 비록 국내총생산(GDP)이 높은 나라에서 많은 양의 에너지를 사용한다 하더라도 주거 및 상업적 용도로 일인당 에너지에 있어서는 저개발국보다 더 낮은 비율을 사용한다. 예를 들면 북아메리카에서 에너지 30%가량이 주거용 및 상업용으로 쓰이고, 인도에서는 에너지의

지구촌 전망대

교통통제의 다섯 가지 사례

홍콩 차에 부착된 전기 센서가 매일 고속도로 주행과 매일의 시간을 체크한다. 운전자는 매달 청구서를 받게 된다(통근시간에 가장 비싸다).

싱가포르 러시아워에 싱가포르 도심지에 진입하는 자동차는 매달 30달러짜리 스티커를 부착해야 한다. 그러나 차내에 4명 또는 그 이상의 승객이 있으면 요금을 부과하지 않는다.

스웨덴의 구텐버그 보행자 통행을 권장하고, 한 지역에서 다른 지역으로 차의 이동을 막기 위해서 중심 업무 지구를 파이처럼 여러 지역으로 분할하였다. 지역에서 지역으로의 자동차 이동은 나선형 순환도로를 이용한다.

로마와 플로렌스 버스, 택시, 배달차량과 지역 거주자에 속한 차량이외의 모든 자동차는 오전 7시30분에서 오후 7시 30분 사이에 운행이 금지된다.

도쿄 매매 전에 표준 크기 자동차의 구매자는 주차용 영구 차고가 있는 증빙서를 제시해야 한다. 법을 준용하기 위해 어떤 운전자는 이중 주차를 허용하는 차고를 만들었다.

90%가량이 주거용이다. 주거용 및 상업용 에너지 사용 방식도 매우 다양하다. 북아메리카에서 75%가량이 에어컨, 냉수, 온수, 난방용으로 사용된다. 인도에서는 대부분의 에너지가 취사용으로 쓰이는데 이는 연료가 귀하고 가격이 비싸 다른 용도가 제외되기 때문이다.

현재 세계 각 지역에서 사용하는 주거용과 상업용 에너지 이용의 유형은 어떤 보존 방법이 효과적일 것인가를 결정한다. 추운 환경 지역인 캐나다에서는 주거 에너지의 40%가량이 난방용으로 사용된다. 적절한 보존 방식은 50%가량 이것을 감소시킬 수 있다. 아프리카에서는 에너지의 절반가량이 가정에서 요리에 사용된다(그림 8.6). 개방형 화로 대신에 효과적인 연료 스토브를 사용하면 에너지 수요의 50%를 절감할 수 있다.

산업용 에너지

공업용 공정을 위한 에너지 사용량은 국가마다 다양하다. 공업화되지 않은 국가들은 공업용으로 에너지를 별로 사용하지 않는다. 새로운 공업을 개발하고 있는 국가들은 에너지 이용의 높은 비율을 공업용으로 사용한다. 그들은 경제의 다른 분야를 희생시키고 개발하는 산업에 에너지를 전용한다. 고도의 공업 선

그림 8.6 개방형 화로 취사 아프리카에서 에너지 수요의 절반가량은 취사용이다. 개방형 화로 대신에 스토브를 사용한다면 에너지 필요량의 50%가량은 줄일 수 있다.

진국은 산업 분야에 에너지의 상당한 양을 이용하지만, 다른 분야에서의 에너지 이용 비중도 높다. 미국에서 산업계는 이용 에너지의 약 30%를 차지한다.

한 국가의 공업 분야에서 요구되는 에너지 사용량은 사용되는 산업 공정의 형태에 의존한다. 많은 나라들이 비효율적 공정을 이용하고 있어 그들 에너지 소비를 에너지 효율이 더 높은 공정으로 전환하면 줄일 수 있다. 그러나 그들은 에너지를 감소시키고

표 8.2 일인당 수송용 에너지 사용(2002)

국 가	석유 등가물(ton)	수송에 사용된 에너지(%)
방글라데시	0.009	8.6
인도	0.036	11.7
중국	0.076	9.7
이집트	0.183	25.8
브라질	0.321	31.5
멕시코	0.531	40.5
독일	1.069	26.8
일본	1.124	28.1
프랑스	1.325	30.6
오스트레일리아	2.223	38.8
캐나다	2.628	28.5
미국	3.072	39.5

출처 : Data from BP Statistical Review of World Energy, June 2003; Population Reference Bureau, 2002 Population Data Sheet; and International Energy Agency online statistics.

산업수준 향상에 있어 자본 투자를 필요로 한다. 몇몇 국가는 수준 향상을 할 수가 없다. 예를 들면 적은 석탄 매장량을 보유하고 있는 인도에서는 여전히 노후된 철 생산용 개방형 용광로를 사용한다. 이러한 용광로는 철 1 ton을 생산하는 데 세계 평균 에너지 소비량의 두 배가 든다.

수송용 에너지

주거용, 상업용, 공업용과 함께 수송용 에너지 사용량은 매우 다양하다. 몇몇 저개발국가에서 수송용 에너지의 사용은 매우 적다. 수송용 에너지의 일인당 사용은 개발도상국에서 더 많고, 고도의 공업선진국에서는 가장 많다(표 8.2).

그림 **8.7** **대중교통** 독일과 같이 에너지가 비싼 지역의 사람들은 값싼 대중교통 수단의 활용을 최대화한다.

한 나라의 개발 상태를 고려할 때, 버스, 철도, 선박, 자가용의 사용은 국가의 수송용 에너지 사용량을 결정하는 데 주요 인자가 된다. 유럽과 라틴아메리카, 그리고 그 밖의 세계 다른 지역에서는 철도와 버스 수송이 주요 수송 수단인데, 이것은 자가용보다 더 효율적이기 때문이다. 이러한 교통수단에 대한 정부의 지원이 있고, 국민의 대다수가 자동차를 사용할 수 없기 때문이다. 고밀도 인구 분포를 보이는 국가에서는 철도와 버스 수송이 특히 효율적이다(그림 8.7). 이러한 국가에서는 일인당 km당 에너지 사용량에서 자가용에 드는 에너지가 버스나 철도 수송에 요하는 에너지의 네 배가량이 소비된다. 게다가 이러한 대부분의 나라에서는 높은 연료세가 부과되고, 이는 소비자에게 전가되어 공공교통 이용을 조장한다. 북아메리카에서는 상황이 다르다. 정부정책은 에너지 가격을 낮게 유지하고 철도나 버스 수송 수단에 대한 지원보다는 자동차 산업에 대한 지원을 한다. 결과적으로, 자동차가 지배적인 역할을 하고, 공공 수송 수단은 단지 대도시에서만 사용된다. 철도나 버스 수송은 자가용보다 두 배가량의 에너지 효율을 갖는다. 북아메리카에서 자가용 사용자의 에너지 소비량은 전 세계 석유 생산의 15%가량을 차지하고, 전 세계의 나머지 자동차들이 7%를 소비한다. 비행 수송은 비록 자가용보다 더 효율적이지만 에너지 측면에서 상대적으로 비싸다. 그러나 승객들은 장거리를 빠르게 이동하기 위하여 편리하게 이용한다.

전기 에너지

전기 에너지는 대부분의 나라에서 소비되는 에너지의 큰 부분을 차지한다. 전기는 에너지 소비의 대상이기도 하며 에너지를 제공하는 수단이기도 하다. 대부분의 전기 에너지는 화석연료를 태워서 생산된다. 따라서 우리는 전기 에너지를 화석연료가 투입된 용도로서 볼 수 있다. 같은 방식으로 가정난방용으로 천연가스를 사용하고 또한 천연가스를 이용해 전기를 생산할 수 있다. 전기 에너지는 수송이 단순하고 용도가 매우 다양하기 때문에 세계의 많은 사람들의 주 에너지원이다.

다른 에너지의 사용에서처럼 전기 소비 역시 지역마다 매우 다양하다. 세계 인구의 80%를 차지하는 저개발국가들에서의 총 전기 사용량은 미국에서 사용하는 전기 사용량의 66%에 불과하다. 북아메리카에서 사용되는 전기 이용량은 저개발국가에서 사용되는 일인당 전기 사용량의 25배가량 정도이다. 네팔에서 연간 일인당 전기 에너지 사용량은 23kWh이다. 이것은 100W 전구를 일주일간 밝힐 수 있는 전기량밖에 되지 않는다. 북아메리카의 일인당 에너지 소비량은 네팔의 270배이다. 선진국 사이에서도 전기 소비량은 각각 다양하다. 예를 들면 유럽의 일인당 전기 사용량은 북아메리카의 절반이다.

전기의 생산과 분배는 국가 경제 발전의 주요 단계이다. 선진국에서는 전기의 1/4가량이 산업용이다. 나머지는 주로 주거용 및 상업용이다. 국가의 산업 기반을 개발하고 있는 나라에서는 전기의 절반 이상이 산업에 사용된다. 예를 들어 한국에서는 공

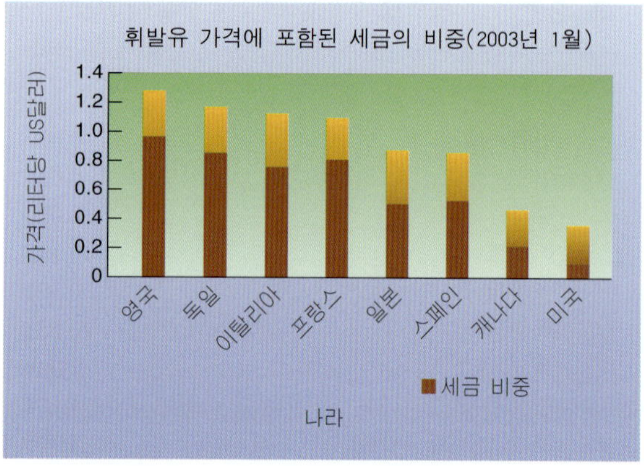

그림 8.8 휘발유에 대한 세금과 연료 효율성 연료 가격은 세금의 영향을 크게 받는다. 연료 가격이 높으면 소비자들은 연료 효율성이 높은 자동차를 선택한다.

출처 : International Energy Agency.

업용 전기 사용량이 50%를 차지한다.

에너지 사용에 대한 경제와 정책

가격이 저렴한 에너지의 사용과 경제 성장은 밀접한 관계가 있다. 사람과 동물 에너지를 대체한 화석연료는 산업혁명의 시작과 함께 사용되었고, 값싸고 편리하며 효율이 높은 연료에 의해 그 사용은 매우 가속되었다. 값싼 화석에너지의 사용으로 노동자는 더 많은 양의 상품과 서비스를 제공할 수 있으므로, 생산성은 향상된다. 그 결과, 전례 없는 경제 성장이 유럽과 북아메리카 및 다른 산업국가에서 나타났다.

이와 같은 에너지와 생산성의 밀접한 관계로 대부분 산업국가에서는 필요한 에너지를 지속적으로 공급하고자 한다. 에너지 가격이 상승하면, 상품과 서비스의 값도 올라간다. 비용을 낮추기 위하여 산업체에는 에너지를 우선적으로, 낮은 가격으로 공급한다. 화석연료의 국제 거래는 세계 경제와 정치에 지대한 영향을 미친다. 가격이 저렴한 연료는 소비를 증진시키는 효과를 불러온다.

연료 경제와 정부 정책

정부 정책은 사람들의 에너지 사용 방법에 영향을 주게 되는데, 특히 자동차 연료 사용에는 그 효과가

표 8.3 전기의 가격과 소비의 관계

국 가	산업용 가격 (US 센트/kWh) 2001	가정용 가격 (US 센트/kWh) 2001	연간 일인당 소비 (kWh) 2001
캐나다	3.9	6	16,746
스웨덴	3.4	10.3	16,013
핀란드	4.6	9.1	15,687
미국	4.7	8.3	12,896
일본	14.3	21.4	7,907
오스트리아	9.2	13.6	7,500
독일	7.9	16.7	6,806
영국	5.4	11	6,192
한국	6.6	8.5	5,607
스페인	4.1	10.9	5,482

출처 : Data from International Energy Agency, Key World Energy Statistics 2003.

크다. 예를 들면, 휘발유 1 l의 가격은 두 가지 요인에 의해 결정되는데, (1) 원유의 구매과 정제 가격, (2) 여러 가지 세금 등이다. 국가 간 휘발유의 가격차는 세금이 주된 원인이며, 동력 운반 수송에 대한 정부 정책의 차이가 반영된 것이다.

미국의 경우 휘발유 소비자 가격의 30%가 세금이며, 캐나다는 40%, 다른 아시아 국가와 유럽 국가들은 50~70%의 세금을 내게 한다(그림 8.8). 우리가 타는 자동차들을 비교하면, 소모되는 휘발유의 가격과 효율 간의 관계를 알 수 있다. 미국과 캐나다에서 운용되는 자동차는 100 km당 평균 11.2 l, 9.2 l를 각각 소모한다. 유럽의 운전자는 미국보다 2배 정도 더 지불하면서, 같은 거리를 이동하는 데 30% 정도 적게 연료를 소모한다. 유럽과 아시아 국가에서는 세금이 휘발유 값을 높이는 주된 원인이지만, 국민들로 하여금 에너지 효율이 높은 자동차를 타게 하는 장점도 있다.

세금의 또 다른 용도는 길을 만들고 이를 좋은 상태로 유지하는 것이다. 많은 유럽 국가들은 건물을 짓거나 길을 보수하는 데 쓰는 비용보다 더 많은 돈을 연료 세금으로 충당한다. 반면 미국에서는 필요한 비용의 60%만을 연료세로 충당하고 있다. 미국에서의 비교적 낮은 연료 가격은 더 많은 여행의 기회를 주고, 이것은 또한 도로 수리 비용을 높이는 원인이 된다.

EU는 교토의정서의 협약대로 대기의 이산화탄소 농도를 감소시키기 위한 단계에 이미 접어들었다. 이산화탄소를 감축시키기 위하여 유럽의 자동차 생산자들은 2008년까지 생산되는 자동차의 연료 소비율을 100 km당 6.0 l로 낮추는 데 동의하였다. 이와는 반대로 미국은 교토의정서에서 탈퇴하였고, 점점 많은 사람들이 SUV를 선호하게 되어 연료 효율이 낮은 차의 수가 높아지는 현상이 발생하고 있다.

전기는 여러 곳에 다양하게 사용되는 중요한 에너지원으로, 여러 다른 나라의 전기 가격과 에너지 소비 구조를 연구하는 것은 흥미로운 일이다. 전기산업의 특성상 대부분의 나라들은 산업구조에 미치는 전기 가격을 상황에 따라 조정하고 있다. 산업계에서는 일반적인 소비자가 내야 하는 전기 가격의 50%만 내고 있다. 표 8.3은 여러 국가의 전기 가격을 나타내고 있으며, 전기 가격이 높으면 소비도 낮은 것을 보여주고 있다. 미국, 캐나다, 스웨덴, 핀란드는 전기료가 낮고, 소비도는 가장 높다. 캐나다, 스웨덴, 핀란드에서는 비용이 비교적 낮은 수력발전으로 전기를 생산한다. 일본의 경우 화석연료를 100% 수입하여 전기를 생산하므로, 전기 가격이 높다.

표 8.4 미국의 원유 수입국

국 가	일일당 1,000배럴(2003)	전체 수입량 중 비율
사우디아라비아(OPEC)	1,754	19.2%
멕시코	1,572	17.2%
캐나다	1,537	16.7%
베네수엘라(OPEC)	1,181	12.9%
나이지리아(OPEC)	828	9.0%
이라크(OPEC)	450	4.9%
앙골라(OPEC)	370	4.0%
영국	355	3.9%
쿠웨이트(OPEC)	205	2.2%
노르웨이	169	1.8%
기타 국가	756	8.2%
전체 수입량	9,177	100%
OPEC 회원국으로부터의 수입량	4,788	52.2%
미국 내 생산	5,710	

출처 : U. S. Energy Information Administration.

OPEC의 중요성

OPEC는 1960년 석유를 수출하는 주요 5개국을 중심으로 형성되었는데, 초기 회원국 중 사우디아라비아, 이라크, 쿠웨이트 세 나라는 아랍권 국가이며, 베네수엘라, 이란은 아랍권 국가가 아니다. 오늘날에는 12개 국가들이 OPEC에 속해 있다. 이들은 7개의 아랍권 국가(사우디아라비아, 쿠웨이트, 리비아, 알제리, 이라크, 카타르, 아랍에미리트)와 5개의 비아랍권 국가(이란, 인도네시아, 나이지리아, 가봉, 베네수엘라)로 구성되어 있다. OPEC 회원국들은 1조 배럴로 추정되는 전 세계 석유 비축량의 78% 이상을 점유하고 있다. 중동 OPEC 국가들은 전체량 중 60% 이상을 점유하고, 이것이 OPEC와 중동 국가들이 세계에서 중요한 영향력을 행사하게끔 만든다.

1973년 발생된 아랍과 이스라엘 간 전쟁 당시, OPEC는 세계 석유의 55%를 공급하고 있었다. 전쟁에 대한 항의로서 OPEC 회원국들은 석유 생산량을 감축하였고, 전 세계에 석유 부족 현상이 나타나 석유회사들은 석유 가격을 높였다. 미국의 경우, 배럴당 3.39달러이던 석유 가격이 13.93달러로 급상승하였다. 또한 에너지 부족으로 정유소에는 휘발유를 사려는 자동차들이 줄을 서게 되고, 석유를 찾기 위한 국내 탐사가 확대되었다.

그 후 OPEC는 석유 생산 감축을 지속시켜 1980년에는 유가가 절정에 달해 배럴당 35달러가 되었다. 1980년대에는 OPEC 국가들이 유가와 생산 규칙에 있어 중요한 차이를 두었다. 이러한 차이는 카르텔(cartel)을 약하게 하여 1988년에는 배럴당 15달러까지 가격이 낮아지게 되었다. 1990년 이라크가 쿠웨이트를 침공하면서 OPEC 회원국들이 분열되었고, 이 결과 세계의 석유 가격이 배럴당 15~20달러 사이에서 불규칙하게 오르내리게 되었다.

1998년 배럴당 약 13달러까지 떨어졌던 유가는 2002년 약 25달러까지 상승하였다. 미국에서는 휘발유 가격이 갤런당 2달러를 넘기 시작했고, 미국 정부는 외교 경로를 통해 OPEC를 압박하였다. 오늘날 OPEC 국가들은 전 세계 생산량의 40%를 점유하여 가격 결정에 중요한 영향을 주고 있다(표 8.4).

2002년부터 OPEC 회원국들은 배럴당 22달러보다 높은 가격을 유지하기 위해 생산을 조절하는 것에 동의하였다. 회원국들 간의 결속력이 강화되면서 유가는 지속적으로 상승하여, 2004년에는 배럴당 40달

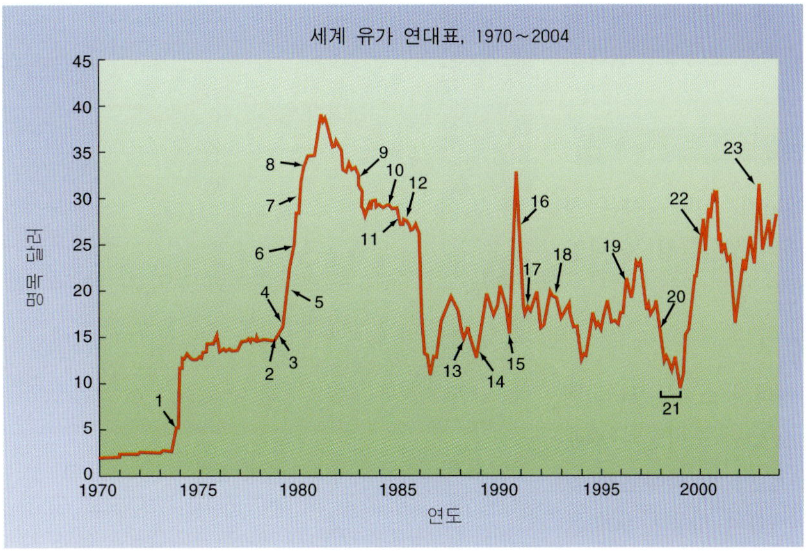

1. OPEC(Organization of Petroleum Exporting Countries, 석유수출국기구)의 석유 금수조치 (1973년 10월 19~20일).
2. OPEC, 1979년까지 유가 14.5% 상향 조정.
3. 이란 혁명(Iranian revolution)으로 국왕 퇴위.
4. OPEC, 1979년 4월 1일 유가 14.5% 상향 조정.
5. OPEC, 유가 15% 상향 조정.
6. 이란 인질 억류 사건 발생: 카터 미 대통령 이란과의 무역 중단. 이란 미국과 접촉 중단. 비OPEC 회원국들 하루 1천7백만 배럴 생산.
7. 사우디, 시장 원유 가격 배럴당 19달러에서 28달러로 상향 조정.
8. 쿠웨이트, 이란, 리비아가 OPEC 석유 생산 하루 2천7백만 배럴로 축소.
9. OPEC, 배럴당 5달러 하향 조정. 하루 1천750만 배럴 생산에 동의.
10. 노르웨이, 영국, 나이지리아 가격 하향 조정.
11. OPEC 협약으로 사우디 라이트(Saudi Light) 가격 배럴당 28달러로 조정.
12. OPEC 생산량 하루 1천370만 배럴로 감소.
13. OPEC와 비OPEC 회원국들 간 회의 실패.
14. 엑손 발데즈 호 좌초로 1천1백만 갤런 원유 유실.
15. 이라크의 쿠웨이트 침공
16. 일명 '사막 폭풍' 작전 시작: 전략비축유 중 1천730만 배럴 방출.
17. 페르시아 만 전투 종결.
18. OPEC의 하루 생산량이 2천530만 배럴에 달해, 지난 10년 중 최대 수치 기록.
19. 미국과 유럽 지역, 맹추위 기록.
20. OPEC, 생산량 최고 한도 하루 250만 배럴에서 2천750만 배럴로 상향 조정. 4년 만에 처음으로 생산량 증가.
21. 아시아의 경제 대란, 두 해나 연속된 따뜻한 겨울, 이라크의 생산량 증가로 유가 수직 하락.
22. 1999년 1월에서 2000년 9월 사이, OPEC 원유생산량 감소와 더불어, 날씨, 원유보유량 감소 등의 영향으로 유가 3배로 급상승.
23. 2003년 3월 미국의 이라크 침공.

그림 8.9 세계 유가 연대표 이 연대기는 여러 사건들이 원유 가격 변화에 영향을 줄 수 있음을 보여준다. 여기에 관련된 사건들은 대부분 중동에서의 정치적 변화나 OPEC 회원국들과 관련 있다.

출처 : U.S. Energy Information Administration.

러를 넘어섰다. 그림 8.9에서는 시대적 사건과 유가의 관계를 보여주고 있다.

에너지 소비 경향

역사적으로 에너지 소비 경향은 정치, 경제, 소비자의 생활환경 등 다양한 인자들의 영향을 받는다.

에너지 소비 증가

2002년 세계 에너지 소비는 94억 톤이었고, 이것은 1985년 소비량의 90배에 이르는 양이다. 이 중 화석연료(석유, 천연가스, 석탄)의 사용이 90%를 차지하고 있다.

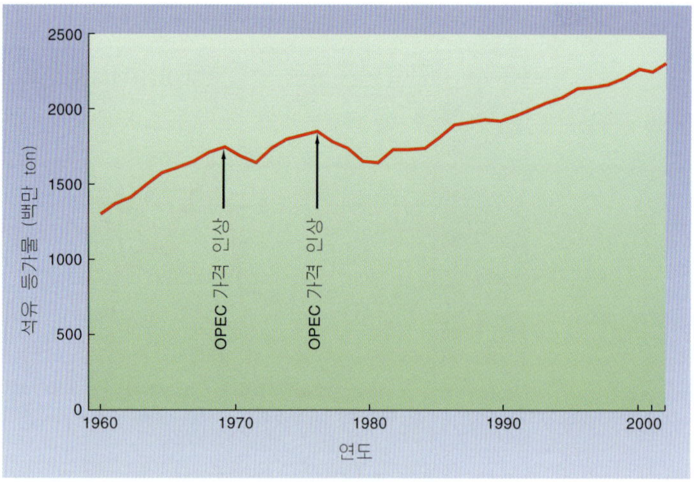

그림 **8.10** 미국의 에너지 소비 변화 미국의 에너지 소비는 OPEC 회원국들이 유가를 상승시켰을 때인 1973년까지 점차적으로 증가하였다. 가격의 증가는 소비를 감소시켰다. 1979년에 비슷한 감소 현상이 일어났으나, 1983년 이래 소비는 꾸준히 증가하였다.

출처 : Data from BP *Statistical Review of World Energy*, 2003.

전 세계에서 소비되는 에너지의 반 이상이 OECD(Organization for Economic Cooperation and Development) 회원인 25개국에서 소비된다. 이 나라들(오스트레일리아, 뉴질랜드, 일본, 캐나다, 멕시코, 한국, 미국 등)은 선진 국가들이다. 지난 10년간, 경제가 지속적으로 성장하는 동안, OECD 국가에서의 에너지 소비는 완만하게 증가하였다(연간 1%대의 증가율). 사회는 서비스업을 기반으로 하는 경제로 바뀌었고, 에너지 집약 산업은 비OECD 국가들로 옮겨갔다. 이와는 반대로 경제개발이 가속화되고 있는 저개발국에서는 에너지 소비가 연간 4%의 높은 비율로 증가하고 있다. 이러한 현상은 지속될 것으로 보이며, 이는 에너지 수요가 앞으로 계속 증가할 것임을 나타낸다. 한쪽에서는 에너지 소비율을 낮추고 있으며, 러시아의 경우 지난 10년간 에너지 소비를 25% 정도 낮출 수 있었다.

사용 가능한 에너지원

석유는 여전히 전 세계적으로 주요 에너지원이며, 에너지 수요의 38%를 차지하고 있다. 그 외 석탄이 26%, 천연가스가 24%이며, 나머지는 원자력에너지와 수력발전으로 공급되고 있다.

전체 에너지 소비량 중, 2002년과 2020년 사이 석유 의존도를 지속적으로 약 40%대로 유지하고자 계획하고 있다. 세계 여러 나라에서 전력 발전에 쓰는 연료를 천연가스와 다른 연료로 대체하리라 기대되기 때문에, 석유의 시장 점유율은 증가하지 않는다. 세계 석유 소비는 20년간 연간 2.3%씩 증가될 것이고, 1999년 일일당 7천 5백만 배럴에서 2020년 일일당 1억 2천만 배럴로 증가할 것이다.

정치적, 경제적 인자들

1950년부터 북아메리카의 에너지 소비는 꾸준히 증가하였고, 1973년, 1979년에만 감소가 있었다. 이때에는 중동과 OPEC의 정치적 상황이 그 원인이었다. 그림 8.10은 북아메리카 전체의 소비 패턴을 반영하는 미국 내 동향을 나타내고 있다. 서유럽, 일본, 오스트레일리아 등에서도 에너지 소비에 있어 같은 경향이 보인다. 이러한 에너지 소비의 감소에는 여러 가지 원인들이 작용하였다. 석유와 다른 에너지원의 가격 상승은 산업적으로나 개인들에게 있어 에너지에 대해 다시 한 번 생각할 기회를 주었으며 에너지 절약에 대한 노력을 확대시켰다.

1970년부터 1983년까지 미국의 경우, 독일, 덴마크, 스웨덴과 같이, 난방에 사용되는 에너지가 20% 정도 감소하였다. 그러나 1970년 이후 북아메리카와

지구촌 전망대

중국의 에너지 개발

중국은 미국에 이은 세계 두 번째 에너지 소비국이다(1997년 37×10^{24} Btu, 미국에서는 89×10^{24} Btu). 중국의 급속한 성장 경제는 2015년까지 연간 4~5%가량의 에너지 수요를 보일 것이다(다른 선진 공업국가들의 약 1% 증가와 비교). 현재 중국은 세계 에너지의 10%가량을 소비하고 또한 세계 에너지 생산의 10%가량을 차지한다.

중국은 1995년에 에너지 순수입국이 되었고, 점차적으로 수입에 의존할 것으로 예상된다. 그러나 석탄의 수출국으로 남을 것으로 예상되지만, 중국은 1993년 이래 석유 순수입국이 되었다.

1997년에 석탄은 중국의 주요 에너지 생산의 75%를 차지하였다. 같은 해에 석유는 19%, 수력발전은 6%, 천연가스는 2%, 그리고 원자력 에너지는 0.5%를 차지하였다.

중국의 전기는 압도적으로 (75%가량) 석탄에 의해 생산되었고, 20%가량은 수력발전이었다. 석탄은 중국 연료 생산에 있어서 중요한 위치를 차지할 것이며, 2015년까지 그 몫이 78%로 증가할 것이다. 또한 수력발전, 천연가스와 원자력 에너지는, 석유 몫은 감소하는 데 반해서 중요하게 부상할 것이다.

중국의 에너지 소비에 대한 가장 큰 관심사 중의 하나는 탄소 배출과 증가일로의 지구온난화의 위협이다. 중국의 탄소 배출은 급격한 경제 성장과 석탄 사용의 급격한 증가로 인해 20억 톤을 초과할 것이며 이것은 1986년 배출량의 3배, 1995년 배출량의 2배 이상이 될 것이다. 중국의 총 탄소 배출량은 2015년까지 매년 4% 증가할 것으로 보인다.

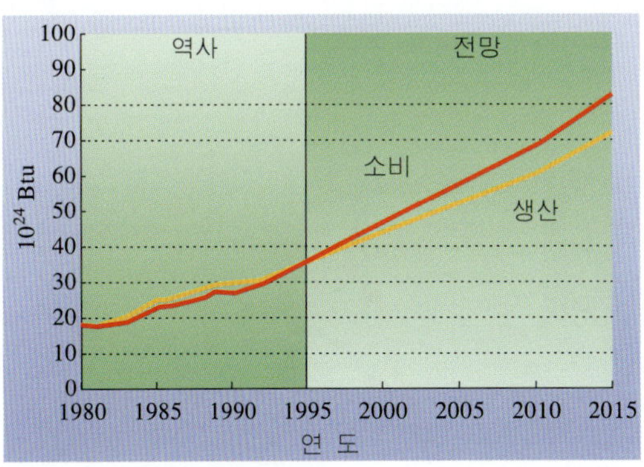

a. 중국의 에너지 생산과 소비

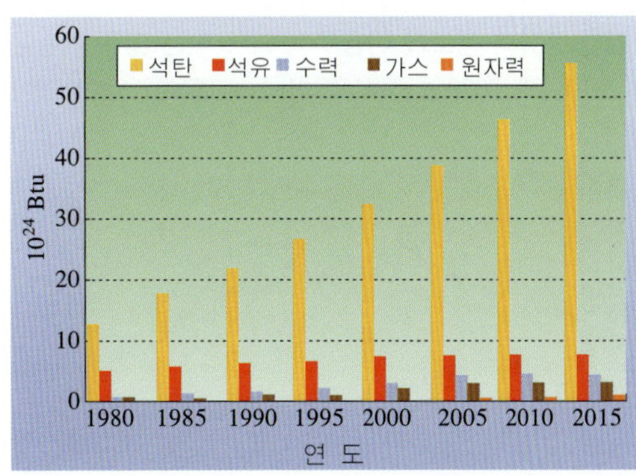

b. 연료 형태에 따른 에너지 생산(1980~2015)

출처 : History data from Energy Information Administration(EIA), International Petroleum Statistics Report, DOE/EIA-520(92/08), August 1992, Washington, D.C Projections from EIA, National Modeling System, International Energy Module, 1995.

유럽에서는 에너지 소비량이 증가하였다. 1973년과 1979년 때 여러 요인으로 에너지 사용이 안정적이었던 것처럼, 1980년 이후에는 유가의 영향으로 사용이 증가되었다. 1979년에는 석유가 배럴당 약 40달러에 거래되었으나 1980년부터는 유가가 떨어지면서 1998년에는 배럴당 15달러 이하에 거래되었다. 1990년 8월 이라크가 쿠웨이트를 침공하였을 때 유가는 급등하였으나, 전쟁 말기에는 하락하였다.

1980년대 에너지 가격이 떨어지면서 북아메리카와 유럽에서는 더 이상 에너지 절약에 대한 노력을 기울이지 않았다. 사람들은 가정과 빌딩의 냉난방을 위해 더 많은 에너지를 사용하였고, 각종 전기제품을 사용하고 더 큰 차를 구입하였다. 에너지 소비에 영향을 주는 두 가지 주된 요소는 정치적 상황과 원유 가격인데, 이들이 불안정해지면 유가가 상승되고, 그러면 정부는 세금이나 보조금 등의 수단을 통

지구촌 전망대

석유는 언제 고갈될 것인가?

현재 세계 유가는 아주 낮다. 이것은 우리에게 석유의 막대한 공급이 가능하다는 인상을 준다. 이것이 사실인가? 사실이기도 하고 그렇지 않기도 하다. 사용 가능한 석유의 양은 막대하나 낮은 유가는 매우 급속한 소비를 가져온다. 한정적이고 재생할 수 없는 자원인 석유는 고갈이 되어갈 것이다. 언제가 석유의 고갈 시점인가를 물을 때 관련되는 주된 사항은 가격과, 사용률, 그리고 새로운 유전의 발견속도를 들 수 있다. 1950년대 초에 석유지질학자인 허버트(M. King Hubbert)는 세계의 석유 생산이 감소하기 시작할 때의 방안을 개발했다. 이 방법은 새로운 석유가 발견되는 비율과 관련된다. 1956년에 그는 미국 내 48개 주에서의 석유 생산이 최대에 달하고 1965년과 1970년 사이에 감소할 것으로 예상했다. 그의 예상은 많은 비웃음을 받았으나, 실제로 1970년부터 48개 주 석유 생산의 하향 추세가 나타나기 시작했다(그림 a).

같은 종류의 정보를 이용하여 권위 있는 많은 기관들은 2010년과 2020년 사이에 다시 최고점에 달할 것이라고 예상했다(그림 b).

현재 낮은 유가는 부분적으로 OPEC에 의해 규제받지 않는 최근 새로 발견된 석유 자원의 개발에 기인한 결과이다. 이러한 자원으로부터의 생산이 떨어지게 되면(2000년), 유가는 상당히 상승할 것이다. 더 나아가 만약 새로운 주요 석유 매장이 발견되지 않는다면, OPEC의 중동 국가들은 현대 기름 공급의 65%가량을 지배할 것이다. 이러한 사태 발생 시 OPEC국들은 석유라는 매우 중요한 자원의 가격을 다시 조절할 수 있을 것이다. 경제학자들은 석유 생산이 감소하기 시작할 때 현물시장은 대체물을 찾으면서 그리고 우리가 에너지를 사용하는 방식을 바꾸면서 조정될 것이라고 주장한다. 많은 과학자들은 석유에 상응할 만한 대체물은 없다고 본다. 그럼에도 불구하고, 우리는 에너지 정책, 국제 관계, 그리고 21세기 초의 에너지 이용에 있어서 중요한 변화를 모색해야만 할 것이다.

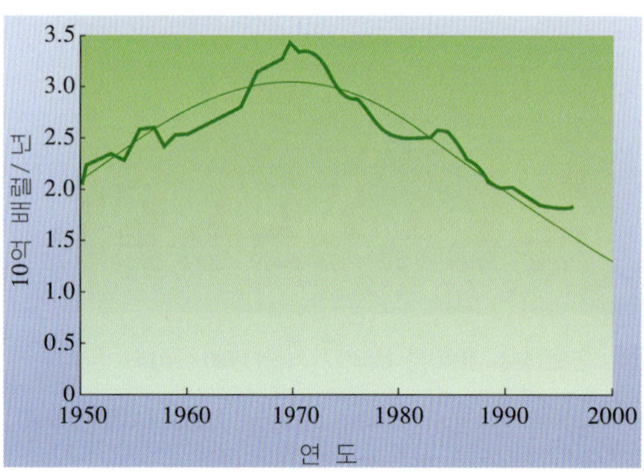

a.

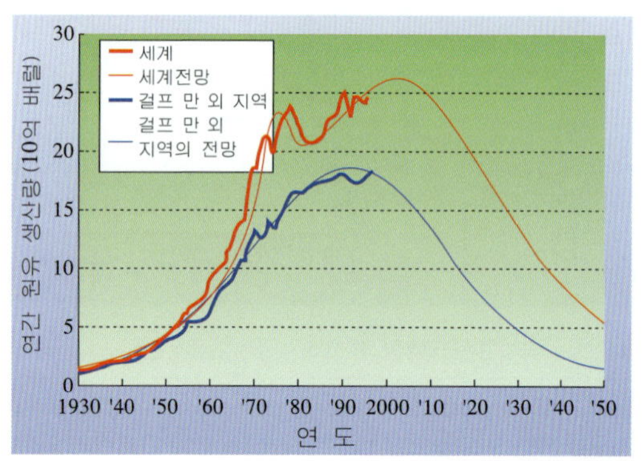

b.

출처 : History data from Energy Information Administration(EIA), International Petroleum Statistics Report, DOE/EIA-520(92/08), August 1992, Washington, D.C Projections from EIA, National Modeling System, International Energy Module, 1995

해 가격을 조정할 수 있다. 에너지 소비 양상은 에너지원을 현명하게 사용하고자 하는 의지보다는 경제적인 상황에 더 많은 영향을 받는다.

지난 여러 해 동안 세계의 유가는 매우 유동적이었다. 1999년에는 배럴당 10달러로 낮아져 소비자들에게 경제적인 이익을 주었다. 동남아시아의 경기침체와 북아메리카 및 서유럽 지역의 온난한 겨울로 인해 에너지 수요가 급격히 감소한 것이 원인이었다. 그러나 2000년에는 배럴당 37달러까지 상승하여 1990년 및 1991년 걸프전 이후 볼 수 없던 수치를 기

환경 돋보기

대체 에너지 자동차

전기 에너지는 유일하게 흔적을 남기지 않는(zero emission option) 자동차 에너지원이나, 전기를 생산할 때에는 많은 양의 오염물이 발생한다. 전문가들은 다른 연료들이 공해를 감소시키는 차량에 사용될 수 있음이 입증될 것이라고 믿고 있다.

압축 천연 가스(CNG)

미국에서는 이미 많은 수의 자동차가 CNG를 에너지원으로 사용하고 있다. 대량 생산은 아직 불가능하다.

- **장점** : 휘발유 자동차를 가스용으로 전환하기 쉬움(고비용). 가격 저렴(갤런당 70센트).
- **단점** : 크고 무거운 연료 탱크를 사용. 가스 공급소 건설비용이 높음. 휘발유 자동차보다 효율이 낮음(같은 양으로 짧은 거리를 이동하며, 자동차 힘이 약함).
- **배출 효과** : 휘발유보다 연소 시 80% 더 청정함.

메탄올/플렉스 연료

미국의 경우, 캘리포니아의 대도시 수송정책에 의해 운행되는 354개의 버스를 포함해, 다소 큰 차량에 사용된다.

- **장점** : 천연가스에서 생산 가능(현 생산의 98%). 재생 가능한 자원에 속함. 휘발유 엔진 구조와 연료 계통 기관의 최소한의 변경으로 사용 가능. 휘발유보다 옥탄가가 높아 효율이 5% 더 높음.
- **단점** : 부식성이 높음. 휘발유보다 부피가 크므로, 큰 연료탱크가 필요. 연료 가격이 휘발유보다 조금 비쌈.
- **배출 효과** : 85% 메탄올의 경우, 순수 휘발유보다 30~50% 더 청정함. 순수 메탄올 차량은 훨씬 더 청정할 수 있음.

수소

아직 연구 중이다. 수소 연료 전지나 가스를 태우는 엔진에 의해 자동차 동력이 발생될 수 있다. 실용적으로 광범위하게 사용되려면 적어도 10년이 더 걸릴 것이다.

- **장점** : 에너지 효율이 높아 차량 이동 거리 증가. 물에서 생산된다면 무제한적인 연료 공급이 가능(현재는 천연가스에서 생산). 지구 온난화의 주범인 이산화탄소 발생이 없음.
- **단점** : 휘발유보다는 위험이 덜하나 폭발력이 높음. 생산이 어렵고 생산가가 높음. 저장이 어렵고 저장가가 높음.
- **배출 효과** : 태양 에너지를 사용하여 물에서 생산할 수 있다면 무공해 기술(zero emissions technology)이 될 수 있음.

프로판

전 세계 수송에 광범위하게 사용되고 있다.

- **장점** : 이미 검증된 저가 연료. 이미 어디서나 보충 가능. 독성이 없어 저장탱크가 환경 규제의 대상이 되지 않음.
- **단점** : 다른 연료와 비교하여 공급량이 제한되어 있음. 많아야 휘발유의 10% 정도만 대체 가능. 인화성이 높음.
- **배출 효과** : 기존 휘발유보다 적어도 50% 정도 더 청정함.

록하였다. 높은 유가는 OPEC 및 러시아, 멕시코, 노르웨이 등 비 OECD 국가들이 생산을 엄격히 제한하는 데서 나온다. 또한 석유회사들은 떨어질 수 있는 유가 때문에 개발에 투자하려 하지 않았다. 불안한 중동의 분위기 또한 여기에 영향을 주었다.

2000년 높은 유가는 세계의 산업계에 영향을 주었다. 미국에서는 이전 북동부 지역에서 발생한 겨울 가정용 난방유 부족 사태의 재발을 우려하여 클린턴 정부가 전략비축유 중 3천만 배럴을 산업계에 공급하게 되었다. 그러나 2001년 유가는 다시 떨어졌고, 세계적인 불경기와 온난한 겨울은 유가 하락을 부추겼다. 2003년 3월 이라크 전쟁이 시작되면서 유가는 현재까지 지속적으로 상승하고 있다.

요약

에너지의 지속적인 공급은 모든 생물체에서 절대적이다. 에너지는 또한 사회에 주요한 영향을 미치며, 사용하는 에너지의 양과 문명의 진보 간에는 직접적인 관련이 있다.

인류의 초기 역사에서 나무는 에너지의 대부분과 건축재료를 제공했다. 인구밀집 지역에서 나무를 과도하게 사용하여 나무 부족 현상이 나타났고, 따라서 화석연료가 나무를 대체하기 시작했다. 화석연료는 약 3억 년 전에 살았던 동식물과 미생물의 잔해가 굳어진 것이다. 노동절약 기계의 발명과 화석연료 사용의 결합은 산업혁명을 낳았고, 이는 오늘날 선진국의 기술지향 사회의 발전으로 이어졌다.

전 세계에서 주거용 및 상업용, 산업용, 운송이나 발전을 위해 에너지를 필요로 하고 있다. 재정적이나 정치적 차이에 따라서 사용하는 에너지량과 사용방법이 국가마다 다양하다. 안정성을 높이기 위해서 세계의 에너지 수요에 대한 예측에는 많은 분석이 필요하다.

주요 용어

산업혁명 (Industrial Revolution)
화석연료 (fossil fuels)

복습문제

1. 역사상 활용되었던 에너지의 종류는 어떠한 것들인가?
2. 나무에서 석탄으로 에너지원이 바뀌게된 이유는 무었인가?
3. 천연가스와 석유의 소비를 변화시키는 데 정부 정책은 어떠한 역할을 하는가?
4. 사회 영역별로 에너지를 사용하는 목적을 세 가지 이상 진술하라.
5. OPEC이 세계 경제에서 차지하는 비중은 어떠한가?

비판적 사고력 문제

1. 당신이 산업혁명의 역사를 기술하는 역사학자라고 상상해보라. 당신은 이 과정에서 당신이 배운 환경과학의 신지식과 전망을 또한 가지고 있다. 유럽과 미국에서의 산업발전에 대해 어떤 종류의 이야기를 할 수 있겠는가?
2. 미국 내 휘발유세를 대부분 유럽인들이 지급하는 비율로 상승시킬 때 작용하는 몇 가지 영향은 무엇이겠는가? 이러한 가능성에 대해 어떻게 생각하는가?
3. 어떤 사람은 휘발유의 생산과 사용 비용이 고려되지 않기 때문에 휘발유 가격이 인위적으로 낮다고 주장한다. 만약 당신이 휘발유의 진짜 가격을 어림할 수 있다면 실제 휘발유 가격을 얻기 위해 고려되어야 할 인자는 무엇으로 하겠는가?
4. 미국 내 도처에 산재한 자동차들이 미국을 어떻게 변화시켰는가? 이러한 변화가 균형적으로 긍정적인가, 부정적인가 어떻게 느끼는가? 미국 내 자동차 이용에 대한 것처럼 미래는 무엇을 조망하는가? 이것이 어떻게 성취될 수 있는가?
5. 몇몇 에너지 전문가들은 OPEC가 2010년까지 알려진 석유 보존량의 80%가량을 조절할 것으로 예측한다. 이것이 어떤 정치적 및 경제적인 영향을 미칠 것인지를 생각해보라. 에너지 사용에 있어서의 효과에 대해서도 생각해보라.
6. 전망되는 에너지 소비가 현재 주 관심사인 지구 온난화와 관련하여, 세계 정치와 경제에 어떻게 영향을 미칠 것인가를 생각해보라.

에너지 자원

이 장의 학습목표

- ⊙ 자원과 매장량을 구분할 수 있다.
- ⊙ 석탄 생성 과정에서 단계에 따라 토탄, 갈탄, 역청탄, 무연탄을 정의할 수 있다.
- ⊙ 천연가스와 석유는 오래전 해양 퇴적물에서 형성되었음을 안다.
- ⊙ 다양한 석탄 채굴 방법이 어떻게 환경을 악화시키는지를 설명할 수 있다.
- ⊙ 노천채광이 가능한 지역과 지하채광이 가능한 지역의 특성을 설명할 수 있다.
- ⊙ 과거에 비해 석유 시추와 생산 가격이 비싼 이유를 설명할 수 있다.
- ⊙ 2차 회수법을 설명할 수 있다.
- ⊙ 수력발전으로 생산되는 에너지량이 제한되는 까닭을 설명할 수 있다.
- ⊙ 바람, 지열, 조수가 전기를 생산하는 방법을 설명할 수 있다.
- ⊙ 태양열 에너지 활용 방법을 설명할 수 있다.
- ⊙ 생물량 전환과 폐기물 소각의 잠재력과 한계를 설명할 수 있다.
- ⊙ 에너지 절약의 중요성을 인식한다.

이 장의 세부목차

과거 현재 그리고 미래

1983 세계 석유 가스 사용량, 각각 2,993MTOE, 1,683MTOE(MTOE; 백만 ton의 원유가 낼 수 있는 에너지)

1983 풍력발전 평균 비용 kWh당 44센트

1983 소수의 자동차회사와 공익사업주만이 연료 전지 생산에 공개 투자

1984 광전기용량 200MW(메가와트)

2004 세계 석유 가스 사용량, 각각 4,297MTOE, 3,100MTOE

2004 풍력발전 평균 비용 kWh당 4~6센트(2003년 US달러 기준)

2004 전 세계적으로 주요 자동차회사들이 경쟁적으로 연료 전지 개발에 투자

2004 광전기용량 2,200MW

에너지 자원

8장에서는 에너지 소비의 역사적 변천과 문명의 진보가 에너지 개발과 이용에 어떻게 연관되었는지를 설명하였다. 새로운 제조공정은 신뢰할 수 있는 에너지 자원에 의존했다. 기술 발전은 20세기에 더욱 가속화되었다. 1900년부터 2003년까지 세계 에너지 소비는 16가지 요인에 의해서 증가되었고, 생산된 제품의 생산량도 40배 이상 증가되었다. 이 기간에 인구는 3배가 증가했다(표 9.1). 사회가 보다 많은 에너지를 사용하게 되자 인간은 보다 효율적으로 상품과 시설물을 생산할 수 있었다.

산업화된 국가에서 가장 일반적으로 사용하는 에너지원은 화석연료이다. 세계 에너지 교역량의 약 90%는 석유, 석탄, 천연가스가 차지하고 있다. 화석연료는 몇백만 년 전에 형성되었다. 그것은 몇백년에 걸친 광합성 산물인 유기체에 의해 생성된 풍부한 에너지를 갖춘 유기 분자의 축적물이다. 즉, 태양 에너지가 화석연료에 저장 농축된 것이다. 화석연료의 생성속도는 매우 느리다. 화석연료의 대부분은 인류의 역사만큼 짧은 시간 내에는 결코 생성될 수 없다. 우리의 연료 소비 속도가 생성 속도를 능가하기 때문에 자원에는 일정한 한계가 있고, 따

표 9.1 세계인구, 경제생산 그리고 화석연료의 소비

	인구 (10억)	세계총생산 (1조 2000달러)	화석연료소비 (석탄 등가물 10억 ton)
1900	1.6	0.6	1
1950	2.5	2.9	3
2003	6.2	36.0	16

출처 : Data from *CIA World Fact Book*

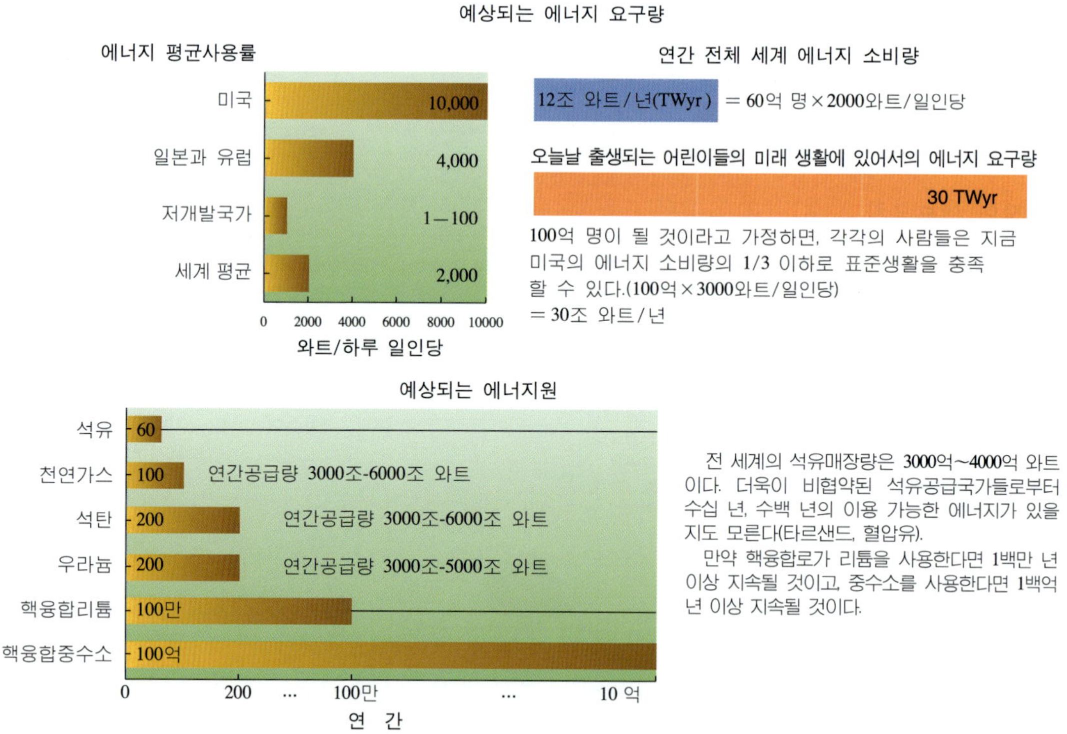

그림 **9.1** 예상되는 에너지 자원과 에너지 요구량

출처 : Princeton Plasma Physics Laboratory, U.S. Department of Energy, Washington, D.C., 1997.

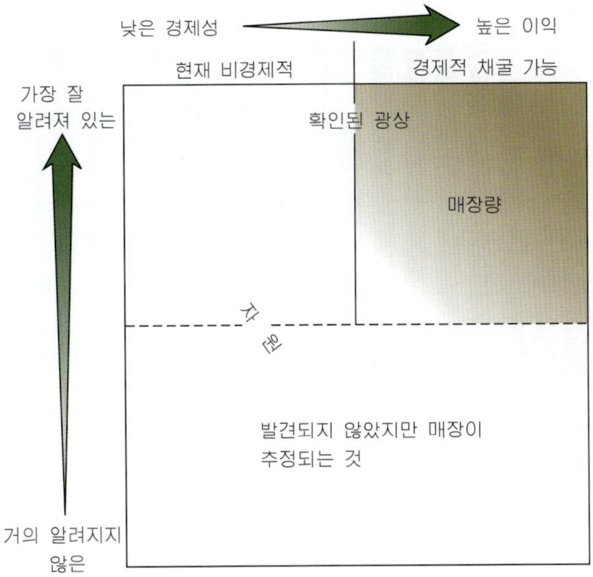

그림 9.2 **자원과 매장량** 각 면은 천연자원의 현재의 양을 나타낸다. 매장량은 현재의 경제 상태와 과학기술을 이용하여 이윤을 얻을 수 있는 매장물질로 알려진 것들이다. 위의 그림에서 보는 바와 같이 매장량은 위쪽의 오른쪽 면에 나타나있다. 진한 색일수록 가치가 큰 매장물질이다. 자원은 발견되지 않은 매장물질을 포함하여 또한 만약 과학기술이나 경제사정이 변화했을 때 사용 가능한 자원이기는 하나 현재는 유익하게 사용할 수 없는 매장물을 포함하는 훨씬 더 큰 양을 가리킨다.

출처 : Adapted from the U.S. Bureau of Mines.

라서 이를 **재생 불가능 에너지원**(nonrenewable energy sources)이라 부른다(그림 9.1). 결국 인간의 수요는 공급되는 석탄, 석유, 천연가스를 소진시켜 버릴 것이다.

재생 불가능한 화석연료에 덧붙여서 여러 가지 **재생 가능한 에너지원**(renewable energy sources)도 있다. 재생 가능한 에너지원은 스스로 대체될 수 있거나 태양계의 한 특성으로 지속적으로 존재하는 것이다. 예를 들어, 식물 내부의 광합성은 빛 에너지를 화학 에너지로 전환하는 것이다.

이산화탄소 + 물 + 빛 에너지 → 생물량(화학 에너지) + 산소

이 에너지는 나무, 녹말, 석유 또는 다른 화합물의 상태로 식물의 유기 분자에 저장된다. 생물량이 어떠한 형태, 즉 균류, 조류, 동물, 식물이라도 태양 에너지에서 역추적해 낼 수 있다. 생물량은 끊임없이 생성되기에 이는 재생 가능한 에너지 형태라 볼 수 있다. 태양열 에너지, 지열, 조력 등도 지속적으로 이용 가능한 재생 가능한 에너지원이다. 태양 아래 누워보거나 온천에 가 보거나 바다에서 수영을 해 본 사람이라면 이런 형태의 에너지를 이미 경험했을 것이다. 그러나 이러한 재생 가능한 에너지를 인간이 사용하는 에너지로 전환하려면 먼저 많은 기술적 문제가 해결되어야 한다.

자원과 매장량

화석연료와 같이 재생 불가능한 자원의 매장물은 개발 가능한 매장물과 그렇지 못한 매장물을 구별해야 한다. **자원**(resource)은 인간에게 유용하게 사용되는 자연에 존재하는 물질이며, 이것은 현재의 기술을 이용하여 잠재적으로 채굴이 가능한 것이다. **매장량**(reserves)은 현재의 경제수준과 현존 기술로 수익성 있는 채굴을 할 수 있는 매장물이다. 매장량은 경제적 개념이며, 전 세계에 분포하는 현존 물질의 총량과는 거리가 멀다. 따라서 매장량은 자원보다 규모가 훨씬 적다(그림 9.2).

이 용어들은 한 국가가 마음대로 처분할 수 있는 화석연료 및 광물의 양을 언급할 때 사용된다. 두 개념의 차이를 이해하지 못한다면 상당한 혼란이 생길 수 있다. 석탄, 석유와 같은 자원의 총량은 매년 사용된 양에 의해서 변동된다. 매장량은 기술의 진보와 새로운 광산의 발견, 경제적 여건 변화에 따라 변동될 수 있다. 자원이 일정하더라도 매장량은 변할 수 있다.(그림 9.3)

화석연료의 유용성에 관하여 살펴보면, 필요한 에너지는 지구상의 매장광물에서 추출되어야만 한다. 광물이 흩어져 있거나 찾기가 어렵다면 채굴하는 데 경제적으로 상당한 대가를 치루어야 할 것이다. 연료의 운송비나 정제비가 연료의 시장가격보다

크면 아무도 화석연료를 생산하지 않을 것이다. 또한 생산, 정제, 수송에 필요한 에너지가 잠재적 에너지보다 큰 경우에도 연료는 생산을 멈추게 된다. 순수한 사용 에너지의 산출은 자원 개발에서 필수적이다. 그러나 미래에는 기술의 발달과 가격 변동으로 현재 수준에서 경제성이 없는 화석연료가 새로운 지위를 얻을 수도 있다. 이때 그 자원들은 매장량으로 재분류된다.

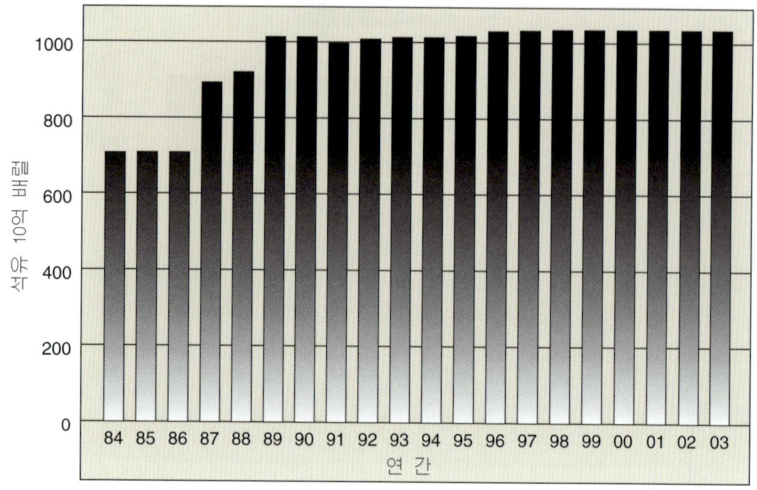

그림 9.3 석유매장량의 변화량 이 그림은 28년 동안의 석유매장량의 추이를 나타낸다. 1987년과 1989년에 발생한 변화는 새롭게 발견된 것에 대한 결과가 아니라 보고된 자료에 대한 결과이다. 1989년 이래로 매장량의 새로운 발견과 수정은 소비량에 상응하는 것이다. 따라서 매장량은 거의 일정하게 남아있다.

출처 : Data from *BP Statistical Review of World Energy*, June 1998.

매장량의 개념과 기술, 경제가 매장량의 규모에 미치는 영향을 알기 위해서 석유의 역사를 살펴볼 필요가 있다. 고대 중국에서 처음으로 석유를 연료로서 사용한 기록이 있다. 그것은 적은 양의 석유가 자연적으로 유출된 것이었다. 당시 이 유출된 기름은 석유자원이며 동시에 석유 매장량이었다.

석유 매장량이 두드러지게 증가하는 데는 거의 2천 년이 필요했다. 1859년 최초의 유정이 펜실베이니아에서 시추되었을 때, 지구상의 석유는 광범위하게 분포할 것이라 평가되었다. 드러난 석유매장량이 급격히 증가하였다. 그 이듬해 새로운 석유 매장지가 발견되었다. 시추 기술의 발전으로 더 깊은 곳에 매장된 석유를 발견하게 되었으며, 해양 시추도 이루어졌다. 심해와 해안 지역의 석유 매장물은 세계적인 석유자원으로 포함되었다. 그러나 그것이 곧 매장량으로 분류되지는 않았다. 해양의 석유 시추가 항상 수익성을 낳는 것은 아니었기 때문이다. 시추 기술 및 석유 정제 기술의 진보, 그리고 석유가격의 인상으로 많은 매장량은 경제성 있는 석유를 생산하게 되었다. 매장된 석유에서 원유를 추출하는 것이 경제성을 갖게 되자 그것은 곧 매장량으로 재분류되었다.

화석연료의 매장량은 지속적으로 유동 상태에 있다. 예를 들어 1973년 무렵 많은 유전이 수익을 얻지 못하자 시추작업이 중지되었다. 이러한 유전의 석유는 경제성이 없으므로 매장량 범주에 포함되지 않았다. 1973~1974년과 1979~1980년 동안 OPEC 국가들은 석유생산량을 감소시켰고, 세계적으로 석유가격이 인상되었다. 석유가격 인상으로 유전의 시추작업이 재개되었고, 이 지역의 석유는 다시 매장량으로 분류되었다. 1980년대 석유 수출금지(embargo)로 유가가 상승하게 되자 석유의 과잉개발이 이루어졌다. 전 세계의 석유생산량이 증가하자 다시 가격은 하락했다. 또다시 많은 유전들이 석유 시추를 멈추었고, 석유는 더 이상 매장량으로 분류되지 않았다(그림 9.3). 1990년과 1991년 사이 이라크가 쿠웨이트를 침공한 경우를 제외하고, 1990년대의 석유가격은 상대적으로 안정세에 접어들었다.

화석연료의 생성

화석연료는 지질변화 과정에서 보전되고 변형된 고생물의 잔해들이다. 그러나 석탄의 생성과정과 석

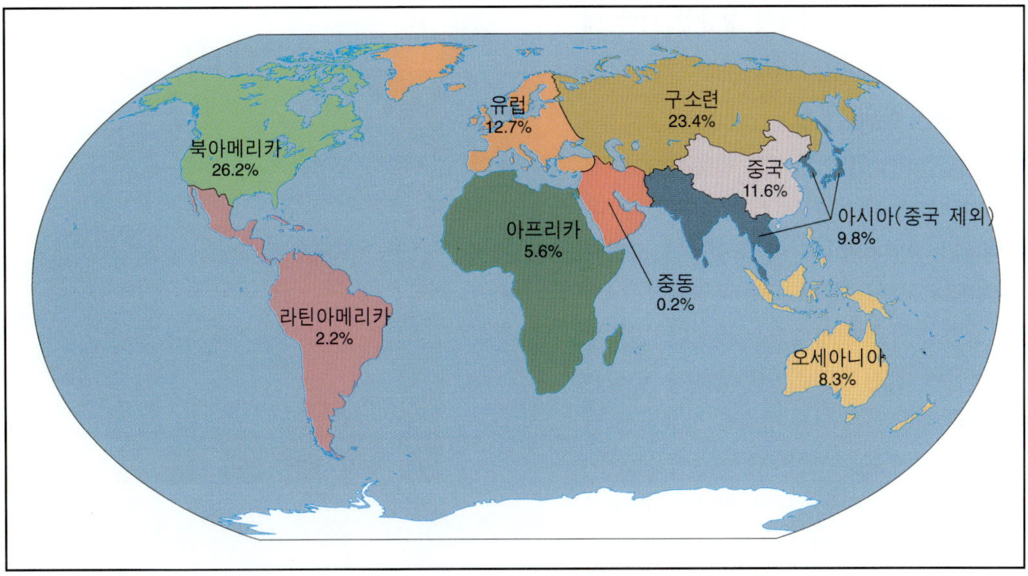

그림 9.4 2003년 발견 가능한 세계의 석탄 매장량 숫자는 지역별 석탄 매장량을 나타낸다.

출처 : Data from *BP Statistical Review of World Energy*, June 2004.

유나 천연가스의 생성과정은 현저한 차이가 있다.

석탄의 생성

30억 년 전 지구의 대부분 지역이 열대지방의 담수 습지로 덮여 있었다. 이러한 습지는 식물이 빨리 성장하는 데 유리하였으며 결과적으로 대량의 성분이 축적될 수 있었다. 이 식물 성분은 수중에 집적되었기에 부패되지 않았고 토탄(peat)이라 불리는 유기해면체가 생성될 수 있도록 도왔다.

매장된 토탄의 90%는 수분이며, 5%는 탄소 그리고 나머지 5%는 휘발성 물질이었다. 세계의 일부 지역에서는 토탄을 채굴한 뒤 건조시켜 연료로 사용하였다. 그러나 수분 함량이 높기 때문에 토탄은 등급이 낮은 연료이다.

지각변동에 의해 토탄을 포함한 습지가 바다 속으로 잠기기도 했다. 습지에서 축적된 식물 성분은 이제 바닥 퇴적물로 덮이게 되었다. 퇴적물의 무게 압력을 받으면 토탄은 낮은 등급의 석탄인 갈탄(lignite)으로 고화된다. 수분 함량도 낮아져서 보다 높은 등급의 가연성 물질이 된다.

갈탄이 퇴적물 아래에서 오래 고화되고 지구 내부의 열 또한 충분하다면 오랜 시간이 흐른 뒤 갈탄은 역청탄(bituminous)으로 변한다. 갈탄이 역청탄이 되는 변화에서 가장 중요한 것은 수분 함량이 40%에서 3%로 낮아지는 것이다. 열과 압력이 더 오래 지속되면 역청탄의 일부는 96%가 탄소로 이루어진 무연탄(anthracite)으로 변화한다. 수십억 년 동안의 이러한 변화를 통하여 현재의 석탄이 생성되

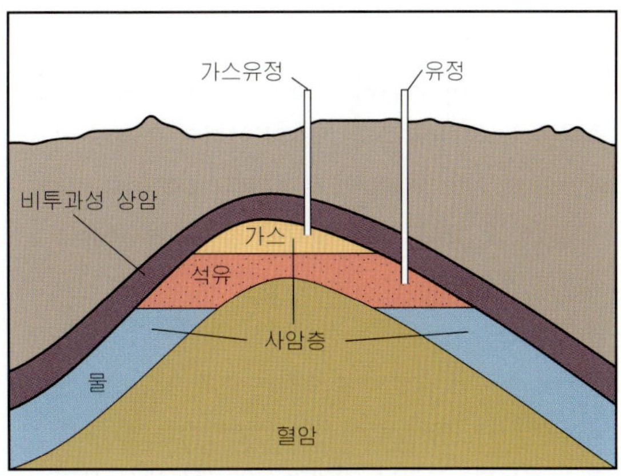

그림 9.5 원유와 천연가스 매장 지역 물과 가스의 압력은 석유와 가스를 혈암 밖으로 나오게 하며 비투과성 암석 아래에 있는 사암층으로 들어가게 된다.

었다. 세계의 대부분의 지역이 상당한 석탄 매장량을 가지고 있다(그림 9.4).

석유와 천연가스의 생성

석유와 천연가스 역시 과거의 산물이다. 이것은 바다 미생물의 유기체로부터 생성되었다. 유기체들이 죽어 바다 밑바닥에 오랫동안 축적되면서 동시에 바닥 퇴적물에 의해 매립된다. 여기서 작은 방울의 석유가 방출되는 것이다. 진흙투성이 퇴적물이 점진적으로 이판암이라 불리는 암반층이 되며, 그것은 석유 방울을 함유하게 된다. 이판암은 흔히 볼 수 있는 암석이며, 이 안에는 많은 양의 석유가 포함되어 있지만, 이판암 안의 석유는 농축되어 있지 않기에 이판암에서 석유를 추출되는 것은 매우 어렵다. 그러나 석유의 윗부분에 사암의 형태로 석유를 포함한 암석이 둘러싸이고, 불투수성의 암반층이 사암층 위에 존재한다면 이러한 상태는 유전 형성에 적합한 조건이 된다. 일반적인 석유는 액체 덩어리로 존재하는 것이 아니라 사암의 틈새에 집중해서 존재한다. 여기에 물과 가스의 압력의 의해서 이판암의 석유가 추출되어 축적된다(그림 9.5).

지질학적 힘에 의해 습곡이 형성되면 석유축적물의 양은 더욱 늘어날 수 있다. 석유나 석탄처럼 천연가스도 화석의 잔해에서 생겨난다. 석유 생성에 유리한 지질학적 조건은 천연가스 생성에도 유리하다. 따라서 석유와 천연가스는 종종 함께 발견된다. 그러나 천연가스의 생성에서 유기체 물질은 석유보다 휘발성이 크고 더 가벼운 탄화수소 물질로 변하게 된다. 대부분의 천연가스는 탄화수소로 된 메탄이다. 유전에서 석유를 채굴할 때, 수증기, 액체 상태의 탄화수소, 그 외의 여러 기체들이 천연가스 중에 섞이게 된다.

석유와 천연가스는 세계 도처에 균등하게 분포하는 것은 아니다. 그림 9.6은 세계의 석유 매장량을, 그림 9.7은 천연가스 매장량을 나타낸다. 매장자원은 쉽게 개발이 가능하기도 하지만 그렇지 않은 것들도 있다.

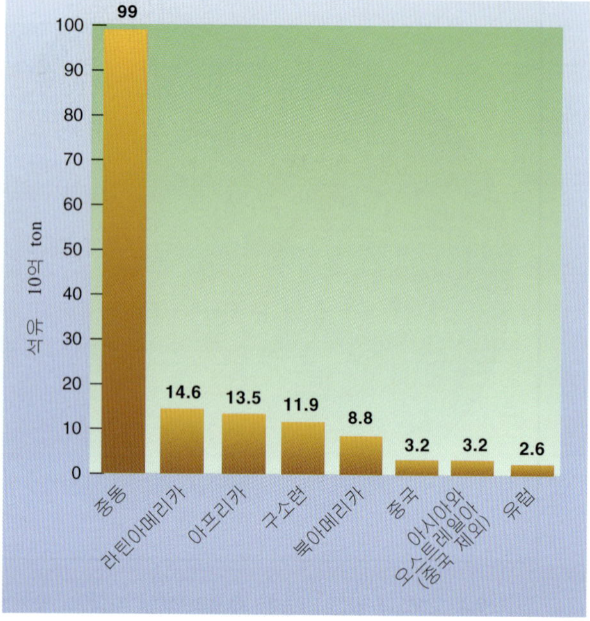

그림 **9.6** 석유 매장량(2003) 석유는 지구상에 고르게 분포되어 있지 않으며, 산유국들은 경제적인 이익을 누리고, 원유생산량을 조절하기도 한다.

출처 : Data from *BP Statistical Review of World Energy*, 2003.

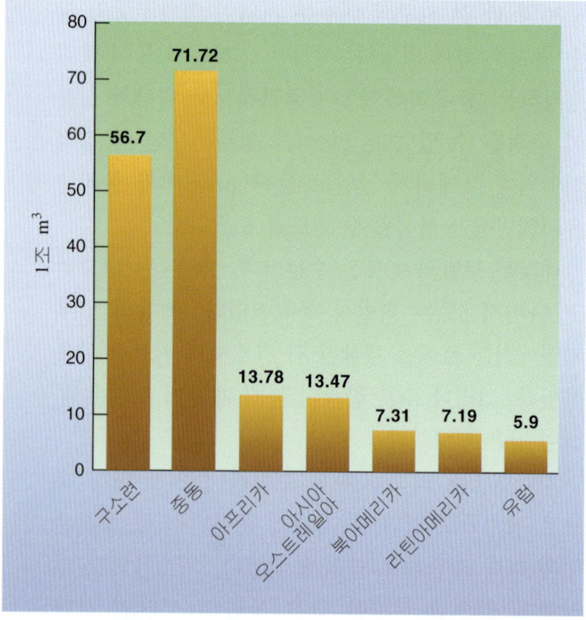

그림 **9.7** 천연가스 매장량(2003) 석유나 석탄과 같이, 천연가스도 특정 지역에 많이 분포되어 있다.

출처 : Data from *BP Statistical Review of World Energy*, 2003.

그림 9.8 **노천채광** 거대한 힘을 발휘하는 굴착기는 옆쪽에 쌓여 있는 중하를 제거한다. 석탄은 트럭으로 옮겨진다. 석탄이 제거될 때 중하는 트렌치 뒤에 쌓인다.

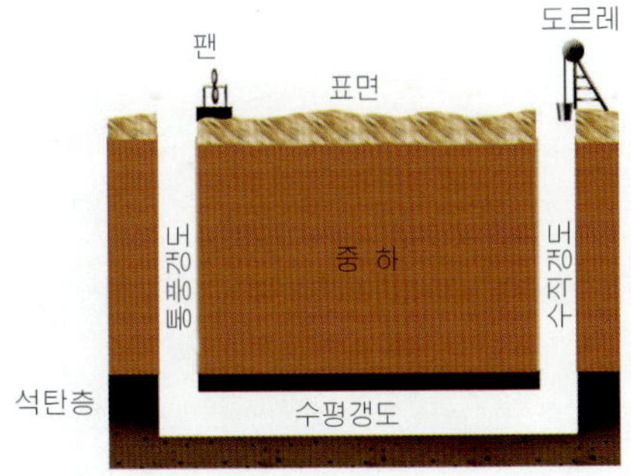

a.

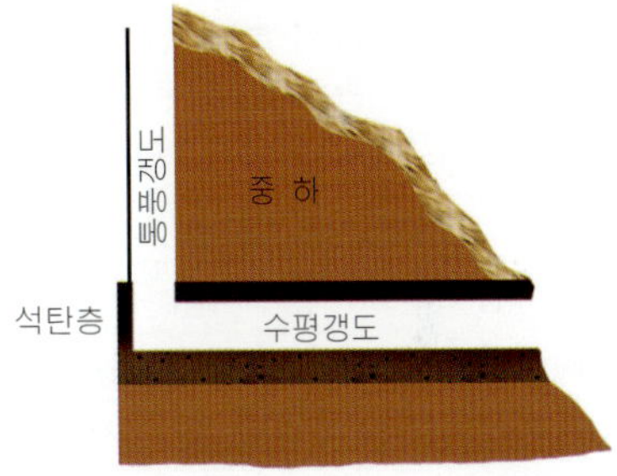

b.

그림 9.9 **지하채광** 만약 노천채광을 하기에 중하가 너무 두꺼우면, 지하채광을 해야 한다. 석탄층이 드러나지 않았다면, 수직갱도는 석탄층까지 들어가게 된다. 경사지역에서 만약 층이 드러나 있다면, 언덕의 옆으로 들어가서 갱도 내 채굴을 한다.

화석연료 사용과 관련된 쟁점

세계의 상업적 에너지 활용의 90% 이상이 재생불가능한 화석연료에 의존하고 있다. 석탄 24%, 석유 40%, 천연가스 25%의 비율로 에너지를 생산한다. 각 연료는 장단점이 있으며 연료의 생산과 사용에는 특별한 기술이 필요하다.

석탄과 관련된 문제

석탄은 세계에서 가장 풍부한 화석연료이지만 세계적으로 사용되는 에너지의 24%만을 공급한다. 석탄은 질에 따라 일반적으로 세 종류로 분류된다. 갈탄은 수분 함량이 높으며 자연상태에서는 푸석푸석하여, 이용하는 데 용이하지는 않다. 역청탄은 매장량이 풍부하고 채굴하기에 용이하기 때문에 가장 널리 사용된다. 역청탄은 세계 에너지 요구량의 약 20%를 충족시킨다. 주로 화력발전에 활용되나 다른 산업에도 사용된다. 무연탄은 가장 이상적이다. 다른 등급의 석탄에 비해 에너지 발생량이 많고, 연소될 때 가장 깨끗하기 때문이다. 그러나 무연탄은 매장량도 적고 가격도 일반적으로 높다. 또한 깊은 곳에 매장되어 채굴하기도 쉽지 않다.

석탄은 식물 성분이 퇴적층 아래 매립되어 형성되기 때문에, 반드시 덮인 흙을 파고 채굴해야 한다. 석탄 채굴에는 두 가지 방법이 있다. **노천채광**(surface mining)은 바닥에 있는 석탄을 얻기 위해 **중하**(重荷, overburden)라 불리는 석탄 위의 표면층을 제거해야 한다(그림 9.8). 표토 두께가 100 m 이하일 때 채굴은 주로 노천채광을 한다. 노천채광은 석탄층의 100%를 채굴할 수 있으며, 50 cm 정도로 얇은 석탄층 상태로 활용할 수 있기 때문에 매우 효율적이다. 이런 이유로 노천채광은 석탄자원 채굴에서 가장 많은 이윤을 가져다 준다. 더 좋은 장비의 개발은 미국의 노천채광률을 1970년대 30%에서 오늘날 60%로 증가시켰다. 노천채광은 캐나다, 오스트레일리아, 구소련의 석탄 생산 증가에 기여했다.

표토가 두껍다면 노천채광의 비용이 늘어난다. 이런 경우 석탄은 **지하채광**(underground mining)을 하게 된다. 깊이 묻혀있는 석탄층에 이르는 방법에는 두 가지가 있다. 평평한 지역에서 두꺼운 표토

a.

b.

그림 9.10 노천채광 후의 복구 (a) 이 사진은 약간의 노력으로 땅을 이용하기 위해서 표면을 파헤친 것을 보여준다. 윈도로우즈는 과거 채광행위로 만들어진 것인데 지금은 깨끗하다. 적은 노력으로 대지는 다시 숲을 이루게 되었다. (b)는 알맞은 노천채광의 복구 예이다. 경사져 있던 절단면에는 나무가 심어졌다. 윗부분의 토양은 다시 회복되었으며 평지는 지금 생산적인 농장이 되었다.

아래의 석탄 광맥까지 수직의 갱을 파서 석탄층에 도달하는 방법이 있다(그림 9.9a). 반면 사면에서는 표면으로 노출된 갱도를 파서 석탄층까지 도달하는 방법이 있다(그림 9.9b).

채광과 운반, 더 나아가 석탄 사용에 있어서 여러 환경문제가 발생한다. 노천채광은 석탄 채굴을 위해 표토를 파헤쳐서 자연경관을 해친다. 이것은 채굴작업이 종결된 후 그 지역을 재개발해서 환경문제를 최소화시킬 수 있다(그림 9.10). 그러나 재개발만으로는 예전 수준의 생산력 있는 땅으로 돌아오기 힘들다. 또한 재개발 비용은 석탄가격을 높이는 형태로 소비자에게 떠 넘겨진다. 지하채광의 표면 환경 파괴는 노천채광에 비해 덜하다. 그러나 탄광의 공동화로 인하여 지반 침하 현상이 일어날 수 있다. 게다가 석탄에서 제거된 잔해들로 인해 거대한 폐기물 언덕이 광산 입구 곳곳에 생기게 된다.

가장 위험한 직업 중 하나인 광부에게는 건강과 안전사고의 위험이 늘 따른다. 지하 탄광의 경우가 더욱 심각하다. 많은 광부들이 폐에 미세한 석탄가루가 축적될 때 발생하는 **진폐증**(black lung disease)으로 고통받는다. 석탄가루는 폐와 혈액 사이의 가스 교환을 방해한다. 진폐증과 관련된 건강관리 비용과 사망에 따른 보상비용은 석탄채굴에 덧붙여진 간접비용이다. 이 비용은 연방 정부에 의해 일부 지불된다. 또한 석탄 가격에는 반영되지 않지만 세금의 형태로 납세자도 일부 지불하게 된다.

석탄은 부피가 커서 선적하는 데 문제가 따르기 때문에, 일반적으로 석탄은 생산지에서 사용하는 것이 가장 경제적이다. 철도 선적은 석탄을 운반하는 가장 경제적인 방법이다. 철도 선적에 드는 운반비용에는 철로의 건설비용과 유지비용, 또한 철도 운행에 필요한 소요 에너지 비용까지 포함된다. 어떤 지역에서는 배를 이용해 석탄을 운반한다. 석탄은 채굴과 운반할 때 상당한 양의 먼지를 발생시키는데, 많은 양의 탄가루가 선적하고 하역할 때에 공기 중으로 방출되어 그 지역의 대기오염을 유발할 수도 있다. 석탄을 운반하는 배나 철도에 다른 상품을 선적하려면 정화비용도 든다. 석탄을 잘게 분쇄해서 물과 혼합된 슬러지 형태로 파이프 관을 통해 퍼올리는 경우도 있는데, 이것은 수질오염과 대기오염을 완화시킬 수 있다.

석탄이 연소될 때 수백만 톤의 물질이 대기 중으로 방출된다. 이로 인한 대기오염은 수백만 달러의 피해를 낳기도 한다. 화력발전소의 석탄 연소는 이런 유형의 대기오염의 가장 주된 오염원이다. 석탄은 식물이 화석연료가 된 것이기 때문에 다량의 황을 포함하고 있다. 황은 본래 식물의 단백질 성분에서 기인한다. 황은 **산성화된 광산하수**(acid mine

a.

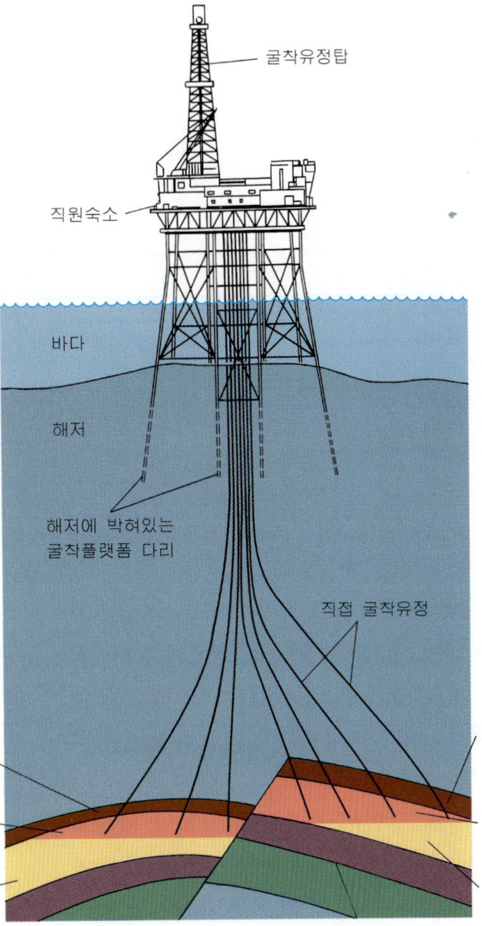

b.

그림 9.11 근해 굴착 일단 굴착플랫폼이 해양층까지 깊이 박혀있다면, 천연가스와 석유를 얻기 위하여 수많은 유정을 뚫을 수 있다.

출처 : (b) American Petroleum Institute.

drainage)와 대기오염을 발생시킨다. 광산하수는 석탄의 황성분이 산소, 물, 박테리아와 결합하여 생성된 황산에 의해 오염된다. 황산은 채굴 전에 광맥의 틈을 타고 새어 나올 수도 있지만, 채굴 후 빗물에 의해 흘러내린 황산이 하천으로 씻겨 내려가면 문제는 더욱 심각해진다. 산성화된 하천에서는 특정한 박테리아와 조류만이 견딜 수 있다. 오늘날 많은 나라에서 광산에서 하천으로 흘러 들어가는 빗물을 통제하기 위해 노력한다. 그러나 규제 이전에 버려진 광산은 물을 계속 오염시키고 있다.

현재 산성침적으로 불리는 산오염의 형태는 심각한 상태이다. 산성침적은 석탄이 연소할 때 그리고 SO_X류가 대기로 방출될 때 원인이 된다. 그리고 그것은 표면에 축적되어 산 형성 입자를 만드는 원인이 된다. 매년 1억 5천만 ton의 SO_2가 대기로 방출된다. 이 문제의 더 자세한 내용은 17장에서 다룬다.

석탄이 연소될 때 방출되는 CO_2는 최근의 중요한 환경문제이다. 대기에서의 CO_2의 증가량은 지구 온난화를 야기한다. 환경과학자들은 석탄의 사용을 줄이고 같은 양의 에너지에 비해 CO_2가 적게 생산되는 다른 화석연료(석유나 천연가스)를 사용하자고 제안하고 있다. 왜냐하면 석탄은 부피가 크고 불결하며 대기 오염을 야기하는 높은 농도의 황성분을 함유하고 있기 때문이다. 다른 연료를 조사했을 때 석탄에 가장 적합한 대체연료는 석유와 천연가스이다.

석유와 관련된 문제

석유는 여러 가지 특성을 가지고 있는데 일반적

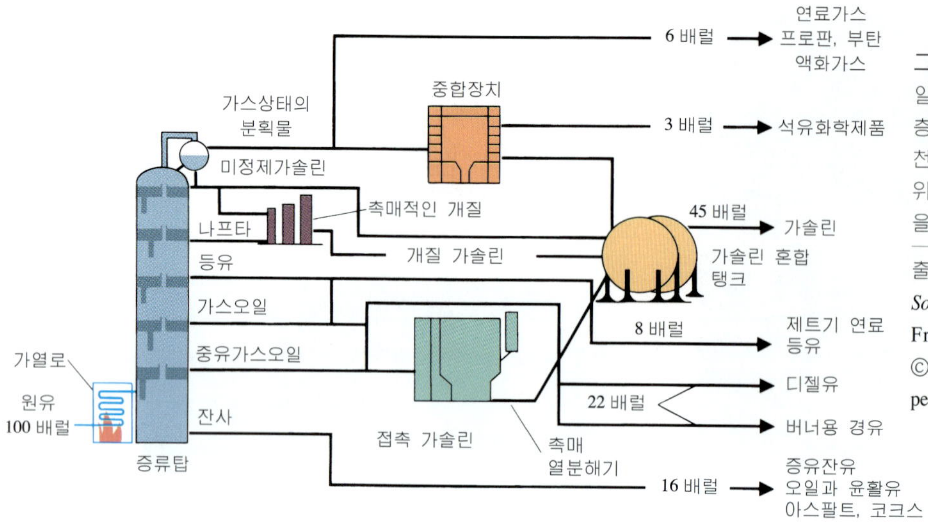

그림 9.12 원유의 활용 일단 굴착플랫폼이 해양층까지 깊이 박혀있다면, 천연가스와 석유를 얻기 위하여 수많은 유정을 뚫을 수 있다.

출처 : From *Man, Energy, Society* by Earl Cook. W.H. Free-man and Company. © 1976. Reprinted with permission

으로 에너지원으로서 석탄보다 우수하다. 석유를 채굴하는 것은 석탄 채광보다 환경 손실이 덜하다. 석유는 석탄보다 더 농축된 에너지원이며, 연소될 때 오염도 덜하다. 그리고 석유는 파이프라인을 통해 손쉽게 운반될 수 있다.

이러한 특성으로 인해 석유는 이상적인 자동차 연료가 된다. 그러나 석유 매장지의 발견은 쉽지 않다. 오늘날 지질학자들은 지하에 형성되어 있는 석유 매장지의 위치를 알아내기 위해 여러 가지 시도를 한다. 석유가 존재할 만한 지역이 확인되면, 석유가 실제로 존재하는지를 결정하기 위해서 시추를 한다. 접근하기 쉬운 유전은 이미 개발되어 있다. 요즈음의 시추는 접근하기 어려운 적은 양의 석유에 집중되어있다. 그것은 석유의 원가가 과거에 비하여 비싸다는 것을 의미한다. 유전 발견이 더욱더 어려워지면서 지질학자들은 넓은 대양의 밑바닥을 탐색하고 있다. 연근해에 시추선을 설치하는 시추공사에는 수백만 달러의 비용이 들어간다. 비용을 줄이기 위해 70여 개 이상의 시추공이 뚫릴 수도 있다.(그림 9.11) 2003년 현재 알려진 세계의 석유 총매장량은 약 1조 1천억 배럴이다. 3/4 이상이 OPEC 지역이며, 절반 이상이 중동의 네 국가(사우디아라비아, 이라크, 쿠웨이트, 이란)의 매장량이다.

석유 생산의 문제는 우선 지하로부터 그것을 채굴해내는 것이다. 만약 물과 가스의 압력이 충분하면 유정이 뚫릴 때 석유는 표면으로 압력을 받을 것이다. 자연 압력이 충분하지 않으면 석유를 퍼올려야만 한다. 현재의 기술로는 석유의 1/3만을 퍼올릴 수 있다. 이것은, 생산되는 석유 1배럴당 지하에는 아직 2배럴의 석유가 남아있음을 의미한다.

대부분의 유전에서 석유를 더 많이 추출하기 위해 **2차 회수법**(secondary recovery)을 활용한다. 2차 회수법은 물이나 가스를 유정에서 퍼올리거나 심지어 액화된 진한 석유를 얻기 위해서 석유를 흡수한 암석에 불을 붙여 녹이기도 한다. 유가가 상승되면 더 많은 비용이 드는 2차 회수법이 활용될 것이다. 더욱 많은 양의 석유가 비용이 많이 드는 해양 유전이나 연근해 유전에서 얻어질 것이다.

실생활에서 활용되는 제품을 생산하기 위한 원유의 가공공정도 많은 문제점이 있다. 원유는 바로 사용하기에 적당한 형태로 있는 것이 아니어서 반드시 정제과정을 거쳐야 한다. 원유의 구성성분은 증류탑에서 원유를 가열하여 얻을 수 있다. 증류 후 생성물들은 열분해(cracking) 작업에 의해 더 정제된다. 열, 압력, 촉매 등이 활용되는 정제과정에서 디젤유나 난방용 연료와 같은 휘발성이 낮은 액체로부터 가솔린과 같은 휘발성이 높은 물질을 얻게 된다. 1배럴의 석유에서, 일정한 한계는 있지만, 많은 제품

그림 **9.13** **석유화학제품** 위의 일반적인 가정용품은 석유로 합성된 제품이다. 원유의 3%이지만 석유화학제품은 높은 이윤을 낳는다.

연도	해상의 석유탱크수	석유유출사고수	석유손실량(ton)
1970	3750	36	84,485
1975	4140	45	188,042
1980	3898	32	135,635
1985	3285	9	15,000
1990	3090	7	4,700
1995	3001	9	7,200

그림 **9.14** **석유 유출** 석유탱크와 관련된 사고는 수질오염의 근원이다.

출처 : Data from Tanker Advisory Center Reference Data for 1973-1995.

을 얻을 수 있다. 더욱이 석유로부터 얻어진 석유화학물질은 다양한 합성화학물질의 원료로 제공된다(그림 9.13). 그러나 모든 정제과정은 우연이든 관례이든 대기 및 수질 오염을 일으키는 계기가 된다. 석유화학산업은 대기오염의 주범이다.

생산, 수송 과정이 환경에 미치는 영향은 석유나 석탄을 이용하는 것과는 다소 다르다. 해양의 기름유출은 매체를 통해서도 잘 알려져 있다(그림 9.14). 그러나 유출사고 중 해상에서의 선박 손상에 의한 유출은 단지 1/3이다. 기름유출의 거의 60%는 일반적으로 발생하는 것들이다. 육지에서의 기름유출은 토양과 지하수를 오염시킨다. 석유생산 과정에서의 증발과 석유의 불완전 연소는 대기를 오염시킨다. 이러한 문제는 17장에서 다룰 것이다.

천연가스와 관련된 문제

화석연료 중 세 번째로 주요한 에너지 공급원인 천연가스는 세계 에너지의 25%를 공급하고 있다. 천연가스를 얻기 위한 채굴작업은 석유 채굴법과 유사하다. 사실 유전은 석유와 천연가스 모두를 생산한다. 석유와 같은 방법으로 매장량에서 최대한의 천연가스를 얻기 위해서 2차 회수법이 활용된다. 이러한 과정을 거친 후에 가스는 소비지까지 파이프라인을 통하여 이동한다. 천연가스의 이동은 세계 각지에서 문제점으로 남아 있다. 중동, 멕시코, 베네수엘라, 그리고 나이지리아의 유전은 소비지까지 파이프라인을 설치하기에는 너무 거리가 멀다. 그래서 대부분의 천연가스는 유전에서 폐기되어 사라지게 된다. 따라서 천연가스의 새로운 수송방법과 다른 제품으로 전환하는 방법을 모색 중이다. −162℃에서 천연가스는 액화되며 부피는 가스 상태의 단지 1/600이 된다. 생산 지역에서 수요 지역으로 **액화천연가스**(liquefied natural gas)를 수송하기 위해 저장탱크가 고안되었다. 2003년에 천연가스 중 1,700억 m^3이상이 액화천연가스 상태로 각국으로 이송되었다. 이것은 천연가스 세계 소비량의 약 6.5%이다. 그 중 일본이 800억 m^3를 수입했다.

많은 사람들은 저장탱크의 폭발 가능성에 대해 걱정한다. 또 다른 처리법은 천연가스를 메탄올, 즉 액체상태의 알코올로 전환시켜 수송하는 것이다. 천연가스에 대한 수요가 증가함에 따라 폐기되는 양은 감소하게 될 것이며 새로운 수송법이 채택될 것이다. 가격이 높아질수록 유전에서 멀리 있는 소비자에게 천연가스를 수송하는 것이 이익을 낳을 것이다.

세 종류의 화석연료 중 천연가스는 환경을 가장 덜 파괴한다. 비록 국지적인 악취 문제가 있기는 하지만, 천연가스 유전은 적은 양의 폐기물도 배출하지 않는다. 폭발이나 화재의 위험을 제외하고는 수송 중 환경에 대한 피해도 발생하지 않는다. 또한 완전 연소하기 때문에 거의 대기 오염을 야기하지 않는다. 천연가스의 연소산물은 이산화탄소와 물이다.

천연가스가 처음에는 열에너지로 사용되어졌지만, 석유화학제품과 화학비료의 제조와 같은 다른 용도도 가지고 있다. 메탄은 화학비료로 사용되는 암모니아를 생성하는, 공기 중의 질소와 결합할 수 있는 수소 원자를 가지고 있다. 천연가스 매장량의 2/3 이상이 러시아와 중동에 있다. 사실은 전체의 1/3 이상이 단지 10개의 거대한 매장지역에 위치해 있다. 6개는 러시아에, 그리고 나머지는 카타르, 이란, 알제리, 네덜란드에 위치해 있다. 1985년부터 2003년까지 천연가스의 전체 생산량은 56% 이상 증가했다. 세계 최대의 천연가스 매장량을 자랑하는 러시아는 생산량이 1985년에서 1991년에 걸쳐 40%까지 증가했다. 그러나 이후 소비에트 연방의 붕괴와 이후의 경제파탄의 결과로 인하여 이 수치는 낮아지게 되었다.

북해의 유전개발 이후 많은 유럽 국가들(영국, 노르웨이, 네덜란드)이 상당한 천연가스 유전을 가지게 되었다. 1970년 석유파동 동안 이들 국가는 가격이 상승한 석유를 대체하기 위해 천연가스의 사용을 증가시켰다. 이러한 추세는 계속되고 있다. 즉, 천연가스 소비는 1985년부터 2003년 사이에 55% 가까이 증가하였다.

현재 사용되고 있는 재생 가능한 에너지 자원

세 종류의 재생 불가능한 화석연료가 세계에서 상업적으로 거래되는 에너지의 약 90%를 공급한다. 원자력이 세계 에너지의 7% 이상을 공급하고, 나머지는 재생 가능한 에너지원에 의해서 공급된다. 여기에는 수력, 조력, 지열, 풍력, 태양열, 목재연료, 생물량 전환체계, 고형 폐기물이 포함된다. 여기서는 연료목재와 동물의 배설물은 포함시키지 않았으나, 저개발국가에서는 지역마다 다르게 생산된 에너지 자원이 사용되고 있다.

수력발전

사람들은 이미 오래전부터 물을 이용하여 여러 가지 종류의 기계를 운용하였다. 수력으로 운용되는 기계로 곡식을 갈고, 나무와 섬유를 가공하였다. 흐르는 물은 에너지를 만들고, 이 에너지를 모아서 전기로 변환시키는데, 이것을 수력(hydroelectric power)이라고 한다. 대부분의 수력전기는 댐을 이용한다. 댐을 지어 거기에 물을 보관하고, 이 물을 터빈을 통해 흘려보내면서 발전기를 돌려 전기를 생산한다. 수력발전에 이용되는 댐은 그다지 클 필요가 없으며, 강에 작은 수로를 만들어서 강물을 터빈에 통과시킴으로써 전기를 생산하기도 한다.

수력발전의 다른 형태는 저장펌프시설(pumped storage plant)로, 이것은 에너지 저장이 가능하다. 저장펌프시설에는 두 개의 저장시설이 사용되며, 하나는 다른 하나보다 높이 설치된다. 밤이나 주말과 같이 전기 수요가 낮은 때에 터빈을 되돌려 물을 낮은 곳에서 높은 곳으로 퍼 올려, 에너지를 저장한다. 저장된 물은 후에 터빈을 돌리고, 낮은 곳의 탱크로 보내지면서 전기를 생산한다.

크기가 작은 수력발전시설은 가정, 농장 등 규모가 작은 시설물이 사용하기에 충분한 전기를 생산할 수 있다.

오늘날 수력의 대부분은 오로지 전기를 생산하는 데 사용된다(그림 9.15). 수력발전소는 대부분 사람에 의해 건설된 물 저장시설(저수지)을 갖추고 있다(그림 9.16). 안에 있는 물은 에너지공급원이 된다. 저장고를 만들지 않고 지속적으로 흐르는 물을 이용하여 전기를 생산하기도 하는데, 이것은 지형적인 요건이 갖추어져야만 가능하다. 현재 수력발전으로 전 세계 전기생산량의 15%, 에너지 생산량의 6%를 생산하고 있다.

수력발전은 주로 개발되지 않은 지역에 설치되고

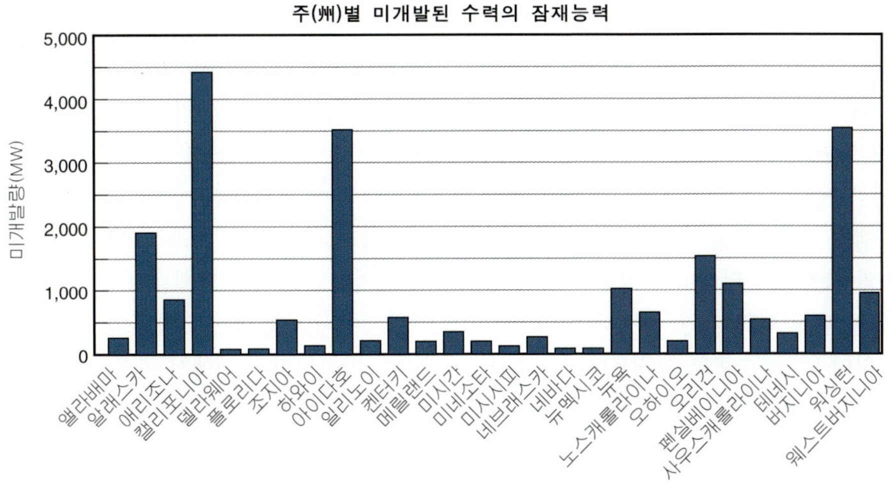

그림 9.15 수력과 잠재력 이 그래프는 미국 내 미개발된 수력의 최근 데이터를 보여준다. 석탄을 이용하는 화력발전소의 발전량이 약 1,000MW임을 알고 비교해보라.

출처 : U.S. Geological Survey and the Foundation for Water and Energy Education, 2000.

그림 9.16 수력발전소 저수지에 채워진 물은 전력을 생산한다. 이 저수지는 홍수조절수단과 위락시설로서 제공된다.

있으며, 중국은 전 세계 수력발전 가능성의 10%를 소유하고 있다. 수력발전소는 산맥지대와 큰 강이 있는 지역에서만 건설이 가능하고, 미국, 러시아, 남부 캐나다 외에, 일본, 유럽 등에서도 수력전기 에너지를 이용하고 있다. 유럽에서는 수력발전으로 생산 가능한 에너지의 60%를 개발하였다. 아시아에 있는 자원의 1/4에 해당하지만, 두 배 정도의 에너지량이다. 아프리카에서는 5%만 사용하고 있는데, 동아프리카의 카리바, 나일 강의 아스완, 가나의 아코솜보 댐 등, 단 세 개의 댐만 건설되었다.

수력발전이 주된 에너지원으로 사용되고 있는 곳도 있다. 35개국 이상에서 떨어지는 물을 이용하여 필요한 전기의 2/3를 공급하고 있다. 다른 개발도상국에서는 44%를, 남아메리카에서는 필요한 전기의

73%를 수력발전으로 공급하고 있다. 노르웨이는 99%의 전기를 수력으로 생산하며, 전체의 50%는 자연적으로 발생되는 낙수에 의해 생산된 것이다.

수력발전에 있어서 저수 시설의 건설이 환경과 사회에 많은 영향을 주고 있다. 미국 테네시 주에 있는 텔리코 댐의 경우, 건설 시 댐을 건설하면 물의 흐름에 따라 움직이는 담수어가 멸종될 것이 염려되어, 댐 건설을 몇 년간 지연시키면서 물고기들을 이동시킨 일이 있었다. 또한 이집트에서는 아스완 댐을 건설하면서 8만 명이 삶의 터전을 옮겨야 했고, 시간이 지나면서 물로 전파되는 주혈흡충병(schistosomiasis)이 토착병이 되었다. 이것은 편형동물 기생충이 원인이 되는데, 이 벌레는 주로 달팽이 몸 안에서 일생을 보내면서 느린 물의 흐름을 통해 이동한다. 아스완 댐으로부터 물을 전달하는 관개시설이 달팽이가 잘 자랄 수 있는 조건이 되었고, 많은 사람들이 이 물을 일상생활에 사용하고 마시므로, 편형동물 기생충에 감염되고 있는 것이다.

1985년부터 2002년까지 수력자원에 의한 전기 생산은 30% 이상 증가하였다. 지구상에 있는 수력자원의 17% 정도가 이미 개발된 것으로 알려져 있다. WEC(The World Energy Conference)는 2020년까지 수자원에 의한 전기 생산이 약 6배 이상 증가할 것으로 예상하고 있다. 후진국에서는 10% 정도가 이미 사용되고 있는데, 이것이 경제 발전의 원동력이 될 것이다.

대부분 대형 발전소의 건설이 계획 중이다. 미니 발전소(minihydro plant, 10MW 이하)와 마이크로 발전소(microhydro)의 건설도 증가하고 있다. 이러한 미니 발전소는 인구밀집도가 낮은 지역에 지어지며, 전기 수요가 낮은 지역에 전기를 공급한다. 중국에는 작은 크기의 발전소가 80,000여 곳 있으며, 미국에는 1,500여 곳 있다.

미국의 수력전기 용량은 이미 50% 정도 개발된 것으로 알려졌으나, 이는 잘못된 통계인 듯하다. WSRC(The Wild and Scenic Rivers Act)는 1968년 경부터 물의 흐름에 인위적으로 변화를 주는 것을 금하고 있다. 이 법으로 현재 37% 정도의 강들이 보호를 받고 있다. 이러한 지역을 포함하여 다른 여러 지역에서는 발전소의 건설이 불가능하다. 메인 주와 워싱턴 주같이 어부들을 보호하기 위해 댐 건설을 계획하고 있는 곳들도 있다. 미국에서는 현재 정치적으로 이러한 강을 보호하고 있으나, 에너지 수요가 증가하면 상황은 언제든지 달라질 수 있다.

중국에서는 현재 양쯔강에 삼협댐을 건설하고 있으며, 완공되면 세계에서 가장 많은 에너지를 생산할 것이다. 1975년부터 1991년까지 브라질과 파라과이에서는 공동으로 파라나 강에 이타이푸를 건설하였다. 발전소의 18개의 발전시설은 12,600MW를 생산하고 있다. 1997년부터는 브라질 전기 수요의 25%, 파라과이의 80%를 공급하고 있다. 이타이푸는 캘리포니아 연간 전기 수요량을 충족시킬 수 있다. 댐 건설로 형성된 호수는 대부분 크기가 큰 데, 가나볼타는 8,500km^{2}로, 대략 레바논의 면적과 같다. 수력발전 댐은 주로 후진국에서 투자하여 건설되고 있다. 이집트에서는 아스완 댐을 건설하여 대부분의 지역에 전기를 공급할 수 있게 되었다. 1950년대부터 산업화를 목적으로 주로 용량이 큰 댐을 건설하여, 다량의 값싼 전기를 산업에 공급하고 있다. 세계은행의 보고에 따르면, 2002년까지 1천억 달러가 댐 건설에 투자될 것으로 예상된다.

조력발전

한정된 지질학적 조건과 관련된 또 다른 에너지원은 조수이다. 태양과 달의 인력, 지구의 자전이 조수를 일으킨다. 조수 이동은 엄청난 에너지를 일으킨다. 수년 동안 과학자들은 해수의 움직임을 이용하여 전력을 생산하는 것을 생각해내었다. 이 원리는 수력발전소와 비슷하다. 높은 곳에서 낮은 곳으로 흐르는 물은 전기를 생산하는 데 이용될 수 있다. 조수간만의 차가 클수록 더 큰 에너지가 만들어질 수 있다. 조수의 변화는 극지방에서 가장 크고 좁은 만과 강어귀에 두드러지기 때문에 발전소 건설에 적당한 장소는 제한되어 있다. 1930년대에 미국은 메인 주의 펀디 만의 파사마쿠오디에서 조력발전

지구촌 전망대

삼협댐(The Three Gorges Dam)

피라미드와 중국의 만리장성에 견줄 만한 건설계획이 1997년 후반에 추진되었다. 세계에서 세 번째로 긴 양쯔강을 가로지르는 중국의 삼협댐은 달에서도 보일 정도의 세계에서 가장 큰 댐을 건설하는 것이다. 삼협댐은 폭이 2km인 양쯔강을 가로지르며 높이는 185m이다(610ft). 그리고 600km(385마일)의 인공호를 가진다. 댐은 2009년까지 완성되는데 40억 달러가량 소모되리라 예상하고 있다. 중국 정부는 몇 가지 이유를 들어 댐의 필요성을 주장하고 있다. 첫 번째, 삼협댐은 18,000MW의 전력을 생산하게 된다. 중국 경제의 급성장으로 인한 산업기지의 확장을 위해 에너지가 필요하다. 두 번째, 향후 경제적인 수로항해를 통해 양쯔강의 상류지역을 변화시킬 것이라는 주장이다. 마지막으로 중하류에서의 홍수 조절과 관련된 것이다. 양쯔강의 중하류는 빈번한 범람으로 많은 재해가 있어 왔다. 경제적인 논의는 삼협댐과 관련해서는 논쟁거리가 되지 못한다.

다른 국가나 중국의 과학자들은 물고기 이동의 제한, 오염물질의 집중 그리고 중국 악어, 시베리아 백학, 강에 서식하는 돌고래 등의 멸종에 대해서 경고하고 있다. 1993년 미국이 기술 원조를 철회하기로 한 결정은 프로젝트와 관련된 환경에 대한 우려에 힘을 실어 주었다. 지역의 인구에 대한 영향 또한 비판적인 쟁점이 되었다. 댐에 의한 수몰로 153개의 도시, 4500여 곳의 마을이 물 아래로 잠겨버릴 것이다. 수많은 고대의 유적들과 삼협의 풍광 좋은 협곡 등은 수세기 동안 시인들과 화가들에게 영감을 주어왔다.

- 당신은 이 대규모 계획의 이익이 경제적 측면의 환경비용을 초과한다고 생각하는가?
- 당신은 댐의 개발 측면에서 그 계획을 지지하는가?

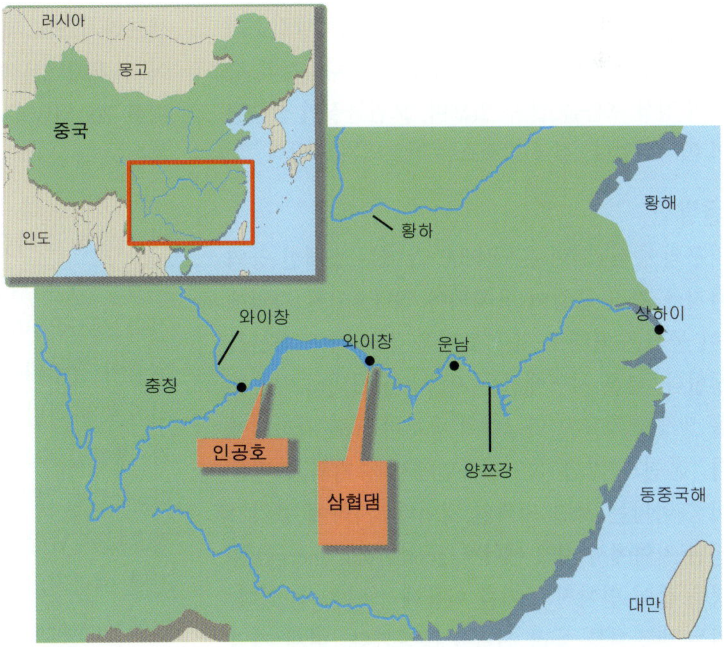

출처 : Magellan Geographix/ABC NEWS.com. Data from International Rivers Network.

시설의 건설 가능성을 타진했다. 예비조사에 상당한 시간과 돈을 소모한 후에 그 계획은 포기되었다.

1966년에 프랑스는 상업성 있는 조력발전소를 건설하였다(그림 9.17) 이것은 브리타니 해안에 있는 랑스 강어귀에 위치한 것으로 세계에서 유일한 대규모 조력발전소이다. 이것은 240MW 발전용으로 건설되었지만 조력이기 때문에 평소에는 62MW만 생산된다. 이는 100,000명(프랑스 인구의 0.2%정도)의 전기 수요를 충당한다. 캐나다의 노바스코샤에도 16MW 발전소가 있다.

그림 9.17 **조력발전소** 프랑스의 랑스 강에 있는 에스추어리 발전소는 세계에서 가장 큰 조력발전소이다.

그림 9.18 **지열발전** 이 발전시설에서 지하의 지열지대로부터 얻은 증기는 전력 생산에 이용된다.

영국은 남서부에 위치해 있는 세번 에스추어리에 7,200MW 조력발전소의 건설 가능성을 검토하고 있다. 이는 프랑스의 조력발전소의 30배에 해당하는 것이다. 이 시설은 동일한 생산 능력의 화력발전소의 건설비용과 비교하여 건설이 계획되었으나, 지역 강어귀의 정상 흐름을 깰 수 있으며, 오염물질이 집중될 것이 예상되었다. 결국 발전소는 건설되지 않았다.

지열발전

지구의 중심(최대 온도 4400℃)에는 방대한 양의 에너지를 가진 물질이 용해되어 있다. 어떤 지역에서 이 물질은 때때로 지구 표면을 뚫고 나와 화산을 생성한다. 다른 지역에서는 지하수를 가열하거나 증기를 생성할 정도로 마그마가 충분히 표면 가까이에 있다. 온천과 간헐천은 지표면에서 증기와 뜨거운 물이 솟아나는 자연 지역인 것이다. 지하에 증기가 밀집된 지역에서 **지열 에너지**(geothermal energy)는 구멍을 뚫어 얻어진 증기를 이용해서 얻을 수 있다. 증기는 발전기를 돌려 전력을 생산한다. 현재 지열 에너지는 지표면 근처에 뜨거운 물질이 있는 지역에서만 실현되고 있다.(그림 9.18)

미국은 세계 지열발전 능력의 절반을 가지고 있으나, 130개 이상의 발전소가 다른 12개국에서 가동되고 있다. 미국의 발전 능력의 절반에 해당하는 필리핀과 더불어, 이탈리아, 멕시코, 일본, 뉴질랜드, 아이슬란드는 지열발전 방법으로 상당한 양의 전력을 생산한다.

캘리포니아에서는 세계 지열발전의 40%가량인 1,900MW가 생산된다. 1MW는 대략 1,000가구에 공급될 수 있는 에너지량을 말한다. PG&E 사에서는 1960년 이래 지열 에너지로 전력을 생산해왔다. 샌프란시스코 북부에는 PG&E 사의 지열발전시설이 위치해 있는데, 세계에서 그 규모가 가장 크다. 또한 700MW를 생산해 290만 명, 70만 가구에 전기를 공급할 수 있다.

하와이 주는 두 개의 25MW 규모의 지열발전소의 건설을 고려했다. 대부분의 전력은 현재 석유 연소에 의한 화력발전으로 얻는다. 지열발전에 의한 전력 생산은 비용이 적게 들며, 기름 유출 사고의 위험이 감소되는 장점을 갖고 있다. 그러나 발전소 건설로 파괴될 수 있는 열대우림지역에 지열발전소가 건설될 수도 있기 때문에 많은 우려가 일고 있다. 전력을 생산하는 것 말고도 지열 에너지는 직접적으로는 난방에 사용되어 왔다. 아이슬란드에서는 지열 에너지의 절반은 발전에, 나머지의 절반은 난방에 사용하고 있다. 수도인 레이캬비크의 모든 건물들은 지열 에너지를 이용해 난방을 하며, 석유를 사용할 때보다 25%의 연비를 절감하였다.

지열 에너지는 몇 가지의 환경문제를 안고 있다. 황화수소가스를 포함한 증기는 썩은 계란 냄새로 대기오염을 일으킨다. 증기에 포함된 무기물질은 파이프와 장비를 부식시켜 지속적인 시설 유지에 문제가 되고 있다. 또한 무기물질은 어류에 독성을 나타낸다.

지구상에서 열을 이용하는 다른 방법들은 특수한 지질학적인 현상에 별로 의존하지 않는다. 열 에너

지구촌 전망대

지하에서 올라오는 전기

열은 지구의 화산 표면 밑에서부터 뜨겁게 솟아오르기도 하며, 요세미티 국립공원의 올드페이스풀과 같은 간헐천과 온천으로부터 자연적으로 발생되기도 한다. 아이슬란드, 캘리포니아 일부 지역에서는 지열과 온천수가 에너지를 공급할 만큼 충분한 양이 함께 나온다. 그러나 풍부한 표면수가 있는 대부분의 지역에서는 유용한 열이 5km 또는 경제적인 굴착 기술이 미치지 못하는 그보다 낮은 지역에 존재한다. 접근 가능 지역에 존재하는 열은 가끔 지하수를 함유하지 않는 경우가 많다. 저렴하고, 공해가 없는 에너지원을 찾기 위해, 뉴멕시코의 로스 알라모스 국립연구소의 과학자들은 "광산열(mine heat)"에 관한 공정을 연구하기 시작했다. 광산열이란 지열 에너지를 이용한 새로운 효과를 말한다. 이 공정에서 물은 우물을 통해서 고압으로 3km 아래로 내려가게 된다. 이 물이 상반된 우물을 통해서 돌아올 때 지구의 자연적인 열에 의해서 끓는점 이상으로 가열되는 것이다. 건조된 뜨거운 열로 암석을 가열시키는 프로젝트는 지열 에너지를 공급원으로 하여 물과 열을 함께 가져오도록 하는 시도를 하고 있다.

평균적으로 지표면 아래의 온도는 1km당 27°C씩 증가한다. 그러나 미국 서부 지역의 많은 지역에서는 고열의 화산 주변열 때문에 1km당 67°C 이상의 온도가 증가한다. 로스 알라모스 지역에서는 우물 밑바닥의 온도가 240°C 정도이다.

로스 알라모스 연구소의 조사에 따르면, 믿을 수 있는 평가를 통해 미국 내 접근 가능한 지점의 바로 밑에 있는 뜨겁고 건조한 바위의 이용할 수 있는 열이 적어도 500,000쿼드(quadrillion)가 존재한다고 한다. 이것은 일 년에 국가가 이용할 수 있는 에너지량의 약 6,000배에 해당된다.

이제 이 에너지가 경제적, 상업적으로 사용 가능한지에 대한 기본적인 문제가 제시된다. 현재의 대답은 "아니다"이다. 그러나 만약 새로운 기술이 발달된다면 대답은 바뀔 수 있다. 또 다른 문제는 일을 틀림없이 착수할 수 있느냐이다. 특수한 우물에의 가열에 있어서 경비가 충분할 것인가? 시스템의 누수를 최소한으로 막을 수 있을 것인가? 물의 일정한 흐름이 유지될 것인가? 이런 문제들이 극복된다면, 언젠가 지구 표면 아래의 수 km 아래에 있는 가열된 물에서 얻어진 에너지가 당신의 컴퓨터를 작동시킬지도 모른다.

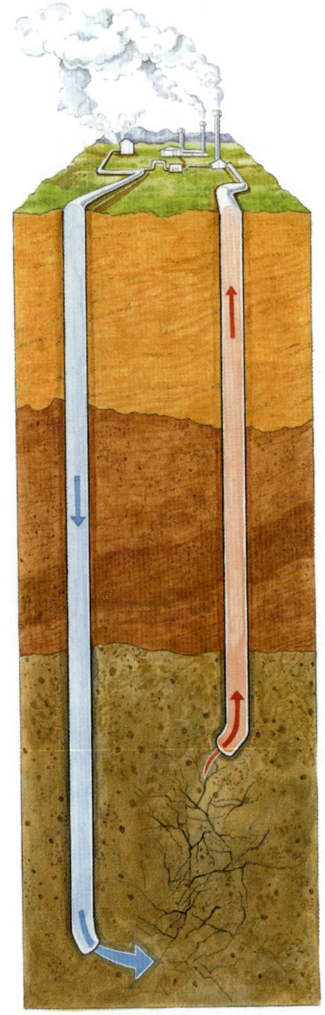

지를 함유하고 있는 모든 사물은 그 열을 뽑아낼 수 있으며, 다른 지역으로 이동될 수 있다. 냉장고는 내부에서 열 에너지를 뽑아내어 냉장고 뒷부분의 코일로 이동시킨다. 유사한 방법으로 땅에 박혀있는 파이프들은 열을 추출하여 가정으로 이동시키는 것이다. 지열 에너지의 응용은 전기동력장치를 통한 에너지의 소비를 요구한다는 것을 인식해야 한다. 상당한 양의 에너지를 뽑아내는 데 일정한 비용이 든다. 몇 가지의 사례에서, 이런 형태의 열 에너지는 석유나 천연가스와 같은 전통적인 에너지공급원에 비해 덜 비싸다. 그렇지만 열 에너지도 무료가 아니다.

그림 9.19 **풍력** 풍력발전기를 설치한 지역에서는 많은 양의 전력을 생산할 수 있다.

풍력발전

태양의 복사 에너지는 지구에 도달해 열로 바뀌어 대기를 데운다. 고도별로 각기 다른 양의 태양광선을 받기 때문에 지구는 똑같이 데워지지 않는다. 따뜻한 공기는 가벼워서 위로 올라가며, 차갑고 공기밀도가 높은 공기는 그곳으로 대신 흘러 들어간다. 이러한 공기의 흐름을 바람이라고 한다. 수세기 동안 바람은 배를 움직였으며, 곡식을 빻고, 물을 길어 올리는 등 많은 일을 하는 데 사용되어 왔다. 최근에 와서 바람은 전기발전에 이용되고 있다(그림 9.19).

2003년에 캘리포니아에서는 15,800개의 풍력 터빈을 이용해 390MW의 전기를 생산했으며, 새로운 화력 및 원자력발전소 건설과 비교할 때 비용 면에서도 경쟁력이 있다. 풍력을 이용하는 다른 주요 국가로는 독일, 덴마크, 네덜란드 등이 있다. 인도, 중국, 독일, 그리고 스페인은 2005년까지 풍력에 의한 전력 생산을 증가시키는 주요한 계획을 가지고 있다. 내몽고 지역의 유목민들은 자신들의 텐트에서 불을 밝히고, TV, 영화를 보기 위해서뿐만 아니라 가축들을 가두는 전기 울타리에 전기를 공급하는 작고 휴대할 수 있는 풍력 발전기를 가지고 있다.

일정하게 부는 바람은 특정 지역의 풍력발전에 더 생산적으로 사용되고 있다. 북아메리카의 대평원(Great Plains)과 같은 광활한 지역은 빽빽한 숲 지역보다 풍력발전을 하기에 더 적합하다. 풍력발전은 바람이 불지 않을 때를 대비해서 대체용 에너지원과 혼합 이용된다. 풍력발전은 사실 몇 가지의 부정적인 영향도 가지고 있다. 움직이는 프로펠러는 새들을 위협하고, 소음을 발생시킨다. 어떤 이들은 캘리포니아의 엄청난 수의 풍력장치를 시각오염으로 간주한다.

태양열 에너지

태양은 지구 에너지 문제의 마지막 해결책이라고 종종 언급된다. 태양은 지구가 요구하는 그 이상의 에너지를 연속적으로 생산하여 공급한다. 사실 하루에 태양으로부터 받는 에너지량은 다른 모든 에너지 공급원을 합한 양보다 600배가량 많다. 태양 에너지의 가장 큰 문제는 간헐적인 자원이라는 것이다. 낮 동안만 사용이 가능하며, 흐린 날은 맑은 날보다 이용이 어렵다. 태양 에너지를 이용하는 모든 장비들은 태양광선을 이용할 수 없을 때 에너지를 비축하거나 보충 에너지를 사용해야 한다. 태양광선의 이용에 따른 차이점 때문에 어떤 지역은 다른 지역보다 태양 에너지를 이용하는 데에 더 적합하다. 태양 에너지를 이용하는 세 가지 방법으로는

1. 비활성 가열 시스템에서, 태양열 에너지는 열이 필요한 그 자리에서 직접 열로 전환된다.
2. 활성 가열 시스템에서, 태양 에너지는 집열지역으로부터 열로 전환된다.
3. 태양 에너지도 발전에 이용될 수 있는데, 태양전지가 이용되거나 송전선을 이용해 송전된다.

비활성 태양열 시스템

맑은 날 아스팔트 도로를 맨발로 걸어 본 사람은 누구나 비활성 태양열의 효과를 경험했을 것이다. **비활성 태양열 시스템**(passive solar system)에서 광선 에너지는 표면에 흡수될 때 열 에너지로 전환된다. 비활성 태양 에너지를 이용한 초기에는 음식이나 옷을 말릴 때, 소금을 얻기 위해 바닷물을 증발시킬 때에 이용하였다. 사실 태양 에너지는 아직도 이러한 목적으로 이용되고 있다. 집과 빌딩들도 비활성 태양 에너지를 난방에 사용할 수 있도록 설계될 수 있다(그림 9.20). 이런 시스템들은 태양광선이 들어와 열을 저장하고 모을 수 있는 커다란 창문의 설치가 필요하다. 이러한 커다란 물체는 두꺼운 벽이거나 방의 일부분을 차지하는 바닥이 될 수도 있다. 이 시스템은 고정된 부분이기 때문에 비활성 태양열 시스템을 유지하는 데는 비용이 들지 않는다. 어떠한 에너지라도 이 시스템 안에서 열로 전환되며, 작동비용이 들지 않는다. 그러나 비활성 태양열 시스템의 설계는 일반적으로 새로운 건물에만 적용된다.

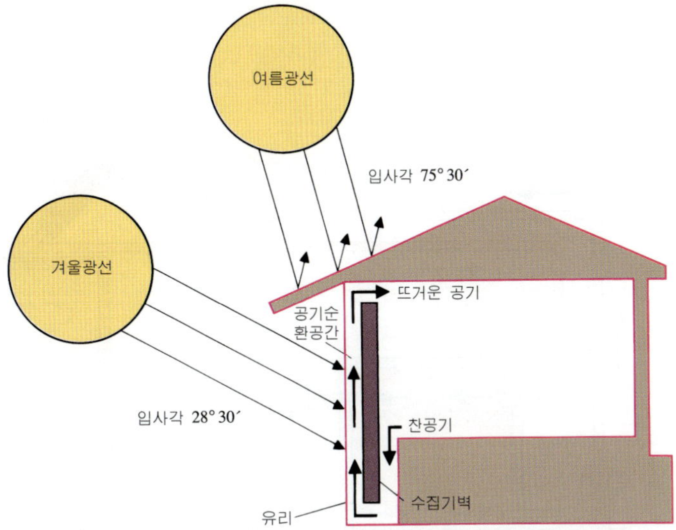

그림 9.20 비활성 태양열 주택 이 집의 돌출부의 길이는 북위 38°에서 태양열을 얻기 위해서 고안된 것이다. 이 디자인에서 30~40cm의 벽은 열을 모으고 저장하는 데 사용된다. 그 수집기의 벽은 유리벽 아래에 있으며 남쪽을 바라본다. 한겨울에 태양각이 28°일 때 빛 에너지는 벽에 수집되고 열로 저장된다. 밤에 벽에 저장된 열은 집을 따뜻하게 하는 데 쓰인다. 자연 대류는 공기를 벽을 통해 순환하게 하고, 집은 따뜻하게 된다. 한여름에 태양의 입사각이 75°일 때 돌출부는 태양을 가려서 수집벽을 그늘지게 한다.

활성 태양열 시스템

태양열 집열판에 더하여, 활성 태양열 시스템은 펌프와 열로 전환시켜 전달해주는 파이프가 필요하다(그림 9.21). **활성 태양열 시스템**(active solar system)은 주로 새로 지어진 빌딩에 쉽게 설치되지만, 이미 지어진 빌딩에도 설치될 수 있다. 활성 태양열 시스템의 이용에서 주로 고려될 점은 설치에 따른 초기 비용이다. 활성 태양열 시스템은 특별히 설계된 집열판이 필요하며, 가열될 수 있도록 따뜻한 액체가 들어가는 튜브와 펌프, 이동시키는 파이프가 필요하다. 활성 태양열 시스템은 움직일 수 있는 부분이 포함되므로, 다른 냉 · 난방시스템들처럼 작동/유지 비용이 들어가게 된다. 암석, 물과 특별히 만들어진 제품에 열을 저장하곤 한다. 파이프 내의 뜨거운 액체가 저장된 매체를 가열하여, 햇빛이 비치지 않을 때 그것을 열로 방출한다.

태양열 발전

1954년 벨 연구소가 개발한 두 금속의 복합체인 최초의 **광전지**(photovoltaic cell)는 직접적으로 태양광선을 전기로 전환할 수 있으며, 이것은 고가의 신제품으로 간주되었다. 그러나 보다 더 효율적인 배터리가 개발됨에 따라 생산비용이 절감되었으며, 그것은 광전지를 개발하는 데 실제로 사용되었다. 1980년대 중반 이후에는 매년 6,000만 개 이상의 태양열

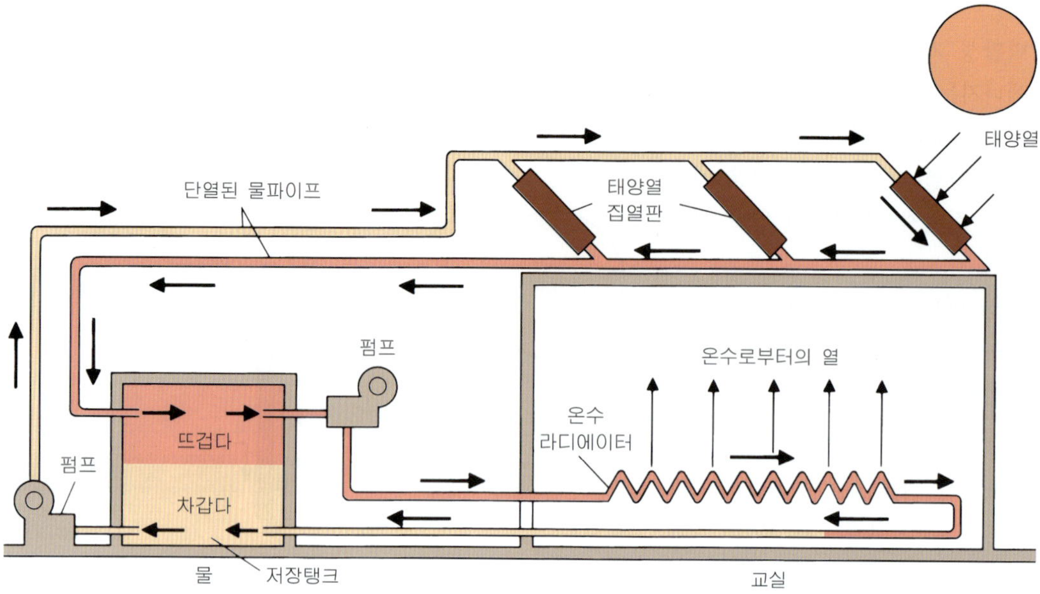

그림 9.21 활성 태양열 시스템 캘리포니아의 치의학교실의 빌딩에서는 태양열 집열판이 온수의 65%를 공급한다.

계산기가 생산되었다. 이들 계산기들은 10% 이상이 대량으로 생산된 광전지를 이용한다.

광전지는 계산기나 멀리 떨어진 장비를 작동하는 등의 특수 용도를 위해서 적은 양의 전기 공급원으로서 새로이 출시되고 있다. 많은 양의 전기를 발전하는 일반적인 시스템은 공장의 중앙에 위치하여 고압선에 의해 할당되는데 비용이 많이 들어서 높은 인구밀도 지역에서 시험적으로 사용된다. 광전지셀은 세계의 외딴 지역에서 보다 실용적이다. 10만 가구 이상의 태양열 주택이 알래스카와 오스트레일리아의 오지에 건축되었다(그림 9.22). 프랑스 정부는 태평양에 있는 18개의 섬에 2천 개 이상의 태양열 발전시설의 설치하는 데 보조금을 지원했다. 이들 발전시설은 5개의 병원과 1,000세대에 전기를 공급한다. 세계의 많은 개발도상국가들은 송전선과 연료가 필요한 발전기의 사용보다는 광전지의 사용을 통하여 마을에 전기를 도입할 것이다. 최근 미국의 광전지 생산량의 2/3는 수출되고 있다. 광전지는 더욱더 나은 기술이 개발됨에 따라 가격이 떨어지고 있으며, 특히 화석연료의 값이 상승함에 따라 다른 에너지 공급원과 경쟁할 수 있게 될지 모른다.

태양열 에너지는 보다 손쉬운 방법으로 전기를 생산하기 위하여 이용되고 있다. 캘리포니아에 있는 크레머 정크션이라는 회사는 390°C까지 파이프에 들어 있는 석유를 가열할 수 있는 태양집열 물통을 설치하였다(그림 9.23). 이 열은 물로 이동되며 손쉽게 발전 터빈을 가동되는 데 사용될 수 있도록 수증기로 바뀐다. 광전지를 설치함으로써 이 방법에서는 전력생산비용이 떨어지며, 전통적인 에너지 공급원과 경쟁할 수 있게 된다.

태양열 에너지의 한계

태양열 에너지는 여러 이유 때문에 전 세계 에너지

의 1%도 공급하지 못한다. 가장 분명한 점은 이것은 오직 낮 동안만 이용된다는 것으로, 저녁 동안 사용할 열이나 전기 에너지로의 저장 방식이 필요하므로 그만큼의 비용이 추가된다. 태양열에 의한 가열방식은 사용하는 데 제한적이지만 새로운 건축물에 있어서 가장 실용적이다. 추운 지역에서 태양열은 열의 유일한 공급원이며, 일반적인 열 시스템의 어떤 형태들은 저장시설이 필요하다. 기후 또한 문제이며, 많은 지역이 광범위하게 구름이 드리워 있어 모일 수 있는 에너지의 양이 적다. 비록 집열장치와 그 밖의 장비들의 가격이 최근 낮아지고 있다지만, 많은 집열장치들은 여전히 비싸다. 예를 들어, 광전지는 보통 전기발전 시스템보다 훨씬 비싸다. 하지만 광전지의 가격이 지속적으로 떨어진다면, 보통 연료를 사용하는 발전 시스템의 가격은 올라갈 것이다.

그림 9.22 태양열 에너지 몇몇 외딴지역에서 태양 에너지는 전기 생산에 있어서 경제적인 방법이다.

그림 9.23 태양열 발전 이 태양열발전소는 다른 전기발전방식과 경쟁이 될 수 있는 비용으로 전력을 생산할 수 있다.

생물량 전환

생물량(biomass)은 생물이 생산해내는 유기물질의 총 축적물이다. 가장 흔히 사용되는 생물 자원은 땔감, 농작물 수확의 잔여물, 동물의 분뇨 등이 있다(연료용 목재는 세계 에너지 공급원들 중에서 가장 중요하므로 다음 장에서 분리하여 다루기로 한다). 이것은 전통적으로 비상업적인 연료의 공급원으로서 세계 에너지의 10% 이상 공급되지만 에너지에 관한 국제적인 통계에는 거의 보고되고 있지 않다. 많은 개발도상국에서는 이용가능한 에너지원으로서 많은 부분을 이들 연료원을 사용한다. 생물량의 전환은 생물자원 내에 저장된 화학 에너지로부터 에너지를 얻는 일련의 작용이다. 이것은 새로운 아이디어가 아니다. 목재연료는 수천 년 동안 사용되어온 생물량 전환의 한 형태이다. 생물자원은 취사를 위한 열 공급원으로서 직접 연소되며, 전기를 생산하기 위해서 연소되며, 알코올로 변형되거나 메탄을 생성하기 위해서 사용된다(그림 9.24). 중국은 집과 농장에 50만 개의 작은 메탄 포집기를 가지고 있으며, 인도에는 10만 개, 한국은 5만 개가 있다. 브라질은 생물량으로부터 알코올을 만들어내는 가장 큰 생산국이다. 높은 석유가격과 비교해 값싼 설탕을 생각해보면 브라질은 에너지 공급원으로서 사탕수수를 많이 수확하도록 자극을 받았다. 브라질에서 알코올은 자동차 연료의 50%를 제공한다.

생물량 전환의 환경적, 경제적 문제가 점차 커지

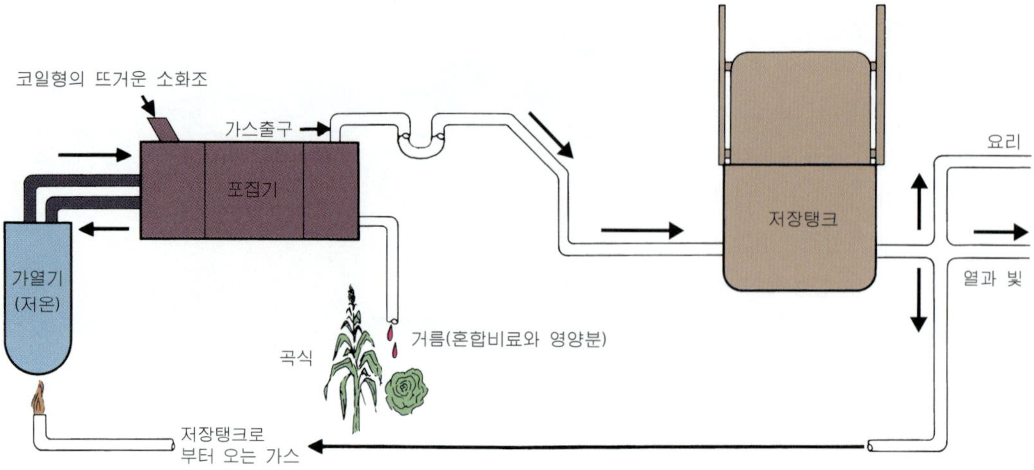

그림 9.24 메탄 포집기 단위소화조에서 혐기성 세균은 동물 배설물을 메탄가스로 전환시킨다. 이 가스는 연료원으로 쓰인다. 이 과정에서 불순물은 비료로 사용된다. 많은 저개발국가에 있어서 이런 형태의 포집기는 에너지원의 공급과 비료 공급 그리고 동물 배설물의 이용 등에 이점을 준다.

고 있다. 에너지원으로서 생물량 전환을 많이 이용하는 나라들은 대체로 식량 부족을 겪고 있다. 생물량은 소수의 영양분들을 토양으로 다시 되돌아가게 하며, 이것은 식량 부족을 증가시키는 것을 의미한다. 만약 식량 가격이 오르거나 기름 값이 떨어진다면, 생물량의 전환은 줄어들게 될 것이다.

생물량에서 이용 가능한 에너지를 생산하는 데 투입되는 에너지를 고려해야 한다. 알코올을 생산하기 위해 곡물을 재배하는 데에는 많은 에너지가 투입된다. 곡물에서 얻은 알코올에는 실제적으로 알코올을 만드는 데 투입된 에너지보다 적은 양의 에너지가 존재한다. 확실히 에너지 측면에서 볼 때 별 이득이 없다. 그러나 액체연료의 편리함은 경제적으로 그만큼의 가치를 지닌다.

목재연료

저개발국가에서 목재연료는 수세기 동안 주요한 에너지 공급원으로 여겨져왔다. 사실상 목재연료는 세계 인구의 절반 가까이가 사용하는 주요한 에너지원이다. 이들 지역에서 목재연료의 주된 이용은 취사이다.

가장 중요한 원료로서의 목재연료의 사용과 급격한 인구 증가 그리고 다른 형태의 연료가격의 인상

그림 9.25 사막화 많은 지역에서 나무연료에 대한 수요는 숲의 파괴로 이어졌다. 이것은 사막화의 주요한 원인이 된다.

은 세계 여러 지역에서 심각한 환경문제를 야기시켰다. 세계 인구 중 13억 명은 충분한 목재연료를 얻을 수 없으며, 인구의 과잉성장률만큼 연료의 목재를 벌채해야 한다. 그 결과 아프리카와 아시아의 산림 파괴와 이들 지역의 사막화가 촉진되었다(그림 9.25).

석탄 또는 석유와 같은 양으로 비교해 볼 때 부피로 인해서 목재연료는 장거리를 수송하는 데 실용적인 가치가 없다. 대부분의 목재연료는 국지적으로

표 9.2 일인당 고형 폐기물 배출량

수입이 높은 도시	kg/1일
뉴욕	1.8
싱가폴	1.6
도쿄	0.94
로마	0.72
수입이 낮은 도시	
튀니지, 튀니스	0.56
콜롬비아, 멜델린	0.54
인도, 캘커타	0.51
나이지리아, 카노	0.46

사용되었다. 미국, 노르웨이, 스웨덴에서 연료용 목재는 가정 난방용으로 에너지의 10%를 공급한다. 캐나다는 목재연료에서 가정 난방용 이외에 전체 에너지의 3%를 얻는다. 이들 에너지의 대부분은 판재나 종이 제조 같은 산업 등에 이용되었다.

목재 연소는 대기오염을 유발한다. 연구에 따르면 목재가 연소될 때 75가지의 유기물이 나오며, 발암물질로 의심되거나 알려진 탄화수소도 22종이나 방출된다고 한다. 그러나 이들은 일반적으로 적은 양이 방출되고 있다. 목재연소로 인한 많은 양의 해로운 물질의 방출 여부와 그에 대한 지도를 할 연구단체가 전혀 없다. 목재를 사용하는 스토브가 효과적으로 작동되지 않으면, 치명적인 특정 물질과 불완전 연소로 인하여 많은 양의 일산화탄소가 방출된다. 인구밀도가 높은 지역에서, 목재연료를 많이 이용하면 대기 중으로 방출되는 재의 양도 많아진다. 최근 몇 년 동안 미주리 주 몬태나에서 측정된 여름철 대기 중 먼지 입자의 55%가 목재연소로부터 나온 것이다. 겨울철에는 대기 중 입자의 75%나 차지했다. 목재연소로부터 발생된 대기오염을 줄이기 위해 많은 조치들이 취해져 왔다. 런던과 같은 도시들은 목재연소를 전면 금지시켰다. 콜로라도 주는 오직 한 가구당 하나의 목재를 연소하는 스토브만 허가하였다. 많은 지역에서, 미립자와 다른 오염 물질의 방출량을 줄이는 특수한 오염 조절기가 부착된 목재 연소 스토브의 사용을 요구하고 있다.

그림 9.26 폐기물에서 에너지로 도시 쓰레기는 열과 전력 생산을 위해 소각된다. 이런 저장된 쓰레기는 높은 온도의 용광로로 들어간다.

고형 폐기물

뉴욕의 거주자들은 매일 쓰레기를 일인당 1.8kg, 전체적으로는 25,000 ton 이상을 폐기한다. 사실상 뉴욕 시민들은 도시 쓰레기 생산에서 세계 1위다. 뉴욕과 같은 도시의 고소득 시민들은 대개 저소득 도시민들보다 더 많은 쓰레기를 만들어낸다(표 9.2). 이러한 쓰레기의 약 80%는 타기 쉬운 물질이어서 잠재력 있는 에너지 공급원으로 대체될 수 있다(그림 9.26).

에너지원으로서의 도시 쓰레기를 사용하는 폐기물 발전(trash power)은 몇 단계로 나뉘어진다. 첫째, 쓰레기에서 연소성 있는 유기물과 무기물이 분리되어야 한다. 이것은 1차 배출자인 개인에 의해서 이뤄지는 것이 경제적이다. 이는 밖으로 배출하기 전에 쓰레기를 분리해야 한다는 것을 의미한다. 가연성 물질, 유리, 금속 등의 쓰레기로 분리하여 수거되어야 한다. 둘째, 연료공급원으로서 쓰레기의 효율적인 이용은 많은 양과 안정된 공급이 요구된다. 만약 지역사회에서 매일 쓰레기 200 ton을 연소시키기 위해 소각장을 건축한다면, 지역사회는 하루에 쓰레기 200 ton을 생산하여 모아야만 한다.

지역사회는 수년 동안 쓰레기의 양을 줄이기 위해 쓰레기를 태워왔다. 최초의 고형 폐기물 소각재

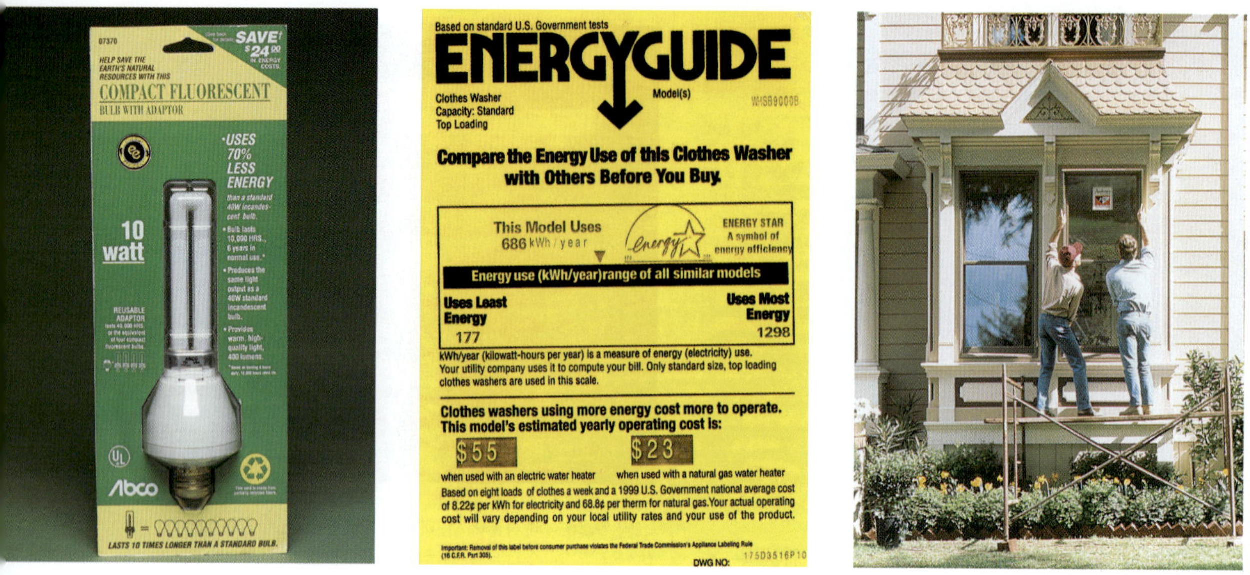

그림 9.27 에너지 절약 형광전구와 에너지 효율이 높은 제품, 저방사 유리의 사용은 에너지 소비를 크게 줄일 수 있다.

는 1874년 영국의 노팅엄에서 시작되었다. 독일 뮌헨의 도시 쓰레기 소각은 쓰레기의 양을 줄였을 뿐만 아니라, 도시 전력의 12%에 해당하는 에너지를 공급했다. 네덜란드의 로테르담에서도 쓰레기를 이용해 55 MW의 전력시설을 가동시키고 있다. 미국에서는 가정용 쓰레기의 단지 3%만 소각하였는데, 이는 일본의 소각률 26%와 스웨덴의 51%, 스위스의 75% 소각률과 비교하여 매우 낮은 수치이다.

쓰레기 소각이 에너지를 창출하는 것만이 아니다. 매립지의 필요량이 줄기 때문에 쓰레기 처분에 드는 비용 자체를 줄인다. 빌트모어는 매일 폐기되는 쓰레기 1,000 ton으로부터 가스를 생산한다. 이 가스는 빌트모어 가스전기회사의 터빈을 돌리기 위한 증기를 생산하는 데 사용된다. 매일 폐기되는 쓰레기에는 숯과 같은 물질 80 ton과 금속철 70 ton, 유리조각 170 ton이 포함되어 있다. 이러한 물질들은 모두 잠재적으로 사용되어진다. 숯은 부수적인 에너지원으로서 연소된다. 금속은 팔 수 있으며, 공장 운영비용을 줄일 수 있을 뿐만 아니라 광물질을 보전할 수 있다. 유리는 재활용될 수 있으며, 더 나아가 공장의 경제적 부담도 덜어준다.

쓰레기의 부피를 줄이고 에너지를 공급하기 위해 쓰레기를 소각하지만, 여기에도 대기오염 같은 환경 문제가 발생한다. 다수의 오래된 쓰레기소각장들은 오늘날의 대기 환경 기준치를 따르지 못한다. 또한 표백된 종이와 플라스틱류와 같은 폐기물은 염소를 함유한 유기물질들이다. 이 물질들이 연소될 때 유독성이 높은 물질과 발암물질인 다이옥신이 생성될 수 있다. 에너지 시스템에서 쓰레기와 연관된 또 다른 문제로는 재활용의 대중화이다. 요즈음 높은 열량을 함유하는 플라스틱이나 나무를 재활용하는 상품들이 많다. 쓰레기 홍수에서 이들 상품의 감소는 에너지원으로서의 가치를 줄어들게 한다.

에너지 절약

에너지 절약(conservation)은 에너지를 발생시키는 어떤 방법이 아니고 부차적인 에너지 소비에 대한 필요성을 줄이는 방법이다. 몇 가지의 에너지 보존 기술은 복잡하지만 그 외 다른 것들은 아주 단순하다. 예를 들어, 작고 값싼 나무를 연소시켜 이용하는 스토브를 개선하여 저개발국가의 야외 화덕을 대체한다면 이 지역의 에너지 소비는 50% 줄일 수 있다.

에너지 소비를 줄이는 여러 가지 기술을 현재 이용할 수 있다(그림 9.27). 높은 효율의 형광등 전구는 보통 백열전구의 똑같은 에너지량의 25%만을 가지

표 9.3 수소에너지 개발에 영향을 주는 주요 인자

찬성	반대	찬성과 반대
1. 석유 수입 축소를 통해 국가 안전권을 보장할 수 있다. 2. 지구 환경 변화와 온실 가스와 오염원 발생을 감축시킬 수 있다. 3. 지구 인구 증가와 경제 성장에 대비하여 적당한 가격의 청정에너지가 필요하다. 4. 대기질을 보존하고 차량과 발전소에서 배출되는 배기가스를 감소시킬 필요가 있다.	1. 에너지 정책에 대한 국가적 동의를 구하고 지지하기가 어렵다. 2. 수소의 공급체제가 형성되어 있지 않으므로, 새로 구축하려면 비용이 많이 든다. 3. 수소 생산시설, 저장시설, 연료전지의 경제성이 없다. 4. 수소의 안정성에 대한 확신이 부족하다.	1. 수소와 비교 경쟁되는 에너지원의 개발 기술이 빠르게 개발되고 있다. 2. 비교적 저가의 화석 에너지가 공급되고 있으나, 언젠가는 고갈될 것이다. 3. 청정 환경과 적당한 가격의 에너지 공급에 대한 선호가 동시에 존재한다.

출처 : Courtesy of U.S. Department of Energy(2002).

고도 같은 양의 빛을 얻을 수 있다. 그리고 열도 덜 발생한다. 형광등과 공기조절기는 미국 전력 소비의 25%를 차지하고, 이런 전구의 사용이 널리 퍼짐으로써 에너지 소비가 두드러지게 줄고 있다. 창문에 저방사 유리를 덮어놓으면 건물에 햇빛이 들어가지만 열의 양을 줄일 수 있다. 신축 중인 건물에 이와 같은 유리를 설치하거나 유리를 교체하는 것은 현재의 에너지 상황에서 중요한 영향을 끼친다. 자동 조명조절 장치 또는 자동 광차단 장치와 같은 많은 기술들이 신축 중인 건물에 사용되고 있다.

에너지를 보다 효율적으로 사용하도록 하는 전환은 장려할 필요가 있다. 종종 설계가 불충분하고 에너지율이 낮은 건물이나 기계가 만들어진다. 이러한 것들은 단기비용은 적지만, 장기비용은 높다. 시민들에게 장기간의 에너지 비용에 대해서 고찰할 수 있는 교육을 시켜야 한다.

전기 효율성이 최근 에너지 절약 계획의 일부가 되어가고 있다. 일부 주에서는 절약 노력을 돈으로 보상해왔다. 이전에 그들은 큰 발전소를 건설해서 돈을 벌 수 있었다. 여기에 에너지 절약교육이 포함되어야 한다. 보다 많은 소비자에게 에너지를 보다 효율적으로 사용하도록 가르치는 것은 새로운 발전소 건설을 막을 수 있다.

수소 경제

수소 경제(Hydrogen Economy)란 석탄, 원유, 가스와 같은 화석 원료에서 수소로의 변화를 의미한다. 모든 화석연료는 타면서 여러 가지 형태의 수소화합물로 전환된다. 자연계에 풍부한 수소는 열을 생산하고 공기와 반응하여 물을 만든다. 수소 경제는 탄소나 대기를 오염시키는 다른 물질의 도움 없이도 에너지를 생산할 수 있는 시스템이다. 화석연료의 소비가 증가하고 가격이 높아지면서 연료 전지(fuel cell)에 수소를 저장하여 태움으로써 경제성 있는 에너지를 생산하는 기술에 대한 관심이 높아지고 있다. 따라서 수소 경제는 현실에 가까워지고 있다(표 9.3).

수소 전지에 대한 연구는 이미 한 세기 전부터 시작되었으나, 효율이 높아지고 배출물(emission)이 낮아지면서 관심이 더 많아졌다(그림 9.28).

연료 전지는 배터리에 비교되는데, 배터리와의 차이점은 연료 전지에는 전기를 더 공급할 필요가 없고, 분해되었을 때 유해한 중금속으로 환경에 부담을 주지 않으며, 한 번 필요한 연료를 채워주면 지속적으로 에너지를 생산할 수 있다는 점이다. 이 연료는 가스, 메탄올, 휘발유, 순수한 수소 등에서 수소를 추출할 수 있으며, 무엇이든 사용 가능하다.

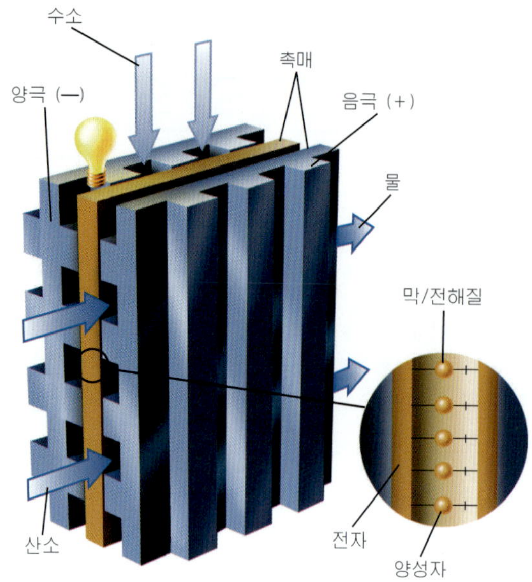

그림 **9.28** 연료 전지 연료 전지에서는 전기화학 에너지가 전환된다.

그림 **9.29** 실험용 연료 전지 버스 시타로(Citaro) 연료 전지 버스는 연료 전지로 운영되는 차 중 최신 모델이며, 독일 다임러크라이슬러에서 30대를 생산하여 2003년에 유럽 10개 도시로 보내졌다.

연료 전지는 여러 가지 형태가 가능하지만, 양성자교환막 연료 전지(PEM, proton exchange membrane)가 가장 많이 알려져 있다. 연료 전지 안에서 일어나는 반응은 다음과 같다. 압축 수소가스가 연료 전지에 들어가면 백금과 반응하여 수소 분자를 분해하여 양성자로 알려져 있는 수소 이온과 전자를 만들고, 양성자교환막을 통해 양성자만 흘려보낸다. 전자는 흘러가지 못하고, 모터를 움직이게 한다거나 빛을 만든다. 수소 이온은 양성자교환막을 통화하여 순환하면서 산소와 반응하여 물이 된다.

연료 전지 연구와 개발에는 아직 여러 가지 어려움이 남아 있다. 전지의 에너지원이 되는 수소를 순수한 상태로 얻기가 어렵다. 순수한 수소 가스는 효율이 높고, 오염물을 발행시키지 않으나, 발연성이 높고 저장이 어려우며, 휘발유같이 다루기 쉬운 형태로 상품화하기 어렵다. 수소는 탄화수소로부터 연료 전환 과정(fuel reformation)을 통해 추출할 수 있으나, 순수한 형태로 얻기가 어렵다. 연료 전환 반응은 전통적인 전기 생산 기술이며, 이 과정에서 이산화탄소, 산화질소, 고형 입자들이 생성된다. 아직 대량 생산하기에는 경제성이 낮다.

연료 전지는 여러 분야에서 사용할 목적으로 연구 개발되었다. NASA에서는 이미 1960년대에 우주선에 사용할 목적으로 부피가 작고 가벼우며, 오염물을 만들지 않고, 우주비행사들에게 마실 수 있는 순수한 물도 공급할 수 있는 전지를 개발하였다. 일부 학교나 은행, 사무실에서도 전기를 사용할 목적으로 설치하여 사용해왔다. 반면, 수요 용량이 큰 산업체나 전기발전소에 적당한 형태는 아직까지 상품화되지는 않았으나 곧 실용화될 전망이다.

다른 연료와 비교되는 연료 전지의 장점들은 다음과 같다. 반응온도가 낮고, 소음이 적으며, 비교적 안전하여 공공시설에 설치가 가능하다. 유지하는 데 다른 기술이나 연료가 필요 없으므로, 외진 곳에 설치하기에도 적당하다. 날씨에도 영향 받지 않으나, 가장 큰 장점은 오염물을 생성하지 않는다는 것이다. 연료 전지를 사용하면 순수한 수소, 물, 열과 전기가 생성될 뿐이다. 화석연료를 약간은 사용하나, 연료 전지는 다른 발전시설보다 더 많은 양의 에너지를 생산할 수 있다.

미래 에너지원으로서 연료 전지는 자동차 에너지원으로 기대된다. 자동차는 계속 움직여야 하므로 연료 전지를 적용하여 사용하는 데에는 아직 기술적으로 해결해야 할 문제들이 남아 있기는 하나, 세계적인 자동차회사들은 연료 전지를 차세대 에너지원으로 개발하는 데 연구 개발을 계속하고 있다. 실험적으로 생산한 버스들이 유럽과 미국에서는 이미 운영되고 있다(그림 9.29).

다른 분야에서 수소 에너지 시스템을 사용하려면 아직 시간이 걸리겠지만, 현재 세계 각국에서는 경쟁적으로 연구에 투자하고 있다. 일본에서는 2010년까지 50,000대의 수소 연료 전지 자동차를 일반화할 것으로 계획하고 있다. 미국에서는 비슷한 시기에 약 5,000대를 계획하고 있는데, 이러한 차이는 정부의 이산화탄소 감축, 오염물 관리, 에너지 관리와 같은 정책 등에 그 원인을 두고 있다. 기술적인 부분에서 자동차회사는 수요와, 수소 자동차의 가격, 가스공급시설 등이 필요하다. 2003년 EU의 지원으로 아이슬란드에는 세계 최초의 수소공급소가 만들어졌다. 이곳에서는 다임러크라이슬러에서 생산된 수소 버스가 수소를 공급받고 아이슬란드의 수도 레이캬비크를 달리고 있다.

요약

자원은 현재 기술의 사용으로 추출될 가능성이 있는 자연적으로 발생한 인류에게 유용한 물질이다. 매장량은 현재 경제 상태에서 기존 기술로 이익이 되게 추출될 수 있는 물질로부터의 매장물이라고 알려져 있다. 석탄은 세계에서 가장 풍부한 화석연료이다. 석탄은 지표에서 채광하기도 하고, 지하에서 채광하기도 한다. 채취에 따른 문제는 지표 채취 같은 경우는 풍경을 해치고 지하 채취는 지반침하가 일어난다. 진폐증, 쓰레기더미, 물과 공기오염, 광산하수의 산성화도 추가적인 문제다. 석유는 석탄 대신 선택되어졌는데 좀더 편리하고 싸기 때문이다. 그러나 석유 공급이 제한되어서 쉽사리 입수할 수 없게 되었다. 수많은 연근해의 유정, 2차 회수법, 증가하는 석유탐사는 점점 일반적으로 되어가고 있다. 천연가스는 또 다른 중요한 화석연료 에너지다. 그런데 중요한 문제는 천연가스를 수요자에게 운반하는 것이다.

화석연료는 재생이 안 된다. 이 연료의 양은 한정되어 있다. 화석연료가 고갈되면 다른 형태의 에너지로 대체해야 하는데 아마도 재생 가능한 상태일 것이다. 수력이 부각될 수 있지만, 커다란 흐름을 수 있는 장소가 있어야 하고, 그 일을 하려면 사람들의 이주가 필요하다. 지열과 조수의 힘도 지리적인 위치에 제한적이다. 풍력은 전기를 만드는 데 사용할 수 있지만 거대하고 개방된 지역이 필요하고, 많은 풍력발생기가 필요하다. 태양열 에너지는 집열하여, 비활성 시스템과 활성 시스템으로 사용이 가능하고, 전지를 만들어 사용할 수 있다. 빛의 지속적인 공급이 태양열 에너지 활용에서 가장 중요하다. 목재연료는 산업사회에서 중요치 않은 연료이다. 그러나 국가가 발전하기 전에는 아주 중요한 연료였다. 생물량은 음식을 위해서나 전기 공급을 위해 필요한 열을 공급하기 위해 연소될 수 있다. 또는 알코올로 전환할 수 있고, 메탄 생성에 사용된다. 몇몇 공동체에서는 고형 폐기물을 부피를 줄이고 에너지를 공급하기 위해서 연소시킨다. 에너지 절약은 생활수준의 변화 없이 에너지 사용을 줄일 수 있다.

이슈와 분석 극지방의 국립야생보호지구와 석유

북극지방의 야생보호구역은 수년 동안 논쟁거리가 되어왔다. 주요 인물들은 야생지역을 보호하려는 환경운동주의자들이다. 논쟁의 이유는 알래스카가 보유하고 있는 많은 유전으로부터 나오는 활동자금 때문이다. 이 자금의 대부분은 알래스카가 보유하고 있는 유전의 배당금이다. 유전으로부터의 배당금을 받는 석유 공동체들은 야생보호구역에서의 시추를 원한다. 그리고 정치적이고도 경제적으로 중요한 석유비축을 위한 협회 구성원들도 원한다. 1960년에 890만 에이커가 야생보호지역에서 제외되었다. 1980년에 알래스카 보호활동으로 1천 980만 에이커 범위로 확장되었으며, 890만 에이커를 야생지역으로 지정했다. 또한 북극지역을 야생보호지로 다시 지정했다. 보호지역의 경계지역은 북쪽의 유콘 국립공원이다. 여기엔 많은 동물들, 특히 포쿠핀 순록 무리들은 해마다 경계지역을 주기적으로 이동한다. 미국은 이런 이동을 반드시 법에 의해서 보호해야 한다. 석유채굴이나 다른 개발활동이 보호구역의 해안지대에서 일어나기 전에 그 지역은 특별허가가 요구된다. 큰 야생동물이 많이 서식하는 해안지대는 순록의 출산지이고 석유 생산의 잠재 가능성이 가장 높은 곳이다. 이런 경우 가능한 허가는 환경 보호와 경제 발전, 정치적 이익의 세 가지 힘이 상충된다. 더욱이 그 그룹에 관심이 있는 이익집단의 내부에서는 커다란 견해차가 있다. 몇몇 알래스카 사람들은 굴착하는 일에 찬성하고 몇몇 사람은 반대한다. 백악관에서는 보호구역에 석유굴착의 위험성과 이익에 대한 대립적인 증언을 제공한다. 1998년에 백악관은 클린턴 대통령의 건의 아래 알래스카 북쪽 경사지역의 석유개발을 철폐했다. 북동쪽 지역에서 약 46만 에이커 연구지역의 1/3이 연방준비회의 계획 아래 석유굴착이 금지된 것이다. 프르도이 만의 서부석유정부의 국제석유보호 관할구역 4백만 에이커의 석유만 팔릴 수 있도록 되어 있다. 공유지는 단지 경사진 지역만 굴착할 수 있는데 지표를 보호하기 위해서이다. 석유회사들은 약 4억에서 10억 배럴 정도는 야생 생태 또는 쉽게 깨질 수 있는 북극 생태계를 깨지 않으면서 회복할 수 있다고 계속해서 말한다. 보호주의자들은 에너지 분야의 개선이 소비를 줄일 수 있으므로 개발하는 것은 소용없다고 주장한다. 그들은 보호지역에 석유 굴착은 이동해온 새, 순록, 북극곰 등의 서식지에 해가 될 것이라고 주장한다. 그것이 옳든 옳지 않든 시간만이 그 문제에 대한 해답을 말해줄 것이다.

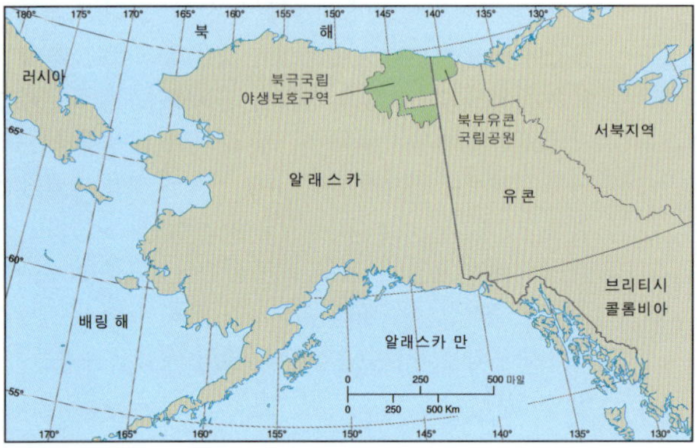

극지방의 야생보호구역에서 이동하는 순록

주요 용어

광전지 (photovoltaic cell)
노천채광 (surface mining)
매장량 (reserves)
비활성 태양열 시스템 (passive solar system)
산성화된 광산하수 (acid mine drainage)
생물량 (biomass)
액화천연가스 (liquefied natural gas)
2차 회수법 (secondary recovery)
자원 (resources)
재생 가능한 에너지원 (renewable energy sources)
재생 불가능한 에너지원 (nonrenewable energy sources)
중하 (overburden)
지열 에너지 (geothermal energy)
지하채광 (underground mining)
진폐증 (black lung disease)
활성 태양열 시스템 (active solar system)

복습 문제

1. 왜 연료는 중요한가?
2. 매장량과 자원을 구별하라.
3. 지하채광에 대한 노천채광의 이점은 무엇인가? 노천채광의 단점은 무엇인가?
4. 석탄을 사용할 때와 석유를 사용할 때의 환경적 영향을 비교하라.
5. 새로운 수력발전소 개발의 장애요인은 무엇인가?
6. 조력 발전소 개발의 장애요인은 무엇인가?
7. 세계의 어떤 지역에서 지열 에너지가 이용 가능한가?
8. 왜 바람을 태양 에너지의 한 형태로 볼 수 있는가?
9. 비활성 에너지 시스템과 활성 에너지 시스템을 비교하라.
10. 고형 폐기물을 에너지원으로 사용할 때 생기는 문제는 무엇인가?

비판적 사고력 문제

1. 다른 에너지원에 대한 경제적, 환경적 비용에 대해 아는 것은 무엇인가? 전력 생산 공급에 수력이나 석탄을 사용하는 당신 지역의 공익회사를 추천해보라. 당신이 추천을 하는 데 어떤 기준을 적용할 것인가?
2. 미드웨스트에 있는 석탄연소 전력 발전소는 미국 동부 지역에 산성비를 내리게 한다. 다른 에너지의 연료는 석탄보다 비용이 더 드는 것 같다. 그래서 전력비가 올라간다. 다른 주의 시민들이 이 회사의 전기 생산방법을 바꿔야 한다고 압력을 가해야만 하는가? 이것을 변화시키는 데 유용한 메커니즘은 무엇인가? 이 메커니즘은 얼마나 효과적인가?
3. 만약 당신이 에너지 부서에서 일을 하고, 에너지의 대안연구를 위한 예산을 짠다고 상상해보라. 그러면 당신은 어디에 돈을 쓰겠는가? 그 이유는?
4. 질문 3에서 주어진 당신의 선택에서 당신의 결심이 정치적인 요소에 반(反)한다면 어떻게 될 것이라고 생각하는가? 그 이유는?
5. 중국의 삼협댐이나 캐나다의 제임스 만 발전계획 같은 거대한 댐 프로젝트가 있다면 전체적으로 볼 때 이익이겠는가, 아니겠는가? 당신이 추천할 수 있는 다른 대안은 무엇인가? 그 이유는?
6. 에너지 보호방법 중의 하나는 화석연료의 에너지 사용을 줄이는 것이다. 당신이 집, 직장, 또는 학교에서 화석연료 사용을 줄일 수 있는 방법은 무엇이 있는가?
7. 본문에서 언급한 대체 에너지 연료 중 어떤 것이 당신 지역에서 대체가 가능한가? 이것들은 어떻게 충족될 수 있는가?

핵에너지

: 혜택과 위험요소들

이 장의 학습목표

- ⊙ 핵융합의 잠재력을 설명할 수 있다.
- ⊙ 원자로에서 전기가 생산되는 방법을 설명할 수 있다.
- ⊙ 원자로의 종류를 설명할 수 있다.
- ⊙ 핵연료 순환 단계를 설명할 수 있다.
- ⊙ 원자력발전과 관련된 우려를 나열할 수 있다.
- ⊙ 고준위 방사성 폐기물의 저장방법을 설명할 수 있다.
- ⊙ 체르노빌 사고를 설명할 수 있다.
- ⊙ 고속증식로와 다른 원자로의 차이를 설명할 수 있다.

이 장의 세부목차

과거 현재 그리고 미래

1983	전 세계 원자력발전소에서 생산되는 전력량 189GW(기가와트)	2004	전 세계 원자력발전소에서 생산되는 전력량 361GW
1983	18개의 새로운 원자로 준공	2004	새로 건설된 원자로 없음
1983	원자력발전 용량 240% 증가	2004	1990년 이후 원자력발전 용량 단 7%만 증가

핵 에너지의 본질

핵분열에서 얻어지는 원자력 에너지는 인류를 위한 무한한 가능성을 가지고 있다. 방사성 동위원소를 이용한 진단방법이나 암 치료를 위한 방사선 및, 뼈의 골절상태를 알아보는 데 사용되는 X-선 등, 실로 많은 분야에 이용이 되고 있다. 현재 전 세계의 전기 에너지 중 약 17% 정도가 원자력발전소로부터 생산되고 있다. 과거 구소련의 기술자들은 댐, 운하 또는 지하 시설물의 건설을 위하여 소규모의 핵폭발을 이용하기도 하였다. 미국 정부 또한 새로운 파나마 운하 건설을 위하여 핵폭발 이용을 고려하였다(그림 10.1).

또 한편으로 원자력 에너지는 많은 위험성을 가지고 있다. 일본의 히로시마나 나가사키는 핵폭탄에 의해 도시가 파괴된 바 있다. 원자력 에너지의 군사적 이용은 많은 방사능 오염의 흔적을 남겨 놓는다. 많은 경우에 있어 이들 오염물질은 부주의하게 취급되고 있다.

원자력 에너지의 본질을 알기 위하여 3장에서의 원자 구조에 대한 여러 사항 등을 다시 살펴볼 필요가 있다. 모든 원자는 그 중앙부에 양전하를 지닌 양성자와 전기적으로 중성인 중성자로 이루어진 핵을 가지고 있다. 음전하를 지닌 보다 작은 전자가 그 주위를 돌고 있다. 핵 안에서 양으로 대전된 입자들은 서로 반발하려는 성질을 가지고 있으며 양성자와 중성자가 함께 결합하기 위해서는 많은 에너지가 필요

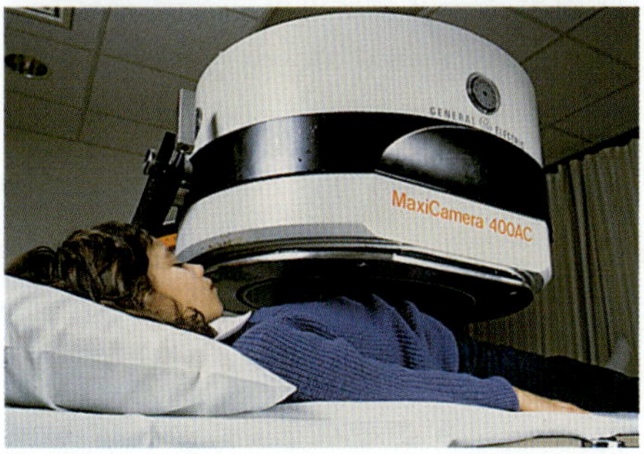

그림 **10.1** 원자력에너지의 다양한 이용 핵분열로부터 얻어지는 에너지는 다양하게 이용된다.

표 10.1 일부 방사성 동위원소의 반감기

방사성 동위원소	반감기	방사성 동위원소	반감기
Iodine 132	2.4시간	Carbon 14	5730년
Technetium 99	6.0시간	Uranium 234	250,000년
Rhodium 105	36.0시간	Chlorine 36	300,000년
Xenon 133	5.3일	10	450만 년
Barium 140	12.8일	40	13억 년
Cerium 144	284.0일	4	125억 년
Cesium 137	30일		

하다. 그러나 일부 원자의 동위원소는 방사성 물질이며 매우 불안정하여 자발적으로 붕괴가 일어나고 있다. 방사성 물질이 분열되어 원래 양의 반이 될 때까지의 시간을 **반감기**(half life)라 말한다. 표 10.1에 여러 방사성 동위원소의 반감기가 수록되어 있다. 핵분열에 의해서 발생하는 방사선에는 세 가지 종류가 있다. **α-선**은 두 개의 양성자와 두 개의 중성자의 결합에 의한다. α-선은 대기 중에서 1 m 미만으로 진행되며 얇은 종이나 피부의 외피층을 통과할 수 있다. **β-선**은 핵에서 전자가 빠져 나올 때 발생한다. β입자는 α입자보다도 빨리 진행하며 대기 중 수 m를 진행할 수 있다. β-선은 옷이나 유리 또는 얇은 알루미늄판 등을 통과할 수 있다. **γ-선**은 X-선이나 빛 또는 라디오파와 같은 일종의 전자기 복사이다. 이것은 콘크리트 수십 cm를 통과할 수 있으며 신체 조직에 닿았을 경우 α-선이나 β-선에 의한 것과 거의 동등한 생물학적 피해를 가져온다. α-선은 세포를 통과하면서 세포에 많은 변화를 일으키기 때문에 β-선이나 γ-선보다 20배 이상의 피해를 가져온다. 세포에 대한 직접적인 노출에 의한 방사성 물질의 접촉이나 흡수는 간접적인 노출에 비해 훨씬 심각한 위험성을 가지고 있다. 중성자의 역할은 핵분열로부터 에너지를 얻는 데 매우 중요하다. 원자의 핵으로부터 중성자의 방출은 α, β, γ선의 방출을 가져온다. 방출된 중성자가 다른 원자와 충돌할 때 핵의 분열이 일어나게 되는데 이러한 과정을 **핵분열**(nuclear fission)이라고 한다. 이러한 것이 연속적으로 일어나는 과정을 핵 연쇄반응이라 부른다. 오직 몇 종류의 원자들만이 **핵 연쇄반응**(nuclear chain reaction)을 일으키며 여기에는 U-235와 Pu-239 등이 널리 이용된다. 연쇄반응은 원자로나 핵폭탄 등에서 볼 수 있듯이 막대한 에너지를 방출한다.

핵 에너지 개발 역사

원자핵분열은 1938년 독일에서 처음 실험되었지만 최초로 핵폭탄을 개발한 것은 미국이었다. 1945년에 미군은 일본의 히로시마와 나가사키에 핵폭탄을 투하했다. 이 두 도시의 믿을 수 없이 처참한 광경은 원자력 에너지의 파괴적 이용과 평화적 이용이라는 양면성을 잘 나타내고 있다. 초기 몇 년 동안 핵 에너지의 이용은 군함의 동력원이라든가 핵폭탄 등 주로 군사적인 목적으로 이용되었다. 2차 세계대전 이후 근 50여 년 동안 미국과 구소련의 두 군사 강국에 의해 핵폭탄의 설계와 실험이 비밀리에 수행되었다. 이러한 것은 구소련이 붕괴될 때까지 계속되었는데, 비록 지금은 핵전쟁에 대한 위험이 많이 감소하였지만 1998년의 인도와 파키스탄의 핵실험 강행 등에서 볼 수 있듯이 아직 그 위험성은 상존하고 있다. 이들 군사적 목적의 이용은 토양, 수질 그리고 방사성 물질에 의한 대기오염 등을 일으킨다. 2차 세계대전 이후 원자력 에너지는 군사적인 목적보다 평화적 목적으로의 가능성을 찾기 시작하였다. 세계 최초의 원자력발전소가 1951년에 미국에서 건설되었으며 소련에서는 1954년에 첫 원자로가 건설되었다. 1953년 12월, 당시 미국의 대통령이었던 아이젠하워(Dwight D. Eisenhower)는 '평화를 위한 원자력'이라는 연설을 하였다.

> "원자로는 매우 저렴하고 사용자가 원하는 만큼의 전기를 생산할 것이다. 또한 원자력은 안전하고 깨끗하게 전기를 생산하는 자원이 될 것이다."

아이젠하워의 연설이 있은 지 50년이 넘었다. 현재 원자력발전소는 전 세계에서 광범위하게 신뢰성 있는 에너지원으로 사용이 되고 있지만, 최적의 혜택을 주고 있다고는 말할 수 없다. 전 세계에서 많은 안전사고가 발생하고 있으며 일부에서는 원자력발전소 건설이 중지된 상태이다. 동시에 많은 에너지 문제 전문가 등은 증가하는 에너지 수요에 따라 원자력발전 산업은 새롭게 재편될 것이며 보다 안전한 차세대 원자력발전소가 설계될 수 있을 것이라고 예측한다. 이들 전문가 등은 원자력발전이 지구온실효과의 주원인인 이산화탄소를 배출하지 않기 때문에 훨씬 매력적인 에너지원이 될 것이라고 말하고 있다.

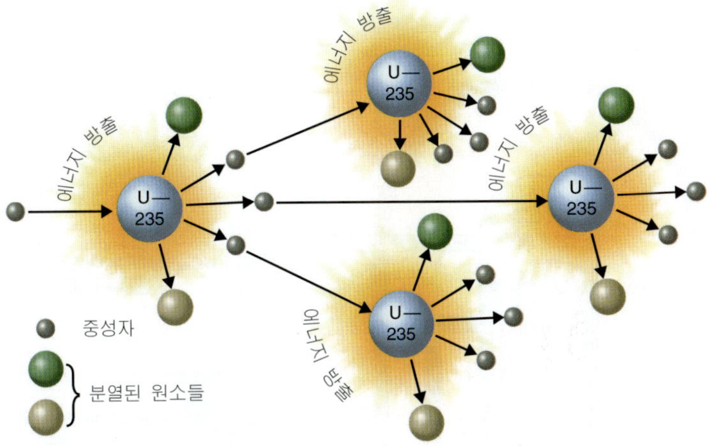

그림 10.2 핵분열 연쇄반응 도식도 우라늄 235와 같은 무거운 방사성 원소는 중성자에 의해 두 개의 가벼운 원소로 변하며 3개의 중성자를 방출한다. 이때 핵분열로 생성된 중성자가 다시 우라늄 235와 충돌하여 핵분열을 연쇄적으로 일으킨다. 이와 같은 반응을 연쇄반응이라 한다.

원자로

원자로(nuclear reactor)는 핵 연쇄반응을 조절할 수 있는 장치이다. 원자로 안에서 중성자가 우라늄(U)과 같은 무거운 원자의 분열에 이용이 된다. **U-235**는 우라늄의 동위원소로서 원자로 안의 연료로 이용된다. U-235의 원자가 천천히 움직이는 다른 원자의 중성자와 충돌을 하게 되면 U-235는 여러 개의 작은 입자로 분열이 된다. 이때 핵분열이 일어나며 엄청난 에너지가 방출된다. 이러한 과정이 계속 일어나면서 점차 보다 많은 중성자와 에너지가 방출된다. 이를 연쇄반응이라 한다(그림 10.2).

일단 이 반응은 핵연료가 다 소모되든지 중성자가 다른 핵과 충돌해 멈출 때까지 계속된다. 원자로 내부에는 우라늄을 함유하고 있는 연료봉과, 핵분열을 적절하게 조절할 수 있도록 카드뮴, 붕소, 흑연 등의 물질로 이루어진 제어봉이 있다. 제어봉은 우라늄의 분열에 의해서 생기는 중성자를 흡수하게 된다. 일부 중성자가 계속해서 연쇄반응을 일으키지만 핵분열은 점차 감소하게 된다.

만약 제어봉이 제거된다면 보다 많은 핵분열이 일어나고 많은 열이 발생하게 된다. 원자로 내부의 연료봉 다발은 물이나 그 밖의 다른 감속재로 둘러싸여져 있다. **감속재**(moderator)는 에너지를 흡수하는데 중성자를 천천히 움직이게 해 보다 효과적으로 다른 원자의 핵들을 분열시켜 준다. 빨리 움직이는 중성자는 천천히 움직이는 중성자에 비하여 원자의 분열에 비효율적이다. 핵분열 중인 중성자의 에너지는 물로 전달이 되면서 중성자는 천천히 움직이게 되고 물은 가열이 될 것이다. 전기발전을 위한 원자로는 화석연료를 이용하는 보일러와 같은 원리이다. 열을 이용하여 물을 증기로 바꾼 후 터빈을 작동시켜 전기를 생산한다. 터빈을 통과한 후 증기는 냉각이 되며 다시 원자로 안으로 순환이 되어 열을 공급받는다. 증기를 발생시키기 위한 여러 종류의 원자로가 만들어져 있다. 원자로의 노심이 어떠한 방법으로 냉각되느냐와 증기를 어떻게 이용하느냐에 따라 여러 종류의 감속재가 사용된다. 물은 가장 일반적인 원자로 노심의 냉각재이며 동시에 중성자의 감속재이다.

오늘날 가동 중인 전 세계의 약 90%의 원자로는 **경수로**(LWR, light-water reactor)이며 물을 이용한다. 경수로에는 **비등수형 원자로**(BWR, boiling-water reactor)와 **가압수형 원자로**(PWR, pressurized-water reactor) 등 두 종류가 있다. BWR인 경우(전 세계 원자로의 약 20%를 차지함) 물이 감속재와 냉각재로서 동시에 사용이 된다(그림 10.3).

원자로 안에서 증기가 발생되며 직접적으로 터빈에 전달이 되어 전기를 발생시킨다. BWR의 단점은 원자로 안의 증기가 터빈을 통과하므로 이때의 방사능 오염을 피해야만 한다. 일부 방사능에 오염된 물질이 증기 안에 남을 수 있으므로 전기를 발전하는 건물은 완전 차폐되어야만 한다. PWR인 경우(전 세계 원자로의 약 70%를 차지함)는 높은 압력의 물이 2차 계통에서 증기를 발생시키므로 원자로 내부에서 증기를 발생시킬 필요가 없다. 그 증기가 터빈을 돌리게 되며 전기를 발생시킨다. 이러한 배열은 증기의 방사능 오염을 감소시킬 수가 있지만 증기 발생을 위한 2차 계통의 건설로 인하여 보다 많은 비용이 들어가게 된다(그림 10.4).

원자로의 또 다른 종류는 캐나다에서 개발한 **중수로**(HWR, heavy-water reactor)이다. 이것은 수소의 동위원소인 중수소를 냉각재 및 감속재로 사용한다. 중수소는 일반적인 수소의 동위원소보다 두 배 정도 무겁기 때문에 중수소를 포함한 물은 보통의 물보다 약간 무겁다. 또한 중수로는 2차 계통에서 증기를 발생시킨다. 따라서 이것의 구조는 PWR과 매우 비슷하다. 중수로의 장점은 자연적으로 얻어지는 천연 우라늄을 연료로 사용할 수 있다는 점이다. 이는 중수가 일반적인 물보다도 훨씬 좋은 중성자의 감속재이기 때문인데 우라늄 235를 연료로 이용한다. 중수로는 농축된 연료가 필요 없기 때문에 경수로형인 경우보다 운영비는 적게 든다. **기체냉각 원자로**(GCR, gas-cooled reactor)는 영국에서 개발되었다. 흑연을 감속재로 이용하며 냉각재로 이산화탄소가 이용된다. 중수로와 마찬가지로 천연 우라늄이 연료로 사용된다(그림 10.5). 각 원자로는 나름대로의 장점과 단점을 가지고 있으며 각기 호평과 비평을 받는다. 이들 원자로에 대한 발전이 앞으로도 계속적으로 이루어질 것이다. 표 10.2에 여러 국가의 원자력발전소의 수가 나와 있다.

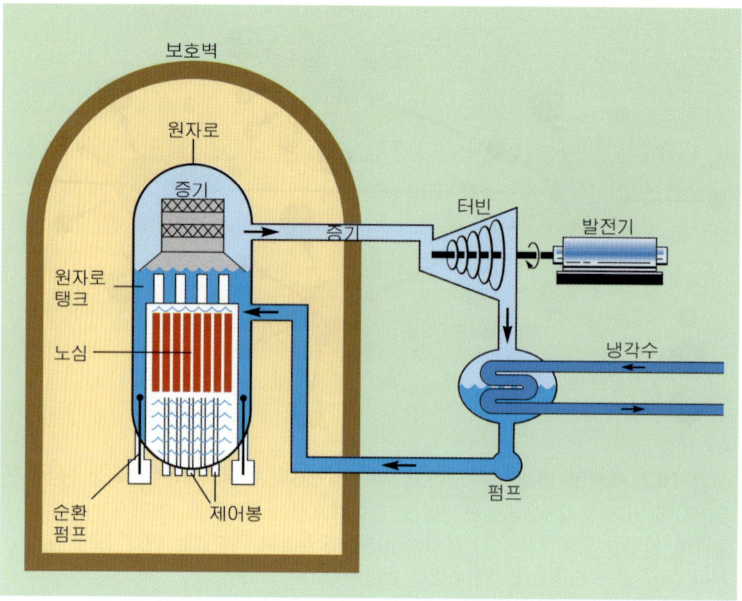

그림 **10.3** 비등수형 원자로 비등수형 원자로는 경수로형이며 원자로 내부의 증기가 직접적으로 터빈을 돌려 전기를 생산한다. 물이 감속재로 사용되며 노심을 냉각시킨다.

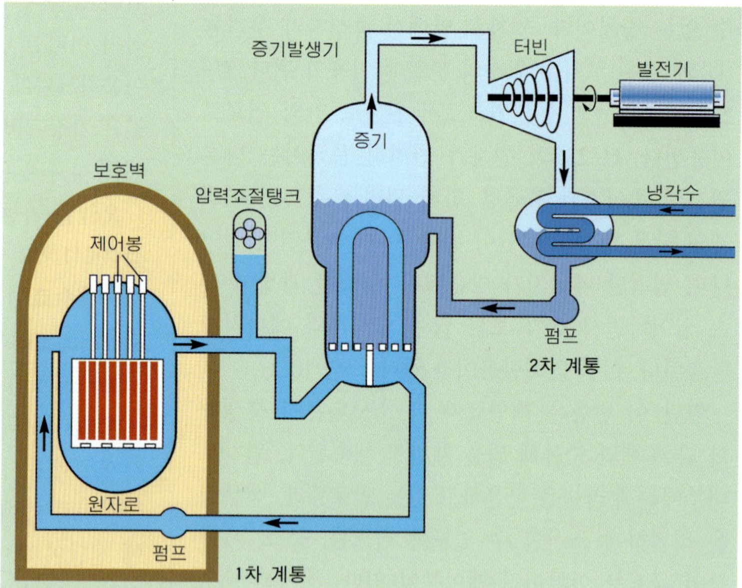

그림 **10.4** 가압수형 원자로 가압수형 원자로 역시 경수로이며 원자로 내부가 아닌 2차 계통에서 증기를 발생시켜 터빈을 돌린다.

표 10.2 세계 원자력발전소(2001~2004년)와 우라늄 수요량

국가	가동 중인 원자로 (2002년 3월)		건설된 원자로 (2002년 3월)		주문되었거나 계획 중인 원자로 (2004년 7월)		우라늄 소모량 (2004년)
	No.	**MWe**	**No.**	**MWe**	**No.**	**MWe**	**톤 U**
아르헨티나	2	935	0	0	1	692	133
아르메니아	1	376	0	0	0	0	68
벨기에	7	5728	0	0	0	0	1163
브라질	2	1855	0	0	1	1245	303
불가리아	6	3538	0	0	0	0	618
캐나다	14	9998	6	3598	2	1030	1692
중국	4	2767	7	5770	4	3800	2127
타이완	6	4884	2	2600	0	0	966
체코	5	2560	1	912	0	0	519
핀란드	4	2656	0	0	1	1600	553
프랑스	59	63,203	0	0	0	0	10,159
독일	19	21,141	0	0	0	0	3712
헝가리	4	1755	0	0	0	0	271
인도	14	2548	3	1919	3	1340	312
이란	0	0	1	950	1	950	0
일본	54	444,301	3	3696	12	15,858	7661
북한	0	0	0	0	2	1900	0
대한민국	16	12,970	4	3800	8	9200	2819
리투아니아	2	2370	0	0	0	0	359
멕시코	2	1310	0	0	0	0	232
네덜란드	1	452	0	0	0	0	115
파키스탄	2	425	0	0	1	300	56
루마니아	1	655	0	0	1	620	90
러시아	30	20,793	3	2625	3	2950	3013
슬로바키아	6	2472	2	840	0	0	370
슬로베니아	1	679	0	0	0	0	131
남아프리카	2	1842	0	0	0	0	363
스페인	9	7345	0	0	0	0	1613
스웨덴	11	9460	0	0	0	0	1533
스위스	5	3170	0	0	0	0	599
우크라이나	13	11,195	0	0	2	1900	1512
영국	33	12,528	0	0	0	0	2488
미국	104	98,248	0	0	0	0	22,353
전 세계	**439**	**354,159**	**32**	**26,707**	**39**	**43,385**	**67,903**

출처 : Reprinted by permission of Uranium Information Centre Ltd., Melbourne, Australia.

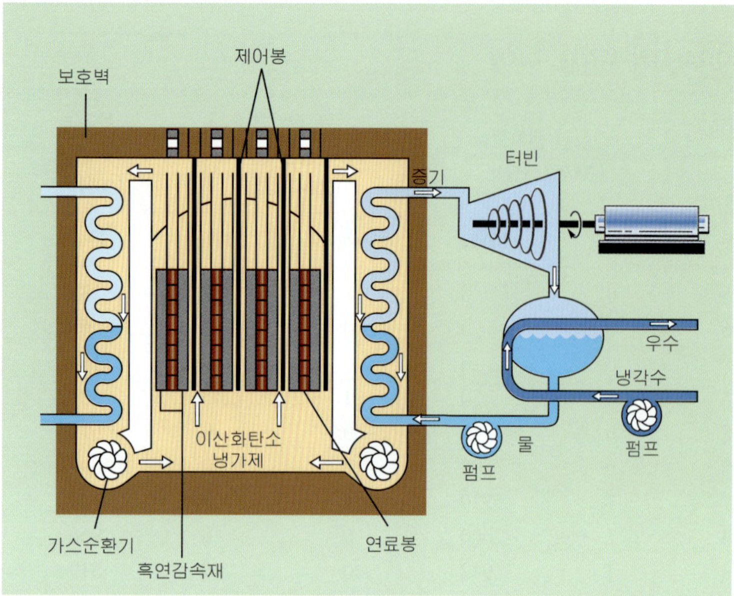

그림 **10.5** 기체냉각 원자로 흑연을 감속재로 사용하며 노심을 냉각시키기 위해 이산화탄소 기체를 사용한다. 2차 계통에서 증기를 발생시켜 터빈을 돌린다.

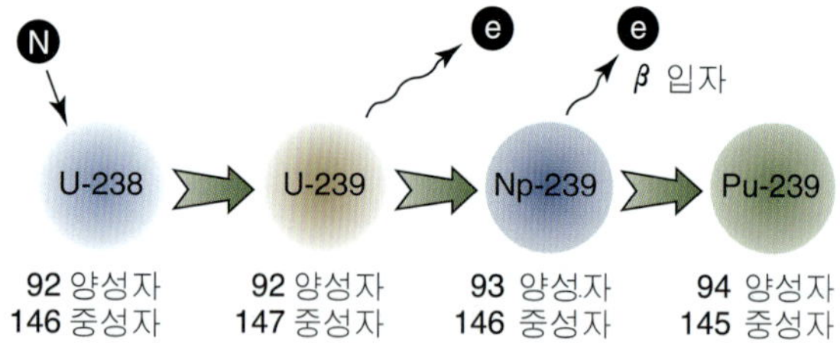

그림 **10.6** 증식로에서의 Pu-239의 형성 증식로에서는 연료로 U-238과 Pu-239의 혼합물을 사용하며 먼저 Pu-239가 핵분열을 일으켜 중성자를 생성하면 중성자 1개는 다른 Pu과 충돌하여 연쇄반응을 일으키고 또 다른 중성자는 U-238에 흡수되어 최종적으로 Pu-239가 생성됨으로 연료가 되는 Pu의 생성과 핵분열을 동시에 일어나도록 한다.

고속증식로

원자로 개발의 초기부터 고속증식로에 대한 개념이 이론적으로 알려져 있었다. 일반적인 원자로는 전기를 얻기 위해 열을 발생시키게 된다. **증식로**(nuclear breeder reactor)는 전기를 발생시키기 위해 열을 증기로 변환시키며 이때 새로운 방사성 동위원소가 형성된다.

먼저 **Pu-239**가 핵분열을 일으켜 중성자를 생성하면 중성자 1개는 다른 플로토늄과 충돌하여 연쇄반응을 일으키고, 또 다른 중성자는 U-238에 흡수되어 Pu-239를 생성함으로써 연료가 되는 플로토늄의 생성과 핵분열을 동시에 일어나도록 한다(그림 10.6). 증식로는 중성자를 보다 빨리 움직일 수 있게 하고 뛰어난 열전달 특성을 지니는 감속재를 필요로 한다.

액화금속 초고속 증식로(LMFBR, liquid metal fast-breeder reactor)가 가장 기대 받는 모델로 여겨지고 있다. 이러한 종류의 원자로는 연료봉이 U-238과 액체 나트륨으로 둘러 쌓여져 있다. 연료봉 안의 U-235로부터 방출된 중성자의 에너지가 나트륨의 온도를 620°C까지 올린다. 여분의 열에 의하여 U-238을 함유한 봉에 의하여 고속의 중성자가 흡수되는데 이때 이들 원자의 일부가 Pu-239로 전환이 된다. 약 10년 정도 사용하면 또 다른 원자로를 가동시키는 데 필요한 방사능 물질을 생성할 수 있다. 그러나 고속증식로에는 일부 중대한 결점이 있다. 만약 물이나 공기와 접촉을 한다면 나트륨은 격렬하게 반응을 하게 된다. 따라서 이를 방지하기 위해 견고하게 제작된 특수 장치가 필요하다. 만약 이들 장치가 고장난다면 나트륨은 끓게 될 것이고 격렬한 핵 연쇄반응이 일어나 원자로의 손상으로 결국 원자력발전소 사고가 발생하게 될 것이다.

증식로는 초기 가동 시 또 다른 문제를 가지고 있다. 증식로가 초기 가동을 하거나 재가동 시 고체 나트륨을 액체가 될 때까지 펌프를 이용해 이동을 시킬 수 없다. 또 다른 문제는 반응률이 매우 빠르고 조절하기가 매우 어렵다는 점이다. 증식로는 핵반응을 짧은 시간 간격으로 조정하기 위해 매우 정밀한 장비가 필요하다.

마지막으로 증식로에서 발생하게 되는 Pu-239는 그것을 접촉하는 인간에게 매우 위험하다. 또한 Pu-239는 핵무기의 제조에 사용될 수 있기 때문에 철저한 안전과 보안 속에서 취급되어야만 한다. 증식로를 사용하면 사용할수록 보다 많은 안전상의 문제점을 가져올 수도 있으며, 핵폭탄의 제조에 필요한 플로토늄이 도난당할 가능성이 더욱 커질 수도 있다.

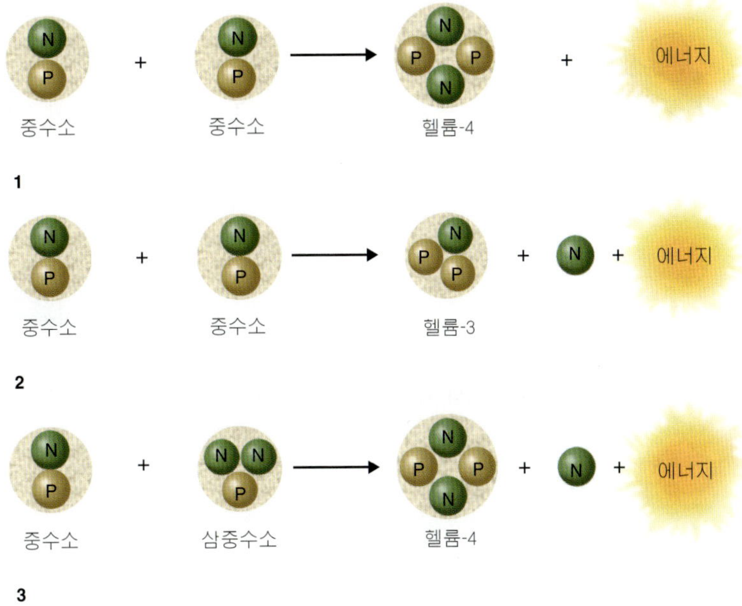

그림 **10.7 핵융합** 핵융합 과정에서 작은 원자핵들은 합쳐져서 보다 무거운 핵을 형성한다. 이 과정에서 많은 양의 에너지가 생겨난다. 수소의 다른 동위원소들 역시 핵융합 과정에 사용될 수 있다. 세 가지의 융합 형태가 있는데 다음과 같다. (1) 두 개의 중수소 동위원소들이 헬륨-4를 형성하고 에너지를 방출한다. (2) 두 개의 중수소 동위원소들이 헬륨-3을 형성하고 한 개의 자유 중성자와 에너지를 방출한다. (3) 한 개의 중수소와 한 개의 삼중수소의 동위원소가 헬륨-4를 형성하고 한 개의 중성자와 에너지를 방출한다.

이러한 문제점 때문에 미국 내에서는 더 이상의 상업적 목적의 증식로 건설을 중지한 상태이다. 실험용 증식로는 폐쇄하기로 하였다. 미국뿐만 아니라 유럽에서도 증식로의 건설은 지연되고 있다. 증식로가 가동된 지 8년 후에 프랑스산 증식로에서 냉각장치의 결함으로 인해 나트륨이 타는 일이 발생하였다. 이 사건은 증식로의 안전에 심각한 의문을 제기하였다. 이 사건 후 1982년 프랑스 정부는 증식로의 건설을 5개에서 1개로 줄이겠다고 발표하였다. 오늘날에는 그나마 1개도 건설이 될지 의문스럽다. 오늘날 전 세계에서 증식로는 프랑스, 일본, 카자흐스탄 그리고 러시아 등지에서 5기가 가동 중에 있다.

핵융합

원자력의 또 다른 전망은 앞으로 보다 진보된 기술인 핵융합 기술의 혜택을 기대한다는 것이다. 가벼운 질량을 지닌 두 개의 핵이 합쳐져 무거운 핵을 형성할 때 상당한 양의 에너지를 방출하게 된다. 이러한 과정을 **핵융합**(nuclear fusion)이라고 한다. 이 핵융합에 의한 에너지는 태양에서의 핵융합에 의해서 얻어지는 에너지와 같은 과정으로 생성된다. 핵융합에 대한 대부분의 연구는 수소와 같은 가벼운 원자에 대해 수행된다. 대개 수소 원자의 핵은 중성자가 존재하지 않고 하나의 양성자로만 되어 있다. 수소의 동위원소인 중수소(H^2)는 하나의 중성자와 하나의 양성자로 되어 있다. 3중수소(H^3)는 하나의 양성자와 두 개의 중성자로 이루어져 있다. 중수소와 삼중수소 같은 동위원소들이 보다 무거운 원자의 형태로 융합할 때 상당한 양의 에너지가 방출된다(그림 10.7). 바닷물 $1km^3$ 안에 존재하는 중수소의 융합에 의해 방출되는 에너지는, 전 세계에서 공급되는 화석 연료에서 나오는 에너지의 양보다도 훨씬 많다. 비록 핵융합이 세계의 에너지 문제를 해결할 수 있다지만, 실제 핵융합을 에너지 생산에 이용하기까지는 기술상의 여러 문제를 해결해야만 한다. 핵융합 현상이 일어나기 위해서는 다음의 세 가지 조건, 즉 높은 온도와 적당한 밀도 그리고 이를 견딜 수 있는 용기를 동시에 만족시켜야 한다. 만약 핵융

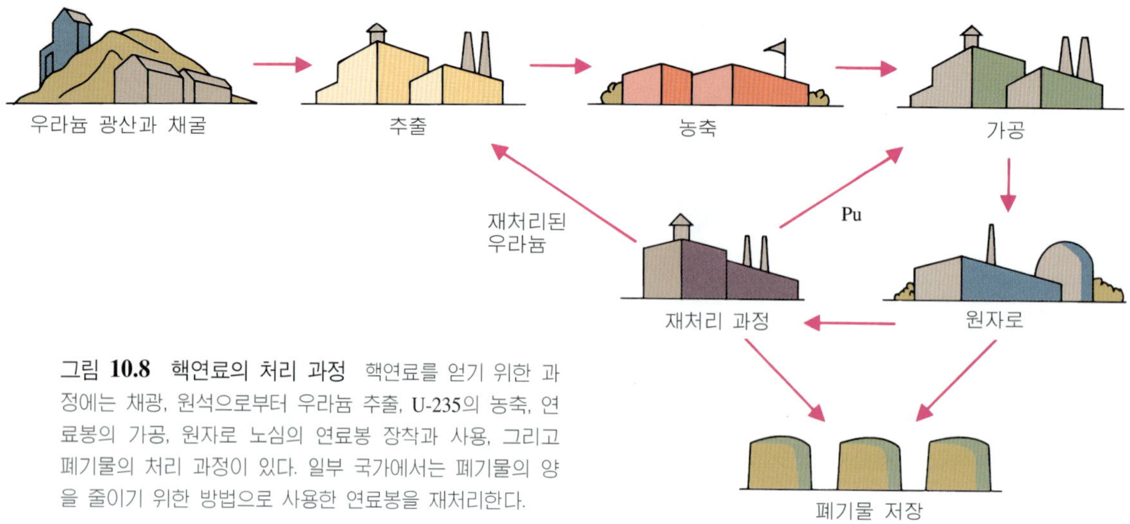

그림 10.8 핵연료의 처리 과정 핵연료를 얻기 위한 과정에는 채광, 원석으로부터 우라늄 추출, U-235의 농축, 연료봉의 가공, 원자로 노심의 연료봉 장착과 사용, 그리고 폐기물의 처리 과정이 있다. 일부 국가에서는 폐기물의 양을 줄이기 위한 방법으로 사용한 연료봉을 재처리한다.

합에 필요한 만큼의 에너지를 지닌 정도의 열을 가해 주었다면, 온도는 태양 중심부의 온도만큼 도달할 것이다. 이때, 융합된 원자들을 담고 있는 용기의 벽은 열로부터 차단되어야지, 그렇지 않으면 용기는 녹아버릴 것이다. 또한 중요한 문제는 핵의 제어이다. 비록 이론적으로 핵융합이 매우 방대한 에너지를 공급해준다고는 기대되지만, 여러 가지 기술적 어려움에 의해 가까운 장래에 실용화되기는 어렵다. 심지어 핵 보유국 정부에서조차도 핵융합 연구에 매우 인색한 예산만을 배정해두고 있다. 그리고 핵발전과 증식로에 대한 경제적 비용과 사고에 대한 두려움이 핵융합 반응로 개발을 더 늦추고 있다.

핵연료 처리 과정

에너지 생산에 있어서 핵연료 사용의 중요성을 평가하기 위해서, 핵연료의 처리 과정을 이해하는 것은 매우 중요하다. 핵연료의 처리 공정은 채광작업부터 시작한다(그림 10.8). 우라늄 원광은 지하나 지표에서의 채광작업에 의해 얻어진다. 채광된 우라늄 원광에는 질량의 약 0.2%의 우라늄이 포함되어 있다. 채광된 우라늄 광석의 다음 처리 과정은 분쇄 과정이다. 분쇄 과정을 거치고 난 후 우라늄을 농축시키기 위해 용매처리를 한다. 조제 우라늄광(yellow cake)의 분쇄 과정 후 산화우라늄(uranium oxide)의 함량은 70~90% 정도로 농축된다.

자연 상태에서 채광되는 우라늄 원광의 우라늄 함량은 핵분열이 일어나지 않는 U-238이 99.3% 정도이고, 단지 0.7%만이 핵분열이 가능한 U-235이다. U-235의 농축률은 원자로에 사용될 수 있을 만큼 그다지 높지 않기 때문에 U-235의 양을 더욱 농축시켜야만 한다. 동위원소인 U-235와 U-238의 질량은 거의 차이가 없고 화학적 차이도 없기 때문에 농축 과정은 어렵고 비용이 많이 드는 공정이다. 그러나 U-235 성분을 0.7%에서 3%로 증가시켜야만 한다.

핵연료 가공과정에서 분말 형태의 농축된 물질로 바뀌어지는데 연필 끝에 달린 지우개 정도 크기의 알갱이 형태로 성형된다. 이 알갱이들은 길이 4 m의 금속 연료봉에 봉해져 원자로에 장착된다.

핵분열 과정은 농축된 U-235 원자들을 감소시킨다. 약 3년 후에 연료봉은 연쇄반응을 유지하기에는 충분하지 못한 방사능 물질로 변하기 때문에 연료봉을 새 것으로 교체해주어야 한다. 다 사용된 연료봉이라도 약 1%의 U-235와 1%의 Pu의 방사능 물질이 아직 남아 있다. 이들 연료봉들이 원자로에서 생겨나는 방사능 폐기물의 주된 부분을 차지한다.

원자로가 처음 건설될 때 과학자들은 다 사용한 연료봉에 대한 재처리 기술을 개발하였기 때문에 사용된 연료봉에 남아 있는 U-235를 다시 농축할 수 있었고 새로운 연료봉으로 제조하여 사용할 수 있었다. 플루토늄도 핵분열이 일어날 수 있으므로 연료봉으로 재활용이 될 수 있다. 새로 생산된 연료봉과 비교해볼 때 재처리된 연료봉은 핵폐기물의 양을 줄일 수 있다. 그렇지만 재처리 과정에 의해서 생산된 연료봉은 우라늄 원석에서 생산된 연료봉에 비해 더 많은 비용이 들어가며 이미 미국에서는 재처리 시설을 폐쇄시켰다. 현재 인도, 일본, 러시아, 프랑스, 영국 등이 사용한 연료봉을 핵폐기물로서 저장하는 대신에 재처리할 수 있도록 재처리 설비를 가동하고 있다.

핵연료 처리 과정의 각 단계에는 방사능 물질의 수송 과정이 수반된다. 우라늄 광산은 가공공장과 떨어져 있고 연료봉은 원자력발전소까지 수송되어야 하며 사용된 연료봉은 재처리공장이나 저장 지역으로 운반되어야만 한다.

핵연료의 처리 과정에서 각각의 연결 단계에는 방사능 물질이 누출될 가능성이 도사리고 있기 때문에 수송방법은 매우 조심스럽게 계획되고 실시되어야 한다. 많은 사람들이 방사능 물질의 수송은 매우 위험하다고 주장하지만, 한편에서는 매우 조심히 취급한다면 위험률을 현저히 줄일 수 있다고 한다.

결국 고준위 방사능 폐기물이든 저준위 방사능 폐기물이든 간에 안전하게 저장을 해야만 한다. 그러므로 우라늄 채광에서 핵폐기물의 저장까지의 핵연료의 처리 과정 중 각 단계는 인간의 건강과 주위 환경을 고려해서 아주 조심스럽게 행해져야만 한다.

핵물질과 핵무기의 생산

무기나 군사적 사용을 위한 핵물질 생산은 원자력발전에 사용되는 핵연료 생산과 같은 단계의 공정이 필요하다. 사실 원자력발전 산업은 핵무기 산업의 부산물이다. 일부 핵시설은 핵연료와 무기를 위한 핵물질 생산에 대한 연구를 동시에 진행하는 데 이용된다. 두 경우 다 우라늄을 사용하기 위해서는 채광을 하고 농축을 하고 각 시설로 운반해야만 한다. 게다가 군사적 이용은 플루토늄의 생산과 농축 과정을 수반한다. 이러한 과정에서 생산 설비와 저장시설은 오염될 가능성이 매우 높으며, 주변의 토양도 마찬가지로 오염될 수 있다.

연구시설이나 생산시설 등에서는 일반적으로 극도의 위험한 화학물질과 저방사능 폐기물을 땅속에 매립하거나 연못이나 늪에 저장하거나 혹은 강 등에 배출하기도 한다. 이와 같은 행위를 막기 위한 환경적 규제에도 불구하고, 미국의 에너지부에서는(전 원자력위원회) 연방 환경법률에 이러한 행위가 저촉받지 않는다고 주장한다. 그러나 결과적으로 에너지부에서 매우 위험한 화학 물질과 방사능 물질에 오염된 상당히 많은 지역들의 관리를 떠맡게 되었다. 이는 큰 문제를 내포하고 있다. 미국의 에너지부가 관리하는 무기 개발 또는 생산과 관련된 미국 내의 소유지가 3365평방마일이나 된다. 이들은 구체적으로 다음과 같다.

- 3,700개의 오염된 지역들
- 고방사능 폐기물이 들어있는 330개의 지하저장 탱크
- 저장소 안의 매우 위험한 방사능 물질, 화학물질 또는 이들 물질들이 혼합된 폐기물들이 들어있는 55 갤런짜리 드럼이 백만 개 이상 존재
- 폐기물이 토양에 저장되어있는 5,700개의 지역
- 수백만 m^3에 해당하는 저방사능 폐기물과 고방사능 폐기물

미국의 에너지부에서는 2019년까지 이러한 지역을 정화시킬 것을 약속하였다. 환경 정화는 현재 원자력에 관한 예산 중 가장 큰 단일 항목이다. 여러 지역에서 지속적인 정화가 진행 중이다. 그러나 작업이 순조롭지만은 않다. 핵 시설들이 있는 지역의 거주자나 주 정부는 그 지역을 완전히 정화시킬 수 있다고 주장하는 에너지부를 불신하고 있다. 에너지부의 주장은 기술적 혹은 재정적으로도 가능하지 못할 것이다. 더구나 환경 정화는 에너지부의 새로운 임무이고 그 부분은 더욱 어렵게 변할 것이다. 정화 과정에는 많은 시간이 필요하며 수백억 달러의 경비

가 든다.

현재 세계적으로 핵무기의 중요성이 점차 감소되는 징후가 나타나고 있다. 소련과 동유럽의 정치적 붕괴가 동서양 진영 모두에 있어 핵무기의 불필요성을 더욱 크게 만들었다. 이러한 분위기는 세상을 보다 안전한 곳으로 만들 것이다. 그러나 그들의 핵무기를 어떻게 처분할 것인가? 핵물질은 핵반응로의 연료로 전환하여 사용할 수 있고 원자로는 농축된 우라늄 또는 플루토늄을 사용하기 위해 개조할 수도 있다. 그러나 핵물질들에 대한 안전상의 문제가 특히 구소련 지역에서 우려가 되고 있다. 실제 플루토늄이 다른 국가에 팔리는 사건이 여러 차례 있었다.

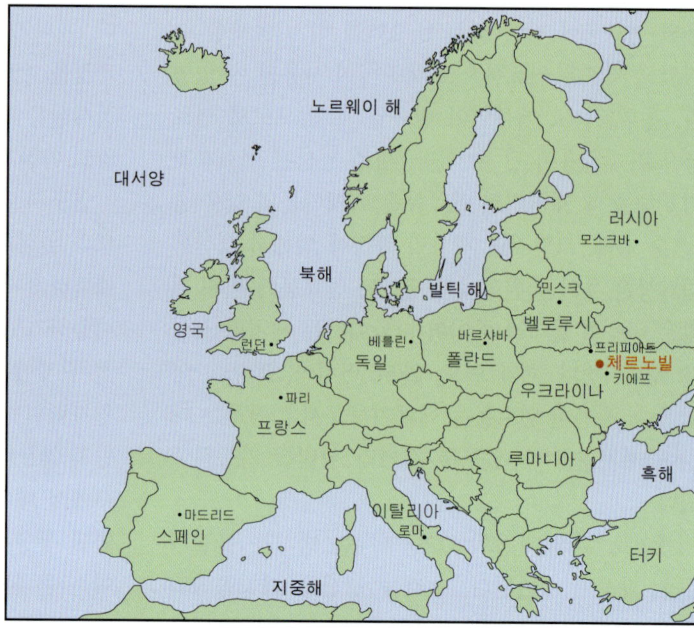

그림 **10.9** 체르노빌 체르노빌은 세계 최악의 원자력발전소 사고라는 불명예를 안게 되었다.

원자력발전의 우려

원자력은 세계 인류를 위해 막대한 양의 전기를 제공해주고 있다. 현재 전 세계에서 소비되는 에너지의 7% 이상, 그리고 전 세계에서 소비되는 전기의 17% 이상이 원자력에서 나오고 있다. 그러나 여러 사고들이 안전에 대해 의구심을 증대시키고 있다. 방사능이 대기 중이나 수자원 등에 방출이 되고 핵연료의 생산과 수송은 오염을 유발하고 핵폐기물의 안전한 처리는 계속 제기되는 문제이다.

원자로의 안전성:스리마일 섬과 체르노빌의 교훈

인류가 원자력을 처음 사용한 이래로 원자력발전소에서 여러 사고가 일어났지만, 1979년의 스리마일 섬과 1986년 체르노빌에서 일어난 두 사건은 핵시설의 안전성에 대한 인류의 앞으로의 태도에 가장 큰 영향을 미쳤을 것이다.

1979년 3월 14일, 스리마일 섬 핵시설의 원자로 중 하나에서 3개의 보조 펌프 밸브가 닫혔다. 1979년 3월 28일, 그 원자로의 주 펌프가 고장 나서 보조 펌프를 가동시키려 했지만 닫혀진 밸브로 인해 실패하였다. 그리고 발전기의 터빈이 멈추었다. 이때 비상 냉각수는 원자로로 공급되어 온도를 안정시켜야 한다. 냉각수는 흐르기 시작했으나 고장난 계측기에는 원자로에 이미 냉각수가 흐르고 있었던 것으로 나타났다. 그 다음 분석기에 잘못된 수치가 읽혀 자동냉각장치에 과부하가 걸리고 작업자는 자동냉각장치를 정지시켰다. 비상 냉각수의 공급이 중단된 원자로의 온도는 급격히 상승하기 시작했다. 제어봉이 적절하게 핵분열을 멈추었지만 원자로 노심의 일부분이 녹기 시작했으며 후에 방사능에 오염된 수증기가 대기로 배출되고 말았다.

멈추어진 원자로는 결국 1990년에 약 10억 달러의 비용을 들여 오염된 연료를 제거하였다. 그리고 여전히 작동되고 있는 다른 원자로의 사용 수명이 다 될 때까지 안전을 위하여 방사선 감시장치를 설치하였다. 결국에는 다른 원자로들과 마찬가지로 폐쇄될 것이다.

체르노빌은 우크라이나의 작은 도시로 벨로루시와의 국경 근처, 키에프 북쪽에 위치해 있다. 세계의 수많은 작은 도시들처럼 대부분의 사람들은 결코 들어본 적이 없었을 것이다(그림 10.9). 그러나 1986년 역사상 세계에서 가장 큰 원자력발전소 사고 소식이 체르노빌에서 날라 왔다.

1986년 4월 25일 새벽 1시 체르노빌 원자력발전소, 증기의 공급이 멈추었을 경우 아직 회전하는 터빈에서 생산될 수 있는 전기의 양을 측정하는 실험이 수행되었다. 이 실험은 비상시 원자로 노심의 냉각장치를 작동시키기 위해서는 전기 에너지가 필요하고 관성으로 회전하는 터빈은 또 다른 전원이 공급될 때까지 필요한 전기 에너지를 제공해주기 때문에 매우 중요한 정보가 된다. 증기가 생산되는 양은 원자로에 제어봉이 들어감으로 해서 감소시킬 수 있다. 그러나 실험은 전기 에너지 부족과 새로 교체된 작업자가 작업을 해야 했기 때문에 지연되었다. 그 작업자는 700 MW의 전력을 유지하기 위한 컴퓨터 프로그램 작업에 실패하였고 따라서 출력은 30 MW로 떨어졌다. 이 상황은 급속한 전력 증가의 즉각적인 필요성을 보였고 많은 제어봉이 들어올려졌다. 그 사이에 비활성 가스인 크세논(Xenon) 가스가 연료봉에 모아졌다. 가스는 중성자를 흡수하였고 전력 증가율을 감소시켰다. 따라서 보다 높은 전력을 얻기 위한 시도로 작업자는 모든 제어봉을 들어올렸다. 이것이 두 번째 심각한 안전수칙 위반(safety violation)이었다.

4월 26일 새벽 1시 작업자는 비상경고 신호를 끄고 실험을 마저 하기 위해 원자로를 충분히 냉각시킬 수 있게 8개의 모든 펌프를 켰다. 막 실험의 마지막 단계를 시작했을 때 원자로 내부에 과도한 연쇄반응이 일어났음을 나타내는 신호가 있었다. 그러한 경고에도 불구하고 작업자는 원자로의 자동차폐기로 원자로를 차폐하고 실험을 수행하였다.

실험이 계속되었을 때 원자로의 전력 출력이 정상 이하로 떨어졌고 계속해서 감소하였다. 할 수 없이 작업자는 원자로에 제어봉을 다시 집어넣어 핵분열을 정지시키기 위하여 설계된 비상장치를 작동시켰다. 그러나 너무 늦었다. 원자로 노심은 이미 열로 인해 변형되어서 제어봉이 제대로 들어가지 못했다. 따라서 원자로는 멈출 수가 없었다. 4, 5초 후 원자로의 에너지는 2천 배로 증가하였다. 연료봉은 파열되었고 냉각수가 증기로 변하여서 증기 폭발이 일어났다. 냉각수의 부족으로 원자로는 폭발하고 말았다. 이 폭발로 원자로의 1,000톤이나 되는 콘크리트 지붕이 날아갔고 원자로는 화염에 휩싸였다.

그림 **10.10 체르노빌에서의 사고** 4구역의 원자로 안에서 발생한 통제 불능인 연쇄반응은 원자로를 폭발시키고 화염에 휩싸이게 하였다. 사진에서 원 안의 지역을 보라.

10초도 안 되는 시간 동안 체르노빌은 세계 최악의 원자력발전소 사고 현장이 되었다. 원자로 노심이 녹아버렸고(그림 10.10), 급격한 연쇄반응을 조절하는 데 10일이 걸렸다. 11월에야 비로소 피해를 입은 원자로는 콘크리트로 매몰시켰으나 급히 지은 구조물(sarcophagus로 알려진 구조물)은 구조적 결함이 있을 가능성이 높다. 우크라이나 정부는 현재의 구조물 주위에 2차 봉쇄구조물을 건설할 계획이다. 사고 직후, 31명의 사상자, 심각한 방사선병 환자 237명을 포함한 500명의 병원입원환자, 그리고 116,000명의 피난민이 발생하였다. 피난민 중 24,000명은 심한 방사능에 노출되었다. 많은 사람들이 체르노빌로부터의 낙진에 노출되어 발생된 질병으로부터 고통받고 있다. 낙진에 노출된 어린이나 뱃속의 태아들에게서 갑상선암 발병의 빈도가 증가된 것으로 보였다. 그들의 갑상선 내에는 체르노빌의 방사능에 노출되어 생긴 요오드 131이 축적되어 있었다. 이것만이 건강상의 피해라고 보기에는 아직 너무 이르고 더 지켜봐야 할 것이다.

체르노빌 참사 1년 후, 체르노빌에서 40 km 내에 있는 27개의 도시와 마을들에 대해 정화작업을 실시하였다. 이것으로 그 지역을 완전히 정화시켰다는 의미는 아니다. 이것은 단지 모든 실무적인, 즉 겉으로 드러나는 정화 처리를 끝냈다는 것을 의미한다. 몇몇 지역들은 아예 정화작업을 포기하기도 했다. 낙진에 영향을 받은 가장 큰 도시 중에는 인구가 5만 명인 프리프야트가 있는데 원자로에서 불과 4 km 떨어져 있다. 사고에 의해서 거주지를 잃은 사람들을 위해서 새로운 시가지를 건설하였고 프리프야트는 유령도시로 남았다. 반경 40 km 안에 위치한 16개의 다른 도시들 역시 정화되었고, 아직까지 이들 도시들의 안전성에 대한 논쟁이 있지만 원래의 거주민들은 되돌아갔다.

체르노빌 사건의 중요한 영향 중에 하나는 원자력발전에 대해 깊어지는 총체적인 불신이다. 이미 1980년에서 1986년 사이에 오스트레일리아, 덴마크, 그리스, 룩셈부르크 그리고 뉴질랜드 정부 등은 반핵 정책을 채택하였다. 1980년 이래로 10개의 나라에서 원자력발전소 주문을 취소하였으며 건축 중인 건물들은 건설을 중단하고 보류한 상태이다. 1974년 이래로 아르헨티나에서 4개, 브라질 8개, 중국 8개, 멕시코 18개 그리고 미국에서 54개의 핵시설들의 건설 계획이 취소되었다. 호주와 필리핀 내에서는 원자력발전소들을 단계적으로 철거하기로 결정하였다.

체르노빌 사건 전에는 영국에서는 65%의 국민이 원자력발전에 반대하였으나 체르노빌 참사 이후 83%의 국민들이 반대를 하였다. 독일에서는 46%에서 83%로 증가하였다. 미국에서도 마찬가지로 67%에서 78%로 반대의견이 상승하였다(그림 10.11). 심지어 핵발전에 대한 가장 큰 지지도를 보였던 프랑스에서조차 52% 이상이 반대하였다. 이에 따라 새로 건설 중인 원자력발전소의 수가 감소되었다. 1996년에는 건설 중인 원자력발전소가 34개였는데 체르노빌참사 이전에는 160개나 있었다. 발전소의 건설계획이 취소되었다. 게다가 다수의 원자력발전소들이 사용 가능 기간보다 일찍 가동을 중지하고 있는데 이는 원자력발전소에 의해 공급되는 에너지의 양이 미래에는 감소될 것임을 보여준다.

그림 10.11 반핵운동 이 반핵운동은 2000년 독일에서 열린 것으로, 참가 대중들은 전국을 거치는 저장 지역으로의 핵폐기물 이송을 반대하였다.

동시에 몇몇 사람들은 다양한 에너지원으로 인해 원자력발전의 쇠퇴를 예상하고 있으며 다른 이들은 보다 안전한 원자력발전 시설들이 만들어지기 위한 과정중이라고 주장한다. 이들은 원자력발전이 미래의 중요한 에너지원이라고 기대한다. 스리마일 섬과 체르노빌 사건 양쪽 모두에서, 작업자의 실수가 원인이 되거나 간접적 원인이 되었다. 작업자들은 사건 발생 시 수작업에 의해 정상적인 안전동작으로 원자로를 멈추었다. 그러나 사고에 영향을 준 것은 부적절한 설계였다. 실제의 수작업 과정은 원자로를 정지시키는 데 적절한 작업이었다. 따라서 많은 원자로의 새로운 설계에는 원자로를 정지시킬 자동 장치, 원자로 노심의 용융을 방지할 구조물 그리고 보다 나은 봉쇄 건물 등이 포함되어야 한다.

원자력발전은 여러 복합적인 에너지원 중 한 부분임은 틀림이 없다. 특히 화석연료가 부족한 나라에서는 더욱 필요성이 증대할 것이다. 게다가 화석연료는 점차 고갈되고 있으며 이로 인한 에너지원의 부족에 의해 원자력발전 기술에 대한 시장은 얼마든지 형성될 수 있을 것이다.

그림 **10.12** 보호장비 방사능 지역의 작업자는 그들 스스로를 보호할 수 있는 장비를 갖추어야 한다. 작업자들은 보호복을 입어야 하며 숨을 쉬기 위한 공기필터도 갖추어야 한다.

방사능 노출

비록 원자력발전소 사고가 세상을 깜짝 놀라게 할 만한 무서운 일이고 너무 엄청난 양의 에너지 때문에 즉시 사망하는 일도 발생하지만 방사능 노출에 의한 결과로 생기는 먼 시일 후의 문제들이 보다 큰 걱정거리이다. 방사능은 물질에 흡수될 때 다른 형태의 에너지로 전환된다. 유기체가 방사능에 노출되었을 경우 전환되는 에너지는 세포질, 세포조직, 여러 장기 등에 손상을 입힌다. 손상의 정도와 종류는 방사선의 종류, 방사선의 양, 노출시간, 그리고 방사선에 노출된 세포 형태에 따라 다양하다.

방사선은 또한 세포 속의 유전자를 변화시켜 돌연변이를 발생시킬 수도 있다. 돌연변이는 두 가지의 매우 다른 종류의 문제점을 일으킬 수 있다. 먼저 난소나 정소 안에서 일어날 수 있는 돌연변이는 비정상적인 후손을 낳게 할 수 있는 변형된 난자나 정자를 형성할 수 있다. 이에 대한 치료는 불필요한 방사능으로부터 이들 조직들을 차단시키는 것이다. 두 번째, 몸체의 다른 조직에서 일어나는 돌연변이는 암이라고 알려져 있는 비정상적인 조직의 성장으로 몸에 징후를 나타낸다. 일반적으로 증폭된 방사선의 노출에 강하게 영향을 받는 암에는 두 종류가 있는데, 백혈병과 유방암이다. 돌연변이는 본질적으로 영구적이기 때문에 계속해서 누적된다. 여러 해에 거쳐 방사능에 누적된 효과는 나중에 심각한 암을 발생시킬 것이다.

인간이 방사능에 노출된 정도는 대개 세포조직의 생물학적 손상을 측정하는 **렘**(rem, roentgen equivalent man) 단위로 측정된다. 많은 조사량(1,000～1,000,000 rems)에 의한 효과는 쉽게 나타나고 그 양을 측정할 수 있다. 왜냐하면 이 정도의 단계에서는 높은 사망률을 나타내기 때문이다. 그러나 실험에 의해 조사된 작은 조사량에 의한 몸에 해로운 생물학적 효과는 측정하기가 보다 더 어렵다. 중간 정도의 조사량(10～1000 rems)은 암이나 결함이 있는 출산증세를 증가시키는 것으로 알려졌다. 보다 높은 조사량은 보다 높은 기형아 발생률을 나타낸다. 보다 낮은 조사량은 일시적인 세포 변화를 일으키지만 파생효과에 대해서는 설명하기 어렵다. 그래서 낮은 조사량의 단계에서 오랜 기간 방사능에 노출될 경우는 많은 논쟁거리를 유발시킨다. 몇몇 사람들은 모든 방사능 노출은 해로우며 안전한 단계란 없으며 특별한 치료방법은 노출을 막는 것뿐이라고 주장하기도 한다(그림 10.12).

일부 사람들은 낮은 방사능에 의한 위험이 증가되는 것은 극히 드문 일이고 의학적 진단, 원자력발전소 등 실용적 이용에서 나오는 가벼운 방사능 등은 공식적으로 현재 방사능의 표준량에서 제외시키는 것이 적절하다고 주장한다. 최근의 연구는 저준위 방사능에 반복해서 노출될 경우의 손상관계를 알아보는 데 노력하고 있다.

핵연료 처리 과정에서의 각 단계 중 방사능 노출 문제를 다룰 때는 우라늄의 채광 단계부터 조사해야한다. 비록 광석에서의 방사능 수치가 낮지만 광부들의 오랜 방사능 노출이 폐암과 같은 특정한 암의 발병률을 증가시키게 된다. 흡연을 하는 우라늄 광산의 광부들 경우는 폐암에 걸린 비율이 더 높다. 채광 후 우라늄 광석은 분쇄 과정을 거친다. 이 과정에서 방사능에 오염된 먼지들이 대기 중에 배출되고 그래서 작업자들은 낮은 방사능에 만성적으로 노출

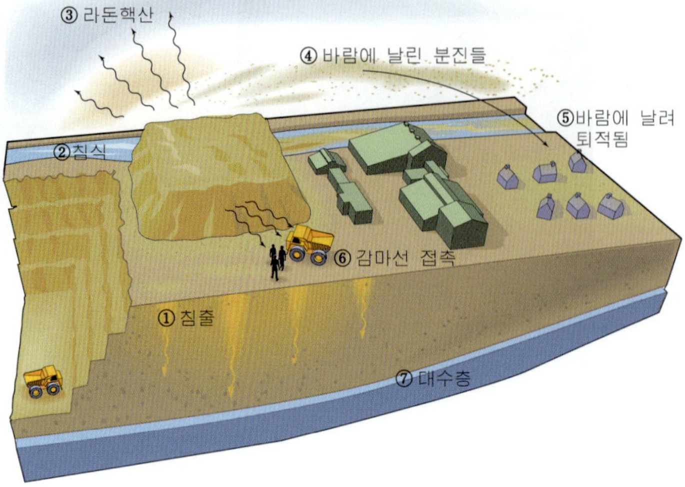

그림 **10.13** 우라늄광의 분진 비록 우라늄 가루의 방사능 양이 미미하다고 하지만은, 여전히 인간의 건강에 위협이 된다. 방사성 물질은 주위 환경으로 분산되어 여러 경로로 인간에게 접촉된다. (1) 지하수로 유출 (2) 침식작용을 통하여 지표수로의 유출 (3) 라돈가스의 대기 중 유입 (4) 우라늄 가루가 있는 지역 근처에 사는 사람들의 대기 중 분진의 흡입 (5) 방사능 물질이 묻어있는 물체와의 접촉 (6) 직접적인 감마방사선의 접촉

그림 **10.14** 냉각탑 냉각탑의 젖은 표면으로 공기가 유입된다. 물의 증발은 표면을 냉각시키고 열을 제거하여 대기로 방출시킨다.

된다. 암석의 분쇄 과정에서 암석가루가 바닥에 남게되는데, 미국에서 나오는 저방사능 광석 가루들은 1억 5천만 ton이 넘고, 적어도 이보다 더 많은 양이 미국을 제외한 전 세계에서 배출되고 있다. 이 광석 가루들은 주변 지역으로 분산될 수 있기 때문에 상당한 위험성을 가지고 있다(그림 10.13).

농축과 가공 과정에서 주된 위험요소들은, 방사능에 대한 노출과 방사능 물질이 사고로 인해 주변 환경에 배출되는 것이다. 운송 과정 또한 노출의 위험을 수반하고 있다. 대부분의 방사능 물질은 고속도로나 철도로 수송된다. 차나 열차에 의한 수송 중 사고가 발생한다면 방사능 물질이 주위 환경으로 배출될 수 있다. 심지어 연료봉이 원자로에 장착된 후에도 원자로 주위에서 일하는 사람들은 방사능에 노출될 위험이 있다. 사용한 연료봉을 재처리하는 나라에서는 작업자들에 대한 방사능 노출과, 재처리된 물질들을 원자폭탄 제조에 사용하기 위한 테러집단들의 강탈 가능성을 고려해야만 한다.

열오염

열오염(thermal pollution)이란 주위 환경에 남은 열을 배출하는 것이다. 이는 특히 수중 환경에 문제를 발생시킨다. 왜냐하면 많은 수중유기체들은 온도 변화에 매우 민감하기 때문이다. 모든 산업 과정에서는 사용하고 남은 열을 배출한다. 그래서 열에 의한 오염 문제는 비단 원자력발전시설에만 해당되는 것은 아니다. 화석연료나 원자력발전 모두 전기를 발생시키기 위해 수증기를 발생시키는데, 결과적으로 막대한 양의 남은 열이 방출된다. 화석연료에 의한 발전에서는 열 에너지의 절반만이 전기 생산에 사용되고 나머지 반은 남으며, 원자력발전에서는 단지 1/3만이 전기 생산에 쓰인다. 따라서 보다 비효율적인 원자력발전소는 화석연료발전소보다 더 많은 양의 열에 의한 오염을 야기시킨다. 따라서 이런 잔여 열에 의한 오염을 감소시키기 위해 비용이 많이 드는 냉각시설을 건설해야만 한다. 냉각 과정은 대개 물을 이용하는데 따라서 원자력발전소는 물을 용이하게 구할 수 있는 지역 근처에 지어진다. 예를 들면 물을 호수, 강 또는 바다로부터 직접 뽑아 사용한 후 다시 돌려보낸다. 그렇지 않은 경우에는 거대한 냉각탑을 이용하기도 한다(그림 10.14).

원자로의 폐쇄 비용

모든 산업 시설들은 유용하게 작동될 수 있는 기간을 나타내는 예상 수명을 가지고 있다. 화석연료 또는 원자력발전소의 예상 수명은 약 30~40년 정

지구촌 전망대

소련으로부터의 핵 유산

구소련과 동유럽에서 일어난 엄청난 정치적 변화는 적절치 못한 핵 에너지의 사용에 의해 발생되는 핵오염에 대한 중요성을 너무 가볍게 생각했던 사실을 보여주었다. 소련은 여러 목적으로 핵 에너지를 사용하였다. 전력 생산, 원자력 함선, 핵무기 생산과 실험, 그리고 소규모폭발 등의 목적이다. 체르노빌에서의 사고는 소련에서 핵에너지 사용과 연관된 많은 문제점들을 드러냈다. 체르노빌과 같은 형태인 13개의 원자로가 아직도 구소련에서 가동중이다. 많은 과학자들과 전문가들은 이러한 사실이 매우 위험하다고 생각한다.

핵연료와 무기의 생산, 핵연료의 재처리 과정은 모두 핵폐기물을 발생시키는데 이런 곳은 첼랴빈스크, 톰스크, 그리고 크라스노야르스크 등의 세 도시이다. 첼랴빈스크에서는 방사능 폐기물을 타챠 강과 카르차이 호수에 쏟아버린다. 다른 도시에서는 핵폐기물을 비밀리에 바다에 버리거나 야적장 밑 얕은 곳에 매립한다. 600여 곳의 비밀 핵폐기물 야적장이 모스크바 주변에 있을 것으로 추정된다.

채광을 목적으로 땅에 구멍을 파거나 혹은 지하에 저장소를 만들기 위해 100개 이상의 핵폭탄을 폭발시켰다. 게다가, 카자흐스탄의 세미팔라틴스크 근처 지역에서 핵무기 실험을 위해 477번의 핵폭발이 일어났었다. 결과적으로 핵의 낙진이 북동쪽의 농지를 오염시켰다.

바렌츠 해와 카라 해는 핵실험과 핵폐기물의 투척으로 오염되었다. 노후된 군함에 장착되어 있던 최소한 15개의 원자로가 카라해에 버려졌다. 그 지역에 사는 바다표범 등은 높은 암 발병률을 보이고 있다.

사실 이러한 문제는 구소련만의 문제가 아니다. 미국과 서방 세계에서도 초기 핵 개발 시기에 비슷한 일이 비밀리에 벌어졌었다.

도인데 이 기간이 지나면 해체를 해야 한다. 화석연료발전소는 해체작업이 상대적으로 간단하고 빠르다. 철거용 볼(wrecking ball)과 불도저로 건물을 부순 후 트럭으로 쓰레기 매립지로 나르면 된다. 주위 환경에 미치는 해라고는 부술 때 생기는 먼지가 전부다.

원자력발전소를 해체하는 것은 그렇게 간단하지가 않다. 사실 원자력발전소는 해체가 아니라 폐쇄라고 말할 수 있다. **폐쇄작업**(decommissioning)은 핵연료 제거작업과 표면 정화작업 그리고 사람들이 오염된 건물이나 설비에 들어오는 것을 영구히 막는 작업들이 포함된다. 오늘날, 전 세계에 70여 개가 넘는 원자력발전소가 운행을 중지하고 폐쇄작업을 기다리고 있고, 폐쇄 예정의 원자력발전소의 수는 점점 늘어날 것이다. 2005년까지 미국 내의 104개의 원자력발전소 중 68개가 사용 연수가 20년 이상이다. 원자력규제위원회에서는 추가적인 20년의 사용에 대한 연장을 다시 고려하고 있다. 이것은 몇 년 안에 폐쇄되어야 할 필요성을 뒤로 미루는 것이지만 결국에는 필요하게 될 것이다.

미국에서는 수많은 핵실험시설들이 폐쇄되었고 14개의 시설들이 운행을 중지하고 이미 폐쇄 작업을 기다리고 있다. 캐나다에서는 3개의 시설이 폐쇄되었고, 한 개의 시설은 봉쇄되어 있는 상태이다.

원자력발전소의 폐쇄작업에는 두 단계 과정이 있다. 처음 단계에서는 발전소의 운행을 정지시키고 모든 연료봉을 제거한다. 원자로 노심 냉각재, 감속재 그리고 증기 발생용으로 사용되었던 모든 물을 뽑아낸다. 그리고 원자로와 발전기의 관들을 정화하고 새로운 물로 채운다. 사용된 연료봉, 뽑아낸 물 그리고 관들의 정화작업에 사용했던 모든 물질들은 방사능을 방출하므로 안전하게 저장되거나 처리되어야만 한다. 이런 작업으로 99%의 방사능이 제거된다. 두 번째 단계에서는 원자로를 제외한 모든 발전소의 부분들을 분해하고 원자로는 안전하게 봉쇄한다.

구체적으로 다음과 같은 세 단계의 폐쇄과정을 수행한다.

(1) 운행을 중지하고 발전소를 폐쇄하고 분해한다.
(2) 반감기가 짧은 방사능 물질들이 붕괴를 계속하게 되는 20~100년 동안 시설들은 저장소 안에 보관해둔다.
(3) 강화콘크리트로 원자로를 덮고 시설 주위에 장벽을 설치하는 것으로 시설을 매립한다.

원래 매립이 최선의 방법으로 생각되어왔다. 그러나 현재는 그다지 적당한 방법으로 생각되지 않는다. 대부분의 경우 미국에서는 1단계와 2단계 사이에 약 60년 정도의 기간을 두도록 계획한다. 일본의 경우에는 시설 분해 작업 전에 5~10년 정도 시설을 저장소에 보관하도록 계획한다. 비용은 시설 분해작업을 포함한 폐쇄작업 그리고 폐기물의 저장과 운송작업에 관한 비용도 포함된다. 오염과 방사능 배출물질 때문에 건물을 부스는 데 평범한 분해방법을 이용할 수 없다. 특수한 무선조정기계를 개발해야만 한다. 대기 중으로 먼지를 배출시키지 않는 기술이 필요하며 작업자들은 방사능 보호복을 입어야 한다. 폐기물 처분은 폐쇄 비용의 40%를 차지한다.

최근 경험상으로 볼 때 큰 발전소의 폐쇄비용은 2~4억 달러 사이가 될 것이며 이는 전력 생산 비용의 약 5%가 된다. 비록 처리 방법이 나라마다 다르지만 폐쇄 비용은 일반적으로 발전소의 사용기한이 지나서야 정해진다.

방사능 폐기물의 처분

세계가 원자력 시대에 들어설 때에는 핵폐기물 처리 문제에 대해서 절실함을 느끼지 못하였다. 저방사능 폐기물은 원자력발전소, 군사시설, 병원 그리고 연구소 등에서 발생된다. 고방사능 폐기물은 사용한 연료봉, 폐기된 핵무기 또는 그것을 제조한 공장에서 발생된다.

고방사능 폐기물

미국에서는 38만 m^3에 해당하는 고방사능 군사폐기물이 미국 여러 도시에 임시로 저장되어 있다. 고방사능 폐기물 지역은 뉴 멕시코의 칼즈배드 근처에 건설되었는데, 이곳은 미국의 군수물자 생산 시 발생한 고방사능 폐기물을 저장하기 위해 건설되었다. 이 폐기물은 플루토늄의 다양한 동위원소들로 구성된 우라늄의 폐기물로서 일반적인 폐기물과는 구별이 된다. 이 시설은 1999년 3월부터 폐기물을 받기 시작했다. 게다가 무기 생산 시 발생하는 고방사능 폐기물 2백만 m^3와 저방사능의 군사용, 산업용 폐기물이 여러 지역에 매장되어 있다. 더구나 사용된 연료봉에서 나오는 고방사능 폐기물 약 30,000 ton이 원자로가 있는 지역의 특수한 저장장소에 저장되어 있다. 이미 많은 발전소들이 저장공간을 다 사용하였으며 저장장소에 추가적인 폐기물을 수용할 수 없기 때문에 원자력규제위원회에서 지상 위의 저장용기에 방사능 폐기물을 저장하는 것을 허가하였다.

다른 나라에서는 사용한 연료봉을 특수한 늪에 저장하거나 재처리시설로 보낸다. 비록 재처리 과정이, 광석에서 연료봉을 생산하는 것보다 더 많은 비용이 들지만 몇몇 나라에서는 폐기물을 저장하기 위해 재처리 과정을 이용하기도 한다. 프랑스와 영국의 재처리시설은 자국과 외국의 연료들을 받아들이고, 연료봉들을 구소련의 러시아 안에 있는 재처리시설로 보내기도 한다.

오늘날, 고방사능 폐기물 처분을 위한 영구저장

에 관한 해결책을 가지고 있는 나라는 없다. 대부분의 전문가들이 생각하는 최선의 방법은 지질학적으로 안정된 지형에 매장하는 것이다. 일부 국가에서는 매장된 암염에 저장하는 방법에 관심을 두고 있다. 방사능 폐기물은 붕규산염 용기에 넣어진다. 각 용기는 두꺼운 벽으로 된 스테인레스 깡통 안에 밀봉된다. 방사능 폐기물의 높은 온도로 인해 저장통은 10년 동안 지상에서 저장된다. 10년 후 저장통의 온도는 감소되고 물질은 지표 600 m 아래의 암염에 매장된다.

스웨덴은 500 m 아래의 화강암 안에 핵폐기물을 저장할 계획이다. 저장 지역을, 스웨덴의 12개의 원자로가 폐쇄될 계획인 2010년까지는 건설하지 않을 것이다. 프랑스에서는 재처리시설의 이용을 계획하고 있으며 현재 임시로 저장을 하고 있다.

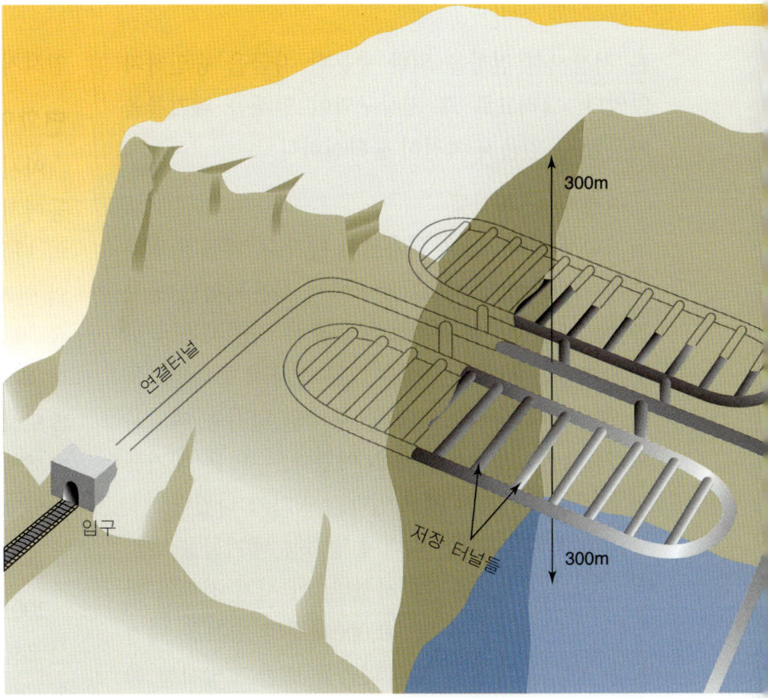

그림 **10.15** 고방사능 핵폐기물의 처리 고방사능 핵폐기물의 처리계획은 네바다 주에 있는 유카 산 밑 지하터널 안에 저장하는 것이다. 폐기물은 지표 아래로 300m, 지하수면 위로 300m 되는 지점에 저장된다. 건조한 기후 때문에 물에 의한 토양 침식으로 핵폐기물이 지하수면으로 이동될 염려는 없다.

고방사능 폐기물 처분에 대한 정책적 관심은 아마도 알맞은 방법의 개발일 것이다. 지역 사회에서는 자신들이 살고 있는 지역이 방사능 물질의 저장 구역이 되는 것을 원하지 않을 것이다. 1982년 12월 미 하원에서는 원자력발전소에서 사용된 연료들의 저장을 위한 고방사능 폐기물 처리 구역을 요청할 수 있는 법안을 통과시켰다. 1984년 에너지부에서 이미 3년 전에 비밀리에 계획된 상태였지만 마지막 처리 구역 선택이 1989년에 행해졌는데 이는 법안이 정해진 날보다 거의 3년이나 늦어졌다. 위치는 네바다의 유카 산 지역이었다. 이 지역은 여러 이유에서 선택되었는데, 이곳은 네바다의 핵폭발 시험장 인근으로서 인구 희소 지역이었다. 또한 지리학상 안전이 고려되었다. 지진이나 화산이 발생할 가능성이 없으며, 매우 건조한 지역이며 산 아래 약 600 m에 지하수면이 있어서 그 지하수가 오염될 가능성은 없었다. 이것은 매우 중요한데 왜냐하면 처리 구역은 1000년 이상 안정되어 있어야 하기 때문이다.

작업은 폐기물의 저장 장소로 제공될 터널부터 시작했다(그림 10.15). 그러나 현재의 작업은 주로 현지 탐사와 지진 피해 그리고 침강에 의한 물의 이동과 같은 특징을 찾고 있다. 만약 완성한다면 저장시설은 사용한 연료봉과 고방사능 폐기물 약 70,000 ton을 저장할 수 있다. 2015년 정도에 완성될 것이지만 그때가 되면 원자력발전소에서 생산되는 폐기물의 전체 양은 이 저장시설의 저장용량보다 더 증가할 것이다. 더군다나 핵무기 생산에서 나오는 폐기물의 양은 원자력발전소에서 나오는 폐기물의 양을 훨씬 초과 할 것이다. 1998년의 지질학상의 연구는 이 지역이 처음에 생각한 것만큼 안전하지 않으며 그 계획의 완성이 더욱 많은 시간을 필요로 함을 보였다. 그 지역에서는 건설에 대한 지속적인 반대가 일어났다. 네바다 주는 저장구역 건설을 거부하였다. 그 거부는 하원에서 기각되었지만 하원은 빠른 저장시설 건설을 위한 충분한 자금을 승인하지 않았다. 그러므로 그 저장구역이 언제쯤 폐기물을 저장할 수 있을지 여전히 불확실하다.

저방사능 폐기물

저방사능 폐기물은 원자로의 냉각수, 폐쇄된 원자로에서 나온 물질, 의료 분야에서 사용되었던 방사능 물질들, 방사능 물질들을 다루는 작업자들의 보호복 그리고 사용된 수많은 다른 방사성 동위원소들을 포함한다. 현재의 이러한 형태의 방사능 폐기물의 처리는 조절하기가 매우 어렵다. 수많은 폐기물이 적절히 폐기되지 않고 있다는 평가가 나왔다.

1970년 미국에서는 바다에 방사능 폐기물을 버리는 일을 일시적으로 중단하였다. 이 시기 전까지 미국은 바다 밑바닥에 약 90,000배럴의 방사능 폐기물을 버렸다. 유럽의 여러 나라들 또한 고방사능 물질과 저방사능 물질 두 가지 모두를 대서양에 버렸다. 1983년 바다에다 버리는 일이 중단될 때까지 이들 나라에서는 바닷속에 방사능 폐기물 90,000 ton 가량을 처리했다. 미국에서는 해마다 약 800,000 m^3의 저방사능 폐기물이 나온다. 이 폐기물들은 현재 네바다, 남캘리포니아, 그리고 워싱턴 등의 처리구역에 매립되고 있다. 그러나 이들 주에서는 모든 저방사능 폐기물의 반입을 반대하였다. 1980년 하원은 저방사능 폐기물의 저장 장소를 제공해주는 각 주에 대해 반입기간을 1986년까지로 정했다(후에 1993년으로 연장되었다). 나중에 여러 주들이 협력하기 위해 콤팩트(compacts)라고 불리는 지역 연합체를 형성하는 것을 허가하였다. 이러한 합의 아래 한 주에서 전체 콤팩트를 위한 저장구역을 제공하기로 하였다. 일부 주에서는 콤팩트에 가입하지 않았고, 원래 콤팩트의 일원이었던 일부 주는 탈퇴하기도 하였다. 폐기물 처리구역으로 제안된 여러 도시들은 그들의 지역에 처리구역의 설치를 원하지 않는 주민들로부터 심한 압박을 받는다. 그 결과 아직까지 대부분의 주에서는 저방사능 폐기물을 처리하기 위한 영구적인 장소가 없는 결과로 인해 워싱턴의 리치랜드 또는 사우스캐롤라이나의 본웰 등에 있는 임시저장시설에 의존을 하고 있다.

변화하는 아시아

아시아의 경우, 한국, 중국, 인도, 타이완, 일본 등에서 원자력발전소가 계속 건설되고 있다. 세계의 다른 선진국과는 달리 개발도상에 있는 대부분의 아시아 국가들은 아직도 원자력발전소 건설정책을 지지하고 추진 중이다. 2003년 현재, 세계 원자력 에너지 잠재력의 7%를 차지하고 있는 아시아 개발도상국가들(이미 산업화된 일본은 제외)은 2025년까지 그들의 잠재력을 17%까지 높일 것으로 예측되고 있다.

중국

2001년 중국에는 광둥 1, 2호(각각 944MW)와 친산 2호(279MW) 등 3개의 원자력발전 시설이 있었고, 2002년에는 링아오 1, 2호(각각 938MW), 친산 2호 유닛 1과 친산 3호 유닛 1(각각 610, 665MW) 등 총 3,151MW를 공급할 수 있는 4기의 원자력발전 시설들이 추가로 건설되었다. 중국의 원자력 에너지는 2001년 2,167MW, 2025년에는 19,593MW로 증가하여 세계에서 증가율이 가장 높다.

중국에서는 고유의 핵 에너지 생산기술을 개발하여, 이미 외국과 자국의 다양한 기술들을 상용화하였다. 중국의 원자력 에너지 관리 당국은 '대형 원자력발전소의 디자인, 생산기술과 운용 면에서 다른 선진국의 앞선 기술을 배우고, 이것을 응용하여 자국의 기술로 상용화하는 것' 이 원자력 개발의 목표라고 발표하였다. 중국의 첫 번째 원자력발전소인 광둥 1, 2호의 경우 1993년, 1994년 프랑스 프라마톰 ANP의 기술로 건설되었다. 친산 1호는 1991년 처음으로 자체적으로 디자인되었고, 규모를 크게 하여 지은 것이 친산 2호였다. 친산 3호 1 유닛은 캐나다 캔두 기술을 기본으로 지은 첫 번째 중국형이다. 2개의 링아오 반응기는 2002년 프랑스 프라마톰 ANP의 기술로 만들어졌다.

한국

한국에서는 2003년 12,990MW, 2025년에는

27,607MW의 원자력 에너지를 생산할 예정이며, 현재는 960MW 유닛 두 개를 건설하고 있다. 한국은 1970년대 후반부터 원자력발전소 건설계획을 전폭적으로 지원하였고, 2025년까지는 10기의 원자력발전소들을 건설할 계획이다.

일본

일본은 2004년~2025년까지 선진국으로는 유일하게 원자력발전소를 지속적으로 건설할 계획을 세우고 있다. 세계에서 미국과 프랑스 다음으로, 세 번째로 많은 양의 원자력 에너지를 생산하고 있는 일본은, 2001년 53번째 원자력발전소인 오나가와 3호(798MW 용량)를 건설하였고, 2004년 총 43,245MW, 2025년 51,899MW를 각각 생산할 계획하고 있다.

2002년 8월 일본에서는 가장 큰 원자력회사인 도쿄전기회사가 12기 핵반응기에 대한 감사서류를 조작했다는 사실이 밝혀지면서 사회에 큰 충격을 던져주었다. 도쿄전기회사는 몇 기의 원자력발전소에서 반응기 내 핵연료봉을 고정하는 구조물에 문제가 있다는 사실을 정부 보고서 문건에서 누락시켰고, 이 사실이 알려지면서 회사 사장 등 임원들이 사표를 제출함으로써 사건이 일단락되었다. 그러나 원자력 에너지 확산 노력에 대한 부정적인 시각이 늘고 있다.

일본의 원자력 및 산업 안전위원회는 후쿠시마발전소를 일 년간 정지시킬 것을 결정하였고, 2003년 초 17개의 핵반응기 작동을 중지시켰다. 다른 9개의 원자력 시설물들에서도 비슷한 문제가 보고되었다. 2002년 9월 주부전력과 도호쿠전력은 '핵반응기 감사 시 발견된 몇 가지 의문점들'을 보고하였고, 2002년 말까지 문제가 된 13개의 반응기의 작업을 중단시켰다. 감사와 수리 및 조작 사건에 대해 일본 경제산업성 장관은 '이 사건으로 인해 원자력 에너지에 대한 국민들의 신뢰가 없어진다는 것은 매우 안타까운 일이다.'라고 발표하였다.

사건 이후, 일본 원자력발전소의 운영 보고와 원자력산업의 무결점에 대한 대중의 관심은 높아졌다. 그러나 일본의 정책 입안자와 산업계에 의해 국가 원자력 에너지의 미래에 대한 재평가가 이루어질지는 불확실하다.

요약

핵분열은 원자핵이 분열되는 것이다. 이로부터 발생하는 에너지는 다양한 용도로 사용될 수 있다. 원자로 속에서의 U-235의 분열은 전기 생산에 필요한 증기를 생산하기 위해 물을 끓이는 데 사용될 수 있다. 원자로는 물을 사용하는 경수로와 중수를 사용하는 중수로로 크게 나누어지며, 물의 압력에 따라 비등수형과 가압수형으로 구분할 수 있다. 또한 최근에는 기체냉각로 및 고속 증식로 등이 연구 개발되고 있다. 과학자들은 또한 전기발전을 위한 핵융합 사용에 대한 가능성을 연구하고 있다. 모든 원자로는 연료가 들어있는 원자로 노심에서 연쇄반응이 일어나는데 이때 반응속도를 제어하기 위해 감속재가 사용되며 원자로의 과열을 방지하기 위하여 냉각시설을 이용한다.

핵연료의 처리 과정은 우라늄 원광의 채광과 농축과정, 연료봉의 제조과정, 원자로 안에서의 연료 사용, 그리고 사용된 연료봉의 재처리 혹은 저장과정을 수반한다. 각 단계의 과정에서 핵연료와 핵폐기물을 운반해야만 한다. 전체 처리 과정 동안 가장 주의해야 할 것은 사고에 의한 핵물질의 유출을 막는 것이다.

군사적 목적으로 핵물질을 사용하는 것은 원자력발전 시 야기되는 것과 같은 문제가 뒤따른다. 핵무기 해체와 방사능 오염지역을 정화시키는 노력의 결과 핵전쟁에 대한 위험성이 감소하고 있다.

현재 국제적으로 원자력발전소를 채택하는 경향이 감소하는 추세이다. 초기에 약속한 저가의 전기 생산성은 건설, 정화, 폐로 등의 비싼 비용 때문에 이를 만족시키지 못하고 있다. 미국의 스리마일 섬과 우크라이나의 체르노빌 사고는 원자력발전소의 안정성에 대한 우려를 더욱 심화시켰다.

또 다른 우려는 저방사능에 대한 노출, 저방사능 폐기물과 고방사능 폐기물을 오랜 기간 저장할 수 있는 지역의 확보에 대한 어려움 등이다. 그리고 열에 의한 오염 등은 알려지지 않은 위험성이다.

주요 용어

가압수형 원자로(pressurized-water reactor)
감속재(moderator)
경수로(light-water reactor)
기체냉각 원자로(gas-cooled reactor)
렘(rem)
반감기(half life)
비등수형 원자로(boiling-water reactor)
액화금속 초고속 증식로
(liquid metal fast-breeder reactor)
열오염(thermal pollution)
우라늄-235(U-235, uranium-235)
원자로(nuclear reactor)
중수로(heavy-water reactor)
증식로(nuclear breeder reactor)
폐쇄작업(decommissioning)
플루토늄-239(Pu-239, plutonium-239)
핵분열(nuclear fission)
핵 연쇄반응(nuclear chain reaction)
핵융합(nuclear fusion)
α-선(alpha radiation)
β-선(beta radiation)
γ-선(gamma radiation)

복습문제

1. 원자력발전소는 어떻게 전기를 생산하는가?
2. 렘(rem)이란 무엇인가?
3. 체르노빌 사고의 원인과 영향은 무엇인가?
4. 핵 연쇄반응이란 무엇인가?
5. 비등수형 원자로의 작동 원리를 설명하라.
6. 증식로에서 Pu-239는 어떻게 생성되는가?
7. Pu-239는 왜 위험한가?
8. 최근 들어 핵융합이 에너지원으로 활용되지 않는 이유는 무엇인가?

비판적 사고력 문제

1. 최근 전 세계적인 온난화에 대한 우려로 미국의 핵산업이 다시 활발해지고 있다. 여러분은 전력 생산을 위해 화석연료 대신에 원자력을 이용해야 한다고 생각하는가? 그 이유는 무엇인가?
2. 원자력발전소의 운전, 그리고 폐쇄과정에 대해 국제적인 규제가 있는가? 누가 이러한 규제에 대해 책임을 져야 할까? 있다면 어떠한 규제가 있는지 아는가?
3. 방사능 폐기물의 처분을 생각할 때 고려해야 할 것은 무엇인가? 핵 폐기물의 저장은 적절한 방법인가 아닌가를 어떠한 기준 아래 판단하겠는가?
4. 핵무기 실험은 주위 환경에 핵 방사능을 유출시킨다. 이러한 실험은 항상 국가적 비밀이 요구되는 것이 정당한 것처럼 되었다. 이는 여러분의 생각과 일치하는가? 어떠한 위험과 어떠한 이득이 있을까?
5. 만약 여러분이 살고 있는 곳에 원자력발전소를 건설하려 한다면 여러분은 원자력발전소 건설에 대해 어떠한 의견을 말하겠는가?

PART IV

자원 관리

샐비어 덤불은 남부캘리포니아의 에코시스템에서 가장 다양한 종 중의 하나로 멸종 위기에 처해 있다. 이것은 자연공동체보존계획 조치에 따라 보호될 수 있다.

자연공동체보존계획

모건 E. 배로우스
새들백 대학

미국의 인구 조사에 따르면, 2000년 현재 캘리포니아에는 2,450만 인구가 살고 있으며, 해마다 67만 명씩 증가하고 있다. 이러한 지속적인 인구 증가와 도시화가 확장되어 캘리포니아에는 자연 종들의 서식과 생존이 위태로워지고 있다. 미국에서 에코시스템이 파괴되어가고 있다고 평가되는 21개 지역 중 8개 구역이 캘리포니아에 있다는 점이 이 사실을 잘 보여준다. 지난 세기 동안 미국 정부와 주 정부는 캘리포니아의 인구 증가로 인한 개발과 보존을 위해 효율적인 정책을 수행하지 못하였다.

해결 방법의 하나로, 1991년 4월 22일(지구의 날) 피터 윌슨 주지사는 자연공동체보존계획 법령(Natural Community Conservation Planning Act)을 제안하였는데, 이것은 캘리포니아의 자연자원을 보존하려는 첫 번째 정치적인 시도라 할 수 있다. 캘리포니아 주 의회에서는 아직 재정 중이지만, 장기적으로 지역에 따라 생물다양성 보존을 목표고 삼았다. 이 목표는 자연공동체보존계획의 수립과 실시로 성취될 것이다. 이러한 계획으로 자연 지역의 경제적인 성장과 개발을 도모하면서 장기적으로 다양한 종들을 보존할 수 있을 것이다. 자연공동체보존계획은, 생존을 위협받고 있는 각각의 종들을 사후(事後)에 일정한 형식의 계획으로 다루는 방식에서, 다양한 종들을 사전 동시에 에코시스템적인 차원에서 다루는 방식으로 발상전환(paradigm shift)을 시도한 대표적인 경우라 할 수 있다. 이 법령은 종의 리스트를 만들거나 경제적 효과, 행정적 수단을 피하고, 생물다양성(biodiversity) 보존을 새로운 방법으로 시도하는 데 초점을 맞추고 있다. 이것은 캘리포니아나 주 정부의 멸종 위기종을 보호하기 위한 법령과 차이를 두는 것이 아니라, 계획과 실시 부분에서 조화와 유연성을 두고자 하는 것이다. 따라서 캘리포니아의 어류 및 수렵국과 미(美) 어류 및 야생동물 보호국이 협력을 공고히 하면서, 자연공동체보존법을 통해 서식지 보존에 필요한 여러 가지 일을 수행할 수 있을 것이다.

1991년 9월 캘리포니아 주의 어류 및 수렵국과 미 어류 및 야생동물 보호국은 양해각서를 교환하면서, 자연공동체보존계획의 하나로 파일럿 프로그램을 세웠는데, 우선 샌디에이고, 오렌지, 리버사이드, 로스앤젤레스, 샌버너디노 등 다섯 개 지역을 뒤덮고 있는 15,000 km^{2}에 자생하는 샐비어 덤불을 보존하는 계획을 수립하였다. 캘리포니아 에코시스템 중에서도 생존을 가장 위협받고 있는 샐비어 덤불은 해수면에서부터 해발 900 m에 이르는 해안 단구와 해안 언덕에 퍼져 있다. 사람들은 해변과 바다 경관을 확보하거나 농업 용도로 사용하기 위하여 샐비어 덤불 서식지의 약 90%를 파괴하였고, 그 결과 주로 개인소유지인 1,600 m^{2}만이 남았다. 이곳은 ha당 250만 달러 이상으로 평가되는, 미국 내 금전적 가치가 가장 높은 미개발지 중의 하나가 되었다. 동시에 샐비어 덤불은, 캘리포니아 어류 및 수렵국이나 미국 어류 및 야생동물 보호국에서 희귀하고 민감하며 위협받기 쉽고 위험에 처한 종이라고 여기는 100여 종 동식물의 서식지이기도 하다. 사유지 소유권자들은 개발을 원하고 환경론자들은 보호를 주장한다. 따라서 이곳은 자연공동체보존계획을 실현하기 위한 최적의 시험 지구이다.

자연공동체보존계획의 하나로, 우선 다섯 개 지역을 모아서 협력하게 하였다. 우선 지역이 광활하므로 11개의 소구역으로 나누고, 소구역은 다시 더 작은 단위 지역으로 나누었다. 그리고 소구역별로 다른 구역과 협력할 수 있는 프로그램을 만들도록 하였다. 지금까지는 샌디에이고와 오렌지가 협력하여 실시하고 있고, 다른 세 지역은 아직 계획을 개발 중이다.

1993년 3월 25일 캘리포니아 냇캐처(gnatcatcher, Polioptila californica californica)가 멸종위기종보호법(Endangered Species Act)에 따라 멸종 위험종(threatened species) 목록에 올랐다. 따라서 소구역 계획이 완성되는 동안 샐비어 덤불을 보호하기 위하여, 미 내무장관 브루스 배비트는 멸종위기종보호법의 특별규정 4(d)항을 행사하였다. 이 규정은 공식적으로 자연공동체보존계획을 인정하며, 계획이 완성되는 동안 시험 지구에서 서식하고 있는 샐비어 덤불의 5% 이내에서 개발이 이루어지는 것을 고려하였다.

남부캘리포니아의 파일럿 프로그램의 성공을 결정하기에는 아직 이르지만, 자연공동체보존계획은 콘트라 코스타, 머세드, 그리고 플레이서 지역에서 현재 수립되었다. 또한 북부캘리포니아에서도 계획을 고려하고 있으며, 미국 전역에 걸쳐 이러한 프로그램 도입에 대한 논의가 이루어지고 있다.

11 자원과 생태계에 대한 인간의 영향

이 장의 학습목표

- 생태계에 미치는 인간의 영향이 증가하고 있음을 인식한다.
- 오염에 대해 정의할 수 있다.
- 재생 가능한 자원과 재생 불가능한 자원을 구별할 수 있다.
- 광물자원이 불균등하게 분포되어 있음을 인식하고, 이러한 불균형이 자원의 국제교역을 발생시킨다는 사실을 이해한다.
- 광물자원 개발과 관련된 세 가지 비용의 유형을 열거할 수 있다.
- 인간이 산림을 변형시키는 방식을 이해한다.
- 사막화의 원인을 알아본다.
- 해양계가 육지의 변화에 의해 영향받음을 이해한다.
- 인간활동의 결과로 해양계에 일어난 변화를 알아본다.
- 특정 종에 치우친 야생 동식물 관리에 대해서 이해한다.
- 물새 관리가 국제적 문제임을 인식한다.
- 멸종이 자연적인 과정임을 이해한다.
- 인간이 멸종 비율을 높이고 있음을 인식한다.
- 인간이 멸종을 야기하는 방식을 이해한다.
- 사회집단들이 중요 서식지를 보전하고 위험에 처한 종들의 사냥을 막으려 한다면 수많은 종들을 멸종의 위기에서 구할 수 있음을 인식한다.

이 장의 세부목차

과거 현재 그리고 미래

- 1973 미국 의회에서 '멸종위기종보호법(Endangered Species Act)' 승인. 1980년 '어류 및 야생동물 보호국(U.S. Fish and Wildlife Service)'에서 224종의 멸종 위기종 선정
- 1992 브라질 리우데자네이루에서 '생물다양성 보존협약(Convention on Biological Diversity)' 체결
- 1975 '멸종 위기에 처한 동식물의 국제무역에 관한 조약(CITES, Convention on International Trade in Endangered Species of Wild Fauna and Flora)'이 80개국의 참여하에 발효
- 2002 미국 어류 및 야생동물 보호국에서 988종의 멸종 위기종 선정
- 2003 187개국에서 생물다양성 협약을 비준하였으나, 미국을 포함한 8개국은 조인하지 않음
- 2003 CITES에 164개국이 참여

변화하는 인간역할의 영향력

과거 한때, 인간은 먹이사슬의 어느 단계에서든 그저 하나의 소비자일 뿐이었다. 인간은 다른 동물들처럼 질병과 사고로 죽었으며 공격의 희생물이었다. 인간이 사용했던 도구는 원시적이었고, 따라서 이 시기의 인류는 그들 주변 환경에 장기적인 영향을 미치지 못했다. 단지 광물과 에너지 자원을 극소량 채취했을 뿐이다. 도구를 만들기 위해 흑규석, 흑요석, 구리원석을 채굴했고, 자양분으로서, 또는 그릇을 만들기 위해, 안료로 쓰기 위해 소금, 점토, 황토와 같은 광물질을 이용하였다. 지표면의 광맥층이나 지표에 스며 나온 석유를 간간이 이용하는 것 외에는 초기 인류는 에너지 수요의 대부분을 근력이나 생물체를 태워서 얻은 에너지로 충당하였다.

인구가 증가하면서, 인간의 도구 사용법이 더욱 발전되고, 개개의 인간이 그들 주변에 미칠 수 있는 영향력은 엄청나게 커졌다. 불의 사용은 생태계를 변화시키는 인간의 능력을 드러낸 최초의 사건 중 하나였다. 다양한 생태계에서 불이 자연적 사건이었다고 해도 사냥감을 잡기 위해, 정원을 만들기 위해서, 또는 정원을 만들려고 토지를 정비하기 위해 인간이 불을 사용한 것은 생태적 안정기인 군락들을 파괴하거나 정상 상태에서보다 더 자주 천이의 초기 단계로 돌아가게 만들 수 있다.

기술 발달과 함께 목재는 연료와 건축재료로 쓰였고 토지는 경작을 위해 정비되었으며, 하천에는 수력발전을 위해 댐이 건설되었고 다양한 광물질이 에너지 생산과 장비 제작을 위해 채굴되었다. 이러한 변화(modification)는 대규모 인구의 생존을 가능하게 하였으나 이것은 항상 기존 생태계의 손실을 가져왔다.

오늘날 지구상의 약 60억 인구와 함께 지구의 거의 모든 지표면은 인간활동에 의해 어떤 식으로든 영향을 받아왔다. 극지방의 빙산조차도 인간활동의 영향권에 있음을 보여준다. 다양한 종류의 유기물 오염과 가연가솔린의 연소로 남겨진 납 성분은 극지방의 눈 속에 계속해서 축적되어 있는 것을 얼음층에서도 찾아볼 수 있다(납의 양은 몇몇 국가가 자동차를 가연연료 연소방식에서 비가연연료 연소방식으로 전환을 유도했기 때문에 최근에는 감소 추세에 있다).

오염의 역사적 근원

오염(pollution)은 보통 사람들이 우리의 건강과 행복을 해칠 만큼 많은 양을 만들어내는 어떤 것으로 정의된다. 오염에 의한 재해에 영향을 주는 두 가지 기본 요소는 인구 규모와 새로운 오염의 형태를 '창출' 해내는 기술 발전이다.

인구가 적고, 단순한 생활방식으로 살아가던 때, 쓰레기 발생은 생물적인 것이었고 또 희박해서 쓰레기가 일상적인 오염문제를 일으키지는 않았다. 당시 사람들은 자연적으로 유용한 것을 사용하였고 오염물질을 많이 발생시키지 않는 물질을 이용하였다. 또 다른 동물들과 마찬가지로 인간도 자연생태계에 적응하여 살았다. 당시 인간이 발생시킨 쓰레기는 **미생물로 분해 가능한**(biodegradable) 물질들이었다. 이러한 물질은 어떤 물질을 물과 이산화탄소처럼 더 간단한 화학성분으로 분해하는 유기체인 분해자를 위한 먹이의 원천이다.

오염은 인간이 발생시킨 쓰레기들이 발생된 속도만큼 빠르게 분해될 수 없을 정도로 인구가 집중하게 되면서 시작되었다. 인구가 증가하면서 사람들은 밀집하기 시작하였고 도시를 건설하였다. 대량의 매연과 다른 형태의 대기오염 물질의 방출은 오염 물질이 대기에 흡수되고 분산될 수 있는 것보다 더 빠른 속도로 방출되었기 때문에 바람직하지 못한 상황을 야기했다. 일반적으로 우리는 우리 삶의 질 개선을 과학과 기술에 의존하고 있다. 그러나 기술적 진보는 종종 한 가지 문제를 해결하는 과정에서 새로운 오염 형태를 창출시키는 단기 해법을 제공한다.

증기기관의 개발은 기계로 인간의 노동력을 대체시켰지만, 대기 중의 매연량과 다른 오염물질을 증가시킴과 동시에 연료 수요를 증가시켰다. 현대의 화학산업은 매우 가치 있는 합성물질들을 생산해냈지만 동시에 독성 오염물질도 만들어 냈다.

구별 가능한 오염조차도 항상 구별이 쉬운 것은 아니다. 공기 중의 매우 적은 목재 연기의 몇 가지 냄새는 상쾌하기까지 하다. 다른 것들은 향기와 같지는 않다. 사업가들은 광고판을 가치 있고 유용한 것으로 여길 수 있다. 그러나 다른 이들은 광고판을 시각공해(visual pollution)로 여길 수 있다(그림 11.1). 음용수의 화학물질 잔존조차도 명확한 오염의 예로서 분류되기 어려울 수 있다. 비소와 같이 독성이 있는 중금속들은 해로운 물질로 분명히 인식되어야 한다. 그러나 위험이 발생하기 전까지 비소중독이 얼마만큼 진행됐는지 우리는 모른다. 지하수 안에 소량의 비소가 일정 기간 동안 축적되고, 개인에게 해를 줄 만큼의 양이 녹아들었는가? 지하수의 깨끗한 곳(normal part)에 비소가 있어서인가, 아니면 과거 사과나무에 뿌린 비소 함유 살충제 때문인가?

그림 11.1 오염의 형태 오염은 여러 가지 형태로 발생한다. 어떤 것은 건강에 직접적으로 영향을 주는가 하면 어떤 것은 단순히 불쾌한 것일 수 있다.

분명히, 비소가 인간활동의 결과이고 건강 문제를 야기한다면, 그것은 오염이다. 그것이 지하수의 깨끗한 부분에 자연적으로 포함되어 있다면, 여전히 건강에 해를 줄 수 있으나 기술적으로 오염은 아니다.

재생 가능한 자원과 재생 불가능한 자원

현재의 기술은 우리가 우리의 선조들보다 더 광범위하게 자연자원을 착취하도록 만들었다. **자연자원**(natural resources)은 인간이 자신의 목적을 위해 이용할 수 있지만 창조해낼 수는 없는 구조이며 과정이다. 자원의 공급이 매우 풍부하고 수요가 낮다면 자원은 사용이 매우 자유로운 것으로 여겨질 수 있다. 태양광, 해양, 대기는 흔히 자연자원으로 여겨지지 않는데, 그 이유는 이것들의 공급량이 충분하기 때문이다. 자원이 항상 희귀하거나 소비에 의해 극도로 감소되었다면 가격은 높아질 것이다. 진주나 귀금속은 매우 비싸다. 그것은 그러한 것들이 늘 구하기 어려운 성질의 것이기 때문이다. 과거에 토지와 그것을 덮고 있는 토양은 무한한 자연자원으로 여겨졌지만 오염이 증가하고 식량 수요, 거주지 수요와 교통 수요가 증가하면서 토지와 재생 불가능한 자원의 한계를 절감하기 시작했다. 토지의 경제적 가치는 공지(open land)가 부족한 대도시 지역에서 높다. 비계획적, 비합리적, 부적절한 이용은 토지와 토양에 심각한 손상을 가져올 수 있다(그림

그림 **11.2** 재생 가능한 자원의 잘못된 관리 토양은 재생 가능 자원이지만, 남용은 영구적으로 토양을 손상시킬 수 있다. 세계의 대다수 사막은 농장의 무분별한 사용에 의해 형성되었거나 확장되었다. 이 사진은 한때 농장 지대였던 곳을 보여준다. 이 지역은 바람과 모래 때문에 경영이 포기되었는데 그 이유는 잘못된 토양 관리로 침식이 진행되었기 때문이다.

표 11.1 인구 규모와 재생 가능한 자원의 이용 가능성(1990년경부터 2010년까지의 전망)

	1990년경 (백만)	2010년 (백만)	총변화량 (%)	일인당 변화량 (%)
인구	5,290	7,030	+33	
어획량(tons)[1]	85	102	+20	−10
관개된 토지(ha)	237	277	+17	−12
농경지(ha)	1,444	1,516	+5	−21
방목지와 낙농지(ha)	3,402	3,540	+4	−22
산림(ha)[2]	3,413	3,165	−7	−30

1. 양식을 제외한 담수, 해수에서의 어획량
2. 산림지와 관목지 제외. 플랜테이션 포함

출처 : Population figures from U.S. Bureau of the Census, Department of Commerce, International Data Base, unpublished printout, November 2, 1993; 1990 irrigated land, cropland, and rangeland from U.N. Food and Agriculture Organization(FAO), Production Yearbook 1991; fish catch from M. Perotti, chief, Statistics Branch, Fisheries Department, FAO, private communication, November 3, 1993; forests from FAO, Forest Resources Assessment 1990, 1992 and 1993. For detailed methodology, see State of the World 1994, among other sources.

11.2). 경관(landscape) 역시 자연자원이다. 이것은 수력발전을 위해 이용할 수 있는 산악지형과 높은 강수량을 보이는 국가의 예를 보면 잘 알 수 있다. 강, 산림, 풍광, 기후, 야생동물의 수는 자연자원의 또 다른 예이다.

자연자원은 **재생 가능한 자원**(renewable resources)과 **재생 불가능한 자원**(nonrenewable resources)으로 범주화된다. 재생 가능한 자원은 자연적 과정에 의해 형성되거나 발생될 수 있다. 토양, 식생, 동물상(animal life), 공기, 물은 자연적으로 회복, 정화되는 과정을 거치기 때문에 기본적으로 재생 가능하다. 그러나 자원이 재생 가능하다고 해서 무한하다는 의미는 아니다. 표 11.1은, 인구 증가는 생산이 증가한다 할지라도 세계 인구 일인당 사용 가능한 자원의 양의 감소를 가져오게 됨을 보여준다. 재생 가능한 자원의 남용은 회복 불가능한 파괴를 가져올 수 있다. 재생 불가능한 자원은 자연적 과정에 의해 대체될 수 없거나, 대체율이 너무 느려서 비효율적인 자원이다. 그러므로 재생 불가능한 자원이 고갈되어 간다면, 대체자원이 개발되거나 아니면, 우리는 그 자원 없이 살아가야 한다.

표 11.2 몇 가지 광물자원의 분포

광물	미국에서 수입한 후 소비한 비율	주요 공급 국가 (1990~1993)
니오브	100	브라질, 캐나다
운모(sheet)	100	인도, 벨기에
스트론튬	100	멕시코
망간	100	남아프리카, 프랑스, 브라질
보크사이트	99	자메이카, 기니, 오스트레일리아
백금류	91	남아프리카, 러시아, 영국
탄탈	86	독일, 오스트레일리아, 캐나다
주석	84	브라질, 볼리비아, 중국
코발트	79	자이레, 잠비아, 캐나다
크롬	75	남아프리카, 짐바브웨, 터키
칼륨	74	캐나다
니켈	66	캐나다, 오스트레일리아, 노르웨이
카드뮴	50	캐나다, 오스트레일리아, 멕시코
아연	41	캐나다, 멕시코, 페루

출처 : Data from Statistical Abstract of the United States, 1997.

자원개발 비용

비용은 항상 자연자원 개발과 관련되어 있다. 이러한 비용은 세 가지 범주로 나뉜다. 첫째, 경제적 비용이다. **경제적 비용**(economic cost)은 자원을 개발하는 데 필요한 화폐비용이다. 돈은 토지를 매입하거나 임대하고, 장치구축과 노동비용, 장치를 돌리기 위한 에너지 비용을 위해 필요하다. 둘째, 자원 개발을 위한 **에너지 비용**(energy cost)이다. 광물질을 추출하여 한곳으로 모으고 제조지까지 운송하는 데는 에너지가 소모된다. 에너지는 비용이 들기 때문에, 에너지 비용은 궁극적으로 경제적 비용으로 전환된다. 에너지가 값싸다면 비능률적인 과정은 이익이 될 수도 있다. 그러나 에너지 비용이 높아지면, 에너지 집약적(energy-intensive) 과정은 없어질 것이다.

세 번째로 비용이 들어가는 부분은 환경의 영향에 관한 측면이다. 대기오염, 수질오염, 동물멸종, 경관질의 손실은 자원 개발에 의한 전체 **환경 비용**(environmental cost)이다. 환경 비용은 종종 유예비용이다. 이러한 비용은 처음에 비용으로 인식조차 되지 않지만 몇 년이 지나면 중요성을 띠게 된다. 환경 비용은 또한 기회나 가치를 잃게 할 수도 있다. 그 이유는 자원이 다른 목적으로 사용될 수 없기 때문이다. 최근 환경 비용은 오염에 대한 보다 강력한 규제가 이루어짐에 따라 경제적 비용으로 전환되고 있다. 오염된 물을 정화시키거나 자원 개발과 이용으로 황폐화된 토지를 회복시키는 데 비용이 들게 된다.

이들 세 가지 비용의 범주(경제적 비용, 에너지 비용, 환경 비용)는 광물의 채취와 사용에 관련된 몇몇 단계에 적용된다. 그 단계들은 탐사, 채굴, 정제(refine), 운송, 제조로 이루어진다.

광물자원

광물자원은 주요 재생 불가능한 자원 중 하나이다. 이들 자원의 분포는 전 세계적으로 균등하지 않다. 지구상의 어떤 지역에서 광물자원을 형성하는 지질학적 생물학적 형성 과정은 몇백만 년에 걸쳐 이루어진다. 그 오랜 시간을 지나는 동안, 지구상의 육지는 정치적 경계로 분할되었다. 분할된 영역 중 어떤 지역은 다른 지역보다 광물자원이 더 풍부한 곳일 수 있다. 한 국가의 영역 내에 필요한 광물자원이 모두 분포하지는 않기 때문에, 국제교류가 활발해졌다. 특히, 산업이 발달한 국가들은, 필요한 광물자원을 소유하고 있으나 개발할 경제적 동력이 없는 국가들로부터 수입한다. 표 11.2는 몇 가지 광물자원과 그 공급 국가를 보여주고 있다. 북아메리카 지역은 다종의 광물자원이 부족하므로 다른 국가, 특히 저개발국가들로부터 광물자원을 수입한다.

그림 11.3 노천채광 작업 이러한 형태의 채굴은 국지적 환경에만 영향을 미칠 것으로 생각하기 쉽다. 그러나 노천채광은 대부분 아름다운 자연경관을 지닌 지역에서 이루어진다.

광물자원은 불균등하게 분포되어 있을 뿐만 아니라 채취 비용이 매우 낮고 이용이 쉬워서 무분별하게 채굴되어 왔다. 광물자원을 지속적으로 이용함에 따라 광물자원은 점점 희귀해져갈 것이며, 그럴수록 개발 비용은 더욱 높아질 것이다. 에너지 사용에 있어서 북아메리카는 세계 광물자원의 주요 소비국 중 하나다. 통계에 의하면 북아메리카는 해마다 전 세계에서 생산된 광물자원의 30% 이상을 소비한다. 미국과 캐나다 인구를 합한 인구수가 전 세계 인구의 5.1%라는 사실에 비추어 보면, 위와 같은 광물자원 소비비율은 불균형을 이루고 있다.

광물자원 개발의 단계

새로운 광물자원 탐사에 드는 비용은 탐사가 시간과 새로운 기술을 필요로 하기 때문에 주로 경제적 비용에 속한다. 또한 약간의 에너지 비용과 적지만 환경 비용도 필요하다. 더 나은 광물자원 매장지가 이용되면서, 해저와 같이 탐사하기에 어려운 지역에서 광물질을 찾을 필요성이 대두될 것이다. 따라서 경제적 비용과 에너지 비용 모두가 증가하게 될 것이다. 국립공원과 보존지역과 같은 곳은 광물탐사 금지 구역이다. 현재 광물자원의 매장량이 모두 소비되고 나면 보호구역 안에서 광물자원 탐사를 하기 위한 비용 부담이 생겨날 것이고, 결국 이는 환경 비용의 증가로 연결된다. 광물자원이 매장되어 있어서 개발이 결정되면 자원은 지하에서 추출되어야 한다. 채굴(mining)은 기계와 장비의 구성과 노동에 지불할 엄청난 비용의 지출을 포함한다. 에너지는 장비의 작동을 위해 쓰인다.

경제적 비용과 에너지 비용과 함께, 중요한 환경 비용이 있다. 채굴은 여러 가지 측면으로 환경에 영향을 준다. 채굴작업의 모든 과정은 주변 암석으로부터 원하는 광물질을 분리하는 과정을 포함한다. 주변 암석은 어떤 방법으로든 처리되어야 한다. 암석 조각은 보통 땅 위에 쌓이고, 그렇게 쌓인 것은 채굴 후의 광물 잔존물(mining tailings)로 보기 흉한 모습을 드러낸다. 또한 채굴 후의 암석 부스러기가 쌓인 곳에서는 식생이 자라기 어렵다. 어떤 광물 잔해는, 인간은 물론 생물들에게 유해한 석면, 비소, 납, 방사능 물질 등을 함유하고 있다.

채굴작업 대부분의 유형은 추출과정에서 다량의 물을 필요로 한다. 채굴작업에 쓰인 물은 질이 떨어져 음용수나 관개수, 여가용 용수로 쓰기에 부적합하다. 채굴은 한 지역의 자연 식생을 방해하므로 물

표 11.3 원석에 함유된 금속성분

금속	수익성 있는 추출 함유량(%)	1kg 당 가격 범위
철	30.0	
크롬	30.0	1달러 이하
알루미늄	20.0	
니켈	1.5	
주석	1.0	1~10달러
구리	0.5	
우라늄	0.1	10달러

은 하천으로 토양 입자를 운반할 수 있고, 침식과 침니(沈泥, siltation)퇴적을 일으킬 수 있다. 어떤 채굴 과정은 노천채굴과 같이 토양 최상층을 재정리하고 장기간 그곳에서 나온 광물을 줄이거나 제거한다(그림 11.3). 노천채굴은 미국 국토의 약 7만 5천 km^2를 차지하며, 메인 주의 크기에 해당하는 면적이 파헤쳐졌다.

원석이 채굴된 후에는 암석으로부터 원하는 물질을 추출하는 과정을 거쳐야 한다. 표 11.3은 몇몇 원석에 함유된 필요로 하는 물질의 비율을 보여준다. 원석처리 과정에는 경제적 비용이 든다. 물리적 설비와 장치들을 구비해야 하고, 노동력 고용과 연료가 작업을 위해 필요하다. 에너지 비용 역시 중요하다.

정제(refining)는 기본적으로 얻고자 하는 물질을 한곳으로 모으는 과정이다. 자연적이고 물리적인 과정은 광물질을 흩어놓는 경향이 있으므로, 에너지는 원하는 광물질을 한곳으로 모으는 데 쓰여야 한다. 여러 경우에, 이러한 에너지 소비는 광물질을 얻는 일과 관련된 주요 비용이다. 에너지 비용이 증가하고 원석이 희석됨에 따라 몇몇 광물질 생산의 경제성은 더 적게 에너지를 소비하는 대체 광물질을 찾는 것이 최적의 대안이라는 방향으로 완전히 변화할 수 있다.

원석에서 광물질을 추출하는 것은 대기오염과 수질오염의 형태로 환경 비용에 포함될 수 있다. 환경 비용은 이전보다 환경적 손실을 적게 유발하는 산업을 조절하기 위한 경제적 비용으로 전환되고 있다.

교통은 지하 광물을 추출하는 데 있어서 고비용을 들게 하는 또 다른 요인이다. 교통은 실제 채굴 과정과 정제할 원석을 얻는 과정, 그리고 원석이 완제품으로 가공될 지점까지 운반되는 데 관여한다. 교통비용은 주로 돈과 에너지의 형태로 나타난다.

마지막으로 한곳에 모아진 원석을 완제품으로 가공하는 비용이 있다. 표 11.4는 이 모든 과정과 각 단계에서 드는 비용의 유형을 정리한 것이다.

광물질의 재활용

광물자원 이용을 완전히 이해하기 위해서는 재활용 개념을 고려해야만 한다. 지하에서 추출된 여러 가지 광물은 실제로 소비되거나 이용되지 않는다. 광물들은 일시적으로 어떤 구조나 과정에 있게 된다. 어떤 광물질이 재생되고 다른 구조나 과정으로 다시 사용될 때 그것은 재활용이다(18장 참고).

재활용이 경제적이고 효과적이기 위해서는 몇 가지 조건이 충족되어야 한다. 광물질은 비교적 쉽게 얻을 수 있어야 하고 높은 경제적 가치를 지녀야 한다.

빈 알루미늄 음료수 캔과 폐기유는 더 이상 소비자에게 유용하지 않다. 그러나 알루미늄 원자는 새로운 캔이나 다른 알루미늄 제품으로 재가공될 수 있고, 폐기유는 연료로 연소시키거나 재가공될 수 있다. 재활용이 경제적으로 실용적이기 위해서는 폐기된 물품이 환경에 영향을 미치기 전에 회수되어야 한다. 예를 들어 폐기유는 주유소에서 엔진오일을 교체할 때 회수하는 것이 비교적 손쉬운 방법이다. 그러나 폐기유가 하수도나 땅속에 묻힌다면 회수는 곤란해진다.

그러나 많은 산업에서, 이용되고 난 후의 물질(material)의 가치는 매우 낮아지며, 새로운 물질을 생산하는 비용이 재활용에 드는 비용보다 적을 수 있다. 예를 들어, 건물 해체와 부분적 재건축을 하는 것은 새로운 건축자재를 사용하는 것보다 더 많은 비용이 든다.

표 11.4 광물개발 비용

개발단계	경제적 비용	에너지 비용	환경 비용
탐사	고비용-전문요원과 기술 비용	저비용	저비용
채굴	고비용-공장 건설, 공장 가동 비용	고비용-쓸 만한 원석만 분리하기 위해 필요한 다량의 물질 이동 비용	고비용-경관의 변화와 다량의 폐기물을 발생시키기 때문. 채로 작업에는 다량의 물 필요.
정제	고비용-원석을 한곳에 모으기 위한 노동력, 장비, 에너지 비용	고비용-원석을 한곳에 모으기 위한 비용	정제시설에서 비롯된 대기 및 수질오염 문제.
운반	채굴지에서 제조지로 운반하는 전 과정에서 비용 필요	운반을 위한 교통비용	대기오염 문제. 새로운 교통로 구축은 경관과 주변 생태계 가치에 영향을 줌.
제조	공장과 노동력 필요	다량의 에너지가 모든 제조 과정에서 이동	대기 및 수질 오염 문제. 대부분의 제조지에서 엄격히 규제.

재활용을 하는 한 가지 이유는 더 이상 일반적이지 않다. 역사적으로 에너지의 화폐 비용은 극히 낮았다. 에너지 비용이 높아지면서, 새로 채굴된 광물보다는 재활용 광물에 보다 많은 관심을 기울이고 있다. 환경적으로 친화적인 방법에 의해 제조된 상품은 미래에 경제적으로 이득이 될 것이다.

육상 생태계 개발과 변형

농업 생태계

세계의 산림과 초지가 농경지로 전환되면서 원래의 식생이 거의 남아 있지 않게 되었다. 이는 거의 모든 농경지가 원래의 식생을 제거당했으며, 작물과 동물의 토착종들이 외래귀화종들로 대체되었기 때문이다. 지표면의 약 40%는 곡물재배지와 영구목장으로 전환되었다. 전형적으로, 대부분 생산력이 있는 자연생태계(산림과 초지)는 인간의 이용에 의해 최초로 변형되며 가장 집중적으로 관리된다. 인구 증가에 따라 식량 생산 면적 수요도 증가한다. 역사적으로 환경 변형 압력은 인구밀도가 높은 지역에서 가장 크다. 농업 발전의 초기 중심지였던 이들 지역 대부분이 변형되어서 토지는 더 이상 필요한 식량 생산에 쓰일 수 없다. 지중해와 중동 지역은 대부분이 산림과 농경지 확장을 지원했지만, 지금은 건조관목지대로 남아 있다. 오늘날 농경지는 더 많은 인구를 부양하기 위해 확장되고 있으며, 농경지의 합리적 이용은 세계 인구의 보전과 복지에 필수적이다.

그림 **11.4** 분화된 유대류 - 주머니개미핥기 이 작은 유대류 포유동물은 나무에 집을 짓고 사는 흰개미나 개미가 필요하다. 흰개미는 주머니개미핥기의 먹이이며 속이 빈 가지나 통나무는 주머니개미핥기가 숨을 곳을 제공해준다. 병든 나무가 있는 오래된 숲의 손실은 주머니 개미핥기의 멸종을 부추겼다.

산림자원

대부분의 산림 생태계는 인간활동에 의해 크게

숲의 변화

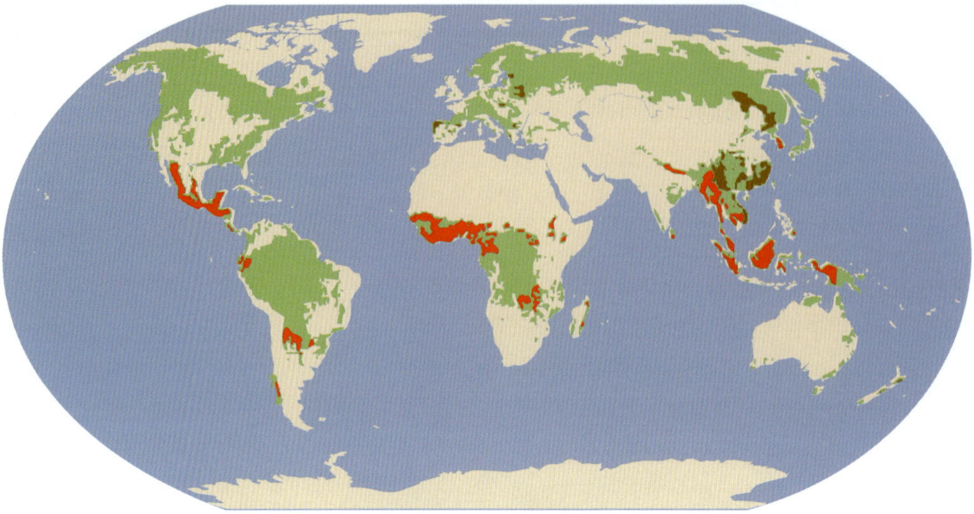

■ 연간 >.05%씩 감소 ■ 연간 >.05%씩 증가

이 지도에는 숲의 변화율이 가장 높거나 가장 낮은 지역만 표시하였다.
다른 숲 지역은 녹색으로 표시하였다.

1990-2000년 사이 연간 숲의 변화

지역	연간 변화
열대 지역	−1,420만 ha(대략 아이오와 면적에 해당)
비열대 지역	+170만 ha
세계	−1,250만 ha

그림 11.5 숲의 변화 빨강색으로 표시된 지역에서는 연간 0.5% 이상씩 숲이 파괴되고, 갈색 지역에서는 0.5% 이상씩 증가하고 있다. 중앙아메리카와 아프리카, 대부분의 아시아 지역에서 열대림은 사라지고 있는 반면, 비열대 지역에서는 유지되거나 형성되고 있다.

출처 : Food and Agriculture Organization of the United Nations.

변형되었다. 원래, 미국의 거의 절반, 캐나다의 3/4, 유럽 거의 전 지역과 그 외 세계의 주요 지역들은 산림지대였다. 산림은 연료, 건축재료로, 그리고 농지확장을 위한 토지정비에 방해가 된다는 이유로 벌채되었다. 초기 천이 단계로 산림을 회복시키려는 활동은 서식지의 일부로 풍부한 산림을 필요로 하는 동식물 종들의 손실을 가져온다.

지속적인 산림 변형은 산림지대에 서식하는 동식물에 부정적 영향을 미치고 있다. 오스트레일리아에 사는 작은 다람쥐 크기의 유대(有袋; 주머니가 있는)동물인 주머니개미핥기(numbat)는 흰개미 등 개미가 사는 나무가 많은 오래된 숲에 전적으로 의존해서 살아간다. 개미류의 벌레가 만든, 나무와 가지의 구멍은 주머니개미핥기에게 숨을 곳을 제공한다. 분명히 벌목(tree harvesting)은 이들 종에게 부정적 영향을 미치게 되며, 이미 멸종 위기를 맞고 있다(그림 11.4).

다종의 동식물 서식지를 제공함과 동시에, 산림은 다른 편의도 제공해준다. 산림지역은 땔감과 목재를 제공하고, 기후 변화를 가져오며 하천유역을 보호해준다. 나무가 없어지면 기후는 이전보다 건조해지는데, 이것은 수분을 보유할 식생 감소에 원인이 있으므로 홍수가 빈발하고 이용 가능한 물이 지표수로 유실된다.

환경 돋보기

북부점박이올빼미

1990년 6월, 북부 점박이올빼미(Northern Spotted Owl)가 멸종 위험종 목록에 포함되었다. 멸종 위험종(threatende species)은 현재의 생활조건이 변화한다면 멸종될 수 있는 종이다. 북부점박이올빼미는 북서부 태평양 연안의 오래된 침엽수림에서 살고 있다. 먹이사슬의 가장 꼭대기를 차지하는 포식자로서, 넓은 숲을 사냥터로 삼고 있다. 북부점박이올빼미가 목록에 오른 것은 미국 산림청이 수립한 개발계획 때문이다. 이 올빼미는 숙성된 오래된 숲에서만 발견되며, 넓은 사냥터를 필요로 하기 때문에 개발계획은 넓은 구획의 숲을 계획에서 제외시켜야 한다.

이 지역의 벌목은 사유지의 대부분에서 이미 이루어져 왔다. 아직까지 남아있는 숲 지역은 원래 숲의 10% 정도로 미국 산림청이 관리하는 지역이다. 이 숲의 나무들은 수세기에 걸쳐 살아왔기 때문에, 벌목 이후에 숲이 되살아나는 데는 엄청나게 오랜 시간이 필요할 것이다. 이러한 시간 규모 때문에 아직은 남아있는 숲 지역에서 벌목이 시작된다면 북부점박이올빼미는 더 이상 존재할 수 없을 것이다.

목재산업은 북서부 태평양 연안에서 주요한 산업이다. 미국 산림청은 연간 300 km^2의 숲을 민간인에게 팔고 있다. 오래된 숲에서 벌목이 가능하지 않다면, 임업 종사자들은 직장을 잃게 될 것이다. 그들은 자신들의 삶도 올빼미와 마찬가지로 위험에 처하게 될 것이라 주장한다. 과연 누가 더 중요한가?

일반적으로 모든 대륙은 일정 면적의 산림지를 보유하고 있다. 그림 11.5는 열대림은 파괴되어 가는 것에 비해 세계 온대기후 지역(특히 산림 면적이 넓은 북아메리카와 유럽)은 산림지역을 지켜나가고 있다는 것을 보여준다. 10년 사이에 열대림의 4%가 파괴되었다. 열대림은 여러 가지 수종이 혼합림을 이루고 있어 고위도의 온대림에서 전통적으로 사용해온 것보다 더욱 다양한 벌목기법을 필요로 한다. 또한 토양 성분 때문에 열대림은 벌목 후에 온대림만큼 산림의 재생이 이루어지지 않는다. 열대림이 재생되지 않는다면 열대림은 재생 불가능한 자원으로 봐야 한다. 이들 산림이 이용된다면, 새로운 형태의 산림보존원칙이 재생 가능한 열대림 산업 구축에 필요할 것이다. 현재 이들 산림은 장기적 생산성을 위해서는 거의 관리되고 있지 못하다. 열대림이 마치 재생 불가능한 자원인 것처럼 단지 단기적 경제 기초에서만 벌목되고 있을 뿐이다. 아프리카와 라틴아메리카의 열대림은 연간 0.6% 비율로 벌목되고 있으며 아시아의 열대림은 연간 1% 비율로 벌목되고 있다.

넓은 면적에 걸친 벌목은 기후에 심각한 영향을 미친다. 산림지는 빗물을 보유하는 매우 효과적인 장치이면서 지표에 흐르는 빗물의 속도를 유지시켜 준다. 더욱이 나뭇잎에서 발산되는 다량의 수분은 산림지역의 대기 중 습도를 높이는 경향이 있다. 나무 그늘과 수분 증발이 제공하는 서늘함 역시 극단적인 기온을 완화시켜준다.

대규모 산림지대의 파괴는 지역 기후 변화를 일으키며 일반적으로 더 뜨거운 날씨와 건조한 기후를 형성한다. 최근에는 이산화탄소 보유고로서 산림의 잠재력을 보존하는 데 관심이 높아졌다. 나무는 광합성을 통해 다량의 이산화탄소를 보유하고, 지구 온난화에 기여하는 이산화탄소 수치 증가를 억제하는 데 일조할 수 있다.

또 다른 복잡한 요소는 인구압이 세계 열대지역에서 가장 크다는 점이다. 사람이 많을수록 더 많은 식량이 필요하며, 이것은 산림지가 농경지로 전환되어 숲의 본래 가치인 목재, 연료, 하천유역 보호, 야생생물 서식지, 이산화탄소 저장고의 역할을 상실하게 되리라는 것을 의미한다.

산림 생태계 관리

자원이 개발될 때마다 '경제'와 '환경'의 두 가지 주요한 이해(interest)가 갈등을 빚는다. 경제적 요소는 측정하기가 쉽다. 개발 비용과 재정적 보상은 제1의 이슈이다. 자원의 환경적 가치는 화폐 가치로 환산하기 어려운 경우가 많고 환경론자들은 그들의 주장을 관철시키기 위하여 윤리적 혹은 생물학적 논의에 의지해야 한다. 세계 여러 지역에서 산림 관리의 실제는 숲의 환경적 가치 몇 가지를 유지하면서 경제 개발을 하기 위한 절충안이라고 볼 수 있다.

세계의 산림은 풍부한 것으로 알려져 있다. 산림은 경제적 가치로 평가될 수 있고 야생생물과 하천 유역 보호를 위한 숲의 중요성 역시 가치로운 것일 수 있다. 그러나 매우 적극적인 벌목은 산림 본래의 역할과 성격을 변화시킨다. 벌채를 통해 나무를 제거함으로써 풍부한 산림을 필요로 하는 다양한 동물들의 서식지도 함께 없애버리고 만다. 흰털발제비(pine martin), 회색곰(grizzly bear), 퓨마는 모두 인간의 발길이 거의 닿지 않은 산림지대를 서식지로 삼고 있다. 최근에 벌채된 지역은 그다지 보기에 좋지가 않아서 만들어진 길과 다른 변화들은 그 지역의 야생성을 회복할 수 없을 만큼 변화시키곤 한다. 분명히 야생성과 벌채는 공존할 수 없다. 따라서 야생성을 지닌 특수 산림지대를 조성하거나 벌목용 산림자원 지대를 조성할 필요가 있다.

산림지역이 벌채될 시기를 결정하기 위해 몇 가지 고려를 해야 한다. 벌채는 토양을 드러내어 침식을 가속화시킨다. 토양의 수분보유력(water-holding ability)은 유기물의 양과 나무 뿌리가 유기물을 보유하는 능력과 관계가 있기 때문에, 삭박된 지표는 물을 흡수하기보다는 지표수로 흘러가게 만든다. 토양 입자는 하천수에 씻겨 내려 고운 입자의 진흙 퇴적물을 이룬다(siltation). 토양 입자의 유실은 토양 영양분을 감소시키고, 하천에 유입된 토양 입자는 산란 장소를 덮어버려 어류의 개체수를 감소시킨다. 하천변의 나무가 벌채되면 하천은 태양광을 많이 받아 수온 상승이 일어날 것이다. 이런 현상은 어류 개체수에 부정적인 영향을 미친다. 벌목된 나무의 수송 과정 역시 그 지역의 야생 생태계를 교란시킨다.

그림 11.6 완전 벌채 대규모 밀집된 완전벌채 지점들은 종의 손실과 토양침식의 가속화를 불러왔다.

벌채와 장비 이동에 필요한 도로는 또 다른 문제를 가져온다. 이들 수송로를 통해 계속되는 이동은 식생을 제거하고 침식을 가속화시켜 토양을 그대로 노출시킨다. 수송로가 적절한 위치에 건설되지 않으면, 도로는 결국 작은 협곡이 되어 유수의 통로가 되어 버린다. 전 세계 각지에서 벌목도로의 건설은 산림지대로의 접근을 증가시키고 농업을 위해 산림을 제거하려는 소작농(squatter)에 의해 식민화되는 결과를 가져온다. 이러한 대부분의 환경문제는 적절하게 시공된 수송로와 적합한 벌목(harvesting) 방식으로 최소화될 수 있다.

벌채에서 가장 문제가 되는 것 중의 하나는 **완전 벌채**(clear-cutting)이다(그림 11.6). 말 그대로 넓은 지역의 나무를 남김없이 모두 베어버리는 것이다. 이 방법은 매우 경제적인 벌목 방식이지만 엄청난 침식력을 생산하여 토양을 노출시킨다. 광대한 면적의 대지가 한번에 벌채된다면 산림의 재조림(reestablishment)은 느린 속도로 이루어지며 야생 생태계에 강한 영향을 주게 된다. 몇몇 장소에서 완전 벌채는 이상적인 벌목 방식이다. 완만한 경사를 가진 지점은 재성장(regrowth)이 빨라 침식이 적고 환경 손상이 제한적이다. 방해받지 않은 산림의 경계가 하천의 제방을 따라 남아 있다면 이것은 특히 근거가 있는 것이다. 나무 뿌리는 하천 제방을 유지시키고, 퇴적을 늦추는 데 도움을 준다. 또한 나무 그늘은 몇몇 종의 어류에 부정적 영향을 주는 수온 상승을 방지한다.

완전 벌채는 가파른 경사지나 재성장이 느린 곳에서 매우 파괴적인 행위가 될 수 있다. 이런 상황 아래서는 **부분 벌채**(patchwork clear-cutting)를 하는 것이 가능하다. 부분 벌채 방식으로 더 적은 면적의 손대지 않은 산림의 일부가 벌채된다. 이러한 방식은 완전 벌채로 인한 여러 가지 문제들을 감소시키며 울창한 숲에서 뿐만 아니라 천이 단계의 숲에서 풍부한 사냥감이 될 동물 종을 위해 주변 조건을 개선시킬 수 있다. 예를 들어, 사슴, 뇌조류(grouse), 토끼는 울창한 숲과 초기 천이 단계에 있는 숲의 혼합으로 삶터를 얻는다.

자연적인 재파종(reseeding)이나 재성장이 느리게 진행되는 완전 벌채지는 나무를 다시 심는 소위 **재식림**(reforestation) 조성 과정이 필요하게 된다. 재식림 조성은 특히 침엽수종에 있어서 중요한데, 침엽수종은 기반 토양을 지지해주는 역할을 한다. 낙엽성 교목들은 베어낸 나무 그루터기에서 새로운 줄기가 뻗어나오거나 숲 땅바닥에 뿌려진 씨앗에서 빠른 속도로 자라기 시작해서 재식림 조성은 낙엽성 교목에 있어서는 그다지 중요한 문제가 아니다.

몇 가지 수종의 **선택 벌목**(selective harvesting)은 벌목자의 관점에서 보면, 다른 방식만큼 경제적이거나 효과적이지는 않지만 가능성 있는 방법이다. 이 방법은 산림 생태계에 큰 변화를 주지 않으면서 고품질의 나무들을 얻을 수 있는 방법이다. 열대우림에서 마호가니와 같은 고부가가치(high-value)의 나무는 선택적으로 벌목되곤 한다. 그러나 수송로 건설로 인한 산림 손상은 여전히 확대될 수 있고 선택된 수종은 벌채로 인해 상업성이 없는 나무들에도 손상을 입히게 된다.

그림 **11.7 붉은벼슬딱따구리** 붉은벼슬딱따구리는 둥지를 만들기 위해 red heart로 알려진 병을 가진 살아있는 고목이 필요하다. 병든 고목은, 집중적으로 관리되는 산림에서는 찾아보기 어렵기 때문에 붉은벼슬딱따구리가 멸종 위기에 처해 있는 것이다.

적절한 계획과 노력은 산림 이용을 통합할 수 있다. 산림생산산업에서는 효과적인 벌목에 용이한 동일 수령(樹齡, even-aged stands)의 단일 수종을 선호할 것이다. 야생 생태계 관리자는 다양한 야생종을 길러내기 위해 각기 다른 성숙 단계에 있는 여러 가지 수종을 알고 싶어할 것이다. 동일 수령의 단일종 혼합림만큼 야생 생태계의 다양성을 제공하지는 않는다. 그러나 적절한 계획에 따라 심어진 나무는 야생 생태계를 활성화할 만큼 충분히 작은 면적에서 벌목할 수 있지만 경제성을 높일 만큼의 넓은 범위는 아닐 것이다. 고목이나 오래된 입목(立木)지역은 그들의 적소(niche)의 일부로서 고목을 필요로 하는 종들의 피난처로 남을 수 있다.

예를 들어, 미국 남부의 소나무 숲에서 붉은벼슬딱따구리(red-cockaded woodpecker)는 둥지를 틀기 위해 오래된 병든 소나무가 필요하다(그림 11.7). 잘 계획된 산림 재식은 이런 장소를 제공하지 못하지만, 위와 같은 종들의 거주지 요구 인식과 오래된

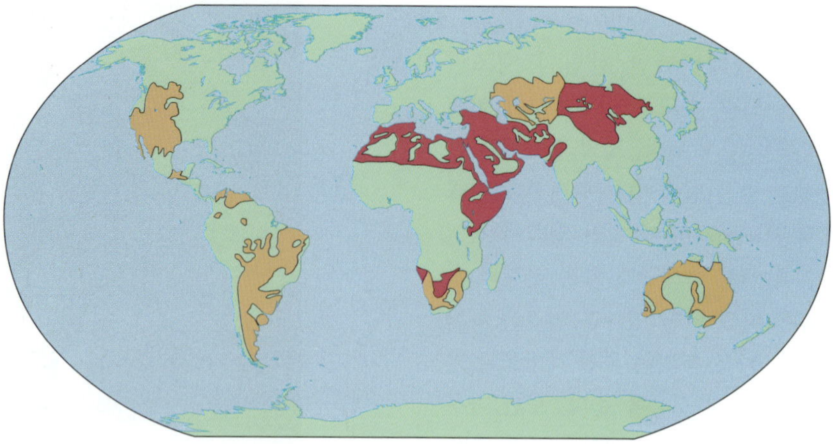

그림 **11.8** 방목지의 이용 세계의 건조, 반건조 지역들은 관개시설 없이 농업을 하지 못한다. 이들 여러 지역에서는 방목이 우세하다. 방목지는 강수량이 적지만 규칙적인 곳에 만들어진다. 유목민들은 강수량이 불규칙적이고 희박한 지역을 이용한다.

병든 나무를 남겨두려는 의지는 딱따구리의 거주지를 보호하면서 벌목을 할 수 있게 해준다.

많은 목재회사들은 산림을 작물로 재배하고 있으며 농부들이 작물을 관리하는 방식과 똑같이 산림을 관리하고 있다. 목재회사들은 높은 생산력을 가진 농작물을 생산하는 방식과 똑같이 개발되었던 성장이 빠른 동일 수령의 잡목으로 단일 수종을 심는다. 종간의 경쟁은 산림에 불을 놓음으로써 조절하며, 곤충은 살충 분무제로 조절한다. 이렇게 집중적으로 관리되는 산림에서 몇몇 단일종의 재식을 통해 성장하는 나무는, 자연적인 혼합림이 재생되는 데 100년 정도 걸리는 데 반해, 불과 20년 만에 벌목 가능한 크기로 자란다. 그러나 목재 생산물의 질은 떨어진다. 이와 같이 조성된 산림은 낮은 종다양성을 나타내며 야생 생태계를 위해서나 또 다른 용도로 쓰일 때 가치가 자연혼합림만큼 높지 않다. 더욱이 관리된 산림에 심어진 나무는 외래종인 경우가 많다. 호주의 유칼립투스(Eucalyptus)나무는 남아프리카, 아프리카에 심기었고, 세계의 또 다른 지역과 북부 잉글랜드 및 스코틀랜드 대부분의 산림은 유럽 본토와 북아메리카에서 수입된 수종과 토착종 소나무(native pines)의 혼합림을 이루고 있다.

방목지 생태계 관리

방목지는 혼합 초지나 초지, 건조에 강한 관목들이 자라는 세계의 건조 · 반건조 지대에 위치한다. 이들 지대는 너무 건조해서 작물을 재배할 수 없지만 개방된 넓은 면적에서 길들여진 동물들이나 밀도가 낮은 유목가축(nomadic herds)의 개체수를 증가

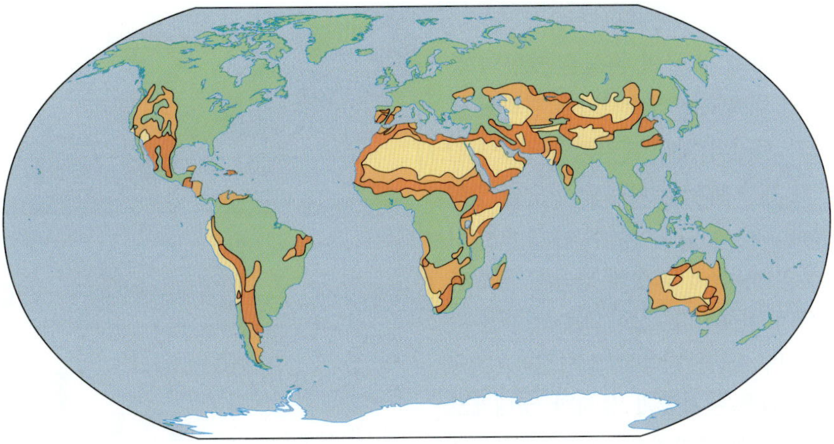

시키는 데 이용되곤 한다. 보통 동물들은 그 지역에 서식하지 않던 종들이다. 그러므로 이들 지역은 동물들의 선택적 먹이습관에 의해 변형되었다. 선택적 먹이습관은 특정 식물종을 감소시키거나 다른 종을 증가시키는 경향이 있다. 유럽과 아시아에 서식하던 양, 소, 염소가 미국, 호주, 뉴질랜드와 아프리카의 여러 나라에 유입되었다. 외래종의 유입은 특정 국내종의 감소를 가져온다. 예를 들어, 양과 소는 북아메리카에서 바이슨(bison)을 대체했고, 아프리카의 국내종 영양은 소에 의해 부정적 영향을 받았다. 방목지의 생산성을 높이려는 노력에 의한 관리 기술로, 동물들이 풀뜯기에 적당하지 않은 식물종은 선별해서 제거하거나 특정한 풀 종류는 그 지역에 자생하지 않는 종을 심을 수 있다. 강수량이 적고 기상 예측이 어렵기 때문에 방목장의 가축수를 규제하는 것이 중요하다. 영구 목초지에서 가축을 기르는 지역은 사료를 제공할 수 있는 영역의 수용력에 맞춰 동물수를 조절할 수 있다. 세계 여러 지역에서 유목민들은 단순히 사료가 빈약한 지역에서 풍부한 지역으로 동물들을 이주시킬 뿐이다. 이러한 이동은 여름에 높은 고도로 이동하는 동물이나 비가 최근에 내렸던 지역으로 이동하는 동물들을 포함하는 계절적 이동 행위로 나타나곤 한다(그림 11.8).

세계 여러 지역에서 인구압이 큰 곳의 과잉 방목

그림 11.9 사막화 건조, 반건조 지역들은 지나친 방목이나 농경의 실패에 의해 사막으로 변해간다. 식생의 손실은 바람과 물에 의한 침식을 증가시키고 증발률을 높이며 토양이 흡수하는 물의 양을 감소시킨다. 이러한 모든 조건은 사막지역으로의 변화를 촉진한다.

(overgrazing)은 심각한 문제이다. 인구가 증가하면서 사람들은 너무 많은 동물들을 방목하려는 지나친 시도를 하게 되었다. 또 장작을 얻기 위해 나무를 함부로 베기도 한다. 지나친 방목이 이루어진다면

많은 식물들이 사라지고, 식물의 손실은 토양의 풍식을 가져오고 토양 비옥도를 감소시키는 결과를 낳게 되며 더 나아가 토지의 식생 지지력을 감소시킨다. 장작으로 쓰기 위해 베어진 나무도 비슷한 영향을 미치지만, 장작으로 쓰이는 나무의 대부분은 사료로 쓰이는 것들이며, 질소 고정에 중요한 역할을 하므로 특히 손상이 심해진다. 장작으로 쓰이는 나무의 벌채는 토양 비옥도를 더욱 감소시킨다. 이렇게 심각한 토지의 과용은 사막과 유사한 생태계로 토지를 변화시키는 결과를 가져온다. 건조, 반건조 지대가 인간의 부적절한 이용 때문에 사막으로 변모해가는 과정을 **사막화**(desertification)라고 한다. 사막화는 전 세계에 걸쳐 발견될 수 있지만 북아프리카와 아시아의 일부에서 현저하게 진행되고 있다. 이들 지역은 강수가 불규칙적이고 예측하기 어려우며 대부분의 인구가 농업이나 유목으로 생계를 이어가면서 가족의 식량문제 해결에 어려움을 겪고 있다(그림 11.9).

인간의 영향을 최소로 받고 있는 지역들 - 야생지역과 오지

인간의 영향을 적게 받고 있는 지역은 세계 여러 곳에 여전히 존재하고 있다. 이런 지역 가운데는 척박한 환경 조건을 가진 오지가 있는데, 남극 대륙, 북극 지역, 고산 지대의 봉우리나 아프리카, 중앙 오스트레일리아, 중앙 아시아의 사막과 같은 극건조 지대가 이러한 지역에 속한다. 이들 지역 대부분이 탐험을 통해 너무나 척박하여 농업을 할 수 없는 곳으로 판단되었으며, 따라서 이곳에서는 인간의 밀도 있는 거주가 불가능하다.

열대우림과 같은 곳은 적은 인구의 생태계를 부양하고 있지만 열대우림 생태계는 농업부양력이나 또 다른 인간의 목적을 위해 쓰이기 때문에 위협을 받게 된다. 이러한 자연지역의 생존을 결정하게 될 주요 인자는 인구압(population pressure)이다.

많은 국가들에서 자연경관이 수려한 지역이나 보호할 가치가 있다고 생각되는 생물군락을 보호하기 위해 공원을 조성했고, 토지 이용에 대해 특별한 명시를 해왔다. 이런 활동은 아프리카, 중·남부 아메리카, 북아메리카, 오스트레일리아에서 가장 현저하게 나타난다. 1990년대까지 이들 대륙은 비교적 야생지역으로 남아있던 곳이 대부분이었다(그림 11.10).

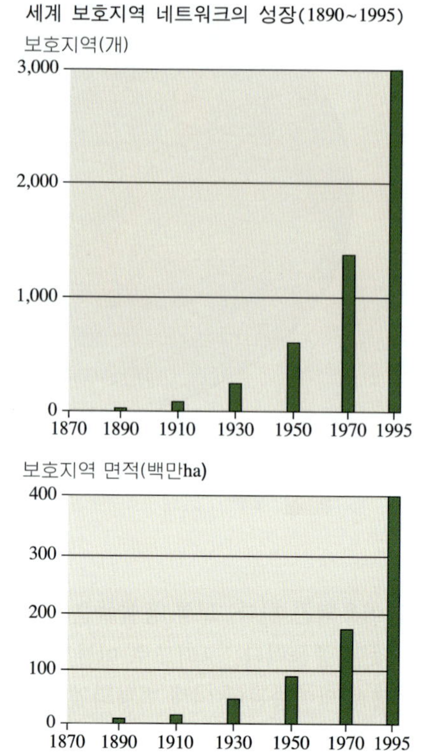

그림 **11.10** 세계 주요 공원과 야생지역의 성장 보호지역의 숫자가 꾸준히 늘어나고 있음에도 불구하고, 대부분의 보호지역은 비생산적으로 이용되는 토지를 개발하지 않아도 될 만큼 여유가 있는 선진국에 있다.

출처 : Data from International Union for Conservation of Nature and Natural Resources(IUCN), the United Nations List of National Parks and Protected Areas 1985, Gland, Switzerland, and more recent 1995 data.

공원과 보호지는 국가와 그 법에 따라 다양하게 이용된다. 어떤 공원과 보호지는 관광객을 끌기 위해 1차적으로 이용되어 국고 수익을 올려준다. 또 다른 공원과 보호지는 특정 종들이나 생물군락 보호를 위한 1차적 목적을 가지는 반면, 단순히 일정한 환경기준을 만족시키기 위해 이용을 규제하기도 한다. 예를 들어, 1년에 산림에서 수확할 수 있는 나무의 수를 규제하고 공원이나 보호지를 방문하는 사람의 수를 제한하기도 한다. 특히 민감한 사안은 어떤 지역을 **야생지역**(wilderness)으로 명시하는 일이다. 야생지역의 정의가 나라마다 다양함에도 불구하고 미국 의회는 1964년 야생지역법안(Wilderness Act)에서 야생지역을 "지표와 생물군락이 인간에 의해 훼손되지 않았으며 인간이 머물지 못하는 방문자가 되는 지역"으로 정의했다.

최근, 알래스카와 같은 석유생산지역에 대해서 의회 의원들에게 〈북극의 국립야생동물 보호구역〉처럼 야생지역으로 지정된 지역에서 석유 탐사를 하게 해달라는 압력이 있었다. 인구가 증가하고 자원이 희소해지면서, 이런 압력은 세계적으로 더욱 커질 것이다. 세계의 바다는 인간 행위에 의해 그 변화가 매우 적은 대표적인 영역이다. 일부 해변가의 몇몇 지역은 집중적으로 이용되었으나 바다는 사람들이 잘 알지 못하는 곳으로 인간에 의해 영향을 거의 받지 않았다.

수중 생태계 관리

수중 생태계는 해양 생태계와 담수 생태계 두 개의 범주로 나뉜다.

이들 생태계에서 얻어지는 주요 재생 가능한 자원은 어류, 조개류와 갑각류(가재, 새우)이다. 해양 생태계와 담수 생태계는 구분되는 관리 이슈를 나타낸다. 이것은 전형적으로 소유권 분쟁, 어획방식, 어획권과 관련된다. 이 부문은 일차적으로 수중 생태계의 식량 생산력을 다루게 될 것이다. 수자원과 관련된 다른 이슈는 15장에서 다룬다.

해양 생태계 관리

UN은 세계 해양수산자원의 70%가 남획되고 있거나 어업인구의 증가로 남획의 위기에 처해 있다고 발표하였다. 어업을 보전하기 위해 총어획량을 약 30%까지 감소시켜야 한다. 총어획량은 1989년 8천 5백만 ton 이상으로 절정에 달했고, 이후에도 비슷한 수준을 유지했다. 그러나 너무 많은 인기 어종이 감소됨에 따라 어획 성격이 변화되었다. 그림 11.11은 해저 서식종과 해수면 서식종의 종 구성의 변화를 보여준다. 상업적 어업은 이전에는 소비자들에게 인기가 없으리라 여겨졌던 어종을 판매하려는 시도를 해왔다. 이런 상황은 인기 어종의 어획량 감소에 따른 결과이다. 해양 생태계에서 새롭게 발견된 신종 어류의 예는 전자리상어와 황색잡어이다.

해양수산자원 관리와 관련된 주요 문제 중의 하나는 어획 제한에 대한 동의를 얻어내기가 어렵다는 점이다. 해양은 어떤 국가에도 속하지 않기 때문에 각국은 그들이 원하는 어디서에든 수산자원을 채취할 권리가 있다고 생각한다. 따라서 국제협약이 자원관리에 필수적이다. 하지만 국제협약은 각국의 동의가 이루어지기 어렵고, 각국은 자원의 지속 가능한 이용을 고려하지 않고, 이익을 얻기 위해 자원을 채취하고자 한다. 그림 11.12는 해양수산물 어획에 포함된 주요 국가와 그들 국가의 어획량을 보여준다. 그 외 다른 여러 국가들은 소규모의 낮은 어업기술을 보유하고 주로 지역주민들에게 어류를 제공한다.

몇 가지 이유로 가장 생산적인 해양 영역은 육지에서 가까운 곳이다. 수심이 얕은 물에서는 물 밑바닥까지 태양광에 노출된다. 식물과 조류(藻類)는 광합성을 하게 되고 생물학적 생산성이 높아진다. 육지로부터 씻겨 내려온 영양 물질들 역시 수심이 얕은 물을 영양화하는 경향이 있다. 더욱이 육지 퇴적물은 바다 바닥으로부터 영양 물질을 가져오는 조류(潮流)를 변화시킨다. 상업적으로 중요한 어류와 다른 수산식량 어종들은 해저 서식종들이지만, 심해에서 그들 어종을 잡아올리기란 쉽지 않다. 그러므로 어업 압력은 수심이 얕고 비교적 영양물질이 풍부한 해역에 집중된다. 각국은 어업을 규제하는 200해리 수역(200-nautical-mile limit)을 지정하여 연근해를 통제한다. 그러나 이런 방법은 인근 국가들이 주장하는 어업권 분쟁을 해결하지 못했다. 캐나다와 미국은 태평양 연어어업 관리와 북대서양 대구어업 관리에 관한 끊임없는 논쟁을 1990년대 중반에 문제가 해결될 때까지 계속해왔다. 천수 및 연근해 어업과

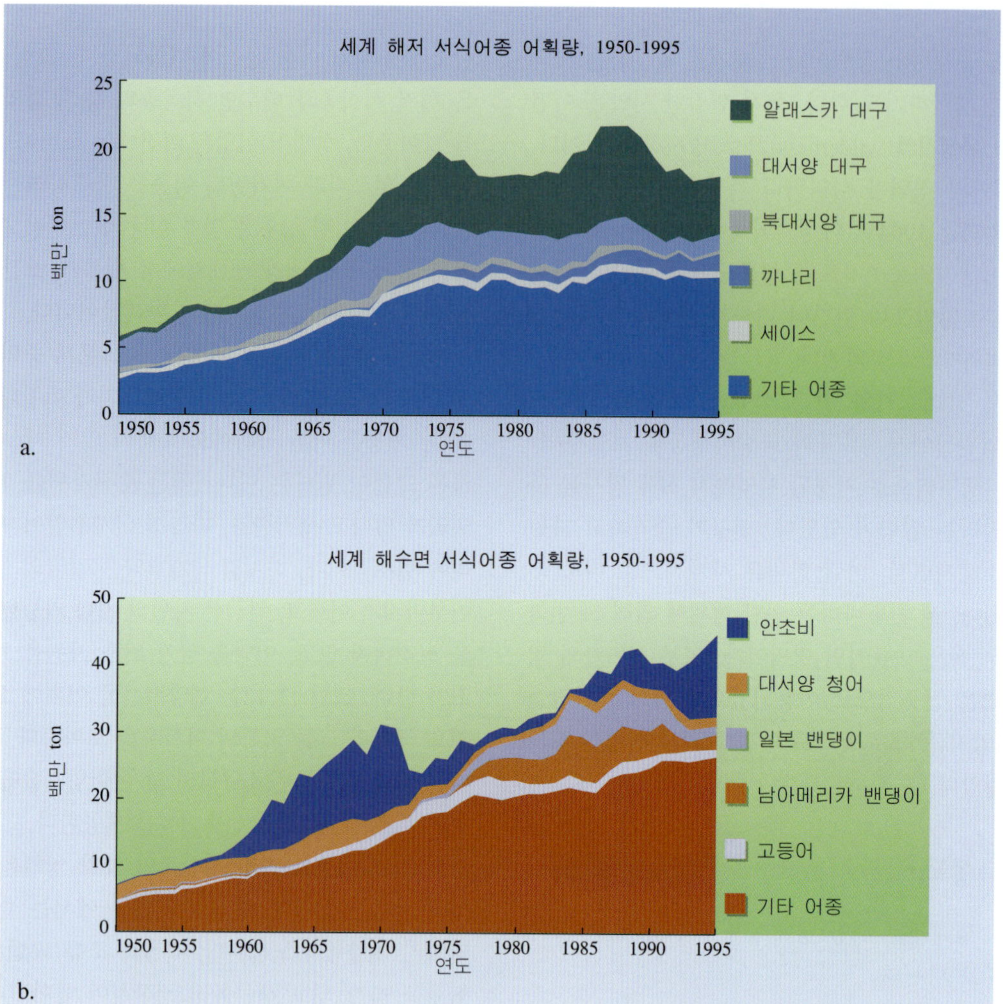

그림 11.11 1950~1995년 사이의 세계 해양수산 어획의 변화 어업 압력의 증가는 전통적인 어획량의 심각한 감소를 불러왔다. 고유종이 남획됨으로써 필요성이 적은 어종이 고유종을 대체해온 실정이다. 이러한 사실은 해저 서식종 (a)와 가항해역 서식종 (b) 모두에 나타난다.

관련된 또 다른 문제는 어획 방법에 관한 것이다. 해저 서식어류는 일반적으로 저인망(trawls-net)을 사용해서 잡는다. 그물망 어업방식은 여러 다른 어류를 함께 잡아올리게 되고, 이렇게 목적하지 않았던 어류들은 상업적 가치가 떨어진다. 보통 어획량의 25%는 상업적 가치가 없는 종이다. 이들 대부분은 버려지지만 보통 죽게 되고, 이런 어류의 제거는 해저 생태계의 특성을 바꾸어 놓는다.

공해(open-ocean)상의 어종 역시 남획의 대상이다. 1960년대에 페루 해안에서 안초비의 어획은 주요 산업이었다. 1971년부터 1972년까지 어획량은 급

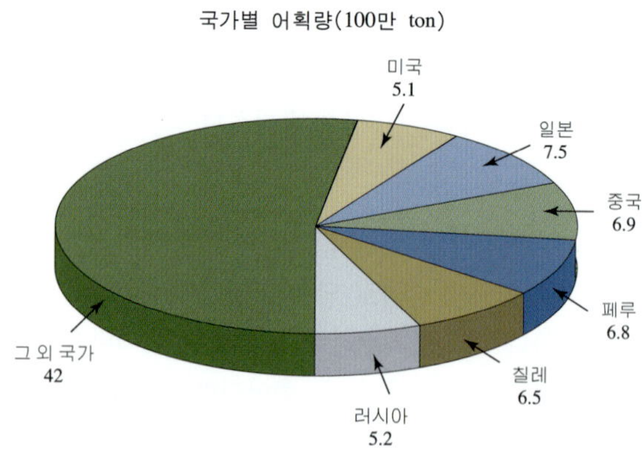

그림 11.12 주요 수산국 위 파이도표의 6개국의 어획량은 매년 해양수산 어획량인 약 8천만 ton의 절반 정도에 달한다.

격히 떨어졌다. 남획이 주요 요인의 하나로 떠올랐다. 어획량 감소는 페루 해안의 수온 상승 때문에 악화되었는데 수온 상승은 풍부한 영양물질층이 수광대(euphotic zone)까지 올라오는 것을 막았다. 따라서 모든 영양단계에서 생산이 감소했다. 페루의 안초비 어업은 제자리를 찾았지만 남획이 우려되므로 이것 역시 지속 가능성은 희박하다(그림 11.11b).

양식 어업은 해양수산물의 원천으로 중요성이 증가하고 있다. 연어 양식은 특히 성공적이다. 연어 양식은 식량 수입과 어류의 빠른 성장을 촉진하는 관리 기술을 갖춘 해양의 양식장에서 연어를 기르는 것이다. 1995년 브리티시 콜럼비아에서는 80개의 연어 양식장에서 1억 6천 7백만 달러어치의 연어가 생산되었다. 이 생산량은 포획으로 생산된 7천 5백만 달러와 비교된다. 노르웨이, 스코틀랜드, 미국을 포함한 여러 다른 나라들 또한 연어 양식을 한다. 그러나 이렇게 어류를 생산하는 방식은 환경에 영향을 미친다. 즉 다수의 물고기가 물에 방출되고 이들 영양물질이 물속의 조류(藻類)를 증가시키는 결과를 가져온다.

담수 생태계 관리

담수 생태계는 소규모이고 인간활동과 보다 밀접하게 연관되어 있어, 변화나 개조가 거의 고려되지 않았다. 수질 변화와 외래종 유입은 두 가지 주요한 변화를 가져왔다. 수온 상승은 열오염에 기인하며 영양물질의 증가는 국내종들의 생존을 불가능하게 만들었다. 수질오염의 영향은 15장에서 논의한다.

전 세계의 여러 지역에서 식량을 위해 담수어를 잡는다 해도, 그 양은 해양어업 생산물과 비교할 때 상대적으로 적다. 더욱이 자원 관리는 물의 양이 해양보다 적고 인구의 자원 접근이 빈번하므로 더욱 집약적으로 이루어진다. 세계 대부분의 지역에서 수산 관리는 여가와 상업적 식량을 위한 목적의 관리 모두를 포함한다. 수산자원 관리자는 두 가지 이해집단을 모두 만족시키기 위해 노력해야 한다. 스포츠 낚시꾼(sports fishers)과 상업적 목적으로 어획을 하는 부류 모두 법규에 충실해야 한다. 그러나 법규는 보통 상업적 어부들이 그물망과 같은 어획방법을 사용하도록 허가한다. 북아메리카 대부분의 지역에서 담수어업은 일차적으로 스포츠 낚시로 관리된다. 담수어 개체수의 관리는 다른 야생동물 관리와 유사하다. 물고기에게는 침입자들로부터 자신을 보호할 수 있는 통나무, 나무줄기, 바위, 수초와 같은 은신처가 필요하다. 또한 물고기는 산란한 후, 치어(稚漁)를 기를 만한 장소가 필요하다. 이 장소는 연어를 위한 하천의 자갈 하상(河床)이 될 수도 있고, 블루길(bluegill)이나 배스(bass)가 사는 호수의 모래 바닥이나, 강꼬치고기(pike)를 위한 늪지대일 수도 있다. 담수어류 생물학자는 낚시감으로 좋은 어종이 늘어날 수 있는 서식지 특성을 조작하려 한다. 이런 노력에 따라 인공적인 산란장소나 은신처의 제공 형태가 결정된다. 물고기의 산란을 보호하기 위해서 어업기간 중의 규제 또한 중요하다.

이렇게 기본적인 고려와 함께 어류 생물학자는 수질에 특별한 관심을 기울인다. 사람들이 물을 사용하거나 물가의 육지를 교란시킬 때마다 수질이 영향을 받는다. 예를 들어, 독성물질은 물고기를 즉사시키며, 물속의 유기물질은 산소량을 감소시킨다. 산업용수의 사용이나 하천 변의 나무를 베는 일은 수온을 상승시키고 특정 종의 서식에 불안정한 조건을 형성한다. 잘못된 수계 관리는 침니 퇴적을 일으키는데 침전물은 산란장소를 덮어 버리고, 치어의 아가미를 막히게 하며, 하천 바닥을 변화시켜 식량이 되는 유기물들이 살아갈 수 없게 만든다. 어류 생물학자는 호수나 하천 밖에서 어떤 일이 일어났는지에 관해 그 안에서 일어난 일만큼이나 관심을 가지고 있을 것이다.

외래어종의 유입은 자연적으로 발생한 담수 생태계에 크게 영향을 미쳤다. 예를 들어, 오대호는 자연적인 유입과 의도적인 어종 수입에 의해 생태계가 변화되었다. 바다칠성장어(sea lamprey), 빙어(smelt), 잉어(carp), 에일와이프(alewife, 청어류), 브라운 송어(brown trout)와 몇 가지 연어 종류는 모두 이들 생태계에 새롭게 유입된 종들이다(그림

호수 송어

고유어종	외래어종
민물칠성장어	바다칠성장어
호수 송어 민물 송어 흰 물고기 청어 시스코	브라운 송어 무지개 송어 코호 연어 치누크 연어 대서양 연어
서커	
황어 작은 은빛 담수어들	잉어
메기 머리가 큰 물고기류	
	빙어 에일와이프
화이트 배스	백농어
작은 입 배스 락 배스	크래피 개복치
황농어 큰눈고기	

브라운 송어

황농어

빙어

그림 11.13 오대호의 고유어종과 외래어종 오대호는 다수의 외래어종이 유입되어 눈에 띄게 변화되었다. 어떤 어종(칠성장어, 에일와이프, 잉어)은 우연히 유입되었고 일부 어종(브라운 송어, 무지개 송어)은 의도적으로 유입되었다.

11.13). 바다칠성장어는 호수의 송어와 다른 어종에 기생하면서 호수에 원래 서식해오던 송어의 개체수를 거의 절멸시킨다. 칠성장어 문제를 조절하기 위한 방법은 하천의 어린 칠성장어를 죽이는 특수 살유충제를 사용하는 것이다. 이런 방법은 성숙한 칠성장어가 산란을 위해 상류로 이동하고, 유생들이 호수에서 하류로 이동하기 전에 1, 2년 동안 하천에 머무르기 때문에 충분히 실행 가능하다. 칠성장어의 부분적인 조절로 호수 송어의 개체수가 증가하게 되었다(그림 11.14). 호수 송어를 살려내는 일은 송어가 중요한 상업어종이 되면서부터 특히 요구되고 있는 일이다.

오대호에 유입된 또 다른 어종으로 에일와이프는 상업 목적이나 레저 목적의 가치가 거의 없는 작은 물고기인데, 1960년대에 에일와이프의 개체수가 급격히 증가하면서 떼죽음을 당하여 강변에 널려져 있는 상황이 발생하였다. 다양한 연어 종류가 에일와이프 개체수를 조절하기 위해 이 무렵 유입되었고 칠성장어 때문에 줄어든 송어의 개체수를 대체하게 된다. 연어가 유입되어 경제적으로 성공을 거두고 스포츠 낚시 산업으로 수백만 달러를 벌어들이는 동안, 연어 유입은 연어와 경쟁관계에 있는 호수 송어 같은 국내어종에 부정적인 영향을 줄 수 있었다. 연어는 또한 상류로 이동하여 국내 어종의 산란을 방해한다. 대부분의 연어는 산란 후 죽게 되고, 죽은 연어는 악취를 발생시킨다.

담수계의 수산양식(aquaculture)은 전형적으로 물고기의 근접관리가 이루어지는 구역을 형성하게 된다. 많은 어종이 미성숙 단계에서 자연 생태계로 돌아가도록 놓이기 전에 특수한 양식 시설 안에서 길러진다고 해도 크기가 작은 물고기들이 가항해역(open waters)에서 발견된다.

하천과 강들은 항해, 관개, 홍수 조절, 혹은 전력 생산 목적에 의해 변형되며 위와 같은 목적 때문에 자연 생태계가 대체되고 현재의 어종이나 그 개체수가 변화한다. 이 주제는 15장에서 더 자세히 다룬다.

야생 생태계 관리

많은 종류의 육상 야생동물은 사냥 동물이거나 다른 목적을 위해 포획되고, 여러 가지 노력들이 이런 종의 동물들을 위한 조건 개선을 이루어낸다. 생태계 변형을 야기하는 몇 가지 방법들이 야생동물

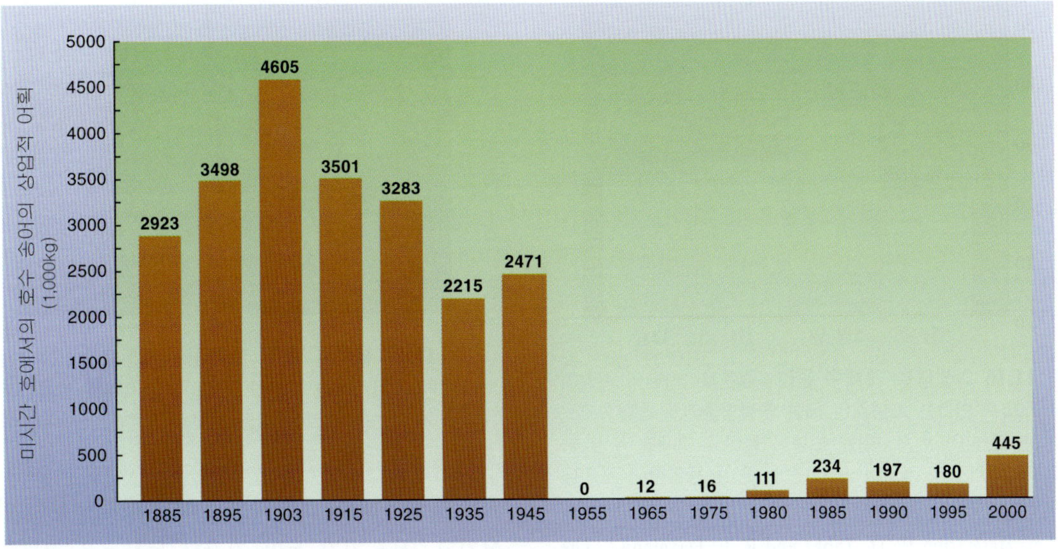

그림 **11.14** 어업에 있어 칠성장어의 영향 칠성장어는 1932년 오대호에 유입되었다. 호수 송어의 외부 기생생물로, 호수 송어의 수가 급격히 감소하는 원인이 되었다. 이러한 칠성장어의 번식을 억제하는 프로그램을 도입되면서 그 수는 감소하였고, 송어는 보호프로그램을 실시하면서 그 수가 점차 늘어나게 되었다.

개체수 확대에 이용된다. 이러한 기법에는 서식지 분석, 개체 센서스(population census) 기법, 사냥감이 되는 종의 목축 지역, 포식 동물 관리, 은신처 구축, 서식지 관리가 포함된다.

특정 종 관리는 그 종의 서식지 필요를 이해하는 것에서 시작된다. 한 동물의 서식지는 다음과 같은 조건을 갖추어야 한다. 먹이, 물, **은신처**(cover). 은신처는 고유 영역이나 적으로부터 동물을 보호하고 은신시켜주는 모든 종류의 물리적 수단을 뜻한다. 몇 가지 종류의 은신처는 새끼를 기르고 보호하는 안전한 장소이며, 동물이 적으로부터 도망쳐 숨을 수 있는 장소와 그들의 고유 영역을 보호받을 수 있는 장소를 포함한다.

동물들은 그들의 서식지 요구에 대해서 매우 특별하다. 예를 들어, 메추라기(bobwhite quail)는 겨울에 눈 위로 올라오는 먹이를 얻을 수 있어야 한다. 메추라기는 모래나 돌멩이와 같은 작은 돌이 필요한데 이 돌은 새들이 먹이를 잘게 부수기 위해 모래 주머니에 넣어 이용한다. 여러 해 동안 메추라기는 키 큰 초원에 살게 되며, 키가 큰 풀들은 포식자들로부터 이들을 보호하는 은신처가 된다. 그러나 이런 보호는 겨울엔 아무 쓸모가 없으므로 잡목숲이 필요하다. 대부분의 지역은 휴식을 위해 적당한 은신처를 제공하지만, 잠을 잘 때 메추라기는 개방되고 높은 장소를 좋아하는데 이것은 밤에 공격을 받더라도 재빨리 날아오르기 위한 것이다. 새끼를 기

그림 **11.15** 메추라기의 은신처 메추라기는 한 지역 내 몇 종류의 좋은 은신처가 필요하다. 성장 시기에는 포식자의 눈에 띄지 않도록 키 큰 초지나 잡풀이 자라는 지역이 필요하고, 겨울에는 추운 날씨와 포식자로부터 은신처를 제공하는 잡목숲이 필요하다.

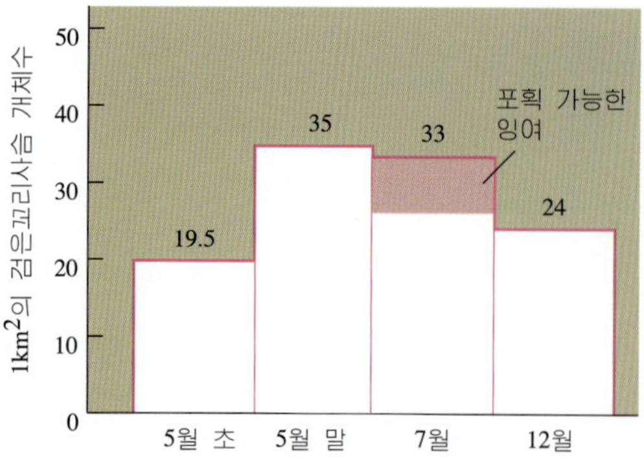

그림 11.16 야생생물 개체수 관리 검은꼬리사슴의 계절에 따른 개체수 변화는 사냥감이 되는 동물종들에게 전형적으로 나타나는 현상이다. 사냥철은 보통 가을이고 이때는 부양 능력이 가장 저조한 겨울이 오기 전에 잉여 동물들이 포획될 것이다.

출처 : Data from R. D. Taber and R. F. Dasmann, "The Dynamics of Three Natural Populations of the Deer *Odocoileus hemionus columbianus,*" *Ecology* 38, no. 2(1957):233-46.

그림 11.17 서식지 보호 철조망 왼편에 보이는 지역은 소의 방목을 금지하여 보호되고 있다. 이 지역은 방목 지역에서 살 수 없는 다수의 동식물 토착종의 은신처로 이용된다.

를 때 메추라기는, 새끼들이 몸이 젖었을 때 햇빛에 몸을 말릴 수 있는 평지와 함께 초지를 필요로 한다. 이런 모든 요구는 반경 400m 안에서 해결되어야 한다. 그 이유는 메추라기의 일상생활 영역이 이 범위이기 때문이다(그림 11.15).

서식지 요구에 대해서 알고 나면 필요한 개체 규모를 정해야 한다. 개체수가 수용 한계 내에 있는지를 알기 위해 정기적으로 확인해야 한다. 개체 센서스가 이들 데이터에 이용된다. 개체수가 생각했던 숫자보다 적으면, 생물을 인공적으로 유입시킬 수 있다. 이것은 목축(stocking)을 의미한다. 사냥감을 위한 외래종들이 유입되고 여러 지역에서 이들 외래종을 사육한다.

목줄무늬꿩(ring-necked pheasant)은 본래 아시아가 서식지였지만 유럽, 영국, 북아메리카로 유입되었다. 뉴질랜드의 거의 모든 사냥 동물들은 외래종인데, 그 이유는 이 섬의 원형생물상(original biota)이 없기 때문이다. 몇 가지 사슴류는 아시아에서 유럽으로 유입되었다. 이들 대부분이 사슴공원에서 길러지며, 공원은 소가 자유 방목되는 장소와 유사한 환경이다. 사슴은 사냥감이 되거나 식량으로 쓰이기 위해 도살된다.

야생 생태계 관리는 레저와 고기를 위한 사냥에 의해 동물 포획을 포함하므로 적당한 재생산이 이루어지고 사냥 기간 동안 건강한 동물들을 공급하기 위해 보통 포획 시기가 규제된다. 사냥 시기는 보통 가을이 되는데, 이때는 겨울이 오기 전에 동물 개체수의 잉여가 발생하는 시기이다. 겨울은 동물들이 체온을 유지할 능력에 부담을 느끼는 시기이며, 가장 온난한 지역에서도 먹이 공급이 부실한 때이다. 야생 자원의 훌륭한 관리는 가을에 많은 동물들이 포획되고도 여전히 겨울에 건강한 동물들이 생존할 수 있게 해주며 이듬해 봄에 번식할 수 있도록 해준다(그림 11.16).

포식자나 경쟁자의 개체수는 사냥감의 최적 생존에 따라 감소되곤 했다. 잘 관리된 유럽 생태계에서 사냥감 관리자는 포식자나 원치 않는 경쟁자를 제거하는 책임을 지곤 한다. 보다 야생에 가깝고 관리가 소홀한 종들이 북아메리카 지역에 더 일반적으로 서식하므로, 포식자나 경쟁자 조절은 거의 이루어지지 않는다. 한때, 사냥감이 되는 종의 개체수는 포식자 수가 조절되면 충분히 증가될 수 있다고 여겨졌다. 예컨대, 알래스카에서는 연어 통조림 제조업계에서 대머리독수리(bald eagle)가 연어 개체수를 감소시켰다고 주장함에 따라, 보조금이 대머리독수리에 대해 책정되었다. 1917년부터 1952년까지 12만 8천 마리의 독수리가 알래스카의 보조금으로 죽음을 맞았다. 그러나 사냥감의 개체수 증가를 위한 포식자 조절 이론은, 포식자가 일반적으로 가장 상태가 양호한 먹이(primal animal)만을 취하는 것은 아니기

메추라기

	다 자란 메추라기	어린 메추라기	합
첫 해	2	14	16
두 번째 해	16	112	128
세 번째 해	128	896	1024

사슴

	다 자란 사슴	1년 생	어린 사슴	합
첫 해	2	0	2	4
두 번째 해	2	2	2	6
세 번째 해	4	2	4	10
네 번째 해	6	4	6	16
다섯 번째 해	10	6	10	26

그림 11.18 재생산 능력 사망률이 0임을 가정한다면, 동물들은 개체수를 안정적으로 유지하기 위해 필요한 것보다 더 높은 재생산 능력을 가지고 있다. 실제 세계에서 사망률은 일반적으로 종을 지속시키기 위해 서식지를 점유하는 능력을 초과해서 동물들이 성장하는 것으로부터 개체수를 유지시켜준다.

출처 : 알도 레오폴드, '사냥감 관리', 1933).

때문에 대부분의 경우에 적절한지 증명되지 않았다. 포식자들은 오히려 사냥에 적합하지 않은, 병들거나 부상을 입은 동물을 잡아먹는 것 같다.

몇 가지 종들 중 땅 위에 둥지를 트는 새와 같은 경우에, 알을 먹거나 새끼를 잡으려는 포식자를 조종할 수 있는 감각을 지니고 있지만, 대부분의 경우에 인간은 서식지 변화와 사냥을 통해, 자연 포식자가 주는 영향보다 훨씬 큰 영향을 미치게 된다. 동물들이 필요로 한다고 생각될 때가 있어도 보조금과 다른 포식자 관리 형태는 북아메리카에서 거의 사라져버렸다. 사실 포식자 조절은 대부분의 경우에 비용효과를 고려하지 않는다. 이런 일반적 경향의 한 가지 예외는 알래스카와 캐나다의 늑대덫 사냥이다. 늑대를 잡는 한 가지 근본적인 이유는 늑대가 순록(caribou)과 큰사슴(moose)을 죽이기 때문이다. 이 지역에 사는 대다수의 인구는 주요 식량원을 야생동물에 의존하고 있으므로, 늑대 개체수 조절은 정치적 이슈로도 인기가 있다. 그러나 잡아들이는 늑대 수는 규제되고 있다. 세계 여러 지역에서 사냥감들의 주요 포식자는 인간이기 때문에 사냥규제는 포식자 조절의 한 방법이다.

많은 종들이 보호받을 피난처 혹은 안전하게 번식할 수 있는 서식처를 필요로 한다. 프레리에 사는 토착종들은 소와 양 같은 외래종 초식동물의 도입을 금지함으로써 이익을 본다(그림 11.17). 커틀랜드휘파람새(Kirtland warbler)가 위스콘신과 미네소타 주의 주변 지역에서 발견될 수도 있다는 증거가 지금 제시된다 해도, 미시간 중앙 지역의 특별관리지대에 둥지를 트는 멸종 위기종이다. 커틀랜드휘파랑새에게 필요한 둥지 재료는 같은 나이대(even-aged)의 어린 소나무이다. 이런 조류의 둥지가 보호되어야 하는 지역과 서식처는 최적 서식지로 제공되기 위해 변형되었다. 그들이 둥지를 트는 지역의 일부는 미래의 서식지로 확보하기 위해 주기적으로 태워진다. 불은 커틀랜드휘파랑새의 적소를 유지하는 중요한 부분이다. 그 이유는 불타고 난 후소나무의 솔방울이 벌어지게 되고, 그 안의 씨앗은 정착할 땅이 필요하기 때문이다.

재생(regrowth)을 위해 오래된 소나무(jack pine)를 태우는 일은 **서식지 관리**(habitat management)의 한 예다. 먹이 습관, 포식자, 사냥감이 되는 종의 은신처 요구를 충분히 이해할 때, 서식지는 요구되는 종을 위해 최적화되도록 변화될 수 있다. 서식지 관리는 사냥감이 되는 종이 선호하는 먹이인 식물종을 확산시키는 형태가 될 것이다. 예컨대, 사슴의 서식지 관리는 사슴이 필요로 하는 먹이와 은신처를 공급하기 위해 자연 번식을 따르고 그 지역의 목재 벌채에 의해 어린 나무들, 묘목, 키 작은 관목의 성장을 촉진하는 것도 포함한다. 산림 관리와 사슴 관리 모두 이런 경우에 들어간다. 왜냐하면 다람쥐 같은 종의 동물들이 주요 먹이원으로 나무의 열매나 씨앗에 의존하고 있어서 어린 나무를 베어내면 이들 동

그림 11.19 북아메리카 물새의 이동 경로 물새의 이동은 오랫동안 습관에 의해 정해진 경로에 따라 이루어진다. 이동 경로로는 대서양, 미시시피, 미국 중부, 태평양 경로 등이 알려져 있다. 대부분의 물새는 캐나다에서 부화하고 미국을 통과해서 이동한 후 미국 남부나 멕시코에서 겨울을 난다.

물도 사라질 것이기 때문이다.

적당한 서식지 관리와 보호가 이루어진다면 대부분의 야생 동물들이 대규모 군락을 유지할 수 있다. 일반적으로 생물은 생존할 수 있는 것보다 더 많은 자손을 생산한다. 그림 11.18은 메추라기와 흰꼬리사슴(white-tailed deer)의 번식 잠재력을 나타낸 것이다. 높은 번식 잠재력과 사냥으로부터의 보호, 적절한 서식지 관리와 복원은 세계 일부 지역에서 사슴 개체수의 급격한 감소를 역전시켰다. 한때 사슴이 멸종되었던 것으로 파악되었던 펜실베이니아에서 지금 사슴의 개체수는 90만 마리 이상이다. 예전부터 농업을 했던 주에서조차 사슴이 서식하게 되었다. 인디애나 주에서 28만 마리의 사슴은 35 마리의 사육으로부터 불어난 숫자이다.

다른 동물들은 개체수의 현저한 변화를 보여주었다. 짐바브웨에서는 대부분의 아프리카 국가와는 달리, 코끼리의 개체수가 1900년 200마리에서, 1987년 4만 마리로 증가하였다. 이 숫자는 아마도 지속가능한 개체수가 아닐 것이다. 정부는 약 3만 마리까지 숫자를 줄이고 싶어한다. 미국에서 야생칠면조의 개체수는 1890년에 2만 마리에서 현재 4백만 마리로 증가하였다.

물새(오리, 거위, 백조, 뜸부기 등) 종류는 이동(migratory)습성 때문에 특수한 관리 문제가 발생한다. **철새**(migratory birds)는 수천 km를 비행할 수 있고, 여름에 번식하기 위해 봄에 북쪽으로 이동했다가 날씨가 추워져 여름을 나던 호수와 하천이 얼어붙은 때쯤 다시 남쪽으로 돌아간다(그림 11.19).

많은 물새류가 캐나다와 미국, 중앙아메리카 일부 지역에 겨울 동안 둥지를 틀기 때문에 캐나다, 미국, 멕시코 간에 국제협약을 맺을 필요가 있고 이들 야생 자원의 파괴를 막도록 해야 한다. 서식지 관리는 몇 가지 유형이 있다. 많은 생물들의 번식장소인 캐나다에서 덕스 언리미티드(Ducks Unlimited)와 같은 정부 및 민간기구들은 조류 서식처를 제공하는 소규모 호수의 손실을 막기 위한 역할을 담당한다. 보다 적극적인 방법으로 조류 서식지에 새로운 저수지를 형성하는 일도 벌여왔다. 사냥기인 가을에 남쪽으로 철새들이 이동하기 때문에 일련의 야생피난처는 사냥꾼으로부터 도망할 수 있는 장소를 제공한다. 또한 이들 피난처는 조류의 국지적 개체수를 증가시키기 위해 이용되기도 한다. 겨울에 여러 종류의 철새가 미국 남부 지역으로 집중한다. 이 지역의 피난처는 물새가 먹이와 은신처를 발견할 수 있는 중요한 월동지역이다.

자연선택과 멸종

멸종(extinction)은 어떤 종의 사멸을 말한다. 이 현상은 특정 종에 속한 모든 개체의 제거를 의미한다. 멸종은 생물학적 진화의 오랜 역사에서 자연적이고 일상적인 현상이다. 생명이 시작된 이래 지구상에 존재해왔다고 생각되는 생물의 수는 5억 종으로 추산되며, 이 중 5백만에서 1천만 종이 현재 생존하고 있다. 이런 추산은 98~99%의 멸종률을 나타내준다. 분명히, 이 숫자는 추산된 것이지만 멸종이 대부분의 생물종이 맞게 되는 운명이라는 사실을 보여준다. 그러나 **종 형성**(speciation) 과정은 새로운 종을 생산해낸다. 따라서 새로운 종은 지속적으로 변화하는 환경에 적응할 수 없는 종이 제거됨과 동시에 추가된다.

종은 생물의 개체군이라는 것을 상기하자. 모든 개체는 종의 일원이며 종 특유의 성질을 이어받는다. 예컨대, 개는 다리 네 개와 눈 두 개, 털과 꼬리를 가지고 있다. 그러나 같은 종 안에서 개체들 간에는 약간씩의 차이가 존재하게 된다. 어떤 개는 몸

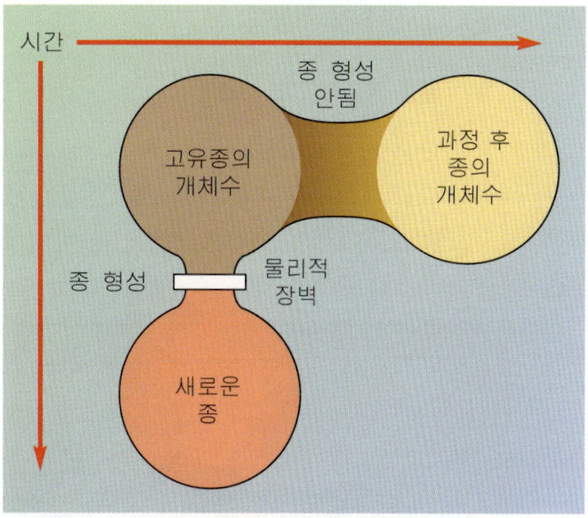

그림 11.20 종 형성 종의 개체군은 장벽이 오랫동안 유지됨으로써 서로 고립되어 버렸다. 새로운 환경에 부딪치면서 선택이 일어나고 고립된 개체군은 그 지역 환경 조건에 적응하게 된다. 만약 고립이 전체적으로 오랫동안 지속된다면 새로운 종은 발달해갈 것이다. 또한 만약 장벽이 개체군 사이의 유전자 교류를 방해하지 않는다면 새로운 종은 발달해갈 수 없을 것이다. 그러나 개체군은 여전히 새로운 환경에 적응하게 된다.

집이 크고, 좀더 빨리 달리는가 하면 더 빨리 반응하거나 소리를 잘 듣고 보거나 냄새를 잘 맡는 등 차이를 지닌다. 이런 개체 간의 차이는 어떤 생물 개체가 그들의 주변 환경에 더 잘 적응하는가에 따라 달라진다. 이들 대부분의 특성은 적어도 부분적으로 유전물질의 결과에 의한 것이다. 즉 부모에게서 물려받은 유전자와 DNA에 의한 결과이다.

부모의 우성 유전자가 잘 조합된 개체는 번식이 용이하며 자손의 숫자를 늘려나갈 수 있다. 자손은 부모의 우성 유전자를 보다 많이 물려받을 가능성이 있으며 적응력이 높았던 부모의 자손 개체수보다 훨씬 많은 자손을 보게 될 것이다. 이러한 과정은 자연선택으로 알려져 있다. 따라서 종의 전형적인 특성은 시간이 흐르면서 조금씩 변화해간다.

같은 종 중에서 두 개체가 오랜 기간 서로 각각으로 고립되어 있다면, 그리고 두 고립된 장소의 환경이 매우 다르다면, 자연선택 과정은 이종 교배시키지 않은 개체들과는 매우 다른 두 가지의 개체를 낳을 수 있고 이것을 서로 다른 종으로 볼 수도 있다(그림 11.20). 환경은 시간이 흐르면서 변화하므로, 그에 따라서 종의 특성이 항상 안정적이지는 않을

표 11.5 멸종될 가능성

멸종 가능성이 높은 조건	멸종 가능성이 낮은 조건
낮은 개체 밀도	높은 개체 밀도
좁은 서식면적	넓은 서식면적
특수한 적소	일반적인 적소
낮은 번식률	높은 번식률

것이라는 점을 상기하자. 예를 들어, 한때 캐나다와 미국 북부 일부 지역은 빙하로 덮여 있었다. 기후는 오늘날과 매우 달랐고, 식물과 동물 역시 현재와는 달랐다.

환경은 끊임없이 변화하기 때문에 종은 적응해야 하거나 멸종을 맞는다. 적응이 장기간에 걸쳐 일어난다면 고유종(original species)은 새로운 종으로 진화해갈 수 있다. 이런 상황에서 고유종은 결국 멸종을 맞게 되지만, 멸종되기 전에 유전자 대부분이 새롭게 진화된 종으로 전이된다. 이러한 예는 공룡의 멸종에서 나타난다. 지구의 환경이 변하면서 공룡에게는 적합하지 않은 환경이 조성되었다. 그렇지만 공룡의 멸종 전에 이들 파충류 계보(reptile line)의 대다수 유전자가 새롭게 진화한 포유류와 조류의 기초를 형성했다. 이렇게 점진적인 멸종과 다른 종의 대체 형태는 진화사에서는 일반적인 것이다. 화석 기록은 보다 진화된 종이 공룡을 대체하여 나타나기 이전에 수백만 년간 번성했던 여러 생물군들을 보여준다.

현대의 국지적 멸종에 관한 연구는 특정 종들이 멸종된 종보다 멸종 가능성이 더 높다는 것을 보여준다(표 11.5). 흩어진 개체들로 소규모 개체군을 이루는 종들이 멸종하기가 더 쉽다. 그 이유는 이들이 상대적으로 높은 밀도의 대규모 개체군을 이루는 종들보다 번식이 어렵기 때문이다. 먹이사슬의 상위 단계에 있는 육식동물과 같은 생물은 보통 적은 개체수를 유지하지만 이들의 먹이가 되는 종과 비교해 볼 때 번식률도 낮다. 좁은 지역 한곳에서만 서식하는 생물 역시 멸종하기 쉬운 종이다. 이들 서식지의 환경 변화는 한번에 전 개체군을 절멸시킬 수 있기 때문이다. 넓은 지역에 흩어져 분포하는 생물은 환경 변화에 의한 부정적인 영향을 덜 받는다.

특이 생물(specialized organism) 역시 일반적인 생물들보다 멸종되기 쉽다. 특이 생물은 환경의 몇 가지 주요 인자에 의존하므로 이런 인자들이 부정적인 영향을 받게 되면 멸종의 위기를 맞게 되지만 일반 생물들은 생존에 필요한 자원을 대체하여 이용할 수 있다.

토끼와 쥐는 멸종할 것 같지 않은 동물의 좋은 예다. 토끼와 쥐는 높은 개체밀도를 나타내며 넓은 지역에 걸쳐 분포한다. 게다가 번식력도 왕성하며 다양한 환경조건에 적응할 수 있고 여러 종류의 먹이를 취할 수 있다. 치타와 같은 경우는 멸종되기가 쉬운 종으로, 낮은 개체밀도를 나타내고 아프리카 일부 특정 지역에만 서식하고 번식률이 낮으며 먹이 습관 역시 매우 특이하다. 치타는 개방된 공간에서 낮에 혼자서 작은 영양을 공격하여 잡아먹곤 한다. 이것이 그들의 먹이습관이다. 야생 미국 흰두루미 전체 종의 개체수는 늪에 고립되어 지내야 하는 겨울과 여름 사이에 한정된 개체수 130여 마리이다(포획과 실험용 개체수는 약 200마리이다). 이들의 번식률은 낮다.

인간에 의해 가속화되는 멸종

인간은 지구상에서 가장 강력한 생물 중의 하나이다. 인간은 천적이 거의 없는 적응력과 지능을 겸비한 동물이다. 인구가 증가하면서 인간은 다른 종의 생물들의 생활 기반을 잠식해간다. 이것이 멸종의 가속화를 불러왔다. 인간이 우점종이 되는 곳에서는 어디서든 멸종이 일어난다. 때로 인간은 다른 동물을 직접 음식물로 이용한다. 그렇게 함으로써 인간은 우리의 먹이가 되는 종의 개체수를 감소시킨다. 인구가 증가하고 기술을 발전시키면서 음식물 확보를 위해 다른 동물을 잡거나 죽이는 일이 비교적 쉬워졌다. 이것 역시 멸종을 부추긴 요인이다. 북아메리카의 나그네비둘기(passenger pigeon)와 뉴질랜드의 모아스(giant birds), 유럽의 바이슨(bison)과 들소(wild cattle)는 음식물을 얻으려 사냥을 했던 사람들에 의해 멸종의 길을 걸었다.

우리 인간은 음식물 이외의 목적으로도 다른 생물들을 이용한다. 여러 가지 식물과 동물들이 장식품으로 이용된다. 꽃을 꺾고, 동물 가죽을 벗기고, 동물의 기관은 최음제(aphrodisiac)로 쓰인다. 미국에서 여러 종류의 선인장은 사람들이 정원에 선인장을 심고 싶어했기 때문에 급격하게 감소하였다. 세계 여러 지역에서 코뿔소의 뿔은 단검 손잡이로 만들어지거나 가루를 내어 최음제로 판매되었다. 일부 사람들은 이런 상품에 기꺼이 고액을 지불하므로 비양심적인 사람들이 재빨리 이익을 챙기기 위해 상품가치가 있는 동물을 밀렵하는 것이다. 세계 야생동물보호기금(WWF)은 연간 야생동물 불법 무역이 20억 달러에서 3천 50억 달러를 벌어들이는 것으로 추산한다. 불법 무역은 일부 동식물종의 국지적 멸종을 야기했

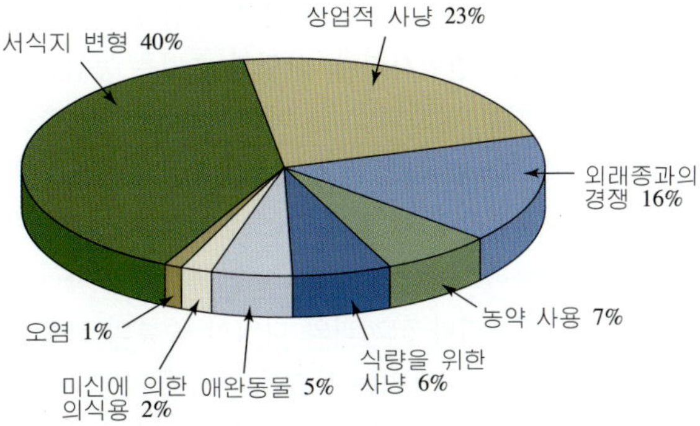

그림 11.21 멸종 원인 여러 생물들이 인간 행동의 결과에 의해 멸종되었다. 원인들 중 가장 중요한 것은 인간이 그들의 목적을 위해 환경을 변형시킴으로써 간접적으로 서식지가 파괴되었다는 점이다.

으며, 미래의 멸종을 부추기는 요인이 될 수 있다.

일부 생물들은 유해물로 간주되어 멸종되었다. 많은 대형 포식자들은 인간이 음식물로 이용하는 동물들을 먹이로 삼고 있었던 이유로 곳곳에서 멸종을 맞았다. 북아메리카의 산사자(mountain lion)와 회색곰은 가축 손실을 줄이기 위해 일부가 사냥되었으므로 소규모의 고립된 개체군으로 감소하였다. 아시아의 호랑이와 유럽의 사자와 늑대는 비슷한 이유로 제거되거나 그 수가 감소하였다. 상업적 목적으로 사냥꾼들이 수천 마리의 나그네비둘기를 죽였다고 해도 궁극적인 멸종의 원인은 일차적으로 산림의 농업적 이용이 증가한 데에 있었다. 나그네비둘기는 참나무 열매와 너도밤나무 열매를 먹으며 숲 속에 모여 둥지를 튼다. 산림이 제거되었을 때 비둘기는 농부들에게 귀찮은 존재가 되었고 새들이 농작물을 먹는 것을 막기 위해 새를 쏘아 죽였다. 유해종의 멸종은 필요악으로 간주된다. 대부분의 사람들은 거미나 모기, 쥐, 이의 멸종으로 불안해하지는 않을 것이다. 사실, 사람들은 일부 종을 멸종시키려고 애쓴다. 예를 들어, 질병률과 사망률에 대한 주간 리포트에서 미국 질병통제센터는 천연두를 일으키는 바이러스가 천연두 근절 노력이 계속된 후, 인류의 곁에서 사라졌다고 보고했다.

인간 행위와 관련해서, 멸종을 가져오는 가장 중요한 원인은 서식지 변형이다(그림 11.21). 인간이

어떤 지역에 거주할 때면, 인간은 자신의 편의대로 원래 생태계를 변형시킨다. 산림과 초지는 농업용지와 목축용지로 전환되었다. 더불어 인간은 목축을 하기 위해 새로운 종들을 수입해왔다. 이들 새로운 동식물은 생존을 위해 원래 그곳에 서식하던 생물종들과 경쟁하며 이런 이유로 토착종 생물들이 사라지곤 한다. 아프리카 코끼리와 다양한 종류의 코뿔소는 상아나 뿔을 얻으려는 사람들에 의해 사냥당함으로써 위기를 맞고 있지만, 인간이 갈등의 대상으로서 동물들을 이동시킨 것은 원래 농업적 목적을 위해 서식지를 바꾸어 놓으려는 의도에 의해 이루어진 일이었다.

오늘날 세계의 열대 지역에서 열대우림은 인구 확장에 따라 농경지나 목축지를 얻기 위해 제거당하고 있다. 이런 행위는 현존하는 산림을 파괴하고 숲을 섬처럼 분열시킨다. 이런 행위의 결과를 연구하는 과학자들은 산림이 작은 조각들로 바뀌어감에 따라 많은 종류의 조류가 산림지대로부터 사라지고 있다고 경고하였다. 비슷한 행위들이 유럽에서도 일어났고, 원래의 산림들이 거의 남지 않게 되었다. 북아메리카 동부의 낙엽수림이 줄어들었고, 이런 현상은 일부 동식물의 멸종을 가져 왔다. 미국의 거의 모든 프레리 초지는 농경지로 대체되었고, 이것 역시 일부 종의 손실을 가져 왔다.

인간은 또한 보다 간접적인 방식으로도 멸종을 부추긴다. 댐 건설은 강의 성질을 변화시키고 그곳에 살던 생물종의 안정성을 위협한다. 대기오염과 수질오염은 한 지역에서 모든 생명체를 죽이기도 한다. 예를 들어, 산성비는 호수의 pH농도를 낮추었고, 이에 따라서 호수의 모든 생물들이 떼죽음을 당하였다. 다른 예로 간접적인 인간 행위는 오염에 내성이 거의 없는 종들을 선택적으로 제거시키거나 외래종의 유입으로 현존하는 종들을 사라지게 할 수 있다. 미국으로 우연하게 유입된 밤나무 마름병 곰팡이는 애팔래치아 지역의 밤나무 대부분을 말라죽게 했다. 밤나무에 의존해 살던 몇 가지 생물종들 역시 함께 사라졌다.

왜 멸종을 걱정하는가?

만약 멸종이 자연스런 사건이고, 멸종된 종들이 인간활동과 효과적으로 조화를 이룰 수 없다면, 어째서 우리는 종의 멸종을 걱정하는 것인가? 무엇보다도, 인간의 이기적인 관점에서 보자면 우리가 거의 알지 못하는 많은 생물종들이 우리에게 유용할 것이라는 점이다. 식물들은 약재로 쓸 수 있는 성분을 가지고 있다. 우리가 그런 식물을 멸종으로 몰아넣는다면 잠재적 유용성을 지닌 생산물들을 없애버리는 셈이 될 것이다. 또한 인구가 증가함에 따라 여러 종류의 음식물로 쓰이는 동식물에 대한 요구가 증가할 것인데 그러한 생물종이 사라지면 우리의 목적에 따라 생물들을 이용할 수 있는 기회를 잃어버리게 될 것이다. 우리가 먹고 있는 가장 중요한 곡식(옥수수, 밀, 쌀 등)의 야생원형종 대부분은 멸종될 것으로 보인다. 이런 식물들이 야생의 상태로 멸종되기 전에 인간이 이용하여 길들이지 않았다면 세계는 어떻게 되었을까? 이런 관심 때문에 농업연구기관과 대학들은 식량작물 원형종의 "유전자 은행" 역할을 하고 있다.

앞의 질문에 대한 또 다른 흥미로운 대답은 어떤 생물이 특정 생태계에서 중추적인 역할을 하는지 알아내는 것이다. 생물종 중 한 가지의 갑작스런 멸종은 인간과 생태계를 황폐화시킬 수 있다. 예를 들어, 캘리포니아 남부 연안의 정어리 어업과 페루 연안의 안초비 어업은 근본적으로 남획에 의해 더 이상 지속할 수 없었던 것으로 보인다. 자세한 사실이 알려지지 않았지만, 한때 정어리와 안초비의 개체수가 심각하게 감소되었을 때, 다른 생물들이 이전 생물(정어리와 안초비)의 생태적 지위를 차지함으로써 이전의 생물들은 원래 개체군을 유지하던 규모를 회복하기 어렵게 된 것으로 추측할 수 있다. 정어리와 안초비 어업에 의존해서 살아온 어부들은 이제 생계를 위해 다른 길을 찾아야 한다.

세 번째 해답은 모든 생물종이 인간의 무분별한 행위에 의해 무자비하게 희생되지 않고 살아갈 근본적 권리를 가지고 있다는 것이다. 이와 같은 철학적

답변은 경제적, 사회적 가치로 환산할 수 없는 윤리적 토대에 기초한다.

멸종을 막기 위해 이루어지는 활동에는 무엇이 있는가?

인간이 야기한 멸종을 방지해보려는 노력은 평가하기가 어렵다. 몇몇 국가에서는 멸종 위기에 처한 종에 대해서 보호 법안을 제정하였다. 특별 보호가 필요한 종들은 보통 '멸종 위기(endangered)' 혹은 '위험(threatened)'과 같이 몇 가지 명시 문구로 표시를 한다. **멸종 위기종**(endangered species)은 남아 있는 개체수가 극히 적어 긴박한 멸종 위기에 처한 종을 말한다. **멸종 위험종**(threatened species)은 그 생물종이 살아가는 환경에 변화가 온다면 멸종될 수 있는 종을 말한다.

인간이 야기한 멸종을 방지하려는 대다수의 관심은 선진국에서 비롯되었다. 그러나 취약종이 이미 사라졌기 때문에 문제는 덜 심각하다. 멸종은 열대 지역과 저개발국에서 더 큰 잠재적 문제를 안고 있다. 다수의 생물학자들은 전 세계 열대우림의 생물종들의 수가 그 이외 지역에 있는 생물종들의 수만큼 될 것이라고 추산한다. 불행하게도 멸종 방지는 대부분의 저개발국에서 주요 이슈가 아니다. 관심도의 차이는, 선진국이 잉여 식량, 높은 가처분 소득, 높은 교육수준을 갖춘 반면, 저개발국은 높은 인구 증가율, 식량 공급과 주거지 문제 해결 등 눈앞에 닥친 문제 해결이 급하기 때문에 장기적 이슈인 멸종이 저개발국의 관심사가 될 수 없다는 점으로 이해할 수 있다.

그럼에도 불구하고 저개발국 정부는 멸종 위기종을 보호하기 위한 보전지구와 공원을 조성하고 멸종 방지에 대한 외부의 압력에도 대응하였다. 그러나 이런 조치가 문제를 해결하지는 못한다. 그 이유는 보호지역이 밀렵꾼과 비밀리에 불법적인 농업행위를 하는 사람들로부터 보호되어야 하기 때문이다. 불법행위를 하는 사람들은 가족들의 식량을 구하기 위해 생물적 욕구와 경제적 압력에 의해 움직이고 있다. 따라서 이런 지역을 순찰하는 비밀 감시 병력이 이들 국가를 위해 값비싼 노력을 제공하고 있다.

멸종 방지에 관심을 가지고 있는 국가에서조차 특정 종류의 생물을 보호하려는 문화적 편견이 비교적 높게 나타난다. 대부분의 멸종 위기종과 위험종에는 조류, 포유류, 곤충류(특히 나비), 몇몇 연체동물과 어류, 특정 종의 식물이 있다. 박테리아, 균류, 파충류, 대부분의 곤충류, 또 그 이외의 일반적인 생물들은 이 생물들이 질소순환, 탄소순환에서 중요한 역할을 하며 분해자로서 중요하다고 해도 거의 멸종 위기종 목록에서 찾아볼 수 없다.

몇몇 국제기구들이 생물 멸종을 막기 위해 활동하고 있다. 세계보존연맹(IUCN, The World Conservation Union)은 2000년까지 적어도 50만 종의 식물과 동물이 멸종될 것으로 추산하였다. IUCN은 멸종 위기종을 네 개의 범주로 분류한다. 멸종 위기종(endangered), 취약종(vulnerable), 희귀종(rare), 불확정종(interminate). 멸종 위기종은 멸종을 부추기는 조건이 계속된다면 생존이 불확실해진다. 이런 생물에게는 사람의 보호 노력이 필요한데, 도움을 받지 못하면 멸종될 것이다. 취약종은 개체수가 감소하고 있으며, 서식지 파괴와 같은 위험 요인이 사라지지 않는 이상 위험에 처하게 된다. 희귀종은 전 세계적으로 소수의 개체군이 남아있고 미래의 위험에 처할 수도 있는 대표적인 생물종이다. 불확정종은 멸종 위험이 있거나 취약하거나 희귀하다고 여겨지기는 하지만 분류 불가능한 종류로서 거의 알려진 바가 없는 생물들이다.

IUCN이 매우 활발한 활동을 벌이는 국제 보존 기구임에도 불구하고 변화를 주도하는 힘은 매우 약하다. 일반적으로 멸종 위기종 보호를 위해 각국의 전체 동식물종 목록을 완성하도록 권장하고 또한 회원 가입국들 내에서 동식물 관련 생물학자들의 교육을 장려한다(열대생물에 정통한 동식물 생물학자가 매우 부족하다). IUCN 역시 멸종 위기종 보호를 위해 보전지구를 조성하도록 권장한다.

미국의 멸종위기종보호법(U.S. Endangered

Species Act)은 1973년에 통과되었다. 이 법안은 연방 정부 법원이 멸종 위기종으로 명시된 종들을 위해 제정한 것이다. 미국의 약 300개 보호종과 아종들은 내무부의 멸종 위기종 담당국에 의해 지정되었다(그림 11.22). 멸종위기종보호법은 정부기구에 의한 행동이 멸종위기종을 멸종으로 몰아가서는 안된다는 것과 모든 정부기구가 멸종 위기종 보전을 위해서는 어떤 수단이든 강구해야만 한다는 점을 명시하고 있다.

검은발 흰 족제비

검은머리 두루미

미션 블루 나비

갈라파고스 거북

팬더곰

만년초

그림 11.22 멸종 위기종 많은 동식물이 멸종 위기종 목록에 올랐다. 이들은 수가 적고 번식률도 낮아서 멸종될 가능성이 높다.

멸종 방지의 핵심은 멸종 위기종에게 필요한 서식지를 보전하는 것이다. 결국 미국의 여러 정부기관들과 민간조직들은 위기종들에게 민감한 서식지를 매입하거나 적당한 서식지를 보전하기 위해 보호지역을 관리해왔다. 육상의 특정 지역이나 해상의 일정 부분을 제외하는 것은 멸종 위기종 문제에 가치를 부여하는 일에 관한 것이다. 이것은 쉬운 일이 아니다. 정치적 논리가 개입되면 멸종 위기종은 그 가치를 인정받지 못한다.

이런 경우는 1978년 테네시 주 텔리코 댐(Tellico dam) 건설계획을 둘러싼 논쟁에서 나타난다. 미 연방대법원은 1억 1천 6백만 달러의 연방건설계획의 완공이 멸종위기종보호법을 위반했다고 판결했다. 이는 댐 건설로 인해 멸종 위기종이며 8cm 크기의 작은 물고기인 달팽이시어(snail darter)의 생존이 위협받게 되었기 때문이다. 그러나 개발자들은 계획을 멈추지 않았다. 개발자들은 멸종위기종보호법에 대해 면제를 받으면서 연방 재정 지원을 받는 프로젝트를 따기 위해 로비활동을 벌였다. 보존주의자들은 원래 입안되었던 것처럼 법안을 유지하도록 로비활동을 하였다.

결국 1978년 의회는 멸종위기종보호법을 수정하여 이 법안의 면제는 연방 정부가 선포한 주요 재해지역이나 국가 방위를 위한 사안에 적용되도록 하였고, 7인으로 구성된 멸종 위기종 감시 위원회에 의해서도 면제가 이루어지도록 하였다. 위원회는 생물멸종을 제재하는 구속력을 가지므로 "신의 사단"이라는 별칭으로도 불린다. 위원회에서 프로젝트의 경제적 효용이 생태계에 미치는 부정적 영향보다 더 크다고 판단되면 멸종위기종보호법에 대해 프로젝트는 면제받을 수 있다.

첫 번째 회의에서 감시단은 텔리코 댐 건설 계획

이 경제적으로 불합리하다는 배경 위에서 이 프로젝트에 면제특권을 달라는 요구를 거절하였다. 감시단은 댐건설계획을 멈추어야 했다. 그러나 9개월 후, 몇 가지 정치적 책략에 의해 의회는 댐 완공 비용을 승인하였다. 한때 이곳에 서식했던 달팽이시어는 근처의 하천으로 서식지를 옮겼고 1981년까지 번식한 것으로 나타났다.

멸종위기종보호법의 수정은 미국 정부가 멸종 위기종과 위험종 목록에 새로운 종을 추가할 수 있는 권한을 약화시켰다. 하나의 종이 위기종 목록에 추가되기 전에, 이제는 그 생물종의 특수한 서식지 범위를 결정할 필요가 있고, 경제적 영향에 관한 연구가 선행되어야 하며 공청회를 개최하여 2년 안에 목록의 초안을 완성하게 된다. 멸종 위기종에 대한 정치적 관점은 미 의회에서 꾸준히 중요성을 띠고 있다. 환경과 관련된 강력한 로비 활동과 사업적 관심으로 그들의 관심에 걸맞는 법안을 재입안할 필요성이 제기되기도 한다.

요약

오염은 기술 진보와 높아진 인구밀도의 결과이다. 오염은 생물의 건강과 안녕을 해치는 물질이 인간에 의해 다량으로 생산된 것을 의미한다.

자연자원은 사람에 의해 사용될 수 있는 구조와 과정이지만 사람에 의해 창조될 수 있는 성질의 것은 아니다. 재생 가능한 자원은 재생되거나 재활용될 수 있다. 재생 불가능한 자원은 그저 소비될 뿐이다.

광물자원은 광물질로부터 추출되는데, 이 과정은 에너지와 비용이 필요하며 환경을 변화시킨다. 광물자원은 전 세계적으로 균등하게 분포하지 않기 때문에 대부분의 국가들은 외국에서 광물을 수입해야 한다. 광물 채굴의 주요 단계는 탐사, 채굴, 광물의 추출, 운송, 최종 제품 가공제조로 나눌 수 있다. 궁극적으로 광물질 채굴의 전체 비용은 재정 비용(monetary cost)으로까지 감소된다. 재활용은 광물질 폐기물의 새로운 자원에 대한 수요를 감소시키지만 반드시 지출을 감소시키는 것은 아니다.

인구가 증가할수록 먹을 것과 살 곳을 구하려는 시도가 많은 만큼 생태계는 더욱더 변형된다. 열대우림이 마지막 남은 대규모의 야생지역들을 지켜주는 역할을 하고 있지만 증가하는 인구의 지속적인 압력에 의해 용도가 급속하게 변경되고 있는 현실이다. 이들 대부분의 야생지역은 풍부한 생물종 다양성을 유지하기 위해 보호받아야 한다.

우리는 농업 생태계와 함께 자연을 대체하기 위해 자연생태계를 변화시키고, 동식물의 유입에 의해 종들의 서식지를 바꾸어놓고 있으며, 인간의 목적을 위해 벌목과 사냥을 함으로써 동식물종의 개체수를 감소시키고 있다. 산림은 재식림할 수 있는 방식으로 벌목되어야 한다. 그래야 토양이 바람과 물에 의한 침식에 노출되는 것을 막을 수 있다. 벌목된 지역과 재식림지역은 이러한 문제를 방지하는 데 도움을 준다. 건조지역과 반건조지역의 방목지는 인간에게 음식을 제공할 수 있는 가치를 지니는 장소다. 그렇지만 방목지는 지나친 방목으로 황폐화되고 심지어는 사막화되기에 이르러 그곳의 인구를 부양하기 위해 필요한 동물의 공급이 불가능해지고 있다.

해양 생태계는 바닷가의 인접 육지에서 발생한 오염과 인간활동에 의해 변화되고 있다. 식생이 파괴된 육지는 침식당하며 하천과 호수에는 퇴적물이 쌓인다. 수온 상승 역시 수목이 하천 변에서 제거되었을 때 발생한다. 많은 외래종 물고기가 전 세계의 담수 생태계로 유입되었다. 이것은 정상적인 먹이사슬을 교란시키며 토착종의 개체수를 감소시킨다.

여러 지역들이 야생종을 위해 관리되고 있다. 이러한 활동은 주의 깊은 계획과 사냥을 위한 최적의 개체수를 유지하기 위해 서식지 조절을 포함하고 있다. 어떤 지역들은 유럽의 많은 사냥 공원에서처럼 강도 높게 관리된다. 반면에 다른 지역들에서 사냥 동물은 보다 정상적인 야생의 생활을 영위하기도 한다. 철새는 국경을 넘어 이동하기 때문에 독특한 문제를 안고 있다.

멸종은 환경의 변화에 적응할 수 없게 된 정상적인 결과로 볼 수 있다. 그러나 인간이 전 세계의 거의 모든 생태계에 큰 영향을 미쳤기 때문에 결국 인간이 멸종률 증가의 원인을 제공했다고 할 수 있다. 많은 사람들이 종의 가치를 인간의 조력자로서, 그리고 종 자체의 본원적 가치로서 인식하며 민감한 서식지를 보전하려고 노력하고 있다. 따라서 다른 용도로 종의 서식지를 전유(專有)하기 때문에 여러 종들이 멸종으로 치닫지는 않을 것이다.

이슈와 분석 코스타리카 숲은 여행자와 의약품을 창출한다

중앙아메리카의 코스타리카 공화국은 남겨진 열대우림의 중요한 지역들을 성공적으로 보호해오고 있다. 이곳에는 열대우림의 종이 다양하고 천연자원이 풍부하다. 망그로브 습지, 울창한 숲, 우림, 건조한 사바나 지역, 화산지역, 태평양과 카리브 해 양안의 아름다운 해안 등이 웨스트 버지니아 정도의 규모 안에서 조화롭게 공존하고 있다.

코스타리카 토지의 약 20%는 공원(park), 보호지역(reserve), 보호동물 서식처(refuge)로 지정되어 보호되고 있다. 이렇게 되기까지 많은 노력들이 있었다. 정부는 자연지역을 보호하기 위해 위원회를 설립했다. 공원 계획에는 지역주민에게 공원의 가치를 교육하는 프로그램이 주요하게 포함되어 지역주민들은 동식물 종 다양성의 생물학적 가치와 관광객을 끌어들이는 공원의 경제적 가치를 알게 되었다. 지역주민의 문맹률이 7%로 낮았기 때문에 교육도 용이하였다.

코스타리카 직업의 대부분은 생태관광(ecotourism)과 관계된다. 자연지역을 여행하려는 사람들은 가이드, 교통수단, 식당, 짐꾼이 필요하다. 이러한 직업에 종사하는 사람들은 자신들의 생활이 자연자원에 의존하기 때문에 그것을 보호하기 위해 노력한다. 게다가 고용된 사람들은 숲을 농지로 개간하려는 노력도 하지 않게 된다.

숲의 자연자원이 관광자원이 되는 것 이외에, 코스타리카 정부는 이 지역 숲의 동식물에서 의약품을 생산하는 제약회사 머크 사(Merck)와 계약을 체결하였다. 사례로 머크 사는 코스타리카 정부에 100만 달러를 지불하였다. 이를 위해 우림의 동식물에 대한 전문가들을 위한 새로운 직업도 다시 창출되었다.

- 코스타리카가 지역의 숲을 보호하는 데 성공할 수 있었던 조건은 무엇인가?
- 생태관광에서 이익을 얻는 사람들은 누구인가?

주요 용어

경제적 비용(economic cost)
멸종(extinction)
멸종 위기종(endangered species)
멸종 위험종(threatened species)
미생물로 분해 가능한(biodegradable)
부분 벌채(patchwork clear-cutting)
사막화(desertification)
서식지 관리(habitat management)
선택 벌목(selective harvesting)
야생지역(wilderness)
에너지 비용(energy cost)
오염(pollution)
완전 벌채(clear-cutting)
은신처, 피난처(cover)
자연자원(natural resources)
재생 가능한 자원(renewable resources)
재생 불가능한 자원(nonrenewable resources)
재식림(reforestation)
종 형성(speciation)
철새(migratory birds)
환경 비용(environmental cost)

복습문제

1. 인간이 생태계를 직접적으로 변화시키는 경로 세 가지를 말하라.
2. 인간의 환경에 대한 영향력이 과거보다 현재에 이르러 더 커지게 된 이유는 무엇인가?
3. 오염을 정의하라. 시간에 따라 오염의 정의는 변화했는가?
4. 자원 채취와 관련된 세 가지 종류의 비용은 무엇인가?
5. 재활용이 새로운 원료 물질의 채굴보다 에너지 효율이 더 큰 까닭은 무엇인가?
6. 산림 훼손과 관련된 세 가지 문제를 나열하라.
7. 사막화는 무엇인가? 그 원인은 무엇인가?
8. 기온 상승을 일으키는 요소는 무엇이고 증가한 생물량은 해양 생태계에 어떤 영향을 미치는가?
9. 철새 관리에는 어떤 특별한 문제가 있는가?
10. 멸종은 무엇이고 무엇 때문에 일어나는가?
11. 인간이 멸종을 우려하는 까닭은 무엇인가? 당신 자신은 어떻게 생각하는가?
12. 멸종을 막기 위해 할 수 있는 세 가지 실천방법을 나열하라.

비판적 사고력 문제

1. 브라질과 다른 개발도상국가들은 경제 성장을 위해 외채를 도입해야 한다. 산업국가들은 브라질이 산림을 벌채하고 광물자원을 채취하는 방식에 대해 어떤 얘기를 해야 할까? 산업화된 세계가 브라질의 자연자원 보전을 돕기 위해 할 수 있는 역할은 무엇인가?
2. 당신이 채굴회사 임원진으로서 채굴작업비용을 결정한다고 생각해보자. 비용목록을 뽑아보자. 당신의 회사에서 환경비용은 어느 정도 중요성을 가지는가?
3. 벌채, 광물자원 채취, 방목이 경제 성장을 자극하고 지방공동체를 지원하기 위해 장려되어 왔다. 생태적 가치는 토지이용방식을 결정하는 데 있어서 어떤 위치를 가지는가? 보조금 지원이 계속되어야 하는가? 이런 문제에 관한 자신의 입장을 정리해보자.
4. 전체 종의 98~99%는 아마도 인간이 문제의 핵심에 도달하기 훨씬 전에 멸종되었을 것이다. 왜 오늘날에 와서 생물의 멸종에 관심을 갖게 된 것일까?
5. 당신은 기아문제가 심각한 국가에서 농업을 지원하기 위해 생태적으로 중요한 초지를 개간하고 산림을 제거하는 것에 지지하는가? 생태계 보전과 인간의 이익 사이에서 당신은 어느 쪽에 손을 들 것인가?
6. 미국 중서부에서 도시의 확장이 흰꼬리사슴의 서식지를 잠식함으로써 많은 문제를 일으킨다. 중소규모 도시들은 사슴 개체수를 줄이기 위해 사냥 지원을 고려하고 있다. 이러한 제안은 혼란스런 반응들을 불러일으킨다. 이 문제를 어떻게 생각하는가? 어떤 가치와 전망과 믿음이 이러한 이슈를 일으키는가?
7. 제약회사들은 개발도상국이 열대우림을 보전하는 것을 도움으로써 약제로서 가치를 지니는 생물을 찾을 수 있다. 제약회사들의 약제를 위한 생물 사용을 어디까지 제한해야 할까, 그 이유는 무엇인가?

토지이용계획

이 장의 학습목표

- ⊙ 농업용지, 목축용지, 도시용지 및 기타 용지의 상대적 비율을 안다.
- ⊙ 도시의 위치와 발달에 미치는 물의 영향을 이해한다.
- ⊙ 토지 이용에 미치는 과세의 영향을 이해한다.
- ⊙ 단목적 토지 이용과 다목적 토지 이용을 이해한다.
- ⊙ 도시 주변의 농지가 주택지로 전용되는 이유를 이해한다.
- ⊙ 범람원이나 습지가 잘못 관리되고 있는 이유를 이해한다.
- ⊙ 레크리에이션의 경제적 영향을 이해한다.
- ⊙ 사람들의 야외 레크리에이션 욕구를 이해한다.
- ⊙ 레크리에이션 용지가 도심에 있어야 하는 이유를 이해한다.
- ⊙ 일정 지역이 생태보존구역 등 특정의 목적으로 용도 지정될 필요가 있으며, 그 경우 불가피하게 발생하는 문제점들을 이해한다.
- ⊙ 토지이용계획의 수립과 실행 과정을 이해한다.
- ⊙ 광역 단위 토지이용계획의 장단점을 이해한다.

이 장의 세부목차

토지이용계획의 필요성

토지이용을 규제해 온 역사적 요인들
- 수로의 중요성
- 이촌향도

도심의 몰락과 교외의 발달

무계획적 도시 성장에 따른 문제점들
- 교통문제
- 공지의 상실
- 농경지의 감소
- 범람원 문제
- 습지의 오용
- 또 다른 문제들

토지이용계획 : 원칙과 한계
- 도시교통계획
- 도시공원계획
- 국가적 광역적 계획
- 다목적 토지 이용
- 공공용지를 야외 레크리에이션 용지로 활용

〈지구촌 전망대〉 개발도상국의 도시화

〈환경 돋보기〉 습지의 감소 : 루이지애나의 사례

〈이슈와 분석〉 토지이용계획에서의 의사결정 : 쇼핑몰의 건립

과거 현재 그리고 미래

과거		현재	
1983	전 세계 공식 등록 차량 대수 3억 5천만 대	2003	전 세계 공식 등록 차량 대수 6억 대
1982	북아메리카 평균 주거 면적 159m^2(새 주거지 기준)	2002	북아메리카 평균 주거 면적 216m^2(새 주거지 기준, 36% 증가율)
1980	북아메리카 가구당 평균 가구원수 2.75명	2002	북아메리카 가구당 평균 가구원수 2.58명 (6% 감소)
1982	북아메리카 도시 인구 대략 2억 명	2003	북아메리카 도시 인구 2억 6천만 명 초과

그림 12.1 물과 도시 형성 대부분의 도시들은 물이 있는 곳에 발달했다. 물은 주요 운송의 수단이고 도시 성장의 주된 제한요인이었다. 그림의 도시들은 인구 백만 이상의 도시들이다.

토지이용계획의 필요성

지구 표면의 1/2~1/3은 인간의 활동으로 변화된 것이다. 그러나 이 변화의 대부분은 합리적인 토지 이용계획이 없이 이루어졌다. 근래에도 대부분의 토지 이용은 경제적 고려나 인구 증가에 따른 단기적 수요에 따라 이루어지고 있다. 토지는 늘어나지 않는 것이고 또한 어떤 한 목적에 이용되면 다른 목적으로는 사용될 수 없기 때문에 재생 불가능한 자원으로 취급되어야 한다. 앞으로 지구의 인구가 증가할수록 토지 이용에 대한 경쟁은 심화될 것이고 따라서 체계적인 토지이용계획은 더욱 중요해질 것이다. 뿐만 아니라 인구의 도시집중이 심화되고 도시가 팽창할수록 도시계획은 더욱 중요해질 것이다.

토지이용을 규제해 온 역사적 요인들

현재 미국의 토지 이용은 약 47%가 농경과 축산용지이고 45%가 산림과 자연지구이며 5%가 도시와 도로용지이다. 캐나다의 경우는 54%가 삼림이고 단지 8%가 농경 또는 목축지이며 1% 미만이 도시 및 도로용지이다. 나머지는 대부분 북쪽의 야생지역이다.

이러한 토지 이용현황은 삼백 년 전 유럽인들이 북아메리카로 이민해오던 시기의 원래 상황과는 크게 다른 것이다. 유럽을 떠났던 초기 이민자들에게는 북아메리카 대륙이 광활한 주인 없는 땅이라는 점이 가장 큰 매력이었다. 초기 이민자들은 넓은 처녀지를 농지로 바꾸었고 북아메리카의 인구가 증가함에 따라 촌락과 도시가 형성되었다.

수로의 중요성

수로(水路)는 초기 북아메리카에서 개척과 상업의 발달에 필요한 주된 운송수단이었다. 운송수단이 양호한 촌락과 도시들은 쉽게 원자재를 조달하고 상품을 유통시킬 수 있었다. 이들 중 일부 도시들은 큰 산업과 유통 중심지로 성장하였다. 즉 초기 도시들은 강이나 호수 또는 대양의 연안에 형성되었다. 또한 고도가 급격히 변하는 지역에서는 화물을 옮겨 실어야 하는데, 이런 지역에 뉴욕, 버팔로, 온타리오

등 대도시가 형성되었다. 수로는 운송수단을 제공할 뿐만 아니라 도시 성장에 필수적인 물과 전력 제공, 그리고 폐기물 처리의 수단이 된다. 이런 이유로 세인트루이스, 몬트리올, 시카고, 디트로이트 및 벤쿠버와 같이 많은 도시들이 물에 접근하기 쉬운 지역에 발달하였다(그림 12.1). 도시의 형성에는 물뿐만 아니라 광물자원, 농경지, 삼림자원 등도 필요하다. 산업은 수송과 폐기물의 처분, 전력 등을 공급하는 물가에서 발달하기 시작한다. 방앗간, 대장간, 제재소들이 큰 공장으로 바뀌고 결국 대부분의 연안지역은 산업화되었다.

이촌향도

북아메리카 지역은 1800년대 후반에 산업화가 시작되고 이촌향도(移村向都)가 나타나기까지 농업사회였다(그림 12.2). 이 농업사회의 도시화에는 몇 가지 요인이 있었다. 첫째로, 산업혁명으로 농업이 기계화됨에 따라 농업의 인력 수요가 감소하였고 동시에 도시에서는 새로운 일자리가 생겼다. 이에 따라 농촌 인구가 도시로 이동하게 된 것이다. 이러한 도시로의 인구 집중은 북아메리카 전체에서 일어났으며, 지금도 개발도상국들에서 지속되는 현상이다. 북아메리카 도시 성장의 두 번째 요인은 유럽으로부터의 인구 유입이다. 유럽 이민자들의 일부는 농촌에 정착하였지만 대부분은 일자리를 얻기 쉬운 도시로 몰려들었다. 이 이민자들은 대부분 도시의 특정 지역에 몰려 살았는데, 그 결과 지금도 미국의 대도시들에는 아일랜드인, 이탈리아인, 중국인, 독일인, 그리스인 등 초기 이민의 후손들이 모여 사는 인종 구역이 있어 도시의 특징을 이루고 있다. 도시 형성의 세 번째 요인은 도시가 농촌에 비하여 다양한 문화적, 사회적, 예술적 혜택을 제공한다는 점이다. 즉 도시는 경제적으로뿐만 아니라 문화적으로도 매력적인 곳이다.

도심의 몰락과 교외의 발달

산업 발달의 초기에는 산업활동에 아무런 제약이 없었으므로 산업이 집중된 하천 및 해안 지역은 오염되고 위생조건이 악화되어 주거지로서 부적합하게 되었다. 또한 도로와 철도가 발달되어 수로에만 의존하던 운송이 자유로워지게 되자 많은 사람들이

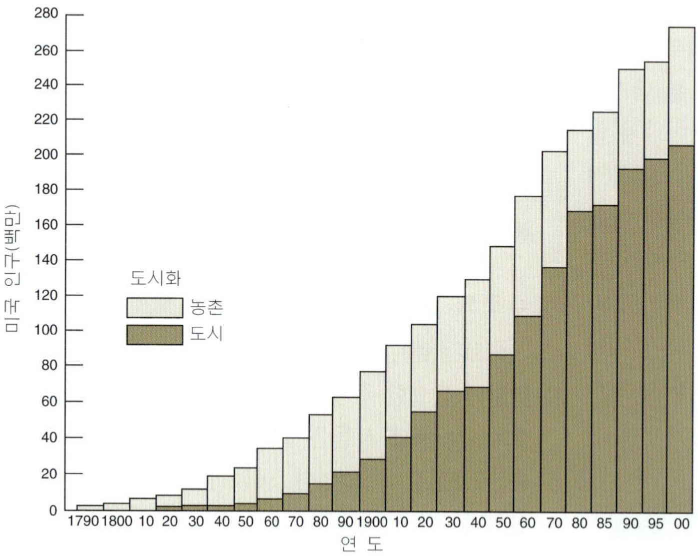

그림 12.2 도시로의 인구집중 1800년대의 미국은 기본적으로 농업국가였다. 1800년대 후반부터 산업화로 인한 도시 인구집중이 나타났다. 2000년에는 미국 인구의 75%가 도시 인구이다.

지구촌 전망대

개발도상국의 도시화

개발도상국의 대부분의 인구는 농촌 인구였다. 그러나 최근 몇 년간에 도시로의 인구 이동이 급격히 증가하고 있다. 2025년까지는 약 50억 인구가 도시에 거주할 것으로 예측되며, 대부분의 도시인구 증가는 개발도상국에서 나타날 것이다. 많은 사람들은 도시에 보다 나은 사회적 서비스와 문화적 혜택, 그리고 취업 기회가 주어진다고 생각하기 때문에 도시로 이동한다. 그러나 도시인구 증가가 너무 급격하기 때문에 사회적 서비스가 제공되기 어렵고, 일자리의 증가도 인구 증가를 따라가지 못한다. 따라서 도시로 이주한 많은 사람들이 상하수도와 전기 보급 등 도시 기반시설이 이루어지지 않은 판자촌과 같은 열악한 환경에서 생활하게 된다. 이런 빈민촌은 흔히 도심에 가까운 곳에 형성되는데, 상하수도 등 위생시설이 없기 때문에 지역의 식수원을 오염시키게 되고, 질병도 흔하다. 빈민촌에서는 또한 질이 나쁜 연료를 사용하므로 대기오염도 심해진다. 추가된 인구는 교통난을 더욱 심화시킨다. 아래의 표는 인구증가율이 가장 높은 일곱 개의 도시를 보여준다. 이 도시들은 모두 개발도상국 도시들이다.

도시	1995년 인구(백만)	2015년 예상되는 인구(백만)
봄베이(인도)	15.14	26.22
라고스(나이지리아)	10.29	24.61
델리(인도)	9.95	16.86
카라치(파키스탄)	9.73	19.38
메트로 마닐라(필리핀)	9.29	14.66
자카르타(인도네시아)	8.62	13.92
다카(방글라데시)	8.55	19.49

출처 : Data from *World Resources* 2002~2003.

도심을 벗어나 도시 주변의 교외(郊外)로 이동하게 되었다. 교외의 농지가 주택지로 바뀌게 된 것이다. 교통이 충분히 발달하기 전까지는 농장도 농산물을 도시로 쉽게 공급하기 위하여 도시 근교에 있어야 했다. 그러나 도시 인구의 증가에 따라 도심의 땅값이 비싸지고 도시 환경이 악화됨에 따라서 도시 근교의 농지에 대한 개발 압력이 증가하게 된 것이다. 또한 부동산업자들은 이러한 추세를 업고 도시 근교의 주택지 개발에 몰두하게 되었으니, 도시 근교의 농지는 잘 관리되어야 할 재생 불가능한 자원으로서가 아니라 매매 차익을 얻을 수 있는 상품으로 취급되기 시작했다. 농지를 다른 목적으로 전용함으로써 경제적 이익이 발생하는 한 이러한 농지 전용을 막기는 불가능할 것이다.

도시 근교의 개발로 사람들이 오랫동안 즐겨오던 자연 지역이 많이 파괴되었다. 교외 지역이 무한히 확대됨에 따라 주말에 차를 타고 교외를 벗어나려면 점점 더 멀리 나가야 한다. 교외에 대형 슈퍼마켓과 거대한 아파트 단지 그리고 고속도로가 건설되면서 오랫동안 유지되어 오던 주민 공동체의 전통은 해체되고 있다. 문제는 이러한 변화의 대부분이 그 변화가 주민 공동체의 전통과 생활에 어떠한 영향을 미칠 것인가에 대한 고려 없이 이루어지고 있는 데 있다.

도시가 팽창되어가면 그 도시의 어느 부분은 퇴화되어간다. 산업활동은 도심에 있는 하천 주변으로 더욱 집중된다. 도심의 인구 집중과 산업활동으로

a.　　b.　　c.

그림 **12.4**. **도시 팽창** 이 사진은 도시 팽창의 세 가지 유형을 보여준다. (a) 도시 인근의 교외에는 정원이 넓은 고급 주택들이 있다. (b) 고속도로 연변에는 상업시설들이 들어서 리본형 팽창이 나타난다. (c) 주택단지 개발은 좁은 구역에 비슷한 형태의 주택들을 집단적으로 건설한 것이다.

그림 **12.3** **교외의 발달과 교통** 교외에 거주하면서 시내에 일자리가 있는 사람들에게 교통체증은 공통된 문제이다. 교외 인구 증가와 자동차 보급의 증가는 밀접한 관계이다.

인한 오염으로 많은 도시의 도심이 주거에 적합하지 않게 되었다. 미국에서는 이미 1900년대 초기에 경제적 여유가 있는 사람들이 도심을 떠나 교외로 이동하기 시작하였다. 이 현상은 2차 세계대전 후 경제 여건이 좋아지면서 더욱 강화되었다. 교외로 이동한 인구는 대부분 넓은 정원을 가진 핵가족 구조의 주택을 마련하였고, 따라서 도심은 공동화되고 교외는 몇 배로 팽창하는 도시구조가 고착화되고 있다. 문제는, 이로 인하여 도시의 에너지 효율이 감소하고 상하수망과 전력 공급 등 도시 기반시설의 비용이 급증하며 효율적인 대중교통망의 유지가 어려워진다는 점이다. 물론 대중교통망의 필요성은 개인 승용차의 보급 확대로 인하여 감소하고 있지만, 승용차 보급 확대는 막대한 도로 건설비용을 유발하고 도로 건설은 다시 도시 팽창과 승용차 보급을 유발하는 악순환을 고착시켜 결국 도시 전체의 에너지 효율을 악화시키는 점이 문제이다(그림 12.3).

1960년대부터의 무계획적인 교외지역의 확장을 **도시 팽창**(urban sprawl)이라고 한다. 거대한 주택단지가 도심을 둘러싸고, 그로 인하여 사람들은 시야가 탁 트인 공지(open space)를 보기가 어렵게 되었다. 이제 도시민들은 버스를 타고 웬만큼 교외로 나가도 예전처럼 시원한 시골의 공지를 볼 수 없게 된 것이다. 도시 팽창에는 세 가지 유형이 있다(그림 12.4). 그 한 가지 유형은 교외에 정원이 넓고 배타적인 호화주택이 들어서는 것이다. 이런 집들은 보통 경관이 좋은 물가나 숲 속에 대지를 넓게 잡고 독립적으로 지어진다. 도시 팽창의 또 다른 유형은 주택단지의 개발이다. **단지개발**(tract development)은 넓은 구역에 비슷한 형태의 집들을 여러 채 짓는 것이다. 이런 단지들은 처음에는 농경지들을 사이에 두고 서로 떨어져 개발되고, 단지와 도심 또는 다른 단지를 잇는 연결 도로가 개설된다. 그러나 이 연결 도로를 따라 도로변에 집들이 들어섬으로 인해 또 다른 유형의 도시 팽창이 일어난다. 이러한 유형을 **리본형 팽창**(ribbon sprawl)이라 한다. 리본형 팽창은 주로 상업용 또는 산업용 빌딩으로 이루어지는데, 이로 인하여 도시 기반 시설의 비용이 증가된다. 리본형 팽창은 또한 도로변에만 건물들이 늘어섬으로 운전자가 건물 뒤의 공지를 볼 수 없게 되어 도시화가 실제보다 더 넓게 이루어진 것으로 착각하게 한다.

교외가 계속 팽창함에 따라 원래는 농경지로 분리되었던 도시들이 서로 연결되어 어디에서 한 도시가 끝나고 다른 도시가 시작되는지를 알 수 없게 된다. 이렇게 되면 각 도시마다 시의 이름은 따로 있지만 사실상은 큰 연합도시의 한 부분이 되는데, 이런 연합도시를 **거대도시**(megalopolis)라 한다(그림 12.5). 미국의 동부 해안은 보스턴에서부터 매사추세츠를 거쳐 워싱턴 D.C.까지 도시가 연결되어 거대도시를 이루고 있다. 영국의 런던에서 도버까지, 캐나다의 토론토-미시소거 지역도 거대도시가 되었다.

그림 12.5 미국과 캐나다의 도시 광역화 이 위성사진에서 밝게 보이는 곳은 인구집중지역이다. 미국과 캐나다에는 백만 이상의 인구가 집중하여 광역화된 도시가 30개 이상이다. 이 도시들은 인접도시가 서로 병합되어 광역화되었다.

북아메리카의 일부 지역은 교통 및 주거 비용의 상승으로 교외의 팽창이 어느 정도 완화되었다. 이런 지역은 도심의 주거비용이 감소하고 도심의 대중교통이 효과적이어서 교통비용을 절약할 수 있으므로 교외 인구가 부분적으로 도심으로 복귀하고 있는 것이다. 그러나 이런 인구 역이동은 교외 인구가 여전히 증가하여 큰 효과를 보지 못한다.

무계획적 도시 성장에 따른 문제점들

교통문제

대부분의 도시에서는 교통난이 심각하다. 이는 도시 성장 과정에서 도시민이 어떻게 도시 내부를 또는 도시를 통과하여 움직일 것인가에 대한 고려가 부족했기 때문이다. 뿐만 아니라 주거 형태와 상업지구가 변함에 따라 교통 및 운송수단도 변해야 했다. 이런 필요 때문에 옛 길을 버리고 새로운 도로를 만들어야 하는 경우도 많다. 그러나 역설적이게도 새로운 도로의 건설은 그 도로의 교통량을 증가시키는 효과가 있어, 새 도로도 곧 교통체증에 시달리게 된다. 또한 승용차의 보급으로 주된 교통수단이 대중교통에서 개인교통으로 변하는 추세여서 끊임없는 도로 건설이 요구되고 있는 현실이다.

공지의 상실

도시 경관의 중요한 요소의 하나는 시야가 탁 트인 공지가 가까이 있어야 한다는 것이다. 넓은 농경지나 공원, 폭넓은 대로 등은 도시민의 답답함을 시각적으로나마 해소시켜준다. 무계획적 도시 성장은 이러한 요소를 무시해버린다. 이로 인하여 도시 환경이 악화되고 부득이 많은 비용을 들여 도심에 새로운 공원이나 녹지 공간을 만들어야 한다.

농경지의 감소

도시화되는 토지의 대부분은 원래 농경지로 사용

되던 토지이다. 이 토지들은 경사가 없거나 완만하고 배수가 좋으며 도시와의 교통이 좋아 농경지로서 좋은 조건이다. 그러나 이런 지역은 도시 개발 대상지역으로서도 적당하다. 따라서 전에는 농경지였던 곳들이 주택지, 유통단지, 주차장 등으로 개발되고 있다(그림 12.6). 미국의 경우, 택지 개발로 인한 농지의 감소가 급격히 진행되고 있는 이유 중의 하나는 토지세 제도이다. 미국에서 토지세는 그 토지에서 무엇이 이루어지고 있는가가 아니라 무엇이 이루어질 수 있는가에 따라 부과된다. 택지로 개발될 수 있는 땅이면 현재 그 땅에 농사를 짓고 있다 할지라도 택지로서의 토지세가 부과된다. 즉 세수(稅收)를 관리하는 국가의 입장으로는 집을 지을 수 있는 농지는 건축업자에게 팔아 집을 짓도록 하는 것이 토지의 효용을 높이는 것이 된다. 이런 제도는 도시 인근에 농지를 가진 농부가 무거운 세금 부담 때문에 농지를 주택업자에게 팔 수밖에 없게 하므로 도시 팽창의 원인이 된다.

그림 **12.6** **농경지의 상실** 도시가 성장함에 따라 인접도시가 병합되었고, 도시 사이에 존재하던 농경지는 주택지나 상업지로 개발되었다. 교통의 발달과 인접도시가 공동으로 이용하는 시설들, 즉 공항, 대학, 쇼핑센터 등이 농경지의 상실을 촉진하였다.

범람원 문제

대부분의 도시는 강가에 있기 때문에 많은 도시들이 홍수 때에 물이 고이는 **범람원**(floodplains)에 위치하고 있고 이삼 년에 한 번씩은 홍수의 피해를 본다. 이런 범람원은 공지로 두거나 여가 활용을 위한 레크리에이션 용지로 활용하는 편이 바람직하지만, 주택 또는 산업용지로 개발하기도 용이하므로 끊임없는 개발이 이루어지고 있다.

범람원이 주택 또는 상업용지로 개발될 때는 주기적으로 일어나는 홍수 범람을 막기 위하여 강변에 제방을 쌓아야 한다. 이 비용 때문에 용지 개발 비용이 증가하고 위험부담에 따른 보험료까지 증가하는 것도 문제이지만, 홍수 때 제방 때문에 넘치지 못한 물은 결국 하류의 수위를 높이게 된다. 결국 강의 중류에 있는 범람원을 제방으로 막으면 그 하류에는 갈수록 제방의 높이를 높여가야 한다. 이처럼 범람원을 현명하게 활용하지 못함으로 인하여 홍수 피해를 예방하거나 복구하기 위하여 막대한 세금이 낭비된다. 범람원의 개발은 급격한 인구 증가에 수반되는 어쩔 수 없는 문제 중 하나이다. 인구 증가가 계속되는 한, 택지로서의 여건이 좋지 않은 범람원까지도 택지 개발에 이용될 수밖에 없고, 결국 홍수 피해에 취약할 수밖에 없다.

홍수로 인한 범람은 자연적인 현상이다. 일반적인 생각과 달리, 오늘날의 홍수가 일이백 년 전보다 더 심해졌다는 증거는 없다. 심해진 것은 홍수가 아니라 홍수로 인한 경제적 피해이다. 이러한 피해의 증가는 홍수 피해에 취약한 범람원에까지도 주택, 도로, 산업시설 등이 건설되었음을 의미한다. 어떤 경우는 범람원의 개발이 불가피한 경우도 있지만, 대부분의 경우는 범람원을 개발할 때 홍수 피해의 가능성이 감추어지거나 또는 무시되고 있는 것이 문제이다. 인명과 재산에 미치는 홍수의 피해는 막대하

환경 돋보기

습지의 감소 : 루이지애나의 사례

루이지애나 주는 멕시코 만의 해안 습지를 집중적으로 개발하고 있다. 연간 약 1만 ha의 습지가 다양한 이유로 줄어들고 있는데 대부분이 인간활동의 결과이다.

해안선의 대부분이 바람과 파도에 노출되어 쉽게 침식되기 때문에 빈영양 상태의 혼합 진흙(mud)으로 이루어져있다. 미시시피 강 상류의 댐과 저수지는 이 지역에 유입되던 퇴적물의 양을 감소시켜서, 침식되고 있는 퇴적물을 대체하지 못하고 있다. 게다가 진흙이 고착되어 굳어져서 지반 침하와 침식은 더욱 용이해진다.

이 지역의 해안 습지가 사라지는 또 다른 주요한 요인은 멕시코 만에서 실시되는 석유나 가스와 같은 자원 탐사이다. 대부분의 회사들이 유정이나 기타 생산시설에 접근하기 쉽도록 바지선 등의 장비를 설치하기 위해 습지를 통과하는 수로를 끊어버린다. 석유나 가스가 발견된다면 이 자원들은 파이프라인을 타고 운송되어야 한다. 파이프라인 설치를 통해 습지의 수로는 또 한번 끊겨버린다. 수로의 절단은 진흙을 부드럽게 만들어주는 염생식물을 자랄 수 없게 하여 침식률은 더욱 커진다.

라틴아메리카에서 도입된 설치류인 뉴트리아(바다들쥐)도 문제를 심화시킨다. 이 쥐는 번식률이 엄청나서 거대한 개체군으로 빠르게 성장하여 주변 지역의 식물을 먹어치운다. 이 또한 습지 침식률을 높이는 요인이다. 이 동물의 모피를 이용하기 위한 뉴트리아 사냥으로 한때 개체수가 감소하기도 했으나, 모피에 반대하는 시민의식의 변화로 뉴트리아 사냥이 금지되었다.

므로 범람의 가능성이 큰 범람원은 주거 또는 산업용지로 개발하기보다 농지나 여가용지로 활용하는 것이 바람직할 것이다.

미국의 많은 지방정부들은 **'범람원개발제한법** (floodplain zoning ordinances)'을 입법하고 있다. 이 개발제한법들은 더 이상의 경제적 피해를 예방하는 데 기여하고 있으나 이미 개발제한지역 안에 주거하고 있는 사람들에게는 주거를 계속 허용하고 있다. 그러나 이 주민들은 홍수피해보험 등의 보험료가 너무 비싸서 결국 재산상의 피해를 감수하고 이주할 수밖에 없는 형편이다. 개발제한구역 안의 주민들이 입는 이러한 피해는 결국 무계획적 범람원 개발에 기인하는 것이므로, 앞으로는 범람원의 개발에 더욱 신중하여 예상되는 피해를 예방하여야 할 것이다.

습지의 오용

산업 발달은 수자원이 인접한 곳에서 일어났고 또한 앞으로도 수자원은 산업 발달에 필수적이다. 따라서 많은 도시들은 광활한 습지 인근에 위치하고 있다. **습지**(wetlands)란 일시적이라도 물에 잠기는 지역 중에서 물이 깊은 바다와 댐 등을 제외하고 강, 호수, 논, 늪, 조간대(潮間帶, tidal marshes), 연안역(沿岸域, coastal areas) 등을 총칭하는 개념이다. 습지에는 모기 유충인 장구벌레가 자라고 때로는 교통에 방해가 되므로, 사람들은 습지를 지저분하고 쓸모 없는 땅이라고 생각해 왔다. 때문에 대부분의 습지는 매립 또는 배수(排水)되어 다른 용도로 전용되었다. 많은 현대 도시들이 광활한 습지에 건설되어서 도심의 지하에는 콘크리트로 완전히 복개된 하천이 흐르기도 한다.

그러나 모든 습지는 제 나름의 기능이 있고 많은 동식물의 서식지가 된다. 많은 곤충들이 비록 성체(成體) 시기는 물 밖에서 살지라도 번식기나 유생(幼生) 시기에는 습지에 살아야 한다. 습지는 또한 생업으로서의 어업 장소나 여가활동으로서의 낚시터로 쓰인다. 습지는 그 인근 유역(流域)으로부터 많은 영양물질을 끊임없이 받아들이므로 수생생물들의 성장속도가 빠르고 생물학적으로 높은 생산성이 유지되는 좋은 서식지이다. 인간의 활동은 이러한 높은 생산성의 습지들을 심각하게 오염시키거나 아예 제거해버리고 있다.

습지는 생태적으로 훌륭한 서식지일 뿐 아니라 지표수(地表水, Runoff)의 부유물질을 침전시키는 자연 여과장치이다. 땅 위를 흐르는 지표수는 큰 호수나 바다에 이르기 전에 습지에서 여과과정을 거치는 동안 생물학적 자정작용으로 물이 맑아지고 부유물질이 줄어든다. 습지는 또한 파도로 인하여 해안이나 강안이 침식되는 것을 막아준다. 이러한 습지가 없어지면 상당한 비용을 들여 해안이나 강안을 보호하는 제방을 쌓아야 한다.

또 다른 문제들

토지 이용에는 지질학적 특성도 고려되어야 한다. 화산 또는 지진단층 인근에 건설된 도시에서 막대한 인명 및 재산 피해가 발생하고 있다. 지질구조가 불안한 경사지나 또는 산불 피해가 잦은 지역도 피해야 한다. 도시 건설에는 용수(用水)의 문제도 고려해야 한다. 남부 캘리포니아와 애리조나의 대도시들은 과거에도 그랬지만 앞으로도 영원히 먼 거리로부터 물을 끌어들여야만 한다. 이 도시들에 현명한 도시계획이 있었더라면 어떻게든 가용한 자원으로 지속할 수 있는 한계 안에서 도시 성장을 제한했어야 옳았을 것이다. 중국의 베이징은 심각한 물 부족 때문에 1,200km나 떨어진 양쯔강으로부터 물을 끌어들여야 할 형편이다. 남부 캘리포니아, 애리조나, 베이징과 같은 도시가 팽창할수록 지역적인 물 압박은 더욱 심각해질 것이다.

토지이용계획:원칙과 한계

위에서 도시 발달의 위치와 그 조건에 대하여 살펴보면서 과거의 잘못을 확인하였다. 이런 경우 만일 우리가 도시의 위치 선정을 새로 할 수 있다면 도시의 위치를 다르게 선정해야 할 것이다. 즉, 토지의 효용이 파괴되는 면은 최소화하고 그 효용이 증대되는 면은 최대화하도록 도시의 입지와 발달을 조정해야 할 것이다. 이러한 토지 이용계획에 고려해야 할 점은 무엇인가?

토지이용계획(land-use planning)은 가용토지의 용도에 대한 우선순위를 정하는 것이다. 이런 계획을 세우려면 그 토지에 대한 현재의 용도, 지리적 · 생물학적 · 사회적 정보를 수집하고, 그 데이터를 종합하여 각 토지 구역의 최선의 용도를 결정하여야 한다. 최종적으로, 그 계획을 실현하는 데는 두 가지 경우가 있다. 그 토지를 매입하거나 용도를 규제하는 것이다.

그림 **12.7** 용도 지정 대부분의 지방 정부에는 특정 구역을 특정 목적으로 용도 지정하는 기구가 있다. 이 표시판은 이 구역이 최적의 목적으로 용도 지정되었음을 보여준다.

계획 실현이 필요한 토지를 보호하는 가장 단순한 방법은 토지를 매입하는 것이다. 토지 매입은 가끔 정부나 자연보호단체 등에서 시행하는 방법이지만 문제는 비용이다. 많은 경우 비용 문제 때문에 법적인 용도 지정으로 토지 이용의 규제를 시도한다. **용도 지정**(zoning)은 토지 이용 규제의 가장 일반적 방법으로 개발제한구역, 상업지구, 주거지구, 농업지구, 공원지구, 산업지구 등이 있다(그림 12.7).

대부분의 지방자치단체에는 도시계획 전문가를 고용할 경제적 여유가 없다. 때문에 토지의 용도 지정이, 예측되는 장기적 손실을 보지 못하고 단기적 이득만을 보는 사람에 의하여 결정되는 경우가 많다. 흔히는 그 토지가 지금 어떤 용도로 쓰이고 있는가에 따라 결정되어 버리는 것이다. 심지어는 처음에는 계획이 잘 수립되었다 할지라도 지역공동체의 장기적인 이익에 부응하기보다 해당 구역 주민의 단기적 이익에 좇아 수정되어 버리는 경우가 흔하다. 이렇게 계획이 일단 부분적으로 수정되기 시작하면 주민들은 그 계획이 지역공동체의 장기적 이익을 훼손하는 방향으로 더욱더 변질되어 가는 것을 쉽게 용인하는 경향이 있으므로, 지역공동체는 확정된 토지이용계획의 변경을 관심 깊게 주시하여야 한다. 많은 경우에 토지 용도 지정은 그에 이해관계가 있는 부동산업자나 개발업자 또는 지역 실업가들에 좌우된다. 이런 사람들은 흔히 지방 정치권력과 밀착되어 있으며, 지역공동체를 위한 공정한 판단을 기대하기 어려운 경우도 있다. 그러므로 공동체의 이익에 봉사할 뜻이 있는, 의식 있는 시민들이 토지의 용도 지정과 나아가 토지이용계획 수립과정에 적극적으로 참여하여 토지이용계획이 특정 집단의 이익에 따라 좌우되지 않도록 노력하여야 한다.

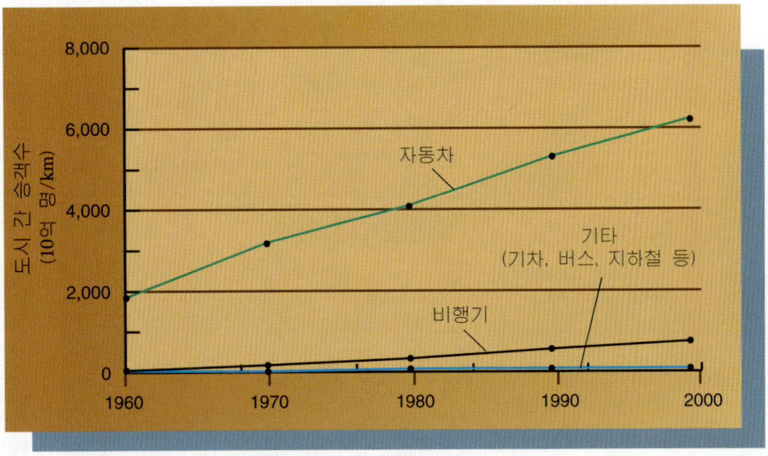

그림 12.8 대중교통의 쇠퇴 1960년 이후 승용차는 지속적으로 증가하였지만 철도와 버스의 이용은 여전히 낮은 상태이다.

출처 : Data from U.S. Department of Transportation, *National Transportation Statistics 2003*.

도시교통계획

포괄적인 도시교통계획의 수립은 지방자치단체의 중요한 기능 중의 하나이다. 이 계획의 세부사항은 물론 도시마다 다르겠지만, 크게 네 가지 공통된 목적을 설정할 수 있다.

1. 토지 자원과 에너지 절약
2. 노약자, 어린이, 장애인, 저소득층을 배려한 도시 교통 편의 제공
3. 교외 거주자들을 배려한 통근 편의 제공
4. 도시 대기오염의 저감

성공적인 도시교통계획이 되려면 이 네 가지 목적을 다 포괄하여야 하지만, 이를 위해서는 적절한 재원의 확보와 인접 도시 간의 협조가 필수적이다. 현재의 도시교통 문제가 단기간에 해결될 수는 없겠지만 이러한 포괄적 계획만이 문제해결의 첫걸음이 될 것이다.

현재 대부분 도시의 주된 교통수단은 자동차이다. 자동차는 여러 가지 편리한 점이 있다. 그러나 많은 도시들이, 이미 자동차로 인한 문제점이 자동차의 이점을 압도하고 있음을 실감하고 있다. 문제점이란 대기오염, 도로 및 주차장 건설의 한계 봉착, 그리고 가속되는 도시 팽창 등이다. 이런 문제점들로 인하여 토론토, 샌프란시스코, 런던, 뉴욕 등의 도시들은 대중교통을 확대하는 한편, 도심 주차비용을 대폭 인상하여 자동차 이용 억제를 추진하고 있다.

주된 대중교통이란 지하철, 전철, 경전철, 버스 등이다. 이런 대중교통도 나름대로의 문제는 있다. 문제점은,

1. 승객이 많은 구역에서만 경제성이 확보된다.
2. 자동차보다 편리하지 않다.
3. 초기 건설비용이 비싸다.
4. 승객이 많고 불편하다.

도시에서 대중교통은 도시를 원활하게 움직이는 중요한 수단임에도 불구하고, 일부 유럽 도시와 북아메리카에서는 느리게 증가하는 반면, 자동차와 항공기의 사용은 급격하게 증가하고 있다. 이러한 경향은 지역에 따라 다르게 나타나는데, 대중교통수단이 널리 퍼져있는 일본과 유럽은 미국과 비교하여 대륙의 크기가 작기 때문에 그러한 것도 한 이유가 된다. 두 번째로는 인구밀집도가 높으므로 대중교통수단을 설치하고 설비하는 것이 비교적 쉽기 때문이다(그림 12.8). 이에는 몇 가지 요인이 있다. 일단 소

a. b.

그림 12.9 캐나다 밴쿠버의 스탠리 파크(a)와 미국 캘리포니아의 에크 파크 레이크(b) 이 사진들은 밴쿠버와 로스앤젤레스 도심에 있는 공원(공지)을 보여 준다. 이 토지들이 공원으로 지정되지 않았더라면 이미 다른 목적으로 개발되었을 것이다.

득이 증가하여 편리하고 개인 활동이 보장되는 개인 승용차를 유지할 여유가 된다는 점이다. 또한 정부도 도로 건설을 국비로 지원하고 저유가 정책을 유지하며 대중교통에 대한 지원을 삭감하여 개인교통 정책을 지속하고 있다. 사실상 정부는 숨겨진 지원금(도로 건설과 저유가)으로 개인교통정책을 지원하면서도 대중교통에 대하여는 지원금을 삭감하고 있다. 북아메리카의 사람들은 휘발유 값과 주차비가 오르든지 도로 혼잡으로 운전하기가 크게 불편해지지 않는 한, 개인 교통에 대한 대안을 모색하지 않을 것으로 보인다.

도시공원계획

북아메리카 주민의 약 3/4은 도시에 산다. 이 도시 주민들은 도시의 소음과 답답함에서 벗어나기 위하여, 또한 휴식을 위하여 시야가 트인 공지를 원한다. 그러나 과거의 잘못된 도시계획으로 많은 공지들이 다른 용도로 전용되었다. 얼마 전까지는 도시 안에 공지, 즉 도심공원을 만드는 것이 비경제적이라고 생각되었지만 최근에 와서는 도심공원의 필요성에 대한 인식이 증가하고 있다.

어떤 도시들에서는 이런 인식이 일찍이 싹터 이미 오래전에 도심공원을 확보하였다(그림 12.9). 런던, 베를린, 토론토 등은 도심에 넓고 좋은 공원을 가지고 있다. 뉴욕은 이미 1800년대 후반에 200 ha의 센트럴파크를 만들었다. 보스턴도 시내 여러 곳에 연계된 공원들을 조성하였다. 그러나 대부분의 도시들은 이런 선견지명이 없거나 또는 비용이 없어서 도심공원을 가지지 못하고 있다. 휴식, 휴양, 오락, 또는 놀이와 스포츠의 복합개념인 레크리에이션은 인간의 기본적 욕구이다. 인류의 가장 원시적 문화양식들은 놀이 문화와 관련되어 있고 시대가 변함에 따라 새로운 놀이 문화가 창출되고 있다. 도심의 답답함을 벗어나 레크리에이션을 즐길 수 있는 열린 공간을 갖춘다는 것은 도시 구성의 필수적 요소이다.

도시 레크리에이션의 주된 문제는 레크리에이션 공간이 주거지 인근에 있어야 한다는 점이다. 위치가 적절치 못한 공원은 사람들이 찾지 않는다. 예컨대 알래스카나 유콘에는 수십만 km^2의 광대한 국립공원이 있으나 한 해에 이 곳을 찾는 사람들은 극소수일 뿐이다. 또한 도심공원은 그 구역 내에 또는 그 인근에 편리하고 저렴한 편의 및 오락 시설이 있어야 한다. 이런 시설들 중 놀이공원, 공연장, 볼링장 등은 상업시설일 수도 있다. 기타 시설들은 지역공동체가 보조하는 것이 바람직할 것이다(그림 12.10). 소형 운동장, 공지, 그리고 그 안에서 이루어지는 레크리에이션 프로그램의 운영은 시청 공원관리과에

그림 12.10 도심지 레크리에이션 도심지의 레크리에이션으로는 스포츠 활동, 어린이들의 놀이, 산책 등이 있다. 대부분의 도시들은 이런 활동이 필요함을 인식하고 있고, 시민들을 위하여 다양한 레크리에이션 프로그램을 개발하고 있다.

서 담당해야 한다. 많은 도시들이 이러한 레크리에이션 프로그램을 개발하고 운영하기 위하여 수백만 달러를 투자하고 있다. 그러나 일반적으로 도심에 공지가 남아 있는 경우가 드물고 또 있더라도 매우 비싸기 때문에 공원을 위하여 토지자원과 재정을 배정하는 것이 쉽지 않은 경우가 많다. 강가의 둔치 구역은 공원과 레크리에이션 목적에 적합하지만 주거나 상업 지역으로서도 최적이다. 따라서 이런 구역을 공원으로 사용하는 데 갈등이 없을 수 없지만, 많은 대도시들이 공동체의 건강성을 유지하기 위해서는 레크리에이션 자원도 경제 성장 못지 않게 중요함을 인식하고 있다.

도시화와 더불어 나타나는 현상 중의 하나는 **자연센터**(nature center)의 건립이다. 대부분의 도시 지역에는 자연 그대로의 상태가 유지된 구역이 거의 없고, 따라서 도시민들은 자연을 접하고 배울 기회가 없다. 자연센터는 기본적으로 사람들이 자연을 감상하고 자연의 혜택을 느껴 알게 하는 다양한 수단을 제공하는 교육기관의 성격을 지닌다. 동물원, 식물원, 또는 어떤 형태의 도시 공원 등도 잘 구성된 안내소와 함께 있으면 자연센터의 기능을 할 수 있다. 이런 자연센터는 시 당국이 운영할 수도 있지만 교육기관이나 비영리 단체가 운영할 수도 있다.

국가적 광역적 계획

국가의 행정구획이 토지이용계획의 근거가 되는 지리적 · 생물학적 요인을 반영하는 경우는 매우 드물다. 그러므로 시 단위의 토지이용계획보다는 국가적 또는 광역적 토지이용계획이 더 효과적인 경우가 많다. 계획구역이 넓어지면 그 안에 보다 더 다양한 토지 지형적 자원을 포괄하게 되고, 또한 토지계획 전문가를 고용할 수 있게 된다.

광역적 계획(regional planning)은 또한 유사 시설에 대한 중복 투자를 예방할 수 있으므로 보다 더 효율적이다. 예컨대 비행장의 위치 선정은 여러 도시가 연합하여 결정하는 것이 합리적일 것이다. 북아메리카에서도 최근에는 광역계획이 증가하고는 있지만 광역계획구역 내의 행정당국들이 이런 계획을 실행할 권한은 없다. 따라서 그들이 하는 일이란 인접 도시 간에 서로 충고하는 정도이다.

불행하게도 지방 정부의 구성원들은 그 권력의 일부를 포기하려 하지 않는다. 그들은 도시의 정책을 좁은 시각으로 바라보고 광역계획의 목표보다 개인의 이해관계를 앞세우는 경우가 많다. 이런 관점에서 보면 지방 정부보다 넓은 구역을 포괄하는 선출직의 광역 정부를 두는 것이 광역적 토지이용계획을 실현하는 데 바람직할 것이다. 북아메리카에는 그런 광역 정부가 불과 몇 개뿐이지만 조금씩 늘어나고 있다.

광역계획을 촉진하는 한 방법은 주(state) 단위의 정책을 개발하는 것이다. 미국에서는 하와이 주가 처음으로 주 단위의 광역 토지이용계획을 수립하였다. 하와이에서는 1960년대에 증가하는 인구를 수용하기 위한 주택 건설로 자연의 아름다움이 크게 파괴되었다. 많은 관광객을 끌어들이던 바로 그 땅이 그 관광객을 위한 슈퍼마켓과 호텔을 짓느라고 파괴된 것이다. 이때 지방 정부는 토지 이용을 규제하는 데 실패하였다. 결과적으로 주 정부가 토지이용규제위원회를 만들고 하와이 주의 모든 토지에 대하여 주거지역, 농촌지역, 보존지역 등으로 구분하였다. 모든 구역은 정해진 용도로만 사용이 허가되었고, 용도 외의 사용에는 특별한 허가가 필요하게 되었다. 그 결과, 그 이후에도 하와이의 인구는 꾸준히 증가하였지만 도시의 팽창을 억제하고 하와이 섬의 자연적 아름다움을 유지하는 데 성공하였다고 평가되고 있다(그림 12.11).

하와이의 주 토지이용계획이 성공한 사례를 따라 몇몇 주와 광역시들이 유사한 입법을 시도하고 있다. 습지 보존, 범람원 보호, 경관지구 또는 역사지구 보존 등 특별한 토지이용계획을 입법한 사례도 있다. 주 정부가 직접 토지이용계획에 관여하는 일은 최근에 있는 일이지만 앞으로 더욱 증가할 것으로 보인다. 토지이용계획을 실현하는 데 드는 비용이 크게 증가하였기 때문에 지방 정부의 빈약한 재정으로는 이를 감당하기가 어려워졌고, 또한 주 정부나 광역 정부 정도가 되어야 어떤 토지이용정책에 대한 논쟁이 있을 때 개발업자나 로비스트 등 특정 이익집단의 영향으로부터 자유로울 수 있을 것이다.

중앙 정부도 광대한 국유지를 관리하고 있으며 이 국유지의 용도는 국가의 정책에 좌우된다. 국가가 국유지를 야생보호지, 삼림, 목장 또는 공원 등의 용도로 지정하려면 토지 이용에 관한 국가적 입장과 지방의 입장을 잘 조화시켜야 한다. 지역적 토지이용계획의 경우와 마찬가지로, 국가적 토지 이용의 경우도 경제적 이유로 문제가 되며 이로 인하여 흔히 적당한 절충적 이용계획이 성립되곤 한다.

그림 **12.11** 하와이 주 토지이용계획 하와이 주는 미국에서 처음으로 종합적 토지이용계획을 수립하였다. 이 계획이 1960년에 시행되어 사진에서 보는 농촌개발사업은 중단되었다.

표 12.1 각종 레크리에이션 활동에 참여한 사람 수

활동의 종류	참여 인원(%)
도보	33
수영	27
사이클링	24
낚시	15
캠핑	18
골프	14
하이킹	10
달리기	8
사냥	6
배낭 야영	4
스키	4

출처 : Data from *Statistical of the United States*, 2003.

다목적 토지 이용

일단 토지 이용이 결정되면 그 결과는 일반적으로 불가역적이다. 예컨대 어떤 토지에 고속도로가 건설되면 그 땅을 다른 목적으로 이용하는 것은 불가능하다. 어떤 구역이 야생보호구역으로 지정된 경우, 인간에 의한 개발은 거의 완전히 금지된다. 농경지, 폐기물 저장소, 주택지 또는 산업단지로 지정되는 경우에도 용도는 거의 단일 목적에 독점적이다.

어떤 경우에는 토지가 다목적으로 쓰이기도 한다. 동시에 두 가지 이상으로 토지가 이용되는 것을 **다목적 토지 이용**(multiple land use)이라 한다. 미국의 국립삼림구역은 그 좋은 예이다. 1960년에 제정된 다목적 · 지속적 생산에 관한 법은 국유림에 야생생물 서식지 보존, 레크리에이션, 목재 생산 및 집수역 보호 등 네 가지 기능을 설정하였다. 즉, 이 법은 삼림의 경제적 이용과 레크리에이션 이용을 동시에 추구한 것이다.

토지 다목적 이용의 다른 예는 범람원을 공원으로 개발하는 것이다. 이러한 공원은 공지와 레크리에이션 용지를 제공하며 홍수 때에는 저수지의 기능을 한다. 저수지는 공원 설계 때부터 연못이나 호수의 기능으로 공원의 일부로 고려되기도 한다.

그림 12.12 레크리에이션 목적의 상호 충돌 배낭을 지고 등산하려는 사람과 동력을 이용해 스포츠를 즐기려는 사람 간에는 같은 토지를 두고 이용 목적에서 갈등이 일어난다.

공공용지를 야외 레크리에이션 용지로 활용

모든 사람이 같은 종류의 레크리에이션을 즐기지는 않는다. 어떤 이들은 독서나 TV를 즐기지만 어떤 이들은 골프, 테니스, 볼링, 스키 등을 즐긴다. 레크리에이션의 또 다른 분야는 캠핑, 하이킹, 카누잉 등을 즐기는 **야외 레크리에이션**(outdoor recreation)이다. 자연은 우리의 일상생활에서 경험할 수 없는 도전의 기회를 제공하므로 많은 사람들이 자연세계를 레크리에이션의 목적으로 활용하고자 한다. 야생의 자연에서 이루어지는 하이킹, 수중 탐험, 등산, 캠핑 등은 모험감을 제공한다. 표 12.1에서 보는 바와 같이, 이 모든 활동이 야외 자연을 이용하지만 같은 방식으로 이용하는 것은 아니다. 어떤 야외 활동들은 같은 장소에서 동시에 이루어질 수 없기 때문에 갈등이 발생하기도 한다. 예컨대 야외 캠핑이나 배낭 등산과, 비포장 산악도로의 자동차 스포츠는 상호 충돌한다.

자동차 등 동력을 이용하기를 원하는 사람과 순수하게 사람의 힘만으로 레크리에이션을 추구하는 사람 간에는 근본적인 갈등이 있다(그림 12.12). 이 두 부류의 사람들은 같은 공유지를 이용하려 하기 때문에 특히 갈등이 심하다. 이들은 모두 납세자로서 공유지에 대한 '소유권'이 있기 때문에 공유지를 자기들이 원하는 대로 사용할 수 있어야 한다고 생각한다. 누구든 무엇에 대한 '소유권'이 있으면 그 소유권의 행사를 규제하기는 어려운 것이다.

예컨대 미국 서부에는 공유 목장들이 많이 있다. 축산 농가들은 토지관리국이나 산림청이 정한 '가축방목월(月)'에만 이 목장들에다 가축을 방목할 수 있다. 그러나 관리 당국의 관리 인원 부족으로 축산 농가들의 합의가 이루어지지 않는 한 방목가축수를 제한할 이윤동기가 없다. 따라서 소수의 축산 농가가 가축을 과다하게 입식하므로 목장을 영구히 망쳐버리는 일이 종종 발생한다. 많은 사람들이 이 공유 목장을 레크리에이션 목적으로 사용하기를 원하며 따라서 가축 방목에 사용되는 것을 반대한다. 그러나 축산 농가들은 전통적으로 그들이 관리해온 공유지 목장에서 레크리에이션 활동이 행해지는 것을 원치 않는다.

이 문제를 해결하려면 공유지마다 그 용도를 정하고 정해진 용도에 한하여 활용되도록 규제하여야 한다. 미국의 경우 국립공원 관리청, 국토관리국, 산림청, 어류 및 야생동물 관리청 등이 있어서 국공유지의 용도를 정하고 관리한다. 그러나 이 관리청들의 관리지침은 서로 상충되는 경우가 있다. 산림청의 지침은 산림을 목재 생산의 목적으로 관리하는 것이다. 이 지침은 레크리에이션의 목적과 종종 상충된다. 국토관리국은 또한 광대한 면적의 레크리에이션 용지를 관리하고 있다. 그러나 그 공유지는 전통적으로 방목에 활용되던 것이다.

어떤 특정 지역을 야생보호구역으로 지정할 때는 특히 문제가 된다. 야생보호구역으로 지정된 구역에서는 일반인의 출입까지도 통제될 정도로 인간의 활동이 극도로 제한된다. 이런 경우 일반인들은 그들이 세금을 내어 소수 특정인에게 레크리에이션을 제공하고 있는 셈이라고 불평한다. 그 반대론자들은 그런 곳에 아무나 무제한으로 출입하면 야생의 섬세한 아름다움이 파괴되므로 어쩔 수 없다고 주장한다.

가능한 레크리에이션 용지 중에서 야생보호구역으로 지정되는 면적은 극히 작은 일부이다(그림 12.13). 야생보호구역이 이렇게 희소하다는 것은 또 다른 문제를 야기한다. 그 희소성 때문에 사람들이 야생보호구역을 지나치게 선호하고, 그 선호도가 지나쳐

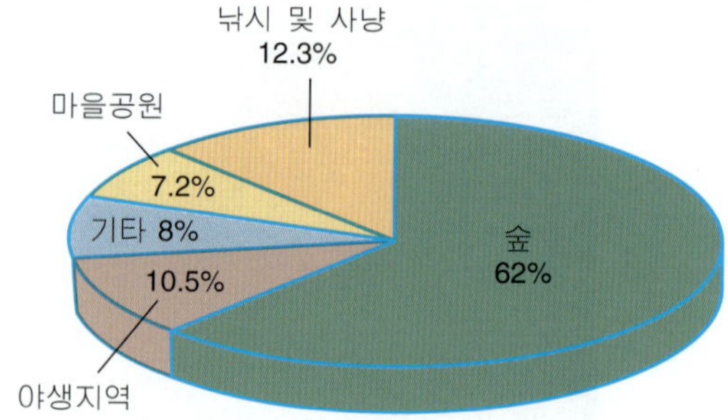

그림 12.13 미국의 레크리에이션 용지 비율 약 1억 800만 ha에 달하는 레크리에이션 용지 중 약 10%가 자연 또는 생태 보존구역이다.

출처 : Data from the *Statistical Abstract of the United States*, 2003.

어떤 경우에는 야생보호구역이 파괴되기까지 이르기 때문이다. 이런 희소성에 따른 압력은 야생보호구역을 어느 정도 확대함으로써 완화될 수 있을 것이다.

요약

역사적으로 수로는 운송로로 쓰였고, 그 운송로를 통하여 새로운 땅이 개척되고 상품이 수송되었다. 그러므로 대부분의 대도시는 수로에 연접한 작은 마을로 출발하였다. 물은 운송로의 기능 외에도 마을의 여러 가지 필요를 해결하였다. 이러한 작은 마을이 도시로 성장하는 데는 여러 가지 요인이 작용하였다. 도시에 일자리를 마련해준 산업혁명과 이민자의 유입은 중요한 요인이었다. 마을이 커짐에 따라 마을 외곽의 농경지는 산업 중심지를 둘러싼 교외로 변모하였다. 도시에서의 무계획적 산업 발전은 도심 수변공간의 생활환경을 악화시켰고, 도시인들이 도시 외곽에 주택을 마련할 수 있는 경제력을 갖춤에 따라 생활 환경이 나은 교외로 이동함으로써 도시가 팽창되었다. 자동차 보급의 증가도 도시인들의 교외로의 이동을 부추기는 한 요인이 되었다.

도시의 무계획적인 팽창은 많은 문제를 야기하였다. 토지세 제도는 도시 주변 농경지가 주택지로 개발되는 것을 부추겼고, 그 결과 농경지가 크게 감소하였다. 범람원과 습지의 관리도 잘못된 경우가 많다. 습지는 해안선을 보호하고 어류와 야생생물의 서식지가 된다. 대도시의 교통문제와 공지 상실도 보편적인 문제점이다.

토지이용계획은 데이터의 수집, 미래 수요의 예측, 계획 실행을 위한 수단의 개발을 포함한다. 토지이용계획의 실행에는 토지의 매입과 용도지구의 설정 두 방법이 있다. 하급 자치단체의 토지이용계획은 토지 이용의 문제가 자치단체 행정구역의 경계 안에만 국한되지 않는 경우가 많으므로 비합리적인 경우가 많다. 토지이용계획을 광역 단위로 수립한다면 토지계획 전문가를 활용할 여유도 생기고, 정치적 · 경제적 측면의 부당한 외부 압력을 배제하기도 나을 것이다. 통합적인 도시교통계획은 도시 행정의 중요 문제로 떠오르고 있다. 통합적 도시교통계획이란 도시의 에너지 및 토지 이용효율을 높이는 것으로, 효율적이며 저렴한 교통수단을 제공하면서 도시의 오염을 완화시킨다. 도시는 또한 그 주민들에게 적절한 여가 활용의 공간과 기회를 제공하여야 한다.

미국의 연방 정부는 광대한 국유지를 소유 · 관리하고 있으므로, 국가 수준의 토지이용계획을 수립하여야 한다. 국가 토지이용계획은 국유지를 특정 목적, 즉 삼림, 목초지, 공원, 생태보존지역 등으로 용도 지정하는 것이다. 공공용지를 레크리에이션 목적으로 활용할 때는 그 이용자들의 이용방법이 상충되는 경우를 대비하여 적절한 규칙이 있어야 한다. 그러나 현재의 연방 정부 정책은 경쟁적 이용자들의 요구를 적당한 수준에서 얼버무린 다목적 정책이라서 어느 한 목적도 효과적으로 달성하지 못하고 있다.

이슈와 분석 토지이용계획에서의 의사결정 : 쇼핑몰의 건립

다음은 지난 20년간 수천 번쯤 되풀이된 상황이다.

당신이 살고 있는 도시 외곽에 위치한 농촌지역에 한 개발업자가 대규모 쇼핑몰 건설 계획을 발표한다. 새로운 상점과 극장이 포함된 쇼핑몰이 건설되고 운영된다면 새로운 직업도 늘어날 것이다. 현재 당신이 살고 있는 지역은 실업이 만연하고, 극장도 중심가에 하나밖에 없고, 소매업종도 다양하지 못하다. 표면적으로 쇼핑몰 건설계획은 지역을 부흥시키는 '좋은' 계획이다. 이러한 상황을 가정하고 다음 질문에 답해보자.

- 쇼핑몰이 개장하면 중심가에는 어떤 변화가 생겨나는가?
- 중심가에 점포를 가진 업주라면 쇼핑몰 건설을 어떻게 생각하겠는가?
- 새로운 쇼핑몰 주변의 농지에 새로운 과세가 부과될 것이다. 어떤 변화가 생겨나겠는가?
- 당신이 농부라면 이 계획에 찬성하겠는가?
- 농지를 도로 및 건설 부지로 포장하게 되면 어떤 일이 일어나겠는가?
- 폭풍이 밀려오면 하천은 어떻게 되겠는가?
- 미래의 주택 건설은 또한 어떻게 변화하겠는가?
- 쇼핑몰 건설과 관련된 다른 문제는 없는가?
- 당신이 시장이라면, 쇼핑몰 건설에 대한 어떤 입장을 가지겠는가? 이유는?
- 개발계획은 여전히 좋은 계획인가?

주요 용어

거대도시 (megalopolis)
다목적 토지 이용 (multiple land use)
단지개발 (tract development)
도시 팽창 (urban sprawl)
리본형 팽창 (ribbon sprawl)
범람원 (floodplain)
범람원개발제한법 (floodplain zoning ordinances)
습지 (wetlands)
야외 레크리에이션 (outdoor recreation)
용도 지정 (zoning)
자연센터 (nature centers)
토지이용계획 (land-use planning)

복습문제

1. 도시들이 수로에 가깝게 발달한 이유는 무엇인가? 지금도 도시들은 수로 가까운 곳에 있는가?
2. 도시의 생성과정을 설명하라.
3. 사람들이 교외로 이동하는 이유는 무엇인가?
4. 도시 인근의 농지가 주거 또는 상업 용지로 팔리는 이유는 무엇인가?
5. 거대도시(megalopolis)란 무엇인가?
6. 범람원에 적절한 토지용도는 무엇인가?
7. 토지의 다목적 이용이란 무엇인가? 토지가 다목적으로 이용될 수 있는가?
8. 도시계획에서 레크리에이션 용지를 고려해야 하는 이유는 무엇인가?
9. 레크리에이션 활동이 환경을 파괴하는 경우가 있는가? 그런 활동에 참여해 보았는가?
10. 레크리에이션 활동의 경제적 측면은 무엇인가?
11. 도시에서만 일어나는 레크리에이션 활동은 어떤 것이 있는가?
12. 어떤 구역이 배타적으로 레크리에이션 용도로만 지정될 때 일어나는 문제점은 무엇인가?
13. 토지이용계획의 수립과정을 설명하라.
14. 광역 단위 또는 국가 단위의 토지이용계획의 장점은 무엇인가?
15. 토지이용계획의 세 가지 이점을 말하라.

비판적 사고력 문제

1. 당신이 사는 도시의 주민들을 인터뷰하고 옛 지도를 살펴보자. 그 도시의 75년 전의 모습은 어떠한가? 도시의 경계는 어디까지이며, 당시 주민들의 생활반경은 어떠한가? 지금과 비교해보라.
2. 당신의 가족이 시골에서 도시로 이주했다면 그 이주의 이유는 무엇인가? 지금 개발도상국에서 일어나는 도시 인구 증가의 이유와 비교해보라.
3. 당신이 사는 도시에도 무계획적 개발로 인한 문제가 있는가? 그 문제의 원인은 무엇이며 어떤 해결방법이 있는가?
4. 미국에서는 지난 수십 년간, 건조한 서부지역이 엄청나게 개발되었고, 그로 인하여 심각한 물 부족 사태가 발생하였다. 이 물 부족 사태에 해결방안이 있는가? 이런 방식의 개발에 불가피한 한계가 있는가? 있다면 무엇이겠는가?
5. 당신이 국립공원 관리자로서 공원관리 10개년 계획을 세운다고 하자. 어떤 이해당사자들이 당신에게 접촉해 오겠는가? 그들은 어떤 압력을 행사할 수 있을 것인가? 당신은 공원 이용에 있어 임업, 광산업, 목축업 및 레크리에이션 등 상충하는 목적들을 어떻게 조화시킬 것인가? 당신의 결정에 어떤 신념, 가치관 또는 전망이 고려될 것인가?
6. 당신이 생태보존구역으로 지정될 가능성이 있는 지역에 살고 있다고 하자. 만일 그렇게 지정된다면 어떤 문제가 생기겠는가? 어떤 사람들이 반대하겠는가? 그들을 설득할 수 있는 전망은 무엇인가?
7. 당신이 시장이라면 쇼핑센터의 건설에 어떤 결정을 내리겠는가? 그 결정은 어떤 신념, 가치관 또는 전망을 근거로 하는가?
8. 루이지애나의 습지를 보존하기 위하여 어떤 방안이 있겠는가? 아무런 조치도 없이 그냥 둔다면 습지는 어떻게 되겠는가? 습지 보호 조치를 취한다면 어떤 저항이 발생하겠는가?

토양과 그 이용

이 장의 학습목표

- 지표를 만들고 퇴화시키는 지질학적 과정을 설명할 수 있다.
- 토양의 형성에 영향을 미치는 물리, 화학, 생물학적 요소를 열거할 수 있다.
- 토양 비옥도에 있어 부식토의 중요성을 설명할 수 있다.
- 토양 조직과 토양 구조를 구분할 수 있다.
- 토양 조직과 구조가 토양 내 공기와 물에 미치는 영향을 설명할 수 있다.
- 토양 생물이 토양 생성과 비옥도에 미치는 영향을 설명할 수 있다.
- 토양 단면의 각 층을 설명할 수 있다.
- 물과 바람에 의한 토양침식 과정을 설명할 수 있다.
- 등고선 경작, 대상 경작, 계단 경작, 수로, 방풍림, 보존 경운을 통한 토양 침식 경감을 설명할 수 있다.
- 경작지로서 부적합한 토지가 다른 용도로 사용되는 방법을 설명할 수 있다.

이 장의 세부목차

과거 현재 그리고 미래

1983 전 세계 일인당 평균 경작지 면적 0.29ha
1983 전 세계 관개지 면적 2억 1천3백만 ha
1982 개발도상국 일인당 하루 식량 공급량 2,000cal

2001 전 세계 일인당 평균 경작지 면적 0.22ha
2002 전 세계 관개지 면적 2억 8천5백만 ha
2003 개발도상국 일인당 하루 식량 공급량 2,600cal

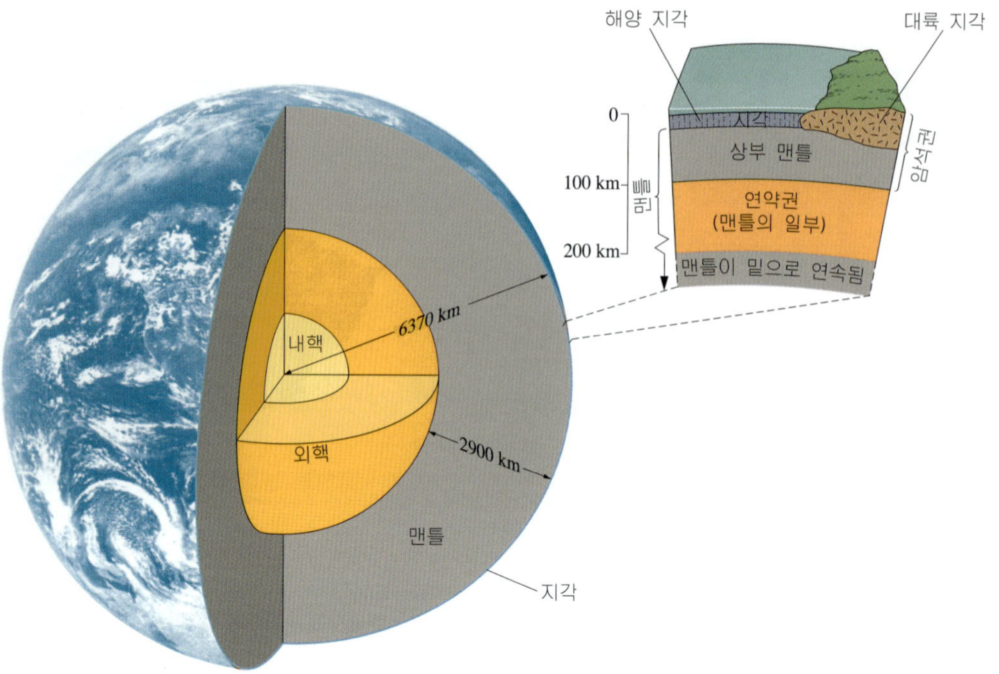

그림 **13.1** 지구의 구조 지구는 유동성 있는 맨틀 위에 떠다니는 딱딱한 지각을 포함하고 있다.

지질학적 과정

종전에 우리는 지구를 안정되고 절대 변하지 않을 존재로 생각해왔지만 근래에는 지진, 화산 분출, 홍수, 폭풍 등과 같은 자연 재해들에 의해 지표가 변화하는 현상을 직접 눈으로 보고 있다. 본질적으로 지구 안에는 항상 새로운 육지를 만들어 내는 창조적인 힘과 이와 반대로 만들어진 육지를 파괴하는 힘이 공존한다. 육지가 만들어지는 과정은 지표가 거대한 판(板, plate)의 형태로 움직이는 현상으로 생각할 수 있다. **판구조론**(板構造論, plate tectonics)은 지표 바깥 층, 즉 **지각**(crust)이 몇 개의 큰 판으로 구성되어 이들이 **맨틀**(mantle)의 표면 위로 서서히 이동한다는 개념이다. 맨틀은 안쪽의 고체 부분과 유동성을 띠는 바깥 부분으로 구분되고, 지구의 부피를 가장 많이 차지하는 층으로서 주로 철로 구성된 핵(core)을 감싸고 있다(그림 13.1). 지구 내부에서 발생하는 열은 상부 맨틀을 서서히 움직인다. 이것은 마치 난로 위에 있는 그릇 안의 액체를 가열할 때 일어나는 현상과, 굉장히 느리게 일어난다는 점만 빼면, 아주 비슷하다. 이와 같이 유동성 있는(plastic) 상부 맨틀에서 일어나는 판들의 이동은 서로 독립적이어서 이들 중 어떤 판들은 인장력이 작용하여 서로 분리되기도 하고, 다른 판들은 서로 충돌하기도 한다.

판들이 분리되는 곳에서는 액체 상태의 맨틀이 위로 올라와 틈새를 메우면서 굳는다. 그러므로 새로운 지각은 궁극적으로 액체 상태의 맨틀로부터 만들어지는 셈이다. 지표의 약 1/2이 지난 2억 년에 걸쳐 이러한 방법으로 만들어졌다. 대서양 및 태평양의 해저와 아프리카의 열곡대(Rift Valley)와 홍해 지역은 이러한 현상이 현재 일어나고 있는 대표적인 지역들이다.

판들이 한 지점에서 분리되고 있다면 각 판은 어디에선가는 다른 판들과 충돌할 수밖에 없다. 판들이 서로 충돌하는 곳에서는 여러 가지 현상이 일어난다(그림 13.2). 일반적으로 하나의 판은 다른 판 밑으로 미끄러져 들어가며 녹게 된다. 이때 액체 상태 맨틀의 일부는 지표까지 올라와 화산을 형성하여 산들을 만들어 낸다. 북아메리카와 남아메리카의 서

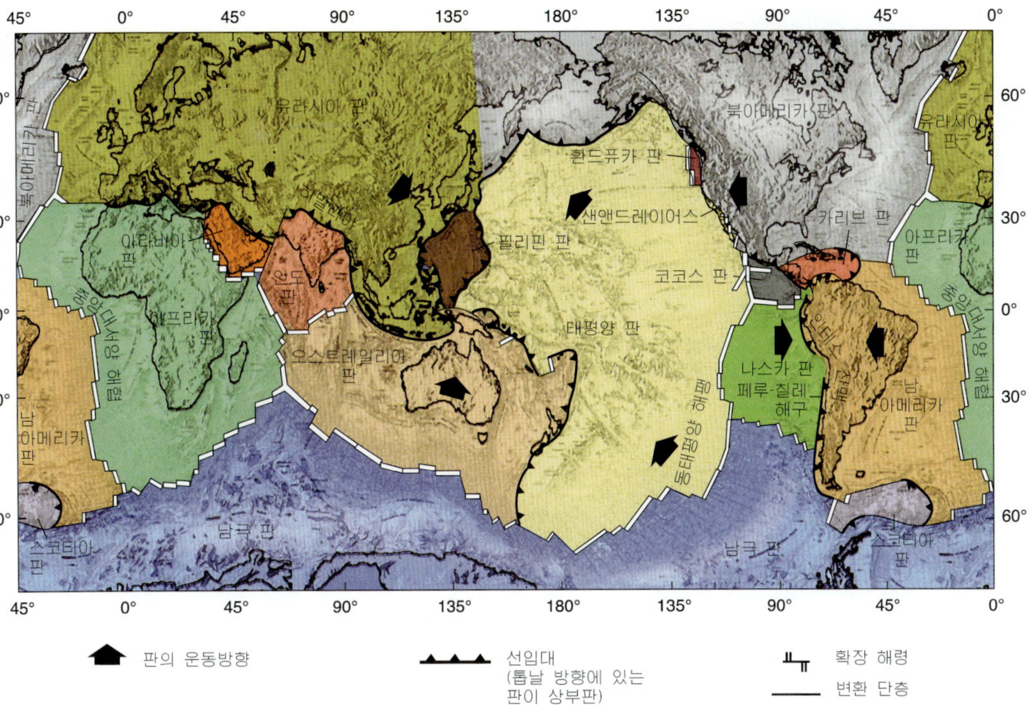

그림 13.2 판구조 지각을 형성하는 판들은 항상 움직인다. 어떤 지역에서는 서로 분리되고 어떤 지역에서는 서로 충돌한다.

쪽 해안은 두 개의 판이 서로 충돌하여 수많은 화산과 산맥들이 존재한다. 화산활동은 지각에 새로운 토양을 생성시킨다. 해양 밑에 있는 두 개의 판들 사이에서 충돌이 일어날 때는 화산은 결국 지표로 모습을 나타내어 알루샨 열도(Aleutian Islands)와 카리브 해의 많은 섬처럼 일종의 화산섬 제도를 만든다. 한편 두 개의 대륙판들이 충돌할 때 두 개 모두 서로 위로 치고 올라와 산맥을 이루기도 한다. 히말라야(Himalayas), 알프스(Alps), 애팔래치아(Appalachian) 산맥들은 이와 같이 두 개의 대륙판이 서로 충돌하여 만들어진 것이다. 이와 같은 판들의 움직임은 모두 지진(earthquakes)과 관련된다. 판은 움직일 때 서서히 같은 상태로 미끄러지는 것이 아니고 미약하지만 약간 튀어 오르며 미끄러지는 경향이 있다. 두 개 판 사이의 이러한 움직임은 지하에서는 미세하지만, 지구 전체에 비해 훨씬 작은 건물과 같은 인공 구조물에는 거대한 균열이 되어 막대한 피해를 입히기도 한다.

일단 이렇게 만들어진 화산과 산맥은 상승된 표면을 낮추려는 자연현상의 각종 반작용 과정들에 의해 끊임없이 영향을 받게 된다. 먼저 중력(gravity)은 높아진 지대를 낮게 만드는 근원적인 힘이 되며, 유수(流水; flowing water), 빙하, 바람은 이 과정에서 보조 역할을 한다. 그러나 이들의 효과는 암석 입자의 크기와 관련되는데 암석은 각종 **풍화작용**(weathering)으로 부서져서 유수와 공기에 의해 운반된다. **기계적 풍화작용**(mechanical weathering)은 암석의 화학적인 성질을 변화시키지 않고 암석 입자의 크기를 감소시키는 물리적인 힘에 의해 진행된다. 기계적 풍화의 주된 원인은 다음과 같다. 첫째, 결빙작용으로서 물이 얼면 부피가 팽창하여 암석 덩어리가 더욱 잘게 부서진다. 둘째, 온도가 변하면 암석 안에 균열이 일어난다. 셋째, 식물과 동물의 활동으로 암석이 파쇄된다. **화학적 풍화작용**(chemical weathering)은 암석의 화학적 반응에 의해 암석이 부스러지거나 용해되기 쉬운 형태로 변해 가는 과정을

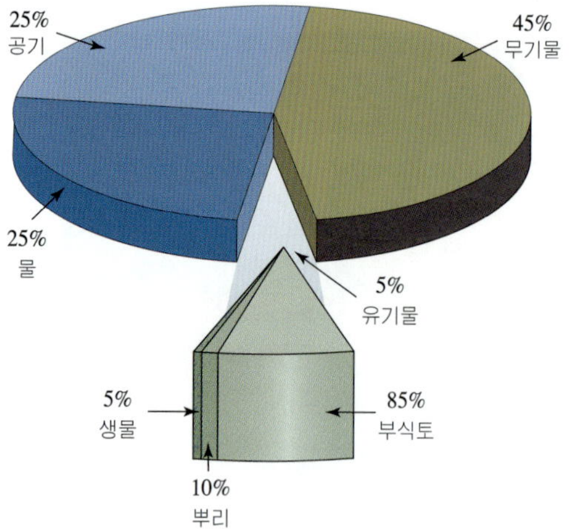

그림 13.3 토양의 성분 토양의 조성은 다양하지만 기본적인 성분(무기물, 공기, 물, 유기물)은 모두 포함하고 있다. 유기물은 부식토, 뿌리, 다른 생물로 더욱 세분화된다. 표시된 백분율은 양호한 토양에 존재하는 분포율을 기준으로 하였다.

말한다. 중력의 영향으로 입자는 주로 높은 지대에서 낮은 곳으로 이동한다. 이와 같이 입자들을 느슨하게 하고 재배열시키는 모든 과정을 **침식**(erosion)이라 정의한다. 바람은 모래와 먼지를 이동시킬 수 있고 또한 암석 표면을 모래와 마찰시켜 그 표면을 마모시킬 수 있다. 빙하는 큰 암석을 이동시키면서 암석끼리 혹은 지표면에 부딪히게 하여 그 표면을 둥글게 만들고, 유수는 많은 물질들을 하천을 따라 운반한다. 이외에 호수나 바닷가의 파도들도 입자들을 끊임없이 부수고 운반하는 역할을 한다.

토양과 토지

앞에 설명한 '지질 작용'은 토양과 토지의 발달에 모두 적용된다. 그러나 토양과 토지는 서로 같지 않다. **토지**(land)는 해양에 의해 덮여 있지 않은 부분을 말하며, **토양**(soil)은 토지의 상부에 있는 얇은 층으로서 식물의 성장을 지탱해주는 무기물, 유기물, 생물, 공기, 물의 복합체이다. 토양 성분의 비는 토양의 형태에 따라 달라지는데 일반적으로 "비옥"한 토양은 약 45%의 무기물, 25%의 공기, 25%의 물, 5%의 유기물로 구성된 토양을 말한다(그림 13.3). 농부는 토양에 특히 관심을 가져야 하는데 그 이유

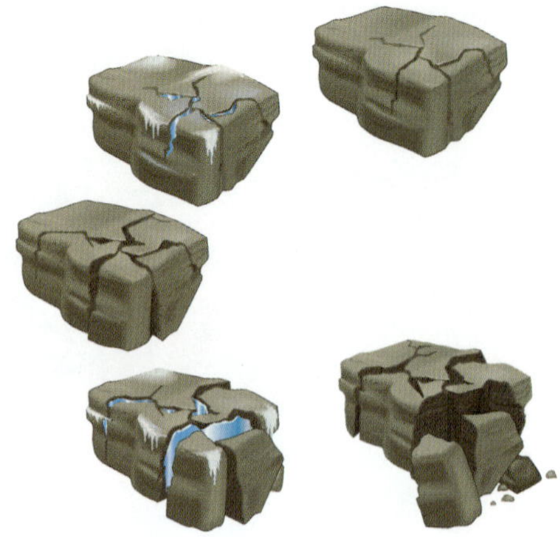

그림 13.4 결빙과 해빙에 의한 물리적인 분쇄 암석 안에 있는 틈새는 물로 차 있다. 물이 얼어 얼음이 되면서 얼음 안의 압력은 틈새를 더욱 확장시킨다. 얼음은 녹아 물이 되어 다시 틈새를 메우고 물은 다시 얼어 틈새를 더욱 확장시킨다. 이와 같이 결빙과 해빙이 교대로 일어나 암석은 결국 작은 조각으로 부서진다.

는 재배 가능한 작물과 적합한 경작 방법들이 주로 토양의 특성에 의해 결정되기 때문이다. 도시 거주자도 토양에 관심을 가져야 하는데 이는 그들이 섭취하는 음식의 양과 질이 그 토양이 얼마나 비옥한가에 달려 있기 때문이다. 예를 들어 토양이 남용되어 더 이상 식물을 경작할 수 없거나 침식되어 공기와 물을 오염시킨다면 농촌 사람들이나 도시 거주자들도 똑같이 피해를 입는다. 토양을 어떤 방법으로 보호할 것인가를 이해하기 위해서 먼저 그 특성과 함께 어떻게 만들어지는가를 살펴보자.

토양 형성

토양은 오랜 시간에 걸쳐 물리적이고 생물학적인 환경들이 복합되어 만들어진다. 토양 형성은 오래된 암석층과 용암류나 빙하작용에 의해 보다 최근에 쌓인 퇴적물이 주가 되는 **모재**(母材, parent material)가 물리적으로 부서지면서 시작된다. 따라서 어떤 지역에서 발달되는 토양의 종류와 양은 모재의 종류, 동식물, 기후, 시간, 토지의 경사도에 따라 달라진다. 앞에서 설명한 대로 풍화는 모재를 분쇄하거나 화학적인 변화를 초래하는 원인이 된다. 모재가

물리적으로 부서지는 것은 기계적인 풍화의 현상으로서, 온도 변화와 삭박(削剝)은 기계적인 풍화를 일으키는 두 개의 중요한 요소들이다.

암석은 모든 방향으로 똑같이 팽창하지 않기 때문에 암석에 열이 가해지면 균열이 생겨 여러 조각으로 벗겨 떨어지기 마련이다. 이러한 조각들은 결빙과 해빙이 반복되면 크기가 더욱더 작아진다. 즉, 암석 틈새와 균열대로 스며들어간 물은 얼 때 부피가 팽창하여 그 틈새가 더욱 벌어진다. 계속되는 해빙 작용으로 더욱 많은 물이 생성되어 넓어진 틈새를 채우며 이 틈새는 또다시 어는 동안 더욱 확장된다. 이와 같이 결빙과 해빙의 반복적인 과정으로 큰 암석 덩어리가 점차 작은 암석 조각으로 되어 간다(그림 13.4). 암석 틈새에서 자라는 식물의 뿌리 또한 계속 성장하면 암석을 쪼갤 정도의 힘을 갖는다.

또한 암석은 입자들끼리의 상대적인 이동과 마찰과 같은 물리적인 방법으로 쪼개질 수 있다. 예를 들어 빙하는 암석 입자들을 서로 으깨어 암편을 더 작게 만들고 표면을 더욱 부드럽게 한다. 이러한 입자들은 얼음이 녹을 때 빙하에 의해 퇴적된다. 실제로 토양을 만든 모재가 빙하 퇴적물로 이루어진 경우가 많다. 바람과 유수도 작은 입자들을 충돌시켜 풍화작용을 도와준다. 하천이나 해안에 있는 암석과 자갈이 모나지 않고 둥근 것은 유수가 그들을 서로 부딪히게 하여 날카로운 면들이 마모되었다는 증거이다. 마찬가지로 바람에 의해 운반되는 입자들도 어떤 물체(암석 포함)와 부딪히면 더욱 잘게 부서진다.

바람과 유수는 암석 조각을 잘게 부수는 것뿐만 아니라 작은 입자들을 이동시켜 새로운 장소에 퇴적시켜 풍화에 노출시킨다. 예를 들어 미국 남서부에 있는 페인티드 사막(Painted Desert)의 절벽은 바람과 유수에 의해 만들어졌는데 운반된 입자들은 쉽게 제거된 반면 풍화에 보다 강한 암석들만 그대로 남아 절벽을 이루고 있다(그림 13.5).

바람, 유수, 빙하, 온도 변화 외에 화학적 풍화작용 또한 모재의 크기와 성분을 변화시키며 토양을 형성하는 데 영향을 끼친다. 예를 들어 대기에 노출

그림 13.5 페인티드 사막 이 경관은 바람과 유수의 활동으로 만들어졌다. 이들에 의해 운반되는 입자들은 새로운 곳에 쌓이게 되어 그곳에 있는 토양의 일부가 된다.

된 작은 암석 조각들은 일부가 산화(oxidation)될 수 있다. 즉 암석 조각들은 공기 중의 산소와 결합하여 화학적으로 다른 화합물로 변한다. 이와 달리 다른 암석들은 가수분해(hydrolysis) 과정에서 물 분자와 혼합되기도 한다. 일반적으로 산화된 분자나 가수분해된 분자들은 물에 쉽게 용해되어 빗물이나 유수에 의해 이동된다. 빗물은 보통 약한 산성을 띠므로 암석을 용해시키는 데 일조를 하는 셈이다.

토양 발달에 생물의 역할은 매우 중요하다. 주어진 모재에 뿌리를 내리는 1차 생물 또한 토양을 만드는 데 큰 역할을 한다. 일반적으로 지의류가 토양을 형성하는 데 개척자 역할을 하는데, 이들은 작은 입자들을 포착하여 그 밑에 있는 암석들을 화학적으로 변화시켜 암편을 더욱 조각낸다. 더구나 식물의 뿌리로부터 화학 성분들이 추출되면 암석 입자의 화학적인 풍화작용이 더욱 촉진된다. 식물과 작은 동물들과 같은 정착 생물들은 유기물의 양을 더욱 증가시켜 이것들이 작은 암편들과 결합하여 토양의 가장 중요한 성분인 부식토(humus)를 만든다.

유기물의 부패로 만들어지는 **부식토**(humus)는 암석 입자의 상부 층과 혼합되어 토양의 매우 중요한 성분을 제공한다. 부식토는 식물이 필요로 하는 영양분의 일부를 제공하며, 토양의 함수 능력을 증가시키고, 또한 토양의 산성을 증가시켜 산성 환경에서 더 많이 용해되는 무기질 영양분을 식물이 쉽게 흡수하도록 한다. 예를 들어 밀과 옥수수는 pH가

5.5~7.0인 토양에서 가장 잘 자란다. 따라서 pH가 7.0 이상인 토양에 부식토를 첨가하면 생산성은 더 높아질 것이다. 산성 토양의 문제점은 영양분이 용해되기 쉬워 집중 강우나 그것을 포획하는 식물들이 있으면 쉽게 이동된다는 점이다. 부식토는 또한 토양 조직을 느슨하고 부서지게 만드는 경향이 있으므로 토양 속으로 쉽게 물이 흡수되고 공기가 들어오도록 도와준다. 이와 반대로 치밀한 토양은 통풍이 불량하고 물도 다른 곳으로 유출된다.

땅속 동물, 토양 박테리아, 균류, 식물 뿌리 또한 생물학적인 작용으로 토양을 만들어 간다. 가장 대표적인 땅속 동물인 지렁이는 1 ha에 약 50만 마리가 분포할 수 있는데, 이는 이 면적 안에 있는 지렁이가 1년에 9ton이나 되는 토양을 처리하는 셈이다. 이들은 토양 속을 헤치고 다니면서 유기물과 무기물을 섞어 식물에 필수적인 영양분을 증가시킨다. 또 다른 중요한 역할은 토양의 깊은 곳에서 식물의 뿌리 지점까지 영양분을 가져 올라와 토양의 산출력을 향상시킨다는 점이다. 토양의 통풍과 배수 환경이 지렁이와 선충류, 진드기, 환충, 미세한 곤충과 같은 작은 동물들의 활동으로 인해 향상되기도 한다. 이들은 또한 지표에서 죽은 유기체를 모아 땅속으로 운반하여 토양 속에 유기물을 제공하는 역할을 한다.

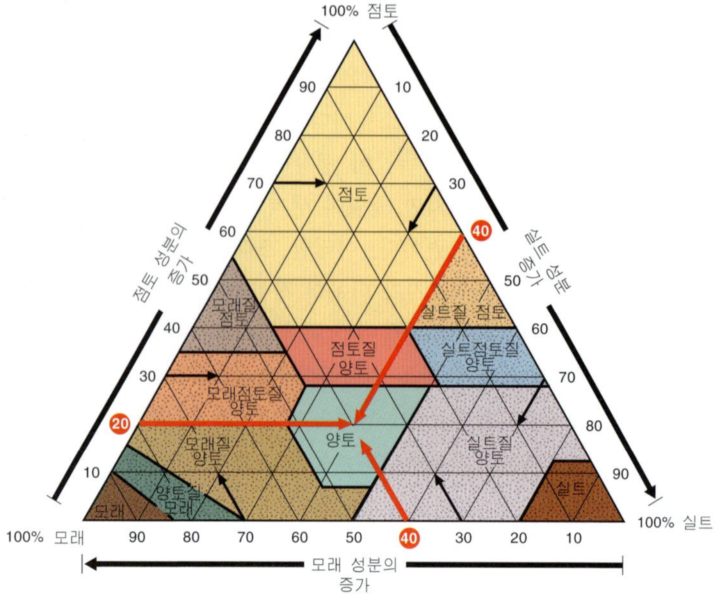

그림 13.6 토양 조직 조직은 토양 안에 있는 점토, 실트, 모래 비율에 따라 달라진다. 대부분의 작물에 가장 좋은 조직을 가진 토양은 양토로서 그림에서와 같이 이것은 모래 40%, 실트 40%, 점토 20%로 구성된다.

출처 : Data from U.S. Soil Conservation Service.

균류와 박테리아는 분해자로서 무기물 순환에서 중요한 연결자의 역할을 한다(4장 참조). 이들은 동물과 더불어 유기물을 더욱 작은 입자로 만들어 토양의 질을 향상시킨다.

기후와 시간 또한 토양의 발달에 중요한 역할을 한다. 토양은 대체로 한랭 건조한 기후에서는 발달이 매우 더딘 반면, 온난 습윤한 기후에서는 보다 빠르다. 이상적인 기후에서 부드러운 모재는 15년 동안에 약 1cm의 토양으로 발달한다. 그러나 기후가 나쁜 환경에 있는 단단한 모재가 그렇게 발달하기 위해서는 수백 년이 걸릴 수도 있다. 어떠한 경우든 토양은 매우 느리게 형성된다는 것을 알 수 있다.

경사 또한 토양의 발달에 영향을 끼친다. 급경사에서는 물질들이 바람과 물에 의해 밑으로 내려가기 쉬우므로 토양은 매우 느리게 발달하며, 반대로 강 계곡에서는 바람이나 물에 의해 물질들이 자주 운반되어 쌓이게 되므로 그 두께가 두텁다.

토양 특성

토양의 특성에는 조직, 구조, 대기, 습도, 생물 함유량, 화학 성분 등이 포함된다. **토양 조직**(soil texture)은 토양 안에 있는 암석 입자들의 크기에 따라 결정된다. 가장 큰 토양 입자는 직경이 2.0mm 이상의 암편으로 구성된 자갈이며, 크기가 0.05~2.0mm인 입자는 모래, 실트 입자는 0.002~0.05mm이며, 가장 작은 입자는 점토 입자로서 직경이 0.002mm 이하이다.

모래와 자갈과 같은 큰 입자들 사이에는 미세한

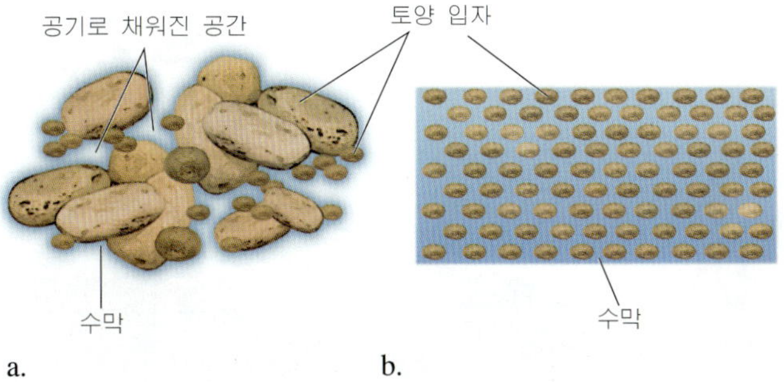

그림 13.7 공극과 입자의 크기 다양한 크기의 입자로 구성된 왼쪽의 토양은 물과 공기가 들어갈 공간들이 있으며 입자 표면에 수막이 분포한다(각 입자의 주위에 그림자로 표시되었음). 그러나 몇 개의 공간은 공기가 들어갈 정도로 크기가 크다. 오른쪽에 있는 토양은 크기가 같은 작은 입자로 이루어져 있는데 공기가 스며들 여지가 거의 없다. 뿌리는 물과 공기가 모두 필요하므로 작물은 오른쪽 토양보다 왼쪽 토양에서 보다 더 잘 자란다.

공극이 많이 있어서 공기와 물이 토양을 통과한다. 이와 같은 토양에서 물은 신속하게 배수되면서 영양분을 식물의 뿌리가 뻗치지 못하는 하부 토양층까지 운반한다. 평탄하고 가지런히 배열되는 점토 입자들은 입자끼리 서로 쉽게 결합하여 방수층을 형성하여 점성이 큰 토양은 일반적으로 배수와 통풍도 불량하다. 이와 같은 이유로 물은 점토층을 잘 통과하지 못하므로 점토 토양은 장시간 동안 습윤 상태로 남아 있게 되어 무기물들이 쉽게 휩쓸려 가지 않는다.

토양은 한 가지 크기의 입자로 되어 있지 않고, 다양한 입자들이 서로 다른 방법으로 혼합되어 있으므로 이를 기준으로 토양을 구분한다(그림 13.6). 농경에 사용되는 이상적인 토양은 **양토**(loam)로서, 이것은 입자의 크기가 커서 통풍과 배수성도 뛰어나고, 점토 입자로서 영양분의 보유 능력도 크다.

토양 구조(soil structure)는 토양 조직과는 다른 개념이다. 토양 구조는 다양한 토양 입자들끼리 서로 부착되어 있는 상태를 말한다. 예를 들어 모래질 토양 입자들은 서로 부착하지 않아 과립상 구조를 나타내는 반면, 점토질 토양 입자들은 부착성이 커서 큰 덩어리를 만든다. 이에 비해 크기가 서로 다른 입자들로 구성된 토양들은 보다 작은 덩어리를 이룬다. 좋은 토양이란 쉽게 부서지는 작은 덩어리로 구성된 토양을 말한다. 이와 같이 부서지는 성질을 토양의 **이쇄성**(離碎性, friability)이라 하는데 이쇄성은 토양의 구조와 토양의 수분 함량과 관계있다. 모래질 토양은 이쇄성이 매우 큰 반면 점토질 토양은 그렇지 않다. 점토질 토양이 젖어 있을 때 어떤 힘이 작용하여 입자끼리 서로 부착하면 거대한 덩어리가 되어 몇 년 동안 부서지지 않는 경우도 있다.

농경지로서 좋은 토양은 잘 부서지고 공기와 물이 스며들 수 있는 공간이 많은 토양이다. 실제로 공기와 물의 양은 이러한 공간들의 분포에 따라 달라진다(그림 13.7). 좋은 토양은 물을 뺀 나머지 공간의 약 2/3에 공기가 차있는 토양이다. 이렇게 들어온 공기는 식물의 뿌리 세포와 다른 토양 생물에 필요한 산소를 공급한다. 공기의 양과 물의 양에는 일정한 관계식이 없다. 집중 호우 뒤에 대부분의 공간은 물로 채워져서 식물 뿌리와 다른 생물에 필요한 산소가 충분히 들어가지 못한다. 이때 토양에서 물을 빼주지 않으면 식물 뿌리는 산소 결핍으로 그대로 익사한다. 한편 토양에 수분이 충분하지 못하면 그 식물은 수분 결핍으로 시들어 죽는다. 토양 속의 수분과 공기는 토양 속에 사는 생물의 종류와 수효를 결정하는 데 중요하다.

원생동물, 선충류, 지렁이, 벌레, 조류, 박테리아, 균류는 대표적인 토양 생물이다(그림 13.8). 토양 속의 원생동물은 한군데 정착하지 않고 다른 토양 생물에 기생하는 약탈자로 행동하여 개체수를 통제하는 역할을 한다. 주로 애벌레나 회충으로 불려지는 선충류는 죽어 있는 유기체를 분해하며, 식물의 뿌리에 기생하기도 한다. 벌레나 다른 절지동물들은 구멍을 파고 유기물을 소비, 분해함으로써 토양의 발달에 기여하기도 하지만 식물 뿌리를 갉아 먹고사는 해충이 될 수도 있다. 조류는 광합성을 수행하며 그 중 일부는 대기로부터 질소를 고정시키는 역할을 한다. 박테리아와 균류는 물질의 분해와 재순환에서 큰 역할을 한다. 이들의 화학적인 작용은 복잡한 유

그림 13.8 토양 생물 토양에 기거하는 모든 생물들은 토양 입자들을 재배열하고 화학적인 변형에 참여하며 죽은 유기체를 활용함으로써 토양의 형성에 기여한다.

기물을 식물이 섭취할 수 있는 영양분으로 변화시킨다. 예를 들어, 이러한 미생물들의 일부는 유기물의 단백질 안에 포함된 질소를 암모니아나 질산 화합물인 질산염으로 전환시켜 식물들이 섭취하도록 한다. 여기서 만들어진 질산의 양은 유기물의 종류, 미생물의 종류, 배수, 온도에 따라 달라진다. 마지막으로 토양은 복잡한 먹이사슬 체계를 가지고 있어 모든 생물은 다른 생물의 먹이가 될 수 있다.

토양 단면

토양 단면(soil profile)은 화학적인 성분, 입자의 크기, 유기물의 양이 서로 다른 수평층들로 구성된다. 이때 각 층을 **토양층**(soil horizon)이라 부른다(그림 13.9). A층 또는 표토(topsoil)로 불리는 토양의 최상부층은 그 밑에 있는 층들에 비해 영양분과 유기물이 많다. 그 두께는 가파른 산에서는 수 cm인 반면 미국 중부의 대평원 같은 곳에서는 1m 이상 되는 경우도 있을 정도로 그 변화폭이 심하다. 대부분의 토양생물과 영양분은 A층의 상부에 분포한다. A층의 하부는 영양분이 별로 없는데 영양분이 토양을 통과하는 물에 의해 용해되어 B층으로 이동되기 때문이다. 이와 같은 과정을 **용탈**(leaching)이라 한다. 보통 심토(subsoil)라 불리는 B층에는 A층에 비해 유기물과 생물들이 작게 포함된다. 이 층은 표토에서 용탈된 영양분이 축적되기 때문에 B층은 식물의 중요한 영양분 공급원이 되고 뿌리가 튼튼하게 내리도록 도와주는 역할을 한다. 용탈량은 강우에 의존하기 때문에 비가 적은 지역에서는 B층의 발달이 매우 미약하다.

심토 밑에 있는 C층은 풍화된 모재로 구성된다.

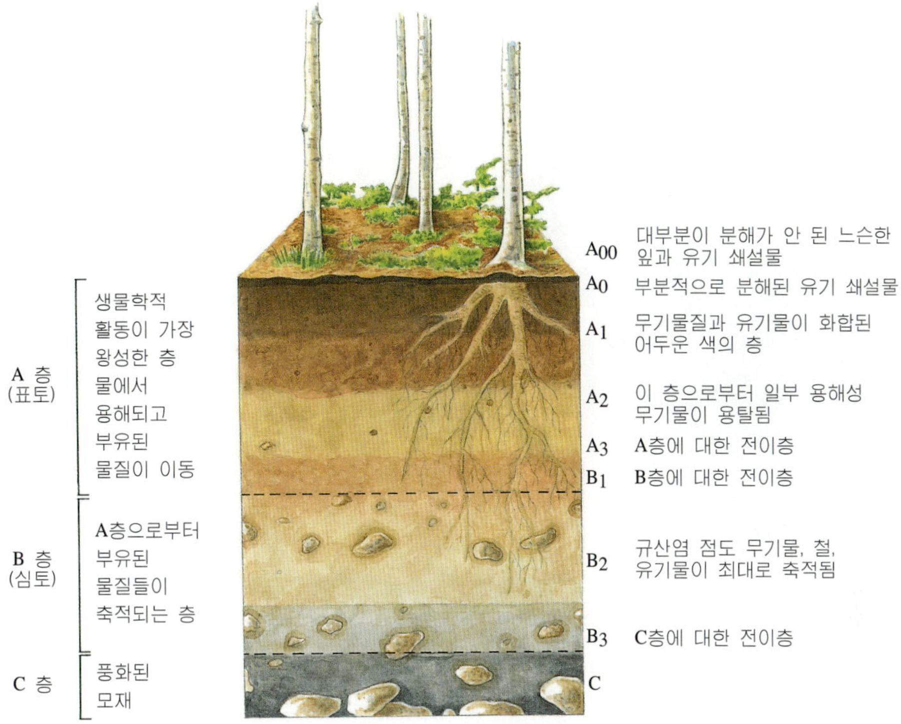

그림 13.9 토양 단면 토양은 물리적, 화학적, 생물학적으로 구분되는 층들을 가지고 있다. 최상부층인 A층은 유기물의 대부분을 가지고 포함한다. A층에서 용해된 무기물과 입자들이 물에 의해 B층으로 운반되어 쌓인다. B층은 보통 심토라 불리며 B층 아래는 풍화된 모재로 이루어진 C층이 존재한다.

이 모재는 유기물을 포함하고 있지 않지만 토양의 성질에 영향을 미친다. 즉 C층은 토양의 물에 대한 흡수율과 보유율에 영향을 끼치며 그 화학적인 조성은 토양의 pH를 결정한다.

토양 발달에 기여하는 토양 단면과 그 인자는 매우 다양하다. 북아메리카에서는 토양을 15,000가지 이상으로 구분하고 있다. 그러나 전 세계 경작지의 대부분은 초지 토양(grassland soil)과 산림 토양(forest soil) 중의 하나로 구분될 수 있다(그림 13.10).

초지 토양에서는 강우가 적어 표토 침출도 적다. 따라서 A층이 깊어 뿌리는 대부분 이 층 안에서 성장한다. 그러나 침출이 작게 일어나는 관계로 심토가 얇고, 이에 따라 무기물과 유기물의 양이 작아 뿌리가 잘 성장하지 못한다.

산림 토양은 강우가 비교적 많은 곳에서 발달한다. 강우가 많기 때문에 표토의 두께는 초지 토양만큼 두껍지는 않지만, 표토에서 침출되어 내려온 물질이 심토를 두껍게 형성하여 뿌리의 성장을 돕는다. B층에서 축적되는 물질 중의 하나가 점토이다. 일부 토양, 특히 산림 토양에서는 점토나 다른 무기물질들이 축적되어 하나의 불투성 "경반(硬盤, hardpan)"을 형성하여 뿌리의 성장을 막고 물이 토양 깊숙이 들어가지 못하게 한다.

사막 토양(desert soil)은 강우가 극히 적은 관계로 상부층에서 하부층으로 침출되는 물질이 거의 없어 토양층의 발달이 매우 미약하다. 게다가 식생이 없어 토양 형성에 도움을 줄 만한 유기물도 거의 없다. 북부 유럽, 러시아, 캐나다와 같은 한랭 습윤 지역에서는 유기물이 잘 분해되지 않기 때문에 유기물 축적이 상당하다. 이러한 토양이 더욱 산성화되면 그 분해율은 더욱 줄어든다. 한편 덥고 습한 기후에서는 유기물이 매우 빨리 분해되어 용해된 물질이

그림 13. 10 주요 토양의 형태 수천 개의 다른 토양이 있지만 크게 세 개의 형태로 구분한다. 초원지대에서 형성된 토양은 몰리졸 토양으로 불리며 A층이 깊고, B층이 얇아 식물 뿌리 성장에 필요한 양분을 충분히 제공하지 못한다. 포드졸이라 불리는 산림 토양은 A층이 얇고 많은 영양분을 B층에 내려보낸다. 따라서 뿌리는 A층과 B층에 모두 걸쳐있다. 사막 토양은 애리도졸로 불리는데 매우 얇은 A층을 가지고 있다.

그림 13.11 토양 단면에 대한 경사도의 영향 넓은 구릉지역에 형성된 표토층은 유수에 의해 경사면 밑으로 연속적으로 운반된다. 그것은 경사면 바닥으로 축적되어 A층이 두꺼워진다. 따라서 "낮은 지대"의 토지는 표토층이 깊고 비옥하여 매우 생산성이 높은 반면, 경사면에 있는 토양은 생산성이 떨어진다.

많은 강우에 씻겨 내려가기 때문에 토양층 발달이 불량하다.

토양 단면에 큰 영향을 미치는 것으로서 식물과 강우의 형태에 따른 차이점 외에 지형에 의한 차이점을 들 수 있다(그림 13.11). 평탄한 지역에 만들어지는 표토는 일정한 자리에서 쌓이게 되므로 두께는 점차 두꺼워진다. 이에 비해 구릉지와 가파른 경사지에서 형성되는 표토층은 만들어지는 속도만큼 빨리 밑으로 이동하기 때문에 이러한 경사 구조에서 축적되는 표토는 작물을 재배할 정도로 두껍지 않

그림 **13.12** **침식** 유수는 토양 입자를 집적하기도 하고 이동시킬 수 있다. 침식이 더 진행되면 협곡이 생기기 쉽다.

실트를 많이 포함하고 있는 강

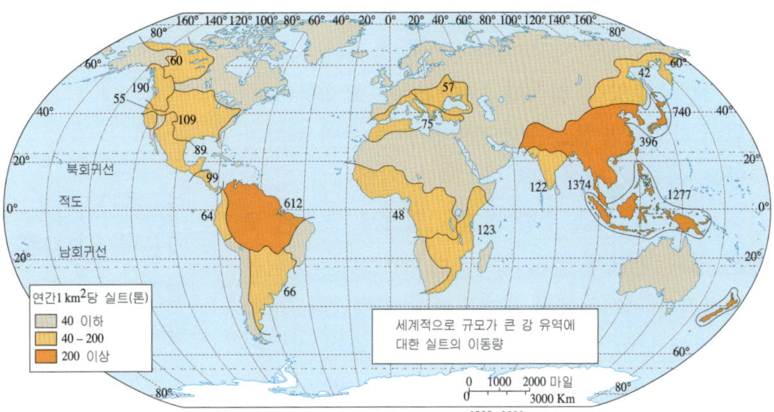

그림 **13.13** **토양 침식** 토양 침식은 세계적으로 널리 분포한다. 실트질이 많은 강은 상류에서 토양보존이 잘 안 되고 있다는 증거이다.

다. 이와 같은 경사지에서 이동되는 표토는 결국 평탄한 범람원에 쌓이게 된다. 이 지대는 여러 곳의 넓은 지역에서 만들어진 표토들이 모이는 집합 장소가 되어, 결과적으로 하천에 인접한 저지대나 삼각주 지역은 표토가 매우 깊은, 생산성이 매우 높은 농경지가 될 수 있다.

토양 침식

침식(erosion)은 물과 바람에 의한 토양의 유실과 이동을 의미한다. 콜로라도 강의 그랜드캐니언, 이집트의 나일 강 범람원, 구릉지에 발달한 작은 협곡, 강어귀에 발달한 삼각주는 모두 물이 토양을 이동시킬 수 있다는 증거이다. 폭우 뒤에 흘러내리는 흙탕물도 마찬가지이다(그림 13.12). 유수는 많은 양의 토양을 운반한다. 자연 현상인 침식은 토양을 지표에 직접 노출시키는 인위적인 농업 활동으로 더욱 가속화된다. 매년 미시시피 강은 3억 2천 5백만 ton 이상의 토양을 북아메리카의 중앙 지역에서 멕시코 만으로 쏟아 내고 있다. 이 양은 전체 지역을 기준으로 할 때 약 1 mm 두께의 표토가 씻겨나가는 양에 해당된다. 물에 의한 토양의 이동은 세계의 모든 하천과 강에서 일어난다. 캘리포니아의 소하천인 드라이 크리크의 연장은 지류를 포함하여 불과 500 km이지만, 매년 340 km^{2}의 면적에서 18만 ton의 토양을 운반하고 있다.

토양 침식은 세계 어디에서나 일어나지만 다른 지역보다 유난히 침식이 많이 일어나는 지역이 있다. 침식은 초지, 숲, 나무들이 있는 곳이면 어디에서나 일어난다. 토양을 노출시키는 농업 활동에 의한 침식으로 매년 새로 생성되는 표토보다 훨씬 많은 토양이 유실된다(그림 13.13).

세계적인 통계로 볼 때 침식으로 매년 약 254억

그림 **13.14** 바람 침식 건조하고 보호가 안 된 표토는 멀리까지 날린다. 실제로 바람의 힘은 모든 표토를 제거하고 수천 km까지 그것을 운반할 수 있다.

그림 **13.15** 사하라 지역에서의 바람 침식 사하라 사막의 바로 남쪽에 있는 반건조 지역은 특히 바람 침식에 노출되어 있다. 예측할 수 없는 강우로 농작물 피해를 자주 입고, 인구 과밀로 작물은 주로 변방에서 경작되는 관계로 바람 침식을 많이 받는다.

ton의 토양이 사라지고 있다. 산림 파괴와 사막화 또한 모두 토양을 침식에 노출시키는 요소들이다. 산림이 파괴되면 물은 급경사의 노출된 사면을 따라 토양을 아래로 씻어 내린다. 사막 지역에서 경작, 건축, 광산, 방목을 위한 정지 작업으로 노출된 토양은 쉽게 바람에 날려 간다. 바람에 의한 침식은 아프리카와 아시아에서 광범위하게 일어난다. 토양이 바람에 날아가면 그 토지는 퇴화될 뿐만 아니라 그곳에서 자라던 식생들까지 묻혀 죽게 하고, 배수구 및 관개용 도랑도 막아 버린다. 퇴화된 토지에 근대적 경작 활동이 진행되면 물에 의해 토양이 씻겨 내리고 화학 살충제와 비료가 다시 이 물을 오염시킬 수 있다.

아프리카에서의 토양 침식은 산림이 파괴된 먼 구릉지까지 나가 농사를 지어야 할 정도로 위험한 단계에까지 와 있다. 예를 들어 에티오피아에서는 매년 400만 ha 면적의 고지대가 복구할 수 없을 정도로 황폐화되면서 매년 15~20억 m^3의 토양이 유실되고 있다. 아시아에서는 네팔의 동부 구릉지의 표토가 씻겨 내려가 전체의 38%의 땅이 이미 버려졌다. 에콰도르는 토양 생성 속도의 20배로 급속하게 토양이 유실되고 있다.

국제농업개발기금(IFAD, International Fund for Agricultural Development)에 따르면 관목과 교목의 관리, 작물 재배, 가축 방목 등을 함께 하는 전통적이고 노동집약적인 작은 규모의 토양보존 노력들이 침식을 조절하는 데 가장 효과적인 것으로 나타났다. 파키스탄의 일부 지역에서는 강우 유출, 침식, 강물의 실트화를 방지하기 위해서 1980년에 국제농업개발기금에 의해 시작된 프로그램으로 작물 산출량과 가축 생산성이 20~30%나 증가하였다.

심하게 침식된 토양은 표토 전부와 심토의 일부가 유실되어 더 이상 생산성 있는 경작지가 되지 못한다. 대부분의 근대적 경작 활동에서는 토양이 복구되는 것보다 훨씬 빨리 유실된다. 침식을 줄이는 방법으로는 등고선 경작과 계단 경작과 같은 경작 활동이 있다.

토양을 이동시키는 또 다른 요소로 바람을 들 수 있는데 바람은 어떤 환경에서는 상상할 수 없을 정도의 많은 토양을 이동시킨다(그림 13.14). 바람 침식은 협곡을 남기지 않기 때문에 유수 침식만큼 그 자취가 뚜렷하지는 않다. 그럼에도 불구하고 심각한 문제를 일으킬 수 있는 바람 침식은 주로 건조하고 나무가 없어 토양이 노출된 지역에서 흔하게 나타난다. 아프리카의 사하라 지역은 대부분의 토지가 가뭄, 과잉 방목, 부적절한 경작 활동으로 식생이 일절 없다. 이러한 환경 때문에 토양은 더욱 광범위하게 바람 침식을 받게 되었다(그림 13.15). 북아메리카의 대평원은 유럽인들이 1800년대에 정착한 이후 네 차례의 바람 침식을 크게 받았다. 이 지역은 연

a.

b.

그림 **13.16** 토양보존 경작의 비교 (a)침식작용으로 표토가 제거되어 쓸모없는 토지가 되었다. (b)유수에 의해 침식을 최소화시키는 대상경작으로서 유수관리를 잘하면 계속하여 경작지로 사용할 수 있다.

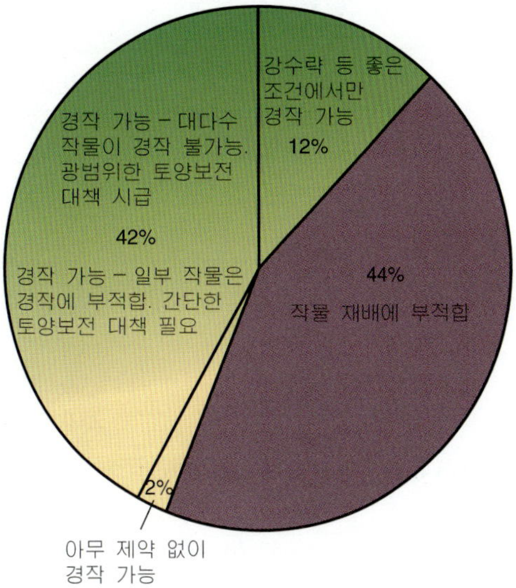

그림 **13.17** 작물 재배에 적합한 토지(미국의 예) 미국 토지의 불과 2%만이 어떤 토양보존 대책 없이 경작될 수 있다. 이 2%는 원래 평탄하여 바람 침식에 영향을 받지 않는 토지이다. 나머지 중에서 42%는 토양을 보호하는 어떤 대책이 필요하며 경작할 수 있는 작물들의 종류도 극히 제한적이다. 또한 12%의 토지는 강우와 다른 조건들이 이상적인 조건에서만 작물 생산이 가능한 중간 정도에 해당되는 경작지이다. 44%는 경작지로는 적합하지 않지만 방목이나 산림 생산의 용도로 쓰일 수 있는 토지이다.

강수량이 30cm 이하일 경우에는 곡물을 재배할 수 없다. 이러한 상황이 몇 년 동안 지속되면 농부들은 농지를 뒤엎고 다른 작물을 심기 위해 다시 준비했다. 더욱 건조해진 토양은 더욱 대기에 노출되어 바람 침식이 대규모로 일어났다. 이 기간 동안 공기 중에는 상당히 많은 양의 먼지가 떠 다녔기 때문에 이 지역을 더스트 볼(Dust Bowl)이라 불렀다. 1930년대에 있었던 이 바람은 350만 ha의 농경지를 파괴하였고 더스트 볼 지역에서 3,000만 ha를 손상시켰다. 불행히도 1930년대 이후 침식을 방지하기 위해 채택된 다수의 경작 활동은 경제적인 이유로 오늘날까지 지속되지 못하였다.

토양보존 경작

물이나 바람 침식에 의해 토양이 침식될 때 맨 처음 유실되는 층은 가장 생산성이 높은 표토이다. 표토가 유실될 때 토양의 비옥도는 경감되고 비옥도를 다시 회복하기 위해서는 값비싼 비료를 사용하게 되는데 이것은 결국 식량 가격을 높인다. 또한 과다한 양의 토양이 하천으로 흘러가면 다음과 같은 바람직하지 못한 결과들이 나타난다(14장 참조). 첫째, 하천이 더러워져 미관상 좋지 않다. 둘째, 퇴적물이 부유된 하천에는 물고기가 살지 못하여 어업활동도 피해를 입게 된다. 셋째, 강물에 의해 운반된 토양은 결국 뱃길을 내는 차원에서 준설 작업을 해야 한다. 물론 준설 작업에 드는 비싼 경비는 고스란히 우리가 내는 세금으로 충당된다.

이러한 모든 이유 때문에 적절한 토양보존 대책을 강구하여 표토의 유실을 최소화해야 한다. 토양을 적절하게 보존한 결과와 부실하게 관리한 결과를 그림 13.16에 대조해 놓았다. 유수 관리를 잘 안 하면 토양이 보호되지 않아 표토가 유실되어 협곡들이 생기는데 이러한 현상은 경사면의 유속을 줄임으로써 충분히 방지할 수 있다.

토지를 이용하는 농업 활동의 형태는 토양 구조, 조직, 이쇄성, 배수성, 비옥도, 경질성, 경사도, 강

표 13.1　농경지 비율

나라	경작지 비율(%)	초목지 비율(%)	나라	경작지 비율(%)	초목지 비율(%)
전 세계	11.0	26.0	남아메리카	6.0	28.3
아프리카	6.3	28.8	아르헨티나	9.9	51.9
이집트	2.8	5.0	베네수엘라	4.4	20.2
에티오피아	12.7	40.7	아시아	15.2	25.9
케냐	7.9	37.4	중국	10.3	30.6
남아프리카	10.8	66.6	일본	12.0	1.7
북아메리카	13.0	16.8	유럽	29.9	17.1
캐나다	4.9	3.0			
미국	19.6	25.0			

출처 : Data from *World Resources*, 2003.

우의 양과 특성, 기타 기후 조건들에 의해 결정된다. 예를 들어 미국 토지의 50% 이상 되는 비교적 많은 지역이 작물 재배에 적합하지만(그림 13.17) 그 중의 2% 정도만이 토양보존 대책이 필요하지 않을 정도로 토양의 침식 문제가 심각하다. 다시 말하면 미국에서도 거의 모든 토양이 어떤 방법으로든지 물이나 바람에 의한 침식을 줄이는 근본 대책이 필요하다.

세계의 모든 나라가 미국만큼 농사에 적합한 토지를 가지고 있지는 않다(표 13.1). 세계적으로 볼 때, 전체 육지의 약 11%가 작물 재배에 적합하고 26%가 영구 목초지이다. 미국에서는 약 20%가 작물 경작지이고 25%가 영구 목초지이다. 이 비율은 아프리카 대륙과 대조되는데 이곳에서는 6%가 작물 재배, 29%가 목초지로 적합하다. 캐나다는 작물 재배에 5%만이 적합하고 목초지에 적합한 토지는 3%이하이다. 유럽은 작물 경작지가 가장 높아 30%에 이르지만 목초지로서는 17%만이 적합하다.

현재로서는 농업으로 전환될 수 있는 남아 있는 토지가 극히 작으므로 지금 있는 토지를 현명하게 잘 사용하는 것이 최상의 방법이다. 농업 활동에서 침식으로부터 토양을 보호하는 경작 방법이 여러 가지가 있다. 여기서는 보다 흔하게 이용하는 방법들을 몇 가지 살펴보자.

그림 13.18　등고선 경작　경사와 직각으로 재배하는 것은, 물의 흐름을 느리게 하고 토양 침식을 막는 연속적인 능선을 만든다. 이러한 토양보존 기법은 완만한 경사도에 유용하다.

등고선 경작

등고선 경작(contour farming)은 토지의 경사 방향과 직각이 되는 등고선을 따라 경작하는 방법으로서 토양 침식을 막는 가장 간단한 방법이다. 이 방법은 완만한 경사면에 유용하며 여러 개의 작은 능선들이 경사면과 직각으로 연속되어 나타난다(그림 13.18). 각 능선은 물이 경사면에 흘러내리지 못하도록 물을 가두어 놓는 일종의 댐 역할을 하는 셈이

지구촌 전망대

토양의 퇴화

인류는 토지와 토양을 농업, 방목, 땔감 생산과 삼림 목적으로 이용해 오고 있다. 따라서 토양의 생성과 유실에 가장 깊게 영향을 끼치는 것은 우리 인간의 활동이다. 예를 들어 식생을 없애면 토양 침식이 가속화되고 따라서 토양이 생성되는 속도보다 유실되는 속도가 훨씬 빨라진다. 토양의 황폐화는 식량에 대한 욕구가 큰 곳일수록 크게 일어난다. 왜냐하면 기근에 처한 사람들은 이미 남용된 토양이라도 할 수 없이 더 쓸 수밖에 없기 때문이다. 아래 지도와 그래프는 토양의 황폐화 문제점과 그 원인들을 상대적인 비율로 설명하고 있다.

인간 활동에 의해 퇴화된 토양 비율(%)

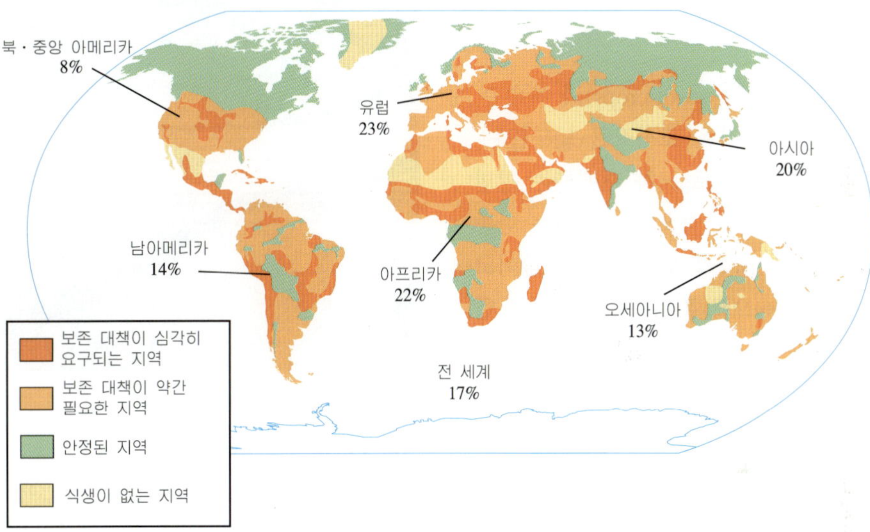

토양 퇴화의 원인

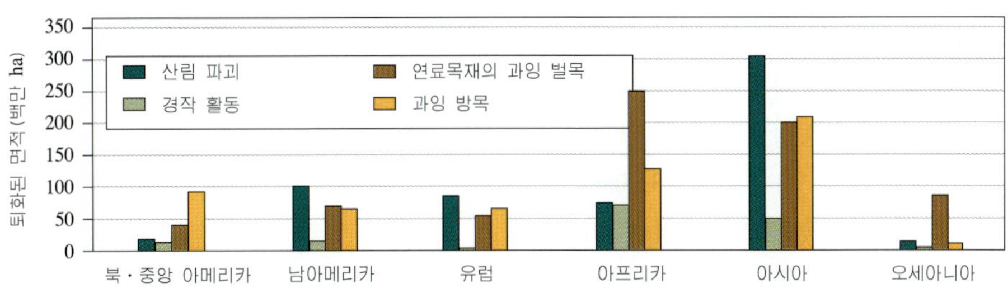

다. 따라서 물이 보다 오랫동안 체류하여 그만큼 더 토양 안으로 함양된다. 등고선 경작을 하면 토양 침식은 약 50% 정도의 많은 감소 효과가 있으며, 보다 건조한 지대에서는 이와 같이 물을 보존함으로써 작물 생산을 증가시킨다.

대상 경작

경사면이 급하거나 길 때는 등고선 경작만으로는 토양 침식을 막지 못하고, 등고선 경작과 대상 경작을 조합하여야 그 효과를 볼 수 있다. **대상 경작**(帶狀耕作, strip farming)은 건초, 밀 등과 같은 빽빽한

그림 13.19 대상 경작 기복이 있는 토지에서는 등고선 경작과 대상 경작을 조합하여 과다한 토양 침식을 막는다. 대상은 경사면과 직각으로 등고선을 따라 심는데, 밀, 건초와 같은 빽빽한 파종 식물과 옥수수나 콩과 같은 조식작물을 띠의 형태로 교차하여 심는다.

간격의 파종 작물(播種作物, sown crops)과 옥수수, 토지콩, 목화, 사탕무와 같은 조식작물(組植作物, row crops)을 띠(strip) 형태로 교차 재배하는 방법이다(그림 13.19). 빽빽한 간격으로 재배되는 파종 작물은 물의 흐름을 지연시켜 토양 침식을 줄이고 그 만큼 더 물을 토지 속으로 흡수시키는 역할을 한다. 토양의 형태, 경사도, 경사면의 길이에 따라 띠의 폭이 결정되고 대상 경작과 등고선 경작 중에서 어느 것이 보다 적합한지 결정된다.

계단 경작

매우 가파른 토지에서 토양 침식을 막는 유일한 방법은 계단을 만드는 것이다. **계단**(terraces)은 물을 보유하고 침식을 방지하고자 경사면에 직각으로 만들어진 같은 높이의 지대를 의미한다(그림 13.20). 계단 경작은 평지 농장이 부족한 나라에서 수세기 동안 사용하여 오고 있다. 그림 13.20a에 보이는 계단 경작에는 기계화 농법보다는 작은 기계와 손으로 하는 일들이 더 많이 요구된다. 계단 경작은 토양 침식을 방지하는 데 비용이 많이 드는데, 그 이유는 같은 높이의 계단을 만들기 위해서 계단 사이의 급경사면을 보호하면서 토양을 이동시켜야 하고 주기적인 유지 및 보수 작업이 필요하기 때문이다. 물론 계단식 경작을 하기 위해서는 토지의 경사도, 경사면의 길이, 토양의 형태, 강수량과 같은 많은 요소들을 충분히 고려하여 결정해야 한다.

a.

b.

그림 13.20 계단 경작 계단을 만드는 데는 토양의 이동과 계단 사이의 급경사면의 보호가 필요하다. (a) 이러한 계단은 평탄한 토지가 없는 곳에 살고 있는 사람들에게는 매우 중요한 경작지가 된다. 물론 이들을 유지하기 위해서는 보다 많은 에너지와 노동력이 필요하지만 심각한 침식이 없이 효과적으로 농경지로 이용할 수 있다는 장점이 있다. (b) 계단식 경작의 개념을 수정하면 캐나다, 유럽, 미국과 같은 나라에서 많이 이용되는 대규모 경작 기계를 활용할 수 있다.

수로

토양 보존을 위해 개발된 등고선 경작, 대상 경작, 계단 경작에서 모두 공통적으로 필요한 것이 물의 이동 통로를 인위적으로 만들어 주는 일이다. **수로**(waterways)는 경사면의 움푹 들어간 골이며 여기서 물이 모아지고 땅 위를 흘러간다. 이곳은 잘 보수되지 않으면 침식을 받기 쉽고(그림 13.21), 수로가 영구적인 뗏장으로 잘 보수되어 있을 경우에는 물의 속도가 감소하여 그만큼 토양 침식이 감소한다.

a. b.

그림 13.21 침식 방지 수로의 보호 (a) 보호되지 않은 수로는 협곡으로 변한다. (b) 잘 보수된 수로는 경작되지 않고, 대신 잔디가 심긴다. 이러한 잔디 띠는 물의 흐름을 지연시켜 밑에 있는 토양의 침식을 방지하는 역할을 한다.

a. b.

그림 13.22 방풍림 (a) 대평원의 나무들은 바람 침식을 막아 준다. 도로를 따라 남북으로 나무를 심어 이 지역에서 우세한 서풍을 막는다. (b) 작물 띠는 방풍림의 역할을 충분히 해주고 있다.

방풍림

등고선 경작, 대상 경작, 계단 경작, 보수가 잘된 수로들은 모두 물에 대한 침식을 방지하는 데 중요한 방법들이지만, 일정 토양, 특히 건조한 지역에서는 바람이 가장 큰 문제이다. 토양만 잘 보호하면 바람에 의한 침식을 최대한 줄일 수 있다(17장 참조).

식생이 가장 좋은 보호 기구가 될 수 있다. 그러나 작물을 심기 위해 토양을 고르는 과정과 심는 방식에서 토양은 자주 바람에 노출되기 마련이다. **방풍림**(windbreaks)은 개간되지 않은 토지를 세찬 바람으로부터 지키기 위해 심는 나무나 여타 식물들을 말하는데, 이들의 역할은 풍속을 낮춰 운반되는 토양의 양을 최대한 줄이는 데 있다(그림 13.22). 어떤 경우에는 나무를 바람의 주된 방향에 수직으로 열을 지어 심어 바람의 힘을 경감시키고, 또 다른 경우에는 일종의 대상 경작하는 방법도 있다. 세계 일부 지역에서는 토양을 보호하는 유일한 방법으로 경작을 전혀 하지 않고 영구 초목지로 토양을 방치하는 곳도 있다.

보존 경운

전통적인 경작 방법에서는 작물을 심기 위한 토지를 고르고 잡초를 제거하기 위해 농기계를 널리 사용한다. 일반적으로 농토는 작물을 심기 전에

표 13.2　　주요 경작 방법의 비교

경작 방법	100 ha의 경작에 필요한 시간	100 ha에 필요한 연료(*l*)	100 ha에 드는 살충제의 비용(1993)
전통 경작	200	2,915	$3,717
최소 경운 경작	125	1,390	$3,717
대상 경작	95	1,020	$3,717
무경운 경작	62	375	$5,000

무경운 경작 방법

경운을 줄이자...

미국의 무경운 경작 방법의 신장률(ha 기준)

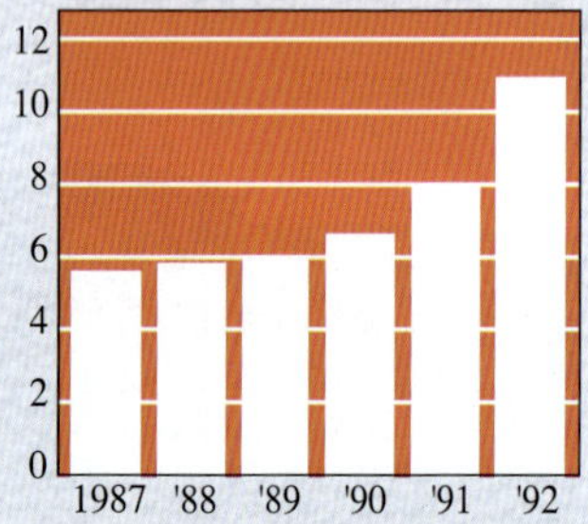

...화학비료 살포

1992년 아이오와 주 경작 활동에 사용된 옥수수 살충체의 양(kg/ha)

살충제	전통 경작	최소 경작	무경운 경작
아트라진	0.95	1.06	1.66
알라클로	2.12	2.67	2.81
메탈로클로	2.36	2.47	2.46
시아나진	2.08	2.37	2.63

1~3차례 경운(耕耘)되고 써레질된다. 토양을 갈아 뒤엎는 작업은 다음과 같은 바람직한 효과를 낳는다. (1) 모든 잡초나 잡초 씨가 파묻히게 되어 경작지의 잡초 문제가 줄어든다. (2) 지난 수확 때 남아 있던 작물 찌꺼기들이 토양 속에 묻히고 분해되어 토양 구조를 만드는 데 기여한다. (3) 토양 깊숙이 침출되었던 영양분이 다시 지표 가까이 올라온다. (4) 암색 토양이 태양에 노출되어 온도가 빨리 올라간다. 이 효과는 재배기간이 짧은 지역에서 특히 중요하다. 왜냐하면 많은 지역에서 대부분의 경작지는 수확이 끝난 직후 가을에 경운되어 겨울 내내 노출되기 때문이다.

경운된 토양은 모든 흙덩어리를 부수고, 남아 있는 잡초를 없애고, 파종 목적으로 토지를 고르기 위해 평탄해지거나 써레질된다. 파종 후에도 여전히 잡초 문제가 있으므로 자주 조식 작물을 심어 이들 사이에 자라기 시작하는 잡초들을 제거해야 한다. 경작지에 나가서 일하면 할수록 경비가 많이 들고 동시에 토양이 바람이나 물에 노출되는 시간이 많아진다는 것을 명심해야 한다.

이런 차원에서 최근에는 제초제와 경작 기계의 획기적인 발달에 힘입어 침식에 노출되는 시간을 최대한 줄여서 토양을 보호하는 경작 방법이 발달하고 있다. 줄어든 경작 횟수는 잡초를 억제하고 파종 목적으로 토양을 고르는 작업 활동이 줄어듦을 의미한다. 대신 새로운 작물을 심기 전에 원치 않는 식생을 죽이고 후에 잡초를 억제하는 데 제초제가 사용된다. 전통적인 경작 활동에서 변화된 여러 가지의 보존 경운 방법들을 살펴보자.

1. 경운 후에 수반되는 2차 경작 활동 등을 최소화하는 방법으로 경운 후에 바로 심는 것이 이에 포함된다.
2. 파종할 좁은 폭만 재배하는 대상 경작으로 이 경우에는 나머지 다른 토양과 작물이 교란되지 않는 장점이 있다.
3. 무경운 방법(no-tillage)으로 특수한 파종 기계를 이용하여 토양에 가느다란 구멍을 만들어 그 속으로 씨를 뿌리는 방법이다.

이와 같이 경운을 최소화하는 경작 방법들에서는 연료와 시간이 적게 들지만 제초제가 많이 든다(표 13.2). 그러나 여러 작물들의 산출량을 비교할 때는 전통적인 경작 방법과 비교할 만하다.

이와 같은 최소 경운(reduced-tillage) 경작 방법들은 침식을 줄이는 것 외에 다음과 같은 장점들을 가지고 있다.

1. 겨울철 먹이가 증가하여 야생 동물의 수효가 증가한다.
2. 유출이 적기 때문에 하천과 강의 실트화가 방지된다. 따라서 물이 맑아 여가를 즐기기에 좋은 장소가 되며, 준설 작업이 별로 필요없다.
3. 구릉지에 조식 작물을 심을 수 있는데 이것은 전통적인 경작 방법에서는 불가능하였다. 따라서 방목지를 경제성 있는 농지로 바꿀 수 있다.
4. 제초제의 생산을 위한 석유화학 원료유가 추가로 필요하지만, 경작지에 대한 일수가 줄어들어 전체적으로 볼 때 연료가 절약된다.
5. 1년 2작이 가능해진다. 예를 들어 밀을 수확한 직후 밀 그루터기에 콩을 심을 수 있다.
6. 최소 경운 경작법을 쓰면 경작지 위에 농기계가 돌아다니는 횟수가 줄어들어 토양이 빠르게 다져지지 않아 토양이 비교적 부드럽다.

그러나 최소 경운 경작 방법도 다음과 같은 단점들이 몇 가지 있다.

1. 이전의 식생들이 일부 남아 있어 토양의 온도가 잘 올라가지 않아 일정 작물을 심는 데 수일이 지연될 수 있다.
2. 남아 있는 작물은 토양으로부터의 증발, 심부 토양으로부터의 물과 영양분의 상승 운동을 저해하여 작물의 성장을 지연시킨다.
3. 잔여 식물들은 식물에게는 해충과 질병의 온상이 되어 이를 제거하기 위해 많은 살충제와 살균제가 필요하다.

앞의 사항들은 같은 작물이 같은 지역에 반복해서 심어질 경우에 해당된다. 최소 경운 경작 방법은

그림 13.23 **비경작지의 방목지 활용** 이 토지는 잘만 보호되고 관리되면 방목을 통한 식량 공급지로 활용할 수 있다. 그러나 표토가 너무 얇고 강수량이 작기 때문에 절대 경운해서는 안 된다.

토양 침식 방지에 대한 완전한 답은 될 수 없지만, 배수가 잘 되는 토양에 대한 토양 침식 방지에 매우 유용하다. 우리는 또한 토양의 환경에도 관심을 가져야 하고 해충을 억제하는 데도 각별한 관심이 있어야 하겠다.

1972년에는 미국의 1,200만 ha가 경작지 보존지구였고 약 130만 ha에서 무경운 경작이 실시되었다. 그러다가 1992년에는 6,000만 ha의 경작지 보존지구, 6,200만 ha의 무경운 경작지로 증가하였다. 이러한 추세로 가면 2010년까지는 최소 경운 경작지는 미국 경작지의 95%가 될 것이다.

비경작지의 토양 보호

모든 토지가 작물 재배에 적합한 것도 아니고 또 영구적으로 경작될 수도 없다. 작물 재배를 위해 경작되어서는 절대 안 될 토지도 있을 것이며, 농경지 대신에 다른 용도로 사용되어야 할 토지도 많다. 작물의 경작지로 사용할 수 없는 토지는 적절한 토양 보존 기법을 사용하여 방목, 목재 생산, 야생 동물의 서식, 자연 경관, 휴양지의 용도로 사용할 수 있다. 그림 13.23은 경작지로는 부적절하지만 소나 양의 방목에 필요한 목초를 생산할 수 있는 장소가 될 수 있다는 것을 잘 보여준다. 이러한 토지는 잘만 사용하면 수 세대에 걸쳐 이들에게 충분한 먹이를 제공할 수 있을 것이다.

그림 13.24에 있는 토지는 작물 재배, 방목 어느 것에도 적합하지 않다. 그러나 이곳은 목재 생산, 야생 동물의 서식지, 휴양지로서 매우 가치 있고 생산성 있는 토지로 생각할 수 있다.

모든 토지는 똑같지 않고 각각의 토양 특성, 기후, 경도를 가지고 있다. 이러한 점들을 모두 고려하여 각 지역에 가장 적합한 용도를 결정해야 한다는 것은 두말 할 나위 없다. 계속하여 그곳에서 식량 또는 기타 생필품을 얻으려면 토양에 대한 현명한 계획과 세심한 경작 방법을 세우는 것이 필수적이다.

그림 13.24 산림과 휴양림 활용 이 토지는 곡물을 재배하거나 방목하는 데 적합하지 않지만 목재 생산지, 야생 동물의 서식지, 휴양림으로서 좋은 장소가 된다.

환경 돋보기

토지 등급

모든 토지가 작물을 재배하거나 도시 건물을 세우는 데 적합한 것은 아니다. 어떤 토지를 최상으로 사용하기 위해서는 토지의 경사도, 토양 특성, 경질성, 침식성, 기타 특성 등의 인자들을 모두 고려해야 한다. 미국 토양보존국은 일반 사람들이 토지를 잘 사용할 수 있도록 토지 사용 가능성을 분류하는 체계를 만들었다. 다음 표는 토지를 8개의 등급으로 구분하여 각 등급에 대한 특성과 능력을 싣고 있다.

아쉽게도 우리들이 사는 집과 공장들은 모두 분류 I, II에 속하는데 이 토지는 농경지로서 가장 좋은 토지이다. 다시 말하면 경작지로서 가장 좋은 토지에 집이나 공장이 들어서 있어 토지를 효율적으로 사용하지 않는 셈이다.

- 주위에서 토지가 부적절하게 사용되는 예를 들 수 있는가?
- 어느 정도 토지사용계획이 있어야 하는가?
- 건물이나 경작지가 적합하지 않은 토지에 있을 때 나타난 결과는 어떤 것들이 있는가?

토지 등급		특 성	능 력	특별보존 대책
경작에 적합한 토지	I	탁월, 평탄, 배수 양호	작물 재배	정규 경작
	II	양호 사소한 제한 (경사도, 모래질 토양, 배수 불량)	작물 재배 방목	대상 경작 등고선 경작
	III	보통 양호 중요한 제한 (토양, 경사, 배수)	작물 재배 방목 분수령	대상 경작 등고선 경작 계단 경작, 수로
	IV	보통 심각한 제한 (토양, 경사, 배수)	방목, 과수원 도시, 산업 제한된 경작	제한된 작물, 대상 경작 등고선 경작 계단 경작, 수로
경작에 부적합한 토지	V	방목과 삼림에 사용 약간 제한 (경질성, 천부 토양, 습윤)	방목, 산림 분수령, 도시 산업	방목과 벌목을 적당히 할 경우 특별한 대책 필요 없음. 경운 불가
	VI	방목과 산림에 보통 제한 (약간 경사)	방목, 산림 분수령, 도시 산업	필요 시 방목과 벌목 통제
	VII	매우 가파른 경사면으로 침 식에 많이 노출되어 있어 방목과 벌목에 심한 통제가 요구됨	방목, 산림 분수령,휴양지 야생동물, 도시 산업	방목과 벌목 시 세심한 관리 필요
	VIII	가파른 경사, 박층 토양, 물 결핍, 또는 물 과잉으로 인해 방목과 산림에 부적합	분수령, 휴양지 야생 동물 도시, 산업	가파른 경사면, 토양의 부족 문제로 방목과 벌목 불가

요약

지구의 표면은 항상 변화하고 있다. 대륙판의 움직임으로 새롭게 토지가 생성되기도 하고 침식작용에 의해 사라져가기도 한다. 토양은 무기질, 유기물, 생물, 공기, 물의 복합체이다. 토양 형성은 기후 변화, 결빙과 해빙, 빙하의 이동, 흐르는 물, 바람 등과 같은 물리적 힘에 의해 모재가 부서지면서 시작된다. 산화와 가수분해에 의해 모재는 화학적으로 변화하기도 한다. 생물도 토양에 뿌리를 내리거나, 영양물질을 분산시키거나 사체가 분해되면서 토양 생성에 영향을 미치기도 한다.

표토는 부식토와 무기질의 복합체로 구성된다. 토양 비옥도는 토양 내 무기질, 유기질, 수분, 공극에 의해 결정된다. 토양 조직은 토양 안에 포함된 점토, 실트, 모래 비율에 따라 달라진다.

A층 혹은 표토층은 양분과 무기질이 풍부하다. B층은 A층에서 용탈된 물질이 축적되는 층이고, C층은 풍화된 모재로 구성된다. 산림 토양은, 보통 A층은 매우 얇고, B층은 뿌리 발달에 유리하도록 깊고 양분이 풍부하다. 초지 토양은 두꺼운 A층과 양분이 거의 없는 B층으로 구성된다. 따라서 초본류의 뿌리는 대부분 A층 내에 있다.

토양 침식은 물과 바람에 의한 토양 유실과 이동을 의미한다. 적절한 토양보존 경작－등고선 경작, 대상 경작, 계단 경작, 수로와 방풍림의 활용, 보존 경운－은 토양 침식을 줄이는 데 효과적이다. 경작지로 적합하지 않은 토지는 방목, 목재림, 야생동물 보호구역 및 여가의 용도로 활용될 수 있다.

주요 용어

계단(terraces)
기계적 풍화작용(mechanical weathering)
대상 경작(strip farming)
등고선 경작(contour farming)
맨틀(mantle)
모재(parent material)
방풍림(windbreaks)
부식토(humus)
수로(waterways)
양토(loam)
용탈(leaching)
이쇄성(friability)
지각(crust)
침식(erosion)
토양(soil)
토양 구조(soil structure)
토양 단면(soil profile)
토양 조직(soil texture)
토양층(soil horizon)
토지(land)
판구조론(plate tectonics)
풍화작용(weathering)
화학적 풍화작용(chemical weathering)

복습문제

1. 토양과 토지는 어떻게 다른가?
2. 토양의 5대 구성요소는 무엇인가?
3. 토양 형성 과정을 설명하라.
4. 물리적 풍화와 화학적 풍화에 대해 설명하라.
5. 토양 입자의 크기는 조직과 배수에 어떤 영향을 미치는가?
6. 토양 단면을 설명하라.
7. 침식을 정의하라.
8. 토양 침식을 줄이는 보존경작 방법에 대해 설명해 보라.

비판적 사고력 문제

1. 경작지의 토양보존을 위해서는 잡초 제거 목적으로 다량의 살충제가 살포되지 않을 수 없다. 이에 대한 당신의 생각은?
2. 인구가 증가함에 따라 식량 생산을 위해 더 많은 토지를 개간해야 하는가? 또는 현재 주어진 토지에서 생산성을 높이는 기술을 사용해야 하는가? 이에 대한 절충안을 가지고 있다면?
3. 북아메리카 중서부 지역에 있는 몰리졸 토양의 분포에 대해 어떻게 설명하겠는가?
4. 농사를 짓지 않는 사람들도 왜 토양 보존에 관심을 가져야 하나?
5. 당신이 어떤 작은 도시의 변두리에 있는 토지 사용 평가에 대한 자문역을 맡은 과학자라고 하자. 문제의 지역은 깊은 협곡과 구릉지를 가지고 있다. 환경을 보존하는 차원에서 어떤 형태의 농업, 상업, 벌목을 권장하겠는가?
6. 우리 사회를 볼 때 도시와 농촌을 포함하여 부적절하게 사용되는 토지가 있는가? 이렇게 사용된 결과는? 토지 사용을 개선시키기 위한 제안은?

14 농경방법과 해충·잡초 관리

이 장의 학습목표

- ⊙ 농기계의 발달이 단작 촉진에 미치는 영향을 이해할 수 있다.
- ⊙ 단작의 장단점을 설명할 수 있다.
- ⊙ 비료가 토양 특성에 미치는 영향을 설명할 수 있다.
- ⊙ 현대 농업이 농약을 대량으로 사용하게 된 이유를 설명할 수 있다.
- ⊙ 잔류성 농약과 비잔류성 농약의 차이를 설명할 수 있다.
- ⊙ 작물의 수확시기 조절을 위하여 약품이 어떻게 사용되는지 설명할 수 있다.
- ⊙ 농약 사용에 따른 문제를 나열할 수 있다.
- ⊙ 생물 농축을 설명할 수 있다.
- ⊙ 유기 농법을 설명할 수 있다.
- ⊙ 통합해충관리가 해충의 생활사에 대한 완전한 이해를 기초로 한다는 점을 이해한다.

이 장의 세부목차

과거 현재 그리고 미래

1983 유전자 조작 작물 재배되지 않음

1983 보존 경운되는 미국의 경작지 16%

1983 미국의 평균 옥수수 생산량 1ha당 5,100kg

1983 전 세계 비료 소비량 126,291,700ton

1983 미국 농지 면적 414,340ha

1996 유전자 조작 작물 등장. 2002년까지 전 세계 농작물의 22%가 유전자 조작 작물

2002 보존 경운되는 미국의 경작지 36.6%

2002 미국의 평균 옥수수 생산량 1ha당 8,175kg(60% 증가)

2000 전 세계 비료 소비량 136,435,100ton

2002 미국 농지 면적 381,170ha(8% 손실)

그림 14.1 화전농법 인구밀도가 낮고 토양이 척박한 지구상의 많은 지역에서 화전농법을 행한다. 화전을 일구기 위하여 숲을 태우면 약간의 양분이 방출되지만, 이는 작물에 의하여 이삼 년 흡수되고 나면 고갈된다. 화전이 포기되고 땅이 버려지면 자연식생이 회복되어 토양의 침식을 방지하고 화전으로 인한 피해를 회복시킨다.

그림 14.2 노동집약적 농업 많은 개발도상국에서는 최소한의 화석연료와 비료를 사용하는 대신 노동집약적 방법으로 높은 수확을 얻고 있다. 이런 농법은 지형상 농토의 넓이가 좁은 지역에도 사용된다.

농경방법의 다양성

지구상에는 다양한 농경방법이 행해지고 있다. 토양이 척박하고 인구밀도가 낮은 지역에서는 흔히 화전농법이 행해진다. 즉 약간의 면적에 나무를 베어내고 그 자리에 불을 놓아 농지를 개간하는 것이다(그림 14.1). 이렇게 하면 나무나 잡초 등 생체에 포함되어 있던 영양분이 방출되고 그 영양분이 다 소모되기까지 한두 해는 농사를 지을 수 있다. 토양의 영양이 고갈되면 그 땅은 버려진다. 버려진 땅에는 주변 숲의 영향으로 곧 새로운 식생(植生, vegetation)이 형성되고 천이과정에 따라 원래의 모양으로 되돌아간다. 이 방법은 토양층이 얇은 열대지방이나 경사진 땅에 유용하다. 버려진 땅의 면적은 일반적으로 크지 않고 또 빠르게 새로운 식생이 형성되므로 이 방법으로 인한 토양의 파괴나 손실은 그다지 크지 않다.

화전농지에는 일반적으로 여러 가지 작물을 섞어서 경작한다. 이러한 화전농법의 관행은 오랜 세월에 걸쳐 형성된 것으로, 지역적 조건을 고려하면 다른 농경방법보다 효율적이다. 예컨대 여러 가지 작물을 혼작하므로 그늘이 필요한 음지 식물은 키 큰 작물의 덕을 보고 질소를 고정하는 콩과식물은 질소를 필요로 하는 다른 작물에 도움이 된다. 또한 여러 가지 작물을 혼작하면 그 중 어떤 작물은 자연적인 방충제를 만들므로 해충 구제(驅除)에도 도움이 된다. 화전 농장은 보통 작고 서로 격리되어 있으며 또한 일시적이므로 해충 전염의 경우도 드물다. 그러나 화전농법은 독특한 서식환경(habitat)에 사는 소수 사람들에게만 제한적으로 효율적인 것이며, 모든 서식환경에 효율적인 것은 아니다. 또한 화전농지는 한 번 이용한 뒤 다시 이용하기 전에 숲이 이루어져야 하므로 재이용 주기가 너무 길다.

지구상의 많은 지역에서는 많은 노동력이 필요한 농경방법이 행해지고 있다. 그 이유는 농경지나 또는 작물의 종류가 기계화에 적합하지 않기 때문이다. 대부분의 산간지역은 농경지의 면적이 작아 기계화가 불가능하다. 또한 어떤 작목은 모심기, 잡초뽑기 및 수확에 섬세한 취급이 필요하여 기계화가 불가능하다. 여러 가지 과실수의 열매 따기, 채소의 수확 등이 그런 경우이다.

그러나 노동집약적 농업의 주 이유는 경제적 이유이다. 노동 인건비가 싸고, 인구밀도가 높은 개발도상국들에서는 흔히 경지 면적이 작아서 가축이나 소형 농기계의 도움을 받는 노동집약적 농경이 효과적이다(그림 14.2). 농업이 기계화되려면 우선 경지면적이 넓어야 하는데, 이는 작은 농지들을 사서 합칠 수 있는 경제력이 있거나 농업 회사가 설립되어야 한다. 그렇게 하여 대단위 농지가 조성되더라도 기계화에는 막대한 비용이 필요하다. 이 비용 때문에 중앙 · 남 아메리카, 아시아, 아프리카 등에서는 농업 기계화가 되지 않고 있다.

미국, 유럽, 소련, 그리고 중앙 · 남 아메리카의 일부에서는 농업이 기계화되어 화석 에너지의 힘이 인간과 동물의 근육에서 얻어지던 힘을 대신하고 있다. 농업이 기계화되려면 경지의 면적이 넓어야 할 뿐만 아니라 농기계 사용의 효율을 높이기 위하여 작목이 단일화되어야 한다. 넓은 면적에 단일 작목을 경작하는 농법을 **단작**(單作, monoculture)이라 한다(그림 14.3).

그림 14.3 단작 넓은 농지에 단일 작물을 재배하면 농업 기계화에 유리하다. 기계화 농업은 인간과 가축의 노동력을 화석연료와 기계로 대체한 것이다.

단작이 식량 생산에 효과적이기는 하지만 단점도 있다. 우선 대형 기계가 한 농장을 갈거나 수확할 때 농장의 일부 면적은 식생으로 피복되지 않은 상태로 노출되므로 토양 유실이 증가한다(13장 참고). 또한 기계화 영농은 매년 많은 양의 유기물을 농장으로부터 제거한다. 즉 작물을 수확할 때 기계화 방식은 사람이 직접 수확하는 방식에 비하여 작물에서 사람이 꼭 필요한 부분 이외의 부분까지도 제거해 버리므로 농토의 유기물 함량이 점차 감소해 가는 것이다. 이 때문에 기계화 영농에서는 순수하게 토양의 유기물 함량을 높이기 위한 작물을 경작하여 그냥 갈아 엎어버리는 작업을 몇 년에 한 번씩 시행하기도 한다.

모를 심고 돌보고 수확하는 과정을 효율적으로 기계화하려면 작물이 같은 시기에 같은 모양으로 일정하게 성장하도록 종자를 개량하여야 한다. 즉 이러한 종자 개량은 식물 개체 간에 다양성이 나타나지 않도록 하는 것이므로, 개량종은 유전적 다양성이 부족한 결함이 있다. 때문에 한 지역의 농부들이 모두 한 가지 개량종을 경작하는 경우에는 해충 방제가 큰 문제가 된다. 즉 한 지역의 모든 작물이 똑같은 형질을 가지고 있다는 것은 똑같은 약점을 가지고 있다는 것과 같으므로, 그 약점을 공격할 수 있는 해충 또는 질병에 대하여는 치명적인 피해를 받게 되는 것이다. 반대로 한 지역의 작물들이 유전적으로 다양하거나 또는 해마다 작목이 바뀌는 윤작(輪作)이 이루어지면 해충 또는 질병에 의한 피해가 크게 완화된다.

농기계의 가격이 매우 비싸고 또한 작물에 따라 필요한 농기계의 종류가 다르므로 농부들은 한두 가지 작물로 특화된 영농을 하려 한다. 즉 넓은 땅에 한 가지 작물을 해마다 반복하여 심는 것이다. 이렇게 하면 토양에서 특정의 영양소가 고갈되는 데 주의해야 한다. 또한 해마다 특정의 작물이 경작되므로 그 작물에 특이적인 해충이나 곰팡이가 번성할 위험이 커 살충제와 살균제를 더 많이 사용하여야 한다.

기계화된 단작 영농에 몇 가지 문제점이 있기는 하지만, 지난 백 년간 이로 인하여 식량의 생산이 크게 증가한 것도 사실이다. 지난 백 년간의 식량 증산은 전 세계적인 것으로 작목의 다양화, 관개(灌漑)의 개선, 농약과 비료의 사용, 기계화 및 영농 기술의 발달 등이 그 원인이다(그림 14.4). 특히 1950~1970년대의 식량증산율은 매우 급격한 것으로 흔히 녹색혁명이라고 한다. 이처럼 선진국과 개발도상국들에서 모두 식량이 증산되었으나 지구의 인구도 꾸준히 증가하여 식량 증산은 여전히 필요한 형편이다. 최근에는 식량 증산을 위하여 농학자들이 유전공학 등의 생물공학(Biotechnology)에 몰두하고 있다. 그들은 앞으로 몇십 년 후에는 병충해에 강하고, 스스로 공기 중 질소를 고정하여 비료를 덜 섭취하며, 소금기 있는 땅에서도 잘 자라며, 가뭄에 강하면서도 태양 빛을 좀더 효율적으로 이용하여 수

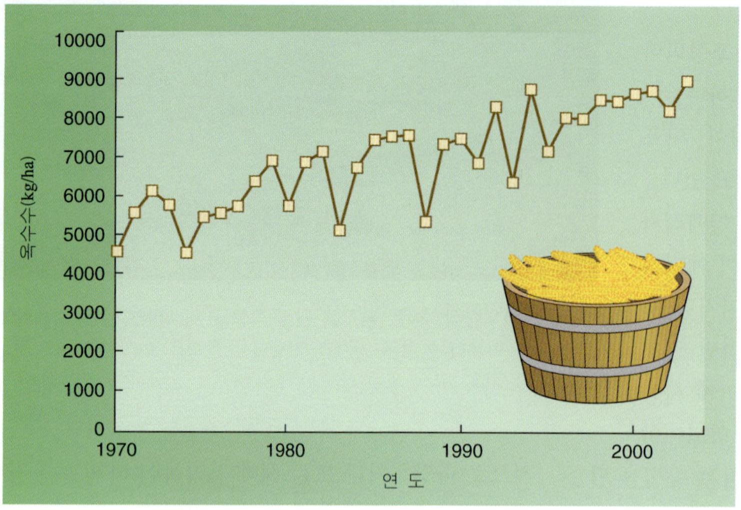

그림 **14.4** 현대적 기술에 의한 수확량 증가 품종 개량, 농경 방법의 개선, 비료와 농약, 기계화 등에 힘입어 선진국의 수확량은 크게 증가하였다.

출처 : Data from U.S. Department of Agriculture, *Agriculture Statistics*.

표 14.1 비료와 식량생산의 관계

국 가	노동인구비율 (%, 1991)	비료사용량 (kg/ha, 1993)	알곡 수확량 (kg/ha, 1994)
미국	3	108	5,092
브라질	25	85	2,256
인도	70	46	2,062

확량이 많은 작물을 유전공학을 이용하여 개발하기를 희망한다. 일반적으로 유전공학을 포함하는 생물공학은 어떤 식물체에 그 기능을 보다 더 향상시킬 수 있는 유전인자를 다른 식물체로부터 도입하는 과정을 거친다. 그러나 현재까지는 여러 가지 문제점으로 인하여 가장 고도의 생물공학적 과정을 거쳐 만들어진 품종들도 재래종만 한 생산성을 보이지 못하고 있으며, 또한 생물공학 품종의 종자 가격이 너무 비싸서 아직은 유전공학 농법은 현실성이 없다. 작물의 유전자 조작에는 또 다른 우려가 있다. 농업에서 여러 가지 살충제의 부작용이 유전자 조작 작물에서는 없을 것인가? 작물에 특정 기능을 높이기 위하여 도입한 유전인자가 다른 기능을 저하시키지는 않을 것인가? 또는 작물에 도움이 되라고 도입한 유전자가 그 작물을 빠져 나와 잡초로 옮겨가 잡초의 기능을 향상시키면 어찌 될 것인가?

에너지와 노동

기계화 농법은 사람의 노동을 대신하여 잠재된 석유 에너지를 이용하는 것이다. 예컨대 미국에서 옥수수 2,500 kg을 생산하는 데 1913년에는 135시간의 노동력이 필요하던 것이 1980년에는 15시간으로 줄어들었다. 석유 에너지가 120시간의 노동을 대신한 것이다. 석유 에너지는 모심기, 수확, 물대기 등에 직접 필요할 뿐만 아니라 비료와 농약, 기타 농자재를 생산하는 데도 필수적이다. 1 ton의 비료를 생산하는 데 약 5 ton의 원유가 소비된다. 즉 기계화 영농으로 인하여 햇볕과 비와 바람과 사람의 땀으로 이루어지던 농업은 이제 석유 에너지로 이루어지게 된 것이다.

비료의 영향

표 14.1은 비료가 어떤 면에서는 사람의 노동력

세계 각국의 비료 사용량 증가

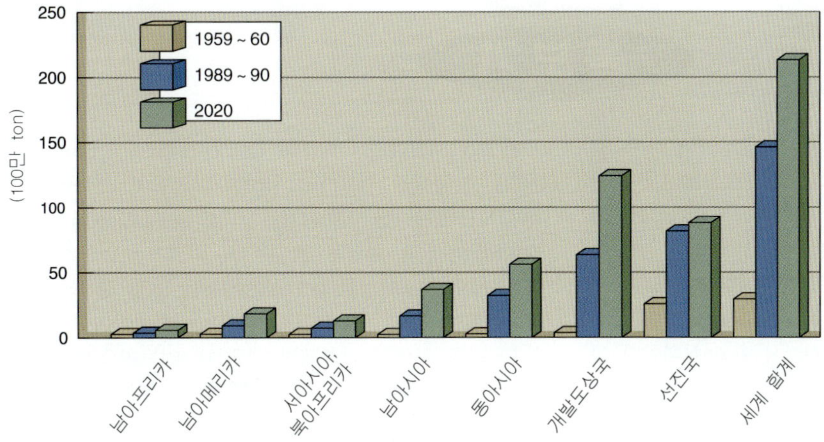

그림 **14.5** 비료 사용량의 증가 비료 사용량은 급격히 증가하였으며, 개발도상국에서는 향후 20년간에도 계속 증가할 것으로 예상된다.

을 대신하여 사용되고 있음을 보여준다. 미국은 농업 인구가 3%에 불과하지만, 브라질보다 30% 많고 인도에 비하면 두 배가 되는 비료를 사용함으로써 브라질이나 인도의 두 배에 이르는 단위면적당 수확량을 얻고 있다. 브라질과 인도는 단위면적당 수확량이 비슷하다. 그러나 브라질은 같은 수확량을 위하여 투입하는 노동력이 인도보다 적다. 이는 비료가 직접적으로 사람의 노동력을 대신하고 있음을 의미한다.

세계 곡물생산량의 약 25%는 비료 사용에 의한 것으로 평가된다. 지난 수십 년 동안에 비료 사용은 크게 증가하였고, 앞으로도 더욱 증가할 것으로 예측된다(그림 14.5). 그러나 비료 생산은 화석 에너지에 의존하므로 원유가격에 크게 좌우될 것이다. 즉 원유가격이 오르면 비료가 비싸지고 식량의 가격도 비싸질 것이다. 농부들이 비료를 살 돈이 부족한 가난한 나라들에서는 이런 현상이 더욱 심할 것이다.

비료는 작물에 의하여 제거된 토양영양을 회복해 준다. 작물의 영양 중 탄소, 수소 및 산소는 공기 중 이산화탄소와 토양 중의 물에 의하여 공급된다. 그러나 다른 영양소들은 쉽게 회복되지 않는다. 특히 질소, 인, 칼륨은 토양에 결핍되기 쉬우므로 **다량원소**(macronutrient)라 하며 비료로 공급되는 주성분이다. 이 이외에 망간, 붕소, 아연 등은 작물에 의하여 소량으로 소비되므로 **미량원소**(micronutrient)라 한다. 예컨대 감자 1 ton을 수확하면 다량원소인 질소는 10 kg이 토양에서 제거되지만 미량원소의 하나인 붕소는 13 g밖에 제거되지 않는다. 그러나 같은 장소에 같은 작물을 반복하여 경작하면 미량원소도 결핍되어 작물의 수확량을 감소시킨다. 이 경우에는 미량원소도 비료에 포함시켜야 한다.

화학비료가 토양의 무기영양을 회복시켜 주지만 유기물을 공급하지는 않는다. 토양 유기물은 분해되어 토양에 부식질(腐植質, humus)을 공급하므로 매우 중요하다. 부식질은 토양이 덩어리져 단단해지지 않도록 토양 구조를 개선하며 토양에 공극(孔隙)을 유지하여 물과 공기가 작물의 뿌리로 이동할 수 있게 한다. 토양 유기물은 또한 토양의 pH를 적당히 낮추어 토양 입자에 들어있는 식물의 영양을 식물이 이용할 수 있는 형태로 방출하게 한다. 토양세균과 토양 동물들도 토양 유기물에서 에너지를 얻는다. 토양 생물들은 토양에서의 질소 및 탄소 순환에 중요한 기능을 담당하므로 토양 유기물은 그런 의미에서도 중요하다. 그러므로 화학비료에만 의존한 농경방식으로 토양 유기물이 결핍되면 토양의 생물학적 및 이화학적 특성이 변하여 수확량이 감소한다.

물은 토양 공극을 통하여 이동하면서 토양 영양분을 녹여 결국은 하천이나 호소로 이동시킨다. 이

환경 돋보기

차세대 살충제

완벽한 살충제는 목표곤충에만 작용하여야 하며, 사람에게 무해하고, 비잔류성이며, 그 분해산물이 무독해야 한다. 현재 사용되고 있는 농약들은 많은 화학약품들 중에서 살충력이 있는 것을 선발하여 약간 변형한 것이다. 이들은 많은 종류의 생물에 유독하므로 매우 조심스럽게 취급하여야 한다. 새롭게 개발되고 있는 차세대 살충제들은 곤충의 생활사에서 약품에 취약한 한 시기를 택하여 곤충을 공격하는 것으로 곤충학적 지식에 바탕을 두고 있다. 어떤 살충제는 정상적인 호르몬을 모방하여 만든 것으로 곤충이 성체가 되는 것을 방해하여 증식하지 못하게 함으로써 개체군을 줄인다.

어떤 살충제는 세포 안에서 일어나는 화학반응의 한 단계를 교란하여 곤충을 죽인다. 니코틴은 담배식물의 한 성분이지만 살충력이 있다. 니코틴은 신경세포의 특이한 수용체(受容體)에 결합하여 정보전달 체계를 교란시킨다. 그러나 이 물질은 햇빛에 안정하지 않다. 이 문제를 극복하기 위하여 니코틴의 분자구조를 약간 변형시킨 이미다클로프리드(imidacloprid)가 개발되었다. 이 물질은 햇빛에 니코틴보다 안정하며 그 수용체가 포유동물에는 곤충에처럼 많지 않으므로 포유동물에 안전하며, 흡혈곤충에 매우 효과적이다.

또 다른 종류의 살충제는 세포 내 미토콘드리아의 에너지 생산반응을 정지시켜 곤충을 죽인다. 모든 고등동물은 미토콘드리아를 가지고 있으므로 이 살충제의 영향을 받을 수 있다. 이 문제를 극복하기 위해 이 살충제의 개량품이 개발되었는데, 이 물질은 그 자체로는 무독하지만 곤충의 체내에 들어가면 유독한 물질로 변하고, 포유동물에서는 그런 변화가 일어나지 않도록 개량되었다. 그러나 이 또한 어떤 종류의 어류와 조류에는 매우 유독하므로 주의하여 사용해야 한다.

렇게 이동된 영양물질은 하천 및 호소에서 불필요한 식물이나 조류(藻類, algae)의 과잉 증식을 유도하여 부영양화를 일으키기도 한다. 이런 현상은 특히 비료가 과잉 시비(施肥)되어 작물이 비료를 다 흡수하지 못하거나 또는 비료를 큰비가 오기 직전에 시비하여 비료의 영양이 작물에 흡수되기 전에 빗물에 씻겨 내려가는 경우에 심각하게 나타난다. 이에 대하여는 15장 수질오염에서 상세히 설명할 것이다.

농 약

기계화된 단작 농법은 화학비료뿐만 아니라 많은 양의 농약, 즉 살충제, 살균제, 제초제, 성장촉진제, 방부제 등을 필요로 한다. 이들 농약은 정확히 **표적생물**(target organism)에만 작용하여야 한다. 즉 **살충제**(pesticide)는 작물에 해로운 **해충**(pest)만 죽이고 벌, 나비, 거미 등 이로운 곤충에는 해를 주지 않아야 할 것이다. 그러나 대부분의 살충제는 이로운 해충도 가리지 않을 뿐만 아니라 심한 경우에는 사람까지도 죽일 수 있다.

살충제

만일 농장에서 해충을 통제하지 않는다면 농작물의 많은 부분을 해충이 먹어치울 것이다. 작은 농장에서는 사람의 손으로 해충을 구제(驅除)할 수 있다. 그러나 넓은 농장에서는 해충을 구제할 수단을 찾지 않으면 안 된다. 뿐만 아니라 해충 중의 어떤 것은 전염병을 옮기기도 한다. 예컨대 모기는 무려 30가지의 질병을 옮긴다고 한다. 1965년에는 모기가 무려 100만 명에게 말라리아와 수면병을 옮겼다고 추산되었다. 그러므로 살충제의 발명은 질병을 통제하고 작물을 보호하는 데 중요한 계기가 되었다.

삼천 년 전, 그리스의 호머는 유황으로 해충을 통제하는 것에 대하여 말한 바 있다. 그 후 수백 년간, 해충을 쫓아내거나 죽이는 물질을 생산하는 식물이 알려졌다. 사람들은 이런 식물을 작물의 사이사이에 심어 해충을 방제하였다. 담배에서는 니코틴을, 열대 콩과식물에서는 로테논(rotenone)을, 국화과 식물에서는 피레트럼(pyrethrum)을 추출하여 해충방제에 이용하였고, 이런 방식들은 현대에도 사용되고

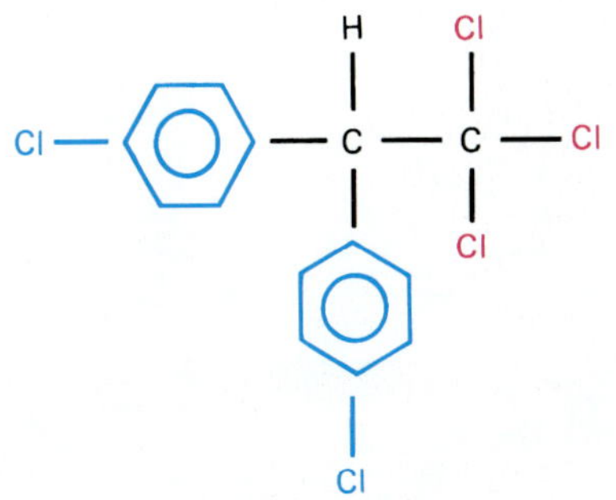

그림 **14.6 DDT**의 화학 구조 DDT는 에탄(ethane)에 두 개의 클로로페닐기와 세 개의 염소가 치환된 구조이다.

있다. 그러나 식물의 추출물은 양이 소량이고 또 그 효과도 지속성이 없어서 인류는 끊임없이 새로운 살충제의 발명을 추구해 왔다. 1867년, 최초의 합성 살충제인 패리스 그린(Paris green)이 개발되었다. 이 물질은 아세트산과 비화동(砒化銅)의 혼합물로 콜로라도 감자딱정벌레를 방제하는 데 사용되었다.

최초로 합성된 유기살충제는 DDT이다. DDT는 효과가 오래가며 곤충에는 치명적이지만 사람에게는 별 해가 없다고 판단되어 완전한 살충제라고 생각되었다. DDT를 사용한 처음 10년간은 DDT로 모기를 박멸한 것만으로도 오백만 명을 살렸다고 추산되었다. 그러나 얼마간 시간이 지나자 모기와 기타 많은 곤충들이 DDT에 대하여 내성(耐性)을 가지게 되었다. 이렇게 DDT의 효과가 없어지게 되자 새로운 유기합성 살충제가 필요하게 되었고, 무려 60,000여 종의 살충력을 가진 유기화합물이 합성되었다. 그러나 이들 대부분은 가격이나 사람에 미치는 영향 또는 기타의 불가피한 단점들로 인하여 실용화되지 못하였다. 이런 유기합성 살충제들 중 현재 사용되고 있는 것으로는 크게 염화탄화수소제, 유기인산염, 카르바민산염 등 세 종류가 있다.

염화탄화수소제

염화탄화수소제(chlorinated hydrocarbon)는 살충제의 한 부류로 탄소, 수소 및 염소로 구성되어 있으며 복잡하고 안정된 구조를 가졌다. DDT(dichlorodiphenyltrichloroethane)는 가장 먼저 개발된 염화탄화수소제이며 이외에도 여러 가지가 개발되었다. DDT의 구조는 그림 14.6과 같다. 그 이외의 염화탄화수소제로는 클로르데인(chlordane), 알드린(aldrin), 헵타클로르(heptachlor), 디엘드린(dieldrin) 및 엔드린(endrin) 등이 있다. 이 화합물들의 작용기작은 명확히 밝혀지지 않았지만 곤충의 신경계에 작용하여 곤충을 죽이는 것으로 여겨진다.

이들 살충제의 특징의 하나는 이 화합물들이 매우 안정하여 잘 분해되지 않는다는 점이다. 이 특징은 장점이며 동시에 단점이다. 이들은 잘 분해되지 않아 한 번만 뿌려도 그 약효가 오래가기 때문에 **잔류성 살충제**(persistent pesticide)라 한다. 그러나 바로 이 특성 때문에 이 살충제 성분은 토양이나 생물체 및 먹이사슬에 축적되는 것이다. 즉 이 살충제들은 원래의 표적곤충에뿐만 아니라 비표적 생물에도 영향을 미치는 것이다. 예컨대 온대지방에서 DDT의 반감기(half-life; 물질의 50%가 분해되는 시간)가 10~15년이다. 이는 일정 면적에 DDT 1 ton이 뿌려질 경우 10~15년이 지나도 500 kg이 남아 있으며 30년이 지나도 250 kg은 남아 있다는 말이다. DDT의 반감기는 토양의 특성, 온도, 토양생물의 영향 및 기타 요인에 좌우된다. 열대지방에서는 반감기가 6개월에 불과한 경우도 있다. 또 한 가지 문제점은 이들 살충제가 분해되더라도 그 분해산물도 유독한 경우가 있다는 점이다. 이러한 부작용 때문에 염화탄화수소제는 대부분의 선진국에서 사용이 금지되었지만 많은 개발도상국들에서는 아직도 사용되고 있다.

유기인산염제 및 카르바민산염제

살충제의 잔류성으로 인한 문제점을 극복하기 위하여 신속히 분해되고 또한 그 분해산물이 무해한 **비잔류성 살충제**(nonpersistent pesticide)가 개발되었다. 그러나 이들 살충제 역시 다른 살충제와 마찬가지로 특정의 해충뿐만 아니라 이로운 곤충까지도 죽여버린다. 또한 분해가 신속하므로 토양에 축적되지는 않지만 그만큼 농약을 자주 뿌려야 하므로 노동력과 비용이 많이 든다.

유기인산염제(organophosphate)와 **카르바민산염제**

(carbamate)는 신경전달체계를 교란한다. 정상적으로는 한 신경세포에서 발생한 신호(impulse)는 아세틸콜린(acetylcholine)이라는 화학물질에 의하여 인접 신경세포로 전달된다. 신경세포의 한 끝에서 아세틸콜린이 생성되면 이 물질이 어떤 신호를 다음 신경세포로 전달한다. 신호의 전달이 완료되면 첫 세포에서는 콜린에스트라아제(cholinesterase)라는 효소가 생성되어 아세틸콜린을 분해함으로써 인접 세포로의 신호전달이 1회로 마감되게 한다. 유기인산염제와 카르바민산염제는 콜린에스트라아제에 결합하여 아세틸콜린의 분해를 방해한다. 이 때문에 한 번 보낸 신호를 반복적으로 계속 보내게 되고, 결국 신경전달 체계가 교란되어 생물이 죽는다.

그림 **14.7** 제초제의 영향 사진과 같이 제초제로 잡초가 제거되면 제초제의 영향을 받지 않는 콩은 잡초와의 경쟁이 없으므로 더 잘 자랄 수 있다.

이들 살충제가 염화탄화수소제에 비하여 자연계에서의 잔류성은 덜하지만, 일반적으로 사람이나 척추동물에 대한 독성은 더 심하여 이 살충제를 잘못 취급하면 사람이 죽는 수도 있다. 따라서 이 살충제를 취급하는 사람은 특수 교육을 받고 살충제를 칠 때는 방독마스크를 써야 한다. 유기인산염제는 콜린에스트라아제에 대한 결합력이 카르바민산염제보다 더 강하므로 더 위험하며, 최근에는 많이 카르바민산염제로 대체되고 있다.

유기인산염제의 대표적인 것은 마라치온(malathion), 파라치온(parathion), 다이아지논(diazinon) 등이다. 마라치온은 모기 구제 등에 많이 사용되며, 파라치온은 독성이 너무 강하여 잘 사용되지 않는다. 다이아지논은 정원에 해충 구제용으로 많이 쓰인다. 카르바민산염제로는 세빈(sevin), 알디캅(aldicarb), 프로폭서(propoxur) 등이 있다.

제초제

미국에서 사용되는 농약의 약 60%는 **제초제**(herbicide)이다. 제초제는 농업용으로뿐만 아니라 시계(視界)를 확보하기 위하여 고속도로변, 철로변 등에도 뿌려진다. 농업에서 **잡초**(weed)는 작물과 경쟁적으로 영양분과 물을 흡수해버린다. 또한 잡초가 작물보다 빨리 자라는 경우에는 그늘을 만들어 작물의 성장을 방해한다. 잡초는 수확기에도 수확기계의 작업을 어렵게 하며, 작물과 함께 수확되었을 경우에는 일일이 손으로 가려내어야 하므로 시간과 비용이 든다.

농사일에서 잡초를 제거하는 것은 참으로 번거로운 일이다. 옛날에는 잡초를 일일이 손으로 뽑아내는 수밖에 없었다. 밭을 갈아엎어 잡초의 씨를 땅속 깊이 묻어버리는 것도 잡초 제거에 도움이 된다. 이들은 모두 많은 노동력이 드는 일이므로 적절한 제초제의 사용은 농부에게 큰 도움이 된다.

최근에 개발된 제초제들은 정확하게 사용하기만 한다면 높은 선택성을 나타낸다. 어떤 제초제는 작물을 파종하기 전에 사용하여 토양 중의 잡초 씨를 죽인다. 작물과 잡초가 다 같이 어느 정도 성장한 다음에 뿌리는 제초제도 있다. 어떤 경우에는 몇 가지 제초제를 섞어 사용하여 여러 가지 잡초를 한꺼번에 죽이기도 한다. 그림 14.7은 제초제를 써서 작물에는 해가 없이 잡초만을 죽인 사진이다.

초기에 개발된 제초제인 2,4-D(2,4-dichlorophenoxyacetic acid)와 2,4,5-T(2,4,5-trichlorophenoxyacetic acid)는 자연적인 식물생장 조절물질인 **옥신**(auxin)을 모방한 합성 식물생장 조절물질이었다. 이들 제초제를 잎이 넓은 쌍떡잎 식물에 뿌리면 그 식물의 대사기능을 촉진하여 식물을 과잉 생장하게 함으로써 식물을 죽게 한다. 최근에는 식물의 다른 대사기능들을 교란하여 식물을 죽이는 다양한 제초제들이 개발되어 초기의 제초제를 대체하고 있다. 즉 식물의 광합성 기능 저해, 효소합성 억제, 단백질 침전, 세포분열 억제, 또는 세포를 직접 죽이는 등의 대사 교란 기능을 이용하는 것이다. 이런 제초제들은 사용 시기와 농도에 따라 모든 식물을 다 죽이기도 하고 특정 표적식물들만을 죽이는 선택성을 보이기도 한다. 예컨대 다이우론(diuron)은 사용 농도와 시기를 적절히 선택하면 20여 종의 일년생 잡초와 넓은잎 식물들을 선택적으로 죽이지만, 농도가 너무 높으면 모든 식물들을 죽여버린다. 페누론(fenuron)은 목본식물을 죽이는 제초제로, 농경지에는 낮은 농도로 사용하지만 송전탑 경로에는 나무로 인한 송전선 사고를 예방할 목적으로 높은 농도로 사용한다(그림 14.8).

그림 14.8 시계 확보를 위한 제초제의 사용 송전선 경로에는 나무가 자라 송전선을 훼손하는 것을 예방하기 위하여 나무를 죽이는 제초제를 사용한다.

기타 농약

농약은 잡초를 죽이기 위해서만 사용하는 것은 아니다. 예컨대 목화밭에는 목화 수확 전에 합성 옥신을 뿌린다. 이렇게 하면 목화 잎이 다 떨어져 목화 수확 기계의 사용이 쉬워진다. 사과 농장에는 과일 성숙기에 낙과방지를 위하여 NAA (naphthalenacetic acid)를 뿌린다. 이렇게 하면 사과가 익은 후에도 낙과가 10일 정도 연장되어 사과 수확기간을 연장할 수 있다. NAA와 반대로 에테폰(ethephon)은 낙과촉진제이다. 버찌(cherry) 농장에서는 수확할 때 버찌나무를 흔들어 떨어진 버찌를 주워야 하는데, 이때는 에테폰을 뿌려 나무를 조그만 흔들어도 버찌가 쉽게 떨어지게 한다(그림 14.9).

그림 14.9 기계 수확을 위한 낙과제의 사용 버찌 농장에서는 기계 수확을 쉽게 하기 위하여 낙과촉진제인 에테폰을 사용한다.

살균제와 살서제 (殺鼠劑)

균류(곰팡이)는 농업적 측면에서 두 가지로 구분된다. 한 부류는 자연적인 유기물 분해자이다. 그러나 그 분해되는 유기물이 사람에게 필요한 농산물일 경우에는 이 균류가 통제하여야 할 대상이 된다. 다른 부류는 농작물에 기생하여 농작물을 병들게 함으로써 수확을 방해하는 종류이다. **살균제**(fungicide)는 농산물이 썩는 것을 방지할 목적일 때는 기체 상태로 훈증하는 방법을 쓰고, 작물에 병이 전염되는 것을 방지할 목적일 때는 입자나 포말(泡沫)로 분무하며, 씨앗이 싹트기 전에 썩어버리는 것을 예방하는 종자소독의 목적으로는 물에 타서 침적(沈積)하는 방법을 쓴다.

종자소독에는 메틸수은(methylmercury)이 많이 쓰이지만, 이 약품은 극히 유독하므로 이렇게 소독된 종자를 먹어서는 안 된다. 그런 사고를 예방하기 위하여 소독종자는 연한 색깔로 착색시키기도 한다.

쥐는 농산물을 먹어치울 뿐만 아니라 병을 옮기기도 한다. 많은 개발도상국들에서는 쥐잡기가 매우 큰 문제이다. 와파린(warfarin)은 동물에서 내출혈을 일으키는 약으로 많이 쓰이는 **살서제**(rodenticide, 쥐약) 중의 하나이다. 이 쥐약은 보통 음식물에 섞어서 쥐가 먹도록 하는데, 이 약이 모든 포유동물에 유독하므로 사람이나 가축이 먹게 되지 않도록 극히 주의하여야 한다.

다른 살충제의 경우와 마찬가지로 쥐도 와파린에 저항성이 있는 집단이 생겨나고 있다. 그렇다고 또 다른 쥐약을 개발하면 그 유독성은 더욱더 강해져야만 하고 그에 따른 위험도 더 커질 수밖에 없으므로, 새로운 쥐약을 개발하기보다 쥐에 대하여 안전한 저장시설을 만드는 것이 현명할 것이다.

농약 사용의 문제점

완전한 농약은 다음의 조건을 충족해야 한다.

1. 값이 싸야 한다.
2. 표적 생물에만 선택적으로 작용해야 한다.
3. 반감기가 짧아야 한다.
4. 분해 생성물이 무해하여야 한다.

그러나 이런 조건을 모두 충족시키는 완전한 농약은 개발되지 않았다. 최근에 개발되는 농약은 초기의 것들에 비하여 약점이 많이 보완되었지만 아직도 완전한 것은 없다.

잔류성

선진국에서는 잔류성 농약의 사용이 일반적으로 줄고 있지만 특수한 목적으로는 아직도 사용되고 있으며, 개발도상국에서는 아직도 여전히 사용되고 있다. 잔류성 농약은 자체가 안정된 물질이므로 환경에 장기적 문제를 유발한다. 잔류성의 농약은 토양입자에 부착되고, 이 입자는 비바람에 씻기고 날려 전 지구에 퍼져나간다. 이 때문에 잔류성 농약 성분은 북극과 남극에서도 검출되고 동물과 사람의 몸에서도 검출된다. 즉 브라질의 사탕수수 농장에 뿌려진 농약이 북극과 남극의 생태계에까지 문제가 되는 것이다.

생물축적과 생물농축

농약의 잔류성과 관련된 또 하나의 문제는 이 농약들이 생물체에 축적된다는 점이다. 어느 한 동물이 먹이를 통하여 미량의 잔류성 농약 또는 잔류성 오염물질을 섭취한 뒤 그 물질을 체외로 배설하지 못하면 그 물질은 체내에 축적될 수밖에 없다. 이렇게 하여 어떤 오염물질의 체내 농도가 자꾸만 높아지는 것을 **생물축적**(bioaccumulation)이라 한다. 잔류성 농약이나 그 분해산물들은 대부분 지용성(脂溶性)이고 따라서 동물의 지방에 축적된다. 이렇게 축적된 오염물질의 농도가 영양단계가 낮은 동물에서는 위험할 정도 이하라 할지라도, 어떤 육식동물이 이렇게 오염된 동물을 먹으면 그 육식동물 체내의 오염물질 농도는 더욱 높아져 병이 생기거나 죽는다. 이처럼 영양단계가 높을수록 체내 오염물질의 농도가 더욱 높아지는 현상을 **생물농축**(biomagnification)이라 한다.

널리 알려진 DDT의 사례는 생물농축의 대표적인 예이다. DDT는 물에는 잘 녹지 않고 지방에 잘 녹는 지용성 물질이다. DDT가 곤충의 몸에 묻거나 곤충이 DDT를 먹으면 곤충의 지방조직에 DDT가 축적된다. 이 DDT 농도가 높으면 곤충이 죽지만 곤충 지방조직의 DDT가 몇 ppb(parts per billion) 수준이면 곤충 자체에는 별 해가 없다. 그러나 이 곤충을 먹는 동물에서는 심각한 영향이 나타날 수 있다.

어떤 수서환경(水棲環境)에 DDT가 뿌려지거나 또는 유입수에 의하여 DDT가 유입되면 그 수서환경의 작은 생물의 체내에는 주변 환경보다 250배 정도의 DDT가 농축된다. 이 생물을 조개, 새우 또는 작은 물고기가 먹고 이들은 다시 영양단계가 한 단계 위인 더 큰 물고기에 먹힌다. 이렇게 되면 큰 물고기 체내에는 주변 환경보다 2,000배 정도의 DDT가 농축된다. 즉 원래 물속의 DDT 농도는 별로 높지 않지만 영양단계가 높은 큰 물고기의 체내에서는 치명적인 농도가 되는 것이다. 이런 현상은 특히 새

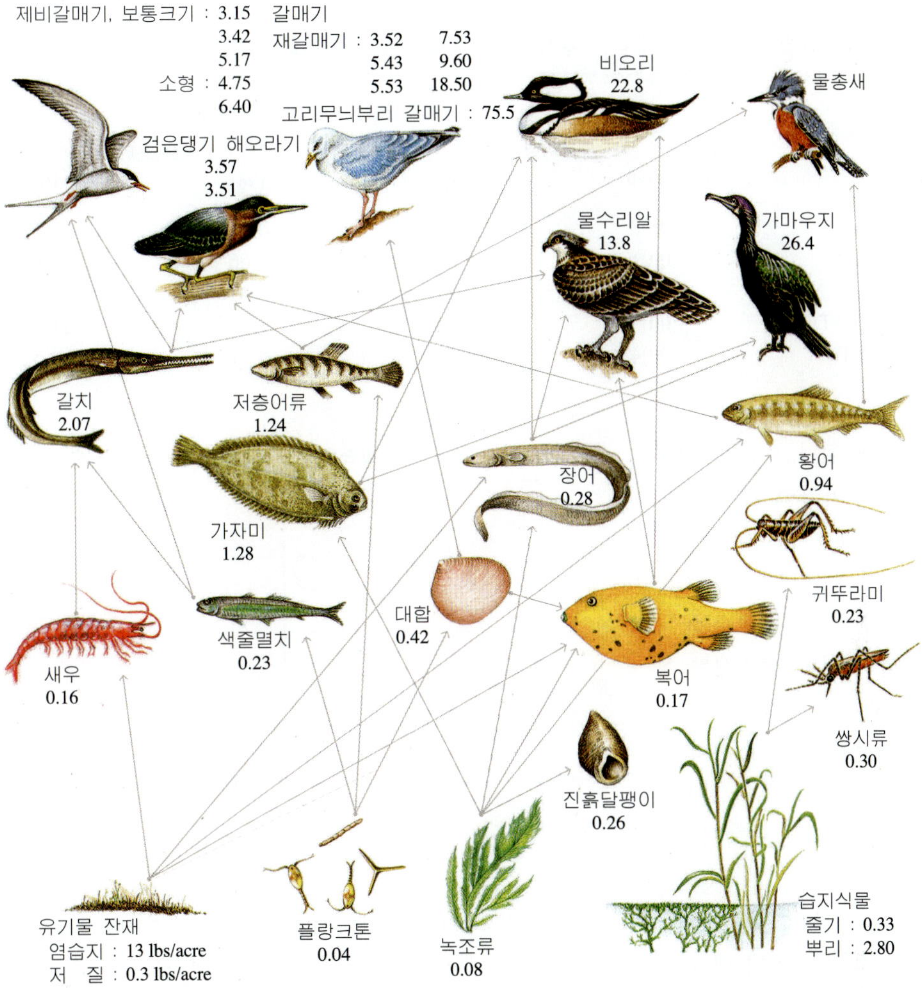

그림 14.10 생물 농축 먹이사슬의 단계가 높아질수록 DDT 농도가 높아진다. 이는 상위 포식자가 그 먹이 생물의 체내에 있는 DDT를 체내에 농축하기 때문이다.(숫자는 DDT 농도, ppm)

에게서 문제가 된다. DDT가 새의 알 껍질 형성을 방해하여 알 껍질이 얇고 잘 깨어지게 되기 때문이다. 특히 육식성의 새들은 먹이사슬의 영양단계에서 가장 높은 단계이기 때문에 이런 문제가 심각하게 나타난다. 독수리, 물수리, 가마우지, 펠리컨 등이 그러한 예이다(그림 14.10).

DDT는 생태계에서의 생물농축 사례로 많이 연구되어 있지만, 다른 잔류성 오염물질들도 비슷한 현상을 나타낸다. 수은, 알드린, 클로르데인 등과 변압기에 절연제로 쓰이는 염화탄화수소제인 PCBs(polychlorinatedbiphenyls)도 생태계에 축적되는 것으로 알려져 있다.

이들은 모두 잔류성이 있고, 영양단계가 높은 생물에 농축되어 결국 인류의 건강에도 악영향을 미치리라는 우려 때문에 대부분의 염화탄화수소 살충제는 선진국에서는 사용이 금지되었다. DDT는 미국에서는 1970년대 초에 사용 금지되었다.

클로르데인(chlordane), 알드린(aldrin), 헵타클로르(heptachlor) 및 디엘드린(dieldrin)도 농작물에는 사용이 금지되었다. 그러나 클로르데인과 헵타클로르는 흰개미 구제용으로 최근까지 사용되었다.

살충제 내성

살충제의 또 다른 문제는 곤충들이 살충제에 내

표 14.2 목화밭의 두 가지 해충을 구제하는 데 필요한 농약량의 증가

농약 종류	해충 구제에 필요한 농약량(mg/g-유충)			
	목화씨벌레		회색담배나방	
	1960	**1965**	**1961**	**1965**
DDT	0.03	1.00	0.13	16.51
엔드린	0.01	0.13	0.06	12.94
카바릴	0.12	0.54	0.30	54.57
스트로벤+DDT	0.05	1.04	0.73	11.12
톡사펜+DDT	0.04	0.46	0.47	3.52

성(耐性)을 갖게 된다는 점이다. 같은 종의 생물들이라고 해서 서로 완벽하게 같은 것은 아니다. 각 개체는 약간씩 다른 유전인자를 가지고 있어서 약간씩 다른 형질을 나타낸다. 따라서 어떤 살충제를 살포하면 감수성이 큰 대부분의 개체는 죽지만 내성을 가진 소수의 개체는 살아남고, 그 소수가 번식하여 내성이 강한 개체군을 형성하게 되는 것이다.

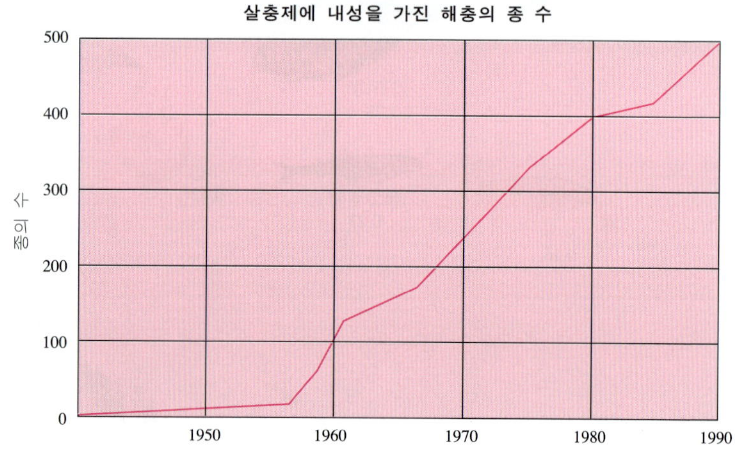

그림 **14.11** 살충제에 대한 내성 살충제를 계속 사용하면 곤충의 개체군에서 살충제에 대한 내성 유전인자를 가진 개체가 지속적으로 선발된다. 그 결과 여러 가지 살충제에 대하여 내성인 곤충들이 나타났으며, 그 수가 계속 증가하고 있다.

예컨대 어떤 한 종의 곤충 개체군 중 5%가 특정의 살충제에 대한 유전적 내성을 가진다 하자. 이 개체군에 그 살충제를 뿌리면 95%가 죽으므로 그 살충제는 매우 효과적이라 할 수 있다. 그러나 다음 세대의 개체군은 내성이 있어서 살아남은 5%의 개체들이 번식하여 만들어진다는 점이 중요하다. 따라서 다음 세대에서는 내성 개체군의 비율이 크게 증가하며, 그만큼 살충제의 효율은 떨어지게 된다. 어떤 해충들은 그 번식주기가 한 달에 불과하므로 위와 같은 방식의 내성 개체 선택 과정이 반복되면 5년 내에 99%의 개체들이 내성을 가지게 된다. 이렇게 되면 과거의 방식으로는 살충제의 효력이 없어지므로 살충제 살포 횟수나 양을 크게 늘려야 한다. 그림 14.11은 과거 50년간에 500종 이상의 곤충들이 살충제에 대한 내성을 획득하였음을 보여준다.

미국에서 사용되는 살충제의 40% 정도는 목화농장에 사용된다. 목화농장에 이처럼 많은 살충제를 뿌리다 보니 목화농장의 많은 해충들이 살충제에 내성을 획득하게 되었다. 표 14.2는 목화씨벌레와 흰담배나방에 대하여 몇 가지 농약을 지속적으로 사용한 결과를 보여준다. 불과 5년 사이에 해충을 죽이는 데 필요한 살충제의 양이 몇십 배 또는 몇백 배로 증가한 것이다. 결국 1965년 이후에는 이들 살충제로는 목화씨벌레나 흰담배나방을 구제할 수 없었다.

비표적 생물의 피해

대부분의 살충제는 표적 해충만 죽이는 것이 아니라 이로운 곤충인 익충(益蟲)도 죽인다. 사실 해충을 잡아먹거나 또는 해충에 기생하여 해충을 죽이는 기생충까지도 죽인다. 때문에 살충제를 뿌린 다음에는 해충의 천적이 없어지므로 해충의 개체군이 급격히 증가하는 것이다. 이렇게 되면 살충제를 갈수록 더 많이 사용할 수밖에 없게 된다. 즉 일단 살충제를 사용하기로 결정하면 해마다 살충제의 양을 증가시키는 악순환이 불가피한 것이다.

살충제 사용의 또 다른 문제는 살충제를 사용함으로 인하여 그 이전에는 문제가 되지 않던 곤충이 문제의 곤충으로 대두되는 경우이다. 사실 목화씨벌레와 흰담배나방은 원래 개체군이 크지 않아 문제가 되지 않는 해충이었다. 그러나 1940년대에 다른 해충을 죽이기 위한 유기합성 살충제가 널리 사용되면서 목화씨벌레와 흰담배나방의 포식자와 기생충들도 **비표적 생물**(nontarget organism)로서 피해를 입었으며, 그 결과 이들이 주요 해충으로 대두된 것이다. 즉 살충제의 사용으로 인하여 또 다른 해충의 문제가 발생한 것이다.

인간의 건강문제

살충제를 직접 취급하는 사람과 살충제를 사용하여 재배한 농작물의 소비자에 미치는 장-단기 영향에 대하여 생각해보자. 대부분의 살충제는 원칙대로만 사용한다면 그 취급자에게 별다른 영향이 없다. 그러나 대부분의 경우는 살충제의 취급자가 살충제 취급 원칙을 잘 모르거나 또는 원칙을 지키지 않는데 문제가 있다. 실제로 많은 개발도상국에서는 살충제의 취급자가 사용설명서를 읽지도 못하거나 살충제를 사용할 때 착용하여야 하는 필요한 보호장비들을 갖추지 못하고 있는 경우가 많아 해마다 많은 농약 중독 사고가 발생한다. 이들 사고는 일일이 보고되지 않아 그 발생 건수를 통계 잡기는 어렵지만 미국의 경우 치료를 받아야 할 정도의 농약 사고가 해마다 수천 건에 이르고 있으므로 전 세계적으로는 수천만 건에 이를 것으로 추산된다.

대부분의 사람에 있어 농약에 관련한 중요한 건강문제는 미량의 농약에 무의식적으로 노출되는 문제이다. 많은 살충제들이 동물실험에서 발암성, 최기형성(催奇形性) 또는 돌연변이원성으로 나타났다. 사람이 이러한 농약들에 환경을 통하여 또는 음식물을 통하여 미량으로 장기적으로 노출되었을 경우 나타날 영향에 대해서는 아직도 밝혀지지 않은 바가 많다.

비록 미량의 농약에 장기적으로 노출되었을 경우에 나타날 영향이 다른 위기 요인들, 예컨대 교통사고나 흡연에 비하여 대수롭지 않다 할 수 있겠지만, 많은 사람들이 위해성이 큰 농약의 사용에 대해서는 부정적 견해를 가지고 있다. 미국 환경보호국은 현재 사용 허가된 모든 농약에 대하여 그 효과와 부작용을 엄밀히 검토할 것을 요구하고 있다. 미국 환경보호국은 몇 가지 농약에 대해서는 원래 생각했던 것만큼 안전하지 않다는 이유로 사용을 금지하였다. 예컨대 제초제인 다이노섭(dinoseb)은 독일 제약회사인 훼히스트 사(Hoechst AG)가 토끼 실험 결과 기형 출산을 일으킨다고 발표하였으므로 사용이 금지되었다. 또 다른 연구는 다이노섭이 쥐에서 불임을 일으킨다고 발표하였다. 비슷한 이유로 벨시콜 사(Velsicol)는 1987년에 미국에서 클로르데인을 생산·판매하지 않겠다고 발표하였다. 클로르데인은 이미 흰개미 방제용 이외의 목적으로는 사용이 금지되어 있었다. 그러나 클로르데인을 사용한 집에 위험 농도 이상으로 클로르데인이 잔류함이 밝혀짐으로써 사용이 완전 금지된 것이다. 같은 해인 1987년에 다우케미칼 사(Dow Chemical)는 문제시되던 제초제인 2,4,5-T의 생산 중단을 발표하였다. 위의 두 경우는 이 제초제들을 대신할 대체농약이 개발되었으므로 소비자들에게는 별다른 문제가 없었다.

농약이 광범위하게 사용되는 이유

그림 14.12는 전 세계적인 농약 사용량 변화를 보여준다. 농약 사용량은 앞으로도 더 증가할 것으로 예상되는 바, 여러 가지 문제점이 있음에도 불구하고 농약 사용이 증가하는 이유는 무엇인가? 크게 세 가지 이유가 있다. 첫째는 세계 대부분의 지역에서 농약으로 인하여 적어도 단기적으로는 수확량이 증가

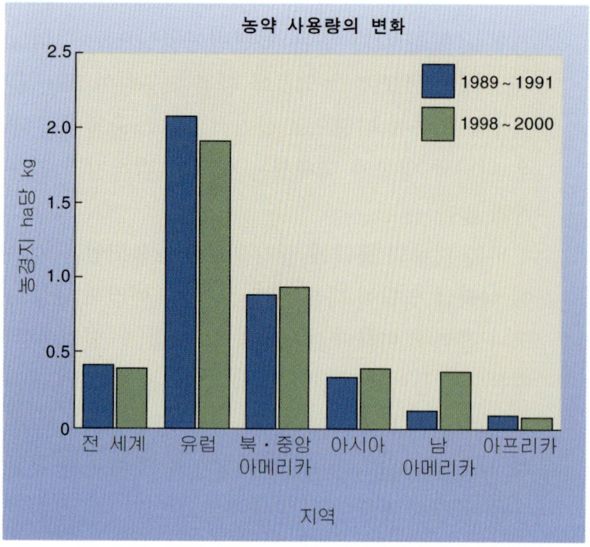

그림 14.12 대륙별 농약 사용량의 변화 농약은 선진국에서 더 많이 사용되고 있으며 전체량의 67%로 추정된다. 유럽을 제외한 모든 대륙에서 농약 사용량이 증가하고 있으나, 아프리카의 경우 사용량도 낮고 안정적이다.

출처 : Data from Food and Agriculture Organization of the United Nations.

하기 때문이다. 미국의 경우 해충이 작물의 33%를 먹어치우는 것으로 추산되며, 전 세계적으로는 약 35%로 추산된다. 이는 미국에서만 연간 180억 달러에 해당한다. 농부, 농산물 창고업자 및 식품업자들은 이 손실을 줄이기 위하여 부단히 노력한다. 만일 농약 사용량을 줄이면 농산물 생산량도 확실히 감소할 것이며, 이는 개발도상국 국민들의 영양실조와 기아(飢餓)로 이어질 것이다. 이 때문에 농업행정가들은 농약 사용의 감소를 주도하지 못하는 것이다.

농약 사용의 둘째 이유는 경제적 이유이다. 농약의 비용은 그로 인하여 얻어지는 증산과 기타 편익에 비하여 저렴하다. 뿐만 아니라 농약회사도 대단한 산업이다. 많은 비용을 들여 농약을 개발한 회사들은 농약의 지속적 사용을 강력히 주장한다. 농부들과 농업회사 측은 국회에 강력한 영향력을 행사하여 농약의 지속적 사용을 위한 로비를 하고 있다.

농약 사용의 셋째 이유는 농약이 없이는 도저히 통제할 수 없는 위생문제들이 있기 때문이다. 예컨대 모기가 매개하는 전염병인 말라리아가 유행하는 지방에서는 살충제를 사용하지 않을 수 없을 것이다.

관행농법의 대안

수십 년 전부터 일반적으로 행해지고 있는 농사 방법, 즉 화학비료와 농약 그리고 경운기에 의존하는 농법을 관행농법이라 한다. 화학비료와 제초제, 살균제, 살충제 등이 발명되기 이전에는 동물의 분뇨와 작물의 윤작으로 토양 영양을 공급하였고 여러 작목을 섞어 경작함으로써 해충 문제를 예방하였고, 사람의 노동력으로 잡초를 제거하고 해충을 죽였다. 농업 기계화가 가능해지면서 쟁기질하는 가축이 필요 없어지고 넓은 면적을 경작할 수 있게 되었으며 혼합경작이 단작으로 변하였다. 화학비료가 분뇨를 대신하게 되었고, 쟁기질하는 가축에 사료를 제공하고 또한 토양에 영양을 공급할 목적으로 재배하던 목초의 윤작도 필요 없게 되었다. 그러나 옥수수, 밀, 목화 등의 농장이 광대해지자 전에 없던 해충의 문제가 발생하였고, 이 새로운 문제를 해결하기 위하여 살충제가 개발되어야 했던 것이다.

오늘날 많은 사람들이 이러한 관행농법은 지속가능하지 못하며, 토양의 퇴화와 비료 및 농약의 과용은 인류의 최선의 이익에 일치하지 않는다는 데 동의하고 있다. 이제 인류는 적정한 수확을 보장하면서도 해충을 통제할 수 있는 대안 농법을 찾아야 할 시점에 와 있는 것이다. 현재 시도되고 있는 대안농법들은 유기농법, 무공해농법, 친환경농법 또는 다른 특이한 이름으로 불리고 있지만 이들 방법 간에 뚜렷한 구분을 짓기는 어렵다. 다만 이들의 공통된 목적은 화학비료와 농약의 사용을 줄이고 유기비료의 사용을 늘임으로써 토양 생태계와 나아가 자연 생태계를 보호하고 또한 그 땅에서 재배된 작물을 소비하는 사람들의 건강을 보호한다는 것이다.

관행농법의 부작용을 줄이면서도 적절한 이윤을 유지하기 위해서 농부들은 토양의 영양을 유지하면

지구촌 전망대

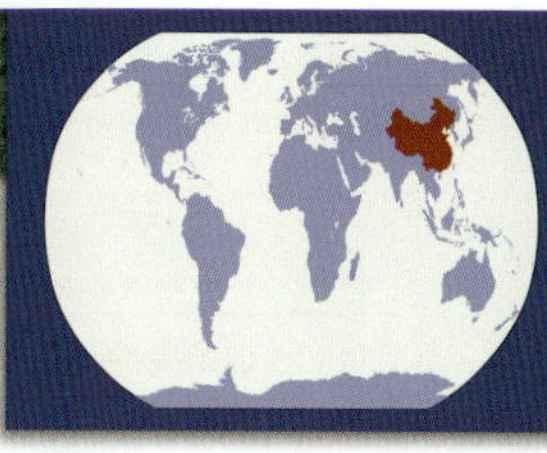

중국의 식생활 변화

역사를 살펴보면 인간의 기본적인 생존이 해결된 뒤 나타나는 욕구 중의 하나는 좀더 잘 먹는다는 것이다. 즉 사람들의 식생활이 곡류 위주에서 고기, 어류, 계란, 버터 등으로 변해 가는 것이다. 한 마디로, 먹이사슬에서 좀더 위로 이동하는 것이다.

13억이 넘는 중국 인구 중에 상당 부분이 먹이사슬에서 위쪽으로 이동 중이다. 1980년대 초반까지 중국 도시인의 일반적 주식은 쌀과 밀, 양배추 등이었다. 그러나 1980년대 중반부터 중국인의 식생활이 급격히 변하여 적어도 하루 한 번은 육류나 물고기, 계란 등을 먹게 되었다.

중국의 인구는 세계 인구의 21%이지만 그 경지 면적은 7%에 불과하다. 즉 경지 면적은 미국보다 적은데 인구는 미국의 다섯 배나 된다. 간단히 말해서 중국의 농업은 중국인의 식생활 개선을 뒷받침할 수 없는 것이다.

중국의 육류 소비량은 매년 10%씩, 사료 소비량은 15%씩 상승하고 있다. 닭고기 1 kg을 얻으려면 2~3 kg의 사료를 먹여야 하는데, 닭고기 소비량은 5년에 두 배로 늘었다. 이제 중국의 식생활 개선은 중국을 미국, 캐나다, 오스트레일리아 등 사료수출국에 더욱 의존하지 않을 수 없게 하고 있다. 원래 식량 수출국이었던 중국은 1997년에 1,600만 ton을 수입하였다. 사료작물인 옥수수의 경우는 그 변화가 더욱 심각하다. 중국은 세계 제2의 옥수수 수출국이었다. 그러나 닭과 돼지를 많이 키우게 되면서 중국은 한 해 사이에 1,200만 ton 수출국에서 400만 ton 수입국으로 변했다. 비료에 있어서도 중국은 세계 최대 수입국이다. 뿐만 아니라 중국은 북부 지방에서는 농지를 만들기 위하여 척박한 땅을 조금씩 개간하고 있지만 남부 해안지방에서는 다모작 농업을 할 수 있는 비옥한 토지가 대규모로 타 용도로 전용되고 있어서 해마다 농지가 0.5%씩 감소하고 있다.

중국의 북부 지방은 건조하여 심각한 물 부족에 직면하고 있다. 1950년대와 1960년대에 황하강 유역 대평원에서는 대규모 관개사업이 이루어져 곡물 생산을 세 배로 끌어 올렸다. 그러나 지하수를 이용한 관개의 결과 지하수위가 낮아지고 대수층이 고갈되고 있어서, 이제 농부들은 농업용수를 얻기 위하여 산업용수 또는 생활용수와 경쟁하고 있다. 중국에도 수세식 화장실의 시대가 도래했기 때문이다.

중국의 문제는 중국에만 국한된 것이 아니라 아시아 전체에서 일어나고 있는 문제이다. 인도네시아, 태국, 필리핀 등 인구가 많은 나라들이 모두 급격히 도시화되어가고 있다. 이들 나라의 구매력은 증가하고 있으나 농지는 감소하고 있고, 그 식생활은 보다 많은 동물성 단백질과 가공식품으로 변해가고 있다. 그 변화의 규모를 생각할 때, 지구가 과연 언제까지 인류를 먹여 살릴 수 있을 것인지 예측하기 어렵다.

베이징의 KFC와 맥도날드

표 14.3 유기농법과 관행농법의 수확량 차

작물	ha당 수확량(ton)	
	유기농법	관행농법
옥수수	6.45	7.00
콩	2.44	2.57
밀	1.88	3.28

서 동시에 해충의 피해를 방지하는 두 가지 목적을 동시에 달성해야 한다. 이 일석이조의 효과를 달성하기 위한 방법들을 살펴보자.

토양과 수자원을 보호하는 방법

관행농법은 토양과 수자원에 몇 가지 부작용을 미친다. 우선 토양 입자가 바람에 날려가거나 비에 씻겨 흘러내리는 토양 침식은 전 세계적인 문제이다(13장 참조). 뿐만 아니라 토양 알갱이들이 덩어리지는 토양 입단화(粒團化)와 토양 유기물의 감소도 문제이다. 이 문제를 해결하기 위한 농경 방법의 변화로 몇 가지를 생각할 수 있다. 육중한 농기계가 농토 위로 지나가는 횟수를 줄이면 토양 입단화를 경감할 수 있다. 또한 수확 후의 농작물 잔재물을 토양에 묻어주면 토양 침식을 줄이고 토양 유기물 함량을 높여줄 수 있다. 어떤 방식으로든 토양에 유기물을 혼합해 주면 토양 입단화가 경감될 수 있다.

관행농법은 집수역(集水域, watershed)에 여러 가지 악영향을 미친다. 과잉 시비(施肥)는 비에 씻겨 내려가 해당 수역(水域)에 부영양화를 일으키고 수자원의 질을 악화시킨다. 또한 비료, 농약, 동물 분뇨 등이 지하수로 침투하면 지하수질을 악화시킨다. 이러한 오염원들을 줄이면 생태적 조화가 회복되고 인간의 건강에 대한 위협이 줄어들 것이다. 비료가 씻겨 내려가는 것은 시비의 조건을 조절하고 그 양을 줄이면 크게 감소될 것이다. 비료를 작물이 필요로 하는 만큼만 시비하면 작물의 흡수율도 증가하고 빗물에 씻겨 내려가는 양도 감소할 것이다. 토양에 유기물 함량을 증가시키는 것도 비료가 씻겨 내리는 것을 감소시킬 것이다. 농약도 사용 시기와 양을 좀 더 세밀히 선택하면 환경오염원으로서의 부작용이 감소될 것이다.

물론 화학비료와 농약을 전혀 쓰지 않는 유기농법이 토양과 수질을 보호하는 최선의 방법이지만 그를 위해서는 관행농법의 여러 면을 수정하여야 할 것이다. 해마다 다른 작물을 재배하는 윤작은 토양의 비옥도를 높이고 침식을 방지하며 해충을 제어하는 효과적인 방법이다. 클로버, 알팔파, 콩 등 질소를 고정하는 콩과식물을 윤작하면 토양의 질소함량을 높일 수 있다. 그러나 윤작에도 역시 별도의 기계장비가 필요하며, 윤작의 대상이 되는 콩과식물은 가축 사료용으로 재배되지만 가축이 사료만으로 사육되는 것은 아니기 때문에 윤작도 단순한 문제는 아니다. 유기농법에 대하여 비판적인 사람들은 유기농법으로는 결코 관행농법만큼의 수확을 얻을 수 없으며, 따라서 유기농법은 특별한 경우에만 경제성이 있다고 주장한다. 그러나 유기농법을 지지하는 사람들은 토양 침식과 오염에 의한 장기적 손실까지 고려하면 유기농법 또는 그를 적절히 변형한 방법들이 관행농법의 대안이 될 수 있다고 주장한다. 관행농법과 유기농법의 상대적 경제성은 결국 화학비료와 농약의 가격, 그리고 유기농산물의 시장가격에 따라 결정될 것이다. 장기적으로 볼 때, 비료와 농약의 가격에 영향을 미치는 에너지 가격이 상승하고 유기농산물의 시장성이 개선된다면 유기농법이 관행농법에 대하여 상대적 경제성을 확보하게 될 것이다.

미국에서 관행농법과 유기농법을 비교한 한 연구에 따르면(표 14.3) 1ha당 수확이 각각 384달러, 333달러로 관행농법이 약간 높았다. 그러나 유기농

지구촌 전망대

구소련의 토양오염

구소련이 해체되면서 생겨난 새로운 신생독립국들은 구소련의 실패한 정책으로 인한 많은 환경문제를 물려받았다. 그 실패한 정책의 하나가 식량증산정책이었다. 구소련은 식량 증산을 위하여 많은 땅을 개간하고, 관개사업을 하고, 많은 양의 농약과 비료를 사용하였다.

그러나 증산 일변도의 이러한 정책은 심각한 환경문제를 야기하였다. 많은 지역에서 과다한 비료와 농약으로 토양과 지하수가 오염되고 결국 농산물이 오염되고 있다. 구소련 지역에서 생산되고 있는 농산물의 30% 정도가 식용으로 적당치 않을 만큼 오염되었고, 유아식품의 42%가 질산과 농약으로 오염되었다. 라트비아의 한 생태학자는 구소련 지역에서 과도한 농약으로 인하여 매년 1만4천 명이 사망하고 70만 명이 질병을 앓는 것으로 추산하였다.

농약으로 인한 문제 중의 하나는 DDT 문제이다. DDT는 구소련에서 1970년대에 공식적으로는 사용 금지되었다. 그러나 식량증산정책 때문에 DDT 사용은 사실상 묵인되었고, 때로는 상표만 바꾸어 사용되기도 하였다. 그 결과 구소련의 농토 중 약 천만 ha가 DDT에 오염된 것으로 추산된다.

농약의 과다한 사용은 궁극적으로 지하수를 오염시켰다. 음용수로 사용될 지하수가 잔류성 농약과 질산, 중금속 등으로 오염된 것이다. 어떤 지역에서는 지하수의 카드뮴 농도가 허용량의 3~10배 수준으로 검출되고 있다.

구소련의 공산체제는 무너졌으나 그렇다고 환경문제까지 해결된 것은 아니다. 구소련 당시에는 잘못된 단기적 식량증산정책으로 인하여 토양과 지하수의 오염이 은폐되고 부정되었으나, 문제의 은폐가 문제의 해결과는 다른 것이기 때문이다.

법은 관행농법에 비하여 에너지 사용이 40%에 불과했으므로, 에너지 비용을 고려하면 유기농법의 수익이 더 높았다. 그럼에도 불구하고 1994년 미국의 통계로 유기농법은 농토의 0.1%에 불과하며, 대부분 채소를 생산하는 소규모 농장들이다.

통합해충관리

관행농법의 피해를 줄일 또 다른 방법은 농약에만 의존하기보다 해충을 방제할 수 있는 여러 가지 방법을 함께 사용하는 통합해충관리이다. **통합해충관리**(integrated pest management)란 작물과 그 작물의 해충에 대한 생태학적 측면을 종합적으로 이해하여 해충방제전략을 세우는 기술이다. 이 방제법은 작물의 대사작용, 해충과 그 천적의 생물학적 상호작용, 해충에 유리한 기후 조건 및 익충의 보호 방법 등에 대한 이해를 필요로 한다. 이 방제법은 농약의 최적 사용을 포함한다. 그러나 통합해충관리에 필요한 지식은 일반 농부들의 수준을 넘는 것이다. 예컨대 해충의 생활사(生活史, life cycle)에서 농약에 특히 약한 어느 한 시기를 알아내기 위한 대사작용 및 생태적 연구는 대학이나 정부의 연구기관에서만 가능한 것이다. 이러한 연구는 해충마다 생물학적 특성이 다르므로 각 해충마다 별도로 연구되어야 한다. 일단 적당한 기술이 개발되면 농약회사의 꾸준한 설득대로 '일단 농약을 뿌려야 돈이 된다'는 생각에 젖어 관행농법에 익숙해져 있는 농부들을 교육시킬 프로그램이 필요하다.

통합해충관리에는 성유인물질(sexattractants), 웅성 불임술(male sterilization), 천적의 활용, 내성 작물의 개발, 경작 방법의 개선 및 농약의 적절한 사용 등 여러 가지 방법들이 동원된다. 어떤 곤충은 암컷이 **페로몬**(pheromone)이라는 성유인물질을 분비하여 수컷을 유인한다. 이 물질의 작용으로 어떤 한 종의 나방 수컷은 3 km 거리에서도 암컷의 존재를 알아낸다. 대부분의 나방은 해충이므로 페로몬을 합성할 수 있다면 나방 방제에 이용할 수 있을 것이다. 즉 어떤 지역에 합성페로몬을 뿌려 나방 수컷들

환경 돋보기

식품 첨가제

식품 첨가제는 식품을 판매하기 전에 첨가하는 화학물질로,

1. 식품 저장 기간을 연장하기 위하여
2. 색이나 향의 첨가로 식품 판매를 촉진하기 위하여
3. 식품의 영양가를 향상시키기 위하여 사용된다.

식품의 저장 기간을 연장하기 위한 약품은 여러 가지이다. 과자나 빵 등 구운 식품에는 곰팡이를 방지하기 위하여 프로피온산칼슘염(Calcium propionate)을 첨가한다. BHT, TBHQ 등과 유사한 약자로 표시되는 약품들도 같은 목적으로 사용된다.

어떤 약품은 단순히 식품을 보기 좋게 하기 위하여 사용된다. 적색색소 II는 식품에 색을 넣기 위하여 오랫동안 널리 사용되었지만, 발암성임이 밝혀져 사용이 금지되었다. 아직도 식품을 단순히 보기 좋게 하기 위하여 여러 가지 색소가 사용되고 있다. 식품에 첨가되는 인공 향료도 글루타민산염, 구연산, 소금 등 여러 가지이다.

식품의 영양가를 높이기 위한 첨가물로는 소금에 첨가되는 요오드를 예로 들 수 있다. 요오드는 갑상선의 기능에 필요한 미량원소이다. 요오드가 부족하면 갑상선비대에 걸린다. 미국에서는 소금에 요오드를 첨가한 이후 갑상선비대가 사라졌다. 식품에는 비타민이나 각종 무기염류를 첨가하기도 한다. 인공감미료인 뉴트라스위트는 식품에 칼로리를 증가시키지 않으면서 단맛을 내기 위하여 많이 사용된다.

어떤 첨가물은 식품 가공과정에서 불가피하게 잔류하는 것으로, 오염물질이라고 하는 것이 옳다. 농약은 작물의 재배에만 사용되는 것이 아니라 식품의 가공, 저장 및 운송 과정에서도 부패를 방지하기 위하여 사용된다. 이러한 농약의 일부는 그대로 식품에 잔류하여 인체에 흡수된다.

양계업자들은 한때 닭을 살찌게 하기 위하여 DES(diethylstilbestrol)를 사료에 혼합하여 닭에게 먹였다. 그러나 DES가 발암성 물질임이 밝혀져 미국 식품의약국(FDA)이 DES의 양계장 사용을 금지하였다. DES는 같은 목적으로 비육우(肥肉牛)에도 사용되었다. DES는 궁극적으로 여성의 유방암 유발물질임이 밝혀진 이후 미국과 유럽에서 모든 가축사료에 첨가가 금지되었다.

을 혼란시키면 암컷을 찾지 못하게 되고 결국 그 이듬해에는 나방의 개체군이 감소한다. 비슷한 방법으로 합성 성유인물질인 집루어(Gyplure)는 짚시나방을 유혹하여 상자 속에 잡아넣는다. 이 나방의 암컷은 날지 못하므로 수컷만 가두어 버리면 자연히 번식하지 못하게 되는 것이다.

또 다른 방법은 웅성 불임술이다. 미국 남부와 중앙아메리카에서는 소, 염소, 사슴 등의 상처에 검정파리의 유충인 나선구더기가 기생하여 가축을 죽이거나 피해를 준다. 그러나 이 파리의 암컷은 일생에 한 번만 짝짓기함이 밝혀졌다. 그러므로 이 파리의 불임성 수컷을 대량으로 사육하여 방사하면 불임성 수컷과 짝짓기한 암컷들은 미수정란을 낳게 되므로 그 번식을 통제할 수 있다. 베네수엘라 북쪽 65 km에 있는 큐라소 섬에서는 이 방법으로 2만5천 마리의 염소를 구출하였다. 미국과 멕시코에서는 이 방법으로 검정파리가 없어졌고, 중앙아메리카에서도 이 방법이 곧 성공할 것으로 예측된다. 남아메리카에서 수입하는 가축에 묻어 들어간 검정파리 때문에 피해를 보고 있는 아프리카의 리비아에서도 1990년부터 이 방법을 실시하고 있다.

남부 캘리포니아와 북부 멕시코에서 1980년대에 창궐했던 지중해 과일파리에 의한 전염병에도 비슷한 방법이 사용되었었다. 그러나 불행하게도 이 경우에는 X-선을 이용한 수컷 불임술이 실패한 줄을 모르고 과일파리를 대량으로 사육하여 방사한 결과 문제가 더욱 악화되어, 결국 살충제를 사용할 수밖에 없었다.

해충을 잡아먹는 천적의 활용도 해충 방제의 좋은 방법이다. 예컨대 무당벌레는 진딧물과 자벌레를 잡아먹는 천적이므로 무당벌레를 대량으로 사육 방사하면 진딧물과 자벌레를 방제할 수 있다(그림 14.13). 캘리포니아에서는 1800년대 후반에 자벌레에 의한 오렌지의 피해가 심각했으나 오스트레일리아에서 무당벌레 한 종을 수입하여 자벌레의 방제에 성공하였다. 오랜 후에 이 지역에 살충제가 처음 사용되었을 때 대부분의 무당벌레가 죽었고 다시 자벌레의 문제가 심각해졌다. 그 후 살충제의 사용이 중단되자 무당벌레 집단이 되살아나 자벌레가 자연스럽게 방제되었다(그림 14.14).

그림 **14.13** 익충 무당벌레는 진딧물과 그 외 여러 해충을 잡아먹는다.

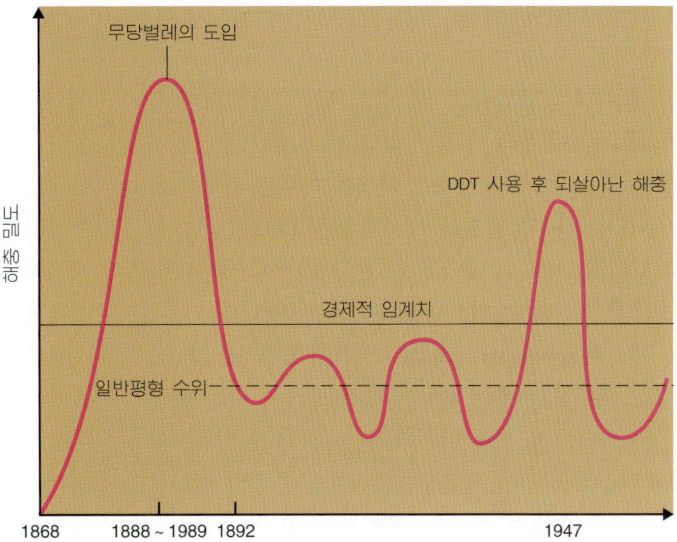

그림 **14.14** 천적을 이용한 해충 방제 1889년에 샌호아킨 계곡의 오렌지 농장지대에 무당벌레를 도입한 결과 해충(자벌레)의 밀도가 크게 낮아졌다. 1940년에 얼마 없는 자벌레를 제어하기 위하여 DDT를 사용한 결과 무당벌레가 피해를 입어 자벌레는 오히려 증가하였다. DDT 사용을 중단한 후에는 무당벌레 개체군이 되살아나고 자벌레 밀도가 낮아져 오렌지 농장의 수익성이 개선되었다.

출처 : *Man and the Environment*, 2d ed. by Arthur S. Boughey, 1975. Reprinted by permission of Prentice-Hall, Inc., Uer Saddle River, N.J.

잡초를 제어하는 데는 초식곤충을 이용할 수도 있다. 유럽 원산의 습지식물인 좁쌀풀은 1800년대 중반에 미국에 유입되었다. 이 외래종 좁쌀풀이 습지에 번성하자 토착종인 부들이 소멸하게 되었고, 따라서 먹이로, 산란 장소로 또는 쉼터로 부들을 이용하는 많은 생물들이 피해를 받게 되었다(그림 14.15). 이제 좁쌀풀은 미국과 캐나다에 널리 분포하고 있다. 유럽에서는 좁쌀풀의 생활사 여러 단계에서 좁쌀풀을 공격하는 곤충들이 다양하게 있으므로 좁쌀풀이 별로 문제가 되지 않는다. 이에 착안하여 미국에서 번성하는 좁쌀풀을 제어할 수 있는 곤충에 대한 연구가 시작되었다. 좁쌀풀의 천적이 될 수 있는 곤충의 조건은 그 곤충이 좁쌀풀에만 살고 다른 식물에 영향을 주지 않아야 하며, 좁쌀풀을 제어할 능력이 있어야 한다는 것이다. 연구 결과 유럽의 다섯 종의 무당벌레가 좁쌀풀의 생활사 여러 단계에서 좁쌀풀을 공격하는 것으로 확인되었다. 이들 곤충을 유럽에서 미국으로 도입하였을 때 예상치 못한 문제가 발생하지는 않을 것인가에 대한 많은 연구 끝에 이들 곤충을 좁쌀풀의 피해가 심한 지역에 방사하였다. 이들 중 두 종은 새

a. 좁쌀풀 (Purple loosestrife)

b. 도입된 무당벌레 1 (Galerucella calmariensis)

c. 도입된 무당벌레 2 (Galerucella pusilla)

d. 도입된 무당벌레 3 (Hylobius transversovittatus)

그림 14.15 좁쌀풀의 생물학적 통제 좁쌀풀은 유럽에서 귀화한 습지식물로, 미국 습지의 토종 식물들을 위협하게 되었다. 이 좁쌀풀을 생물학적으로 통제하기 위하여 유럽에서 몇 가지 무당벌레가 도입되었다. 도입된 무당벌레의 성충과 유충은 좁쌀풀의 줄기, 잎, 꽃 등을 갉아먹는다. 이 무당벌레들의 영향으로 좁쌀풀의 번식이 완화되었다.

로 돋아나는 좁쌀풀의 잎, 줄기 및 꽃을 갉아먹고, 한 종은 좁쌀풀의 뿌리를 먹었다. 도입된 무당벌레들은 성공적으로 정착하고 군집을 이루는 것으로 확인되었다. 이 무당벌레 방사작업은 1998년부터 실시되었고, 이들의 활동으로 좁쌀풀 개체군의 90% 정도를 제어할 수 있을 것으로 예측하고 있다.

세균 (Bacillus thringiensis)을 이용하여 모기와 나방을 제어하는 예는 한 생물을 이용하여 다른 생물을 제어하는 또 다른 예이다. 이 세균이 분비하는 어떤 결정성 물질이 세균을 먹는 어떤 곤충의 소화관 내벽을 녹여버려 곤충을 죽게 한다. B. thringiensis의 한 균주는 모기를 죽이고 다른 한 균주는 집시나방에 특효이다.

유전자 조작이나 교배를 통하여 내성이 강한 품종을 개발하는 것도 관심이 증대되고 있는 분야이다. 이 기술은 주로 식량 작물에서 곰팡이, 곤충 또는 다른 해충에 내성이 있는 품종을 개발하는 데 관심이 있다. 예컨대 밀의 녹병은 곰팡이에 의한 것으로 밀농사에 큰 문제였으나 최근에는 녹병에 내성인 품종이 개발되었다. 어떤 작물의 성장기를 단축시켜 해충이 번성하여 피해를 주기 전에 작물을 수확해버리도록 하는 것도 품종 개량의 한 관심분야이다. 또 다른 관심분야는 유전공학적 기술을 이용하여 작물에 제초제 내성의 유전인자를 도입하는 것이다. 작물이 제초제에 내성을 갖추면 잡초를 제거하기 위하여 제초제를 사용하기가 훨씬 쉬워진다. 그러나 현재까지의 현장 실험 결과로는 유전공학적으로 작물에 도입된 제초제 내성 유전인자가 현장에서는 원래 기대했던 것만큼의 기능을 나타내지 못하고 있다.

원래 식물체에 들어있는 천연 살충제도 해충 방제에 사용되고 있다. 예컨대 토양 선충을 통제하기 위해서는 금잔화를 심고, 일본무당벌레를 퇴치하는 데는 마늘을 심는다. 관행농법의 방식을 변경하여 해충의 피해를 줄이는 수도 있다. 어떤 해충은 농작물의 수확 후 잔재물에서 월동을 하므로 수확 후 잔재물을 태우는 관행이 있다. 이 방법은 해충 방제에는 도움이 되지만 대기오염의 문제뿐만 아니라 수확 후 잔여물이 토양유기물 함량을 높이는 데 적절하지 못하다는 문제가 있다. 따라서 수확 후 잔재물은 해충 알이 월동하지 못하도록 잘게 갈아서 토양에 살포하여야 한다. 같은 농토에 같은 작물을 해마다 연작(連作)하면 해충도 연작되어 해충의 피해가 커진다. 이를 예방하기 위하여 농부들은 전통적으로 윤작(輪作)을 했었다. 근래에는 여러 가지 이유로 연작이 일반화되었지만, 어떤 농부들은 해충의 피해를 줄이기 위하여 다시 윤작으로 돌아가고 있다.

농약의 적절한 사용도 통합적 해충 방제의 한 부분이다. 농약의 적절한 사용이란 최적의 시기에 최소한의 양을 사용하여 농약의 효율을 극대화하는 것이다. 이는 농약 사용의 최소화뿐만 아니라 해충의 포식자와 기생자, 즉 해충의 천적을 보호한다는 두 가지를 목표로 한다. 농약 사용을 최적화하려면 해충의 종류, 그 개체군의 크기, 농약살포의 최적 시기 등을 알아야 하므로 해당 분야의 전문가의 도움이 필요하다. 합성 성유인물질을 이용하여 해충을 정량적으로 채집하면 해충 개체군의 크기, 살충제 살포의 적정 시기 등을 판단하는 데 도움이 된다.

장차 농약의 가격이 인상되고 해충의 생태에 대한 이해가 일반화되면 통합적 해충방제가 보다 더 일반화될 것이다. 그러나 인류가 농사를 짓는 한 해충의 문제는 끊이지 않을 것이다. 통합적 해충 방제법이라는 것도 결국은 농업이 시작된 이래 끊임없었던 해충 방제를 위한 노력의 한 방법일 뿐이다.

요약

지구상의 어떤 지역에서는 화전이 일반적이지만, 세계 식량의 대부분은 영구농지에서 재배된다. 인구가 많고 자금력이 충분하지 않은 국가에서는 노동집약적인 농사, 즉 작물 재배에 필요한 작업의 대부분을 인간 노동력에 의존한다. 그러나 세계 식량의 대부분은 경운, 모내기, 수확 작업을 인간의 근력에 의존하는 것이 아니라 에너지에 의존하는 대규모의 기계화된 농장에서 비료와 농약을 활용하면서 이루어진다. 단작은 해마다 넓은 면적에 단일작목을 경작하는 농법이다. 이는 해충이나 질병, 토양 퇴화와 같은 문제를 낳는다. 화학비료는 작물 수확 시 제거되는 양분을 대체하기 위해서 사용되지만, 이는 토양 조직, pH, 풍부한 토양생물을 유지하는 데 필수적인 유기물을 대체하지는 못한다.

기계화된 단작은 화학적 수단에 의한 해충구제에 과도하게 의존한다. 잔류성 살충제는 안정성이 높아 환경에 잔류하기 쉽고, 따라서 생태계 내에서 농축된다. 오래된 잔류성 살충제의 대부분이 환경 위험을 줄이는 비잔류성 살충제로 대체되고 있다. 그러나 대부분의 비잔류성 살충제는 인간에게 더욱 해롭기 때문에 보다 주의 깊게 다루어져야 한다.

농약은 어떤 목적으로 사용되는지에 따라 구분된다. 살충제는 해충구제에 사용되고, 제초제는 특정 식물에, 살균제는 균류에, 살서제는 쥐 때문에 사용된다. 농약잔류, 생물농축, 해충의 내성, 인간의 건강에 대한 우려 때문에 많은 사람들이 농약을 쓰지 않는 대안적인 식량 재배방법에 관심을 갖는다. 화학농약을 줄이고 토양을 지키는 동일한 목적을 갖지만 대안농업, 지속 가능한 농업, 유기농업은 서로 다른 철학에서 출발한다. 농약을 전혀(혹은 거의) 사용하지 않으면서 해충구제전략을 개발하기 위해 생물의 생태학에 대한 완벽한 이해를 활용하는 '통합해충관리'에 대한 사회적 관심도 증가하고 있다.

이슈와 분석 오대호의 재갈매기

미국과 캐나다의 국경지대에는 다섯 개의 큰 호수가 있다. 이들 오대호에 서식하는 재갈매기는 물고기를 잡아먹으므로 수생 먹이사슬의 꼭대기에 있으며, 물고기에 들어있는 오염물질을 체내에 농축하게 된다. 따라서 재갈매기의 알을 분석하면 그 서식지인 오대호의 오염 상태를 파악할 수 있다.

1970년부터 캐나다 야생동물국은 오대호 재갈매기의 알을 분석하여 오염물질의 농도 변화를 추적하는 모니터링 사업을 계속하고 있다. 종합적으로 말하면 미국과 캐나다 정부가 오대호에 오염물질의 유입을 금지하는 조치를 취한 이후 재갈매기 알의 오염물질 농도는 서서히 감소하고 있다. 아래 도표는 재갈매기 알의 오염물질인 PCBs와 DDE의 농도 변화를 나타낸 것이다. PCBs는 한 무리의 유기화합물로 절연, 윤활, 방화성을 가진 액체이며, 변압기, 잉크 등에 사용되었다. 어떤 PCB의 독성은 다른 것보다 매우 강하다. 미국과 캐나다는 대부분의 PCBs의 사용을 금지하였고, 그 결과 재두루미 알의 PCBs 농도가 감소하고 있다. DDE는 DDT의 분해산물이다. DDT는 1970년대에 세계 거의 모든 지역에서 사용 금지되었다. 그림은 DDT 사용금지 이후 DDE의 농도가 서서히 감소하고 있음을 보여준다. 그러나 PCBs와 DDE는 약 20년이 지나도 그 농도가 다 없어지지 않을 만큼 잔류성이 강함을 알 수 있다.

- 새의 건강 상태가 환경정책 개발에 이용될 수 있는가?
- PCBs와 DDT가 사용되지 않고 있는데도 재두루미의 알이 계속 오염되어 있는 이유는 무엇인가?

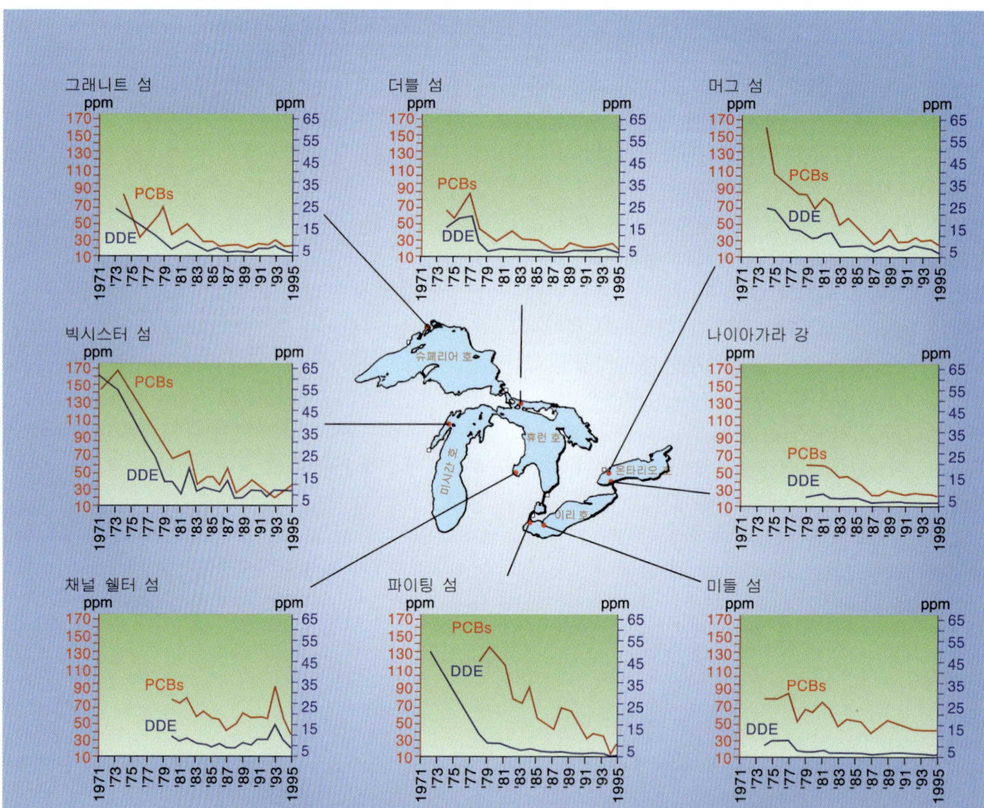

주요 용어

다량원소(macronutrient)
단작(monoculture)
미량원소(micronutrient)
비표적 생물(nontarget organism)
비잔류성 살충제(nonpersistent pesticide)
살균제(fungicide)
살서제(rodenticide)
살충제(pesticide)
생물농축(biomagnification)
생물축적(bioaccumulation)
염화탄화수소제(chlorinated hydrocarbon)
옥신(auxin)
유기인산염제(organophosphate)
잔류성 살충제(persistent pesticide)
잡초(weed)
제초제(herbicide)
카르바민산염제(carbamate)
통합해충관리(integrated pest management)
페로몬(pheromone)
표적 생물(target organism)
해충(pest)

복습문제

1. 단작이란 무엇인가?
2. 화석연료가 기계화 농업에 필수적인 이유를 나열하라.
3. 농약이 기계화 농업에서 광범위하게 사용되는 이유를 설명하라.
4. 비료로 인해 발생하는 문제는 무엇인가?
5. 잔류성 살충제와 비잔류성 살충제는 어떻게 다른가?
6. 생물농축이란 무엇이며, 왜 발생하는가?
7. 유기농은 관행농과 어떻게 다른가?
8. 통합해충관리의 장단점은 무엇인가?
9. 식품첨가제를 세 가지 이상 나열하라.
10. 농약이 환경에 미치는 영향을 줄이기 위해 할 수 있는 행동을 세 가지 이상 진술하라.

비판적 사고력 문제

1. 만일 당신이 개발도상국의 보건부 관리라면 말라리아를 매개하는 모기를 퇴치하기 위하여 DDT의 사용을 허용하겠는가? 그 이유는 무엇인가?
2. 표 14.2에 대하여 어떤 설명을 할 수 있는가? 농약 위주의 해충방제에 대하여 어떤 구체적 대안을 제시할 수 있는가?
3. 한 과학자가 슈페리어 호의 물고기를 조사한 결과, 톡사펜(toxaphene)이 검출되었다. 톡사펜은 주로 목화농장에서 사용되었으며, 1982년에 사용 금지되었다. 이에 대하여 설명하라.
4. 지금의 관행농법이 지속 가능하다고 생각하는가? 농업에 필요한 가장 시급한 변화는 어떤 것인가?
5. 당신이 각종 농약의 사용허가권자라 하자. 당신이 어떤 농약을 사용 허가하려면 그 농약에 대하여 어떤 정보를 알아야 하는가? 당신의 결정에 대한 이해 당사자는 누구인가? 그들은 당신의 결정에 대하여 그들의 입장을 어떻게 제시할 것인가? 그들은 당신에게 어떤 정치적 압력을 가할 것인가?
6. 대안농법을 요구하는 소비자가 많지 않은 이유는 무엇인가? 농부들은 왜 대안농법을 꺼리는가?

15 수자원 관리

이 장의 학습목표

- 물의 순환 과정을 설명할 수 있다.
- 토지 이용이 수분의 침투와 유출에 미치는 영향을 설명할 수 있다.
- 수자원의 활용과 그에 따르는 문제를 나열할 수 있다.
- 수질 오염원들을 나열할 수 있다.
- 생화학적 산소요구량(BOD)을 설명할 수 있다.
- 점오염원과 비점오염원을 구분할 수 있다.
- 열오염을 설명할 수 있다.
- 1, 2, 3차 폐수처리를 구별할 수 있다.
- 집중호우에 의한 유출과 관련된 몇 가지 문제들을 설명할 수 있다.
- 지하수 오염원을 설명할 수 있다.
- 특별한 수역과 서식지들을 보전하기 위하여 제정된 연방법들의 이면에 있는 근본적인 이유를 설명할 수 있다.
- 지하수 채굴과 관련된 문제점들을 설명할 수 있다.
- 건조 지역에서의 대규모 관개용수와 관련된 염화 문제를 설명할 수 있다.
- 지방 정부가 하고 있는 물 관련 업무를 설명할 수 있다.

이 장의 세부목차

과거 현재 그리고 미래

1972 미국의 강과 하천의 64%가 수영이나 낚시에 부적합
1991 2,000개 이상의 해변이 오염으로 폐쇄
1990 세계인의 51%가 질병 확산을 막는 하수처리가 된 물을 이용
1995 세계 인구의 41%가 정기적으로 물 부족 현상을 경험

2003 미국의 강과 하천의 39%가 수영이나 낚시에 부적합. 현실적 개선은 '수질청정법(Clean Water Act)'의 제정으로 이루어짐
2001 폐쇄된 해변이 13,000개로, 6배 증가
2000 세계인의 61%가 하수처리된 물을 이용
2005 세계 인구의 48%가 정기적으로 물 부족 현상을 경험하게 될 것으로 예상

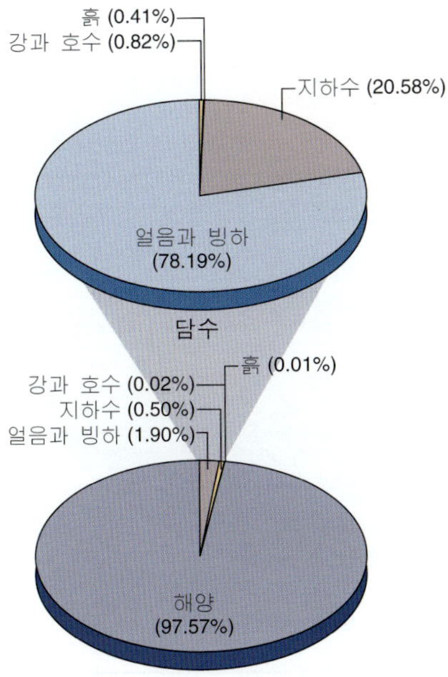

그림 15.1 담수원 물은 지구 표면의 70%를 덮고 있으며, 이 중에서 97% 이상이 염수이다. 사람이 사용할 수 있는 물의 양은 3% 미만으로, 극히 제한되어 있다.

물 분쟁

지구상에 생명이 존재하는 것은 물이 있기에 가능하다. 모든 생명체는 약 60%가 물로 구성되며, 신진대사도 수용액 내에서 일어난다. 생명체는 적당한 양의 물이 공급되는 곳에서만 살 수 있다. 물은 독특한 특성을 가지고 있다. 물 분자는 극성(polar), 즉 양과 음으로 나누어질 수 있다. 이 때문에 물 분자는 내부 인력이 강해서 다른 분자와는 분리되는 탁월한 능력을 가지고 있다. 물의 촉매로서의 능력과 열 보존성은 극성의 직접적인 결과이며, 이들 능력 때문에 인간의 사회 및 산업 활동에서 물은 필수재가 된다. 물은 영양분뿐 아니라 산업 및 생활 폐기물에 이르는 모든 물질을 용해하고 운반한다. 도시의 하수를 보면 폐기물을 용해하고 운반하는데 물의 중요성을 바로 알 수 있다. 물은 다른 물질들보다 천천히 가열되고 천천히 식기 때문에, 발전소와 산업현장에서 냉각제로 많이 사용된다. 열 보존력 때문에 대규모의 수체(water body)는 국지적인 기후 조건을 바꿀 수도 있다. 이들 지역은 다른 지역에 비해 온도 변화가 크지 않다.

상업적인 목적뿐만 아니라 대부분의 용도에서 수질(quality)은 수량(quamtity)만큼 중요하다. 인간이 소비하기에 적당한 물은 염분, 동식물 폐기물, 박테리아 오염이 없어야 한다. 해양이 물의 대부분이지만, 바닷물은 염분 때문에 대부분의 용수 목적에 부적합하다. 담수에는 염분이 들어 있지 않다. 마시기에 적합한 오염되지 않은 담수를 **음용수**(potable water)라고 한다. 초기에 인간의 이주로와 정착지는 음용수의 확보와 연관되었다. 오늘날, 시추, 관개, 정수 방법의 발달에도 불구하고, 음용수의 산출, 수질, 수량, 소유권 및 조절은 인간의 중요한 관심사이다.

지표의 70% 이상은 물로 덮여 있다. 그러나 그 대부분은 바닷물로서 이것은 제한적으로만 사용한다. 약 3%만이 담수이고, 그 중에서도 일부만이 사용 가능한 양이다(그림 15.1). 염수는 인간이 사용하거나 공업용수로는 사용할 수 없는 물이다. 깨끗한 담수는 한때 소모되어 없어지지 않는 것으로 간주되었다. 최근에야 우리는 인구 증가와 용수 공급의 한계로 인해서 세계의 어떤 지역에서는 사용 가능한 담수가 소모될 수 있다는 것을 깨닫기 시작하였다. 세계의 어떤 지역은 풍부한 담수자원을 가지고 있는 반면에 다른 어떤 지역은 소량의 담수자원만을 가지고 있다. 게다가, 공업용, 농업용 및 가정용 담수 수요는 증가되고 있다.

세계적으로 음용수 부족은 인간에 의한 오염과 직접적으로 관련 있다. 수질오염은 거의 모든 인구 밀집 산업국가(일본, 유럽, 구소련, 캐나다 및 미국)에서 용수 공급에 악영향을 미치고 있다.

불행하게도, 세계의 담수 공급에 대한 미래는 그렇게 밝지 못하다. UN과 국제공동수역위원회(International Joint Commission) 그리고 세계 여러 지역에서 수행된 연구에 의하면, 담수 부족이 현재 일어나고 있으며 이 문제는 앞으로 더 심각해질 것이다. 세계적인 물 공급이 강우에 의해서 이루어지고 있으

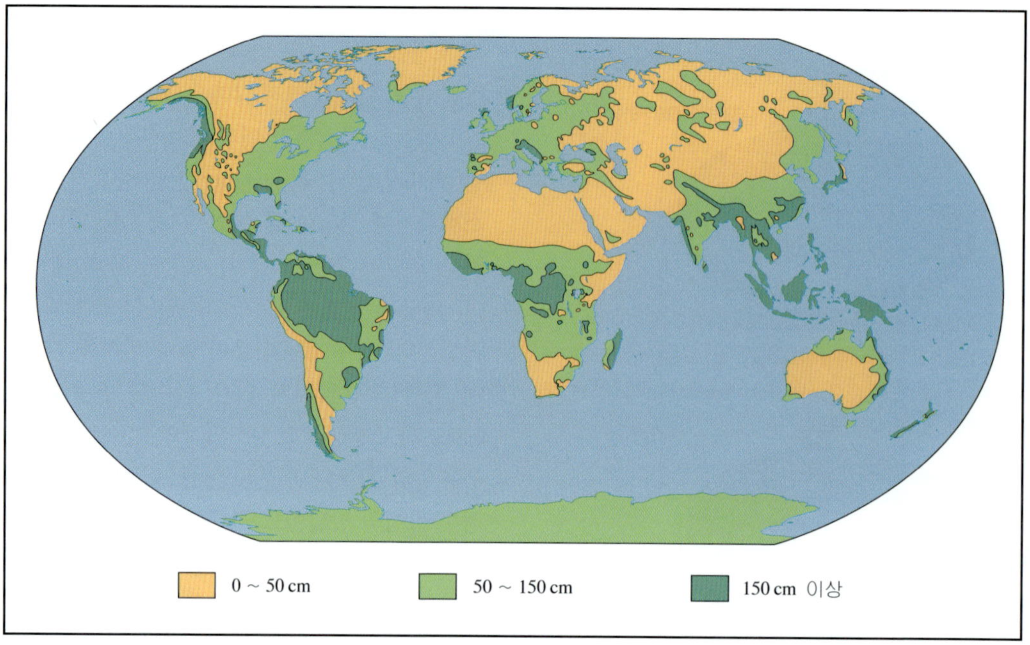

그림 15.2 지구의 연평균 강수량 세계의 강수량은 균일하지 않다. 동남아시아, 중부아프리카 그리고 중앙 및 남 아메리카와 같은 지역에서는 강수량이 매우 많으나, 북아프리카, 중동, 중앙아시아 그리고 북아메리카의 서부와 같은 지역에서는 연 강수량이 매우 적다.

나, 강우량은 지역에 따라 매우 다르다(그림 15.2). 더욱이 연 강우량 변화도 일정하지 않아서 어떤 지역에서는 주기적인 가뭄이 발생하나, 또 어떤 지역에서는 파괴적인 홍수가 발생한다. 그러나 강우는 담수를 재생시키는 데 필요하고, 그러므로 수문순환에 있어서 중요한 연결고리가 되고 있다.

수문순환

모든 물은 **수문순환**(hydrologic cycle)이라고 하는 일정한 재순환 과정 속에 묶여 있다(그림 15.3). 수문순환에 포함되어 있는 두 개의 중요한 과정은 물의 증발과 응축이다. 증발(evaporation)은 액체의 물 분자에 에너지가 공급되어 서로 분리됨으로써 기체 상태로 되는 것을 말한다. 응축(condensation)은 반대로 기체의 분자들이 에너지를 발산함으로써 서로 가까워지고 액체 상태로 되는 과정이다. 태양열 에너지는 대양의 표면으로부터 물을 증발시킨다. 물은 또한 토양, 하천, 식물의 표면으로부터도 증발한다. 물은 **증산**(transpiration)에 의해서 식물로부터 빠져나간다. 이것은 식물이 토양으로부터 물을 흡수하고 잎에서 물을 방출시키는 과정을 포함한다. 수증기를 포함하는 공기는 지표면을 통과하여 움직인다. 따뜻하고 습윤한 공기가 냉각되면 물방울이 형성되고 강우의 형태로 지표에 떨어진다. 어떤 경우에 강우는 증발되기까지 지표에 머물지만 대부분은 땅속으로 침투되거나 사면을 따라 흘러서 결국에는 해양으로 돌아간다. 토양 속으로 침투되는 물은 지하 저수층에 장기간 저장된다. 이러한 물을 **지하수**(groundwater)라고 하며, 이것은 **지표 유출**(runoff)의 형태로 강으로 들어가는 지표수에 반대되는 말이다.

토양 속으로 들어가서 식물 뿌리에 흡수되지 않은 물은 토양과 지하 광물의 공극을 통하여 서서히 아래로 움직여서 결국 불투수성 암석층에 도달하게 된다. 물로 포화된 다공성 지층을 **대수층**(aquifer)이라고 부른다. 대수층에는 두 가지 기본적인 종류가 있다. 즉 **자유면 대수층**(unconfined aquifer)과 **피압 대수층**(confined aquifer)이다. 자유면 대수층은 보통 지표 가까이에서 나타나며 이것은 지하수의 상부

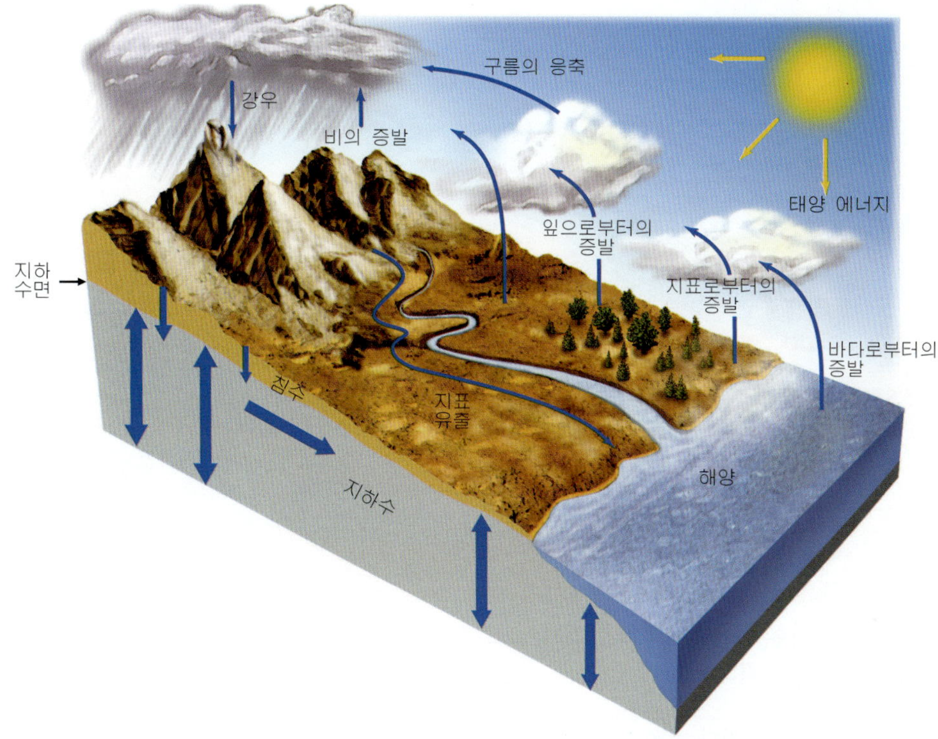

그림 15.3 수문순환 물의 순환은 일정한 패턴을 따른다. 대기 중의 수분은 응집되어 물방울이 되고 이것이 비와 눈의 형태로 땅에 떨어져 모든 생명체의 생명을 유지시키는 물을 공급한다. 물은 지표수의 형태로 땅 위를 흐르거나 지하수의 형태로 토양을 통과하여 바다로 돌아간다. 바닷물은 증발하여 대기 중으로 돌아가서 다시 순환을 시작한다.

면이 **지하수면**(water table)을 이루고 있기 때문이다. 대수층의 하부 경계는 불투수성의 점토층이나 암석층으로 이루어져 있다. 자유면 대수층은 주로 지표면에 떨어져서 지하수면까지 침투하는 강우에 의해서 함양(recharge)된다. 자유면 대수층 내 지하수는 대기압 상태에 있으며 지하수면의 경사 방향으로 흐른다. 지하수면의 상부와 지표면 아래 구간은 물로 포화되지 않은 지층으로서 **불포화대**(vadose zone)라고 불린다(그림 15.4).

피압 대수층은 그 상부와 하부가 가압층에 의해서 둘러싸여 있으며 대기압보다 더 큰 압력 상태하에서 지하수로 포화되어 있다. 피압 대수층은 주로 그 대수층이 개발되는 지점으로부터 수 km 떨어진 함양지역(recharge zone)으로부터 공급되는 강우와 지표수에 의해서 함양된다. 지하수가 가압층을 통과할 수 없을 때, 그 가압층은 **난대수층**(aquiclude)이라 불린다. 만약 물이 가압층의 안팎으로 통과할 수 있을 때 그 지층을 **준대수층**(aquitard)이라 한다. 만약 함양 지역이 대수층이 개발되고 있는 지역보다 더 높은 곳에 위치한다면, 지하수는 함양지역의 고도와 같은 높이에 도달할 때까지 솟아오른다. 이러한 우물을 **피압정**(artesian well)이라 한다.

대수층을 이루고 있는 지층의 성질은 그 대수층이 보유할 수 있고 통과시킬 수 있는 물의 양에 영향을 미친다. **공극률**(porosity)은 지층의 빈 공간의 크기와 수를 나타내는 척도이다. 공극률이 크면 클수록 지층이 함유할 수 있는 물의 양도 많아진다. **투수율**(permeability)은 그 지층이 물을 얼마나 빨리 통과시킬 수 있는지의 척도로서, 분당 얼마나 많은 물이 우물로부터 토출될 수 있는지를 결정한다.

인간이 수문순환에 미치는 영향

토지 이용은 증발, 지표 유출 그리고 침투(infil-

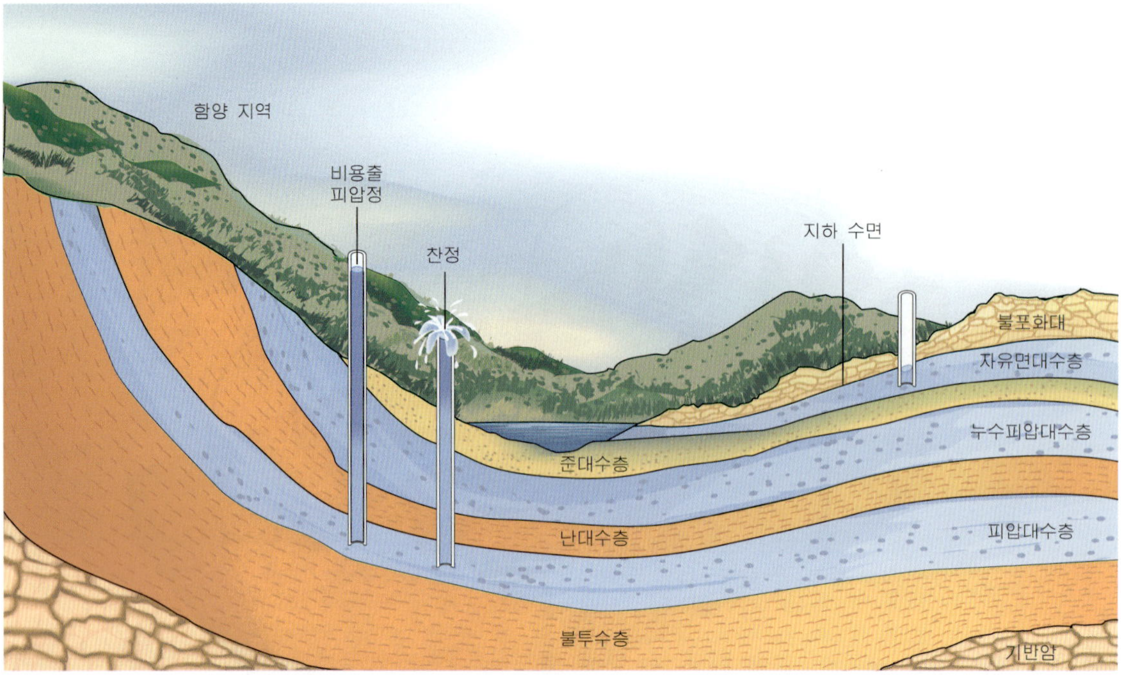

그림 15.4 대수층과 지하수 지하수는 퇴적층이나 암석 내의 공극에서 산출한다. 여러 지층과 암석은 대수층의 성질과 지하수가 어떻게 개발될 수 있을지를 결정한다.

tration)에 중대한 영향을 미친다. 물이 발전소 냉각이나 작물 관개용으로 사용될 때는 증발률이 증가한다. 저수지에 저장된(impounded) 물도 빠른 속도로 증발한다. 이러한 빠른 증발은 국지적인 대기 환경에 영향을 미친다. 물의 침투도 인간의 활동에 의해서 크게 영향을 받는다. 지표가 포장된 도시 지역과 홍수에 의한 하수 배출은 지표 유출량을 증가시키고 침투량을 감소시킨다. 도시 지역에서 지하수 수요는 일반적으로 높지만 실질적으로는 도시 개발이 수요와 공급 간의 격차를 증대시킨다.

대수층은 공업용수, 농업용수 그리고 지방자치단체의 용수로서 지하수를 공급하는 데 있어 매우 중요하다. 미국 서부의 대부분의 대도시 지역은 그 용수 공급을 지하수에 의존한다. 이러한 지하수 공급은 지하수 함양률보다 빠른 속도로 소비되지 않는 한 지속될 것이다.

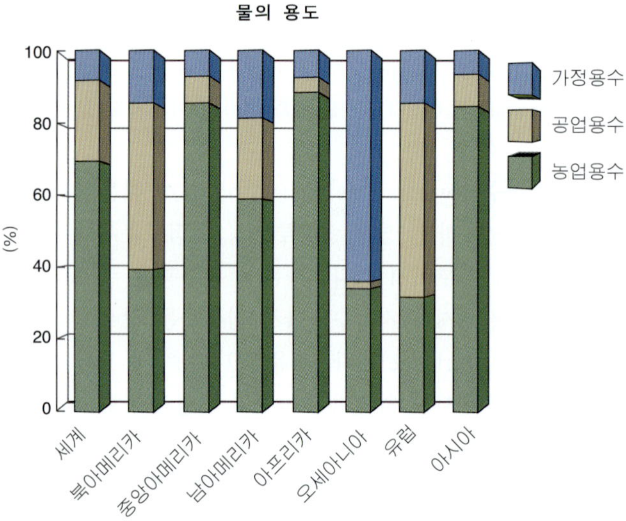

그림 15.5 세계의 수자원 용도 가정용수, 공업용수 및 농업용수는 수자원의 대부분을 차지한다. 그러나 수자원이 어떤 용도로 쓰이는지는 지역에 따라 상당히 다르다.

출처 : World Resources Institute 2000.

얼마나 많은 물을 개발할 수 있고 무슨 목적으로 개발할지를 결정하는 것은 쉬운 문제가 아니다.

물의 사용은 토출량이나 또는 소비량에 의해서 측정된다. 사용을 위한 물의 토출(withdrawn)은 자연적인 경로로 이루어진다. 토출된 물은 다시 그 근원지로 돌려보내짐으로써 미래에 다시 사용될 수 있다. 예를 들면, 어떤 공장이 냉각수로서 강물을 사용한다면 이 물은 강으로 다시 돌아가고 그 물은 그 후에 사용될 수 있다. 생산품에 들어가거나 증발과 증산에 의해서 대기 중으로 빠져나간 물은 같은 지역에서 다시 사용할 수 없으며 이것은 소비(consume)되었다고 말한다. 관개용으로 사용된 대부분의 물은 증발하고, 식물에 의해서 호흡되거나, 작물을 추수할 때는 그 작물과 함께 제거된다. 그러므로 관개용으로 사용된 대부분의 물은 소비되는 것이다.

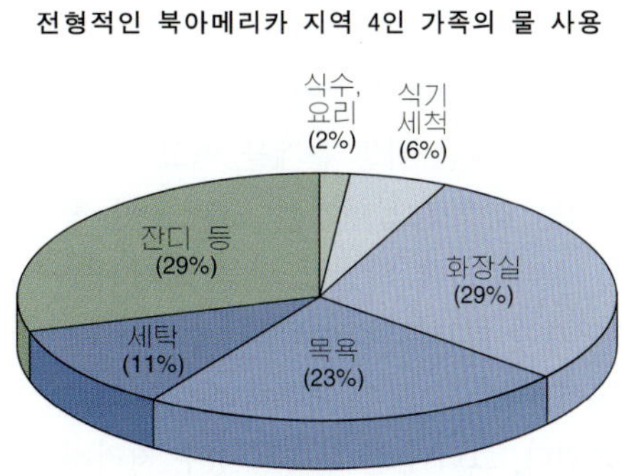

그림 15.6 도시의 가정용수 1,500억 l 이상의 물이 매일 북아메리카 지역의 도시 가정용수로 사용된다.

수자원의 용도

수자원 활용은 그 용이성과 산업화 정도에 따라 세계적으로 상당히 다르다. 그러나 수자원 활용은 네 가지 큰 범주로 분류될 수 있다. (1) 가정용수 (2) 농업용수 (3) 공업용수 (4) 하천수이다. 또한 소모성과 비소모성을 구분하는 것도 중요하다. 소모성 사용(consumptive use)은 물을 사용 후에 돌려보내지 않는 것이고 비소모성 사용(nonconsumptive use)은 사용 후 물을 돌려보내는 것이다.

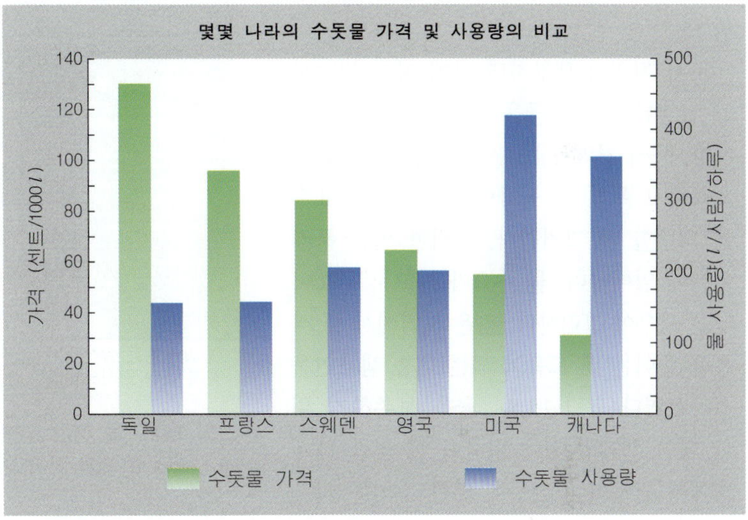

그림 15.7 물값 상승에 따른 물 사용량 감소 물 사용량과 그 가격의 상승 간에는 직접적인 상관관계가 있다.

가정용수

북아메리카 대륙에서 가정용으로 사용되는 물의 90% 이상이 고비용의 복잡한 정수 시설을 이용하는 식수 시스템을 통해 공급된다. 그러나 촌에서는 처리되지 않은 사유공으로부터 안전한 물을 얻을 수 있다. 우물은 또한 식수 공급체계의 중요한 용수이다. 식수 공급량의 거의 40%에 가까운 물이 우물로부터 공급된다. 도시 성장은 물의 개발, 수송 및 수질 유지를 위한 물 공급체계에 문제점을 유발하고 있다. 가정용수는 총 사용량에서 비교적 소량을 차지한다(그림 15.5). 아시아 지역과 같이 급속한 인구 성장이 일어나고 있는 지역에서는 가정용수 수요가 급격히 증가될 것으로 예상된다.

선진국에서는 가정 활동에서 많은 양의 물을 사용한다. 이러한 가정용수는 음용수, 냉방, 목욕, 세탁, 식기세척, 화장실 물, 잔디 및 정원 살수를 포함한다. 평균적으로 북아메리카 가정에서 개개인은 매일 300~400 l의 물을 사용한다. 이 **가정용수**(domestic water)의 약 70% 중 소량만이 음용수이고 대부분은 용매로 사용되고 난 후 비소모성 폐기물로 버려지며, 나머지 약 30%는 잔디와 정원 용수(소모성 사용)로 사용된다(그림 15.6). 자연적인 과정에 의해서는 대규모 도시 지역에 집중되어 있는 폐기물을 처리할 수 없다. 미관상 좋지 않을 뿐만 아니라, 냄새가 나는 폐기물은 도시 지역에서 그 지역의 수원에 방류시키기 전에 반드시 처리하여야 할 잠재적인 위생 문제를 안고 있다. 지금까지는 집으로 들어가는 모든 물이 정수되고 소비하기에 안전할 만큼 처리되었다. 최근까지 대부분의 지역에서 물의 비용은 매우 낮아서 그 물을 보존하려는 노력은 거의 없었다. 그러나 물 부족과 정수 처리비용의 증가는 세계 여러 지역에서 가정용수의 가격을 상승시켰으며 이러한 상승된 비용이 물 사용을 감소시킬 것은 명백하다(그림 15.7).

도시 지역이 팽창하면 그에 따른 적절하고 안정된 용수 공급을 유지하는 것이 중요하다. 도시 지역의 물 수요는 때로는 공급을 초과하고 특히 물 공급이 국지적인 지표수에 의존할 때 그러하다. 이러한 일은 특히 여름에 일어나며, 물 수요가 높고 강우량이 낮은 경우에 그러하다. 많은 지역에서 물 사용을 줄이는 데 도움이 되는 대중 캠페인을 시작하였다(그림 15.8). 물을 보존하기 위한 대중 캠페인 외에 당국이 물 공급 체계 내에서 발생하는 손실에 대한 주의를 기울이는 것이 필요하다. 파이프를 통한 누수는 물 손실량의 중요한 부분을 차지한다. 선진국에서조차 물 손실량은 많게는 20%까지 된다. 가난한 나라에서는 이 손실량을 초과하며 누수량은 50% 이상까지도 된다. 물 손실의 또 다른 중요 요인은 대중들의 자세이다. 물이 무한하고 값싼 자원이라고 생각하는 한, 물을 절약하는 데 기울이는 노력은 적을 것이다. 물의 비용이 증가하고 물 사용에 대한 자세가 변한다면 물을 절약하고 물을 보존하려는 노력이 커질 것이다.

물 절약 지침

절약되는 물		낭비되는 물
몸을 적시고, 비누칠을 하고, 헹군다. 15 l (4 gallon)	샤워	정상적인 샤워 95 l (25 gallon)
샤워를 추천한다.	욕조 목욕	욕조에 물을 가득 채운다. 135 l (36 gallon)
물 내리는 것을 최소화한다. 개별 사용은 20~25 l (5~7 gallon)를 소비. 새로운 화장실 사용법은 6 l (1.6gallon)를 소비.	변기물	자주 물을 내리는 것은 낭비가 매우 심하다.
대야에 물을 채운다. 4 l (1 gallon)	손 씻기	물을 계속 흘려보낸다. 8 l (2 gallon)
대야에 물을 채운다. 4 l (1 gallon)	면도	물을 계속 흘려보낸다. 75 l (20 gallon)
칫솔에 물을 축인다. 간단히 행군다. 2 l (1/2 gallon)	양치질	물을 계속 흘려보낸다. 38 l (10 gallon)
원하는 양만큼만 가져간다.	얼음	많이 가져가서 남은 얼음을 배수구에 버린다.
즉시 알린다.	누수	소량의 물방울이 손실된다. 주당 95 l (25 gallon)
방에 있지 않을 때는 전기, TV, 히터, 에어콘을 끈다.	에너지	에너지 낭비도 물의 낭비와 같다.

이 세로행을 실천하는 것에 대해 감사드립니다..이 세로행은 아님

그림 15.8 물 절약 방법 방법의 작은 변화는 가정용수의 사용량을 크게 줄일 수 있을 것이다(1 gallon = 3.785 l).

농업용수

북아메리카 지역에서 지하수는 농업용수의 약 40%를 차지하고, 지표수가 약 60%를 차지한다. **관개**(irrigation)는 세계 대부분의 지역에서 소모성 물 사용의 주 요인이며, 북아메리카에서 소비되는 모든 물의 약 80%를 차지한다. 관개와 가축 사육에 사용되는 물의 양은 세계적으로 계속 증가하고 있다. 미래의 농업용수로서의 물의 수요는 관개 비용, 농산물 · 식량 · 섬유의 수요, 정부의 정책 그리고 새로운 기술 개발에 좌우될 것이다.

관개는 건조지역과 아건조지역에서 주로 이루어지기 때문에 국지적인 물 공급이 부족하고 때로는 작물 재배를 위해서 원거리까지 물을 운반해야 한다. 특히 미국 서부에서 그러하다. 미국 서부에서는 약 1,400만 ha가 관개되고 있다. 이때 댐, 운하, 송수관 건설과 유지 및 양수장비 등에 많은 비용이 든다. 그러므로 물을 적게 사용하기 위한 관개 방법을 개발하는 것이 점차 중요해지고 있다(그림 15.9).

관개용수 비용은 옛날부터 많은 댐과 운하가 연방 정부의 원조에 의해서 건설되었기 때문에 저렴하였으며, 이 때문에 농부들은 물을 헤프게 사용하기도 하였다. 물 비용 증가로 가정에서처럼 농부들 또한 물을 절약하게 될 것이다. 관개용수 수요를 감소시키는 또 다른 방법은, 건조지역에서 재배되던 물이 많이 필요한 작물 재배를 줄이거나, 더 적은 양의 물이 필요한 작물로 바꾸는 것이다. 예를 들면 밀이나 콩은 감자나 사탕무보다 더 적은 양의 물이 든다.

네 가지 관개법이 일반적이다. 표면 또는 범람 관개(surface or flood irrigation)는 수로나 고랑을 따라 물이 흐르도록 하여 작물에 물을 공급하는 방법이다. 이런 방법은 광범한 수로가 필요하며, 또한 모든 종류의 작물에 적당한 것은 아니다. 분무식 관개(spray irrigation)는 물을 양수하여 작물에 물을 뿌리는 것이다. 물방울 관개(trickle irrigation)는 물이 식물의 뿌리에 직접 전달될 수 있도록 각기 연결된 파이프에 체계적으로 구멍을 뚫어 사용한다. 지하 관개(subirrigation)는 지하 파이프를 통하여 식물에 물을 공급한다. 이 방법은 한 해의 어떤 시기에는 토양을 배수해야 하는 지역에서 사용된다. 지하 파이프는 한 해에 한 번 과잉수를 배수하고 그 외 시기에는 물을 공급하도록 되어 있다. 이러한 방법들은 각각 장단점을 가지고 있으며 그 방법이 잘 시행될 수 있는 조건들이 있다.

다양한 형태의 관개에는 다량의 에너지가 필요하다. 특히 작물에 물을 주기 위해서 양수기를 사용할 때 그러하다. 네브래스카에서 농업에 쓰이는 에너지의 40%가 관개용으로 사용되는 것으로 추산되고 있다. 증가하는 에너지 비용은 어떤 농부들에게는 관개를 줄이거나 불연속적으로 하도록 한다. 덧붙여서 서부 네브래스카의 많은 지역에서는 지하수를 관개에 이용하여 지하수면이 급속하게 떨어지고 있다. 만약 물 부족이 발생한다면 땅의 가치는 떨어질 것이다. 토지 이용과 물의 사용은 서로 상호 작용하며 독립적으로 생각될 수 없다.

a.

b.

c.

그림 15.9 관개 방법 많은 건조지역들에서는 경제적인 관개방법이 필요하다. (a) 수로와 고랑의 사용은 보편적인 관개방법이다. 농토는 수원으로부터 경작지로 흐를 수 있도록 약하게 경사지게 된다. 물은 작물의 이랑들 사이의 고랑으로 흡수된다. (b) 분무식 관개는 농작물 위 공기 중으로 물을 뿌리는 펌프를 사용한다. 이것은 중심회전축 분무식 관개의 한 예로, 바퀴들 위에 설치된 긴 파이프가 중앙 지점 주위를 천천히 돌며 작동한다. (c) 물방울 관개는 식물 뿌리에 직접 물을 보냄으로써 물 소비를 줄인다. 그러나 이 방법은 광범위한 파이프 망의 설치가 필요하다.

그림 **15.10** **댐은 물의 흐름을 방해한다** 대부분의 대규모 강에서 강물의 흐름은 댐에 의해서 조절된다. 대부분의 댐은 전기를 생산한다. 게다가, 홍수를 조절하고 유원지를 제공한다. 그러나 강의 자연 생태계를 파괴한다.

공업용수

공업용수(industrial water use)는 미국의 전체 물 사용량의 거의 반을 차지하고 있으며, 캐나다에서는 약 70%, 세계적으로는 약 23%를 차지한다. 공업용수의 90%는 냉각에 사용되고 수원으로 회수되므로, 단지 소량만이 실질적으로 소모된다. 대부분의 산업 과정은 열 교환을 포함한다. 물은 이러한 과정에서 열을 운반하는 데 매우 효과적인 액체이다. 예를 들면, 발전소는 증기를 냉각시키는 데 물을 사용하고 그 증기는 다시 물로 변한다. 만약 산업 과정에서 가열된 물을 수로에 바로 버린다면 물의 온도를 크게 변화시킬 것이다. 그러면 생물체의 신진대사를 증가시켜 수생 생태계에 영향을 미치고 용존 상태의 물의 능력을 감소시킬 것이다.

산업에서는 또한 폐기물을 분해하고 운반하는 데 물을 사용한다. 실제로 많은 하천은 지금 이러한 목적으로(특히 도시 지역에서) 과도하게 사용되고 있다. 폐기물 처리를 위해 수로를 사용하는 것은 수질을 악화시키고 다른 목적으로의 유용성을 감소시킨다. 만약 산업 폐기물이 유독성일 경우 더욱 심각하다.

많은 산업 국가에서는 산업 폐기물을 수로에 버리는 것을 엄격하게 규제하는 법안을 통과시켰다. 미국에서는 연방 물 오염 규제 법안을 1948년에 통과시킴으로써 수질을 유지하는 데 연방 정부의 역할을 규정하고 있다. 이 법안은 연방기금 및 지역, 주들 간의 수질 계획을 강화하는 데 기술적인 원조를 제공하였다. 1956년, 1965년, 1972년, 1987년의 법안 개정을 통하여 수질 규제에 대한 연방 정부의 역할은 광역 폐기물 처리 · 관리계획을 수립하고, 국가적인 수질 조절 계획을 확립하는 것임을 포함시켰다. 그러나 많은 개발도상국은 산업 오염을 규제하는 노력을 거의 기울이지 않으며 수질은 오용에 의해서 심각하게 악화되고 있다.

하천수

하천수 사용은 수로나 집수역에 있는 물을 사용하고 그것을 버리지 않는 것을 말한다. 그러므로 모든 하천수 사용은 비소모성이다. 주요한 **하천수 사용**(in-stream water use)은 수력발전, 오락 그리고 항해를 목적으로 한다. 하천수 사용이 물을 소모시키지는 않지만 수로를 변경시킨다든지 시간을 조절한다든지 또는 유량을 변화시키기도 하므로 부정적인 영향을 일으킬 수 있다.

수력발전은 중요한 에너지원이다. 현재 수력발전소는 미국에서 생산되는 발전량의 약 13%에 해당하는 전기를 생산한다(그림 15.10). 수력발전소는 물을 소비하지도 않고, 전기 생산에 따른 폐기물을 배출하지도 않는다. 그러나 발전에 필요한 댐은 고가의 건설 비용 및 하천의 자연 서식지와 주변 토지를 파괴하는 단점들을 가지고 있다. 댐으로부터의 갑작

지구촌 전망대

산업국과 개발도상국 간 물 사용과 오염 비교

산업국과 개발도상국 간에는 물의 사용과 공급 부분에 있어 큰 차이가 있다. 산업국에서는 저렴한 가격으로 맑은 물을 공급하는 기술이 있으나, 퇴비나 살충제 같은 오염원 처리로 고심하고 있다. 다음 표에서는 산업국과 개발도상국의 물 사용과 오염 처리를 비교하였다.

2000년 1월, 필리핀 마닐라 만에서 아이들이 재활용 쓰레기를 모으고 있다.

물의 사용

특징	산업국	개발도상국
일인당 가정용수 사용량	1. 사용량 많음. 2. 오스트레일리아, 미국, 뉴질랜드, 캐나다 사용량 최대. 3. 사용량 안정.	1. 사용량 적음. 2. 생활수준 향상과 함께 물 사용량 증가.
수자원 용도	1. 전체 소비량의 85%가 농업 및 산업 용수. 2. 가정용수 15%.	1. 80% 이상이 관개용수. 아시아, 아프리카에서 특히 높음. 2. 산업, 가정용으로 10% 미만 사용.
안전한 식수 확보와 폐수 처리	1. 안전한 식수가 일상적으로 활용됨. 2. 폐수 처리가 일반화됨. 3. 인구증가율이 낮을 것으로 기대.	1. 안전한 식수 공급이 부족. 2. 효율적인 폐수 처리가 이루어지지 않음. 3. 도시 인구의 빠른 증가로 안전한 식수 공급과 폐수 처리가 필요.

오염 처리

특징	산업국	개발도상국
가정 폐수 처리	1. 대부분의 국가가 폐수 처리. 2. 동부 및 중부 유럽 국가들은 하수 처리시설이 부족.	1. 거의 대부분의 하수가 효과적인 처리 없이 배출됨.
산업 폐수	1. 대부분의 국가에서 산업폐수에 대해 엄격히 규제. 2. 일부 사고에 의한 방출이 있음. 3. 사용하지 않은 용수 방출이 문제. 4. 대기오염으로 북아메리카, 유럽 지역에서 호수의 산성화가 발생. 5. 동부 및 중부 유럽 국가들의 경우, 과거부터 산업체에 대한 환경규제가 부족하여 심각한 산업폐수 문제가 있음. 흑해, 발트 해가 특히 심각함.	1. 많은 부분 처리되지 않음. 2. 산업 폐수에 대한 규제가 약함. 3. 중국, 열대 아프리카에서 호수의 산성화가 주요 문제로 떠오름.
토지 이용과 지표 유출	1. 비료, 살충제가 문제. 2. 토양보전 방법이 실행되고 있으나, 여전히 농경지 유출 문제가 심각함. 3. 도시 지역의 유출로 기름, 먼지, 화학물질이 물에 유입됨.	1. 비료, 살충제 과다 사용으로 수질오염이 심각함. 2. 벌채와 낙후된 농업기술로 토양 유실 및 물 오염이 확산됨. 3. 도시 지역의 유출로 쓰레기, 사람 및 동물의 오물, 화학물질이 모두 문제가 됨.

그림 15.11 댐 건설로 형성된 유락 공간 해마다 약 9백만 명이 넘는 사람들이 미국 최대 인공 호수인 미드 호수(Lake Mead)에서 캠핑과 보트 타기를 하며 휴가를 즐긴다. 이곳은 1935년 서부 도시들에 물과 전기를 공급하기 위한 후버 댐 건설로 550마일의 물길이 생기면서 형성되었다.

스런 방류는 하류 환경을 심각하게 변화시킬 수 있다. 만약 저수된 물의 상층부가 방류되면 수온은 급격히 상승한다. 또한 저수지 바닥의 냉수가 방류되면 수온은 급격히 하강한다. 이런 변화는 수생 생물에 유해한 영향을 미친다. 저수지 물을 저장해 두는 것은 흐르는 하천의 자연적인 삭박을 감소시킨다. 만약 물이 자유롭게 흐르도록 내버려둔다면 하천에 퇴적된 실트가 고 수위 기간 동안에 하류로 운반된다. 이것은 하천수로를 유지시키고 강 입구에 영양분을 운반한다. 그러나 만약 댐이 건설되면 댐의 뒤쪽에 실트가 퇴적된다. 많은 댐들은 홍수를 조절하는 목적으로 건설되었다. 댐은 홍수를 감소시키지만, 홍수를 없애지는 못한다. 실제로 댐이 건설되면 사람들은 범람원을 개발할 수 있게 된다. 그 결과 홍수가 발생하면 재산과 인명의 손실이 더 커질 수 있다.

댐은 넓은 면적의 호수를 만들어 증발량이 증가한다. 물이 귀한 지역에서는 손실되는 물의 양이 매우 클 수도 있다. 이것은 특히 열대지방에서 뚜렷하다. 게다가 댐의 하류에서 하천수의 흐름은 간헐적이다. 이것은 물의 산소 함량을 변화시키고 어류의 이동을 방해한다. 조류(algae)와 다른 작은 생물의 군집도 변화된다. 이런 모든 영향 때문에 댐 건설은 매우 조심스럽게 계획되어야 한다.

물은 오락 활동을 위한 관점도 가진다. 댐 건설은 보트 타기, 캠핑 및 이와 관련된 오락을 위한 장소를 제공하기 때문에 새로운 오락의 기회를 창출한다(그림 15.11). 그러나 이런 기회는 이전의 자유롭게 흐르던 강물을 잃어버리는 비싼 대가를 치루고 얻는 것이다. 민물낚시와 같은 오락은 잃게 된다. 항해, 수상 스키, 수영, 낚시, 캠핑을 위해서는 적절한 수질이 필요하다. 물은 자연 상태에서 오락에 이용되며 물리적으로는 영향을 받지 않는다. 그렇더라도 오락의 목적으로 강을 사용하기 위해서는 계획이 필요하다. 오용이나 지각 없는 이용은 수질을 저하시킬 수 있기 때문이다. 예를 들면, 모터보트에서 발생하는 파도는 하안 침식을 가속화시키고 점토 물질을 만들어낸다.

대부분의 큰 강과 호수는 항해에 이용된다. 북아메리카 대륙에서는 현재 4만 km 이상의 수로가 상업적인 항해에 이용된다. 수로는 선박 수송에 충분한 수량을 확보해야 한다. 운하, 수문, 댐은 이러한 수량을 확보할 수 있게 한다. 때로는 적당한 하천 수심을 유지하기 위해서 준설(dredging)이 필요하다. 준설은 오염된 퇴적물을 물에 다시 떠오르게 한다. 또한 수문순환을 변화시키고, 이것은 다시 다른 목적으로 사용되는 물의 가치에 영향을 미친다.

대부분의 대도시 지역은 자원을 운반하는 데 물을 이용한다. 최근에는 내륙 수로 시스템이 곡물, 석탄, 광석, 석유와 같은 자원의 약 10%를 운반하여 왔다. 북아메리카 대륙에서는 내륙의 수로 시스템을 개선하는 데 지출되는 비용이 총 수십억 달러에 이른다.

과거에는 다른 목적에 미치는 영향에 관계없이 거의 모든 항해 계획이 신속하게 승인되고 자금이 지원되었다. 그러나 오늘날에는 다른 이용에 미치는 영향이 신중하게 분석된 후에 항해가 허가된다.

표 15.1 선택된 오염물질들의 근원과 영향

오염 물질	근원	인간에 미치는 영향	수생태계에 미치는 영향
산	대기 침전, 광산 배수, 유기물 분해	어패류의 감소 생선 내 중금속 함량 증가	민감한 수생 생물들의 죽음, 토양 · 암석 및 금속 표면(수도관 등)에서 유래하는 미량금속 방출량 증가
염화물	제설 혹은 제빙제를 뿌린 도로에서 유출, 관개 수로에서 유출, 석유 추출과정에서 만들어진 염분, 채광	음용수 공급 감소 조개류 이용의 감소	신선한 물에 사는 생물체에 극히 유해
질병을 유발하는 유기물	부분 처리되거나 전혀 처리되지 않은 하수의 투기, 사육장에서 나온 동물 배설물의 유출	수처리 비용의 증가, 죽음과 질병, 어패류와 관련 종들의 오염과 이용의 감소	질병으로 인한 수생 생물들의 생존과 번식의 감소
상승된 온도	도시에서 발생된 열이 물로 전달됨, 그늘이 없는 하천, 저장고의 태양열, 발전소와 공업용 기계들에서 발생하는 온수의 배출	어류의 감소	냉수에서 사는 어패류의 죽음, 산소 부족, 열로 인한 동물의 질병 감염률 증가, 부적절한 산란
중금속	대기 침전, 도로 유출, 하수처리장과 공단에서의 배출, 저장고, 산성광산배수	수처리비 증가, 질병과 죽음, 어패류의 감소, 생물체내 축적	번식부재로 인한 어류의 감소, 무척추 동물의 죽음으로 어류의 먹이 감소, 생물체내 축적
부영양화	농지 · 목장으로부터의 유출, 조경화된 도시 지역, 처리되거나 그렇지 않은 하수의 산업 배출물의 투기, 인산염 세제	수처리비 증가, 어패류와 관련 종의 감소, 조류 성장에 따른 색깔과 냄새, 휴양지 사용의 손실	과다한 조류의 발생, 산소 부족으로 인한 조류의 죽음과 큰 식물들의 다양성과 성장 감소, 동물들의 다양성 감소, 어류의 죽음
유기 분자	농지와 목장으로부터의 유출, 조경화된 도시 지역, 습지, 화학제조 그리고 다른 산업 과정에서 발생하는 유출, 혼합된 하수	수처리비 증가, 어패류와 관련 종들의 이용 감소, 악취	산소 감소, 어류의 죽음, 수생 생물의 다양성과 개체수 감소
퇴적	농목장과 가축사육장으로부터 유출, 습지로 된 산허리, 오래된 하천 제방, 도로 공사, 그 외 다른 부적절한 토지 사용	수처리비 증가, 어패류와 관련 종들의 감소, 호수 · 하천 · 저수지와 준설을 요할 정도의 항구의 퇴적	어류의 산란지를 메움, 곤충 개체수의 감소, 식물 성장과 다양성의 감소, 포식자의 먹이 감소, 아가미와 여과기를 막음
유독성 화학물질	도시와 농촌의 유출, 지방자치단체와 공단의 배출, 매립지와 광산의 침출수, 대기 침전	수처리비의 증가, 발암 위험성 증가, 어패류의 감소	어란과 치어의 성장과 생존율의 감소, 어류의 질병, 먹이사슬 내 축적으로 인한 육식동물의 죽음

출처 : Data, in part, from the U.S. Environmental Protection Agency.

수질오염의 종류와 원인

수질오염은 사회의 어떤 구성원에 의해서 사용되는 물이 다른 구성원의 건강과 복지에 영향을 미칠 때 발생한다. 산업 사회에서 모든 배수구, 하천, 강, 호수에 있는 물이 완전히 오염되지 않은 채로 유지된다는 것은 불가능하다(표 15.1). 그러나 우리는 수자원을 평가하고 수질이 소기의 목적에 부합되게

지구촌 전망대

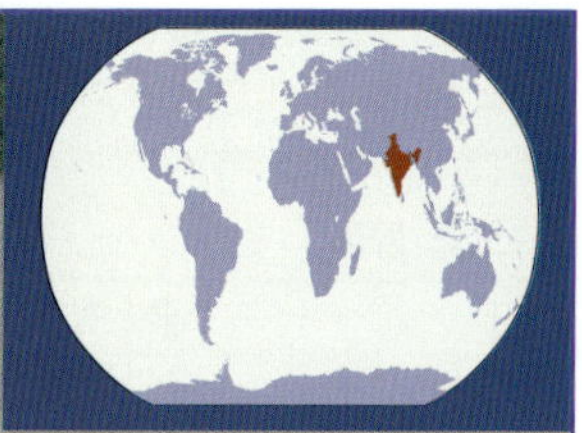

갠지스 강의 정화

매일 수천 명의 힌두교도들은 인도의 갠지스 강둑에 모여든다. 거기서 자신들이 성수라고 믿는 강물을 마시고 목욕하며, 부분적으로 화장된 사체를 띄워 보내고, 갠지스 강 부근에서 수백만 리터의 처리되지 않은 하수를 방류시킨다. 깨끗한 물은 인도에서는 가장 귀한 자원 중의 하나이지만, 많은 개발도상국에서처럼 적정하게 하수처리를 하는 데 필요한 예산과 기술이 대부분의 도시와 마을에서 부족하다. 39년 이내에 두 배로 늘어날 것으로 예상되는 10억의 인구에 대하여 정부 관리들이 말하기를, 인도인은 국지적인 수로에 미처리된 폐기물을 계속적으로 투기할 수 밖에 없으며, 이로 인해 연간 수천 명이 설사와 다른 질병으로 사망한다고 한다.

갠지스 강 유역에 살고 있는 3억 인구 중 많은 사람들에게 있어 갠지스 강의 영원한 청정함에 대한 믿음이 자기 만족과 모순을 유발하였기 때문에 갠지스 강을 깨끗하게 유지시키는 것은 매우 어렵다. 16억 리터 이상의 미처리된 생활하수, 산업 폐기물, 농업 유출수 그리고 그 밖의 오염물질이 매일 갠지스 강으로 배출되고 있다. 또한 정부 관리들은 매일 백만 명이 갠지스 강에서 목욕을 하거나 침례를 받고 있으며, 수천 명이 강둑에서 강물을 직접 마시고 있다고 추산하고 있다.

화장에 대한 힌두교도의 믿음은 몇 가지 환경문제를 유발하였다. 나무를 사용하는 화장은 50파운드 이상의 나무가 필요하며, 여기에는 일반적인 인도인의 2주일의 임금에 해당하는 비용이 든다. 인도의 숲을 파괴시키는 데 일조하는 화장에 대한 비판은 있다. 나무의 가격이 비싸므로, 많은 사체들은 완전히 화장되지 않고 부분적으로 태워져서 갠지스 강에 버려진다.

이 문제에 대한 하나의 해결책은 부패된 사체 냄새를 쫓아가서 뜯어먹는 특별히 사육된 거북이 2만 5천 마리를 투입하는 것이었다. 이 해결 방안이 매우 효과적이지만, 장기적으로 더 효과적인 또 다른 해결책이 있다. 1992년에 갠지스 계획에 의해서 전기 화장장이 바라나시 시에 세워졌다. 이곳에서는 사체당 2달러 미만의 비용으로 화장할 수 있다. 그러나 많은 힌두교도들은 효과적이고 경제적인 전기 화장보다는 나무 화장의 전통적인 예식을 고집한다.

이러한 이야기가 북아메리카 사람들에게는 다소 이상하게 들리겠지만, 문화와 종교가 우리의 환경에 어떠한 영향을 미치는지를 느낄 수 있을 것이다. 많은 인도인에게는, 북아메리카인들의 문화와 종교관이 똑같이 수수께끼 같다.

할 수 있다. 물에 어떤 물질을 첨가하는 것은 어떤 목적을 위해서는 부적절하지만 다른 목적을 위해서는 그렇지 않을 수도 있다. 만약 점토가 호수에 들어온다면 그 물은 마실 수 있는 물이지만, 그 수영을 하기에 적당한 장소는 아닐 것이다. 만약 소금이 첨가된다면 음용수로는 부적절하지만 오락의 목적으로는 사용할 수 있다. 절대적으로 순수한 물을 유지하는 것이 필요하지는 않을 것이다. 또한 경제적인 고려도 있다. 잔존 물질을 마지막 몇 %까지 제거하는 데 드는 비용은 규정될 수 없다. 생물학적으로 분해되는 유기물인 경우에는 확실히 그러하다. 그러나 생체 조직에 축적될 수 있는 방사성 폐기물과 독성물질은 다른 문제이다. 이러한 물질들을 제거하기 위한 시도는 인체와 다른 생물체에 해를 끼치는 잠재성 때문에 정당화될 수 있다.

수질오염을 규제하려는 시도는 점오염원에 초점이 맞추어져 왔다. 정확한 오염원이 있고 그것이 물속으로 들어가는 지점이 쉽게 식별된다면, 그 오염은 **점오염원**(point source)에서 유래한다고 말할 수 있다. 수도관과 공업용수관이 점오염원의 예이다. 경제적인 압력과 불리한 선전은 점오염원에 의해서 물을 지속적으로 오염시키는 공장들에 영향을 미칠 수 있다. 농업 유출수, 도로 제설제, 산성비와 같은 확산 오염물은 **비점오염원**(nonpoint source)이라 할 수 있으며 점오염원보다 식별과 조절이 훨씬 더 어렵다. 게다가, 이들과 관련된 오염 관련 법규는 강제 집행이 매우 어렵다.

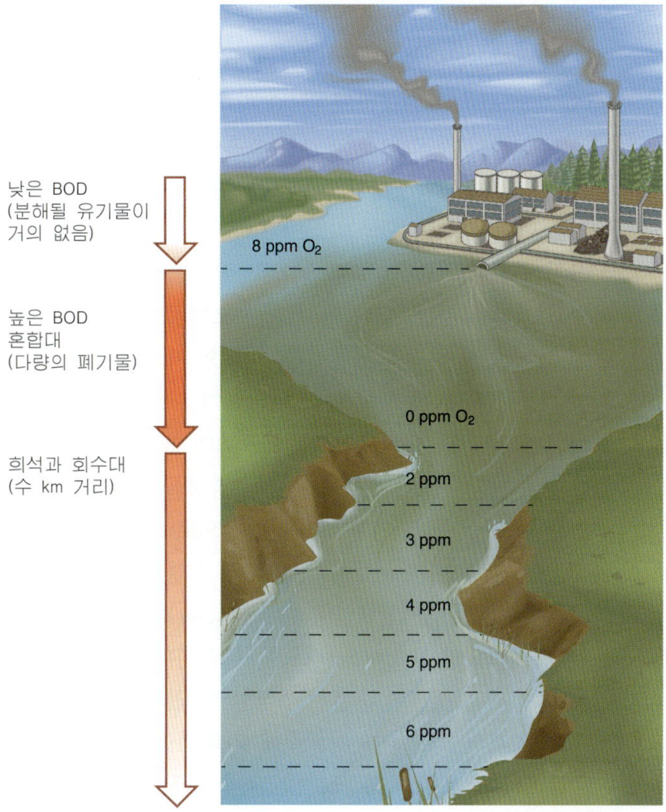

그림 15.12 유기 폐기물이 용존 산소에 미치는 효과 하수는 고농도의 유기물질을 함유하고 있다. 이들이 생물에 의해서 분해될 때, 산소가 물에서 제거된다. 이것을 생화학적 산소 요구량(BOD)이라고 부른다. 그러므로 유기물질의 양과 물속의 산소 간의 관계는 역비례 관계이다. BOD가 높을수록, 사람들에게는 적당하지 못한 물이 된다. 오염이 심해질수록, BOD는 더 커진다.

지방자치단체의 수질오염

지방자치단체는 시민들에게 양질의 음용수를 제공하고 폐수를 처리해야 하는 이중적인 문제에 직면하고 있다. 폐수는 홍수 유출, 산업 폐수, 가정이나 상업지구에서 나오는 폐수로 구성된다. 가정 폐수는 주로 쓰레기로부터 유래하는 유기물, 음식 폐기물, 옷과 식기 세척 폐수 그리고 인간의 배설물로 이루어진다. 인간의 배설물은 주로 소화되고 난 음식물과 박테리아 덩어리(*Escherichia coli*, *Streptococcus faecalis*)들로 되어 있다. 이러한 박테리아는 일반적으로 인간의 대장 안에서 자라며, 어떤 종류의 음식물 소화와 비타민 K의 생산에 관여한다. 물속에 들어 있는 소수의 이러한 박테리아는 건강한 사람들에게는 해로운 것이 아니다. 이것은 쉽게 식별되고, 인간의 배설물에 의한 오염의 정도를 지시하는 데 이용된다. 물속에 존재하는 이러한 박테리아의 수는 물속으로 들어가는 인간의 배설물의 양과 직접적으로 관련된다. 인간의 배설물이 방류되면 인간으로부터 유래하는 다른 해로운 박테리아도 미량으로 존재할 수 있다. 미량이라도 유해한 박테리아는 질병을 유발할 수 있다. 물속에 퇴적되는 폐기물의 양이 많으면 많을수록 질병을 유발하는 박테리아의 수는 많아진다. 그러므로 병원균은 또 다른 더 해로운 생물체가 존재하는 지표(indicator)로 이용된다.

하수에 있는 죽은 생물체는 물속에서 부패하므로 또 다른 오염원이 된다. 미생물은 유기물을 가지고 신진대사를 하며, 산소를 소모한다. 유기물을 분해하는 데 요구되는 산소의 양을 **생화학적 산소 요구량**(BOD, biochemical oxygen demand)이라고 한다(그림 15.12). 물속의 BOD를 측정하는 것은 그 물이 얼마나 오염되었나를 측정하는 하나의 방법이 된다. 만약 너무 많은 유기물이 물속에 들어 가게 되면, 용존 산소량이 모두 소비될 것이다. 그렇게 되면 혐기성(산소를 요구하지 않는) 박테리아가 폐기물을 분해하기 시작한다. 혐기성 호흡은 지독한 냄새, 불쾌한 맛을 발생시키고 위생을 위협하는 화학물질을 만들어낸다.

설거지와 세탁에서 나오는 폐수는 유기물을 포함하고 있기는 하지만, 보다 더 중요한 오염물질은 물속에 들어 있는 비누와 세제이다. 비누와 세제 분자는 때나 기름과 함께 물에 녹아 버려진다.

최근까지 많은 세제는 그 화학구조의 일부로서 인산염을 포함하였다. 식물과 조류는 영양물로서 인산염을 필요로 한다. 인산염은 일반적으로 매우 제한된 양이 담수 내에 존재하며, 따라서 식물과 조류의 성장에 있어서 **제한요인**(limiting factor)으로 작용한다(제한요인은 소량의 필요한 물질이며, 그것이 부족할 때는 생물이 충분히 성장할 수 없다.). 그러므로 세제의 인산염이 지표수에 가해지면, 이것은 비료로서 작용하며 비정상적인 조류 군집의 성장을 유발시킨다. 첨가되는 영양분에 의한 조류와 수생식물의 과도한 성장을 **부영양화**(eutrophication)라고 한다. 조류와 대형 수생식물은 보트의 프로펠러에 감기고 물 흡입 파이프를 막고, 물의 맛과 냄새를 변화시키고 바닥에 유기물을 퇴적시킴으로써 물의 사용을 방해한다. 이 유기물이 부패하면 산소 함량이 감소하고, 물고기와 그 외 다른 수중생물이 죽는다. 이러한 문제는 인산염과 같은 영양물이 물속에 첨가되는 것과 관련되므로, 많은 국가들은 인산염 함량이 높은 세제의 판매를 금지하고 있다. 세제 생산 회사들은 **농업 유출수**(agricultural runoff)로부터 나오는 영양분이 호수와 하천에 인산염을 공급하는 세제보다 더 심각하다고 주장한다. 농업 유출수가 지표수에 공급하는 인산염 총량에서 차지하는 비율은 높지만, 이러한 반론은 세제가 인산염을 지표수에 공급한다는 사실을 바꾸지는 못한다. 대부분의 가정용 폐수는 하수처리장을 거치게 되며, 따라서 인산염 함량을 측정하고 조절하는 것이 더 용이하다. 농업이 활발하지 않은 지역에서는, 세제가 인산염 오염의 주 원인일 수 있다.

농업에 의한 수질오염

농업활동은 수질오염의 주된 원인이다. 과도한 비료 사용은 부영양화를 유발하며 강우는 용존물질을 하천과 호수로 운반한다. 또한 지하수는 비료와 농약에 의해서 오염되기도 한다. 침식에 노출된 땅에서는 수로를 따라 퇴적물의 양이 증가한다. 가축 사육장에서 나오는 유출수는 영양분, 유기물, 박테리아를 운반한다. 논밭에서 하천으로 흘러드는 관개용수는 일반적으로 하천의 수질을 악화시키는 높은 염분 함량을 가지고 있다. 가장 큰 수질오염 중의 하나는 개방된 경작지로부터 나오는 다량의 농업 유출수이다.

농부들은 여러 방법으로 유출수를 감소시킬 수 있다. 배수구나 하천 제방 가까이에 경작되지 않은 자연 그대로의 지대를 남겨두는 방법을 생각해볼 수 있다. 이것은 지표 유출의 속도를 감소시키는 역할을 한다. 식생으로 덮여 있는 토양은 물의 이동 속도를 감소시키고 점토를 하천에서보다 지표에 퇴적되도록 하기 때문이다. 그러나 이를 위해서는 개간된 비옥한 경작지를 없애야 하기 때문에 많은 비용이 든다. 침출을 지연시키기 위해서 농부는 가능한 한 피복 기간을 늘이고, 비료 사용량과 사용 시기를 조심스럽게 조절하여야 한다. 토양에서 유실되는 비료를 대체할 수 있으므로 이것은 경제적인 이점을 가지고 있다.

산업에 의한 수질오염

공장과 산업공단은 공공 하수 처리시스템으로 폐기물의 일부 또는 전부를 방류한다. 산업의 형태에 따라 폐기물은 유기물, 석유제품, 금속, 산 등이 있을 수 있다. 유기물과 석유는 물의 BOD를 증가시킨다. 금속, 산 및 다른 이온들은 그 성질과 농도에 따라 특별한 처리가 필요하다. 그 결과, 공공 하수 처리시설은 공장에 맞게 설계되어야만 한다. 대부분의 경우에, 도시에서는 공장이 자체 처리를 하는 것을

환경 돋보기

뉴 강의 새로운 낙관론

뉴(new) 강은 멕시코에서 미국으로 흘러들어오는 강으로, 황록색 조를 띠고 있으며, 분뇨, 발암물질, 세제거품이 떠내려 오며, 소아마비를 유발하는 바이러스와 장티푸스와 콜레라를 유발하는 박테리아를 함유하고 있다. 반세기 동안, 이 강은 두 나라의 재앙이었으며, 멕시칼리와 멕시코의 생활 및 산업폐기물을 캘리포니아의 임페리얼 계곡으로 운반하고, 미국의 가장 더러운 강이라는 불명예를 얻고 있었다.

깨어진 약속들의 기록

여기에 뉴 강 정화에 대해 거의 한 것이 없는 반세기의 기록들 중 몇 가지 사건들을 열거하였다.

- 1944 : 워싱턴과 멕시코시티는 뉴 강의 정화에 서로 협조하기로 동의하였다.
- 1950 : 미국 의회는 뉴 강의 정화에 대해 멕시코 정부와 함께 일하도록 주지사에게 권한을 위임하였다.
- 1972 : 리차드 닉슨 대통령과 그 문제에 대해 회담한 뒤, 멕시코의 루이스 애체베리아 알바레즈 대통령은 뉴 강에 미처리 하수를 투입하는 것을 중단할 것을 명하고 그 해 안에 대한 그러한 행위를 억제하는 것을 약속하였다.
- 1979 : 미국의 지미 카터 대통령과 멕시코의 조세 랑로페즈 포르틸로 대통령은 멕시코시티에서 만나, 뉴 강의 계속되는 현안을 토의하였다. 그 해에 멕시코의 연방관리는 〈LA 타임스〉에 "우리는 이미 계획되어 있는 해결책을 가지고 있으며 그것을 끝낼 시기가 필요하다"고 말하였다.
- 1986 : 미국의 로날드 레이건 대통령과 멕시코의 로베르토 델라 마드리드 대통령은 멕시칼리에서 열린 회담에서 뉴 강 문제를 논의하였다.
- 1987 : 멕시코 연방관리는 〈LA 타임스〉에서 "주요 개선을 위해서 우리에게 1년을 주시오"라고 말하였다.
- 1992 : 국제국경 및 물 위원회는 뉴 강 정화계획을 채택하였다. 미국 측 위원은, 1995년에는 뉴 강에서 수영을 할 수 있게 하겠다고 약속하였다.
- 1994 : 임페리얼 카운티의 행정집행위원회는 환경청에 도움을 요청하는 탄원서를 보냈다. 그것은 "뉴 강은 50년 이상 환경적인 불명예를 안고 있었다"는 것이었다.
- 1995 : 임페리얼 카운티의 행정집행관인 웨인 반드 그라프는 "뉴 강에 대해서 모든 것을 말하고 조치를 취할 때는 그 이전 조치보다 훨씬 더한 원이 있었다"고 말하였다.

멕시코에서는 이 강이 학교들과 그 주변 지역의 35km를 지나서 미국 국경의 칼렉시코에 도달한다. 여기서 이 강은 북쪽으로 10km 더 구부러져 세계에서 가장 부유한 농장지대를 지나서 캘리포니아의 살톤 해에 그 운반물을 퇴적시킨다. 이 운반물 속에는 농약도 들어 있다. 미국의 다섯 개의 최고 행정기관과 멕시코시티의 행정기관들은 뉴 강에 대해서 조치를 취하기로 약속하였으나, 최근까지도 거의 아무런 조치도 취해지지 않았다(표 참조).

이 강이 깨끗해지고 있다고 말하기에는 너무 이르지만, 마침내 상호 간의 협력이 실행되고 있다는 고무적인 징조들이 나타나고 있다. 즉, 북아메리카 자유무역협정이 맺어져 있는 지금, 국경의 환경문제는 미국과 멕시코의 양측에서 보다 심각하게 다루어지고 있다. 미국 의회는 뉴 강의 처리되지 않고 버려지는 하수를 크게 감소시킬 수 있는 멕시칼리 하수처리 시스템 보수공사를 위한 자금 지원을 의결하였다. 또한 국제국경 및 물 위원회는 뉴 강을 국경의 오염방지 노력의 최우선 순위에 올려놓았다.

뉴 강에 대한 공공기관의 관심이 높아진 이유 중의 하나는 북아메리카 자유무역협정(NAFTA) 때문이며 이에 의해서 만들어진 양국의 행정기관 때문이다. 그러나 또 다른 이유는 워싱턴 D.C의 환경청의 관심을 끌어내는 임페리얼 카운티의 행정집행위원회의 정책 때문이다.

처음에 이 행정위원들은 뉴 강을 그렇게 오랫동안 곪은 대로 놓아두는 연방 정부를 제소하려고 생각하였다. 그러나 그 대신에 한때 환경청에 일반적인 상담을 맡았던 로스앤젤레스의 변호사를 고용하였다. 이 변호사는 "법제화를 위한 청원"이라고 불리는 사무처리과정을 추천하였다. 이 청원은 임페리얼 카운티의 오염된 강에 대한 불만을 열거하고 어떤 조치를 취해줄 것을 요청하는 내용을 담고 있다.

이에 대해서 환경청는 뉴 강에 대해서 보다 적극적으로 대처할 것을 약속하였다. 임페리얼 카운티의 관리와 시민들은 이 기회를 워싱턴과 멕시코시티가 참으로 뉴 강을 정화시키겠다는 뜻으로 낙관적으로 받아들이고 있다.

선호한다. 이것은 공장 스스로 독성 폐기물을 분리하고 규제하며 특수 목적에 맞게 폐수 시설을 설계할 수 있도록 한다.

산업시설은 점오염원이므로, 오염원을 식별하기가 쉽고, 능동적으로 규제되며, 배출수를 정화시켜 법규에 대처해왔다. 대부분의 회사들은 폐수처리시설을 보수할 때, 산업시설에 필요한 폐수처리시설의 부분을 포함시킨다. 그러나 오래된 처리시설은 계속적으로 오염을 유발시킨다. 여기서는 산, 미립자, 가열된 물 그리고 물속의 유독가스가 배출된다. 공장의 산업폐수오염은 엄격히 규제되고 있으나, 많은 개발도상국에서는 그렇게 못하며 많은 호수, 하천 및 항구는 중금속 및 유독물, 유기물 그리고 인간과 동물의 배설물에 의해서 심각하게 오염되고 있다.

산업폐수오염의 특수한 예는 채굴이다. 광산 채굴은 지표를 교란시키고 퇴적물 및 다른 물질이 지표를 오염시킬 수 있는 가능성을 증대시킨다. 수압채굴(hydraulic mining)은 몇몇 국가에서 시행되고 있으며 광석을 파내기 위하여 수압제트를 이용한다. 때로는 광석으로부터 금속을 분리하기 위해서 화학약품을 사용하고, 이 과정에서 나오는 폐기물은 우물을 통해 하천으로 방류된다. 탄광에서 나오는 물은 강산성을 띤다. 게다가 석탄의 먼지는 물속에 부유하며, 그 물을 물리 · 화학적 면에서 생물의 서식지로서 부적당하게 만든다. 철, 황, 아연 그리고 구리의 용존이온도 광산하수 속에 들어 있다. 법적인 규제는 광산하수가 지표수와 혼합되지 않도록 하고 있다.

열 오염

1972년의 미국 연방 수질오염 규제법(PL92-500)의 개정은 산업체에서 폐수를 처리하는 방법을 규정하였다. 산업체는 더 이상 폐수를 사용하거나 폐수처리가 적절하게 되지 않은 상태에서 수원으로 되돌려 보낼 수 없다. 많은 산업체는 냉각수를 사용하기 때문에, 열 오염 문제도 발생한다. **열 오염**(thermal pollution)은 공장에서 냉각수로 사용하여 가열된 물을 수원으로 되돌려 보낼 때 발생한다.

발전소에서는 물을 가열하여 그것을 증기로 변환시켜, 터빈을 돌려서 발전을 한다. 증기터빈을 적절하게 가동시키기 위해서는 터빈에서 나온 증기를 물로 응축시켜야만 한다. 응축과정은 일반적으로 호수나 하천에서 끌어온 물을 이용하여 증기의 열을 흡수한다. 이때 가열된 물은 방류된다. 가열된 물을 방류하는 가장 저렴하고 쉬운 방법은 수원으로 방류하는 것이지만 이것은 그 지역의 거주자들에게 해를 끼친다. 온도 상승이 별 중요하지 않은 것처럼 보이지만, 어떤 수생 생태계는 작은 온도 변화에도 굉장히 민감하다. 대부분의 어류는 온도 상승에 의해서 산란을 하게 되지만, 어떤 어류는 온도 상승에 의해서 산란이 억제된다. 예를 들면, 호수 연어는 10℃보다 높은 온도에서는 산란을 하지 않는다. 호수 온도가 8℃라면, 호수 연어는 번식이 가능하지만, 3℃의 온도 상승은 산란을 억제하게 되고, 결국 그 호수에서 호수 연어종은 멸종하게 된다.

강하구는 매우 변하기 쉽다. 가열된 물이 강하구에 유입되면 식물종이 변하게 될 것이다. 그 결과 특별한 식물을 먹고사는 동물은 멸종하게 되고, 따뜻한 물에 의해서 다른 생물체가 생겨 날 것이다. 강하구의 전체적인 먹이사슬은 약간의 온도 상승에도 바뀔 수 있다.

산업체에서 사용한 냉각수는 수생 생태계에 직접 방류되어서는 안 된다. 선진국에서는 냉각수가 수생 생태계를 위협할 수 있을 정도로 방류되지 않는다. 열수의 배출에는 세 가지 방법이 있다. 첫째, 넓고 얕은 연못(pond)을 만드는 것이다. 열수를 이 연못의 한쪽으로 유입시키고, 다른 한쪽에서는 냉각된 물을 퍼낸다. 이때 열은 대기와 지층으로 분산된다.

두 번째 방법은 냉각탑(cooling tower)을 사용하는 것이다. 냉각탑에서 열수를 공기 중으로 분사하여 증발시킴으로써 냉각시킨다. 냉각탑과 얕은 연못의 단점은 다량의 물이 증발 손실된다는 것이다. 물을 공기 중으로 방출하는 것은 국지적인 안개를 발생시킨다.

세 번째 방법은 건조탑(dry tower)을 이용하는 것이다. 이 방법에서는 열수가 튜브를 통해서 양수되고 열은 공기 중으로 발산된다. 이것은 자동차 라디에이터와 같은 원리이다. 건조탑은 건설과 운영 비용이 가장 비싸다.

해상 석유 오염

해상 석유 오염에는 많은 원인이 있다. 한 가지 원인은 석유 시추 시 폭발이나 유조선 사고와 같은 해상 사고이다. 엑손 발데즈 호는 1989년에 알래스카의 프린스 윌리엄 사운드에서 좌초되면서 석유 4,200만 *l*를 방류하여 알래스카 해안선의 약 1,500 km를 오염시켰다. 그러나 1994년에는 1989년에 해안선을 뒤덮었던 석유의 흔적을 거의 볼 수 없게 되었다. 미국 해양대기관리처(NOAA)는, 석유의 50%는 해변이나 물속의 생물에 의해서 생분해되었고, 20%는 증발하고, 14%는 회수되었으며, 12%는 해저(주로 알래스카 만)에 가라앉았고, 3%는 해안선에 남아 있으며, 1% 미만은 아직도 물속에서 표류 중이라고 추정한다. 엑손 발데즈 호와 같은 사고는 큰 사고이지만, 많은 경우에는 눈에 잘 보이지 않는 소규모의 오염원으로부터 규칙적으로 석유가 방류된다. 인간에 의해서 발생하는 해상 석유 오염의 거의 2/3는 세 가지 원인으로부터 나온다. (1) 거리에서의 유출수, (2) 기계나 자동차의 크랭크 케이스 윤활유의 부적절한 처리, (3) 유조선의 석유 선적 및 하역 시에 발생하는 석유 배출. 세 번째 경우의 석유 오염은 유조선을 세척하거나 석유로 오염된 균형수(ballast water)가 방류될 때 발생한다. 유조선의 경우, 석유를 하역하고 난 후 배의 균형을 유지하기 위해서 해수를 채운다. 이때 석유로 오염된 물은 유조선에 석유를 선적할 때 다시 바다로 버려진다.

해상 유정의 수와 유조선의 수 및 크기는 증가하였으며, 따라서 석유 오염의 잠재성도 증가하였다. 해상 석유 오염을 규제하기 위한 많은 방법들이 시도되었다. 유망한 방법들 중 어떤 것들은 사용된 석유, 주유소와 공장에서 나오는 기름을 재순환 · 재처리하고, 해상시추, 정유 그리고 석유의 유조선 선적을 보다 엄격히 규제하는 것이다. 유조선의 석유 선적으로부터 흘러나온 석유에 대한 국제적인 협약이 1992년 체결되었으며, 이에 따라 앞으로 모든 유조선은 두 겹의 선체로 구성된다. 이런 두 겹의 선체는 파열될 위험성이 더 작고, 따라서 내용물의 누출 가능성이 낮다. 오늘날 약 15%의 유조선이 두 겹의 선체로 되어 있다.

지하수 오염

여러 가지 활동 중 전에는 무해하다고 여겨졌던 어떤 활동들이 지하수 오염의 잠재원으로 나타났다. 실제로 인간에 의해서 유발되는 지하수 오염의 잠재원은 사회적, 농업적 및 산업적 활동의 모든 분야에 걸쳐 있다(그림 15.13). 한때 지하수 오염은 정화가 매우 어려운 것으로 나타났다. 지하수 양수 및 처리에는 매우 많은 시간과 비용이 필요하다. 지하수 오염 문제를 다루는 가장 좋은 방법은 오염이 발생하는 그 지역에서 오염을 막도록 최선을 다하는 것이다.

주요 지하수 오염원은 다음과 같다.

1. **농업**(agriculture)
   농약은 지하수 내의 유기오염물 농도를 높인다. 73종의 농약이 캐나다와 미국의 지하수에서 검출되었다. 농약의 누출은 10~20종의 다른 농약과 함께 지하수원을 오염시킨다. 지하수 오염을 유발하는 또 다른 농업활동은 가축 사육, 비료 사용 및 관개이다.
2. **지하 저장 탱크**(underground storage tank)
   가솔린과 그 외 다른 유해한 물질을 저장하고 있는 북아메리카의 140만 개의 지하 저장 탱크 중 35만 개의 탱크에서 누출이 일어나고 있다. 4 *l*의 가솔린은 5만 인구의 도시용수를 오염시킬 수 있다.
3. **매립장**(landfill)
   최근에 건설된 매립장들은 특수한 라이너와 집수시설을 갖추고 있으나, 북아메리카의 약 90%의 매립장이 지하수 오염을 막을 수 있는 라이너를 갖추고 있지 않으며, 96%는 매립장으로부터 흘러나오는 침출수를 모으는 시설을 갖추고 있지 않

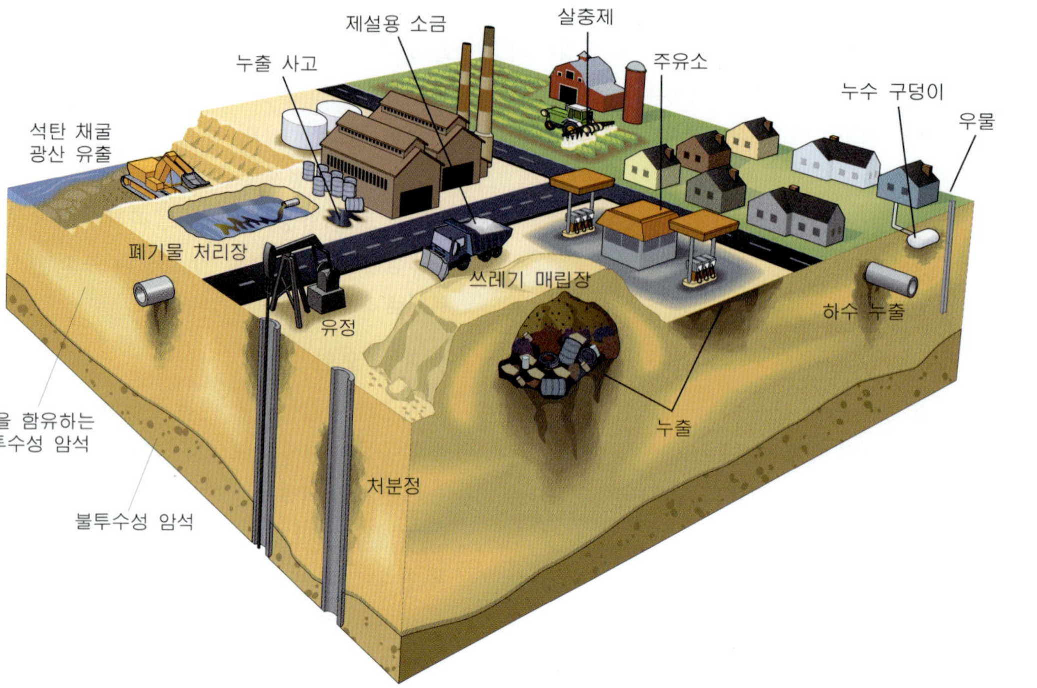

그림 **15.13** **지하수 오염원** 여러 가지 다양한 활동들이 지하수 오염의 원인으로 나타나고 있다.

다. 매립장의 60%는 폐기물 반입에 대한 어떤 규제도 하지 않고 있으며 많은 매립장들은 1년에 한 번조차도 검사를 받지 않고 있다.

4. **정화조**(septic tank)

제대로 설계되지 않고 적절하게 유지 보수되지 않는 정화조는 질산염, 박테리아 그리고 유독성 정화물질로 지하수를 오염시킨다. 2천만 개 이상의 정화조가 가동 중에 있으며, 이들 중 1/3 정도가 부적절하게 운영되고 있는 것으로 밝혀졌다.

5. **저장**(surface impoundment)

북아메리카에서 22만 5천 개 이상의 구덩이, 연못 그리고 석호가 폐기물 저장장이나 처리장으로 사용되고 있다. 이들 중 71%가 라이너되어 있지 않으며, 단지 1%만이 플라스틱이나 그 외 다른 합성수지의 비토양 라이너를 쓰고 있다. 이들 중 91%는 침출수 탐지 시스템을 갖추고 있지 않으며, 73%는 폐기물 처분에 어떤 규제도 받지 않는다. 60%는 매년의 검사조차 받지 않고 있다. 이들 폐기물 처분장들 중 많은 것들이 지하수 공급원 가까이에 위치하고 있다.

또 다른 지하수 오염원으로 광산폐기물, 제설을 위한 염분, 토지에 뿌려진 처리된 폐수, 쓰레기 더미, 묘지, 방사성 폐기물 처분장, 도시 유출, 건설 굴착, 대기로부터의 낙진 그리고 가축 사육장이 있다.

용수 계획의 쟁점

과거에는 다른 사용자들이 부담해야 할 비용을 생각하지 않고, 폐기물을 수로에 배출시켜 수질을 악화시키는 일이 많았다. 인구가 성장하고 농업용수와 가정용수에 대한 수요가 증가함에 따라, 세계의 많은 지역에서 모든 사람의 수요를 만족시킬 만큼 충분한 양의 물이 확보되지는 않는다. 오늘날에는 질 좋은 물에 대한 수요 증가와 함께, 처리되지 않은 물의 방류와 무절제한 물 사용은 국지적 및 국제적인 수준에서 사회적 · 경제적 · 환경적 손실을 야기하는 심각한 분쟁을 유발시킬 수 있다(표 15.2).

대도시 지역은 세 가지 기본적인 물 정책에 대해서 다양한 논의를 하고 광범위한 기반시설을 두어야 한다.

표 15.2 국가 간 물 분쟁

강 · 호수	관련 국가	이 슈
	아시아	
브라마푸트라 강, 갠지스 강, 파라카	방글라데시, 인도, 네팔	퇴적물, 댐, 홍수, 관개, 국가 간 할당량
메콩 강	캄보디아, 라오스, 태국, 베트남	홍수, 국가 간 할당량
살윈 강	티베트, 중국(윈난), 버마	퇴적물, 홍수
	중동	
유프라테스 강, 티그리스 강	이라크, 시리아, 터키	국가 간 할당량, 염도
웨스트뱅크 대수층, 요르단 강, 리타니 강, 야르무크 강	이스라엘, 요르단, 레바논	물길 변경, 국가 간 할당량
	아프리카	
나일 강	이집트, 에티오피아, 수단	퇴적물, 물길 변경, 홍수, 관개, 국가 간 할당량
차드 호수	나이지리아, 차드	댐
오카방고 강	나미비아, 앙골라, 보츠와나	물길 변경
	유럽	
다뉴브 강	헝가리, 슬로바키아	산업 오염물
엘베 강	독일, 체코	산업 오염물, 염도
뫼즈 강, 에스코 강	벨기에, 네덜란드	산업 오염물
서모시(소메슈) 강	헝가리, 루마니아	물 할당량
	아메리카	
콜로라도 강, 리오그란데 강	미국, 멕시코	화학 오염물, 국가 간 할당량, 염도
오대호	캐나다, 미국	오염
라우카 강	볼리비아, 칠레	댐, 염도
파라나 강	아르헨티나, 브라질	댐, 육지로 물의 범람
세네파 강	에콰도르, 페루	물 할당량

출처 : Walter H. Corson (ed.), The Global Ecology Handbook(Boston: Beacon Press, 1990) pp. 160-61; and Peter H. Fleick (ed.), Water in Crisis: A Guide to the World' s Freshwater Resource(New York: Oxford University Press, 1993)

1. 가정과 산업 수요를 위한 용수 공급
2. 폐수의 집수 및 처리
3. 집중 호우의 집수 및 관리

수자원은 용도에 따라 분류되고 보존되어야만 한다. 어떤 도시는 모든 식수를 지하수로부터 얻는데, 이때 자신들이 사용하는 대수층의 규모와 특성을 완전히 이해해야만 한다. 뉴욕과 같은 도시들에서는 용수를 공급하는 집수역을 보존함으로써 식수를 얻고 있다. 또 다른 도시에서는 그 도시를 지나가는 큰 강의 풍부한 물을 확보하고 있으나, 상류의 용수 사용자들에 의해서 야기되는 오염문제를 해결해야만 한다. 가정용수와 공업용수는 반드시 적절하게 처리되고 정수되어야 한다. 그 다음에는 상수관을 통하여 소비자들에게 공급된다. 물이 사용된 후에는 하수관을 통하여 하수 처리장에 보내지고 여기서 정수 처리되어 방류된다. 파이프, 양수 펌프 그리고 하수 처리장을 유지 보수하는 데에는 많은 비용이 든다.

대도시 지역은 또한 집중호우 때에 초과되는 다량의 물을 처리해야만 한다. 도시 지역은 포장되어 있어서 강우가 지면을 통하여 침투되지 않으므로,

강우를 관리하는 것이 중요한 문제이다. 도시에서는 때로 심한 국지적 홍수가 발생할 수 있는데, 이는 시가지의 수로가 홍수 시에 하수에 의해서 채워지기 때문이다. 만약 이러한 하수관의 운반물로 과부하되든지 자갈에 의해서 막히게 되면, 물은 흘러나가지 못하고 홍수가 발생하게 된다.

많은 도시에서는 하수와 **강우유출**(storm-water runoff)을 같이 흘려보내는 단일 하수관 시스템을 운영하고 있다. 폭우나 해빙 시에 도로의 유출량이 증가하여 폐수 처리장이 그 양을 다 처리하지 못하게 될 수 있으며, 이때 폐수 처리되지 않은 채 하천으로 바로 방류된다. 어떤 도시에서는 이런 초과 수량을 처리가 가능할 때까지 저장하는 시스템을 운영한다. 이를 위해서는 많은 비용이 들며, 따라서 연방 정부나 주 정부의 지원이 있을 때만 가능하다.

미시시피 강을 따라 위치하는 많은 도시에서 최근에 하수분리 사업을 완결하였다. 강우유출은 이제는 폐수처리장을 통과하지 않고 바로 강으로 방류된다. 이 시스템은 폐수처리시설의 면에서는 더 쉽지만, 도시 주민들은 강물의 오염을 피하기 위해서 잔디에 화학물질의 사용을 자제하고 폐수 방류에 보다 더 주의하여야 한다.

수도 공급 업무에는 많은 비용이 든다. 이 업무를 위해서는 물 공급량이 한정되어 있다는 것을 잘 알고 있어야 한다. 또한 오염물질을 희석시키고 분해시키는 물의 자정 능력은 제한되어 있다. 적절한 토지이용계획이 대도시 지역의 물 공급 계획과 오염을 규제하는 데 필수적이다.

이러한 목적을 추구하는 데 있어 시의 계획 입안자는 많은 걸림돌을 만나게 된다. 대도시 지역은 기본적인 물 관리 책임을 담당하는 수백 개의 관할 구역(정부와 행정부서 지역)을 가지고 있다. 시카고가 그 좋은 예이다. 이 지역은 6개의 카운티로 구분되며 약 2천 개의 지방 행정 단위가 있다. 349개의 용수 공급 시스템이 있으며, 135개의 폐수처리 시스템이 있다. 이렇게 많은 정부 단위가 관련되어 있을 때 물 관리 계획을 수행하는 것은 복잡한 일이다.

미래의 수요에 대처하기 위하여, 도시, 농업 및 국가정책은 다음과 같은 문제를 해결해야 한다.

- 증가되는 물 수요는 인구 과밀 지역이나 관개 농업이 가능한 지역에 물을 공급하는 노력을 증대시킬 것이다.
- 증가되는 물 수요는 폐수처리 능력을 증대시키고 용수의 재사용을 증대시킬 것이다.
- 물이 농업용수로 사용되는 지역에서는, 물과 토양이 모두 증발로 인해서 염화될 것이다. 이런 물을 하천으로 흘려보내면, 수질이 저하된다.
- 어떤 지역에서는 우물이 모든 용도의 물을 제공한다. 만약 지하수 양수량이 함양량보다 더 많다면, 지하수면은 낮아진다.
- 해안지역에서는, 해수가 대수층으로 침입하며 용수 공급 체계를 파괴시킨다.
- 물을 이용하는 오락시설에 대한 수요는 극적으로 증가하고 있으며, 특히 수영과 같이 신체 접촉이 있는 물 오락을 위해서는 수질이 좋은 물이 요구된다.

수로 변경

수로 변경(water diversion)은 물을 한 지역에서 다른 지역으로 운송하는 물리적 과정이다. 수로 변경의 초기 예는 고대 로마의 수로이다. 그 이후 수천 개의 수로 변경 사업이 수행되었다. 예를 들면, 뉴욕은 펜실베이니아(250 km 떨어져 있음)로부터 물을 운송하며, 로스앤젤레스는 콜로라도 강으로부터 용수의 일부를 얻고 있다.

수로 변경이 세계 여러 지역에서 필요하지만, 어떤 지역에서는 오용되거나 해를 끼칠 수 있다. 한 가지 예는 개리슨 수로 변경 계획(Garrison Diversion Unit)으로, 관개를 위해서 미주리 강으로부터 물을 끌어오는 것이다(그림 15.14). 이 계획은 심각한 환경문제를 발생시킬 것이다. 야생생물의 서식지, 자연 상태의 초원, 숲 그리고 물새 떼의 서식지인 습지가 망가지고 파괴될 것이다. 게다가 수백 km의 하천이 심각하게 손상될 것이다.

이 계획에 대해 민간단체와 관공서 양측 모두 상

당한 반대를 하고 있다. 실제로, 캐나다 정부는 이 계획에 반대하고 있다. 이에 대해서, 관개용수를 필요로 하는 사람들은 개리슨 수로 변경 계획을 유익하다고 보고 있다. 만약 이 계획이 실행된다면, 그들은 건조지역의 작물인 밀보다는 옥수수(보다 이익이 많은 농작물임)를 재배할 것이다. 옥수수는 다시 가축 사료로 사용될 것이다.

대평원(Grant Plains) 지역을 관개하기 위한 최초 계획은 1930년대의 더스트 볼(Dust Bowl) 시에서 나온 것이다. 1944년의 연방식품규제법은 개리슨 수로 변경 계획을 승인하였다. 그러나 그 계획이 제안된 후 50년이 넘게 이에 대한 논란이 계속되고 있다.

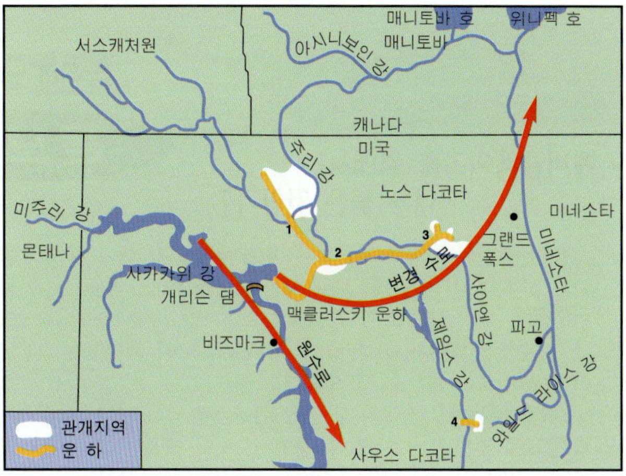

그림 **15.14** 개리슨 수로 변경 계획 이 계획은 미주리 강으로 들어가는 흐름을 맥클러스키 운하와 샤이엔 강으로 끌어들이고 궁극적으로는 허드슨 만으로 돌리는 것이다.

폐수 처리

물을 방류시키기 전에는 반드시 정화시켜야 하기 때문에, 대부분의 공장과 지방자치단체는 폐수 처리시설을 가동한다. 그러나 처리되어야 할 폐수의 양은 지역마다 다르다(표 15.3). 폐수 처리는 일반적으로 1차, 2차 또는 3차 처리로 구분된다. **1차 폐수 처리**(primary sewage treatment)는 주로 물리적 과정으로서 큰 스크린을 통하여 물을 여과시켜 큰 입자들을 제거하고, 그 다음에는 더 작은 입자들을 침전지에 침전시킨다. 물을 침전지 상부로 흘려보내서 방류하거나 그 다음 단계의 처리과정으로 보낸다. 만약 그대로 방류된다면, 그 물은 모래나 자갈을 포함하지 않지만 유기물, 용해된 염분, 박테리아 그리고 그 외 미생물과 같은 많은 운반물을 여전히 포함하고 있다. 미생물은 유기물을 섭취하고 산소가 충분한 이상, 계속 성장하고 자기 복제를 할 것이다. 만약 수체의 규모가 매우 크고 생명체가 충분한 시간만 가진다면 유기물은 분해될 것이다. 인구 밀집 지역에서는, 서로 수 km 이내에 떨어져 있는 몇 개의 도시가 물을 사용하고 그 물을 호수나 하천으로 흘려보낼 때는 폐수 처리가 제대로 이루어지지 않는다.

표 15.3 지역별 처리되는 하수의 양

지역	%
북아메리카	90
유럽	72
지중해	30
카리브 해	10미만
남동 태평양	거의 0
남아시아	거의 0
남태평양	거의 0
서부 중앙 아프리카	거의 0

출처 : Data from World Resources Institute, 2000~2001.

2차 폐수 처리(secondary sewage treatment)는 생물학적 처리로, 박테리아와 그 외 다른 미생물에 의해서 유기물이 분해될 때까지 폐수를 가두어 둔다. 대부분의 2차 폐처리 시설은 미생물의 성장을 증대시키도록 되어 있다. 이 작업을 돕기 위해서는 미세여과장치나 활성 슬러지 시스템 내에서 폐수를 다량의 산화된 물과 혼합하든지 또는 물을 직접 폭기시킨다. **미세여과장치**(trickling filter system)에서는 폐수를 암석의 표면이나 또는 다른 기질에 뿌려서 용존 산소의 양을 증가시킨다. 암석은 박테리아와 다른 미생물의 번식 장소를 제공하여 그들이 물속의 유기물과 산소에 동시에 노출될 수 있도록 한다. 이

환경 돋보기

에버글레이즈를 위해서는 너무 늦은 것인가?

매년 백만에 가까운 사람들이 아프리카 초원지대의 경관과 열대 늪지의 경관을 모두 지닌 에버글레이즈 공원을 방문한다. 에버글레이즈가 건강하게 보이지만, 부분적으로는 섬세한 생태계가 파괴되어 가고 있다. 어떤 과학자는 이 공원이 죽어가고 있다고 말한다.

여러 해 동안의 잘못된 물 공급 관리정책이 이 공원 늪지의 많은 부분을 건조시켰다. 농업 및 도시 개발은 이 공원을 유지시키는 유량의 다변화를 가속시켰다. 농부와 도시민을 위한 물 정책이 섭금류 새(학, 백로 등)들을 서식지에서 이주시켰으며 남부 에버글레이즈 주민을 30만 명에서 1만 5천 명으로 감소시켰다. 이 죽어 가는 공원에서 그 숫자가 극적으로 줄고 있는 악어도 자신들의 새끼를 잡아 먹고 있다. 농경 유출 속에서 영양분을 섭취하면서 번성하는 외래식물들이 자연적인 식생을 위협하고 있다. 공원 내의 배스(농어의 일종)와 메기는 먹을 수가 없게 되었다. 이는 건조한 토양 먼지로부터 연못 속으로 들어온 자연수은을 체내 축적하고 있기 때문이다. 위협을 받고 있는 공원 내 13종의 야생동물 중 표범, 스네일 카이트(snail kites), 우드스톡(wood storks) 3종은 멸종 위기에 있다.

1947년에 에버글레이즈 공원이 만들어진 후에 북쪽까지 약 800,000 ha의 늪지가 농장과 도시 개발을 위해서 배수되었다. 남부 플로리다에서는 경기가 좋아져서 현재 약 450만의 인구가 에버글레이즈 지역 주위의 호스슈 크레센트(horseshoe crescent)에 살고 있으며, 매일 600명의 새로운 주민이 늘어나고 있다. 이 공원의 북쪽에 있으며 한때 깨끗했던 오커초비 호수는 목장 유출수와 조류 투성이로 오염되고 있다. 약 175,000 ha의 공원의 배수된 지역은 사탕수수 생산에 이용되고 있다. 물은 공짜이므로, 남부 플로리다의 농부들은 그들이 필요로 하는 만큼 많은 양의 물을 쓰고 있으며 물 보존에 대한 인식을 거의 못하고 있다.

에버글레이즈 공원을 보호하는 계획들이 있다. 오커초비 호수로 흘러들어가는 키시미 강은 1960년대 후반에 직선 형태로 수로가 정비되었다. 이 계획은 늪지를 파괴하였으며 영양물에 의해서 호수와 공원을 오염시켰다. 1990년에 들어와서, 키시미 강은 자연 상태로 원상 복귀되고 있으며, 우각호와 광범위한 늪지가 만들어지고 있다. 1989년 미국 의회는 공원의 동부에 43,000 ha의 땅을 구입하도록 승인하였다. 플로리다 주 정부는 추가로 60,000 ha의 땅을 구입하여 공원의 완충지대를 조성하였다. 또한 공원의 정화수를 안정적으로 공급하기 위하여 운하, 배수로 및 양수장을 보수하고 있다. 에버글레이즈 계획에서 야생생물을 어느정도 복귀시키려는 이런 야심에 찬 시도는 성공적인 기회를 맞이하고 있다.

1993년 미국 내무부는 플로리다 주 정부, 플로리다 주의 채소 재배농민 그리고 사탕수수 재배업자들과 에버글레이즈를 복원시키기로 협약하였다. 이 협약은 인산염 오염을 감소시키고 자연 유출을 회복시키는 야심 찬 계획으로 시작되었다. 복원사업의 비용은 사탕수수 산업체의 이주비용 465×10^6달러를 포함한다. 농업단체의 많은 반대를 무릅쓰고 이 계획이 1996년에 최종 승인되었다. 이 지역의 공항시설 확장 계획은 지표면에 대한 가장 최근의 위협이었다. 마이애미 지역의 인구 팽창은 공원에 대한 계속적인 압력이 되고, 이에 따라 에버글레이즈의 나머지 지역을 보존하기 위한 꾸준한 활동이 요구된다.

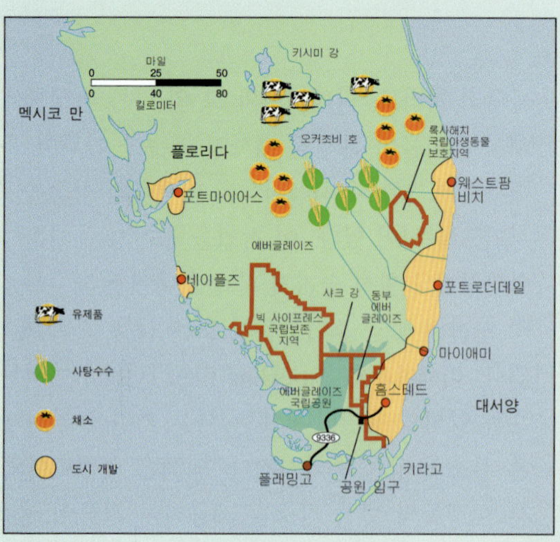

에버글레이즈의 섭금류 새는 한때 백만 마리 이상이었으나, 가뭄과 오염에 의해서 그 숫자가 1/10로 줄었다.

개발은 에버글레이즈의 취약한 생태계를 파괴시킨다.

a.

c.

b.

그림 15.15 1차 및 2차 폐수 처리 1차 폐수 처리는 물리적인 처리로서, 여과와 폐기물의 침천을 포함한다. (a)는 입자들을 침전조 바닥에 침전시키는 것을 보여준다. 2차 폐수 처리는 대부분 생물학적 침전이고, 미생물에 의한 용존 유기물의 농집을 포함한다. 두 가지 주요한 2차 처리방법이 있는데 이는 미세여과와 활성 슬러지 방법을 포함한다. (b)는 미세여과장치를 보여주고 (c)는 활성 슬러지 시스템을 보여준다.

들 미생물은 용존 유기물과 작은 부유 입자를 섭취하여, 세포 구조의 일부로서 몸속에 흡수시킨다. 미생물의 몸체는 용존 유기물 및 부유 유기물보다 더 커서, 섭취 과정을 통하여 유기 폐기물이 충분히 커서 가라 앉을 정도의 입자들의 형태로 응집된다. 생물체와 다른 특별한 물질의 혼합물을 **하수 슬러지**(sewage sludge)라고 부른다. 슬러지는 살아 있는 미생물과 죽은 미생물 그리고 그것들의 폐기물로 이루어져 있다.

활성 슬러지 폐수 처리 장치(activated sludge sewage treatment)에서는 폐수를 탱크에 담아서 공기 방울을 계속적으로 폭기시킨다. 슬러지는 마침내 침전조로 옮겨서 물과 슬러지가 분리된다. 슬러지 중 어떤 것은 폭기조로 다시 돌려보내어 들어오는 폐수와 혼합시킨다. 이런 종류의 과정은 미세여과장치보다는 더 작은 면적을 차지한다(그림 15. 15). 두 시스템은 모두 물에 침전되는 슬러지를 만들어낸다.

남겨진 슬러지는 축적되고 버려지기 전에 건조된다. 슬러지 처분은 인구 밀집 지역에서는 중대한 문제이다. 샌프란시스코 만 지역에서는, 2,500 ton의 슬러지가 매일 쏟아져 나온다. 이것 중 대부분은 매립지나 석호로 운반되고, 어떤 것은 복합 과정을 거쳐 비료로 이용된다. 또 다른 지역에서는 폐수 슬러지가 바로 농경지의 비료와 토양 조절재로 사용된다.

북아메리카 지역과 많은 선진국에서는 폐수를 1차 및 2차 폐수 처리를 한다. 이들 폐수 처리공장으로부터 배출되는 물은 반드시 살균처리하여야 한다. 살균처리의 가장 경제적인 방법은 폐수를 여과시키고 유기물을 침전시킨 후에 염소처리하는 것이다. 폐기물을 물리적으로 붕괴시키는 초음파 에너지 사용은 덜 유해하고 더 효과적일 수 있다. 그러나 그 방법은 더 비싸다.

지구촌 전망대

바다의 죽음

아랄 해는 구소련의 우즈베키스탄과 카자흐스탄 사이의 국경에 위치하고 있다. 아랄 해는 한때 슈페리어 호를 제외한 오대호의 어떤 호수보다도 더 넓었지만, 지금은 사라지고 있다. 1920년대부터 소련의 농업 정책자들은 아랄 해의 물을 끌어다가 관개에 사용하였다. 아랄 해에 물을 공급하는 두 개의 강은 수백만 ha의 목화를 재배하는 데 사용되었다. 세계에서 가장 긴 관개용 운하는 아프가니스탄과 이란의 경계와 나란하게 1,300km나 뻗어 있다.

오랫동안 아랄 해와 주변 지역의 생태계에 미치는 영향은 대부분의 일반 대중의 눈에는 감추어져 있었다. 그러나 1960년대부터 아랄 해는 그 표면적의 40%가량을 잃었으며, 거의 2만 km^2의 면적이 말라서 소금으로 덮인 황무지가 되었다. 호수에 의존하여 한때는 번성하던 수산업이 쇠락하였다. 24종의 어종 중에서 약 20종이 사라졌다. 약 6만 명에게 일자리를 제공했던 1950년대의 연간 어획량 총 44,000 ton은 이제 전무하게 되었다. 버려진 어촌들이 예전의 해안선에 산점해 있다.

메마른 아랄 해의 또 다른 결과는 인간 질병의 주범이라는 것이다. 후두암의 높은 발병률은 메마른 아랄 해의 먼지에서 기인한다. 바람은 매년 마른 아랄 해의 바닥으로부터 4천만~1억 5천만 ton의 유독한 먼지와 소금의 혼합물을 불어 올려 주변의 농장지역에 퇴적시킴으로써, 농작물에 해를 끼치거나 고사시킨다. 강의 낮은 유출량은 소금과 독성 화학물질을 농집시킴으로써 강물을 식수로서 부적합하고 질병을 유발시켰다. 우즈베키스탄의 북서부는 유아 치사율이 구소련 내에서 가장 높다.

아랄 해의 예전의 어업 중심지는 무이낙이라는 마을이다. 이 마을은 지금은 아랄 해로부터 30km 바깥에 있다. 불과 25년 전까지도 무이낙은 항구였다. 무이낙의 인구는 1970년에 4만 명이던 것이 오늘날에는 1만 2천 명으로 줄어들었다. 1990년에 무이낙의 시장과 마지막 항무관은 다음과 같이 말하였다.

"바닷물은 계속 줄어들고 염도는 증가하였다. 설상가상으로 기후는 여름에는 더 덥고 겨울에는 더 춥게 되었다. 사람들은 언제나 입과 눈에서 소금기를 느끼고 있다. 여기서는 눈을 뜨는 것이 점점 더 어렵게 되어가고 있다."

아랄 해 분지에서 발생한 일은 경제, 사회 그리고 인간의 건강에 미치는 해가 생태계 파괴와 얼마나 밀접하게 관련되어 있는지를 생생하게 보여준다.

새로 늘어나는 대규모 폐수 처리장에서는 3차 폐수 처리라는 추가적인 과정을 운영한다. **3차 폐수 처리**(tertiary sewage treatment)는 1차 및 2차 처리에서 남겨진 용존 오염물질을 제거하는 다양한 기술을 포함한다(표 15.4). 지방자치단체 폐수의 3차 처리는 수생식물 성장을 증가시킬 수 있는 인과 질소를 제거하는 데 이용된다. 어떤 지방자치단체는 3차 폐수 처리 시스템을 위해서 자연 또는 인공 늪지를 이용한다. 산업 및 그 외 다른 특수한 폐수의 3차 처리에는 많은 비용이 든다. 이를 위해서는 특수한 문제 유발 물질을 제거하기 위한 특수한 화학적인 처리가 필요하기 때문이다. 어떤 공장은 폐기물의 특수성 때문에 자체 2차 또는 3차 폐수 처리시설을 운영하기 시작하였다. 세계 여러 지역에서 물이 귀해지고 있으므로, 사람들은 폐수를 여러 목적의 수자원으로 보기 시작하였다. 폐수 처리장에서 나오는 물은 관개용수, 공업용수, 냉각수 및 그 외 많은 목적의 용수로 사용될 수 있다. 궁극적으로 폐수 처리공장의 산물이 음용수원이 되는 가정용수 폐쇄 순환 시스템이 구축되는 것도 가능할 것이다.

그림 15.16 **염화** 물은 토양 표면으로부터 증발하고, 물에 의해서 운반된 염분은 남겨지게 된다. 세계의 어떤 지역에서는, 염화가 농경지에 치명적인 손상을 입힌다. 또 다른 지역에서는 토양을 물로 씻어서 염분을 제거하여 비옥도를 유지시킨다.

표 15.4 세 가지 폐수 처리 방법

폐수 처리의 종류	처리물질	방 법
생물학적 처리	인산염과 질소 화합물	1. 대규모 연못을 사용하여 수생식물이 질소 및 인산염 화합물을 물로부터 동화시키도록 한다. 2. 탈질소 박테리아를 포함하는 주상장치로 질소 화합물을 대기 중의 질소로 변환시킨다.
화학적 처리	인산염과 산업 오염물질	1. 폐수를 탄산칼슘으로 여과시킨다. 인산염은 탄산 이온과 치환하며 인산칼슘으로 제거한다. 2. 분해되지 않는 특수한 산업 오염물질은 특수한 화학과정으로 제거한다.
물리적인 처리	주로 산업 오염물질	1. 건류 2. 폐수를, 전하를 띠는 판들 사이로 통과시켜 이온을 제거한다. 3. 작은 공극의 여과지에 고압을 가하여 폐수를 통과시킨다. 4. 이온교환 주상장치

염화

또 다른 용수 문제는 **염화**(salinization)이다. 염분 농도의 증가는 토양 내의 염분 농도의 증가이다. 이것은 주로 농경지대에서 일어나는 문제이다. 식물이 필요로 하는 물을 흡수할 때, 모든 자연수 속에 들어 있는 염분이 농축된다. 건조한 농경지대 관개의 경우에는 문제가 보다 심각하다. 너무나 많은 물이 증발로 손실되기 때문이다. 관개는 고온건조지역에서는 흔한 일이며, 이들 지역은 일반적으로 증발률이 높다. 그러므로 토양과 그 지역을 흐르는 물속에 염분 농도는 높다(그림 15.16). 모든 강의 염분 농도는 바다로 흘러가면서 높아진다. 콜로라도 강물의 염분 농도는 콜로라도 북동부의 그랜드 호수와 애리조나 남서부의 임페리얼 댐 사이의 관개 지역이 증가함에 따라 계속적으로 증가할 것이다.

지하수 채굴

지하수 채굴(groundwater mining)은 대수층에 함양되는 속도보다 더 빠른 속도로 지하수를 채수하는 것을 말한다. 이러한 채수가 오랜 시간 계속되면, 지하수위는 결국 낮아진다. 지하수 채굴은 도시의 팽창과 관개지역의 증가로 미국의 서부 지역에서 흔하게 일어나고 있다. 지하수 함양이 거의 없거나 전혀 일어나지 않는 대수층에서는, 실제로 지하수 채굴이 일어나며 지속적인 지하수 토출은 결국 지하수원을 고갈시키게 될 것이다. 이러한 문제는 가정용수로서 지하수에 크게 의존하는 지역에서는 특히 심각하다.

지하수 채굴은 또한 지반 침하 문제를 발생시킬 수 있다. 지하수 제거는 지반을 압착시키고 대규모 지반 침하를 유발할 수 있다. 예를 들면 캘리포니아의 샌호아킨 계곡에서는, 1850년대 이래로 지하수를 관개와 경작의 목적으로 사용하였다. 이에 따라 지하수위가 100m 이상 떨어졌으며, 1,000ha 이상의 토지가 6m나 침하되었다. 현재는 이 지역의 지표면이 연간 30cm씩 가라앉고 있다. 1981년에, 플로리다의 윈터공원에서는 과도한 지하수 양수로 인해서 싱크홀(sinkhole : 대규모 침하지역)이 생겼다(그림 15.17). 런던, 멕시코시티, 베니스, 휴스턴 그리고 라스베이거스는 지하수 양수로 인해서 지반 침하가 일어난 또 다른 도시들이다(표 15.5).

지하수 채굴은 해안지역에서는 특수한 문제를 유발한다. 해안을 따라 위치하는 우물에서 지하수를 양수하면, 염 지하수가 내륙 쪽으로 이동하여 염수가 담 지하수를 대체하게 된다(그림 15.18). 염수 침입은 세계적으로 인구가 조밀한 해안지역에서는 심각한 문제이다.

풍치 수역 및 야생생물의 서식지 보존

앞에서 언급한 대로, 토지 이용은 수질에 영향을 미친다. 이것은 특히 육지와 물이 만나는 해안선과 강둑을 따라서 일어나고 있다. 어떤 수체는 독특한 경관적 가치를 지니고 있다. 이들 자원을 보존하기 위해서는 물과 인접한 토지이용계획이 자연을 보호하는 측면으로 가야 한다.

1968년에 발표한 미국의 풍치수역 및 야생보호법은 개발로부터 풍치수역과 야생동물을 보존하기 위한 것이다. 모든 연방 정부 기관은 하천과 그 인접 지역을 개발 이용하기 위한 계획을 수립할 때 반드시 그 하천의 야생 경관이나 오락적 가치를 고려하여야 한다. 하천 야생 경관을 평가하는 것은 복잡하다. 때로는 지역 개발과 관련되는 기업들의 반대에 부딪힐 수도 있다. 주 정부와 연방 정부의 검토에 따라, 국회나 내무부의 법규에 의해서 하천의 야생 및 경관의 가치가 평가된다. 미국의 65개 이상의 하천들이 야생 또는 경관 보호지역으로 분류되었다.

그림 15.17 싱크홀의 개발 만약 지하수 채굴이나 심한 가뭄 때문에 지하수면이 하강한다면, 지표면은 침하를 일으킬 수 있다. 전에 물로 채워져 있던 공간이 붕괴하면서 싱크홀이 생길 수 있다. 이 사진은 1981년에 플로리다에서 발생한 싱크홀들 중 하나를 보여준다. 이것은 지하수 과잉 양수와 장기간의 가뭄의 복합적인 영향의 결과이다.

표 15.5 세계 주요 지역에서의 지하수 소모량(1995년경)

지역/대수층	소모량 추정치
캘리포니아	지하수 사용이 연간 17억 ton을 초과. 주요 소모는 센트럴 밸리 계곡에서 발생하는데 이 지역은 미국의 채소 바구니로 불림.
미국의 남서부	애리조나의 여러 지역에서 지하수면이 120m 이상 떨어졌음. 뉴멕시코의 여러 지역에 비춰 볼 때, 지하수면은 2020년까지 추가적으로 22m 더 떨어질 것임.
미국의 하이 플레인즈 대수층 계	이 대수층은 미국 내 관개용수가 공급되는 경작지의 거의 20%를 차지함. 오늘날 이 대수층의 순 소모량은 3,500억 ton을 초과하거나 혹은 대략 잡아도 콜로라도 강의 연 평균 유량의 15배 정도임. 대부분의 사용은 텍사스 고원지대에서 있는데 이곳은 1979년에서 1989년까지 관개용수가 되고 있는 지역에서 26%의 감소가 목격되었음. 최근 사용량은 연간 130억 ton을 초과할 것으로 추정됨.
멕시코시티와 멕시코계곡	60 ~ 85%까지 자연 함량을 초과 사용하는데, 이는 지반 침하와 지하수면 하강을 유발함.
아프리카 사하라	북아프리카는 거대한 비함양 대수층을 가지고 있는데, 이곳에서 현재 연간 120억 ton을 초과하여 사용함.
인도	지하수면은 인도의 많은 주요 농산물 경작지에서 감소하고 있음. 인도의 많은 지역에서는 지하수 수위가 지난 20년 동안 90% 하강하였음.
중국 북부	일부 베이징지역의 지하수면은 지난 40년 동안 40m 하강하였음. 북 중국의 많은 곳에서 심각한 지하수 과잉 양수가 일어나고 있음.
아랍 반도	지하수 사용량이 함양량의 거의 3배에 달함. 지난 세기 초부터의 지하수 감소율로 볼 때, 이용할 수 있는 지하수 저장량은 앞으로 50년 안에 바닥날 것임. 사우디아라비아는 그들이 사용하는 물의 대략 75%를 비재생성 지하수에 의존하고 있음. 이것은 연간 200 ~ 400만 ton의 밀 수확을 위한 관개용수를 포함함.

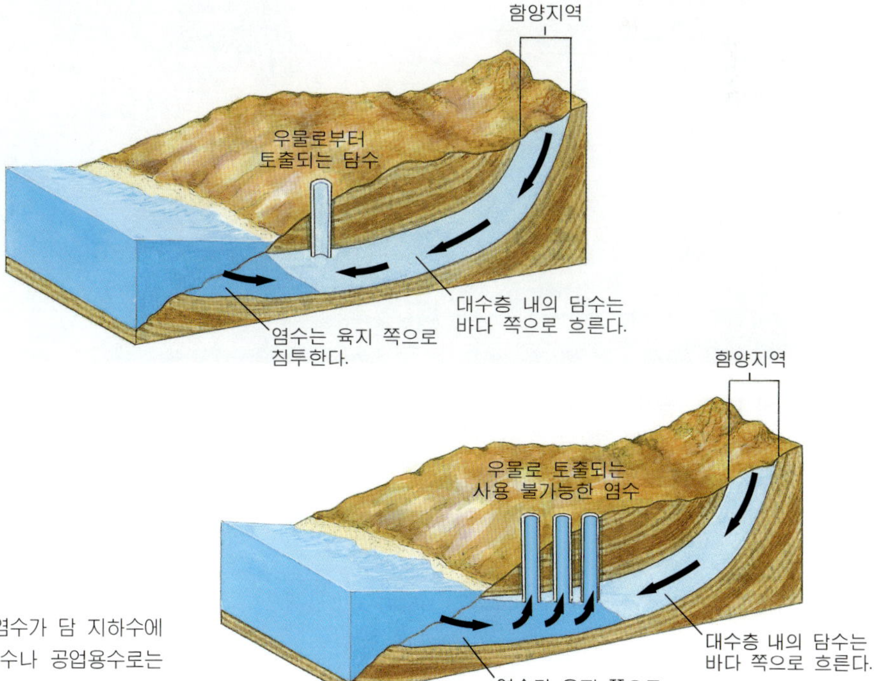

그림 15.18 염수 침입 염수가 담 지하수에 침입할 때, 지하수는 음용수나 공업용수로는 부적합한 물이 된다.

독특하고 경치 좋은 여러 해안지역들도 개발 제한 지역으로 보호되고 있다. 최근에는, 강하구와 해안 지역이 항해와 건설을 위해서 준설 및 매립과 같이 물리적으로 크게 변형되고 있으며 이것은 어류와 야생 생물의 서식지를 파괴하였다. 북아메리카에서 일어나는 최근의 경향은 해안지역의 개발을 규제하는 것이다. 해안지역 개발은 매사추세츠의 케이프 코드 국립해안공원과 캐나다의 대서양 쪽 펀디 만과 같은 몇몇 특별히 경치 좋은 지역에만 한정되어 있다.

배수가 잘 안 되는 지역들은 별 가치가 없는 지역들이었다. 따라서 습지들 중 많은 지역은 매립되거나 배수되어 개발되었다. 습지(wetland)의 자연적 · 경제적 중요성은 최근에야 인식되기 시작하였다. 습지는 많은 야생종들의 산란지 및 서식지로서뿐만 아니라, 부영양물과 오염물질이 인접 호수나 하천으로 들어가는 것을 막는 자연 여과지로서의 역할을 한다. 습지는 또한 홍수의 속도를 지연시키고 부영양물 입자들이 침전하도록 한다. 게다가 저수지의 역할을 하고 물을 느린 속도로 호수, 하천 또는 대수층으로 흘려 보냄으로써 홍수를 방지한다(그림 15.19). 강하구 지역의 인접 사구(sand dune) 또한 중요한 자연 홍수 조절 기능을 한다. 사구는 방파벽의 기능을 하며 심한 폭풍으로 발생하는 파도에 의한 손상을 완화시킨다.

그림 15.19 습지의 가치 습지는 수생식물과 동물이 살 수 있을 정도로 충분한 기간 동안 물로 덮여 있는 지역이다. 습지는 담수나 염수로 되어 있으며 강, 호수, 바다를 따라 고립된 요지나 광범위한 지역이 될 수도 있다. 우리는 한때 습지를 모기들만 키우는 지역으로 인식하였지만, 오늘날 습지의 참된 가치가 인식되기 시작하였다.

지구촌 전망대

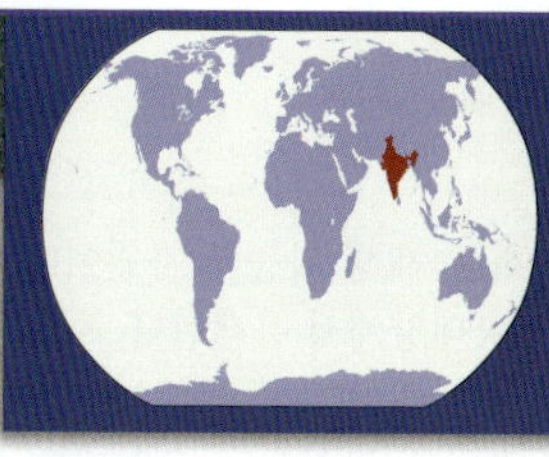

생태공원(ECOPARQUE)

멕시코 티후아나 시에는 약 백만 명의 사람들이 살고 있으며, 급속한 오염의 증가는 이 건조지역 내의 수원지에 무리를 주어 왔다. 이 도시와 함께 미국과 멕시코 국경에 인접한 모든 지역에서 심각한 물 오염 문제들이 발생하였다. 오염원 가운데 하나는 주거지역에서 발생하는 폐수가 곧장 배출되어 티주아나 강과 근처 해안으로 들어가는 것이다. 물 부족과 오염 때문에, 타주아나의 과학자들은 "물은 너무나 가치 있는 것이기에 폐수라 불리울 수 없다."고 말하면서 폐수 처리용 대체 기술을 생각하기 시작하였다. 하나의 답은 생태공원으로 불리는 대안적인 처리 설비이다.

생태공원은 티주아나의 한 대학의 COLEF(El Colegio de la Frontera Norte)에 의해서 분산된 폐수 처리에 관한 연구로서 1986년에 시작되었다. 1996년경, 생태공원은 환경 파괴 없이 무한히 유지되며 통합된 도시지역 폐수 처리의 성공적인 모형으로 발전되었다. 생태공원의 주된 특징은 폐수를 다시 포획하는 기본적인 처리 장치이다. 이 장치는 스테인리스강으로 된 세립의 스크린, 플라스틱 여과장치, 그리고 비활성 퇴적물 정화기를 가진다. 이 세 요소들은 전기적인 힘이나 어떤 기계적인 장치 없이도 작동한다. 이러한 이유로, 이 공정은 개발도상국가에서 건설하여 운용할 수 있는 적합한 기술로 인정되고 있다.

생태공원과 이것에 의해서 처리된 폐수는 다양한 목적으로 재활용되고 있으며, 그 목적은 다음과 같다.

- 티주아나에 있는 큰 협곡과 언덕 위에 있는 도시의 산림녹화
- 채소들과 열매들을 포함한 다양한 식물들을 키우는 묘목장
- 곧 양봉과 농산물 분야가 결합될, 광범위한 과실 수확을 포함하는 도시 중심부에 있는 식료품 생산 센터. 또한 식품 공급원으로서 여러 종류의 어류도 키울 계획이다.
- 지역의 기관들에게 유용한 도시 계획 정보를 제공할 기상관측소
- 생태공원과 주변 지역 주민들이 사용할 태양광선 실험장
- 학생들과 과학자들을 위한 환경적·기술적인 교육 장소

생태공원의 활용 범위를 본다면, 그 장치를 고안한 과학자들이 왜 물은 너무나 가치가 있기에 폐기물로 불리지 못한다고 믿었는지를 한눈에 알 수 있다. 세계의 모든 개발도상국가에 있는 모든 도시에 생태공원과 유사한 시설들을 설치하지 못할지라도, 여러 나라에서 생태공원 설계 계획이 수립되고 있다. 이것은 수질오염과 건강문제를 다방면으로 지속 가능한 환경적 공동체의 성공 사례로 바꾸는 것에 대한 희망을 많은 다른 도시들에게 준다.

요약

물은 대기와 지표 사이를 지속적으로 순환하는 재생 가능한 자원이다. 수문순환에 필요한 에너지는 태양에서 유래한다. 식물의 수분 손실은 증산이라 불린다. 토양을 통과하여 지하에 저장된 물은 지하수이고, 반대로 하천으로 유입되는 물은 지표수이다. 대수층은 자유면 대수층과 피압 대수층으로 구분된다. 토지 이용 방식은 증발, 지표유출, 침출에 주요한 영향을 미친다.

수자원의 용도는 크게 가정용, 농업용, 산업용, 하천수로 구분된다. 사용된 수자원량은 토출된 양과 소비된 양을 합한 것이다. 가정용수가 거대도시 지역에서 차지하는 비율은 낮다. 대부분의 가정용수는 폐기물 처리, 세탁에 활용되고, 음용수 비율은 낮다. 가장 큰 소모적 물 사용은 농업 관개용수이다. 하천수는 수력발전, 오락, 항해에 활용된다. 산업용수는 냉각수와 폐기물 수송에 사용된다.

수질오염은 도시하수, 산업 폐기물, 농업 유출수에서 기인한다. 수중의 유기물은 분해 시 산소가 필요하기 때문에 BOD를 증가시킨다. 죽은 물고기는 산소를 감소시키고 조류 개체군을 변화시켜 악취와 시각오염을 낳는다. 세제와 농업 유출수에 포함된 영양물질이 풍부해지면 조류 및 수중생물 성장이 자극받는다.

점오염원은 규명하기도 해결하기도 용이하다. 농업 유출수나 광산하수 같은 비점오염원은 산업 및 도시의 비점오염원에 비해 통제하기가 어렵다.

열 오염은 산업활동에서 가열된 물을 수원으로 되돌려 보낼 때 발생한다. 수온 변화는 수중 동식물의 종류나 개체수를 변화시킨다. 열 오염은 연못 조성, 냉각탑이나 건조 냉각탑을 이용해 조절할 수 있다.

1차 하수 처리는 물리적 과정이고, 2차 하수 처리는 생물학적 과정이며, 3차 처리는 특정 물질을 제거하는 화학적 과정으로 구성된다. 2차 하수 처리에는 미세여과장치와 활성 슬러지 하수 처리가 주로 활용된다.

지하수 오염은 농업, 매립, 정화조 등 다양한 원인에 의해 발생한다. 해양 석유 오염은 석유 시추나 석유 탱크 사고, 도로 유출, 자동차의 크랭크 케이스나 기타 기계의 석유 누출로 발생할 수 있다. 또한 유조선에서의 석유 선적과 하역 작업은 늘 석유 누출의 위험을 안고 있다.

수질 저하는 토지 이용과 특정 용도의 수자원 활용에 문제가 될 수 있다. 미국 등지에서는 특정 경관의 수역과 야생동물 서식지를 보호하는 법률을 가지고 있다. 해안이나 습지는 완충지, 여과지, 저수지, 야생동물 서식지 등의 기능을 갖는다. 수자원 관리에서 관심이 고조되고 있는 영역은 지하수 채굴, 증가하는 염분, 수로 변경, 도시용수 관리 등이다. 도시는 안정적인 용수의 공급, 폐수의 수집과 처리, 호우 유출을 환경적으로 안전한 방식으로 처리해야 하는 문제에 직면하고 있다. 수자원 활용 계획에는 다양한 행정 절차가 포함되기 때문에 효과적인 계획을 수립하는 것은 늘 어려운 일이다.

주요 용어

가정용수(domestic water)
강우유출(storm-water runoff)
공극률(porosity)
공업용수(industrial water use)
관개(irrigation)
난대수층(aquiclude)
농업 유출수(agricultural runoff)
대수층(aquifer)
매립(landfills)
미세여과장치(trickling filter system)
부영양화(eutrophication)
불포화대(vadose zone)
비점오염원(nonpoint source)
생화학적 산소 요구량 (BOD, biochemical oxygen demand)
수로 변경(water diversion)
수문순환(hydrologic cycle)
열 오염(thermal pollution)
염화(salinization)
음용수(potable water)
자유면 대수층(unconfined aquifer)
점오염원(point source)
정화조(septic tanks)
제한요인(limiting factor)
준대수층(aquitard)
증산(transpiration)
지표 유출(runoff)
지하수(groundwater)
지하수 채굴(groundwater mining)
지표저장(surface impoundments)
지하수면(water table)
지하저장탱크(underground storage tanks)

투수율(permeability)
피압 대수층(confined aquifer)
피압정(artesian well)
하수 슬러지(sewage sludge)
하천수 사용(in-stream water use)
활성 슬러지 폐수 처리 장치
(activated sludge sewage treatment)
1차 폐수 처리(primary sewage treatment)
2차 폐수 처리(secondary sewage treatment)
3차 폐수 처리(tertiary sewage treatment)

복습문제

1. 수문순환을 설명하라.
2. 비소모적인 물 사용의 사례를 제시하라.
3. 산업용수는 어떻게 활용되는가?
4. 가정용수와 산업용수 간의 유사점은 무엇인가? 하천수 이용과는 어떻게 다른가?
5. 토지 이용은 수질 및 수량과 어떤 관계를 갖는가?
6. BOD를 설명하라. 이는 수질과 어떤 관계가 있는가?
7. 농업활동과 관련된 수질오염을 설명하라.
8. 점오염 물질과 비점오염 물질을 구분하라.
9. 산업폐수는 어떻게 처리되며, 지난 25년간 어떻게 변화해 왔는가?
10. 열 오염을 설명하고, 조절 방식도 기술하라.
11. 하수 처리 방법의 각 단계를 설명하라.
12. 농촌보다 도시 지역에서 호우유출 관리가 문제되는 이유는 무엇인가?
13. 관개는 염화를 어떻게 증가시키는가?

비판적 사고력 문제

1. 상하수도 관리에서 누출은 주요 손실 요인이 된다. 정부가 수원지를 보전하기 위하여 누출을 최소로 줄여야만 할 정도로 물이 그렇게 가치가 있는 것인가? 어떠한 조건들하에서 여러분은 당신의 평가를 바꿀 것인가?
2. 농부가 아닌 사람들은 물이 어떻게 관개용수로 사용되는지에 관심을 가지고 있는가? 어떠한 조건들하에서 직접적으로 관련이 있는 농부들과 함께 더 많은 대중들이 이러한 결정들을 하는 데 관여하는가?
3. 미국은 미국에서 발원하여 멕시코로 흘러 들어가는 리오그란데 강과 콜로라도 강으로부터 멕시코가 강물을 취하는 것을 허락해야 하는가?
4. 당신은 대규모 수력발전이 화석연료를 태우는 발전의 대안으로 증대되어야만 한다고 믿는가? 당신은 무슨 기준으로 이러한 결정을 하는가?
5. 개리슨 수로 변경 계획에는 얼마나 많은 비용과 얼마나 많은 이득이 있는가? 당신은 이 계획으로 무슨 일이 발생할 것이라고 생각하는가?
6. 당신은 일상생활에서 담수를 절약하는 데 어떻게 노력을 기울이는가? 그 절약이 비용 면에서 가치가 있다고 보는가?
7. 그림 15.3의 수문순환을 보라. 만약 지구 온난화가 전세계 기온을 상승시킨다면, 당신은 이것이 수문순환에 어떤 영향을 미칠 것이라고 생각하는가?
8. 멕시코에서 캘리포니아의 임페리얼 계곡으로 흐르는 뉴 강과 같은 강을 정화하는 것이 왜 어렵는가?
9. 당신은 건조지역에서 증대되고 있는 개발에 대하여 어떻게 생각하는가? 만약 개발이 지속되어 수원지가 감소한다면, 당신은 어떠한 정치적인 영향들이 있을 것으로 생각하는가?

PART V

오염과 정책

인간의 이용이 섐플레인 호수의 수질을 바꾸어놓았다.

샘플레인 호수 : 청정성 유지의 어려움

앨런 W 매킨토시
버몬트 대학

샘플레인 호수는 깊고 거대한 빙하호로, 남부 버몬트에서부터 남부 퀘벡의 리슐리외 강으로 흘러나가기까지 177km가 뻗어 있다. 21,408km^{2}에 이르는 호수 유역은 미국 동부에서 가장 개발되지 않은 지역에 포함되어 있다. 이 호수의 뛰어난 경관은 이미 오래전부터 알려져 있었는데, 1870년 소설가 헨리 제임스는 샘플레인 호수를 "기쁨으로 충만한 자유로움과 우아함, 그리고 활짝 열려있는…, 이 아름다움은 자연환경의 절정이다."라고 묘사하였다.

그러나 오늘날 샘플레인 호수의 현실은 매우 달라져 있다. 물에는 유기인과, 수은과 같은 맹독성 물질, 얼룩홍합과 같은 외래종이 가득 차 있어서 아름다움이 아니라 공포의 호수가 되었다. 지금부터 각 이슈들을 살펴보겠다.

유기 인의 농도가 높다는 것은 사람도 인지할 수 있다(녹조류로 녹색이 된 호수에서 수영을 하거나 보트를 타려는 사람은 없을 것이다). 간단히 말해서, 호수로 유입되는 유기 인이 많을수록, 물은 더 녹색이 될 것이다. 최근에는 과다한 농도로 더 나쁜 현상이 관찰되고 있다. 여름에 더 번성하는 녹조류들이 독소를 만들어서, 호수의 물을 먹은 개들이 죽은 경우도 있었다.

호수로 유입되는 유기 인 농도를 낮추는 것은 어렵지 않은데, 하수 처리시설을 개선하고 인이 함유된 세제의 사용을 금지시키면 된다. 다음 단계가 어려운데, 샘플레인 호수로 유입되는 유기 인의 80%는 현재 비점오염원으로부터 흘러들어오며, 이 중 57%는 농업이 원인이 되고 있다.

축산 농가의 배설물 처리시설을 점검하고, 교외 길을 청소하면 우선 유입되는 유기 인의 양을 줄일 수는 있으나, 주된 문제는 사람들의 행동양식을 바꾸는 일이다. 사람들로 하여금 애완견의 배설물을 처리하게 하거나 잔디에 사용하는 화학비료의 양을 줄이게 하는 것이다. 샘플레인 호수 유역에 유입되는 유기 인의 주요 점오염원은 대부분 조절되었으나, 주택과 축산업에서는 아직도 많은 노력이 필요하다.

수은의 경우에는 아직도 많은 어려움이 있다. 기압계에서 착유기에 이르기까지 여러 상품에 오랫동안 수은이 사용되었는데, 만약 이 수은이 자연으로 흘러나온다면 여러 가지 형태로 바뀔 수 있다. 가장 치명적인 것은 메틸수은으로, 호수 침전물에서 박테리아에 의해 형성된다. 기름에 녹으므로 어류의 지방층에 농축될 수 있다. 샘플레인 호수에 사는 월아이(walleye, 어류 종류)는 이를 고농도로 함유하고 있어, 버몬트 보건부에서는 임신 가능한 여성들에게 생선 섭취를 자제할 것을 권유하였다.

버몬트 행정당국은 온도계를 수거하고, 형광램프의 재활용을 적극적으로 실시하여 수은의 양을 줄이려고 노력하였으나, 샘플레인 호수 어류에 축적되는 수은의 50%는 바람에 의해 먼 거리에 있는 화석연료 발전소와 소각로로부터 운반되는 것으로 알려져 있다. 버몬트 행정당국이 이러한 오염원을 조절하기 위해 시도했다는 것을 상상해보라.

마지막으로, 외래종에 의한 위협을 살펴보겠다. 1980년대 오대호에 유입된 얼룩홍합은 'D' 모양의 줄무늬 쌍각류로, 크기는 엄지손가락 손톱만하고 매우 빠르게 번식하여 1993년 남부 샘플레인 호수에까지 이르게 되었다. 암컷 홍합은 1년에 백만 개의 알을 낳으므로, 조개의 번식력은 가히 폭발적이다. 현재 호수의 바닥은 대부분이 얼룩홍합으로 뒤덮여 있다.

홍합 껍질의 날카로운 각 때문에 수영하는 사람들이 자주 발을 다칠 수 있고, 얼룩홍합 한 개체는 하루 1 *l*의 물을 삼키고 뿜어내어 생태계에 영향을 준다. 만약 이 홍합이 플랑크톤을 걸러내면 작은 어류들의 먹이가 되는 플랑크톤의 농도가 낮아지므로, 생존을 위협받게 되고 강의 먹이사슬이 붕괴될 수 있다. 허드슨 강 일부에서는 얼룩홍합이 유입된 후 에코시스템이 급격한 변화하였는데, 샘플레인 호수에서는 아직까지 시각적으로 확인되는 변화가 발생하지 않고 있다. 그러나 샘플레인 호수 또한 비슷한 경우가 될 수도 있다.

우선 샘플레인 호수에서 외래종을 제거하는 일이 필요한데, 이러한 종은 일단 수적으로 많아 제거하기가 어렵다. 얼룩홍합은, 얼룩홍합 번성 지역에서 오는 보트 바닥에 붙어서 옮겨오므로 낚시꾼이나 보트 타는 사람들을 교육하여 주의시키는데, 이러한 방법으로 원하는 만큼의 수를 줄이기란 어려운 일이다.

샘플레인 호수를 보호하기 위한 마지막 고찰로 에코시스템의 복잡성을 생각해 보자. 호수에는 80여 종 이상의 어류와 생물들이 여러 가지 형태로 살아가고 있다. 따라서 어떤 종들 간에 서로 먹이관계가 있는지 전부 파악하고 이해하기가 쉽지 않다. 먹이사슬에서 가장 아랫부분에 위치하는 녹조류의 수가 과다 유기 인으로 많아질 때, 먹이사슬의 윗부분에 있는 월아이 같은 어류가 수은의 영향으로 새끼를 낳는 수가 적어진다면 어떤 일이 일어나겠는가? 게다가 한두 종의 외래종이 추가된다면, 호수의 에코시스템을 예측하기란 불가능해질 것이다. 아마 이것이 샘플레인과 같은 호수를 보호하려는 여러 시도에서 가장 어려운 난제가 될 것이다.

16 위험과 비용

: 의사결정 요소

이 장의 학습목표

- 왜 위험 분석이 환경 의사결정에 있어서 중요한 도구가 될 수 있는지를 안다.
- 위험 평가와 위험 관리의 차이를 이해한다.
- 위험 관리와 관련된 쟁점을 이해한다.
- 실제 위험과 인식된 위험의 차이를 이해한다.
- 경제적인 상품과 경제적인 서비스를 정의할 수 있다.
- 이용 가능한 상품 및 서비스의 공급과 가격 사이의 관계를 이해한다.
- 비용편익분석의 방법을 이해한다.
- 외부비용과 오염 예방의 경제성을 이해한다.
- 오염 발생 억제에 대한 시장주의적 접근을 이해한다.

이 장의 세부목차

과거 현재 그리고 미래

1980 미국 의회에서 '슈퍼펀드법(유해 산업 폐기물 제거 기금)' 통과로 방치된 유해 폐기물 제거

1983 미국 평균 전기요금 1kWh당 6.2센트

1983 미국인의 30% 흡연

1983 트럭, 선박의 평균 마일 수 1갤런당 22.1마일

1983 미국 인구의 19% 안전벨트 착용

2003 유해 폐기물이 방치된 곳이 44,418곳으로 조사. 이 중 75%가 제거됨

2003 미국 평균 전기요금 1kWh당 8.5센트(한국 34.5원). 1983년 이후 증가율이 물가상승률보다 낮음

2003 미국인의 23% 흡연

2003 트럭, 선박의 평균 마일 수 1갤런당 20.4마일

2003 미국 인구의 81% 안전벨트 착용

위험성 측정

우리의 삶 속에서 많은 결정들을 하는 순간에는 기본적으로 위험과 비용이라는 두 가지 요소가 작용한다. 우리는 묻는다. "어떻게 다쳤는가?", "이 행동을 하기 위해서는 얼마나 드는가?"

환경 결정에 있어서도 이와 다르지 않다. 만약 새로운 대기오염 방지법이 만들어질 때, 기업들은 그것에 얼마나 많은 돈이 들며, 이윤을 얼마나 감소시킬 것인지를 확인하려 할 것이다. 시민들은 그들의 세금이 또 다른 정부 기구를 지원해야 하는지를 물을 것이며, 대변자들은 대기오염이 심각한 지역에 사는 주민들의 건강 관리 비용과 질병 위험의 감소를 지적할 것이다.

위험 분석은 사회의 모든 차원에서 중요한 의사결정 도구가 되어 왔다. 환경문제에 있어 위험을 평가하고 관리하는 것은 적합한 정책에 도움이 된다. 위험의 분석은 일반적으로 확률과 관련된다. **확률**(probability)은 무엇이 어떻게 일어날 것인지에 관한 수학적 진술이다. 확률은 보통 "특정 질병이 발병할 확률은 10,000분의 1이다." 또는 "복권에 당첨될 확률은 5,000,000분에 1이다."라는 식으로 진술된다. 확률과 가능성(possibility)은 약간의 차이가 있다. 우리가 어떤 것이 가능하다고 말할 때는 일어날 수 있다라는 의미가 내포된다. 그렇지만 확률은 그것이 어떻게 일어날 수 있는가를 말하는 것이다(즉 확률은 좀더 실현성이 높은 것을 말한다).

또 다른 중요한 고려 요소는 사건의 결과이다. 만약 질병이, 50%의 발병률은 있지만 아무도 죽지 않을 때는 댐의 안전 분석과는 매우 다른 것이 된다. 댐이 무너진다면 수천 명이 죽을 수도 있기 때문이다. 우리는 댐이 무너질 수 있는 50%의 가능성을 받아들일 수 없을 것이며 이 경우에 있어서 심지어는 1%의 가능성도 받아들여질 수 없는 것이다.

위험의 평가는 역효과의 가능성을 결정하는 위험 분석과 관련된다. 위험 관리는 의사결정 과정 속에서 위험의 결과와 평가를 포함하는 포괄적인 작업이다(그림 16.1). 우리는 다음에서 이러한 일들을 살펴볼 것이다.

위험 평가

환경 **위험 평가**(risk assessment)는 오염물질이나 독극물에의 노출로부터 일어날지 모르는 환경과 인간에 대한 피해의 가능성을 측정하는 사실들과 가정들을 사용한다. 위험 평가는 환경 결정 과정 속에서 어떤 피해가 존재하고 얼마만큼 영향을 줄지를 평가할 때, 과학적 문제들을 다루는 지속적인 방법을 제공한다. 특정 활동이나 화학약품, 기술의 위험을 측정하는 것은 어려운 일이다. 만약 어떤 기술이 잘 알려져 있다면, 과학자들은 과거의 경험을 활용하게 된다. 예를 들면, 탄광에서 석탄 가루로 인한 진폐증의 위험은 잘 알려져 있다. 그렇지만 새로운 기술과 관련된 위험을 예측하기 위해서는 실제의 경험보다는 가상의 모델들을 사용해야 한다.

새로운 화학약품과 관련된 위험은 정량화하기 힘들다. 동물 실험이 널리 사용되지만, 이들 결과를 몇 명의 사람들이 암에 걸릴 수 있을런지를 실제로 예측하는 데 사용하는 것은 아직도 논란의 여지가 많다. 대다수의 위험 평가는 사람들이 암에 걸리거나

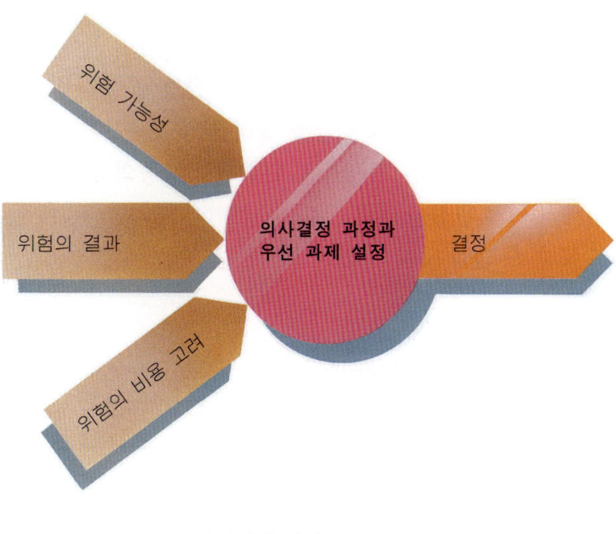

그림 16.1 의사결정 과정 위험의 평가, 비용, 결과는 결정과정에 모두 중요하다.

부작용을 겪을지에 대한 가능성의 측정이다.

이러한 전형적인 측정은 완벽한 지식이 없어도 위험을 과소평가하지는 않는다는 것을 가정한다. 예를 들면, 사람들은 어떤 화학약품에 동물들보다 더 민감하거나 덜 민감할 수 있다. 또한 사람마다 암에 걸릴 수 있는 민감성이 다 다를 것이다. 그러므로 어떤 사람에게는 위험하지 않는 것이 어떤 사람에게는 매우 위험할 수가 있는 것이다. 호흡 곤란을 겪는 사람들에게 공기의 오염은 매우 큰 영향을 줄 수 있다. 게다가 인간 위험의 측정은 동물 실험으로부터 추론되는 것이다. 이러한 불확실성 때문에 정부 관계자들이 사람들의 건강을 보호하는 안전의 문제에서 실수를 범하기도 하는 것이다.

지난 십 년간, 위험 평가는 **발암물질**(carcinogen)과 관련된 실제 규제 과정에서 큰 영향을 미쳐왔고, 또한 규제 방침과 우선권을 정하는 데 도움이 되어왔다. 환경과 인체에 유해할 수 있는 잠재성을 가지고 있는 화학 물질이, 지금까지는 널리 인식되지 않았을지라도 우선적으로 고려되었다. 의약품 폐기물도 위험이 큰 물질로 인식되는데, 그 위험을 줄일 수 있는 법이 효력을 발하고 있다. 그렇지만 잔디에 뿌리는 살충제의 위험은 과소평가되고 있으며 규제도 되지 않고 있다. 환경 규제 결정을 지지하는 과학은 복잡하고, 빠르게 발전하고 있다. 인간의 건강과 환경에 매우 중대한 영향을 주는 많은 것들이 불확실한 상태이다. 위험의 평가는 많은 환경 평가를 측정해야 하고, 환경 문제들을 둘러싼 불확실성을 설명해야 한다. 이는 환경의 보호에 대한 공공의 관심과 과학적 관심을 계획으로 연결하면서 조사기관도 도울 수 있을 것이다.

위험 관리

위험 관리(risk management)는 위험 평가와 기술적 실현 가능성, 경제적 효과, 공공의 관심과 법적 요구와 관련되는 의사결정 과정이다. 위험 관리는 다음을 포함한다.

1. 어떤 위험이 가장 우선인지를 결정하는 것
2. 각각의 위험을 적당한 수준으로 감소시키는 데 얼마의 돈이 필요한지를 결정하는 것
3. 제한된 돈을 가지고 어디에서 가장 큰 이익을 얻을 수 있는지를 결정하는 것
4. 어느 정도의 위험이 받아들여질 수 있을지를 결정하는 것
5. 계획을 어떻게 모니터링하고 강화시킬 수 있는지를 결정하는 것

위험 관리는 몇 가지 이슈를 제공한다. 산성비나 오존 파괴, 독성 폐기물과 같은 환경적 관심과 함께 규제 결정에 대한 과학적 기반은 종종 논쟁거리가 된다. 앞에서 언급된 것처럼, 독성 물질은 동물에게만 실험될 수 있다. 그러면 동물 실험이 인간에 대한 영향력을 결정짓는 데 적합한가? 이 질문에 대한 대답은 쉽지 않다. 지구 온난화나 오존 파괴, 산성비 등을 다루는 것은 미래에 대한 계획, 미래에 끼칠 영향을 분석할 것을 요구한다. 해수면이 상승하는가, 얼마나 많은 호수들이 산성화될 것인가, 오존층 파괴로 얼마나 많은 피부암 환자들이 발생할 것인가. 똑같이 믿을 만한 정보들에 의한 측정치들이 모두 다르다. 우리는 어느 것을 신뢰할 것인가.

위험 관리는 종종 과학적 증거의 타당성에 강조를 둔다. 과학적 기반은 어떤 종류의 문제 정의로서 생각될 수 있다. 과학은 어떤 위험, 독성을 발견해 낼 수 있지만, 과학적 사실은 언제나 해석이 바뀔 수 있는 가능성이 있기 때문에 논쟁거리가 된다. 예를 들면, 다이옥신은 실험 동물들에게 암을 유발하는 것으로 널리 알려진 독성 물질이다. 그렇지만 이것이 인간에게도 암을 유발시킬 수 있는지를 증명하는 것은 어렵다. 물론 많이 노출되면 좌창이 생기겠지만, 이는 다이옥신 같은 분자들에 노출되었을 때 나타나는 일반적인 증상이다.

이는 왜 문제 정의가 중요한지를 보여준다. 문제의 정의는 정책 과정의 나머지 부분(규칙 제정, 법 제정, 공론화)을 결정하는 데 도움이 된다. 만약 어떤 물질이 거의 또는 아주 위험이 없다면, 정책 규제는 불필요하다. 예를 들어 숲을 벌목하는 것은 토

양의 침식을 가져오고 몇몇 동물종들의 손실을 가져온다. 벌목을 하는 산업체들은 이러한 위험을 작은 것으로 간주하지만, 환경론자들은 이 위험을 받아들일 수 없는 것으로 생각한다. 이와 공공의 문제에 있어서 사람들은 매일 겪는 위험을 제대로 이해하고 있지 못하기 때문에 유사한 불일치가 종종 정부와 기업 사이에서도 일어난다.

표 16.1 사망률

백만 시간 동안 발생 가능한 사망자 수	
등산	40,000
카누	10,000
흡연	3000
수영	2560
자동차 여행	1200
사냥	1000
비행기 여행	500
번개에 의한 죽음	100
종두	1.5
원자력발전소 옆에 거주	0.5

실제 위험과 인식된 위험

사람들은 종종 극적인 죽음을 가져오는 위험은 과대평가하고, 일상에서 마주칠 수 있는 위험은 과소평가하는 경향이 있다. 전문가에 의해 측정된 위험과 대중에 의해 측정된 위험은 환경문제에 있어서 의미 있는 차이를 보인다. 이 불일치와 그에 대한 이유는 대중이 보통 중요한 위험 결정을 내리는 전문가들을 믿지 못하기 때문이다.

공공의 건강과 환경 위험을 줄일 수는 있어도, 모든 위험을 측정하는 것은 불가능하다. 일상의 활동들 – 운전, 보도, 업무 – 은 어느 정도의 위험과 관련 있다(표 16.1).

위험 관리의 측면에서 볼 때, 그것이 국지적이든 국가적이든 다음의 질문이 존재한다. 어느 정도의 위험까지 받아들일 수 있는가? 일반적으로 우리는 "위험이 전혀 없는 제로 위험(zero risk)"을 이야기하지는 않지만, 대신 "**무시할 수 있는 위험**(negligible risk)"의 개념을 사용한다. 그러면 어느 수준의 환경 위험이 괜찮을 수 있을까? 어느 수준에서 공공의 건강과 환경을 보호하기 위한 적절한 안전 경계를 마련할 수 있을까?

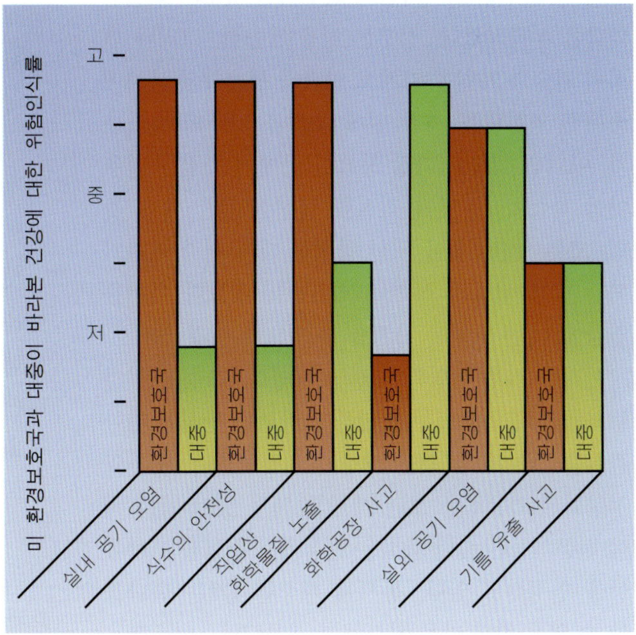

그림 **16.2** 위험의 인식 전문가 집단과 대중이 느끼는 위험 수위가 다름을 알 수 있다.

위험 관리는 기술이나 생산 과정에서 측정된 실제 위험과 대중에 의하여 인식된 위험을 비교하는 것과 관련된다. 대중은 일반적으로 흡연이나 음주와 같은 의식적인 위험보다는 핵무기나 핵발전과 같은 본의 아닌 위험을 더 잘 인식한다. 또한 자동차나 댐과 같은 친숙한 기술보다는 유전공학이나 독성 폐기물 소각 기술과 같은 낯선 기술에 대한 위험을 더 잘 인식한다. 많은 사람들이 비행기 충돌 사고를 염려하지만, 비행기 사고에 의한 사망률보다 자동차에 의한 사망률이 훨씬 높다(그림 16.2).

정부가 오늘날 직면한 근본적인 문제는 경제자원

이 한정되어 있을 때, 보이는 것보다 덜 위험하다고 전문가들이 말하는 문제들에 관심을 가지고 있는 사람들을 어떻게 안심시키는가이다. 지금도 석면, 다이옥신, 라돈에 의해 제기된 보건 문제에 대하여 논쟁이 계속되고 있다.

몇몇 연구자들은 대중들이 공공의 보건과 환경 안전에 대한 정치적 활동에 의하여 종종 문제를 잘못 이해할 수 있다고 말한다. 그러한 문제들에 관련된 사람들이 특정 측면에서 그 문제를 보도록 대중을 이끌기도 한다는 주장이다.

어떤 이슈이든 간에, 고정되어서 바뀌기 쉽지 않은 사람들의 정서와 의지를 무시하기란 쉽지 않다. 위험 유무의 문제가 제기될 때, 중요한 이슈는 민주주의 안에서의 다른 기관과 민주적인 정부의 적절한 역할을 부각시킨다. 정부는 이용 가능한, 그러나 한정된 기술과 자원을 가지고 인간과 생태계의 복지에 중대한 영향력을 끼칠 일에 초점을 맞추어야 하는가, 아니면 대중이 가장 동요할 문제에 초점을 맞추어야 하는가. 무엇이 적절한 균형점인가. 예를 들면, 모든 임산부들을 위한 적절한 태아 건강 배려가 모든 학교 건물의 석면을 제거하는 것보다 아이들 건강에 더 큰 효과를 가져올 수 있느냐는 것이다.

이러한 질문에 명확한 정답은 없다. 그렇지만 전문가들과 대중들 모두 위험을 바라보는 관점에 대한 관심을 가져야 할 것을 깨닫기 시작하였다. 숫자와 정량화된 가능성을 보는 데 익숙해져 있던 많은 위험 전문가들은 좀더 폭넓은 관점에서 위험을 보아야 함을 인정하고 있다. 동시에 대중들에게는 판단을 할 수 있는 좀더 많은 자료들이 제공된다.

위험 평가와 관리의 논의를 통해서 우리는 비용과 경제에 대한 언급을 해왔다. 모든 위험을 감소시키는 것은 경제적으로 불가능하다. 위험이 감소됨에 따라 생산과 서비스의 비용은 증가한다. 많은 환경 이슈들은 순수하게 경제학적 관점에서 평가하는 것은 어렵지만, 경제학적 관점은 환경 문제를 분석하는 데 유용한 도구 중의 하나이다.

경제학과 환경

환경문제는 근본적으로 경제적인 문제이다. 이 말이 조금은 과장일지라도, 경제를 환경 이슈들과 따로 떼어놓기는 어렵다. 기본적으로 경제학은 자원의 배분의 문제를 다루며, 물건과 서비스의 가치를 매기는 것이다. 우리는 우리가 높은 가치를 매기는 것에는 기꺼이 돈을 지불하며, 이 세상에 풍부하게 있다고 생각하는 것에는 가치를 지불하고 싶어하지 않는다. 예를 들면, 따뜻하고 안락한 집을 사는 데에는 기꺼이 돈을 지불하지만, 우리가 숨쉬고 있는 공기에 대하여 돈을 지불할 것을 제안한다면 반대할 것이다.

사회의 목적은 환경을 개선하고 지속시키면서, 많은 직업들을 창출해내는 장기적인 경제 성장을 추구하는 것이다. 이 목적은 과거의 환경문제를 해결할 수 있는 환경적 전략을 요구한다. 우리는 '쓰레기 처리'로부터 '오염 예방'으로의 변화를 가져와야 하며, 가치 있는 자원들을 더 효율적으로 사용하도록 해야 한다.

첫 번째 '지구의 날' 이후로 300년간, 많은 국가들은 공공의 건강과 환경에 대한 요구에 대응하면서 상당히 진보해 왔지만, 여전히 주요한 도전들은 존재한다. 우리는 다음 세기에 환경 기술의 이용과 발전을 위한 새로운 과정을 만들어 낼 일련의 정책과 프로그램들을 실시할 수 있다. 그렇지만 우리는 우리의 환경 정책을 확대해야 하며, 오늘의 도전과 내일의 필요에 부합하는 새로운 인식을 통해 더 이상 효과 없는 기존의 정책을 대체해야 하는 것이다.

경제학의 개념들

경제적 상품과 서비스는 희소성을 지닌 것으로 정의될 수 있다. 희소성은 수요가 공급을 초과할 때 발생하는 것이다. 우리는 일반적으로 희소성의 세계에서 살고 있다. **자원**(resource)은 소비할 수 있고 원하는 상품과 서비스를 만드는 데 사용되는 어떤 것이다. 자원은 소비하고자 하는 인간의 욕구에 비해 한정되어 있다. **공급**(supply)은 팔 수 있는 상품

그림 **16.3** 공급을 결정하는 요소 재화와 서비스의 공급은 여러 가지 요소들에 의존한다.

이나 서비스의 양이다. **수요**(demand)는 소비자들이 다양한 가격에서 살 수 있고, 사기를 원하는 상품의 양이다.

경제학 용어에서 공급은 다음에 의존한다(그림 16.3).

1. 현재 수준의 기술을 사용하여 재화와 서비스를 생산할 수 있는 천연자원
2. 사용 가능한 자원의 양
3. 채굴, 선적의 비용과 가공 및 이용 과정의 비용
4. 이용자들 사이의 경쟁의 정도
5. 이용한 자원의 재활용의 가능성과 비용
6. 그 효과에 대한 사회적 제도적 평가

재화와 서비스의 공급과 그 가격 사이의 관계는 **수요공급곡선**(supply/demand curve)으로 알려져 있다(그림 16.4). 재화와 서비스의 가격은 그 상품의 이용 가능성과 그에 대한 수요를 반영한다.

수요가 공급을 초과할 때 가격은 오른다. 비용의 증가는 사람들이 대안을 찾거나 그것을 사용하지 않도록 하고, 결과적으로 수요를 줄어들게 한다. 예를 들어 식량 생산은 작물의 재배, 수확, 수송에 필요한 에너지, 석유에 의존한다. 게다가 석유화학제품은 비료와 농약을 만드는 데 사용된다. 석유 가격이 오르면 농부들은 석유 사용을 줄이고, 더 적은 땅을 경작하고, 더 적게 비료를 사용할 것이다. 그러면 식량 가격도 오를 것이다. 식량 가격이 오르면, 소비자들은 다른 식량을 찾을 것이다. 상품의 공급이 수요를 초과할 때, 생산자들은 팔기 위해 가격을 낮출 것이고, 몇몇 생산자들은 파산할 것이다. 아이러니하게도 풍년이 계속될 경우, 농부들은 파산을 경험할지도 모르는 것이다.

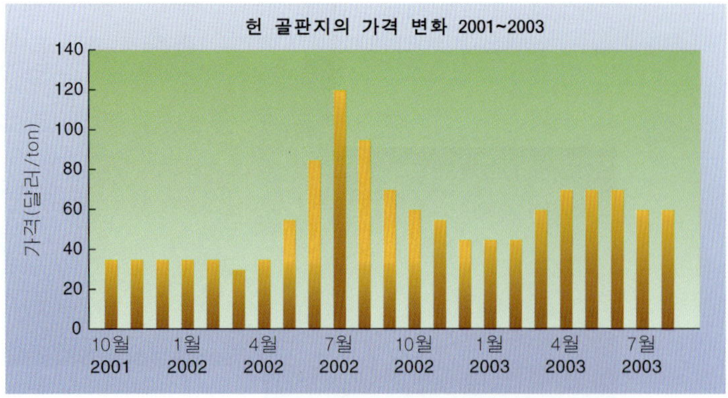

a.

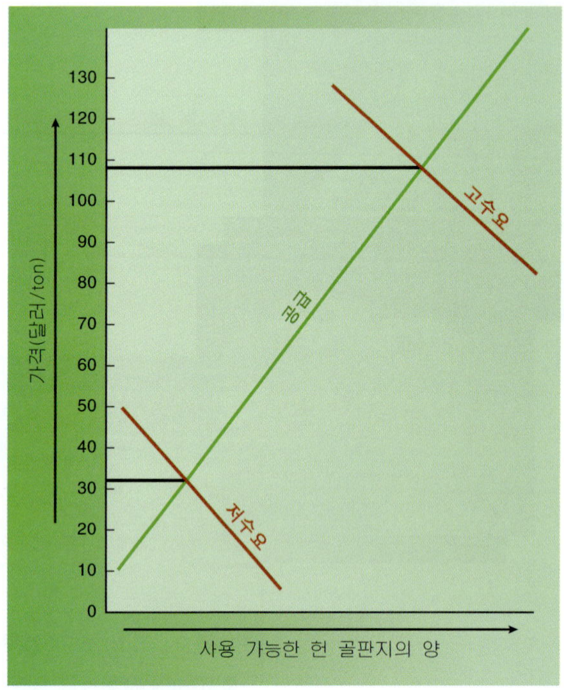

b.

그림 16.4 헌 골판지의 공급과 수요 이 그래프에는 월별 헌 골판지의 가격이 표시되어 있다. 헌 골판지의 70%는 재활용되므로, 공급량은 비교적 일정하다. 반면 수요는 변동폭이 크다. 그래프 (b)에는 전형적인 수요공급량이 표시되어 있다. 미국 경제가 좋아지거나 헌 골판지의 수출이 증가하면, 수요와 가격이 올라간다. 반대로 경제 상태가 나빠지거나 수출이 감소하면, 수요와 가격도 낮아진다.

출처 : Price data from The Solid Waste Authority of Palm Beach County, Florida.

시장기반제도

지난 100년간 환경 보호에 대한 관심의 증가와 함께 정책 결정자들은 환경에 해를 줄이는 새로운 방법들을 연구해왔다.

관심이 증가하는 영역 중의 하나는 시장기반제도(MBIs, market-based instruments)이다. MBIs는 적은 비용에 높은 비율의 환경 보호를 성취하려는 기업가들의 생리와 경제적 압력을 이용하기 때문에, 일반적인 '명령과 규제 법률'에 대안을 제시한다. 어떻게 기업이 그 활동을 수행해야 하는지를 지시하는 대신에, MBIs는 오염 발생 행위에 대한 비용을 부과하는 것을 통해 동기를 부여한다. 이는 기업이 환경 보호의 요구 수준을 달성하는 최선의 방법을 스스로 결정하도록 허용하는 것이다. MBIs는 다음의 다섯 가지 기본 범주로 나눌 수 있다.

1. **정보 공개 프로그램** : 이 프로그램은 환경문제를 줄이기 위해 교육받은 소비자들의 선택에 의존한다. 선택이 가져오는 환경적 결과, 위험의 결과들에 대한 정보가 주어진다면 소비자들은 그들의 결정이나 행동을 바꾸는 것에 대한 관심을 가지게 될 것이다. 또 다른 타입의 프로그램은 오염자들이 오염물질 방출에 대한 정보를 공개하도록 하는 것이다. 예를 들어 미국에는 독성방출 재고조사(Toxic Release Inventory) 프로그램이 있다. 이는 기업에게 그들의 공공 이미지를 높이기 위해 그들의 환경적 행위를 개선할 동기를 부여한다.
2. **배출권 거래 제도** : 이는 기업에게 규정된 양의 오염물질을 배출할 권리를 주는 것이다. 이 양보다 적게 방출한 기업은 그들의 허용치를 다른 기업에 팔거나 미래를 위해 은행에 저축할 수 있다. 오염에 대해 책임이 있는 기업들이 이전에 사회에 부과했던 외부비용을 내면화할 동기를 가진다. 만약 그들이 오염원을 깨끗이 제거한다면, 그 허용치를 파는 것으로 이익을 얻을 수 있게 된다. 기업이 그 허용치를 팔 가능성을 깨닫는다면, 오염도 비용이 있다는 것을 알게 된다. 오염을 줄이는 새로운 시장 형성은 쓰레기 처리와 같은 외부적 측면을 줄이고, 노동과 자본의 비용처럼 내부적 비용으로 만들 수 있다.
3. **오염 배출 요금과 세금** : 이러한 요금은 제품의 가격을 높이는 것에 의해 환경 개선에 대한 동기를 부여한다. 기업과 개인은 요금을 내는 것보다 오염을 줄이는 것이 더 저렴할 때, 오염을 관리한다. 배출 요금은 오염이 다수의 작은 진원에서 비롯될 때, 즉 직접적인 규제와 앞의 개념이 적용되기 힘들 때 유용하다. 세금은 정부 세입에 사용될 것이며, 요금은 환경 보호 프로그램의 기금으로 사용될 것이다.
4. **부과금 프로그램** : 이 프로그램은 생산물의 가격에 부과금(추징금)을 매기는 것으로, 부과금은 재사용, 재활용에 사용된다.
5. **보조금 제도** : 보조금은 소비자들이 환경 친화적 상품을 사는 데 할인을 해 주고, 환경적인 생산품을 만들기 위한 기업의 계획에 대해서는 대여금의 형태로 지원된다.

이 **보조금**(subsidy)은 공공의 이익에 중요하다고 여겨지는 사기업을 위한 정부의 보답이다. 이는 특히 경제적 어려움을 겪고 있는 기업의 경우에는 절실한 것인데, 농업, 운송업, 공간 기술과 통신 분야는 자주 정부의 보조를 받는다. 대여금이든, 세금 혜택이든, 직접적인 보조이든 이는 시민의 세금에 의하여 지불되는 것이다.

보조금은 두 가지 측면에서 손해를 낳는다.

첫째는 보조금을 지불하는 과정에서 관료제도의 복잡성으로 인한 비용 손실이 있으며, 보조금은 시장 가격을 낮추는 간접적인 방법이다. 그 실제 가격은 원래의 상품 가격에 보조금이 더해져야 하기 때문에 더 높다. 둘째로 많은 경우, 보조금은 장기적으로 보았을 때 환경에 해로운 활동들을 장려한다. 예를 들면, 고속도로 건설을 위한 운송 보조금은 비효율적인 개인 자동차의 사용을 장려하며, 도로 건설과 보수에 쓰이는 자동차에 대한 높은 세금은 에너지 효율적인 대중교통 수단의 사용을 장려할 것이다.

어떻게 MBIs가 조직되고 실행될 수 있을지를 결정하기 위해 많은 연구가 필요하지만, 경험상 적은 비용으로 환경 목표를 달성할 수 있는 수단임은 알 수 있다. 지금까지 성공적인 프로그램들은 이산화황의 매매 시장 등이 있으며, 많은 나라에서 쓰레기 종량제를 실시하고 있다.

시장에 의한 접근 방법이 효과적으로 사용된다면 기존의 전통적인 명령과 규제 정책보다 더 적은 비용으로 환경 보호를 달성할 수 있을 것이다. 적절한 동기 부여는 기술의 강요보다 기업들이 더 좋은 오염 방지 기술을 발달시키고 적용하도록 할 수 있다.

그렇지만 시장에 의한 정책이 항상 원활하게 기

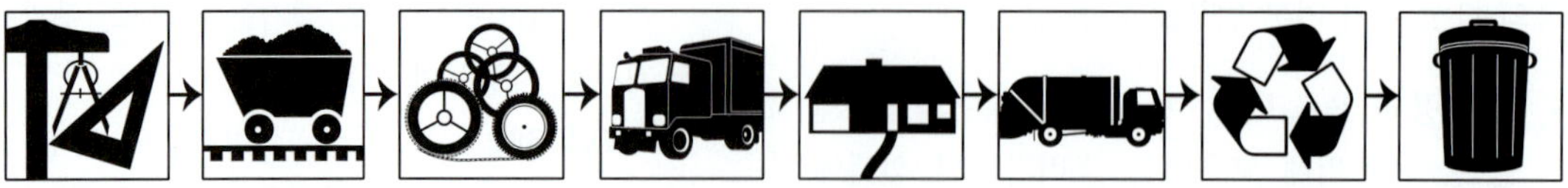

그림 **16.5** 생산물의 생애주기

출처 : *Enviromment*. vol. 39, No. 7, September 1997.

능하는 것은 아니다. 예를 들면, 서부 캘리포니아의 생산자들은 배출권 거래의 허술함으로 인해 전통적 방식보다 더 많은 비용이 든다고 불평한다. 결국, 경제적 동기 부여 방식이 모든 문제를 해결하는 만병통치약은 아닐 수 있다. 그러나 이러한 유연한 접근 방법은 몇몇 문제들을 해결하면서, 정책 결정가들 사이에서 많은 호평을 받고 있다.

논의된 다양한 경제 제도들은 단점들을 가지고 있다 해도, 복합적으로 작용함으로써 효과를 볼 수 있다. 예를 들면, 가격 정책이나 배출권 거래 정책들은 정보 프로그램과 함께 사용된다면 더 효과적일 것이다. 주부들이 정보를 가지고 있을 때, 종량제는 더 쉽게 이루어질 것이기 때문이다.

다양한 MBIs 방법들을 함께 사용하는 것이 점점 중요해지고 있다. 위험의 감소, 효율성, 기술적 혁신의 장려, 관리의 용이, 정의와 함께 지속적인 발전이라는 정책 목적들을 고려하면서, 환경문제를 다루는 가장 적절한 제도를 찾는 것은 하나의 과제로 남는다.

확대생산책임

'확대생산책임(EPR, extended product responsibility)'은 생산 설비 대신 생산 시스템에 초점을 두는 오염 방지 정책의 새로운 세대를 위한 원리이다. 이것은 상품의 생산과 디자인에서의 변화를 통하여 생산 과정의 각 단계에서의 오염과 자원 에너지 사용을 줄이는 기회를 만드는 것으로서, 생애주기 분석에 의거한다. 자원의 채굴과 제조 과정으로부터 운반, 사용, 재활용에 이르는 생산 과정의 모든 요소들은 환경에 끼치는 영향에 대해 공동으로 책임을 진다(그림 16.5).

확대생산책임은 유럽에서 시작되었다. '확대생산책임'이라는 용어는 '확대 생산자 책임'에서 나온 말인데, 이는 독일의 포장에 관한 법령에 적용되었으며, 다른 서유럽 국가에서도 유사한 정책들을 찾아볼 수 있다. 예를 들어 독일의 포장에 관한 법령에 따르면, 소비자, 소매상, 제조업자 모두가 그 책임을 공유하며, 소매상과 제조업자의 경우는 쓰레기 처리의 재정적인 책임도 지고 있다. 미국에서도 '확대생산책임'에 더 많은 관심을 보이고 있다. '확대생산책임'의 특정 이익들은 다음과 같다.

- 비용 절감, 특히 사용된 상품의 회수를 통하여 가치 있는 자원을 재활용함으로써 비용을 절감할 수 있다.
- 기업은 재활용이 쉬운 디자인을 연구하며, 쉽게 회수할 수 있는 상품 처리의 혁신을 위해 노력한다.

생산 과정에 대한 환경 전략이 설비 기준의 프로그램보다 환경 법률을 따르고 환경 책임을 피하는 더 효과적인 방법이기 때문에, 더 효과적인 환경 보존을 가져올 수 있다.

이러한 이익에도 불구하고, '확대생산책임'에는 다음과 같은 단점도 존재한다.

- '확대생산책임'의 비용
- 전체 생산 시스템의 효과를 알 수 있는 정보와 도구의 부족
- 다른 생애주기 단계에서 책임 소재의 어려움

그림 16.6 모든 것들이 경제적 가치를 가지는가? 물과 토지의 사용은 얻을 수 있는 경제적 이익에 기초한다. 경제적으로 측정할 수 없는 다른 이익들이 있는가.?

- 특정 생산물의 회수와 수집에 대하여 독성 쓰레기 허용치를 요구하는 독성 폐기물 법령
- 기업이 협동하는 것을 어렵게 만드는 독점 금지법

이와 같은 것들이 '확대생산책임'의 과제들이며, 가장 중요한 것은 이해와 논의가 실제 경험들을 토대로 이루어져야 한다는 것이다. 따라서 '확대생산책임'은 적은 비용으로, 더 유연한 환경정책의 새로운 모델을 발견하는 기회가 될 수 있다.

비용편익분석

사람들은 어떤 정책의 비용과 이익의 관계를 조사하려 할 때, **비용편익분석**(cost-benefit analysis)을 사용한다. 그리고 만약 이익이 비용을 초과하면, 얼마의 지출이 좋은 결과를 가져올 것인지를 생각한다. 비용편익분석의 단계는 다음과 같다.

1. 평가 계획의 수립
2. 현재와 미래, 모든 사회에 있어서 미칠 영향의 요소 결정
3. 시장 가격을 통한 직접적인 방법과 가격 추정을 통한 간접적인 방법으로 그 효과들이 가지는 가치 결정 요인
4. 부정적인 효과를 뺀, 긍정적 효과의 총 가치인 순이익 계산

예를 들면, 식수의 납 함량을 허용치까지 감소시키는 비용은 1년에 약 1억 2천5백만 달러이나 그로 인한 국가 보건 차원의 이익은 거의 10억으로 추정된다. 그러므로 비용편익분석에 의하면 이 프로그램은 유용한 것이다. 또한 고형 폐기물의 재활용은 한때 터무니없이 비싼 일이었지만, 매립장을 위한 땅값의 상승으로 지금은 많은 사회에서 효율적인 일로 간주한다. 표 16.2는 공기의 질을 개선하는 데 있어 비용편익분석에 의한 여러 종류의 예를 보여준다. 이들 중에는 화폐로 환산할 수 있는 것도 있는 반면, 할 수 없는 것도 있다.

비용편익분석 활용의 유의사항

모든 것들이 과연 경제적 가치를 지니는가? 이 질문은 비용편익분석의 비판자들이 제기하는 문제이다. 몇몇 이들은 경제적 사고가 사회에 확산된다면, 많은 자명한 비경제적 가치들이 단지 경제적이지 않다는 이유로 살아남을 수 없을 것이라고 이야기한다(그림 16.6). 지금까지 많은 선진국에서 정부가 수행했던 주요 계획들은 환경 효과와 법률의 측면과 함께 비용편익분석을 요구해 왔다.

예를 들면 미국에서는 1969년 국가환경정책령(NEPA, National Environmental Policy Act)에 의해, 정부 지원 계획에 대해서 환경 영향에 대한 평

표 16.2 공기의 질 향상의 비용편익분석

비 용	편 익
새로운 기술의 설치와 유지 1. 굴뚝의 가스 세정기 2. 자동차 배기 가스 정화장치	질병과 사망의 감소 호흡 곤란 문제의 감소
산업과 기계의 재설계	동식물의 피해 감소
산업과 공공에 부가적인 에너지 비용	기업과 공공의 정화 비용 감소
오염산업 방출에 따른 고용 감소	더 맑고 청명한 대기와 더 좋은 가시성
새로운 기술을 사용하기 위한 고용인 재훈련	시각 자극의 감소
모니터링 강화와 관련된 비용	악취 문제의 감소

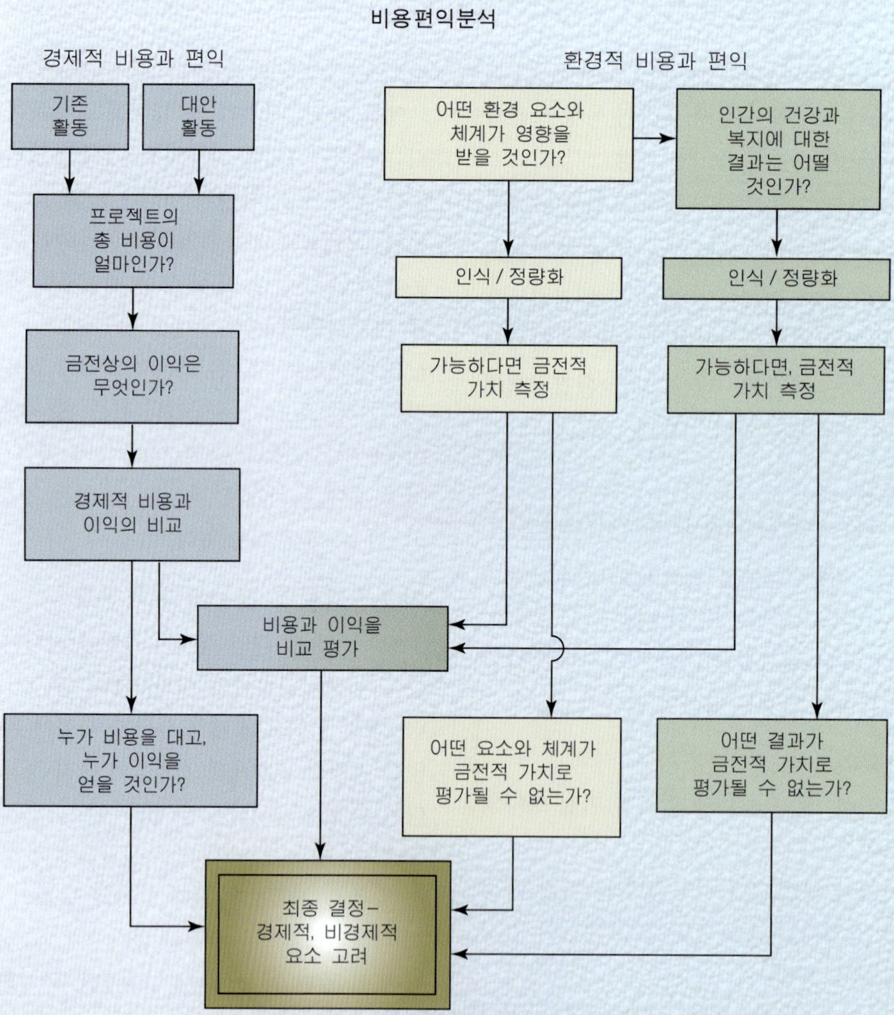

환경 돋보기

녹색광고

많은 소비자들이 환경에 덜 해로운 상품을 사는 데 관심을 갖는다. “환경적으로 안전한”, “재활용된”, “믿을 수 있는”, “오존 친화적”과 같은 “녹색”광고의 상품을 종종 볼 수 있다. 그러나 이러한 광고의 진실성은 얼마나 될까? 상품을 선택할 때 다음을 고려해야 할 것이다.

1. 환경과 관련된 진술이 적절한지 살펴보자. 상품에 관한 적절한 정보인지를 살피기 위해서 반드시 라벨을 읽어야 한다. 예를 들어, 라벨에 “재활용”이라 적혀있다면 어떠한 방법으로 재활용되었는지 알아야 한다. “재활용” 라벨은 그 상품이 수집되어서 활용될 수 있도록 재가공되었음을 의미한다. 신중을 더하기 위해 그 재료가 해당 지역에서 재활용을 위해 수거되었는지도 살펴야 한다.

2. 모호하고 막연한 환경광고를 경계해야 한다. 이러한 광고는 구매 결정에 아무런 정보도 제공하지 않는다. “환경 친화적”, “환경적으로 안전한”이란 라벨은 여러 면에서 부적절하다. 첫째, 모든 상품은 일정한 환경적 영향을 끼칠 수밖에 없다. 둘째, 이러한 귀절만으로는 환경적 이점을 비교하는 데 적절한 정보가 될 수 없다.

a. b. c.

미국에서 활용되는 세 가지 재활용 마크 (a) 상품이 잠재적으로 재활용될 수 있다는 단순한 의미를 가진 마크 (b) 상품이 재활용 원료를 포함하고 있음을 나타내는 마크(원료가 차지하는 비중에 대해서는 알 수 없음) (c) 상품에 포함된 재활용품의 양을 %로 알려주는 마크

가를 요청하였다. 세계은행과 같은 국가적, 국제적 대출기구가 지원하는 계획들도 점차 유사한 분석들을 요구하고 있다.

이런 분석을 요구하는 것은 확실히 경제적이지만, 환경 이슈들이 계획 단계에서 고려되고 있을지라도 환경 자원의 특정 가치를 부여하는 것의 어려움에 의해서 그 장점이 삭감되는 경향이 있다. 특히 제3세계의 발전 계획의 경우, 문화적 사회경제적 차이에 의해 더 어려워진다. 이들은 값비싼 배출 처리 기술을 발전 계획에 수용할 여유가 없다.

비용편익분석의 주요한 비판 중의 하나는 분석을 특정 정책에 적용하기 위해서 분석의 기준과 우선권을 정해야 하며 이론상 모든 종류의 이익과 비용들이 계산되어야 하는데, 실제로는 그렇지 못하다는 사실이다. 예를 들면, 대부분의 대기오염의 비용에서처럼, 많은 사람들이 조금씩 부과하고 있는데 이러한 것은 비용으로서 인식되지 못하는 것이다. 또한 위험에 처한 동식물 종이나 강과 같은 무생물, 그리고 미래 세대를 위한 비용편익의 계산 방법에 대한 논쟁도 존재한다.

비용편익분석에 있어 알려진 비판가는 슈마허(E.F. Schmacher)인데, 그는 자신의 책《작은 것이 아름답다》에서 다음과 같이 진술하였다.

> ‘비용편익분석은 더 높은 것을 낮은 것으로 하락시키고, 가격이 없는 것을 가격이 있도록 하는 과정이다. 그것이 할 수 있는 것은 오직, 자기 기만과 다른 사람에 대한 기만이다. 측정할 수 없는 것을 측정하려는 것은 모순이다. 이미 알려져 있는 관념으로부터 당연한 결론을 이끌어 내는 식의 잔손질이 많이 가는 수법이 되어버리기 때문이다. 즉 기대하고 있는 결과가 나오도록, 측정할 수 없는 비용과 편익에 적당한 값을 무리하게 매기는 셈이다. 하지만 이러

지구촌 전망대

지속 가능한 개발

지속 가능한 개발의 가장 일반적인 정의는 1987년 브룬트그란드 보고서인 "우리 공동의 미래"에 기원을 둔다. 지속 가능한 개발은 미래 세대의 필요를 충족시킬 능력을 저해하지 않으면서 현 세대의 필요를 충족시키는 것이라고 정의하고 있다. 이 보고서가 공개된 이래, '지속 가능한 개발'은 더욱 넓어지고 수정되었는데 '지속 가능성'이라는 단어는 환경의 질을 위한 경제적 비용과 천연자원의 채취에 대한 관심이 고조되면서 자주 언급되었다. 비록 미래 세대의 삶의 질에 대한 존중을 제외하고 개념상의 불일치가 존재하지만, 대부분 자연 자원과 생태계의 생존 능력과 평균적인 인간 삶의 유지, 경제 성장을 언급한다. 이 단어의 인기는 환경 보호와 경제 성장의 혼합으로부터 온다. 예를 들어 지속 가능한 농업 구조는 사회적으로 받아들일 수 있는 경제 비용과 환경 효과의 범위에서 음식과 의류에 대한 욕구를 충족시킬 수 있는 것으로서 정의된다.

마지막으로 국제연합의 지속가능한 개발위원회의 전 의장인 탄 스리 라잘리는 개발도상국들의 환경적으로 건전한 기술의 도입과 현대로의 전환이 지속 가능한 발전을 향한 지구적 활동의 열쇠라고 말한다.

한 논리상의 불합리성이 이 방법의 최대 결점은 아니다. 더욱 나쁜 것 - 문명을 파괴시키고 있는 것 - 은 모든 것에 값이 매겨져 있다는 주장, 돈이 최고의 가치라는 주장이다.

슈마허의 비용편익분석에 대한 비판이 어느 정도는 이상적일지라도 그는 논의되어야 할 이슈들을 제기하고 있다. 경제적 이슈는 환경 이슈와 분리될 수 있는가(표 16.3).

경제 발전과 지속 가능한 개발

전 일본경제연구센터 장이었던 사부로 오키타(Saburo Okita)는 경제 성장의 둔화가 환경문제의 악화를 막기 위해 필요하다고 말했다. 이는 첨예한 논쟁을 불러 일으켰는데, 한 학파는 자원의 원활한 분배에 의한 환경 개선과 오염 방지를 위해 필요한 재정을 충당하는 데 경제 성장은 중요하다고 반박했다. 더 나아가 과학과 기술이 환경 문제를 해결할 수 있는 잠재력을 가지고 있다고 강조하는 학파도 있다. 이들은 경제정책의 성격과 구조에 있어서의 근본적인 변화의 필요성을 전혀 보지 못하고 있다. 이들은 환경의 이슈들을 주로 자원 배분의 선점의 문제로 간주한다.

경제에 대한 새로운 시각을 가진 학파는 경제적 환경적 복지는 동시에 추구되어야 하는, 상호 강화하는 목표라고 믿는다. 경제 성장이 자연 시스템의 정화 기능을 계속 악화시키고 자원을 고갈시킨다면 그 자신의 파멸도 초래할 것이다. 또한 건강한 경제라면, 환경 보호를 위해 필요한 재정을 투자할 것이다. 그러한 이유 때문에 환경 정책의 주요한 목표 중의 하나는 모두의 삶의 수준을 보장하는 것이다. 넓게 보아서, 사회가 환경에 돌이킬 수 없는 손해를 끼치지 않는 경제적 성장을 관리하는 것이 그 해결이 될 것이다. 이 개념이 바로 '**지속 가능한 개발**(sustainable development)'이다. 이는 그 모호성과 모순된 다양한 측면의 해석 가능성 때문에 비판을 받아왔다. 이러한 논란은 '지속 가능한 성장'과 '지속 가능한 사용'이 의미가 같은 것처럼 상호 호혜적으로 사용되어왔기 때문이다. 그렇지만 이들은 다르다. '지속 가능한 성장'은 용어 자체에서 모순이다. 물리적인 어떤 것도 막연히 성장할 수 없다. '지속 가능한 사용'은 재사용할 수 있는 자원을 재사용할 수 있는 범위에서만 사용한다는 것을 의미한다.

미래 세대의 위험에 대한 전망 없이, 사람들의 욕구는 경제적 요구와 생태학적 관심의 균형을 맞추는 것에 의하여 만족되어졌다. 이 개념이 일반적인 것

표 16.3 미국의 환경 산업 현황 (1980 ~ 1998)

소득과 성장 (10억 달러)

환경 산업	1988	80-88	1990	88-90	1992	90-92	1994	92-94	1996	94-96	1998	96-98
서비스												
분석적 서비스	1.2	225%	1.5	28%	1.4	−7.8%	1.3	−6.4%	1.2	−10.6%	1.3	−7.0%
하수 처리 직종	18.2	67%	20.4	12%	21.5	5.4%	22.7	5.6%	24.0	5.8%	23.0	6.0%
고형 쓰레기 처리	21.4	153%	26.1	22%	28.2	8.0%	31.0	9.9%	33.9	9.4%	32	8.2%
유해 폐기물 처리	4.7	662%	6.3	34%	6.6	5.2%	6.4	−3.5%	6.0	−6.6%	6.0	−6.6%
의료/산업 서비스	6.7	1431%	8.0	20%	7.8	−2.6%	8.4	8.7%	8.6	2.1%	9.0	2.2%
기술 및 자문	8.4	479%	12.5	49%	14.3	14.4%	15.3	7.0%	15.2	−0.6%	15	−0.7%
장비기술												
수중 장비와 화학약품	12.0	73%	13.5	13%	14.7	8.4%	15.6	6.6%	17.5	12.1%	18.0	12.1%
기관과 정보 체계	1.3	500%	2.0	53%	2.6	29.1%	2.9	10.9%	3.1	10.1%	3.1	10 %
공기오염 정화장치	3.7	13%	13.1	254%	13.8	5.0%	14.5	5.4%	15.7	8.0%	16.0	8.1%
쓰레기 처리 장치	8.8	120%	10.4	18%	11.1	6.7%	11.2	0.9%	12.0	6.9%	12.3	7.0%
과정과 예방 기술	0.2	178%	0.4	86%	0.6	46.3%	0.8	26.7%	0.8	10.5%	0.9	10.4%
자원												
수자원	17.7	49%	19.8	12%	21.9	10.6%	24.2	10.5%	26.4	8.9%	27	9.0%
자원 회복	11.5	161%	13.1	14%	12.2	−6.9%	15.4	26.1%	14.3	−6.7%	15.1	−5.9%
환경에너지 원천	1.4	−8%	1.8	25%	2.0	12.6%	2.2	11.7%	2.4	8.2%	2.5	8.3%
총합	**117.1**	**115%**	**148.9**	**27%**	**158.5**	**6.5%**	**171.9**	**8.4%**	**181.1**	**5.4%**	**181.2**	**5.4%**

출처 : *Environmental Business Journal*, Environmental Business International, Environmental Business Publishing, San Diego, CA. Reprinted by permission.

처럼 보일지라도 세계의 역사는 그것이 일반적인 현실이 아니라는 사실을 보여준다. 많은 나라에서 지속 가능한 개발에 대한 주요 장애물은 국가의 부를 소수가 독점하는 사회 구조이다. 당장의 끼니를 걱정하는 사람들은 환경 보존에 대한 강의를 들으려 하지 않을 것이다.

개별 국가를 특징짓는 불균형의 문제는 지구 전체의 문제로도 소급되는데, 대부분의 부는 북반구에 집중되어 있다. 남반구의 입장에서 보면, 문제는 부유한 국가들의 증가하는 소비 패턴－대형 차, 냉장고, 냉난방이 잘되는 쇼핑몰－이다. 장기적인 문제는 개발도상국의 사람들이 환경 비용이 비싼, 산업사회의 편안한 삶의 질을 추구한다는 사실이다. 중국과 인도의 생활수준이 미국이나 독일의 생활수준으로 상승한다면, 지구 환경에 미칠 영향은 대단히 심각해질 것이다.

만약 지속 가능한 개발이 가능하다면, 우리의 경제 정책에 대한 방향을 바꾸어야만 할 것이다. 그러한 방향으로 가는 단계는 환경의 질도 포함하도록 GNP 개념의 변화가 있어야 할 것이다. '지속 가능한 개발'이라는 개념은 간단해 보이지만, 그것을 실현하는 것은 매우 복잡한 일일 것이다.

역사적으로 빠른 자원의 개발은 단기간의 경제 발전만을 가져왔고, 어떤 경우에는 그 환경적 결과가 치유할 수 없게 되어버린 경우도 있었다. 예를 들어, 40년 전 에티오피아를 덮고 있던 30%의 숲이 오늘날 단지 1%만이 남아 있고, 모두 사막이 되어가고 있다. 인도의 반이 나무로 덮여 있었는데, 지

지구촌 전망대

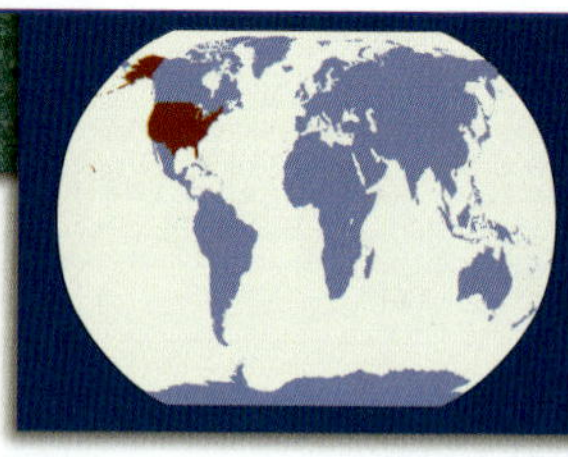

오염방지비용

확대생산책임은 자원 보존과 오염 방지에 나타나는 원칙이다. 확대생산책임은 생태효율성을 극대화시키는 오염 방지와 자원 보존 기회를 확인하기 위하여 생애주기를 사용할 것을 주장한다. 이 같은 원칙하에 생애주기를 통해서 상품의 환경적 영향에 대한 책임을 추정한다. 이는 상품의 재료의 선택에 따른 영향과 공장의 생산과정으로부터의 영향, 상품의 사용과 재활용, 폐기에 따른 영향들을 포함한다.

현재 이런 개념들은 비교적 새로운 것으로 성공적인 예가 있다. 예를 들어 몇 년 전 벨기에의 3M 사의 유럽 화학공장은 주요 생산품인 접착제를 만드는 공정에서 오염을 일으키는 용매를 물을 기초로 하는, 더 안전하지만 비싼 물질로 바꾸었다. 이러한 변화가 벨기에를 비롯하여 12개의 유럽 국가의 환경법을 만족시키기 위한 것만은 아니다. 3M 사의 경영진은 가장 엄격한 공해 방지를 위한 회사 정책에 동의했으며, 심지어 공해방지법이 없는 나라에서도 그들의 자회사에게 이런 규칙을 지키도록 하였다.

이 정책의 단면에는 '녹색' 상품과 기업의 환경 책임에 대한 소비자의 요구 증가로 인한 압력 때문임을 볼 수 있다. 그러나 어쨌든 많은 다국적 기업들이 유사한 지구환경정책을 가지고, 법의 강제에 의해서든 자의에 의해서든 폐기물 처리를 시행하고 있으며 따라서 비용 절감을 경험하고 있다. 1975년 이래 3M 사의 "오염방지비용" 프로그램은 세계 곳곳에서 대기·수질 오염과 폐기물을 줄였으며, 동시에 공정과정의 변환을 했던 지난 18년간, 해외의 1억 달러를 포함해 6억 달러를 절감할 수 있었다. 더 적은 양의 폐기물은 오염 조절 법규의 적용을 위한 비용을 감소시킨다. 그러나 이 경우 3M 사는 폐기물을 운반하고 매매하는 데 비용을 절감할 수 있었으며, 오염방지비용 프로그램에 의해 재활용이 증진되었기 때문에 재료를 구입하는 비용도 줄일 수 있었다. AT&T도 유사한 경로를 거쳤는데 1990년도에 40개의 공장과 2,500개의 웹사이트에 자발적인 목표를 세웠다. 그들에 대한 최근 평가에 따르면 AT&T는 (1) 컴퓨터 회로판을 만들기 위해 사용되는 물질이 일으키는 독성 배출을 73% 줄였으며, (2) 오존층을 파괴하는 CFCs의 방출을 76% 줄였고, (3) 공정과정의 폐기물을 39% 줄였다.

제록스 사는 환경운동의 하나로 재활용 물질에 관심을 가졌는데, 그들은 그들의 복사기 구입자에게 다 쓴 복사기 카트리지를 무료로 수거하여, 새로운 카트리지를 만든다. 뿐만 아니라 제록스는 전원 공급과 모터 용지교환장치와 모터롤러를 재활용하고 있다. 연간 백만 개의 부품이 재생산되고 있는 것이다. 이는 연간 2억 달러의 절감 효과를 내고 있다.

이 같은 오염 방지의 철학은 오염은 방지되어야 하며, 가능한 재료를 절감해야 한다는 것이다. 이러한 시도는 점진적으로 기업의 비용을 줄이고 이익을 증가시키는 결과를 가져온다. 공해 방지는 돈을 만드는 것이다.

규제와 방지 기술의 몇 가지 예

규제/처리/폐기

- 오수 취급
- 산업 폐수 처리
- 배설물 수집
- 소각
- 나지 복원과 쓰레기 재활용
- 쓰레기 매립
- 촉매 전환과 산화
- 분진 규제
- 굴뚝의 탈황장치
- 산화 질소 제어기술

방지

- 에너지와 물질을 더 효율적으로 사용하기 위한 절차제어의 증진
- 촉매작용이나 반응에서 부작용을 줄이고 화학적 산물에서 에너지 추출
- 대체 공정
- 재생 공정
- CFCs의 대체물질 개발
- 높은 효율의 도료 활용
- 중금속과 다른 독성 요소의 대체
- 수질 보호
- 에너지 절감 모터

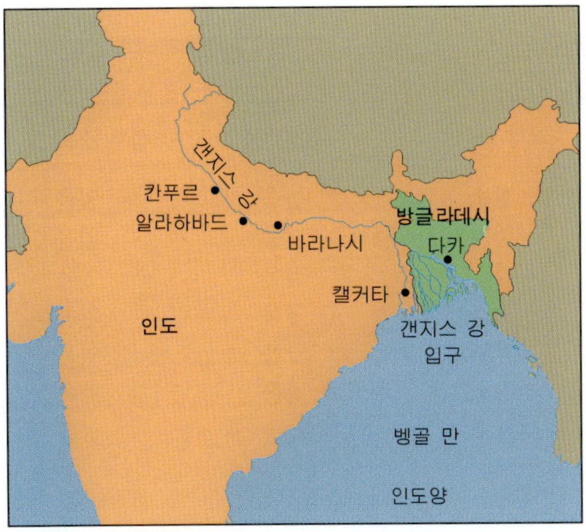

그림 16.7 인도의 사막화가 야기시킨 방글라데시의 홍수 방글라데시는 갠지스 강 입구에 있기 때문에 인도에서의 사막화와 토지 오용은 방글라데시에서 자주 발생하는 홍수의 원인이 되었다.

금은 단지 14%만이 숲이다. 인도의 나무와 표토가 사라짐에 따라 홍수로 인해 방글라데시의 시민들이 함께 고통받는다(그림 16.7).

지속 가능한 발전은 가치에 기초한 선택을 요구한다. 특히 환경에 영향을 미치는 결정의 경제성 측면에서 둘 다 정보와 교육에 의존한다. 클라우슨(A.W. Clausen)은 세계은행의 장으로서 그의 마지막 연설에서 이렇게 말했다.

> "지속적인 경제 개발을 위해서 환경 예방이 필수적이라는 인식이 증가하고 있다. 넓게 봐서 좋은 휴양지에서 휴가를 보낼 수 있는 부유한 사람들에게 보존은 사치가 아니다. 게다가 경제 성장 자체의 목적은 자원 관리에 대한 진지한 관심을 요구한다."

선진국의 높은 수입은 지속 가능한 개발을 촉진시킬 수 있는 위치를 차지한다. 그들은 연구와 기술에 투자할 자원을 가지고 있다. 어떤 이들은 가난한 나라들의 경제 성장을 돕지 않고는 환경 보호의 기준을 부과하면 안 된다고 말한다.

지구의 날의 창시자인 넬슨(Gaylord Nelson)은 지속 가능성을 정의하는 다섯 가지 특징을 제시하였다.

1. **재생 가능성**(renewability) : 사회는 물, 토양, 에너지 자원이 재생 가능한 속도에 맞추어야 하며, 재생 가능한 자원의 소비율은 재생률을 초과할 수 없다.
2. **대체**(substitution) : 할 수 있다면 언제든지 사회는 비재생 자원 대신 재생 자원을 사용해야 한다. 이는 여러 가지 장애로 어려울 수 있지만, 지속 가능성을 위하여 사회는 비재생 자원이 고갈되기 전에 변화해야 한다.
3. **상호 의존성**(interdependence) : 지속 가능한 사회는 그가 더 큰 조직의 한 부분이고, 더 큰 시스템의 존속 없이는 지속이 불가능하다는 것을 깨달아야 한다. 따라서 지속 가능한 사회는 다른 사회를 착취하면서 자원을 수입하지 않는다. 또한 다른 나라를 오염시키면서 쓰레기들을 수출하지 않는다.
4. **적응성**(adaptability) : 지속 가능한 사회는 충격을 흡수할 수 있고, 새로운 기회를 창출할 수 있다. 이는 다양한 경제와 교육받은 시민, 연대의 정신이 필요하다. 지속 가능한 사회는 연구와 발전에 투자하고 사용한다.
5. **제도적 책무**(institutional commitment) : 지속 가능한 사회는 지속 가능성을 지시하는 법과 정치적 과정을 채택한다. 그 경제 시스템은 지속 가능한 생산과 소비를 지지하며, 교육 시스템은 지속 가능한 행동의 가치와 실제를 가르친다.

표 16.4 오염과 자원 폐기물에 대한 경제적 해결책

해결책	외부비용의 내면화	혁신	국제 경쟁력	관리비용	정부 소득 증가
규제	부분적	촉진 가능	감소	높음	없음
보조금	없음	촉진 가능	증가	낮음	없음
해로운 보조금 회수	있음	촉진 가능	감소	낮음	있음
배출권 거래	있음	촉진	감소	낮음	있음
환경 세금	있음	촉진	감소	낮음	있음
사용자 요금	있음	촉진 가능	감소	낮음	있음
오염방지기금	있음	촉진	감소	낮음	없음

외부비용

전 세계가 직면하고 있는 많은 중요한 환경문제들은 현대 생산기술과 소비패턴이 오염물, 폐기물, 보건에 대한 비용을 사회에 전가시키기 때문에 일어난다. 이것은 화폐나 환경 오염으로 측정될 수도 있고 아닐 수도 있는데, 그러한 비용은 자원을 사용하는 개인들 이상의 어떤 존재에 의해 생겨난다. 이를 **외부비용**(external cost)이라 부른다.

가령 호수에서 낚시를 하면서 하루를 즐기려 하는 한 개인을 생각해보라. 차, 음식, 낚시 도구, 미끼들을 가까운 시장에서 구매했다. 그러나 도착해보니 호수는 생명체가 살 수 없을 정도로 오염이 되어 있었다. 더 가정해보면, 그 호수의 근처에 입지한 화학 공장이 수질을 악화시키는 데 책임이 있었다. 이 예에서 그 낚시꾼은 총체적으로 낚시의 즐거움 대신에 화학 생산물의 외부 효과를 경험해야 했던 것이다.

오염통제비용은 오염방지비용과 오염비용을 포함한다. **오염방지비용**(pollution-prevention costs)은 개인적으로 또는 국가적으로, 전적으로 또는 부분적으로 초래되는 것이며, 생산 소비 활동의 결과이기도 하다. 즉 강으로 유입되기 전에 오수를 처리하는 데 드는 지방 정부의 비용이 오염방지비용이다. 대기오염방지를 위한 새로운 기구의 설치에 드는 비용도 오염방지비용에 해당된다.

오염방지비용은 종종 생애주기 분석으로 분석되는데, 이는 우리가 새로운 생산물의 잠재력, 효과, 관련 기술, 총비용을 파악하는 데 도움을 준다. 한 시스템에 접근할 때 생애주기 분석은 생산과 소비, 폐기의 결과를 포함한 생산물의 환경적 결과의 전체 틀을 조사한다.

산업과정의 복잡성 때문에 생애주기 분석은 물질의 흐름, 자원의 재사용, 생산물 대체에 대한 이해가 필요하다. 모든 자원, 생산물, 폐기물을 하나의 상호 의존적인 시스템으로 사고하는 접근 방법의 전환은 시간이 많이 걸릴지 모르지만, 국가는 이를 감수해야 한다.

오염비용(pollution cost)은 두 가지 범주로 나눌 수 있다.

1. 이미 일어난 오염의 손해를 줄이기 위한 사적, 공적 지출
2. 늘어나는 보건비용과 오염에 의한 공공재 사용의 손실

유출수를 정화하는 막대한 비용은(기름에 오염된 해산물의 위협이 늘어남에 따라) 그 예가 된다. 1990년대 중반, 외부비용을 내면화하고 오염을 막는 새로운 경제적 해결책들이 몇 가지 있었다(표 16.4).

공공재 자원문제

경제학자들은 모든 사람들이 자원권을 공유할 때, 과잉 채굴과 오용의 경향이 강하게 나타난다고 말했다. 그러므로 일반적인 공공의 소유권은 소유자가 없는 것으로 표현하는 것이 더 맞을는지 모른다. 가령, 공기에 대한 공공의 소유권으로 인해 개인이

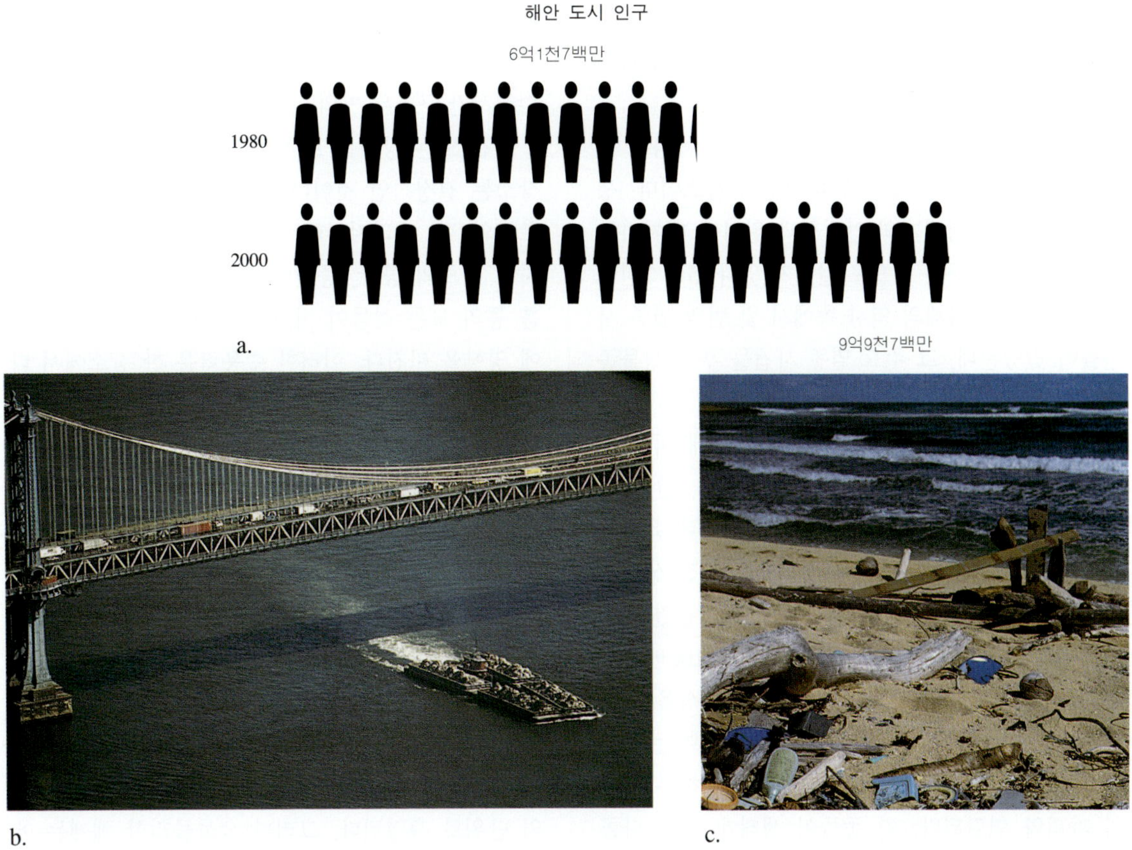

그림 **16.8** 바다의 오용 세계의 바다는 누구도 소유하지 않는 공유된 자원이기 때문에 오용되는 경향이 있다. (a) 해안가의 늘어나는 인구는 해양 생태계의 파괴와 바다 오염을 가속시킨다. (b)와 (c) 많은 나라들이 바다를 쓰레기 매립장으로 사용한다. 이 배는 바다에 그 쓰레기를 버릴 것이며, 이 쓰레기들의 상당량은 파도와 조류를 타고 와 해안에 방치될 것이다.

출처 : (a) Data from UN Enviroment Programme; World Resource Institute

나 기업은 소각에 의해 폐기물을 처리하는 것에 비용을 부과하지 않는다. 따라서 공기 오염비용은 오염자의 경제에 반영되지 않고, 사회의 외부비용으로 포함되어 버린다. 해양에 대한 공공의 소유의식 또한 도시로 하여금 쓰레기를 바다에 투기하는 것에 비용을 책정하지 않게 만든다(그림 16.8).

이와 유사하게 아무도 고래를 잡을 권리가 없다. 국가 간 경쟁은 고래를 남획하는 강력한 동기가 되고, 종의 생존에 위협을 주는 결과를 초래한다. 고래에 대한 이러한 국제적인 사실은 국내의 다른 종에도 해당된다. 위험에 처한 종들은 보통 야생동물이며 길들여지지 않은 것이다. 개인적으로 소유되는 가축들의 생존은 문제가 되지 않는다.

결국 공원이나 길과 같은 토지 자원의 공공소유의식은 다른 환경문제의 근원이 된다. 공원에 쓰레기를 버리는 이들도 보통 자신의 마당에는 버리지 않는다. 공공소유의 자원에 대한 강력한 소유권리의 결여는 경제학자 갈브레이스(John Kenneth Galbraith)가 규정한 '사적 풍요 속에 공공의 결핍'을 말한다.

경제와 생태계

대부분의 자연 과학자들에게 있어서 생물종의 다양성 감소와 기후 변화와 같은 환경문제는 사회경제 시스템과 자연 세계 사이의 불균형의 징후이다. 인간이 자연을 항상 바꾸어 왔다는 것은 사실이지만,

그 변화 정도가 과거의 어느 때보다도 더 큰 것은 틀림없다. 자연에 대한 인간활동의 심층적인 효과의 한 이유는 인구 증가에 있다.

늘어만 가는 자연에 대한 인간의 영향 중 가장 심각한 결과 중 하나는 생물종 다양성의 감소이다. 생물종 다양성은 생태계의 안정성과 위기에 대처하는 능력에 영향을 주는 것으로 알려져 있다. 5억 7천만 년의 복잡한 생명체의 역사 속에서 몇 번의 멸종 사건들이 있었는데, 그 주요 멸종 사건들 후에 생물종의 손실은 20%에서 90%에 이르렀다.

단지 산업혁명 이후, 인간의 인간활동에 의한 종 다양성의 감소는 10%에서 20%에 이른다. 만약 이 상황이 계속되면 다음 세기말 쯤에는 50%에 육박할 것이다. 각각의 멸종 사건 후에 다시 그 전 상태로 회복되는 데 대략 2천만 년에서 1억 년이 걸렸는데, 이는 인간 역사의 시작인 20만 년보다 100배에서 500배 더 긴 시간인 것이다. 생물종 다양성을 감소시키는 첫 번째 원인은 서식지 파괴인데, 이는 먹이 피라미드를 흔들리게 하고, 각 종을 지탱하는 기능의 파괴와 연결된다. 각 종들이 생태계 안의 다른 종들과 상호 의존한다는 지식은 시장경제적 관점의 세계에서는 매우 낯선 것이다.

생물 다양성의 예는 경제학과 생태학의 상충하는 구조들을 잘 보여준다. 시장 결정은 종들 사이의 관계나 자원의 질과 생태계의 기능의 연계성들을 설명해 주지 못한다. 예를 들면, 쇠고기 생산에 필요한 땅의 가치는 산출에 기여하는 것에 따라 매겨진다. 그렇지만 산출과 땅의 사용가치가 떨어지기 전에 풀들의 생물종, 다양성, 토양 속에 작은 유기체 조직, 지하수의 질은 쇠고기 생산에 의해 강력한 영향을 받는 것이다. 산출이 계속되는 한 이러한 변화는 시장에 의해 인식되지 못하며, 토지 이용 결정에 중요한 것이 되지 못한다.

경제학과 생태학 사이의 또 다른 명확한 차이는 시장과 생태의 시간 규모이다. 생태물리학적 세계는 수만 년에서 수백만 년의 시간에서 작동하지만, 시장결정의 시간은 매우 짧다. 특히 경제 정책이 관련된 것에 2년에서 4년의 주기로 선거 임기가 바뀐다. 투자자나 관련 소득자에게 있어서 석 달에서 1년의 수행시간 구조는 거의 규칙이다.

공간 또는 장소는 또 다른 이슈이다. 생태계에서 장소는 결정적인 것이다. 지하수를 예를 들어보면, 토양의 질, 수리지리학적 상황, 지역적 강수량, 그 지역 근처의 공장, 증발에 의한 손실, 지하수의 흐름 등의 모든 것들이 지하수 보유량의 정도와 장소에 영향을 미친다. 이러한 수용력은 한 장소에서 다른 장소로 옮길 수 있는 것이 아니다. 그런데 경제활동에서 장소는 점차 관련이 없는 것이 된다. 지형, 생물 지역 속의 장소나 기능, 지역적 생태 특징들은 비교 이익이나 운송의 기능 등이 단순한 것을 제외하고는 경제적 계산에 들어가지 않는다. 생산은 바뀔 수 있는 것이고, 선호 장소는 가격이 저렴한 곳은 어디든 상관없다.

경제학과 생태학의 또 다른 차이는 측정 단위가 다르다는 것이다. 시장경제를 통합하는 기준은 화폐이다. 진보는 모든 이들이 사용하고 이해하는 화폐의 단위로 측정된다. 그러나 생물물리학 체계는 에너지의 칼로리, 이산화탄소 농도, 강우량, 질산염 오염물량 등과 같은 물리 단위로 측정된다. 생물물리학적인 건강을 무시하고서 자원의 경제적 가치에만 초점을 맞추는 것은 환경의 질이나 기능에 심각한 영향을 끼칠는지 모른다.

경제학, 환경, 개발도상국가

앞서 언급하였듯이, 인간이 식량이나 약물 안전, 산업생산물을 만들어내기 위해 의존하게 되는 자연자원은 생물학적 다양성을 가지고 있다. 생물학적 다양성은 개발도상국에 많이 남아 있는데, 개발과 개척에 의해 위협받고 있다. 발전 계획 비용을 위하여 경제적으로 가난한 많은 나라들은 선진국의 은행으로부터 돈을 빌릴 수밖에 없다. 이러한 외채가 너무나 많아서 많은 개발도상국들은 자연 자원의 과잉 개척을 제외한 다른 방법을 생각해 낼 수 없다. 1990년까지 이들 국가들의 빚은 1조 6450억 이상으로 증가해 왔고, 이 수치는 거의 총 GNP의 반 이상

지구촌 전망대

공유지의 비극

자원의 공동 소유권에 대한 문제는 생물학자 하딘(Garrett Hardin)이 최근에 쓴 에세이 〈공유지의 비극 *The Tragedy of the Commons*〉에서 잘 알 수 있다. "공유지"의 기원은 가축을 키우기 위해 왕이 일반인에게 제공한 영국의 목초지에서 나왔다.

여기서 목초지의 크기에 비해 적은 가축수를 가지고 있다면 공동의 것에 대해서는 아무런 문제가 없다. 그러나 목자의 관점에서 본다면 가축의 수가 많아지기를 바란다. 그렇기 때문에 가축의 수가 늘어감에 따라 공유지가 늘어나기까지, 밀도는 증가할 것이다. 그 결과 모든 사람은 가축의 아사로 손해를 보게 될 것이다. 여기서 비극은 누구도 재난을 피하기 위해 움직이려하지 않는다는 것이다. 민주적인 사회 속에서 가축의 수를 유지하려는 규제는 거의 없었다. 지구의 생태계는 공기와 물, 대체 가능한 광물 자원을 가진 커다란 공유지, 즉 사람들의 목초지라고 할 수 있다. 그러나 이는 한계점을 지니고 있다. 각각의 국가는 가축을 기르기 위하여 충분한 여유분을 위해 가능한 한 많은 것을 뽑아내려고 시도한다. 그래서 미국과 다른 선진국들은 전체 세계 자원의 공유량을 더 많이 소비하고 저개발국가에서 상당량을 수입하고 있다. 세계의 국가는 어장이 파괴되기 전에 바다에서 잡을 수 있는 물고기에 대해 무한 경쟁을 하고 있다. 각각의 국가는 강과 바다와 대기에 환경 용량 이상을 부과함으로써 그 위험을 간과한 채, 폐기물 처분을 위하여 공유지를 사용하고 있다.

이런 공공의 비극은 또한 개인적인 수준에서도 작용한다. 대부분의 사람들은 대기오염을 자각하지만, 여전히 자신들의 자가용을 운전한다. 또한 여전히 많은 사람들이 차를 가지려 한다. 이들이 반사회적이라는 말은 아니지만, 이들은 악화되어 가는 상황을 그대로 받아들이고 누군가가 바꾸기를 기다리는데, 이는 뜻하지 않게 공공의 비극에 기여하게 되는 것이다. 결국 맥주 캔을 아무렇게나 버리고 에어컨을 여러 대 설치하는 것은 현실을 더욱 악화시킬 따름이다.

이다. 막대한 채무는 그들이 단기적인 생존을 위한 개발 계획을 세우도록 하며 환경 효과는 종종 무시되고, 다른 문제들이 확실해질 때까지, 환경비용에 대한 주의를 기울일 여유가 없어 보인다. 이러한 전략은, 환경문제는 국가의 수입이 늘어남과 동시에 수정될 수 있음을 시사하지만, 환경문제는 종종 국제적인 문제로 확대될 수 있음을 간과하는 것이다. 외채 위기에 처한 많은 나라들은 자원 자원들을 지속 개발 가능하도록 관리하기보다 무리하게 개발할 것을 강요받고 있다.

한 국가의 외채 위기 관리를 도울 수 있는 새로운 방법 중 하나는 빚을 자연으로 바꾸어 주는 것(debt-for-nature exchange)이다. 이것은 외채 문제를 보존과 지속 가능한 개발에 대한 투자를 촉진하는 혁신적인 제도이다. 이 교환은 빚을 깎아주는 대신, 지속 가능한 개발과 보전에 사용되는 것으로 보충하는 것이다. 이는 1987년 비영리 기구인 국제보존회가 볼리비아의 65만 달러의 외채를 국립공원 건립 비용과 바꾸어 주면서 시작되었다. 1998년까지 아프리카, 동유럽, 라틴아메리카, 카리브 해 연안의 16개 이상의 국가들이 공식적, 비영리 기구들에 의해 이와 유사한 과정을 거쳤다. 1996년까지 거의 전 세계 1억 2천만 달러의 채무가 2천1백만 달러의 비용에 매매되어 왔고, 6천 4백만 달러 상당이 벌충되었다. 이 돈은 생태계 보존과 국립공원 건립, 강유역 보호프로그램, 멸종 위기종의 조사, 환경교육에 사용되었다. 채무를 자연 보존과 교환하는 것은 채무국에게는 빚이 줄어서 이득이 되고, 편히 투자할 수 있으며, 채권자는 일부분만을 돌려 받게 되지만, 총체적으로는 더 나은 것이다.

이 교환의 원래 목표는 빚의 감소가 아니라 자연자원 관리 투자에 대한 기금 조성인 것이다. 외채의

10%가 교환에 의해 절감된 도미니카공화국의 예에서처럼 자연 관리에 대한 기여가 증가할 수 있었다. 가령, 빚은 줄여주는 것이 직접적으로 환경에 대한 투자를 보장할 수 없을지라도 좁게는 자연 자원의 잘못된 관리를 줄이고, 지속 가능한 개발을 촉진시킬 수 있을 것이다.

선진국 은행의 태도 역시 변하고 있는 듯하다. 예를 들면, 세계은행은 제3세계의 개발 계획에 관여하는데, 보츠와나의 과잉목축과 같은 환경적으로 불건전한 일들을 지원함으로써 환경 단체들의 비난을 받아 왔다. 그러나 지난 몇 년 간 세계은행은 그 프로그램에 환경 관련 요소들을 집어 넣고 있으며, 이러한 새로운 접근의 한 예가 마다가스카르의 환경 활동 계획이다. 세계야생동물기금과 함께 했던 20년의 계획은 환경에 대한 대중의 인식 높이기, 보존지역의 관리, 지속 가능한 개발 촉진에 목표를 두고 있다.

미래에 대한 제언

한 배의 선장은 만재(滿載)에 주의를 기울여야 한다. 수심이 홀수선표 위로 올라온다면 배는 너무 무거워서 가라앉을 위험이 있다. 그 선이 물에 잠기고 나서, 배를 재조정하는 것은 그다지 도움이 되지 않을 것이다. 문제는 배의 총무게이며, 운반용량을 초과하면 안 되는 것이다.

이 분석은 인간활동이 지구가 부양할 수 있는 규모에 다다르고 있다는 것을 지적해준다. 1992년에 102명의 노벨상 수상자들을 포함한 1,600명 이상의 과학자들이 "인간에 대한 경고"라는 상징으로 이를 지적했다. 그들의 경고는, 우리 자신과 지구에 대한 책임을 다하기 위해서는 새로운 윤리와 새로운 태도가 필요하다는 것이다. 이 윤리는 필요한 변화를 위하여, 지도자와 정부와 사람들에게 확신을 주고, 따라서 새로운 활동을 추동해 낼 수 있어야 할 것이다.

지구에서 인간의 길을 밝히려는 그러한 성공적인 지구적 노력들 속에서 환경 악화를 가져오는 세 가지 주요 동인들-자원 소비적인 경제 성장, 빠른 인구 증가, 소득의 불균등 분배-을 생각해 볼 필요가 있다.

부의 불균등은 몇 세기 동안 존재해 왔기 때문에 가장 어려운 문제일는지 모른다. 그렇지만 오늘날은 가난한 사람이나 부유한 사람이나 환경을 파괴함으로써 얻게 될 빈곤을 생각해야 한다.

이러한 빈부의 차를 줄이려는 가장 중요한 작업은 제3세계의 빚을 줄이는 것이다. 이는 이미 1980년대에 언급되었지만, 행해진 것은 거의 없다. 또한 선진국들은 가난한 나라들의 삶의 질을 개선시키기 위하여 외국 원조, 무역, 국제 대출정책에 직접적으로 중점을 두어야 한다.

환경에 해를 끼치는 경제 성장을 줄이기 위한 중심사항은 기술과 무역을 더 지속 가능하게 만드는 것이다. 이것이 환경세의 형태로 이루어진다면, 정부는 다수에게 높은 세금을 매기는 것을 피할 수 있을 것이다. 또한 더 좋은 경제 회계의 측정법을 정립시키는 것이 중요하다. GNP에 사용되어온 계산법이 자연 자원의 파괴와 저하를 설명해주지 못하고 있기 때문이다. 이 지표는 환경이 파괴되어가고 있음에도 계속 진보하고 있다고 말하고 있다. 지속 가능한 길을 향한 좋은 가이드가 필요하다. 미국과 몇몇 나라들은 더 나은 회계법에 대한 연구를 하고 있으며, 비록 진보가 느릴지라도, 변화가 필요하다는 인식이 높아져감에 따라 희망 또한 늘어나고 있다.

우리의 논의가 보여준 것처럼, 환경문제의 경제적 특성은 복잡하고 어렵다. 가장 중요한 문제는 그 전에 경제적 가치에 의해서 평가되지 못했던 자원의 적절한 경제적 가치를 평가하는 것이다. 공기, 물, 경관, 야생생물이 경제적 가치를 가질 때 우리는 전적으로 다른 관점에서 그들을 보게 될 것이다.

요약

위험 평가는 사실들과 가정들을 사용해서 인간과 환경에 해가 되는 가능성을 측정하는 것이다. 위험을 계산하는 것은 어려울지라도, 위험 평가는 위험 관리에 사용되며, 위험 관리는 의사결정의 요소들의 분석에 의한다. 위험 관리는 과학적 증거의 적절성에 중심을 두지만, 이는 종종 다양한 해석이 가능하다. 위험 평가에 있어서 사람들은 익숙한 위험보다는 새롭고 낯선 위험을 과대평가한다. 많은 부분에서 환경문제들은 경제문제로서 여겨질 수 있다. 경제 정책과 개념들의 예를 들면, 수요 · 공급, 지원금 등은 환경적 의사결정에서 중요한 역할을 한다.
또 다른 중요한 경제적 도구는 비용편익분석이다. 비용편익분석은 어떤 정책이 사회적 비용보다 더 많은 사회적 편익을 만들어 내는지에 관련되는 것이다. 이러한 비용편익분석에 대한 비판은 모든 것이 경제적 가치로 판단될 수 있는가에 대한 질문에 있다. 만약 경제적 사고가 사회를 지배한다면, '미'와 같은 비경제적 가치는 돈과 관련이 되어야 살아남을 수 있을 것이라고 지적한다.경제적 사고의 새로운 흐름이 바로 지속 가능한 개발이다. 지속 가능한 개발이란 미래 세대의 필요와 요구를 충족시킬 수 있도록 그들의 권리를 침해하지 않고 현재의 요구를 충족시키는 것으로 정의되어 왔다.
지속 가능한 개발은 가치에 기초한 선택을 요구한다.
오염은 매우 비용이 많이 드는 것이다. 그 비용이 사회에 부과될 때, 이를 외부비용이라 부른다.
오염통제비용은 오염예방비용과 오염비용을 포함한다.
예방비용은 사회적 측면에서 비용이 덜 든다. 경제학자들은 자원의 소유권이 공공에 있기 때문에 자원의 오용과 과용의 경향이 있다고 말한다. 이 개념은 가렛 하딘에 의해 "공유지의 비극"으로 발전되었다.
최근 오염을 줄이려는 시장 접근 방법은 오염을 줄이는 경제적 동기를 부여하는 것이다. 이에 대해 비판가들은 이것이 오염을 허용하는 것으로 오염을 인정하는 것이라고 말한다.
경제적 개념들은 채무국가들에게도 적용이 된다. 그 한 접근 방법이 빚을 자연으로 돌리는 것(debt for nature swap)이다. 이 프로그램은 빚을 공원이나 야생 생물들의 보존으로 변화시키는 것과 관련이 있으며, 점차 널리 사용되고 있다.

주요 용어

공급(supply)
무시할 수 있는 위험(negligible risk)
발암물질(cacinogen)
보조금(subsidy)
비용편익분석(cost-benefit analysis)
수요(demand)
수요공급곡선(supply-demand curve)
오염방지비용(pollution-prevention cost)
오염비용(pollution cost)
외부비용(external cost)
위험 관리(risk management)
위험 평가(risk assessment)
자원(resource)
지속 가능한 개발(sustainable development)
확률(probability)

복습문제

1. 위험 평가는 환경적 의사결정에서 어떻게 활용되는가?
2. 비용편익분석에는 어떠한 것들이 포괄되는가? 지역의 이슈에 대해 비용편익분석을 시행해보자.
3. 지속 가능한 개발과 관련된 문제는 무엇인가?
4. 외부비용의 사례를 제시해보자.
5. 오염방지 비용을 정의해보자.
6. 공공재에서 발생하는 문제는 무엇인가?

비판적 사고력 문제

1. 당신이 규제 관리자라면, 어떤 화학 약품이 안전한지 아닌지를 결정할 때 어떤 종류의 정보를 필요로 하겠는가? 어떤 수준의 위험이 사회적으로 받아들여질 수 있다고 생각하는가?
2. 왜 담배와 같은 발암성 물질이 규제되기 어렵다고 생각하는가?
3. 오염 기업과 나라들을 가정해볼 때, 오염 허용치를 사고 파는 권리에 대한 것이 논쟁이 되고 있다. 혹자는 시장 경제가 오염을 줄일 수 있는 최선이라고 말하며, 혹자는 이는 오염이 계속되도록 하고 집중시킬 수 있는 것이라고 주장한다. 당신 생각은 어떠한가?

4. 당신이 수력발전 프로젝트의 비용편익분석을 책임진 경제학자라고 가정하자. 이 프로젝트의 비용과 이익은 무엇인가? 어떻게 당신은 이 프로젝트를 정량화할 수 있는가? 또는 어떤 종류의 비용과 편익이 측정하기 어렵고 정량화하기 어려운가?
5. 당신의 삶을 볼 때, 어떤 위험은 받아들일 수 있고, 어떤 위험은 받아들일 수 없는가? 어떤 기준이 이러한 결정에 영향을 주는가?
6. 현재의 세계적인 성장과 개발이 지속 가능하다고 생각하는가? 만약 성장을 늦추면, 개발도상국에게는 어떠한 영향을 미치는가? 우리는 어떻게 제한된 성장 속에서 자원의 공정한 분배를 할 수 있는가?
7. 정책에 미래 세대를 위한 자원의 보존에 대한 관심을 반영해야 하는가? 만약 그렇다면 어느 정도의 자원이 보존되어야 하는가? 당신은 기꺼이 미래 세대를 위하여 자원의 사용 없이 견딜 수 있는가?

대기

이 장의 학습목표

- 대기가 어떻게 다량의 대기오염물질을 수용하고 확산시키는지를 이해할 수 있다.
- 주요한 다섯 가지 오염물질의 주요 발생원과 영향에 대하여 살펴본다.
- 광화학 스모그의 형성 원인과 인간에게 미치는 영향에 대하여 살펴본다.
- PVC밸브, APC밸브, 촉매변환기, 세정탑, 집진기, 백필터, 그리고 사용연료의 전환에 의한 대기오염 감소 메커니즘을 설명할 수 있다.
- 산성비의 형성 과정을 설명할 수 있다.
- 기후 변화의 사례처럼 인간이 대기를 변화시킬 수 있음을 이해한다.
- 염화불화탄소(CFCs)의 사용과 오존층 파괴 사이의 연관성을 이해한다.
- 밀폐된 공간이 오염물질의 확산을 제한할 수 있음을 알 수 있다.

이 장의 세부목차

과거 현재 그리고 미래

1987 몬트리올 의정서에서 오존층 파괴물질 단계적 감축 결정

1988 국제기후변화패널(International Panel on Climate Change) 설립

1997 기후 변화에 대응하기 위한 교토의정서 체결

1985 미국의 휘발성 유기물질 방출량 24,300 ton

1982 미국의 납 방출량 55,000 ton

2004 남극에서 오존 구멍 2천 7백만 km^2 측정됨. 확산은 멈춤

2004 인간활동으로 기후가 따뜻해진다는 점에 과학자들 의견 일치

2004 교토의정서 비준 국가 120개국. 미국은 탈퇴

2002 미국의 휘발성 유기물질 방출량 14,800 ton (40% 감소)

2002 미국의 납 방출량 3,750 ton(93% 감소)

대 기

대기(atmosphere 또는 air)는 일반적으로 78%의 질소(N_2)와 21%의 산소(O_2), 그리고 1%의 이산화탄소(CO_2), 수증기, 미량 기체로 구성되어 있다. 대기의 대부분은 중력 작용에 의해 지구 가까이에 위치하고 있으며, 지구에서 멀어지면 밀도는 점점 낮아진다(그림 17.1).

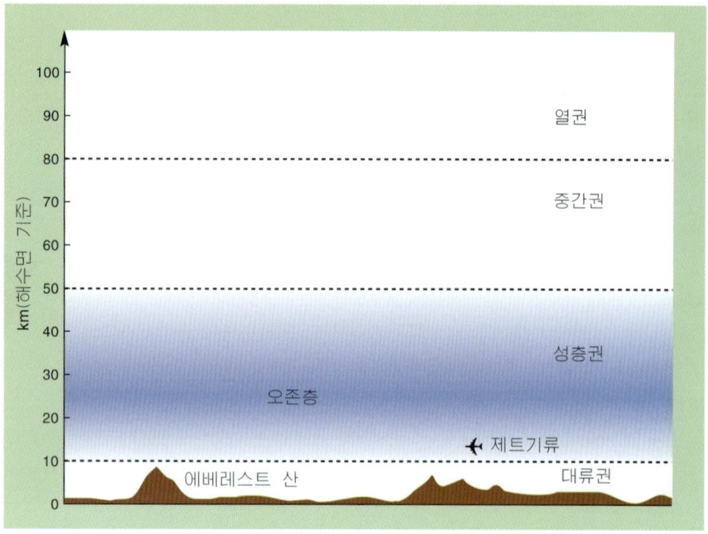

그림 17.1 대기 대기는 대류권과 성층권, 중간권, 열권으로 이루어져 있다. 대류권은 지표면과 접하고 비교적 밀도가 높은 가스층이며, 성층권은 지표면에서 조금 떨어져 있으면서 비슷한 성분에 밀도가 낮은 가스층이다. 대류권에서 날씨가 변하며, 중요한 오존층은 성층권에 있다.

중력이 지구 가까이에 대기를 붙잡아 놓고 있지만 대기는 유동적이다. 대기가 지구복사열을 흡수하게 되면 팽창하여 상승하게 된다. 대기가 갖고 있는 열이 우주에 복사될 때, 대기는 냉각되고 밀도가 커지면서 지표면으로 하강하게 된다. 가열 및 냉각 현상 때문에 대기는 순환하게 되며, 기체는 지구 자전 현상으로 인하여 지표면과 수평으로 움직인다. 이러한 모든 대기 순환의 결과로 세계적으로 지역에 따라 다른 바람 형태가 나타나게 된다(그림 17.2).

우리가 11장에서 이미 논의한 바와 같이, 오염이란 인류의 안녕을 저해하는 것으로, 인간에 의해 발생되는 것이다. 우리가 오염을 발생시키기 때문에, 우리는 오염을 방지하여야 한다. 대기의 질을 저하시키는 자연적 오염원에는 여러 가지가 있는데, 예를 들면 화산에서 분출되는 각종 기체 및 화산 분진, 자연적 오염원에서 발생하는 먼지, 또는 죽은 동식물의 분해 시 발생하는 악취 등이 있다. 그러나 이러한 것들은 인간에 의해 조절되는 것이 아니다. 이것들은 우리가 거론하고 있는 오염과는 다른 것이다. 자동차의 배기가스, 화학물질 냄새, 그리고 공장 매연 등이 여기서 논의될 대기오염으로 간주될 수 있다.

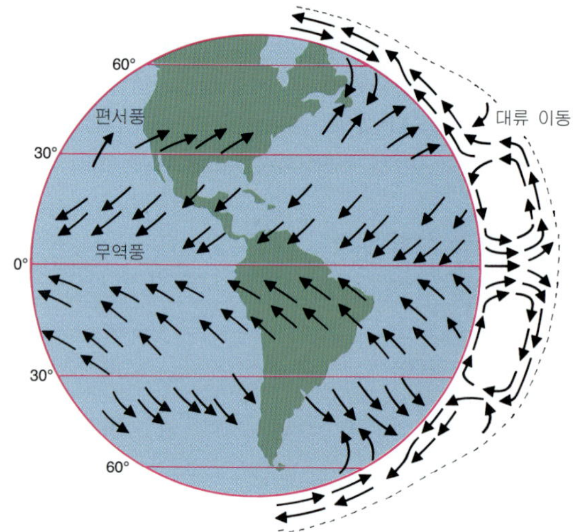

그림 17.2 지구의 대기 순환 바람이란 자전과 온도 차이에서 오는 대기의 이동을 말한다. 이 두 가지 모두 전 지구적인 대기 순환의 패턴을 바꾸는 데 기여하는 것들이다. 남반구에서는 대부분의 바람이 서풍이다.

대기오염 문제는 그 지역에 살고 있는 인구수와 그들이 종사하고 있는 일과 직접 관련되어 있다. 인구가 적고 그들이 사용하는 에너지가 적을 때, 사람들이 받는 영향도 작아진다. 여기서 발생하는 오염물질은 희석되고 전체적으로 부정적인 효과도 경감된다. 그러나 도시화되고 산업화된 문명사회에서는 인구가 증가하게 되고 화석 연료와 기술적 수단의 사용이 증가하게 된다. 인구 증가에 따라 요구되는 생산품의 제조량도 증가하고, 환경을 오염시키는 부산물이 다량 환경으로 배출된다.

대기로 배출되는 기체 또는 작은 분진은 섞이거나 희석되지만, 중력 때문에 지구 가까이에 머물게 된다. 우리가 어떤 물질을 대기 중으로 배출하였을 때 완전히 제거하는 것은 거의 불가능하지만, 희석시키거나 해당지역 밖으로 이동시킬 수는 있다. 사람들이 작은 집단으로 살고 있었을 때에는, 피워놓은 불에서 나오는 연기는 희석되었다. 그래서 인근 지역에 영향을 미치지 않을 만큼 농도가 낮았다. 그러나 산업화된 도시 지역에서 오염물질은 다른 도시에 영향을 미치기 전에 항상 희석될 수 있는 것은 아니다. 시카고의 오염된 공기는 바람을 타고 이동하면서 인디애나 주의 게리 지역에서 더욱 오염되고, 디트로이트와 클리블랜드에서 오염물질이 추가되며, 최종적으로 남동 캐나다와 뉴잉글랜드를 거쳐 대서양에 이르게 된다(그림 17.3). 모든 인구밀집 지역이 같은 종류와 같은 양의 오염물질을 추가시키는 것은 아니지만, 운반되는 오염물질의 총량은 점점 증가된다.

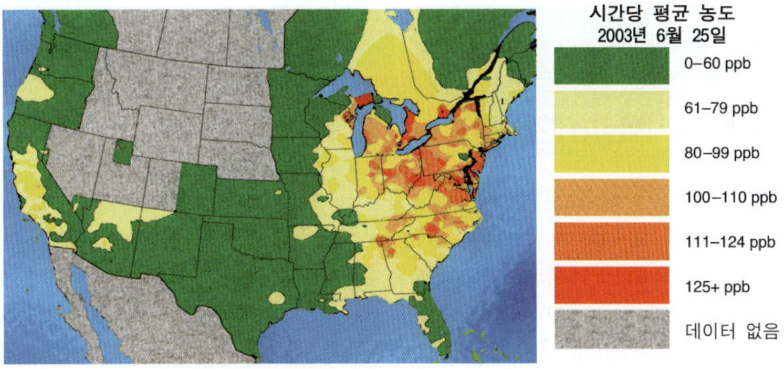

그림 17.3 대기오염과 인구분포 북아메리카의 동부 지역은 인구밀도가 높고 지역적으로 대기오염 문제도 심각하다. 바람이 서에서 동으로 불면서 도시를 지나면서 오염물이 추가되어 공기의 질이 악화된다(ppb = parts per billion).

출처 : U.S. Environmental Protection Agency.

그림 17.4 대기오염 펜실베이니아 주 도노라 시의 전경은 심각한 대기오염 사고를 보여주고 있다. 산업 단지에서 나오는 오염물질은 역전층에 갇히게 되었고 인구의 거의 절반이 질병으로 고통받았다.

대기오염은 즉각적으로 심미적 혐오감을 주지는 않지만 대기오염은 인간의 건강에 영향을 미친다. 도시에서는 수백 명의 사망이 대기질 저하와 직접적으로 관련된다. 펜실베이니아 주의 도노라에서 발생한 사건은 인체의 건강에 유해한 영향을 미치는 대기오염에 대한 좋은 사례이다(그림 17.4). 도노라 시는 골짜기에 위치해 있다. 1948년 10월에 아연 공장과 강철 제련소에서 배출된 오염물질은 계곡에 쌓이게 되었고, 계곡에 짙은 스모그를 만들었다. 5일 동안 17명이 사망했고 5,910명이 고통을 호소했다. 오염된 대기는 도시 인구 12,300명의 약 50%에 해당하는 거주자들에게 영향을 주었다. 지역 주민에게 직장을 선물했던 기술이 그들을 죽음으로 이끌었다.

많은 개발도상국의 대도시 대기질이 극도로 악화되었다. 베이징, 서울, 멕시코시티 그리고 카이로는 최소 2개의 오염물질이 세계보건기구(WHO)에서 정한 대기질 기준을 초과하고 있다. 이러한 대기오염의 원인은 노천 소각, 정비가 불량한 다수의 자동차, 그리고 제대로 규제되지 않는 공장들이다. 세계보건기구는 매년 멕시코시티의 분진이 6,400명의

지구촌 전망대

멕시코시티의 대기오염

1990년대 멕시코시티는 전 세계에서 대기오염이 가장 심한 도시로 기록되었다. WHO(세계보건기구)의 보고에 의하면, 멕시코시티에서 오존 농도가 기준치를 넘은 날이 연중 300일 이상이었다고 한다. 이 시에는 35,000개의 공장과 360만 대의 차량이 있었고, 이 차량들이 주된 대기오염원으로 알려졌다. 대부분의 차량들은 낡고 오래된 모델들로서, 탄화수소, 일산화탄소, 산화질소를 발생시켰다. 도시는 2,000m 고도에 위치해 있는데, 이렇게 높은 곳에서는 자동차 연료의 불완전 연소율이 높아져 대기오염을 촉진시키는 또 다른 원인으로 작용한다. 또한 분지 지형이어서 겨울 동안 기온 역전 현상이 발생한다.

1991년 이후 멕시코시티는 산업과 수송방법을 개선하고, 시민들이 더 자주 대중교통수단을 이용하도록 홍보하며, 자동차를 규칙적으로 튜닝하여 오염원을 줄이고 무연 휘발유를 일반화하여 대기질을 개선할 수 있었다. 그리고 1985년 이전에 생산된 택시들은 폐차시키고, 2002년까지 1991년 이후 생산된 차로 대체하였다.

자가용 및 택시들은 일주일에 하루 사용을 금지하였으므로, 사람들은 카풀제 또는 대중교통수단을 사용하게 되었다. 정부는 사람들이 자가용을 버리고 대중교통을 이용하도록 대중교통수단을 개선하는 데 많은 노력을 기울였다. 이러한 노력들로 오염물을 만드는 차의 수가 감소하였다.

산업시설들은 멕시코시티의 외곽으로 이전시켰다. 오염물을 만드는 정부 소유의 정유시설들은 운영을 정지시키고, 발전소와 산업체에서는 에너지원을 가스로 대체하였다. 주유소에서는 휘발되는 가스를 모아서 재활용하는 시설을 설치하게 하였다.

이러한 일련의 노력으로 대기의 질이 개선되었다. 대기 중 오존 농도는 여전히 높으나, 납, 일산화탄소, 산화질소, 산화황의 농도는 기준치 이하로 유지할 수 있게 되었다. 오존 농도를 조절하기 위해서는 산업체와 개인 차량에 대한 제한이 필요할 것이다.

멕시코시티의 대기질 변화

오염물	농도가 대기질 기준치를 넘은 일수	
	1990	**2002**
오존	325	280
분진	58	4
일산화탄소	43	0
이산화질소	31	0
이산화황	11	0
납	4	0

목숨을 앗아간다고 추정하고 있다. 그러한 도시의 오염된 공기가 사망률을 증가시키고 있으며, 대중보건 또한 취약해서 문제가 더욱 심각하다. 만성 기침과 감염에 대한 취약성은 이러한 도시에서는 일반적인 사실이다. 대기오염에 의한 사망은 주로 노약자들 사이에서 일어난다. 기관지 염증, 알레르기에 의한 부작용, 눈과 코 점막의 가려움 등을 해결하는 방법은 대기오염을 완화시키는 것뿐이다.

1차 대기오염물질

전 세계적으로 건강에 해가 되기에 충분한 양의 주요 대기오염물질이 대기 중으로 직접 배출되고 있다. 다섯 가지 주요 물질은 일산화탄소(CO), 탄화수소(HC), 분진(TSP), 이산화황(SO_2; 아황산가스), 그리고 질소산화물(NO_x) 등이다. 이들을 **1차 대기오염물질**(primary air pollutants)이라 부른다(표 17.1).

이러한 물질들은 에너지원에 의해 다른 물질과의 상호작용을 일으켜, 오존이나 기타 반응성이 높은 물질 등 새로운 **2차 대기오염물질**(secondary air pollutants)을 생성시킨다. 이러한 2차 대기오염물질은 자연 상태에서의 물질반응으로도 생성된다.

일산화탄소(CO)

일산화탄소(carbon monoxide)는 휘발유, 석탄, 목

표 17.1 1차 대기오염물질과 오염원

오염물질	오염원
일산화탄소(CO)	화석연료의 불완전 연소 담배 연기
탄화수소(HC)	화석연료의 불완전 연소 담배 연기 화학물질
분진(TSP)	화석연료의 연소 농기계 운전 건설기계 운전 산업 폐기물 건축물 파괴
이산화황(SO_2)	화석연료의 연소 광석 용해
질소산화물(NOx)	화석연료의 연소

그림 17.5 일산화탄소 일산화탄소, 탄화수소, 그리고 일산화질소의 주요한 발생원은 대부분의 교통수단에 사용되는 내연기관이다. 자동차 수가 많아질수록 오염물질 농도는 더 커진다. 100ppm의 일산화탄소 농도는 대도시의 출근시간에 흔히 측정되곤 한다. 이 농도는 피로, 현기증, 두통을 일으키기에 충분하다.

재, 쓰레기 같은 유기물질들이 불완전 연소될 때 생성되며, 가장 큰 단일 오염원은 자동차이다(그림 17.5). 연소 효율의 개선과 촉매변환기의 사용이 단위거리당 일산화탄소 배출량을 감소시켰지만, 일산화탄소는 자동차 수와 주행거리의 증가 때문에 여전히 문제로 남아 있다. 세계 각지에서 자동차는 제대로 관리되지 않으며, 작동 불가능한 오염방지장치를 장착하고 있으므로, 막대한 양의 일산화탄소가 대기 중으로 배출되고 있다.

일산화탄소의 두 번째 큰 오염원은 담배연기이다. 최근 미국과 여러 나라에서, 간접흡연에 대한 노출을 최소화하기 위해 흡연지역에 많은 압력을 가하고 있다. 식당은 금연구역을 지정하고(일부는 무연을 홍보수단으로 하고 있다.), 공공건물은 금연지역을 지정하고 있으며, 회사와 대학들은 건물을 금연 건물로 지정하고 있다. 흡연은 오늘날 산업화된 세계에서 감소하고 있지만, 개발도상국에서는 담배회사들의 과도한 홍보로 흡연을 매력적이고 세련된 이미지로 유지시키고 있다.

0.001%의 일산화탄소가 포함된 대기에 수시간 노출되면 죽음에 이를 수도 있다. 일산화탄소는 장시간 체내의 헤모글로빈에 착상되어 아주 적은 양이라도 축적되면 혈액이 산소를 운반하는 것을 감소시키기 때문이다. 교통정체 현상에서 발생되는 일산화탄소는 두통과 구토, 시력장애 등을 유발한다. 정체된 차량 안에서 담배를 피우는 사람은 이중으로 노출되고 비흡연자에 비해 반응시간이 훨씬 빠른 것을 경험할지도 모른다.

다행히도 일산화탄소는 지속적으로 남아있는 오염물질은 아니다. 자정작용에 의해 일산화탄소는 무해한 화합물질로 전환된다. 그러므로 만일 대기로 유입되는 새로운 일산화탄소만 없다면 대기 안의 일산화탄소는 정화될 수 있다.

탄화수소(HC)

자동차는 일산화탄소뿐 아니라, 다양한 탄화수소를 배출한다. **탄화수소**(hydrocarbons)는 탄소와 수소 원자가 결합한 유기화합물질이다. 이들은 연료공급장치로부터 확산되거나 불완전 연소된 연료 성분들이다. 정유공장과 다른 산업체에서도 대기 중으로 탄화수소가 배출되기는 하지만, 탄화수소의 주 오염원은 내연기관이다. 대기 중의 탄화수소는 그렇게 큰 문제는 아니다. 대부분이 비가 내릴 때 수면으로 씻겨내려 가서, 수면에서 기름 층을 형성하지만, 탄화수소는 다른 반응을 통해 이차 오염물질을 형성하지 않으면 일반적으로 공해문제를 야기하지 않는다.

자동차 엔진을 개조하면 대기로의 탄화수소 방출이 감소한다. 엔진을 통한 가스의 재활용, 연료와 공기의 혼합에서 고농도 산소를 사용하는 것, 그리고 가스의 손실을 막을 수 있는 밸브를 사용하는 것이 이러한 개조의 세 가지 예가 된다. 덧붙여서, 촉매변환기는 배기가스를 좀더 완벽하게 연소시켜 더 적은 양의 탄화수소를 배출한다.

분진(TSP)

대기로 확산되는 작은 입자의 고체물질인 **분진**(particulate matter) 도 주요 대기오염의 범주에 속한다. 화재 시 발생되는 매연 분진, 브레이크 라이닝과 단열재인 석면의 조각, 먼지형 분진, 그리고 공단에서 발생하는 재 등이 분진 부하에 기여하고 있다. 분진은 눈에 띄는 먼지의 지저분함부터 유리섬유에서 발생할 수 있는 **발암성**(carcinogenic) 까지 많은 문제를 일으킨다. 분진은 쉽게 목격이 되기 때문에 사람들의 관심 대상이 된다. 일산화탄소와 이산화황과 같이 눈에 보이지 않는 무색 연기들과는 달리 공장에서 배출되는 검은 연기는 고가의 측정장비 없이도 볼 수 있으므로 공개적으로 금기시되고 있다.

분진은 축적되어 가스를 교환하는 폐의 기능을 억제한다. 이러한 폐의 손상은 직업상 많은 양의 분진에 지속적으로 노출된 사람들에게 일어난다. 광부와, 먼지가 많은 작업환경 속에서 일을 하는 사람들은 대부분 영향을 받는다고 봐야 한다. 또 분진이 함유된 공기를 마시기 때문에 분진에 부착되어 있던 잠재적으로 더욱 유해한 다른 물질과 접촉하게 된다. 호흡기 내에 염증을 유발시키는 황산, 질산, 그리고 탄산은 종종 분진 표면에 형성된다.

이산화황(SO_2)

이산화황(sulfur dioxide) 은 황을 포함한 화석연료가 연소될 때 연료 중의 황과 산소와의 화합물질로서, 일반적으로 아황산가스라고 불리는 물질이다.

석탄과 석유는 생물체가 변환된 연료인데, 생물체에 포함되었던 황 성분이 연료로 전환되어 이것이 연소될 때 이산화황으로 방출된다. 이산화황은 자극적인 냄새와 호흡기 조직에 염증을 유발한다. 또 이것은 대기에 있는 물, 산소, 그리고 기타 다른 물질과 반응하여 황산화물을 형성한다. 황산화물은 분진에 부착될 수 있는데, 호흡을 통해 흡입될 때 폐 조직을 상하게 한다. 1306년에 영국의 에드워드 1세(Edward I) 는 연안에서 발견된 '바다석탄' 의 런던 내 연소를 금지시켰다. 이 석탄은 황 함유량이 대단히 높았고 부분적이지만 도시 내 유독한 악취의 원인이기도 하였다. 에드워드 1세의 금지 조치는 대기질에 관한 최초의 환경 규제라고 말할 수 있다.

영국 런던은 일찍이 죽음의 연무로 알려진 장소 중의 하나이기도 하다. 1952년 도시는 수일에 걸쳐 진한 안개로 덮여있었다. 이 기간 동안 도시를 감싸고 있는 대기는 온도 조건 때문에 대기 순환이 정체되어 상위 공기층과 섞일 수 없었다. 공장에서는 지속적으로 매연과 분진이 이 정체된 대기층으로 배출되었고, 안개, 매연, 그리고 분진이 뒤덮여 사람들의 생활터전을 빼앗아 버렸다. 이러한 매연과 안개의 합성체는 스모그(smog) 로 널리 알려지게 되었다. 많은 런던 시민들이 호흡기 질환, 두통, 그리고 구토를 호소하였고 몇 주 사이에 4,000명의 사망자를 낳았다. 그들의 사망 원인은 안개에 포함된 고농도의 황 화합물에 의한 것이었다. 그 외에도 수천명이 극심한 기관지염, 기도 통증, 그리고 흉부 통증에 시달렸다. 1984년 펜실베이니아 주 도노라의 대기 중의 이산화황과 분진에 의한 관련 증상에 대해 이미 언급한 바 있다.

질소산화물(NO 및 NO_2)

질소산화물(NO_x)은 주요한 5개의 대기오염물질 중의 하나이다. 질소산화물에는 여러 종류가 있지만, 거의 대부분은 **일산화질소**(nitrogen monoxide)와 **이산화질소**(nitrogen dioxide) 이다. 공기 중에서 연소가 일어나면 대기 중의 질소와 산소 분자는 서로 반응을 하여 질소산화물을 생성한다.

$$N_2 + O_2 \rightarrow 2NO$$
$$2NO + O_2 \rightarrow 2NO_2$$

일산화질소와 이산화질소의 혼합체를 우리는 질소산화물(NOx)이라고 부른다. 이 중 이산화질소는 다른 화합물과 반응하여 광화학 스모그를 유발한다.

일산화질소의 가장 큰 배출원은 자동차 엔진이다. 촉매변환기는 내연기관에서 배출되는 일산화질소를 감소시키는 역할을 한다. 그러나 계속 증가하는 자동차 교통량으로 인하여 많은 도심지에서 NOx의 농도는 위험한 농도까지 올라가기 때문에 질소산화물은 주목할 필요가 있다. 왜냐하면 그것들은 2차 대기오염물질들을 생성하는 데 주요한 역할을 하기 때문이다.

광화학 스모그

2차 대기오염물질은 다양한 대기오염물질의 상호작용에 의해 생성된 화합물을 말한다. **광화학 스모그**(photochemical smog)는 자외선과 질소산화물의 반응에서 유발되는 오염물질의 혼합체이다(그림 17.6).

그림 17.6 광화학 스모그 탄화수소, 질소산화물, 그리고 태양광선의 상호작용에 의해 인간에게 자극을 주는 새로운 화합물이 생성된다. 캘리포니아 주 로스앤젤레스에서 촬영한 이 사진에서 스모그의 시각적인 영향을 볼 수 있다.

광화학 스모그를 유발하는 대표적인 광화학 산화제에는 오존(O_3)과 과산화아세틸질산염(PANs, peroxyacetylnitrates)이 있다. 두 물질 모두 강력한 산화제이다. 즉, 이 물질들은 다른 화합물과 쉽게 반응하여, 생물체에 파괴적인 변화를 일으킬 수 있다. 오존은 특히 위험한데, 그 이유는 식물의 엽록체와 인간과 다른 동물의 폐 조직을 파괴하기 때문이다. PANs는 산화제로서 눈을 자극한다. 오존과 PANs는 모두 태양광선에 의한 화학반응으로 생성된 2차 대기오염물질이다.

전형적인 광화학 스모그 오염은 다음과 같은 일련의 과정을 거쳐서 일어난다.

1. 아침 출근길 혼잡한 교통은 막대한 양의 일산화질소를 방출한다. (NO):

$$N_2 + O_2 \rightarrow 2NO$$

2. 일산화질소는 대기 중의 산소 분자(O_2)와 반응하여 이산화질소(NO_2)를 생성한다. 광화학 스모그가 적갈색의 박무를 갖게 되는 것은 이 산화질소 때문이다.

$$2NO + O_2 \rightarrow 2NO_2$$

3. 늦은 아침 이산화질소는 자외선과 반응하여 산소 원자(O)를 형성한다.

$$NO_2 \xrightarrow{\text{자외선}} NO + O$$

4. 대기 중 대량의 산소 분자는 산소 원자와 반응하여 오존을 형성한다.

$$O_2 + O \rightarrow O_3$$

대기 중의 탄화수소는 오존과 반응하여 PANs를 생성한다. 지금은 다양한 오염방지장치가 대기 중으로 배출되는 탄화수소를 감소시켜 PANs의 형성을 줄이고 있다.

오존과 PANs이 생명체와 반응하면서, 손상을 입히고 반응성이 작은 물질로 변환되며 최종적으로는 광학적 스모그가 소멸되는 것이다.

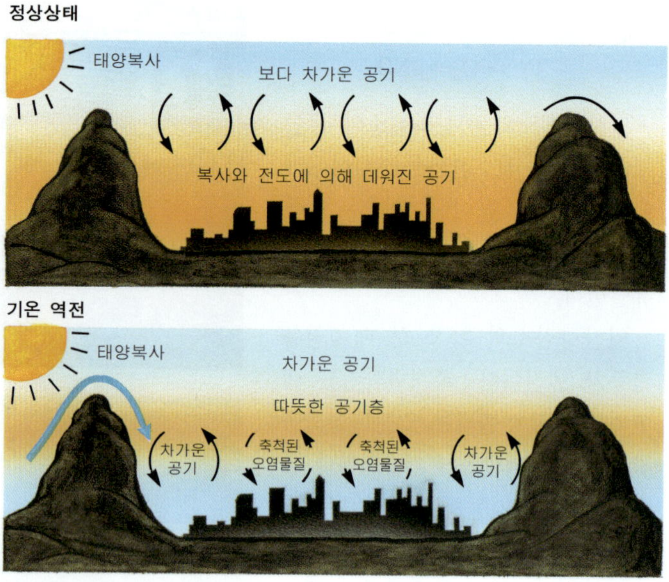

그림 17.7 기온역전 정상상태에서 지표면의 대기는 태양에 의해 가열되고 상승하여 이것보다 상층의 차가운 공기와 혼합된다. 기온역전이 일어나면, 더운 공기층이 차가운 공기층 위에 형성된다. 차가운 공기는 상층의 더운 공기와 혼합될 수 없고 주위를 둘러싸고 있는 산 때문에 또한 벗어날 수도 없다. 차가운 공기는 종종 수일을 갇혀 있게 되며, 오염물질은 축적된다. 만일 기온역전이 계속 진행될 때에는 오염 농도가 위험할 정도로 높아질 수 있다.

LA, 솔트레이크시티, 덴버 같은 도시들은 지형과 날씨로 인하여 동부 연안의 대도시 지역보다 광학적 스모그로 인한 피해가 더 크다. 이러한 도시들은 모두 산에 둘러싸여 있는 분지형 지형을 갖고 있다. 중풍은 서풍이며, 차가운 공기가 이러한 골짜기로 흘러 들어오면 이 공기는 더운 공기를 위쪽으로 밀어 올린다. 더운 공기는 두 개의 차가운 공기 층 사이에 샌드위치처럼 위치하고, **기온역전**(thermal inversion)을 형성하여 골짜기의 덮개와 같은 역할을 하게 된다. 그래서 공기는 골짜기 안에 갇혀버리게 되는 것이다(그림 17.7). 더운 공기의 덮개는 이것을 누르고 있는 더 차가운 공기층에 의해 덮여 있기 때문에 더 이상 상승하지 못한다. 또한 주위를 막고 있는 산 때문에 이동하여 그 지역을 벗어나지도 못한다. 정상적인 대기 순환이 없이는 스모그가 축적될 수밖에 없다. 큰 날씨 변화가 일어나 더운 공기 덮개를 밀어 올려 산 위로 넘겨버리기 전까지는 유해한 화학 물질의 농도는 계속 증가할 것이다. 더운 공기가 위로 올라가게 되면 낮게 깔려 있던 차가운 공기가 순환을 시작할 것이고 비로소 오염된 공기는 희석될 수 있다.

광학적 스모그 문제는 내연기관의 사용을 억제하고, 기온역전을 일으키는 골짜기의 인구밀집을 감소시킴으로써 현저하게 감소될 수 있다. 이러한 방법은 모두 수십억 달러의 비용과 생활양식의 큰 변화를 요구하고 있다. 그래서 사람들은 여전히 그러한 문제를 해결하지 못한 채 살게 될 것이다.

기타 중요한 대기오염물질

최근 몇 년간 세 가지 대기오염물질이 인간의 건강과 복지를 심각하게 위협하는 것으로 인식되고 있다. 라돈, 납, 그리고 독성 화학물질이다. 납의 주요한 발생원은 휘발유와 페인트이다. 오랫동안 납은 엔진을 보다 효과적으로 가동하기 위하여 휘발유에 첨가되어 왔다. 그러나 납 배출이 위험하다는 인식이 널리 퍼지면서 유럽과 남아메리카에서는 휘발유로부터 납 첨가제를 제거하였다(그림 17.8). 그러나 아직도 세계적으로 많은 나라에서 납이 첨가된 가솔린을 사용하고 있다.

납 성분을 배출하는 다른 오염원은 페인트이다. 대부분의 낡은 집들은 납이 첨가된 페인트로 칠해져 있다. 벗겨진 페인트, 개축을 위해 건물을 허무는 과정에서 발생한 먼지는 대기 중으로 배출된다. 납의 양이 비록 작을지라도 가정에 납이 존재하게 되면, 페인트가 묻은 표면을 씹거나 종종 페인트 조각을 주워 먹을 수 있는 어린아이들은 심각한 위험에 노출될 수 있다.

대기 독성물질은 고의로 대기에 배출되거나, 누출이나 열악한 제조 공정에서 사고로 배출되는 유해한 화학물질을 말한다. 살충제 같은 물질은 곤충이나 병균을 없애기 위해 고의적으로 살포되기도 한다. 그러나 대기 독성물질의 대부분은 제조 과정에서 발생된다. 대기 독성물질은 전체적으로 대중에게 중요한 것은 아니지만, 작업상 접근되기 쉬운 사람들에겐 그것들이 고농도로 그리고 빈번하게 영향을 줄 수 있으므로 매우 중요한 문제이다. 학술상으로 수백 가지의 대기 독성물질이 존재하고 있다.

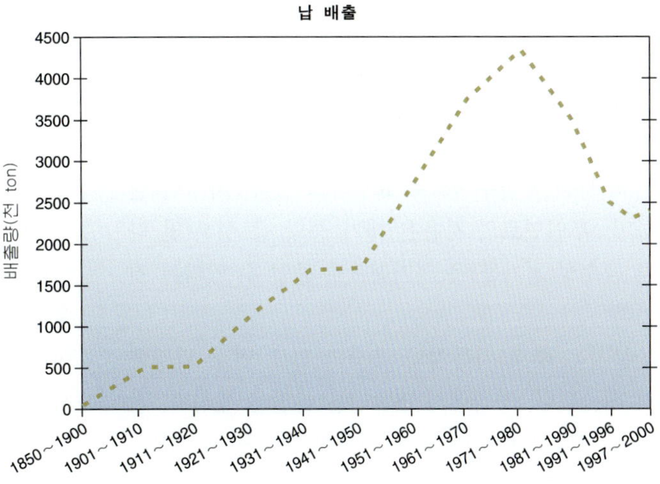

그림 17.8 납 배출 유럽 대부분 지역과 남아메리카에서는 휘발유에서 납 성분을 제거하여 1980년대 초 이후 대기로 배출된 납의 양이 현저히 감소하고 있다.

출처 : U.S. Environmental Protection Agency, Office of Air and Radiation.

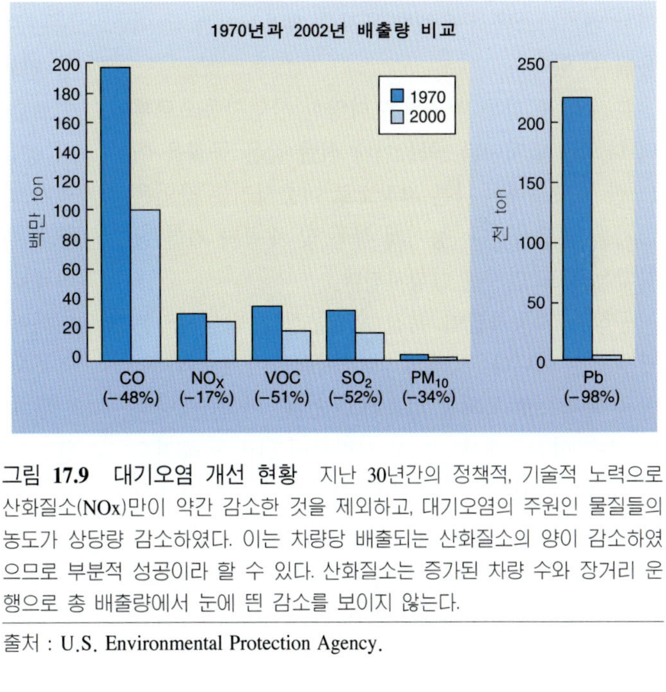

그림 17.9 대기오염 개선 현황 지난 30년간의 정책적, 기술적 노력으로 산화질소(NOx)만이 약간 감소한 것을 제외하고, 대기오염의 주원인 물질들의 농도가 상당량 감소하였다. 이는 차량당 배출되는 산화질소의 양이 감소하였으므로 부분적 성공이라 할 수 있다. 산화질소는 증가된 차량 수와 장거리 운행으로 총 배출량에서 눈에 띈 감소를 보이지 않는다.

출처 : U.S. Environmental Protection Agency.

대기오염의 통제

우리가 지금까지 조사해온 모든 종류의 대기오염물질은 인간에 의해 만들어진 것이다. 이것은 대기로 배출된 오염물질이 인간에 의해 제어될 수 있다는 것을 의미한다. 대기오염물질을 제어하는 방법은 오염물질의 종류와 그것을 변화시키는 산업체, 정부, 그리고 개인들의 의지나 능력에 달려 있다. 또한 긍정적인 변화의 가능성을 주지시키는 것도 중요하다(그림 17.9).

광학적 스모그를 완전히 제거하기 위해서는 운전 습관, 우리의 생활양식과 문화의 여러 면에서 광범위한 변화가 필요하다. 광학적 스모그를 제거하는 것은 어렵지만, 광학적 스모그를 생성하는 중요한 대기오염물질(질소산화물과 탄화수소)을 감소시킴으로써 문제를 경감시킬 수 있다. 미 정부 조례는 배기가스 배출을 줄일 수 있도록 자동차 산업에 압력을 가하고 있다. PCV 밸브(positive crankcase ventilation valve)와 APC 밸브(air pollution control valve)가 달린 배기구는 탄화수소의 배출을 감소시킨다. 촉매변환기는 배기가스의 일산화탄소, 질소산화물 그리고 탄화수소 배출을 감소시키는데, 무연연료 사용을 필수적으로 요구하고 있다. 바꾸어 말하면, 무연연료의 사용은 대기 중의 납 성분(및 다른 금속성 첨가물)을 획기적으로 줄일 수 있다는 것이다.

분진은 주로 자동차와 공장의 연료 연소 과정에서 배출된다. 공장에서 배출되는 분진은 세정기, 집진기 그리고 백필터 등에 의하여 감소될 수 있다. 이러한 장치는 효과적이기는 하나 고가라는 단점이 있다. 이 장치들은 굴뚝을 개조하여 설치하거나 연소시스템에 설치한다. 그러면 연소 과정에서 나오는 물질을 여과하여 일부를 제거시키면서, 그 밖의 물질은 대기 중으로 배출시키게 된다. 전위차 분리기 역시 배기가스에서 유해한 물질을 제거시키는 데 이용될 수 있다.

분진의 또 다른 배출원은 다양한 산업활동으로부터 나오는 먼지이다. 곡물이나 석탄 같은 물질을 어느 한 저장소에서 다른 저장소로 이송시키는 작업은 먼지를 발생시킨다. 농기계 작동 및 채광과 기타 굴착활동 등도 먼지를 발생시킨다.

공장과 자동차만이 분진 오염물질을 발생시키는 발생원은 아니다. 세계의 많은 사람들이 요리와 난방을 목적으로 목재를 사용하고 있다. 미국, 캐나다와 같은 선진국에서도 일부 사람들이 난방을 목적으로 목재를 연료로 하는 스토브와 벽난로를 사용한다. 하지만 대부분은 이차적인 난방이나 관상 목적으로 사용하고 있다. 그러나 다량의 목재를 태우는 스토브와 벽난로의 사용은 갈색 구름(Brown Cloud)이라고 하는 심각한 대기오염문제를 야기시킬 수 있다. 아이다호 주 보이즈, 유타 주 솔트레이크시티, 콜로라도 주 덴버와 같은 많은 지방자치단체들은(일부는 주(州) 전역에서) 대기오염이 심각한 기간 동안 목재 연소를 금지하기 위하여 벌금형을 부과하고 있다. 많은 자치단체들이 오염에 대한 시민들의 경각심을 일깨워주고 있으며, 사람들이 목재 연소형 버너를 사용하지 않도록 요청하고 있다. 이러한 자치단체들의 다수가 목재 연소형 스토브와 벽난로의 효율과 사용 수를 제한하는 규정을 가지고 있다. 콜로라도 주 캐슬락과 같은 자치단체들은 가옥 건축 시 목재 연소형 스토브나 벽난로의 설치를 금하고 있다. 많은 사람들이 녹슨 스토브를 사용하는 즐거움이 환경을 악화시키는 영향을 가져온다는 사실을 이해한다면, 고효율의 목재 버너나 가스 벽난로를 사용하게 될 것이다. 그러나 그렇지 않은 이상 대부분은 벌금형이나 공식적인 규정에 의해 강제적으로 금지시켜야 할 필요가 있다. 다수의 작은 대기오염원들은 대규모 배출원과 같이 커다란 문제를 야기할 것이고, 종종 더 제어하기 어려운 지경에까지 이를 것이다.

화력발전소에서 발생되는 이산화황을 제어하는 데는 여러 가지 방법이 있다. 첫 번째 대책은 고유황 연료를 저유황 연료로 전환하는 것이다. 고유황 연료를 저유황 연료로 전환하면 대기로 방출되는 황의 양을 약 66% 정도 감소시킬 수 있다. 석유나 천연가스, 또는 원자력 연료로 전환하는 것이 이산화황의 배출을 더 감소시킬 수 있다. 그러나 저유황 연료로의 전환은 공급에 한계가 있으므로 장기적인 대책이 아니며, 원자력발전소는 또 다른 종류의 오염문제를 갖고 있다.

두 번째 대책은 연료가 사용되기 전에 연료에서 황성분을 제거하는 것이다. 석탄을 연소시키기 전에 화학적 또는 물리적 처리로 황 성분의 약 40%를 제거할 수 있다. 이것은 기술적으로 가능하기는 하나, 전기 사용자들의 전기 비용을 상승시킨다.

굴뚝에서 배출되는 가스를 정화하는 것이 세 번째 대책이다. 물론 기술적으로 가능하지만, 이러한 제어장치들은 설치, 유지, 가동하는 데 비용이 많이 든다. 정부는 이러한 장치의 설치를 요구하고 있지만, 산업체가 장치를 설치할 때 설치 및 운영 비용은 사용자에게 전가된다. 전형적인 화력발전소에 정화장치를 설치하는 비용은 대략 2억 달러 정도 된

환경 돋보기

대기청정법(1990년)

1990년에 1977년 개정된 미국 대기청정법(Clean Air Act)에 대한 첫 번째 주요 개정안이 통과되었다. 심각한 대기오염 문제를 안고 있는 특정 도심 지역과 전기 공급원, 자동차 공장은 승인을 받아야 했고, 최종 법안이 강력한 것으로 간주되었다. 현재까지 산성비 제어 프로그램과 오존층 파괴 물질을 통제하는 프로그램 같은 대기청정법 프로그램이 시행되고 있다. 그러나 다른 대기청정법 프로그램의 실행은 좀더 논쟁의 여지가 있음이 밝혀졌다. 대기청정법 실행을 기준으로, 1990년 수정 조항의 실행과 관련하여 여러 가지 사항이 제기되었다.

법령에는 미국 각 주들이 환경보호국이 공표한 규칙을 따라야 하는 일련의 매우 엄격한 만료 기간이 지정되어 있다. 그러므로 환경보호국 규정의 제정 지연은 실행과 관련된 중요한 문제가 되었다. 환경보호국의 지연으로 주(state)는 자신들의 대기질개선계획(SIPs, State Implementation Plan)을 제출하기 위한 만료 기간을 놓쳐 버렸으므로, 대기오염 제어 프로그램의 시행이 지연될 수밖에 없었다. 이 법령은 1998년까지, 국가대기환경기준(NAAQS)을 달성하지 못한 지역들이 그 환경기준을 맞추도록 하고 있다. 1994년까지 국가환경기준을 만족시키지 못했던 주의 80% 이상이 국가환경기준을 만족시키는 데 성공하였으며, 일반적인 오염 지역의 반 이상이 1996년 기준치를 만족시켰다.

더 심각한 대기오염 문제를 안고 있는 주들은 그러한 요구사항을 실행하는 데 덜 성공적이었다. 극히 적은 수의 주만이 완벽한 개선계획(SIP)을 마감 날짜에 맞춰 제출하였다. 그러나 대부분의 주들은 '영광의 기간'이라 불리는 18개월 안에 SIP를 제출할 수 있었다.

대기청정법에서 또 다른 중요한 실행 내용은 환경보호국의 유연성으로 각 주가 자체 대기오염 제어

프로그램을 개발하도록 허가했다는 것이다. 허가 프로그램과 자동차 검사, 유지 프로그램을 포함한 몇 개의 프로그램들 중, 각 주가 환경보호국 규정을 만족시키는 데 대한 유연성을 부여하였다. 부가된 유연성으로 인하여, 자치단체의 규정은 부담이 덜 되고 비용도 적게 들도록 제정되었다.

청정 연소, 개질 휘발유, 대류권 오존 및 분진과 관련된 강화된 대기환경기준 문제와 관련하여, 아직도 대기청정법과 관련된 논쟁을 계속하는 곳도 있다. 대기청정법 제정에 반대하는 사람들은 대기청정법의 강한 집행이 심각한 경제적 결과를 초래할 것이라며, 의회에 로비를 했다. 환경보호국은 대기청정법과 관련하여 기준을 제정하는 단계에서는 비용을 고려해야 되는 것은 아니라고 계속 강조하고 있다. 환경보호국의 경제 분석 결과, 1997년에 제안된 새로운 기준을 만족하는 데 매년 90억 달러 이상이 소요되고, 먼지 제어에 86억 달러, 오존 제어에 11억 달러가 들어갈 것으로 추정되었다. 그러나 사설 기관에 의한 추정치는 환경보호국의 추정치를 능가하고 있다. 확실한 것은 이러한 논쟁이 다음 세기에도 계속될 것이라는 점이다.

다. 미국에서는 매년 약 2천만 ton 또는 그 이상의 황산화물이 대기로 배출되고 있다. 가장 큰 약 50개 석탄전소 발전소에 세정탑을 설치하여 배출량을 3분의 1 이상 감소시킬 수 있었다. 일부 유틸리티(전기, 수도, 가스 등) 회사들은 이러한 오염물질의 영향에 의문을 표시하고, 심지어 그들이 황 산화물 배출의 주요 배출원이라는 것도 부정하고 있다.

과거의 일반적인 해결책은 굴뚝을 높이 세우는

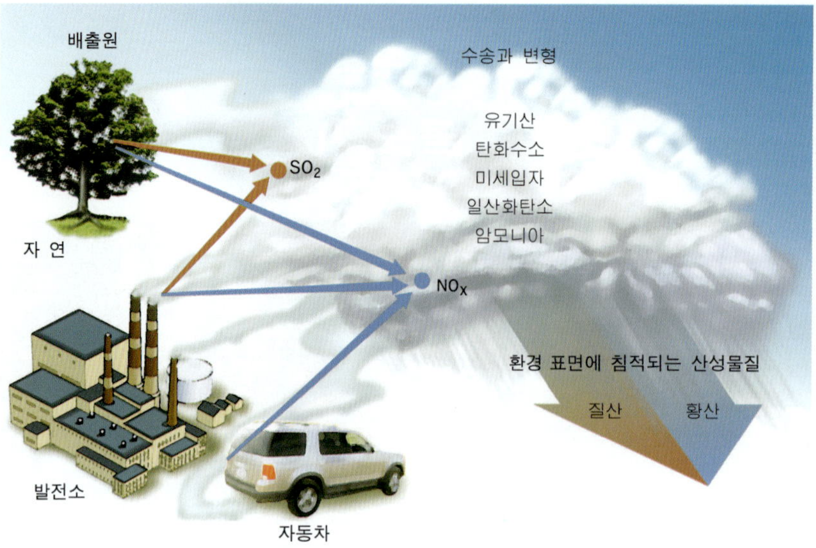

그림 17.10 산성 침적 자연 발생원, 발전소, 그리고 내연기관으로부터 발생되는 분자는 반응하여 산성 침적의 발생원인 화학물질을 생성한다.

것이었다. 높은 굴뚝은 가스를 역전층 위로 방출하여 이산화황을 대기 상층으로 보내 인구밀집지역으로 가는 바람과 접촉하기 전에 희석되도록 한다. 한편, 이산화황은 대기 중의 산소와 반응하고 수분에 수용되어 황산화물을 형성한다. 황산화물은 비나 눈이 내릴 때 대기로부터 씻겨 내려서 동식물에 영향을 미치며 건축 자재와 금속 표면을 부식시킨다.

산성 침적

산성 침적(acid depositon)이란 지표에 잠재적인 산 형성 물질이 축적되는 것을 말한다. 산성물질은 식물, 화산, 그리고 번개와 같은 자연적인 원인과 석탄 연소 그리고 내연기관의 사용과 같은 인간활동에서 빚어진다(그림 17.10).

이러한 연소 공정은 이산화황과 질소산화물을 생성한다. 오존, 수산기 이온 또는 과산화수소와 같은 산화제는 물과 함께 이산화황 또는 일산화질소를 황산 또는 질산으로 변환시키는 데 필요한 것이다. 다양한 반응성 탄화수소는 산화제의 생성을 촉진시킨다.

산 생성 반응물질은 습식과 건식으로 분류된다. 습식 반응은 대기에서 발생하여 강우의 형태, 즉 산성비, 산성 눈, 또는 산성 이슬로 지면에 떨어진다. 건식 침적은 지면에 산의 전구물질들이 내려앉으면서 발생한다. 이러한 화합물이 수분과 혼합되기 전까지는 실제적으로 산이 형성되지 않는다. 산이 형성되고 여러 가지 방법으로 침적되기는 하지만, 이러한 과정들은 모두 항상 산성비로 간주된다.

산성비(acid rain)는 세계적인 문제이다. 캐나다, 영국, 독일, 프랑스, 스칸디나비아, 그리고 미국에서 강산성비에 관한 피해가 보고되었다. 정상적인 빗물은 pH 5.6~5.7 사이의 약산성인데, 이것은 빗물에 용해되어 탄산을 생성하는 대기 중의 이산화탄소 때문이다. 그러나 산성비는 정상적인 빗물보다 수천 배 높은 산도를 가지고 있다. 1969년 뉴햄프셔에서 pH 2.1의 비가, 1974년에는 스코틀랜드에서 pH 2.4의 비가 내린 적이 있다. 미국 북동부와 인접한 온타리오 주의 일부 지역은 평균 산도가 pH 4.0~4.5를 기록한 바 있다.

산성비는 여러 가지 방법으로 피해를 끼칠 수 있다. 건물과 조각작품은 보통 탄산칼슘이 함유된 재료로 만들어지는데 그 이유는 탄산칼슘이 부드럽고 작업하기가 쉽기 때문이다. 산성비의 주요한 구성

그림 17.11 산성비에 의한 피해 산성 침적의 주요한 물질인 황산은 탄산칼슘과 반응하여 황산칼슘을 생성한다. 황산칼슘이 수용성이기 때문에 우천 시 씻겨 나온다. 이 동상의 손상은 돌과 이러한 산성 반응이 만들어낸 결과이다.

그림 17.12 산림 감소 남아메리카 북동부에 있는 고산지대에서는 많은 산림이 현저하게 감소하고 있고, 고사한 수목을 쉽게 볼 수 있다.

요소인 황산은 탄산칼슘을 황산칼슘으로 변환시킨다. 이것은 용해성이 높아 산성비와 접촉하여 수년간에 걸쳐 부식된다(그림 17.11).

금속 표면 또한 산성비에 의해 부식될 수 있다. 생태계에서 산성비에 의한 피해는 수를 헤아리기가 어려울 정도로 많다. 제련소 주위의 강한 이산화황 오염은 수많은 수목과 다른 식물들을 사멸시키는 것으로 알려져 있다. 그러나 이것은 극단적인 경우이므로, 그보다 약한 산성비와 직접 비교할 수는 없다. 그러나 세계 여러 곳에서 산성비는 많은 산림을 죽게 만들고 기타 다른 식물의 생장과 생육을 저하시키는 것으로 알려져 있다(그림 17.12).

중앙 유럽에서는 약 6백만 ha의 수목이 고사하여 많은 산림이 현저하게 감소하였다. 남아메리카 북동부에서도 특히 고산지대의 생육 저하와 수목 고사 현상이 현저하게 보였다. 어떤 지역은 적색 가문비나무의 50%가 고사한 경우도 있었다.

산림 감소와 산성비 사이의 연관성을 명백하게 밝히는 것은 어렵지만, 몇 가지의 가설은 공식화되었다. 이산화황, 오존과 같은 물질은 대기오염의 주요 인자이며 식물에 직접적인 피해를 일으키는 것으로 알려져 있다. 이산화황 또한 산 형성에 기여한다. 토양이 산성화되기 때문에 알루미늄이 식물 줄기에서 배출되고 영양분을 흡수하는 식물 뿌리의 역할을 방해할지 모른다. 최근 뉴햄프셔 주의 장기 연구 결과는 수년간의 산성강우가 식물의 생장에 필요한 토양의 칼슘을 감소시켜왔다고 강력히 주장하고 있다. 칼슘을 대체할 수 있는 쉬운 방법이 없기 때문에 산성비가 멈추더라도 산림 건강을 이전으로 돌리는 데 또한 수년이 걸릴 것이라는 것이다. 토양의 pH가 저하되는 것 또한 토양 박테리아를 변화시켜 식물에 필요한 영양분을 감소시킬지 모른다. 이러한 요소들이 직접적으로 식물의 고사를 초래하지는 않는다고 하여도, 식물에게 스트레스를 줄 수 있으며 보다 약한 수목에 해충의 침투, 최악의 날씨 조건(특히 고산지대) 또는 가뭄 같은 다른 원인을 제공하여 거의 죽음에 이르게 할지 모른다.

수중 생태계에 미치는 산성비의 영향은 명백하게 단정지을 수 있다. 몇 차례의 실험에서 고의로 호수를 산성화시켜 생태계의 변화를 기록하였다. 실험 결과, 호수가 보다 산성화되었기 때문에 많은 종류의 생물들이 점진적으로 감소되는 것을 알 수 있었다. 먹이사슬이 단순해지고 많은 생물체가 생식 능력을 잃었고 기타 수많은 종들이 사멸하였다. 대부분의 건강한 호수는 pH 6 이상을 보였다. pH 5.5에서 유익한 어종이 다수 사멸하였으며 pH 5에서는

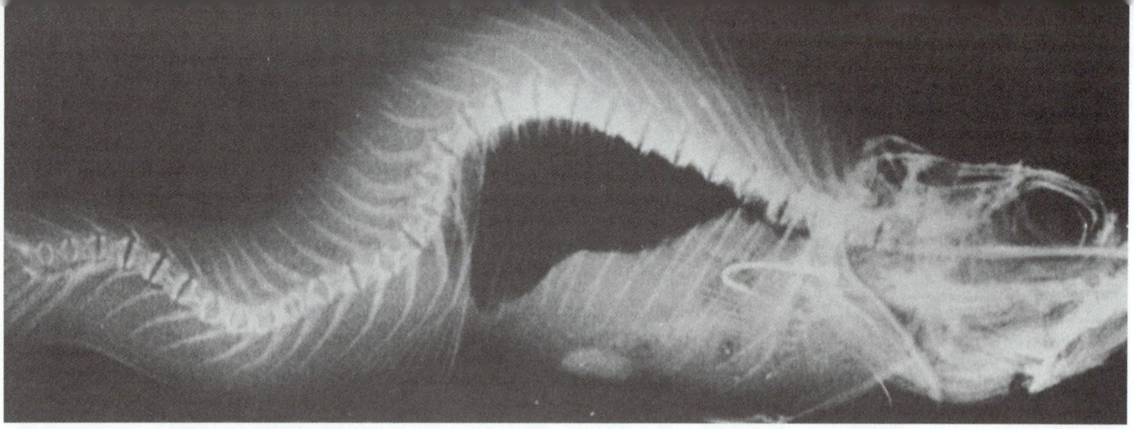

그림 17.13 산성 침적이 생물체에 미치는 영향 수중의 낮은 pH로 인하여, 물고기의 골격이 정상적으로 발달하지 못하며, 결국은 사망하게 된다.

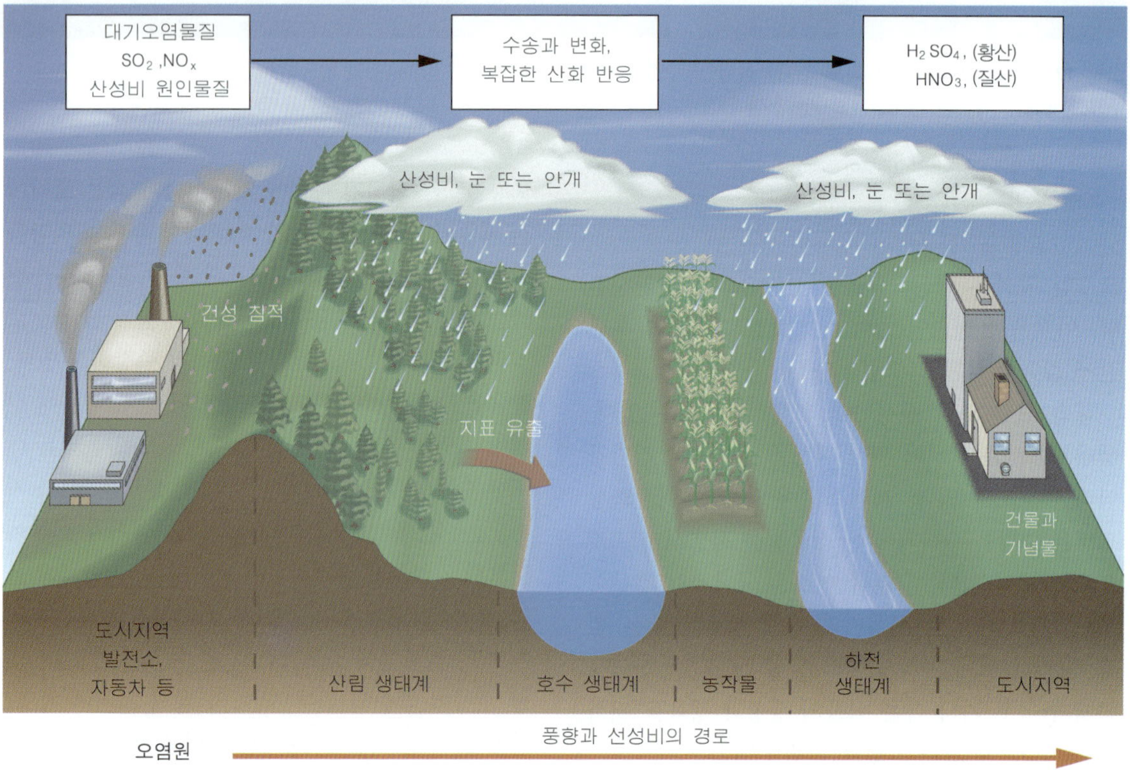

그림 17.14 산성비 피해를 일으키는 요소들 수중 생태계에서 다음과 같은 인자들이 산성 침적으로부터 피해 위험을 증가시킨다. (1) 호수가 대기오염의 주요한 배출원으로부터 아래쪽에 위치해 있다. (2) 호수를 둘러싸고 있는 지역에 얇은 층의 불모 토양에 덮인 단단한 비용해성 기반암이 있다. (3) 토양이 낮은 자정 능력을 가지고 있다. (4) 호수면에 대한 유역의 비율이 낮다.

출처 : Data from U.S. EPA, Acid Rain.

소수의 굶주린 어류가 발견되었고 번식이 이루어지지 않았다. pH 4.5에서 호수는 거의 불모지가 되어 버렸다.

이러한 변화에는 여러 가지 이유가 있다. 곤충과 어류의 경우, 초기 생식단계에 있는 대부분이 성어에 비하여 더 민감하다. 게다가 어린 개체들은 대부분 얕은 물에 서식하는데 이곳은 봄에 눈이 녹으면서 강과 호수로 흘러 들어오는 산성물질에 가장 큰 영향을 받는다. 눈과 그 속에 포함된 산성물질은 겨울 동안 축적되어 눈이 녹을 때 한꺼번에 엄청난 양이 방출되기 때문이다. 가재는 외부 골격을 형성하는 데 칼슘을 필요로 한다. 수중의 pH 감소로 인하여 가재는 새로운 골격을 형성할 수 없어 죽게 된다. 또한 칼슘의 감소로 골격이 제대로 발달하지 못한 물고기가 태어난다 (그림 17.13).

이미 언급한 것과 같이 증가된 산도 또한 알루미늄을 방출시켜 물고기 아가미의 역할을 손상시킨다. 산성화되고 있는 호수의 범위는 굉장히 넓다. 캐나다에서는 약 14,000개, 그리고 미국에서는 11,000개의 호수가 심각하게 산성화되어 가고 있다. 스칸디나비아의 많은 호수도 비슷한 영향을 받고 있다. 산성 침적이 생태계에 미치는 영향의 범위는 그 지역의 기반암 성질, 산 형성 오염원과 생태계의 인접성에 따라 달라진다(그림 17.14).

화성암으로 만들어진 토양은 산성 침적의 영향을 완충시키지 못할 것이다. 반면에, 탄산칼슘과 같은 퇴적암으로 만들어진 토양은 산성물질의 영향을 중화시킬 수 있을 것이다. 이러한 이유로, 캐나다 동부와 미국 남서부는 특히 산성비의 영향을 많이 받는다. 이 지역은 화강암이 많으며, 북아메리카의 주요 대기오염원의 바람맞이 방향에 위치하고 있다. 스칸디나비아 국가들은 이와 유사한 지형 조건에 놓여 있으며, 영국과 유럽의 산업 지역으로부터 오염물질을 받아들이고 있다. 동부 캐나다와 미국 북동부의 수천 km의 하천과 200,000개의 호수들은 위치와 지리학적 특성 때문에 산성화가 되어 가는 위험에 처해 있는 것으로 추정된다.

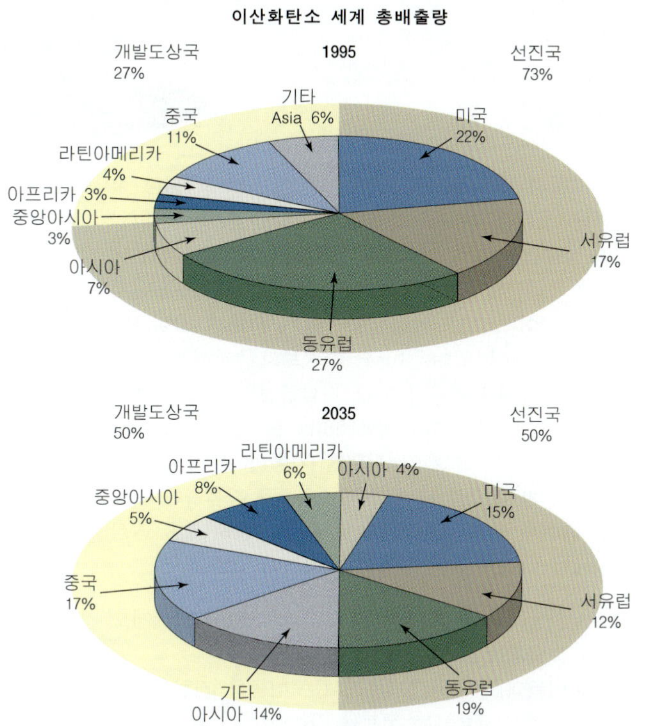

그림 **17.15** 1995년에 세계의 산업화된 국가가 거의 3/4의 이산화탄소를 배출하였고, 단일 국가로는 미국이 제일 많이 배출하였다. 2035년까지 개발도상국의 배출량이 증가하여 전 세계 배출량의 반을 배출하게 될 것이며, 단일 국가로는 중국이 최대 배출국가가 될 것이다. 개발도상국들의 급속한 인구 증가, 산업화 및 일인당 소비량 증가로 인하여, 이러한 변화가 계속될 것이다.

지구 온난화와 기후 변화

집을 난방하고 자동차에 에너지를 공급하고 도시의 조명을 밝히기 위해서, 석탄과 석유, 천연가스를 연소시키면 부산물로서 이산화탄소와 기타 가스들이 발생한다. 벌목과 농업을 위한 토지 확장 또한 상당한 양의 온실 기체들을 배출한다. 지난 100년 동안 우리 인간은, 자연과정을 통해서 제거되는 양보다 더 많은 이산화탄소, 메탄과 같은 온실기체들을 배출시키고 있다. 이 기간 동안 기체들의 대기 중 농도는 점진적으로 증가되어 왔고 세계 경제의 성장에 따라 점점 더 가파르게 올라갈 것으로 예측되었다(그림 17.15).

지난 16만 년 전의 기후 조사 기록은 대기상의 기체 농도와 지구 온도가 밀접한 관계가 있음을 나타내고 있다. 기후에 대한 컴퓨터 시뮬레이션은 대기 중의 이산화탄소 농도가 증가함에 따라 지구 온도도 올라갈 것이라고 예측하고 있다. 1980년대에 과학자, 정부기관, 그리고 공공기관은 지구가 점점 더 더워지리라는 가능성에 대하여 우려하게 되었다. 유엔환경계획(UNEP, United National Environment Programme)은 이러한 문제를 연구하고, 권장안을

환경 돋보기

간접흡연

오래전부터 흡연은 폐암, 폐기종, 그리고 심장 질환을 포함한 다양한 호흡기 질환과 관련되어 있었다. 이러한 강력한 연관성 때문에 담배에는 경고 문구가 쓰여 있다. 그러나 많은 비흡연자들은 흡연자들과 같이 살거나 일을 하고 있기 때문에 간접흡연에 노출되어 있다. 미국 환경보호국에서는 대략 3,000명의 비흡연자가 매년 간접흡연으로 인한 폐암으로 사망하고 있다고 추산한다. 간접흡연에 노출된 유아들의 경우 호흡기 질환의 가능성이 누구보다도 크다. 1993년 7월 미국 환경보호국은 간접흡연의 해를 줄이기 위해 여러 가지 활동을 권장하였다. 권장안에는 다음과 같은 내용이 포함되어 있다.

- 가정에서 담배를 피우지 않고 다른 사람에게도 그렇게 하지 않도록 한다.
- 아동과 관련된 모든 단체는 아동을 간접흡연으로부터 보호하는 정책을 갖는다.
- 모든 회사들은 간접흡연으로부터 사원들을 보호할 수 있는 정책을 수립한다.
- 식당과 술집에 흡연구역을 설치하여 비흡연자가 흡연자와 접촉할 수 있는 기회를 줄인다.

캘리포니아는 미국에서 가장 엄격한 흡연법을 가지고 있다. 1998년 캘리포니아에서는 식당과 술집을 포함하여 실내 공공장소에서 흡연을 하지 못하도록 하는 흡연금지법규가 통과되었다. 법규는 간접흡연을 원치 않았던 사원들을 위해 제정되었다. 고용인이 한 건물에서 다른 건물로 가는 사이에 금연정책이 없다고 불평하면, 건물 소유자는 7,000달러에 달하는 벌금을 물어야 한다.

만들기 위하여 기후 변화에 관한 정부간 기구(IPCC, Intergovernmental Panel on Climate Change)를 설립하였다. 첫 번째 평가는 1990년 발표되었으며, 1996년에는 두 번째 평가서가 발간되었는데, 기후 변화가 발생하고 있고 그 변화에 있어서 인간의 활동이 가장 중요한 원인일 것이라는 가능성을 결론내렸다. IPCC는 다음과 같은 몇 가지 중요한 결론들을 도출하였다.

1. 지난 100년간 지구의 평균 기온이 0.3~0.6°C 상승했으며(1998년이 기록상 가장 더운 해였다.), 해수면은 10~25cm 상승하였다(그림 17.16).

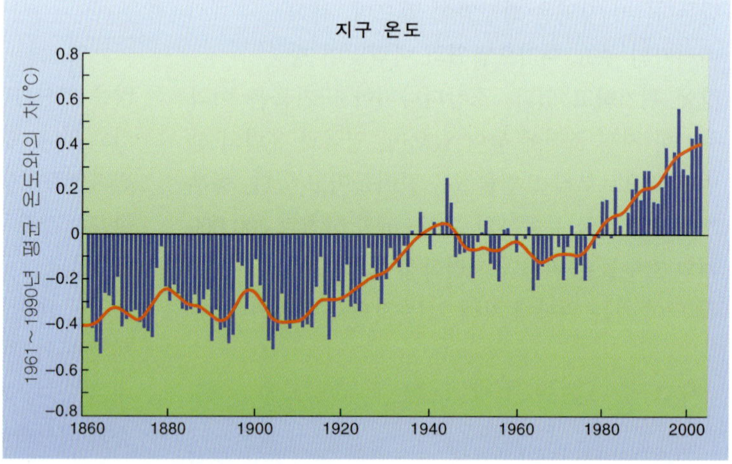

그림 17.16 **세계 평균 기온의 변화** 큰 변화가 있지만, 온도 상승은 일반적인 경향이다. 1998년이 가장 더운 해로 기록되었다.

출처 : Climatic Research Unit, University of East Anglia and Hadley Centre, The Met. Office.

2. 대기 중에 존재하는 온실기체와 온도 증가는 매우 강한 관련성이 있다.
3. 인간의 활동이 이러한 모든 온실기체의 양을 크게 증가시킨다.

지구 평균 온도에 있어서 적은 증가가 사소한 것처럼 보이지만, 이러한 적은 온도의 증가는 세계 다수 지역의 기후를 심각하게 바꿀 수 있는 변화의 시작일 수 있다(그림 17.17). 지구 온난화로 야기되는 기후 변화는 많은 부정적인 것들(생태학적 시스템, 인간의 건강, 사회경제 분야 등에 대한)에 대한 광범위한 효과를 갖게 될 것 같다. 일반적으로 개발도상국가의 사람들이 기후 변화에 더 취약한데, 그것은 제한된 사회 하부구조 및 자본, 그리고 천연자원에 대한 높은 의존도 때문이다.

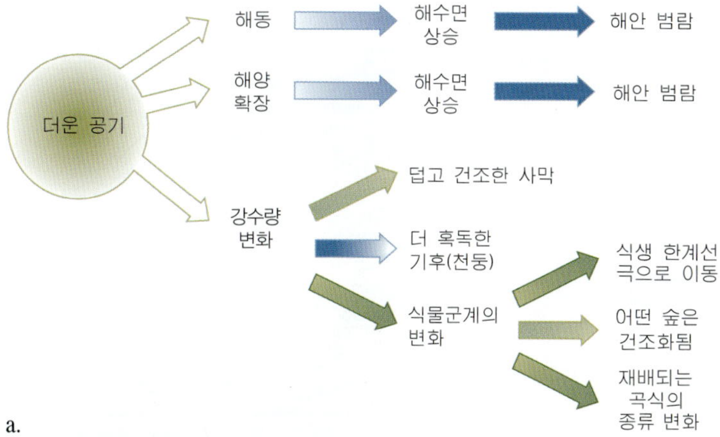

a.

b.

그림 **17.17** 지구 온난화 영향 (a) 지구 온난화는 세계 기후에 몇 가지 영향을 미친다. 기후 변화는 인간과 다른 생명체에 중요한 영향을 미칠 수 있다. (b) 해수면 상승은 플로리다 지역의 저지대를 침수시킬 것이고 이와 같은 지역들은 심한 폭풍에 대한 취약성이 증가될 것이다.

출처 : (b) Elevations from USGS digital data. Prepared by the U.S. Geoloical Survey, 2000.

건강에 미치는 영향

기후 변화는 인간 건강에 대해 여러 가지 방법으로 영향을 미칠 것이다. 점점 더워지는 온도는 열스트레스(Heat Stress)에 의한 사망의 위험을 증가시킨다. 예를 들면, 1995년 7월 시카고에서는 밤낮으로 32°C 이상 지속된 더위로 인한 열 때문에 465명이 목숨을 잃었다.

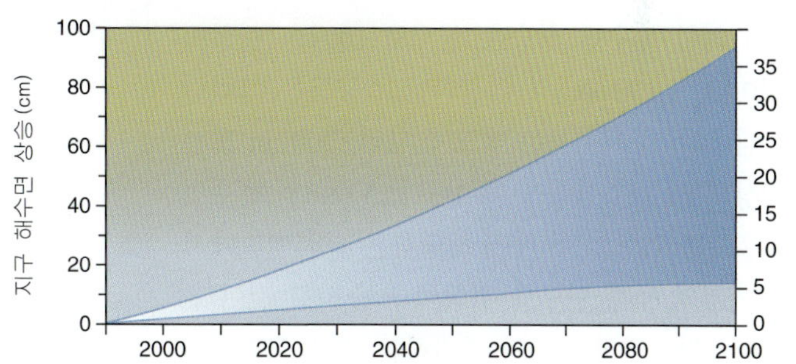

그림 **17.18** 1990년부터 2100년까지 전 세계 평균 해수면 상승의 가능한 범위를 보여준다.

출처 : Data from "*Climate Change–State of Knowledge*," October 1997, Office of Science and Technology Policy, Washington, D.C. and State of the World 2000.

오늘날 이러한 현상은 150년에 한 번 정도 발생한다. 550 ppm의 이산화탄소의 농도(산업화 이전의 2배)는 이러한 현상을 6배나 많이 유발시킬 것이다.

해수면 상승

해수면 상승은 해변과 해안의 습지를 위협하고 저지대를 침수시키며, 폭풍과 심한 비 때문에 발생하는 홍수에 대한 해안지역의 취약성을 증가시킨다. 2100년까지 해수면은 15~90cm 정도 상승할 것으로 예상된다(그림 17.18). 50cm의 해수면 상승은

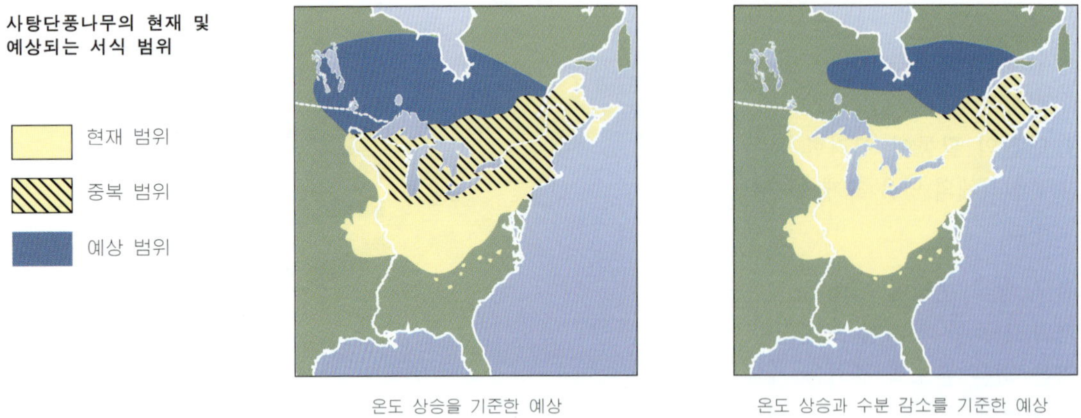

그림 17.19 기후 변화가 숲을 구성하는 수목종에 미치는 영향 기후 변화로 평균 온도나 습도가 달라지므로 숲을 구성하는 나무들도 더 적당한 조건이 형성되는 곳으로 서서히 서식지를 옮겨갈 것이다. 예를 들어, 사탕단풍나무의 자생지역은 북쪽인 캐나다로 이동될 수 있다. 이로 인해 단풍당밀(maple syrup) 산업과 가을 단풍으로 유명한 뉴잉글랜드 지역의 명성이 위태로워질 수 있다.

출처 : Data from the U.S. Environmental Protection Agency and United Nations.

특히 침강 중이며 취약한 지역인 남대서양과 걸프 해안지역을 중심으로 한, 북아메리카 해안 지역의 유실을 야기할 것이다.

방글라데시 같은 섬나라의 일부 지역은 홍수 발생에 따라 완전히 바뀔 것이다. 바다는 온도가 안정된 이후에도 몇 세기 동안 계속 확장될 것이다. 이 때문에 550 ppm(산업화 이전의 2배) 정도의 이산화탄소 농도에 의한 해수면 상승은 실제로 100 cm 이상이 될 것이다. 1,100 ppm의 이산화탄소 농도는 그린란드와 남극의 빙산이 녹는 정도에 따라, 200 cm 또는 그 이상의 해수면 상승을 야기한다. 50 cm의 해수면 상승은 폭풍 위험의 두 배에 해당하는 4천5백만에서 9천만까지의 세계 인구를 위험에 노출시킬 것이다. 이것은 해안지역의 인구가 증가하는 것을 고려하지 않은 것이다. 100 cm가 상승하면 위험에 처한 인구는 거의 3배 정도가 될 것이다.

물 순환의 교란

기후 변화의 가장 기본적인 영향은 물 순환의 집중과 붕괴이다. 가뭄과 홍수와 물의 질과 양이 특별히 우려되는 부분이다. 물 순환 집중은 어떤 지역에서는 더 심한 가뭄을, 다른 지역에서는 홍수를 야기할 것이다. 이와 같은 현상으로 사람들은 값비싼 대가를 치러야 한다. 1996년 미 남부 평야에 닥친 가뭄의 피해액은 40억 달러로 추정되었고, 1993년 미시시피 강의 범람은 100억 달러의 피해를 입혔다. 그리고 캐나다 남부 평원과 미국의 레드 강(Red river)의 홍수로 약 40억 달러의 손실이 발생했다.

수질과 수량 문제에 대해 가장 취약한 지역은, 세계의 반건조와 건조지역과 같은 물의 질과 양이 이미 문제가 되고 있는 지역이다. 중동 지역과 아프리카 지역의 물 부족은 기후 변화에 따라 크게 악화될 것 같다. 이로 인해 국경 밖 발원수(發源水)에 의존하는 국가들 사이에는 국제적 긴장이 고조될 수 있다.

산림과 자연 지역의 변화

기후 변화는 식생의 지리적 분포를 극적으로 바꾸어 놓았다. 지구 숲의 3분의 1에 해당하는 구성이 700 ppm의 이산화탄소 농도와 연관된 기후 변화의 결과로 주요한 변화가 진행되고 있다. 다음 100년에 걸쳐서, 자연적으로 숲이 이전할 수 있는 것보다도 훨씬 더 빨리, 북아메리카의 숲에 사는 종의 이상적인 범위가 북쪽으로 500 km 옮겨갈 수 있다. 사탕단풍나무와 같이, 경제적으로 유용한 종이 다음 세기 말에는 미국의 북동부에서 사라질 수도 있다. (그림 17.19)

환경 돋보기

오염에 대한 심미적 관점

대부분의 오염은 물과 공기, 토양에 함유된 특정 화학물질의 양으로 측정된다. 과학자들은 이 화학물질의 양과 이들이 인간과 동식물에 미치는 영향을 측정한다. 그러나 어떤 형태의 오염은 우리의 심미적 감각에 영향을 미치므로 정의하기가 더 어렵다.

시각적 오염은 우리의 감각기관을 자극한다. 이런 형태의 오염은 매우 주관적이어서 정의하거나 조절하기 어렵다. 대부분의 사람들에게 눈에 보이는 쓰레기 더미는 시각적 오염이다. 황폐화된 집과 건물들은 불쾌감을 준다. 특히 고급주택 주변일수록 더욱 그렇다. 매우 지저분한 고속도로와 거리들은 대부분의 사람들에게 감각적으로 불쾌감을 준다. 그리고 철도 주변의 지저분함은 더욱더 받아들이기 힘들다. 많은 사람들에게 있어 게시판은 불쾌감을 주지만, 물건 홍보라든지 정보를 찾는 여행자에게는 도움을 준다. 이러한 관점의 차이는 심미적 오염을 판별하는 데 전형적인 것이다. 사람들은 어떤 것이 불쾌감을 주는가 하는 데에 있어서 항상 똑같이 동의하지는 않는다. 이러한 사실들은 시각적 오염에 대한 규칙을 만드는 데 어려움을 준다.

맛은 또 하나의 주관적 영역이다. 수도로 들어오는 어떤 화학물질들은 확실한 맛을 갖는다. 화학물질이 생물학적으로 무해하지만 좋지 않은 맛을 가지고 있다면, 그것들은 맛 오염이다. 아주 미량의 화학물질이 우리가 마시는 물과 음식의 맛에 영향을 줄 수 있다. 100ppm 농도의 페놀이 함유된 물고기는 특별한 맛을 갖고 있다. 비록 적은 양의 화학물질이 생물학적으로 해를 주지 않더라도 이 맛은 아주 식욕을 떨어뜨린다.

악취는 많은 오염원들로부터 기인한다. 많은 기체상 화학물질은 불쾌함을 유발할 수 있는 독특한 냄새를 갖고 있다. 가축사육장이나 제재소, 화학공장, 제철소, 그리고 다른 산업시설들 인근에 사는 사람들은 이 오염원들에서 배출되는 냄새에 의해 불쾌감을 갖게 된다. 이런 많은 산업들은, 분해되고 증발되고, 그리고 냄새를 유발하는 폐기물을 수중에 배출한다. 지속적으로 이런 냄새에 노출된 사람들은 처음 노출된 사람들과 달리 불쾌감을 느끼지 않는다. 냄새를 지속적으로 접하게 될 때 뇌는 자극에 대한 반응을 멈추게 된다. 바꾸어 말하면, 사람은 냄새를 인식하지 못한다.

우리가 보아온 바와 같이 감각적 오염(시각, 맛 냄새)은 정의 내리기 매우 어렵다. 개개인은 불쾌감에 대한 고유한 생각을 가지고 있으므로 심미적 오염에 대한 표준을 정하는 것은 매우 어렵다. 이러한 오염의 형태는, 심미적 오염에 대한 일반적으로 받아들일 수 없는 수준이 제거될 수 있도록 대중을 교육시킴으로써 제어될 수 있다.

이와 같은 변화는 생물학적 종다양성과 생태계가 제공하는 편익을 감소시키면서, 전 세계에 걸쳐서 국립공원과 휴양지에 근본적인 영향을 미칠 수 있다. 습지는 특히 더 위험에 처해 있다. 북아메리카의 물 새 수의 반을 부양하는 초원 습지는 사라져 가고, 기후 변화에 따라 그 특성이 극적으로 변할지도 모른다.

농업과 식량 공급의 위기

기후는 곡물 수확량에 강한 영향을 미친다. 550ppm의 이산화탄소 농도는 어떤 지역에선 30~40% 정도의 곡물 생산량 증가를 가져오지만, 다른 지역에서는 똑같은 종류의 곡물일지라도 전자와 비슷한 양이 감소할 수 있다. 더워진 공기는 곡물 분

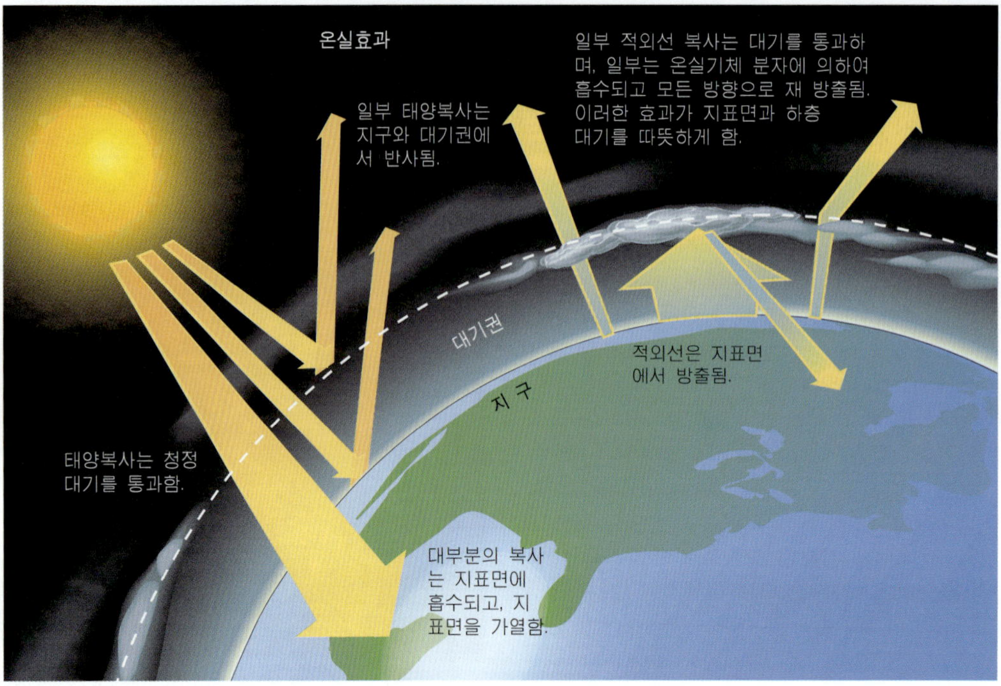

그림 **17.20** 온실효과

출처 : Data from "*Climate Change-State of Knowledge*," October 1997, Office of Science and Technology Policy, Washington, D.C

포상의 유연성을 감소시키고 관계용수 요구량을 증가시킬 것이다. 해충의 영역 확장은 곡물의 취약성을 증가시키고 살충제 사용량을 증가시킬 것이다. 이러한 영향에도 불구하고 기후 변화에 의해서 세계적 곡물생산량은 바뀌지 않을 것으로 관망된다. 그러나 부정적인 영향이 지역적으로 있을지도 모른다. 선진국의 농업 시스템은 매우 적응력이 강하고, 생산량의 큰 변화 없이도 기후 변화의 예상범위를 잘 극복할 가능성이 크다. 그러나 이미 기근에 시달리고 있는 가난한 나라에서는 농업 생산량의 심각한 감소로 고통받을 가능성이 매우 높다.

이러한 예상은 기후에 대한 컴퓨터 모델링에 근거한 것이다. 어떤 과학자들은 이러한 예상이 부정확하며, 대충 산출한 데이터로부터 나온 것이라고 비난한다. 그러나 더 정확한 정보를 모아 이 모델에 입력하여도, 일반적인 결과는 같게 나왔다. 일반인들은 이런 변화와 증거들을 이해하기 어려운데, 그것은 우리 각자가 거주하는 지역의 기후와 기온에만 경험이 있기 때문이다. 또한 기후 패턴에 있어서 단기간의 변화는 항상 있을 것이다. 그러나 이 모델은 장기간의 경향을 예측하기 위한 것이다. 지구 온난화의 결과는 매우 커서, 그 사실 여부와 관계없이 우리 일상생활을 변화시키기 위한 많은 내용이 제안되고 있다.

실제로 지구 온난화란 무엇인가? 설명은 비교적 간단 명료하다. 대기 중의 어떤 기체들은 빛을 투과시키지만, 적외선은 흡수한다. 이 기체들은 태양복사가 대기를 통과하여 지구 표면에 흡수되도록 한다. 이 태양복사 에너지는 적외선 복사(열)의 형태로 다시 복사되고, 그 기체들에 의하여 흡수된다. 이러한 효과가 온실에서 일어나는 효과와 비슷하기 때문에(유리는 빛이 들어가는 것을 허용하지만 열 손실을 늦춘다.), 온난화는 그 기체들의 증가에 기인하는 것으로 이를 **온실효과**(greenhouse effect)라고 부른다(그림 17.20).

가장 중요한 온실기체는 이산화탄소(CO_2), 염화

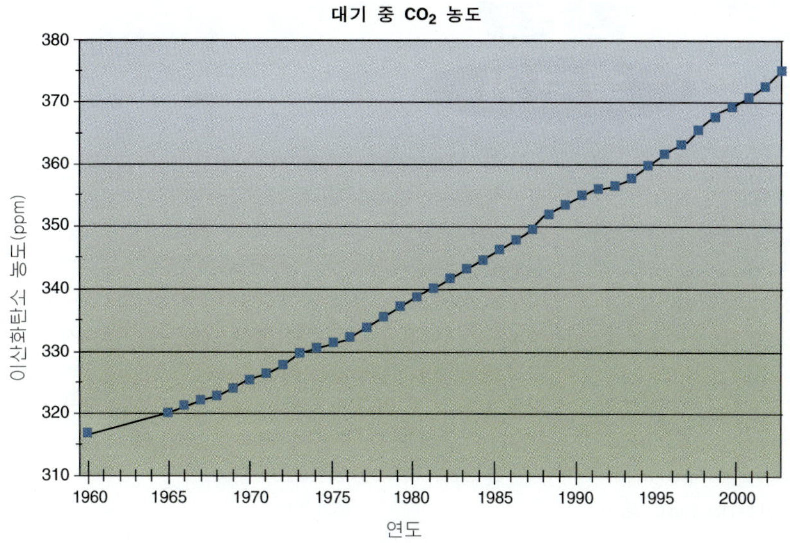

그림 17.21 대기 중 이산화탄소의 변화 하와이 마우나로아에 이산화탄소 관측소가 설립된 이후, 이산화탄소의 계속적인 증가가 관측되고 있다. 1958년 이후 대기 중의 이산화탄소 농도는 거의 19% 증가하였다.

출처 : Data from Scripps Institution of Oceanography.

표 17.2 주요 온실기체

기체	지구 온난화에 미치는 영향(%)
이산화탄소	60
CFCs	22
메탄	12
질소산화물	6

불화탄소(CCl_3F 또는 $CC_{12}F_2$), 메탄(CH_4), 아산화질소(N_2O)이다. 표 17.2는 지구 온난화의 잠재성에 대한 각 기체의 기여도를 나타낸 것이다.

이산화탄소(carbon dioxide)는 가장 풍부한 온실기체이다. 이 물질은 자연적인 호흡 활동의 결과이다. 그러나 훨씬 많은 양이 에너지 생산의 폐기물로 대기 중으로 배출된다. 석탄, 석유, 천연가스, 생물자원은 산업 공정, 가정용 난방, 요리 등에 필요한 열과 전기를 공급하기 위해 연소된다. 이러한 배출원들이 대기 중 이산화탄소 양을 증가시킨다. 하와이 마우나로아 관측소의 이산화탄소 농도 측정 결과는 1958년 315 ppm에서 1998년 362 ppm으로 높아졌음을 보여주고 있다(그림 17.21).

지구 온난화를 늦추는 첫걸음은 에너지 사용 효율을 증가시키는 것이다. 에너지 자원의 공급 감축을 지속하는 것도 가치 있는 일이다.

지구 온난화가 우려될 정도는 아니라 하더라도, 에너지 효율을 증가시켜 이산화탄소 발생량을 감소시켜야 한다. 더 높은 효율을 위한 대책을 촉구하기 위한 방법의 하나는 탄소세를 부과하는 방법이다. 이 탄소세는 에너지 사용에 의해 대기에 함유된 탄소의 양에 세금을 부과하는 방법으로, 연료의 단가를 높이게 될 것이다. 또한 탄소 함유량이 낮은 대체연료를 개발하고 연료 효율과 대체연료 기술 연구를 위한 기금을 형성할 수 있게 한다.

이 문제에 대한 다른 접근 방법은 대기 중에서 더 많은 이산화탄소 양을 제거하는 것이다. 충분한 생물자원이 존재한다면 과도한 이산화탄소는 식물의 광합성에 사용되어질 것이다. 이런 방법으로 화석연료 연소에 의해 배출되는 이산화탄소의 영향을 줄일 수 있게 된다.

호주, 미국과 다른 몇몇 나라는 대기 중의 이산화탄소를 제거하기 위하여 10억 그루의 나무를 심을 계획이라고 발표하였다. 나무는 성장과 사멸을 반복하며, 얼마 후부터는 분해에 의하여 대기 중으로 이산화탄소를 배출하므로, 이 계획이 근시안적 접근이라는 비판이 많다.

이와 관련된 우려 중 하나는 광대한 열대우림지역의 파괴이다. 우림지역의 생태계는 이산화탄소 제거와 탄소 원자를 식물에 잡아 두는 능력이 매우 크

환경 돋보기

라 돈

1985년 펜실베니아 주 포츠타운에 있는 리머릭 원자력발전소의 기술자가 벗은 옷에서 높은 방사능 수치가 기록되었다. 처음에는 발전소가 방사능의 오염원인 것으로 추정되었다. 그러나 연이은 연구의 결과, 기술자 집에서 나온 라돈 222가 오염원이었음이 밝혀졌다. 이 사건 이후, 라돈과 그 영향에 대한 관심이 높아졌다.

라돈의 배출원은 우라늄-238로, 지구의 300만분의 1에 해당하는, 자연적으로 발생하는 물질이다. 우라늄-238은 안정화되기 전에 14단계를 거쳐 비방사능 물질인 납 206으로 변환된다. 라돈(Radon), 즉 비활성 방사능 기체는 3.8일의 반감기를 가지며, 이것은 우라늄-238의 안정화 단계에서 생성되는 물질의 하나이다.

라돈은 비활성 기체이므로 우리 체내에서 화학반응을 일으키지는 않지만, 호흡 시 흡입될 수도 있다. 일단 이것이 우리 몸의 폐로 들어오면, 방사능 분해과정을 진행하면서 라돈의 딸(Daughter of Radon)이라는 새로운 원자를 생성시킨다. 라돈의 분해산물(라돈의 딸)-플루토늄 218(반감기 3분), 납 214(반감기 27분), 비스무트 214(반감기 20분), 폴로니움 214(반감기 1000분의 1초)-은 폐 속에 남아 있는 고체물질이며, 화학적으로 활성을 갖고 있다.

라돈의 분해산물이 미국에서 발생하는 15,000건의 폐암 사망과 직접적인 원인이 되는 것으로 추정된다. 이것은 폐암 사망률의 10%을 차지한다.

라돈 기체가 암석에서 생성되면, 이 기체는 주로 암석과 토양을 거쳐 확산되고, 대기 중에서 무해하게 사라진다. 라돈은 또 지표수로 확산될 수도 있다. 라돈은 보통 집의 기초 부분의 열린 공간을 통해 집으로 들어온다. 지하실 바닥과 기초의 균열, 상·하수도 파이프의 주변 공간, 배선을 위한 공간 등을 통하여 라돈은 집으로 유입된다. 우물을 통해 들어오기도 한다.

미국 가정의 단지 10%가 잠재적인 라돈 문제를 갖고 있다. 그러나 라돈에 대한 공론이 증가함에 따라, 많은 사람들이 우려하고 있다. 게다가 미국 환경보호국과 위생국은 모든 미국인의 집(2층 이상인 아파트에 거주하는 사람은 제외)에서 라돈 검사를 실시하도록 권장하였다. 검사 결과, 라돈 수치가 리터당 4 피코큐리(picocurie) 이상이면 집주인에게 그 수치를 낮추도록 권장하고 있다. 이 문제 해결 방법에는 비용이 그리 많이 들지 않는다. 라돈의 배출원이 있는 장소를 블록으로 쌓으면 된다.

라돈 위해성 평가표

pCi/L	WL	라돈 노출에 따른 폐암 추정	비교 가능한 노출 수준	비교 가능한 위해성
200	1.0	440-770	평균 외기 농도의 1,000배	비흡연자 위해성의 60배 이상
100	0.5	270-630	평균 실내 농도의 100배	하루에 담배 4갑을 피우는 흡연자
40	0.2	120-380		연한 가슴 X선 노출의 2,000배
20	0.1	60-120	평균 외기 농도의 100배	하루에 담배 2갑을 피우는 흡연자
10	0.05	30-120	평균 외기 농도의 10배	하루에 담배 1갑을 피우는 흡연자
4	0.02	13-50	EPA가, 치료가 필요하다고 제안하는 농도	비흡연자 위해성의 5배 이상
2	0.01	7-30	평균 외기 농도 10배	연한 가슴 X선 노출의 200배
1	0.005	3-13	평균 외기 농도	폐암으로 사망하는 비흡연자의 위해성
0.2	0.001	1-3	평균 외기 농도	연한 가슴 X선 노출의 20배

출처 : Data from U.S. Environmental Protection Agency, Office of Air and Radiation Programs.

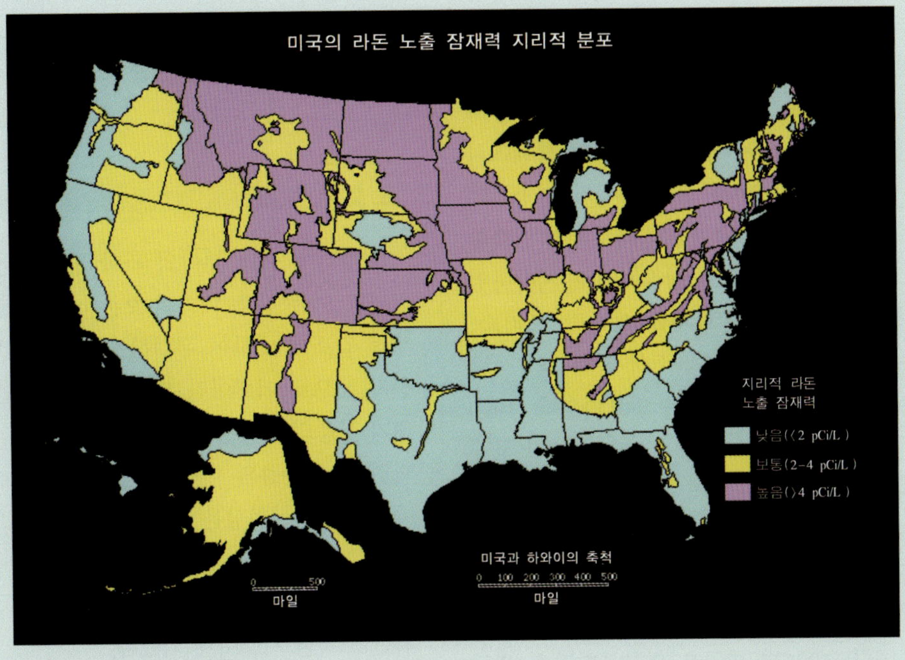

출처 : U.S. Geological Survey.

다. 농장과 평원을 만들기 위해 나무를 태우는 행위는 대기 중의 이산화탄소를 가중시킬 뿐 아니라 제거하는 능력을 감소시키기도 한다. 왜냐하면, 평원과 초지 역시 이전 밀림과 같은 정도의 효율로 탄소를 제거하지 못하기 때문이다. 뿐만 아니라, 세계에서 이러한 지역의 토지와 평원지역은 때때로 몇 년이 지난 후에는 버려지게 되고, 원래 숲의 조건으로 돌아오지 못하게 된다.

염화불화탄소(CFCs, chlorofluorocarbons)는 완전히 인간활동에 의한 산물이다. 이 물질들은 냉장고와 에어컨의 냉매와 세정용매, 에어로졸의 분무제, 거품제품의 거품화대제로 널리 사용된다. 비록 이 물질들이 대기 중에 소량으로 존재한다 하더라도, 온실기체로서 효과가 매우 크다(이산화탄소보다 열손실을 방해하는 데 약 15,000배 이상 더 효과적이다). 모든 염화불화탄소는 특별한 목적으로 사람들에 의해 만들어지기 때문에 이들의 수치는 쉽게 조절된다.

염화불화탄소는 대기 중의 오존층 파괴와 연관되며 1970년대 이후, 미국, 캐나다, 노르웨이, 스웨덴 등에서 에어로졸 캔의 분무제로 사용이 금지되었으며, 유럽공동체는 에어로졸 캔의 분무제로 염화불화탄소의 사용을 감소시키는 데 합의하였다. 그러나 염화불화탄소는 세계적으로 여전히 에어로졸 분무제로 널리 사용되고 있다. 발포제와 용매로서의 염화불화탄소는 대기 중으로 방출되는 것보다 재사용하기 위한 회수에 많은 노력을 하고 있다. 대체 냉매가 사용 가능하며, 냉매를 대기로 방출하는 것보다 이를 재이용하는 데 더 많은 관심을 기울일 수 있다. 1991년 듀퐁 사는 오존층에 해가 없는 냉매를 개발했다고 발표하였다. 이 냉매는 미국을 포함한 여러 나라에서 냉장고와 에어컨에 장착되고 있다. 국제적 규모로 염화불화탄소를 감소시키려면 이러한 여러 방법들을 계속 개발해야만 할 것이다. 대체물질이 사용 가능해질 때까지 염화불화탄소를 필수적으로 재사용하도록 하면 염화불화탄소가 대기에 부가되는 비율이 감소될 것이다.

1987년 몇몇 산업국가들(캐나다, 미국, 영국, 스

웨덴, 노르웨이, 네덜란드, 소련, 서독 등)은 염화불화탄소 생산량을 현 수준으로 동결하고, 2000년까지 현 수준의 50%로 감산하기로 합의하였다. 몬트리올 협정이라 알려진 이 합의 사항은 미 상원에서 1988년 비준되었다. 1989년 5월 헬싱키 성명서에 82개국이 합의하였고, 2000년까지 대부분의 염화불화탄소의 사용을 단계적으로 삭감하기로 서약하였다. 일본과 미국의 몇몇 회사들(제너럴 모터스, AT&T, 닛산 등)은 염화불화탄소의 단계적인 삭감이나 사용을 크게 줄이는 계획을 발표하였다. 1990년 런던에서 염화불화탄소의 사용 감소에 대한 국제적인 합의에 도달하였다. 이러한 협상의 주요 장애는, 개발도상국들이 염화불화탄소를 사용하지 않고 냉방과 냉동을 할 수 있는 기술을 획득할 수 있도록 지원하는 기금을 설립하는 데 대한 선진국들의 소극적인 대응이다. 1996년 미국은 염화불화탄소 생산을 중단하였다. 이러한 전 세계적인 노력과 기술의 급격한 변화에 따라 염화불화탄소 사용이 급격히 줄어들고 있으며, 대기 중의 염화불화탄소의 농도는 안정되고 있고, 장래에는 감소될 것으로 기대된다.

메탄(methane)은 1차적으로 생물들에 의해 생성되어 대기 중에 포함된다. 특히, 습지와 논에 많이 존재하는 몇 종류의 박테리아들은 대기 중으로 메탄을 배출한다. 또 어떤 메탄생성균은 개미의 소화기관과 소와 같이 되새김질을 하는 동물의 창자에서 다량으로 발견된다. 메탄 일부는 화석연료 오염원으로부터 대기 중으로 방출된다. 메탄 발생원을 조절하는 것은 쉽지 않아 보이는데, 그것은 주 오염원이 바꾸기가 매우 어려운 농업활동에 포함되어 있기 때문이다. 예를 들면, 여러 나라에서 벼를 다른 농작물로 바꿔야 하고, 식량 생산에 사용되는 가축들의 수를 현격히 줄여야만 한다. 식량 생산은 세계 대부분에서 증산이 요구되는 문제이기 때문에, 그렇게 하는 것이 쉽지도 않을 뿐더러 배출량은 줄어들지도 않을 것이다.

질소산화물(nitrous oxide)은 온실기체 중 작은 부분을 차지하는 기체이다. 주로 화석연료와 비료로부터 대기 중으로 배출된다. 이 물질은 질소 함유 비료의 사용에 좀더 주의를 기울임으로써 감소시킬 수 있다.

오존층 파괴

1970년대 여러 분야의 과학 단체에서 지구를 둘러싸고 있는 상층 대기의 **오존**(ozone)층에 대한 잠재적 감소에 대하여 우려하게 되었다. 오존은 산소 원자 셋으로 이루어진 분자이다. 1985년 봄에 남극 대기 상층의 오존층이 현격하게 얇아진 사실이 발견되었다. 오존층의 어떤 부분은 95%의 손실을 보였다. 이런 손실현상은 훨씬 더 북쪽에서도 발견되었으며 북극의 오존층도 얇다는 사실이 측정되었다. 이러한 사실들로 인해 몇몇 나라들은 오존층 보호를 위한 노력을 기울이게 되었다.

대기 밖의 오존층은 지표로부터 대략 15~35 km 높이에 존재하며, 자외선의 해로운 영향으로부터 지구를 보호한다. 오존(O_3)은 자외선을 흡수하여 산소 분자와 원자로 분해된다.

$$O_3 \xrightarrow{\text{자외선}} O_2 + O$$

산소 분자는 자외선에 의해 2개의 산소 원자로 나뉜다.

$$O_2 \xrightarrow{\text{자외선}} 2O$$

산소 원자와 분자의 재조합은 오존을 다시 생성시키고, 더 많은 자외선을 흡수할 수 있게 한다.

$$O_2 + O \rightarrow O_3$$

이러한 일련의 반응들이 태양으로부터 전달되는 자외선 에너지의 99%를 흡수하고, 자외선이 지표에 도달하는 것을 방지한다. 대기 상층부의 오존의 감소로 지표에는 많은 자외선이 도달하는데, 이 자외선은 인간에게 있어 피부암과 백내장을 유발하며, 많은 생물에게 돌연변이를 야기한다.

염화불화탄소는 상층 대기에서 일어나는 오존층 파괴의 유력한 원인으로 추정된다. 염소는 오존과

환경 돋보기

소음공해

소음은 원치 않은 소리라고 정의할 수 있다. 그러나 소음은 불쾌한 느낌 그 이상이다. 연구 조사에 의하면, 소음 노출은 정신적인 피해뿐 아니라 물리적인 해도 유발할 수 있다. 소음도는 데시벨(dB)로 측정되며, 선형이 아니라 로그 형태의 특성을 가지고 있다. 그래서 40dB(도서관)에서 80dB(접시 닦는 기계 또는 쓰레기 처분기)까지의 변동폭은 소음도에 있어서는 10의 1,000배 정도를 나타내는 것이다.

소리의 고저(pitch)와 주파수(frequency)는 피해 정도를 결정하는 요소이다. 높은 소리가 가장 짜증나게 한다. 높은 피치 소리에 대한 가장 일반적인 음압 스케일은 A 스케일인데, dB(A)라는 단위를 쓴다. 청력 손실은 지속적으로 80~90 dB(A) 정도의 음압에 노출되었을 때 시작된다(8시간 이상). 음압 140 dB(A) 이상이면 사람을 괴롭히기 시작하며, 180 dB(A)의 음압에서는 사람이 죽을 수도 있다(표 참조).

소음공해는 청력 손실뿐 아니라, 신경과민성 두통에서부터 노이로제 증세에 이르기까지 다양한 불쾌감과 연결되어 있다. 연구에 의하면 소음은 혈관을 수축하고(주요 장기에 혈액공급 감소 야기) 태아 성장을 저해하며, 때로는 간질 발작을 유발하기도 한다. 미국 환경보호국(EPA)은 미국 시민 중 4천만 명이 소음 때문에 청력 손상과 정신적 신체적 영향으로 고통받는다고 추정했다. 6천4백만 명 이상의 미국민들이 비행기, 자동차, 건설공사 소음에 영향을 받는 집에 살고 있다고 추정했다.

1972년 소음규제법은 유해한 소음으로부터 공공의 건강과 복지를 보호하기 위한 미국에서의 첫 번째 시도이다. 또한 이 법은 소음 규제에 있어서 연방 정부의 연구와 활동의 조화를 시도하였고, 상업 생산품에 대한 연방 소음배출허용기준 제정과 공공에 대한 정보를 제공하고자 하였다. 소음규제법 통과에 이어서, 많은 지방자치단체들이 소음규제조례를 제정하였다. 이와 같은 노력이 옳은 길로 향한 한 단계이기는 하지만, 미국은 아직 유럽 국가보다 소음에 대한 규제가 덜한 편이다. 몇몇 유럽 국가들은 강력한 소음 조례에 부합하는 조용한 건설장비를 개발하였다. 독일과 스위스는 특정 지역에서의 주간 및 야간 소음도를 정해 놓았다. 소음공해 감소에 대해 북아메리카 국가는 유럽 국가들로부터 많은 것을 배워야 한다.

소음강도

소음 원인	강도(dB)
제트 비행기 이륙 시	145
고통 발생	140
유압	130
제트 비행기(160m 이상 상공)	120
소음기 없는 오토바이	110
지하철	100
농업용 트랙터	98
휘발유 제초기	96
음식물 배합기	93
대형트럭(15m 거리)	90
시끄러운 도시 소음	90
진공 청소기	85
장기간의 노출에 의한 청력 손실	85
쓰레기 처리기	80
식기세척기	65
창문형 에어컨	60
정상적인 대화	60

반응하여 아래와 같은 반응으로 오존을 감소시킨다.

$$Cl + O_3 \rightarrow ClO + O_2$$
$$ClO + O \rightarrow Cl + O_2$$

이러한 반응으로 오존은 파괴되고, 산소 원자가 쉽게 감소하기 때문에 오존이 형성될 가능성은 감소한다. 염화불화탄소가 성층권(오존층) 중으로 방출되는 데는 10~20년 정도가 걸리고 이것이 오존과 반응하는 기간은 최대 120년이다(이 사실을 아는 것이 중요하다).

결과적으로 세계기후협회(WMA, World Metrological Association)는 다음 세기에는 더욱더 오존층 손실 상황이 나빠질 것이라고 예견하고 있다.

에어컨과 냉장고에서 냉매로 사용되는 염화불화탄소의 사용은 상당량의 염화불화탄소를 대기 중으로 배출하는 결과를 초래하였다. 염화불화탄소가 지구 온난화와 오존층 손실에 미치는 영향으로 상당한 국제적 관심이 염화불화탄소의 생산과 배출에 집중되고 있다.

실내공기오염

가장 크고 가장 산업화된 도시에서, 가정과 다른 건물 안의 공기가 실외공기보다 훨씬 더 심각하게 오염될 수 있다는 내용이 많은 과학적 증거들로 증명되고 있다. 다수의 실내공기 오염물질과 오염원이 인간 건강에 나쁜 효과를 미치는 것으로 생각되고 있다. 이러한 오염원에는 특정 나무제품과 에어로졸, 대기잔류 살충제, 클로로포름, 퍼클로로에틸렌(특히, 드라이클리닝에 사용), 파라디클로로벤젠(공기 청정제, 방충제에 사용) 그리고 많은 질병을 야기하는 생물체들을 포함하여, 다수의 소비재와 관련된 석면 및 포름알데히드 등이 포함된다. 흡연은 미국의 경우 건강에 대한 가장 중요한 공기오염원이다. 미 위생국은, 매년 35만 명이 폐기종, 심장발작, 뇌졸중, 폐암 또는 기타 흡연에 의한 질병으로 사망한다고 추정하고 있다. 흡연 규제는 다른 어느 오염원 제어 방법보다도 많은 생명을 구할 것이다.

실내공기오염에 대한 최근의 기여 요인은, 열 손실을 줄이고 연료비를 절감하기 위하여 건물에 단열재 구조를 설치하는 것에서 찾을 수 있다. 오래된 집에서는 매시간 완벽하게 공기 교환이 이루어진다. 이것은 문과 창문, 그리고 건물의 틈과 구멍을 통해서 청정 공기가 들어온다는 것을 의미한다. 단열이 된 집에서는 완전한 공기 교환이 5시간에 한 번 이루어진다. 이와 같은 집은 에너지 효율은 높지만, 대기오염물질을 가둬두는 경향이 있다.

비록 우리는 우리 시간의 90%정도를 실내에서 생활하고 있으나, 실내오염을 줄이기 위한 조치는 실외의 대기오염을 통제하는 규정을 뒤따라 갈 뿐이다. 미국 환경보호국은 각각의 실내 오염물질과 다수의 실내 오염물질 혼합에 노출되었을 때, 인간 건강에 미치는 위험도를 평가하고, 그 등급을 정하는 연구를 진행하고 있다.

요약

대기는 오염물질을 받아들이고 확산시키는 매우 큰 능력을 갖고 있다. 이산화탄소, 탄화수소, 특히 이산화황(아황산가스), 질소화합물은 1차 대기오염물질들이다. 이러한 대기오염물질들은 다양한 건강상의 문제들을 발생시킨다. 납과 대기 독성물질 또한 중요한 대기오염물질로 밝혀졌다.

광화학 스모그는 탄화수소와 질소산화물이 역전에 의하여 이동이 제한되고 태양광선 아래에서 오존과 PANs을 형성하기 위하여 상호 반응할 때 생성되는 2차 대기오염물질이다. 광화학 스모그를 제거하기 위해서는 기술의 변화가 있어야만 하는데, 보다 연료 효율이 좋은 자동차, 탄화수소 손실을 방지할 수 있는 특수 장치, 탄화수소를 완전히 연소시킬 수 있는 촉매변환기 등이 그 예이다.

산성비는 상층 대기로의 이산화황과 질소산화물의 배출에 기인하는데, 이러한 것들이 눈, 비가 내릴 때 대기 중에 씻겨 내려서 산을 형성하게 된다. 지상 생태계에 미치는 산성비의 직접적인 영향을 증명하는 것은 어렵지만, 많은 숲 지역에서의 변화는 부분적으로 산성비에 의한 부가적인 스트레스의 결과로 추정되고 있다. 토양에 존재하는 칼슘의 손실이 산성비와 관련된 주요 문제라는 것이 최근의 증거로 제시되었다. 수중 생태계에 미치는 산성비의 영향은 정량화하기 쉽다. 물이 더욱 산성화됨에 따라 생태계의 다양성은 감소하며, 많은 생물들이 재생산에 실패한다. 산성비를 조절하기 위해서는, 세정탑, 집진기, 그리고 백필터 등의 사용과 연료의 황을 제거하여야 한다.

최근, 온실기체(이산화탄소, 메탄, 염화불화탄소 등)의 악영향에 대한 관심이 매우 크다. 이 기체들은 지구 평균 기온을 높이고, 결과적으로 기후에 대한 주요 변화를 야기한다. 사람과 생태계는 이미 기후 극한과 다양성을 포함한 환경 압력의 범위에서 상처받기 쉽게 되었다. 지구 온난화는 다른 압력 효과를 증폭시키고 수많은 방법으로 우리의 삶을 교란시키기 쉽다. 우리의 건강, 숲과 다른 천연 지역의 생명력, 신선한 물의 배분, 농업의 생산성에 대한 심각한 영향은 기후 변화에 의한 결과들 중의 하나이다. 또 염화불화탄소는 상층 대기의 오존층을 파괴할 것으로 생각되는데, 그 결과 지구에 도달하는 자외선의 양이 증가하게 될 것이다. 염화불화탄소의 영향에 대한 우려로, 대기에 도달하는 염화불화탄소의 양을 상당히 줄일 수 있는 국제적인 노력이 이루어졌다. 흔히 사용되는 다수의 물질이 폐쇄된 공간(실내공기오염)으로 배출되어, 건강문제를 야기하게 되었다. 이들의 가장 중요한 점은 이들이 흡연과 관련되어 있다는 것이다.

이슈와 분석 국제적 대기오염

산성비는 대기오염에서 발생되지만, 수질오염의 형태로 환경에 손실을 입힐 수 있다. 또한 한 나라에서 비롯된 대기오염이 다른 나라의 수질오염을 야기할 수 있다. 특정 국가가 그 나라 안에서 엄격한 환경 규제를 갖출 수 있으나, 이웃나라의 행동 때문에 환경문제가 발생할 수도 있다.

최근, 산불과 산성비 현상은 다양한 환경문제를 다루는 데 있어서 국제적 협력이 필요함을 강조하고 있다. 예를 들면, 스웨덴에 내리는 비의 56%가 산성비이고 이는 스웨덴 밖의 나라에서 야기된 것이다. 오염물질의 주요 배출원은 독일과 영국으로, 스웨덴의 서쪽 해안은 이들 국가로부터 불어오는 바람을 맞고 있다. 이러한 산업국가들이 더 많은 이산화황(아황산가스)을 대기 중으로 배출할 때, 스웨덴에서는 더 많은 산성비가 내리게 된다. 1930년대 이후 스웨덴 서쪽의 호수는 pH 2 정도까지 더 산성화되었다. 10,000개의 호수들은 pH 6.0 이하이고, 500개의 호수는 pH 5.0 이하이다. pH 5.5 이하이면 많은 종류의 물고기들이 생존하기에 산성도가 심하다.

1930년대 영국에서는 대기오염을 감소시키기 위한 프로그램을 시작하였다. 이 프로그램으로 영국의 공기가 보다 더 깨끗하게 정화되었다. 영국의 해결책 중 하나는 보다 더 길고 높은 굴뚝을 설치하는 것이었다. 그 결과 더 많은 영국의 오염물질들이 스웨덴 쪽으로 운반되었다.

- 영국이 스웨덴 환경을 손상시키는 방법으로 대기오염물질을 확산하도록 허가해야 하는가?
- 국제적인 국경을 통과하는 대기 중 오염물질의 이동을 제어하고 규제하기 위하여 일련의 국제적 합의가 있어야만 하는가?
- 대기오염물질에 추가하여, 국제적인 국경을 통해 자연적으로 운반될 수 있는 다른 형태의 오염물질이 있는가?

주요 용어

광화학 스모그(photochemical smog)
기온역전(thermal inversion)
라돈(radon)
메탄(methane)
발암작용(carcinogenic)
분진(particulate matter)
산성비(acid rain)
산성 침적(acid deposition)
산화질소(nitrous oxide)
염화불화탄소(CFCs)
오존(ozone)
온실효과(greenhouse effect)
이산화탄소(carbon dioxide)
2차 대기오염물질(secondary air pollutants)
일산화질소(nitrogen monoxide)
일산화탄소(carbon monoxide)
이산화질소(nitrogen dioxide)
이산화황(sulfur dioxide)
1차 대기오염물질(primary air pollutants)
탄화수소(hydrocarbons)

복습 문제

1. 일반적으로 대기 중으로 배출되는 1차 대기오염물질 다섯 가지와 그 배출원을 제시하라.
2. 2차 대기오염물질을 정의하고, 예를 들라.
3. 대기오염물질이 건강에 미치는 영향 세 가지를 써라.
4. 왜 대기오염이 도시 지역에 그와 같은 큰 문제를 일으키는지 말하라.
5. 광학적 스모그란 무엇인가? 그 원인은 무엇인가?
6. 대기오염을 제어할 수 있는 세 가지 조치는 무엇인가?
7. 무엇이 산성비를 야기하는가? 산성비로 발생할 수 있는 결정적인 결과 세 가지를 말하라.
8. 왜 이산화탄소(무독성의 정상적인 구성물질)가 온실기체라고 불리는가?
9. 만약 지구를 둘러싸고 있는 오존층이 파괴된다면 어떤 일이 일어나겠는가?
10. 에너지 보존행위는 대기질에 어떻게 영향을 미치는가?

비판적 사고력 문제

1. 당신이 만들어낸 대기오염을 제한하기 위해서 무슨 일을 할 수 있는가?
2. 캘리포니아에서와 같이, 모든 실내 공공 장소와 개인 레스토랑, 바와 같은 곳에서 흡연을 금지하는 것에 대하여 동의하는가? 그 이유는?
3. 일부 개도국들은 온실기체 생산에 대한 제한에서 면제되어야 하며, 기후 변화를 줄이는 데 필요한 변화에 전적으로 선진국들이 대응하여야 한다는 주장이 있다. 이러한 믿음에는 어떠한 가치, 믿음 그리고 전망이 밑에 깔려 있는가? 이 주장에 대한 여러분의 생각은 무엇인가?
4. 하나의 국가로서 미국은 값싼 에너지에 의존하는 개발을 꾀하면서, 에너지 값을 낮추기 위해 많은 보조금을 제공하고 있다. 이 보조금들이 철회되거나, 에너지에 세금이 부과된다면, 이것들은 미국인의 에너지 소비에 어떤 영향을 미칠까? 당신이 미국인이라면 온실기체의 배출량을 줄이기 위해서 많은 유럽 국가들처럼 고유가, 즉 3~4달러/gallon을 지지할 의사가 있는가?
5. 왜 선진국보다 개도국의 대기오염이 더 나쁘다고 생각하는가? 이와 관련하여 선진국에서는 무엇을 하고 있는가?
6. 여러분은 어떤 실내공기 오염물질에 노출되어 있는가? 이러한 노출을 제한하기 위한 방법은 무엇인가?
7. 당신이 접하고 있는 소음공해는 무엇인가? 여러분에게 소음공해는 얼마나 중요한가? 소음공해를 줄이기 위해서는 무엇을 할 수 있는가?
8. 오염물질 배출을 완전히 방지할 수 있는가? 여러분은 어느 정도의 위해 수준에서 살고 싶은가?

18 고형 폐기물 관리와 처분

이 장의 학습목표

- 고형 폐기물이 세계적으로 문제가 되는 이유를 설명할 수 있다.
- 도시의 고형 폐기물 관리가 경제의 직접적인 영향력 아래에 있으며, 기술, 시민의식 증진과 개입에 의해 변화하고 있음을 알 수 있다.
- 미래의 도시 고형 폐기물 관리는 통합적 접근을 필요로 함을 이해한다.
- 폐기물 처분 방법과 관련 문제를 설명할 수 있다.
- 새로운 도시 매립지 개발의 어려움을 이해할 수 있다.
- 폐기물 발생 원인 감축을 설명할 수 있다.
- 퇴비화와 고형 폐기물 처리의 조화에 대해 설명할 수 있다.
- 재활용의 장단점을 설명할 수 있다.

이 장의 세부목차

과거 현재 그리고 미래

1979 미국 환경보호국이 쓰레기하치장을 금지하고, 매립지 설치 기준 마련
1979 미국 내 매립지 및 쓰레기하치장 20,000개
1980 미국 도시 고형 폐기물의 9.6% 재활용
1980 미국의 일인당 하루 쓰레기 배출량 1.7kg
2004 미국 내 불량 매립지 및 쓰레기하치장 철거
2004 2,000개 미만의 매립지 존재(80% 감소)
2004 미국 도시 고형 폐기물의 30% 재활용
2004 일인당 하루 쓰레기 배출량 2kg

그림 18.1 방황하는 쓰레기 1987년 쓰레기를 가득 실은 바지선 한 척이 선적물을 처분하기 위해 뉴욕에서 멕시코까지 항해했다.

도 입

1987년 3월 3,200 ton의 쓰레기를 실은 바지선 한 척이 매립지를 찾아 출항하였다. 그 쓰레기는 뉴욕의 아이슬립 매립장에서 거부당한 것이었다. 바지선은 1만 km를 항해했으며, 몇몇 외국 항구에 정박하기도 했지만, 그 어느 곳에서도 쓰레기를 받아들이지 않았다. 바지선은 선적물을 그대로 실은 채 뉴욕으로 되돌아올 때까지 멕시코, 벨리즈, 바하마에 이르는 세 달간의 긴 항해를 해야했다(그림 18.1). 미국인들에게 암울한 위기의 암시로서 그 무익한 항해는 신문에 크게 보도되었다.

폐기물 매립지의 부족은 세계의 대도시에서 큰 문제로 떠오르고 있다. 지역 사회는 증가하는 폐기물 처리비용, 지하수 및 대기 오염 가능성에 대해 우려하고 있다. 대부분의 지역에서, 새로운 매립지로 적당한 장소가 사라지고 있다. 인구 증가와 미국적 생활양식의 중요한 일부인 편리함을 추구하는 태도 때문에 고형 폐기물 문제는 지난 수십 년에 걸쳐 극적으로 증가하고 있다.

처분하는 시대

1995년 〈라이프〉지는 "버려버리는 생활양식"이라는 제목의 기사에서 행복한 한 가족을 묘사하고 있다. 버려버리는 생활양식은 미래적 삶으로 또한 집안 일을 줄이는 방법으로 시장화되었다. "한 번 사용한 것은 버려라!"는 1950년 매우 인기 있는 선전문구였다.

오늘날의 쓰레기 문제는 2차 세계대전 이후의 경제호황에 뿌리를 두고 있다. 시장 전문가들은 소비자들이 사고 버리도록 유도하고 흔히 경제학자들의 말처럼 "소비를 자극"하기 위한 작업에 착수하였다. 1950년대 중반, 시장 전문가인 레보우(Victor Lebow)는 뉴욕의 〈소매저널 *Journal of Retailing*〉에 "강요된 소비"에 관한 감정적 호소를 기고하였다.

> 우리의 대량 생산 경제는 소비를 생활의 일부로 만들고 주기적으로 상품을 사서 사용하기를 요구하며, 소비에서 정신적 만족을 얻도록 요구한다. 우리는 점점 증가하는 비율로 소비되고, 태워지고, 닳아 없어지고, 대체되고, 흩어져버릴 물건을 필요로 한다.

소비자들은 레보우가 구상한 생활양식에 재빨리 순응했다. 버려버리는 생활양식이 일면 소비자의 권리처럼 보이는 데는 그리 오래 걸리지 않았다. "편리함"을 판매하는 개념은 전후 소비자들을 흡수했고, 이는 곧 "필수적"이 되었다. 결국 이것은 광고가 사람들에게 말하던 것 그대로였다.

이런 방식의 좋은 예는 1953년 처음으로 시장화된 TV 식사(TV dinner)이다. 시장과 광고가 밀접하게 관련된 음식 포장산업은 거대한 서비스로 발전되었다. 첫 TV 식사는 빠르게 진전되어 1980년대 후반에는 전자레인지를 이용한 식사를 가능케 했다. 이러한 식사는 음식물 340 g과 6개로 분리되는 포장(5개는 플라스틱류)으로 이루어져 있다. 버려버리는 생활양식 이후 수십 년이 지나자 새로운 문제가 나타났다. 많은 도시들의 기존 매립지에서 매립공간이 부족하게 되었다. 고형 폐기물은 전 세계적으로 증가하는 주요한 문제가 되었고 위기수준에 도달하였다. 미국 동부의 거대 도시들은 최근에 폐기물을 처리할 공간을 더 이상 찾을 수 없게 되었다(그림 18.2).

a.

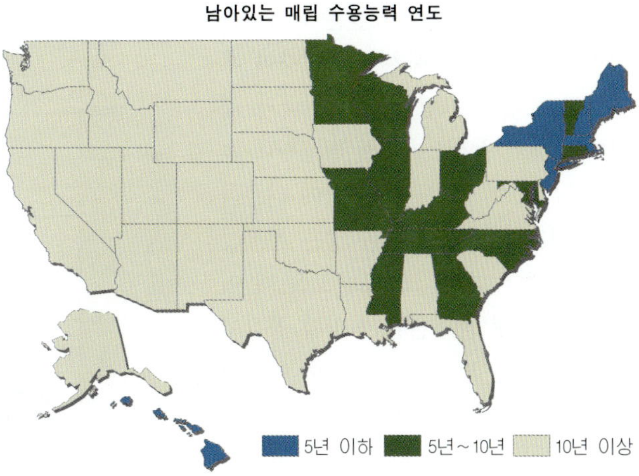

b.

그림 18.2 처분하는 생활양식 매립은 주요한 폐기물 처리법이다. (a) 처분하는 생활양식은 북동부와 중부의 많은 주들에서 매립 공간의 부족을 낳았다. (b) 새로운 매립지의 개발은 비용이 많이 들고, 개발에 적당한 땅도 더 이상 없다.

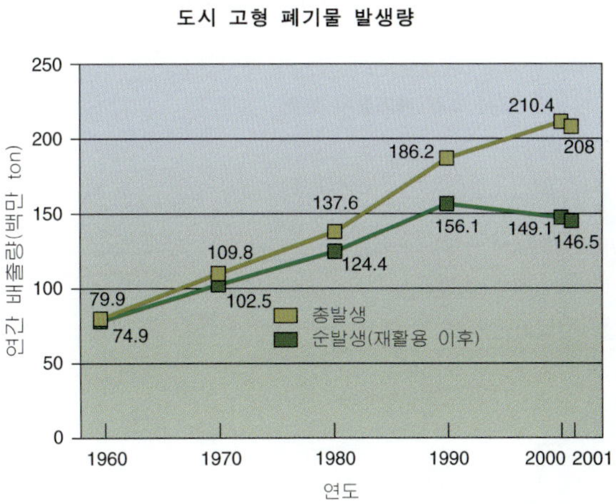

a.

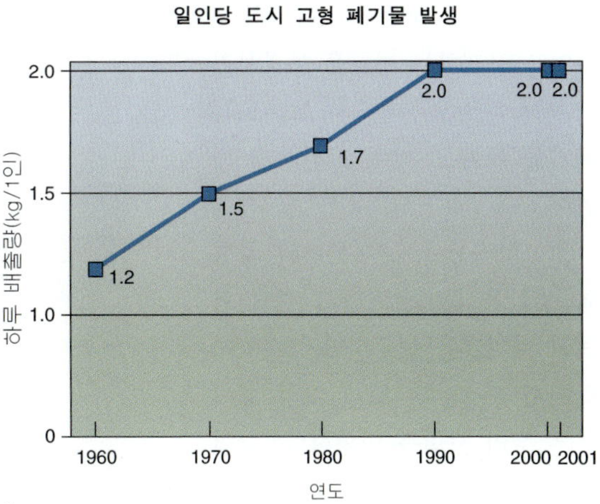

b.

그림 18.3 도시 고형 폐기물 발생률 미국의 도시 고형 폐기물 발생은 점점 증가하고 있다. 그러나 재활용의 증가로 폐기물 발생률은 1990년 이래로 감소하고 있으며, 일인당 비율도 안정되고 있다.

출처 : U.S. Environmental Protection Agency, Washington D.C.

문제의 본질

21세기에 들어서면서 세계는 유래 없이 증가하는 **도시 고형 폐기물**(municipal solid waste)을 해결하기 위한 조치를 취해야만 한다. 문제의 전부가 우리에게서 기인하지만, 우리는 단지 일부만을 해결할 수 있다.

미국은 매년 2억 1천만 ton의 도시 고형 폐기물을 배출한다. 이는 일인당 하루 약 2kg에 이르는 양이다. 도시 고형 폐기물의 양은 1960년 이후 2배 이상이 되었고 1990년 이후 안정되고는 있지만 일인당 비율은 당시보다 약 70% 증가한 것이다. 재활용을 포함하면 순폐기물 발생량은 1990년 이후로 줄어들고 있다(그림 18.3).

생활수준과 생산성이 높은 국가들은 일인당 도시 고형 폐기물 발생량이 후진국보다 높다(그림 18.4). 미국과 캐나다는 세계적으로 폐기물 발생량이 높다. 많은 고형 폐기물을 매립에 의존하면서 현재 우리가 직면한 많은 문제들이 발생했다. 캐나다의 토론토는 더 이상 도시 고형 폐기물을 처리할 공간이 없다. 폐기물 발생량을 50%로 줄이려는 야심찬 계획이 있지만 2006년이 되면 대도시 지역의 매립공간은 고갈될 것이다. 도시 외곽지역은 토론토의 폐기물 매립장이 되는 것을 거부할 것이며, 현재 캐나다의 거대도시들은 미국에서 공간을 찾고자 한다. 처분공간을 제공하던 많은 국가들이 타국의 폐기물 수입을 규제하는 법률을 통과시키기 시작하였고, 대도시 토론토는 폐기물 문제로 계속 고심하게 되었다.

고고학자들은 고대문명의 문화와 생활양식을 설명하기 위해 과거의 폐기물을 연구한다. 같은 맥락에서 오늘날의 도시 고형 폐기물은 우리 사회를 반영한다. 그림 18.5는 1960년 이후로 폐기물 구성의 변화를 보여준다. 종이와 플라스틱의 양 변화와 유리의 양 변화에 미친 재활용의 효과를 특히 주목하자. 미국의 폐기물 홍수에서 가장 흔한 항목은 종이와 정원 쓰레기이다. 그 외에 나무, 금속, 유리, 플라스틱, 음식 쓰레기가 있다(그림 18.6). 폐기물 구성의 분석을 통해 우리가 배출한 폐기물의 양을 줄이는 가능한 방법들을 모색할 수 있다.

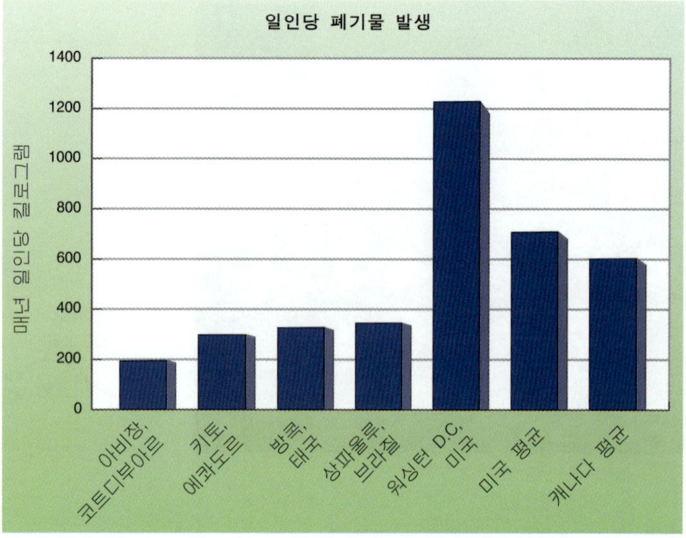

그림 18.4 폐기물 발생과 생활양식 폐기물 발생 비율은 경제 상황과 직접적인 관계가 있다. 선진국은 후진국보다 더 많은 폐기물을 양산한다.

출처 : U.S. *World Resources* 1996~1997, and U.S. Environmental Protection Agency.

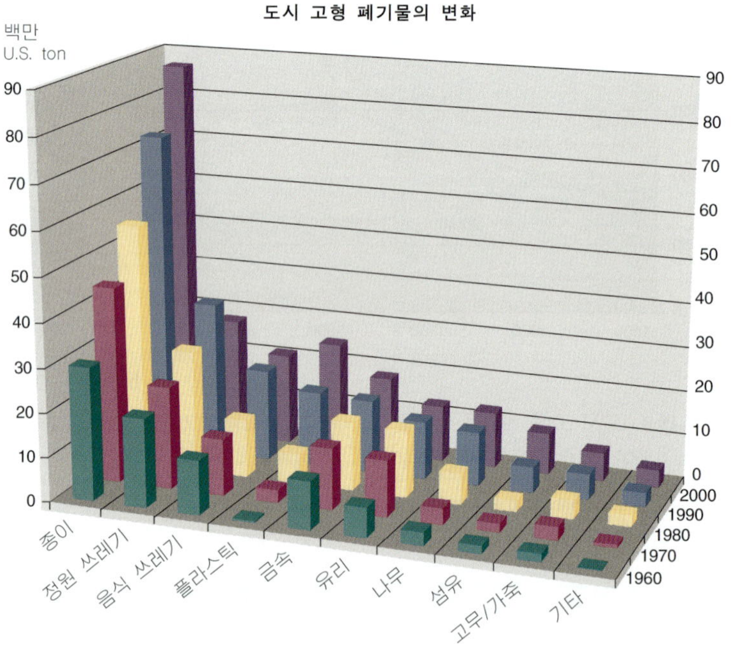

그림 18.5 폐기물의 다양화 음식 쓰레기는 1960년대 세 번째로 많았으나 금속과 플라스틱 폐기물의 증가로 비율이 낮아졌다. 생활양식과 포장방식의 변화는 폐기물 구성을 변화시켰다. 현재 처분되는 대부분은 사실 재활용될 수도 있다.

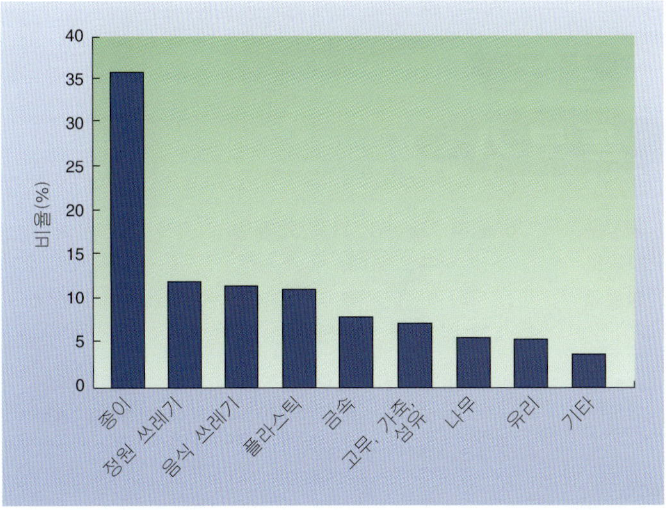

그림 18.6 미국의 폐기물 구조(2001) 폐기물 중 종이와 정원쓰레기가 가장 큰 비율을 차지한다.

출처 : Data from the U.S. Environmental Protection Agency.

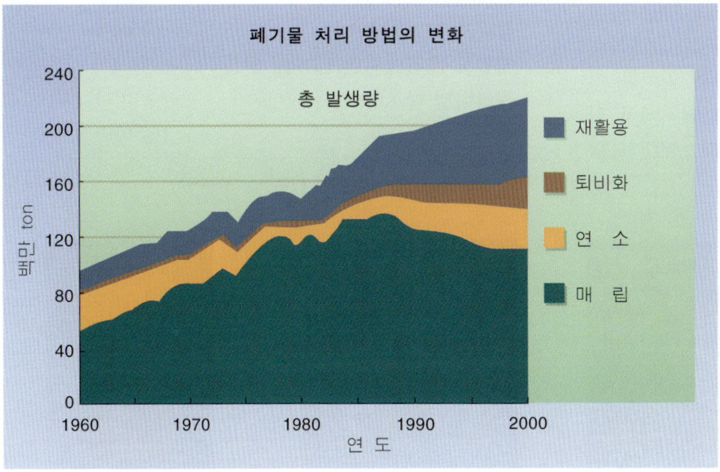

그림 18.8 폐기물 처리법의 변화 매립은 여전히 기초적 방법이다. 역사적으로 매립 처리는 가장 저렴하다. 그러나 미래에는 달라질 수도 있다. 매립량은 점점 줄고 있고, 재활용과 퇴비화가 증가하고 있다.

출처 : Data from the U.S. Environmental Protection Agency.

그림 18.7 불타는 매립지 매립지에서 폐기물 양을 줄이기 위해 소각은 흔한 관행이었다. 오늘날에도 여전히 소각이 이루어지고 있다.

폐기물 처리방법

도시 고형 폐기물의 처리가 대중의 관심을 끈 것은 최근의 일이다. 선사시대 이래 폐기물 처리법은 도시나 마을의 외곽에 고형 폐기물을 단순 투기하는 것이었다. 종종 폐기물 더미는 강이나 호수에 인접한 습지에 방치되었다. 양을 줄이기 위해 태워지는 경우도 있었다. 이러한 폐기물 처리법은 최근까지 일반적이었다. 이러한 처리법은 인구가 산개(散開)된 오지에서는 오늘날에도 행해지고 있다(그림 18.7).

폐기물 처리 기술의 진보와 가치의 변화로 환경과 삶의 질이 더욱 강조되고 있다. 폐기물을 버리고 태우는 것은 환경적 혹은 보건적 시각에서 더 이상 용납될 수 없는 관행이다. 폐기물 처리 기술은 수십 년 동안 발전되었지만 우리의 선택은 여전히 제한되어 있다. 현실적으로 더 이상 알려지지 않은 처리법은 없다. 기본적으로 (1) 매립 (2) 소각 (3) 폐기물 발생 원인 감축 (4) 재활용의 네 가지 방법이 사용된다. 매립은 가장 저렴하고 편하며, 지하수 오염에 대한 우려가 인식되지 않았기 때문에 역사적으로 폐기물을 처리하는 첫 번째 방법이었다. 잘 계획되지 못한 매립과 관련된 문제가 인식되면서, 매립량을 줄이려는 실질적인 노력이 일고 있다. 폐기물 양은 점점 늘어가지만 재활용과 퇴비화를 통해 매립지로 들어가는 양이 감소하고 있다(그림 18.8).

환경 돋보기

소비재 포장에 활용되는 수지

플라스틱 제품의 87%에 해당하는 열가소성 물질은 성질에 작은 변화만 주어도 잘 녹고 재처리가 가능하기 때문에 많이 재활용될 수 있다. 열가소성 물질의 수지(樹脂)는 소비재 포장에 흔히 사용된다.

1. 폴리에틸렌(PET)은 탄산음료의 병과 의료용기 등의 견고한 용기에 많이 사용된다. 폴레에틸렌은 가장 널리 사용되는 합성수지이다.
2. 고밀도 폴리에틸렌(HDPE)은 우유병과 물병, 가정용품 용기, 자동차 휘발유통과 같이 견고한 용기에 사용된다.
3. 폴리비닐 클로라이드(PVC)는 건축과 배관에 사용되는 강한 플라스틱이다. 또한 식품, 샴푸, 오일, 가정용품의 용기로 사용된다.
4. 저밀도 폴리에틸렌(LDPE)은 필름과 가방에 사용된다.
5. 폴리프로필렌(PP)은 요구르트 병에서 일회용 기저귀의 안감, 배터리에까지, 다양한 영역에서 사용된다. PP는 폴리에틸렌 혹은 폴리스틸렌과 합성되기도 한다.
6. 폴리스틸렌(PS)은 컵, 쟁반, 그릇에 최적의 조건을 갖추고 있다.
7. 기타 이런 것들이 서로 다른 수지를 포함하여 케첩 병 등에 사용된다.

현재 HDPE와 PET는 가장 일반적으로 재활용되는 합성수지이다. 패스트푸드 산업에서는 특히 PS를 재활용하려는 노력이 증가하고 있다.

포장재에 사용된 플라스틱 수지의 재활용 비율

플라스틱 수지	재활용 비율(2002)
고밀도 폴리에틸렌(HDPE)	24.2%
폴리에틸렌(PET)	19.8%
폴리프로필렌(PP)	3.9%
저밀도 폴리에틸렌(LDPE) 필름	3~4%
폴리비닐 클로라이드(PVC)	1% 미만
폴리스틸렌(PS)	1% 미만

출처 : Data from American Plastics Council.

PET

PET

PET

PET

PET

PET

PET

그러나 오늘날 매립은 단순히 저지대에 폐기물을 쌓는 것과 거리가 멀다.

매립

현대 **도시매립지**(municipal landfill)는 불투수성인 진흙층이 있는 함몰지역에 만들어진다. 매일 새로운 폐기물 퇴적물이 토양으로 덮여진다. 매립지의 선정은 지하수 지질학, 토양 유형, 지역주민의 민감도에 대한 이해를 바탕으로 이루어져야 한다. 일단 장소가 선정되면 주도면밀한 건설작업이 필수적이다. 새로운 매립지는 폐기물에서 흘러나오는 오염물질을 막기 위해 바닥을 견고하게 만든다. 더불어 메탄가스와 지하수 오염물질을 탐지하기 위한 모니터 장치는 필수적이다. 어떤 경우에는 부패한 폐기물의 메탄가스를 포집하여 발전을 하기도 한다. 매립지에서 흘러나오는 물은 따로 모아서 처리해야 한다. 결과적으로 새로운 매립는 더욱 복잡해지고 비용도 많이 든다. 현재 건설비용은 1ha당 100만 달러까지 소요된다(그림 18.9). 오늘날 미국은 약 55%, 캐나다는 약 80%의 폐기물을 매립한다.

매립지의 수는 1988년 약 8,000개에서 2001년 1,800개 정도로 줄어들었다. 매립지 감소에는 두 가지 이유가 있다. 소규모 자본으로 운영되는 많은 매립지가 규제에 의해 폐쇄되었다. 최대 수용력에 도달한 많은 매립지들도 문을 닫고 있다(그림 18.10). 매립 수용력의 감소에 대처할 방안에 대한 지연되어 온 공적 논의들이 이용 가능한 공간이 부족한 인구밀집지역에서 전개되고 있다. 토론토, 뉴

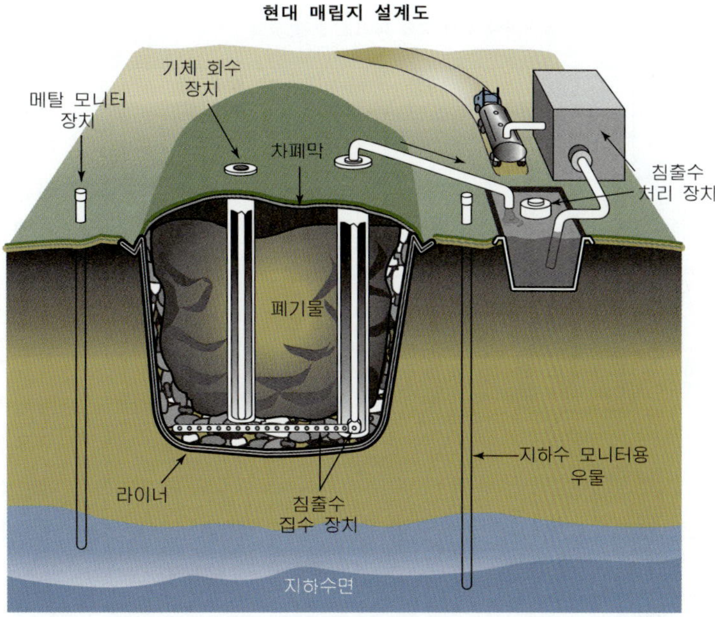

그림 18.9 현대적 매립지 구조 위생적인 현대 매립은 쓰레기로 가득 찬 땅의 구덩이와는 많이 다르다. 현대 매립은 불투수 막으로 토양에서 분리되어 있고, 가득차면 밀봉이 되는 완벽한 장치이다. 메탄가스와 지하수의 누수를 막기 위한 모니터가 끊임없이 이루어진다.

출처 : National Solid Waste Management Association.

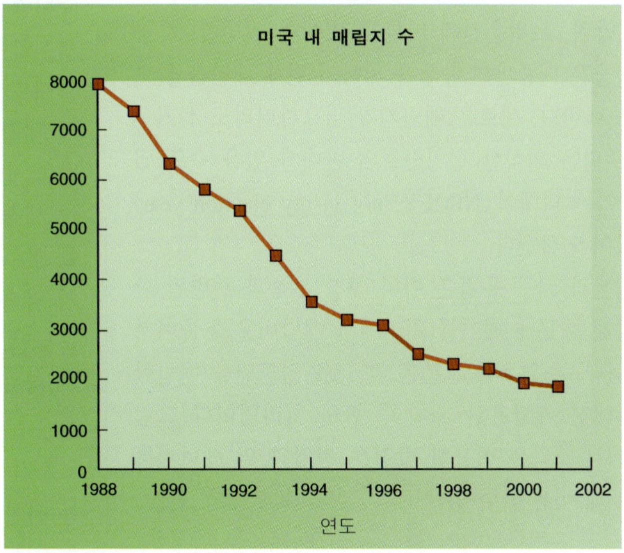

그림 18.10 매립지의 감소 수용력을 채우거나 환경 기준에 미달인 매립장이 폐쇄되면서 미국의 매립지가 줄고 있다.

출처 : Data from the U.S. Environmental Protection Agency.

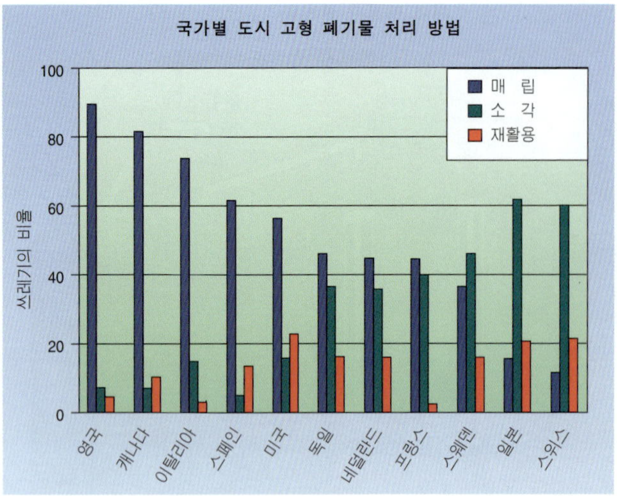

그림 18.11 국가별 폐기물 처리법 많은 국가가 매립지 선정에 어려움을 겪고 있다. 따라서 폐기물 매립량을 줄이기 위해 소각과 재활용 등에 의존하기도 한다.

출처 : Data from the U.S. Environmental Protection Agency.

욕, 로스앤젤레스 등지에서 새로운 매립지의 선정은 (1) 지질학적으로 적당한 위치 선정의 어려움 (2) 님비(NIMBY, not in my back yard) 현상 등의 지역의 반대 때문에 매우 어렵다. 대중의 저항은 지하수 오염, 악취, 트럭운전에 따른 우려에서 기인한다. 공무원들은 대중과의 충돌을 피하기 위해 대안을 찾으려 노력한다. 새로운 매립지가 필요하더라도 선거구의 주민을 의식한 정치인들의 반대가 있을 수도 있다. 이는 니메이(NIMEY, not in my election year) 현상이라 불린다.

일본과 서구 유럽은 이미 공간 부족과 관련된 환경문제 때문에 폐기물 처리에서 매립비율을 줄여가고 있다. 스위스와 일본은 약 15% 정도만을 매립한다. 대신 재활용과 소각이 주요 처리법이다(그림 18.11). 소각을 이용한 발전은 전기와 열 에너지를 얻는 데 이용될 수 있다.

소각

소각(incineration)은 1940년 이전에 북아메리카와 서유럽에서는 흔한 일이었다. 그러나 공중보건의 이유뿐 아니라 악취, 유해 가스, 매연 등 심미적 이유에서 줄어들었다. 오늘날, 미국은 도시 고형 폐기물의 약 15%를, 캐나다는 약 8%를 소각한다. 대부분의 소각로는 단순히 폐기물을 태우는 것을 넘어서 소각열을 증기나 전기로 전환시킨다(그림 18.12).

대부분의 소각시설은 처리되지 않은 도시 고형 폐기물을 태우는데, 이는 다른 기술처럼 효율적이지는 않다. 소각연료의 약 1/4은 폐기물-소각에 이르기 전 펠릿(pellet)으로 처리되어 수거된-에서 나온 연료를 사용한다.

유럽에서 활용 중인 가장 새로운 소각법은 **대량소각**(mass burn)이다. 대량소각 기술에서 폐기물은 용광로로 들어간다. 그 안에서 도시 고형 폐기물은 움직이는 화상(火床)으로 떨어져 1,300°C(2400°F)에서 태워진다. 불타는 폐기물은 물을 데우고, 증기는 터빈을 돌려 전기를 생산한다. 소각로는 도시 고형 폐기물을 부피는 90%까지 무게는 75%까지 감소시킨다. 하지만 소각은 대기 질, 유독성분 그리고 재의 처분에서 늘 위험을 안고 있다. 대량소각 기술이 유럽에서는 효율적으로 운용되더라도 기술 이전이 쉽지는 않다. 북아메리카의 도시 고형 폐기물은 유럽에 비해 플라스틱과 독성물질들을 더 포함하고 있어 대기오염과 재의 처리, 유독가스 노출의 문제를 낳을 수 있다. 현대적 소각로는 정전기 촉진기, 이중 세척기, 백하우스(baghouse)라 불리는 직물필터를 갖추고 있다. 그러나 현대적 소각로는 어느 정도의 금속물질, 산성가스, 그리고 발암이나 기형유발물질인 다이옥신과 푸린이라 알려진 오염물질을 대기 중으로 방출한다. 방출물에 잠재된 장기적인 위험은 토론 주제가 될 수 있다.

소각 시 발생되는 재는 폐기물을 에너지로 이용하는 시설물에 주요한 장애물이다. 중금속의 작은 농축물질로 공기 중의 부유물(떠 다니는 재)과 찌꺼기(바닥에 깔린 재)가 있다. 배터리, 전등, 안료 등에서 발생하는 재는 납, 카드뮴, 수은, 비소 등이 포함된 농축물질이어서 유해 폐기물로 특수 처리될 필요가

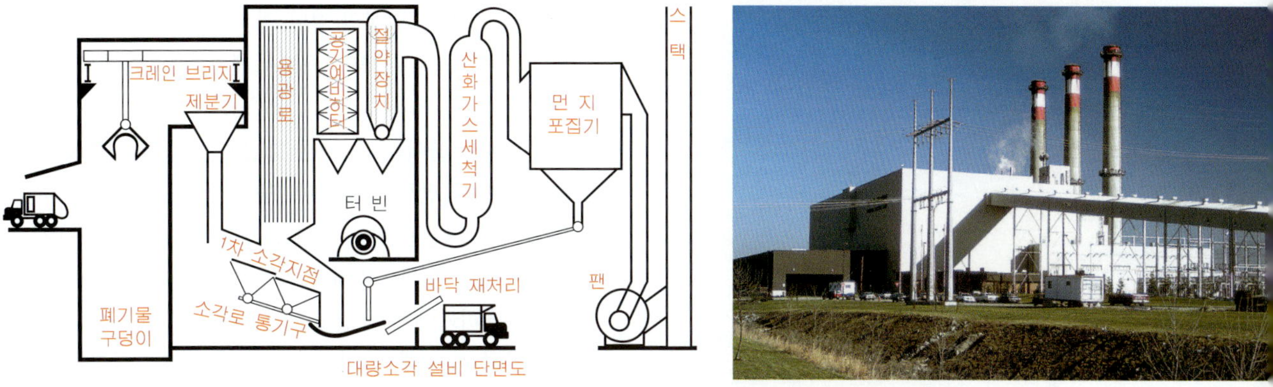

a. b

그림 18.12 대량 소각 시스템 (a) 전형적인 대량소각기의 작동법을 보여준다. (b) 소각은 폐기물의 부피와 무게를 상당히 줄인다. 그러나 대기의 질, 유독물질, 재의 처리에서 문제가 있을 수 있다.

있다. 그러한 유독물질은 쓰레기 상태에서보다 재(ash) 상태에서 더욱 농축되어, 엉성하게 봉해진 매립지의 지하수를 오염시킬 수 있다. 많은 도시가 소각 재 처리에 어려움을 겪어 왔으며, 또한 새로운 소각로 건설비용과 위치 선정은 많은 지역이 직면한 주요 문제이다. 소각로 건설은 지방 정부를 구속하는 문제이다. 2000년 북아메리카의 소각로 건설비용은 3억 4천 5백만 달러에서 3억 5천만 달러로 상승하였고, 비용은 줄어들지 않을 것이다.

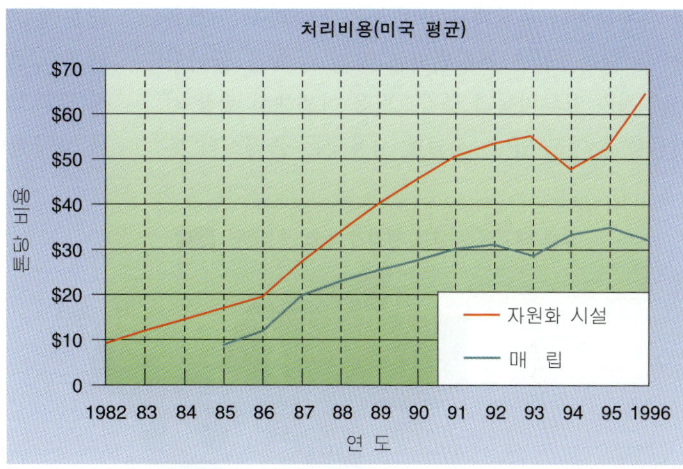

그림 18.13 매립과 소각의 상대적 비용 일반적으로 소각이 매립보다 비용이 많이 든다. 그러나 매립이 더 이상 불가능하여 매립처분을 위해서 수송비용이 부과될 때 소각이 대안이 될 수 있다.

소각은 매립에 비해 비용이 많이 든다. 그림 18.13은 폐기물 소각로와 매립의 비용 비교 그래프이다. 가능하기만 하면 매립은 비용에서 많은 이점을 갖는다. 도시들이 지방 차원에서 폐기물을 처리할 수 없어 원거리 수송을 시작해야 할 때에야 소각로는 비용 면에서 효율성을 갖게 된다. 미국 환경보호국(EPA)은 폐기물을 에너지로 활용하는 시설보다는 폐기물을 감소시키는 더욱 효율적인 방법으로 재활용과 폐기물 발생 원인 감축을 권장해왔다. 지역주민들은 소각로에 우선권을 두고 소각될 자원을 제공하기 위해 폐기물 발생 원인 감축과 재활용을 방해하고 있다고 비판하기도 한다. 소각 옹호자들은 폐기물 발생 원인 감축에 반대할 수도 있다. 그들은 소각로의 운영을 위해서는 많은 양의 도시 고형 폐기물이 필요한데 폐기물 발생 원인 감축은 소각로를 무용지물로 만든다고 주장한다. 소각로를 반대하는 많은 지역에서는 폐기물 발생 원인 감축과 재활용을 활발히 지원하고 있다.

폐기물 발생 원인 감축

폐기물을 줄이는 가장 근본적인 방법은 발원지에

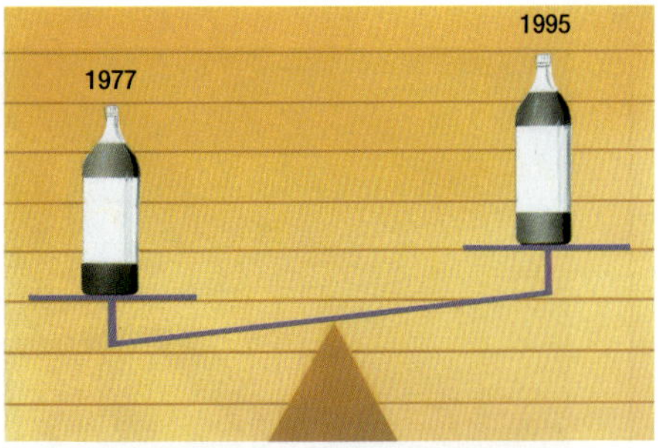

그림 18.14 **폐기물 발생 원인 감축** 플라스틱 청량음료수병들이 1977년에 비해 35% 정도 가벼워졌다. 플라스틱 우유병도 점점 무게가 줄고 있고, 알루미늄캔은 1965년에 비해 35% 정도 가벼워졌다.

서 폐기물이 되는 것을 막는 것이다. **폐기물 발생 원인 감축**(source reduction)의 사례는 제조 시 재료를 덜 사용하거나 포장재를 가벼운 것으로 바꾸는 것을 들 수 있다. 일부 포장업자는 포장 두께를 줄이기 위해 경량 알루미늄과 플라스틱을 이용해서 포장 폐기물을 줄이고 있다. 오늘날 사용되는 플라스틱 우유병은 도입 시 무게의 절반 정도이다. 1965년에 비해 알루미늄캔은 35%가량 무게가 감소했다(그림 18.14).

폐기물을 줄이는 또 다른 방법은 기업이 농축상태의 소비재를 만드는 것이다. 농축 생산품은 보다 적은 용기로 포장된다. 그러나 문제는 소비자들이 구매결정에서 농축 생산품에 호의를 가지게 하는 것이다.

북아메리카에서 매립물질의 14% 정도가 정원 쓰레기이기 때문에 퇴비화(composting)는 실질적인 영향을 갖는 폐기물 발생 원인 감축 기술이다. 매립지의 수명을 연장시키기 위해 많은 주에서 정원 쓰레기의 매립을 규제하고 있다(그림 18.15). 퇴비 더미를 쌓는 것은 유용한 부식토를 형성시킬 수 있기 때문에 가정의 정원에서도 많이 행해진다(그림 18.16). 많은 지역이 깎은 잔디, 낙엽, 심지어 버려진 크리스마스 트리와 같은 정원 쓰레기의 분리수거를 요구한다. 정원 쓰레기는 퇴비가 되거나 연료용 목재로 이용된다. 부산물은 도시 공원, 학교, 골프장, 묘지의 조경에 사용될 수 있다. 비용이 저렴하고 매립지의 수명을 실질적으로 연장하기 때문에 퇴비화에 의한 매립공간 확보가 호응을 얻고 있다.

개인 차원에서 우리는 우리가 배출하는 폐기물의 양을 줄이기 위한 모든 시도를 해야 한다. 각자의 작은 실행이 상당한 양의 폐기물 감축의 축적된 결과를 낳을 수 있다.

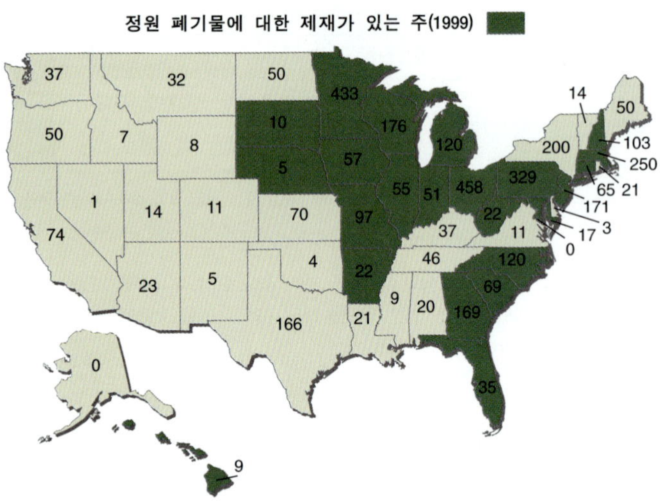

그림 18.15 **정원 쓰레기의 퇴비화** 정원 쓰레기가 고형 폐기물의 주된 요소가 된 이래, 미국의 많은 주에서 정원 쓰레기의 매립지 반입을 금지하는 법을 통과시켰다. 그림에서 녹색으로 표시되어 있는 지역이 정원 쓰레기의 매립을 법으로 금지하는 주들이다. 이 경우에는 매립지 사용기간을 연장할 수 있다. 주에서는 시민들의 편의를 위해 정원 쓰레기를 취합하여 공동으로 퇴비화하기도 한다. 매립지에 정원 쓰레기 반입을 허가하는 주 정부에서도 퇴비화 프로그램을 운영하여 나름대로 매립지 사용기간을 연장할 수 있다. 지도에 각 주별로 운영되는 퇴비화 프로그램의 수를 표시하였다.

출처 : Data from the U.S. Environmental Protection Agency.

그림 18.16 **퇴비화** 정원 쓰레기의 퇴비화는 정원이 있는 가정의 관행이다. 퇴비화는 원예의 양분을 제공하고 쓰레기의 양을 줄인다.

재활용

20세기에 환경 관련 분야에서 가장 성공적인 테마는 **재활용**(recycling)이다(그림 18.17). 미국의 경우, 매립하거나 소각하지 않고 퇴비화한 부분을 포함한 재활용률은 1990년 16%, 2001년 30%였다. 이러한 재활용률의 상승은 여러 가지 노력에 의한 결과였다. 재활용을 통해 자원을 보존하고, 오염원을 감소시키고, 에너지를 절약하고, 일자리를 창출하고, 매립지와 소각로에 대한 수요를 낮출 수 있다. 그러나 재활용 프로그램에 사람들을 참여시키기 위해서는 인센티브가 필요하다. 다음은 성공적이라 평가가 내려진 법들이다.

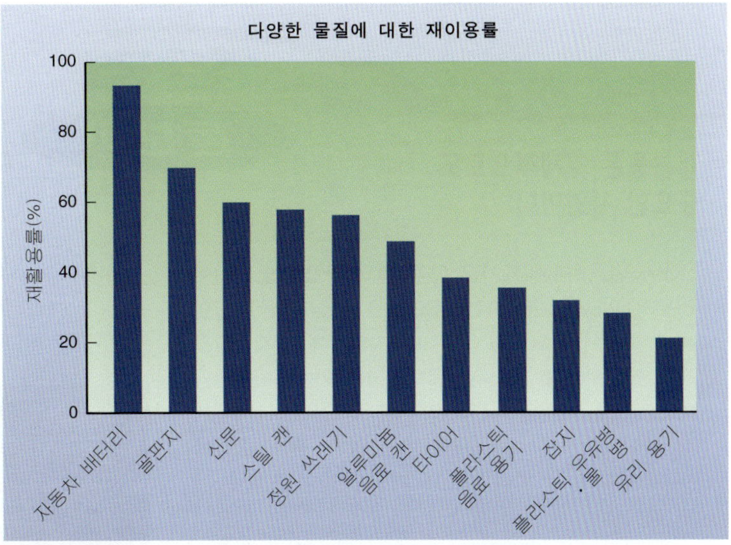

그림 18.17 다양한 물질의 재활용률(2001) 자동차 배터리와 같은 고가의 물건들은 재활용률이 매우 높으나, 다른 것들은 시장화에 어려움이 있다. 그러나 기술과 시장에서 과거 가치가 없다고 여겨졌던 물건들에 대한 활용법이 발견되면서 재활용률을 높일 수 있게 되었다.

출처 : Date from the U.S. Environmental Protection Agency, Characterization of Municipal Solid Waste in the United States, 2001.

- 용기법(Container laws)은 재활용을 통한 경제적 이익을 제공한다. 1972년 10월 오리건 주에서는 미국 최초로 공병수거제도(bottle bill)를 도입하였다. 재활용이 가능한 음료수병의 경우 공병 값으로 2~5센트를 돌려받을 수 있게 하고, 일회용 병이나 캔은 금지하였다. 이 법의 주요 목적은 쓰레기양을 줄이는 것이고, 이는 달성되었다. 법이 발효된 지 2년 내에 음료수용 용기 폐기물이 49%나 감소하였다.
- 오늘날에는 오리건, 버몬트, 매인, 코네티컷, 뉴욕, 아이오와, 로드아일랜드, 미시간, 델라웨어, 캘리포니아, 하와이 등 11개 주에서 이 제도를 실시하고 있다. 가장 최근(2005년 1월)에 실시했던 하와이는 2002년 이 법을 통화시키고, 맥주와 음료수 용기에 공병 값으로 5센트를 부과하였다.
- 뒤늦은 감이 있지만 국가적인 공병회수제도는 쓰레기양을 감소시키고, 에너지와 비용의 절감시키고, 일자리를 창출한다. 또한 천연자원도 보존할 수 있도록 돕는다. 음료수 생산회사와 맥주회사 등의 반대가 심하여, 최근 미국 의회에서는 국가적 '용기법'을 통과시키지 못했다.
- 의무재활용법(mandatory recycling law)은 재활용에 의무적인 인센티브를 제공한다. 많은 주와 시에서 이를 통과시켰다. 이 법에서는 거주자들이 재활용 가능한 쓰레기를 직접 분리하도록 한다. 일부 법들은 재활용되는 음료수병과 같이 특정 상품을 대상으로 하고 있고, 보드지나 전지 같은 자원 재활용 사업을 목적으로 하는 법도 있다. 일정 제품이나 물질의 매립을 금지하는 법도 있는데, 이 경우 쓰레기는 재활용되거나 다른 방법으로 처리되어야 한다. 예를 들면, 정원 쓰레기의 매립지 반입을 금지하였더니, 퇴비화 프로그램이 더욱 확산될 수 있었다.
- 의무재활용법을 적용하는 주나 도시의 재활용률은 당연히 높다. 캘리포니아의 경우 2001년

환경 돋보기

재활용은 경제적으로도 중요한 사업이다

1994년, 세계에서 가장 큰 목재 생산업체인 와이어하우저(Weyerhaeuser)는 풍요로운 산림지역이 아닌 미국 북부의 아이오와 주 시더 라피즈에 제지공장을 새로 건설하였다. 시더 강 제지공장은 와이어하우저와 미드웨스트 재활용회사의 합작 벤처기업으로, 미국에서 가장 큰 종이 재활용공장이 되었다. 목재 공급이 부족하더라도 이 공장은 원료 때문에 타격을 입는 일도 없어졌다.

이 공장은 K-마트로부터 포장상자를 포함한 폐종이를 공급받는다. K-마트와 와이어하우저는 1992년 K-마트의 포장상자의 구매에 대한 계약을 체결하였다. 계약에 의하면 와이어하우저는 제지공장의 원료를 공급받고, K-마트는 상자 폐기물 문제를 해결하는 것이다. 재활용 종이의 원료 공급이 제지공장의 입지를 결정했다는 사실은 재활용 사업이 얼마나 중요해졌는지를 증명하는 것이다. 와이어하우저는 미국에서 가장 큰 재활용업체 중 하나가 되었다. 현재 매년 20여 개의 시설에서 폐종이 6백만 ton을 가공하고 있으며, 와이어하우저 사 종이생산량 중 38%가 재활용된 생산품이다. 재활용은 이제 경제적으로도 매우 중요한 사업 분야가 되었다.

재활용률이 50%나 되었고, 다른 도시들의 경우, 2002년까지 목표는 달성하지 못했지만 주 전체에 걸쳐 재활용률이 48%였다.

- 보도재활용(curbside recycling)은 사람들에게 편리한 방법이다. 1990년에는 1,000개의 미국 도시가 이를 도입하였고, 2000년에 이르러서는 그 수가 9,000개로 늘었다. 1999년 모든 물질에 대한 의무재활용법이 15개 주에서 통과되었다. 캐나다의 경우, 토론토, 미시소거, 온타리오 지역에서 포괄적인 재활용 프로그램을 도입하고 있다.
- 오리건 주의 포틀랜드, 캘리포니아 주의 새호세와 로스앤젤레스, 미네소타 주의 미니애폴리스 같은 대도시에서 재활용률을 50% 또는 그 이상으로 달성하였다. 이 도시들은 보도재활용방법을 적용하고 광고우편물과 시리얼 포장박스 등 다양하고 광범위한 품목을 받아들이고 있다. 반면, 보도재활용방법을 적용하고 있지 않은 엘패소, 텍사스, 디트로이트, 미시간의 경우 재활용률이 10% 미만으로 그쳤다.

재활용의 문제점

재활용과 관련된 문제는 기술 및 경제적 문제이다. 기술적 문제는 플라스틱 재활용에서 발생한다(그림 18.18). 포장에 사용된 플라스틱은 재활용되지만, 재활용 기술은 플라스틱 종류별로 다양하다. 플라스틱 합성물(폴리머)에는 다양한 종류가 있다. 각각은 종류별로 화학적 성질이 다르기 때문에 다른 플라스틱과 섞여 재활용될 수 없다. 우유 용기는 고밀도 폴리에틸렌(HDPE)이지만 달걀 용기는 폴리스틸렌(PS)이며, 청량음료수 병은 폴리에틸렌(PET)이다.

플라스틱의 재활용은 여전히 각각이 다 새로운 영역이다. 기업은 재활용된 플라스틱의 질을 향상시키고 다른 플라스틱과 섞어서 처리할 수 있는 새로운 기술을 찾고 있다. 이러한 기술이 개발되기 전까지는 재활용 전에 플라스틱을 종류별로 분리하는 작업이 필요하다.

재활용의 경제성도 문제가 된다. 많은 선진국에서 재활용 증가가 일정 물품의 과잉을 초래하였다. 수거된 물건의 시장도 매립지처럼 포화상태이다. 재활용된 물건의 수요가 공급에 맞추지 못하면 재활용 프로그램의 미래는 불확실해질 것이다(그림 18.19). 긍정적인 측면에서 1990년대 들어 재활용 프로그램으로 수거된 물품에 대한 시장 거래가 급속히 증가했다. 시카고 시 무역계의 재활용 교환대에는 물건이 거의 남아있지 않을 정도로 재활용 상품에 대해 소비자와 판매자가 효과적으로 참여하고 있다.

재활용 프로그램의 장기적인 성공은 세금문제 그리고 재활용 상품의 개발과 수요에 대한 경제적 유인책과 관련된다. 재활용을 증진시키기 위해 정부의 세금 정책은 조정될 필요가 있다. 현재 미국에서는 막 채취한 펄프용 나무의 수송비용이 재활용을 위해 수거된 물품의 수송비용보다 저렴하다. 또한 개인 차원에서는 재활용 상품을 구매함으로써 영향을 미칠 수 있다. 재활용 시장이 큰 관점에서 성공할 수 있다면 재활용 상품의 수요는 증대될 수 있다.

그림 18.18 증가하는 플라스틱 폐기물의 양 북아메리카 도시에서 발생되는 플라스틱 폐기물의 양은 계속 증가하고 있으나, 재활용률도 동시에 높아지고 있다.

출처 : Data from Franklin Associates., Ltd.

재활용 요소 가격		1999	2004
철			
철 금속(달러/톤)	사용된 캔	71	161
비철 금속(센트/파운드)	알루미늄 캔	50	57
	자동차배터리	6	5
플라스틱(센트/파운드)			
	녹색 PET	7	16
	투명PET	6	17
	혼합 HDPE	9	11
종이(달러/톤)			
	골판지	92	83
	신문	31	58
	문서용 종이	93	128
	레이저프린터용 용지	163	181
유리(달러/톤)			
	투명 유리	39	29
	녹색 유리	14	9
	갈색 유리	24	17

그림 18.19 재활용 요소 가격 재료의 가격은 수요에 따라 해마다 광범위하게 달라질 수 있다.

출처 : Data from American Metal Market LLC, a division of Metal Bulletin Plc.

환경 돋보기

재활용 시장

해마다 미국에서는 17%의 버려진 중고 타이어가 재생된다. 폐기 타이어는 매립지에서, 그리고 폐기물 소각로에서 처분하기 어렵다. 20억 개에서 40억 개로 추산되는 타이어가 현재 쌓여있다. 이러한 더미들은 설치류 동물(쥐, 토끼 따위)에게 편안한 서식처를 제공하고 모기에게 번식처를 공급하며, 화재 위험도 있다. 사용된 폐타이어 중 대부분은 소각을 통해 에너지를 생산하는 데 사용된다. 또한 폐타이어는 고무 처리된 아스팔트 도로, 주형된 고무제품 그리고 경기장의 표면으로 사용된다. 북아메리카에서는 자동차 배터리의 약 96%가 매년 재이용된다. 이러한 납-산 배터리들은 폐기물 홍수의 작은 부분을 구성할지라도, 그것들은 매립과 소각로에서 처분될 때 우려될 수 있는 금속을 포함한다. 자동차 배터리의 세 가지 구성요소인 납, 산, 플라스틱 덮개 모두는 재이용될 수 있다. 모든 중고 오일의 70%가 북아메리카에서 재이용된다. 차 오일을 교환하는 자가 운전자로 인해 생산되는 양의 10%만이 수거 프로그램을 통해 반환된다. 오수 배출구에 흘려보내는 것과 같이 부적절하게 처리된다면 중고 오일은 토양, 지하수, 표면수를 오염시킬 수 있다. 일부 지역사회에서는 중고 자동차 오일을 서비스 장소, 법인 혹은 도시의 수거장소 또는 보도에서 수거한다.

요약

2차 세계대전 이후 소비재에 대한 끊임없는 소비가 하나의 생활양식으로 자리잡았다. 상품들은 한 번 사용되면 버려지도록 디자인되었다. 1980년대 들어서 처분하는 생활양식에 따른 문제가 대두되었다. 폐기물을 처리할 공간이 부족하게 된 것이다. 미국 동부의 거대도시에서 양산된 도시 고형 폐기물은 바지선에 선적된 채, 어느 나라도 반기지 않는 처리를 위해 세계를 항해하고 있다. 도시 고형 폐기물의 처리법은 매립, 소각, 폐기물 발생 원인 감축, 재활용 등으로 관리되어 왔다. 매립은 일차적인 처리수단이다. 그러나 현대적 매립은 과거처럼 단순히 땅을 파서 묻어버리는 방식에 비해 상당히 복잡하고 비용도 많이 든다. 적당한 매립지의 선정은 또 다른 지역 문제를 야기시킨다. 미국의 폐기물 소각률은 16% 정도이다. 소각은 폐기물의 부피와 무게를 줄이지만 재의 처리와 대기오염에 대한 염려는 계속 문제가 되고 있다. 폐기물을 줄이는 가장 근본적인 방법은 발원지에서 폐기물 양을 줄이는 것이다. 포장을 적게 하고 농축제품을 생산하고 정원 쓰레기를 퇴비화하는 것 등이 폐기물 발생 원인 감축의 예이다. 개인 차원에서도 폐기물을 줄이기 위해 가능한 한 모든 노력을 해야 한다. 미국에서는 폐기물의 약 23%를 재활용한다. 재활용률은 미국에서 빠르게 증가하고 있으며, 재활용 상품의 판매도 순조롭다. 시장이 형성될 수 있다면 재활용은 성공적일 것이다. 재활용의 문제는 다양한 플라스틱 제품의 혼합이 현재로서는 불가능하다는 점이다. 플라스틱 산업은 보다 보편적인 플라스틱 개발을 위해 노력해야 한다. 미래의 도시 고형 폐기물 관리는 매립, 소각, 폐기물 발생 원인 감축, 재활용이 통합된 방법이어야 한다. 어떠한 방법이 활용될지는 경제 및 기술의 변화 그리고 시민 의식과 개입에 따라 달라질 수 있다.

이슈와 분석 환경문제에 대한 기업의 반응

1990년 맥도날드 사는 식품포장을 폴리스티렌에서 종이로 바꾼다고 발표하였다. 맥도날드 사는 환경적인 고려를 원하는 소비자의 요구에 부응한 것이라 밝혔다. 환경을 고려해서 패스트푸드의 포장을 종이로 하는 것이 폴리스티렌을 사용할 때보다 더 나은 것인가? 대답은 단순히 예, 아니요로 결정될 수는 없다.

변화를 긍정하는 사람들은, 폴리스티렌은 부패되지 않기 때문에 매립지 공간을 차지한다고 주장한다. 또한 폴리스티렌은 소각 시 유독물질을 방출할 수도 있음을 지적한다. 반면 변화에 반대하는 사람들은 폴리스티렌이 단열재나 운동장비 등의 유용한 제품으로 재활용될 수 있다고 주장하며, 나아가 종이를 사용하는 것은 산림 벌채를 의미하는 것이며 더욱이 패스트푸드를 포장하는 종이는 왁스가 입혀져서 재활용이 불가능하다고 맞서고 있다. 현재, 많은 식료품 소매상들은 봉투 사용에 대한 몇 가지 선택을 제공한다. 일부 상점은 계산서에서 일정액을 공제함으로써 봉투의 재사용을 유도하기도 한다. 어떤 상점은 종이 혹은 플라스틱 중 어느 것을 선택할 것인가를 묻기도 한다.

- 종이 봉투와 플라스틱 용기의 찬반 논의를 정리해 보자.
- 당신은 어떤 선택을 선호하며, 이유는 무엇인가?
- 두 선택에 대한 또 다른 대안이 있는가?

주요 용어

도시 고형 폐기물(municipal soild waste)
도시매립지(municipal landfill)
대량소각(mass burn)
소각(incineration)
재활용(recycling)
폐기물 발생 원인 감축(source reduction)

복습 문제

1. 생활양식과 도시 고형 폐기물의 증가에는 어떠한 관계가 있는가?
2. 폐기물을 처리하는 방법을 기술하라.
3. 현대적 매립의 문제점은 무엇인가?
4. 소각에 따르는 문제는 무엇인가?
5. 폐기물 발생 원인 감축의 사례를 들어보자.
6. 가정에서의 재활용의 중요성을 기술해보자.
7. 재활용을 증대시킬 수 있는 몇 가지 전략을 제시해보자.

비판적 사고력 문제

1. 2차 세계대전 이후 '한 번 사용하고 버리기'의 생활양식이 급속도로 수용될 수 있었던 이유는 무엇인가? 이것은 어떠한 가치, 신념, 인식의 결과인가?
2. 지역의 재활용 관리자로 활동하는 것, 폐기물 문제 해결을 위해 국가 차원의 정치경제적 변화를 주장하는 것, 문제를 관조하는 것이 주어진다면 당신은 어떠한 행동을 취할 것인가? 이유는 무엇인가?
3. 당신의 학교와 지역에서는 폐기물을 어떻게 처리하는가? 주변의 단체나 지역 정부가 폐기물을 규제한 적이 있는가? 폐기물 규제를 방해하는 장벽에는 어떠한 것이 있는가?

19 유해물질의 통제

이 장의 학습목표

- 유해물질과 유해 폐기물을 구분할 수 있다.
- 유해물질과 독성물질을 구분할 수 있다.
- 통제 단계를 설명할 수 있다.
- 유해물질의 특성 네 가지를 설명할 수 있다.
- 유해 및 독성 물질이 야기하는 환경문제를 설명할 수 있다.
- 지속성 오염물질과 비지속성 오염물질의 차이를 설명할 수 있다.
- 유해 폐기물이 건강에 미치는 영향을 알 수 있다.
- 유해 폐기물 처리장의 문제와 개발 과정을 설명할 수 있다.
- 유해 폐기물을 관리하는 기술을 설명할 수 있다.
- 유해 폐기물의 폐기물 발생 원인 감축의 중요성을 알 수 있다.

이 장의 세부목차

과거 현재 그리고 미래

1980 미국 의회에서 슈퍼펀드(유해 산업 폐기물 제거 기금)의 입법이 통과

1984 인도 보팔에서 대규모 화학공장 사고 및 화학물질 유출로 4,000여 명 사망

1986 미국에서 유독 화학약품 방출 목록이 작성됨. 1988년 273가지 화학물 14억 3천 4백만 kg이 방출되었음이 입증됨

2004 1,499개의 유해 폐기물 투기장 중 846개소(56%)가 정화 및 제거됨

2004 화학물질 유출에 대한 소송이 진행 중

2001 273가지 화학물 6억 5천 3백만 kg이 방출됨(55% 감소율)

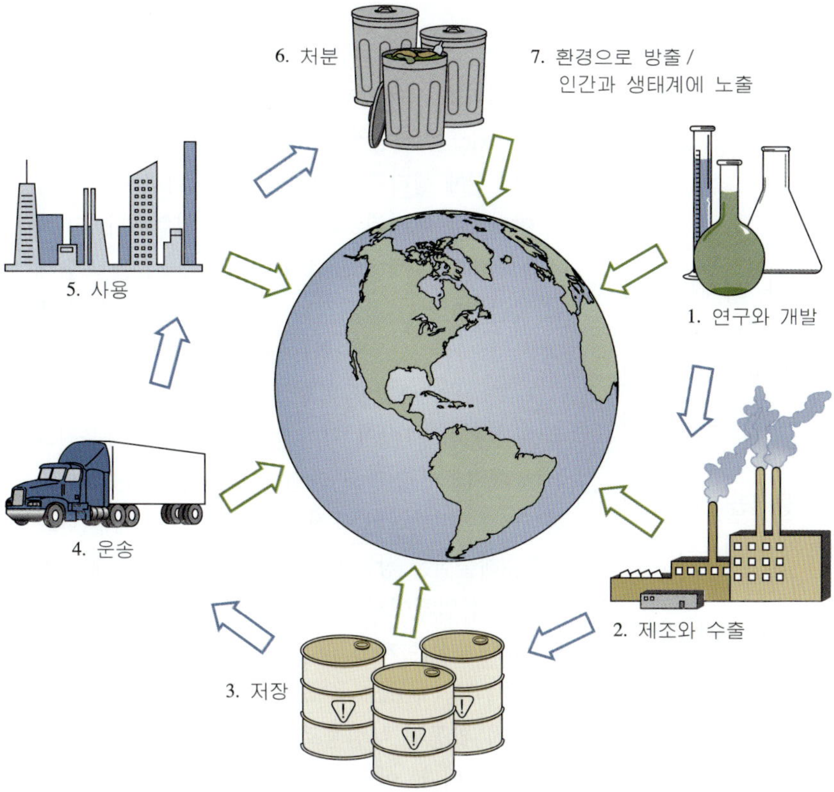

그림 **19.1** **독성물질의 순환** 유해물질 문제를 통제하는 것은 유해물질의 순환계에 포함된 많은 단계들 때문에 복잡해진다.

환경에 존재하는 유해 및 독성 물질

현대 과학기술 사회는 우리로 하여금 수많은 유해 독성물질을 사용하게끔 만든다. 하지만 이 물질을 사용하여 얻게 되는 이익은 이에 따르는 위험과 저울질하여 검토되어야만 한다.

예를 들면,

- 토양에서 퇴화되는 것으로 생각되는 살충제는 시골의 우물 안에서 되살아난다.
- 방치된 폐기장으로부터 지하로 퍼져나가는 독성 화학물은 도시 식수 공급원을 오염시킨다.
- 인도 보팔의 화학공장에서 새어 나온 가스가 2,000명 이상의 인명을 앗아갔다.
- 스위스 바젤 인근의 창고로부터 라인 강으로 흘러든 살충제는 50만 마리의 물고기를 괴멸시키고 식수공급원을 붕괴시켜 적지 않은 생태학적 손실을 야기시켰다.
- 펜실베이니아 주의 한 원유저장탱크가 무너지는 바람에 모농가헬라 강으로 2백만 *l*의 원유가 흘러들어 수백만 거주자의 식수 공급을 위협했다.

독성 유해 생산물과 그 부산물은 이 시대의 주된 논쟁거리가 되고 있다. 세계 곳곳에서 우연하게 혹은 의도적으로 이루어지는 유해 독성 화학물질의 방출은 토양, 공기, 그리고 물을 오염시키고 있다. 이 화학물질이 건강에 미치는 잠재적인 영향은 두통과 메스꺼움 같은 미미한 일시적인 불쾌감에서부터, 즉각적인 손상이나 죽음을 야기하는 위험한 재해로서 수년 동안 잠재되었다가 나타나는 암과 출생 결함과 같은 심각한 건강 문제까지 광범위하다. 오늘날, 미국 뉴욕의 러브 운하와 미주리 주의 타임스 해변, 네덜란드의 레커커크, 헝가리의 백, 그리고 일본의 미나마타 만과 같은 지명들은 환경에 유해 독성 폐기물을 방출하여 야기된 문제와 동의어로 인식된다.

점차 각국 정부와 국제기구에서는 환경에서 증가하고 있는 유해물질 문제를 통제하려고 하고 있다. 그러나 이러한 물질의 방출을 통제하는 것은 어려워진다. 이러한 물질이 사용되는 기간 동안 어느 때나 환경으로 방출될 수 있기 때문이다(그림 19.1).

유해 및 독성 물질의 특성

우선 먼저, 폐기물이 되는 것과 그렇지 않은 것 사이에 구별은 물론이고 유해와 독성이란 용어의 용도를 명백히 하는 것이 중요하다. **유해물질**(hazardous substances)은 인간이나 환경에 해를 야기할 수 있는 것이다. 미국 환경보호국(EPA)에서는 유해물질을 아래 특성 중 하나라도 가지고 있는 물질로 정의한다.

1. **가연성**(ignitability) – 일상의 취급 과정 동안에 화재 위험이 있는 물질을 기술한다. 화재는 열과 연기로 인한 직접적인 위험뿐만 아니라 광범위한 영역에 걸쳐 유해한 입자들을 퍼트릴 수 있다. 일반적인 예로 가솔린, 페인트 희석제, 알코올 등이 있다.
2. **부식성**(corrosiveness) – 보통의 물질을 부식시킬 수 있기 때문에 특별한 저장용기가 필요하거나, 독성 오염물질을 용해할 수 있기 때문에 다른 물질들로부터 격리 저장할 필요가 있는 물질을 말한다. 일반적인 예로 강산과 강염기들이 있다.
3. **반응성**(reactivity) 또는 **폭발성**(explosiveness) – 일상의 취급 과정 동안에 자발적으로 반응하거나, 공기 또는 물과 격렬하게 반응하고, 충격이나 열에 불안정하고, 독성가스를 발생시키고, 혹은 폭발하는 경향이 있는 물질을 말한다. 일반적인 예로, 연소되거나 폭발할 수 있는 화약, 물과 격렬히 반응하는 금속 나트륨, 다양한 조건하에서 폭발하는 니트로글리세린이 있다.
4. **유독성**(toxicity) – 제대로 다루지 않았을 때, 인간의 건강이나 환경에 상당한 위험을 주기에 충분한 양의 독성을 방출할 수 있는 물질을 말한다. 거의 모든 유해물질은 양이 충분히 많아지면 독성을 나타낸다. 예를 들어, 공기 중의 소량의 이산화탄소는 독성이 없지만 다량의 이산화탄소는 독성을 갖는다.

어떤 유해물질은 이 범주들 중 몇 가지에 속하기도 한다. 예를 들어, 가솔린은 발화성이 있고 폭발성이 있으며 독성도 있다. 그리고 어떤 종류의 금속을 부식시키기도 한다. 오직 한 가지의 범주에만 속하는 유해물질도 있다. 폴리염화비페닐(PCB)은 독성이지만 불타거나 폭발하거나 다른 물질을 부식시키지 않는다. 독성이란 용어와 유해란 용어는 종종 같은 의미로 사용되지만 둘 사이엔 차이점이 있다. **독성**(toxic)은 일반적으로 인간과 다른 유기체의 정상적인 신체 생리를 방해해서 죽음이나 심각한 손상을 야기하는 한정된 그룹의 물질을 일컫는다. 더 폭넓은 의미인 **유해**(hazardous)는 독성물질을 포함해서 즉각적이거나 장기적인 건강 위해 또는 환경 위해를 일으키는 모든 위험물질을 의미한다.

또 한 가지 구별할 필요가 있는 것은 유해물질과 유해 폐기물 사이의 차이점이다. 비록 유해물질과 유해 폐기물이 건강과 안전에 관해서는 비슷하다고 하더라도, 법률적인 규정에 관한 의미는 매우 다르다. 유해물질은 상품의 생산과 서비스를 위해서 기업이나 산업체에서 사용되는 물질이다. 전형적으로, 유해물질은 제조 과정에서 소비되고 변형된다. **유해 폐기물**(hazardous wastes)은 산업체, 기업 또는 가정 활동의 부산물로서, 즉각적으로 사용되지 않는 물질이다. 이러한 물질은 반드시 적절한 방법으로 처리되어야 하므로, 생산, 저장, 그리고 처분에 관한 엄격한 규제가 있어야만 한다.

유해 폐기물의 정의

유해 폐기물의 정의는 나라마다 다르다. 그러나 가장 폭넓게 사용되는 정의는 미국의 1976년도 **자원보존복원법**(RCRA, Resource Conservation and Recovery Act)에 담겨있다. RCRA는 다음 조건에 따라서 폐기물이 독성 또는 유해성인지 가린다.

> 사망률의 증가, 심각한 불치병의 증가, 혹은 치료는 가능한 질병을 무기력하게 하는 데 크게 기여를 하는 물질; 또는 부적절하게 취급, 저장, 운반, 처리될 때 건강과 환경에 상당한 위험이 현존하거나 잠재적인 물질

이 정의는 유해 폐기물의 규제가 얼마나 복잡한지를 보여주는 좋은 예가 된다. RCRA 정의에 따라, 미국 환경보호국에서는 유해 폐기물의 목록을 작성하였다. 목록을 작성하는 것은 유럽 국가와 일

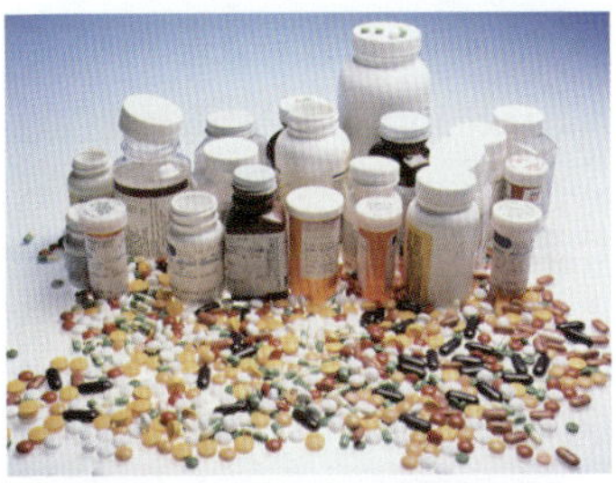

우리가 사용하는 제품들...	발생시키는 잠재적인 유해 폐기물
플라스틱 →	유기 염소 화합물
살충제 →	유기 염소 화합물, 유기 인산염 화합물
의약품 →	유기 용제와 잔류물, 중금속들 (예를 들면, 수은과 아연)
페인트 →	중금속, 안료, 용제, 유기 잔류물
석유, 가솔린, 기타 석유 제품 →	유화물감, 페놀, 다른 유기 화합물, 중금속, 암모니아, 염제, 산, 부식제
금속 →	중금속, 불소화물, 청산염(청산칼리), 산성 세제와 알칼리성 세제, 용제, 안료, 연마제, 도금용 염류, 유화물감, 페놀
가죽 제품 →	중금속, 유기 용제
직물 →	중금속, 염료, 유기 염소 화합물, 용제

그림 19.2 보통 물질이 유해 폐기물을 생산할 수 있다. 보통 사용되는 많은 물질은 재료들이 올바르게 처리되지 않으면 독성 폐기물을 만들어낸다.

부 미국 주 법에서 유해 폐기물을 정의하는 가장 일반적인 방법이다. 또한 환경보호국은 유해 폐기물인지 확인하기 위하여 앞부분에서 논의된 네 가지 특성들(가연성, 반응성, 부식성, 그리고 유독성) 중에 어느 하나라도 가지고 있는지를 검사할 것을 제안하였다. 만약 확인이 된 물질은 RCRA 규제 대상이 된다.

규제안 설정에 따른 쟁점

유해물질이 원재료, 생산품 구성요소, 혹은 폐기물인지에 따라서 그에 관한 규제를 결정하는 데 문제가 있다. 유럽과 북아메리카의 산업국가에서는 화학 및 석유 산업이 모든 유해 폐기물의 거의 70%를 생산한다(개발도상국에서는 50%에서 66% 정도이다). 이들 산업에서는 우리의 일상용품으로 전환되는 많은 유용한 물질들을 생산한다. 대부분의 독성 유해 폐기물은 플라스틱, 비누, 합성고무, 화학비료, 의약품, 페인트, 살충제, 제초제 그리고 화장품을 생산하는 화학산업과 그에 관련된 산업이 배출한다(그림 19.2).

유해 및 독성 물질의 확인

독성 및 유해 물질의 사용과 독성 및 유해 폐기물의 발생을 규제하기 위하여 대부분의 국가에서는 단순하게 건강과 환경에 유해하다는 충분한 과학적 증거가 있는 구체적 물질을 목록으로 열거하고 있다. 그러나 잠재적으로 유해한 많은 화학 화합물이 아직 충분히 검사되지 않았기 때문에, 대부분의 목록은 익히 알려진 위해 물질만을 포함하고 있다. 역사적으로 우리는 종종 독성 물질들이 인간이나 다른 동물들에게 영향을 준 다음에야 그 물질들이 독성인 것을 알게 된다. 석면은 건축 현장에서 노출된 사람에게 폐암을 일으키는 한 원인으로 확인되었고, DDT는 개똥지바귀가 죽기 시작하고 독수리나 물고기를 먹는 육식동물이 번식에 실패하는 것을 보고나서야 새에게 독성이 있다고 확인되었다. 일단 이런 물질이 독성물질로 확인되면 사용이 규제된다. 유해 및 독성 물질과 폐기물의 규제를 심사숙고하고 있는 국가는 각각의 물질이 얼마나 독성인지를 고대할 뿐만 아니라 얼마나 가연성이 있으며 부식성이 있고 폭발성이 있는지도 고려해야만 한다. 또한 그 물질이 돌연변이를 유발하거나 암을 발생시키는지도 고려해야 한다.

노출 한계치의 설정

어떤 물질이 유해 또는 독성인지 확인되더라도, 적절한 노출 한계치를 결정하는 데는 문제가 있다. 거의 모든 물질은 충분히 많은 양을 사용하면 독성이 된다. 문제는 어떤 화학물질에 대해 안전 수치에서 독성 수치로 넘어가는 시점이 어디인가 하는 것이다. 타당한 노출 수준을 정하는 데 쉬운 방법은 없다. 시장에 내놓게 될 임의의 새로운 화합물에 대해서 위험 정도를 정하기 위하여 광범위하게 독물학 연구를 하여야 한다. 보통 이런 것은 동물을 대상으로 검사된다. 전형적으로, 규제기관에서는 먼저 어떤 시험 동물도 전혀 영향을 받지 않는 최대 노출수준(**임계수준**; threshold level)을 결정한다. 그리고 나서 안전치를 고려하여 인간에 대한 노출 한계치는 더 낮게 설정한다. 이 안전치는 임계수준이 같은 종 내에서뿐만 아니라 다른 종들 사이에서 두드러지게 변한다는 사실이 알려져 있기 때문에 중요하다. 농도를 결정할 때 임계수준은 나라마다 상당히 다르다. 예를 들어, 네덜란드에서는 폐기물 1 kg당 50 mg의 청산가리는 유해하다고 생각하지만, 이웃한 벨기에에서는 유독성 기준이 1 kg당 250 mg으로 규정되어 있다.

급성 유독성 / 만성 유독성

규제기관에서는 어떤 물질을 한꺼번에 다량으로 섭취할 때의 영향 **급성 유독성**(acute toxicity)과 소량으로 오랜 기간 동안에 걸쳐 노출되었을 때의 영향 **만성 유독성**(chronic toxicity)을 모두 조사해야만 한다. 유기체는 독소에 노출된 후 즉시 반응하기 때문에 급성 유독성은 명백하게 드러나지만, 만성 유독성은 그 영향이 수년 동안 나타나지 않을 수도 있기 때문에 결정하기가 훨씬 어렵다. 그뿐만 아니라 급성 노출은 한 유기체를 병들게 할 수 있으나 죽게는 하지 않지만, 만성 노출은 사망을 야기할 수도 있다. 이런 효과에 대한 좋은 예가 알코올 유독성이다. 명백하게 많은 양의 알코올을 마시는 것은 죽음을 일으킬 수 있다(독성 유독성과 죽음). 상당한 양을 마시는 것은 병을 야기할지도 모른다(독성 유독성과 완쾌). 몇 년에 걸친 상당한 양의 음주는 간 손상을 일으키고 나아가 죽음을 일으킬 수도 있다(만성 유독성과 죽음).

만성 유독성의 다른 예로 납이 있다. 납은 페인트, 가솔린, 그리고 도기 유약에 오랫동안 사용되어 왔지만, 연구자들이 이 물질이 유해한 영향을 준다는 것을 발견하였다. 신경계에 대한 장기간에 걸친 영향은 어린이에게, 특히 어린이가 페인트 조각을 먹었을 때 가장 현저하게 나타난다.

시너지 효과

유해물질의 규제에 있어 또 다른 문제는 혼합된 화학물의 영향을 평가하는 것이다. 실제로 산업 노동자는 다양한 화학물에 노출되고, 폐기물 더미에서 화합물들은 보통 혼합된 상태로 발견되지만, 대부분의 독물학 연구는 단일 화합물에 집중되어 있다. 비록 개

환경 돋보기

독성의 영향

우리는 잠재적으로 유해물질에 노출되어 있다. 문제는 어느 정도의 노출 수준에서 유해한지 혹은 독성을 갖는지 하는 것이다. 유독성의 한 척도로서 LD_{50}이 있다. 이 양은 시험 집단의 50%를 죽일 수 있는 치사 복용량을 말한다. 유독성은 몸무게 1kg당 유독 물질의 양으로 측정된다. 예를 들어, 음식물 중독의 일종인, 보툴리누스 중독을 일으키는 치명적인 화학물의 성인 남자에 대한 LD_{50} 값은 kg당 0.0014 mg이다. 이것은 체중 100 kg인 100명의 성인 남자 각각이 단지 0.14 mg의 분량만 섭취하더라도 그들 중 50명이 죽을 수 있다는 것을 의미한다.

치사량이 독성물질로부터 야기될 수 있는 유일한 위험은 아니다. 지난 10년 동안에 치사량에 가까운 독물의 영향은 물론이고, 최소 유해 투여량, 혹은 임계 투여량에 대한 관심이 증가해왔다.

게다가 노출 기간은 독성 판단 기준을 더 복잡하게 한다. 급성 노출은 몇 초에서 며칠까지 한 번 노출하는 것을 말한다. 만성 노출은 며칠, 몇 달, 또는 심지어 몇 년 동안 계속되거나 반복된 노출을 말한다. 급성 노출은 이 장의 초반부에서 언급한 인도 보팔 사고와 같은 돌발적인 사고의 결과이다. 급성 노출은 신문에 머리기사가 될 정도의 재난 사고가 되기는 하지만, 치사량 이하의 독성 물질에 만성적으로 노출되는 것은 공공 건강에 더 큰 위험을 나타낸다. 예를 들어, 수백 만의 도시 거주민들은 낮은 수치의 다양한 오염물질에 계속적으로 노출되어 있다. 심장기능 부전이나 폐기종 같은 질환에 의한 죽음은 실제로는 일생 동안 공기 중에 있는 치사량 이하의 오염물질에 노출되어 초래된 것일지도 모른다.

개의 화합물이 상대적으로 덜 무해하다고 하더라도, 그 물질들이 한번 혼합되고 나면 더 유독해지고 개개의 오염물질보다 더 심각한 문제를 야기할 수도 있다. 이것을 **시너지 효과**(synergism)라고 한다. 예를 들어, 모든 우라늄 광부는 방사성 가스에 노출되어 있지만, 흡연으로 인해 담배연기의 독소에 노출되어 있는 광부들은 비정상적으로 더 높은 폐암 발병률을 보인다. 분명히, 우라늄 광산에서 발견되는 방사성 가스는 담배 연기에서 발견되는 발암성 물질과 시너지적인 상호작용을 한다.

지속성 오염물질 / 비지속성 오염물질

유해 및 독성 물질의 규제는 오염물질의 지속 정도에도 영향을 받는다. **지속성 오염물질**(persistent pollutant)은 일정한 조건 아래에서 환경 속에 오랫동안 남아 있는 것이다. 대부분의 지속성 오염물질은 인간이 만들어낸 물질이다. 대략 3만 개의 합성 화학물이 미국에서 사용되는 것으로 추측된다. 이들은 일상생활 곳곳에서 사용되는 온갖 종류의 제품을 만들기 위해 끝없이 다양한 조합으로 혼합된다. 음식, 운송, 의류, 건축 재료, 가전기구, 의약품, 여가 장비 그리고 그외의 많은 품목들이 합성 화학물로 되어 있다. 우리의 생활 양식은 합성 물질에 크게 의존하고 있다.

지속성 오염물질의 한 예가 DDT이다. DDT는 이전에 전 세계적으로 효과적인 살충제로서 사용되었고, 너무 싸기 때문에 몇몇 국가에서는 아직도 사용하고 있다. 그러나 DDT는 한번 환경에 방출되면 먹이사슬에 축적되어, 농도가 충분히 높아지면 죽음을 야기한다(14장 참고).

환경적 논의의 대상이 되는 또 다른 합성 화합물군은 폴리염화비페닐(PCB)이다. PCB는 열, 산, 염기, 산화에 의한 변화에 저항성이 강한 매우 안정된 화합물이다. PCB의 이러한 특성은 산업적으로 사용하기에 바람직한 특성이기는 하지만, 환경에 방출되면 지속성 오염물질이 된다. 한때 이 물질은 변압기와 축전지에 널리 사용되었다. 다른 용례로는 잉크, 플라스틱, 테이프, 페인트, 접착제, 왁스, 그리고 연마제 등이 있다. PCB는 물고기와 다른 해양 생명체에게 유해하다. 그들의 번식을 방해하기 때문이다. PCB는 사람에게 간 질환과 피부 손상을 일으킨다. 농도가 높아지면 신경계를 손상시킬 수 있으며, 발암성 물질로 여겨진다. 1970년부터 PCB 생산은 만족스러운 대용물이 허용되지 않는 경우에만 제한되었다.

합성 화합물과 함께 우리는 여러 가지 목적으로 중금속을 사용한다. 수은, 베릴륨, 비소, 납, 그리고 카드뮴은 독성이 있는 중금속의 예이다. 이것이 환경으로 방출되면 먹이사슬에 들어가 축적되기 시작한다. 인간에게 있어서 이 금속들은 신장과 간의 기능 장애를 일으키고, 뼈 구조를 약화시키고, 중추신경계를 손상시키고, 실명을 야기시켜 결국 죽음으로 이끈다. 이 물질은 지속성이 있기 때문에, 매년 적은 양이 방출된다고 하더라도 환경에 축적될 수 있다. 산업체에서 이 물질이 농축된 형태로 사용될 때, 자연 상태에서 발견되지 않는 위해 요소가 된다.

비지속성 오염물질(nonpersistent pollutant)은 그리 오랫동안 환경에 남아 있지 않는다. 대부분의 비지속성 오염물질들은 생물 분해성이 있다. 나머지는 무기성 화학반응의 결과로 분해되거나, 아니면 농도가 너무 낮아서 해를 끼칠 수 없을 정도로 재빨리 분산된다. 생분해성 물질은 살아있는 유기체에 의해서 화학적으로 변화되어, 박테리아와 균류 같은 분해자 유기체를 위한 음식과 에너지원으로 종종 제공된다. 페놀과 다른 많은 독성 유기물은 분해자 유기체에 의해서 파괴될 수 있다.

살충제 같은 많은 독성 물질들은 햇빛에 의해서 또는 대기 중에서 산소나 물과 반응하여 파괴된다. 이것에는 "연성 살생물질(soft biocide)"이 포함된다. 예를 들어, 유기체 인산염은 일종의 살충제로서 보통 수주일 내에 분해된다. 결과적으로, 유기체 인산염은 짧은 시간 동안에만 오염물질로 존재하기 때문에 먹이사슬에 축적되지 않는다.

일산화탄소, 암모니아, 또는 탄화수소와 같은 독성 유해물질은 농도가 거의 높지 않으면 해롭지 않게 대기 중으로 흩어지며, 결국에는 산소와 반응한다.

지속성 유해물질은 오랜 시간 동안 해를 미치기 때문에(만성 유독성), 이 물질을 규제하는 것이 특별히 중요하다. 비지속성 물질은 임계수준 이하로 유지하여 대중을 급성 유독성으로부터 보호할 필요가 있다. 이들은 분산 혹은 분해되기 때문에 만성 유독성 위험을 주는 것 같지는 않다. 따라서 규제는 급성 유독성을 제거하는 데 집중되어야만 한다.

유해 폐기물에 의해 야기된 환경문제들

유해 폐기물은 여러 가지 방식으로 환경을 오염시킨다. 많은 유해물질이 환경으로 직접 방출된다. 쉽게 증발하는 분자는 대기 중으로 직접 빠져나가거나 불완전한 배관과 밸브로부터 새어나간다. 종종 사람들은 이 물질이 유해 폐기물이 될 수 있다고 생각하지 않는다. 일단 발생한 유해 폐기물은 저장되어야만 한다. 부적절한 저장이나 심지어 잘못된 장부 기재로 말미암아 우연한 방출을 가져올 수도 있다. 육지에서나 바다에서 폐기물을 제어하지 않고 부적절하게 소각하면 대기와 주변환경을 오염시킬 수 있다. 바다, 강과 호수로 폐기물을 방류하면 물고기와 수생 동물이 죽게 된다. 더욱이 땅 위나 매립지에 버려져 부적절하게 제어되는 폐기물은 땅속으로 스며들어 토양과 지하수를 오염시킬 수 있다.

대부분의 유해 폐기물이 땅 위나 땅속에 버려지기 때문에 가장 심각한 환경 영향은 지하수가 오염되는 것이다. 미국에서만 대략 10만 개의 가동중인 산업물 매립지, 200여 곳의 특수 액체 및 고체 폐기물 처리장, 그리고 온갖 종류의 쓰레기가 버려지는 대략 18만 개의 지표 저수지는 주요한 지하수 오염

지구촌 전망대

납중독과 수은중독

납과 수은은 환경에 자연적으로 존재하여 아마도 수세기 동안 오염의 한 원인이 되어온 듯하다. 예를 들어, 부유한 로마인이 사용한 납으로 만든 그릇은 그동안 많은 로마인들의 사망 원인이 되었을 수도 있다. 1865년에 출판된 《이상한 나라의 앨리스》의 등장인물 중 하나가 미친모자(Mad Hatter)였다. 역사적으로 그 당시엔 비버 가죽을 처리하여 모자를 만드는 데 수은을 널리 사용하였다. 수은에 노출된 결과로 모자 제조자들은 종종 다양한 정신적인 문제를 겪었다. 그래서 "모자 제조자처럼 미쳤다"는 관용구가 생겨났다.

1953년 일본 미나마타 항구 일대에서 다수의 신체적 정신적 장애가 수은에 의해 야기된 것으로 진단되었다. 52명이 수은중독 징후를 보이며, 17명이 죽고 23명이 영구장애를 입었다. 1970년 북아메리카에서 발생한 수은중독 소요는 갈치와 참치의 육질에 들어있던 수은 때문이었다. 두 사건에서, 독성물질은 금속 수은이 아니라 수은 화합물인 메틸 수은이었다. 금속 수은은 물속에 있는 박테리아에 의해서 메틸 수은으로 전환된다. 메틸 수은은 먹이사슬에 들어가 생물학적인 증폭의 결과로 축적될 수 있다. 충분한 양이 사람에게 축적되면 뇌 손상이나 신장 손상 또는 출생 결함을 야기할 수 있다. 오늘날 규제에 의해서 환경으로 방출되는 수은의 양을 감소시키고 음식에도 허용치를 설정하고 있다. 그러나 문제는 여전히 남아있다. 환경에 이미 존재하는 대량의 수은을 제거하는 것이 불가능하고 수은의 방출을 완벽하게 방지하는 것이 어렵기 때문이다. 예를 들어, 불타는 석탄은 매년 지구 대기 속으로 3,200 ton의 수은을 방출하며, 여러 가지 산업 목적으로 사용되는 수은은 완전히 회수되지 않고 여전히 "손실"되고 있다.

수은처럼 납도 중금속이며 수세기 동안 오염물질이었다. 그린란드 만년설 연구에 의하면 오늘날의 납 함유량이 기원전 800년과 비교해서 1,500% 증가한 것으로 나타났다. 이 연구에 의하면, 첫 번째 큰 폭의 증가는 산업혁명 동안에 발생했고, 두 번째 거대한 증가는 자동차의 발명 이후에 발생했다. 석유회사는 성능을 개선하기 위해서 가솔린에 납을 첨가하는데, 그 결과 연소되는 가솔린이 납 오염의 주된 원인이 되었다. 북아메리카와 유럽에서 가솔린에 사용하는 납을 감소시킨 결과, 공기 중의 납은 감소하였다. 납 오염의 또 한 가지 원인은 오래된 페인트이다. 1940년 이전에 실내외용 페인트는 종종 납을 함유하였다.

어느 정도의 납과 수은이 건강에 문제를 야기할 수 있는가에는 여전히 이견이 있다. 비록 페인트로부터 섭취된 납이 죽음이나 신체 장애를 야기할 수 있다 하더라도 대기 중 납에 대해서는 그런 강한 상관관계가 있다고 볼 수 없다.

메틸 수은에 의한 물고기 오염과 공공 건강에 대한 우려가 있다.

원이 된다. 북아메리카의 지하수층 중에서 거의 2%가 염소계 용제, 살충제, 극미량 금속, 그리고 PCB 같은 화학물들로 오염되었을 것이다. 한번 유해 폐기물로 오염된 지하수는 복구하는 데 엄청난 비용이 든다. 실제로 어떤 지하수층이 유기 화학물로 오염되면 원래 상태로 복구하는 일은 물리적으로 또는 경제적으로 거의 불가능하다.

유해 폐기물과 관련된 건강 위험

대다수의 유해 폐기물은 화학 폐기물이기 때문에

표 19.1 1998년도 주요 유해물질 톱15위

물 질	근 원	독성 효과
납	납이 함유된 페인트와 납이 첨가된 가솔린	신경 손상. 어린이의 두뇌 성장에 악영향을 미침. 다량의 납 섭취는 성인과 어린이의 두뇌와 콩팥에 악영향을 줌.
비소	토양이나 물에서 증가	다수의 장기에 악영향. 심장과 혈관 이상, 간과 콩팥 손상, 신경계 기능 손상.
금속 수은	오염된 투기장의 공기나 물	두뇌, 콩팥, 발육 중인 태아에 영구적인 손상을 입힘.
비닐 염화물	플라스틱 제조 시, 오염된 투기장소의 공기와 물	급성 효과 : 현기증, 두통, 의식 상실, 사망. 만성 효과 : 간, 허파, 순환계 손상.
벤젠	산업체 방출, 접착제 · 세척제, 가솔린	급성 효과 : 졸음, 두통, 고준위에서 사망. 만성 효과 : 혈액생성세포와 면역계 손상. 발암성 물질.
PCB	중독된 물고기 섭취, 산업체 방출	발암 가능성. 여드름과 피부 손상.
카드뮴	연소 중 방출, 제련소나 발전소 근방의 생활음식물로 섭취	발암 가능성. 콩팥 손상, 허파 손상, 고혈압.
벤조아피렌	가솔린이나 다른 연료의 연소 시 생성물. 연기와 그을음	발암 가능성. 출산 장애.
클로로포름	오염된 공기와 물, 많은 종류의 산업설비	중추신경계, 간, 콩팥에 악영향; 발암 가능성.
벤조플로로에텐	가솔린이나 다른 연료의 연소 시 생성물. 연기로 섭취	발암 가능성.
DDT	저준위 오염된 음식으로부터. 일부 국가에서 살충제로 여전히 사용됨	발암 가능성; 간에 장기적인 영향을 미칠 가능성 있음. 생식 장애 가능성.
Aroclor 1260 (PCB 혼합물)	음식과 공기로부터	발암 가능성, 여드름과 피부 손상.
트리크로에틸렌	세제로 사용, 공기로 증발	현기증, 마비, 의식불명, 사망.
Aroclor 1254 (PCB 혼합물)	음식과 공기로부터	유력한 발암성 물질. 좌창과 피부 손상.
크롬 (+6)	음식 · 물 · 공기로부터, 연소기로부터 발생	피부 궤양, 코와 십이지장에 염증, 간과 콩팥에 악영향.

출처 : Data from Agency for Toxic Substances and Disease Registry.

화학물과 그 폐기물을 제어하는 일은 대부분의 선진국에서 주된 논쟁거리이다. 매년 1천 개 정도의 새로운 화학물들이 현재 일상적으로 사용되는 7만여 개의 화학물에 더해진다. 이들 유해 화학물은 대다수가 독성이지만, 부적절하게 처리되거나 사용되지 않는 한 건강에 주는 위협은 적다. 예를 들어, 수많은 살충제는 명백히 사람에게 독성을 나타내지만 그 물질들이 적절하게 저장, 사용, 처리된다면 건강에 위협을 주지는 않는다. 불행히도 유해 폐기물 문제의 핵심은 산업 생산물과 그 부산물이 부적절하게 다루어지고 처리된다는 사실이다. 표 19.1은 15개 주요 독성 물질의 목록으로서, 독극물 및 질병 등록 기구(ATSDR)에 의해 확인되었다.

독성 폐기물에 노출되었을 때의 의학적 영향력을 산출하는 일은 아주 복잡하다. 어떤 특별한 화학물 또는 유해 폐기물을 특별한 부상이나 질환과 연관시키는 문제는 대부분의 유해물질에 대한 독성 자료가 부족하기 때문에 더 복잡해진다.

비록 독성 폐기물로부터 환경 오염의 정도를 평가하고 건강에 미치는 영향을 결정하는 일이 분명히 어렵지만, 아는 것이 적다는 것이 관심을 불러일으킨다. 대부분의 오래된 유해 폐기물 집적장소는 중금속 잔류물, 유해물질과 위험한 독성 화학물을 가지고 있다.

환경 돋보기

독성 물질의 배출

1987년 미국의 환경보호국(EPA)은 산업체들에게 독성 물질 배출 현황에 대한 기록을 요청하였다. 산업체들은 23,000kg 이상 배출되는 독성 물질에 대해 보고하였는데, 이들은 주로 생산업체들이었다. 보고된 정보를 통하여 EPA는 특정 산업체에 제재를 가할 수 있었고, 정보가 공개되면서 많은 회사들이 독성 물질 배출량을 낮추는 노력을 하였다. 이러한 노력의 결과, 1988년에서 2001년까지 산업 독성 폐기물은 54% 감소하였다. 그 사이 몇 해 동안 보고가 의무화된 곳에서는 많은 변화가 있었다. 보고해야 하는 독성 물질 양은 11,400kg으로 줄었고, 보고 대상에서 면제되었던 산업체들은 이제 독극물 방출을 보고해야 한다. 2001년 환경으로 배출된 독성 물질은 28억 kg으로 보고되었다.

오늘날에는 광산, 발전, 화학, 금속 제조업에서 독성 물질을 배출하고 있다(그림 a). 그림 (b)에는 광산업에서 많은 양이 배출되는 독성 물질들을 표시하였다. 광산 폐기물들은 대부분 금속 원소를 포함하고 있으며, 토양 표면에 쌓인다. 광산의 규모가 큰 주(州)에서는 폐기물량도 비례하여 많아진다.

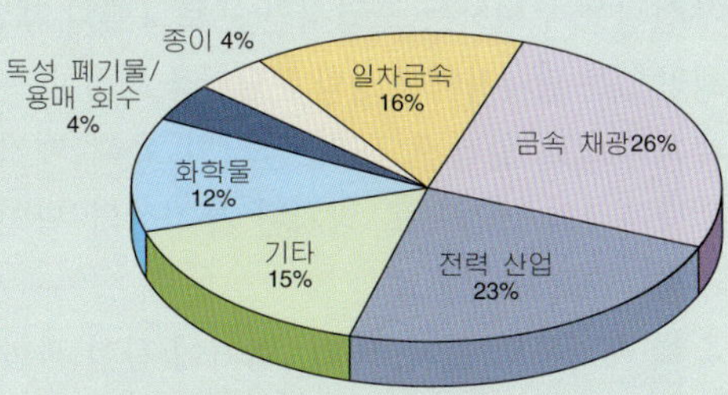

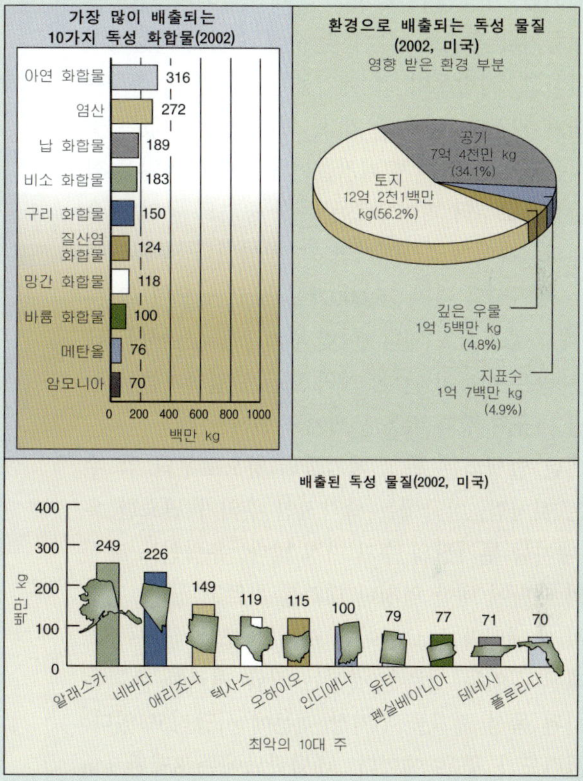

a. 폐기물 배출원(2002) 전체 독성 폐기물의 26%는 광산업에서 배출되며, 이들은 주로 지구 표면에 쌓인다. 전력 산업의 독성 폐기물 배출량은 23%이며, 주로 대기로 배출된다. 화학 산업과 금속 처리 산업도 많은 양의 독성 폐기물을 배출하고 있다.

b. 채광과 발전 시 발생되는 독성 물질 광산업에서 발생되는 대부분의 폐기물들은 '발생된 폐기물의 종류(독성 금속)', '영향 받은 환경 부분(매립)', '독성 물질이 가장 많이 배출된 주(州)' 등의 항목으로 알아볼 수 있다. 발전소에서는 대기에 많은 양의 독성 물질을 배출한다.

출처 : Data from the U.S. Environmental Protection Agency.

유해 폐기물 처리 - 자원 남용의 결과

1976년 자원보존복원법(RCRA)이 통과되기 전까지 유해 폐기물은 미국에서 근본적으로 규제되지 않았다. 전 세계 대부분의 산업국가에서도 사정은 비슷했다. 유해물질 폐기에 대한 해결책은 환경과 건강에 대한 잠재적인 위험을 전혀 고려하지 않고 단순하게 폐기물을 파묻거나 내버리는 것이었다. 그런 통제되지 않은 투기장에는 야적지, 매립지, 대형 저장용 컨테이너 그리고 지표 저수지들이 있다. 이들 투기장은 전형적으로 산업체에 편리한 곳에 있으며, 범람원이나 습지대처럼 종종 환경적으로 민감한 지역에 있다. 비나 눈 녹은 물이 투기장소에 스며들며, 이 속에는 지하수를 오염시키는 화학물이 들어 있다. 지표수가 개울과 호수에 도달하면 그곳도 마찬가지로 오염되었다. 이런 투기장이 가득 차거나 방치되면, 이곳들은 덮개도 없이 노출되며, 밑으로 스며들거나 홍수로 넘쳐흘러 수질 오염의 가능성이 증가하고, 사람들이 그 폐기물들에 직접 접촉하는 기회가 커진다. 많은 투기장, 특히 덮개가 없는 곳에서는 증발하는 액체 폐기물이나 제어되지 않은 화학반응으로부터 피어오르는 독성 증기로 공기가 오염된다. 북아메리카에서만, 방치되거나 통제되지 않는 투기장의 수가 25,000개를 넘고 있으며 그 수는 매년 증가하고 있다. 이런 투기장을 정화하는 데에는 많은 비용이 든다. 거의 모든 산업국가들은 값비싼 대규모 정화 비용 문제에 직면해 있다.

매년 발생되는 독성 폐기물의 양으로부터 알 수 있는 것처럼, 미국에는 즉각적인 주의가 필요한 유해 폐기물 투기장의 수가 가장 많다. 유럽인도 자신들의 태만에 대한 엄청난 대가를 치르고 있다. 유럽에서 스웨덴과 노르웨이를 제외한 모든 국가에서, 오래된 것이든 새로운 것이든 긴급 처리를 요하는 방치된 독성 폐기물 투기장 때문에 시달리고 있다. 네덜란드가 좋은 예이다. 네덜란드에는 8백만 ton 이상의 유해 화학물 폐기물이 파묻혀 있을지도 모른다고 추정한다. 그 폐기물을 정화하기 위해서는 70억 달러 정도의 비용이 들 것으로 추정된다. 구소련과 동유럽에서는 요사이 많은 유해 폐기물 투기장이 확인되었지만 정화에 투입할 돈이 없다.

미 연방 정부는 유해 폐기물 투기장 정화에 주요 참여자로 활동하고 있다. 정화를 다루는 프로그램은 **슈퍼펀드**(superfund)로 널리 알려지고 있다. 슈퍼펀드는 유해 폐기물 투기장을 정화하여 폐기물로부터 국민을 보호하라는 압력에 따라서 국회의 대응 조치로 확립되었다. **종합적 환경 대응·보상 및 책임법**(CERCLA)은 1980년에 제정되었다. CERCLA는 몇 개의 핵심적 목표가 있다.

1. 현존하는 최악의 유해 폐기물 투기장의 정화에 우선권을 부여하는 포괄적인 프로그램의 개발
2. 책임 있는 당사자에게 정화 분담금을 책정하는 것
3. 슈퍼펀드로 알려진 16억 달러의 유해 폐기물 위탁자금의 조성으로 방치된 투기장의 확인과 정화
4. 유해 폐기물의 관리, 처리, 폐기에 관한 과학적이고 기술적인 능력의 향상

긴급한 주의를 요하는 유해 폐기물 투기장에 대한 **국가 우선순위도**(NPL)가 슈퍼펀드 활동을 위해 만들어졌다. 그러나 이 목록의 크기는 어떤 정부기관이 목록을 만드는가에 따라서 달라진다. 미 기술평가국(OTA)은 궁극적으로 10,000개의 투기장이 슈퍼펀드에 의해 정화가 될 우선순위도 목록에 올라갈 것으로 본다. OTA는 이 유해 투기장을 정화하는데 50년의 기간과 1천억 달러 이상의 비용이 들 것으로 추정한다. 왜냐하면 대다수의 투기장이 복잡하게 혼합된 오염물을 갖고 있기 때문이다(표 19.2). 미

표 19.2 슈퍼펀드 투기장에서 발견된 오염물질들 (발생빈도에 따라)

화학물
옥수수
납
카드뮴
톨루엔
수은
벤젠
트리클로로에틸렌(trichloroethylene)
에틸벤젠
벤조안트라센
브로마이드이크굴메탄
폴리 염화 비페닐
톡사펜(toxaphene)

출처 : Data from USEPA, Office of Emergency and Remedial Resource, 1988.

국 회계감사원(GAO)은 4백억 달러 정도의 정화 비용이 드는 4,000개 이상의 투기장이 우선순위도에 올라갈 것으로 본다. 환경보호국은 가장 짧은 투기장 목록(2,500개)을 가지고 있는데, 이들을 정화하는 데 거의 3백억 달러의 비용이 들 것으로 본다.

1990년대 말까지 슈퍼펀드 프로그램은 여전히 논쟁의 여지가 있었다. 수백만 달러가 연방 정부와 산업체에 의해서 소비되었지만 대부분의 돈이 소송을 위해서 쓰이고 정화를 위해서는 거의 사용되지 않았다. 주된 이유 중의 하나는 CERCLA가 작성된 방식이다. CERCLA는 특정 유해 폐기물 투기장에 기여한 사람이면 누구든지 기여한 정도에 상관없이 전체 투기장의 정화 비용을 지불하도록 되어 있기 때문이다. 그 문제에 관여된 많은 산업체들이 도산되거나 확인되지 않으면 확인된 업체가 정화에 필요한 모든 비용을 물게 되었다. 따라서 대다수의 회사들이 정화 비용을 지불하기보다는 정화비 분담팀에서 빠지기 위해서 고용 변호사를 쓰는 것이 비용 면에서 더 효율적이라는 것을 발견하였다. 그 결과, 정화 활동은 계속 느려지게 되었다.

1997년 미 의회는 CERCLA를 재공인하려고 시도하였으나 합의에 도달하지 못하였다. 그 대신 CERCLA는 연속 법안으로 해마다 공인을 받는 방식을 취하게 되었다.

유해 폐기물의 관리

이제까지 산업 공정의 마지막에는 항상 유해 폐기물의 관리를 덧붙여왔으며, 유독성 물질의 농도를 줄이기 위해 공장폐수나 굴뚝의 연기를 처리하여 왔다. 환경보호국(EPA)은 미국이 1998년에 약 2.25억 ton의 유해 폐기물을 생산하였다고 보고하였다. 1991년에 비해 약 5,200만 ton이 줄은 것이다. 최근에는 유해 폐기물을 처리하는 것보다 아예 이를 만들지 않는 것이 더 좋다는 것을 인식하게 되었다. 이에 따라 미 환경보호국과 다른 나라의 단속기관들은 오염을 예방하고 폐기물을 줄이는 것에 역점을 둔다. 단속을 강화하기 위해서는 산업체가 만드는 유해 폐기물을 보고하도록 해야 하고, 그 폐기물을 저장하고, 운반하고, 적절히 폐기하여야 한다.

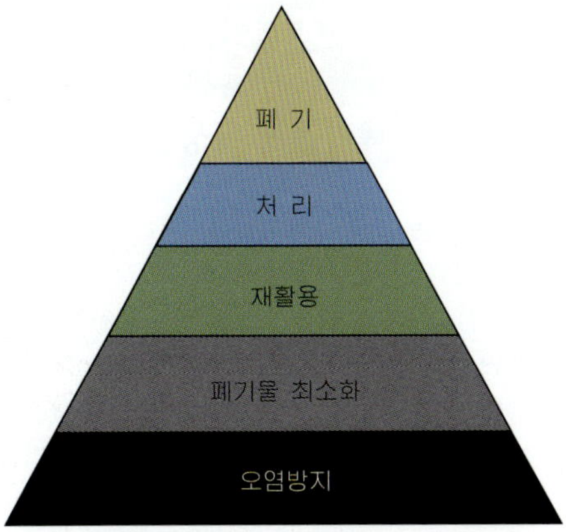

그림 **19.3** 오염방지위계 유해 폐기물을 취급하는 가장 간단한 방법은 처음부터 만들지 않는 것이다. 오염방지위계는 몇 가지 전략을 써서 유해 폐기물의 양을 줄이는 데에 역점을 둔다.

환경보호국은 이제 유해 폐기물의 생산량을 줄일 것을 강조하는 **오염방지위계**(pollution-prevention hierarchy)를 장려한다. 이는 다음과 같은 전략을 의미한다.

1. 원료에서 오염물질의 양을 줄인다.
2. 가능하면 폐기물을 재활용한다.
3. 위험의 정도나 크기를 줄이는 처리를 한다.
4. 폐기물을 땅에 묻거나, 마지막 수단으로 소각한다(그림 19.3).

오염방지

오염방지(pollution prevention)란 처음부터 유해 폐기물 생산을 막기 위해 산업체의 운영방식을 변화시키는 것을 말한다. 이를 실행하는 것은 간단하며 비용도 거의 들지 않는다. 가장 중요한 것은 실수로 쏟거나, 파이프나 밸브에서 새는 것, 부서진 용기에서 흘러나오는 것 등의 사고를 줄이는 것이다. 이런 정리는, 일상적 관리를 잘하고 고용인들이 정신 차리고 일하게 훈련을 시키면 되는 일이다. 손실되는 것이 적으면 원료를 조금만 구입해도 되므로, 많은 업체들이 실제로 돈을 절약하고 있다.

지구촌 전망대

중국의 유해 폐기물과 독성물질

중국에서는 산업 폐기물을 처리하기 위해 많은 면적의 땅을 통제하지 않은 채 사용하고 있다. 약 6억 ton의 산업 폐기물(그 중 50~70%가 유해물질)이 매년 중국에서 생산된다. 최근 몇 년에 걸쳐 약 59억 ton의 폐기물이 5억 4천만 m^3를 차지하며 마구 버려지거나 쌓인 것으로 추정된다. 폐기물의 대부분은 무방비로 그냥 쌓여 있으며, 따라서 지표수나 지하수로 스며들 수 있다. 그 결과 환경 사고가 잦은데, 예를 들면 진저우의 크롬 잔류물 저장소는 12.5 km^2의 지하수를 오염시켰으며, 9개 마을 1,800여 개의 우물물이 이제는 마실 수 없게 되었다.

중국의 화학물질 생산과 사용은 급증하고 있다. 3만 종 이상의 화학물질이 만들어지며, 그 중 많은 것이 독성이다. 생산, 운송, 저장, 사용 중에 많은 양이 새어나오거나 쏟아진다. 예를 들어, 1995년에 선전의 독성 화학물질 저장고가 폭발하여 인명, 재산, 환경에 심각한 피해를 끼쳤다.

중국에서의 유해 및 독성 물질의 관리는 아직 초기단계이며, 처리와 폐기를 위한 기술은 초보적이고, 장비도 신통치 않다. 중국의 현재 유해 폐기물 처리장소 중에서 환경기준을 만족시키는 것은 하나도 없다. 부분적으로 이는 자금과 관리 능력이 없기 때문이다. 그러나 시범적인 계획 하나가 현재 진행 중이며, 잘 되면 중국에 유해 독성물질을 관리하는 체계를 발전시키는 데에 도움을 줄 것이다.

"오염 방지와 고형 폐기물 규제를 위한 법"이 의회의 중요한 입법안이 되었으며, 유해 폐기물 관리와 처리가 국가의 과학기술 발전계획의 중요 사항으로 채택되었다. 고형 폐기물 신고와 등록, 교환을 실험적으로 수행하고 있으며, 화학 시험, 합성화학물질의 독성 평가, 실험실 분석, 위험도 평가 등을 위한 표준 규약이 공식화되기 시작하였다. 이 계획의 장·단기 목표는 다음과 같다.

- 중국의 유해 및 독성 물질 규제 법안과 규정을 공식화하고 강화하며, 폐기물의 환경적 관리를 견실하게 할 기준을 마련한다.
- 유해 폐기물 관리를 위한 기술지지기반을 구축한다.
- 유해 폐기물 처리와 폐기를 위한 시범계획을 설계한다.
- 독성 화학물질 관리를 위한 법과 규정, 기준, 정책을 공식화한다.
- 베이징에 연간 3천 ton의 용량을 가진 유해 폐기물 소각장을 건설한다.

이 계획은 유해 및 독성 물질 규제법안과 규정, 반오염 기준 및 완화 조치 등을 채택할 것이며, 유해물질의 관리와 통제를 위한 능력을 개발하고, 규제를 시행할 것이다. 신고·규제·면허 등의 제정, 유해 폐기물 처리절차에서의 교환·수거·재활용을 위한 장려 등이 중국에서 발생되는 폐기물의 양을 줄일 것이다.

유해 폐기물 처리 시범계획이 모델을 제공하여 능력과 경험이 증가하면, 중국은 이를 지역별 유해 폐기물 중앙 처리시설을 건설하는 데에 쓸 수 있다. 시범계획에서 얻은 경험을 확산하면 폐기물 처리·관리 전략에 상당한 개선이 있을 것이고, 인식·규제·환경보호에도 발전이 있을 것이다.

폐기물 최소화

폐기물 최소화(waste minimization)는 폐기물 발생을 줄이기 위해 업체들이 제품을 가공하는 방식을 변화시키는 것을 말한다. 예를 들어, 유해한 용매를 유해하지 않은 물로 바꾸는 것이 가능할 수도 있다. 폐기물의 양을 줄이는 근본적 변화, 즉 폐기물 발생 원인 감축의 한 예이다.

다른 방책은 한 공정에서 만들어진 폐기물을 다른 공정에 사용하여 폐기물의 발생량을 줄이는 것이다. 예를 들면, 장비를 씻기 위해 사용한 물을 오염된 채로 버리지 말고 다른 공정에서 재사용할 수도 있다.

폐기물의 양을 줄이는 다른 기법은 공정에서 사용된 용매를 정제하는 것이다. 용매를 정제하기 위해 증류기를 쓰면, 용매를 계속해서 다시 쓸 수 있고, 생산되는 유해 폐기물의 총량을 줄일 수 있다. 폐기물로부터 물이 증발하게 놔두는 간단한 과정이 생산되는 유해 폐기물의 총량을 줄이기는 하지만 유해한 성분은 어쩔 수 없이 농축된다.

폐기물 재활용

종종 폐기물을 다른 목적에 사용함으로써 폐기물을 없앨 수 있다. 많은 종류의 용매는 다른 공정에서 연료로 사용될 수 있다. 예를 들어 버려지는 기름은 발전소의 연료로 쓸 수 있고, 다른 종류의 용매는 가마에 연료로 쓸 수도 있다. 기름이나 용매에 있는 오염물질이 타는 과정에서 환경에 방출되지 않도록 주의를 해야 하지만, 동시에 소각할 때 오염물질이 파괴되어 좋은 효과를 볼 수도 있다.

마찬가지로, 많은 종류의 산과 염기가 산업공정에서 만들어지는데, 종종 이들을 이를 필요로 하는 다른 산업체에서 쓸 수도 있다. 재나 고체 폐기물은 종종 콘크리트나 다른 건축자재에 섞을 수 있으므로 폐기할 필요가 없고, 폐기물의 총량은 줄어든다.

폐기물의 처리

폐기물은 양을 줄이거나 유해한 성질을 변화시키는 방법으로 처리할 수 있다. 위험한 산과 염기는 서로 반응시킴으로써 위험하지 않은 물질로 바꿀 수 있다. 생물 분해가 가능한 유해 폐기물은 이를 파괴하는 미생물에게 맡길 수도 있으며, 여러 가지 종류의 유기분자는 이런 식으로 다룰 수 있다.

많은 사람이 굴뚝에서 독성 물질이 배출된다고 느껴 염려하기도 하지만, 여러 가지 폐기물을 처리하기 위해 **소각**(incineration)을 할 수도 있다. 소각로의 불꽃에서 폐기물은 가열되고, 제어된 조건에서의 소각은 유해물질의 99.999%를 파괴할 수 있다. 북아메리카에서는 소각을 이용하여 유해 폐기물의 2% 정도만 처리한다. 유럽에서는 소각에 의해 처리하는 유해 폐기물의 양이 더 많으나, 50%가 넘지는 않는다. 매립에 비해 상대적으로 비용이 많이 들고, 사고 시 주변 지역에 미치는 안전 때문에, 소각은 주된 처리방법이 되지 못한다.

때로는 물에서 휘발성 화학제품을 제거하기 위해 공기탈기(air strip)를 사용한다. 쉽게 기화되는 휘발성 화학제품은 공기가 지나가면 액체에서 제거된다. 액체의 온도를 높이기 위하여 뜨거운 공기를 사용하는 증기탈기(steam strip)도 같은 원리이며, 보통의 공기로 제거되지 않는 성분도 뽑아낸다. 휘발성 화합물은 포획되어 다시 쓸 수도 있고 버려지기도 한다.

탄소 흡수 탱크에는 기체나 액체 상태의 유해 화학제품을 특별히 처리하려고 활성화된 탄소 입자를 넣는다. 가는 철사망이 모래알을 거르듯이, 탄소는 유해 입자를 거르거나 화학적으로 결합한다. 오염된 탄소는 버리거나 세척해서 다시 사용한다.

특별한 물질을 액체 폐기물에 첨가하면 침전이 생긴다. 이 물질은 유해 화학물질과 결합하여 응결되고 덩어리를 이룬다. 가라앉은 응결물질은 침전물로 분리하고, 떠있는 응결물질은 걸러내며, 농축된 폐기물은 매립한다.

육지 처분(Land disposal)

다른 방법을 다 쓰고도 남는 폐기물은 대개는 땅에 버려진다(표 19.3). 아직도 북아메리카, 유럽, 일본에서는 유해 폐기물의 80% 이상을 다음의 여섯 가지 방법으로 처분한다.

1. 다공성 지형이나 소금광산 등 깊은 곳에 집어넣기
2. 처리하거나 처리하지 않은 액체를 도시의 하수 또는 강에 방류하기
3. 액체 폐기물이나 침전물을 지상의 구덩이, 연못, 늪에 버리기
4. 흙으로 덮는 처리장에 고체 폐기물 쌓기
5. 지하나 폐소금광에 액체나 고체 폐기물 저장하기
6. 독성 또는 유해 폐기물을 위해 지정되지 않은 일반 공중위생 매립지로 쓰레기 보내기

유해 폐기물이 이런 장소에서 새어나갈 확률을 줄이는 기법이 있다. 폐기물을 다루기 쉬운 고형틀에 넣어 주변 환경으로 새어 나가지 못하게 하는 방법이다. 이것은 파괴되지 않는 특정 금속과 같은 쓰레기를 다루기에 유용한 방법이다. 이 방법을 쓰면,

유해 폐기물 처리 방법(백만 ton)

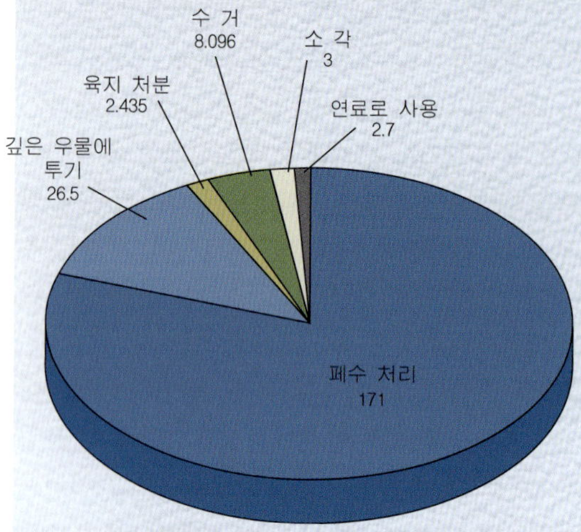

표 19.3 북아메리카 유해 폐기물 처리 방법

처리 방법	처리된 폐기물의 양(%)
육지 처분	67
하수, 강에 방류	22
증류에 의한 용매 수거	4
공업용 보일러에서 연소	4
산화에 의한 화학 처리	1
생물 분해를 위한 방치	1
소각	1
이온 교환을 통한 금속 수거	1 이하
합계	**100**

출처 : Data from U.S. Environmental Protection Agency, Office of Solid Waste, Treatment, Storage, and Disposal Facts, 1997. U.S. Government Printing Office, 1998, Washington, D.C.

폐기물을 유해 폐기물 매립지에 버릴 수 있다. 폐기물의 유동을 막기 위해 많이 쓰이는 방법은 고정화(fixation)와 고형화(solidification)이다. 공학자와 과학자들은 재나 시멘트 같은 물질을 유해 폐기물과 섞는다. 이로써 유해 입자를 고정화하거나(화학반응성을 없애 움직임을 없앤다는 의미에서), 고형화하여 덩어리로 만든다. 고형화된 폐기물은 액체보다 저장하기 쉬운 블록 형태로 만들어지기도 한다.

유해 폐기물 관리방법의 선택

오늘날, 유해 폐기물을 처리하기 위해 가장 널리 쓰이는 두 가지 방법은 육지 투기와 소각이다. 이 두 가지 사이의 선택에 있어서는 경제적 요인과 공공의 안전이 고려되어야 한다. 북아메리카에는 육지 투기를 위한 충분한 땅이 있어, 이것이 가장 경제적이고 널리 사용되고 있다. 육지가 충분하지 않고 땅값이 비싼 유럽과 일본에서는, 소각이 보다 경제적이므로 유해 폐기물을 다루는 데에 주로 사용된다. 소각에서 나오는 방출물에 대한 우려 때문에, 유해 폐기물의 상당량이 바다 위의 특수 설계된 배에서 소각된다.

유해 폐기물 처리에 대한 법과 규제 때문에, 산업체는 오염을 방지하고 폐기물을 최소화하려는 움직임을 보인다. 이에 더하여, 안전한 처리를 위한 비용이 치솟고 있기 때문에, 공공 · 사설 쓰레기 처리 업체는 보다 싸고 좋은 폐기물 처리 · 폐기 방법을 찾고 있다. 경제적 이유 때문에 오염물질을 방치하려는 유혹은 법의 강력한 집행 때문에 사라졌다. 폐기물을 적절하게 처리하지 못하는 (아마 처리하기를 싫어하는) 몇몇 작은 회사들은, 강한 법률이 제정됨에 따라 불행히도 밤에 몰래 내다버리는 방법을 택하게 되었다.

거의 모든 산업국가에서 목격된 바와 같이, 유해 폐기물을 관리하지 않아 발생하는 환경비용은 천문학적이다. 유해 폐기물을 주로 만드는 사람들은 과거의 실수에 대해 책임이 있으며, 유해 폐기물 규제를 따르는 데 대한 경제적 규제적인 보상을 통하여 이들이 책임지고 관리하도록 장려해야 한다.

요약

유해물질과 유해 폐기물 문제에 대한 대중적 관심이 최근 들어 급증하고 있다. 그러나 유럽과 북아메리카 등지의 산업국만이 지난 20년 동안 주요 유해물질에 대한 통제가 이루어지고 있으며, 개발도상국은 유해 폐기물에 대해 거의 신경을 쓰지 못하고 있다. 결과적으로 많은 국가가 제대로 된 유해 및 독성 폐기물 관리를 시행하지 못하여 심각한 문제가 되고 있다.

가장 근본적인 문제는 유해 폐기물 관리이다. 우선, 유해 폐기물의 정의에 대한 합의가 없다. 게다가 세계적으로 배출되는 유해 폐기물의 정확한 양도 확인하기 어렵다. 유해 폐기물이 인간의 건강에 미칠 영향력에 대한 제한된 이해는 문제를 더욱 복잡하게 한다. 따라서 다수의 유해 잠재력을 가진 화학제품들이 건강에 미칠 위험요소에 대한 평가를 앞서, 개발되고 있다.

유해 폐기물은 매장되거나 소각되어서는 안 된다. 각종 산업은 제조 과정에서 유해 폐기물을 덜 배출하기 위해 노력해야 한다. 독성 폐기물을 완전히 제거할 수는 없겠지만, 기술의 발전은 폐기물의 최소화, 재활용, 처리방법 등을 가능하게 하고 있다. 환경 오염이란 결과를 피하면서 근대적 기술의 혜택을 누리는 것이 가능하도록 노력해야 한다. 마지막 결과는 정부와 정책입안자, 그리고 의식 있는 대중의 몫이다.

이슈와 분석 러브 운하

뉴욕과 나이아가라 폭포 인근의 러브 운하는 19세기에 수로 용도로 건설되었으나, 폐쇄되어 오랫동안 사용되지 않은 채 버려졌다. 1930년대 이곳은 산업 폐기물 처리장으로 활용되었다. 1947년에는 후커화학에 판매되어 2만 ton 이상의 화학물질이 매립되었다.

이후 옥시덴탈 정유회사로 합병된 후커화학은 이 부동산을 헐값에 지방 정부에 팔았다. 지방 정부는 이곳을 주택단지와 초등학교 부지로 개발하였다. 주택이 건설되고 나서 얼마 지나지 않아 사람들은 자신들의 집 지하실에서 화학물질이 침출된다고 이야기하기 시작하였다. 1978년 수집된 침출수의 약 80%가 화학물질이었으며, 12종의 발암성분이 검출되었다. 이 사실이 알려지자, 2,700만 달러의 정부기금이 조성되어 237세대의 새 주거지와 영구임대 주택을 보상하였다. 이 기금은 화학물질을 배출하는 수로와 대기 중으로 발산되는 악취를 막는 진흙 차폐막 건설에도 사용되었다. 그러나 문제는 끝나지 않았다.

러브 운하 지역에 잔류한 710세대는 문제를 숨기려 하는 정부의 태도에 만족할 수 없었다. 주민들은 이 지역 여성의 유산율이 50% 이상이라는 사실을 알게 되었다. 1979년에 이 지역의 17명의 산모 중에서 2명만이 정상 분만하였다. 나머지 중 9명은 미숙아를 출산했고, 2명은 사산, 4명은 출산 전 유산하였다. 이것으로 러브 운하의 비극은 끝나지 않았다.

또 다른 신경학자가 37명의 거주자에 대한 검진을 통해 주민들이 정상인에 비해 신경반응 속도가 떨어진다는 결론을 내렸다. 이것은 화학물질에 노출되었기 때문이라고 밝혀졌다. 1980년 환경보호국은 러브 운하 주변 지역의 36명의 거주자에 대한 조사 결과, 이들 중 11명에게서 암이나 선천적 결손을 유발하는 염색체 결손을 발견한 연구 사실을 공개했다. 지방정부는 러브 운하 지역 거주자의 즉각적인 이주를 위해 500만 달러의 재정을 지출했다. 1990년까지 누수지점을 봉인하고, 이 '화학 묘지' 인근의 238개 주택의 폐쇄, 이웃 하천으로 흘러들 위험이 있는 독성물질 제거를 위해 1억 5천만 달러의 정화비용이 사용되었다.

1991년 초, 몇몇 가족이 이곳으로 이주해 왔다. 러브 운하 재개발위원회는 이 지역에 236세대의 주택 건설을 계획하였다.(블랙 크리크 마을로 지명도 바뀌었다.) 낮은 주택가격은 집을 구하는 사람들에게 매력적인 조건이 되었다. 이주자들은 환경단체의 반대에도 불구하고 자신의 집이 안전하리라 확신했다. 1998년 봄까지 이 지역을 거쳐간 2,300세대가 보상을 받았다. 개인이 수령한 금액은 적게는 83달러에서 많게는 40만 달러에 이르렀다. 이 지역의 거주자들이 겪은 신체적, 정신적 피해의 책임은 누구에게 있는가?

주요 용어

가연성(ignitability)
국가 우선순위도(NPL, National Priority List)
급성 유독성(acute toxicity)
독성(toxic)
만성 유독성(chronic toxicity)
반응성(reactivity)
부식성(corrosiveness)
비지속성 오염물질(nonpersistent pollutant)
소각(incineration)
슈퍼펀드(superfund)
시너지 효과(synergism)
유독성(toxicity)
유해(hazardous)
유해물질(hazardous substances)
유해 폐기물(hazardous wastes)
오염방지(pollution prevention)
오염방지위계(pollution-prevention hierarchy)
임계수준(threshold level)
종합적 환경 대응 · 보상 및 책임법
(CERCLA, Comprehensive Environmental Response, Compensation, and Liability Act)
지속성 오염물질(persistent pollutant)
자원보존복원법
(RCRA, Resource Conservation and Recovery Act)
치사량 50%(LD_{50})
폐기물 최소화(waste minimization)
폭발성(explosiveness)

복습문제

1. 유해 폐기물 처리장과 그 개발 과정의 문제를 설명하라.
2. 급성 유독성과 만성 유독성의 차이는 무엇인가?
3. 유해 폐기물 통제가 어려운 이유는 무엇인가?
4. 유해 폐기물은 어떻게 환경을 오염시키는가?
5. 유해 폐기물이 지하수를 오염시키는 과정을 설명하라.
6. 미국의 국가 우선순위도를 설명하라.
7. 오염 방지와 폐기물 최소화를 설명하라.
8. 오염방지위계를 설명하라.

비판적 사고력 문제

1. 미 환경보호국의 과학자들은 어떤 물질이 독성물질인지 감정하는 임계값(threshold)을 결정해야 한다. 여러 가지 독성물질의 임계값을 여러분은 어떻게 설정하겠는가? 그렇게 설정한 이유는 무엇인가?
2. 본문에 의하면, 북아메리카에만도 버려지고 통제되지 않는 유해 폐기물 처리가 25,000곳 이상이 있다. 많은 곳이 1976년 자원보존복원법이 통과되기 이전에 버려졌다. 누가 이 처리를 정화할 책임이 있는가?
3. 본문의 '유해 폐기물 처리－자원 남용의 결과' 논의는 특정한 관점에서 정보를 제시하였는가? 이 논의에 다른 관점은 어떤 것이 있겠는가? 다른 관점에서는 어떤 정보를 제시하겠는가?
4. 미국의 원주민(인디언)보호구역이나 미개발국가 등 돈이 필요하고 경제적으로 가난한 지역은, 자기 고장의 상당한 반대에도 불구하고, 유해 폐기물 저장시설을 설치하는 것에 동의하였다. 이런 일에 대해 어떻게 생각하는가? 국외자가 독립된 영역에서 일어나는 일에 참견할 권리가 있는가?
5. 중국의 유해 폐기물과 독성 물질에 관한 문제를 읽고 다음에 답하라. 한 나라가 매우 환경을 파괴하고 있다면 다른 나라가 참견할 권리가 있다고 생각하는가? 왜 그렇게 생각하는가?

환경 정책과 의사결정

이 장의 학습목표

- 미국의 행정 · 사법 · 입법부 산하기관이 정책행정에 관여하는 과정을 설명할 수 있다.
- 미국에서 환경법이 시행되는 과정을 이해한다.
- 미국의 환경 정책에서 지난 30년 동안 변화의 원동력을 설명할 수 있다.
- 미국의 주요 환경 입법사를 이해한다.
- 환경 규제에 대한 우려를 표명하는 집단의 근거를 이해한다.
- '녹색정책'이 의미하는 바를 이해한다.
- 환경주의가 국제관계에서 중요하게 된 이유를 설명한다.
- '생태갈등'의 원인을 이해한다.
- 정책과 환경을 구분하여 사고하는 것이 불가능함을 이해한다.
- 시민의 압력이 정부의 환경 정책에 어떤 영향을 미칠 수 있는지 설명할 수 있다.

이 장의 세부목차

과거 현재 그리고 미래

1983	7,000여 개의 국제 비정부 기구 활동	2003	26,000개의 국제 비정부 기구 활동
1982	전 세계 61,447개의 핵탄두 존재	2003	전 세계 18,000개의 핵탄두 존재
1982	세계 총생산 25조 US달러	2003	세계 총생산 50조 US달러

새로운 시대, 새로운 도전

우리는 주목할 만한 시대를 살고 있다. 지금은 인간의 삶을 규정하던 힘과 조건들에 급격한 변화가 일어나는 시기이다. 냉전 이후 변화된 지정학적 특성과 인간과 자연의 관계에 대한 이해가 증대되는 가운데, 이것은 점점 분명해지고 있다. 그러나 이러한 관계는 개발도상국과 선진국에서 다르게 드러난다. 예측 가능한 미래에 대한 주요 도전은 개발도상국이 경제 발전에서 야기하는 세계적인 환경 변화이다.

냉전의 종식으로 세계 곳곳에서 민주주의와 시장중심경제체제가 급속도록 발전하고 있다. 중앙 정부의 권위는 작아지고 권력은 지방 정부와 민간으로 이양되기 시작했다. 일부에서는 자유와 기회가 증대되면서 오랜 갈등과 새로운 암투가 표면화되고 있다.

국제적으로 무역, 투자, 정보 및 인간 교류의 홍수가 정부 통제를 넘어서 밀려들고 있다. 미국에서는 연방 정부에서 주와 지방 정부로 규제 완화와 책임이 이양되고 있고, 정부와 민간 영역 간의 관계도 변화하고 있다.

의사소통 기술(communication technology)은 정보를 습득하는 능력과 관련 작업에 많은 영향을 미치게 되었다. 이는 자신의 이익을 좇던 시민, 기업, 공동체의 조직, 연합, 네트워크의 폭발적 성장을 의미한다. 그 결과 시민사회는 정부의 결정에 보다 큰 역할을 기대하는 동시에 정부 권력 밖의 해결책을 강구하고 있다.

그러나 기술혁명은 의사소통 이상의 변화를 만들어내고 있다. 그것은 우리가 생활하고, 일하고, 생산하고, 소비하는 방법을 변화시킨다.

지식(knowledge)이 경제의 가장 중요하고 역동적인 자원이 되고 있다. 그것은 원자재의 혁신과 기존 정보를 대신할 재화와 서비스를 창출하고 판매의 효율성을 급속도로 개선시키고 있다. 지난 20여 년간 미국 경제가 생산을 위해 사용하는 에너지와 천연자원의 총량은 여러 형태의 오염과 함께 서서히 감소하고 있다. 미국법이 처음으로 산업에 오염 통제를 요구했을 때 산업계의 응답은 정화장치를 설치

그림 **20.1** 인구 증가는 기근을 악화시킨다 자급이 불가능한 장소에서 생존하기 위한 분쟁은 물고기의 남획과 과잉수확, 과잉목축을 조장한다.

하는 것이었다. 지식기반경제로의 변혁은 효율성 및 이윤과 환경 보호 간의 긍정적 관계를 강조했고 적절한 오염 방지 경향을 촉진하는 데 도움이 되었다. 오늘날 많은 사람들은 오염은 낭비이며 낭비는 비효율적이고 비효율은 고비용과 연결된다는 것을 알고 있다.

정보와 의사소통 수단에 대한 접속이 증가함에 따라 선진국의 시민들은 더 이상 그들의 요구에 부합하지 않는 전통적인 정치적 타협에 냉소적이거나 실망하게 된다. 기업, 정부, 미디어, 환경, 노동, 시민단체 등 그들의 삶에 영향을 끼치는 여러 기관에 대한 시민의 신뢰도 낮아지고 있다. 시민들은 사건에 영향을 주는 개인의 능력에 대한 믿음을 잃고 냉담과 실망으로 일관하고 있다.

2차 세계대전 이후 세계의 경제생산력은 실질적으로 증가했고, 건강 · 교육 · 기회의 증대가 있었지만 빈부격차도 커졌다. 선진국에서도 빈부격차는 날로 커져만 가고 있다.

미래의 세계는 증가된 인구에 의해 결정될 것이다. 세계 인구는 50년 만에 두 배가 되었다. 인구 증가는 보다 많은 음식, 상품, 서비스, 공간을 필요로 하지만, 인구 증가는 부족을 심화시키고, 토지와 천연자원에 대한 압력도 강화된다. 더 이상 인구 부양

그림 20.2 동향은 운명적인 것이 아니다 위 사진은 몇 년 전까지만 해도 북아메리카에서 일반적인 모습이었다. 다행히 오늘날에 와서 사진과 같은 모습들은 자연에 있어 역사가 되었다. 긍정적인 변화는 가능하다.

이 어려운 장소에서의 생존 분쟁은 물고기 남획과 과잉수확, 과잉목축을 조장한다(그림 20.1).

새로운 세기에는 경제적 · 환경적 그리고 사회적 목표가 더욱 긴밀히 연결될 것이며, 상호관계를 반영하는 정책을 개발해야 한다는 사실을 인식하는 것이 중요하다. 직업, 에너지, 교통, 주거, 생태계에 대한 편협한 생각으로는 오래된 문제를 풀기가 어렵다. 잘못된 응답은 오래된 문제의 해결 대신에 통증을 감추는 단기간의 처치에 불과하다.

이상의 모든 것들은 지역적인 수준에서 국제적인 수준까지 새로운 의사결정 모델을 요구한다. 과거 수년간의 동향은 의사결정에 있어 '운명적'이기보다는 협력을 지향한다. 협력적인 의사결정 구조는 보다 많은 사람들이 공공 정책을 만들고 구체화하는 더 넓은 수준으로의 확장을 필요로 한다. 이것은 긍정적인 결론을 제시하고 갈등을 최소화하면서 점점 증가되는 냉소주의와 탈시민화에 대항하기 시작할 것이다.

협력적인 의사결정은 어렵고 시간 소모적인 과정이며 모든 행위자 자신의 관습적 역할을 바꾸어야 하는 것일 수 있다. 정부의 권력 소집과 행사는 지시적이고 목표를 설정하는 것에서 동기를 유발하며 성취도를 관찰 · 조사하고, 정보를 제공함으로써 책임을 지는 식으로 점차 변해가고 있다.

기업은 공동체의 의사결정에 참여하여 자신의 가치, 전략, 공동체와 사회에 대한 영향을 알리기 위해 공동체 및 시민들과 대화하는 기술을 습득할 필요가 있다. 또한 신뢰에 근거한 합리적인 대화의 부담과 구속을 받아들여야 하고, 공동체는 미래에 대한 개방되고 포괄적인 토론을 만들어내야 한다.

이 모든 것들이 지나치게 이상적으로 들리겠지만 미래에 대한 비전 없이 우리는 어디에서 무엇을 할 수 있을 것인가? 앞서 말한 것처럼 동향은 운명적인 것이 아니다.

달리 말하면 우리는 현재 모습과 관계없이 변화를 감당할 수 있다. 이제 세계적인 환경문제에 관한 의사결정보다 중요한 것은 어디에도 없을 것이다(그림 20.2).

거버넌스와 거버먼트

"발생 원인은 무엇인가? 누가 책임을 져야 하는가?"와 같은 질문들은 흔히 지역 환경문제나 지구 환경 여건이 나빠질 때 자주 하게 되는 질문이다. 대부분의 사람들에게 환경이나 생태 시스템을 관리한다거나, 사용하고 개발하는 것에 대한 책임의 주체는 분명하지 않다.

거버넌스(governance, 협치)란, 우리가 어떻게 해야 할지를 결정하는 것과 동시에 권위를 실행하고, 책임지는 것을 의미한다. 이것은 정부 관리, 장관, 사업가, 소유권자, 농부, 소비자 등 모든 위치에 있는 결정자들과 관계가 있다. 간단히 말하면 거버넌스란 책임자가 누구이며, 어떻게 그들이 권력을 행사하며, 어떻게 그들에게 책임이 있다고 하는지를 다루는 것이다.

환경적 거버넌스는 공적 권위가 있는 조직이나 단체, 일반적으로 환경 정부부처, 농업부서, 광산과 환경부처와도 밀접한 관계가 있다. 그러나 거버넌스에는 감시, 심의위원회, 자문위원회, 통상위원회 등도 포함되며, 사적인 싱크탱크나 변호사들도 정책입안에 참여한다. 우선 환경의 거버넌스는 대중의 의사, 결정권자들이 협력하여 자연자원을 감시하고 환경을 관리하는 것이다.

때로 우리는 거버넌스라는 용어를 매우 광범위하게 사용하는데, 결정을 내리는 과정뿐만 아니라, 언제 어디서 벌채를 하고, 어떻게 낚시를 금지하고 방목 허가를 할당하는지와 같은 실제적 관리 활동도 이에 속한다. 다른 말로 표현하자면, 일상의 경험 속에서 환경 거버넌스와 생태 시스템 관리를 서로 연계하여 결정의 실질적 영향을 가시화하는 것이다.

일반적으로 정치적 권위와 연결되어 있다는 측면에서 거버넌스와 거버먼트를 자주 혼동한다. 거버먼트(government, 통치)란 생태 시스템을 관리하고, 천연자원을 조절하거나 보존하는 중요한 주체가 된다. 국가법과 규제의 틀은 별개의 소유권 및 광물과 물의 사용권에 대해 인정함으로써 천연자원을 관리하기 위한 공식적인 규정을 마련한다. 이러한 규정으로 자원을 관리하고, 환경을 보호하는 책임과 함께 정부의 권한이 형성된다.

정부는 또한 (자주 UN을 통해서) 국제적으로 오염, 물 사용, 어업권 및 정치적 경계를 넘는 자원에 영향을 주는 활동들에 대해 기본법을 마련한다. 지구적 환경 협치(協治) 차원에서 가장 눈에 띄는 일종의 하나는 국제적 환경 재산을 공동으로 관리하는 것인데, 생물다양성조약(Convention on Biological Diversity), 바다보존조약(Convention on the Law of the Sea), 성층권의 오존층을 보호하기 위한 몬트리올 의정서 등이 그 예이다. 세계은행과 WTO 같은 경제 조직도, 더욱 세계화되고 상호의존적이 되어가는 세계 경제 속에서 환경의 중요성이 커지고 있음을 받아들이고 있다.

그러나 환경적 협치는 정부의 공적 활동을 능가하고 있다. 때때로 단체나 개인들은 주(州)의 지역에서 자원 채취나 관리 활동을 한다. 예를 들어, 주(州)는 벌목과 도로 건설, 또는 다른 중요한 토지 이용의 결정을 허가하는 숲이나 광산의 개발권을 이용료를 받고 회사에 양도한다. 그렇지 않으면 주 당국은 물과 전기의 공급과 폐수처리와 같은 것들을 민영화하거나, 물 가격을 매기는 것에서부터 발전소 건설에 이르는 환경적 선택을 개인의 손에 넘기기도 한다.

지난 여러 해 동안 환경단체와 시민단체, 노동조합 등의 비정부 기구들(nongovernmental organization)은 환경을 보호하는 데 중요한 역할을 수행하였다. 산업체에서는 경제를 발전시키기 위하여 환경보존보다는 개발에 역점을 두고 노력해왔다.

거버넌스란 이러한 영향들이 공공 정책에서 미치는 범위가 커지거나 법인 단체에 영향을 미칠 때 우리 개인의 선택과 행동을 포함한다. 투표를 하고 로비를 하고 대중의 의견을 듣거나 환경 파수꾼이나 모니터링 그룹에 참여하는 것은 환경적 결정에 영향을 줄 수 있다. 소비자로서 우리의 행동은 강력한 거버넌스의 힘이다. 예를 들어 환경친화적인 상품을 구입하기 위한 선택(유기농 제품이나 연료효율성이 높은 자동차의 구입)은 시장을 통해 기업 비즈니스의 환경적 태도에 영향을 준다. 소비자의 선택은 때때로 환경에 영향을 주는 비즈니스의 결정에 정부 규제만큼의 강력한 영향을 미친다.

과거에서 배운다

지난 25년 동안 선진국에서 환경 보호의 기본 유형은 특정 위기에 대처하는 방식이었다. 연구소가 설립되고, 법률이 통과되고, 문제에 대처하는 규제가 설정되었지만 이미 생태적 건강과 공공 보건에 위기와 많은 비용을 초래하고 있고, 이미 시민들이 심각한 우려를 표명하는 문제가 발생하고 있다.

미국 역시 예외가 아니다. 미국 환경보호국(EPA)은 대부분 현재와 과거의 문제에만 관심을 기울이고 있다. 환경보호국은 오하이오의 쿠야호가 강의 화재, 로스앤젤레스의 스모그, 대머리독수리의 멸종 위기 같은 일련의 공적이고 심각한 환경문제에 의해서 설립되었다. 1970년대부터 1980년대 동안 의회는 이러한 문제를 해결하기 위해 일련의 법안을 제정하였고, 1970년대에 설립된 환경보호국은 환경법 시행에 책임을 져야 한다.

그림 20.3 환경적 빚 방치된 어선들은 캐나다와 미국 북동부의 대구 수산업과 캐나다와 미국 북서부의 연어 수산업의 쇠퇴의 결과 발생한 것들로, 남용과 오용을 일삼은 지난 세대로부터 상속받은 환경적 빚이다.

현존하는 환경문제 시정의 성공에도 불구하고 환경보호국은 즉각적이고 명확한 위험에 직면해서야 환경문제에 대응하는 양상에서 벗어나지 못하고 있다. 이러한 모습은 미래의 환경문제를 해결하는 데는 적절하지 못하다. 사람들은 환경 관련 관청과 조직의 활동이 미래 환경 문제를 예견하고 해결을 위한 일련의 과정을 밟아갈 것을 요구한다. 지난 25년간 환경사(史)에서 배운 가장 중요한 교훈은 사회적 · 경제적 · 기술적 변화의 전망으로 미래의 환경 결과를 예상하지 못할 때 경제적 · 환경적 비용문제는 미래 세대에게 그대로 전가될 것이라는 사실이다.

미래를 생각한다

미래에 대한 생각이 그 어느 때보다 중요해지고 있다. 가속화되는 변화율이 현재와 미래의 거리를 교란시키고 더욱 멀어지게 하기 때문이다. 몇 년 전의 아득하게만 보이던 기술적 가능성들은 현재에는 구식이 되어 버렸다. 과학의 발전과 정보의 홍수는 가속화되고 있다. 휴대폰, 음성인식 컴퓨터, 인터넷 사용의 일반화를 10년 전에 누가 상상할 수 있었겠는가? 마찬가지로 지구적 경제활동 변화에 영향을 미치는 환경 쟁점에 대해 국가와 개인의 인식도 급격히 높아지고 있다. 캐나다 연해주와 미국 북동부에서의 대구 수산업 쇠퇴와 미국의 북서부 태평양 연안과 캐나다의 브리티시 컬럼비아 주에서 위협받고 있는 연어 수산업, 멕시코의 대기오염과 러시아의 식수의 고갈 등이 사례가 될 수 있다.

예견되는 변화의 진행과정에서 제대로 된 사고와 분석을 시작하는 것은 그러한 변화에 대응하는 데 걸리는 시간을 줄이거나 문제 발생을 피할 수 있는 길이다. 어떠한 훼손은 돌이킬 수 없기 때문에 대응에 걸리는 시간은 매우 중요하다.

미래에 대해 생각하는 것은 문제를 피하는 비용이 문제를 해결하는 비용보다 훨씬 적게 들기 때문에 경제적이기도 하다. 미국의 유해 폐기물 처분에 관한 경험을 살펴볼 수 있다. 기업과 연방 기관에서는 의심할 여지없이 유해 폐기물을 단순 처분하여 단기간에 돈을 아끼고자 했다. 그러나 그렇게 남긴 이윤은 후에 폐기물 투기장을 정화하는 데 사용된 비용에 비할 수도 없었다. 적절한 예측이 있었다면, 기업, 보험회사, 정부는 피해집단에 대한 보상과 공공의 분노를 감소시키는 데 드는 수십 억 달러의 비용을 아낄 수 있었을 것이다.

미래에 대한 생각은 또 다른 가치도 갖는다. 첫째 즉각적인 비용과 환경 보호의 이익을 뛰어넘는 환경 예측은 미래 세대를 위해 환경을 보존할 수 있게 한다. 한 세대의 행동이 미래의 환경문제를 유발할 때, 환경 채무는 다음 세대에게 전가될 것이다. 수지를 못 맞춘 정부 적자가 재정적 빚(시민의 세금)으로 남게 되는 것처럼 환경문제를 예측하여 현재의

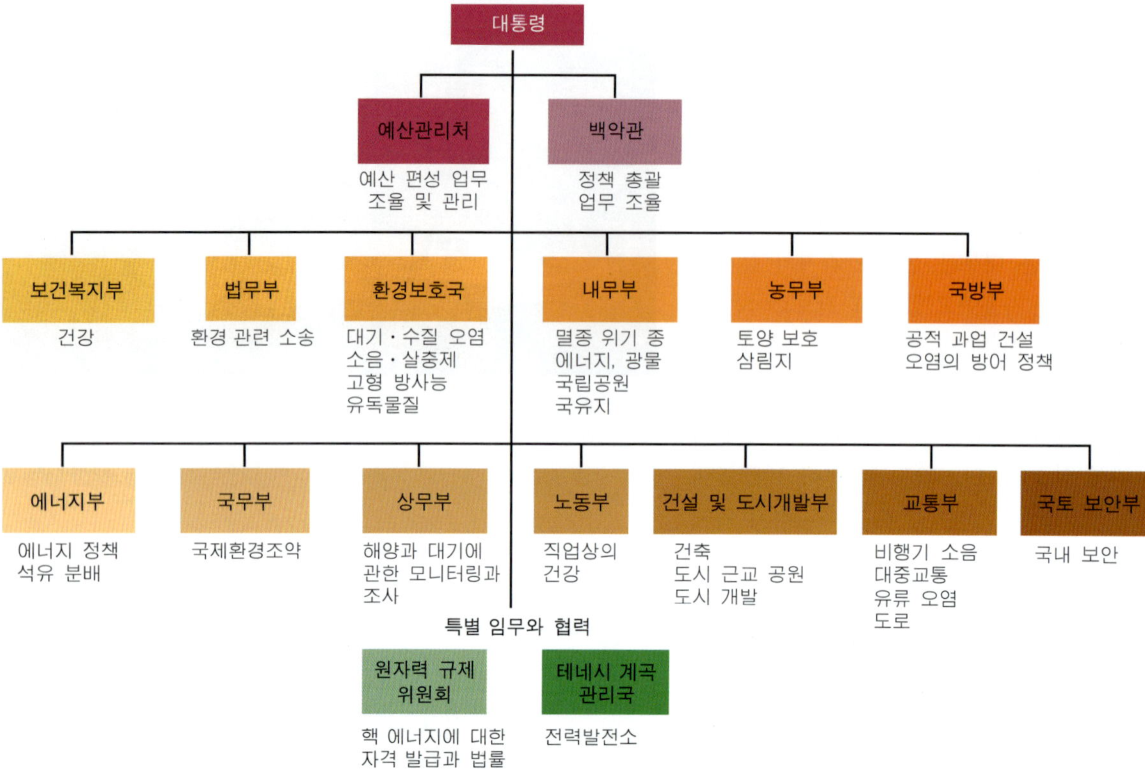

그림 20.4 행정부의 주요 부서 부서별 환경업무를 보여주고 있다.

단계를 수정해가는 것에 의해서 현 세대는 미래 세대가 맞닥뜨리게 될 환경적 · 재정적 빚을 최소화할 수 있다(그림 20.3).

오늘날 우리는 과거보다 확산적이고 어려운 접근을 요구하는 환경문제의 새로운 국면에 접해 있다. 1970년 첫 번째 지구의 날(Earth Day) 이후로 한때 공기, 강, 호수에 투기되던 처리되지 않은 쓰레기나 큰 공장이나 지방자치단체의 쓰레기 매립장과 같은 점오염원의 대부분이 조절되어 왔다. 나머지 오염원 중 가장 중요한 것은 침전물, 농약, 농장에서 유출된 비료 그리고 도시와 고속도로에서 씻겨나간 독성 중금속과 자동차, 야외 그릴, 나무 스토브에서 발생한 대기오염물질들처럼 확산되는 것들이다. 문제는 더욱 복잡해져서 이제 우리는 지구적 규모의 환경문제(생물학적 종 다양성의 감소, 오존층 파괴, 기후 변화)에 직면하고 있다. 이러한 문제에는 협력적이고 국제적인 공동대응이 필요하다. 우리는 오염원을 조절하는 것이 아무리 성공적이라 하더라도 그것만으로는 환경적으로 지속 가능한 경제를 만들 수 없음을 인식해야 한다. 많은 지구적 환경문제는 인구 규모와 자원의 편재와 관련이 있다.

미래의 윤곽

우리의 환경 패러다임은 평가, 예측, 문제예방을 포함하는 정화와 조절과정으로 진보하고 있다. 환경문제에 대한 예방적 기술에 대한 투자가 시작되었다. 농업활동은 폐기물이 적고, 보다 지속 가능하도록 변화하고 있고, 제조공정은 자원 활용 면에서 보다 효율적이 되고 있으며, 소비자는 환경상품을 구입하고 있다. 에너지, 교통 및 운송, 수자원 공급과 관련된 기간산업 역시 보다 자원 효율적이고 환경 친화적으로 바뀌어가고 있다. 유해 폐기물 처리장을 정화하려는 노력도 있다. 발생하는 문제에 대응하는 우리의 능력은 보다 진보된 모니터링 체계와 자료 분석 도구의 도움을 받아 지방의, 지역적, 지구적 환경 상태를 개선시키고 있다. 궁극적으로 훼손된 일부 생태계를 복원하고 재생하는 효과적인 방법을 개발하게 될 것이고 장기적으로 건강과 천연자원의 생산성을 보존할 수 있을 것이다.

강력한 환경 정책과 전략 그리고 장기적인 목표를 향한 정부와 민간 영역의 긴밀한 협력관계에 대한 우리의 의지가 충분하다면 이러한 경향은 지속될 것이다. 그러한 전략에는 세 가지 목표가 포함되어야 한다. 첫째, 미래에 대한 비전에 있어 기술의 역할을 규명하는 것이다. 이 비전은 과거의 정책과 활동의 장단점에 대한 깊이 있는 이해에서 출발해야 한다. 둘째, 목표를 달성하기 위해 개인과 조직의 역할을 정하는 것이다. 셋째, 모든 참여자들을 위한 전략적 목표를 제시하고 과정을 계획하는 것이다.

환경의 질은 정부 활동, 산업의 규제, NGO 등에 의해서만 결정되는 것이 아니다. 그것은 개인과 가족, 산업, 공동체가 행하는 일반적인 결정과 행동의 기능이기도 하다. 결과적으로, 개인의 환경 인식과 환경단체 활동은 미래의 환경 질을 결정하는 중요한 요소가 될 것이다. 지방, 국가, 국제조직을 관통하는 의식 있고 교육받은 대중의 행동은 과거의 그 어떤 것보다 미래의 환경문제를 피하는 데 효과적일 것이다. 또한 대중의 지지로 확장되는 환경단체는 떠오르는 국가 및 국제적 환경문제 해결에 효과적으로 개입하게 될 것이다.

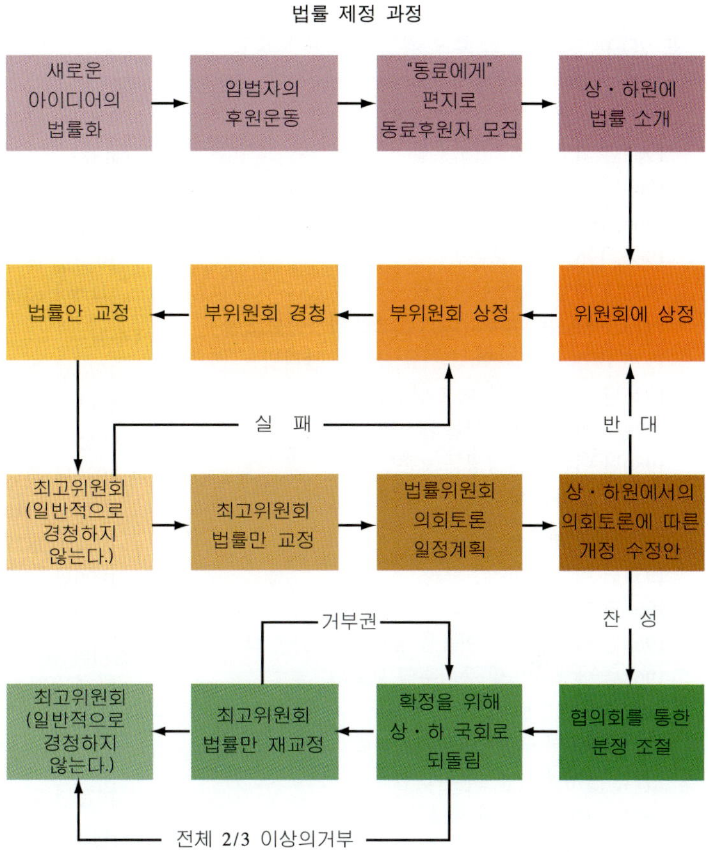

그림 20.5 법률의 통과 이 그림은 법률의 제정 과정을 보여준다. 이 그림에서 알 수 있듯이 법률 제정 과정은 빠르게 진행되지는 않는다.

미국 환경 정책의 발전

공공 **정책**(policy)은 정부기관, 즉 **입법부**(legislative), **행정부**(executive), **사법부**(judicial)의 공적 업무 관리에서 지침이 되는 일반적인 규칙이다. 입법부(의회)는 법을 제정하는 것과 마찬가지로 법률을 통과시켜 국가 정책을 만들어낸다. 행정부(대통령)는 법을 집행하며, 사법부는 법률 집행에서 논쟁이 일어나면 이를 해석하게 된다(그림 20.4).

의회는 공공 정책이나 공익에 반하는 특정 행동을 고려하면서 법(act)이나 법규(statute) 형태의 법을 통과시킨다. 의회는 특히 공공 정책의 갈등을 유발하는 행동들을 규제하고 조절하고, 혹은 금지하면서 이상적인 행동을 유도하는 방향으로 이끈다.

입법을 통해서 의회는 행동을 규제하고, 새로운 프로그램을 수행할 관청을 선택하며 일반적인 과정의 가이드라인을 설정한다. 의회가 환경 법안을 통과시킨다는 것은 곧 국가 환경 정책을 선언하고 규정하는 것, 즉 그 정책을 결정하는 기능을 수행하는 것이다(그림 20.5).

90년 전에 루즈벨트(Teddy Roosevelt) 대통령은

표 20.1 미국의 주요 환경과 자원 보존법

야생동물 보호
- 1965년 회귀성물고기보호법
- 1966년 물개보호법
- 1966, 1976, 1978년 국립야생생물 보호체계법
- 1966, 1969년 종 보존법
- 1972년 해양포유동물보호법
- 1973,1982,1985,1988,1995년 멸종위기종보호법
- 1976,1978,1982,1996년 어류 보호와 관리법
- 1976년 고래 보존과 보호 연구법
- 1978년 어류와 야생생물 개선법
- 1980년 어류와 야생생물 보존법
- 1983년 모피용 바다표범법 수정안

토지 이용과 보존
- 1934년 테일러목축법
- 1964년 야생지역보호법
- 1968년 다목적 토지 이용을 통한 지속 산출 보장법
- 1968년 야생지역 및 풍치수역 보호법
- 1968년 국립철도시스템법
- 1972, 1980년 국립연안지역관리법
- 1974, 1976년 산림보존관리법
- 1974, 1978년 산림과 회복가능자원법
- 1976년 연방토지 정책과 관리법
- 1976년 국가산림관리법
- 1977년 노천채광 규제 및 복원법
- 1978년 남극보존법
- 1978년 위험에 처한 미국 야생지역 보호법
- 1980년 알래스카국유지보존법
- 1982년 연안방파제자원법
- 1985년 식량안보법
- 1990년 연안개발법
- 1994년 캘리포니아사막보호법
- 1996년 연방 농업개선과 혁신법

일반사항
- 1969년 국립환경정책법(NEPA)
- 1983년 국제환경보호법
- 1990년 환경교육법

에너지
- 1978,1980년 국가에너지관리법
- 1980년 북서부에너지관리법
- 1987년 국가에너지보호법
- 1992년 에너지정책법

수질
- 1965년 수질관리법
- 1965년 수자원관리계획법
- 1965, 1972년 연방수질오염규제법
- 1972년 해양투기방치법
- 1974, 1984, 1996년 안전한식수법
- 1977, 1987년 수질청정법
- 1990년 오대호관리프로그램법
- 1990년 석유유출방지와 책임에 관한 법

공기의 질
- 1963, 1965, 1970, 1977, 1990년의 공기청정법

소음 조절
- 1965년 소음조절법
- 1978년 평온한 지역사회를 위한 법

자원과 고형폐기물 관리
- 1965년 고형폐기물처리법
- 1970년 자원회복법
- 1976년 자원보존복원법(RCRA)
- 1990년 폐기물감축법

독극물
- 1976년 독극물규제법
- 1976년 자원보존복원법(RCRA)
- 1980, 1986, 1990년 종합적 환경 대응·보상 및 책임법(슈퍼펀드법)
- 1982년 핵폐기물정책법

살충제
- 1972년, 1988년 연방 살충제, 살균제, 살서제 규제법
- 1996년 식품질보호법

전쟁 시에 국가를 방어하는 것은 "우리 자신보다는 우리의 후손을 위해 보다 나은 국가를 남겨주는 것이다."라고 연설했다. 그러나 루즈벨트 대통령이 강하게 주장했던 환경적 이슈들은 1970년대까지 주요한 정치 사안이 되지 못했다.

1962년 카슨(Rachel Carson)의 《침묵의 봄》 출간을 현대 환경 운동의 시발점으로 여긴다면, 1970년 4월 22일 첫 번째 지구의 날은 아마도 환경 운동을 정점에 올려놓은 사건이 될 것이다. 1970년대에 스모그로 가득 찬 도시, 불타는 강, 쓰레기로 메워진 하천 등의 환경 악화에 대한 대중적 인식은 미국을 포함한 여러 나라들이 가장 분명하고, 시급한 환경

문제를 해결하기 위한 노력에 착수하도록 만들었다.

국민 투표는 1970년 지구의 날 이후로 국가 우선순위의 계속적인 변화를 보여주고 있다. 1971년 5월의 투표에서 미국인의 25%가 환경 보호가 중요한 목표라고 말하였는데, 이는 1969년 이후로 2,500%가 증가한 것이다.

1970년대에는 미국의 중요한 환경법률이 입법되었다. 확인된 환경문제의 대다수는 일시적이고 분명한 것으로, 문제의 원인을 진단하고 정치적 해결을 찾는 일은 비교적 쉬운 작업이었다(표 20.1).

그러나 타성이 쌓이기 시작하자 환경 운동은 쇠퇴하기 시작하였다. 1970년대 초에 석유 파동에 의한 에너지 위기가 북아메리카 경제를 강타했을 때, 환경에 대한 관심은 즉시 사그라졌다. 1974년까지 포드(General Ford) 대통령은 근해 천연가스와 석유 시추를 위한 행정부의 임대 프로그램의 가속화를 촉구해 왔다. 환경 정책의 방향 선회는 1980년대에도 레이건 정부에 의해 공시되었다. 부통령 먼데일(Walter Mondale)은 레이건 대통령의 "오염자를 점심에 초대하는 것보다 법정에 데려가는 것이 낫다."는 주장을 내켜하지 않았다. 1980년대 중반까지 레이건 정부에서 환경은 우선순위가 아니었다.

1970년대부터 1980년대까지 환경의 중요성에 관한 정치적 의지가 흔들렸음에도 불구하고 명백한 성공이 될 만한 몇 가지 사건이 있었다. 가시적이고 수량화할 수 있는 것으로 보호구역(protected area)의 증가를 들 수 있다. 이 기간 중에 미국의 연방 국립공원은 알래스카를 제외하고도 80만 ha가 증가해 총 1,050만 ha에 이르렀으며 알래스카에서는 1,830만 ha가 추가로 지정되어 주 전체로는 2억 3,200만 ha에 이르렀다. 또한 국립야생생물보호구역과 풍치수역을 포함한 보호수역의 범위도 12배 이상 증가해 1만 5천 km에 달하게 되었다.

1980년대 후반에는 환경에 대한 새로운 인식과 관심이 주요 정치적 이슈로 떠오르기 시작했다. 저녁 뉴스에서 다루는 환경문제가 증가한 것이 어느 정도 원인이 되었다. 해변에 버려진 주사기 등의 병원 쓰레기와 엑손 발데즈 사건으로 오염된 알래스카의 바다를 비롯한 유해 폐기물에 관한 이미지는 시민들에게 충격을 주기에 충분했다. 이에 다시 한번 시민들은 조직을 구성하여 정치적 압력을 행사했으며 1970년대처럼 정치가들도 응하기 시작했다. 1988년 사상 최초로 대통령 선거에서 환경이 핵심 쟁점이 되었고 유력한 두 후보의 환경 업적이 뜨겁게 논의되었다. 환경주의(environmentalism)는 중요한 공공의 이슈로 발전하였다. 1992년 미국 대통령 선거에서 환경은 중요한 선거 쟁점으로 자리잡았고, 그런 경향은 오늘날까지 지속되고 있다.

많은 부분에서 1970년대와 1980년대에 시작된 환경 운동은 1990년대에 이르러 전성기를 구가했다. 새로운 환경 운동에서 정치와 과학의 연계, 감상주의와 이성의 공존은 사람들의 사고에 있어서 진지한 통합을 의미했다. 정치가 언제나 과학을 날조한다고 이야기되었었다. 이슈 간 우선순위와 정치적 의지에 의해 자금 사용처가 결정되었다. 1990년대 중반에 고조되어 있는 환경적 관심을 겨냥한 미국의 정치적 의지는 상승세에 있었다.

1996년의 한 통계를 통해 대부분의 미국인들이 환경 보호에 관련해서 보다 적극적인 연방 정부를 원한다고 밝혀졌는데, 92%가 환경문제에 있어서 정부와 기업의 지도자들이 보다 참여적일 것을 희망했다. 또한 깨끗한 환경을 위한 책임이, 41%는 대중에게, 34%는 산업에, 22%는 정부에게 있다고 답하였다. 그러나 이러한 통계는 대부분의 통계가 그러하듯 '의견'을 반영하는 것이지 '행동'을 반영하는 것이 아님을 주지해야 한다. 당신이 보다 강력한 환경법을 지지한다고 말하는 것은 환경 '친화적인' 물품을 쓰고, 적극적으로 재활용하거나 환경 규제를 위한 정부의 세금 인상을 지지하는 개인 행동을 한다는 것과는 다르다. 말하는 것과 행하는 것은 언제나 일치하지는 않는다.

1990년대에 시민들이 환경 보호를 지지하는 동안에도 주요 환경단체의 회원수는 감소하였다. 1998년까지 큰 환경단체에서는 회원수 감소로 인해 일시

환경 돋보기

미국의 국가환경 정책법(NEPA)

1969년 미국의 국가환경 정책법은 1969년에 제정되어 1970년 새해 첫날에 닉슨 대통령에 의해 법으로 승인되었다. 그것은 "환경의 질"을 우려하는 연방 정부 내에 제도적으로 고안된 단기간의 일반 법이다. NEPA는 NEPA가 그 계획 입안과 결정 형성을 검토하기에 앞서 모든 연방관청에 환경 자각을 촉구하도록 협조한다. 1970년까지 대부분의 연방관청은 그 법의 환경적 충격을 고려하지 않고 위임받은 권한 안에서 법을 제정하였다. 그러나 1960년대에 의회는 오염문제에 대해 심각하게 연구하기 시작하였다. 의회는 연방 정부가 환경 쇠퇴의 주요 원인이자 규제 활동의 주요 원천임을 발견하였고 현재 연방 정부의 모든 활동은 NEPA의 영향을 받고 있다.

NEPA는 연방관청이 제안과 권고를 수행하기 전에 그 법의 환경적 결과를 고려하도록 요구한다. NEPA는 두 가지 목적을 갖고 있다. 첫째는 대통령에게 국가의 환경에 대하여 자문하는 것이고, 둘째는 환경질위원회(CEQ)라 불리는 자문기관을 설립하는 것이다. CEQ는 NEPA의 승인 교시의 윤곽을 잡는다. 또한 CEQ는 대통령에게 국가 환경 정책과 문제에 관한 양측 전문가의 충고를 제공한다.

1970~1977년 사이, CEQ는 대통령의 자문기관으로만 기능했다. 그러나 1977년에 행정적 지령을 통하여 카터 대통령이 규제와 관련된 CEQ의 권한을 인정하였다. 이러한 규제는 NEPA가 폭넓게 겨냥한 문제들의 세부사항을 설명하고 있다. CEQ는 의회와 사법부, 대통령을 제외한 모든 연방관청에 적용된다.

NEPA는 연방법정에 의해 좁은 범위로 적용되고 있다. 그 결과로 많은 주에서 보다 강력한 주 환경 보호법(SEPAs)을 통과시키고 있다. 오늘날, NEPA의 분석은 연방법을 위한 모든 권고나 제안들을 보증하고 있다. 이것은 단지 연방 정부의 관청에 의한 법뿐 아니라 주와 지방자치제, 사적 법인조합을 포함한다. NEPA는 연방 정부의 기구에 통치를 위임하는 의회의 임무 조항이며 CEQ의 지침에 따라 국가 환경 정책을 달성할 것이다.

해고와 사무실 폐쇄를 할 수밖에 없었다. 비대해지는 환경단체가 가진 문제는 그들이 거대한 관료제로 성장하였고, 그 과정에서 개인적으로 환경에 관심을 가진 민간인들의 신뢰를 잃은 데에 있을지도 모른다. 야생동물연합(National Wildlife Federation)은 연간 예산이 1억 달러이다. 여기에는 2,500만 달러의 물품 판매 수익과 간행물 발행수익 1,200만 달러가 포함된다. 어떤 의미에서 야생동물연합은 거대한 관료체계이다.

보다 크고 잘 조직된 환경단체의 회원이 여전히 줄어들고 있는 동안에도 새로운 작은 지역단체와 민중조직들이 생성, 팽창하고 있으며 이들은 자신이 속한 지역사회의 환경 위기에 대처하고 있다. 미국에는 약 7,000개의 지역 환경단체가 활동하는 것으로 추산된다. 대학에서도 환경에 대한 관심은 높아져가고 있다. 환경 관련 강의가 학부와 대학원 과정 모두에서 증가하고 있으며 학생들은 지역의 재활용 프로그램이나 원자력 발전뿐 아니라 새로운 세기에 직면하게 될 보다 거시적인 문제에도 관심을 두고 있다. 중요한 이슈는 장기적인 지속 가능성의 달성과 이를 위한 사회의 근본적인 변화이다.

환경 정책과 규제

환경법 제정은 최근의 현상이 아니다. 1306년 런던은 지역의 대기 정화를 위해 석탄 연소를 제한하는 법안을 채택했다. 이러한 법은 일반화되기 시작한 산업화 과정이 대기 및 수질 오염을 뿜어내기 시작함에 따라 보다 일상적인 것이 되었다.

미국의 환경법은 행정법(administrative law)의 체계를 적용받는다. 행정법은 비교적 새로운 개념으로, 금세기에 이르러서야 발전되어 왔는데 1946

년에 의회는 연방 행정절차법(Administrative Procedure Act)을 통과시켰다. 이 법은 연방기관이 규칙 제정, 적용, 해석의 권한을 행사할 때 사용하는 일반적 절차를 지시하고 있다. 행정법은 급속히 팽창하고 있는 영역으로 정부기관, 회의, 위원회와 같은 정부조직들이 얼마나 발달하고 있는지를, 또한 법적으로 인준된 조절 프로그램을 수행하는지를 분명히 하고 있다.

환경보호국, 환경질위원회(CEQ, Council on Environmental Quality), 산림청, 토지관리국과 같은 여러 연방기관들이 환경 이슈에 대처하고 있다.

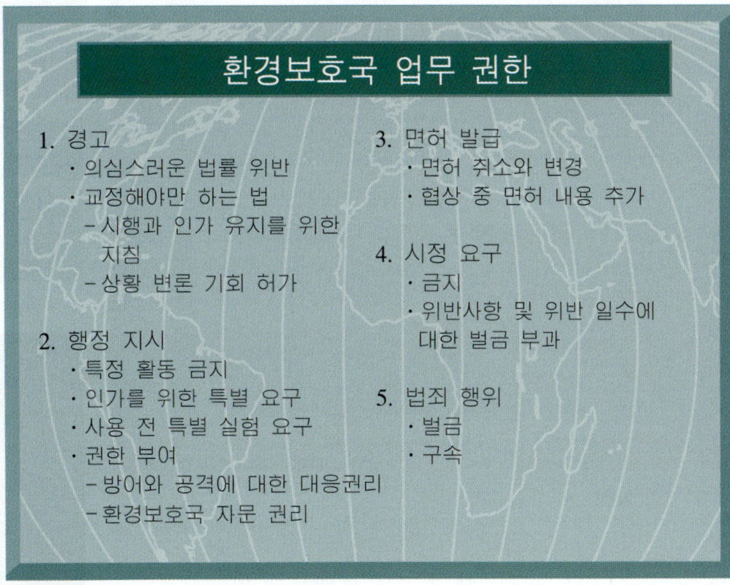

그림 **20.6** 미국 환경보호국의 업무 권한 미국 환경보호국의 시행 요건

행정법은 정부기관에 적용되며 기관의 활동에 영향을 끼친다. 미국에서 많은 연방환경계획은 연방 정부의 권한과 관련 주의 법 아래에 주별로 관리된다. 주들은 연방법을 해석하고 시행하지만, 시행 방법에 있어서 곧잘 연방 정부나 다른 주들과 차이를 보이곤 한다. 게다가 각 주들은 주립 기관의 법을 규정하고 집행하는 각자의 행정 지침을 가지고 있다. 연방기관의 모든 법은 1946년의 행정절차법에 일치해야만 한다.

1970년 의회 초기에 국가환경 정책법(NEPA), 자원보존복원법(RCRA), 종합적 환경 대응 · 보상 및 책임법(CERCLA), 공기청정법(CAA) 등을 포함한 일련의 환경 법규가 통과되었다. 이 모든 법은 의회가 건강과 복지, 그리고 환경 보호를 위해 시정이 필요한 문제의 존재를 확인하기 위해 문서화되었다.

인간의 건강과 복지, 그리고 환경 보호는 의회가 장려하는 국가정책이다. 예를 들어 국가환경 정책법(NEPA)에 의하면 정책은 “환경과 생활권의 피해를 감소시키거나 방지하기 위한 노력을 촉진하고 인류의 건강과 복지를 강조하는 것이다.”라고 밝히고 있다. 유사하게, 공기청정법(CAA)에 의하면 정책은 “공공의 건강과 복지를 장려하는 것과 마찬가지로 국가의 대기 질을 보호하고 유지하는 것이다.”라고 말하고 있다.

이상의 모든 법규는 환경 이슈에 근거한 국가 정책을 규명하고 눈에 띄는 문제들을 겨냥한다. 이러한 법들은 또한 지금까지 논의된 행정적 기능들, 즉 규칙 제정, 해석, 행정상 · 형사상 시행, 시민 청원, 그리고 재심과 같은 기능들의 일부 혹은 전체의 활용을 인준한다(그림 20.6).

의회는 법규를 이행하기 위한 주요 기관으로 1970년에 환경보호국을 설립했다. 행정적 기능은 환경보호국에 주와 그 시민들이 책임 있는 다양한 행동을 할 수 있도록 하는 권한을 위임한다. 이러한 행정적 기능은 환경법을 구체화하며, 환경 보호를 위해 산업을 규제하고, 허가를 내주는 등의 일상적 직무를 조절하기도 한다.

많은 환경법은 환경문제를 특정 시공간과 특정 매질(물, 공기, 흙 등)에 국한시켜 인식하고 있다. 예를 들어, 미국의 많은 유해 폐기물 처리장은 오염된 물질을 이곳에서 다른 곳으로 옮기는 방법으로 ‘정화’하고 있다. 이는 문제를 해결하는 것이 아니며 이동 과정에서 사고 위험을 낳기도 한다.

환경 규제는 특정 현상에 제한되며, “명령과 조절

환경 규제에 대한 비판

- 규제의 비현실적 본질
- 시장 동기 사용의 실패
- 오염의 책임에 관한 부적절한 처벌
- 소규모 사업에 대한 불균등한 피해
- 실행 기반 기준보다 기술 기반 기준임
- "사업 대 환경" 적대감정

그림 **20.7** 환경 규제의 비판

(command-and-control)"식 접근을 채택하고 있다. 이러한 제한적인 특정 법률의 제정과 규제는 집중된 권력에 의해서 수행되며 편협하게 정의된 목표를 달성하는 것에서 만족한다.

규제는 일반적으로 완고한 기준을 갖고 있어 특별한 배출조절기술에 모든 권한을 위임해 버리기도 한다(그림 20.7). 수질청정법(단순히 표면수만을 언급하는), 공기청정법(도시 공기의 질), 그리고 특정한 매립식 쓰레기 처리장에 적용되는 종합적 환경대응 · 보상 및 책임법(수퍼펀드)을 포함한 미국의 환경 보호정책들이 그러한 예가 될 수 있다.

만약 적절히 실행한다면, 명령과 조절 방법은 특정 환경문제들 해결에 효과적일 수 있다. 예를 들어 미국의 포토맥 강이나 허드슨 강 등은 수질청정법의 결과로 예전에 비해 매우 깨끗해졌다(그림 20.8). 또한 미국에서 가솔린에 테트라에틸 납을 금지하는 것과 같은 개별 물질의 사용 금지 등에서는 '명령과 조절' 식 접근들이 성공하고 있다.

지정학의 녹화

환경 혹은 '녹색' 정책은 소수의 의견에서 출발하여 이제는 많은 국가에서 정치 운동으로 나아가고 있다. 초국경적인 물 공급과 오염, 산성 침적, 지구적 기후 변화와 같은 이슈들은 녹색 정책의 출현을 지지하는 데 일조하고 있다. 러시아와 동유럽에서도 환경 보호를 요구하고 있으며 지도자들도 이에 귀 기울이고 있다.

a.

b.

그림 **20.8** **명령과 조절식 접근 방법의 효과** 하천 수질은 수질청정법의 직접적인 결과로서 지난 30년 동안 극적으로 향상되었다. (a) 1970년대 뉴잉글랜드의 오염된 강의 모습이다. (b) 1990년대 허드슨 강의 환경적으로 건강한 모습을 볼 수 있다.

환경에 대한 우려는 선진국에만 국한되지 않는다. 스위스에서 승인된 1989년 바젤 협약은 선진국이 저개발국의 국토를 산업 폐기물 처리장소로 이용하는 등의 독성 테러행위를 종식할 것을 요구한다. 1990년에 100여 개의 개발도상국들이 "환경 보호"를 위한 "선진국과의 생산적인 대화"를 요청했다. 2장에서 설명된 것처럼 리우의 '세계정상회담'에서 180여 개국 정부가 세계 환경문제에 대해 토론하였고 1997년 교토에서 열린 기후회담에는 120여 개국이 참가하였다.

그림 20.9 발전에 대한 우려 만약 중국의 '현대화'가 계속된다면 석탄을 연료로 사용하는 것이 붐이 되면서 전 지구에 해를 끼칠 가능성이 있다.

환경에 대한 관심은 국제 관계에서 증가하고 있다. 많은 세계 지도자들은 주요 정치 쟁점으로 등장하고 있는 환경과 건강, 천연자원에 대해 주시하고 있다. 위기에 대한 공통의 인식은 몇몇 분야의 협력 관계를 이끌고 있다. 어떤 한 국가의 생태적 쇠퇴는 이제 불가피하게 다른 국가의 삶의 질에도 영향을 미친다는 인식이 일반화되고 있다. 아프리카의 가뭄과 아이티의 삼림벌채는 난민을 대량 발생시켰고, 난민의 이동은 국내외의 정치적 긴장을 촉발했다. 나일 강에서 리오그란데 강까지 물의 소유권을 두고 갈등이 심화되었다. 급성장하는 개발도상국의 거대 도시들은 잠재적인 사회 불안 지역이라고 할 수 있다. 절대인구가 사회적 서비스와 천연자원을 압도한다. 몰디브는 극지방의 빙하가 녹아 자신과 같은 섬나라를 침수시킬지 모른다는 불안감에 선진국의 온실기체 생산 감소를 호소하고 있다.

개발도상국의 경제적인 진보는 환경 위기와 국제적 긴장의 가능성을 야기한다. 세계 인구의 21%를 차지하는 중국은 석탄매장량이 세계 3위인 국가이다. 만약 중국의 "근대화" 캠페인이 계속된다면 석탄은 연료로 연소될 것이고, 전 지구적인 피해가 발생할 것이다(그림 20.9).

일부 전문가들은 오늘날 온실기체 배출량의 1/4을 차지하는 개발도상국의 배출량이 다음 세기의 중간 무렵에는 2/3에 이를 것으로 추정하고 있다. 개발도상국들은 선진국들이 수십 년간 일으킨 환경문제를 상쇄하기 위해 자국의 경제 성장을 늦출 수는 없다고 주장하고 있다.

몇몇 개발도상국들은 원조 및 국제은행과의 관계를 개선할 목적으로 환경 활동을 반대할 수도 있다. 저개발국은 이전에 경제적으로 중요한 이점을 가진 적이 거의 없지만 생태적인 면에서는 경제적 혹은 군사적인 면에 비해 훨씬 우월할 수 있음을 간과해서는 안 된다.

국제연합에서 전 미국 대사가 주장한 바처럼, 동서 냉전은 점점 감소하고 있지만 산업화된 북반구와 발전 중인 남반구 간의 "생태적 갈등"은 세계 평화를 위협하기에 충분하다. 국가 안보는 더 이상 전쟁 중인 군사력과 무기에 의존하지 않는다. 국가 안보에서 군사적 요소만큼이나 중요하게 다루어지고 있는 하천유역, 농경지, 산림, 기후, 그리고 다른 요소들과의 연관성이 점차 증대되고 있다. 북대서양조약기구(NATO)가 과학 및 환경 업무 부서를 개설하고 미국 국방부가 환경안보 업무를 시작하는 등의 사실은 매우 흥미롭다. 이처럼 전통적인 군사조직 안의 환경사무소는 최근까지도 매우 특이한 일로 비춰져왔기 때문이다.

외국 정세와 국가 안보 문제에서 환경에 대한 관심의 증가는 미래에 닥칠 문제를 피하기 위해 필요한 과정의 시작일 뿐이다. 대부분의 가공할 만한 장애물들이 선진국의 경제적 · 정치적 이익을 방해할지도 모른다. 예를 들어, 만약 미국이 다른 국가의 산림에 대해 벌채 금지를 요구한다면 미국의 산림도 벌채해서는 안 된다. 사람들이 교란되기 쉬운 열대림의 벌채나 멸종 위기종에서 모피를 얻는 행위를 저지하고자 한다면 그들은 아름다운 가구나 모피코트를 포기해야 한다. 만약 석유산업의 누출로부터 야생동물을 보호하려면 대체 에너지를 개발하고 보다 효율적으로 연료를 사용해야만 한다.

필요한 것은 가진 자들의 자기절제와 가지지 못

환경 돋보기

환경 규제의 본질 변화 –안전한 식수 운동

미국 식수공사연합(AWWA)에 의하면 1996년 안전한식수법(SDWA)의 수정은 1986년 수정안을 급진적으로 다시 작성한 것과 같다. 1986년 수정안은 규제 중인 집단으로부터의 실제적 산출물을 거의 고려하지 않고 쓰여졌다. 그러나 1996년 수정안은 수자원 공급자와 주와 지방 공무원으로부터 지대한 공헌을 입고 발전했다. 새로운 수정안은 물 이용을 돕는 연방 기금, 특히 수천 개의 보다 작은 법적기구의 새로운 도움을 받아 협력체제를 구체화하고 있다.

이 모든 사항은 수정된 SDWA가 최초에 목표 달성을 위해 고안된 데에 초점을 맞추고 있음을 의미한다. 예를 들어 새 법률은 환경보호국이 공공의 건강에 필요하거나 실제적인 위협이 되는 25개의 새로운 오염물질에 대한 기준을 3년마다 세우도록 요구하기 보다는(그런 경우에 이 요구는 대부분의 중요 필요로부터 자원을 빼돌려서 시민의 건강 보호를 방해한다), 건강에 위험하다고 알려진 오염물질을 규제하는 환경보호국의 노력에 초점을 맞추고 있으며 새로운 기준이 성립되기 전에 발생할 수 있는 비용-편익 분석과 위험 평가를 요구한다. 또한 법은 만약 심각한 건강 위협에 직면한다면 환경보호국이 응급 오염물질에 대한 즉각적인 규제를 채택할 수 있도록 허용하고 있다. 법은 중대한 연구 및 식수용 수자원 관리(그리고 오염된 장소로부터 식수를 보호하기 위한 주별 행정체계 성립), 상수 시스템 개선 기금을 주 정부에 제공하기 위한 승인, 수질 개선을 위한 수자원 체계 변경 등을 위해 매년 수백만 달러를 제공한다. 1996년 수정안은 시민과 식수공사 양측에 긍정적인 것으로 논의되어 왔다. 그 법안은 보다 큰 탄력성과 주 정부의 책임 그리고 협력적인 구조를 갖추고 있는데, 보다 많은 주가 책임을 가지고 보다 협력적 자세를 취한다면 공동체를 통해 성취될 수 있을 것이다.

한 자들에 대한 원조이다. 오늘날 세계에는 10억의 인구가 미래를 고려하지 못한 채 환경을 고갈시킬 수밖에 없는 가난에 허덕이며 살고 있다. 그들의 정부는 너무나 무력해서 환경 보호를 위한 단기 비용을 위해 외채도 더 이상 쓸 여유가 없다.

미국 환경보호국의 전 장관이었던 러클샤우스(William Ruckelshaus)는 역사적인 조류에 가까이 있다고 믿었다. 그는 선진국과 개발도상국이 할 수 있는 모든 노력을 다한다면, "신석기의 농업혁명과 과거 2세기 동안의 산업혁명에 필적할 만한 규모의 사회 변동이 일어날 것이다."라고 믿었다.

이러한 사실과 함께 다른 사회적 전망들도 살펴보

그림 **20.10** 새 세기의 균형과 선택

아야 한다. 보수적인 추정에서도 미국의 인구는 다음 50년 안에 두 배가 될 것이라고 예측하고 있다. 2050년의 두 배가 된 인구를 위해 다음 50년 안에 미국의 총 사회적 기반도 두 배가 필요한 것은 당연하다. 이것은 잠정적으로 두 배나 되는 자동차, 비행기, 공항, 주차장, 도로시설, 고속도로, 두 배나 많은 주택, 두 배의 쓰레기 매립지, 하수처리장, 유해 폐기물 처리장, 농약(살충제와 제초제) 등등, 간단히 말해서 모든 것이 두 배로 필요하다. 이 각본에 의하면 다음 50년 동안에 과거 200년 동안 개발된 총합만큼의 농촌이 개발될 것은 당연한 결과이다(그림 20.10). 뉴욕이나 로스앤젤레스와 같은 거대도시들은 두 배의 크기가 될 것이고 신생 거대도시가 발달할 것이다. 이 모든 예측이 매우 비관적이다. 야생지역과 벽지의 고요한 장소들, 노래하는 새들과 물새, 다른 야생동물들을 위한 서식지는 어떻게 될 것인가? 우리의 삶의 질은 어떻게 될 것인가?

또 다른 미래 예측은 이전에 농업혁명과 산업혁명에 대해 언급된 것과 유사하다. 이것은 근원적이고 풍부한 변화를 수반한 미래로 나아가는 것이다. 미래에는 우리가 행하는 가시적인 모든 일들이 변화할 것이다. 이러한 미래는 경이적인 기회와 기대가 일부가 될 것이다. 그것은 전적으로 새로운 방법으로 땅을 일구고, 건설하며 나아가는 미래이다. 이러한 미래에 대한 비전은 환경혁명(environmental revolution)이라 불릴 것이다.

국제 환경 정책

만약 전쟁이 있어야 한다면, 환경오염, 핵오염, 화학물질오염, 물과 흙 오염, 오염된 땅으로부터 쫓겨나는 상황에 대항하는 것이게 하라. 만약 전쟁이 있어야 한다면, 자연을 소모하여 이익을 취하는 행위에 맞서 싸우는 것이게 하라. 만약 전쟁이 있어야 한다면, 무기가 환경을 치유하는 당신의 손이 되게 하고, 환경을 보호하는 세계 젊은이들의 손이 되게 하라.

무스타파 톨바(Mustafa Tolba)
UN환경계획 사무국장

지구 환경 보호를 목적으로 많은 조직이 설립되었다. UN에는 환경을 주된 과제로 하는 21개의 독립된 조직이 있다. 그 외에 세계은행과 다른 조직들은, 지구 환경에 영향을 주는 정책과 과제에 있어 경제 개발 분야에서 중요한 역할을 하고 있다. WTO(World Trade Organization)와 NAFTA(North American Free Trade Agreement)도 지구 환경에 많은 관심을 기울이고 있다.

지구촌 전망대

생태 테러 행위

자연 환경에서 전쟁의 영향은 종종 치명적이다. 전쟁은 본질적으로 파괴적이며 환경은 죄 없는 희생자이다. 그러나 페르시아 만의 1990~1991년까지의 전쟁 중에 환경의 새로운 기능이 목격되었다. 무기로서 사용되는 것이다.

"생태 테러 행위"라는 문구는 이라크 지도자인 사담 후세인이 전쟁 중에 석유를 무기로 사용한 데서 응용되었다. 이라크는 미국이 설비 유지 펌프에 폭탄 공습을 하기 전에 쿠웨이트의 바다 섬 끝에서 페르시아 만에 이르기까지 대략 11억 ton의 원유를 쏟아부었다. 그 결과 빚어진 기름 누출은 1989년 알래스카에서의 엑손 발데즈 대재앙의 30배에 이르는 규모로 세계에서 가장 큰 규모였다.

사담 후세인은 쿠웨이트의 수륙양용 침입을 막기 위한 연계 계획으로 누출을 조작했을지도 모른다. 그는 또한 사우디아라비아의 동부 지역에 대량의 담수를 공급하는 해안 탈염 계획을 막으려고 시도한 것인지도 모른다. 군사적·정치적인 영향이 무엇이건 간에, 환경적 영향이 더욱 컸다.

페르시아 만은 민감한 생태계이다. 해수는 염도가 매우 높고 온도는 계절에 따라 크게 변화한다. 그 결과 토착 동식물은 특화된 조건에 적응되어 있다. 또한 만은 호르무즈 해협이라는 좁은 하구로 인해 격리되어 있다. 만이 흡수한 것이 씻겨나가는 데에는 5년이 걸린다.

페르시아 만의 물과 해안, 섬에는 산호초, 망그로브, 해초층이 산재해 있으며 새, 물고기, 해양 포유동물 중 여러 고유 종들이 살고 있었다. 청백돌고래, 듀공, 청거북, 카스피해 제비갈매기와 같은 그 지역 종들의 대부분은 이미 멸종 위기인 것으로 분류되고 있다.

이라크-쿠웨이트 전쟁 중에 발생한 생태 테러 행위의 다른 국면은 쿠웨이트에서 고의적으로 수백 개의 유정이 불태워진 것이다. 불타는 원유에서 발생한 공기오염이 넓은 지역을 뒤덮었다. 전쟁 이후에 화재를 진화하는 데만도 수개월이 걸렸다. 전쟁의 무기로서 환경 피해를 이용하는 것은 경악을 금치 못할 발상이다. 생태 테러리즘과 같은 행동들의 환경적 결과는 수년간 완전히 이해되지 못할 것이다. 페르시아 만의 전쟁은 단 1년이었음에도 불구하고 일부 종에 끼친 환경적 영향은 거의 회복이 불가능했다.

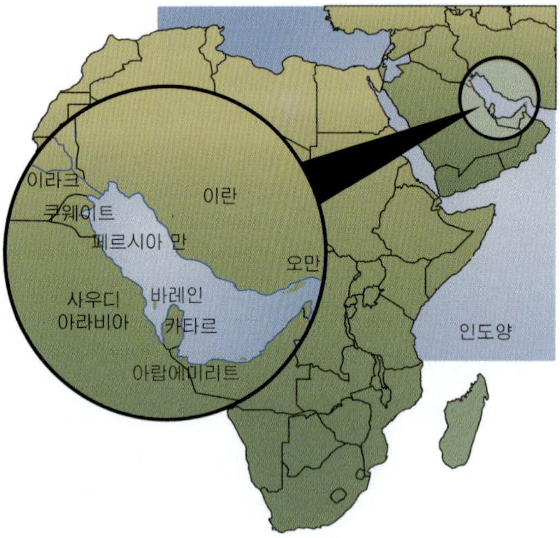

이렇게 성공적으로 지구 환경을 위해 애쓰는 조직들이 있는 데도 불구하고, 지구 환경이 무너지는 것을 막지 못하고 있다. 여기에는 몇 가지 원인들이 있다. 그 중 하나는 어렵고 복잡한 이슈에 국가 간 이익이 얽히고 경쟁으로 서로 합의점을 찾지 못하기 때문이다. 예를 들어, 식량농업기구(FAO, Food and Agriculture Organization)의 경우 지구적 차원에서의 어업과 농업 부분에서 한계를 보이고 있다. FAO에서는 어획량에 한계를 두고자 하나, 어부들이나 어류가공회사들은 점점 더 많은 양의 어류를 잡고, 각 나라들은 유지할 수 있는 양보다 더 많은 어획 쿼터를 얻고자 노력한다.

다른 조직들도 일을 성공적으로 추진하지 못하고 있으며, 대개 특정 기능이나 활동에만 활동력을 제한하고 자신들의 이슈는 주장을 하지 못하고 있다. 예를 들어, 세계은행에서는 그들로부터 지원을 받아서 수행하는 생물다양성보존 프로젝트나 대기오염 프로젝트에서만 그들의 지침을 알리고 강조할 뿐이다. 다른 조직들은 여전히 정책이나 프로그램에 환경을 주요 구성요소로 제안하는 것조차 시작하지 못하고 있다. 예를 들면 WTO는 국제 상거래에서 지속 가능한 경제 성장과 환경의 문제로 곤란을 겪고 있다.

지구 환경을 보호하고 보존하려면 국제적 · 정치적으로 협력이 필수적이다. 1972년 스웨덴에서 개최된 UN 회의는 세계 최초로 지구 환경을 다룬 회의였다. UN환경계획은 UN으로부터 분리되어 환경적 이슈를 다루고 발전시켰다. 바다법에 대한 UN회의는 바닷물과 바다 자원 사용에 관한 이슈를 발표하였다. 이것은 국제 환경 보호에 필요한 모델을 만들었다. 긍정적인 결과들은 오염 처리, 바다 포유류 보호, 안전 항해, 바다 환경의 다른 관점에서 협약을 통해 분명하게 되었다. 심해저 채광에 대해서는 독일, 미국 같은 산업국가에서 이미 비준하였다.

150개 이상의 지구 환경 조약은 20세기 초부터 시작되었고, 최소한 500개 이상의 국가 간 조약들이 현재 체결되어 있다. 이 협약들은 '기후변화협약'이나 '멸종 위기에 처한 야생 동식물의 국제 거래에 관한 협약'과 같은 것들이나, 역사적으로 구체적인 행동을 취한 경우는 별로 없었다. 그러나 1961년부터 시작된 남극조약은 남극 대륙을 연구와 평화적 목적으로만 사용하고 지역 내 군사 활동은 금지하는 매우 긍정적인 것이었다. 1979년 '월경성(越境性) 장거리 대기오염에 관한 협약'은 대기오염에 대한 최초의 다국 간 협약이었으며, 동서 유럽과 북아메리카의 모든 국가가 관계한 첫 번째 환경적 협정이었다. 1987년 몬트리올 의정서에서는 오존층에 대한 문제를 다루었다.

1987년 몬트리올 의정서가 채택된 이후, 그 목적에 따라 지구 오존층을 보호하기 위해 화학제품의 사용과 생산은 단계적으로 중단되었다. 도입 이후 현재는 160개 국가 95%의 세계인들이 이에 뜻을 같이 하고 있다. CFC, 사염화탄소, 할론과 메틸클로로포름은 선진국에서는 사용이 중단되었고, 개발도상국에서는 사용 절감 계획이 수립되었다. 1999년 개발도상국에서는 CFC 사용과 생산이 중단되었고, 2010년까지는 완전히 사라질 것이다.

1990년 후반까지 대기 중 CFC 농도가 점차 감소하기 시작했고, 오존층 파괴도 중단되어 회복되고 있다. 이러한 성과가 나타날 수 있었던 이유 중 다음의 세 가지 이유에 주목할 필요가 있다.

- 지구 협약 : 1985년 남극의 오존층이 파괴되고 있다는 사실이 영국 과학자에 의해 관찰되어 주장되었다. 세계 최초로 오존 분해 물질들이 지구상 생명체들에게 위험할 수 있다는 사실이 받아들여지고 이에 대한 대책이 준비되었다.
- 협력 방안 : 산업화 과정에서 지구 환경 문제가 발생하였고, 선진국은 배출물을 줄이고 대체 물질을 개발해야 한다는 것을 인식하게 되었다. 특히 오존 문제는 전 지구적 차원에서 해결해야 한다는 것이 인식되기 시작하였다. 국가 간 파트너십을 개선하고, 선진국에서 개발도상국으로 투자와 기술 이전 등이 이루어졌다.
- 정책 : 몬트리올 의정서에서는 과학, 기술, 경

지구촌 전망대

환경 정책과 유럽연합

"환경은 선구자를 모른다."는 1970년대 오늘날 유럽연합으로 잘 알려진 유럽연맹에서 최초로 환경 법률을 제정하기 시작했을 때 내건 문구였다.

초기의 법들은 위험 화학물질의 검사와 라벨링, 식수의 검사, 이산화황, 질소산화물과 같은 공기오염 물질과 발전소와 자동차 배출물을 조절하는 데에 초점을 두었다. 1970년대와 1980년대부터의 많은 지시들은 그 시민들의 생활과 작업 환경을 개선하고자 하는 유럽의 희망사항과 관련되어 있다.

1987년에 단일유럽법은 환경 법률의 형태를 정식 법적 기반 위에 발전시켰고 세 가지 목표를 두었다(환경의 보호, 인간 건강의 보호, 천연자원의 신중하고 합리적인 사용).

협정은 여러 정부가 이미 이해한 것들을 반영하고 있다. 그 유럽 각국은 숨쉬는 공기와 섭취하는 음식과 사용하는 물건들, 버려지는 쓰레기들, 소비하는 에너지에 의해서 함께 연관된 사람들이 상호 연결되고 상호 의지하는 세계의 일부이다.

같은 논리로, 유럽 국가의 한 공장은 여러 다른 이웃 나라로부터 물품과 원자재를 수입할 수도 있다. 즉 수입된 가스로 생산한 에너지를 소비하고, 국경이나 하류를 따라 공기와 물의 질에 영향을 줄 수 있는 쓰레기를 생산하며, 수백 혹은 수천 km 떨어진 정부와 사람들의 위험과 책임이 될 물건을 수출할 수도 있다.

1992년 마스트리히트 조약은 유럽연합법에서 지속 가능한 개발 개념을 정식으로 성립시켰다. 그리고 1997년 암스테르담 협정은 지속 가능한 개발을 유럽연합이 우선하는 목표 중 하나로 만들었다. 그 협정은 유럽연합의 미래 발전은 지속 가능한 개발과 최고 수준의 환경 보호라는 원칙에 기반해야 한다는 원칙을 더욱 강화했다. 환경은 무역과 산업, 에너지, 농경, 물자 수송, 여행을 포함하는 연합의 다른 모든 경제·사회적 정책의 정의와 실행으로 통합되어야 한다.

어떤 조건 아래에서는 회원국들이 연합의 그것보다 엄격한 환경 기준과 요건을 유지하거나 도입할지도 모른다. 위원회는 이러한 보다 엄격한 국가적 프로그램의 양립성과 다른 회원국에 대한 잠재적인 영향을 비교 검토한다.

제위원회를 만들어서 전문가들을 양성하고 활동하게 하였다.

이 세 가지 요소(위협에 대한 인식과 협력에 대한 동의, 전문가들의 조언에 따른 조치)를 함께 고려하면, 전 지구적 이슈(기후 변화와 생물 다양성 소실)를 해결하는 방법을 구체화할 수 있다.

각 나라들 간에 조약 인준에 동의하였어도, 구체화되어 가는 과정에서 규정에 대하여 역시 동의하기는 어렵다. 예를 들면, 몬트리올 의정서에 대해 러시아는 복종하지 않고 있으며, 이에 대한 국제 사회의 페널티도 거의 없다.

그러면 지구 환경 보존에 대한 동의를 구하기가 이렇게 어려운 이유는 무엇일까? 여러 가지 이유 중 하나는 이러한 기능이 효과적으로 조화롭게 되기 위해서는 전 지구적 참가가 필요하기 때문이다. 각 국가 특유의 자연과 다른 경제 상황 때문에 필수적 참가국들 사이의 의미 있는 합의 도달이 어렵다. 여기에서 경제적으로 여유가 없는 나라들은 현실적으로 국제협약에 따를 수 없는 경우가 더 많은데, 이런 나라들에게는 경제 원조를 통해 이러한 문제를 해결할 수 있다. 이러한 문제 해결의 한 방법으로 몬트리올 의정서에서는 펀드를 개설하였다. 또한 이러한 나라들은 경제적인 상황과 함께 정치적인 변화도 주요 원인으로 작용하고 있다. 교토 의정서의 경우, 선진국에서의 배출물 감소에 대해서만 언급하고 있는데, 미국에서는 이 점을 비판하고 있다. 개발에 대한 도전을 발전 장애 사항과 효율적으로 공평하게 해결해야 한다.

여러 가지 어려움에도 불구하고, 전 지구적 환경 협치의 최선의 방법은 협약이다. 각 나라들 간에 실현해야 하는 사항들은 정부 규제와 함께, 산업체, 비정부 기구, 시민들과의 공조가 중요하고 필요하다.

1997년 UN총회에서는 지속개발위원회(CSD, Commission on Sustainable Development)가 마련한 아젠다 21 향후 이행계획서가 채택되었다. 1999~2003년 사이에 실현하기 위한 프로그램도 채택되었다. CSD는 1992년 브라질 리우데자네이루에서 있었던 UN환경개발회의의 추진 상황을 평가 촉진하기 위해 만들어졌다.

CSD는 변함없이 높은 대중의 관심을 이끌어내고 있으며, 50개국이 넘는 국가 지도자들이 매년 CSD에 참여하고 있다. 1,000개 이상의 비정부 기구들도 위원회에서 활동하고 있다. 이 위원회에서는 UN시스템 내에서 지속 가능한 개발에 대한 관심을 촉구하고, UN의 환경과 개발에 대한 역할을 강화시키고자 한다. CSD는 여러 가지 환경 테마를 정부와 국제기구에서 다루게 하고, 그 결과 정부와 비정부 기구 간에 여러 가지 형태로 협력하여 경제 발전과 함께 지속 가능한 개발을 적용하려고 노력하고 있다.

국제 사회에는 지구 환경문제를 다루고 해결하기 위한 강제성 있는 법이나 규정이 없으며, 네덜란드 헤이그에 있는 국제헌법재판소도 이 부분에서는 권리를 가지고 있지 않다. 때문에 한 나라가 원한다면, 환경과 관련된 문제를 무시하거나 전혀 지키지 않을 수도 있다. 그러나 다국 간 환경단체들이 자신들의 역할과 동기를 강화시키면서 그 네트워크가 강화되고 있다. 여기에는 UN환경계획뿐 아니라 OECD의 환경위원회, 유럽경제위원회의 환경문제 수석고문 등도 포함되어 있다. 이러한 기관들은 정부가 단독으로 또는 다른 정부와 연합해서 할 수 없는 일들을 수행하고 있다.

환경적으로 건강한 세계를 만드는 목표가 과연 가능할까? 국가 공동체가 공공의 환경에 대해 느끼는 인식은 서서히 성숙하고 있어 낙관론은 확대되고 있다. 좋은 경제를 위해 생태계 혼란을 초래하여 우리는 지구 관리 차원에서 이미 많은 것을 잃었다. 이러한 환경에 대한 의식은 환경에 대한 생각을 넓히는데 도움이 되었고, 정부가 지역 환경 문제를 다루게 되면서 점차 관심은 해외로 넓혀지게 되었다. 환경에서의 오염이란 발생된 곳에만 머물지 않고 서로에게 해를 주기도 하고 영향을 준다는 것이 알려지고 확실해지면서, 정부들은 국가 간 협력의 중요성을 인식하고, 이를 현실화하기 위해 노력하고 있다.

모든 것은 당신에게 돌아온다

일련의 정치활동들, 인센티브 제도, 막대한 양의 정보보다 후손들이 좋은 환경에서 행복한 삶을 누리도록 하기 위해서는 개인의 책임감이 더욱 중요하다. 정보는 행동의 기초가 된다. 비전과 이상은 인식에 영향을 미치고 변화를 고무할 수 있다. 새로운 의사결정 방법은 미래를 준비하는 사람들을 독려할 수 있을 것이다. 그러나 이 모든 것은 시민으로서, 소비자로서, 투자자로서, 관리자로서, 노동자로서, 전문가로서, 개인이 보다 넓고 장기적으로 자기 이해를 실현하고자 하지 않는다면 아무런 의미가 없다. 또한 이러한 선택은 행동으로 옮겨져야 하고, 보다 중요하게 행동에 책임감을 가져야 한다.

정치적 의지, 기술 혁신, 자원에 대한 대규모의 투자, 환경 목표를 달성하기 위한 사람들의 협력이 결합되면 지난 20년을 능가하는 엄청난 이익을 얻게 될 것이다. 이것이 달성되는 것은 좋은 일이지만, 보다 많은 사람들을 위해 보다 많은 상품 생산이 이루어지는 세계에서 우리는 미래 세대의 이익을 위해 해야 할 일이 더욱 많음을 깨달아야 한다. 일련의 목표는 다른 목표에도 영향을 미칠 수 있다. 우리는 경제와 환경과 사회적 목표가 통합된 정치를 추구해야 할 것이다.

지구촌 전망대

에코 라벨(Ecolabel)

녹색 소비주의는 환경과 다음 세대의 이익을 위해 희소자원을 합리적으로 소비하는 것이다. "세상은 모든 이들의 필요에는 충분하지만 모든 이들의 탐욕에는 불충분하다."는 옛말은 지속 가능한 미래를 위해서는 우리의 행동과 생활방식에 변화가 필요함을 이야기한다. 에코 라벨은 많은 나라에서 소비자들이 환경적으로 입증된 상품을 선택하고, 원재료와 생산 과정, 물품 사용 주기, 관련 처리문제 등을 근거로 물건을 선택할 수 있도록 하기 위해 도입되고 있다. 에코 라벨은 상품이 그 라벨이 보증하는 상품의 안전성, 품질, 그리고 환경 보호 요건을 만족시켰다는 것을 증명한다.

최초의 에코 라벨은 1978년 독일에서 시작되었다. 이 독특한 '푸른 천사' 라벨 이후에 북부 유럽 국가들의 '하얀 백조', 캐나다의 '환경적 선택', 싱가포르의 '녹색 라벨', 그리고 중국의 '환경 라벨'을 포함하는 여타 환경 증명 마크들이 뒤따랐다. 1995년까지 12개국 이상이, 소비자에게 녹색 소비자가 될 수 있는 정보를 제공하는 이 체계를 채택하였다. 유럽연합의 에코 라벨은 세계에서 최초로 국내 시장을 초월하는 동일 최소 기준이라는 과감한 안이기에 매우 의미가 깊다.

1992
유럽연합-에코 라벨

1992
싱가포르-녹색 라벨

1993
중국-환경 라벨

1978
독일-푸른 천사

1988
캐나다-환경적 선택

1989
북유럽협의회-하얀 백조

요약

정치와 환경은 분리될 수 없다. 미국에서 정부는 세 가지로 나뉘어 성립되며, 각각은 환경 정책과 맞닥뜨리고 있다. 지난 30년간 증가하고 있는 미국의 환경 규제는 일부 사회 영역에서 우려를 사고 있다. 1980년 후반과 1990년대 초반에는 선진국과 개발도상국 모두에서 환경에 대한 새로운 국제적인 관심이 일어났다. 또한 환경주의는 국제관계에서 성장하고 있는 요소 중의 하나이다. 과거 오직 긴장만이 있었던 곳에서 이러한 우려가 국제적인 협력을 주도하고 있다.

국제적인 환경 보호를 추진할 세계적인 정치체제는 없지만 다수국 간 환경 조직 목록은 늘어나고 있다.

궁극적인 산출물이 무엇인지 말하기에는 너무 이르지만, 진보는 우리의 다음 세대를 위한 일반 자원을 보호하는 면에서 일어나고 있다. 여러 국제협회와 협정은 지금까지 성공적이었다. 그러나 최종 분석에 의하면 우리 모두는 세계의 일부분인 우리 자신의 영역을 정화하기 위하여 생활습관을 조정해야만 한다.

주요 용어

사법부(judicial branch)
입법부(legislative branch)
정책(policy)
행정부(executive branch)

복습 문제

1. 정부 기관은 각각 어떠한 주요 책임을 맡고 있는가?
2. 미국의 환경 정책에서 행정법은 어떤 역할을 하는가?
3. 미국의 환경 정책에 대한 비판은 무엇인가?
4. 과거 수십 년간 환경 보호를 반대하는 일부 의견은 어떻게 변화되어 왔는가?
5. 환경주의가 국제관계에서 성장하는 요소인 까닭은 무엇인가?
6. 국제 환경 화의와 협정을 조사해보자.

비판적 사고력 문제

1. 20장은 일관적인 관점을 지니고 있는가? 당신이 현존하는 환경문제를 위한 정책을 세우고 시행하고 한다면 당신은 어떤 체제를 이용하겠는가?
2. 환경문제에 있어서 규제와 시정을 강조하는 명령과 조절식 접근은 전 지구적 기후 변화, 서식지 파괴, 오존 감소와 같은 지구적 환경문제에 적합한가?
3. 환경 법률에 응하기 위한 '지혜로운 사용'에는 어떠한 가치와 전망, 신념이 자리하고 있는가? 그것은 여러분의 자세와 어떤 점에서 유사하고 또 차이가 있는가?
4. 많은 정치적 경계를 둔 지구 사회에서 일반적으로 쓰이는 자원을 보존하기 위해서는 무엇이 최선인가? 이런 종류의 보존에는 어떤 특정 문제가 수반되는가?
5. 최근 환경문제들을 해결하려면 선진국과 개발도상국들에 "신석기의 농업혁명과… 과거 2세기간의 산업혁명에 필적할 만한 규모의 사회 변동"이 필요하다는 윌리엄 러클샤우스의 의견에 동의하는가? 당신의 삶에서 어떤 변화를 일컫는 것일까? 이 변화는 긍정적인 것인가, 아니면 부정적인 것인가?
6. 자유무역에 대한 새로운 협약들은 일부 국가에 있어서 다른 국가의 환경 법률이 지나치게 완고하여 무역 장벽에 해당하며, 이는 곧 제재에 준한다고 항의할 여지를 주고 있다. 새로운 지구적 경제가 환경 보전에 야기하는 특별한 문제와 가능성들은 무엇인가? 당신은 그에 대해 어떻게 생각하는가?

부록

⊙ 우리가 살고 있는 세상을 더 좋은 곳으로 만들기 위해 무엇을 할 수 있는가?

불평하기란 쉽다. 우리는 매일 일상에서 그렇게 하고 있다. 그러나 불평하는 것은 결코 문제를 바로잡거나 갈등을 해결하는 데 도움이 되지 않는다. 환경을 개선하기 위해 할 수 있는 여러 행동들이 있다. 다음 목록은 저자의 제안과 한 번쯤 당신이 생각해 보았을 법한 것들을 제시하고 있다. 기억해야 할 것은 당신이 이미 세상에 도움이 될 만한 그 무엇을 하고 있을지도 모른다는 것이다.

1. 계속 교육을 받아라. 배움은 당신이 학교를 떠날 때도 멈추지 않는다. 환경문제에 대해 귀기울여라. 그리고 나서 자신이 할 수 있는 변화에 대한 것을 시작하라.

2. 세계의 모든 문제에 책임의식을 느끼지 마라. 당신이 모든 것을 다 할 수는 없다. 당신이 할 수 있는 것, 강하게 느낄 수 있는 에너지에 집중하라.

3. 당신의 생활방식과 직업의 결과에 대해 생각하라. 만약 그것들이 환경이나 다른 사람들에게 피해를 입히고 있다면 당신의 행동을 적절하게 조절하라. 친구, 가족, 동업자들이 같은 일을 할 수 있도록 설득하라. 환경에 대한 인식을 가족의 일로 만들어라.

4. 다른 사람들과 같이 일하라. 오염을 방지하기 위해서 지방 정부의 행정에 관심을 가지고 그들의 계획에 대해서 공무원들에게 질문하라. 때때로 공무원들은 이런 종류의 방문을 통해 자신의 책임의식을 고취시킨다. 동일한 관심을 가진 단체의 구성원이 되는 것은 당신을 지원해 주고 효율성을 배가시킨다. 만약 당신이 적당한 단체를 찾을 수가 없다면 당신 자신부터 시작하라.

5. 당신의 지역사회에 관심을 기울여라. 오염 방지에 대한 적극적인 접근에 대해서 논의할 협의체를 조직하라. 관공서, 산업체, 노동단체, 이익단체 그리고 시민 개개인을 방문하고 만나라. 그 모든 사실들을 모아 명확하고 적절한 직접 행동을 시작하라.

6. 당신이 속한 생물권의 생태에 대해 배우라. 당신 지역의 물리적 환경과 접촉할 수 있도록 장소감을 개발하라. 당신 지역의 특별한 환경적 특성에 대해 배우라. 무엇이 가장 긴급한 환경문제인가?

7. 투표를 반드시 하라. 투표하지 않으면 세상을 향상시키지 못한다. 당신이 적절하고 유용한 선택을 할 수 없다면, 당신의 관심을 표현할 수 있는 투표용지를 통해 개인들을 끌어낼 수 있도록 하라.

8. 지구적으로 사고하고 지역적으로 행동하라. 당신은 전 지구적 상황에 대해 알 필요가 있다. 그러나 당신이 속한 특수한 곳을 바꾸기 위해서도 일해야 한다.

9. 위축되지 마라. 정직하게 사실에 맞서고 세계 상황에 대해 현실적이 되는 것은 중요하지만 절망감에 빠져 있는 것은 도움이 되지 못한다. 부정적으로 살지 마라. 세계를 바꾸기 위해 당신이 할 수 있는 것을 실천하고, 성공과 작은 승리 속에서 즐거움과 자부심을 느껴라.

10. 당신이 발견한 것 이상을 남기려고 노력하라. 해변이나 거리에서 작은 돌멩이를 주워 보라. 나무를 심어 보라. 종이를 재활용해 보라. 할 수 있는 작은 일은 끝이 없다. 다른 사람이 시작할 때까지 기다리지 마라. 당신은 차이를 만들 수 있다.

⊙ 단위 환산율

길 이

m	자	리	피 트	마 일	해 리
1	3.3	2.5463×10^{-4}	3.2808	6.2137×10^{-4}	5.3996×10^{-4}
3.0303×10^{-1}	1	7.7160×10^{-5}	9.9419×10^{-1}	1.8829×10^{-4}	1.6362×10^{-4}
3.9273×10^{3}	1.296×10^{4}	1	1.2885×10^{4}	2.4403	2.2106
3.048×10^{-1}	1.0058	7.7611×10^{-5}	1	1.8939×10^{-4}	1.6458×10^{-4}
1.6093×10^{3}	5.3108×10^{3}	4.0979×10^{-1}	5.2800×10^{3}	1	8.6898×10^{-1}
1.852×10^{3}	6.1116×10^{3}	4.7157×10^{-1}	6.0761×10^{3}	1.1508	1

1 in = 0.0254 m, 1 ft = 12 in, 1 yd = 3 ft, 1 mile = 1760 yd, 1 자 = 10/33, 1자 = 10치, 1간=6자, 1정= 60간, 1리=36정

넓 이

m^2	평	정 (정 보)	제곱야드	에이커	제곱마일
1	3.025×10^{-1}	1.0083×10^{-4}	1.1960	2.4711×10^{-4}	3.8610×10^{-7}
3.3058	1	3.3333×10^{-4}	3.9537	8.1688×10^{-4}	1.2764×10^{-6}
9.9174×10^{3}	3×10^{3}	1	1.1861×10^{4}	2.4506	3.8291×10^{-3}
8.3613×10^{-1}	2.5293×10^{-1}	9.4310×10^{-5}	1	2.0661×10^{-4}	3.2283×10^{-7}
4.0469×10^{3}	1.2242×10^{3}	4.0806×10^{-1}	4.84×10^{3}	1	1.5625×10^{-3}
2.5900×10^{6}	7.8347×10^{5}	2.6116×10^{2}	3.0976×10^{6}	6.4×10^{2}	1

1 a = 100 m^2, 1 ha = 10,000 m^2 (참고 21 ha ≒ 1 정, : 헥타르), 1 평 = 36 제곱자 = 400/121 m^2, 1 정 = 3,000 평, 1 acre = 4840 yd^2, 1 squaremile = 640 acre

부피

m^3	리터(L)	승(되)	세제곱인치	갤론(미)	갤론(영)
1	1×10^3	5.5435×10^2	6.1024×10^4	2.6417×10^2	2.1997×10^2
1×10^{-3}	1	1.6×10^{-1}	6.1024×10	2.6417×10^{-1}	2.1997×10^{-1}
1.8039×10^{-3}	1.8039	1	1.1008×10^2	4.7654×10^{-1}	3.9680×10^{-1}
1.6387×10^{-5}	1.6387×10^{-2}	9.0842×10^{-3}	1	4.3290×10^{-3}	3.6046×10^{-1}
3.7854×10^{-3}	3.7854	2.0985	2.31×10^2	1	8.3267×10^{-1}
4.5461×10^{-3}	4.5461	2.5201	2.7742×10^2	1.2010	1

1 승 = 2,401/1,331,000 m^2, 1 석 = 10 두(말) = (되), 1 승 = 10 홉 = 100 작, 1 갤론(미) = 231 in^3,
1 갤론(영) = 277.420 in^3

질량

kg	근	관	파운드	톤(미)	톤(영)
1	1.6667	2.6667×10^{-1}	2.2046	1.1023×10^{-3}	9.8421×10^{-4}
6×10^{-1}	1	1.6×10^{-1}	1.3228	6.5139×10^{-4}	5.9052×10^{-4}
3.75	6.25	1	8.2673	4.1337×10^{-3}	3.6908×10^{-3}
4.5359×10^{-1}	7.5599×10^{-1}	1.2096×10^{-1}	1	5×10^{-4}	4.4643×10^{-4}
9.0718×10^2	1.5120×10^2	2.4192×10^2	2×10^3	1	8.9286×10^{-1}
1.0160×10^3	1.6934×10^3	2.7095×10^2	2.24×10^3	1.12	1

1 관 = 3.75 kg, 1 관 = 6.25 근, 1 근 = 0.6 kg, 1 파운드(1b) = 0.45359237 kg

에너지

J, Nm, Ws	kWh	kgf · m	kcal	마력 · 시	Btu
1	2.7778×10^{-7}	1.0197×10^{-1}	2.3885×10^{-4}	3.7767×10^{-7}	9.4782×10^{-4}
3.6×10^6	1	3.6710×10^5	8.5985×10^2	1.3596	3.4121×10^3
9.8066	2.7241×10^{-6}	1	2.3423×10^{-3}	3.7037×10^{-6}	9.2949×10^{-3}
4.1868×10^3	1.1630×10^{-3}	4.2694×10^2	1	1.5812×10^{-3}	3.9683
2.6478×10^6	7.3550×10^{-1}	2.7000×10^5	6.3242×10^2	1	2.5096×10^3
1.0551×10^3	2.9307×10^{-4}	1.0759×10^2	2.5200×10^{-1}	3.9847×10^{-4}	1

마력 · 시 : (metric) horsepower · hour, Btu : British thermal unit

⊙ 원소주기율표

- 금속(주족)
- 금속(전이원소)
- 금속(내부전이원소)
- 비금속
- 준금속

주족 원소 (1A–2A, 3A–8A) · 전이 원소 (3B–2B)

주기 번호	1A	2A	3B	4B	5B	6B	7B	8B	8B	8B	1B	2B	3A	4A	5A	6A	7A	8A
1	1 H 1																	2 He 2
2	3 Li 2,1	4 Be 2,2											5 B 2,3	6 C 2,4	7 N 2,5	8 O 2,6	9 F 2,7	10 Ne 2,8
3	11 Na 2,8,1	12 Mg 2,8,2											13 Al 2,8,3	14 Si 2,8,4	15 P 2,8,5	16 S 2,8,6	17 Cl 2,8,7	18 Ar 2,8,8
4	19 K 2,8,8,1	20 Ca 2,8,8,2	21 Sc 2,8,9,2	22 Ti 2,8,10,2	23 V 2,8,11,2	24 Cr 2,8,13,1	25 Mn 2,8,13,2	26 Fe 2,8,14,2	27 Co 2,8,15,2	28 Ni 2,8,16,2	29 Cu 2,8,18,1	30 Zn 2,8,18,2	31 Ga 2,8,18,3	32 Ge 2,8,18,4	33 As 2,8,18,5	34 Se 2,8,18,6	35 Br 2,8,18,7	36 Kr 2,8,18,8
5	37 Rb [2,8,18] 8,1	38 Sr [2,8,18] 8,2	39 Y [2,8,18] 9,2	40 Zr [2,8,18] 10,2	41 Nb [2,8,18] 12,1	42 Mo [2,8,18] 13,1	43 Tc [2,8,18] 14,1	44 Ru [2,8,18] 15,1	45 Rh [2,8,18] 16,1	46 Pd [2,8,18] 18,0	47 Ag [2,8,18] 18,1	48 Cd [2,8,18] 18,2	49 In [2,8,18] 18,3	50 Sn [2,8,18] 18,4	51 Sb [2,8,18] 18,5	52 Te [2,8,18] 18,6	53 I [2,8,18] 18,7	54 Xe [2,8,18] 18,8
6	55 Cs [2,8,18] 18,8,1	56 Ba [2,8,18] 18,8,2	71 Lu [2,8,18] 32,9,2	72 Hf [2,8,18] 32,10,2	73 Ta [2,8,18] 32,11,2	74 W [2,8,18] 32,12,2	75 Re [2,8,18] 32,13,2	76 Os [2,8,18] 32,14,2	77 Ir [2,8,18] 32,15,2	78 Pt [2,8,18] 32,17,1	79 Au [2,8,18] 32,18,1	80 Hg [2,8,18] 32,18,2	81 Tl [2,8,18] 32,18,3	82 Pb [2,8,18] 32,18,4	83 Bi [2,8,18] 32,18,5	84 Po [2,8,18] 32,18,6	85 At [2,8,18] 32,18,7	86 Rn [2,8,18] 32,18,8
7	87 Fr [2,8,18] 32,18,8,1	88 Ra [2,8,18] 32,18,8,2	103 Lr [2,8,18] 32,32,9,2	104 Rf [2,8,18] 32,32,10,2	105 Ha [2,8,18] 32,32,11,2	106 Sg [2,8,18] 32,32,12,2	107 Ns [2,8,18] 32,32,13,2	108 Hs [2,8,18] 32,32,14,2	109 Mt [2,8,18] 32,32,15,2	110 [2,8,18] 32,32,16,2	111 [2,8,18] 32,32,17,2	112						

내부 전이 원소

6 란탄 계열	57 La [2,8,18] 18,9,2	58 Ce [2,8,18] 20,8,2	59 Pr [2,8,18] 21,8,2	60 Nd [2,8,18] 22,8,2	61 Pm [2,8,18] 23,8,2	62 Sm [2,8,18] 24,8,2	63 Eu [2,8,18] 25,8,2	64 Gd [2,8,18] 25,9,2	65 Tb [2,8,18] 27,8,2	66 Dy [2,8,18] 28,8,2	67 Ho [2,8,18] 29,8,2	68 Er [2,8,18] 30,8,2	69 Tm [2,8,18] 31,8,2	70 Yb [2,8,18] 32,8,2
7 악티늄 계열	89 Ac [2,8,18] 32,18,9,2	90 Th [2,8,18] 32,18,10,2	91 Pa [2,8,18] 32,20,9,2	92 U [2,8,18] 32,21,9,2	93 Np [2,8,18] 32,22,9,2	94 Pu [2,8,18] 32,24,8,2	95 Am [2,8,18] 32,25,8,2	96 Cm [2,8,18] 32,25,9,2	97 Bk [2,8,18] 32,26,9,2	98 Cf [2,8,18] 32,28,8,2	99 Es [2,8,18] 32,29,8,2	100 Fm [2,8,18] 32,30,8,2	101 Md [2,8,18] 32,31,8,2	102 No [2,8,18] 32,32,8,2

찾아보기

ㅊ

ㅋ

ㅌ

세계전도

콤소몰트섬
볼셰이크섬
뉴시베리
랍테프 해
스발바르제도(노)
잔미얀섬(노)
스코즈비순
딕손
노르드비크
하탄가
티크시
노릴스크
두딘카
베르호얀스크
함메르페스트
무르만스크
칸달락샤
살레하르드
나르비크
보되
아이슬란드
레이캬비크
노르웨이
스웨덴
핀란드
아르항겔스크
러시아연방
트론헤임
헬싱키
야크츠크
오슬로
스톡홀름
에스토니아
라트비아
리투아니아
오호츠
글래스고
애버딘
영국
덴마크
코펜하겐
빌리우스
모스크바
고르키
스베르들로프스크
노보시비르스크
크라스노야르스크
카잔
옴스크
틴디스키
맨체스터
에이레
런던
베를린
폴란드
바르샤바
벨라루스
유럽
이르크츠크
울란우데
독일
체코슬로바키아
우크라이나
카라간디
카자흐
세미팔라틴스크
파리
구리예프
아랄스크
몽고
울란바토르
프랑스
헝가리
루마니아
베오그라드
유고슬라비아
불가리아
흑해
우즈베크
타슈켄트
키르기스
아시아
장춘
블라디보스토크
마드리드
로마
이탈리아
이스탄불
포르투갈
에스파냐
그리스
아테네
앙카라
터키
투르크멘
타지크
띠화
베이징
대한민국
서울
부산
도쿄
리스본
알제
튀니지
키프로스
레바논
시리아
테헤란
아제르바이잔
중국
란저우
나고야
오사카
라바트
카사블랑카
트리폴리
벵가지
이스라엘
바그다드
이라크
이란
아프가니스탄
카불
이슬라마바드
청두
우한
난징
상하이
알제리
인살라
이집트
카이로
쿠웨이트
바레인
카타르
파키스탄
뉴델리
네팔
부탄
방글라데시
타이베이
모로코
리비아
리야드
아랍에미리트
카라치
인도
다카
홍콩
모리타니
말리
아프리카
니제르
차드
수단
사우디아라비아
오만
캘커타
하노이
누악쇼트
아가데스
하르툼
예멘
봄베이
하이데라바드
버마
타이
베트남
마닐라
필리핀
다카르
바마코
니아메
은자메나
사나
아덴
아라비아 해
마드라스
랑군
방콕
캄보디아
감비아
기니비사우
코나크리
시에라리온
라이베리아
나이지리아
라고스
아비장
아크라
중앙아프리카
에티오피아
아디스아바바
소말리아
모가디슈
몰디브
말레
콜롬보
스리랑카
벵골 만
프놈펜
말레이시아
브루나이
쿠알라룸푸르
반다르세리베가완
카메룬
방기
가봉
적도기니
우간다
자이르
르완다
부룬디
케냐
나이로비
몸바사
싱가포르
보르네오섬
할마헤라섬
수마트라섬
인도네시아
브라자빌
킨샤사
루안다
탄자니아
세이셸
자카르타
자바섬
앙골라
잠비아
루사카
말라위
모잠비크
코모로
마다가스카르
모리셔스
포르투이스
인도양
다윈
더비
윈담
오세아니
짐바브웨
하라레
보츠와나
가보로네
나미비아
대서양
프리토리아
마푸토
스와질란드
레위니옹섬
오스트레일리아
신도스톤
퍼드
더반
남아프리카공화국
레소트
케이프타운
애들레이드
태즈메니
30°
15°
0°
45°
60°
75°
90°
105°
120°
135°

북 극 해
태 평 양
북 아 메 리 카
남 아 메 리 카
캐나다
미국
그린란드
퀸스엘리자베스제도
엘즈미어섬
멜빌섬
드본섬
뱅크스섬
빅토리아섬
배핀 만
허드슨 만
알류산열도
하와이제도
호놀룰루
웨이크섬 (미)
캘리포니아반도
멕시코 만
서인도제도
카리브 해
브라질
아르헨티나
칠레
페루
볼리비아
파라과이
우루과이
콜롬비아
베네수엘라
에콰도르
가이아나
수리남
기아나(프)
포클랜드제도
마르케이사스군도
투아모투제도
타이티섬
피지
통가
서사모아
뉴질랜드
키리바시
나우루
솔로몬
뉴욕
시카고
워싱턴
로스앤젤레스
샌프란시스코
멕시코시티
리우데자네이루
부에노스아이레스
산티아고
리마
보고타

역 자 명 단 (가나다순)

강지영(서울대)
고성철(한국해양대)
권영두(한중대)
김경섭(충북대)
김기은(서경대)
김기형(수자원공사)
김수봉(계명대)
김승정(서울대)
김원덕(삼척대)
김임순(광운대)
김종욱(서울대)
김현정(서울대)
박광하(강릉대)
박헌렬(중앙대)
서성규(전남대)
양운진(경남대)
엄은희(서울대)
여상인(경인교대)
이상학(경북대)
이승목(관동대)
이익모(인하대)
이학영(전남대)
전의찬(세종대)
정동준(국민대)
정진수(충북대)
정팔진(전북대)
정현모(서울대)
조영민(경희대)
한승기(충북대)

지구환경과학

2011년 2월 5일 인쇄
2011년 2월 10일 발행

역 자 • 김 기 은 外
발행자 • 조 승 식
발행처 • (주) 도서출판 **북스힐**
서울시 강북구 라일락길 36
등 록 • 제 22-457호

(02) 994-0071(代)
(02) 994-0073
bookswin@unitel.co.kr
www.bookshill.com

값 **20,000**원

잘못된 책은 교환해 드립니다.

ISBN 89-5526-290-6